Josef Schnettler und Gero Wendt



# WERBUNG UND KOMMUNIKATION PLANEN

## KONZEPTION, MEDIA UND KREATION

Lehr- und Arbeitsbuch für die Aus- und Weiterbildung

5. überarbeitete Auflage

Cornelsen

**Über die Autoren**

Josef Schnettler hat ein Studium der Wirtschaftswissenschaften und der Mathematik in Köln absolviert und unterrichtete langjährig als Berufsschullehrer (u.a. mit einem Schwerpunkt Marketingkommunikation). Gero Wendt studierte in Aachen Wirtschaftswissenschaften (Schwerpunkt Marketing) und Germanstik und ist als Berufsschullehrer tätig. Beide Autoren sind auch als Dozenten in der Fortbildung tätig und Autoren mehrerer Lehr- und Fachbücher.

**Hinweis**

Es wird ausdrücklich darauf hingewiesen, dass die in diesem Buch genannten Firmennamen, Markennamen und Softwarebezeichnungen im Allgemeinen durch Bestimmungen des gewerblichen Rechtsschutzes geschützt sind. Dies gilt unabhängig davon, ob sie in diesem Buch als solche gekennzeichnet sind.

Die Internetadressen, die in diesem Buch angegeben sind, wurden vor Drucklegung geprüft (März 2015). Verlag und Autoren übernehmen keine Gewähr für die Aktualität und den Inhalt dieser Adressen und solcher, die mit ihnen verlinkt sind.

Download zum Buch mit Anzeigenmotiven: siehe Seite 549

Verlagsredaktion: Erich Schmidt-Dransfeld
Technische Umsetzung: zweiband media; Type Art Grevenbroich
Illustrationen: Holger Stoldt, Düsseldorf
Umschlaggestaltung und Titelfoto: grafikstudio wirhabenvielvor, Berlin, Thomas Gnahm

Informationen über Cornelsen Fachbücher und Zusatzangebote:
**www.cornelsen.de/berufskompetenz**

5. überarbeitete Auflage



Druck: Beltz Bad Langensalza GmbH

ISBN 978-3-06-451218-4

PEFC™
PEFC/04-31-2257

Dieses Produkt stammt aus nachhaltig bewirtschafteten Wäldern und kontrollierten Quellen.

www.pefc.de

# Inhaltsverzeichnis

**Hinweis:**
Der vorliegende Band „Werbung planen“ ist Teil eines dreibändigen Werks. Die jeweiligen Bände können einzeln, aber auch als Gesamtwerk genutzt werden. Zu diesem Zweck enthalten sie wechselseitige Verweise.

**Inhaltsübersicht zum Band „Marketing und Marktforschung“**

(ISBN 978-3-06-451217-7)



**Inhaltsübersicht zum Band „Kommunikationspolitik“**
(ISBN 978-3-06-451219-1)

# Kapitel 1

# Kommunikationskonzept

© Clip dealer/rook 76

**„Marketing is not a battle of products, it's a battle of perceptions" [dt.: Wahrnehmung, Erkennung, Erkenntnis]**

Al Ries / Jack Trout, amerik. Marketingexperten, in: Positioning. A Battle for Your Mind

Immer wenn es darum geht, ein Kommunikationsproblem systematisch und planvoll zu lösen, muss ein Kommunikationskonzept her.

## 1.1 Begriff und Bedeutung eines Kommunikationskonzeptes

Unter einem Kommunikationskonzept versteht man vereinfacht ausgedrückt einen Plan zur Entwicklung und Durchführung von Kommunikationsmaßnahmen. Im Rahmen dieses Plans werden für die Planung die Hintergründe analysiert, Ziele formuliert und Strategien entwickelt.

Kommunikationskonzepte können für unterschiedliche Situationen entwickelt werden, und der Planungshorizont kann dementsprechend zeitlich stark variieren. Wenn z. B. ein Fitnessstudio eine Neueröffnung plant und das in seinem Einzugsgebiet bekannt machen und Interesse für das neue Studio erzeugen will, handelt es sich um ein zeitlich und inhaltlich eng umrissenes Projekt. Das dafür zu entwickelnde **Projektkonzept** sollte entsprechend genau und detailliert sein. Anders sieht es aus, wenn ein Unternehmen seine mittelfristige Kommunikationspolitik plant. Hier haben wir es mit einem Planungshorizont von mehreren Jahren zu tun. Entsprechend wird das dafür zu entwickelnde Kommunikationskonzept allgemeiner sein, zumindest, was die Planung von konkreten Maßnahmen angeht.

*Funktionen eines Kommunikationskonzeptes*

Im Rahmen eines Kommunikationsprozesses erfüllt ein Kommunikationskonzept verschiedene Funktionen:

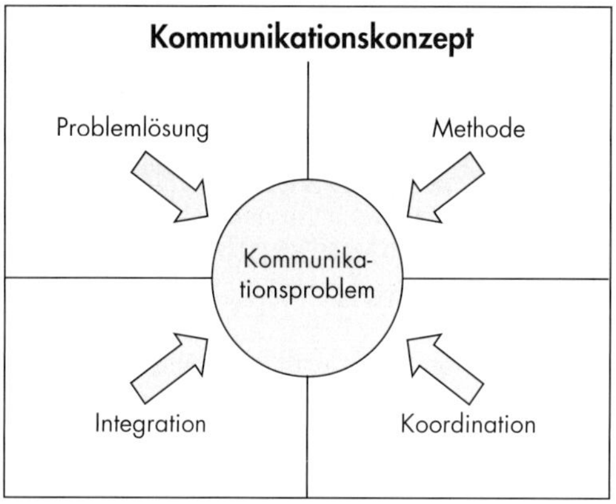


*Abb. 1.1: Funktionen eines Kommunikationskonzeptes*

- **Problemlösung**: Das Kommunikationskonzept gewährleistet, dass die eigentliche Problemstellung und deren Lösung im Fokus stehen.
- **Methode**: Das Kommunikationskonzept sorgt dafür, dass der Prozess methodisch geplant wird.
- **Koordination**: Da an einem Kommunikationsprozess in der Regel mehrere Parteien beteiligt sind, ist es wichtig, dass durch das Kommunikationskonzept die einzelnen Aktionen koordiniert werden können.
- **Integration**: Das Kommunikationskonzept ermöglicht, dass die Kommunikationshandlungen sich zu einem einheitlichen Ganzen verbinden und dadurch Synergieeffekte entstehen.

## 1.2 Briefing

Der Ausgangspunkt für die Entwicklung eines Kommunikationskonzeptes sollte immer ein **Briefing** sein. Das gilt umso mehr, wenn eine Agentur mit der Erstellung eines Kommunikationskonzeptes beauftragt werden soll.

*Begriff*
Unter einem Briefing versteht man eine sachbezogene Arbeitsgrundlage für die Bearbeitung einer bestimmten Problemstellung. Das Briefing muss daher alle relevanten Fakten enthalten, die für die Lösung der Problemstellung benötigt werden.

Der Begriff kommt ursprünglich aus dem Militärjargon und bezeichnet dort eine Einsatzbesprechung mit kurzer Lagebeschreibung und Erläuterung von Operationszielen und Strategien.

Häufig wird mit der Entwicklung eines Kommunikationskonzeptes eine Agentur beauftragt. Das Briefing ist dann der verbindliche Maßstab des Auftraggebers für die Bewertung der Agenturleistung. Ein Briefing sollte unbedingt in schriftlicher Form vorliegen. Sicher kommt es vor, dass der „Kunde" die Agentur zunächst mündlich im Rahmen eines Briefinggespräches informiert. Dann sollte der Gesprächsinhalt aber anschließend schriftlich zusammengefasst und dem Kunden zur Überprüfung und Genehmigung vorgelegt werden.

Die Forderung, dass ein Briefing knapp sein sollte (Engl. brief = kurz) heißt allerdings nicht, dass es unvollständig sein darf, sondern möglichst präzise.

*Inhalte eines Briefings*
Ein Briefing sollte mindestens zu folgenden Punkten Angaben enthalten:

| | |
|---|---|
| **Hintergrundinformationen** | • **Kommunikationsabsender**: z. B. Unternehmen oder Organisation (Gründung, Entwicklung, CI/Leitbild, Preisstellung, Marktstellung, Distribution, finanzielle Ressourcen, personelle Ressourcen, bisherige Kommunikationsmaßnahmen)<br>• **Kommunikationsobjek:**, z. B. Einzelprodukte, Leitprodukte, Produktpalette, Marken (Eigenschaften, Verwendungsmöglichkeiten, Alleinstellungsmerkmale, Nutzen, Positionierung, Absatzkanäle, Packungseinheiten, Distribution etc.)<br>• **Marktsituation:** Größe (mengen-/wertmäßige Marktvolumina), Marktentwicklung, Sättigung, verwandte Märkte (Substitutions-/Komplementärgüter)<br>• **Wettbewerber**: Anzahl, Größe, Marktstellungen/Marktanteile, Hauptwettbewerber, Produkte/Marken, Distribution, Kommunikationsaufwendungen, Kommunikationsmaßnahmen, Kommunikationsinhalte, CI/Leitbilder, finanzielle Ressourcen, personelle Ressourcen<br>• **Kommunikationsadressaten** allgemein: , z. B. Konsumenten (Anzahl (Potenzial), Eigenschaften, Verhalten, Wünsche/Vorlieben) |
| **Aufgabenstellung** | Dies umfasst konkrete Angaben zur erwarteten Agenturleistung. |
| **Ziele** | Dabei evt. Differenzierung in Unternehmens-, Marketing-, Kommunikationsziele. |
| **Zielgruppen** | Hier Unterteilung nach Marketing- und Kommunikationszielgruppen. |

| | |
|---|---|
| **Zeitrahmen** | z. B. Präsentationstermine, Projekt-/Kampagnenstart, Projekt-/Kampagnendauer. |
| **Kommunikationskonstante** | Vorgabe bestimmter stilbildender Elemente, z. B. Corporate-Designvorgaben, Markenzeichen, Slogans etc. |
| **Vorgabe strategischer Eckdaten** | z. B. bestimmte Kommunikationsinstrumente, Kommunikationsmaßnahmen, Angaben zur Positionierung, zu Botschaften, zur Copy-Strategie, zum Medieneinsatz etc. |
| **Budget** | evtl. Unterteilung nach Kommunikationsinstrumenten |

*Kundenbriefing*
Das Briefing wird in der Regel vom Kunden an die Agentur geleitet. Da der Kunde das Briefing erstellt, wird es als **Kundenbriefing** bezeichnet.

*Briefinganalyse*
Das Briefing erhält meistens der Kundenberater (Kontakter) in der Agentur. Dieser wird es zunächst analysieren. Er wird dabei prüfen, ob die Aufgabenstellung klar und eindeutig ist. Außerdem wird er das Briefing auf Vollständigkeit hin untersuchen. Diesen Vorgang bezeichnet man als Briefinganalyse.

*Re-Briefing*
Häufig ist ein Kundenbriefing unvollständig oder unklar, sodass es im Dialog mit dem Kunden vervollständigt bzw. präzisiert werden muss. Die schriftliche Zusammenfassung der modifizierten und/oder vervollständigten Informationen, die von der Agentur an den Kunden zurückgeschickt werden, um sie damit verbindlich zu machen, bezeichnet man als Re-Briefings.

*Agenturbriefing (interne Briefings)*
Der Kundenberater als Empfänger des Briefings kann die gestellte Aufgabe in der Regel nicht alleine lösen. Er braucht entsprechende Unterstützung aus der Agentur oder von Externen. Alle Akteure, die an der Lösung der Aufgabe beteiligt sind, müssen wissen, was von ihnen verlangt wird. Sie müssen sich aufgabenmäßig, terminlich und kostenmäßig am Briefing orientieren. Dazu müssen vom Berater die Briefinginhalte für die internen und externen Arbeitsgruppen und Personen akzentuiert werden. In diesem Zusammenhang spricht man von Agentur- oder internen Briefings. Agenturbiefings sind also aus dem Kundenbriefing abgeleitete Briefings, um die in- und externen Arbeitsgruppen, die an der Lösung der Aufgabe beteiligt sind, zu instruieren und zu informieren.

Für einige interne Briefings gibt es eigene Bezeichnungen:
- Keativbriefing → richtet sich an die Kreation
- Mediabriefing → richtet sich an die Mediaabteilung bzw. eine Mediaagentur
- Produktionsbriefing → richtet sich an die Produktionsabteilung bzw. externe Produktioner

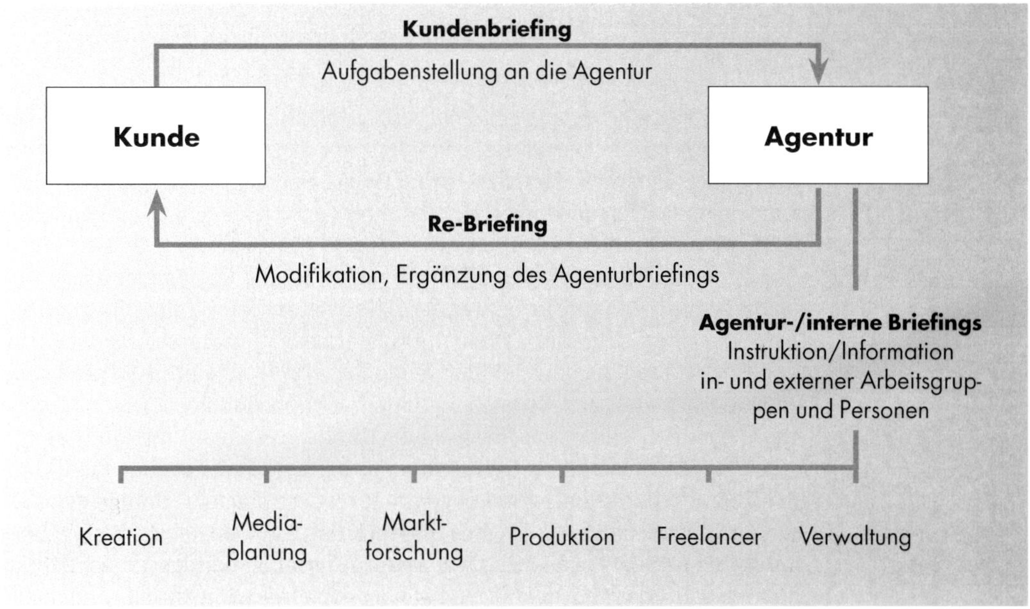


*Abb. 1.2: Briefing/Briefing-Arten*

## 1.3 Fallbeispiel: Situation zum E-Readermarkt

*Hinweise zur Situation*
Wir wollen die Entwicklung eines Kommunikationskonzeptes nicht nur theoretisch darstellen, sondern auch an einer konkreten Situation verdeutlichen. Als Hintergrundsituation, auf die wir in diesem Kapitel immer wieder zurückgreifen werden, haben wir uns für die Markteinführung eines E-Readers entschieden.

Ein E-Reader ist ein Gerät, auf dem E-Books gespeichert, angezeigt und gelesen werden können. Die Innovationsgeschwindigkeit ist bei E-Readern nicht so hoch, wie z. B. bei Computern, obwohl auch bei Computern die Geschwindigkeit der technischen Entwicklung in den letzten Jahren abgeflacht ist. Trotzdem wird es nicht ausbleiben, dass der von uns konzipierte E-Reader, der einige Zeit vor Drucklegung dieser Ausgabe teilweise noch Zukunftsmusik war, mittlerweile von der Realität überholt sein wird.

Natürlich haben wir bei der Konzeption des Falles die damals aktuell verfügbaren Marktdaten verwendet, aber auch Marktdaten veralten sehr schnell. Bedenken Sie daher, dass wir mit der Fallsituation lediglich beispielhaft die Entwicklung eines Kommunikationskonzeptes konkret darstellen wollen. Die Schlussfolgerungen und Empfehlungen, die wir hierbei treffen, passen nur auf die zugrunde gelegte Ausgangssituation. Das gilt übrigens auch für alle anderen Fallsituationen in diesem Band.

Wenn Sie Lust haben, können Sie ja **zur Übung jeweils aktuelle Daten ermitteln** und die jeweilige Situation mit den von Ihnen recherchierten Daten **aktualisieren**.

### 1.3.1 Situationsdarstellung

*Unternehmen/Produkt*

Das Unternehmen mcom GmbH hat sich erfolgreich auf die Herstellung von mobilen Computern spezialisiert und vertreibt diese über den spezialisierten Fachhandel, Elektronik-Fachmärkte und Online-Händler. Aktuell hat das Unternehmen einen E-Reader entwickelt, der unter der Bezeichnung „ComReader" in den Markt eingeführt werden soll.

Hinsichtlich Ausstattung und Funktionalität hat der ComReader einige Vorteile gegenüber den Konkurrenzgeräten. Das beleuchtbare 6 Zoll 4C Touchscreen Display ist spiegelfrei, kontrastreich und bietet bei der Textdarstellung die Anmutung eines echten Buches. Der ComReader ist zurzeit der einzige E-Reader, der ein Farbdisplay mit eInk-Darstellung bietet. Ein Farbdisplay ist besonders bei Fachbüchern vorteilhaft, weil diese häufig Farbdarstellungen und Farbfotos enthalten. Das Gerät bietet eine Schreibfunktion (virtuelle Tastatur oder Handschriftenerkennung), über die Anmerkungen im Text oder allgemeine Notizen gemacht werden können, und natürlich eine Suchfunktion. Der ComReader verfügt über umfangreiche Möglichkeiten der Textbearbeitung. Außerdem lassen sich Schriftgröße und Textdarstellung nahezu beliebig anpassen. Unterstützt werden alle gängigen Text- und Bildformate, auch MS-Office-Dateien, und er besitzt einen Musikplayer, mit dem MP3-Dateien abgespielt werden können. Im DRM (Digital Rights Management bzw. Digitales Rechte Management) werden nahezu alle verbreiteten Formate unterstützt. Es stehen umfangreiche zweisprachige Wörterbücher für Englisch, Französisch, Spanisch, Niederländisch und Schwedisch zur Verfügung. Damit lassen sich markierte Wörter und Textpassagen übersetzen, aber auch Wörter nachschlagen. Im Vergleich zu den Konkurrenzgeräten hat der ComReader kleinere Abmessungen und ist leichter. Außerdem hat er Vorteile bei der Handhabung. Er ist einfach und intuitiv zu bedienen und sehr robust.

| **Daten des ComReaders** | |
|---|---|
| interner Speicher: | 4 GB (Speicherplatz für etwa 3000 – 4000 E-Books), Speicher beliebig erweiterbar durch Speicherkarten |
| Akkulaufzeit bei Dauerlesebetrieb: | ca. 60 Tage mit Beleuchtung, 90 Tage ohne Beleuchtung |
| Akku-Ladedauer: | 2–3 Stunden |
| Verbindungsmöglichkeiten: | USB, WLAN, Mobilfunk |

Der ComReader ist sehr schnell. Das Laden eines E-Books dauert nur etwa eine Sekunde. Das Umblättern geschieht im Millisekundenbereich.

*Konkurrenzprodukte*
Die Konkurrenzgeräte mit einer ähnlichen Ausstattung wie der ComReader, allerdings ohne Farbdisplay, kosten zwischen etwa 100,00 und 150,00 Euro. Es werden auch schon Geräte für 80,00 Euro und weniger angeboten, diese fallen aber gegenüber dem ComReader deutlich ab. Gegenüber E-Readern der Wettbewerber hat der ComReader im Wesentlichen folgende Vor- und Nachteile:

| **Vorteile** | **Nachteile** |
|---|---|
| • günstigere Abmessungen<br>• geringeres Gewicht<br>• Farbdisplay<br>• längere Akkulaufzeit<br>• kürzere Lade- und Umblätterzeiten<br>• nahezu alle Text- und Bildformate können verwendet werden<br>• umfangreichere Möglichkeiten der Textbearbeitung<br>• einfachere Bedienung<br>• robuster | • keine Text to speach Funktion (Texte können nicht vom Gerät gesprochen werden)<br>• kein Cloud-Backup (Inhalte des E-Readers lassen sich nicht in einer Cloud sichern, sie können aber auf einer externen Speicherkarte oder einem Rechner gesichert werden)<br>• höherer Preis |

*Gemeinsamkeiten und Unterschiede von E-Readern und Tablet-PCs sowie Smartphones*
Auch viele Tablet PCs, z. B. das iPad, und Smartphones besitzen eine E-Reader-Funktion. Darüber hinaus bieten sie aber einen sehr weitgefassten Funktionsumfang, während E-Book-Reader hauptsächlich für das Anzeigen von E-Books konzipiert wurden. Dafür haben die E-Book-Reader durch die sogenannte eInk-Technik eine qualitativ deutlich bessere Anzeige, die nahezu identisch zur Anmutung eines richtigen Buches ist. Außerdem besitzen sie eine wesentlich höhere Akkulaufzeit (vielfach 1–2 Monate im Dauerlesebetrieb). Tablet PCs und Smartphones erreichen hier maximal einige Tage. Außerdem haben Tablets und Smartphones häufig ungünstigere Formate (Tablets oft zu groß, Smartphones häufig zu klein). Schließlich liegt der Preis von E-Book-Readern deutlich unter dem, der für Tablet-PCs und Smartphones ausgegeben werden muss.

*Markt*
Die bisherige Entwicklung zeigt, dass der Massenmarkt bei den elektronischen Lesegeräten nicht von den spezialisierten E-Readern, sondern von den Tablet-PCs getragen wird, die auch eine E-Reader-Funktion aufweisen. Die hauptsächlich auf das Lesen von E-Büchern ausgerichteten E-Reader werden nach Einschätzung von Marktforschern ein Nischenprodukt für Vielleser bleiben. Während nur 19 % der Konsumenten ohne E-Reader jährlich zwischen 11 und 20 Bücher lesen, trifft das auf 36 % der E-Reader-Besitzer zu. Ein Viertel von ihnen kauft sogar mehr als 21 Bücher pro Jahr.

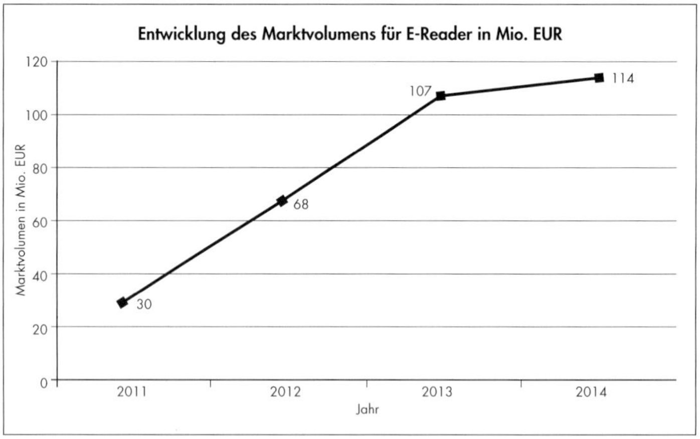


*Abb. 1.3: Marktvolumen Umsatz (Daten nach Presseinformation BITKOM 25. Sept. 2014)*

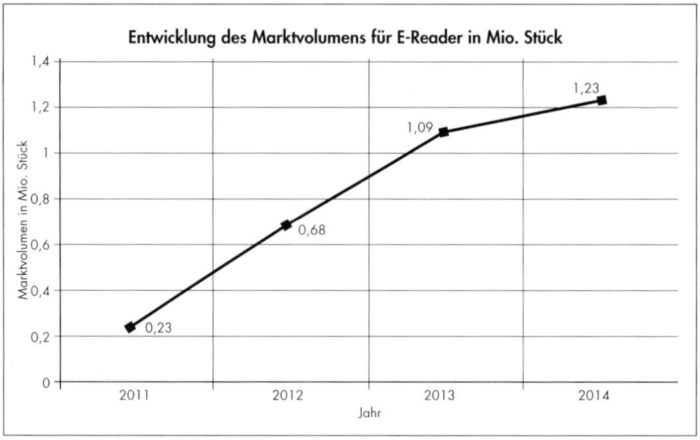


*Abb. 1.4: Marktvolumen Stück (Daten nach Presseinformation BITKOM 25. Sept. 2014)*

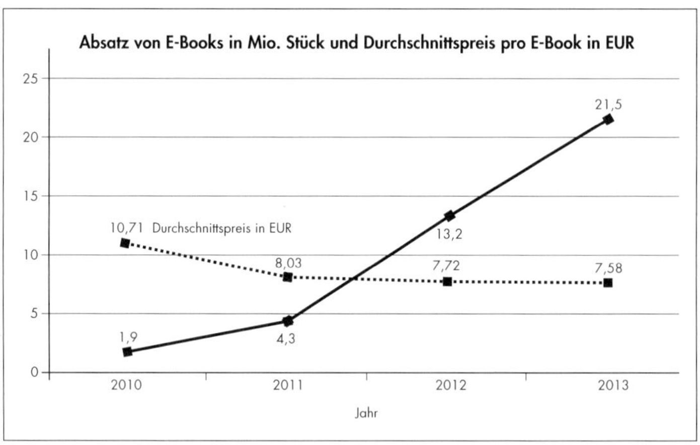


*Abb. 1.5: Absatz und Durchschnittspreis (Daten: Börsenverein des Deutschen Buchhandels, Verankert im Markt – Das E-Book in Deutschland 2013)*

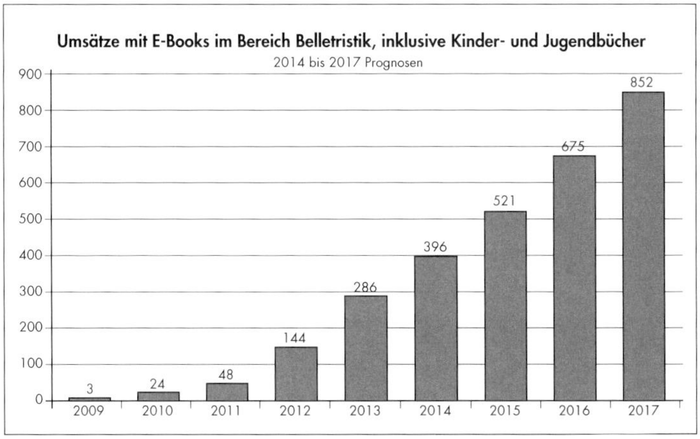


*Abb. 1.6: Umsätze mit E-Books (Quelle: PricewaterhouseCoopers Studie „Mediatrend Outlook – E-Books im Aufwind", 2013)*

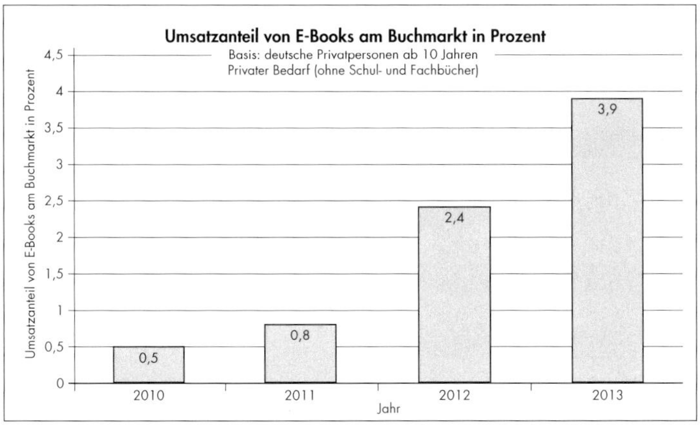


*Abb. 1.7: Umsatzanteile von E-Books (Daten: Börsenverein des Deutschen Buchhandels, Verankert im Markt – Das E-Book in Deutschland 2013)*

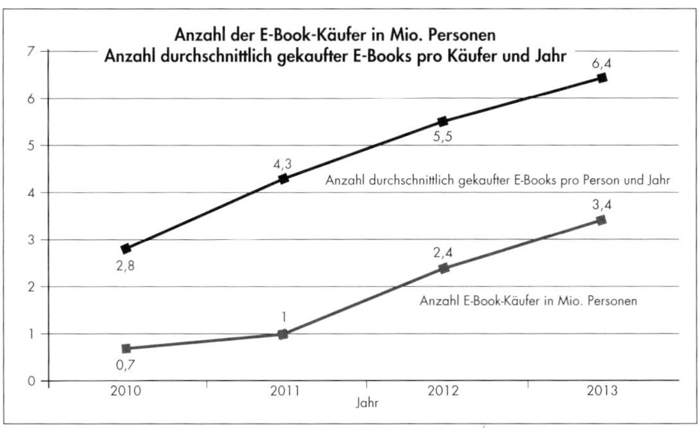


*Abb. 1.8: Anzahl von von E-Book-Käufern (Daten: Börsenverein des Deutschen Buchhandels, Verankert im Markt – Das E-Book in Deutschland 2013)*

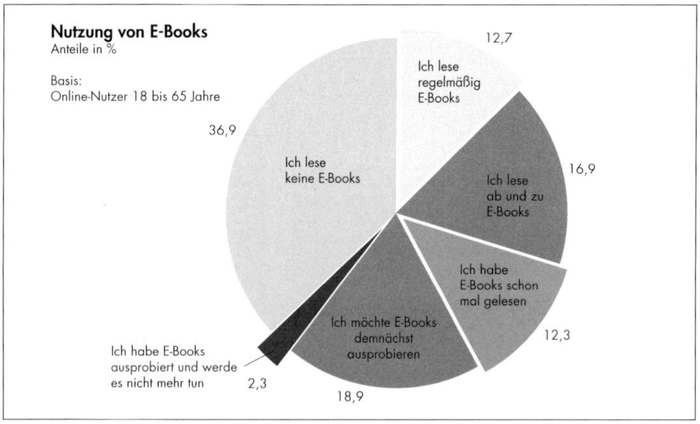


*Abb. 1.9: Nutzung von E-Books (Quelle: PricewaterhouseCoopers Studie „Mediatrend Outlook – E-Books im Aufwind", 2013)*

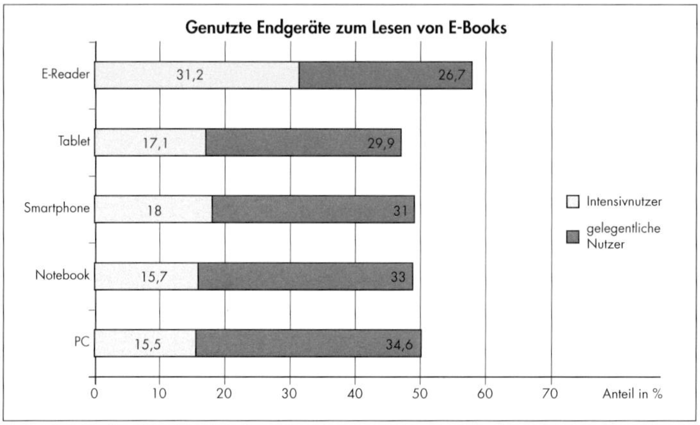


*Abb. 1.10: Genutzte Endgeräte (Quelle: PricewaterhouseCoopers Studie „Mediatrend Outlook – E-Books im Aufwind", 2013)*

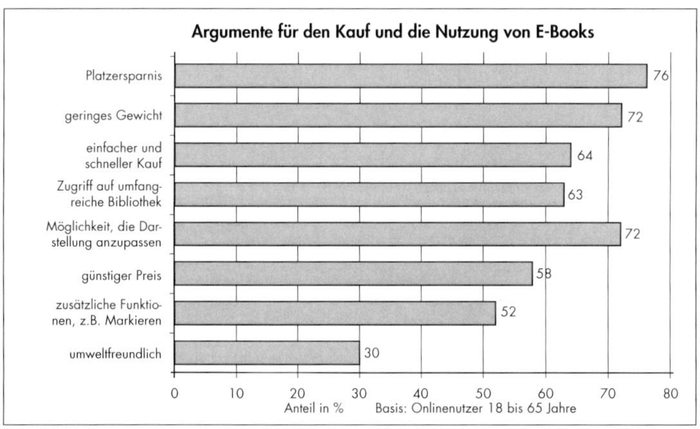


*Abb. 1.11: Kaufargumente (Quelle: PricewaterhouseCoopers Studie „Mediatrend Outlook – E-Books im Aufwind", 2013)*

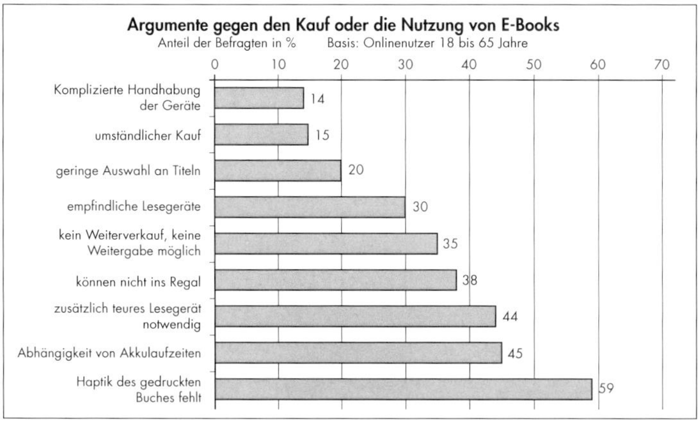


*Abb. 1.12: Argumente gegen Kauf (Quelle: PricewaterhouseCoopers Studie „Mediatrend Outlook – E-Books im Aufwind", 2013)*

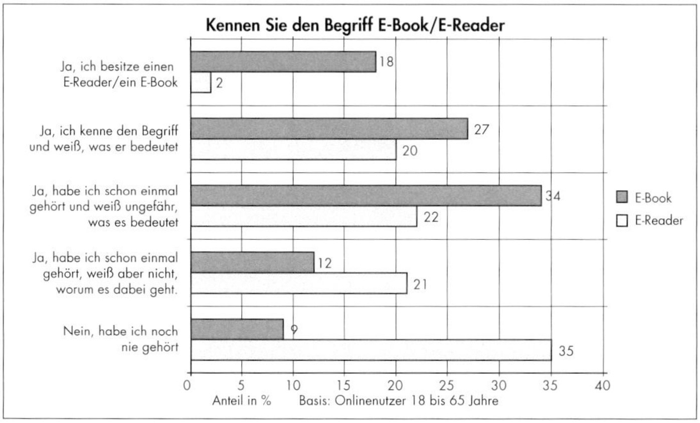


*Abb. 1.13: Kenntnis der Begriffe (Quelle: PricewaterhouseCoopers Studie „E-Books in Deutschland", 2010)*

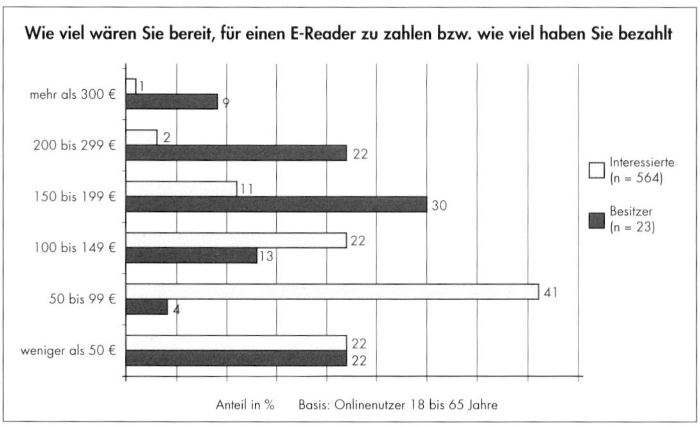


*Abb. 1.14: Zahlungsbereitschaft (Quelle: PricewaterhouseCoopers Studie „E-Books in Deutschland", 2010)*

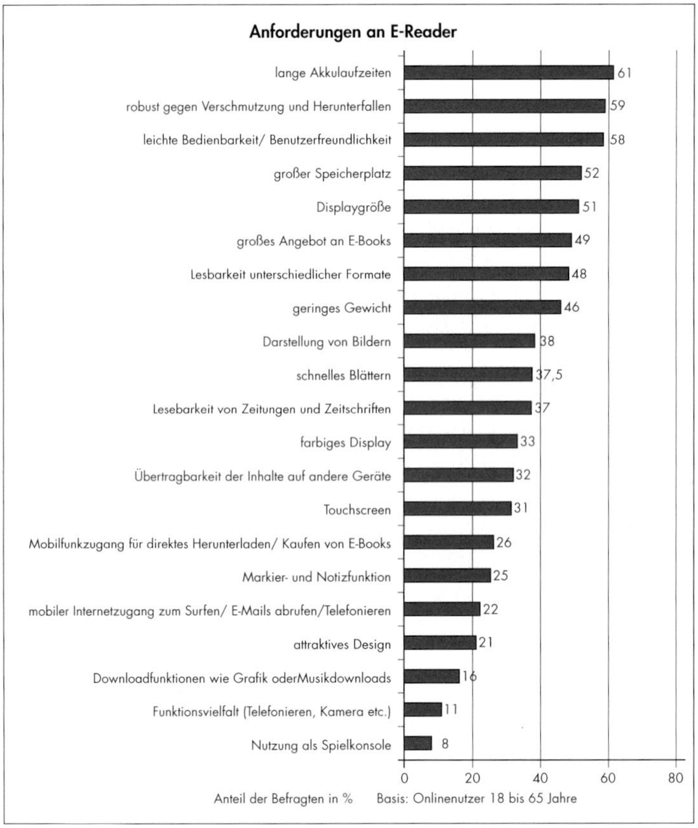


*Abb. 1.15: Kundenseitige Anforderungen (Quelle: PricewaterhouseCoopers Studie „E-Books in Deutschland", 2010)*

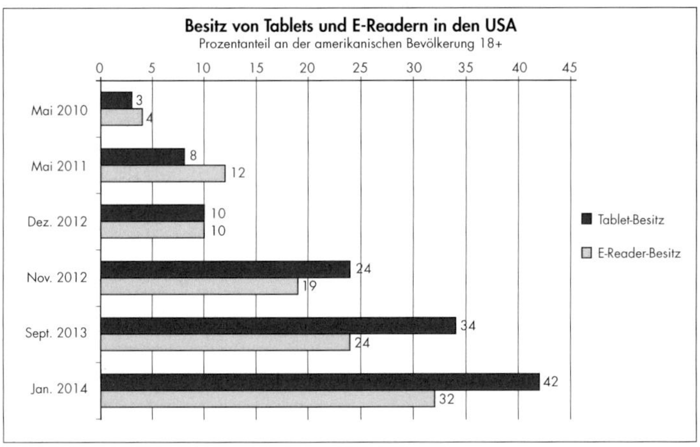


*Abb. 1.16: Verbreitung von Tablets und E-Readern in den USA (Daten nach BITKOM Presseinformation Feb. 2014)*

### 1.3.2 Probelmstellung und Aufgabe

> **Problemstellung**
>
> Der ComReader soll zu einem Preis von 179,99 Euro in den Markt eingeführt werden.
> Die mcom GmbH strebt dabei folgende Marketingziele an:
> - Absatz im 1. Jahr (Jahr der Markteinführung): 10 000 Geräte
> - Absatz im 2. Jahr: 40 000 Geräte
> - Absatz im 3. Jahr: 50 000 Geräte
>
> Die Markteinführung des ComReaders soll durch eine Kommunikationskampagne begleitet und unterstützt werden. Dazu soll ein Kommunikationskonzept entwickelt werden.

**Aufgabe 1**

Ausgangspunkt für die Erstellung des Kommunikationskonzeptes soll ein Briefing sein. Da der zuständige Produktmanager der mcom GmbH kaum Erfahrung in der Erstellung eines Briefings hat, bittet er Ihre Agentur, ihm dabei behilflich zu sein. Als Grundlage liefert er die auf den Seiten 16 bis 20 zusammengestellten Informationen. Führen Sie eine Briefinganalyse durch. Vergleichen Sie dazu die zur Verfügung gestellten Informationen mit den notwendigen Informationen eines entsprechenden Briefings. Geben Sie konkret an, welche Informationen fehlen oder nicht ausreichend sind.

*Lösungshinweise zur Aufgabe 1*

- Hintergrundinformationen sind nicht ausreichend. Im Einzelnen:
  - **Unternehmen:** Es fehlen detaillierte Angaben zu den Produkten, zur Distribution einschließlich Distributionskennziffern, Kommunikationsmaßnahmen, Preisstellung, finanzielle Situation, Entwicklung, CI etc
  - **Markt:** Es werden Angaben zur mengen- und wertmäßigen Entwicklung von E-Readern und E-Books gemacht. Entsprechende Angaben zu Tablet-PCs und Smartphones fehlen
  - **Konkurrenz:** Es werden nur allgemeine Angaben zu Konkurrenzgeräten gemacht. Die Benennung bestimmter Geräte/Marken sowie Angaben zu Hauptkonkurrenten fehlen. Ebenfalls fehlen Angaben zu Marktanteilen, zur Distribution und Kommunikation der Hauptkonkurrenzmarken.
  - **Kommunikationsadressaten**
    Angaben zu Bekanntheit, Preis- und Kaufbereitschaft sowie Infos zur Nutzung von E-Books und Endgeräten und Anforderungen an E-Reader sind vorhanden, Informationen zu Potenzialen fehlen.
- **Ziele**: Es werden nur Marketingziele angegeben, Kommunikationsziele fehlen komplett.
- **Zielgruppe**: Angaben zur Zielgruppe fehlen komplett.
- **Budget**: Budgetangaben fehlen komplett.
- Zeitrahmen: Angaben zu diesem Punkt fehlen völlig.
- **Aufgabenstellung**: Die Aufgabenstellung ist zu ungenau, es bleibt unklar, was von der Agentur konkret erwartet wird.
- **Strategische Eckpunkte/CI/CD**: Vorgaben zur Positionierung, zur Copy-Strategie und zum Medieneinsatz fehlen, ebenso fehlen Angaben zur Berücksichtigung von CI-/CD-Aspekten.

## 1.4 Bestandteile eines Kommunikationskonzeptes

Kommunikationskonzept
4. Operation
3. Kreation
2. Stragegie
1. Analyse

*Abb. 1.17*

Ein Kommunikationskonzept wird üblicherweise in drei bis vier Bereiche unterteilt, die jeweils noch weiter differenziert werden. **Klaus Schmidbauer**, an dem wir uns hier orientieren, berücksichtigt vier Hauptbereiche (Abb. 1.17, in Anlehnung an Klaus Schmidbauer, Vorsprung mit Konzept, Berlin 2011), die wir im Folgenden näher ausführen.

### 1.4.1 Analyse als Grundlage für ein Kommunikationskonzept

Der analytische Block bildet die Grundlage für die Erstellung eines Kommunikationskonzeptes. Er lässt sich weiter unterteilen in die drei Unterpunkte:

a) Recherche ⇒ b) Verdichtung ⇒ c) Analyse

*Recherche*

Hier werden zunächst die notwendigen Fakten gesammelt und erhoben. Grundlage für die Recherche sind die Informationen, die das Briefing bietet. Häufig sind diese aber nicht ausreichend, sodass zusätzliche Daten erfasst werden müssen. Dabei wird man zunächst versuchen, den Informationsbedarf durch Sekundärquellen zu decken. Nur in Ausnahmefällen wird man eine Primärerhebung durchführen, da diese zeitaufwendig und kostenintensiv ist. Die **Rechercheinhalte** stimmen mit den notwendigen Hintergrundinformationen des Briefings überein (vergl. dazu Seite 11).

*Verdichtung*

Bei der Datensammlung geht man erst einmal großzügig vor. Man erfasst alle Daten, die einen Bezug zu der zugrunde liegenden Problemstellung haben. Damit man aber nicht den Überblick verliert und schließlich den Wald vor lauter Bäumen nicht mehr sieht, müssen die Daten nach Relevanz sortiert und redundante Informationen eliminiert werden. Den verbleibenden Datensatz sollte man dann auf die Kernbestandteile reduzieren. Als Ergebnis erhält man schließlich einen konzentrierten Satz an Daten und Informationen. Klaus Schmidbauer spricht in diesem Zusammenhang von einem **Faktenspiegel**.

*Analyse*

Die Faktenrecherche betreibt man nicht aus Selbstzweck, sondern sie soll Ansatzpunkte für die strategische Ausrichtung des Konzeptes bieten. Evtl. lassen sich daraus später auch konkrete Kommunikationsmaßnahmen ableiten. Dieser Vorgang, bei dem also ein Zusammenhang zwischen der Datenlage und der zu lösenden Problemstellung hergestellt und daraus Schlussfolgerungen abgeleitet werden, findet im Rahmen der Analyse statt. Es gibt verschiedene Methoden, die bei der Analyse eingesetzt werden können. Ebenfalls in Anlehnung an Schmidbauer verwenden wir hier die **SWOT-Analyse**, da diese gut geeignet ist, um Ansatzpunkte zur strategischen Ausrichtung des Kommunikationskonzeptes aufzudecken.

*SWOT-Analyse*

Bei einer SWOT-Analyse wird eine Stärken/Schwächen-Analyse mit einer Chancen/Risiken-Analyse kombiniert. „SWOT" ist die Abkürzung für **S**trengths (Stärken), **W**eaknesses (Schwächen), **O**pportunities (Chancen) und **T**hreats (Risiken).

Stärken/Schwächen = intern und also beeinflussbar

**Stärken und Schwächen** sind interne Faktoren, die also im Einflussbereich des Unternehmens liegen. Stärken sind dabei Vorteile des eigenen Unternehmens gegenüber dem Hauptwettbewerber, Schwächen entsprechend Nachteile. Stärken sind z. B. ein höherer Marktanteil, eine höhere Innovationsfähigkeit, höhere finanzielle Ressourcen etc. Schwächen sind z. B. ein schlechteres Unternehmensimage, eine geringere Qualifikation der Mitarbeiter, höhere Stückkosten u. a. Während sich bei einer SWOT-Analyse im klassischen Sinne die Stärken und Schwächen immer auf den Hauptwettbewerber beziehen, sind bei einer SWOT-Analyse im Zusammenhang mit der Erstellung eines Kommunikationskonzeptes auch andere Sichtweisen möglich. Neben Vor-/Nachteilen gegenüber den Konkurrenzobjekten können hier auch Aspekte eine Rolle spielen, die sich durch die Eigenschaften oder das Verhalten der Zielpersonen ergeben. Auch hier werden aber nur interne Faktoren einbezogen, die das Unternehmen also beeinflussen kann.

Chancen/Risiken =extern und meist nicht beeinflussbar

**Chancen und Risiken** sind externe Faktoren, auf die das Unternehmen keinen direkten Einfluss hat. Chancen sind im Sinne der Zielerreichung positive Faktoren, die also die Wahrscheinlichkeit der Zielerreichung erhöhen. Risiken sind negativ ausgeprägte Faktoren, sie verringern die Wahrscheinlichkeit der Zielerreichung. Eine Chance ist z. B. ein hohes Marktwachstum, ein Risiko ein ungünstiger gesellschaftlicher Trend.

Bei einer SWOT-Analyse werden die Stärken/Schwächen und Chancen/Risiken in der Regel in einer Matrix gegenübergestellt.

→ *Die Ergebnisse der SWOT-Analyse lassen sich innerhalb des Strategieblocks zur Entwicklung einer Positionierungsstrategie verwenden. Das Verfahren wird an der betreffenden Stelle ausführlich erläutert.*

## Weiterführung der Fallsituation zur Markteinführung des ComReaders

### Aufgabe 2

Stellen Sie die relevanten Informationen zum ComReader und zum E-Readermarkt übersichtlich in einem Datenblatt zusammen. Berücksichtigen Sie dabei auch die unten stehenden Informationen aus einer Kreuztabelle, die mithilfe der Markt-Media-Studie „best for planning" erstellt wurde; die Studie „best for planning" (b4p) wird als Gemeinschaftsstudie im Auftrag der vier Medienhäuser Axel Springer Verlag, Bauer Media Group, Hubert Burda Media und Gruner + Jahr erstellt (siehe weitere Informationen zu b4p auf S. 542).

## Geschlecht/Altersstruktur

| best for planning Märkte Struktur-analyse 2013 III | Basis | | eBook-Reader-Interesse mindestens stark | | |
|---|---|---|---|---|---|
| | Mio. | % vert. | Mio. | % vert. | Index |
| Basis | 70,33 | 100 | 5,59 | 100 | 100 |
| Geschlecht | | | | | |
| männlich | 34,46 | 49 | 3,1 | 55,4 | 113 |
| weiblich | 35,86 | 51 | 2,49 | 44,6 | 87 |
| Alter Befragter (in Jahren) | | | | | |
| 14 bis 19 | 4,89 | 7 | 0,53 | 9,5 | 137 |
| 20 bis 24 | 4,92 | 7 | 0,73 | 13 | 186 |
| 25 bis 29 | 4,9 | 7 | 0,59 | 10,6 | 152 |
| 30 bis 34 | 4,8 | 6,8 | 0,42 | 7,4 | 109 |
| 35 bis 39 | 4,76 | 6,8 | 0,55 | 9,8 | 145 |
| 40 bis 44 | 6,41 | 9,1 | 0,69 | 12,4 | 136 |
| 45 bis 49 | 6,8 | 9,7 | 0,66 | 11,8 | 122 |
| 50 bis 54 | 6,28 | 8,9 | 0,41 | 7,3 | 81 |
| 55 bis 59 | 5,53 | 7,9 | 0,38 | 6,9 | 88 |
| 60 bis 64 | 4,7 | 6,7 | 0,26 | 4,6 | 69 |
| 64 bis 69 | 4,1 | 5,8 | 0,08 | 1,5 | 26 |
| 70 und | 12,24 | 17,4 | 0,29 | 5,2 | 30 |

## Haushaltsnettoeinkommen

| best for planning Märkte Struktur-analyse 2013 III | | | Basis | | eBook-Reader-Interesse mindestens stark | | |
|---|---|---|---|---|---|---|---|
| | | | Mio. | % vert. | Mio. | % vert. | Index |
| Basis | | | 70,33 | 100 | 5,59 | 100 | 100 |
| Haushaltsnettoeinkommen in Euro | | | | | | | |
| bis unter 1.000 | | | 5,37 | 7,6 | 0,35 | 6,2 | 81 |
| 1.000 | … bis unter … | 1.500 | 9,48 | 13,5 | 0,49 | 8,7 | 64 |
| 1.500 | … bis unter … | 2.000 | 11,92 | 17 | 0,62 | 11 | 65 |
| 2.000 | … bis unter … | 2.500 | 12,66 | 18 | 0,92 | 16,4 | 91 |
| 2.500 | … bis unter … | 3.000 | 9,14 | 13 | 0,7 | 12,5 | 96 |
| 3.000 | … bis unter … | 4.000 | 12,14 | 17,3 | 1,34 | 24 | 139 |
| 4.000 | … bis unter … | 5.000 | 6,48 | 9,2 | 0,81 | 14,5 | 157 |
| 5.000 und mehr | | | 3,13 | 4,5 | 0,37 | 6,7 | 150 |

## Schul-/Berufsausbildung

| best for planning Märkte Strukturanalyse 2013 III | Basis | | eBook-Reader-Interesse mindestens stark | | |
|---|---|---|---|---|---|
| | Mio. | % vert. | Mio. | % vert. | Index |
| Basis | 70,3 | 100 | 5,6 | 100 | 100 |
| Schul-/Berufsausbildung Befragter | | | | | |
| (noch) kein allg. Schulabschluss, noch Schüler in allg.b.. Schule | 3,35 | 4,8 | 0,4 | 6,5 | 137 |
| Haupt-/Volksschulabschluss o. abgeschl. Berufsausbildung | 5,99 | 8,5 | 0,2 | 3,2 | 37 |
| Haupt-/Volksschulabschluss mit abgeschl. Berufsausbildung | 21,8 | 30,9 | 0,9 | 15,7 | 51 |
| weiterführende Schule ohne Abi (Realschulabschluss/Mittlere Reife/Oberschule) oder gleichwertig | 20,5 | 29,2 | 1,7 | 30,8 | 106 |
| Abitur, (Fach-) Hochschulreife o. Studium | 8,67 | 12,3 | 1,2 | 21,2 | 172 |
| Studium (Univ., Hochschule, FHS) | 10,1 | 14,3 | 1,3 | 22,6 | 158 |

## Aspekte des Lebens

| best for planning Märkte Strukturanalyse 2013 III | Basis | | eBook-Reader-Interesse mindestens stark | | |
|---|---|---|---|---|---|
| | Mio. | % vert. | Mio. | % vert. | Index |
| Basis | 70,33 | 100 | 5,59 | 100 | 100 |
| Aspekte des Lebens (besonders wichtig/wichtig) | | | | | |
| Freundeskreis | 49,16 | 69,9 | 4,47 | 80,1 | 115 |
| Erfolg im Beruf | 54,78 | 77,9 | 4,99 | 89,3 | 115 |
| Selbstverwirklichung | 52,44 | 74,6 | 4,82 | 86,3 | 116 |
| gesunde Umwelt | 61,13 | 86,9 | 4,99 | 89,3 | 103 |
| Aufgeschlossen für neue Entwicklungen | 54,87 | 78 | 5,07 | 90,7 | 116 |
| Individualität | 54,15 | 77 | 4,92 | 88 | 114 |
| kulturelles Leben | 41,24 | 58,6 | 4,03 | 72,1 | 123 |
| soziales Engagem. | 41,39 | 58,9 | 3,86 | 69,2 | 118 |
| viel erleben | 47,35 | 67,3 | 4,56 | 81,5 | 121 |
| gute Bildung | 61,56 | 87,5 | 5,13 | 91,8 | 105 |

## Bücherkauf im Internet und Marken-/ Preisbeachtung bei E-Readern

| best for planning Märkte Strukturanalyse 2013 III | Basis | | eBook-Reader-Interesse mindestens stark | | |
|---|---|---|---|---|---|
| | Mio. | % vert. | Mio. | % vert. | Index |
| Basis | 70,33 | 100 | 5,59 | 100 | 100 |
| Produkte/Dienstleistungen schon im Internet gekauft | | | | | |
| Bücher | 15,58 | 22,2 | 2,26 | 40,5 | 183 |
| Marken-/Preisbeachtung beim Kauf von E-Readern | | | | | |
| vor allem Preis | 1,12 | 1,6 | 0,17 | 3 | 185 |
| eher Preis | 2,2 | 3,1 | 0,54 | 9,6 | 306 |
| sowohl Preis als auch Marke | 9,88 | 14,1 | 2,46 | 44 | 313 |
| eher Marke | 2,69 | 3,8 | 1 | 18 | 469 |
| vor allem Marke | 0,84 | 1,2 | 0,33 | 6 | 501 |
| kaufe ich nie | 52,94 | 75,3 | 1,05 | 18,8 | 25 |
| keine Angabe | 0,65 | 0,9 | 0,04 | 0,7 | 77 |
| Markenbeachtung beim Kauf von E-Readern | | | | | |
| | 3,53 | 5 | 1,34 | 23,9 | 477 |
| Preisbeachtung beim Kauf von E-Readern | | | | | |
| | 3,33 | 4,7 | 0,7 | 12,6 | 265 |

## Freizeitbeschäftigung

| best for planning Märkte Strukturanalyse 2013 III | Basis | | eBook-Reader-Interesse mindestens stark | | |
|---|---|---|---|---|---|
| | Mio. | % vert. | Mio. | % vert. | Index |
| Basis | 70,3 | 100 | 5,59 | 100 | 100 |
| Freizeitbeschäftigung häufig/gelegentlich | | | | | |
| Fotografieren | 24,9 | 35,4 | 2,87 | 51,4 | 145 |
| Filmen, mit Handy, Videokamera etc. | 15,6 | 22,1 | 2,15 | 38,6 | 174 |
| am PC/Computer arbeiten | 41,2 | 58,6 | 4,59 | 82,2 | 140 |
| Online-Angebote, das Internet nutzen | 45 | 64 | 4,73 | 84,6 | 132 |
| Camping, Caravaning, Zelten | 3,99 | 5,7 | 0,48 | 8,6 | 152 |
| Ausflüge mit dem Auto machen | 35,5 | 50,5 | 3,3 | 59,1 | 117 |
| Bücher lesen | 34,4 | 48,8 | 3,47 | 62 | 127 |
| Museen, Ausstellungen, Galerien | 8,51 | 12,1 | 1,07 | 19,1 | 158 |
| ins Kino gehen | 17,9 | 25,5 | 2,36 | 42,2 | 166 |
| Freizeitparks/Freizeitcenter besuchen | 7,41 | 10,5 | 1,07 | 19,2 | 183 |
| Rock-, Pop-, Schlager-Konzerte besuchen | 7,72 | 11 | 1,13 | 20,2 | 184 |
| Einkaufsbummel, Schaufensterbummel | 37,9 | 53,9 | 3,36 | 60,2 | 112 |
| Ausgehen (Restaurant, Kneipen, Disco) | 32,2 | 45,7 | 3,41 | 61,1 | 134 |
| gut Essen gehen | 34,4 | 48,8 | 3,37 | 60,3 | 123 |
| Musicals besuchen | 3,93 | 5,6 | 0,65 | 11,6 | 207 |
| Wellness-Angebote nutzen | 12,1 | 17,3 | 1,41 | 25,2 | 146 |
| Sportveranstaltungen besuchen | 15 | 21,3 | 1,82 | 32,5 | 153 |
| Rad fahren, Mountainbiken | 20,4 | 29 | 2,02 | 36,2 | 125 |
| Ski, Snowboarden | 3,54 | 5 | 0,41 | 7,3 | 146 |
| Schwimmen | 21,2 | 30,1 | 2,28 | 40,8 | 135 |
| Wassersport treiben (z. B. Surfen, Segeln) | 1,49 | 2,1 | 0,21 | 3,8 | 181 |
| Tennis spielen | 2,3 | 3,3 | 0,33 | 6 | 182 |
| Fußball spielen | 6,15 | 8,7 | 0,87 | 15,6 | 178 |
| Golf spielen | 0,93 | 1,3 | 0,17 | 3,1 | 230 |
| Joggen, Walken | 11,2 | 15,9 | 1,42 | 25,4 | 159 |
| Inline skaten | 3,18 | 4,5 | 0,39 | 6,9 | 153 |
| ins Fitnessstudio gehen | 8,61 | 12,2 | 1,13 | 20,2 | 165 |
| Handball spielen | 1,08 | 1,5 | 0,19 | 3,5 | 226 |
| Volleyball spielen | 1,59 | 2,3 | 0,22 | 4 | 175 |
| Skilanglauf | 1,34 | 1,9 | 0,19 | 3,5 | 182 |
| Yoga, Pilates | 3,05 | 4,3 | 0,38 | 6,9 | 158 |
| andere Sportarten betreiben | 5,22 | 7,4 | 0,54 | 9,6 | 129 |

## Statements zu Computer, Technik und Konsum

| best for planning<br>Märkte Strukturanalyse 2013 III | Basis | | eBook-Reader-Interesse mindestens stark | | |
|---|---|---|---|---|---|
| | Mio. | % vert. | Mio. | % vert. | Index |
| Basis | 70,33 | 100 | 5,59 | 100 | 100 |
| Statements zum Thema Computer und Technik (voll und ganz/eher) | | | | | |
| Ich beschäftige mich gernemit Computern u. anderen modernen elektron. Produkten | 33,48 | 47,6 | 4,37 | 78,3 | 164 |
| In technischen Angelegenheiten werde ich von meinen Freunden öfter um Rat gefragt | 16,05 | 22,8 | 2,65 | 47,3 | 207 |
| Bei technischen Geräten lege ich Wert auf gutes Aussehen/Design | 29,81 | 42,4 | 3,58 | 64,2 | 151 |
| Statements zum Thema Konsum (voll und ganz/eher) | | | | | |
| Man sollte sich mit seinem Geld lieber ein schönes Leben machen als es zu sparen | 29,53 | 42 | 2,99 | 53,5 | 127 |
| Ich leiste mir gern teure Sachen | 19,16 | 27,3 | 2,43 | 43,5 | 160 |
| Wenn man bekannte Marken kauft, kann man sicher sein, gute Qualität zu beikommen | 43,7 | 62,1 | 3,91 | 70 | 113 |
| Ich probiere gerne neue Produkte aus | 36,16 | 51,4 | 3,98 | 71,3 | 139 |
| Bei größeren Anschaffungen lese ich vorher möglichst Testberichte | 34,75 | 49,4 | 3,79 | 67,8 | 137 |
| Ich bummle gerne durch Geschäfte und kaufe ganz spontan, wenn mir etwas gefällt | 26,87 | 38,2 | 3,01 | 53,8 | 141 |
| Ich kaufe mir oft Dinge, ohne lange nachzudenken, ob ich mir das leisten kann | 14,51 | 20,6 | 2,09 | 37,3 | 181 |
| Ich informiere mich gern im Geschäft, kaufe dann aber im Internet | 13,79 | 19,6 | 2,22 | 39,8 | 203 |
| Beim Kauf achte ich auf Nachhaltigkeit der Produkte (z. B. Umwelt, keine Kinderarbeit) | 24,47 | 34,8 | 2,87 | 51,5 | 148 |

## Statements verschiedene Lebensbereiche

| best for planning<br>Märkte Strukturanalyse 2013 III | Basis | | eBook-Reader-Interesse mindestens stark | | |
|---|---|---|---|---|---|
| | Mio. | % vert. | Mio. | % vert. | Index |
| Basis | 70,33 | 100 | 5,59 | 100 | 100 |
| Statements zu verschiedenen Lebensbereichen (voll und ganz/eher) | | | | | |
| Ich übernehme gerne Verantwortung | 54,23 | 77,1 | 4,69 | 83,9 | 109 |
| Ich habe ehrgeizige Pläne und Ziele, will im Leben weiterkommen | 41,69 | 59,3 | 4,47 | 80 | 135 |
| Ich stelle an mich den Anspruch, mich für gesellschaftl. Veränderungen einzusetzen | 23,57 | 33,5 | 2,85 | 51 | 152 |
| Ich werde oft von anderen um Rat gefragt | 28,72 | 40,8 | 3,16 | 56,6 | 138 |
| Ich bin besonders risikobereit | 13,49 | 19,2 | 1,99 | 35,6 | 185 |
| Ich genieße das Leben und nehme die Dinge locker | 38,61 | 54,9 | 3,54 | 63,4 | 116 |
| Ideal ist ein Beruf, in dem man ökologl. und soziales Engagement verwirklichen kann | 32,96 | 46,9 | 3,41 | 61 | 130 |
| Ich suche das Abenteuer | 15,23 | 21,7 | 2,07 | 37 | 171 |
| Ich bin ziemlich spontan | 33,61 | 47,8 | 3,56 | 63,8 | 133 |
| Mir macht meine Arbeit Spaß | 48,23 | 68,6 | 4,43 | 79,2 | 116 |
| Was ich will ist Spaß, Abwechslung und Unterhaltung | 38,82 | 55,2 | 3,93 | 70,4 | 127 |
| Im Leben bin ich immer offen für neue Chancen und Herausforderungen | 47,37 | 67,4 | 4,59 | 82,1 | 122 |
| Ich möchte an dem teilhaben, was im Internet passiert | 32,3 | 45,9 | 4,01 | 71,7 | 156 |
| Mit das Wichtigste ist, eine anerkannte Stellung in der Gesellschaft zu erreichen | 32,4 | 46,1 | 3,45 | 61,7 | 134 |
| Ich habe oft den Drang, etwas Starkes und Neues zu erleben | 29,13 | 41,4 | 3,5 | 62,7 | 151 |

*Lösungshinweise zur Aufgabe 2*

**Unternehmen**

Erfolgreiche Spezialisierung auf mobile Computer und Vertrieb über spezialisierten Fachhandel, Elektronikfachmärkte und Warenhäuser.

**Produkt**

- Vorteile gegenüber Konkurrenzprodukten
  - günstiges Format
  - geringeres Gewicht
  - Farbdisplay
  - längere Akkulaufzeit
  - kürzere Lade- und Umblätterzeiten
  - nahezu alle Text- und Bildformate können verwendet werden
  - umfangreichere Möglichkeiten der Textbearbeitung
  - einfachere Bedienung
  - robuster
- Nachteile gegenüber Konkurrenzprodukten
  - keine Text to speach Funktion (Texte können nicht vom Gerät gesprochen werden)
  - kein Cloud-Backup (Inhalte des E-Readers lassen sich nicht in einer Cloud sichern, sie können aber auf einer externen Speicherkarte oder einem Rechner gesichert werden)
  - höherer Preis

**Markt**

E-Reader

- kontinuierliches Wachstum in dem Zeitraum von 2011 bis 2014 sowohl mengen- als auch wertmäßig
- Wachstum im Zeitraum von 2011 bis 2014: wertmäßig 280 %, mengenmäßig 435 %
- Wachstum 2013 auf 2014: wertmäßig 6,5 %, mengenmäßig 12,8 %
- trotz des anhaltenden Wachstums ist das Marktvolumen relativ klein
- in den USA nahezu kontinuierlich steigende Durchdringung mit E-Readern in der Bevölkerung, hoher Anteil von 32 % im Jan. 2014

E-Books

- Markt wächst von 2010 bis 2013 wert- und mengenmäßig kontinuierlich mit hohen Raten
- Prognose eines weiterhin starken Umsatzwachstums in den nächsten Jahren
- kontinuierlich steigender Umsatzanteil von E-Books am Buchmarkt
- kontinuierlich steigende Anzahl von E-Book-Käufern und Anzahl gekaufter E-Books pro Person
- Rückgang des Durchschnittspreises von 2010 nach 2013 um gut 29 % auf 7,58 EUR

Probleme für eine schnelle Marktdurchdringung

- Hauptgeschäft läuft über Tablet-PCs, evtl. auch Smartphones
- relativ hoher Preis für E-Books im Vergleich zu normalen Büchern
- relativ geringe Anzahl an verfügbaren E-Books, obwohl Neuerscheinungen bei Belletristik in der Regel auch als E-Book erhältlich sind

**Konsumenten**

- geringe Bekanntheit von E-Books und E-Readern, besonders E-Reader sind weitgehend unbekannt
- relativ geringe Preisbereitschaft für E-Reader bei Interessierten, bei Besitzern ist die Preisbereitschaft deutlich höher
- hauptsächliche Argumente für E-Books und E-Reader (mehr als 39 %)
  - Mobilität
  - Platzersparnis
  - schnelle Verfügbarkeit
  - Umweltfreundlichkeit
  - geringes Gewicht
  - unterschiedliche Schriftgrößen
- hauptsächliche Argumente gegen E-Books und E-Reader (mehr als 40 %)
  - zu teuer
  - abhängig von Strom
  - Haptik
- hauptsächliche Anforderungen an E-Book-Reader (mehr als 40 %)
  - lange Akkulaufzeit
  - robust
  - einfache Handhabung

- großer Speicherplatz
- Displaygröße
- großes Angebot an E-Books
- liest unterschiedliche Formate
- geringes Gewicht

- hohes Potenzial an E-Book-Nutzern (60,8 %)
- E-Reader ist bei Intensivnutzern beliebtestes Endgerät zum Lesen von E-Books, auch bei gelegentlichen Nutzern ist der Anteil mit 26,7 % noch hoch

**Auswertung der Kreuztabelle**

| **E-Reader-Interesse mindestens stark** |
|---|
| **Soziodemografie** |
| überwiegend männlich |
| hauptsächlich 14 – 49 Jahre |
| deutlich überproportional Fachhochschulreife, Abitur, Studium |
| HHNE: hauptsächlich 2.500 Euro +, überproportional 3000 Euro + |
| **Qualitative Merkmale: verhaltensorientiert und psychografisch** |
| hohe Präferenz für Bücherkauf im Internet |
| Marke hat beim Kauf von E-Readern hohe Bedeutung, aber auch hoher Anteil, die daneben den Preis beachten, rel. geringer Anteil an Nichtkäufern |
| hohes Engagement privat, gesellschaftlich und beruflich |
| Neuem gegenüber aufgeschlossen |
| hohe Computer- und Internetaffinität |
| Präferenz für teure Sachen |
| marken- und qualitätsorientiert |
| ehrgeizig |
| Ratgeber |
| spontanes Verhalten, trotzdem werden vor größeren Anschaffungen Informationen eingeholt |
| Präferenz für Käufe im Internet |
| Nachhaltigkeit von Produkten ist wichtig |
| hohes Umweltbewusstsein |
| hohe Erlebnisorientierung |
| hohe Risikobereitschaft |
| viele außerhäusige, sportliche, unterhaltende und kulturelle Aktivitäten |
| Bücher werden gerne gelesen |

**Aufgabe 3**

Als Grundlage für die Konzepterstellung soll eine SWOT-Analyse durchgeführt werden.
Tragen Sie dazu die Stärken und Schwächen und die Chancen und Risiken in ein Diagramm gemäß dem untenstehenden Muster ein.
Berücksichtigen Sie bei den Stärken und Schwächen die Vor- und Nachteile des ComReaders gegenüber:

- analogen Büchern
- Tablet-PCs
- Konkurrenzgeräten

| **Stärken** | **Schwächen** |
|---|---|
| **Chancen** | **Risiken** |

*Abb. 1.18: Struktur einer SWOT-Analyse*

*Lösungshinweise zur Aufgabe 3*

| Stärken | Schwächen |
|---|---|
| ComReader versus analoge Bücher<br>Mobilität (Gewicht, Platzersparnis)<br>• umweltfreundlich (kein Papierverbrauch)<br>• schnelle Verfügbarkeit der Bücher (Bücher können zu jeder Zeit, an nahezu jedem Ort bezogen werden, durch UMTS/WLAN)<br>• verschiedene Schriftgrößen<br>• Suchfunktion<br>• Schreibfunktion<br>Musik hören | ComReader versus analoge Bücher<br>• Abhängigkeit von Technik, technisches Gerät erforderlich<br>• Haptik<br>• kann nicht ins Buchregal<br>• geringe Auswahl an E-Books<br>• kompliziert für technisch Uninteressierte<br>• anfällig für Beschädigung<br>• begrenzte Akkulaufzeit<br>• Bücher können nicht ohne Weiteres verliehen werden |
| ComReader versus Tablet PCs<br>• lange Akku-Laufzeit<br>• Größe/Gewicht<br>• bessere Textdarstellung durch eInk-Technik, Anmutung an echtes Buch<br>• Preis | ComReader versus Tablet PCs<br>• eingeschränkte Funktionalität (im Wesentlichen Anzeigen von E-Books und Dokumenten) |
| ComReader versus Konkurrenzgeräte<br>• benutzerfreundlich, einfaches Handling, unterstützt alle gängigen Formate<br>• robust<br>• Farbdisplay<br>• höhere Akkulaufzeit<br>• kürzere Lade- und Umblätterzeiten<br>• leicht<br>• kleiner bei gleicher Displaygröße | ComReader versus Konkurrenzgeräte<br>• hoher Preis<br>• keine Text to speach-Funktion<br>• kein Cloud-Backup |
| **Chancen** | **Risiken** |
| • kontinuierliches Marktwachstum<br>⇒ Bedarf an E-Readern wächst<br>• Mobilität und Trend zu mobilem Lesen wächst<br>⇒ E-Reader bieten die Möglichkeit, den kompletten Buchbestand und alle schriftlichen Unterlagen immer dabei zu haben<br>• kontinuierlich steigender Anteil von E-Books am Buchmarkt<br>• E-Reader bei Intensivnutzern beliebtestes Endgerät, auch bei gelegentlichen Nutzern noch hoher Nutzungsanteil von E-Readern<br>• hohe Durchdringung von E-Readern in den USA<br>⇒ Entwicklungen in den USA werden in der Regel mit einem Zeitverzug auch in Deutschland nachvollzogen | • geringe Ausgabebereitschaft für E-Reader<br>⇒ Probleme, Akzeptanz und Verständnis für hohen Preis für den ComReader zu erreichen<br>• nur ein geringer Bruchteil aller verfügbaren Bücher wird aktuell als E-Book angeboten, z. B. fast keine Fach- und Sachbücher<br>⇒ bevorzugte Bücher sind evtl. nicht als E-Book verfügbar<br>• hoher Preis für E-Books im Vergleich zu normalen Büchern<br>⇒ kein Anreiz, sich das gleiche Buch als analoges und als E-Book anzuschaffen<br>• zunehmend alternde Gesellschaft<br>⇒ tendenziell skeptisch gegenüber neuen Techniken<br>• geringe Bekanntheit von E-Readern/geringes Wissen über E-Reader<br>⇒ Informationen über E-Reader allgemein müssen vermittelt werden, das nutzt auch der Konkurrenz<br>• Hauptgeschäft läuft über Tablet-PCs<br>⇒ eher Nischenmarkt für Vielleser, daher begrenztes Marktvolumen<br>• vermutlich relativ geringe Innovationsgeschwindigkeit<br>⇒ relativ lange Kaufzyklen |

*Abb. 1.19: SWOT-Analyse zum ComReader*

### 1.4.2 Strategie

Wie bereits erwähnt, ist die Analyse kein Selbstzweck, sondern bildet die Grundlage für die strategische Ausrichtung des Konzeptes und schließlich für die Maßnahmenplanung. Im Rahmen der Strategie wird festgelegt:

Was wir mit dem Konzept erreichen wollen
⇒ **Kommunikationsziele**

Bei wem wir unsere Ziele erreichen wollen.
⇒ **Zielgruppen**

Welches Vorstellungsbild wir in den Köpfen der Zielpersonen von dem Kommunikationsobjekt erzeugen wollen
⇒ **Positionierung**

Welche Kommunikationsinhalte wir über das Kommunikationsobjekt aussenden wollen
⇒ **Botschaften**

In der Grafik wird versucht, die Zusammenhänge zwischen den Elementen des strategischen Blocks zu visualisieren:

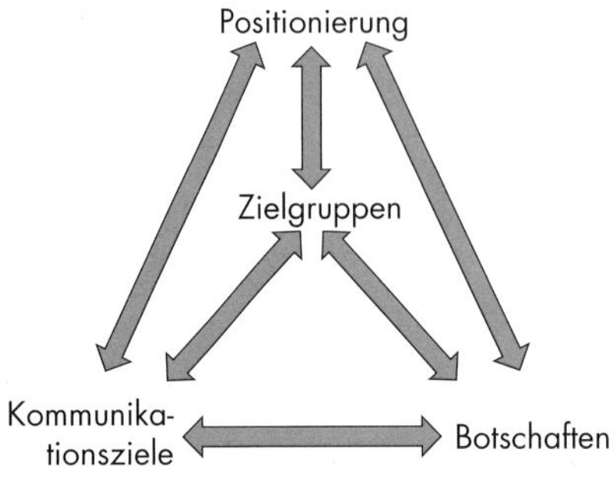


*Abb. 1.20: Zusammenhang zwischen den Elementen des strategischen Blocks*

| Strategie |
|---|
| 4. Botschaften |
| 3. Positionierung |
| 2. Zielgruppen |
| 1. Ziele |

*Abb. 1.21: Reihenfolge bei strategischer Planung*

Es sollte deutlich werden, dass die Zielgruppen zwar im Zentrum stehen, da auf diese alle kommunikativen Bemühungen bezogen sind. Gleichzeitig bestehen aber zwischen allen Elementen wiederum Wechselwirkungen. Für den Planungsprozess bedeutet das, dass die einzelnen Elemente eigentlich gleichzeitig geplant werden müssten, was praktisch aber nicht möglich ist. Für den praktischen Planungsablauf benötigt man also eine Reihenfolge. In der klassischen Kommunikationstheorie, der wir hier folgen, startet man mit den Zielen, leitet daraus die Zielgruppen ab, gefolgt von der Positionierung und schließlich den Botschaften (Abb. 1.21). Diese Reihenfolge hat eine gewisse Logik, da die Ziele gewissermaßen die Grundlage des Planungsprozesses bilden. Bei der Planung sollten aber die bestehenden Wechselwirkungen zwischen den jeweiligen Elementen nicht unbeachtet bleiben. Wir wollen bei dieser Gelegenheit nicht unerwähnt lassen, dass es auch Planungsansätze gibt, bei denen mit den Zielgruppen gestartet wird, so z. B. bei Schmidbauer.

**Ziele**

Die Planung und Ausarbeitung eines Kommunikationskonzeptes ist nur möglich, wenn feststeht, welche Ziele mit den Kommunikationsmaßnahmen angestrebt werden sollen. Hierbei ist zu berücksichtigen, dass Ziele auf verschiedenen Ebenen angestrebt werden können.
Vergl. Sie dazu die Abb. 1.21. Ausführliche Erläuterungen zu den Zielen auf den verschiedenen Ebenen finden Sie in dem Band Schmettler/Wendt: „Kommunikationspolitik“.

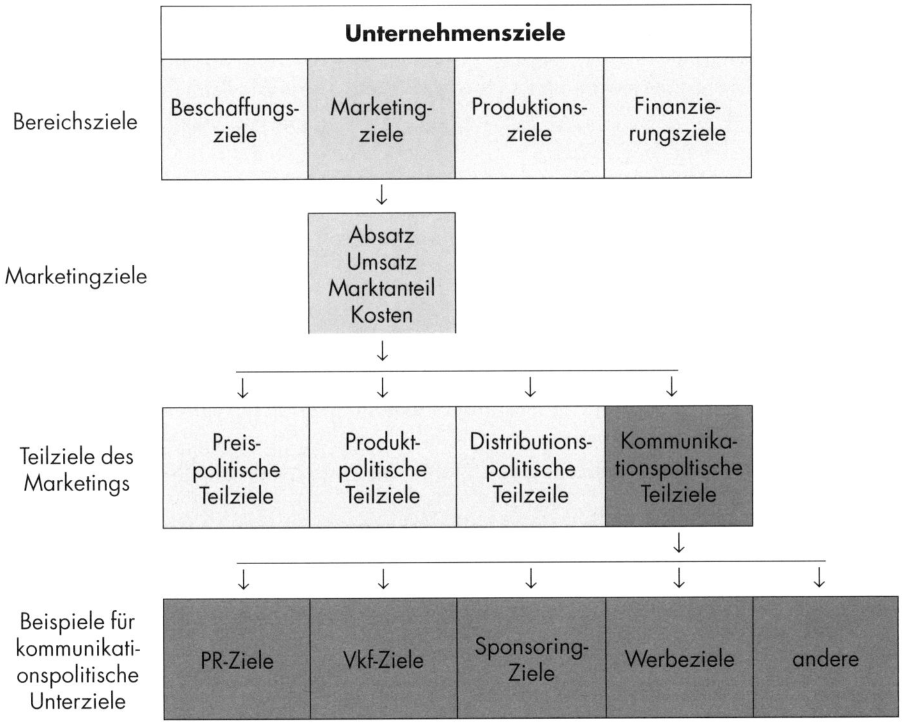


*Abb. 1.22: Zielhierarchie*

Kommunikationsziele werden in der Regel aus den angestrebten Marketingzielen abgeleitet. Diese beziehen sich klassischerweise auf den Absatz, den Umsatz, den Marktanteil oder die Marketingkosten.
Typische Kommunikationsziele sind:
- Bekanntmachung des Kommunikationsobjektes
- Vermittlung von Informationen über das Kommunikationsobjekt
- Beeinflussung der Kommunikationsadressaten

**Beispiele**

**Bekanntmachung**
- Objekte sollen dem Konsumenten vorgestellt werden
- Kommunikation soll Bekanntheit für das Objekt schaffen

**Beeinflussung (allgemein)**
- Weckung von Bedürfnissen
- Überzeugung der Zielpersonen
- Erzeugung von Harmonie
- Bewirkung von Kaufwünschen/-entschlüssen

**Informationsziel**
- ein neues Produkt vorstellen
- auf neue Anwendungen eines Produkts hinweisen
- über eine Preisänderung informieren
- die Funktionsweise eines Produkts erläutern
- das verfügbare Serviceangebot beschreiben

**Beeinflussung (Image)**
- Wecken von Vertrauen und Sympathie
- Aufbau und Festigung eines positiven Wert- und Vorstellungsbildes (Image)
- Korrekturen des Wert- und Vorstellungsbildes
- Übertragung des positiven Wert- und Vorstellungsbildes eines Objektes auf ein anderes (Imagetransfer)

**Beeinflussung Einstellung**
- Präferenz für eine Marke aufbauen
- zum Markenwechsel ermutigen
- die Wahrnehmung von Produkteigenschaften beim Kunden verändern
- beim Kunden den Wunsch nach einem Verkäuferbesuch wecken
- Änderung des Produkt- oder Firmenimages
- Beeinflussung bestehender Verbrauchs- oder Verwendungsgewohnheiten

Die wichtigste Anforderung an die Formulierung von Zielen ist ihre Messbarkeit und damit ihre Überprüfbarkeit. Zu diesem Zweck müssen **Ziele vollständig und damit präzise formuliert** werden.

Diesen Vorgang nennt man **Operationalisierung von Zielen**, hierbei werden die Ziele in allen Zieldimensionen festgelegt:
- Angabe einer **Zielart**: Was will ich erreichen? (z. B. Markenbekanntheit, Image ...)
- Angabe des **Objektbezuges**: Bei welchem Objekt will ich das Ziel erreichen? (z. B. Produkt, Marke, Produktgruppe, Unternehmen)
- Angabe der **Zielgruppe**: Bei wem will ich das Ziel erreichen? (z. B. nach soziodemografischen, psychografischen und verhaltensbeschreibenden Merkmalen segmentierte Gruppen)
- Angabe des angestrebten **Ausmaßes** der Zielerreichung: Wie groß soll die beabsichtigte Veränderung ausfallen? (z. B. eine Steigerung der Markenbekanntheit von 15 % auf 45 %)
- Angabe des **Zeitbezuges**: Bis wann soll das Ziel erreicht werden? (z. B. innerhalb eines Quartals, eines halben Jahres, eines Jahres ...)
- Angabe der **Messvorschrift**: Wie und mit welcher Methode kann ich die Zielerreichung überprüfen? (z. B. Befragung)

**Weiterführung der Fallsituation zur Markteinführung des ComReaders**

### Aufgabe 4
Geben Sie drei Kommunikationsziele an, die die mcom GmbH bei der Markteinführung des ComReaders anstreben sollte und erläutern Sie, warum diese Ziele hier wichtig sind. Es reicht hier, wenn lediglich die Zielart genannt wird. Auf eine weitere Operationalisierung kann verzichtet werden.

*Lösungshinweise zur Aufgabe 4*

- **Aufbau von Bekanntheit**
  Begründung: E-Reader sind keine Produkte, die spontan gekauft werden. Damit der ComReader als mögliche Kaufalternative infrage kommt, muss er also bekannt sein.
- **Informationen über den ComReader vermitteln**
  Begründung: Der ComReader hat objektive Vorteile gegenüber den Konkurrenzgeräten und auch gegenüber Tablet-PCs. Um sich positiv gegenüber der Konkurrenz abzugrenzen ist es notwendig, die Konsumenten über diese Vorzüge zu informieren.
- **Interesse für den ComReader wecken**

Begründung: E-Reader sind eigentlich unnötige Geräte, da Bücher auch ohne solche Geräte gelesen werden können. Folglich ist es notwendig, Interesse bei den Konsumenten zu wecken, damit sie Sinn und Vorzüge von E-Readern und hier speziell des ComReaders verstehen und sich damit beschäftigen.

- **Kaufwünsche für den ComReader wecken**
  Begründung: Kaufwünsche sind als Vorstufe notwendig für einen Kaufakt. Damit die mcom GmbH ihre Marketingziele erreichen kann, ist es also zwingend notwendig, zunächst Kaufwünsche zu erzeugen.

**Zielgruppen**

Dieser Abschnitt umfasst eine kurze Zusammenfassung der wichtigsten Aspekte zur Zielgruppenabgrenzung. Eine ausführliche Behandlung erfolgt im Rahmen der Kommunikationspolitik (im betreffenden Band).

Die Abgrenzung von Zielgruppen muss immer unter Berücksichtigung der Marketing- und Kommunikationsziele erfolgen. Hierbei sollte berücksichtigt werden, bei welchen Personen oder Personengruppen die angestrebten Ziele erreicht werden können. Darüber hinaus müssen bei einer Zielgruppenabgrenzung folgende Aspekte berücksichtigt werden:

- **Trennschärfe**: Es sollte für jede Person aus der Grundgesamtheit klar sein, ob sie zur Zielgruppe gehört oder nicht.
- **Auffindbarkeit**: Die Zielgruppenbeschreibung sollte so sein, dass die Zielpersonen mit diesen Eigenschaften auch tatsächlich existieren und identifiziert werden können.
- **Erreichbarkeit**: Die Zielpersonen müssen mit Marketing und Kommunikationsmaßnahmen auch tatsächlich erreicht werden können.
- **Homogenität**: Die Zielgruppen sollten möglichst homogen sein, d. h., die in einer Zielgruppe zusammengefassten Personen sollten sich bezüglich der als relevant erachteten Merkmale möglichst wenig unterscheiden.

Wichtig für die Zielgruppenanalyse ist die Güterart, um die es geht. Hier ist zunächst zwischen Sachgütern und Dienstleistungen zu unterscheiden. Bei den Sachgütern muss wiederum zwischen Konsum- und Produktionsgütern differenziert werden. Schließlich ist sowohl bei den Konsum- als auch bei den Produktionsgütern wichtig, ob es sich um Verbrauchsgüter, die nur einmal verwendet werden können oder um Gebrauchsgüter, die in der Regel über einen längeren Zeitraum verwendet werden können, handelt.

Die Zielgruppenanalyse hängt von der Güterart ab

Daneben spielt es auch eine Rolle, ob es sich um echte Innovationen handelt oder ob die Kommunikationsobjekte schon im Markt eingeführt sind.

*Zielgruppenabgrenzung bei Konsumgütern und Dienstleistungen*

Die Übersichten 1.23 bis 1.25 geben jeweils einen kurzen Überblick über die jeweiligen Aspekte, die bei Konsumgütern und Dienstleistungen im Zusammenhang mit einer Zielgruppenanalyse berücksichtigt werden können.

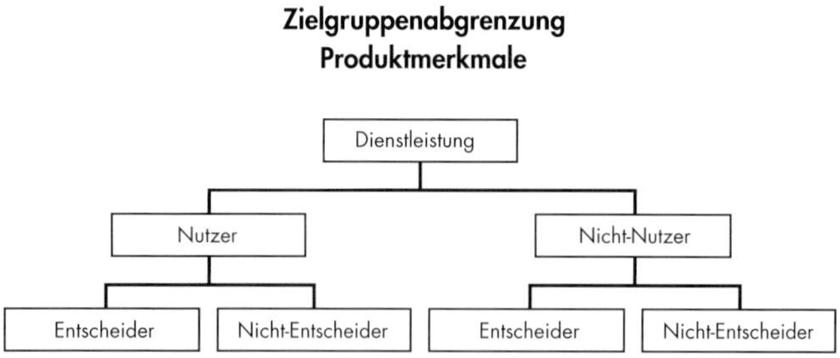


*Abb. 1.23: Abgrenzungskriterien bei Dienstleistungent*

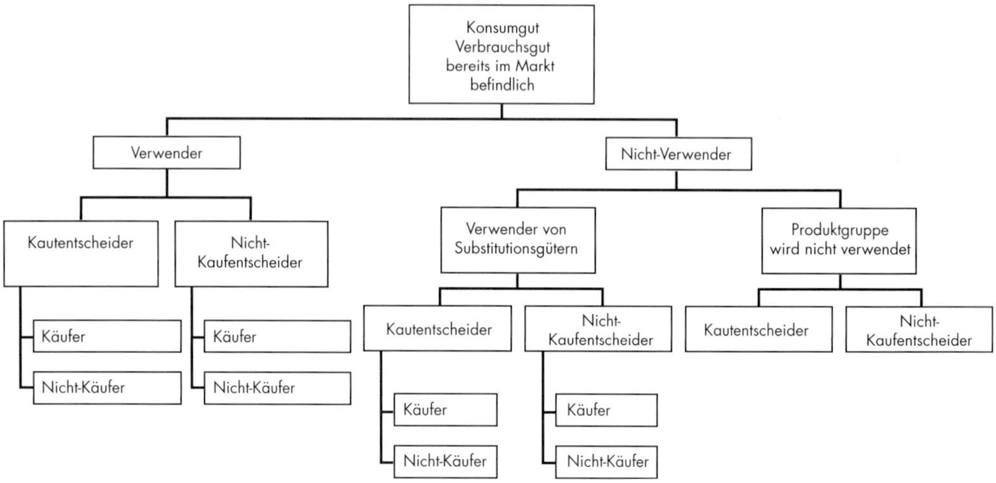


*Abb. 1.24: Abgrenzungskriterien bei Konsumgütern/Verbrauchsgut*

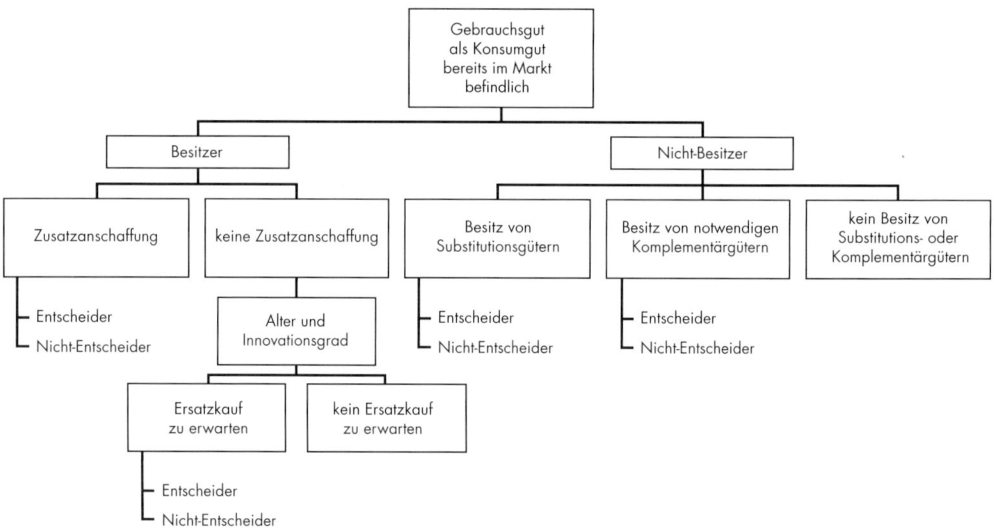


*Abb. 1.25: Abgrenzungskriterien bei Konsumgütern/Gebrauchsgut*

*Zielgruppenabgrenzung bei Produktionsgütern*
Die Zielgruppenabgrenzung bei Produktionsgütern erfolgt in einem zweistufigen Prozess. In der ersten Stufe müssen die Unternehmen, in der zweiten Stufe geeignete Personen innerhalb der Unternehmen abgegrenzt werden. Bei der Unternehmensabgrenzung spielen folgende Aspekte eine Rolle:

- Anwendungsbereich des Produktes/Branche
- Unternehmensgröße
- Verwendungshäufigkeit
- Kaufsituation
- Absatzgebiet

Bei der Abgrenzung von Personen innerhalb der Unternehmen geht man davon aus, dass Einkaufentscheidungen in der Regel von mehreren Personen getroffen werden. Dieses Einkaufsgremium bezeichnet man üblicherweise als Buying Center. In diesem Zusammenhang unterscheidet man häufig zwischen verschiedenen Rollenträgern. Das Rollen-Konzept von Webster und Wind berücksichtigt z. B. die folgenden Funktionsträger:

Entscheidungen in der Regel durch ein Einkaufsgremium/Buying Center

- **Einkäufer** (Buyer) sind Organisationsmitglieder, die aufgrund ihrer formalen Kompetenz Lieferanten auswählen und Kaufabschlüsse tätigen.
- **Benutzer** (User) sind Personen, die mit dem zu kaufenden Gut arbeiten.
- **Beeinflusser** (Influencer) sind Personen, die formal nicht am Kaufprozess beteiligt sind, aber über ein Beschaffungsobjekt durch (informelle) Einflussnahme mitentscheiden, z. B. durch Festlegung von bestimmten Normen oder technischen Mindestanforderungen.
- **Informationsselektierer** (Gatekeeper) steuern den Informationsfluss im und in das Buying Center. Hierbei kann es sich um Assistenten von Entscheidungsträgern oder Sekretärinnen handeln.
- **Entscheider** (Decider) sind diejenigen Organisationsmitglieder, die aufgrund ihrer Machtposition letztlich über die Auftragsvergabe bestimmen.

*Zielgruppenabgrenzung bei Innovationen*
Bei einem völlig neuen Produkt gibt es verschiedene Aspekte, die bei einer Zielgruppenanalyse berücksichtigt werden können (Abb. 1.26) Hier muss im Einzelfall geprüft werden, welche Merkmale eine Rolle spielen.

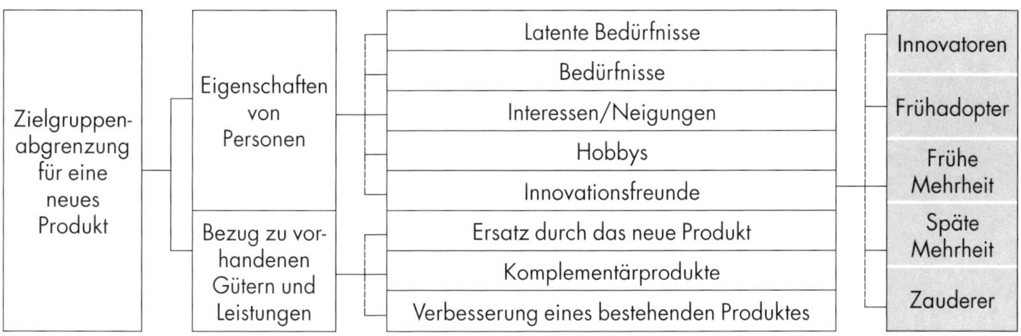


*Abb. 1.26: Abgrenzungskriterien bei Innovationen*

Die Kriterien unter der Rubrik Innovationsfreude berücksichtigen die Neigung von Personen, sich auf Neuerungen einzulassen. Innovatoren sind Neuerungen gegenüber sehr aufgeschlossen. Zauderer akzeptieren Neuerungen dagegen häufig erst, wenn diese sich schon in der Reife- oder Stagnationsphase befinden.

*Zielgruppenmerkmale*
Üblicherweise werden bei der Beschreibung von Zielgruppen unterschieden:
- demografische Merkmale
- psychografische Merkmale
- Merkmale des beobachtbaren Kauf- und Konsumverhaltens.

Eine weitere Klassifizierungsmöglichkeit ist die Unterteilung in verhaltensbestimmende und verhaltensbeschreibende Merkmale (Abb. 1.27).

| **Zielgruppenmerkmale** | | |
|---|---|---|
| verhaltensdisponierende Merkmale | | verhaltensdeskriptive Merkmale |
| demografische Merkmale | psychografische Merkmale | beobachtbares Kauf- und Konsumverhalten |
| • sozioökonomische<br>Alter, Geschlecht, Konfession, Bildung, Haushaltsgröße, Familienstand, Einkommen, Lebenszyklus, Beruf, Berufstätigkeit, Stellung im Haushalt usw.<br>• geografische<br>Region, Wohnort, Ortsgröße, Bundesland, Regierungsbezirk usw. | • Motive (Beweggründe für Konsumhandlungen)<br>• Einstellungen (Werthaltungen, Überzeugungen, Handlungstendenzen)<br>• Meinungen<br>• Verhaltensmerkmale (Lebensstil, Interessen, Aktivitäten, Freizeit, Diffusionsmerkmale usw.)<br>• Involvement (Engagement, Aufgeschlossenheit gegenüber Konsumangeboten und Werbung) | • Kaufverhalten<br>Käufer/Nichtkäufer, Kauffrequenz, Preis-/Qualitätsverhalten, Markenbewusstsein, Markentreue, Einkaufsstättenwahl, Art der Kaufentscheidung (individuell, kollektiv, spontan usw.)<br>• Konsumverhalten<br>Verwender/Nichtverwender, Verwendungshäufigkeit usw.<br>• Besitzmerkmale<br>Ausstattung mit Konsumgütern |

*Abb. 1.27: Zielgruppenmerkmale*

Verhaltensdispositionen
Hierbei handelt es sich um Merkmale, bei denen je nach Ausprägung auf ein bestimmtes zukünftiges Verhalten geschlossen werden kann.

Der Zusammenhang zwischen einer bestimmten Merkmalskonstellation und einem bestimmten Kauf- oder Konsumverhalten ist bei demografischen Merkmalen deutlich geringer als bei psychografischen Merkmalen. Wegen der einfachen Verfügbarkeit und der hohen Objektivität demografischer Merkmale werden sie jedoch nach wie vor häufig zur Beschreibung von Zielgruppen verwendet.

Verhaltensdeskriptionen
Durch Merkmale dieser Gruppe wird das tatsächliche Kauf- und Konsumverhalten von Personen beschrieben.

Je mehr Merkmale zur Charakterisierung einer Zielgruppe verwendet werden, umso homogener sind in der Regel die Gruppenmitglieder im Sinne der Marketingziele. Hierbei muss jedoch berücksichtigt werden, dass mit der Anzahl der verwendeten Merkmale zwar der Homogenitätsgrad wächst, gleichzeitig aber auch die Anzahl der Personen, die zu der so abgegrenzten Zielgruppe gehören, abnimmt.

*Meinungsführer*
Bei Produkten, bei deren Erwerb die Konsumenten ein hohes Risiko empfinden, z.B. wegen des hohen Kaufpreises oder weil das Produkt eine hohe Bedeutung für die Konsumenten hat, können sogenannte Meinungsführer als Berater oder Beeinflusser eine Rolle spielen.
Meinungsführer sind unternehmensunabhängige Personen, die starken persönlichen Einfluss auf die Kaufentscheidung anderer in einer kleinen sozialen Gruppe ausüben.

*Typologien*
Traditionell wurden Zielgruppen mithilfe soziodemografischer Merkmale beschrieben. Teilweise geschieht das auch heute noch. Der Vorteil besteht darin, dass solche Merkmale leicht erhoben werden können und daher stets aktuelle Daten in großer Zahl zur Verfügung stehen. Nachteilig ist jedoch, dass nur ein schwacher Zusammenhang zwischen der Sozidemografie einer Person und ihrem Konsum- und Kaufverhalten besteht. Dieser Zusammenhang ist in der letzten Zeit eher noch geringer geworden. Vielfach wird heute angenommen, dass das Konsumentenverhalten von Menschen stark von deren Lebensstil geprägt wird. Vereinfacht ausgedrückt ist der Lebensstil eines Menschen die Art und Weise, wie er seine Zeit verbringt und sein Geld ausgibt. Häufig erfolgt eine Operationalisierung des Lebensstils mithilfe des AIO-Ansatzes:

Anstelle soziodemografischer Daten werden heute bevorzugt Lebensstile und Typologien herangezogen

| | |
|---|---|
| Activities: | beobachtbares Verhalten in der Freizeit und im Berufsleben |
| Interests: | bedeutsame und wichtige Objekte und Aspekte für die Person |
| Opinions: | Meinungen |

Im Rahmen von Lifestyle-Typologien wird versucht, eine Grundgesamtheit so in Teilgruppen zu zerlegen, dass den einzelnen Typen bestimmte typische Lebensstile zugeordnet werden können. Man kann davon ausgehen, dass der Aussagewert einer Lifestyle-Typologie für die Zielgruppenbestimmung mit zunehmendem Produktbezug steigt. Teilweise wird im Rahmen der Erhebung auch die Mediannutzung erfasst, sodass für die einzelnen Lifestyle-Typen auch Informationen über die Erreichbarkeit durch Medien vorliegen.

**Aufgabe 5**
Sie sollen den Produktmanager der mcom GmbH bei der Festlegung der Marketingzielgruppe unterstützen. Geben Sie eine begründete Bewertung ab, ob die Personengruppe, die sich für E-Reader mindestens stark interessiert, als Zielgruppe geeignet ist. Beschreiben Sie anschließend diese Teilgruppe durch charakteristische Merkmale und Eigenschaften. Berücksichtigen Sie dabei die beigefügten Kreuztabellen aus der bfp auf den Seiten 24 und 25.

*Lösungshinweise zur Aufgabe 5*

Anforderungen an die Personengruppe, damit sie als Zielgruppe geeignet ist:

- **Ausreichend großes Zielgruppenpotenzial,** damit die angestrebten Marketingziele realisiert werden können.
- **Ausreichendes Haushaltsnettoeinkommen,** da der ComReader relativ hochpreisig ist und es sich hierbei eigentlich um ein unnötiges Gerät handelt.
- **Technik- und Internetaffinität,** da es sich hier um ein technisch komplexes Produkt handelt und eine Kaufentscheidung voraussetzt, dass man sich vorher mit den Eigenschaften und Vorzügen beschäftigt. Da die E-Books üblicherweise über das Internet bezogen werden, ist auch eine entsprechende Internetaffinität erforderlich.
- **Interesse für Bücher,** da ein E-Reader eher für Vielleser geeignet ist, sollte ein hohes Interesse für Bücher gegeben sein.

**Bewertungen:**

- **Zielgruppenpotenzial**
  Das Zielgruppenpotenzial ist mit 5,59 Mio. vermutlich ausreichend, vor allem bezogen auf die Marketingziele.
- **Haushaltsnettoeinkommen**
  Höhere Einkommensklassen sind überproportional ausgeprägt: 45,2 % haben ein HHNE von 3.000 Euro und mehr, 74,1 % haben ein HHNE von 2.000 Euro und mehr.
- **Technik-/Internetaffinität**
  Überproportional hohes Interesse für Technik und Internet, überproportional Bücherkäufe im Internet, hohe Technikkompetenz, hohe Qualitätsanforderungen bei technischen Geräten, verbunden mit einer relativ hohen Preisbereitschaft bei E-Readern
- **Interesse für Bücher**
  deutlich überproportionales und hohes Interesse für Bücher

**Fazit**
Die relevanten Merkmale sind im vorliegenden Fall durchweg positiv ausgeprägt, sodass die Teilgruppe von daher als Zielgruppe geeignet ist.

**Beschreibung**
Vergl. hierzu die Tabelle zur Auswertung der Kreuztabelle zur Aufg. 2 auf Seite 28

### 1.4.3 Positionierung

*Begriff*
Durch die Positionierung eines Objektes wird das angestrebte Sollbild festgelegt, das in den Köpfen der Zielpersonen von dem Positionierungsobjekt erzeugt werden soll. Es wird also festgeschrieben, wie die Zielpersonen das Objekt im Vergleich zu Konkurrenzobjekten wahrnehmen und welche Vorstellungen sie damit verbinden sollen.

Zusammenfassend lässt sich sagen, dass man unter einer Positionierung eines Objektes **die unverwechselbare Kennzeichnung dieses Objektes in den Augen der Zielpersonen** versteht. Dadurch wird das Objekt für die Zielpersonen hervorgehoben und gleichzeitig von den Konkurrenzprodukten abgegrenzt.

In diesem Zusammenhang muss zwischen der Soll- und der Istposition unterschieden werden. Die Sollposition beschreibt, welche Objektwahrnehmung der Zielpersonen von der Unternehmensleitung angestrebt wird. Die Istposition ist die Wahrnehmung, die die Zielpersonen von dem Objekt tatsächlich haben.

*Positionierungsanlässe*

Es lassen sich verschiedene Gründe für die Durchführung einer Positionierung unterscheiden:

**Erstpositionierung**
Hiermit ist die Positionierung im Zusammenhang mit der Neueinführung eines Produktes oder einer Marke in den Markt gemeint.

**Umpositionierung**
Wenn die alte Position, z. B. durch gesellschaftliche Veränderungen, Änderungen im Wertesystem etc. zunehmend ungünstig wird, empfiehlt es sich, die Positionierung dieser Veränderung anzupassen. Hierbei sollte es sich aber um dauerhafte Veränderungen handeln, da eine Positionierung immer langfristig angelegt sein sollte, damit sie in den Köpfen der Konsumenten verankert werden kann. Eine ständige Anpassung der Positionierung an den jeweils aktuellen Trend würde die Konsumenten eher verwirren. Eine Umpositionierung wird in der Regel durch eine Produktvariation begleitet, durch die das Produkt verbessert wird oder neue bzw. zusätzliche Eigenschaften erhält. Damit eine Umpositionierung glaubwürdig bleibt, sollte sie nur in kleinen Schritten erfolgen.

**Aktualisierung einer bestehenden Positionierung**
Hierbei geht es darum, eine bereits bestehende Position weiter auszubauen. Mögliche Anlässe wären z. B. eine Produktdifferenzierung, indem verschiedene Varianten des gleichen Produktes angeboten werden oder Diversifikationen, wodurch das Angebot auf andere Produktbereiche ausgedehnt wird. Durch die Aktualisierung der Positionierung wird die Position den neuen Erfordernissen und Gegebenheiten angepasst.

**Positionsverstärkung**
Das Ziel ist hierbei, die einmal erreichte Position zu verteidigen, z. B. gegen Angriffe von Konkurrenten. Konkurrenten könnten versuchen, die eigene Position zu schwächen, indem sie Nachahmerprodukte, die ähnlich positioniert sind, auf den Markt bringen. Die Besonderheiten und die Einmaligkeit des Originalproduktes sollen durch eine klarere und deutlichere Betonung der hauptsächlichen Positionierungsaspekte herausgestellt werden.

*Positionierungsmethoden*

Es gibt verschiedene Möglichkeiten, wie man zu einer Positionierung kommen kann. Wir orientieren uns hierbei wieder an der Vorgehensweise, die von Schmidbauer empfohlen wird. Grundlage für die Positionierung ist dabei eine SWOT-Analyse. Der Vorteil dieser Methode besteht darin, dass sie einfach ist und immer zu einem Ergebnis führt. Trotzdem ergibt sich die Positionierung durch einen systematischen Prozess. Die Übersicht in Abb. 1.28 zeigt, wie die SWOT-Analyse zur Ermittlung von Positionierungsansätzen genutzt werden kann.

Den besten Positionierungsansatz erhält man, wenn man die Positionierung auf einer Stärke oder einer Kombination von Stärken aufbaut, die eine hohe Relevanz haben. Ggf. lassen sich die Stärken auch mit einer Chance verbinden. Möglich wäre auch noch, im Rahmen der Positionierung ein Risiko durch Stärken auszugleichen. Die beiden anderen Möglichkeiten sind für eine Positionierung eher ungeeignet.

Aufbau auf Stärken

| | Stärken | Schwächen |
|---|---|---|
| **Chancen** | So positionieren, dass eine oder mehrere Stärken herausgestellt werden. Evtl. zusätzlich Kombination mit einer Chance.<br>→ bester Ansatz | So positionieren, dass bestehende Schwächen durch eine Chance kompensiert werden können.<br>→ nicht gut geeignet |
| **Risiken** | So positionieren, dass ein vorhandenes Risiko durch Stärken ausgeglichen wird.<br>→ nicht ideal, aber vertretbar | So positionieren, dass eine Schwäche in eine Stärke umgewandelt wird.<br>→ In aller Regel nicht zur Positionierung geeignet. |

*Abb. 1.28: Positionierungsansätze auf der Grundlage einer SWOT-Matrix*

Wir werden den Prozess zur Ableitung einer Positionierung nun beispielhaft an der Situation zur Markteinführung des ComReaders darstellen. Ausgangspunkt dafür ist die SWOT-Matrix in Abb. 1.19.

Damit nur relevante Aspekte für die Positionierung verwendet werden, ist es sinnvoll, die Stärken/Schwächen und Chancen/Risiken zunächst nach Bedeutung zu gewichten. Wir haben das mit einer dreistufigen Gewichtung durch eine Kennzeichnung mit A, B, C gemacht. Dabei bedeuten:

A: hohe Bedeutung / B: mittlere Bedeutung / C: geringe Bedeutung

Man sollte allerdings berücksichtigen, dass die Gewichtung subjektiv ist. Es ist daher zu empfehlen, die Gewichtung in einer Gruppe vorzunehmen, um diesen Nachteil etwas abzuschwächen.

Um Hinweise für tragfähige Positionierungsansätze zu finden, ist es sinnvoll, Verbindungen zwischen den Angaben in der SWOT-Matrix aufzuzeigen. Das kann man z. B. dadurch machen, indem man Verbindungslinien in die Matrix einzeichnet. Die gegenüberstehende Abb. 1.29a zeigt das Ergebnis dieser Arbeit.

Mithilfe der so bearbeiteten SWOT-Matrix lassen sich danach Ansatzpunkte für eine Positionierung finden. Beispiele dafür haben wir in das folgende Diagramm Abb. 1.29b eingetragen.

| | Stärken | Schwächen |
|---|---|---|
| **Chancen** | Den ComReader als unverzichtbares Gerät für mobile Menschen positionieren.<br>*oder*<br>Den ComReader als Gerät positionieren, das Freiheit verleiht (man hat an jedem Ort sein gesamtes gesammeltes Wissen bei sich und ist weitgehend unabhängig von stationären Stromquellen). | → Hier keine sinnvollen Ansatzpunkte. |
| **Risiken** | Den ComReader als Gerät positionieren, der das Leben leichter macht, z. B. bei älteren Menschen durch verschiedene Schriftgrößen, einfaches Handling, robuste Verarbeitung.<br>→ Hier nicht so geeignet, da ZG eher jung und technikaffin. | So positionieren, dass der hohe Preis als Qualitätsmerkmal dient.<br>→ Eher ungeeignete Positionierung! |

*Abb. 1.29b: Ergebnis zur Positionierung*

### Stärken

**ComReader versus analoge Bücher**

- **A** Mobilität (Gewicht, Platzersparnis)
- **C** umweltfreundlich (kein Papierverbrauch)
- **A** schnelle Verfügbarkeit der Bücher (Bücher können zu jeder Zeit, an jedem Ort bezogen werden, durch UMTS/WLAN)
- **B** verschiedene Schriftgrößen
- **B** Suchfunktion
- **B** Schreibfunktion
- **B** Musik hören

**ComReader versus Tablet PCs**

- **A** lange Akku-Laufzeit
- **A** Größe/Gewicht
- **A** bessere Textdarstellung durch eInk-Technik, Anmutung an echtes Buch
- **A** Preis

**ComReader versus Konkurrenzgeräte**

- **A** benutzerfreundlich, einfaches Handling
- **A** robust
- **A** Farbdisplay
- **A** höhere Akkulaufzeit
- **A** unterstützt alle gängigen Formate
- **B** leicht
- **A** kleiner bei gleicher Displaygröße

### Schwächen

**ComReader versus analoge Bücher**

- **B** Abhängigkeit von Technik, technisches Gerät erforderlich
- **C** Haptik
- **B** kann nicht ins Buchregal
- **A** geringe Auswahl an E-Books
- **A** kompliziert für technisch Uninteressierte
- **A** anfällig für Beschädigung
- **A** begrenzte Akkulaufzeit
- **A** Bücher können nicht ohne Weiteres verliehen werden

**ComReader versus Tablet PCs**

- **A** eingeschränkte Funktionalität (im Wesentlichen Anzeigen von E-Books und Dokumenten)

**ComReader versus Konkurrenzgeräte**

- **A** hoher Preis
- **B** keine Text to speach-Funktion
- **B** kein Cloud-Backup

### Chancen

- **A** kontinuierliches Marktwachstum
  ⇒ Bedarf an E-Readern wächst
- **A** Mobilität und Trend zu mobilem Lesen wächst
  ⇒ E-Reader bieten die Möglichkeit, den kompletten Buchbestand und alle schriftlichen Unterlagen immer dabei zu haben
- **A** kontinuierlich steigender Anteil von E-Books am Buchmarkt
- **A** E-Reader bei Intensivnutzern beliebtestes Endgerät, auch bei gelegentlichen Nutzern noch hoher Nutzungsanteil von E-Readern
- **C** hohe Durchdringung von E-Readern in den USA
  ⇒ Entwicklungen in den USA werden in der Regel mit einem Zeitverzug auch in Deutschland nachvollzogen

### Risiken

- **B** geringe Ausgabebereitschaft für E-Reader
  ⇒ Probleme, Akzeptanz und Verständnis für hohen Preis für E-Reader zu erreichen
- **A** nur ein geringer Bruchteil aller verfügbaren Bücher wird aktuell als E-Books angeboten, z. B. fast keine Fach- und Sachbücher
  ⇒ bevorzugte Bücher sind evtl. nicht als E-Book verfügbar
- **B** hoher Preis für E-Books im Vergleich zu normalen Büchern
  ⇒ kein Anreiz, sich das gleiche Buch als analoges und als E-Book anzuschaffen
- **B** zunehmend alternde Gesellschaft
  ⇒ tendenziell skeptisch gegenüber neuen Techniken
- **B** geringe Bekanntheit von E-Readern/geringes Wissen über E-Reader
  ⇒ Informationen über E-Reader allgemein müssen vermittelt werden, das nutzt auch der Konkurrenz
- **A** Hauptgeschäft läuft über Tablet-PCs
  ⇒ eher Nischenmarkt für Vielleser, daher begrenztes Marktvolumen
- **B** vermutlich relativ geringe Innovationsgeschwindigkeit
  ⇒ relativ lange Kaufzyklen

*Abb. 1.29a: SWOT-Matrix mit Gewichtung und Kennzeichnung von Zusammenhängen*

Wir haben uns nach einigen Diskussionen dazu entschieden, für die Positionierung die Aspekte „Mobilität“ und „Freiheit“ zu verwenden.

*Positionierungsformulierung*
Im nächsten Schritt muss die angestrebte Positionierung in einer sogenannten **Positionierungsformulierung** konzentriert und zusammengefasst werden. Die Positionierungsformulierung sollte möglichst knapp sein – nicht mehr als zwei Sätze – und den Kern der Positionierung verdeutlichen.

Wir haben die folgende Formulierung gewählt:

**„Der ComReader bietet Freiheit für mobiles Lesen“**

*Überprüfung der Positionierung*
Nachdem nun eine Positionierung gefunden wurde, muss diese auf ihre Eignung hin überprüft werden. Dazu sind die folgenden Fragen zu beantworten:

1. **Passt die Positionierung zum Positionierungsobjekt?**
   ⇒ Objekteignung

Es muss also geprüft werden, ob die Positionierung sich unter Berücksichtigung der tatsächlichen Eigenschaften des Positionierungsobjektes glaubhaft vermitteln lässt. Sollte das nicht der Fall sein, wird die Positionierung nicht erfolgreich sein, weil die Zielpersonen diesen Widerspruch sehr schnell entdecken werden.

2. **Ist die Positionierung für die Zielpersonen attraktiv?**
   ⇒ Zielgruppeneignung

Hier muss also untersucht werden, ob die Positionierung zu den Eigenschaften, Wünschen, Vorlieben der Zielpersonen kompatibel ist.

3. **Gewährleistet die Positionierung eine ausreichende Abgrenzung von den Wettbewerbern?**
   ⇒ Alleinstellung

Wenn Wettbewerber ähnlich positioniert sind wie wir, fällt den Zielpersonen zum einen die Unterscheidung schwer, zum anderen werden wir Probleme haben, Präferenzen für unser Positionierungsobjekt bei den Zielpersonen zu erreichen.

4. **Ist die Positionierung ausreichend konzentriert?**
   ⇒ Konzentration

Bei einer Positionierung sollte man sich möglichst auf wenige Positionierungsaspekte beschränken. Ideal ist die Konzentration auf einen Positionierungsaspekt. Mehr als drei Aspekte sollte man nicht berücksichtigen. Ansonsten ist es kaum möglich, ein klares und scharfes Vorstellungsbild des Positionierungsobjektes bei den Zielpersonen zu erzeugen. Wer „alles“ sein möchte, ist letztendlich nichts wirklich.

5. **Ist die Positionierung langfristig tragbar?**
   ⇒ Langfristigkeit

Es dauert eine gewisse Zeit, bis sich das durch die Positionierung vorgegebene Vorstellungsbild über das Positionierungsobjekt in den Köpfen der Zielpersonen wirklich manifestiert hat. Wenn man nun die Positionierung häufiger ändert, wird das Vorstellungsbild immer unschärfer und verschwommener, weil sich mehrere Bilder in den Köpfen der Zielpersonen überlagern. Damit sollte eine Positionierung immer langfristig angelegt sein. Kurzfristige Trends sind daher für eine Positionierung ungeeignet.

## Überprüfung der Positionierung für den ComReader

Es muss zusätzlich überprüft werden, ob die Positionierung auch zur mcom GmbH passt.

**Passt die Positionierung für den ComReader zur mcom GmbH?**
Dies ist der Fall, da diese mobile Computer herstellt. Der Mobilitätsaspekt spielt bei dem Unternehmen bereits eine große Rolle.

**Kann die Positionierung aufgrund der Produkteigenschaften des ComReaders glaubhaft vermittelt werden?**
Die Positionierung kann unter Berücksichtigung der Produkteigenschaften gut vermittelt werden:

- Der ComReader passt gut zu mobilen Menschen, da er aufgrund des Formats die Möglichkeit bietet, ihren gesamten Buchbestand und alle Unterlagen ständig bei sich zu haben.
- Der ComReader bietet Freiheit, denn:
  - er ist robust, man braucht also keine Angst zu haben, dass er bei starker Beanspruchung beschädigt wird
    → Freiheit, den ComReader in allen möglichen Situationen benutzen zu können
  - er hat eine extrem lange Akku-Laufzeit
    → Freiheit, den ComReader auch dann benutzen zu können, wenn für längere Zeit keine Steckdose zur Verfügung steht
  - er ist einfach und intuitiv zu bedienen
    → Freiheit, sich nicht durch komplizierte Bedienungsanleitungen quälen zu müssen
  - er verfügt über UMTS und WLAN
    → Freiheit, an nahezu jedem Ort in E-Book-Shops zu stöbern und Bücher herunterzuladen

**Ist die Positionierung für die Zielpersonen attraktiv?**
Die Positionierung passt gut zur Zielgruppe, denn die Zielpersonen:

- sind entdeckungsfreudig
- sind trendbewusst
- sind sehr mobil
- haben viele außerhäusige Aktivitäten

**Erlaubt die Positionierung eine Abgrenzung von der Konkurrenz?**
Hierzu ist keine Aussage möglich, da zu den Konkurrenzgeräten keine Positionierungen vorliegen.

**Ist die Positionierung ausreichend konzentriert?**
Die Positionierung berücksichtigt zwei Positionierungsaspekte. Das ist zwar nicht ideal, gewährleistet aber trotzdem noch eine ausreichend klare Positionierung.

**Ist die Positionierung langfristig angelegt?**
Da die Positionierung sich nicht auf technische Aspekte bezieht, die kurzfristig von der Konkurrenz imitiert werden können, ist sie grundsätzlich geeignet, für einen langen Zeitraum verwendet zu werden.

**Fazit**
Da alle Überprüfungspunkte positiv bewertet werden können, ist die Positionierung geeignet.

---

Die folgende Übersicht fasst den Positionierungsablauf noch mal übersichtlich zusammen.

Positionierung überprüfen:
Objekteignung, Zielgruppeneignung,
Alleinstellung, Konzentration, Langfristigkeit

⇑

Postionierungsstatement formulieren

⇑

Eine oder mehrere tragfähige Stärken auswählen,
evtl. Kombination mit Chance

⇑

Zusammenhänge zwischen Stärken/Schwächen,
Chancen/Risiken aufzeigen

⇑

Gewichung der Stärken/Schwächen,
Chancen/Risiken

⇑

SWOT-Analyse

*Abb. 1.30: Ablauf bei einer Positionierung*

### 1.4.4 Botschaften/Copy-Strategie

Botschaften basieren auf der Positionierung und nennen Vorteile für die Zielgruppe

Die Positionierung gibt die Leitlinie, die große Marschrichtung für die Kommunikation vor. Sie wird aber nicht unmittelbar nach außen kommuniziert. Nachdem die Positionierung feststeht, muss nun festgelegt werden, welche Botschaften den Zielpersonen mitgeteilt werden sollen. Dabei müssen die Botschaften aber immer auf der Positionierung fußen. Wäre das nicht so, hätte man sich die Entwicklung einer Positionierung auch gleich sparen können. Neben dem Bezug zur Positionierung müssen die Botschaften den Zielpersonen einen Vorteil, also einen Nutzen versprechen. Glaubwürdiger werden die Versprechungen, wenn zusätzlich begründet wird, dass der versprochene Nutzen auch wirklich existiert. Hilfreich für diejenigen, die die Botschaften in Kommunikationsmittel umsetzen sollen, ist zudem, wenn man ihnen vorgibt, wie die Botschaften verpackt werden sollen: ob sie z. B. witzig, sachlich, gefühlvoll oder wie auch immer daherkommen sollen. In der Kommunikationsbranche bezeichnet man dieses Konstrukt aus Nutzenversprechen, Nutzenbegründung und Botschaftsverpackung als

*Copy-Strategie*
In der Copy-Strategie wird also festgelegt, welche Botschaften durch die Kommunikation vermittelt werden sollen. Außerdem enthält sie Angaben zur Gestaltung der Kommunikationsmittel, indem angegeben wird, welche Grundstimmung die Kommunikation vermitteln soll.

Die Copy-Strategie besteht üblicherweise aus drei Elementen:
- Consumer Benefit ⇒ Nutzenversprechen
- Reason Why ⇒ Nutzenbegründung
- Tonality/Flair ⇒ werbliche Grundstimmung

*Consumer Benefit*
Hier wird festgelegt, welcher Objektnutzen den Zielpersonen im Rahmen der Kommunikation versprochen werden soll. Hierbei muss zwischen dem Grundnutzen und einem Zusatznutzen unterschieden werden. Der Grundnutzen ist durch die funktionalen Eigenschaften des Objektes bestimmt. Da alle Produkte der betreffenden Produktgattung den gleichen Grundnutzen besitzen, ist er in aller Regel nicht für kommunikative Zwecke geeignet. Der Grundnutzen eines Automobils besteht z. B. in der Möglichkeit der Fortbewegung ohne eigene Kraftanstrengung. Dieser Nutzen ist bei allen Automobilen gleich. Nur bei echten technischen Innovationen kann der Grundnutzen evtl. eine kommunikative Relevanz haben. Da der Grundnutzen für die Kommunikation also normalerweise keine Rolle spielt, muss für die Botschaften ein entsprechender Zusatznutzen entwickelt werden. Ein Zusatznutzen wird also zusätzlich zum Grundnutzen vermittelt. Bei dem Consumer Benefit handelt es sich fast immer um einen Zusatznutzen.

Folgende Arten von Zusatznutzen können für den Consumer Benefit verwendet werden:

**Übersicht über Zusatznutzen**

**Objektive Zusatznutzen**
Sie bringen für die Zielpersonen beweisbare Vorteile.
*Beispiel*: Der Hinweis auf einen niedrigen Benzinverbrauch ist ein objektiver Zusatznutzen.
Da hierbei an die Ratio der Umworbenen appelliert wird, spricht man häufig auch von einem rationalen Zusatznutzen.

**Subjektive Zusatznutzen**
Hierbei handelt es sich um Zusatznutzen, die erst durch die Kommunikation erzeugt werden, z. B.:

- **emotionale Zusatznutzen:** Sie sprechen die Gefühle der potenziellen Konsumenten an, durch positive Emotionen im Zusammenhang mit dem Produkt oder der Produktverwendung (z. B. idyllische Familiensituationen im Zusammenhang mit einem Auto)
- **sensorische Zusatznutzen:** Sie sprechen die Sinne der potenziellen Konsumenten an, durch positive Sinneserlebnisse im Zusammenhang mit dem Produkt oder der Produktverwendung (z. B. eine ästhetische, schöne Darstellung eines Autos)
- **soziale Zusatznutzen:** Sie verändern die Stellung der Konsumenten in der Gesellschaft (z. B. jemand wird wegen seines Autos bewundert)
- **egoistische Zusatznutzen:** Sie stärken die Ich-Bestätigung der Konsumenten (z. B. ein Auto wird als Prestigeobjekt dargestellt).
- **USP/UAP:** Handelt es sich bei dem Consumer Benefit um einen Zusatznutzen, der in dieser Form von keinem anderen Unternehmen geboten wird, so spricht man von einem sogenannten USP (unique selling proposition). Bei einem echten USP handelt es sich in der Regel immer um einen objektiven Zusatznutzen, der durch die Produkteigenschaften bedingt ist. Da echte USPs selten sind, wird häufig versucht, einen Einzigkeitsanspruch durch die Art der kommunikativen Darstellung zu vermitteln. In solchen Fällen spricht man von einem UAP (unique advertising proposition).

**Demonstrationsmöglichkeiten für einen subjektiven Consumer Benefit**

- **Orientierung am Gefühl**
  Hier soll ein starker Einfluss auf die Gefühlswelt der Zielgruppe ausgeübt werden.
  Emotionale Kategorien sind z. B. Vertrautheit, Liebe, Freundschaft etc. Der Zusatznutzen liegt darin, dass eine Verbindung zwischen dem Produkt und angenehmen Emotionen hergestellt wird. Hierzu gehören auch:
  - *Erotische Darstellungen:* Durch die Darstellungsart soll das Produkt mit Erotik in Verbindung gebracht werden und entsprechende Assoziationen und Gefühle erzeugen.
  - *Humorvolle Darstellungen:* Hierdurch soll das Produkt eine positive, sympathische Ausstrahlung erhalten. Mit dem Produkt sind angenehme (Schmunzeln) Gefühle verbunden.

- **Orientierung an Leitbildern/Lebensstil (Lifestyle):**
  Da jeder Konsument eine gewisse Stellung in der Gesellschaft einnimmt (oder einnehmen möchte) und diesen Status zum Ausdruck bringt, versucht die Kommunikation eine Verbindung zwischen dem Produkt und dem Status zu schaffen. Die beworbenen Produkte sollen zum Statussymbol werden und sich bestimmten Konsumentengruppen zuordnen lassen. Häufig wird auch dargestellt, dass das Produkt unverzichtbarer oder selbstverständlicher Bestandteil eines bestimmten Lebensstils ist. Die Produktverwendung wird in bestimmten lebensstiltypischen Situationen gezeigt.

- **Orientierung an der Produktpersönlichkeit:**
  Hier wird lediglich durch eine starke Produktpersönlichkeit auf den Verbraucher eingewirkt. Der Zusatznutzen liegt darin, dass die starke Produktpersönlichkeit auch auf Konsumenten dieses Produktes abstrahlt.

*Reason Why*

Die Reason Why ist eine Erläuterung und Begründung, dass der versprochene Zusatznutzen tatsächlich existiert. Durch die Nutzenbegründung wird der Effekt der Kommunikation verstärkt und die Botschaft glaubwürdiger.

Demonstrationstechniken für eine Reason Why

Die Begründung für den Consumer Benefit kann mit verschiedenen Techniken erfolgen

**Beispiele**

- Garantieerklärung
- Testergebnisse
- Wirkstoffe
- Bürgschaften (Testimonials
- Tradition
- Herstellungsverfahren
- Forschungsergebnisse
- Kompetenz des Unternehmens etc

*Flair (Tonality)*

Das Flair bestimmt die besondere Atmosphäre (Tonality), welche die zentrale Botschaft umgeben soll.

Dabei kann der Darstellungsstil (Tonality) in zwei Dimensionen beschrieben werden: in der psychologischen und in der semiotischen.

Die psychologische Dimension

Die psychologische Dimension vermittelt unthematische Informationen, die von dem angestrebten Image abgeleitet werden. Dabei kommt den Anmutungsqualitäten, d. h. dem Appellieren an die Gefühle der Umworbenen, eine besondere Bedeutung zu.

Zu den unthematischen Informationen zählen alle Wahrnehmungsqualitäten, die jenseits der bewussten Wahrnehmung auf den Empfänger einwirken,

- - ihn in bestimmter Weise anmuten,
- - in ihm Stimmungen und Gefühlslagen auslösen und/oder verfestigen,
- - Erinnerungen wachrufen,
- - bestimmte Erwartungen wecken etc.

Hierzu gehören z. B. Farben, Ausstattungsgegenstände, Hintergrund etc.

Die semiotische Dimension

Die semiotische Dimension wird durch bestimmte verbale, visuelle, typografische und auditive Stilmittel realisiert.

Stilrichtungen sind z. B.: wissenschaftlich, sachlich, informativ, trocken, erzählend, Erlebnis, Story, Märchen, intim, künstlerisch, feuilletonistisch, schockierend, ironisierend, paradox (verfremdend) u. a.

*Zusammenfassung Copy-Strategie*

Die folgenden Übersichten (Abb. 1.31/Abb. 1.32) verdeutlichen noch einmal den Zusammenhang zwischen der Positionierung und der Copy-Strategie und geben eine Zusammenfassung der Erläuterungen zur Copy-Strategie.

Die Copy-Strategie darf nicht mit einer Copy-Analyse verwechselt werden. Während eine Copy-Strategie immer die Gestaltungsplattform für ein eigenes Objekt darstellt, handelt es sich bei einer Copy-Analyse um ein Instrument der Wettbewerbsanalyse. Hierbei versucht man, aus den Kommunikationsmitteln der Wettbewerber die zugrunde liegende Copy-Strategie zu erschließen.

Copy-Strategie ≠ Copy-Analyse

**Positionierung**
Festlegung der Marschrichtung durch die Angabe der angestrebten Position

↓ daraus abgeleitet

**Copy-Strategie**
(Gestaltungsplattform)

Vorstufe der Kommunikationsmittelgestaltung
In der Copy-Strategie wird festgelegt, was kommuniziert werden soll und sie gibt Hinweise zur Arbeit der Darstellung.

| **Consumer Benefit** | **Reason Why** | **Tonality** |
|---|---|---|
| Auslobung des zentralen Nutzenarguments<br><br>Welchen Nutzen (Vorteil) hat der Konsument vom Objekt? | Begründung des zentralen Nutzenarguments<br><br>Glaubhaftmachung der Nutzenbehauptung | Form und Stil, Grundstimmung der Kommunikation<br><br>Wie soll der Konsument die Kommunikation erfahren? |

*bb. 1.31: Übersicht Copy-Strategie*

**Consumer Benefit**

| **Grundnutzen** | **Zusatznutzen** |
|---|---|
| Ist durch die funktionale Eigenschaft des Objektes bedingt. Keine Relevanz für die Kommunikation, da alle Produkte der Gattung den gleichen Grundnutzen besitzen. | Nutzen, der zusätzlich zum Grundnutzen versprochen wird. |

| **objektiver Zusatznutzen** | **subjektiver Zusatznutzen** | **UPS** (unique selling proposition | **UAP** (unique advertising proposition) |
|---|---|---|---|
| bringt dem Käufer beweisbare Vorteile | wird erst durch Kommunikation erzeugt<br>• sensorisch<br>• emotional<br>• egoistisch<br>• sozial | Einzigartiger Vorteil, der so bei keinem Konkurrenzprodukt vorhanden ist. Bei einem echten USP handelt es sich immer um einen objektiven Zusatznutzen. | Einzigartigkeitsanspruch, der nur durch die Kommunikation erzeugt wird. |

*Abb. 1.32: Übersicht Consumer Benefit*

### 1.4.5 Copy-Analyse

*Zweck einer Copy-Analyse*
Eine Copy-Analyse ist Bestandteil der Konkurrenzanalyse. Durch die Copy-Analyse soll ermittelt werden, welche Positionen die Konkurrenzunternehmen für ihre Produkte bzw. Marken im Markt anstreben und welche Copy-Strategien ihren Kommunikationsmitteln zugrunde liegen.

*Bestandteile einer Copy-Analyse*
Die Inhalte einer Copy-Analyse differieren bei den verschiedenen Agenturen.

Kernbestandteile sind:
- Positionierung
- Consumer Benefit
- Reason Why
- Tonality
- Zielgruppe

weitere mögliche Aspekte z. B. bei einer Anzeige
- Headline
- Subline (Zwischenüberschrift)
- **Claim/Slogan** (nur bei Vorliegen mehrerer Werbemittel zum gleichen Objekt identifizierbar)
  - **Claim**: getexteter Zusatznutzen, meist auf eine Kampagne beschränkt und daher zeitlich befristet
  - **Slogan**: prägnanter, einprägsamer Werbespruch oder Werbevers, der als eine Konstante über einen langen Zeitraum in allen Kommunikationsmitteln verwendet wird
- **Key Visual** (visuelles Grundmotiv, das den langfristigen visuellen Auftritt einer Marke oder eines Unternehmens bestimmt)
- **CD-Konstante** (Farbe, Logo, Typo etc.)

**Weiterführung der Fallsituation zum ComReader**

Eine Copy-Strategie für den ComReader könnte wie folgt aussehen:

**Benefit:** Der ComReader schenkt mobilen Menschen Freiheit beim Lesen

**Reason Why:**
- Freiheit, sich nicht begrenzen zu müssen $\Rightarrow$ Man hat alle Bücher und Unterlagen immer dabei.
- Freiheit, den ComReader überall benutzen zu können $\Rightarrow$ ComReader ist robust und hat lange Akkulaufzeit
- Freiheit, sich nicht durch umständliche Bedienungsanleitungen kämpfen zu müssen $\Rightarrow$ ComReader kann sofort und intuitiv benutzt werden

**Tonality:** dynamisch, unbegrenzt, mobil, überlegen, gelassen, unabhängig

### 1.4.6 Kreation

Ein Kommunikationskonzept ist erst dann richtig rund, wenn es ein kreatives Leitmotiv gibt, das sich im Rahmen der Umsetzung durch die gesamte Kommunikation zieht. Diese kreative Leitidee muss identitätsstiftend wirken. Sie sollte über alle Instrumente des Kommunikationsmixes einsetzbar und in der Lage sein, die Positionierung und Copy-Strategie zu vermitteln. Es ist also zwingend, dass die kreative Leitidee auf der Grundlage der Positionierung und der daraus abgeleiteten Copy-Strategie entwickelt wird.

Für die konkrete Darstellungsform der Leitidee gibt es keine Regeln. Die Leitidee kann z. B. durch Wörter, einen Slogan, Bilder, Bilderwelten, Personen, Stilelemente, typografische Elemente u. a. in Szene gesetzt werden. Anforderungen an eine gute Leitidee sind:

- Bezug zur Positionierung und zur Copy-Strategie
- über den gesamten Kommunikationsmix einsetzbar
- in konkrete Kommunikationsmaßnahmen umsetzbar
- auf das Wesentliche konzentriert
- hoher Wiedererkennungswert

Kreative Leitideen werden in der Regel mithilfe von Kreativitäts- und Ideenfindungstechniken entwickelt (häufig eingesetzt das Brainstorming).

**Weiterführung der Fallsituation zur Markteinführung des ComReader**

Ein mögliches Leitmotiv für den ComReader ist die Etablierung einer Bilderwelt:

- Es werden immer Situationen dargestellt, die draußen stattfinden und Anmutungen an Freiheit vermitteln, z. B.:
  - Berggipfel
  - Lagerfeuer bei Nacht im Wald
  - einsames Segelboot auf dem Meer
  - im Trubel der Großstadt, z. B. Times Square in New York, Piccadilly Circus in London, Montmartre in Paris
- In allen Situationen sitzt eine Person und liest in sich versunken mit dem ComReader. Dazu gehört jeweils der Slogan: „Freiheit für mobiles Lesen“.

Diese Leitidee lässt sich mit allen Kommunikationsinstrumenten umsetzen.

**Beispiele**

- Klassische Werbung: Anzeigen, Plakate, TV-Spots etc. mit den geschilderten Motiven.
- PR: Pressekonferenz im Freien, an einem Ort, der die geeignete Anmutung bietet.
- Promotion: Wettbewerb mit Fotos auf denen jeweils eine Person an einem möglichst ungewöhnlichen Ort draußen mit dem ComReader liest.
- Event: Vorlese-Events an einem geeigneten Ort im Freien.
- Online-Kommunikation: Videos in YouTube einstellen, mit gleichen Motiven wie in der klassischen Werbung, hier könnte man dann auch noch darstellen, wie die Person zu dem betreffenden Ort gelangt.

Vermutlich wäre es zudem sinnvoll, eine stilisierte Illustration eines in den Com-Reader versunkenen Lesers zu entwickeln, vergleichbar zu der FAZ-Figur „Dahinter steckt immer ein kluger Kopf". Diese Figur könnte in allen Kommunikationsmitteln eingesetzt werden.

### 1.4.7 Operation

Nachdem die Strategie steht, muss man sich nun daran machen, diese auch umzusetzen. Dazu muss zunächst entschieden werden, welche Kommunikationsinstrumente eingesetzt werden sollen.

*Auswahl der Instrumente*

Grundsätzlich kommen dazu alle Instrumente des Kommunikationsmixes infrage.

| Elemente des Kommunikationsmix | |
|---|---|
| **Direkt-Kommunikation** | interaktive Kommunikationsmaßnahmen, bei denen eine individuelle Kontaktaufnahme (persönlicher Verkauf) oder über Response- Elemente persönlicher Kontakt mit den ZG hergestellt werden kann (Mailing, DRTV, Internet) |
| **Event** | erlebnisorientierte Inszenierung von markenbezogenen Ereignissen |
| **Messen** | (regelmäßige) Veranstaltungen mit Marktcharakter, auf denen den Besuchern ein umfassendes Angebot eines/mehrerer Wirtschaftszweige vorgestellt wird |
| **Online-kommunikation** | alle Instrumente, die sich direkt oder indirekt des Internets bedienen (u.a. Social Media, Displaywerbung, Websites, Blogs, SEM/Suchmaschinenmarketing, Virales Marketing, Mobile Marketing, Affiliate Marketing, E-Mail-Marketing, Newsletter etc.) |
| **Persönlicher Verkauf** | direkte Kommunikation/Interaktion zwischen der Verkaufsorganisation des Herstellers und den Kunden; direkter persönlicher Verkauf (Reisende/ Vertreter; Verkaufs veranstaltungen); Telefonverkauf |
| **Product-placement** | kreative Einbindung eines Markenartikels in den redaktionellen Teil eines Mediums (vor allem TV, Kino, Online) |
| **Public Relations** | systematischer Aufbau und Pflege der Beziehungen des Unternehmens zu verschiedenen Teilöffentlichkeiten (ZG) |
| **Sponsoring** | systematische Förderung von Personen, Organisationen oder Veranstaltungen durch Zuwendungen des Sponsors gegen die Gewährung von Rechten zur kommunikativen Nutzung des Gesponserten |
| **Verkaufs-förderung** | Förderung des Produktvertriebs in den Handel hinein und aus dem Handel heraus (POS) |
| **Werbung („klassische")** | bewusste Beeinflussung von Zielgruppen durch werbliche Botschaften mithilfe der Massenmedien |

Bei der Auswahl der Kommunikationsinstrumente müssen die folgenden Aspekte berücksichtigt werden:

- Ziele: Ist das Instrument geeignet, die Erreichung der angestrebten Kommunikationsziele zu unterstützen?
- Zielgruppen: Lassen sich die Zielgruppen mit dem Instrument weitgehend vollständig und kostengünstig erreichen?
- Produkteigenschaften/Produktbesonderheiten: Ergeben sich aus den Besonderheiten des Produktes Präferenzen für bestimmte Kommunikationsinstrumente? Z. B. spielt beim ComReader sicher Onlinekommunikation eine wichtige Rolle. Das Produkt hat nämlich eine enge Verbindung zum Internet, da die E-Books in aller Regel über das Internet bezogen werden.
- Bisheriger Kommunikationsmix: Lassen sich die vorgesehenen Kommunikationsinstrumente problemlos in den bestehenden Kommunikationsmix integrieren?
- Integrierte Kommunikation: Eignen sich die Kommunikationsinstrumente für eine integrierte Kommunikation?
- Budget: Reicht das Kommunikationsbudget für einen sinnvollen Einsatz der vorgesehenen Kommunikationsinstrumente aus?

*Maßnahmenplanung*
Für alle ausgewählten Kommunikationsinstrumente müssen jetzt konkrete Maßnahmen geplant werden. Auch hierbei müssen wieder die gleichen Aspekte berücksichtigt werden, die schon bei der Auswahl der Instrumente eine Rolle gespielt haben. Vor allem ist hier die integrierte Planung wichtig. Die Maßnahmen für die einzelnen Instrumente müssen so aufeinander abgestimmt sein, dass sie sich gegenseitig unterstützen und einen einheitlichen Kommunikationsauftritt gewährleisten. Es ist selbstverständlich, dass die Maßnahmen die Positionierung, die daraus abgeleitete Copy-Strategie und die kreative Leitidee berücksichtigen müssen.

*Zeitplanung*
Im Zusammenhang mit der Einsatzplanung der vorgesehenen Maßnahmen spielt der Zeitaspekt eine wichtige Rolle. Beginn und Ende der jeweiligen Maßnahmen müssen so aufeinander abgestimmt werden, dass eine möglichst optimale Wirkung erzielt wird. Dazu ist die Erstellung eines detaillierten Zeitplanes erforderlich. Für viele Maßnahmen benötigt man entsprechende Vorlaufzeiten, auch das ist bei der Planung zu berücksichtigen.

*Kontrolle/Feintuning*
Natürlich muss die Umsetzung des Kommunikationskonzeptes durch eine Erfolgskontrolle begleitet werden. Grundlage für die Bewertung sind dabei die jeweils angestrebten Ziele. Hierbei ist zu beachten, dass für alle vorgesehenen Kommunikationsinstrumente möglichst operationalisiert formulierte Ziele festgelegt werden müssen. Die Erfolgskontrolle sollte nicht erst dann erfolgen, wenn alle geplanten Maßnahmen durchgeführt und abgeschlossen sind, sondern es sollte während der Durchführungsphase laufend kontrolliert werden. Damit ergibt sich dann die Möglichkeit, während des Prozesses korrigierend einzugreifen

und geplante Maßnahmen zu ändern oder ggf. sogar ganz auszusetzen. Evtl. ergibt sich auch ein Bedarf an zusätzlichen Maßnahmen, die ursprünglich gar nicht vorgesehen waren. An dieser Stelle muss aber einschränkend gesagt werden, dass eine Kontrolle oft schwierig und kostspielig ist, weil sie evtl. den Einsatz von Primärforschung erfordert. Hier muss dann abgewogen werden, ob sich der Kostenaufwand lohnt.

Die folgende Übersicht fasst den Ablauf bei der operativen Planung noch einmal zusammen.

| | **Operative Planung** | |
|---|---|---|
| ↑ | Kontrolle/Feintuning | ↑ |
| ↑ | Zeitplanung | ↑ |
| ↑ | Planung von Maßnahmen für alle vorgesehenen Instrumente | ↑ |
| ↑ | Auswahl der Kommunikationsinstrumente | ↑ |

*Abb. 1.33: Ablauf der operativen Planung*

**Hinweis**
Wir verzichten an dieser Stelle auf eine Darstellung der einzelnen Kommunikationsinstrumente, da das den Rahmen dieses Buches sprengen würde. Aus dem gleichen Grund geben wir auch keine operative Planung für den ComReader an. ImBand „Kommunikationspolitik für Werbe- und Kommunikationsberufe" werden die einzelnen Kommunikationsinstrumente jeweils ausführlich dargestellt. Dort finden Sie dann auch entsprechende Fallbeispiele mit Lösungshinweisen.

## 1.5 Budgetplanung

Wir sind bisher bei unserer Darstellung davon ausgegangen, dass das Budget im Briefing vorgegeben ist und wir uns daher um die Budgetplanung nicht kümmern müssen. Das ist allerdings nur eingeschränkt richtig. Oft hat der Auftraggeber keine rechte Vorstellung, wie viel er für die Lösung seines Kommunikationsproblems aufwenden muss. Er erwartet dann von der betreuenden Agentur begründete Angaben zu dem erforderlichen Budget. Selbst wenn ein Gesamtbudget vorgegeben ist, muss das dann auf die einzelnen Kommunikationsinstrumente und -maßnahmen aufgeteilt werden, sodass sich die ausführende Agentur in der Regel immer auch mit Fragen der Etatplanung auseinandersetzen muss. Aus diesem Grund stellen wir die üblichen Arten der Budgetplanung kurz vor.

*Begriff Kommunikationsbudget*
Unter dem Kommunikationsbudget versteht man den Betrag, der für die Durchführung aller Kommunikationsmaßnahmen während der Planperiode vorgesehen ist. Den Betrag, den ein Unternehmen einer Agentur für Werbezwecke zur Verfügung stellt, bezeichnet man häufig als Account oder Billing.

Bei der Bestimmung des Budgets sollten:

- die Marktsituation
- die Marktentwicklung
- die Konkurrenzsituation
- das Niveau der angestrebten Ziele

berücksichtigt werden.

### 1.5.1 Methoden der Etatbestimmung

Es gibt verschiedene Verfahren, um das Kommunikationsbudget zu bestimmen. In diesem Unterkapitel werden die üblichen Verfahren kurz dargestellt und bewertet.

*Prozentverfahren*

Bei den Prozentverfahren wird das Kommunikationsbudget als bestimmter Prozentanteil einer sich im Zeitablauf ändernden Größe bestimmt. Als Bezugsgrößen zur Etatbestimmung werden üblicherweise der Gewinn (percentage of profit method) oder der Umsatz (percentage of sales method) verwendet. Als Ausgangsdaten können folgende Werte verwendet werden:

- Gewinn/Umsatz der letzten Periode
- Durchschnitt aus den Gewinnen/Umsätzen zurückliegender Perioden
- Plangewinn/-umsatz zukünftiger Perioden
- Durchschnitt aus Werten zurückliegender Perioden und angestrebten Werten zukünftiger Perioden

**Beispiel**

Die **Lecker Schmecker AG** möchte den Kommunikationsetat für die **Original Lecker Schmecker Cornflakes** für das nächste Jahr bestimmen. Sie erwägt dabei folgende Methoden:

- 10 % des Umsatzes soll für Kommunikationsmaßnahmen aufwendet werden
- 25 % des Gewinns soll für Kommunikationsmaßnahmen aufwendet werden

Sie orientiert sich dabei:

- an den durchschnittlichen Werten (Umsatz/Gewinn) der vergangenen zwei Jahre und des aktuellen Jahres
- dem angestrebten Wert (Umsatz/Gewinn) des Folgejahres
- dem Durchschnitt (Umsatz/Gewinn) aus aktuellem Wert und angestrebtem Wert des Folgejahres

| | Werte vor zwei Jahren | Werte im letzten Jahr | Werte des aktuellen Jahres | angestrebte Werte des Folgejahres |
|---|---|---|---|---|
| Absatz (Packungen zu je 0,5 kg) | 20 Mio. | 19 Mio. | 18 Mio. | 22 Mio. |
| Preis in Euro | 1,00 | 1,00 | 1,10 | 0,95 |
| Umsatz in Euro | 20 Mio. | 19 Mio. | 19,8 Mio. | 20,9 Mio. |
| Gewinn in Euro | 7,5 Mio. | 6 Mio | 5 Mio. | 8 Mio. |

**Kommunikationsetat = 10 % des Umsatzes**

- durchschn. Umsatz der letzten 2 Jahre und des aktuellen Jahres: 19,6 Mio. €
  ⇒ Kommunikationsetat: 1,96 Mio. €
- angestrebter Umsatz des Folgejahres: 20,9 Mio. €
  ⇒ Kommunikationsetat: 2,09 Mio. €
- Durchschnitt aus aktuellem und angestrebtem Umsatz Folgejahr: 20,35 Mio. €
  ⇒ Kommunikationsetat: 2,035 Mio. €

**Kommunikationsetat = 25 % des Gewinns**

- durchschn. Gewinn der letzten 2 Jahre und des aktuellen Jahres: 6,16 Mio. €
  ⇒ Kommunikationsetat: 1,54 Mio
- angestrebter Gewinn des Folgejahres: 8 Mio. €
  ⇒ Kommunikationsetat: 2 Mio. €
- Durchschnitt aus aktuellem und angestrebtem Gewinn Folgejahr: 6,5 Mio. €.
  ⇒ Kommunikationsetat: 1,625 Mio. €

---

*Nachteile der Prozentverfahren*

- Es besteht kein unmittelbarer sachlogischer Zusammenhang zwischen den Kommunikationszielen und der Höhe des Kommunikationsetats. Der Zusammenhang ist aber beim Umsatz stärker als beim Gewinn.
  - Der Gewinn hängt vom Preis, von der Absatzmenge und von den Kosten ab. Diese Größen können durch Kommunikationsmaßnahmen nicht unmittelbar beeinflusst werden.
  - Der Umsatz hängt vom Preis und von der Absatzmenge ab. Auch zwischen diesen Größen und den Kommunikationsaufwendungen besteht kein unmittelbarer Zusammenhang.
- Bei einer Orientierung an Vergangenheitswerten wird die Situation aus der Vergangenheit in die Zukunft fortgeschrieben. Daraus ergibt sich eine prozyklische Entwicklung des Kommunikationsetats. D. h., wenn z. B. der Umsatz in der vergangenen Periode gering war, ergibt sich für die Folgeperiode auch ein entsprechend niedriger Kommunikationsetat, obwohl er aber vielleicht höher sein müsste, um wieder Umsatzzuwächse zu erreichen.
- Die Höhe des anzuwendenden Prozentsatzes ist unklar, hierüber geben die Methoden keinen Aufschluss. Häufig wird der branchenübliche Satz genommen, dann wird aber die evtl. unterschiedliche Situation der betreffenden Unternehmen der Branche nicht berücksichtigt.

*Vorteile der Prozentverfahren*

- Bei der Gewinnmethode ist bei einer Orientierung an Vergangenheitswerten gesichert, dass ausreichend finanzielle Mittel vorhanden sind.
- Die Rechnung ist einfach und unkompliziert und erfordert nur einen geringen Informationsbedarf.

**Verkaufseinheitsmethode** *(per unit method/per case rate)*

Pro Herstellungs- oder Absatzeinheit fließt ein bestimmter fixer Betrag in das Kommunikationsbudget. Wie bei den Prozentmethoden kann auch bei dieser

Methode der Absatz der vergangenen Periode, der prognostizierte oder Planabsatz der folgenden Perioden oder Durchschnittswerte als Basis für die Ermittlung des Budgets verwendet werden. Die Kritikpunkte, die für die Prozentmethode aufgeführt wurden, gelten in gleicher Weise für die Verkaufseinheitsmethode. Allerdings ist der sachlogische Zusammenhang zwischen dem Budget und dem Absatz stärker als bei Umsatz und Gewinn.

**Beispiel**

Die Lecker Schmecker AG möchte den Kommunikationsetat für die Original Lecker Schmecker Cornflakes mithilfe der Verkaufseinheitsmethode bestimmen. Pro verkaufter Packung sollen 0,1 € für Kommunikation aufgewendet werden. Die Unternehmensleitung orientiert sich dabei an dem angestrebten Absatz des Folgejahres. Vergl. Sie dazu die Tabelle zum Beispiel zu den Prozentverfahren auf Seite 53.

angestrebter Absatz des Folgejahres: 22 Mio. Packungen
⇒ Kommunikationsetat: 0,1 € × 22 Mio. Packungen = 2,2 Mio. €

---

*Restwertmethode (finanzmittelbezogene Methode, all you can afford method/ affordable method)*
Bei dieser Methode hängt die Höhe des Etats von der aktuellen Ertragslage ab. Das Unternehmen wendet so viel für Kommunikationsmaßnahmen auf, wie es glaubt sich leisten zu können. Häufig wird bei dieser Methode der Etat als Summe aller finanziellen Mittel, die nach Abzug aller Kosten verbleiben, ermittelt.

**Beispiel**

Die **Lecker Schmecker AG** hat im aktuellen Jahr mit den **Original Lecker Schmecker Cornflakes** einen Gewinn von 5 Mio. € erzielt. Davon werden Rücklagen in Höhe von 2 Mio. € zur Finanzierung einer neuen Verpackungsanlage gebildet, 0,5 Mio. € werden als Rückstellungen für eine zu erwartende Steuernachzahlung gebildet und 1,5 Mio. € werden an die Aktionäre ausgeschüttet.
Welcher Betrag kann im folgenden Jahr noch für Kommunikation verwendet werden?

5 Mio. € – 2 Mio. € –0,5 Mio. € – 1,5 Mio.€ = 1 Mio. €

*Nachteile der Restwertmethode*
- Es besteht kein sachlogischer Zusammenhang zwischen den Zielsetzungen, den Kommunikationsmaßnahmen und der Höhe des Etats.
- Der Kommunikationsetat ergibt sich weitgehend zufällig.
- Die Verfolgung einer kontinuierlichen Kommunikationsstrategie ist nicht möglich.
- Der Kommunikationsetat kann so klein ausfallen, dass er wirkungslos ist.
- Der Kommunikationsetat kann zu groß ausfallen, sodass Geld verschwendet wird.

*Vorteile der Restwertmethode*
Die Mittel, die für Kommunikation aufgewendet werden sollen, stehen tatsächlich zur Verfügung.
Das Verfahren ist einfach zu handhaben.

*Fortschreibungsmethode (Vorjahresmethode)*
Der Etat der vorausgegangenen Periode wird unverändert für die Folgeperiode übernommen. Diese Methode ist nur dann sinnvoll, wenn der Etat der vorausgegangenen Periode optimal war und sich weder an den Zielen noch bei den Umfeldbedingungen etwas geändert hat. Da das in der Regel nicht zutrifft, ist diese Methode nicht empfehlenswert. Zudem kann man bei diesem Verfahren auch kaum von einer Methode sprechen.

*Wettbewerbsmethoden*
Bei der Anwendung der Wettbewerbsmethoden orientiert man sich bei der Bestimmung des eigenen Etats an den Etathöhen der Konkurrenz. Hierbei kann man sich einmal an die Kommunikationsaufwendungen des Hauptkonkurrenten halten (Competitive-Parity-Method bzw. Konkurrenz-Paritäts-Methode) oder sich an den Kommunikationsaufwendungen des Gesamtmarktes orientieren. Bei einer starren Anwendung der Competitive-Parity-Method versucht man das Verhältnis aus eigenen Kommunikationsaufwendungen und Kommunikationsaufwendungen des Hauptwettbewerbers konstant zu halten.

**Beispiel**

Der schärfste Konkurrent der **Lecker Schmecker AG**, die Kunsper Knäuschen AG, hat im vergangenen Jahr 4 Mio.€ für Kommunikationsmaßnahmen ausgegeben. Die **Lecker Schmecker AG** will immer 75 % der Kommunikationsaufwendungen der Knusper Knäuschen AG selbst für Kommunikationsmaßnahmen aufwenden. Der Kommunikationsetat der **Lecker Schmecker AG** soll unter dieser Voraussetzung ermittelt werden.

75 % von 4 Mio. € = 3 Mio. €

---

Bei einer Ausrichtung des eigenen Etats an den Kommunikationsaufwendungen des Gesamtmarktes versucht man bestimmte Relationen zwischen dem Marktanteil (SOM = Share of Market) und dem Anteil der eigenen Aufwendungen für Kommunikationsmaßnahmen herzustellen. Üblicherweise berücksichtigt man hierbei nicht die gesamten Kommunikationsaufwendungen, sondern nur die Aufwendungen für Werbemaßnahmen. Den Anteil der eigenen Werbeaufwendungen an den gesamten Werbeaufwendungen aller Unternehmen des Marktes bezeichnet man als Share of Advertising (SOA). Man nennt diese Methode daher Werbeanteils-Marktanteils-Methode (Share of Advertising-Share of Market-Method).

$$SOA_{\text{Unternehmens X}} = \frac{\text{Werbeaufwendungen des Unternehmens X}}{\text{Summe der Werbeaufwendungen aller Unternehmen dieses Marktes}} \cdot 100$$

Bei der Anwendung der Werbeanteils-Marktanteils-Methode sind verschiedene strategische Ausrichtungen denkbar:

SOA > SOM $\Rightarrow$ aggressives Wettbewerbsverhalten
SOA = SOM $\Rightarrow$ neutrales Wettbewerbsverhalten
SOA < SOM $\Rightarrow$ defensives Wettbewerbsverhalten

**Beispiel**

Auf dem Gesamtmarkt für Cornflakes wurden im vergangenen Jahr 60 Mio. € für Werbung aufgewendet. Die **Lecker Schmecker AG** hat einen Marktanteil von 8 %. Die Geschäftsleitung möchte, dass der Anteil der Werbeaufwendungen der Lecker Schmecker AG an den Gesamtwerbeaufwendungen des Cornflakesmarktes (Share of Advertising / SOA) dem Marktanteil entspricht.
Wie hoch muss das Werbebudget für das folgende Jahr sein, wenn die Geschäftsleitung der Lecker Schmecker AG davon ausgeht, dass die Gesamtwerbeaufwendungen auch im folgenden Jahr 60 Mio. € betragen?

8 % von 60 Mio. € = 4,8 Mio. €

*Bewertung der Wettbewerbsmethoden*
Die Berücksichtigung der Konkurrenz ist im Zusammenhang mit der eigenen Etatplanung sinnvoll und notwendig. Wenn man davon ausgeht, dass Kommunikationsmaßnahmen die Marktverhältnisse beeinflussen, muss folglich auch das Kommunikationsverhalten der Mitwettbewerber in das eigene Kalkül einbezogen werden. Eine starre Anwendung dieser Verfahren ist allerdings nicht zu empfehlen, da dann die Verfolgung eigener Ziele und Strategien nicht möglich ist. Ferner ist zu beachten, dass die beschriebenen Verfahren die möglicherweise unterschiedlichen Situationen der Unternehmen nicht berücksichtigen, wie z. B. die Finanzkraft. Beachtet werden sollte auch, dass die Daten über die Kommunikationsaufwendungen der Konkurrenzunternehmen immer aus der Vergangenheit stammen und damit für eine in die Zukunft gerichtete Planung nur eine eingeschränkte Bedeutung haben können.

*Ziel-Aufgaben-Methode (objective and task method, adequate-campain method)*
Ausgangspunkt dieser Etatplanungsmethode sind die Ziele, die das Unternehmen mit den Kommunikationsmaßnahmen erreichen möchte. Die Zielformulierung sollte möglichst präzise und operationalisiert erfolgen. Aus den Kommunikationszielen sind im nächsten Schritt Maßnahmen abzuleiten, durch deren Einsatz die angestrebten Ziele erreicht werden können. Die Summe der Einsatzkosten für diese Maßnahmen ist identisch mit dem notwendigen Kommunikationsbudget. Wenn der so ermittelte Betrag die finanziellen Möglichkeiten des Unternehmens übersteigt, müssen die Ziele hinsichtlich Anzahl und/oder Umfang reduziert und das Verfahren erneut durchlaufen werden. Diese Vorgehensweise ist prinzipiell so oft zu wiederholen, bis die Einsatzkosten für das Unternehmen akzeptabel sind.

**Beispiel**

Die **Lecker Schmecker AG** hat im letzten Jahr von den Original Lecker Schmecker Cornflakes 18 Mio. 500 g-Packungen abgesetzt. Die Geschäftsleitung möchte durch eine Werbekampagne die Absatzmenge im folgenden Jahr auf 22 Mio. 500 g-Packungen steigern und will das hierzu notwendige Werbebudget bestimmen.

Vorgehensweise
- Ausgangspunkt ist das Marketingziel: Absatzsteigerung um 4 Mio. Packungen
- Aus dem Marketingziel müssen in diesem Fall Werbeziele abgeleitet werden, z. B. Steigerung des Bekanntheitsgrades um x%, Erzeugung von Kaufwünschen etc.
- Aus den Werbezielen müssen Mediaziele abgeleitet werden
  - Reichweite ⇒ Wie viele Zielpersonen sollen erreicht werden?
  - Werbedruck ⇒ Wie häufig sollen die Zielpersonen kontaktiert werden?
- Ermittlung, welche Mittel wie häufig eingesetzt werden müssen, um die angestrebten Ziele zu erreichen.
- Ermittlung, wie viel der notwendige Mitteleinsatz kostet.
- Falls keine finanziellen Restriktionen existieren, sind die ermittelten Kosten gleich dem Werbebudget.
- Falls finanzielle Restriktionen existieren, müssen die Ziele reduziert und der Prozess wiederholt werden, bis die Kosten dem aufwendbaren Budget entsprechen.

---

*Vorteile der Ziel-Aufgaben-Methode*
- Der Hauptvorteil dieser Methode besteht darin, dass der Etat ausgehend von den angestrebten Zielen ermittelt wird. Es besteht also ein sachlogischer Zusammenhang zwischen den Zielen und der Höhe des Etats.
- Da der Etat sich aus den Kosten von Einzelmaßnahmen zusammensetzt, ist der Planungsvorgang sehr transparent. Daher können Planungsfehler leichter erkannt und Planänderungen schneller durchgeführt werden. Dadurch ist auch eine Anpassung an kurzfristig veränderte Marktbedingungen schneller möglich.

*Nachteile der Ziel-Aufgaben-Methode*
- Es ist in der Regel nicht möglich, aus den angestrebten Zielen eindeutig bestimmte Maßnahmen abzuleiten.
  ⇒ Der Etat muss nicht unbedingt optimal sein, da die gleichen Ziele auf unterschiedlichen Wegen und damit zu unterschiedlichen Kosten erreicht werden können.
- Das Planungsverfahren ist sehr aufwendig.

### 1.5.2 Budgetverteilung

Nachdem das Gesamtbudget für die Planperiode ermittelt worden ist, muss es nach sachlichen, zeitlichen und räumlichen Kriterien verteilt werden.

*Sachliche Verteilung*

Hierunter versteht man die Aufteilung des Gesamtbudgets auf die einzelnen Kommunikationsinstrumente und evtl. auch schon auf die geplanten Kommunikationsmaßnahmen. Die Verteilung erfolgt dabei sinnvollerweise mithilfe der Ziel-Aufgaben-Methode.

*Räumliche Verteilung*
Falls die kommunikative Präsenz regional unterschiedlich stark sein soll, muss das Budget auch unter geografischen Gesichtspunkten verteilt werden.

*Zeitliche Verteilung*
Die zeitliche Verteilung ergibt sich unmittelbar aus der Zeitplanung, die im Rahmen der operativen Planung vorgenommen wird.

## 1.6 Das Klassische Positionierungsmodell

Dieses Kapitel beinhaltet einen Nachtrag zu dem Thema „Positionierung". Neben der im Abschnitt „Positionierung" dargestellten Positionierungsmethode mithilfe einer SWOT-Analyse gibt es auch noch andere Verfahren, wie man zu einer Positionierung kommen kann. Eine davon ist das sogenannte klassische Positionierungsmodell, auf das sich in der Literatur häufiger bezogen wird und das wir daher kurz darstellen. Das klassische Positionierungsmodell fußt jeweils auf einer Erhebung, mit der ermittelt werden soll, welche Anforderungen die Zielpersonen an eine ideale Ausprägung des Positionierungsobjektes stellen. Ferner wird erhoben, wie die Zielpersonen die im Markt befindlichen Konkurrenzobjekte bewerten. Daraus werden dann durch den Einsatz von statistischen Verfahren, z. B. einer Faktorenanalyse, Positionierungsdimensionen abgeleitet, die für die Zielpersonen relevant sind. Zusätzlich werden die Positionen der berücksichtigten Objekte bezüglich dieser Dimensionen ermittelt. Die Ergebnisse lassen sich dann in entsprechenden Positionierungsdiagrammen grafisch anschaulich darstellen.

Basiert auf einer Erhebung bei Zielpersonen zu Anforderungen an das Produkt und zur Bewertung von Konkurrenzprodukten

Das folgende Beispiel soll das verdeutlichen.

Dieses Beispiel wird anhand von Marktdaten vorgestellt, die teils als reale Daten mittels Markt-Media-Studien gewonnen wurden. Die im folgenden herangezogene Faktorenanalyse basiert noch auf der der Markt-Media-Studie „Typologie der Wünsche (TdW)" , die 2014 durch die neue Studie „best for planning" (b4p) ersetzt wurde (Gemeinschaftsstudie im Auftrag der vier Medienhäuser Axel Springer Verlag, Bauer Media Group, Hubert Burda Media und Gruner + Jahr erstellt wird; siehe Näheres zu b4p auf S. 542)." Mithilfe der Faktorenanalyse wurden die folgenden drei relevanten Dimensionen für die Positionierung von Pilsmarken ermittelt:

- **Freizeit/Erlebnis** (Spontaneität, Abenteuer, die Dinge locker sehen, sich fordern)
- **Qualität/Anspruch** (hoher Anspruch an Produkte, Qualitätsprodukte werden bevorzugt, Präferenz für schöne und teure Sachen)
- **Dominanz** (Durchsetzung, Führung, Überlegenheit)

Ferner wurden die Positionen der hauptsächlichen national vertriebenen Pilsmarken bezüglich dieser drei Dimensionen ermittelt und in entsprechende Diagramme eingetragen. Die Daten stammen aus der Vergangenheit und erheben bewusst keinen Anspruch auf Aktualität, vielmehr bietet das Beispiel eine exemplarische Darstellung. Wer möchte, kann aktuelle Daten recherchieren und die derzeitige Situation aus dem Biermarkt analog ableiten.

Die Achseneinteilung entspricht einer Ratingskala von 1 bis 6. Dabei bedeuten: 1 = trifft gar nicht zu, 2 = trifft kaum zu, 3 = trifft etwas zu, 4 = trifft tendenziell zu, 5 = trifft weitgehend zu, 6 = trifft voll und ganz zu.
Die Mitte liegt bei 3,5. Bei diesem Wert wird die Eigenschaft weder abgesprochen noch zuerkannt.
Die Diagramme zeigen die Positionen der Biermarken bezüglich der drei Dimensionen so, wie sie von den Zielpersonen wahrgenommen werden.
Das klassische Positionierungsmodell hat den Vorteil, dass sich die Positionierungsdimensionen unmittelbar aus den Bewertungen der Zielpersonen ergeben und folglich für die Zielpersonen bedeutsam sind. Außerdem lassen sich die Positionen der Konkurrenzobjekte in den entsprechenden Diagrammen anschaulich darstellen. Der große Nachteil dieses Verfahrens ist, dass es in der Anwendung aufwendig und kompliziert ist. Aus diesem Grund findet es in der Praxis auch nur noch selten Anwendung.

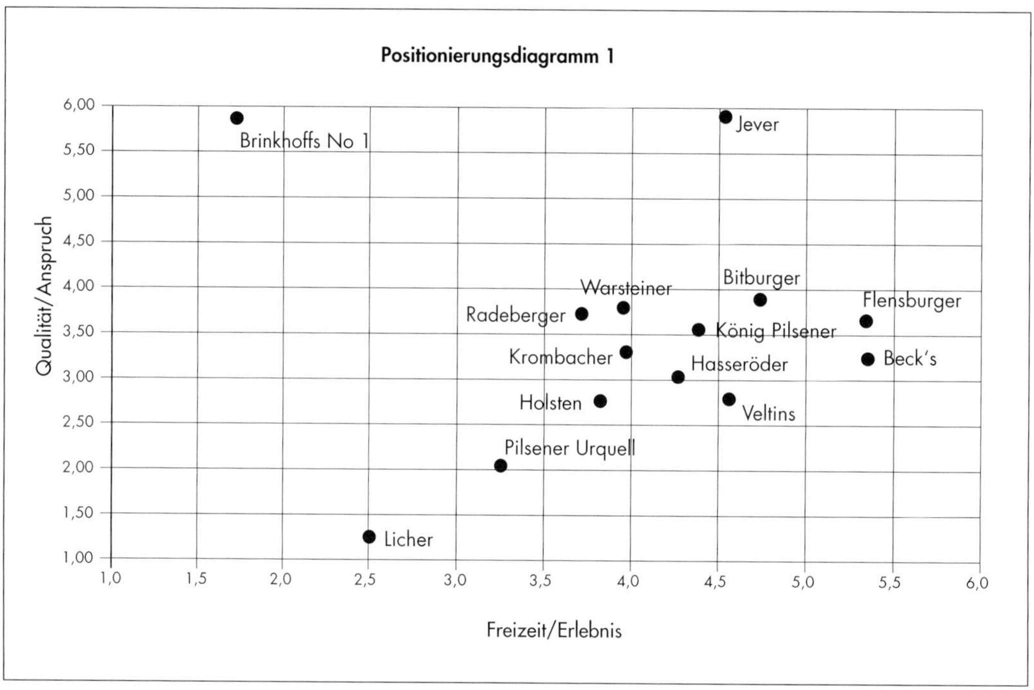


*Abb. 1.34: Positionierungsdiagramm 1*

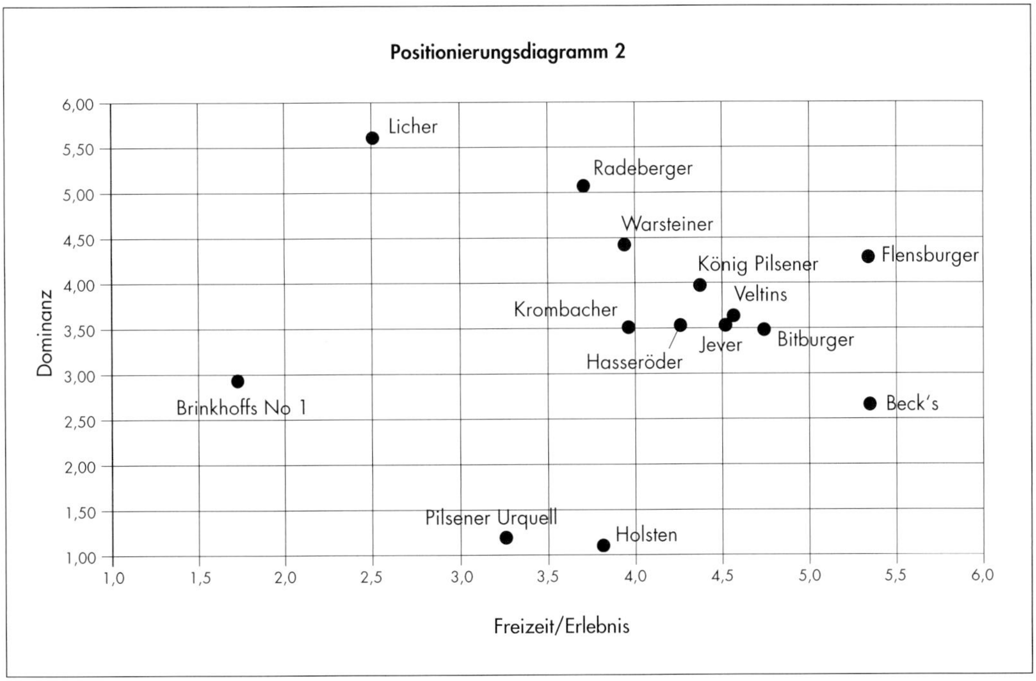


*Abb. 1.35: Positionierungsdiagramm 2*

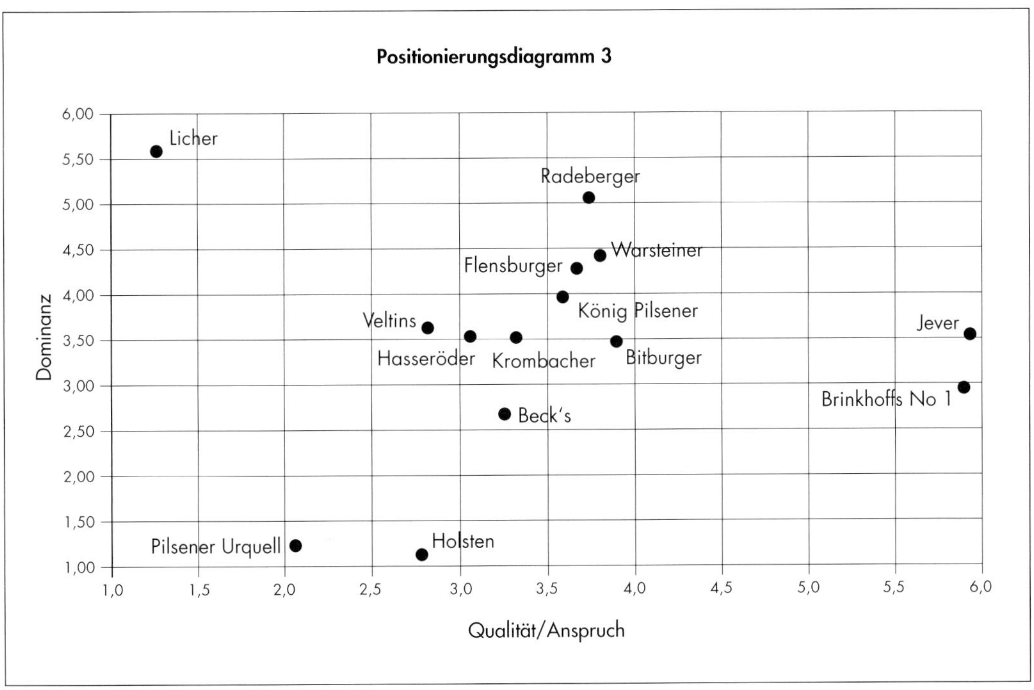


*Abb. 1.36: Positionierungsdiagramm 3*

## 1.7 Fallsituation zur Konzeptentwicklung

(Hintergrundanalyse, Briefing, Positionierung, Copy-Strategie)

### Situation

*Hintergrund*
Die Brauerei volle Pulle GmbH wurde 1889 gegründet und ist nach wie vor in Privatbesitz.
Das Unternehmen stellt ausschließlich Pils her, das unter der Marke „volle Pulle" vertrieben wird. Bei dem volle Pulle Pils handelt es sich um ein qualitativ sehr hochwertiges Premium-Bier, das in einem aufwendigen Brauverfahren hergestellt wird. Im Vergleich zu den Hauptkonkurrenten hat die volle Pulle GmbH hierbei Qualitätsvorteile. Der hohe Qualitätsanspruch drückt sich auch im Preis aus. Ein Kasten volle Pulle Pils kostet im Einzelhandel etwa 13,00 €.
Das volle Pulle Pils wird in folgenden Gebinden angeboten:
Fassbier | 0,5 l Flaschen | 0,3 l Flaschen | 0,3 l Dosen

Die verwendeten Rohstoffe (Hopfen, Malz, Hefe) werden aus Deutschland bezogen, hierbei wird ebenfalls auf beste Qualität und ökologischen Anbau geachtet. Das Wasser stammt aus einem eigenen Brunnen der Brauerei und wird regelmäßig kontrolliert

*Absatzgebiete*
Das volle Pulle Pils wird national vertrieben, das Hauptabsatzgebiet ist allerdings das Ruhrgebiet.

| Region | Anteil am Gesamtabsatz in % |
|---|---|
| Ruhrgebiet | 70 % |
| restliches Deutschland | 30 % |

Im Ruhrgebiet verfügt die volle Pulle GmbH über eine aktive Bekanntheit von 70 % und eine passive Bekanntheit von 80 %. Im restlichen Vertriebsgebiet beträgt die aktive Bekanntheit 20 % und die passive Bekanntheit 35 %.

*Vertriebswege*
Die volle Pulle GmbH vertreibt ihr Bier über den Getränkeeinzelhandel, den Lebensmitteleinzelhandel und die Gastronomie. Zusätzlich ist auch der Getränkegroßhandel in den Vertrieb eingebunden.

Der Biermarkt insgesamt ist stark regionalisiert und bedingt durch Aufkäufe auch durch starke Konzentrationstendenzen gekennzeichnet.

Die Geschäftsleitung der volle Pulle GmbH möchte ihre Situation insgesamt, aber vor allem außerhalb des Ruhrgebiets verbessern, zumal sie hier nur über eine unzureichende Bekanntheit verfügt. Sie beauftragt Ihre Agentur dazu, ein geeignetes Kommunikationskonzept zu entwickeln.

## Aufgaben

Aufgabe 1
Grundlage für die Konzeptentwicklung soll eine Hintergrundanalyse sein. Dazu sollen der Biermarkt und die Situation der volle Pulle GmbH untersucht werden.

a) Beurteilen Sie kurz die Situation auf dem Biermarkt in Deutschland; berücksichtigen Sie dazu die Tabelle 1 im Belegsatz.
b) Erläutern Sie, wie der Unterschied zwischen dem Bierausstoß, das ist die von den deutschen Brauereien gebraute Biermenge, und dem Inlandsverbrauch zustande kommt.
c) Beurteilen Sie die Situation und die Entwicklung der volle Pulle GmbH. Berücksichtigen Sie dazu die Tabellen 1 und 2 im Belegsatz.

Aufgabe 2
Das Briefing, das Sie von der volle Pulle GmbH erhalten haben, besteht aus der Situationsbeschreibung, den Tabellen 1 bis 4 im Belegsatz und dem Diagramm zu gesellschaftlichen Trends im Belegsatz. Sie sollen das Briefing auf Vollständigkeit überprüfen.

a) Geben Sie die Informationen an, die Ihnen zu einem vollständigen Briefing noch fehlen.
b) Geben Sie jeweils an, wo Sie die fehlenden Informationen erhalten können.

Aufgabe 3
Die volle Pulle GmbH möchte innerhalb der nächsten 2 Jahre ihre Absatzmenge auf 0,55 Mio. hl steigern. Formulieren Sie zwei Kommunikationsziele, die die volle Pulle GmbH in diesem Zusammenhang anstreben sollte und erläutern Sie, warum diese Ziele hier wichtig sind.

Aufgabe 4
Bevor Maßnahmen geplant und entwickelt werden, sollen zunächst einmal Überlegungen und Untersuchungen zur Zielgruppe vorgenommen werden.
Geben Sie eine begründete Einschätzung, ob die volle Pulle GmbH sich mit ihren Maßnahmen eher an die Verwender oder eher an die Nichtverwender von Bier wenden sollte.

Aufgabe 5
Obwohl das volle Pulle Pils schon sehr lange vertrieben wird, existiert keine Positionierung für die Marke. Ihre Agentur erhält den Auftrag, Vorschläge für eine geeignete Positionierung zu machen. Grundlage für die Positionierung soll eine SWOT-Analyse sein.

a) Geben Sie Stärken und Schwächen sowie Chancen und Risiken für die volle Pulle GmbH an und erstellen Sie eine Matrix für eine SWOT-Analyse. Kennzeichnen Sie in der SWOT-Matrix Zusammenhänge zwischen den einzelnen Elementen.
b) Leiten Sie aus der SWOT-Analyse Ansatzpunkte für eine Positionierung ab, machen Sie einen begründeten Positionierungsvorschlag und überprüfen Sie diesen auf seine Eignung.

Aufgabe 6
Erstellen Sie auf der Grundlage Ihres Positionierungsvorschlags eine Copy-Strategie.

## Belegsatz

| Jahr | 05 | 06 | 07 | 08 | 09 | 10 | 11 | 12 | 13 |
|---|---|---|---|---|---|---|---|---|---|
| Bierausstoß in 1.000 hl | 107.678 | 104.315 | 100.628 | 99.910 | 98.078 | 95.683 | 95.545 | 94.618 | 94.365 |
| Bierausfuhr in 1.000 hl | 13.713 | 14.896 | 15.716 | 15.210 | 14.045 | 14.754 | 15.360 | 15.357 | 14.781 |
| Anteil am Ausstoß in % | 12,9 | 14,1 | 15,0 | 15,2 | 14,3 | 15,8 | 16,1 | 16,2 | 15,7 |
| Biereinfuhr in 1.000 hl | 5.413 | 6.429 | 6.972 | 6.445 | 6.531 | 7.486 | 7.694 | 7.276 | 6.307 |
| Anteil am Inlandsverbrauch in % | 5,7 | 6,7 | 7,6 | 7,1 | 7,2 | 8,5 | 8,8 | 8,1 | 8,1 |
| Inlandsverbrauch (mengenmäßiges MV) in 1.000 hl | 95.080 | 95.492 | 91.885 | 91.132 | 89.853 | 87.872 | 87.655 | 86.279 | 85.888 |
| Pro-Kopf-Verbrauch in Liter | 115,3 | 116,0 | 111,8 | 111,1 | 109,6 | 107,4 | 109,3 | 107,6 | 106,6 |
| Umsatz in Mio. € (Betriebe mit mehr als 20 Beschäftigten) | 8.201 | 8.022 | 8.190 | 8.155 | 7.855 | 7.690 | 7.850 | 7.954 | 7.652 |

*Abb. 1.37: Tabelle 1 – Daten zum Biermarkt (siehe Deutsche Brauwirtschaft in Zahlen, April 2014, Deutscher Brauerbund)*

| Jahr | 05 | 06 | 07 | 08 | 09 | 10 | 11 | 12 | 13 |
|---|---|---|---|---|---|---|---|---|---|
| Absatz in 1000 hl | 465,4 | 477,5 | 459,4 | 455,7 | 449,3 | 439,4 | 438,3 | 440,0 | 446,6 |
| Umsatz in Mio. € zu Endverbraucherpreisen | 57,4 | 56,15 | 60,6 | 61,2 | 60,5 | 60,8 | 62,0 | 64,4 | 63,5 |
| mengenmäßiger Marktanteil | 0,50 % | 0,50 % | 0,50 % | 0,50 % | 0,50 % | 0,50 % | 0,50 % | 0,51 % | 0,52 % |
| wertmäßiger Marktanteil | 0,70 % | 0,70 % | 0,74 % | 0,75 % | 0,77 % | 0,79 % | 0,79 % | 0,81 % | 0,83 % |

*Abb. 1.38: Tabelle 2 – Absatz-/Umsatzentwicklung und Marktanteile der volle Pulle GmbH*

| best for planning 2013 III | | | | | |
|---|---|---|---|---|---|
| Basis: deutschsprachige Bevölkerung 14 + / Potenzial: 100.0 %, 30274 Fälle, 70.33 Mio. | | | | | |
| | | | Bierverwendung mind. mehrmals pro Monat | | |
| | Mio. | % vert. | Mio. | % vert. | Index |
| Basis | 70,33 | 100,0 | 30,24 | 100,0 | 100 |
| Bier: bevorzugte Sorten | | | | | |
| Pils | 32,16 | 45,7 | 23,11 | 76,4 | 167 |
| Helles/Export | 4,72 | 6,7 | 3,26 | 10,8 | 160 |
| Altbier | 1,59 | 2,3 | 0,81 | 2,7 | 119 |
| Kölsch | 1,74 | 2,5 | 0,99 | 3,3 | 132 |
| Schwarzbier | 1,51 | 2,1 | 0,86 | 2,8 | 132 |
| Bockbier, Starkbier | 0,52 | 0,7 | 0,38 | 1,2 | 169 |
| Weizen, Weißbier | 4,96 | 7,0 | 3,22 | 10,6 | 151 |
| Leichtes Bier/Light | 1,31 | 1,9 | 0,42 | 1,4 | 75 |
| andere Biersorten | 1,90 | 2,7 | 0,52 | 1,7 | 63 |

*Abb. 1.39: Tabelle 3 – Verwendung von Biersorten*

| best for planning 2013 III | | | | | |
|---|---|---|---|---|---|
| Basis: deutschsprachige Bevölkerung<br>Potenzial: 100.0 %, 30274 Fälle, 70.33 Mio. | | | | | |
| | Basis | | ZG volle Pulle GmbH genussorientierter Pilsgenuss mindestens mehrmals pro Woche | | |
| | Mio. | % vert. | Mio. | % vert. | Index |
| **Basis** | **70,33** | **100,0** | **7,70** | **100,0** | **100** |
| Geschlecht | | | | | |
| männlich | 34,46 | 49,0 | 7,03 | 91,3 | 186 |
| weiblich | 35,86 | 51,0 | 0,67 | 8,7 | 17 |
| Alter Befragter | | | | | |
| 16 bis 19 Jahre | 3,29 | 4,7 | 0,10 | 1,3 | 28 |
| 20 bis 29 Jahre | 9,81 | 14,0 | 0,85 | 11,0 | 79 |
| 30 bis 39 Jahre | 9,56 | 13,6 | 0,97 | 12,6 | 92 |
| 40 bis 49 Jahre | 13,21 | 18,8 | 1,69 | 21,9 | 117 |
| 50 bis 59 Jahre | 11,81 | 16,8 | 1,63 | 21,1 | 126 |
| 60 bis 69 Jahre | 8,80 | 12,5 | 1,23 | 16,0 | 128 |
| 70 Jahre und älter | 12,24 | 17,4 | 1,23 | 16,0 | 92 |
| Bier: Marken-/Preisbeachtung bei Kauf | | | | | |
| vor allem Preis | 2,61 | 3,7 | 0,35 | 4,6 | 123 |
| eher Preis | 5,10 | 7,3 | 0,59 | 7,6 | 105 |
| sowohl Preis als auch Marke | 16,97 | 24,1 | 2,55 | 33,1 | 137 |
| eher Marke | 15,04 | 21,4 | 2,34 | 30,4 | 142 |
| vor allem Marke | 7,45 | 10,6 | 1,70 | 22,1 | 209 |
| Markenbeachtung bei Kauf | | | | | |
| Bier | 22,48 | 32,0 | 4,04 | 52,5 | 164 |
| Statements zum Thema Ernährung und Umwelt (voll und ganz/eher) | | | | | |
| Ich bevorzuge nach Möglichkeit Produkte hier aus der Region | 42,57 | 60,5 | 5,16 | 67,0 | 111 |
| Gutes Essen und Trinken spielen in meinem Leben eine große Rolle | 48,07 | 68,4 | 7,70 | 100,0 | 146 |
| Ich würde mich selbst als Genießer bezeichnen | 41,15 | 58,5 | 5,43 | 70,5 | 120 |
| Statements zu verschiedenen Lebensbereichen (voll und ganz/eher) | | | | | |
| Ich genieße das Leben und nehme die Dinge locker | 38,61 | 54,9 | 4,88 | 63,4 | 115 |
| Was ich will ist Spaß, Abwechslung und Unterhaltung | 38,82 | 55,2 | 4,71 | 61,1 | 111 |
| Statements zum Thema Konsum (voll und ganz/eher) | | | | | |
| Wenn man bekannte Markenartikel kauft, kann man sicher sein, dass man gute Qualität bekommt | 43,70 | 62,1 | 5,33 | 69,2 | 111 |

*Abb. 1.40: Tabelle 4 Zielgruppenstruktur der volle Pulle GmbH, Quelle: best for planning 2013 III*

*Abb. 1.41: Gesellschaftliche Trends, Quelle: Andreas Giger, Studie zu technologischen und gesellschaftlichen Entwicklungstendenzen 2008, Sensonet (www.sensonet.org)*

**Lösungshinweise zu Aufg. 1 a)**
Der Biermarkt hat sich im Zeitraum von 05 bis 13 insgesamt rückläufig entwickelt.

- Das mengenmäßige Marktvolumen ist nahezu kontinuierlich (Ausnahme 06) geschrumpft. Insgesamt betrug der Rückgang in diesem Zeitraum 9,7 %.
- Der Pro-Kopf-Verbrauch ging um 8,7 l auf 106,6 l (7,5 %) zurück.
- Die Entwicklung des Umsatzes verlief leicht schwankend. Insgesamt ging der Umsatz aber im Zeitraum 05 bis 13 um 7,7 % zurück.

Entsprechend negativ verlief auch die Entwicklung des Bierausstoßes (kontinuierlicher Rückgang im Zeitraum 05 bis 13 um 12,4 %).

Der Rückgang des mengenmäßigen Marktvolumens konnte durch einen Zuwachs beim Export von Bier um 1,068 Mio. hl (+ 7,8 %) teilweise ausgeglichen werden. Negativ wirkte hierbei aber eine Steigerung des Imports um etwa 0,9 Mio. hl (+ 16,5 %).

**Lösungshinweise zu Aufg. 1 b)**
Der Unterschied kommt dadurch zustande, dass sich der Inlandsverbrauch teilweise aus dem in Deutschland produzierten Bier und teilweise aus dem aus dem Ausland importierten Bier zusammensetzt. Der Bierausstoß geht wiederum teilweise in den Inlandsverbrauch und wird teilweise exportiert. Im Jahr 2013 stellt sich die Situation wie folgt dar:

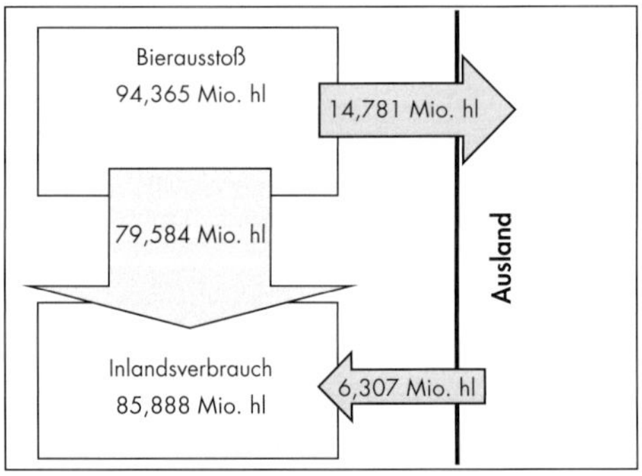


*Abb. 1.42: Zusammenhang zwischen Inlandsverbrauch und Bierausstoß*

**Lösungshinweise zu Aufg. 1 c)**
Tabelle 2 kann entnommen werden, dass der mengenmäßige Marktanteil im Zeitraum von 2005 bis 2013 relativ konstant bleibt. Lediglich 2012 und 2013 erhöht sich der Marktanteil jeweils um 0,01 Prozentpunkte. Entsprechend verläuft die Entwicklung des Absatzvolumens der volle Pulle GmbH auch weitgehend parallel zur Entwicklung des Marktvolumens. Bedingt durch die geringfügige Steigerung des mengenmäßigen Marktvolumens beträgt der Rückgang des Absatzvolumens der volle Pulle GmbH aber nur 6,2 %.

Deutlich günstiger als auf dem Gesamtmarkt haben sich die Umsätze der volle Pulle GmbH entwickelt. Hier wurde eine Steigerung von gut 10 % erreicht. Das drückt sich auch in der Entwicklung des wertmäßigen Marktanteils aus, der um 0,13 Prozentpunkte auf 0,83 % gesteigert werden konnte. Auffällig ist auch, dass der wertmäßige Marktanteil der volle Pulle GmbH deutlich größer ist als der mengenmäßige Marktanteil. Das deutet darauf hin, dass die volle Pulle GmbH einen höheren Preis für ihr Bier verlangt, als im Durchschnitt auf dem Gesamtmarkt gezahlt werden muss. Der relativ starke Anstieg des wertmäßigen Markanteils im Vergleich zum mengenmäßigen kann zudem nur dadurch erklärt werden, dass die volle Pulle GmbH von 2005 bis 2013 die Preise erhöht hat und/oder der Durchschnittspreis auf dem Gesamtmarkt gesunken ist.

*Fazit*
Die Entwicklung des Absatzvolumens der volle Pulle GmbH verlief weitgehend parallel zum mengenmäßigen Marktvolumen. Offenbar konnte die volle Pulle GmbH aber einen höheren Preis durchsetzen als im Durchschnitt auf dem Gesamtmarkt erzielt wurde. Außerdem gelang es ihr, im Zeitablauf die Preise weiter zu erhöhen. Damit erreichte sie einen wertmäßigen Marktanteil, der deutlich über dem mengenmäßigen liegt und der zudem auch noch signifikant gesteigert werden konnte. Das führte dazu, dass die Umsatzentwicklung der volle Pulle GmbH deutlich günstiger ausfiel als die des Gesamtmarktes. Situation und Entwicklung der volle Pulle GmbH sind damit im Vergleich zum Gesamtmarkt positiv zu bewerten.

**Lösungshinweise zu Aufg. 2**
Es fehlen Informationen
- zum Unternehmen, z. B.
  - finanzielle Situation
  - CI
  - bisherige Kommunikationsmaßnahmen
  - Distributionskennzahlen
  - u. a.

    ⇒ Informationen erhält man von der volle Pulle GmbH
- zum Markt, z. B.
  - Entwicklung der einzelnen Teilmärkte, vor allem die Entwicklung des Pilsmarktes
  - Angaben zur Distribution (Anteile der verschiedenen Verkaufsstellen, z. B. Gastronomie, Getränkehandel etc. am Marktvolumen, sowohl für den Gesamtmarkt, als auch für die einzelnen Teilmärkte)
  - Preisentwicklung auf den verschiedenen Teilmärkten
  - geografische Differenzierung des Marktvolumens und der Teilmärkte

    ⇒ Informationen erhält man im Wesentlichen über Handelspanel
- zu den Wettbewerbern, z. B
  - Angabe der Hauptwettbewerber
    ⇒ Informationen von der volle Pulle GmbH
  - Marktanteile der Hauptwettbewerber
    ⇒ Informationen aus Handelspanel
  - Absatz-/Umsatzvolumina der Hauptwettbewerber
    ⇒ Informationen aus Handelspanel
  - Produktprogramm der Hauptwettbewerber
    ⇒ Informationen aus Handelspanel
  - Preisstellung der Hauptwettbewerber
    ⇒ Informationen aus Handelspanel
  - Distribution der Hauptwettbewerber
    ⇒ Informationen aus Handelspanel
  - Positionierung der Hauptwettbewerber
    ⇒ Informationen durch Copy-Analysen
  - Kommunikationsmaßnahmen der Hauptwettbewerber
    ⇒ Informationen teilweise durch Nielsen-Media-Research
  - Kommunikationsaufwendungen der Hauptwettbewerber
    ⇒ Infos durch Nielsen-Media-Research

- zu den Konsumenten, z. B.
  - Strukturmerkmale, Angaben sind unvollständig
    ⇒ Infos durch Markt-Media-Studien oder Verbraucherpanel
  - Kauf-/Verbrauchsinformationen, Angaben sind unvollständig
    ⇒ Infos durch Markt-Media-Studien oder Verbraucherpanel
  - Einkaufsstätten
    ⇒ Infos durch Verbraucherpanel
  - Vorlieben/Wünsche, Angaben sind unvollständig
    ⇒ Infos z. T. durch Markt-Media-Studien
  - Markentreue
    ⇒ Infos durch Verbraucherpanel, teilweise durch Markt-Media-Studien, z. B. b4p
  - verwendete Marken
    ⇒ Infos durch Verbraucherpanel, teilweise durch Markt-Media-Studien
- Ziele
  ⇒ Infos durch volle Pulle GmbH, evtl. eigene Vorschläge
- Budget
  ⇒ Infos durch volle Pulle GmbH, evtl. eigene Vorschläge
- strategische Eckdaten, z. B. Positionierung/Copy-Strategie, Medieneinsatz etc.
  ⇒ Infos durch volle Pulle GmbH, evtl. eigene Vorschläge
- Kommunikationskonstante, z. B. CD-Konstante, Slogan etc.
  ⇒ Infos durch volle Pulle GmbH

**Lösungsvorschläge zu zu Aufg. 3**

➔ Ziel 1 (kurzfristig)
Aufbau von Markenbekanntheit außerhalb des Ruhrgebietes

Begründung
Außerhalb des Ruhrgebietes ist die Markenbekanntheit sehr gering. Markenbekanntheit, vor allem die aktive Markenbekanntheit, ist die Voraussetzung für einen Plankauf. Ansonsten wären nur Spontankäufe am pos möglich.

➔ Ziel 2 (kurzfristig)
Informationen über die Qualität des volle Pulle Pils an die Zielpersonen vermitteln

Begründung
Die Zielpersonen sind sehr qualitätsbewusst, daher kann durch diese Informationen die Markenentscheidung positiv beeinflusst werden.

➔ Ziel 3 (mittelfristig)
Aufbau und Verankerung einer Markenpersönlichkeit und einer Markenpositionierung

Begründung
Die Zielpersonen legen Wert auf Marken und sind markenbewusst. Eine attraktive Positionierung kann die Markenwahl daher positiv beeinflussen.

**Lösungsvorschläge zu Aufg. 4**
Die volle Pulle GmbH sollte sich mit ihren Kommunikationsmaßnahmen an die Bierverwender wenden.

Begründung
Der Biermarkt ist stark rückläufig. Das bedeutet, dass die aktuellen Biertrinker weniger konsumieren und/oder Biertrinker sich vom Bier abwenden. Vermutlich werden kaum nennenswert neue Biertrinker hinzukommen. Hierzu gehören wahrscheinlich hauptsächlich Jugendliche, die ein Alter erreichen, in dem Biertrinken attraktiv ist. Da es vermutlich nicht erfolgreich sein wird, aktuelle Nichtverwender zu überzeugen, sollte sich die volle Pulle GmbH hauptsächlich an die Verwender wenden.

**Lösungsvorschläge zu Aufg. 5 a)**
Allgemeine Sammlung von Stärken/Schwächen und Chancen/Risiken

➔ Stärken
- hohe Qualität
- Rohstoffe aus Deutschland
- Rohstoffe aus ökologischem Anbau
- spezielles Brauverfahren
- Wasser aus eigenem Brunnen

- Brauerei in Privatbesitz ⇒ bietet dadurch bessere Identifikationsmöglichkeit
- Brauerei hat lange Tradition
- Konzentration auf Pils (Spezialwissen durch Spezialisierung)
- relativ stabiles Umsatzvolumen bei rückläufigem Markt
- Marktanteil wird gehalten und sogar geringfügig ausgebaut

➔ Schwächen
- sehr eingeschränktes Produktionsprogramm (nur Pils) ⇒ unterschiedliche Biersortenpräferenzen können nicht bedient werden
- hoher Preis
- geringe Markenbekanntheit außerhalb des Ruhrgebietes
- geringer Marktanteil

➔ Chancen
- Pils ist die Biersorte mit dem höchsten Verwenderanteil
- wichtige gesellschaftliche Trends
  - Umwelt
  - Individuelles/Einzigartiges
  - Einfaches/Echtes
  - Lebensqualität
  - Freiheit und Eigenverantwortung
- hohes Potenzial an Pilstrinkern
- relativ hoher Anteil der Bierexporte am Bierausstoß
- relativ starkes Wachstum der Bierexporte

➔ Risiken
- rückläufiger Bierausstoß
- rückläufiges Marktvolumen
- rückläufiger Pro-Kopf-Verbrauch
- rückläufiges durchschnittliches Preisniveau für Bier
- stark steigender Anteil der Importbiere am Marktvolumen

**Lösungsvorschläge zu Aufg. 5 b)**

Selektion von Stärken/Schwächen und Chancen/Risiken, die für eine Positionierung relevant sein können und Aufzeigen von Verbindungen
⇒ Vgl. dazu die SWOT-Matrix auf der Seite 70.

Positionierungsansätze
Die Chancen, die sich aus den gesellschaftlichen Trends nach **Individuellem und Einzigartigem** sowie **Einfachem und Echtem** ergeben, können mit den Stärken K**onzentration auf Pils, Brauerei in Privatbesitz mit langer Tradition** (Individualitätsanspruch), **speziellem Brauverfahren** und E**igenschaft der Rohstoffe** kombiniert werden. Damit lässt sich dann auch die Schwäche des **sehr eingeschränkten Produktionsprogramms** kompensieren. Im Rahmen der Positionierung muss dabei eine Beschränkung auf maximal zwei Hauptaspekte erfolgen.

Eine mögliche Positionierungsformulierung könnte lauten:

**Volle Pulle ist eine reine Pilsmarke, die echten und unverfälschten Pilsgeschmack bietet.**

Dabei ergibt sich die Verbindung zu der SWOT-Analyse wie folgt:
- Konzentration auf Pils
  ⇒ reine Pilsmarke
- Einfaches und Echtes
  ⇒ echter, unverfälschter Pilsgeschmack

Überprüfung, ob die Positionierung geeignet ist:
- Produkteignung: Ist gegeben, vergl. dazu die Angaben zu den Stärken
  - Konzentration auf Pils
  - spezielles Brauverfahren
  - hohe Qualität der Rohstoffe
  - lange Erfahrung als Pilsbrauerei
- Zielgruppeneignung: Ist gegeben:
  - Die Zielgruppe ist genuss- und markenorientiert.
  - Statements mit überproportionalen Ausprägungen in der Kreuztabelle:
    - Gutes Essen und Trinken spielen in meinem Leben eine große Rolle.
    - Ich würde mich selbst als Genießer bezeichnen.
    - Wenn man bekannte Markenartikel kauft, kann man sicher sein, dass man gute Qualität bekommt.

- Gewährleistet die Positionierung eine Alleinstellung?
  Hierzu ist keine Aussage möglich, da Angaben zu den Soll- und Ist-Positionen der Konkurrenzmarken nicht vorliegen.
- Anzahl der Positionierungsaspekte
  Die Positionierung ist ausreichend konzentriert, da im Wesentlichen nur zwei Positionierungsaspekte
  - Konzentration auf Pils
  - Einfaches und Echtes

  berücksichtigt werden.

*SWOT-Matrix zu Aufg. 5 a) untenstehend*

**Lösungsvorschläge zu Aufg. 6**

Benefit
Das volle Pulle Pils gewährleistet echten und unverfälschten Pilsgeschmack und damit ein unvergleichliches Genusserlebnis.

Reason Why
- hohe Qualität der Rohstoffe
- spezielles Brauverfahren
- Konzentration auf Pils und extrem lange Erfahrung als Pilsbrauerei

Tonality
einfach, zurückgenommen, echt, unverfälscht, ursprünglich, Reduktion auf das Wesentliche

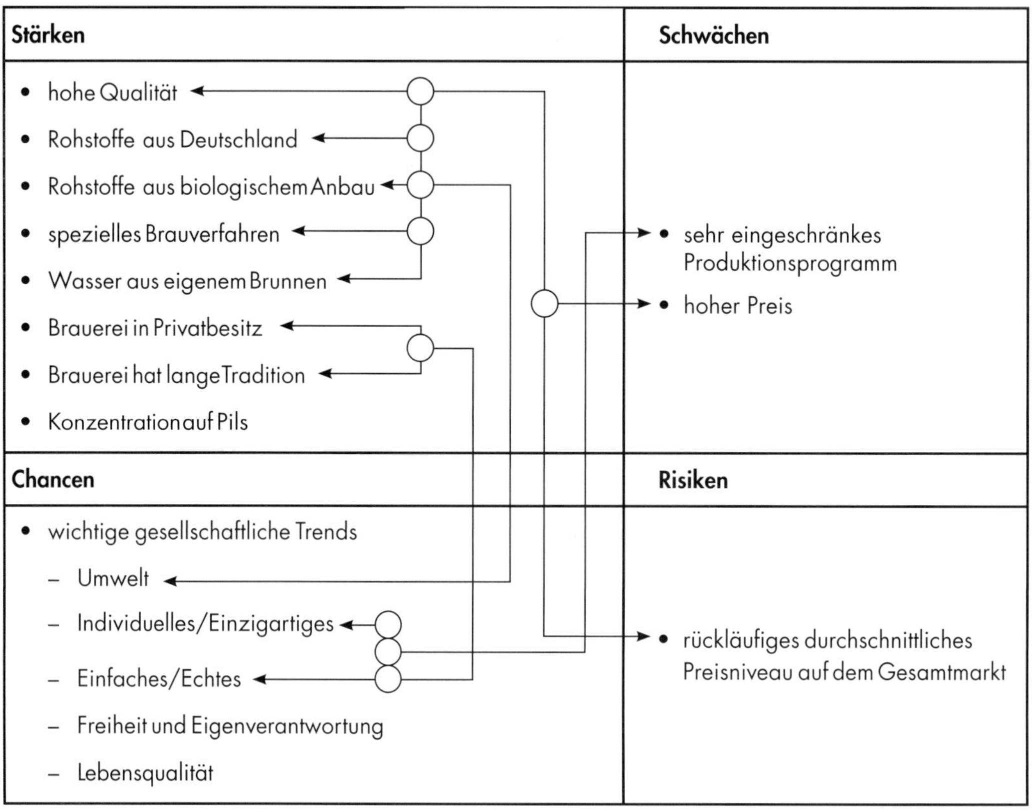


*Abb. 1.43: SWOT-Analyse für die volle Pulle GmbH*

# Kapitel 2

# Auflagenbegriffe und Leser-/Kontaktzahlen

© Fotolia/fehafo

**„Der Worte sind genug gewechselt, lasst uns endlich Daten sehen“**

Dr. Gerhard Kocher, Schweizer Politologe und Gesundheitsökonom

## 2.1 Kennziffern und Grössen zur Bewertung von Werbeträgern

### 2.1.1 Auflagen und Auflagearten

Verbreitung von Printmedien

Ein Werbungtreibender wird seine Entscheidung, in welchen Werbeträgern er seine Werbung verbreitet, unter anderem davon abhängig machen, wie viele Personen er mit dem jeweiligen Werbeträger erreichen kann. Bei Printmedien gibt die Auflage eines Titels hierzu einen groben Anhaltspunkt. Dabei lassen sich verschiedene Auflagearten unterscheiden. Vergleichen Sie hierzu Abb. 2.1.

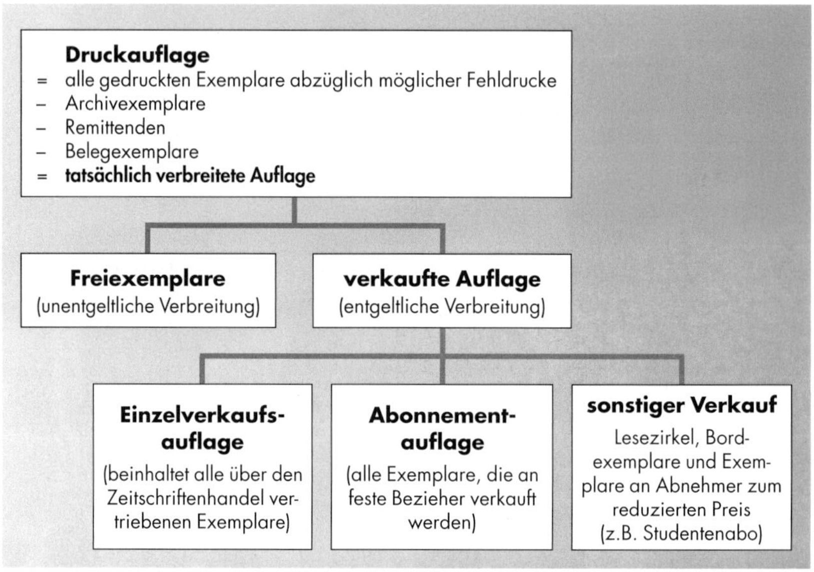


*Abb. 2.1: Auflagearten*

Begriffserklärungen:

- Archivexemplare sind solche, die der Verlag ins eigene Archiv einstellt.
- Remittenden sind Rückläufe vom Zeitschrifteneinzelhandel.
- Belegexemplare dienen Agenturen und Werbungtreibenden als Beleg für die Verbreitung der Werbung.
- Lesezirkel sind Unternehmen, die Zeitschriften vom Verlag beziehen, diese mit einem Umschlag versehen und mehrfach weitervermieten. Dabei werden jeweils mehrere Titel zu einem Paket zusammengefasst.
- Bordexemplare werden von Luftverkehrsgesellschaften (oder anderen Verkehrsunternehmen) bezogen und deren Passagieren unentgeltlich zur Verfügung gestellt.

IVW

Die Auflagenhöhe wird von den jeweilgen Verlagen gemeldet bzw. veröffentlicht. Um den Werbungtreibenden eine gewisse Sicherheit zu geben, dass die angegebenen Auflagen auch wirklich erreicht werden, erfolgt für die meisten Printmedien eine Prüfung der gemeldeten Auflagen durch die Informationsgemeinschaft zur Prüfung der Verbreitung von Werbeträgern (IVW).

*Die IVW ist eine neutrale Einrichtung. Sie wird von den Medien, den Werbungtreibenden und den Werbeagenturen getragen.*

Neben den Auflagen von Zeitungen und Zeitschriften kontrolliert die IVW auch den Plakatanschlag, die Kinobesucherzahlen und ob TV- und Funkspots ordnungsgemäß ausgestrahlt wurden. Darüber hinaus erfasst sie auch die Nutzungsdaten von Online-Medien.

### 2.1.2 Leserschaftsbegriffe

Durch die Angabe der Auflage eines Titels wird nicht berücksichtigt, dass die einzelnen Exemplare dieses Titels in der Regel von mehreren Personen genutzt werden. Wenn beispielsweise eine Familie, die aus zwei Eheleuten und einem erwachsenen Kind besteht, das noch im elterlichen Haushalt lebt, eine Tageszeitung abonniert hat, wird jedes Exemplar dieser Tageszeitung vermutlich von drei Personen genutzt. Durch die bloße Angabe der verbreiteten Auflage dieser Zeitung lässt sich folglich nicht ableiten, wie viele Personen mit einer Ausgabe dieser Zeitung im Durchschnitt Kontakt haben.

Mehrere Leser pro Exemplar

*Hierbei ist definiert, dass eine Person einen Werbeträgerkontakt mit einer Zeitung oder einer Zeitschrift hat, wenn sie das betreffende Exemplar in der Hand gehalten und durchgeblättert hat.*

Werbeträgerkontakt

Die Anzahl der Personen, die mit einer durchschnittlichen Ausgabe eines Titels einen Werbeträgerkontakt haben, kann offenbar nur durch eine Befragung ermittelt werden. Dabei geht man in mehreren Schritten vor.

#### *2.1.2.1 Weitester Leserkreis*

Zunächst wird ermittelt, wie viele Personen während der letzten zwölf Erscheinungsintervalle wenigstens mit einer Ausgabe des Titels Kontakt hatten. Diese Personenzahl bezeichnet man als **Weitesten Leserkreis (WLK)**.

Unter dem **Erscheinungsintervall** eines Titels versteht man die Zeit, die zwischen dem Erscheinen zweier aufeinander folgender Ausgaben des Titels liegt. zwölf Erscheinungsintervalle umfassen also:

Erscheinungsintervall

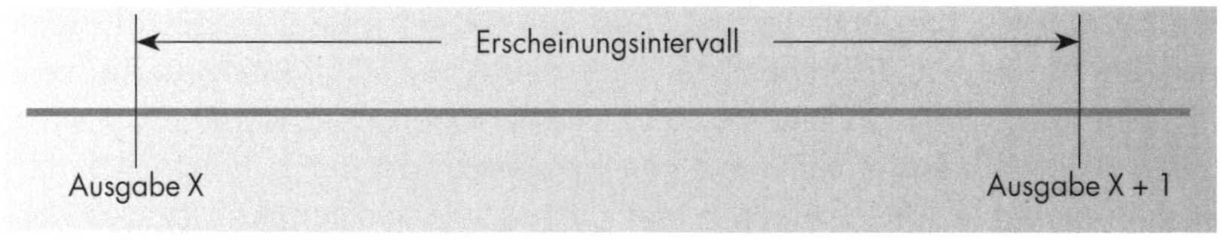


*Abb. 2.2: Erscheinungsintervall*

| | | |
|---|---|---|
| • bei wöchentlich erscheinenden Titeln: | 12 Wochen | = 3 Monate |
| • bei 14-tägig erscheinenden Titeln: | 24 Wochen | = 6 Monate |
| • bei monatlich erscheinenden Titeln: | 12 Monate | = 1 Jahr |

Bei täglich erscheinenden Titeln, z.B. Tageszeitungen, bezieht sich der weiteste Leserkreis allerdings auf einen Zeitraum von 14 Tagen, da die meisten Tageszeitungen sonntags nicht erscheinen.

### 2.1.2.2 *Lesefrequenz*

Frequenzabfrage

Im nächsten Schritt werden die Mitglieder des weitesten Leserkreises danach befragt, mit wie vielen der zwölf Ausgaben, die innerhalb der zwölf Erscheinungsintervalle erschienen sind, sie Kontakt hatten. Diese Abfrage bezeichnet man als **Frequenzabfrage**.

### 2.1.2.3 *Leser pro Nummer (LpN)*

Leser im letzten Erscheinungsintervall

Im dritten Schritt wird schließlich ermittelt, wie viele Personen im letzten Erscheinungsintervall mit dem Titel Kontakt hatten, wobei es keine Rolle spielt, welche Ausgabe des Titels genutzt wurde. Dadurch sollen z. B. auch die Nutzer von Lesezirkeln berücksichtigt werden, die je nach Art des Abonnements ältere Zeitschriften beziehen. Die Gesamtheit der Personen, die einen Titel innerhalb des letzten Erscheinungsintervalls genutzt hat, bezeichnet man als **Leser pro Nummer (LpN)**.

→ *In der Kennzahl „Leser pro Nummer" werden also alle Personen zusammengefasst, die im jeweilgen Erscheinungsintervall mit irgendeiner Ausgabe des betreffenden Titels Kontakt hatten.*

Bei einer Wochenzeitschrift wären das also alle Personen, die irgendeine Ausgabe dieser Zeitschrift in den letzten sieben Tagen vor der Befragung gelesen haben. Man geht davon aus, dass die durch Befragung ermittelte Anzahl der Leser im letzten Erscheinugsintervall identisch ist mit der Anzahl der Leser einer durchschnittlichen Ausgabe des betreffenden Titels. Der LpN-Wert eines Titels gibt damit an, wie viele Personen im Durchschnitt mit einer beliebigen Ausgabe dieses Titels Kontakt haben.

### 2.1.2.4 *K1-Wert*

Normalerweise kann man davon ausgehen, dass bei der Erstellung eines Mediaplans ein Titel nicht nur einmal, sondern mehrmals belegt wird. Der LpN-Wert hat den Nachteil, dass er keine Auskunft darüber gibt, wie viele Personen erreicht werden, wenn z. B. zwei- oder dreimal in dem gleichen Titel geschaltet wird. Angenommen, ein Titel hat einen LpN-Wert von 1 Mio. Personen. Das bedeutet, dass mit einer Schaltung in einer beliebigen Ausgabe dieses Titels 1 Mio. Personen erreicht werden, die die betreffende Ausgabe gelesen oder durchgeblättert haben. Daraus kann man aber nicht schließen, dass bei einer Belegung von zwei Ausgaben dieses Titels 2 Mio. verschiedene Personen erreicht werden, die mindestens eine der betreffenden Ausgaben gelesen oder durchgeblättert haben, da es ja möglicherweise Personen gibt, die mit beiden belegten Ausgaben Kontakt hatten und daher nur einmal gezählt werden dürfen. Hierüber gibt der LpN-Wert keine Auskunft.

Nutzungswahrscheinlichkeiten

Man versucht daher über die Frequenzabfrage „Wie viele der zwölf Ausgaben werden im zwölffachen Erscheinungsintervall durchgeblättert oder gelesen?" Nutzungswahrscheinlichkeiten zu ermitteln, mit deren Hilfe auch bei einer Mehrfachbelegung die Anzahl der erreichten Personen ermittelt werden kann. Im einfachsten Fall interpretiert man die jeweiligen Nutzungshäufigkeiten im zwölffachen Erscheinungsintervall als Nutzungswahrscheinlichkeiten. Wenn also jemand angibt, dass er mit fünf der zwölf Ausgaben der letzten zwölf Erscheinungsintervalle Kontakt hatte, geht man davon aus, dass seine Chance, Leser pro Nummer eines beliebigen Erscheinungsintervalls zu sein, 5/12 beträgt.

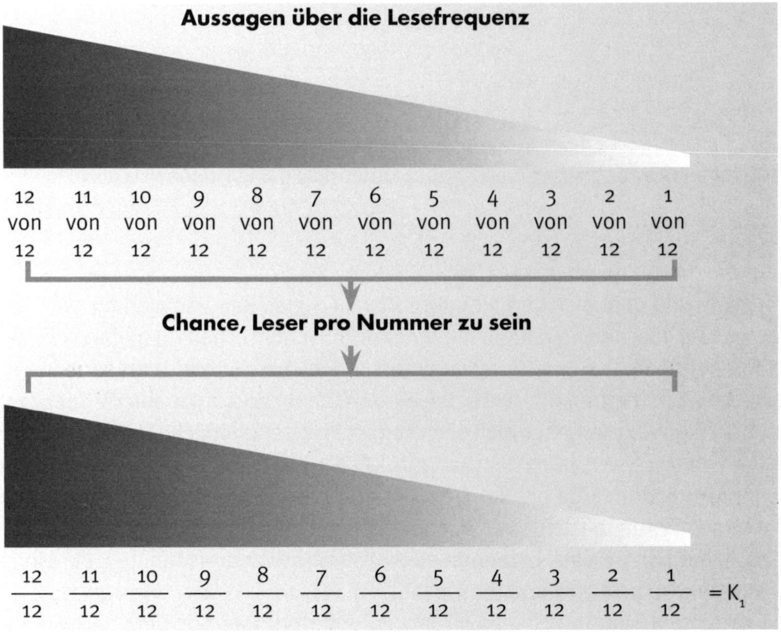


*Abb. 2.3: Zusammenhang zwische K1- und LpN-Wert (Quelle: in Anlehnung an Eva-Maria Hess, Die Leser, Burda-Verlag)*

K1-Wert als Schätzwert für den LpN

Man ermittelt nun einen Schätzwert für den LpN-Wert, indem die Anzahl der Personen in den jeweiligen Frequenzklassen mit der zugehörigen Kontaktchance gewichtet und die so ermittelten Werte addiert werden. Das Ergebnis bezeichnet man als K1-Wert. Dabei steht K1 für Kumulation nach einer Ausgabe. Der K1-Wert gibt also an, wie viele Personen mit einer einmaligen Insertion in einer durchschnittlichen Ausgabe des Titels erreicht werden.

**Beispiel**

Der Weiteste Leserkreis eines Titels besteht aus 22.000 Personen. Diese verteilen sich wie folgt auf die Frequenzklassen:

| Lesefrequenz | 1 von 12 | 2 von 12 | 3 von 12 | 4 von 12 | 5 von 12 | 6 von 12 | 7 von 12 | 8 von 12 | 9 von 12 | 10 von 12 | 11 von 12 | 12 von 12 |
|---|---|---|---|---|---|---|---|---|---|---|---|---|
| Kontaktwahrscheinlichkeit | $\frac{1}{12}$ | $\frac{2}{12}$ | $\frac{3}{12}$ | $\frac{4}{12}$ | $\frac{5}{12}$ | $\frac{6}{12}$ | $\frac{7}{12}$ | $\frac{8}{12}$ | $\frac{9}{12}$ | $\frac{10}{12}$ | $\frac{11}{12}$ | $\frac{12}{12}$ |
| Anzahl der Personen | 1.200 | 2.500 | 3.000 | 2.900 | 2.800 | 2.600 | 1.800 | 1.500 | 1.400 | 1.200 | 800 | 300 |

Zur Ermittlung des K1-Wertes muss die Anzahl der Personen in jeder Frequenzklasse mit der zugehörigen Kontaktwahrscheinlichkeit gewichtet werden.

$$K1 = \frac{1}{12} \cdot 1.200 + \frac{2}{12} \cdot 2.500 + \frac{3}{12} \cdot 3.000 + \frac{4}{12} \cdot 2.900 + \frac{5}{12} \cdot 2.800$$
$$+ \frac{6}{12} \cdot 2.600 + \frac{7}{12} \cdot 1.800 + \frac{8}{12} \cdot 1.500 + \frac{9}{12} \cdot 1.400 + \frac{10}{12} \cdot 1.200$$
$$+ \frac{11}{12} \cdot 800 + \frac{12}{12} \cdot 300 = 9.833$$

Mit einer durchschnittlichen Ausgabe werden also 9.833 Personen erreicht.

---

### 2.1.2.5 *Leser pro Ausgabe (LpA)*

Abweichung zwischen K1-Wert und LpN-Wert

K1-Wert und LpN-Wert drücken offenbar den gleichen Sachverhalt aus. Beide geben an, wie viele Personen mit einer durchschnittlichen Ausgabe eines Titels Kontakt haben. Die Ermittlung ist unterschiedlich – der LpN-Wert wird unmittelbar durch Befragung erhoben, den K1-Wert berechnet man aus Frequenzangaben. In der Praxis ergeben sich allerdings teilweise erhebliche Unterschiede zwischen dem LpN-Wert und dem K1-Wert. Man erklärt sich diese Differenzen durch Erinnerungsprobleme bei der Frequenzabfrage, da diese sich auf einen relativ langen Zeitraum bezieht. Bei wöchentlich erscheinenden Titeln umfassen zwöf Erscheinungsintervalle immerhin einen Zeitraum von drei Monaten, bei Monatstiteln handelt es sich sogar um ein Jahr.

Der LpA-Wert berücksichtigt K1-Wert und LpN-Wert

Durch ein entsprechendes Verfahren ermittelt man aus dem LpN-Wert und dem K1-Wert eine dritte Größe, die als **Leser pro Ausgabe (LpA)** bezeichnet wird. Da man davon ausgeht, dass der LpN-Wert der Realität näher kommt als der K1-Wert, ist das Verfahren so geartet, dass der LpA- näher am LpN- als am K1-Wert liegt. Da der LpA-Wert aber auch mithilfe von Nutzungswahrscheinlichkeiten berechnet wird, besteht wie beim K1-Wert die Möglichkeit, auch die Anzahl der erreichten Personen bei Mehrfachschaltung zu ermitteln.

→ *Der LpA-Wert ist die zur Zeit gültige „Währung“ zur Ermittlung der erreichten Personen bei Printmedien. Er gibt an, wie viele Personen mit einer durchschnittlichen Ausgabe eines Titels erreicht werden.*

### 2.1.2.6 *Leser pro Exemplar (LpE)*

Der Leser pro Exemplar gibt an, wie viele Personen im Durchschnitt ein Exemplar eines Titels lesen.

$$\text{Leser pro Exemplar} = \frac{\text{Leser pro Ausgabe}}{\text{verbreitete Ausgabe}}$$

**Beispiel**

LpA-Wert 600.000 Personen und verbreitete Auflage von 150.000 Exemplaren ergibt einen LpE-Wert von LpE = 600.000 : 150.000 = 4. Das bedeutet, dass jedes der 150.000 verbreiteten Exemplare im Durchschnitt von vier Personen gelesen wird.

---

## Aufgaben zu Auflagen und Leserschaftsbegriffen

### Aufgabe 1
Gegeben ist die folgende Tabelle mit Angaben zu den Zeitschriften „Capital“, „Echo der Frau“ und „Gala“.

| Name | Woche | Ausgabe Nummer | Ersch.-weise | Druckauflage | Remittenden | Verbreitung |
|---|---|---|---|---|---|---|
| Capital Hauptausgabe | 38 | 20 | 14-TGL | 277.000 | 43.826 | 221.179 |
| Echo der Frau | 40 | 41 | WOE | 566.950 | 210.254 | 349.875 |
| Gala | 40 | 41 | WOE | 546.738 | 143.332 | 398.756 |

| Name | Freistücke | Verkauf | Einzelverkaufslieferung | Einzelverkauf | Abo | Sonstiger Verkauf | davon Lesezirkel | davon Bordexemplare |
|---|---|---|---|---|---|---|---|---|
| Capital Hauptausgabe | 3.566 | | 62.107 | | 108.063 | | 41.889 | 30.507 |
| Echo der Frau | 1.042 | | 421.864 | | 115.753 | | 21.470 | 0 |
| Gala | 7.581 | | 359.599 | | 31.058 | | 64.490 | 72.664 |

a) Erläutern Sie, warum die Differenz aus Druckauflage und Remittenden nicht die verbreitete Auflage ergibt.
b) Ergänzen Sie die Tabelle.
c) Die Addition der Lesezirkel- und Bordexemplare ergibt offenbar nicht die Exemplare des „Sonstigen Verkaufs“. Geben Sie an, welche verbreiteten Exemplare auch noch zum „Sonstigen Verkauf“ gerechnet werden.

### Aufgabe 2
Die Zeitschrift „Capital“ hat einen LpA-Wert von 1,32 Mio.
a) Erläutern Sie, was dieser Wert bedeutet.
b) Wie ist der beträchtliche Unterschied zwischen dem LpA-Wert und der verbreiteten Auflage der Zeitschrift „Capital“ zu erklären?
c) Ermitteln Sie den LpE-Wert für die Zeitschrift „Capital“ und geben Sie an, was der ermittelte Wert aussagt.

### Aufgabe 3
Bei einer Erhebung im Rahmen einer Markt-Media-Untersuchung wurden 15.000 Personen zu ihrem Leseverhalten befragt.

4.000 gaben an, die wöchentlich erscheinende Zeitschrift „Die Macken des Mannes“ innerhalb der letzten 24 Wochen genutzt zu haben (in der Hand gehalten und durchgeblättert).

2.500 haben die Zeitschrift innerhalb der letzten zwölf Wochen genutzt.

Nutzung im einzelnen:

| | | | | | |
|---|---|---|---|---|---|
| **Ausgaben** | **12 von 12** | **11 von 12** | **10 von 12** | **9 von 12** | **8 von 12** |
| Nutzer | 300 | 150 | 160 | 200 | 220 |
| **Ausgaben** | **7 von 12** | **6 von 12** | **5 von 12** | **4 von 12** | **3 von 12** |
| Nutzer | 300 | 140 | 160 | 220 | 200 |
| **Ausgaben** | **2 von 12** | **1 von 12** | | | |
| Nutzer | 240 | 210 | | | |

1.100 Personen gaben an, irgendeine Ausgabe der Zeitschrift in der letzten Woche gelesen zu haben.

a) Geben Sie die folgenden Werte an:

a1) den weitesten Leserkreis

a2) den K1-Wert

a3) den LpN-Wert

b) Erläutern Sie allgemein den Unterschied zwischen dem K1-Wert und dem LpN-Wert und geben Sie an, warum sich in der Realität unterschiedliche Zahlen für diese beiden Werte ergeben.

## Lösungshinweise

*zu Aufg. 1. a)*
Es fehlen die Archiv- und Belegexemplare.

*zu Aufg. 1. b)*

| Name | Woche | Ausgabe Nummer | Ersch.-weise | Druckauflage | Remittenden | Verbreitung |
|---|---|---|---|---|---|---|
| Capital Hauptausgabe | 38 | 20 | 14-TGL | 277.000 | 43.826 | 221.179 |
| Echo der Frau | 40 | 41 | WOE | 566.950 | 210.254 | 349.875 |
| Gala | 40 | 41 | WOE | 546.738 | 143.332 | 398.756 |

| Name | Freistücke | Verkauf | Einzelverkaufslieferung | Einzelverkauf | Abo | Sonstiger Verkauf | davon Lesezirkel | davon Bordexemplare |
|---|---|---|---|---|---|---|---|---|
| Capital Hauptausgabe | 3.566 | 217.613 | 62.107 | 18.281 | 108.063 | 91.269 | 41.889 | 30.507 |
| Echo der Frau | 1.042 | 348.833 | 421.864 | 211.610 | 115.753 | 21.470 | 21.470 | 0 |
| Gala | 7.581 | 391.175 | 359.599 | 216.267 | 31.058 | 143.850 | 64.490 | 72.664 |

*zu Aufg. 1. c)*
Exemplare, die zu einem geringeren als dem regulären Abo-Preis an feste Bezieher abgegeben werden.

*zu Aufg. 2. a)*
Mit einer durchschnittlichen Ausgabe der Zeitschrift „Capital“ haben im Durchschnitt 1,32 Mio. Personen Kontakt.

*zu Aufg. 2. b)*
Jedes verbreitete Exemplar der Zeitschrift „Capital“ wird offenbar von mehreren Personen genutzt. Bei der „Capital“ sind das im Durchschnitt:

$$\frac{1.320.000 \text{ Personen}}{221.179 \text{ verbreitete Exemplare}} = 5{,}97 \text{ Personen pro Exemplar}$$

*zu Aufg. 2. c)*
Wie bereits unter 2. b) berechnet, hat die „Capital“ einen LpE-Wert von 5,97. Das bedeutet, dass jedes verbreitete Exemplar der „Capital“ im Durchschnitt von 5,97 Personen genutzt wird.

*zu Aufg. 3. a1)*
Der weiteste Leserkreis eines Titels gibt an, wie viele Personen während der letzten zwölf Erscheinungsintervalle wenigstens mit einer Ausgabe des Titels Kontakt hatten. Bei dem Titel „Die Macken des Mannes“ sind das 2.500 Personen.

*zu Aufg. 3. a2)*

$$\begin{aligned} \text{K1} &= \frac{12}{12} \cdot 300 + \frac{11}{12} \cdot 150 + \frac{10}{12} \cdot 160 + \frac{9}{12} \cdot 200 + \frac{8}{12} \cdot 220 + \frac{7}{12} \cdot 300 \\ &+ \frac{6}{12} \cdot 140 + \frac{5}{12} \cdot 160 + \frac{4}{12} \cdot 220 + \frac{3}{12} \cdot 200 + \frac{2}{12} \cdot 240 + \frac{1}{12} \cdot 210 \\ &= 1.360 \end{aligned}$$

*zu Aufg. 3. a3)*
Der LpN-Wert gibt an, wie viele Personen im letzten Erscheinungsintervall vor der Befragung mit dem Titel Kontakt hatten: Bei dem Titel „Die Macken des Mannes“ sind das 1.100 Personen.

*zu Aufg. 3. b)*
Der K1-Wert und der LpN-Wert geben im Prinzip das Gleiche an, nämlich wie viele Personen mit einer Ausgabe des Titels erreicht werden. Während der K1-Wert mithilfe der Frequenzangaben berechnet wird, wird der LpN-Wert direkt befragt. Die zum Teil beträchtlichen Unterschiede zwischen diesen beiden Werten werden durch Erinnerungsprobleme erklärt. Da sich die Frequenzabfrage beim K1-Wert auf einen relativ langen Zeitraum bezieht, ist es wahrscheinlich, dass die hier gemachten Angaben fehlerhaft sind, da man sich nicht mehr genau erinnert,

mit wie vielen Ausgaben man in den letzten zwölf Erscheinungsintervallen Kontakt hatte. Da die Abfrage beim LpN-Wert sich auf das letzte Erscheinungsintervall bezieht, kann man davon ausgehen, dass diese Angaben richtig sind. Der LpN-Wert ist also wahrscheinlich der zutreffendere von den beiden. Er hat aber den Nachteil, dass hierzu keine Nutzungswahrscheinlichkeiten vorliegen. Daher ist es mithilfe des LpN-Wertes nicht möglich zu ermitteln, wie viele Personen man erreicht, wenn man in mehreren Ausgaben des gleichen Titels schaltet.

# Kapitel 3

# Vertiefung: Wahrscheinlichkeitstheoretische Grundlagen der Leserschaftsanalyse

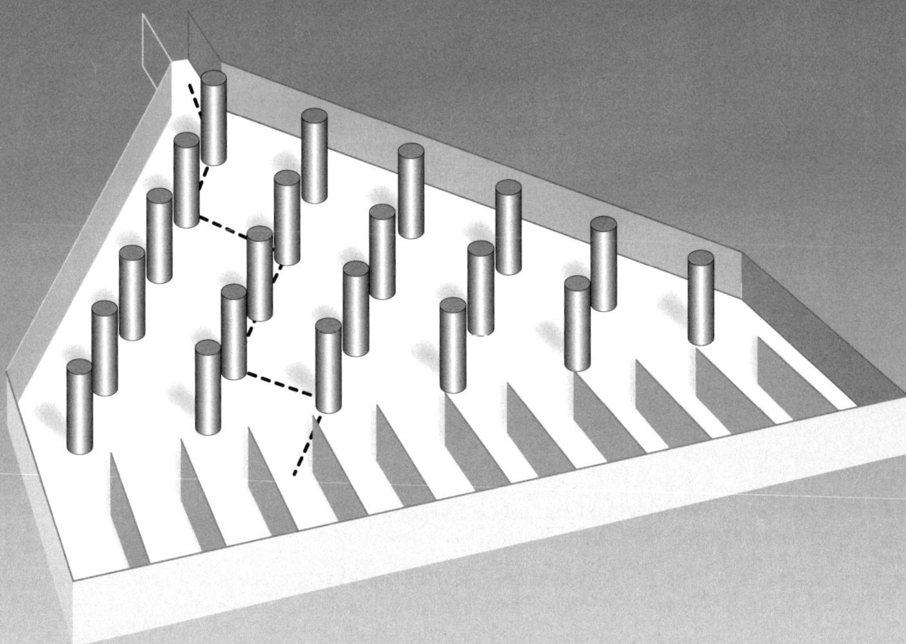

**„Zur Wahrscheinlichkeit gehört auch, dass das Unwahrscheinliche eintreten kann“**

Aristoteles, griech. Philosoph (384–322 v. Chr.)

*Zeichnung: Holger Stoldt*

Bei der Ermittlung des K1-Wertes und des LpA-Wertes (siehe Kapitel 2) spielen Wahrscheinlichkeitsüberlegungen eine Rolle. Möchte man z. B. wissen, wie viele Personen man erreicht, wenn man zwei- oder dreimal in dem gleichen Zeitschriftentitel schaltet, dann lässt sich das nur mithilfe von Wahrscheinlichkeitsmodellen ermitteln. Insgesamt basieren zahlreiche Mediabegriffe auf solchen Modellen. Nachfolgend werden daher kurz die entsprechenden Grundlagen aus der Wahrscheinlichkeitsrechnung dargestellt, die zu einem tieferen Verständnis der Leserschaftsbegriffe benötigt werden. Dieser Exkurs ist aber nur als Vertiefung gedacht, für ein Verständnis der folgenden Kapitel nicht notwendig und kann von Leserinnen und Lesern, die sich nicht so weitgehend in die mathematischen Zusammenhänge vertiefen möchten, überschlagen werden.

## 3.1 Zufallsexperiment

Der Wahrscheinlichkeitsaspekt spielt bei solchen Vorgängen eine Rolle, bei denen das Ergebnis nicht vorhersagbar ist, weil es vom Zufall abhängt. Solche Vorgänge bezeichnet man als **Zufallsexperimente**. Die Anzahl aller möglichen Ergebnisse bei einem Zufallsexperiment bezeichnet man als **Ergebnisraum**. Klassische Zufallsexperimente sind z. B. das Werfen einer Münze oder das Würfeln mit einem sechsseitigen Würfel. Beim Werfen einer Münze gibt es nur zwei mögliche Ergebnisse, Kopf oder Zahl. Diese beiden Ergebnisse bilden hier den Ergebnisraum. Beim Würfeln mit einem sechsseitigen Würfel besteht der Ergebnisraum aus sechs möglichen Ergebnissen, nämlich den Zahlen 1 bis 6. Zufallsexperimente, bei denen alle Ergebnisse des Ergebnisraumes die gleiche Chance haben, heißen **Laplace-Experimente**. Das Werfen einer „guten" Münze wäre z. B. ein solches Laplace-Experiment.

Ergebnisraum

Laplace-Experiment

## 3.2 Wahrscheinlichkeitsbegriffe

Beim Werfen mit einer „guten" Münze könnte man sich dafür interessieren, wie groß die Chance ist, bei einem einmaligen Wurf Wappen zu werfen. In diesem Fall würde man das Ergebnis Wappen als „Ereignis" bezeichnen. Man könnte sich auch dafür interessieren, wie groß die Chance ist, bei einem Wurf mit einem sechsseitigen Würfel eine gerade Zahl zu erhalten. In diesem Fall würde das Ereignis: „Es wird eine gerade Zahl gewürfelt" eintreten, wenn eine Zwei, eine Vier oder eine Sechs gewürfelt würde. Es gibt also für das Ereignis „Es wird eine gerade Zahl gewürfelt" drei günstige Ergebnisse.

Ereignisse und günstige Ergebnisse

→ *Bei Laplace-Experimenten definiert man die Wahrscheinlichkeit für ein bestimmtes Ereignis (E) als Quotienten der Anzahl aller günstigen Ergebnisse und der Anzahl aller möglichen Ergebnisse. Man spricht dann von einer Laplace-Wahrscheinlichkeit.*

$$P(E) = \frac{\text{Anzahl der für E günstigen Ergebnisse}}{\text{Anzahl aller möglichen Ergebnisse}}$$

P(E) steht dabei für die Aussage: „Die Wahrscheinlichkeit, dass das Ereignis E eintritt."

**Beispiele**

a) Beim Werfen mit einer Münze ist z. B. die Wahrscheinlichkeit für Wappen 0,5, denn es gibt ein günstiges Ergebnis: „Wappen" und zwei mögliche Ergebnisse: „Wappen oder Zahl", also P (Wappen) = 1/2 = 0,5.

b) Beim Würfeln mit einem sechsseitigen Würfel ist die Wahrscheinlichkeit für jede der sechs möglichen Zahlen 1/6. Die Wahrscheinlichkeit eine gerade Zahl zu würfeln, ist dann 0,5. Denn für das Würfeln einer geraden Zahl gibt es drei günstige Ergebnisse: 2; 4; 6 und sechs mögliche Ergebnisse: 1; 2; 3; 4; 5; 6. Folglich gilt für E: „Die gewürfelte Zahl ist gerade"

$P(E) = \frac{3}{6} = 0{,}5.$

---

## 3.3 Wahrscheinlichkeit und relative Häufigkeit

Annäherung von Wahrscheinlichkeiten durch relative Häufigkeiten

Angenommen, bei einem Zufallsexperiment ist die Wahrscheinlichkeit für ein bestimmtes Ereignis E gleich 0,4. Das bedeutet, dass bei einer sehr häufigen Durchführung dieses Experiments mit ziemlich hoher Genauigkeit in 40 % aller Fälle das Ereignis E eintritt. Diese Tatsache führt dazu, dass häufig die Wahrscheinlichkeit für ein bestimmtes Ereignis durch die relative Häufigkeit dieses Ereignisses angenähert wird.

**Beispiel**

Angenommen, ein Zufallsexperiment wird 10.000 mal durchgeführt. Dabei tritt 2.500-mal das Ereignis E ein. Dann ist die Wahrscheinlichkeit für das Ereignis E näherungsweise 2.500/10.000 = 0,25.
Dieser Zusammenhang gilt selbst dann, wenn das zu Grunde liegende Experiment kein Laplace-Experiment ist, wie z. B. das Werfen einer Heftzwecke. Die beiden Ergebnisse Seite = 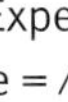 und Kopf = $\perp$ haben hier nämlich nicht die gleiche Chance (probieren Sie es aus!).

---

## 3.4 Eigenschaften von Wahrscheinlichkeiten

Die Wahrscheinlichkeit für ein Ereignis kann Werte zwischen 0 und 1 besitzen (0 und 1 eingeschlossen). Dabei gilt:

→ *Bei einem Zufallsexperiment ist die Summe der Wahrscheinlichkeiten aller möglichen Ergebnisse immer gleich 1.*

**Beispiel**

Beim Würfeln mit einem sechsseitigen Würfel können die Zahlen 1 bis 6 gewürfelt werden. Die Wahrscheinlichkeit für jede dieser sechs Zahlen ist 1/6 und die Summe der Wahrscheinlichkeiten der Zahlen von 1 bis 6 ist 1.

---

→ *Das Gegenteil eines Ereignisses bezeichnet man als Gegenereignis. Wenn ein Ereignis die Wahrscheinlichkeit p hat, besitzt das Gegenereignis die Wahrscheinlichkeit 1 – p.*

**Beispiel**

Beim Würfeln mit einem sechsseitigen Würfel hat das Ereignis „Zwei“ die Wahrscheinlichkeit 1/6. Das Gegenereignis – keine Zwei zu würfeln – tritt ein, wenn 1; 3; 4; 5; oder 6 gewürfelt werden. Die Wahrscheinlichkeit dafür ist 5/6 = 1 – 1/6.

---

## 3.5 Baumdiagramme

Grafische Darstellung von möglichen Ergebnissen

Wird ein Zufallsexperiment mehrmals durchgeführt, dann lässt sich die Wahrscheinlichkeit für ein bestimmtes Ereignis relativ einfach mithilfe eines Baumdiagramms ermitteln. In einem Baumdiagramm werden durch entsprechende Verzweigungen alle möglichen Ergebnisse dargestellt.

**Beispiel**

Eine Münze wird dreimal hintereinander geworfen. Es soll die Wahrscheinlichkeit für zweimal Kopf ermittelt werden. Die möglichen Ergebnisse lassen sich durch das folgende Baumdiagramm (Abb. 3.1) darstellen.

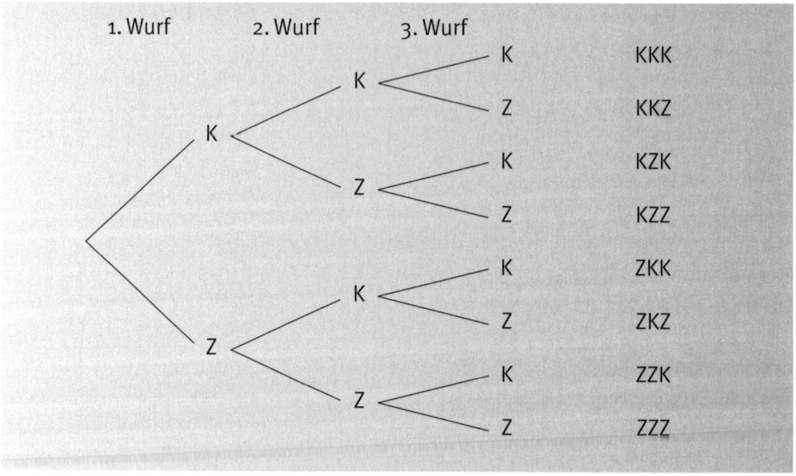


*Abb. 3.1: Baumdiagramm beim dreifachen Münzwurf – K bedeutet Kopf, Z bedeutet Zahl*

Bei jedem der drei Würfe sind die möglichen Ergebnisse Kopf oder Zahl. Jeder Pfad im Baumdiagramm repräsentiert ein mögliches Ergebnis. KZK bedeutet, dass beim 1. Wurf Kopf, beim 2. Wurf Zahl und beim 3. Wurf Kopf geworfen wurde (Abb. 3.2).

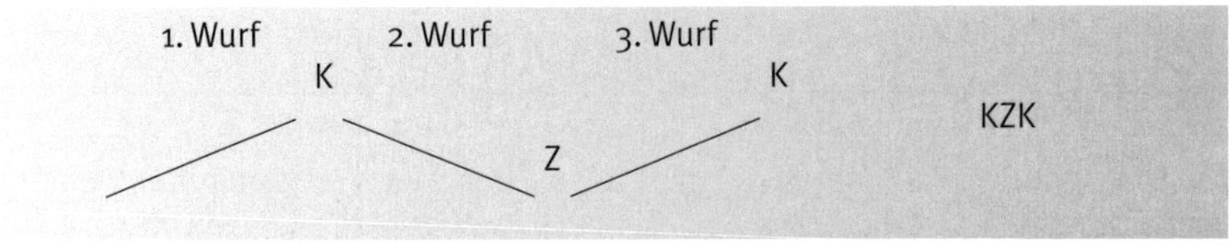


*Abb. 3.2: Pfad für das Ergebnis KZK*

Die Wahrscheinlichkeit für zweimal Kopf lässt sich auf verschiedene Arten ermitteln. Dem Baumdiagramm kann entnommen werden, dass insgesamt acht Ergebnisse möglich sind. Günstige Ergebnisse für das Ereignis „zweimal Kopf“ sind: KKZ; KZK und ZKK. Nach der Wahrscheinlichkeitsdefinition ergibt sich die Wahrscheinlichkeit für zweimal Kopf also zu: $P(E) = 3/8 = 0{,}375$.
Eine andere Möglichkeit besteht darin, die Wahrscheinlichkeiten für die günstigen Pfade direkt zu berechnen. Dabei schreibt man zunächst die jeweiligen Wahrscheinlichkeiten an die Pfade. In unserem Beispiel ist die Wahrscheinlichkeit für Kopf oder Zahl bei jedem der drei Würfe gleich groß, nämlich jeweils 0,5.

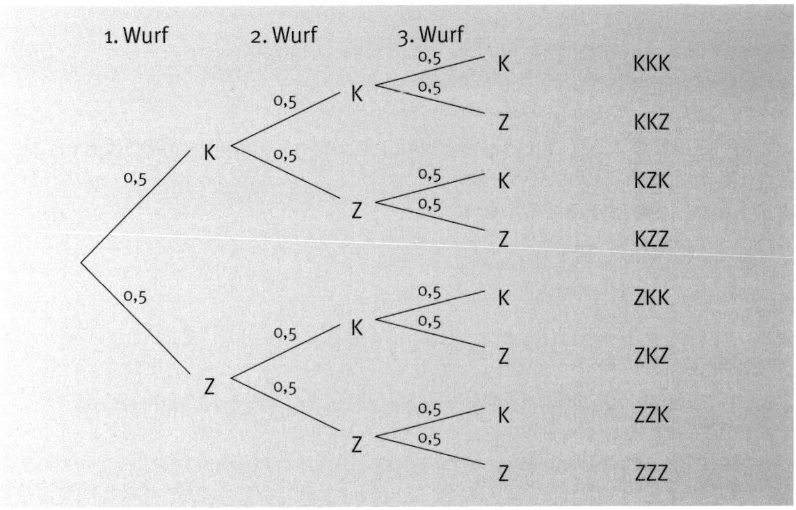


*Abb. 3.3: Baumdiagramm beim dreifachen Münzwurf mit Pfadwahrscheinlichkeiten*

Günstige Pfade sind KKZ; KZK und ZKK. Wir betrachten zunächst den Pfad KKZ.

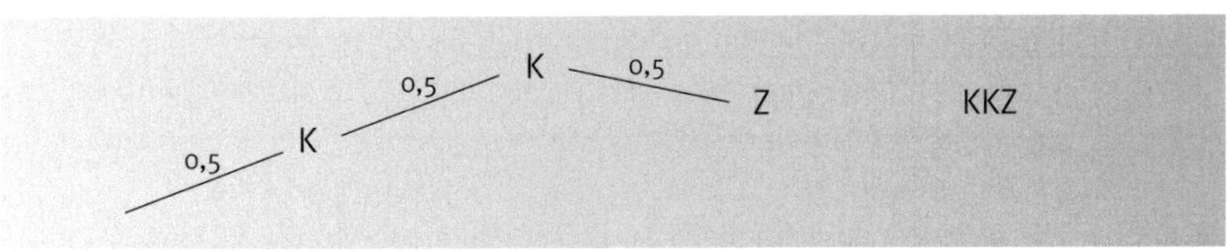


*Abb. 3.4: Detailbetrachtung des Pfades KKZ*

Wird der Versuch sehr oft durchgeführt, erwartet man, dass in der Hälfte aller Fälle beim 1. Wurf Kopf kommt. Beim 2. Wurf erwartet man in der Hälfte dieser Fälle also in 50% von 50% bzw. $1/2 \cdot 1/2$ aller Fälle erneut Kopf. Beim dritten Wurf wäre in 50% dieser Fälle, also in 50% von 50% von 50% oder $1/2 \cdot 1/2 \cdot 1/2$ aller Fälle Zahl zu erwarten. Die Wahrscheinlichkeit für Pfad KKZ ist dann $0{,}5 \cdot 0{,}5 \cdot 0{,}5 = 0{,}125$.

---

Die Überlegungen im obigen Beispiel lassen sich zu der so genannten Pfadmultiplikationsregel verallgemeinern:

Pfadmultiplikations-regel

*Pfadmultiplikationsregel*
*In einem Baumdiagramm stellt jeder Pfad ein Ergebnis des zugehörigen Zufallsexperiments dar. Die Wahrscheinlichkeit für dieses Ergebnis ergibt sich durch Multiplikation aller Zweigwahrscheinlichkeiten entlang des Pfades.*

In dem Baumdiagramm gibt es insgesamt drei Pfade, die zum Ereignis „zweimal Kopf" führen. Jeder Pfad hat die Wahrscheinlichkeit $0{,}5 \cdot 0{,}5 \cdot 0{,}5 = 0{,}125$. Die Wahrscheinlichkeit für alle drei Pfade zusammen erhält man durch Addition der Wahrscheinlichkeiten der einzelnen Pfade. Damit ergibt sich für die Wahrscheinlichkeit des Ereignisses „zweimal Kopf": $0{,}125 + 0{,}125 + 0{,}125 = 0{,}375$.

Diesen Zusammenhang bezeichnet man als Pfadadditionsregel:

Pfadadditionsregel

*Pfadadditionsregel*
*Setzt sich bei einem mehrstufigen Zufallsexperiment ein Ereignis aus mehreren Pfaden zusammen, dann erhält man die Wahrscheinlichkeit des Ereignisses durch Addition der einzelnen Pfadwahrscheinlichkeiten.*

## 3.6 Hilfsmittel aus der Kombinatorik

### 3.6.1 Ziehen von Stichproben mit Berücksichtigung der Reihenfolge

**Beispiel**

Eine Urne enthält fünf Kugeln, die mit den Zahlen 1 bis 5 durchnummeriert sind. Wie viele Möglichkeiten gibt es, aus dieser Urne drei Kugeln ohne Zurücklegen zu ziehen, wenn die Reihenfolge, in der die Kugeln gezogen werden, berücksichtigt werden soll?
Die Möglichkeiten sind in dem Baumdiagramm in Abb. 3.5 dargestellt. Für den Zug der 1. Kugel gibt es fünf Möglichkeiten. Für jede mögliche Kugel der 1. Ziehung gibt es für die Kugel der 2. Ziehung vier Möglichkeiten. Für jede mögliche Kugelkombination der 1. und 2. Ziehung gibt es für die 3. Kugel noch drei Möglichkeiten.
Offenbar gibt es also insgesamt $5 \cdot 4 \cdot 3 = 60$ verschiedene Möglichkeiten, die drei Kugeln zu ziehen.

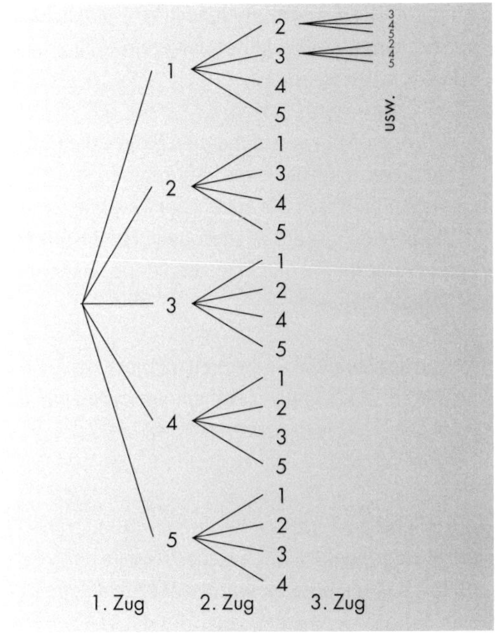


*Abb. 3.5: Baumdiagramm zum Urnenmodell: Ziehung ohne Zurücklegen, „drei Kugeln aus fünf, mit Berücksichtigung der Reihenfolge“ (geordnete Stichprobe)*

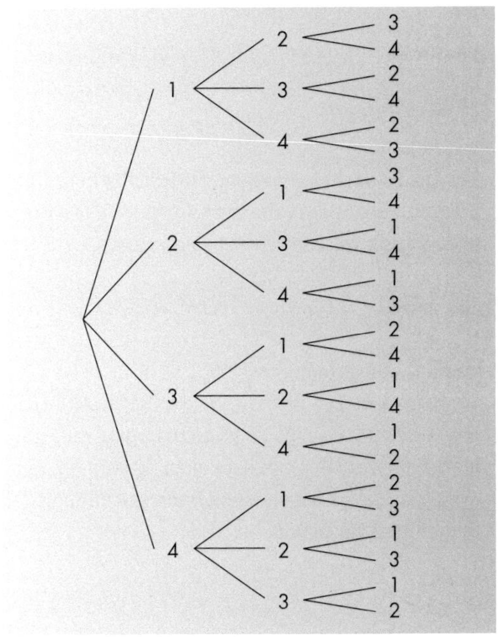

*Abb. 3.6: Baumdiagramm zum Urnenmodell: Ziehung ohne Zurücklegen, „drei Kugeln aus vier, ohne Berücksichtigung der Reihenfolge“*

Allgemeiner betrachtet man einen Zufallsversuch, der in k Stufen durchgeführt wird:

| Stufe | Anzahl der möglichen Ergebnisse |
|---|---|
| 1 | $n_1$ |
| 2 | $n_2$ |
| 3 | $n_3$ |
| ... | ... |
| k | $n_k$ |

*Dafür gilt die Produktregel: Sind die Ergebnisse der einzelnen Stufen voneinander unabhängig, gibt es bei dem Versuch insgesamt n1 . n2 . n3 . ... . nk mögliche Ergebnisse.*

**Verallgemeinerung des Urnenbeispiels**

Eine Urne enthält n unterscheidbare Kugeln. Nacheinander sollen ohne Zurücklegen k Kugeln gezogen werden, die Reihenfolge spielt eine Rolle. Gesucht ist die Anzahl der verschiedenen Möglichkeiten hierfür. Anders formuliert: Wie viele geordnete Stichproben vom Umfang k können aus einer Urne mit n Kugeln gezogen werden?

Anzahl der Möglichkeiten

$= n \cdot (n-1) \cdot (n-2) \cdot ... \cdot (n-(k-1))$

$= n \cdot (n-1) \cdot (n-2) \cdot ... \cdot (n-k+1)$

Man nennt das Produkt der ersten n natürlichen Zahlen n-Fakultät und schreibt dafür: n!.

$n! = 1 \cdot 2 \cdot 3 \cdot ... \cdot n$ (Man definiert: $0! = 1$)

Für eine geordnete Stichprobe vom Umfang k aus einer Urne mit n Kugeln gilt dann

$$\text{Anzahl der Möglichkeiten} = \frac{n!}{(n-k)!}$$

## 3.6.2 Ziehen von ungeordneten Stichproben

**Beispiel**

Eine Urne enthält vier Kugeln, nummeriert von 1 bis 4. Wie viele Möglichkeiten gibt es, aus dieser Urne drei Kugeln ohne Zurücklegen zu ziehen, wobei die Reihenfolge, in der die Kugeln gezogen werden, keine Rolle spielt? Da hier die Reihenfolge der Kugeln keine Rolle spielt, spricht man von einer ungeordneten Stichprobe von drei Kugeln, die aus einer Urne mit vier Kugeln gezogen werden soll.

Dem Baumdiagramm in Abb. 3.6 können folgende geordnete Ziehungen entnommen werden:
(1/2/3); (1/2/4); (1/3/2); (1/3/4); (1/4/2); (1/4/3);
(2/1/3); (2/1/4); (2/3/1); (2/3/4); (2/4/1); (2/4/3);
(3/1/2); (3/1/4); (3/2/1); (3/2/4); (3/4/1); (3/4/2);
(4/1/2); (4/1/3); (4/2/1); (4/2/3); (4/3/1); (4/3/2).
Die Ziehungen (1/2/3); (1/3/2); (2/1/3); (2/3/1); (3/1/2); (3/2/1) dürfen nur einmal gezählt werden, da sie sich nur in der Reihenfolge der Kugeln mit den Nummern 1; 2 und 3 unterscheiden, was aber keine Rolle spielen soll. Entsprechendes gilt für:
(1/2/4); (1/4/2); (2/1/4); (2/4/1); (4/1/2); (4/2/1) und
(3/1/4); (3/4/1); (4/1/3); (4/3/1); (1/3/4); (1/4/3) und
(4/1/3); (4/3/1); (3/1/4); (3/4/1); (1/3/4); (1/4/3).

Offenbar gibt es also nur vier verschiedene Möglichkeiten, aus den vier Kugeln drei Kugeln ohne Berücksichtigung der Reihenfolge zu ziehen:
1. Kugeln 1; 2 und 3 / 2.Kugeln 1; 2 und 4
3. Kugeln 1; 3 und 4 / 4. Kugeln 2; 3 und 4

Die gesuchte Anzahl der Möglichkeiten lässt sich auch durch folgende Überlegungen ermitteln:

1. Man bestimmt die Anzahl der möglichen geordneten Stichproben von drei aus vier Kugeln:

$$\frac{4!}{(4-3)!} = \frac{1 \cdot 2 \cdot 3 \cdot 4}{1} = 24$$

Allgemein:
Anzahl der Möglichkeiten, k aus n Kugeln mit Berücksichtigung der Reihenfolge auszuwählen:

$$\frac{n!}{(n-k)!}$$

2. Man bestimmt die Anzahl der Möglichkeiten, die zu ziehenden Kugeln anzuordnen
Bei drei Kugeln gibt es für die 1. Kugel drei Möglichkeiten (als 1., 2. oder 3. gezogen),
für die 2. Kugel zwei Möglichkeiten.
für die 3. Kugel eine Möglichkeit.

Nach der Produktregel der Kombinatorik gibt es also insgesamt $3 \cdot 2 \cdot 1 = 3! =$ sechs Möglichkeiten
Allgemein: Es sollen k Kugeln angeordnet werden:
Anordnung der 1. Kugel → k Möglichkeiten.
Anordnung der 2. Kugel → (k – 1) Möglichkeiten
... ...
Anordnung k-te Kugel → nur noch eine Möglichkeit
⇒ Anzahl der Möglichkeiten, k Kugeln anzuordnen
$= k! = 1 \cdot 2 \cdot \ldots \cdot (k-1) \cdot k$

3. Die Anzahl der verschiedenen Möglichkeiten, eine ungeordnete Stichprobe zu ziehen, errechnet sich, indem man die Anzahl der Möglichkeiten für eine geordnete Stichprobe durch die Anzahl der Anordnungsmöglichkeiten der zu ziehenden Kugeln dividiert.

Anzahl der Möglichkeiten, drei aus vier Kugeln ohne Berücksichtigung der Reihenfolge auszuwählen:

$$\frac{24}{6} = 4$$

Allgemein:
Anzahl der Möglichkeiten k aus n Kugeln ohne Berücksichtigung der Reihenfolge auszuwählen:

$$\frac{\frac{n!}{(n-k)!}}{k!} = \frac{n!}{(n-k)! \cdot k!}$$

Den Quotienten $\frac{n!}{(n-k)! \cdot k!}$ bezeichnet man als

Binomialkoeffizienten und schreibt dafür

$\binom{n}{k}$ (gesprochen: n über k)

Die Anzahl der verschiedenen Möglichkeiten, eine ungeordnete Stichprobe vom Umfang k aus n Objekten auszuwählen beträgt also:

$$\binom{n}{k} = \frac{n!}{(n-k)! \cdot k!}$$

Veranschaulichung:
Wenn man wissen will, wie viele Möglichkeiten es gibt, beim Lotto sechs Richtige zu tippen, muss man die Anzahl der Möglichkeiten berechnen, aus 49 Zahlen sechs Zahlen ohne Berücksichtigung der Reihenfolge auszuwählen, also:

$$\binom{49}{6} = \frac{49!}{(49-6)! \cdot 6!} = 13.983.616$$

Will man also mit Sicherheit sechs Richtige im Lotto haben, müsste man 13.983.816 Tippreihen ausfüllen.

## 3.7 Anwendung der Wahrscheinlichkeitsrechnung auf Problemstellungen aus dem Medienbereich

**1. Beispiel**

Eine Person hat bezüglich des Titels XY eine Kontaktwahrscheinlichkeit von 1/4. In drei Ausgaben dieses Titels wird eine Anzeige geschaltet. Wie groß ist die Wahrscheinlichkeit, dass die Person mit zwei der drei belegten Ausgaben dieses Titels Kontakt hat?

Die Wahrscheinlichkeit für einen Kontakt mit einer beliebigen Ausgabe, also auch mit einer belegten, ist 1/4. Die Wahrscheinlichkeit, mit einer beliebigen Ausgabe keinen Kontakt zu haben, ist demnach 3/4.

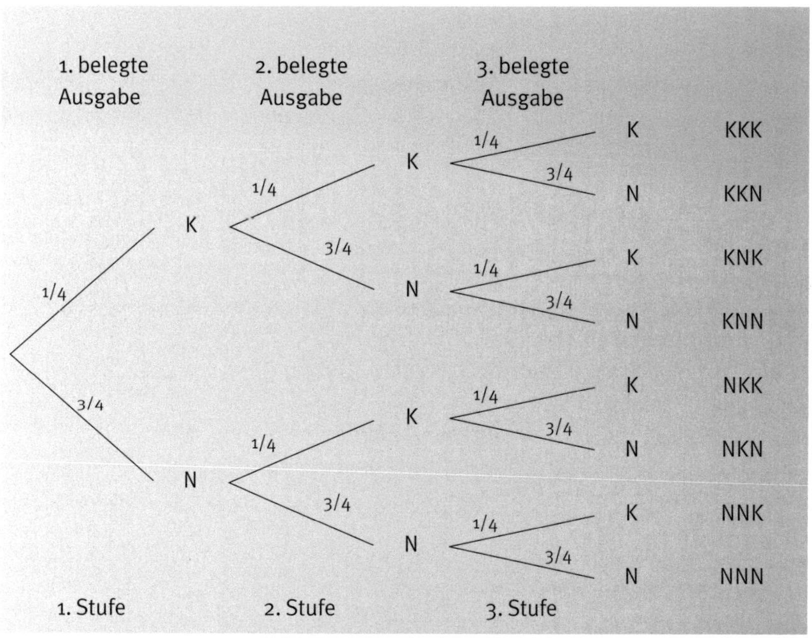


*Abb.3.7: Baumdiagramm: Belegung von drei Ausgaben einer Zeitschrift mit den Kürzeln K = Kontakt und N = Nicht-Kontakt*

*Überlegungen mithilfe der Kombinatorik*

Das Baumdiagramm besteht aus insgesamt drei Stufen. In jeder Stufe kann K oder N gewählt werden. KNK bedeutet z. B.: In der 1. Stufe wird K, in der 2. Stufe N und in der dritten Stufe wieder K gewählt. Wenn die betreffende Person mit zwei der belegten Ausgaben Kontakt haben soll, müssen also aus den drei Stufen zwei Stufen ausgewählt werden, bei denen K gewählt wird. Die Reihenfolge spielt hierbei keine Rolle. Die Anzahl der Möglichkeiten, aus drei Stufen zwei Stufen ohne Rücksicht auf die Reihenfolge auszuwählen ist:

$$\binom{3}{2} = \frac{3!}{(3-2)!\cdot 2!} = 3$$

Es gibt also in dem Baumdiagramm drei Pfade, in denen zweimal K vorkommt. Das sind: KKN; KNK und NKK. Die Wahrscheinlichkeit für jeden dieser Pfade ist auf Grund der Pfadmultiplikationsregel:

$$\frac{1}{4} \cdot \frac{1}{4} \cdot \frac{3}{4} = \left(\frac{1}{4}\right)^2 \cdot \frac{3}{4} = \frac{3}{64}$$

Die Wahrscheinlichkeit für alle drei Pfade zusammen ist (Pfadadditionsregel):

$$3 \cdot \left(\frac{1}{4}\right)^2 \cdot \frac{3}{4} = \frac{9}{64}$$

Griffiger formuliert: Die Kontaktwahrscheinlichkeit liegt bei ca. 14 %.

**2. Beispiel**

Eine Person hat bezüglich des Titels XY eine Kontaktwahrscheinlichkeit von 1/4. Es werden zwölf Ausgaben dieses Titels mit der Anzeige eines Werbungtreibenden belegt. Wie groß ist die Wahrscheinlichkeit, dass die Person mit fünf der belegten Ausgaben Kontakt hat?

In dem zugehörigen Baumdiagramm müssen von den zwölf Stufen fünf ausgewählt werden, bei denen K (Kontakt) gewählt wird. Die Reihenfolge spielt dabei keine Rolle. Die Anzahl der Möglichkeiten, aus zwölf Stufen fünf ohne Rücksicht der Reihenfolge auszuwählen, ist:

$$\binom{12}{5} = \frac{12!}{(12-5)! \cdot 5!} = 792$$

Es gibt also insgesamt 792 Pfade, in denen fünfmal K (Kontakt) und siebenmal N (Nicht-Kontakt) vorkommt. Die Wahrscheinlichkeit für jede K-Stufe ist 1/4, die Wahrscheinlichkeit für jede N-Stufe ist 3/4. Jeder der 792 Pfade hat also folgende Wahrscheinlichkeit:

$$\left(\frac{1}{4}\right)^5 \cdot \left(\frac{3}{4}\right)^7$$

Die Wahrscheinlichkeit aller 792 Pfade zusammen ist also:

$$792 \cdot \left(\frac{1}{4}\right)^5 \cdot \left(\frac{3}{4}\right)^7 = 0{,}10324$$

= 0,10324 (d. h. ungefähr 10 %).

*Verallgemeinerung*

Eine Anzeige wird in n Ausgaben einer Zeitschrift geschaltet. Eine Person habe für diese Zeitschrift eine Nutzungswahrscheinlichkeit von p. Es soll die Wahrscheinlichkeit ermittelt werden, dass die Person mit k der belegten Ausgaben Kontakt hat, wobei natürlich $k \leq n$ ist.

In dem zugehörigen Baumdiagramm müssen von den n Stufen k ausgewählt werden, für die K gelten soll. Für die anderen (n – k) Stufen gilt dann N. Die Anzahl der Möglichkeiten, aus n Stufen k Stufen ohne Rücksicht auf die Reihenfolge auszuwählen, ist $\binom{n}{k}$.

Die Wahrscheinlichkeit für jede K-Stufe ist p, die Wahrscheinlichkeit für jede N-Stufe ist 1 – p. Jeder Pfad mit k K-Stufen und (n – k) N-Stufen hat eine Wahrscheinlichkeit von:

$$p^k \cdot (1-p)^{n-k}$$

Alle Pfade mit k K-Stufen und (n – k) N-Stufen zusammen haben eine Wahrscheinlichkeit von:

$$\binom{n}{k} \cdot p^k \cdot (1-p)^{n-k}$$

Definiert man:

X = Anzahl der belegten Ausgaben, mit denen ein Kontakt erfolgt, dann lässt sich folgende Gleichung bilden:

$$P(X = k) = \binom{n}{k} \cdot p^k \cdot (1-p)^{n-k}$$

P (X = k) ist dabei die Abkürzung für die Wahrscheinlichkeit, dass mit k der n belegten Ausgaben ein Kontakt zu Stande kommt.

Da X variabel ist, lässt sich mit dieser Gleichung die Wahrscheinlichkeit für unterschiedliche Kontaktzahlen ermitteln. Ermittelt man für X = 0 bis X = n die zugehörigen Wahrscheinlichkeiten, dann erhält man eine so genannte Wahrscheinlichkeitsverteilung, die als **Binomialverteilung** bezeichnet wird.

**3. Beispiel**

Jemand hat für eine Zeitschrift eine Kontaktwahrscheinlichkeit von 1/4. Ein Werbungtreibender schaltet in drei Ausgaben dieser Zeitschrift eine Anzeige. Gesucht wird die Wahrscheinlichkeit, dass die betreffende Person mit mindestens einer der belegten Ausgaben einen Kontakt hat.

Wenn die betreffende Person mit mindestens einer der belegten Ausgaben einen Kontakt haben soll, kann sie mit einer belegten Ausgabe oder mit zwei belegten Ausgaben oder mit drei belegten Ausgaben einen Kontakt haben.

Die Basisangaben sind also
$n = 3$, $p = 1/4$ und $1 - p = 3/4$.

Die Wahrscheinlichkeit für den Kontakt mit genau einer, für zwei der drei und für alle drei Ausgaben sind:

$$P(X=1) = \binom{3}{1} \cdot \left(\frac{1}{4}\right)^1 \cdot \left(\frac{3}{4}\right)^2 = 0{,}421875$$

$$P(X=2) = \binom{3}{2} \cdot \left(\frac{1}{4}\right)^2 \cdot \left(\frac{3}{4}\right)^1 = 0{,}140625$$

$$P(X=3) = \binom{3}{3} \cdot \left(\frac{1}{4}\right)^3 \cdot \left(\frac{3}{4}\right)^0 = 0{,}015625$$

Die Wahrscheinlichkeit für einen Kontakt mit mindestens einer der belegten Ausgaben ist nach dem Pfadadditionsgesetz gleich der Summe der ermittelten Wahrscheinlichkeiten.

$$P(X \geq 1) = 0{,}421875 + 0{,}140625 + 0{,}015625 = 0{,}578125$$

Die gesuchte Wahrscheinlichkeit lässt sich auch einfacher ermitteln. Bei drei Schaltungen kann eine Person mit keiner der belegten Ausgaben oder mit einer der belegten Ausgaben oder mit zwei der belegten Ausgaben oder mit drei der belegten Ausgaben einen Kontakt haben. Andere Ergebnisse sind nicht möglich. Damit gilt:

$$P(X=0) + P(X=1) + P(X=2) + P(X=3) = 1$$

und daraus folgt:

$$P(X \geq 1) = 1 - P(X=0)$$

$$= 1 - \binom{3}{0} \cdot \left(\frac{1}{4}\right)^0 \cdot \left(\frac{3}{4}\right)^3$$

$$= 1 - 0{,}421875 = 0{,}578125$$

**4. Beispiel**

11.065 Personen werden befragt, mit wie vielen der letzten zwölf Ausgaben sie Kontakt hatten. Das Ergebnis ist in der folgenden Tabelle angegeben.

| Lesefrequenz (jeweils von 12) | 1 | 2 | 3 | 4 | 5 | 6 |
|---|---|---|---|---|---|---|
| Anzahl Pers. | 522 | 576 | 513 | 403 | 218 | 408 |
| **Lesefrequenz (jeweils von 12)** | **7** | **8** | **9** | **10** | **11** | **12** |
| Anzahl Pers. | 49 | 162 | 25 | 121 | 11 | 860 |

*Abb. 3.8: Beispiel für Lesefrequenzen*

Es sollen zunächst der weiteste Leserkreis und der K1-Wert ermittelt werden:

weitester Leserkreis

$$= 522 + 576 + 513 + 403 + 218 + 408 + 49 + 162 + 25 + 121 + 11 + 860$$

$$= 3868$$

K1-Wert

$$= \frac{1}{12} \cdot 522 + \frac{2}{12} \cdot 576 + \frac{3}{12} \cdot 513 + \frac{4}{12} \cdot 403 + \frac{5}{12} \cdot 218 + \frac{6}{12} \cdot 408 + \frac{7}{12} \cdot 49 + \frac{8}{12} \cdot 162 + \frac{9}{12} \cdot 25 + \frac{10}{12} \cdot 121 + \frac{11}{12} \cdot 11 + \frac{12}{12} \cdot 860$$

$$= 1823$$

Mit einer durchschnittlichen Ausgabe dieser Zeitschrift werden also 1.823 Personen erreicht.

Die Frequenzangaben sollen jetzt als Kontaktwahrscheinlichkeiten interpretiert werden. 1 von 12 bedeutet eine Kontaktwahrscheinlichkeit 1/12. Angenommen, drei Ausgaben werden mit einer Anzeige belegt. Es soll ermittelt werden, wie viele der 11.065 Personen mit mindestens einer der belegten Ausgaben Kontakt haben. Dazu muss für jede Kontaktwahrscheinlichkeit die Wahrscheinlichkeit für mindestens einen Kontakt mit einer der belegten Ausgaben ermittelt und damit die zugehörige Personenzahl gewichtet werden. Addiert man die Personenzahlen für die einzelnen Kontaktwahrscheinlichkeiten, erhält man den gesuchten Wert.

$$P = \frac{1}{12}: P(X \geq 1) = 1 - P(X = 0) = 1 - \binom{3}{0} \cdot \left(\frac{1}{12}\right)^0 \cdot \left(\frac{11}{12}\right)^3$$
$$= 0{,}229745$$

$\Rightarrow$ Anzahl der Personen: $0{,}229745 \cdot 522 = 119{,}9 \approx 120$

$$P = \frac{2}{12}: P(X \geq 1) = 1 - P(X = 0) = 1 - \binom{3}{0} \cdot \left(\frac{2}{12}\right)^0 \cdot \left(\frac{10}{12}\right)^3$$
$$= 0{,}421296$$

$\Rightarrow$ Anzahl der Personen: $0{,}421296 \cdot 576 = 242{,}66 \approx 243$

$$P = \frac{3}{12}: P(X \geq 1) = 1 - P(X = 0) = 1 - \binom{3}{0} \cdot \left(\frac{3}{12}\right)^0 \cdot \left(\frac{9}{12}\right)^3$$
$$= 0{,}578125$$

$\Rightarrow$ Anzahl der Personen: $0{,}578125 \cdot 513 = 296{,}58 \approx 297$

Entsprechend erhält man:

$p = \frac{4}{12}: P(X \geq 1) = 0{,}7037$ $\Rightarrow$ Anzahl der Personen: 283

$p = \frac{5}{12}: P(X \geq 1) = 0{,}8015$ $\Rightarrow$ Anzahl der Personen: 175

$p = \frac{6}{12}: P(X \geq 1) = 0{,}875$ $\Rightarrow$ Anzahl der Personen: 357

$p = \frac{7}{12}: P(X \geq 1) = 0{,}92766$ $\Rightarrow$ Anzahl der Personen: 45

$p = \frac{8}{12}: P(X \geq 1) = 0{,}96296$ $\Rightarrow$ Anzahl der Personen: 156

$p = \frac{9}{12}: P(X \geq 1) = 0{,}984375$ $\Rightarrow$ Anzahl der Personen: 25

$p = \frac{10}{12}: P(X \geq 1) = 0{,}99537$ $\Rightarrow$ Anzahl der Personen: 120

$p = \frac{11}{12}: P(X \geq 1) = 0{,}99942$ $\Rightarrow$ Anzahl der Personen: 11

$p = \frac{12}{12}: P(X \geq 1) = 1$ $\Rightarrow$ Anzahl der Personen: 860

Die gesuchte Anzahl der Personen ist:

$$120 + 243 + 297 + 283 + 175 + 357 + 45 + 156 + 25 + 120 + 11 + 860 = 2.692$$

Diese Personenzahl ist ein Näherungswert für den K3-Wert (Kumulation nach drei Ausgaben).

Der ermittelte Wert ist aber tatsächlich etwas kleiner als der K3-Wert. Wenn eine Person eine Kontaktwahrscheinlichkeit von z.B. 3/12 hat, dann bedeutet das, dass die betreffende Person bei einer sehr großen Anzahl von Ausgaben im Durchschnitt mit drei von zwölf Ausgaben Kontakt hat. Es kann aber durchaus sein, dass die betreffende Person mit keiner dieser zwölf Ausgaben Kontakt hat. Schließlich handelt es sich bei zwölf Ausgaben nicht um ein große Zahl. Bei der Ermittlung der Kumulationswerte (K-Werte) geht man aber davon aus, dass eine Person, die bei der Frequenzabfrage gesagt hat, dass sie mit drei von zwölf Ausgaben Kontakt hatte, tatsächlich immer mit genau drei von zwölf aufeinander folgenden Ausgaben Kontakt hat. Das macht deutlich, dass die K-Werte nicht mithilfe eines Binomialansatzes ermittelt werden können.

**5. Beispiel:**

Jemand gibt an, mit sieben von zwölf aufeinander folgenden Ausgaben einer Zeitschrift Kontakt zu haben. Von diesen zwölf Ausgaben werden vier mit einer Anzeige belegt.

Wie groß ist die Wahrscheinlichkeit, dass die betreffende Person mit drei der belegten Ausgaben Kontakt hat?

Von den vier belegten Ausgaben müssen drei Ausgaben ausgesucht werden. Die Anzahl der Möglichkeiten hierfür ist

$$\binom{4}{3}$$

Von den $(12 - 4 =)$ acht nicht belegten Ausgaben müssen $(7 - 3 =)$ vier Ausgaben ausgewählt werden. Die Anzahl der Möglichkeiten hierfür ist

$$\binom{8}{4}$$

Nach der Produktregel der Kombinatorik beträgt dann die Anzahl der Möglichkeiten, von 12 Ausgaben 7 zu lesen, und dabei mit genau drei belegten Ausgaben Kontakt zu haben:

$$\binom{4}{3} \cdot \binom{8}{4}$$

Die Anzahl der Möglichkeiten, von zwölf Ausgaben sieben auszuwählen, ist insgesamt:

$$\binom{12}{7}$$

Die gesuchte Wahrscheinlichkeit ist daher:

$$\frac{\binom{4}{3} \cdot \binom{8}{4}}{\binom{12}{7}} = 0{,}35353535$$

*Allgemein:*
Jemand gibt an, von den m Ausgaben einer Zeitschrift mit Sicherheit mit r Kontakt zu haben. In s Ausgaben ($s \leq m$) dieser Zeitschrift wird eine Anzeige geschaltet.

Gesucht ist die Wahrscheinlichkeit, dass die betreffende Person mit k belegten Ausgaben Kontakt hat ($s \geq k$).

Von den s Ausgaben, in denen die Anzeige geschaltet ist, müssen k Ausgaben ausgewählt werden. Die Reihenfolge spielt dabei keine Rolle. Die Anzahl der Möglichkeiten hierfür ist:

$$\binom{s}{k}$$

Von den m – s Ausgaben, in denen die Anzeige nicht geschaltet ist, müssen r – k Ausgaben ohne Berücksichtigung der Reihenfolge ausgewählt werden. Die Anzahl der Möglichkeiten hierfür ist:

$$\binom{m-s}{r-k}$$

Nach der Produktregel der Kombinatorik sind das insgesamt an Möglichkeiten:

$$\binom{s}{k} \cdot \binom{m-s}{r-k}$$

Die Anzahl der Möglichkeiten, von den m Ausgaben der Zeitschrift r Ausgaben ohne Berücksichtigung der Reihenfolge auszuwählen, beträgt:

$$\binom{m}{r}$$

Die Wahrscheinlichkeit, dass die betreffende Person mit k belegten Ausgaben Kontakt hat, ist damit:

$$P(X=k) = \frac{\binom{s}{k} \cdot \binom{m-s}{r-k}}{\binom{m}{r}}$$

X gibt dabei an, wie viele der r Exemplare, mit denen die Person Kontakt hat, mit der Anzeige belegt sind.

Die zu Grunde liegende Wahrscheinlichkeitsverteilung bezeichnet man als **hypergeometrische Verteilung**.

**6. Beispiel**
Jemand gibt an, mit sieben von zwölf aufeinander folgenden Ausgaben einer Zeitschrift Kontakt zu haben. Von diesen zwölf Ausgaben werden vier mit einer Anzeige belegt.

Wie groß ist die Wahrscheinlichkeit, dass die betreffende Person mit mindestens einer der belegten Ausgaben Kontakt hat?
Für die gesuchte Wahrscheinlichkeit gilt:
$P(X \geq 1) = 1 - P(X = 0)$

$$= 1 - \frac{\binom{4}{0} \cdot \binom{8}{7}}{\binom{12}{7}} =$$

$$= 1 - \frac{8}{792} = 1 - 0{,}0101 = 0{,}9899$$

**7. Beispiel**
Ausgangspunkt ist die geschilderte Situation des 4. Beispiels: 11.065 Personen werden danach befragt, mit wie vielen der letzten zwölf Ausgaben sie Kontakt hatten. Das Ergebnis ist in der Tabelle 3.8 vorstehend aufgeführt.

Die Frequenzangaben sollen jetzt wie folgt interpretiert werden: k von 12 bedeutet, dass die betreffende Person mit **genau** k der zwölf Ausgaben Kontakt hat. Angenommen, drei Ausgaben der Zeitschrift werden mit einer Anzeige belegt. Es soll ermittelt werden, wie viele der 11.065 Personen mit mindestens einer der belegten Ausgeben Kontakt haben.

Auch hier muss für jede Kontaktfrequenz die Wahrscheinlichkeit für mindestens einen Kontakt mit einer der belegten Ausgaben ermittelt und die zugehörige Personenzahl mit dieser Wahrscheinlichkeit gewichtet werden. Addiert man die Personenzahlen für die einzelnen Kontaktwahrscheinlichkeiten, erhält man den gesuchten Wert.

1 von 12 Ausgaben: $P(X \geq 1) = 1 - P(X = 0) = 1 - \frac{\binom{3}{0} \cdot \binom{9}{1}}{\binom{12}{1}} = 1 - 0{,}75 = 0{,}25$

2 von 12 Ausgaben: $P(X \geq 1) = 1 - P(X = 0) = 1 - \frac{\binom{3}{0} \cdot \binom{9}{2}}{\binom{12}{2}} = 1 - 0{,}5455 = 0{,}4545$

3 von 12 Ausgaben: $P(X \geq 1) = 1 - P(X = 0) = 1 - \frac{\binom{3}{0} \cdot \binom{9}{3}}{\binom{12}{3}} = 1 - 0{,}3818 = 0{,}6182$

4 von 12 Ausgaben: $P(X \geq 1) = 1 - P(X = 0) = 1 - \frac{\binom{3}{0} \cdot \binom{9}{4}}{\binom{12}{4}} = 1 - 0{,}2545 = 0{,}7455$

5 von 12 Ausgaben: $P(X \geq 1) = 1 - P(X = 0) = 1 - \frac{\binom{3}{0} \cdot \binom{9}{5}}{\binom{12}{5}} = 1 - 0{,}1591 = 0{,}8409$

6 von 12 Ausgaben: $P(X \geq 1) = 1 - P(X = 0) = 1 - \frac{\binom{3}{0} \cdot \binom{9}{6}}{\binom{12}{6}} = 1 - 0{,}0909 = 0{,}9091$

7 von 12 Ausgaben: $P(X \geq 1) = 1 - P(X = 0) = 1 - \frac{\binom{3}{0} \cdot \binom{9}{7}}{\binom{12}{7}} = 1 - 0{,}04545 = 0{,}9545$

8 von 12 Ausgaben: $P(X \geq 1) = 1 - P(X = 0) = 1 - \frac{\binom{3}{0} \cdot \binom{9}{8}}{\binom{12}{8}} = 1 - 0{,}01818 = 0{,}9819$

9 von 12 Ausgaben: $P(X \geq 1) = 1 - P(X = 0) = 1 - \frac{\binom{3}{0} \cdot \binom{9}{9}}{\binom{12}{9}} = 1 - 0{,}004545 = 0{,}9955$

Bei Personen, die mit zehn von zwölf, elf von zwölf oder zwölf von zwölf Ausgaben Kontakt haben, ist die Wahrscheinlichkeit für mindestens einen Kontakt mit einer belegten Ausgabe gleich 1. Da ja drei der zwölf Ausgaben mit der Anzeige belegt sind, muss jemand, der mit zehn Ausgaben Kontakt hat, mit mindestens einer der belegten Ausgaben in Kontakt kommen. Entsprechend muss jemand, der mit elf der zwölf Ausgeben Kontakt hat, mit mindestens zwei der belegten Ausgaben in Kontakt kommen. Bei zwölf von zwölf Ausgaben wird mit allen belegten Ausgaben ein Kontakt erzielt.

Die gesuchte Anzahl der Personen ergibt sich als gewichtete Summe:

$$0{,}25 \cdot 522 + 0{,}4545 \cdot 576 + 0{,}6182 \cdot 513 + 0{,}7455 \cdot 403 + 0{,}8409 \cdot 218 + 0{,}9091 \cdot 408 + 0{,}9545 \cdot 49 + 0{,}9818 \cdot 162 + 0{,}9955 \cdot 25 + 121 + 11 + 860 = 2.786{,}8 \approx 2.787$$

Belegt man also drei Ausgaben der Zeitschrift mit einer Anzeige, dann erreicht man damit 2.787 Personen. Diesen Wert bezeichnet man als K3-Wert. Ein Vergleich mit dem Ergebnis von Beispiel 4 zeigt, dass der K3-Wert größer ist als der dort mithilfe eines Binomialansatzes ermittelte Wert.

# Kapitel 4

# Begriffe und Kennziffern der Mediaplanung

Foto: Gfk-Meter (Gfk, Nürnberg)

**„Die Zahl ist das Wesen aller Dinge“**

Pythagoras von Samos, griechischer Philosoph und Mathematiker (580 – 500 v. Chr.)

In diesem Kapitel werden die wichtigsten Mediabegriffe erläutert. Hierbei muss zwischen Kennziffern zur Bewertung von einzelnen Werbeträgern und Kennziffern/Begriffen zur Bewertung von Mediaplänen unterschieden werden.

## 4.1 Kennziffern zur Bewertung von einzelnen Werbeträgern

Kennziffern der Mediaplanung beziehen sich in der Regel auf große Gesamtheiten. Zur besseren Veranschaulichung wählen wir in diesem Kapitel ein Modell und beziehen uns auf das fiktive Land „Numerika". In diesem Land Numerika leben genau 100 Personen, was von der begrenzten Zahl her erstens gut überschaubare Verhältnisse schafft und zweitens natürlich auszuführende Prozentberechnungen in den Beispielen deutlich erleichtert.

Die 100 Einwohner von Numerika sehen alle gleich aus; sie unterscheiden sich nur durch ihren Namen, der aus einer Nummer besteht. Die Nummern respektive die Namen der Einwohner von Numerika reichen von 1 bis 100. Diese 100 Personen bilden also für die folgenden Erläuterungen die Grundgesamtheit.

### 4.1.1 Reichweite eines Mediums

Von den 100 Numerikanern wird eine Zielgruppe abgegrenzt und zwar handelt es sich um die Verwender von Numassel, einem Produkt, das sich in Numerika in bestimmten Bevölkerungskreisen einer großen Beliebtheit erfreut. Die Zielgruppe besteht aus 20 Personen und ist in der Grafik in Abb. 4.1 durch einen Rahmen abgegrenzt.

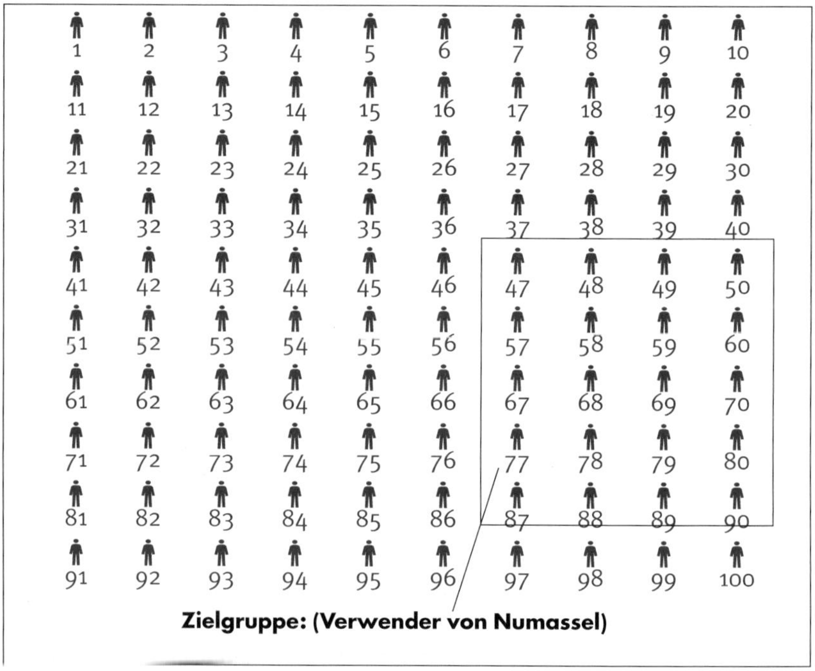


*Abb. 4.1: Einwohner von Numerika und Verwender von Numassel*

Die Numerikaner sind eifrige Nutzer aller möglichen Medien. In der unten stehenden Abb. 4.2 ist die Verbreitung der Zeitschrift „Numerika heute“ gekennzeichnet.

Durch Abzählen lässt sich leicht ermitteln, dass man mit einer Schaltung in der Zeitschrift „Numerika heute“ 25 Personen der Grundgesamtheit (GG) erreicht, von denen sechs, nämlich die Personen mit den Nummern 77, 78, 79, 87, 88 und 89 zur Zielgruppe (ZG) des Produkts Numassel gehören. Werbungtreibende sind daran interessiert, dass ihre Werbung eine große Verbreitung hat. In diesem Zusammenhang spielt der Begriff der Reichweite eine große Rolle.

Reichweite eines Mediums

*Reichweite eines Mediums in der Zielgruppe oder in der Grundgesamtheit*

1. Unter der Reichweite eines Mediums in der Grundgesamtheit versteht man die Anzahl der Personen aus der Grundgesamtheit, die mit einer einmaligen Schaltung in diesem Medium erreicht werden. Wenn nichts anderes gesagt ist, sind damit immer Werbeträgerkontakte gemeint, d.h., die betreffenden Personen müssen die Zeitschrift in der Hand gehalten und durchgeblättert haben. Die Reichweite eines Mediums in der Grundgesamtheit ist gleich dem LpA-Wert dieser Zeitschrift (vgl. Kapitel 2).
2. Unter der Reichweite eines Mediums in der Zielgruppe versteht man die Anzahl der Zielpersonen, die von dem Medium mit einer einmaligen Schaltung in diesem Medium erreicht werden.

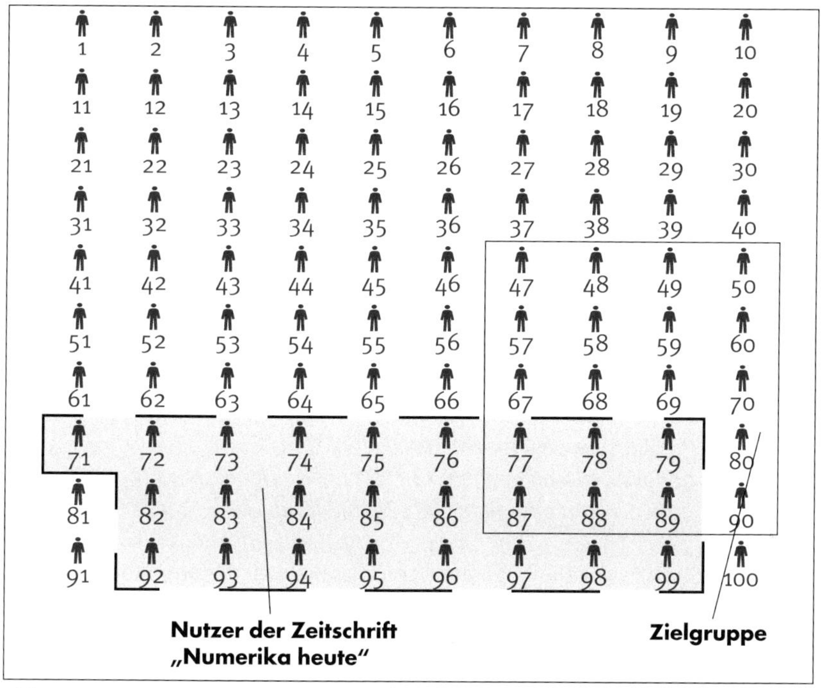


*Abb. 4.2: Verteilung der Nutzer von „Numerika heute“ in der Grundgesamtheit und in der Zielgruppe*

Reichweite in %

Häufig gibt man die Reichweite in % an, indem man ermittelt, wie viel % der Personen aus der Grundgesamtheit oder aus der Zielgruppe von dem Medium erreicht werden:

$$\text{Reichweite in der GG in \%} = \frac{\text{Reichweite in der GG absolut}}{\text{Gesamtheit aller Personen der GG}} \cdot 100$$

$$\text{Reichweite in der ZG in \%} = \frac{\text{Reichweite in der der ZG absolut}}{\text{Gesamtheit der Zielpersonen}} \cdot 100$$

*Bedeutung: Die Reichweite eines Mediums in der Zielgruppe sagt etwas über die Verbreitung des Mediums in der Zielgruppe aus. Eine hohe Reichweite bedeutet also, dass man mit dem betreffenden Medium viele Zielpersonen erreichen kann.*

**Beispiel**

Die Zeitschrift „Numerika heute" hat in der Grundgesamtheit eine absolute Reichweite von 25 Personen und eine prozentuale Reichweite von 25 %. Bezogen auf die Zielgruppe (des Produkts Numassel) beträgt die absolute Reichweite sechs Personen und damit die prozentuale Reichweite 30 % (sechs von 20 Zielpersonen insgesamt).

### 4.1.2 Affinität

Für die Bewertung eines Mediums spielt neben der Reichweite in der Zielgruppe auch die Größe der Streuverluste eine Rolle.

*Man spricht von einem Streuverlust, wenn mit einem Medium auch Personen aus der Grundgesamtheit erreicht werden, die nicht zur Zielgruppe gehören.*

In der Regel bewertet man die Streugüte eines Mediums allerdings nicht durch die Angabe der Streuverluste, sondern durch den Anteil der erreichten Zielpersonen an der Gesamtnutzerschaft des Mediums. Genauer gesagt:

Streugenauigkeit eines Mediums

*Die Größe, wie viel Prozent der Nutzerschaft des Mediums zur Zielgruppe gehören, bezeichnet man als Affinität des Mediums. Sie sagt etwas über die Streugenauigkeit eines Mediums aus.*

Bedeutung der Streugenauigkeit

Eine hohe Streugenauigkeit ist deswegen wichtig, weil die Streukosten für ein Medium davon abhängen, wie hoch die Reichweite dieses Mediums in der Grundgesamtheit ist, und nicht davon, wie viele Zielpersonen man damit erreicht. Schaltet man also in einem Medium, das eine hohe Reichweite in der Grundgesamtheit besitzt, mit dem man aber nur wenige Zielpersonen erreicht, dann fallen eben auch Streukosten für die Personen an, die nicht zur Zielgruppe gehören, mit diesem Medium aber erreicht werden. Die Belegung eines solchen Mediums wäre dann eher unwirtschaftlich.

$$\text{Affinität} = \frac{\text{absolute Reichweite in der Zielgruppe}}{\text{absolute Reichweite in der Grundgesamtheit}} \cdot 100$$

**Beispiel**

In der Grafik in Abb. 4.3 sind die Nutzer von „Numerika heute“ und die Nutzer von „Numerika in Wort und Bild“ gekennzeichnet. Wie oben angegeben, hat „Numerika heute“ in der Grundgesamtheit eine Reichweite von 25 Personen, von denen sechs Personen zur Zielgruppe gehören. Diese Zeitschrift hat demnach die Affinität von 24%. Das bedeutet, dass 24% der Leser von „Numerika heute“ zur Zielgruppe gehören.

Die Zeitschrift „Numerika in Wort und Bild“ hat in der Grundgesamtheit eine Reichweite von 50 Personen, von denen acht Personen zur Zielgruppe gehören. Bezogen auf die Zielgruppe hat diese Zeitschrift also eine Affinität von 16%. Hier gehören also nur 16% der Leser zur Zielgruppe. Obwohl mit einer Schaltung in „Numerika in Wort und Bild“ mehr Zielpersonen erreicht werden als mit einer Schaltung in der Zeitschrift „Numerika heute“, ist wegen der höheren Affinität und der damit verbundenen geringeren Streuverluste der Titel „Numerika heute“ vermutlich (je nach den Anzeigenpreisen) wirtschaftlicher als der Titel „Numerika in Wort und Bild“. Der Titel „Numerika in Wort und Bild“ hat in der Grundgesamtheit eine doppelt so große Reichweite wie der Titel „Numerika heute“, bezogen auf die Zielgruppe beträgt der Faktor aber nur 1,33.

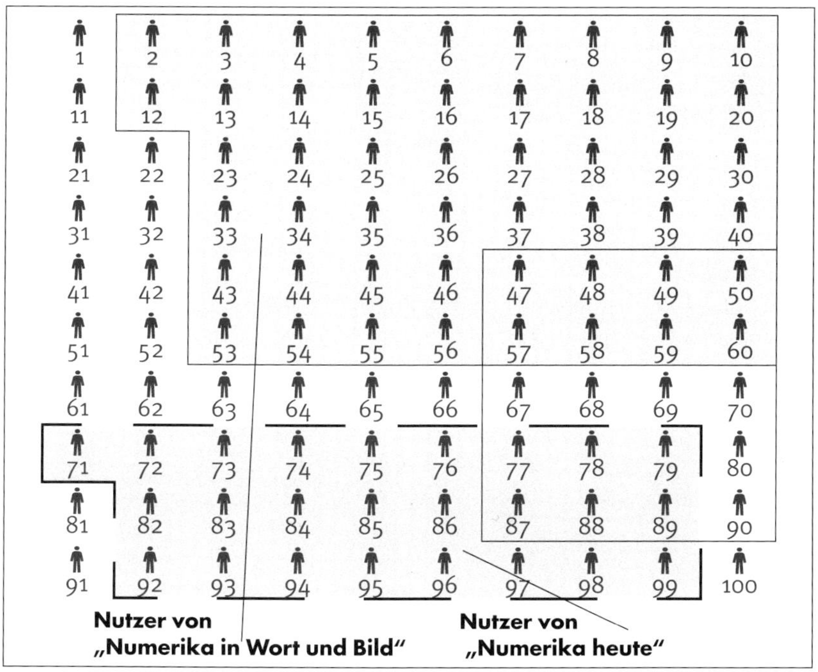


*Abb. 4.3: Verteilung der Nutzer von „Numerika heute“ und der Nutzer von „Numerika in Wort und Bild“ in der Zielgruppe und in der Grundgesamtheit*

**Reichweite in der Grundgesamtheit**

| | | | |
|---|---|---|---|
| **25**<br>Reichweite von<br>**„Numerika heute“** in der GG | · 2 | = | **50**<br>Reichweite von<br>**„Numerika in Wort und Bild“** in der GG |

**Reichweite in der Zielgruppe**

| | | | |
|---|---|---|---|
| **6**<br>Reichweite von<br>**„Numerika heute“** in der ZG | · 1,33 | = | **8**<br>Reichweite von<br>**„Numerika in Wort und Bild“** in der ZG |

---

Die folgenden Abbildungen verdeutlichen noch einmal verschiedene Zusammenhänge zwischen Reichweite und Affinität.

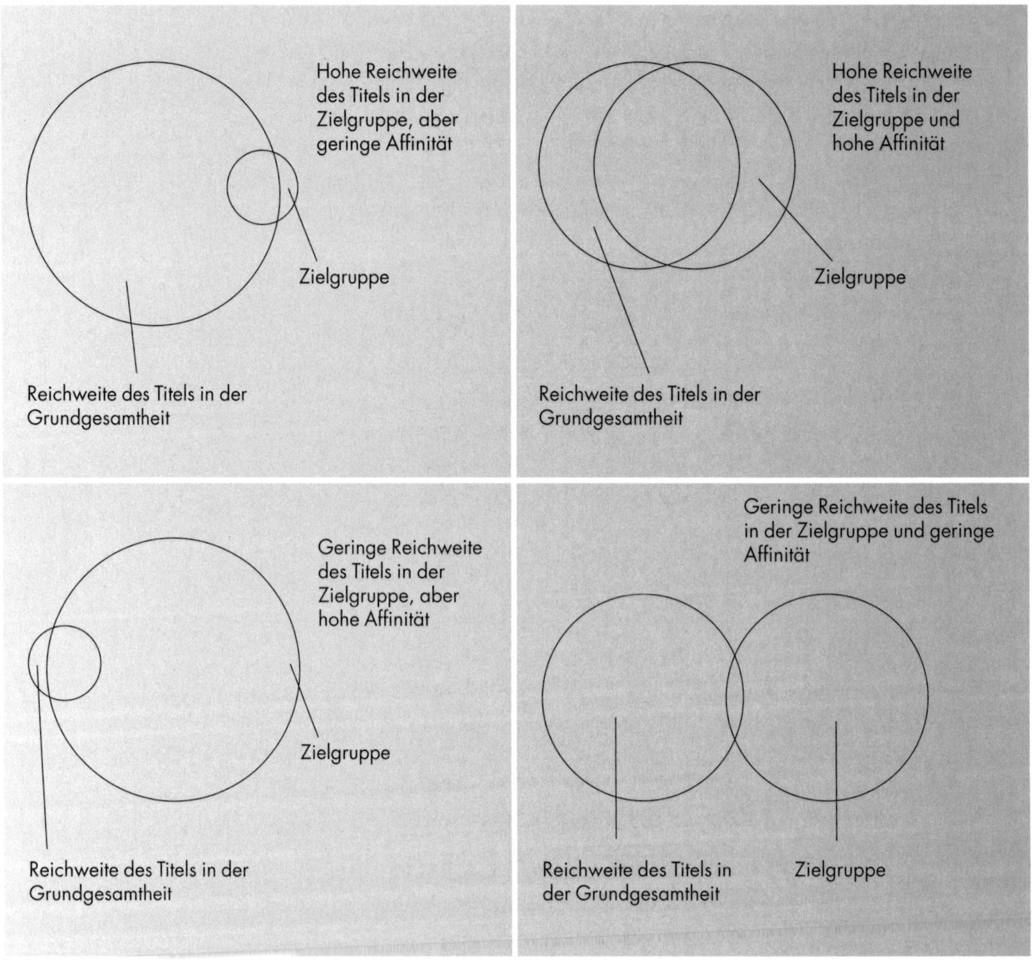


*Abb. 4.4: Zusammenhang zwischen Reichweite und Affinität*

### 4.1.3 Affinitätsindex

Wenn die Nutzer von „Numerika heute" gleichmäßig über die Grundgesamtheit verteilt wären, würde im Durchschnitt jede vierte Person der Grundgesamtheit zur Nutzerschaft von „Numerika heute" gehören. Grafisch ergibt dies die Darstellung in Abb. 4.5. Durch Abzählen lässt sich leicht ermitteln, dass bei einer solchen Gleichverteilung fünf Nutzer dieses Titels zur Zielgruppe gehören müssten. Dieser Wert lässt sich auch errechnen, wenn man von folgender Überlegung ausgeht: Der Anteil der Zielgruppe an der Grundgesamtheit beträgt 20 %, also ein Fünftel. Bei einer gleichmäßigen Verteilung der Nutzer über die Grundgesamtheit müssten dann aber auch 20 % der Nutzer (ein Fünftel) zur Zielgruppe gehören, das wären 25/5 = 5 Personen. Wie man sieht, erhält man auch hier den Wert Fünf.

Gleichverteilung der Nutzer in der GG

Bei gleichmäßiger Verteilung der Nutzer über die Grundgesamtheit müsste folglich der prozentuale Anteil der Zielpersonen an der Nutzerschaft, also die Affinität, gleich dem prozentualen Anteil der Zielgruppe an der Grundgesamtheit sein. Durch einen Vergleich von Affinität mit dem prozentualen Anteil der Zielgruppe an der Grundgesamtheit lässt sich also ermitteln, wie stark die Verteilung der Nutzer eines Mediums von einer gleichmäßigen Verteilung abweicht.

Affinitätsindex

Den Vergleich führt man durch, indem man die beiden Prozentsätze durcheinander teilt. Damit man hierbei ganzzahlige Werte erhält, rundet man das Ergebnis auf zwei Stellen nach dem Komma und multipliziert mit 100. Das Ergebnis bezeichnet man als **Affinitätsindex**. Für die Bewertung der Streugenauigkeit eines Mediums interessiert hierbei natürlich vor allem, ob die Nutzer eines Mediums sich stärker in der Zielgruppe konzentrieren, als dies bei einer gleichmäßigen Verteilung der Nutzerschaft zu erwarten wäre.

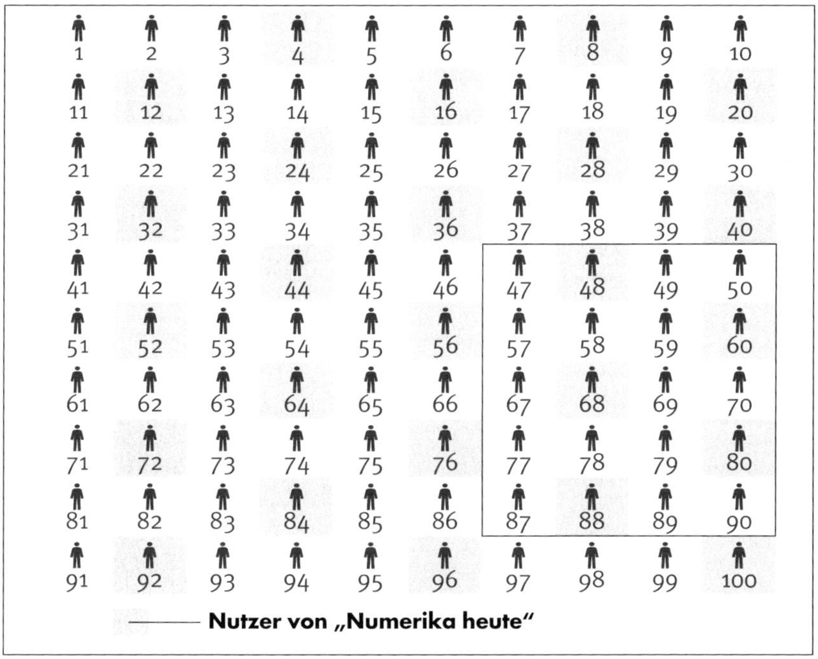


*Abb. 4.5: Gleichverteilung der Nutzer von „Numerika heute" in der Grundgesamtheit*

Affinitätsindex

Der Affinitätsindex gibt eine Relation an, und zwar, ob zur Nutzerschaft eines Mediums ein über- oder unterproportionaler Anteil von Personen zur Zielgruppe gehört, verglichen mit dem Anteil der Zielgruppe an der Grundgesamtheit. Dazu wird der Anteil der Zielgruppe an der Grundgesamtheit gleich 100 gesetzt und die Affinität daran indiziert.

$$\text{Affinitätsindex} = \frac{\text{Affinität in \%}}{\text{Anteil der Zielgruppe an der GG in \%}} \cdot 100$$

Man kann drei Fälle betrachten, die in Abb. 4.6 veranschaulicht werden:

Gleichverteilung der Nutzer

- Ein Affinitätsindex von 100 bedeutet, dass sich die Nutzer des Titels gleichmäßig in der Grundgesamtheit verteilen. Der prozentuale Anteil der Zielpersonen an der Gesamtnutzerschaft des Titels ist gleich dem prozentualen Anteil der Zielgruppe an der Grundgesamtheit.

Geringere Konzentration der Nutzer in ZG

- Ist der Affinitätsindex kleiner als 100, dann liegt keine Gleichverteilung der Nutzer in der Grundgesamtheit vor. Der prozentuale Anteil der Zielpersonen an der Gesamtnutzerschaft ist kleiner als der prozentuale Anteil der Zielgruppe an der Grundgesamtheit. Die Konzentration der Nutzer in der Zielgruppe ist also geringer, als bei einer Gleichverteilung zu erwarten wäre.

Höhere Konzentration der Nutzer in ZG

- Ist der Affinitätsindex größer als 100, liegt ebenfalls keine Gleichverteilung vor. Der prozentuale Anteil der Zielpersonen an der Gesamtnutzerschaft des Mediums ist größer als der prozentuale Anteil der Zielgruppe an der Grundgesamtheit. Die Nutzer konzentrieren sich also stärker in der Zielgruppe, als bei einer Gleichverteilung erwartet werden könnte.

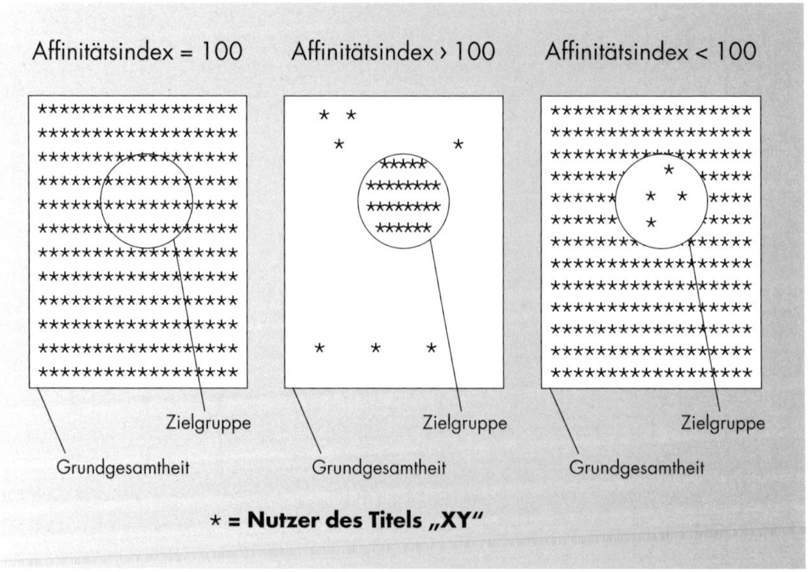


*Abb. 4.6: Bedeutung des Affinitätsindexwertes für die Verteilung der Nutzer in der Grundgesamtheit und in der Zielgruppe*

**Beispiele**

Für die beiden Titel „Numerika heute" und „Numerika in Wort und Bild" ergeben sich folgende Werte für den Affinitätsindex (der Anteil der Zielgruppe an der Grundgesamtheit beträgt in beiden Fälle 20 %):

„Numerika heute":
Affinität: 24 %

$$\Rightarrow \text{Affinitätsindex} = \frac{24\,\%}{20\,\%} \cdot 100 = 120$$

Deutung des Wertes:
Der prozentuale Anteil der Zielgruppe an der Gesamtnutzerschaft des Titels ist 120 % des prozentualen Anteils der ZG an der GG.

alternativ:
Der prozentuale Anteil der Zielpersonen an der Gesamtnutzerschaft des Titels ist das 1,2fache des prozentualen Anteils der ZG an der GG.

„Numerika in Wort und Bild":
Affinität: 16 %

$$\Rightarrow \text{Affinitätsindex} = \frac{16\,\%}{20\,\%} \cdot 100 = 80$$

Deutung des Wertes:
Der prozentuale Anteil der Zielgruppe an der Gesamtnutzerschaft des Titels ist 80 % des prozentualen Anteils der ZG an der GG,

alternativ:
Der prozentuale Anteil der Zielpersonen an der Gesamtnutzerschaft des Titels ist das 0,8fache des prozentualen Anteils der ZG an der GG.

---

Man kann den Affinitätsindex auch noch anders interpretieren, wenn man ihn anders schreibt:

$$\text{Affinitätsindex} = \frac{\dfrac{\text{Nutzer aus der ZG}}{\text{Nutzer gesamt}} \cdot 100}{\dfrac{\text{ZG}}{\text{GG}} \cdot 100} \cdot 100$$

(Durch 100 kürzen und mit Kehrwert des unteren Bruches multiplizieren:)

$$\text{Affinitätsindex} = \frac{\text{Nutzer aus der ZG}}{\text{Nutzer gesamt}} \cdot \frac{\text{GG}}{\text{ZG}} \cdot 100$$

(Nenner der beiden Brüche vertauschen:)

$$\text{Affinitätsindex} = \frac{\text{Nutzer aus der ZG}}{\text{ZG}} \cdot \frac{\text{GG}}{\text{Nutzer gesamt}} \cdot 100$$

(Durch Kehrwert des 2. Bruches dividieren und den Gesamtbruch mit 100 erweitern:)

$$\text{Affinitätsindex} = \frac{\dfrac{\text{Nutzer aus der ZG}}{\text{ZG}} \cdot 100}{\dfrac{\text{Nutzer gesamt}}{\text{GG}} \cdot 100} \cdot 100$$

Der obere Bruch gibt die Reichweite in der ZG und der untere Bruch die Reichweite in der Grundgesamtheit in % an. Also:

$$\text{Affinitätsindex} = \frac{\text{Reichweite in der ZG in \%}}{\text{Reichweite in der GG in \%}} \cdot 100$$

Es wird also die Reichweite in der ZG in % mit der Reichweite in der GG in % verglichen.

**Beispiel**

„Numerika heute" hat in der GG eine Reichweite von 25 % und in der ZG eine Reichweite von 30 %.

$$\text{Affinitätsindex} = \frac{30\,\%}{25\,\%} \cdot 100 = 120$$

Bei dieser Art der Berechnung lässt sich der Affinitätsindex wie folgt interpretieren: Die prozentuale Reichweite von „Numerika heute" in der Zielgruppe beträgt 120 % der prozentualen Reichweite dieses Titels in der Grundgesamtheit. Oder die alternative Deutung: Die prozentuale Reichweite von „Numerika heute" in der Zielgruppe ist das 1,2fache der prozentualen Reichweite dieses Titels in der Grundgesamtheit.

---

### 4.1.4 Tausender-Preise – Kennziffern zur unmittelbaren Bewertung der Wirtschaftlichkeit

Führen wir zunächst in unser Modell Anzeigenpreise ein. Abb. 4.7 zeigt die Verbreitung von „Wunderbares Numerika“ (25 Nutzer) und von „Numerika in Wort und Bild“ (50 Nutzer). Als Anzeigenpreise werden angegeben:

Kosten für die Belegung einer 1/1-Seite 4C:
„Wunderbares Numerika“: 105 ND (ND = Numerische Dollar)
„Numerika in Wort und Bild“: 200 ND

Wenn Medien bezüglich ihrer Wirtschaftlichkeit verglichen werden sollen, macht es keinen Sinn, nur die absoluten Schaltkosten zu vergleichen, da die Medien sich in der Regel auch hinsichtlich ihrer Leistung unterscheiden. Ein sinnvoller Vergleich ist nur möglich, wenn die Kosten für eine gleiche Leistungseinheit verglichen werden.

Vergleich von Kosten und Leistung

*Üblicherweise verwendet man hierzu die so genannten Tausender-Preise, die die Kosten für Tausend Leistungseinheiten angeben. Je nachdem, welche Leistungseinheiten man hierbei verwendet, erhält man unterschiedliche Tausender-Preise.*

Übliche Tausender-Preise sind auf der nebenstehenden Seite zusammengestellt.

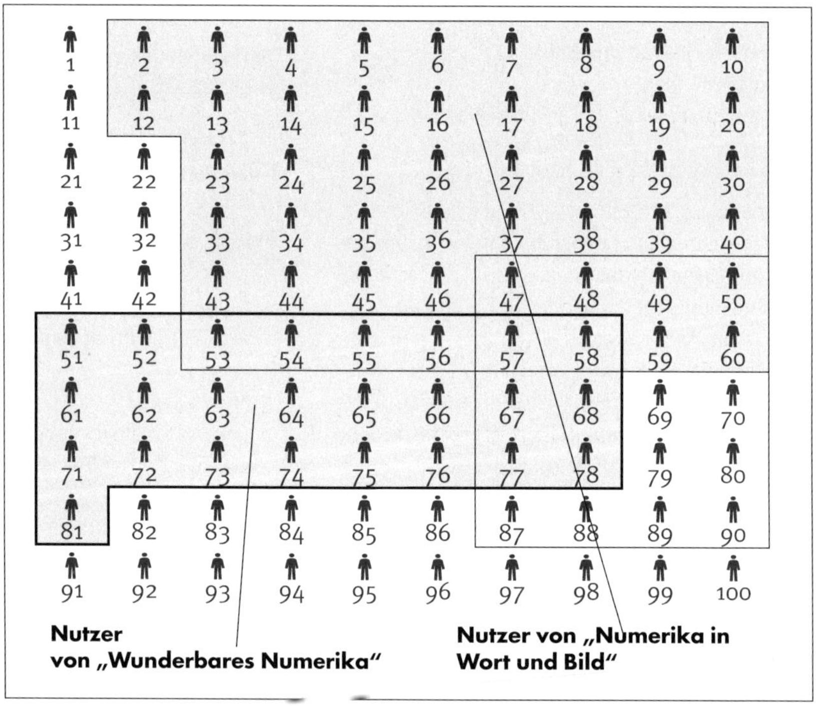


*Abb. 4.7: Verteilung der Nutzer von „Wunderbares Numerika“ und der Nutzer von „Numerika in Wort und Bild“ in der Zielgruppe und in der Grundgesamtheit*

**Tausend-Nutzer-Preis (TNP)**

- Kosten, um 1.000 Nutzer zu erreichen

$$TNP = \frac{\text{Insertionskosten}}{\text{Anzahl der erreichten Personen}} \cdot 1.000$$

**Tausend-Kontakt-Preis (TKP)**

- Kosten für 1.000 Kontakte

$$TKP = \frac{\text{Insertionskosten}}{\text{Anzahl der erzielten Kontakte}} \cdot 1.000$$

**Tausend-Auflagen-Preis (TAP)**

- Kosten für 1.000 verbreitete Exemplare

$$TAP = \frac{\text{Insertionskosten}}{\text{verbreitete Auflage}} \cdot 1.000$$

*Hinweise:*

1. Tausender-Preise werden sowohl zur Beurteilung der Wirtschaftlichkeit von einzelnen Medien als auch von Mediaplänen verwendet:
   - Zur Beurteilung der Wirtschaftlichkeit eines einzelnen Mediums verwendet man in der Regel den Tausend-Kontakt-Preis und den Tausend-Auflagen-Preis.
   - Zur Beurteilung der Wirtschaftlichkeit eines Mediaplans verwendet man den Tausend-Kontakt-Preis und den Tausend-Nutzer-Preis.
2. Der TKP und der TNP können sich auf die Grundgesamtheit und auf die Zielgruppe beziehen. In der Regel bezieht man sich allerdings hierbei auf die Zielgruppe.

**Beispiel**

Bezogen auf die Zielgruppe der Verwender von Numassel ergeben sich für die beiden Titel folgende TKPs (bei einer geschalteten Seite 4-C):

Einmalige Schaltung: Anzahl erreichter Personen = Anzahl erzielter Kontakte

„Numerika in Wort und Bild“
Reichweite in der Zielgruppe: 8 ⇒ TKP = $\frac{200 \text{ ND}}{8} \cdot 1.000 = 25.000$ ND

Im Durchschnitt müssen bei diesem Titel also für 1.000 Kontakte mit Zielpersonen 25.000 ND aufgewendet werden. (In unserem bewusst kleinen Modell sind Tausender-Preise natürlich nicht so geschickt, während sie auf den realen Märkten mit den dort üblichen Auflagen und Reichweiten sinnvolle Größen darstellen.)

„Wunderbares Numerika“:
Reichweite in der Zielgruppe: 6 ⇒ TKP = $\frac{105 \text{ ND}}{6} \cdot 1.000 = 17.500$ ND

Für 1.000 Kontakte mit Zielpersonen müssen also bei diesem Titel im Durchschnitt 17.500 ND aufgewendet werden.

### 4.1.5 Unterscheidung zwischen einem Werbeträgerkontakt und einem Werbemittelkontakt

Werbeträgerkontakt ist nicht gleich Werbemittelkontakt

In der Mediaplanung gilt ein Leser bereits dann als Nutzer einer Zeitschrift, wenn er die Zeitschrift in der Hand gehalten und durchgeblättert hat. Man spricht in diesem Fall von einem Werbeträgerkontakt.

Ein Werbungtreibender kann sich jedoch nicht sicher sein, ob jemand, der einen Werbeträgerkontakt hatte, auch die Anzeige des Werbungtreibenden gesehen, also auch einen Werbemittelkontakt hatte. Es ist ja möglich und wird in der Praxis häufig vorkommen, dass die Seite, auf der sich die Anzeige befand, gar nicht aufgeschlagen wurde.

Um hier eine höhere Sicherheit zu schaffen, werden die Personen, die einen Werbeträgerkontakt haben, danach befragt, wie viele Seiten der Zeitschrift im Durchschnitt aufgeschlagen werden. Mithilfe von Wahrscheinlichkeitsmodellen lässt sich dann ermitteln, wie viele Personen eine durchschnittliche Werbung führende Seite aufschlagen. Die Ergebnisse werden schließlich durch aufwändige Beobachtungsexperimente bei so genannten Stellvertretertiteln, das sind Titel, die stellvertretend für eine bestimmte Zeitschriftengattung stehen, überprüft.

Als Ergebnis erhält man den so genannten Leser pro Werbung führender Seite (LpWS). Der LpWS-Wert wird als Maß dafür verwendet, wie viele Personen im Durchschnitt einen Werbemittelkontakt haben. Unter der Leserschaft pro Werbung führender Seite einer Zeitschrift wird die Anzahl der Personen verstanden, die eine durchschnittliche Werbung führende Seite in einer durchschnittlichen Ausgabe dieser Zeitschrift gesehen haben.

Häufig bildet man einen Indexwert, der etwas darüber aussagt, in wie viel Prozent ein Werbeträgerkontakt auch zu einem Werbemittelkontakt führt.

**Index Werbemittelkontakt zu Werbeträgerkontakt (Wmk/Wtk)**
Der Index ist ein Maß dafür, inwieweit ein Werbeträgerkontakt auch zu einem Werbemittelkontakt führen kann. Der Index wird wie folgt ermittelt:

$$\text{Indexwert} = \frac{\text{Werbemittelreichweite (LpWS)}}{\text{Werbeträgerreichweite (LpA)}} \cdot 100$$

Je näher der Indexwert bei 100 liegt, umso wahrscheinlicher ist es, dass ein Werbeträgerkontakt auch zu einem Werbemittelkontakt führt. Bei einem Indexwert von 100 bedeutet ein Werbeträgerkontakt immer auch einen Werbemittelkontakt.

**Beispiel**

Angenommen, für die Zeitschrift „Wunderbares Numerika“ wird ein Wmk-/Wtk-Indexwert von 87 angegeben. Das bedeutet, dass im Durchschnitt mit 87 % der Personen, die einen Werbeträgerkontakt haben, auch ein Werbemittelkontakt erreicht wird.

### 4.1.6 Indexsumme

Berücksichtigung von Reichweite, TKP und Affinität

Bei der Auswahl von Werbeträgern haben Werbungtreibende häufig das Problem, dass ein Werbeträger z. B. eine hohe Reichweite und einen mittleren TKP, aber der Affinitätsindex einen relativ geringen Wert hat. In der Regel wird jedoch auf alle drei Kriterien Wert gelegt. Man kann sich nun helfen, indem ein Indexwert ermittelt wird, der alle drei Kriterien gleichzeitig berücksichtigt. Diesen Indexwert bezeichnet man als Indexsumme oder Dreier-Index.

**Indexsumme (Reichweitenindex + TKP-Index + Affinitätsindex)**

Die Indexsumme berücksichtigt die drei Kriterien 1.000-Kontakt-Preis, Affinitätsindex und Reichweite. Dazu wird in der Liste der Werbeträger der jeweils günstigste Wert eines Kriteriums gleich 100 gesetzt. Für jeden Werbeträger wird dann für jedes Kriterium ein Index ermittelt. Die Indexsumme eines Werbeträgers ergibt sich durch Addition der Indizes für die drei Kriterien. Der theoretisch höchste Wert für die Indexsumme liegt folglich bei 300.

*Bedeutung*

Durch die Indexsumme werden alle drei Kriterien gleichzeitig berücksichtigt. Bei der Auswahl von Werbeträgern mithilfe der Indexsumme als grobem Anhaltspunkt erhält man meist Pläne mit durchschnittlichen Leistungswerten. Sie lassen sich durch eine gezielte Werbeträgerauswahl noch verbessern.

### 4.1.7 Übung

Die folgende Rangreihe von Zeitschriften zu der Zielgruppe „modebewusste junge Menschen" ist nach Werbeträgerreichweite in der Zielgruppe sortiert (GG 64,1 Mio., ZG 8,01 Mio.).

| | Medien Werbeträger | Format | Farbe | Kosten Euro | Euro pro 1.000 Kont. | Reichweite % | Reichweite Mio. | Affinitätsindex | Index Wmk/Wtk |
|---|---|---|---|---|---|---|---|---|---|
| 1 | TV Movie | 1/1 S. | 4C | 47.640 | 39,44 | 15,1 | 1,21 | 151 | 65 |
| 2 | Stern | 1/1 S. | 4C | 47.700 | 51,32 | 11,6 | 0,93 | 99 | 71 |
| 3 | Bravo | 1/1 S. | 4C | 33.573 | 37,68 | 11,1 | 0,89 | 401 | 80 |
| 4 | TV TODAY | 1/1 S. | 4C | 18.700 | 33,08 | 7,1 | 0,57 | 149 | 64 |
| 5 | Bravo Girl | 1/1 S. | 4C | 17.300 | 32,33 | 6,7 | 0,54 | 490 | 80 |
| 6 | Fit for Fun | 1/1 S. | 4C | 22.200 | 46,29 | 6 | 0,48 | 257 | 71 |
| 7 | freundin | 1/1 S. | 4C | 32.800 | 76,8 | 5,3 | 0,43 | 130 | 72 |
| 8 | Brigitte Young Miss | 1/1 S. | 4C | 11.900 | 34,19 | 4,3 | 0,35 | 452 | 76 |
| 9 | Bunte | 1/1 S. | 4C | 27.600 | 84,65 | 4,1 | 0,33 | 65 | 79 |
| 10 | MUSIKEXPRESS | 1/1 S. | 4C | 8.540 | 53,84 | 2 | 0,16 | 369 | 85 |
| 11 | MAX | 1/1 S. | 4C | 16.000 | 114,43 | 1,7 | 0,14 | 261 | 69 |
| 12 | PRINZ | 1/1 S. | 4C | 20.440 | 189,77 | 1,3 | 0,11 | 257 | 73 |

*Abb. 4.8: Rangreihe von Zeitschriften (nach Verbraucheranalyse übergagangen auf bp4, s. S. 541)*

**Aufgaben**

a) Erläutern Sie am Beispiel der Zeitschrift „Bravo Girl", was die angegebenen Werte bedeuten.
b) Ermitteln Sie für die Zeitschrift „Brigitte Young Miss" die Reichweite in der Grundgesamtheit und die Affinität.
c) Ermitteln Sie für die Zeitschrift „Bravo" den Reichweitenindex innerhalb der Indexsumme (Reichweitenindex + TKP-Index + Index für den Affinitätsindex).
d) Ermitteln Sie für die Zeitschrift „MUSIKEXPRESS" den TKP-Index innerhalb der Indexsumme (auch hier Reichweitenindex + TKP-Index + Index für den Affinitätsindex).

**Lösungen**

Zu a) Bedeutungen der Spalten

Spalte „Format“:
Die Angaben beziehen sich auf 1/1 Seite, also Schaltung einer ganzen Seite.

Spalte „Farbe“:
Die Angaben betreffen vierfarbige Anzeigen.

Spalte „Kosten in €“:
Eine Schaltung kostet 17.300,00 €

Spalte „€ pro 1.000 Kontakte“:
Bei einer einmaligen Schaltung in der Zeitschrift „Bravo Girl“ müssen 32,33 € aufgewendet werden, um 1.000 Kontakte mit Zielpersonen herzustellen.

Spalte „Reichweite in %“:
Mit einer einmaligen Schaltung in der Zeitschrift „Bravo Girl“ erreicht man 6,7 % aller Zielpersonen.

Spalte „Reichweite in Mio.“:
Mit einer einmaligen Schaltung in der Zeitschrift „Bravo Girl“ erreicht man 0,54 Mio. Zielpersonen.

Spalte „Affinitätsindex“:
Der prozentuale Anteil der Zielpersonen an der Leserschaft der „Bravo Girl“ ist 490 % des prozentualen Anteils der Zielgruppe an der Grundgesamtheit.

Alternativ:
Die prozentuale Reichweite der „Bravo Girl“ in der Zielgruppe ist 490 % der prozentualen Reichweite der „Bravo Girl“ in der Grundgesamtheit.

Spalte „Index Wmk/Wtk“:
80 % der Zielpersonen, die einen Werbeträgerkontakt haben, haben auch mit einer durchschnittlichen Werbung führenden Seite Kontakt.

Zu b)

Affinitätsindex

$$= \frac{\text{Reichweite in der ZG in \%}}{\text{Reichweite in der GG in \%}} \cdot 100$$

durch Umstellen:

Reichweite in der GG in %

$$= \frac{\text{Reichweite in der ZG}}{\text{Affinitätsindex}} \cdot 100 = \frac{4{,}3\%}{452} \cdot 100 = 0{,}95\%$$

Affinitätsindex

$$= \frac{\text{Affinität}}{\text{Anteil der ZG an der GG in \%}} \cdot 100$$

durch Umstellen:

Affinität =

$$= \frac{\text{Affinitätsindex} \cdot \text{Anteil der ZG an der GG in \%}}{100}$$

$$= \frac{452 \cdot 12{,}5\%}{100} = 56{,}5\%$$

Hinweis: Der Anteil der Zielgruppe an der Grundgesamtheit beträgt:

$$\frac{8{,}01 \text{ Mio.}}{64{,}10 \text{ Mio.}} \cdot 100 = 12{,}50\%$$

Lösung zu c)
Der Titel mit der höchsten Reichweite in der Rangreihe ist die „TV Movie“ mit einer Reichweite von 15,1 % in der Zielgruppe. Diese Reichweite erhält daher den Indexwert 100. Mithilfe eines Dreisatzes erhält man für den Reichweitenindex der „Bravo“:

$$\text{Reichweitenindex} = \frac{100 \cdot 11{,}11}{15{,}1} = 73{,}58$$

Lösung zu d)
Der Titel mit dem geringsten TKP in der Rangreihe ist die „Bravo Girl“ mit einem TKP von 32,33 €. Dieser TKP erhält daher den Indexwert 100. Mithilfe eines Dreisatzes erhält man für den TKP-Index der Zeitschrift „MUSIKEXPRESS“:

$$\text{TKP-Index} = \frac{100 \cdot 32{,}33}{53{,}84} = 60{,}05$$

## 4.2 Kennziffern und Begriffe zur Bewertung von Mediaplänen

### 4.2.1 Interne Überschneidungen

Der Begriff wird wieder am Modell des Landes Numerika erläutert, vgl. dazu Abschnitt 4.1. Angenommen, die Zeitschrift „Der Numerikaner" hat einen LpA-Wert von 6. Mit jeder Ausgabe dieser Zeitschrift erreicht man also sechs Numerikaner. Da der LpA-Wert mithilfe von Wahrscheinlichkeitsüberlegungen ermittelt wird, kann man nicht erwarten, dass man mit jeder Ausgabe immer die gleichen sechs Personen erreicht. Die folgende Tabelle gibt für verschiedene Ausgaben an, welche Numerikaner mit der jeweiligen Ausgabe erreicht werden.

| Ausgabe 1 | Ausgabe 2 | Ausgabe 3 |
|---|---|---|
| 13 | 14 | 12 |
| 14 | 15 | 13 |
| 23 | 16 | 22 |
| 24 | 22 | 32 |
| 33 | 24 | 34 |
| 34 | 33 | 42 |

*Abb. 4.9: Beispiel zu internen Überschneidungen*

Mit diesen drei Ausgaben erreicht man folgende Numerikaner: 12, 13, 14, 15, 16, 22, 23, 24, 32, 33, 34 und 42. Ingesamt erreicht man also zwölf Personen. Hier mag verwundern, dass das Beispiel so gebildet ist, dass man mit den drei Ausgaben nicht die dreifache Anzahl an Personen erreicht, die man mit einer Ausgabe kontaktiert. Das entspräche aber nicht der Realität, denn in der Regel werden einige Personen mehrfach erreicht werden. Im Beispiel hat die Person mit der Nummer 13 z.B. Kontakt mit der 1. und der 3. Ausgabe, die Person mit der Nummer 14 wird mit der 1. und der 2. Ausgabe erreicht. Der folgenden Tabelle kann entnommen werden, welche Personen mit welchen Ausgaben Kontakt hatten:

| Person | Kontakt mit 1. Ausgabe | Kontakt mit 2. Ausgabe | Kontakt mit 3. Ausgabe |
|---|---|---|---|
| 12 | | | X |
| 13 | X | | X |
| 14 | X | X | |
| 15 | | X | |
| 16 | | X | |
| 22 | | X | X |
| 23 | X | | |
| 24 | X | X | |
| 32 | | | X |
| 33 | X | X | |
| 34 | X | | X |
| 42 | | | X |

*Abb. 4.10: Tabelle zur Ermittlung der internen Überschneidungen*

Interne Überschneidung

Wird die gleiche Person von verschiedenen Ausgaben des gleichen Titels erreicht, spricht man von einer internen Überschneidung. In dem Beispiel liegen bei den Personen mit den Nummern 13, 14, 22, 24, 33 und 34 interne Überschneidungen vor.

> Interne Überschneidung
> Schaltet man in verschiedenen Ausgaben des gleichen Mediums, dann kann es passieren, dass damit teilweise die gleichen Personen erreicht werden. In diesem Zusammenhang würde man von einer internen Überschneidung sprechen. Unter einer internen Überschneidung versteht man also die Überschneidung innerhalb der Nutzerschaft mehrerer Ausgaben eines Mediums

*Bedeutung*

Hohe interne Überschneidung → hohe Kontaktkumulation

Medien, die einen hohen Anteil regelmäßiger Nutzer haben, weisen eine hohe interne Überschneidung auf, z.B. Zeitschriften mit einem hohen Anteil an Abonnenten.

Durch die Mehrfachbelegung von Medien mit einer hohen internen Überschneidung lassen sich gut Mehrfachkontakte und damit eine hohe Kontaktdichte erzielen. Man hat dann jedoch einen geringen Reichweitenzuwachs (vergl. Reichweitenkumulation).

Geringe interne Überschneidung → hohe Reichweitenkumulation

Medien, die einen hohen Anteil gelegentlicher Nutzer haben (z.B. TV) haben eine geringe interne Überschneidung. Durch eine Mehrfachbelegung solcher Medien lässt sich schnell eine relativ hohe Reichweite erzielen. Die Kontaktdichte ist dann allerdings häufig nicht ausreichend.

### 4.2.2 Externe Überschneidungen

Ausgangspunkt ist erneut ein Beispiel: Die Zeitschrift „Numerika im Spiegel der Zeit" hat einen LpA-Wert von 5. Die Zeitschrift „Numerus & Munkulus" hat einen LpA-Wert von 4. Die folgende Tabelle gibt an, welche Personen die Ausgabe 1 dieser Zeitschriften lesen. Zusätzlich sind auch noch die Leser der 1. Ausgabe von „Der Numerikaner" angegeben.

| Ausgabe 1 „Der Numerikaner" | Ausgabe 1 „Numerika im Spiegel der Zeit" | Ausgabe 1 „Numerus & Munkulus" |
|---|---|---|
| 13 | 11 | 11 |
| 14 | 15 | 12 |
| 23 | 23 | 21 |
| 24 | 25 | 23 |
| 33 | 34 | – |
| 34 | – | – |

*Abb. 4.11: Beispiel zu externen Überschneidungen*

Der Tabelle kann entnommen werden, dass z.B. die Person mit der Nummer 23 mit drei Titeln Kontakt hat („Der Numerikaner", „Numerika im Spiegel der Zeit" und „Numerus & Munkulus"). In diesem Fall spricht man von einer externen Überschneidung.

Externe Überschneidung
Schaltet man in verschiedenen Medien, kann es Personen geben, die mehrere dieser Medien nutzen und damit mehrfach erreicht werden. Hier spricht man von einer externen Überschneidung. Darunter versteht man also die Überschneidung der Nutzerschaft zweier oder mehrerer Medien.

*Bedeutung*
Programmzeitschriften haben z. B. eine geringe externe Überschneidung (kaum jemand nutzt zwei Programmzeitschriften). Durch die Belegung von Medien, die eine hohe externe Überschneidung aufweisen, lässt sich eine hohe Kontaktdichte erreichen, man hat allerdings ein geringes Reichweitenwachstum. Belegt man dagegen Medien mit einer geringen externen Überschneidung, so erzielt man damit eine schnelle Reichweitenausdehnung, hat allerdings nur wenige Mehrfachkontakte. Aus folgender Tabelle lassen sich die externen Überschneidungen des obigen Beispiels leicht ablesen:

Hohe externe Überschneidung → hohe Kontaktkumulation

Geringe externe Überschneidung → hohe Reichweitenkumulation

| | Kontakt mit Ausgabe 1 von | | |
|---|---|---|---|
| Person | „Der Numerikaner“ | „Numerika im Spiegel“ | „Numerus & Munkulus“ |
| 11 | | X | X |
| 12 | | | X |
| 13 | X | | |
| 14 | X | | |
| 15 | | X | |
| 21 | | | X |
| 23 | X | X | X |
| 24 | X | | |
| 25 | | X | |
| 33 | X | | |
| 34 | X | X | |

*Abb. 4.12: Tabelle zur Ermittlung der externen Überschneidungen*

### 4.2.3 Nettoreichweite, Bruttoreichweite und Durchschnittskontakte

Betrachten wir zunächst folgendes Beispiel der Mehrfachbelegung: Schaltung je einer Anzeige in den Ausgaben 1 und 2 von „Numerus & Munkulus“ und von „Der Numerikaner“. Folgende Personen werden damit erreicht:

| „Numerus & Munkulus“ | | „Der Numerikaner“ | |
|---|---|---|---|
| Ausgabe 1 | Ausgabe 2 | Ausgabe 1 | Ausgabe 2 |
| 11 | 14 | 13 | 14 |
| 12 | 21 | 14 | 15 |
| 21 | 23 | 23 | 16 |
| 23 | 33 | 24 | 22 |
| – | – | 33 | 24 |
| – | – | 34 | 33 |

*4.13: Beispiel zur Brutto- und Nettoreichweite*

*Man spricht von einem Mediaplan, wenn entweder in einem Medium mehrmals geschaltet wird oder wenn verschiedene Medien belegt werden.*

Dabei gibt es folgende Möglichkeiten:

- In einem einzelnen Medium wird mehrmals geschaltet, z. B. belegt man drei verschiedene Ausgaben des gleichen Mediums.
- In verschiedenen Medien wird jeweils einmal geschaltet, z. B. belegt man zwei verschiedene Medien je einmal
  oder
- in verschiedenen Medien wird mehrmals geschaltet – das ist in der Regel der Fall.

**Beispiel**

In dem in Abb. 4.13 dargestellten Beispiel handelt es sich um einen Mediaplan, da in zwei verschiedenen Titeln jeweils zwei Ausgaben belegt werden. Es soll nun ermittelt werden, wie viele verschiedene Personen erreicht werden und wie viele Kontakte mit dem vorliegenden Plan erzielt werden.

Dazu wird zunächst die folgende Tabelle erstellt, die übersichtlicher zeigt, welche Personen mit welchen Titeln und Ausgaben Kontakt haben.

| | „Numerus & Munkulus" | | „Der Numerikaner" | |
|---|---|---|---|---|
| Person | Ausgabe 1 | Ausgabe 2 | Ausgabe 1 | Ausgabe 2 |
| 11 | X | | | |
| 12 | X | | | |
| 13 | | | X | |
| 14 | | X | X | X |
| 15 | | | | X |
| 16 | | | | X |
| 21 | X | X | | |
| 22 | | | | X |
| 23 | X | X | X | |
| 24 | | | X | X |
| 33 | | X | X | X |
| 34 | | | X | |

*Abb. 4.14: Tabelle zur Ermittlung der Brutto- und Nettoreichweite*

Der Tabelle kann entnommen werden, dass mit dem Plan insgesamt zwölf verschiedene Personen erreicht werden, und zwar die Personen mit den Nummern: 11, 12, 13, 14, 15, 16, 21, 22, 23, 24, 33 und 34.

Nettoreichweite

Die Personenzahl bezeichnet man als Nettoreichweite des Plans. Der obige Plan hat also eine Nettoreichweite von zwölf Personen. Hier werden also nur die Personen gezählt, die mit einem Plan überhaupt erreicht werden. Es spielt keine Rolle, wie viele Kontakte auf die einzelnen Personen entfallen.

Um die Anzahl der erzielten Kontakte zu ermitteln, müssen in der obigen Tabelle alle Kreuze gezählt werden – mit dem Plan werden 20 Kontakte erreicht. Diese Gesamtzahl der Kontakte bezeichnet man als Bruttoreichweite des Plans. Der obige Plan hat folglich eine Bruttoreichweite von 20 Kontakten. Wie man sieht, ist die Nettoreichweite des Plans deutlich kleiner als die Bruttoreichweite. Das ist in der Praxis der Regelfall und geht auf die meist anzutreffenden internen und externen Überschneidungen zurück.

Bruttoreichweite

Z. B. hat die Person mit der Nummer 21 eine interne Überschneidung, da sie mit beiden Ausgaben von „Numerus & Munkulus" Kontakt hatte. Bei der Ermittlung der Nettoreichweite wird diese Person nur einmal gezählt, bei der Bestimmung der Bruttoreichweite werden allerdings beide Kontakte berücksichtigt.

Die Person mit der Nummer 14 hat sowohl eine interne als auch eine externe Überschneidung, da sie die 2. Ausgabe von „Numerus & Munkulus" und beide Ausgaben von „Der Numerikaner" liest. Auch diese Person zählt bei der Bestimmung der Nettoreichweite nur einfach, trägt aber zur Bruttoreichweite drei Kontakte bei.

Es fällt außerdem auf, dass die Bruttoreichweite gleich der Summe aller LpA-Werte bzw. aller Einzelreichweiten der belegten Titel und Ausgaben ist. „Numerus & Munkulus" hat einen LpA-Wert von 4 und es werden zwei Ausgaben belegt. „Der Numerikaner" hat einen LpA-Wert von 6 und es werden ebenfalls zwei Ausgaben belegt, das ergibt eine Summe von insgesamt 20 Kontakten. Da bei der Bruttoreichweite alle erzielten Kontakte gezählt werden, muss die Summe aller LpA-Werte auch tatsächlich gleich der Bruttoreichweite sein.

---

**Nettoreichweite**

Die Nettoreichweite gibt an, wie viele Personen durch einen Mediaplan mindestens einmal erreicht werden. Dabei werden Doppel- und Mehrfachkontakte nicht berücksichtigt. In die Ermittlung der Nettoreichweite geht jede erreichte Person nur einmal ein, egal, wie viele Kontakte auf sie entfallen.
Häufig wird die Nettoreichweite auch als Prozentsatz angegeben.

- Nettoreichweite in der Grundgesamtheit in Prozent: Wie viel Prozent der Grundgesamtheit werden durch den Plan erreicht?
- Nettoreichweite in der Zielgruppe in Prozent: Wie viel Prozent der Zielgruppe werden durch den Plan erreicht?

*Unterschied zwischen der Reichweite eines Mediums und der Nettoreichweite*

Die Reichweite eines Mediums meint immer dessen Reichweite bei einer einmaligen Belegung dieses einen Mediums. Die Nettoreichweite bezieht sich immer auf die Reichweite eines Plans, wenn also mehrere Medien oder ein Medium mehrfach oder mehrere Medien mehrfach belegt werden.

Durch die internen und externen Überschneidungen ist die Nettoreichweite immer geringer als die Summe der Einzelreichweiten.

*Bedeutung*

Um die angestrebten Werbeziele zu erreichen, ist es erforderlich, dass die Nettoreichweite eines Mediaplans möglichst groß ist, dass man also möglichst alle Personen der Zielgruppe erreicht.

**Bruttoreichweite**
Die Bruttoreichweite gibt die Zahl der Kontakte an, die mit einem Plan oder einer Werbeträgerkombination erzielt wird. Die Bruttoreichweite ergibt sich als Summe der Einzelreichweiten.

*Unterschied zwischen Brutto- und Nettoreichweite*
Die Nettoreichweite gibt die Anzahl der erreichten Personen an (jede erreichte Person zählt nur einmal, unabhängig davon, wie viele Kontakte auf sie entfallen). Die Bruttoreichweite gibt dagegen die Anzahl der erreichten Kontakte an (jede Person wird mit der Anzahl der auf sie entfallenden Kontakte gewichtet).

*Bedeutung*
Die Bruttoreichweite sagt etwas über den Werbedruck aus, der mit einem Plan erzielt wird. Dabei wird davon ausgegangen, dass der Werbedruck, der auf eine erreichte Person ausgeübt wird, mit der Anzahl der Werbemittelkontakte zunimmt. Die Bruttoreichweite alleine ist allerdings kein ausreichendes Maß für den Werbedruck.

Durchschnitts-kontakte

Wie bereits festgestellt, werden mit dem obigen Plan zwölf Personen erreicht, auf die insgesamt 20 Kontakte entfallen. Häufig interessiert man sich dafür, wie viele Kontakte im Durchschnitt auf eine erreichte Person entfallen. Dazu muss dann die Gesamtkontaktzahl, also die Bruttoreichweite, durch die Anzahl der erreichten Personen, also die Nettoreichweite, dividiert werden.

Den so ermittelten Wert bezeichnet man als Durchschnittkontaktzahl. Für den obigen Plan erhält man eine Durchschnittskontaktzahl von 20/12 = 1,67.

**Durchschnittskontakte**
Der Zusammenhang zwischen der Bruttoreichweite und der Nettoreichweite wird durch die Durchschnittskontaktzahl hergestellt. Die Durchschnittskontaktzahl gibt an, wie viele Kontakte im Durchschnitt auf eine erreichte Person entfallen.

$$\text{Durchschnittskontakte} = \frac{\text{Bruttoreichweite}}{\text{Nettoreichweite absolut}}$$

*Bedeutung*
Die Durchschnittskontaktzahl ist eine Zahl, die etwas über den durchschnittlichen Werbedruck aussagt, den ein Plan auf die einzelnen erreichten Zielpersonen ausübt. Die Durchschnittskontaktzahl kann dabei allerdings nur als grobes Richtmaß gelten. Genauere Informationen kann man nur durch eine Kontaktverteilung erhalten.

### 4.2.4 Kontaktverteilung

Die Durchschnittskontaktzahl ist als Durchschnittswert mit all den Mängeln behaftet, die Durchschnittswerte nun einmal an sich haben. Wesentlich aussagekräftiger als die Durchschnittskontaktzahl ist daher eine Kontaktverteilung.

Eine Kontaktverteilung gibt für jede Kontaktzahl oder Kontaktklasse die zugehörige Anzahl der Personen an. Beispielsweise für den Plan aus Abb. 4.13 erhält man folgende Kontaktverteilung:

| Anzahl der Kontakte | Anzahl der Personen |
|---|---|
| 1 | 7 |
| 2 | 2 |
| 3 | 3 |
| 4 | 0 |

*4.15: Beispiel: Kontaktverteilung zum Mediaplan aus Abb. 4.13*

**Kontaktverteilung**
Dies ist die Verteilung der insgesamt durch einen Plan angesprochenen Personen nach unterschiedlicher Kontakthäufigkeit.

*Bedeutung*
Die Kontaktverteilung ist von entscheidender Bedeutung für die Beurteilung der Werbewirksamkeit. Einen Maßstab für die Beurteilung der Qualität der Kontaktverteilung bietet die Standardabweichung. Eine optimale Kontaktverteilung besteht, wenn der Kontaktbereich besonders stark besetzt ist, in dem ein Maximum an Wirkung zu erwarten ist.

Standardabweichung: Kennziffer als Maß für die Abweichung vom Mittelwert

**Beispiel**

Mit diesem Beispiel soll die Problematik der Durchschnittskontaktzahl und die Bedeutung der Kontaktverteilung genauer dargestellt werden. Die folgende Tabelle gibt die Kontaktverteilungen für zwei Pläne an.

| Anzahl der Kontakte | Plan 1 Anzahl der Personen | Plan 2 Anzahl der Personen |
|---|---|---|
| 1 | 1 | 6 |
| 2 | 2 | 4 |
| 3 | 3 | 3 |
| 4 | 5 | 2 |
| 5 | 9 | 1 |
| 6 | 5 | 2 |
| 7 | 3 | 3 |
| 8 | 2 | 4 |
| 9 | 1 | 6 |

*Abb. 4.16: Beispiel für eine Kontaktverteilung*

Der Werbungtreibende hat festgestellt, dass die optimale Kontaktzahl pro Person fünf Kontakte beträgt. Es wird davon ausgegangen, dass bei einer Person das angestrebte Werbeziel erreicht wird, wenn sie fünfmal kontaktiert wird.

Hat eine Person deutlich weniger als fünf Kontakte, so muss damit gerechnet werden, dass die angestrebten Werbeziele bei dieser Person nicht erreicht werden. Deutlich mehr als fünf Kontakte pro Person sind allerdings auch nicht sinnvoll, da für die Erzielung dieser Kontakte Geld aufgewendet werden muss, obwohl sie nicht mehr zu einer Steigerung der Werbewirkung beitragen.
In Abbildung 4.17 sind die beiden Kontaktverteilungen auch grafisch dargestellt.

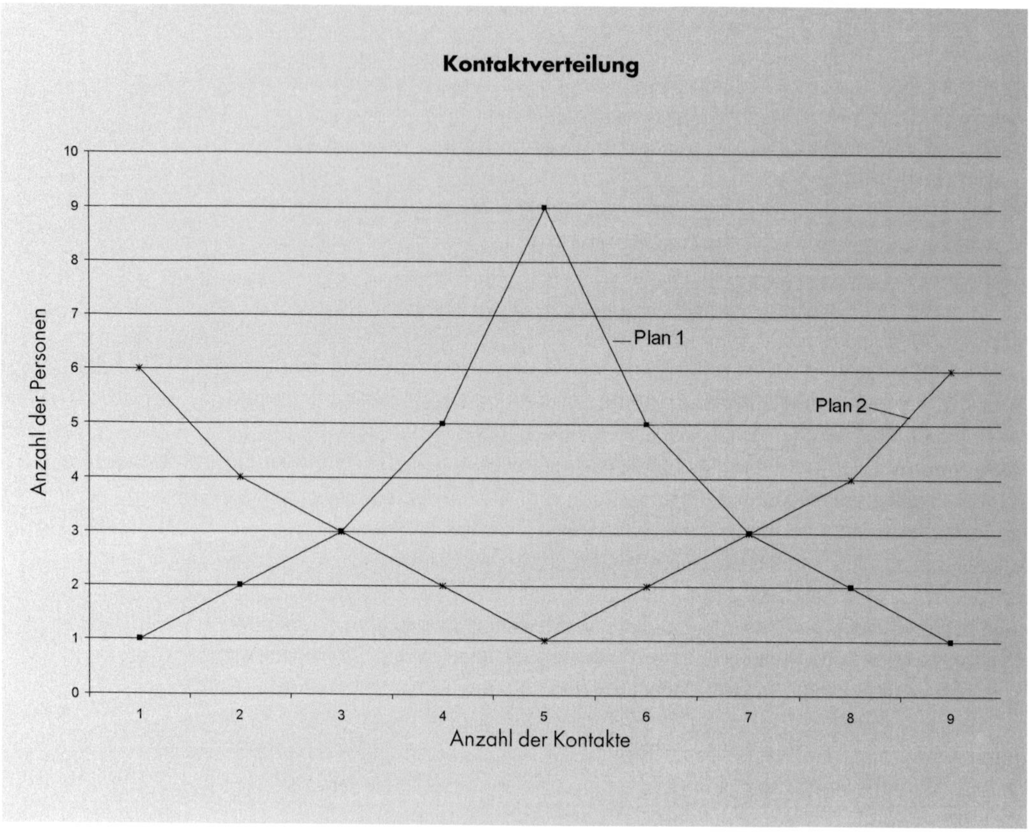


*Abb. 4.17: Grafische Darstellung der Kontaktverteilung aus Abb. 4.16*

Unterschiedliche Verteilungen können zur gleichen Durchschnittskontaktzahl führen

Anhand der Grafik sieht man bereits, dass der Plan 1 deutlich besser ist als der Plan 2, da bei Plan 1 die meisten Personen die angestrebte Kontaktzahl von fünf haben. Es gibt hier nur relativ wenige Personen mit deutlich weniger oder deutlich mehr als fünf Kontakten. Bei Plan 2 ist es genau umgekehrt. Die wenigsten Personen haben fünf Kontakte. Dafür gibt es viele Personen, die deutlich weniger als fünf Kontakte haben. Bei diesen Personen wird vermutlich das Werbeziel nicht erreicht. Andererseits gibt es auch viele Personen mit deutlich mehr als fünf Kontakten. Bei diesen Personen wird zwar das Werbeziel erreicht, das Geld, das für die Erzielung dieser Kontakte aufgewendet werden muss, wird aber verschwendet, da ja fünf Kontakte pro Person reichen würden.
Für beide Pläne soll nun jeweils die Nettoreichweite, die Bruttoreichweite und die Durchschnittskontaktzahl ermittelt werden.

Zur Ermittlung der Nettoreichweite muss jeweils die Anzahl der Personen ermittelt werden.

Nettoreichweite Plan 1 $= 1 + 2 + 3 + 5 + 9 + 5 + 3 + 2 + 1 = 31$
Nettoreichweite Plan 2 $= 6 + 4 + 3 + 2 + 1 + 2 + 3 + 4 + 6 = 31$

Zur Ermittlung der Bruttoreichweite müssen die Personenzahlen jeweils mit der zugehörigen Kontaktzahl multipliziert und die Produkte addiert werden.

Bruttoreichweite Plan 1 $= 1 \cdot 1 + 2 \cdot 2 + 3 \cdot 3 + 5 \cdot 4 + 9 \cdot 5 + 5 \cdot 6 + 3 \cdot 7 + 2 \cdot 8 + 1 \cdot 9 = 155$
Bruttoreichweite Plan 2 $= 6 \cdot 1 + 4 \cdot 2 + 3 \cdot 3 + 2 \cdot 4 + 1 \cdot 5 + 2 \cdot 6 + 3 \cdot 7 + 4 \cdot 8 + 6 \cdot 9 = 155$

Beide Pläne haben die gleiche Netto- und Bruttoreichweite und folglich auch die gleiche Durchschnittskontaktzahl, da ja die Durchschnittskontaktzahl der Quotient aus Brutto- und Nettoreichweite ist.

Durchschnittskontaktzahl von Plan 1 und Plan 2 $= 155/31 = 5$

---

Das Beispiel zeigt sehr anschaulich:

→ *Auch wenn sich Pläne bei Brutto-, Nettoreichweite und Durchschnittskontaktzahl nicht unterscheiden, können sie völlig unterschiedliche Werbewirkungen haben. Diese Problematik lässt sich nur durch eine Untersuchung der Kontaktverteilungen aufdecken.*

### 4.2.5 Reichweiten in der Zielgruppe

Die vorstehenden Überlegungen zur Netto- und Bruttoreichweite und zu den Durchschnittskontakten bezogen auf die Grundgesamtheit. Sie gelten in gleicher Weise natürlich auch für eine bestimmte Zielgruppe.

### 4.2.6 Gross Rating Points (GRP)

Gemeinhin wird als Maß für den absoluten Werbedruck in einer Zielgruppe die Bruttoreichweite, also die Gesamtheit der erzielten Kontakte in der Zielgruppe, verwendet. Daneben wird häufig auch noch die Durchschnittskontaktzahl, also die Anzahl der Kontakte, die im Durchschnitt auf eine erreichte Zielperson entfallen, berücksichtigt.

Bruttoreichweite = absoluter Werbedruck in der ZG

Die Bruttoreichweite hat den Nachteil, dass die Größe der Zielgruppe nicht berücksichtigt wird. Der Werbedruck von 20 Mio. Kontakten ist z.B. anders zu bewerten, wenn diese Kontakte sich auf eine ZG von 1 Mio. oder aber eine ZG von 10 Mio. Personen verteilen. Die Durchschnittskontakte haben den Nachteil, dass hierbei nur die kontaktierten und eben nicht alle Zielpersonen berücksichtigt werden. Eine Durchschnittskontaktzahl von 10 hat bei einer Nettoreichweite von 10 % eine völlig andere Bedeutung als bei einer Nettoreichweite von 80 %.

Deshalb verwendet man als eine weitere Kennzahl, die die oben beschriebenen Nachteile der Bruttoreichweite und der Durchschnittskontakte bezüglich der Bewertung des Werbedrucks zumindest teilweise ausgleicht, die Gross Rating Points.

Gross Rating Points = relativer Werbedruck in der ZG

**Gross Rating Points (GRPs)**

Gross Rating Points geben die erzielten Kontakte pro 100 Zielpersonen an.

$$\text{GRPs} = \frac{\text{Bruttoreichweite}}{\text{Zielgruppengröße}} \cdot 100$$

Durch eine andere Schreibweise erhält man auch noch eine andere Interpretationsmöglichkeit für die GRPs. Man dividiert Zähler und Nenner durch die Nettoreichweite und wendet die Regel an, dass Brüche dividiert werden, indem man mit dem Kehrwert multipliziert. Es ergibt sich:

$$\text{GRPs} = \frac{\dfrac{\text{Bruttoreichweite}}{\text{Nettoreichweite}}}{\dfrac{\text{Zielgruppengröße}}{\text{Nettoreichweite}}} = \underbrace{\frac{\text{Bruttoreichweite}}{\text{Nettoreichweite}}}_{\text{Durchschnitts-kontaktzahl}} \cdot \underbrace{\frac{\text{Nettoreichweite}}{\text{Zielgruppengröße}} \cdot 100}_{\text{Nettoreichweite in \%}}$$

Also:

**GRPs = Durchschnittskontakte · Nettoreichweite in %**

*Bedeutung*

Es gibt zwei Interpretationsmöglichkeiten:

Durchschnittlicher Werbedruck in der Zielgruppe

1. Die erste Interpretationsmöglichkeit berücksichtigt, dass der GRP-Wert angibt, wie viele Kontakte im Durchschnitt auf 100 Zielpersonen entfallen. Der GRP-Wert ist damit ein Maß für den durchschnittlichen Werbedruck in der Zielgruppe, da die Zielgruppengröße mit berücksichtigt wird. GRP-Werte sind daher unabhängig von der Zielgruppengröße besser vergleichbar.

**Beispiel**

| | Plan I | Plan II |
|---|---|---|
| Zielgruppengröße | 8 Mio. | 5 Mio. |
| Bruttoreichweite | 110 Mio. | 100 Mio. |
| GRP | 1375 | 2000 |

Obwohl Plan I eine höhere Kontaktsumme bietet, sind die Kontakte, bezogen auf die Zielgruppengröße, bei Plan II größer.

2. Die zweite Interpretation berücksichtigt, dass der GRP-Wert das Produkt aus Nettoreichweite in Prozent und Durchschnittskontaktzahl ist. Der GRP-Wert berücksichtigt daher zwei Größen gleichzeitig, die Durchschnittskontaktzahl und die Nettoreichweite. Er ist daher aussagekräftiger als die Durchschnittskontaktzahl oder die Bruttoreichweite alleine. Bei gleicher Bruttoreichweite würde die Durchschnittskontaktzahl wachsen, wenn die Nettoreichweite kleiner wird, der GRP-Wert würde dagegen konstant bleiben.

Die Bruttoreichweite berücksichtigt dagegen weder die Zielgruppengröße noch die Nettoreichweite.

*Problem*
Die GRP zeigen nicht die Struktur der zu Grunde liegenden Leistungswerte. Gleiche GRP-Werte können bei unterschiedlicher Reichweite/Kontaktrelation entstehen.

400 GRP können z. B. bei einer Reichweite von 20 % und 20 Durchschnittskontakten, aber auch bei einer Reichweite von 80 % und fünf Durchschnittskontakten erzielt werden. Die Kommunikationsleistung der beiden Pläne wird allerdings völlig unterschiedlich sein. Der eine Plan gewährleistet eine intensive Ansprache der erreichten Personen, wobei nur wenige Zielpersonen erreicht werden, während der andere Plan eher eine breite Zielgruppenansprache mit einer geringen Kontaktdichte je erreichter Person gewährleistet.

### 4.2.7 Übung

Wir beziehen uns wieder auf das in den voranstehenden Abschnitten mehrfach benutzte Modell von Numerika. Die Verwender des Produkts Numumpel sind in Abb. 4.18 dargestellt. Die ausgewiesene Personengruppe ist die Zielgruppe für eine Werbekampagne, die der Hersteller von Numumpel durchführen will.

In der Darstellung ist gekennzeichnet, welche Personen mindestens einmal mit einem Mediaplan erreicht werden. Für diesen Mediaplan gilt ferner:

- Die Durchschnittkontakte betragen 6
- Die gesamten Schaltkosten für den Plan betragen: 400 ND

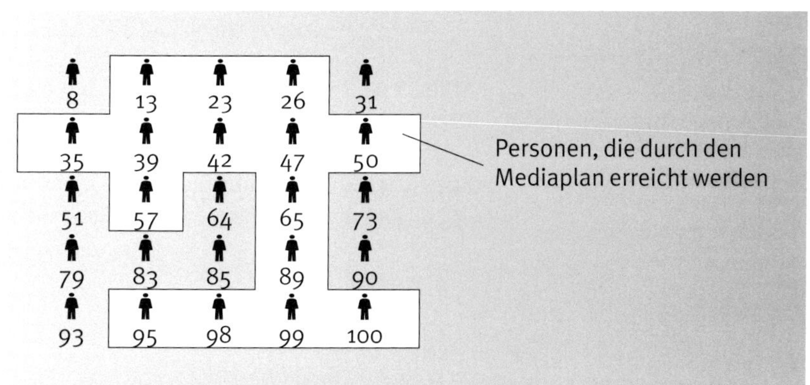


*Abb. 4.18: Nettoreichweite des Plans in der Zielgruppe*

**Aufgaben**

a) Geben Sie die Nettoreichweite in der Zielgruppe absolut und in % an
b) Ermitteln Sie die Bruttoreichweite
c) Ermitteln Sie die GRPs
d) Ermitteln Sie den TKP und den TNP

Es ist jeweils anzugeben, was die ermittelten Zahlenwerte aussagen.

**LÖSUNGSHINWEISE**

zu a)
Die absolute Nettoreichweite in der Zielgruppe kann durch Abzählen ermittelt werden. Sie beträgt 15 Personen. Durch den Plan werden also 15 Zielpersonen mindestens einmal kontaktiert.

$$\text{Nettoreichweite in \%} = \frac{15}{25} \cdot 100 = 60\,\%$$

Das bedeutet, dass 60 % der Zielgruppe durch den Plan mindestens einmal erreicht werden.

zu b)
Die Bruttoreichweite kann mithilfe der Nettoreichweite und der Durchschnittskontaktzahl ermittelt werden.

$$\text{Durchschnittskontakte} = \frac{\text{Bruttoreichweite}}{\text{Nettoreichweise absolut}}$$

$$\text{Bruttoreichweite} = \text{Durchschnittskontakte} \cdot \text{Nettoreichweite absol.}$$
$$= 6 \cdot 15 = 90 \text{ Kontakte}$$

Durch den Plan werden insgesamt 90 Kontakte mit Zielpersonen erreicht.

zu c)
Die GRP können auf zwei Arten ermittelt werden.

1. Berechnungsmöglichkeit:

$$\text{GRP} = \frac{\text{Bruttoreichweite}}{\text{Zielgruppengröße}} \cdot 100$$
$$= \frac{90}{25} \cdot 100 = 360$$

2. Berechnungsmöglichkeit:

$$\text{GRP} = \text{Durchschnittskontakte} \cdot \text{Nettoreichweite in \%}$$
$$= 6 \cdot 60 = 360$$

Der ermittelte Wert sagt aus, dass auf 100 Zielpersonen im Durchschnitt 360 Kontakte entfallen, was gleichbedeutend damit ist, dass auf eine Zielperson im Durchschnitt 3,6 Kontakte entfallen.

zu d)

$$\text{TKP} = \frac{\text{Insertionskosten}}{\text{Bruttoreichweite}} \cdot 1.000$$
$$= \frac{400 \text{ ND}}{90 \text{ Kontakte}} \cdot 1.000$$
$$= 4.444{,}44 \text{ ND}$$

Dieser Wert sagt aus, dass im Durchschnitt 4.444,44 ND aufgewendet werden müssen, um 1.000 Kontakte mit Zielpersonen zu erreichen. Pro Kontakt mit einer Zielperson sind dann im Durchschnitt 4,44 ND aufzuwenden.

$$\text{TNP} = \frac{\text{Insertionskosten}}{\text{Nettoreichweite absolut}} \cdot 1.000$$
$$= \frac{400 \text{ ND}}{15} \cdot 1.000 = 26.666{,}67 \text{ ND}$$

Dieser Wert sagt aus, dass im Durchschnitt 26.666,67 ND aufgewendet werden müssen, um 1.000 Zielpersonen mindestens einmal zu erreichen. Pro erreichter Zielperson müssen dann im Durchschnitt 26,67 ND aufgewendet werden.

### 4.2.8 Werbewirkungsfunktionen

Um zu bestimmen, welche Kontakthäufigkeit pro Person im Rahmen der Mediaplanung angestrebt werden sollte, muss man eine Vorstellung über den Zusammenhang zwischen der Kontakthäufigkeit und der Werbewirkung haben. Bevor wir uns mit theoretischen Ansätzen zu diesem Aspekt beschäftigen, soll zunächst der Begriff der Werbewirkung, so wie er hier verwendet wird, definiert werden. Werbewirkungsmodelle werden ausführlicher in Kapitel 7 behandelt.

*Unter einer Werbewirkung wird zunächst verstanden, ob das angestrebte Werbeziel erreicht wurde.*

Angenommen, das Werbeziel besteht darin, bei den Umworbenen eine aktive Markenbekanntheit zu erzielen, dann wäre das Werbeziel bei einer Person erreicht, wenn sie den betreffenden Markennamen ohne Hilfe nennen kann. Bei dieser Person würde dann eine 100%-ige Werbewirkung erzielt. Man geht davon aus, dass in der Regel mehrere Kontakte notwendig sind, um bei einer Person eine Werbewirkung zu erzielen. Hierbei ist die Annahme einer so genannten einstufigen Werbewirkungsfunktion (One-Step-Response-Funktion) sinnvoll. Ab einer bestimmten Kontaktzahl kann die Person den Markennamen nennen. Solange diese Kontaktzahl unterschritten wird, kann der Markenname nicht genannt werden. Bei Erreichen dieser Schwellenkontaktzahl schnellt die Werbewirkung also von 0% auf 100% hoch.

One-Step-Response-Funktion

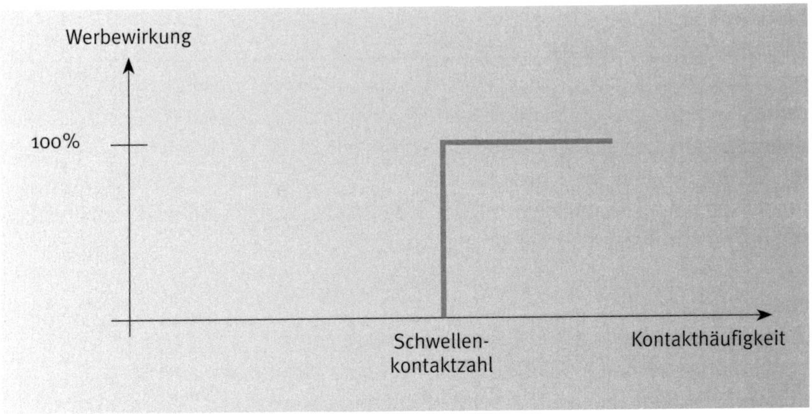


*Abb. 4.19: Zusammenhang zwischen Kontaktzahl und Werbewirkung bei einer einzelnen Person*

Man geht normalerweise davon aus, dass die Schwellenkontaktzahl nicht bei allen Personen den gleichen Wert hat.
Mögliche Gründe hierfür können sein:
- Unterschiedliches Produktinteresse bzw. Produktinvolvement,
- unterschiedliche Umfeldbedingungen während der Kontaktaufnahme,
- unterschiedliche Lernfähigkeit der Kontaktierten.

Wenn es sich um Werbeträgerkontakte handelt, steigt mit zunehmender Kontaktzahl die Wahrscheinlichkeit für einen Werbemittelkontakt.

Die Schwellenkontaktzahl ist nicht bei allen Personen gleich

→ *Die Werbewirkung bei einer bestimmten Kontaktzahl wird durch einen Prozentsatz ausgedrückt. Dieser Wert gibt an, bei wie viel Prozent der Personen mit der zugehörigen Kontaktzahl das Werbeziel erreicht wird.*

Werbewirkung

Der Zusammenhang zwischen der erzielten Kontaktzahl und der Werbewirkung wird durch eine Werbewirkungsfunktion bzw. eine Responsefunktion beschrieben. Es gibt unterschiedliche Vorstellungen über den möglichen Verlauf einer Responsefunktion. In der Literatur werden üblicherweise die folgenden Responsefunktionen unterschieden:

Werbewirkungsfunktion = Responsefunktion

### Lineare Responsefunktion

| Kontakte | Werbewirkung | Werbewirkungszuwachs |
|---|---|---|
| 0 | 0% | |
| 1 | 20% | 20% |
| 2 | 40% | 20% |
| 3 | 60% | 20% |
| 4 | 80% | 20% |
| 5 | 100% | 20% |
| 6 | 100% | 0% |
| 7 | 100% | 0% |
| 8 | 100% | 0% |
| 9 | 100% | 0% |

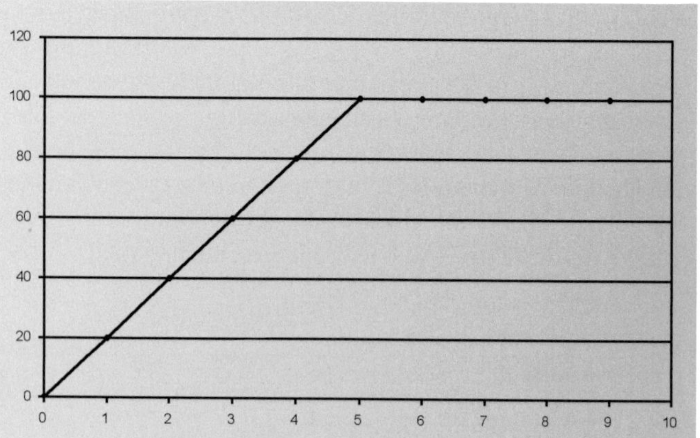


*Abb. 4.20: Lineare Responsefunktion*

Bei einer linearen Responsefunktion geht man davon aus, dass jeder zusätzliche Kontakt den gleichen Wirkungsbeitrag liefert, bis eine 100%-ige Werbewirkung erreicht ist.

| | | | |
|---|---|---|---|
| 0 Kontakte | 0% | Werbewirkung | |
| 1. Kontakt | 20% | Werbewirkung Wirkungsbeitrag des 1. Kontaktes | 20% |
| 2. Kontakte | 40% | Werbewirkung zusätzlicher Wirkungsbeitrag des 2. Kontaktes | 20% |
| 3. Kontakte | 60% | Werbewirkung zusätzlicher Wirkungsbeitrag des 3. Kontaktes | 20% |
| 4. Kontakte | 80% | Werbewirkung zusätzlicher Wirkungsbeitrag des 4. Kontaktes | 20% |
| 5. Kontakte | 100% | Werbewirkung zusätzlicher Wirkungsbeitrag des 5. Kontaktes | 20% |

Der Graph einer linearen Responsefunktion ist bis zum Erreichen der 100%-Marke eine Gerade.

### Konvexe Responsefunktion

| Kontakte | Werbewirkung | Werbewirkungszuwachs |
|---|---|---|
| 0 | 0% | |
| 1 | 30% | 30% |
| 2 | 55% | 25% |
| 3 | 75% | 20% |
| 4 | 90% | 15% |
| 5 | 95% | 5% |
| 6 | 98% | 3% |
| 7 | 100% | 2% |
| 8 | 100% | 0% |
| 9 | 100% | 0% |

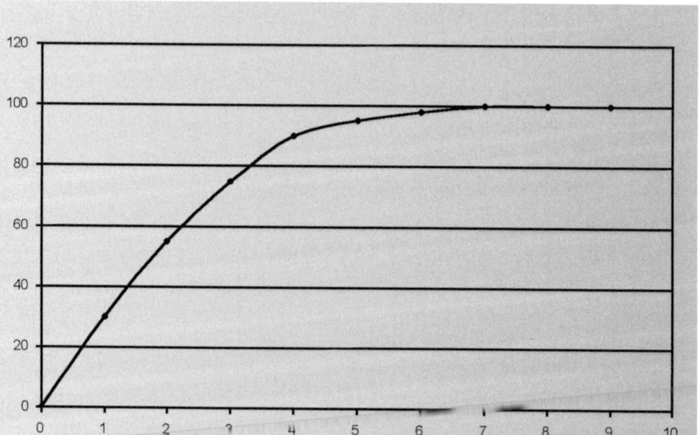


*Abb. 4.21: Konvexe Responsefunktion*

Bei einer konvexen Responsefunktion unterstellt man, dass mit zunehmender Kontaktzahl der Wirkungsbeitrag weiterer Kontakte immer kleiner wird, bis eine 100%-ige Werbewirkung erreicht ist. Eine konvexe Responsefunktion hat also einen degressiven Verlauf. Der Graph einer konvexen Responsefunktion ist eine rechtsgekrümmte bzw. konvexe Kurve.

### Logistische Responsefunktion

| Kontakte | Werbewirkung | Werbewirkungszuwachs |
|---|---|---|
| 0 | 0% | |
| 1 | 8% | 8% |
| 2 | 22% | 14% |
| 3 | 45% | 23% |
| 4 | 70% | 25% |
| 5 | 85% | 15% |
| 6 | 95% | 10% |
| 7 | 98% | 3% |
| 8 | 100% | 2% |
| 9 | 100% | 0% |

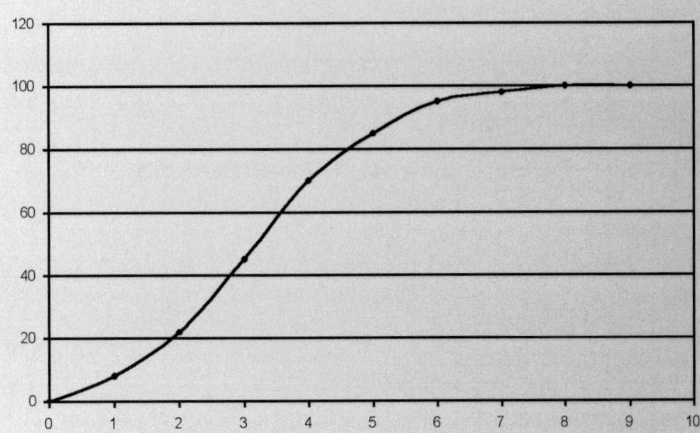


*Abb. 4.22: Logistische Responsefunktion*

Man geht hier davon aus, dass der Wirkungsbeitrag zusätzlicher Kontakte mit zunehmender Kontaktzahl zunächst größer wird, ab einer bestimmten Kontaktzahl aber wieder abnimmt. Die logistische Responsefunktion wechselt also von einem progressiv steigenden in einen degressiv steigenden Verlauf. Entsprechend ist der Graph zunächst linksgekrümmt (konkav) und ab dem Wendepunkt rechtsgekrümmt (konvex). In dem Zahlenbeispiel verläuft die Responsefunktion bis zu vier Kontakten progressiv steigend und geht dann in einen degressiv steigenden Verlauf über.

### Konvex-konkav-konvexe Responsefunktion

| Kontakte | Werbewirkung | Werbewirkungszuwachs |
|---|---|---|
| 0 | 0% | |
| 1 | 15% | 15% |
| 2 | 25% | 10% |
| 3 | 30% | 5% |
| 4 | 40% | 10% |
| 5 | 55% | 15% |
| 6 | 75% | 20% |
| 7 | 90% | 15% |
| 8 | 98% | 8% |
| 9 | 100% | 2% |

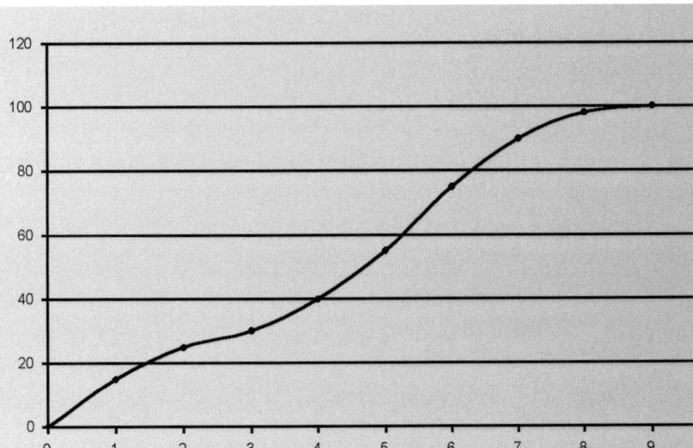


*Abb. 4.23: Konvex-konkav-konvexe Responsefunktion*

Die konvex-konkav-konvexe-Responsefunktion verläuft zunächst degressiv steigend, wechselt dann in einen progressiven und später wieder in einen degressiven Anstieg.

In den 70er-Jahren sind teilweise umfangreiche Untersuchungen durchgeführt worden um eine allgemeingültige Responsefunktion empirisch zu ermitteln. Diese Anstrengungen haben nicht zu dem erhofften Erfolg geführt.

→ *Die Untersuchungen haben jedoch gezeigt, dass zumindest für Anzeigenwerbung in Publikumszeitschriften ein konvex-konkav-konvexer-Verlauf der Responsefunktion vermutet werden kann. Häufig arbeitet man hier auch mit einer logistischen Responsefunktion.*

### 4.2.9 Wirksame Reichweite

Die Ableitung des Begriffs wirksame Reichweite erfolgt an einem Beispiel.

**Beispiel**

Die Tabelle 4.24 enthält für einen Mediaplan die Kontaktverteilung und Angaben zur Werbewirkung.

| Kontakte | Anzahl der Zielpersonen | Werbewirkung in % |
|---|---|---|
| 1 | 10.000 | 8 % |
| 2 | 15.000 | 22 % |
| 3 | 15.000 | 45 % |
| 4 | 20.000 | 70 % |
| 5 | 14.000 | 85 % |
| 6 | 10.000 | 95 % |
| 7 | 8.000 | 98 % |
| 8 | 2.000 | 100 % |

*Abb. 4.24: Exemplarisches Beispiel für Kontaktverteilung und Werbewirkung*

Die Tabelle ist wie folgt zu lesen:

- 10.000 Zielpersonen haben genau einen Kontakt und bei 8 % der Personen, auf die ein Kontakt entfällt, wird das Werbeziel erreicht.
- 15.000 Zielpersonen haben genau zwei Kontakte und bei 22 % der Personen, auf die zwei Kontakte entfallen, wird das Werbeziel erreicht.
  usw.

Durch Addition der Zielpersonen lässt sich ermitteln, dass mit dem Plan insgesamt 94.000 Zielpersonen erreicht werden. Der Plan hat also in der Zielgruppe eine Nettoreichweite von 94.000 Personen. Der Werbungtreibende möchte wissen, bei wie vielen Zielpersonen auch das Werbeziel erreicht wird. Dazu müssen 8 % von 10.000, 22 % von 15.000, 45 % von 15.000 usw. berechnet und die Ergebnisse addiert werden:

$10.000 \cdot 0{,}08 + 15.00 \cdot 0{,}22 + 15.000 \cdot 0{,}45 + 20.000 \cdot 0{,}7 + 14.000 \cdot 0{,}85 + 10.000 \cdot 0{,}95 + 8.000 \cdot 0{,}98 + 2.000 \cdot 1 = 56.090$

Durch den Plan im Beispiel werden insgesamt 94.000 Personen kontaktiert, aber nur bei 56.090 dieser Personen wird auch das angestrebte Werbeziel erreicht. Diese 56.090 Personen bezeichnet man als **wirksame Reichweite** des Plans.

Wirksame Reichweite

*Die wirksame Reichweite gibt die Reichweite eines Mediaplans unter Berücksichtigung der angenommenen Wirkung an. Die jeweiligen Kontakte bzw. Kontaktklassen werden dabei mithilfe einer zu Grunde gelegten Werbewirkungsfunktion gewichtet*

### 4.2.10 Übung

Für die Zielgruppe der modebewussten jungen Menschen ist nachfolgend ein Mediaplan einschließlich Planbewertung und Werbewirkungsfunktion angegeben. Alle Angaben beziehen sich auf die Zielgruppe.

**Verbraucher-Analyse**
Zielgruppe: modebewusste junge Menschen
Zielgruppengröße: 8.01 Mio.

| **Werbeträgerkontakte** | **Format** | **Farbe** | **Belegungs-frequemz** | **Werbewirkungsfunktion** Kontakt-zahl | Werbewirkung in % |
|---|---|---|---|---|---|
| Bravo Girl | 1/1 S. | 4c | 8 | 1 | 1 |
| Brigitte Young Miss | 1/1 S. | 4c | 10 | 2 | 3 |
| Bravo | 1/1 S. | 4c | 8 | 3 | 12 |
| MUSIKEXPRESS | 1/1 S. | 4c | | 4 | 33 |
| MAX | 1/1 S. | 4c | | 5 | 65 |
| Fit for Fun | 1/1 S. | 4c | 7 | 6 | 87 |
| PRINZ | 1/1 S. | 4c | | 7 | 96 |
| TV TODAY | 1/1 S. | 4c | 10 | 8 | 99 |
| TV Movie | 1/1 S. | 4c | 7 | 9+ | 100 |

| **Ergebnisse** | |
|---|---|
| Kosten in Euro | 996.192 |
| Nettoreichweite in % | 53,3 |
| Nettoreichweite in Mio. | 4,27 |
| Euro pro 1.000 Nutzer | 233,22 |
| Wirksame Reichweite in % | 37,8 |
| Wirksame Reichweite in Mio. | 3,02 |
| Kontakte in Mio. | 32,36 |
| Euro pro 1.000 Kontakte | 30,79 |
| GRP | 403,9 |
| Kontakte pro Nutzer | 7,6 |

*Abb. 4.25: Mediaplan (Quelle: Verbraucheranalyse Springer/Bauer übergegangen auf bp4, s. S. 542)*

a) Erläutern Sie jeweils, was die unter „Ergebnisse" angegebenen Werte aussagen.
b) Überprüfen Sie jeweils den angegebenen Wert für die GRPs und die Kontakte pro Nutzer.
c) Geben Sie an, welcher Typ von Werbewirkungsfunktion verwendet wurde und begründen Sie Ihre Ansicht.
d) Nachfolgend ist für den Mediaplan die Kontaktverteilung angegeben.

**Verbraucher-Analyse**
Zielgruppe: modebewusste junge Menschen
Zielgruppengröße: 8.01 Mio.
Werbeträgerkontakte

| Kontaktverteilung | | | Kumulierte Reichweite in Mio. | Kumulierte Reichweite in % |
|---|---|---|---|---|
| **Kontakte** | **Reichweite in Mio.** | **Reichweite in %** | | |
| 1 | 0,40 | 5,0 | 4,27 | 53,3 |
| 2 | 0,33 | 4,1 | 3,87 | 48,4 |
| 3 | 0,26 | 3,3 | 3,54 | 44,2 |
| 4 | 0,22 | 2,8 | 3,28 | 41,0 |
| 5 | 0,23 | 2,9 | 3,06 | 38,2 |
| 6 | 0,33 | 4,1 | 2,83 | 35,3 |
| 7 | 0,67 | 8,4 | 2,50 | 31,2 |
| 8 | 0,39 | 4,8 | 1,83 | 22,8 |
| 9 | 0,24 | 2,9 | 1,44 | 18,0 |
| 10 | 0,32 | 4,0 | 1,21 | 15,1 |
| 11 | 0,13 | 1,7 | 0,88 | 11,0 |
| 12 | 0,12 | 1,4 | 0,75 | 9,4 |
| 13 | 0,12 | 1,4 | 0,63 | 7,9 |
| 14 | 0,12 | 1,5 | 0,52 | 6,5 |
| 15 | 0,12 | 1,4 | 0,40 | 5,0 |
| 16 | 0,07 | 0,9 | 0,28 | 3,5 |
| 17 | 0,05 | 0,6 | 0,21 | 2,6 |
| 18 | 0,04 | 0,5 | 0,16 | 2,0 |
| 19 | 0,02 | 0,3 | 0,12 | 1,5 |
| 20 | 0,02 | 0,3 | 0,10 | 1,2 |
| 21 und mehr | 0,08 | 1,0 | 0,08 | 1,0 |

*Abb. 4.26: Kontaktverteilung*

d1) Erläutern Sie die Bedeutung der angegebenen Werte für die Kontaktklasse 10.
d2) Überprüfen Sie jeweils den angegebenen Wert für die wirksame Reichweite in Mio. und in %.
d3) Bewerten Sie die Kontaktverteilung, wenn zwischen sechs bis zehn Kontakte angestrebt werden.

**LÖSUNGSHINWEISE**

zu a)
Kosten in €:
Die gesamten Streukosten des Plans betragen 996.192,00 €.

Nettoreichweite in %:
Mit dem Plan werden insgesamt 53,3 % der Zielpersonen erreicht.

Nettoreichweite in Mio.:
Mit dem Plan werden insgesamt 4,27 Mio. Zielpersonen erreicht.

€ pro 1.000 Nutzer:
Es müssen im Durchschnitt 233,22 € aufgewendet werden, um 1.000 Zielpersonen mindestens einmal zu erreichen.

Wirksame Reichweite in %:
Bei 37,8 % aller Zielpersonen wird das Werbeziel erreicht.

Wirksame Reichweite in Mio.:
Bei 3,02 Mio. Zielpersonen wird das Werbeziel erreicht.

Kontakte in Mio. (Bruttoreichweite):
In der Zielgruppe werden insgesamt 32,36 Mio. Werbeträgerkontakte erreicht.

€ pro 1.000 Kontakte:
Es müssen im Durchschnitt 30,79 € aufgewendet werden, um 1.000 Kontakte mit Zielpersonen zu erreichen.

GRP:
Im Durchschnitt entfallen auf 100 Zielpersonen 403,9 Kontakte.

Kontakte pro Nutzer (Durchschnittskontakte):
Auf jede erreichte Zielperson entfallen im Durchschnitt 7,6 Kontakte.

zu b)

1. Möglichkeit:

$$\text{GRP} = \frac{\text{Bruttoreichweite}}{\text{Anzahl der Zielpersonen}} \cdot 100$$

$$= \frac{32{,}36\text{ Mio.}}{8{,}01\text{ Mio.}} \cdot 100 = 404{,}00$$

2. Möglichkeit:

GRP = Durchschnittskontaktzahl · Nettoreichweite in %
GRP = 7,6 · 53,3 = 405,08

Durchschnittskontaktzahl

$$= \frac{\text{Bruttoreichweite}}{\text{Nettoreichweite (absolut)}}$$

$$= \frac{32{,}36\text{ Mio.}}{4{,}27\text{ Mio.}} = 7{,}6$$

Die relativ starke Abweichung bei der zweiten Möglichkeit zur Berechnung des GRP ist durch Rundungsdifferenzen bedingt.

zu c)
Wenn man feststellen will, welcher Typ von Werbewirkungsfunktion verwendet wurde, muss untersucht werden, wie sich der Wirkungszuwachs entwickelt.

| Kontakte | Werbewirkung in % | Werbewirkungszuwachs |
|---|---|---|
| 0 | 0 | |
| 1 | 1 | 1 |
| 2 | 3 | 2 |
| 3 | 12 | 9 |
| 4 | 33 | 21 |
| 5 | 65 | 32 |
| 6 | 87 | 22 |
| 7 | 96 | 9 |
| 8 | 99 | 3 |
| 9+ | 100 | 1 |

Die Werbewirkung steigt bis fünf Kontakte progressiv, da der Wirkungszuwachs zunimmt, ab da ist der Anstieg nur noch degressiv, da der Wirkungszuwachs immer kleiner wird. Folglich liegt eine logistische Werbewirkungsfunktion vor.

zu d1)

Reichweite in Mio:
0,32 Mio. Zielpersonen haben genau 10 Werbeträgerkontakte

Reichweite in %:
4 % der Zielpersonen haben genau 10 Werbeträgerkontakte

kumulierte Reichweite in Mio.:
1,21 Mio. Zielpersonen haben mindestens 10 Werbeträgerkontakte

kumulierte Reichweite in %:
15,1% der Zielpersonen haben mindestens 10 Werbeträgerkontakte.

zu d2)

Wirksame Reichweite

$$= 0{,}4 \text{ Mio.} \cdot 0{,}01 + 0{,}33 \text{ Mio.} \cdot 0{,}03 + 0{,}26 \text{ Mio.} \cdot 0{,}12 + 0{,}22 \text{ Mio.} \cdot 0{,}33 + 0{,}23 \text{ Mio.} \cdot 0{,}65 + 0{,}33 \text{ Mio.} \cdot 0{,}87 + 0{,}67 \text{ Mio.} \cdot 0{,}96 + 0{,}39 \text{ Mio.} \cdot 0{,}99 + 0{,}24 \text{ Mio.} + 0{,}32 \text{ Mio.} + 0{,}13 \text{ Mio.} + 0{,}12 \text{ Mio.} + 0{,}12 \text{ Mio.} + 0{,}12 \text{ Mio.} + 0{,}12 \text{ Mio.} + 0{,}07 \text{ Mio.} + 0{,}05 \text{ Mio.} + 0{,}04 \text{ Mio.} + 0{,}02 \text{ Mio.} + 0{,}02 \text{ Mio.} + 0{,}08 \text{ Mio.} = 3{,}0336 \text{ Mio}$$

⇒ Die wirksame Reichweite in Mio. beträgt 3,0336 Mio. Personen.

Wirksame Reichweite in %

$$= \frac{3{,}0336 \text{ Mio.}}{8{,}01 \text{ Mio.}} \cdot 100 = 37{,}8\,\%$$

zu d3)

In dem angestrebten Kontaktbereich befinden sich 1,95 Mio. Zielpersonen bzw. 24,2 % aller Zielpersonen.

- 1 bis 5 Kontakte haben 1,44 Mio. Zielpersonen bzw. 18,1 %,
- 11 und mehr Kontakte haben 0,88 Mio. Zielpersonen bzw. 11 %.

Relativ viele erreichte Zielpersonen haben also weniger als die angestrebte Kontaktzahl. Bei diesen wird evtl. das angestrebte Werbeziel nicht erreicht. Auf der anderen Seite gibt es auch relativ viele Zielpersonen, die mehr als zehn Kontakte haben. Bei diesen Personen wird zwar das Werbeziel erreicht, die Kontakte sind aber unwirtschaftlich.
Immerhin haben aber die meisten der erreichten Zielpersonen die angestrebte Kontakthäufigkeit. Die Kontaktverteilung ist folglich nicht optimal, aber noch akzeptabel.

## 4.3 Trackingstudien als Hilfsmittel zur Bestimmung von Kontaktdichte und GRP

Da es sich bei den Werbewirkungsfunktionen aus Kap. 4.2.8 um theoretische Konstrukte handelt, sind sie nicht geeignet, um unmittelbare Empfehlungen für die anzustrebende Kontaktdichte abzuleiten. Hinweise hierzu können allerdings aus so genannten Trackingstudien erhalten werden. Trackingstudien untersuchen in regelmäßigen kurzen Abständen, wie sich im Zeitablauf Werbewirkungsindikatoren, z.B. die Markenbekanntheit, die Markensympathie oder die Kaufbereitschaft verändern. Ausführungen zu Trackingstudien finden Sie auch im Band „Marketing und Marktforschung". Es gibt verschiedene Unternehmen, die solche Studien durchführen. Die folgenden Erläuterungen stützen sich auf die Studie **Ad Trend**, die von „SevenOne Media", der Vermarktungsgesellschaft der Sendergruppe Pro 7, Sat. 1, u. a. seit 1997 durchgeführt wird. Im Rahmen dieser Untersuchung wird eine definierte Menge von 60 Marken aus verschiedenen Produktbereichen jeweils über den Zeitraum eines Jahres beobachtet. Dazu werden jede Woche 300 Telefoninterviews bei einer zufällig ausgewählten, repräsentativen Stichprobe durchgeführt. Jedes Jahr findet ein Austausch von Marken und Warengruppen statt. Erhoben werden:

- gestützte Markenbekanntheit
  - „Marke zumindest dem Namen nach bekannt"
- gestützter Kampagnenrecall
  - „in letzter Zeit irgendwo Werbung gesehen oder gehört"
- Kampagnensympathie
  - „finde Werbung für die Marke eher gut oder eher nicht so gut"
- Kaufbereitschaft
  - bei Produkten: „käme bei Kauf infrage"
  - bei Dienstleistungen: „käme infrage, Kunde zu werden"
- Verwendung/Besitz
  - bei Produkten „zur Zeit im Haushalt vorhanden/ wird verwendet"
  - bei Dienstleistungen: „bin Kunde"
- Mediennutzung
  - Fernsehen, nach Zeitabschnitten und Sendern
- Demografie

Um abschätzen zu können, wie viele Kontakte eine Person mit einer Kampagne hat, werden die im Rahmen der Trackingstudie erhobenen Daten mit denen des AGF/GfK-Fernsehpanels und den Daten der Nielsen-Werbeforschung (Nielsen Mediaresearch) zusammengeführt. Zum AGF/GfK-Fernsehpanel vergl. Sie Kap. 5.4.3 und 6.13.3, zur Nielsen-Werbeforschung Kap. 5.11. Die Ad-Trend-Daten und die TV-Paneldaten werden mithilfe einer Datenfusion vereinigt. Anschließend werden dann die kampagnenbezogenen Daten der Nielsen-Werbeforschung mit den fusionierten Fernsehnutzungsdaten verrechnet. Auf diese Weise lassen sich personenbezogene Kontaktwahrscheinlichkeiten mit den einzelnen Kampagnen ermitteln und Aussagen über den Einfluss von TV-Kontakten auf die Wirkungsmaße treffen. Die Vorgehensweise bei einer Datenfusion wird im Kapitel 6.14 erläutert.

Da die Ergebnisse, die im Rahmen der Ad Trend-Studie ermittelt wurden, auf einem sehr breiten Datenbestand basieren, lassen sich durchaus generalisierende Aussagen zur Werbewirkung von TV-Kontakten treffen. Der Zusammenhang zwischen Kontaktdosis und Werbewirkung wird in der Ad Trend-Studie auf einen Vier-Wochen-Zeitraum bezogen. Es wird also angegeben, wie sich die erhobenen Wirkungsindizes in Abhängigkeit der durchschnittlichen Kontaktzahl, bezogen auf den Zeitraum von vier Wochen, verändern. Die Ergebnisse können auf einzelne Marken, bestimme Produktgruppen oder die Gesamtheit aller einbezogenen Marken bezogen werden. Ferner kann nach Eigenschaften der Seher, z.B. soziodemografische Merkmale (Geschlecht, Alter, Bildungsstand etc.), Sehverhalten (Viel-, Wenigseher) und nach Spots (Spotdauer, Spotart etc.) unterschieden werden. Die Wirkungskurven haben teilweise sehr unterschiedliche Verläufe, es lassen sich aber generelle Tendenzen feststellen, z.B.:

- Alle Wirkungsmaße entwickeln sich mit zunehmenden Kontakten innerhalb des Vier-Wochen-Zeitraums positiv.
- Die Wirkungskurven zeigen tendenziell einen degressiven Verlauf.
- Die Wirkungszuwächse sind umso geringer, je höher das Ausgangsniveau ist.
- Die Wirkungsmaße liegen auf unterschiedlichen Niveaus.
  Von oben nach unten:
  - Markenbekanntheit
  - Kampagnenrecall
  - Kampagnensympathie
  - Kaufbereitschaft
  - Besitz/Verwendung
- Die Kampagnensympathie wächst mit zunehmenden Kontakten am stärksten.
- Die Kurvenverläufe sind je nach Produktbereich unterschiedlich.

### 4.3.1 Effektive Reichweite

Für den Mediaplaner ist es jetzt natürlich interessant zu erfahren, wie viele Kontakte pro Person er bei einer konkreten Planungssituation anstreben sollte. Hinweise hierzu gibt die so genannte Effektive Reichweite. Der Begriff ist insofern irreführend, als es sich hierbei tatsächlich nicht um eine Reichweite, sondern um einen Kontaktkorridor handelt. Bei der Bestimmung dieses Kontaktkorridors wird die minimale Werbewirkung, das ist der Wert des Werbewirkungsindikators zu Beginn der Kampagne, gleich 0 %, der maximal mögliche Wert gleich 100 % gesetzt.

**Beispiel**

Fast Moving Consumer Goods (FMCG) haben hinsichtlich des Kampagnenrecalls einen Startwert von 42,9 %, d.h., auch ohne TV-Kontakte geben innerhalb des Vier-Wochen-Zeitraums 42,9 % der befragten Personen an, in letzter Zeit irgendwo Werbung für eine der betreffenden FMCG-Marken gesehen oder gehört zu haben. In dem Beispiel werden dabei alle FMCG-Marken, die in die Untersuchung einbezogen sind, berücksichtigt. Der Kampagnenrecallwert, der innerhalb von vier Wochen maximal erreicht werden kann, beträgt bei dieser Güterart 49,8 % und wird nach elf Kontakten erreicht. Die 42,9 % werden jetzt gleich 0 % gesetzt, da diese Recallleistung zu Beginn des Vier-Wochen-Zeitraums gegeben ist. Das Recallmaximum wird gleich 100 % gesetzt. Auf diese Weise kann direkt abgelesen werden, wie viel Prozent des maximalen Recallzuwachses mit der jeweiligen Kontakthäufigkeit erreicht wird.

**Beispiel**

In der folgenden Tabelle ist der Kampagnenrecall für FMCG-Marken in Abhängigkeit der Kontakthäufigkeit angegeben.

| FMCG | | |
|---|---|---|
| TV-Kontaktklasse Ø 4 Wochen | Kampagnenrecall | Anteil am maximalen Recallzuwachs |
| 0 | 42,9 % | 0 % |
| 1 | 45,8 % | 42,0 % |
| 2 | 47,4 % | 65,2 % |
| 3 | 48,2 % | 76,8 % |
| 4 | 48,6 % | 82,6 % |
| 5 | 48,9 % | 87,0 % |
| 6 | 49,1 % | 89,9 % |
| 7 | 49,3 % | 92,8 % |
| 8 | 49,45 % | 94,9 % |
| 9 | 49,6 % | 97,1 % |
| 10 | 49,7 % | 98,6 % |
| 11 | 49,8 % | 100 % |

*Quelle: SevenOne Media, Ad Trend, Aktuelle generalisierende Befunde zur Werbewirkung (Abdruck dieser und der folgenden Tabellen/Diagramme mit freundlicher Genehmigung von ProSiebenSat.1 Media AG / SevenOne Media GmbH / SevenOne AdFactory GmbH)*

maximaler absoluter Recallzuwachs = 49,8 % − 42,9 % = 6,9 %
Recallzuwachs bei 1 Kontakt = 45,8 % − 42,9 % = 2,9 %

Mit einem Kontakt werden also bereits 42,0 % des maximal möglichen Recallzuwachses erreicht. Es ist ersichtlich, dass die zugehörige Kurve stark degressiv verläuft. Da folglich die Wirkungszuwächse bei weiteren Kontakten immer kleiner werden, ist es aus wirtschaftlichen Erwägungen nicht sinnvoll, die maximal mögliche Wirkung oder einen Wert in deren Nähe anzustreben. In der Regel geht man davon aus, dass zwischen 70 % und 80 % des maximal möglichen Wirkungserfolgs ausgeschöpft werden sollte. Bei den FMCG-Marken wird das bei drei bis vier Kontakten erreicht. Diesen Kontaktkorridor bezeichnet man als effektive Reichweite. (Abb. 4.27)

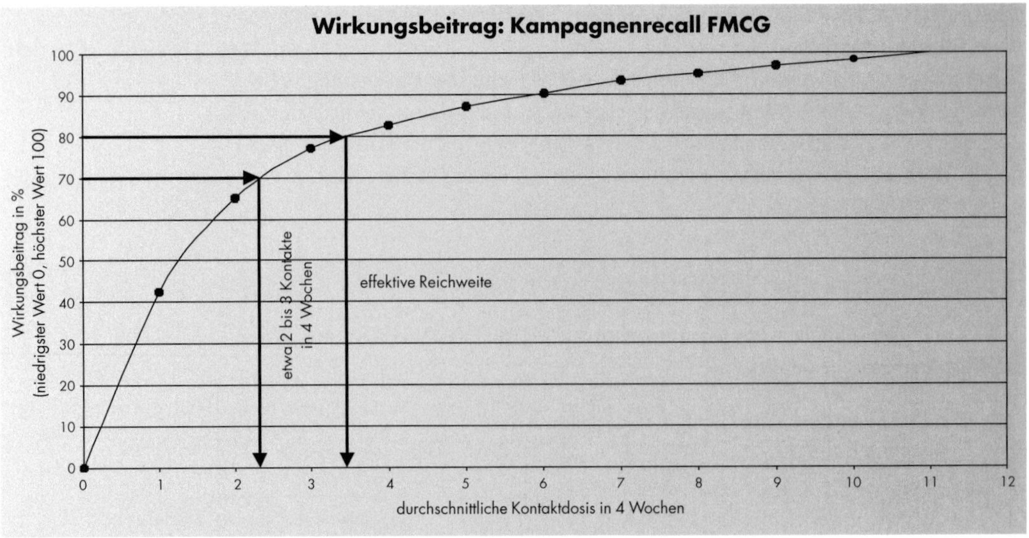


*Abb. 4.27: Effektive Reichweite von FMCG-Marken*
*Quelle: SevenOne Media, Ad Trend, Aktuelle generalisierende Befunde zur Werbewirkung*

Die Effektive Reichweite ist bei verschiedenen Gütern unterschiedlich, bei Food-Produkten wird sie z.B. zwischen zwei und drei Kontakten, bei Non-Food-Produkten zwischen drei und fünf Kontakten erreicht.

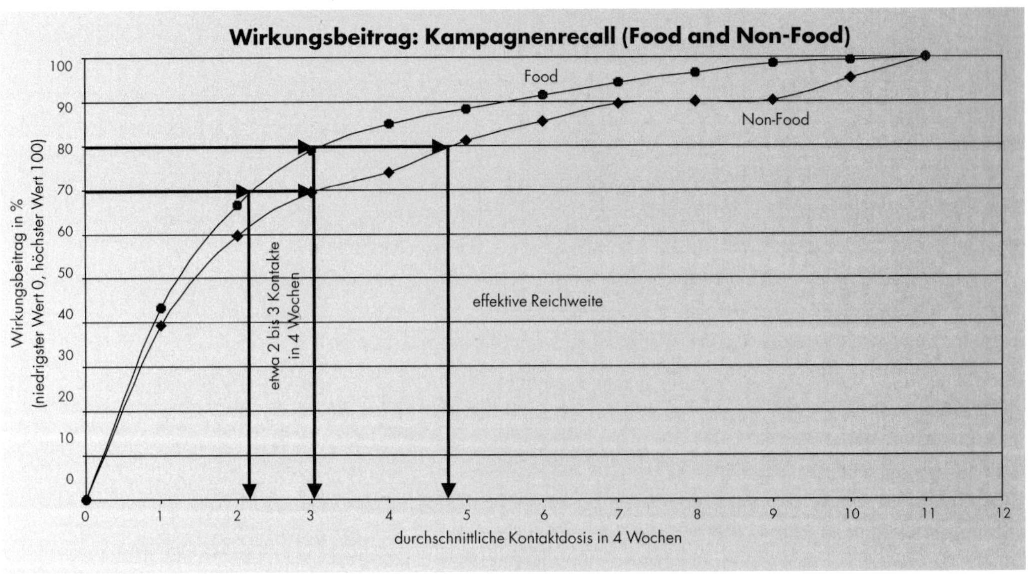


*Abb. 4.28: Effektive Reichweite von Food- und Non-Food-Marken*
*Quelle: SevenOne Media, Ad Trend, Aktuelle generalisierende Befunde zur Werbewirkung*

Die folgende Grafik gibt einen Überblick über die Effektiven Reichweiten verschiedener Güterarten.

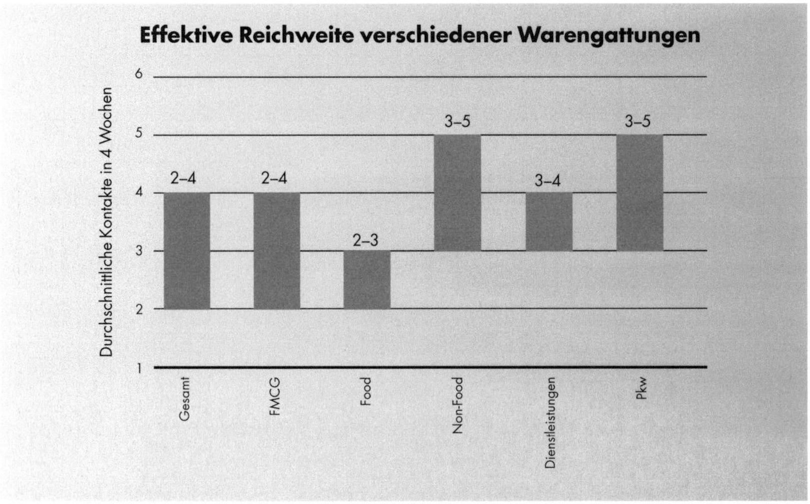


*Abb. 4.29: Effektive Reichweite verschiedener Warengruppen*
*Quelle: SevenOne Media, Ad Trend, Aktuelle generalisierende Befunde zur Werbewirkung*

Die Effektiven Reichweiten können einem Mediaplaner schon mal einen groben Anhaltspunkt geben, wie viele Kontakte pro Person angestrebt werden sollten. Eine schematische Vorgehensweise ist hierbei natürlich nicht sinnvoll, da zusätzlich auch noch andere Aspekte berücksichtigt werden müssen. Vergleichen Sie hierzu Kapitel 6.4 zur Ableitung von Mediazielen. Man könnte jetzt auf die Idee kommen, dass es bei einer Kampagne, die z.B. über ein Jahr läuft, ausreicht, zu Beginn der Kampagne die Kontaktzahl zu erreichen, die der effektiven Reichweite entspricht und danach die Hände in den Schoß legen. Hierbei muss jedoch berücksichtigt werden, dass die einmal erreichte Werbewirkung während der Werbepausen wieder abschmilzt. Auch hierzu liefert Ad Trend Informationen.

### 4.3.2 Auswirkungen von Werbepausen

Wie zu erwarten, nehmen die Werte der Werbeerfolgskennziffern während Werbepausen ab. Die Entwicklung ist aber für die verschiedenen Kennziffern und je nach Ausgangslage unterschiedlich. Der geringste Verlust ist bei der Markenbekanntheit zu beobachten, wobei sehr bekannte Marken kaum in Vergessenheit geraten, während für weniger bekannte Marken ein Bekanntheitsverlust feststellbar ist. In die Untersuchung wurden nur solche Marken einbezogen, für die mindestens 14 Wochen durchgängig nicht geworben wurde. Vor Beginn der Pause wurde jedoch für mindestens vier Wochen Werbung geschaltet.

Kampagnenrecall und Kampagnensympathie nehmen während einer Werbepause allerdings erkennbar ab.

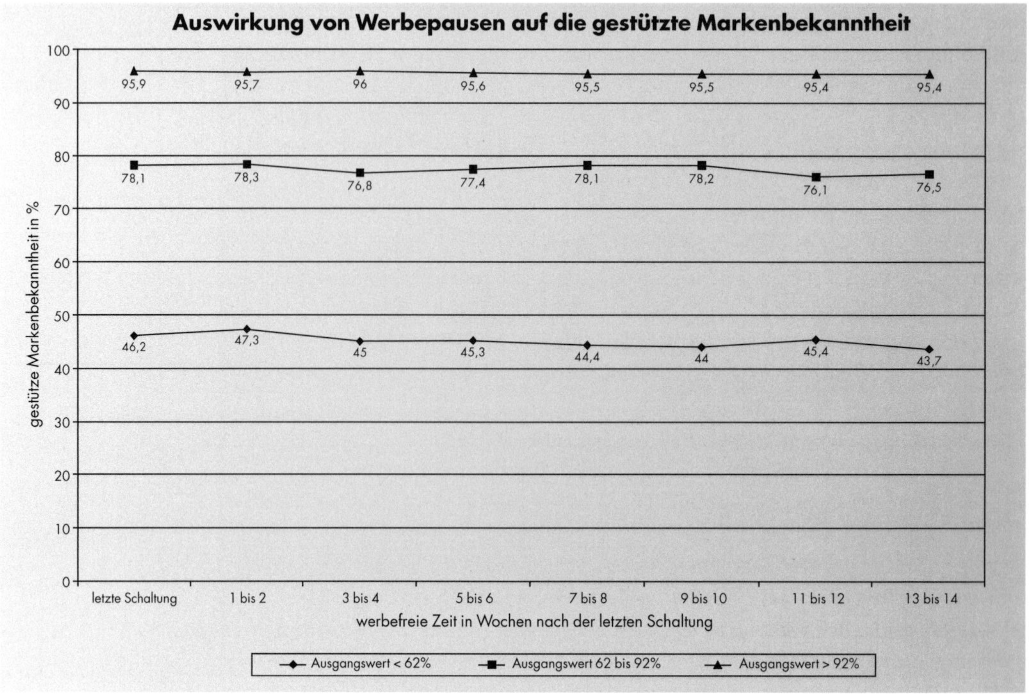


*Abb. 4.30: Auswirkung von Werbepausen auf die gestützte Markenbekanntheit*
*Quelle: SevenOne Media, Ad Trend, Aktuelle generalisierende Befunde zur Werbewirkung*

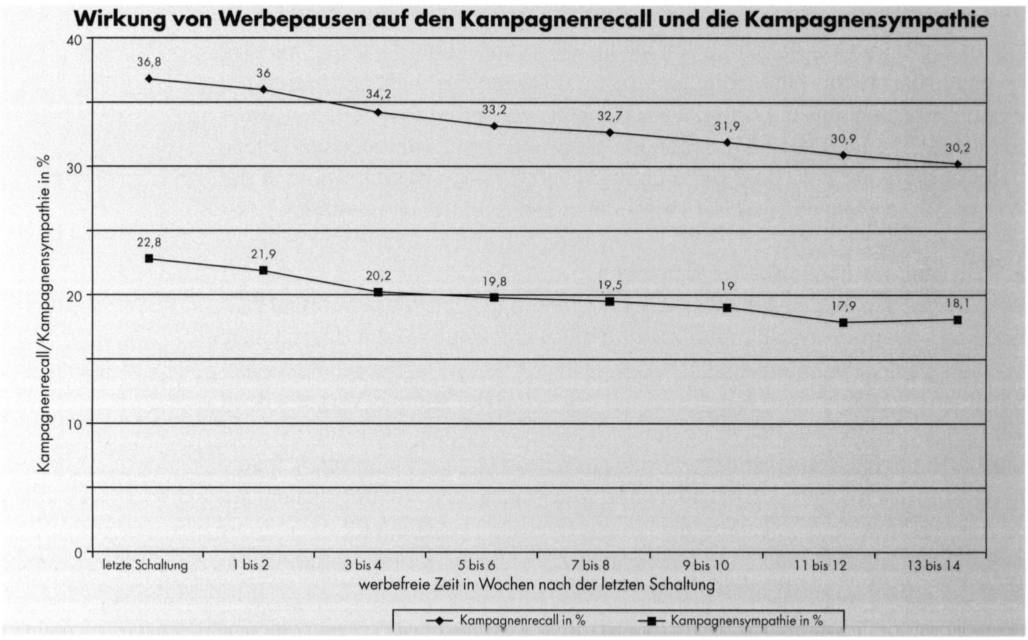


*Abb. 4.31: Auswirkung von Werbepausen auf den Kampagnenrecall und die Kampagnensympathie*
*Quelle: SevenOne Media, Ad Trend, Aktuelle generalisierende Befunde zur Werbewirkung*

### 4.3.3 GRP und Kampagnenrecall

Zu Beginn dieses Kapitels wurde der Zusammenhang zwischen der Kontakthäufigkeit pro Person und der Werbewirkung dargestellt. Mediaplaner messen den Werbedruck aber üblicherweise in GRP. Insofern macht es Sinn, sich Gedanken darüber zu machen, wie viele GRP zur Erzielung eines bestimmten Werbeerfolgs notwendig sind. Als Erfolgsindikator wird hier der Kampagnenrecall verwendet. Ein möglicher Ansatzpunkt hierbei ist die Berücksichtigung der Effektiven Reichweite. Angenommen, die Effektive Reichweite liegt zwischen zwei bis drei Kontakten pro Person und Monat, z.B. bei einer Marke aus dem Food-Bereich. Als Mittelwert könnte man hier mit 2,5 Kontakten rechnen. Falls mit dieser Kontaktzahl die gesamte Zielgruppe erreicht werden soll, beträgt die Nettoreichweite folglich 100 %. Für die Bestimmung der GRP gilt:

**GRP = Durchschnittskontakte · Nettoreichweite in %**

Im vorliegenden Fall wären also: 2,5 Ø-Kontakte · 100 % Nettoreichweite = 250 GRP pro Monat erforderlich. Würde man sich mit einer Reichweite von 80 % zufrieden geben, benötigte man nur 2,5 Ø-Kontakte · 80 % Nettoreichweite = 200 GRP pro Monat. Auf diese Weise lassen sich unter Berücksichtigung der angestrebten Nettoreichweite in Prozent die erforderlichen GRP pro Monat bestimmen. An dieser Stelle sei darauf hingewiesen, dass die Erzielung von 200 GRP pro Monat nicht automatisch zur Erreichung des angestrebten Ziels führen muss, da man die 200 GRP grundsätzlich auch bei einer Durchschnittskontaktzahl von fünf und einer Nettoreichweite von 40 % oder bei einer Durchschnittskontaktzahl von zehn und einer Nettoreichweite von 20 % usw. erhält. Das angestrebte Ziel lässt sich mit dem betreffenden GRP-Wert aber zumindest grundsätzlich erreichen.

SevenOne-Media veröffentlicht auf Basis der Ad-Trend-Studie berechnete Tabellenwerte, denen entnommen werden kann, wie sich der Kampagnenrecall in Abhängigkeit eines konstanten GRP-Wertes pro 14 Tage im Laufe eines Jahres entwickelt. Die Tabellen sind nach Produktarten und Recall-Startwerten differenziert.

Nachfolgend ein Tabellenauszug für die Produktgruppe Food und einem Recall-Startwert von 30 %.

| | | Recall nach ... Wochen | | | | | | | | | | | | |
|---|---|---|---|---|---|---|---|---|---|---|---|---|---|---|
| GRP pro 14 Tage | Recall-Startwert | 4 | 8 | 12 | 16 | 20 | 24 | 28 | 32 | 36 | 40 | 44 | 48 | 52 |
| 0 | 30 | 28,9 | 28,0 | 27,1 | 26,3 | 25,5 | 24,9 | 24,3 | 23,7 | 23,2 | 22,7 | 22,3 | 21,9 | 21,5 |
| 20 | 30 | 30,4 | 30,8 | 31,1 | 31,4 | 31,7 | 31,9 | 32,2 | 32,4 | 32,6 | 32,7 | 32,9 | 33,0 | 33,1 |
| 40 | 30 | 31,0 | 31,9 | 32,7 | 33,5 | 34,1 | 34,7 | 35,3 | 35,8 | 36,2 | 36,6 | 36,9 | 37,3 | 37,5 |
| 60 | 30 | 31,5 | 32,8 | 34,0 | 35,0 | 36,0 | 36,9 | 37,6 | 38,3 | 39,0 | 39,5 | 40,0 | 40,4 | 40,8 |
| 80 | 30 | 31,8 | 33,5 | 35,0 | 36,4 | 37,6 | 38,6 | 39,6 | 40,5 | 41,2 | 41,9 | 42,5 | 43,1 | 43,5 |
| 100 | 30 | 32,2 | 34,1 | 35,9 | 37,5 | 38,9 | 40,2 | 41,3 | 42,3 | 43,2 | 44,0 | 44,7 | 45,3 | 45,9 |
| 120 | 30 | 32,5 | 34,7 | 36,7 | 38,5 | 40,1 | 41,6 | 42,9 | 44,0 | 45,0 | 45,9 | 46,7 | 47,4 | 48,0 |

| | | | | | | | | | | | | | | |
|---|---|---|---|---|---|---|---|---|---|---|---|---|---|---|
| 140 | 30 | 32,8 | 35,2 | 37,5 | 39,5 | 41,3 | 42,8 | 44,3 | 45,5 | 46,6 | 47,6 | 48,4 | 49,2 | 49,9 |
| 160 | 30 | 33,0 | 35,7 | 38,2 | 40,4 | 42,3 | 44,0 | 45,6 | 46,9 | 48,1 | 49,2 | 50,1 | 50,9 | 51,6 |
| 180 | 30 | 33,3 | 36,2 | 38,8 | 41,2 | 42,3 | 45,1 | 46,8 | 48,2 | 49,5 | 50,6 | 51,6 | 52,5 | 53,2 |
| 200 | 30 | 33,5 | 36,6 | 39,4 | 41,9 | 44,2 | 46,2 | 47,9 | 49,5 | 50,8 | 52,0 | 53,0 | 54,0 | 54,8 |
| 300 | 30 | 34,5 | 38,5 | 42,1 | 45,3 | 48,2 | 50,7 | 52,9 | 54,8 | 56,5 | 57,9 | 59,2 | 60,3 | 61,3 |
| 400 | 30 | 34,3 | 40,1 | 44,4 | 48,1 | 51,5 | 54,4 | 57,0 | 59,2 | 61,1 | 62,8 | 64,3 | 65,6 | 66,7 |
| 500 | 30 | 36,0 | 41,5 | 46,3 | 50,6 | 54,4 | 57,7 | 60,5 | 63,0 | 65,2 | 67,1 | 68,7 | 70,1 | 71,3 |
| 600 | 30 | 36,7 | 42,7 | 48,1 | 52,8 | 57,0 | 60,6 | 63,7 | 66,5 | 68,8 | 70,9 | 72,6 | 74,1 | 75,4 |
| 700 | 30 | 37,3 | 43,9 | 49,7 | 54,8 | 59,3 | 63,3 | 66,7 | 69,6 | 72,1 | 74,3 | 76,2 | 77,8 | 79,1 |

*Abb. 4.32: Recallentwicklung im Laufe eines Jahres*
*Quelle: SevenOne Media, Ad Trend, Aktuelle generalisierende Befunde zur Werbewirkung*

Es ist erkennbar, dass ohne Werbung der Recall im Laufe eines Jahres von 30 % auf 21,5 %, also um absolut 8,5 % zurückgeht. Mit einem Werbedruck von 20 GRP pro 14 Tage kann man den ursprünglichen Recallwert im Wesentlichen stabil halten bzw. sogar leicht ausbauen. Investiert man konstant 100 GRP pro 14 Tage, lässt sich der Recallwert innerhalb eines Jahres auf fast 46 % steigern.

Die Recallkurven verlaufen tendenziell degressiv, d.h., der Recallzuwachs wird mit zunehmenden Kampagnenwochen kleiner.

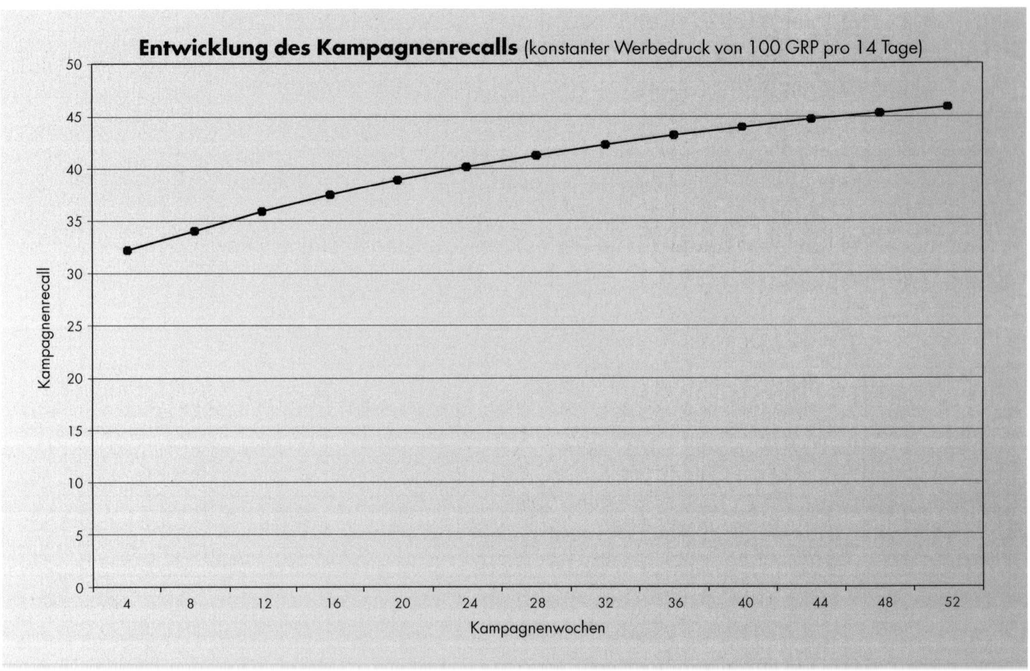


*Abb. 4.33: Recallentwicklung im Laufe eines Jahres (konstanter Werbedruck von 100 GRP pro 14 Tage)*
*Quelle: SevenOne Media, Ad Trend, Aktuelle generalisierende Befunde zur Werbewirkung*

Außerdem ist feststellbar, dass sich der Recall mit zunehmendem konstantem Werbedruck degressiv entwickelt.

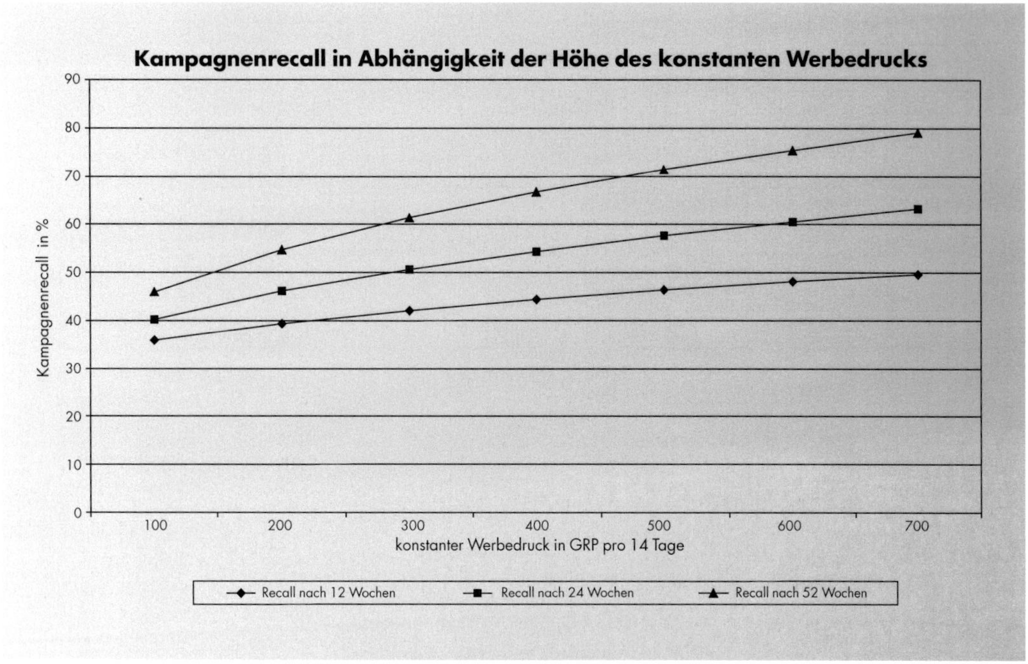


*Abb. 4.34: Recallentwicklung in Abhängigkeit des konstanten Werbedrucks*
*Quelle: SevenOne Media, Ad Trend, Aktuelle generalisierende Befunde zur Werbewirkung*

### 4.3.4 Durchschnittskontakte und Reichweite

Die Ausführungen in diesem Kapitel können den Eindruck erwecken, dass Mediaplaner die Durchschnittskontaktzahl und die Reichweite beliebig steuern können, dass also z.B. eine Durchschnittskontaktzahl von zwei Kontakten pro Person und eine Reichweite von 80 % erreicht werden können. Tatsächlich lässt sich aber empirisch ein Zusammenhang zwischen der Reichweite und der Durchschnittskontaktzahl feststellen. Die Erzielung einer bestimmten Reichweite erfordert bei einer normalen Planung danach eine bestimmte Durchschnittskontaktzahl. Dieser empirische Zusammenhang wird in Abb. 4.35 dargestellt.

Dieser Zusammenhang darf aber nicht als eine starre Gesetzmäßigkeit aufgefasst werden, Abweichungen hiervon sind möglich. Man sollte dabei aber immer berücksichtigen, dass eben beliebige Kombinationen von Reichweite und Durchschnittskontaktzahl nicht realisierbar sind.

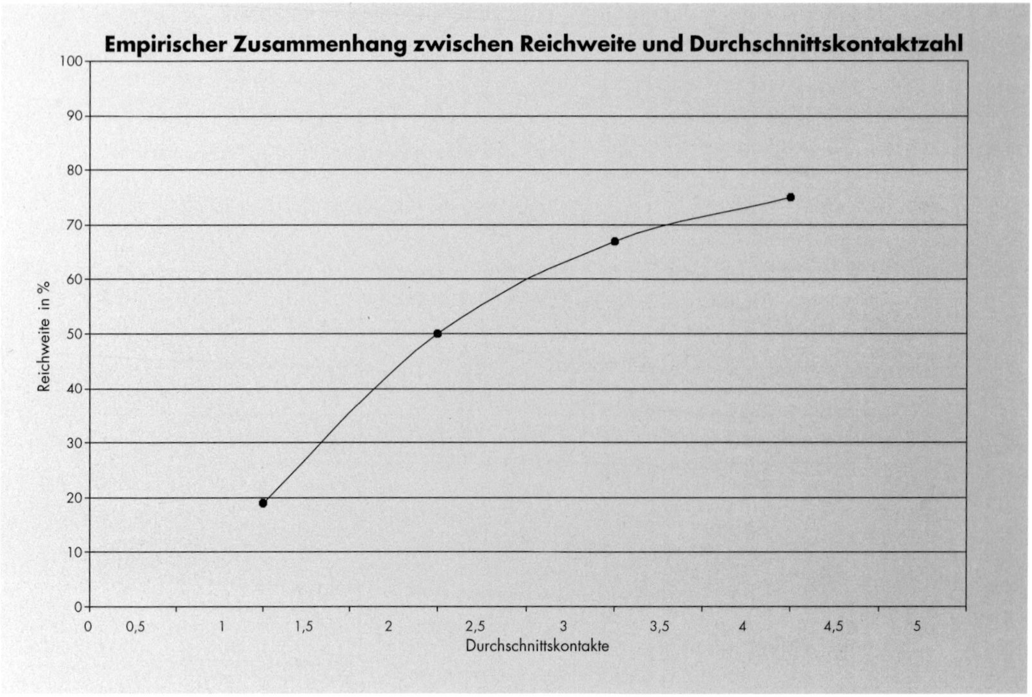


*Abb. 4.35: Zusammenhang zwischen Reichweite und Durchschnittskontaktzahl*
*Quelle: Hofsäss, Engel, Praxishandbuch Mediaplanung, Berlin, 2003, vergriffen*

# Kapitel 5

# Mediengattungen

© Ströer

**„Die neuen Medien bringen viele neue Möglichkeiten, aber auch viele Dummheiten mit sich"**

Ernst Ferstel, österreichischer Dichter und Aphoristiker

In diesem Kapitel werden die wichtigsten Werbeträgergattungen dargestellt. Üblicherweise unterscheidet man, siehe auch Abb. 5.1, bei den Werbeträgergattungen zwischen

- Printmedien,
- elektronischen Medien und
- Medien der Außenwerbung.

## 5.1 Zeitungen

*Definition*
Zeitungen sind Druckschriften, die tagesaktuelle Informationen und Nachrichten an eine breite Öffentlichkeit vermitteln. Die meisten Zeitungen erscheinen täglich, jedoch nicht an den Sonntagen. Es gibt allerdings auch Wochen- und Sonntagszeitungen.

*Typologie*
In der Regel werden Zeitungen nach folgenden Kriterien unterschieden:

- Erscheinungshäufigkeit (täglich, wöchentlich),
- Vertriebsart (Abonnement, Einzelverkauf),
- Verbreitungsgebiet (lokal, regional, überregional).

*Bedeutung der verschiedenen Zeitungstypen*
Wenn man von dem Werbeträger Zeitung spricht, sind in der Regel die regionalen Abo-Tageszeitungen gemeint. Ihr Anteil an der Gesamtauflage aller Zeitungen liegt bei ca. 50%. Auf Kaufzeitungen entfallen knapp 24 %, auf Sonntagszeitungen knapp 15 %, auf Wochenzeitungen 6 % und auf überregionale Abo-Tageszeitungen 5 %.

*Bezugsart*
Der weitaus größte Teil der regionalen Abo-Tageszeitungen (etwa 80 %) wird durch einen Boten zugestellt, sodass die Zeitung schon sehr früh am Morgen verfügbar ist und häufig zum Frühstück gelesen wird.

*Kommunikationsfunktion*
Bei Zeitungen besteht häufig eine hohe Leser-Blatt-Bindung. Die Leser fühlen sich ihrem Titel verbunden und würden nur ungerne auf ihre Zeitung verzichten. Werbung in Zeitungen wird daher relativ positiv beurteilt und weit gehend akzeptiert. Zeitungen werden regelmäßig und relativ intensiv genutzt. Die durchschnittliche Lesedauer beträgt bei regionalen Abo-Tageszeitungen etwa 40 Min. pro Tag. Die Nutzungsdauer liegt bei einem Tag und beschränkt sich bei den meisten Menschen auf den Vormittag.

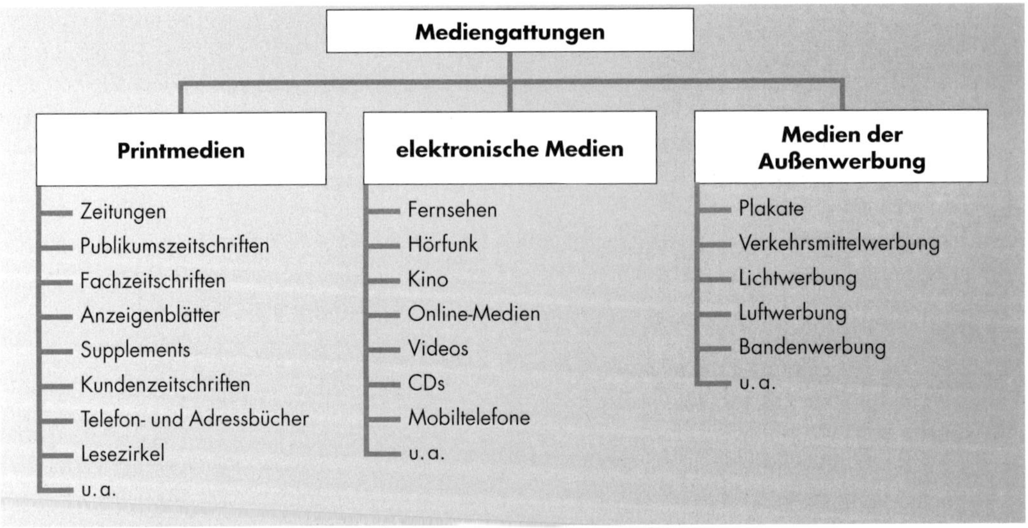


*Abb. 5.1: Mediengattungen*

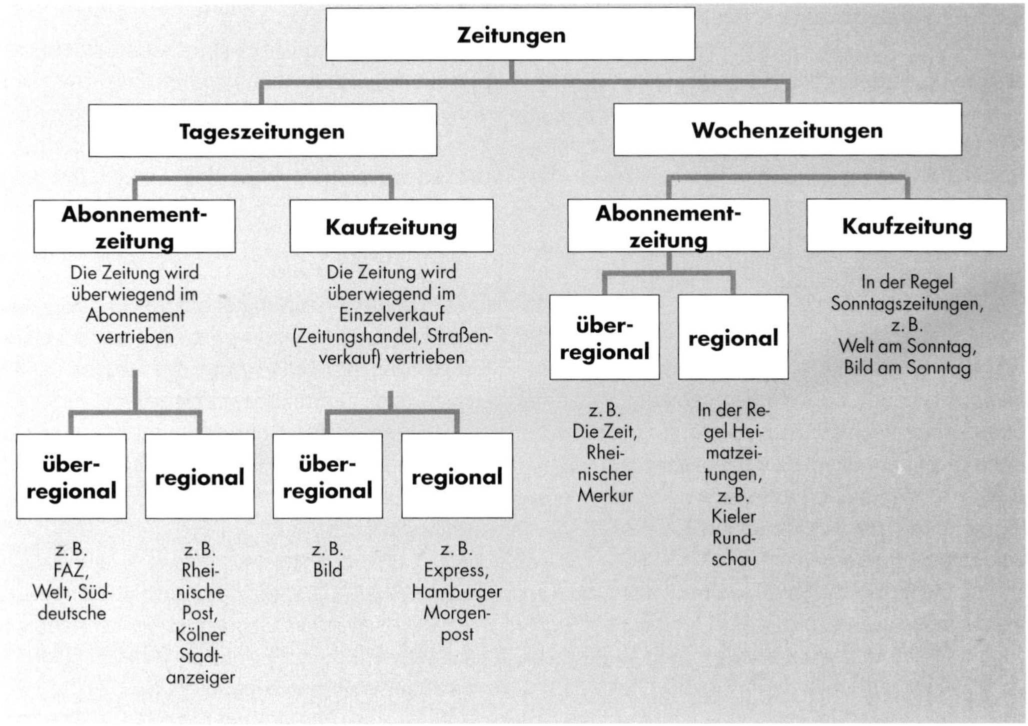


*Abb. 5.2: Zeitungstypen*

### 5.1.1 Medialeistung

*Reichweite*

Die einzelnen Titel haben natürlich je nach Auflage und Verbreitungsgebiet sehr unterschiedliche Reichweiten. Die Reichweite der gesamten Gattung ist allerdings hoch:

Reichweite von Tageszeitungen
in der deutschen Wohnbevölkerung 14 +

| | | |
|---|---|---|
| Tageszeitungen insgesamt | ca. | 78 % |
| regionale Abo-Tageszeitungen | ca. | 68 % |
| Kaufzeitungen | ca. | 21 % |
| überregionale Abo-Tageszeitungen | ca. | 5–6 % |

*Reichweitenaufbau und Kontaktaufbau*

Zeitungen und hier vor allem die regionalen Abo-Tageszeitungen haben eine sehr regelmäßige Leserschaft und dadurch bedingt eine extrem hohe interne Überschneidung. Schaltet man mehrfach in dem gleichen Titel, so erreicht man im Wesentlichen immer die gleichen Personen. Mit Zeitungen lassen sich folglich außerordentlich gut Kontakte aufbauen. Auf der anderen Seite haben Zeitungen aber auch eine sehr geringe externe Überschneidung. Belegt man mehrere Zeitungstitel, so addieren sich die Einzelreichweiten fast zur Nettoreichweite. Durch die Belegung mehrerer Titel lassen sich mit der Gattung Zeitung daher auch gut befriedigende Gesamtreichweiten aufbauen.

*Wirtschaftlichkeit*

Die absoluten Kosten einer Zeitungskampagne sind hoch; das gilt auch für die TKPs.

→ *Die übliche Praxis beim Wirtschaftlichkeitsvergleich zwischen Zeitschriften und Zeitungen besteht darin, die Kosten einer 1/1-seitigen 4c-Anzeige mit den Kosten einer 1/4-seitigen Schwarz-Weiß-Anzeige zu vergleichen.*

### 5.1.2 Steuerbarkeit

*Personelle Steuerbarkeit*
Die Leser von regionalen Abo-Tagesanzeigen stimmen in den wichtigsten soziodemografischen Merkmalen weitgehend mit denen der Gesamtbevölkerung überein. Bezüglich der Merkmale Einkommen und Bildung liegen die Leser von überregionalen Abo-Tageszeitungen und von Wochenzeitungen über, die der Kaufzeitungen unter diesem Schnitt. Eine Zielgruppenselektion ist daher bei der Gattung Zeitungen, wenn überhaupt, nur sehr bedingt möglich, wenn man die unterschiedlichen Nutzerstrukturen von überregionalen und regionalen Abonnementzeitungen sowie Kaufzeitungen berücksichtigt.

*Zeitliche Steuerbarkeit*
Durch das kurze Erscheinungsintervall ist bei Tageszeitungen eine relativ gute zeitliche Steuerung möglich. Bei Wochenzeitungen ist die zeitliche Steuerbarkeit dagegen eingeschränkt.

*Räumliche Steuerbarkeit*
Die Möglichkeit zur räumlichen Steuerung ist bei den großen regionalen Abo-Tageszeitungen sehr gut, da die Möglichkeit besteht, regionale und lokale Teilausgaben zu belegen. Dadurch lässt sich die Verbreitung in der Regel bis auf Stadtgebietsebene steuern. Auch bei Kaufzeitungen lässt sich das Streugebiet durch die Belegung von regionalen Unterausgaben relativ gut begrenzen. Bei überregionalen Abo-Tageszeitungen und bei Wochenzeitungen ist die räumliche Steuerbarkeit dagegen eingeschränkt. Hier besteht aber häufig die Möglichkeit der Belegung von Teilauflagen, beispielsweise nach Nielsen-Gebieten.

*Verfügbarkeit*
Zeitungen stehen generell unbegrenzt zu Werbezwecken zur Verfügung. Für bestimmte Platzierungen, z. B. im redaktionellen Teil, ist allerdings nur ein begrenzter Werberaum verfügbar. Buchungs- und Druckunterlagenschlusstermine sind bei Tageszeitungen mit zwei bis drei Tagen vor Schaltung der Anzeige kurz.

*Technische Kriterien*
Wegen der geringen Qualität des Zeitungspapiers können Bilder nicht optimal dargestellt werden, was die Eindrucksstärke von Zeitungsanzeigen beeinträchtigt. Der Nachteil der geringen Druckqualität kann allerdings durch Beilagen ausgeglichen werden.

*Haushaltsabdeckung*
Ein bei Zeitungen häufig benutztes Leistungskriterium ist die so genannte Haushaltsabdeckung. Sie gibt an, wie viel Prozent der Haushalte, die sich in dem Verbreitungsgebiet eines Zeitungstitels befinden, durch die verbreitete Auflage des Titels erreicht werden.

**Beispiel**

In einer Stadt gibt es 100.000 Haushalte. Ein Zeitungstitel hat in dem Stadtgebiet eine verbreitete Auflage von 25.000. Der Titel hat in dieser Stadt eine Haushaltsabdeckung von 25 %.

---

*Werbemittel*
Werbemittel bei Zeitungen sind im Wesentlichen Anzeigen und Beilagen. Bei den Anzeigen wird zwischen
- Anzeigen im Anzeigenteil,
- textanschließenden Anzeigen und
- Textteilanzeigen

unterschieden. **Anzeigen im Anzeigenteil** haben keine Verbindung zum redaktionellen Teil.
**Textanschließende Anzeigen** schließen mit einer oder **maximal** zwei Seiten an den redaktionellen Teil an. Man unterscheidet im Wesentlichen:
- Eckfeldanzeigen (schließen mit zwei Seiten an den redaktionellen Teil an),
- blattbreite Anzeigen (schließen mit einer Seite an den redaktionellen Teil an)
- blatthohe Anzeigen (schließen mit einer Seite an den redaktionellen Teil an) und
- L-Anzeigen (schließen mit zwei Seiten an den redaktionellen Teil an). (Vgl. hierzu Abb. 5.3.)

**Textteilanzeigen** schließen mit mindestens drei Seiten an den redaktionellen Teil an (vgl. hierzu Abb. 5.4).

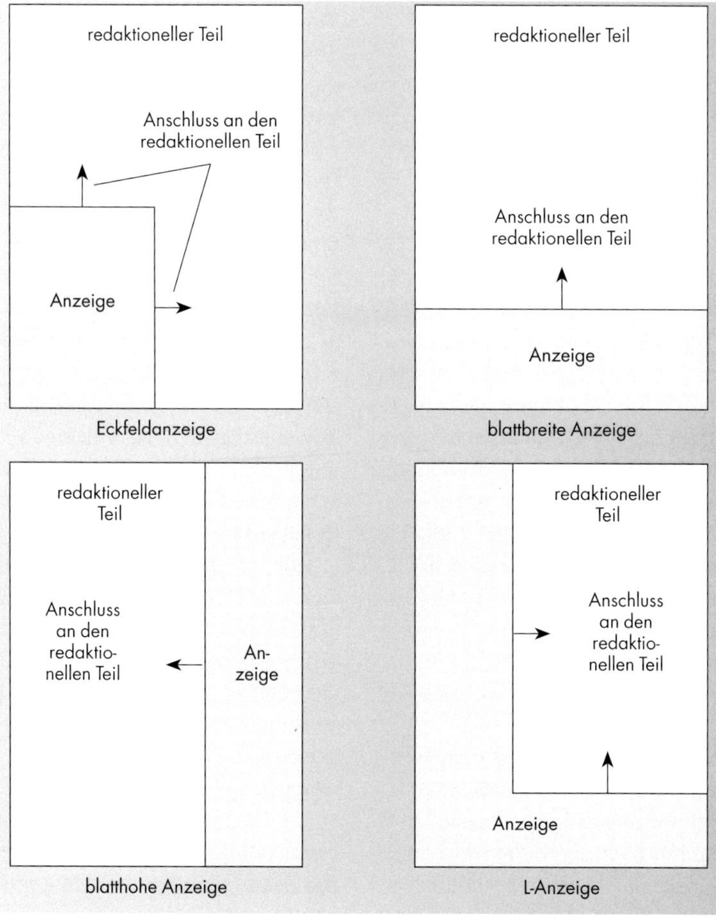


*Abb. 5.3: Textanschließende Anzeigen*

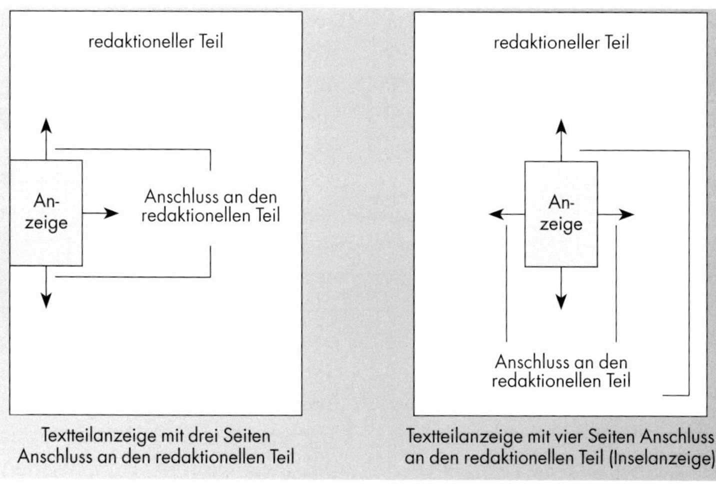


*Abb. 5.4: Textteilanzeigen*

*Formate*

> *Zeitungen erscheinen in unterschiedlichen Formaten, die sich bei der Anzahl der Spalten im Anzeigenteil unterscheiden.*

Die hauptsächlichen Zeitungsformate sind:
- das **Nordische Format** mit 8 Anzeigenspalten,
- das **Rheinische Format** mit 7 Anzeigenspalten,
- das **Berliner Format** mit 6 Anzeigenspalten.

Unabhängig vom Format betragen einheitlich bei den meisten Zeitungen im Anzeigenteil die Spaltenbreite 45 mm und der Abstand zwischen den Spalten 1,5 mm. Damit ändert sich in Abhängigkeit des Formats natürlich die Satzspiegelbreite. Viele Zeitungen haben im redaktionellen Teil eine geringere Spaltenzahl als im Anzeigenteil. In diesen Fällen sind die Spalten im redaktionellen Teil breiter als die Spalten im Anzeigenteil.

**Beispiel**

Die „Rheinische Post“ erscheint im Rheinischen Format. Sie hat im Anzeigenteil sieben und im redaktionellen Teil sechs Spalten. Eine Spalte im Anzeigenteil ist 45 mm breit, der Spaltenabstand beträgt 1,5 mm. Das ergibt theoretisch eine Satzspiegelbreite von: $7 \cdot 45\ \text{mm} + 6 \cdot 1{,}5\ \text{mm} = 324\ \text{mm}$.
Die Satzspiegelbreite beträgt tatsächlich 325 mm. Nach Auskunft des Verlages ergibt sich die Differenz von 1 mm dadurch, dass die sieben Spalten nicht alle ganz exakt 45 mm breit sind.
Im redaktionellen Teil hat eine Spalte eine Breite von 50 mm. Der Spaltenabstand beträgt hier 5 mm. Das ergibt wieder die Satzspiegelbreite von: $6 \cdot 50\ \text{mm} + 5 \cdot 5\ \text{mm} = 325\ \text{mm}$.

---

*Anzeigenberechnung bei Zeitungen*
Anzeigen in Zeitungen sind nicht an Seitenformate gebunden. Ihre Größen sind im Prinzip beliebig wählbar.

> *Grundlage für die Berechnung der Kosten einer Anzeige sind die Millimetermenge und der Millimeterpreis.*

Die Millimetermenge ergibt sich aus der Höhe der Anzeige in Millimeter und der Zahl der Spalten, die die Breite der Anzeige bestimmen. Eine Anzeige 250 mm hoch und vier Anzeigenspalten breit hat 1.000 Anzeigenmillimeter ($250\ \text{mm} \cdot 4$ Spalten). Die Millimetermenge wird dann mit dem Millimeterpreis multipliziert. Der so genannte Millimeterpreis gibt den Preis für eine Anzeige an, die eine Spalte breit und 1 mm hoch ist. Üblicherweise unterscheidet man zwei mm-Preise:
- den Grundpreis und
- den Textteilpreis.

Der Textteilpreis kommt bei Textteilanzeigen zur Anwendung, also bei Anzeigen, die mindestens mit drei Seiten an den redaktionellen Teil anschließen. Der Textteil-mm-Preis beträgt in der Regel ein Vielfaches des Grundpreises.

Alle Anzeigen, die keine Textteilanzeigen sind, werden in der Regel zum Grundpreis abgerechnet. Dabei spielt es keine Rolle, ob sich die Anzeige im reinen Anzeigenteil befindet oder ob es sich um eine textanschließende Anzeige handelt.

Neben dem mm-Preis müssen evtl. noch Zuschläge, z. B. für Farbanzeigen, berücksichtigt werden.

*Umrechnungsfaktor*
Bei Zeitungen, die im Anzeigenteil eine größere Spaltenzahl als im redaktionellen Teil haben, sind die Spalten im redaktionellen Teil breiter. Schaltet man in solch einer Zeitung eine textanschließende Anzeige, dann ist folglich die Anzeige breiter als eine Anzeige mit gleicher Spaltenzahl im Anzeigenteil, obwohl für beide Anzeigen der gleiche mm-Preis, nämlich der Grundpreis, zu zahlen ist.

Eine dreispaltige Anzeige in der „Rheinischen Post“ hat beispielsweise im Anzeigenteil eine Breite von $3 \cdot 45\ \text{mm} + 2 \cdot 1{,}5\ \text{mm} = 138\ \text{mm}$. Die entsprechende textanschließende Anzeige hat eine Breite von $3 \cdot 50\ \text{mm} + 2 \cdot 5\ \text{mm} = 160\ \text{mm}$. Da beide Anzeigen nach dem Grundpreis abgerechnet werden, hätte man bei der textanschließenden Anzeige einen Vorteil. Man erhielte eine größere (breitere) Anzeige für das gleiche Geld. Um diesen Vorteil auszugleichen, muss man die unterschiedlichen Spaltenbreiten bei der Ermittlung der abzurechnenden Millimeter berücksichtigen. Dazu multipliziert man bei textanschließenden Anzeigen die Spaltenzahl mit einem Umrechnungsfaktor, durch den Anzeigen-mm in Text-mm umgerechnet werden. Der Umrechnungsfaktor ergibt sich allgemein als folgender Quotient:

$$\text{Umrechnungsfaktor} = \frac{\text{Anzahl Spalten im Anzeigenteil}}{\text{Anzahl Spalten im redaktionellen Teil}}$$

Für die „Rheinische Post" erhielte man damit den Umrechnungsfaktor $7/6 = 1{,}1666...$

In der Preisliste der „Rheinischen Post" ist als gerundeter Wert der Faktor 1,17 angegeben. Die Umrechnung muss in diesem Fall mit dem gerundeten Wert 1,17 erfolgen. Durch Berücksichtigung des Umrechnungsfaktors ergibt sich für eine dreispaltige Anzeige im Anzeigenteil eine Breite von $(3 \cdot 45\text{ mm} + 2 \cdot 1{,}5\text{ mm}) \cdot 1{,}17 = 161{,}46\text{ mm}$. Der Unterschied zur Breite der entsprechenden Anzeige im Textteil (160 mm) resultiert teilweise aus Rundungsdifferenzen.

### Beispiele

Nachfolgend ist ein Auszug der Preisliste eines Zeitungstitels angegeben:

**Preise**

Preise für Schwarz-Weiß-Anzeigen in der Gesamtausgabe:

| | |
|---|---|
| Grundpreis: | 11,10 € je mm |
| Textteilpreis: | 39,34 € je mm |

**Rabattstaffel**

Wiederholungsnachlass bei Mindestabnahme von

| | |
|---|---|
| 6 Anzeigen | 5 % |
| 12 Anzeigen | 10 % |
| 24 Anzeigen | 15 % |
| 52 Anzeigen | 20 % |

Mengennachlass bei Mindestabnahme von

| | |
|---|---|
| 3.000 mm | 5 % |
| 5.000 mm | 10 % |
| 10.000 mm | 15 % |
| 20.000 mm | 20 % |

Die Zeitung hat im Anzeigenteil sieben Spalten und im redaktionellen Teil sechs Spalten. Als Umrechnungsfaktor von Text- in Anzeigenmillimeter ist der Wert 1,17 angegeben.

Es sollen die Insertionskosten für folgende Schaltungen auf der Basis des Kundennettobetrages ermittelt werden.

→ *Der Kundennettobetrag ist der Betrag, den der Kunde nach Abzug eines möglichen Nachlasses (Wiederholungs- oder Mengennachlass) zahlen muss.*

a) 10 Schaltungen im Anzeigenteil der Gesamtausgabe
Format: Eckfeldanzeige: 3 Spalten, 250 mm hoch
Farbigkeit: schwarz-weiß

b) 12 Textteilanzeigen in der Gesamtausgabe
Format: 2 Spalten, 100 mm hoch
Farbigkeit: schwarz-weiß

c) 16 textanschließende Anzeigen in der Gesamtausgabe
Format: Eckfeldanzeige: 3 Spalten, 240 mm hoch
Farbigkeit: schwarz-weiß

Lösungen

zu a)

abzurechnende mm: 3 Spalten · 250 mm Höhe · 10 Schaltungen = 7.500 mm

Nachlass: 10 % Mengennachlass

Preis: Grundpreis, da sich die Anzeigen im Anzeigenteil befinden

Bruttoschaltkosten:

| | |
|---|---|
| 7.500 mm · 11,10 = | 83.250,00 € |
| – Mengennachlass (10 %)= | 8.325,00 € |
| = Kundennettobetrag | 74.925,00 € |

zu b)

abzurechnende mm:

2 Spalten · 100 mm · 12 Schaltungen = 2.400 mm

Nachlass: 10 % Wiederholungsnachlass

Preis: Textteilpreis, da es sich um eine Textteilanzeige handelt

Bruttoschaltkosten:

| | |
|---|---|
| 2.400 mm · 39,34 € = | 94.416,00 € |
| – Wiederholungsnachlass (10 %) = | 9.441,60 € |
| = Kundennettobetrag | 84.974,40 € |

zu c)

abzurechnende mm:

3 Spalten · 240 mm · 1,17 (Umrechnungsf.) · 16 Schaltungen = 13.478 mm

| | |
|---|---|
| Nachlass: | Mengennachlass 15 % |
| Preis: | Grundpreis, da es sich um eine textanschließende Eckfeldanzeige handelt, die nur mit zwei Seiten an den redaktionellen Teil anschließt |

Bruttoschaltkosten:

| | |
|---|---|
| 13.478 mm · 11,10 € = | 149.605,80 € |
| – Mengennachlass (15 %) = | 22.440,87 € |
| = Kundennettobetrag | 127.164,93 € |

## Fragen und Aufgaben zur Mediengattung Zeitung

### Aufgabe 1

Eine Großstadt hat 302.407 Haushalte. Die Zeitung A hat in dieser Stadt eine verbreitete Auflage von 126.491 Exemplaren.
Ermitteln Sie die Haushaltsabdeckung des Titels und geben Sie an, was der ermittelte Wert aussagt.

### Aufgabe 2

Ermitteln Sie in den folgenden Fällen jeweils den Kundennettobetrag. Berücksichtigen Sie dabei den Tarifauszug.

a) Blattbreite Anzeige in den Bezirksausgaben D, MG, NE, textanschließend, s/w, 100 mm hoch, Frequenz: 15-mal
b) Eckfeldanzeige (textanschließend), Gesamtausgabe, 3 Spalten, 250 mm hoch, s/w, Frequenz: 12-mal
c) Anzeige ohne Textanschluss, 4 Spalten, 300 mm hoch, s/w, Gesamtausgabe, Frequenz: 10-mal
d) Blatthohe Anzeige, textanschließend, 2 Spalten, Gesamtausgabe, s/w, Frequenz: 20-mal
e) Textteilanzeige 2c, 2 Spalten, 100 mm hoch, Gesamtausgabe, Frequenz: 12-mal
f) Eckfeldanzeige (textanschließend), Gesamtausgabe, 4 Spalten, 200 mm hoch, 4c, Frequenz: 18-mal
g) Textteilanzeige, 2 Spalten, 80 mm hoch, s/w, Gesamtausgabe, Frequenz: 7-mal.

**Auszug aus dem Tarif**

*Preise schwarz-weiß-Anzeigen*

Gesamtausgabe

| Grundpreis je mm | Textteil: je mm |
|---|---|
| 12,01 € | 42,42 € |

Bezirksausgaben

| Bezirksausgabe | Grundpreis: je mm | Textteil: je mm |
|---|---|---|
| Düsseldorf (D) | 3,92 € | 18,45 € |
| Mönchengladbach (MG) | 2,27 € | 11,48 € |
| Neuss (NE) | 2,34 € | 9,32 € |

Preise für Farbanzeigen (Gesamtausgabe)

| | Grundpreis je mm | Textteil je mm |
|---|---|---|
| 2c | 14,88 € | 58,72 € |
| 4c | 17,75 € | 71,45 € |

Hinweis: Textteilanzeigen dürfen maximal 2 Spalten breit und 100 mm hoch sein. Bei den Nachlässen wird zwischen einem Wiederholungsnachlass und einem Mengennachlass unterschieden. Es wird jeweils immer die günstigste Nachlassart gewählt.

Nachlässe

| Wiederholungsnachlass bei Mindestabnahme von | | Mengennachlass bei Mindestabnahme von | |
|---|---|---|---|
| 6 Anzeigen | 5 % | 3.000 mm | 5 % |
| 12 Anzeigen | 10 % | 5.000 mm | 10 % |
| 24 Anzeigen | 15 % | 10.000 mm | 15 % |
| 52 Anzeigen | 20 % | 20.000 mm | 20 % |

Ausgabennachlass
Bei Belegung mehrerer Bezirks- oder Teilausgaben: ab 2 Ausg. 10 %, ab 4 Ausg. 15 %.

| | |
|---|---|
| Satzspiegelhöhe: | 480 mm |
| Anzahl der Spalten: | 7 Spalten im Anzeigenteil; 6 Spalten im Textteil |
| Umrechnungsfaktor: | 1,17 |

**Aufgabe 3**
Ein alteingesessenes Düsseldorfer Kaufhaus, das durch seine Sortimentsgestaltung den Querschnitt der Bevölkerung anspricht, möchte für einen Jubiläumsverkauf werben. Beurteilen Sie die Eignung regionaler Abo-Tageszeitungen als Werbeträger.

## Lösungen zu den Aufgaben zum Werbeträger Zeitung

**Lösung zu Aufgabe 1**

$$\text{Haushaltsabdeckung}_A = \frac{126.491}{302.407} \cdot 100 = 41{,}83\,\%$$

Bedeutung: 41,83 % aller Haushalte dieser Stadt werden mit einer Schaltung in dem Titel A erreicht.

**Lösung zu Aufgabe 2 a)**
Da blattbreit mit 7 Spalten, statt mit Umrechnungsfaktor rechnen.

**gesamt mm = 7 Sp · 100 mm · 15 = 10.500 mm ⇒ 15 % Mengennachlass**
zusätzlich 10 % Ausgabennachlass

| | | |
|---|---|---|
| | D: | 3,92 € |
| + | MG: | 2,27 € |
| + | NE: | 2,34 € |
| **=** | **gesamt** | **8,53 €** |

| | | |
|---|---|---|
| | Bruttoinsertionskosten (8,53 € · 10.500 mm) | 89.565,00 € |
| – | Mengennachlass (15%) | 13.434,75 € |
| = | | 76.130,25 € |
| – | Ausgabennachlass (10%) | 7.613,03 € |
| = | Kundennetto | 68.517,23 € |

**Lösung zu Aufgabe 2 b)**
Gesamt-mm = 3 Sp. · 250 mm · 1,17 · 12
= 10.530 mm ⇒ Mengennachlass 15 %
= Kundennetto 107.495,51 €

**Lösung zu Aufgabe 2 c)**
Kein Umrechnungsfaktor, da sich die Anzeige im Anzeigenteil befindet.
Gesamt-mm = 4 Sp. · 300 mm · 10
= 12.000 mm ⇒ Mengennachlass 15%

| | | |
|---|---|---|
| | Bruttoinsertionskosten (12.000 mm · 12,01 €) | 144.120,00 € |
| – | Mengennachlass (15%) | 21.618,00 € |
| = | Kundennetto | 122.502,00 € |

**Lösung zu Aufgabe 2 d)**
Gesamt-mm = 2 Sp. · 480 mm · 1,17 · 20
= 22.464 mm ⇒ Mengennachlass: 20%

| | | |
|---|---|---|
| | Bruttoinsertionskosten (22.464 mm · 12,01 €) | 269.792,64 € |
| – | Mengennachlass (20 %) | 53.958,53 € |
| = | Kundennetto | 215.834,11 € |

**Lösung zu Aufgabe 2 e)**
Da es sich um eine Textteilanzeige handelt, braucht kein Umrechnungsfaktor berücksichtigt zu werden.
Gesamt mm = 200 mm · 12 = 2.400 mm → Wiederholungsnachlass 10 %
Bei 2.400 mm wird kein Mengennachlass gewährt. Da die Anzeige 12 mal geschalter wird, kommt ein Wiederholungsnachlass von 10 % zur Anwendung.

| | | |
|---|---|---|
| | Bruttoinsertionskosten (2.400 mm · 58,42 €) | 140.208,00 € |
| – | Wiederholungsnachlass (10 %) | 14.020,80 € |
| = | Kundennetto | 126.187,20 € |

**Lösung zu Aufgabe 2 f)**
Gesamt mm = 4 Sp. · 200 mm · 1,17 · 18 = 16.848 mm → Mengennachlass 15 %

| | |
|---|---|
| Bruttoinsertionskosten (16.848 mm · 17,75 €) | 299.052,00 € |
| – Mengennachlass (15 %) | 44.857,80 € |
| = Kundennetto | 254.194,20 € |

**Lösung zu Aufgabe 2 g)**
Kein Umrechnungsfaktor, da Textteilanzeige
Gesamt-mm = 2 Sp. · 80 mm · 7 = 1.120 mm ⇒ Wiederholungsnachlass 5 %

| | |
|---|---|
| Bruttoinsertionskosten (1.120 mm · 42,42 €) | 47.510,40 € |
| – Wiederholungsnachlass (5%) | 2.375,52 € |
| = Kundennetto | 45.134,88 € |

**Lösung zu Aufgabe 3**
Aspekte, die für das Kaufhaus wichtig sind:

- räumliche Steuerbarkeit
  Die Streuung sollte auf Düsseldorf und das Düsseldorfer Umfeld begrenzbar sein.
- gute Verfügbarkeit, um kurzfristig auf Sonderpreisaktionen hinweisen zu können
- hohe Reichweite im Verbreitungsgebiet, damit möglichst viele Menschen im Einzugsgebiet des Kaufhauses über den Jubiläumsverkauf und damit verbundene Maßnahmen und Aktionen informiert werden können
- hohe Werbebeachtung, damit die Anzeigen auch wahrgenommen werden

Regionale Abo-Tageszeitungen erfüllen die Anforderungen weitgehend:

- Regionale Abo-TZ lassen sich sehr gut räumlich steuern, in großen Städten bis auf Stadtteilsebene.
- Regionale Abo-TZ sind kurzfristig verfügbar, Buchungen können noch bis zu zwei bis drei Tage vor dem Erscheinungstermin der Anzeige erfolgen.
- Regionale Abo-TZ haben in ihrem Verbreitungsgebiet eine relativ hohe Reichweite. Da regionale Abo-TZ fast keine externen Überschneidungen aufweisen, lässt sich durch die Belegung mehrerer Titel die Reichweite schnell erhöhen.
- Werbung in regionalen Abo-TZ wird positiv aufgenommen und bei Textanschluss auch gut beachtet.
- Die geringe personelle Steuerbarkeit spielt hier keine Rolle, da die Zielgruppe aus dem Querschnitt der Bevölkerung besteht.

**Nachteil**

- Nachteilig könnte evtl. die geringe Druckqualität sein. Falls auf gute Druckqualität Wert gelegt wird, könnte auf Beilagen ausgewichen werden, die werden dann allerdings nicht so gut beachtet.

**Insgesamt sind regionale Abo-Tageszeitungen im vorliegenden Fall gut als Werbeträger geeignet.**

## 5.2 Publikumszeitschriften

*Begriff*
Publikumszeitschriften sind periodisch erscheinende Publikationen, die einen informierenden oder unterhaltenden Charakter haben. Sie richten sich fast ausschließlich an private Nutzer. Die allermeisten Publikumszeitschriften erscheinen:

- wöchentlich, z. B. „Der Spiegel“,
- 14-tägig, z. B. „Brigitte“,
- monatlich, z. B. „Bild der Wissenschaft“.

Der Markt der Publikumszeitschriften ist in Deutschland sehr stark differenziert. Es gibt knapp 900 IVW-geprüfte Titel. Die Gesamtzahl wird auf über 3.600 Titel geschätzt.

### 5.2.1 Klassifizierung

Publikumszeitschriften lassen sich wie folgt klassifizieren:

*General-Interest-Zeitschriften*
Hierbei handelt es sich um Zeitschriften, die die Gesamtbevölkerung mit allgemein interessierenden Themen ansprechen. Beispiele hierfür sind so genannte aktuelle Illustrierte, wie „Der Spiegel“ oder „Focus“, aber auch Programmzeitschriften. General-Interest-Zeitschriften haben hohe Reichweiten, ihre Leserstruktur unterscheidet sich häufig nicht sehr von der Struktur der Gesamtbevölkerung.

*Zielgruppenzeitschriften*
Diese Zeitschriften richten sich an bestimmte Bevölkerungsgruppen, z. B. Männer, Frauen, Jugendliche etc. In diesen Zielgruppen erreicht man häufig hohe Reichweiten.

*Spezialzeitschriften (Special-Interest-Zeitschriften)*
Diese Zeitschriften sind thematisch orientiert, wie z. B. Computerzeitschriften, Zeitschriften für spezielle Sportarten, Zeitschriften für spezielle Hobbys etc. Sie richten sich gezielt an Personen, die sich für das jeweilige Thema interessieren. Special-Interest-Zeitschriften dürfen nicht mit Fachzeitschriften verwechselt werden. Während Fachzeitschriften fast ausschließlich aus beruflichem Interesse gelesen werden, haben die Nutzer von Special-Interest-Zeitschriften eher private Interessen.

### 5.2.2 Leistung als Werbeträger

*Reichweite*
Die verschiedenen Titel dieser Gattung haben sehr unterschiedliche Reichweiten, sodass zu diesem Punkt keine einheitliche Aussage gemacht werden kann. Während General-Interest-Zeitschriften in der Gesamtbevölkerung große Reichweiten aufweisen, haben Special-Interest-Zeitschriften in der Gesamtbevölkerung sehr geringe, in dem engen Zielgruppenbereich, auf den sie sich beziehen, häufig aber befriedigende Reichweiten.

*Reichweitenaufbau*
Mit Publikumszeitschriften lässt sich durch Belegung von Zeitschriften mit geringer externer Überschneidung und Mehrfachschaltung in Zeitschriften mit geringer interner Überschneidung prinzipiell eine befriedigende Reichweite aufbauen. Wegen des relativ langen Erscheinungsintervalls von mindestens einer Woche kann das allerdings relativ lange dauern.

*Kontaktaufbau*
Durch Belegung von Titeln mit einer hohen externen Überschneidung und Mehrfachschaltung in Titeln mit einer hohen internen Überschneidung lässt sich auch eine ausreichende Kontaktdichte erzielen.

*Wirtschaftlichkeit*
Die Tausend-Kontakt-Preise können je nach Titel sehr unterschiedlich sein. Im Durchschnitt ist die Wirtschaftlichkeit von Publikumszeitschriften im Vergleich zu anderen Mediengattungen aber relativ günstig. Die TKPs von General-Interest- und Programmzeitschrifte liegen z. B. etwa zwischen 8,00 € und 12,00 €.

Auch die Produktionskosten sind bei dieser Werbeträgergattung günstig.

*Technische Kriterien*
Publikumszeitschriften sind zwar ein statisches Medium, sie ermöglichen aber eine gute Vier-Farb-Druckqualität, wodurch visuelle und Textinformationen gut vermittelt werden können. Damit besteht zumindest eingeschränkt auch die Möglichkeit, Atmosphäre und Emotionen zu transportieren. Durch Produkt- und Packungsabbildungen lässt sich eine Wiedererkennung am POS erreichen.

*Nutzungssituation*
Publikumszeitschriften werden weitgehend in der Freizeit in entspannter Atmosphäre gelesen. Sie weisen eine hohe Werbemittelkontaktchance auf, da Im Durchschnitt 75 % aller Seiten aufgeschlagen werden. Der LpE-Wert liegt je nach Titel zwischen 2 und 9.

*Verfügbarkeit*
Publikumszeitschriften stehen Werbungtreibenden nahezu unbegrenzt zur Verfügung. Gegebenenfalls wird für große Anzeigenaufträge der Heftumfang entsprechend erweitert. Die Verfügbarkeit von Sonderplatzierungen ist natürlich begrenzt. Die Termine für Anzeigen- und Druckunterlagenschluss können den Tarifen entnommen werden, sie liegen etwa vier bis sechs Wochen vor dem Erscheinungstermin.

### 5.2.3 Steuerbarkeit

*Personelle Steuerbarkeit*
Auf Grund des vielfältigen Titelangebotes lassen sich mit Publikumszeitschriften sehr gut Zielgruppen selektieren.

*Zeitliche Steuerbarkeit*
Wegen der relativ langen Erscheinungsintervalle von einer Woche bis zu einem Monat ist die zeitliche Steuerbarkeit eingeschränkt. Der Zeitpunkt für einen Werbeträger- bzw. Werbemittelkontakt lässt sich daher nur sehr grob festlegen.

*Räumliche Steuerbarkeit*
Publikumszeitschriften werden national verbreitet. Bei einige Titeln besteht zwar die Möglichkeit einer Teilbelegung, allerdings nur auf Nielsengebietsebene. Eine gezielte räumliche bzw. geografische Steuerung ist bei Publikumszeitschriften daher gar nicht oder nur auf Nielsengebietsebene möglich.

*Werbemittel*
Das hauptsächlich genutzte Werbemittel ist bei Publikumszeitschriften die Anzeige. Hierbei sind die verschiedensten Formate möglich: 1/1-Seite, 2/1-Seite (Doppelseite), seitenteilige Anzeigen, z. B. 1/2-Seite, 3/4-Seite usw.

Darüber hinaus gibt es noch eine Vielzahl von Sonderwerbemöglichkeiten, z. B.

- ausschlagbare Seiten,
- aufgeklebte Postkarten,
- aufgeklebte Produktproben,
- Duftlackanzeigen,
- Beilagen, Beihefter

u. a.

### Fragen und Aufgaben zu Publikumszeitschriften

1. Geben Sie an, warum in Publikumszeitschriften eine sehr genaue Zielgruppenselektion möglich ist.
2. Äußern Sie sich zur Nutzungssituation und zur Nutzungsdauer von Publikumszeitschriften.
3. Es wird häufig behauptet, dass Publikumszeitschriften gut geeignet sind, um umfangreiche und komplexe Inhalte zu vermitteln. Nehmen Sie zu dieser Behauptung Stellung.
4. Welche Beziehung besteht zwischen den redaktionellen Beiträgen und der Akzeptanz der Werbung?
5. Beurteilen Sie die Eignung von Publikumszeitschriften, wenn geografisch gezielt gestreut werden soll.
6. Erläutern Sie an einem Beispiel, unter welchen Bedingungen eine Teilbelegung sinnvoll ist.
7. Erläutern Sie, warum bei Publikumszeitschriften eine sehr hohe Planungssicherheit besteht.
8. Beurteilen Sie die PZ bezüglich folgender Kriterien:
   - Reichweitenaufbau
   - Kontaktaufbau
   - zeitliche Steuerbarkeit
   - Darstellungsmöglichkeiten

### Lösungshinweise

**Lösung zu Aufg. 1**
Die Gattung Publikumszeitschrifften umfasst so genannte Zielgruppenzeitschriften, z. B. Zeitschriften für Frauen, Männer, Eltern, Jugendliche, Kinder etc. Hierdurch ist schon eine gute Selektion nach Geschlecht, Alter etc. möglich.

Ferner gibt es so genannte Special-Interest-Titel, die sich mit bestimmten Themen und Interessengebieten beschäftigen, z. B. Segeln, Golf, Motorsport etc. und daher gezielt Personen mit diesen Interessen ansprechen.

**Lösung zu Aufg. 2**
Es gibt unterschiedliche Nutzungsorte und Nutzungssituationen, die sich zum Teil je nach Zeitschrift unterscheiden. Die meisten Personen lesen die Zeitschrift aber zu Hause. Da Publikumszeitschriften mindestens ein Erscheinungsintervall von einer Woche haben, werden sie in der Regel mehrmals gelesen und daher besteht die Chance von Wiederholungskontakten mit der gleichen Ausgabe eines Titels.

**Lösung zu Aufg. 3**
Die Behauptung ist grundsätzlich richtig. Da eine PZ ein statuatorisches Medium ist, kann eine Anzeige beliebig lange betrachtet werden. Damit lassen sich also grundsätzlich umfangreiche und komplexe Werbebotschaften vermitteln. Es ist jedoch fraglich, ob die Rezipienten tatsächlich bereit sind, sich ausführlich mit Werbeanzeigen zu beschäftigen. Untersuchungen hierzu sagen eher das Gegenteil.

Bei großem Produktinteresse ist eine intensivere Nutzung aber durchaus realistisch.

**Lösung zu Aufg. 4**
Wenn Werbung in ein thematisch passendes Umfeld platziert wird, ist die Akzeptanz und die Beachtung in der Regel größer als bei einem neutralen Umfeld, da die Personen, die die betreffenden Artikel lesen, sich in der Regel auch für die Thematik und damit verbundene Produkte oder Leistungen interessieren.

**Lösung zu Aufg. 5**
Ungeeignet, da eine Teilbelegung in der Regel nur auf Nielsengebietsebene möglich ist.

**Lösung zu Aufg. 6**
Teilbelegung bedeutet, dass nur ein Teil der Gesamtausgabe belegt wird. Bei einigen Titeln besteht die Möglichkeit, die Belegung regional auf einzelne Nielsengebiete zu begrenzen. Eine Teilbelegung ist sinnvoll, wenn das Streugebiet regional begrenzt ist.

Bei sehr kleinen regional begrenzten Streugebieten, z. B. es soll nur in Düsseldorf und Umgebung geworben werden, ist auch eine Teilbelegung nicht sinnvoll, da bei einer Beschränkung auf Nielsen II immer noch in ganz NRW gestreut würde.

**Lösung zu Aufg. 7**
- Auflagenkontrolle durch die IVW
- Die Nutzung von Publikumszeitschriften wird durch eine Vielzahl von Markt-Media-Studien ausführlich untersucht.

**Lösung zu Aufg. 8**

*Reichweitenaufbau*
Durch die Belegung verschiedener Titel mit einer geringen externen Überschneidung und die Mehrfachbelegung von Titeln mit einer geringen internen Überschneidung lässt sich ein befriedigender Reichweitenaufbau erzielen. Wegen der relativ langen Erscheinungsintervalle von mindestens einer Woche ist das aber nicht sehr schnell möglich.

*Kontaktaufbau*
Durch die Belegung verschiedener Titel mit einer hohen externen Überschneidung und die Mehrfachbelegung von Titeln mit einer hohen internen Überschneidung lässt sich zwar grundsätzlich ein befriedigender Kontaktaufbau erzielen, wegen der relativ großen Erscheinungsintervalle (mindestens eine Woche) kann das aber relativ lange dauern. Wenn der Kontaktaufbau also sehr schnell erfolgen soll, sind Publikumszeitschriften nicht so gut geeignet.

*Zeitliche Steuerbarkeit*
Wegen der relativ langen Erscheinungsintervalle von mindestens einer Woche ist die zeitliche Steuerbarkeit eher ungünstig.

*Darstellungsmöglichkeiten*
Wegen der guten Vierfarbqualität sind die Darstellungsmöglichkeiten bei Publikumszeitschriften relativ gut. Nachteilig ist jedoch, dass es ein statisches und einkanaliges Medium ist. Vorteilhaft ist die Möglichkeit Produktproben, Duftproben etc. beifügen zu können.

## 5.3 Fachzeitschriften

*Definition*
Fachzeitschriften sind periodisch erscheinende Publikationen, die sich mit speziellen Themen und Fachgebieten beschäftigen. Sie richten sich vorwiegend an Personen, die einen beruflichen Bezug zu dem jeweiligen Thema haben.

Der Vertrieb erfolgt überwiegend im Rahmen des Postversandes.

Der Berufsbezug ist das Hauptabgrenzungskriterium zu den so genannten Special-Interest-Zeitschriften, die zur Gattung der Publikumszeitschriften gehören und sich an Zielgruppen richten, die sich aus Liebhaberei oder Interesse für das jeweilige Fachgebiet interessieren. Teilweise sind die Grenzen zwischen Fachzeitschriften und Special-Interest-Zeitschriften aber fließend.

*Typologie*
Insgesamt gibt es zur Zeit rund 3.650 Titel in der Bundesrepublik Deutschland, von denen etwa 1.100 IVW-geprüft sind. Fachzeitschriften lassen sich nach verschiedenen Systematiken gliedern:

- Branchenorientierte Fachzeitschriften richten sich an Mitglieder der gleichen Branche, z. B. Lebensmitteleinzelhandel, wobei die Zielpersonen hier unterschiedliche Funktionen wahrnehmen können.
- Funktionsorientierte Fachzeitschriften richten sich an Personen, die die gleiche betriebliche bzw. berufliche Funktion innehaben, aber aus verschiedenen Branchen kommen können, z. B. Management, Einkauf, Marketing.
- Themenorientierte Fachzeitschriften beschäftigen sich mit bestimmten Themengebieten, z. B. Computer, Umwelt, Controlling. Die Zielpersonen können hierbei aus verschiedenen Branchen kommen und unterschiedliche Funktionen ausüben.

*Verbreitung*
Fachzeitschriften werden vorwiegend von festen Abnehmern bezogen. Die Verbreitung erfolgt hierbei entweder entgeltlich durch ein Abonnement oder über Freiexemplare. Der Einzelverkauf spielt bei Fachzeitschriften nur eine untergeordnete Rolle.

### 5.3.1 Medialeistung

*Reichweiten*
Die Reichweiten von Fachzeitschriften sind sehr unterschiedlich, hierüber kann also keine generelle Aussage gemacht werden. Für viele Fachzeitschriften liegen auch keine Erhebungen über die Reichweite vor, sodass als Maß für die Verbreitung häufig nur die Auflage verwendet werden kann. Entsprechende Untersuchungen zeigen allerdings, dass die häufig sehr kleinen Fachzielgruppen mit Fachzeitschriften gut erreicht werden können.

*Reichweitenaufbau/Kontaktaufbau*
Man kann davon ausgehen, dass Fachzeitschriften sehr regelmäßig gelesen werden, sodass sich gut Kontakte aufbauen lassen. Inwieweit sich befriedigende Reichweiten aufbauen lassen, kann nicht generell gesagt werden, weil hier die Datenbasis noch nicht ausreichend ist. Einige Verlage führen zwar Reichweitenanalysen für ihre Titel durch, repräsentative Erhebungen für die ganze Gattung fehlen aber noch.

*Wirtschaftlichkeit*
Wegen der häufig fehlenden Reichweitenangaben lassen sich auch TKPs nur in Einzelfällen ermitteln. Da Fachzeitschriften ihre Zielgruppe häufig ohne große Streuverluste erreichen, kann man grundsätzlich ein befriedigendes Kosten-/Leistungsverhältnis unterstellen.

### 5.3.2 Steuerbarkeit

*Personelle Steuerbarkeit*
Auf Grund der großen Anzahl an Titeln und der sehr differenzierten Struktur der Fachzeitschriften lassen sich mit diesem Medium sehr gezielt spezifische Zielgruppen ansprechen.

*Zeitliche Steuerbarkeit*
Bedingt durch die relativ langen Erscheinungsintervalle (häufig ein Monat) ist eine zeitliche Steuerbarkeit nur sehr eingeschränkt möglich.

*Räumliche Steuerbarkeit*
Die Verbreitung von Werbung lässt sich mit Fachzeitschriften räumlich fast gar nicht steuern. Fachzeitschriften werden fast ausschließlich national verbreitet, Teilbelegungen sind in der Regel nicht möglich.

*Verfügbarkeit*
Wie bei Publikumszeitschriften, steht auch bei Fachzeitschriften Werberaum nahezu unbegrenzt zur Verfügung. Der Anzeigenschluss liegt je nach Erscheinungsweise drei bis sechs Wochen vor dem Erscheinungstermin.

*Werbemittel*
Hier besteht kein Unterschied zu Publikumszeitschriften. Sonderwerbeformen bei den jeweiligen Titeln können aus den Tarifen entnommen bzw. beim Verlag erfragt werden.

## Fragen und Aufgaben

1. Durch welche wesentlichen Merkmale unterscheiden sich Fachzeitschriften von Publikumszeitschriften?
2. Warum können die Verlage in der Regel detaillierte Angaben über die Empfänger ihrer Titel machen (Empfänger-Struktur-Analyse)?
3. Beurteilen Sie die Möglichkeit zur Zielgruppenselektion bei Fachzeitschriften und begründen Sie Ihre Ansicht.
4. Beurteilen Sie die Möglichkeit der regionalen Steuerbarkeit bei Fachzeitschriften und begründen Sie Ihre Ansicht.
5. Welche Kriterien sollten bei der Auswahl von Fachzeitschriften berücksichtigt werden?
6. Im Folgenden werden Angaben zur Fachzeitschrift „SCOPE" gemacht.
   a) Um welchen Fachzeitschriftentyp handelt es sich bei „SCOPE"?
   b) Wie wird die Zeitschrift „SCOPE" fast ausschließlich verbreitet?
   c) Angenommen, Sie sollen eine neuartige Produktionsplanungssoftware bewerben, die branchenübergreifend eingesetzt werden kann. Halten Sie „SCOPE" in diesem Fall grundsätzlich für einen geeigneten Werbeträger? Begründen Sie Ihre Ansicht.

*Kurzcharakteristik des Titels*
„SCOPE" ist als Industriemagazin für Produktion und Technik positioniert, das sich an Führungskräfte und Investitionsentscheider in der Industrie wendet. Die Leser kommen aus Produktionsabteilungen sowie Einkauf und Logistik. Mit fast 80.000 verbreiteten Exemplaren bezeichnet der Verlag den Titel als auflagenstärkstes Industriemagazin.

Bei „SCOPE" handelt es sich um eine Kennzifferzeitschrift. Bei diesem Fachzeitschriftentyp werden alle Anzeigen und Redaktionsbeiträge mit einer Kennziffer versehen. Interessenten können mit einer Leserdienstkarte oder online unter Angabe der Kennziffer gezielt weitere Informationen anfordern. Das Kennziffernsystem bietet damit den Anzeigenkunden eine gute Möglichkeit, Angaben über ihre Zielgruppe zu erhalten.

*Angaben zur Auflagenstruktur*

| | | |
|---|---|---|
| Auflagenkontrolle: | IVW | |
| Auflagen-Analyse: | Exemplare pro Ausgabe | |
| Druckauflage: | 80.014 | |
| Tatsächlich verbreitete Auflage (tvA): | | 79.518 |
| davon Ausland: | | 5.768 |
| Verkaufte Auflage: | | 3.800 |
| davon: abonnierte Exemplare: | | 0 |
| Einzelverkauf: | | 0 |
| sonstiger Verkauf: | | 3.800 |
| Freistücke: | | 75.718 |
| davon: ständige Freistücke: | | 45.945 |
| wechselnde Freistücke: | | 29.277 |
| Werbeexemplare: | | 496 |
| Rest-, Archiv- und Belegexemplare: | | 496 |

## Lösungshinweise

**zu 1)**
Fachzeitschriften:
- im Wesentlichen berufliche Nutzer
- hoher Anteil regelmäßiger Nutzer (Abo oder Freieinweisung)

Publikumszeitschriften:
- Nutzung aus Interesse oder zur Unterhaltung
- geringerer Anteil regelmäßiger Nutzer, selbst bei Abo-Zeitschriften

**zu 2)**
Da der größte Teil der Zeitschriften abonniert wird bzw. per Freieinweisung vom Verlag an bestimmte

Nutzer versendet wird, haben die Verlage relativ genaue Kenntnisse über ihre Empfänger.

**zu 3)**
Sehr gute Möglichkeiten zur Zielgruppenselektion, da die Fachzeitschriften auf Grund ihrer thematischen Ausrichtung gezielt Personen ansprechen, die in einer bestimmten Fachrichtung tätig sind oder eine bestimmte Funktion innehaben.

**zu 4)**
Kaum möglich, da Fachzeitschriften in der Regel eine nationale Verbreitung haben und nur bei sehr wenigen Titeln eine Teilbelegung möglich ist.

**zu 5)**
- thematische Ausrichtung
- Verbreitung (Abo, Freieinweisung)
- Auflage
- IVW-Prüfung
- Empfänger- und Leserstruktur
- Schaltkosten bzw. TKP oder TAP
- Erscheinungsintervall

**zu 6a)**
Funktionsorientierte Zeitschrift (Zeitschrift richtet sich an Führungskräfte und leitende Fachleute in der Industrie).

**zu 6b)**
Fast ausschließlich über Freistücke, erkennbar an der Auflagenstruktur.

**zu 6c)**
Die Zeitschrift ist grundsätzlich gut geeignet, da sie sich branchenübergreifend an Führungskräfte in der Industrie wendet, die häufig auch Entscheidungen über die Anschaffung einer neuen Produktionssoftware treffen oder an dem Entscheidungsprozess beteiligt sind. Positiv sind ferner die hohe Auflage und die Tatsache, dass die Zeitschrift IVW-geprüft ist.

Auch das Kennziffernsystem ist hier günstig, da es dem Unternehmen die Möglichkeit bietet, sich gezielt an die Interessenten der Produktionssoftware zu wenden. Nachteilig ist allerdings die weitgehende Verbreitung durch Freistücke, da kostenlos erhaltene Zeitschriften häufig weniger beachtet werden als käuflich erworbene.

## 5.4 TV-Werbung

*Definition*
Guido Modenbach definiert Fernsehen wie folgt: „Fernsehen ist das audio-visuelle Medium im Rundfunksektor. Fernsehnutzung findet meistens stationär – in der Regel – in der häuslichen Umgebung statt. Die Rezeption ist passiv und beschränkt sich auf das Sehen und/oder Hören der dargebotenen Sendung.“ (Modenbach in „Werbeträger“ 1999)

Durch die zunehmende Verbreitung von digitalem Fernsehen und Fernsehen über das Internet wird diese Definition in Zukunft nur noch eingeschränkt zutreffen. Fernsehen wird die Möglichkeit der Interaktion bieten und sich auch stärker auf den außerhäusigen Bereich verlagern. Vergl. hierzu den Abschnitt zum digitalen Fernsehen und zum IP-TV.

*Typologie*
TV-Sender lassen sich nach vielfältigen Kriterien unterteilen. Gängige sind
- Unterscheidung nach der Rechtsform (öffentlich-rechtlich, privat),
- Unterscheidung nach der Verbreitungsart (terrestrisch, Kabel, Satellit),
- Unterscheidung nach dem Verbreitungsgebiet (national, regional, lokal),
- Unterscheidung nach der Programmstruktur (Vollprogramm, Spartenprogramm, Pay-TV),
- Unterscheidung nach den hauptsächlich gesendeten Programmgenres (z. B. Nachrichten/Informationsprogramm, Sportprogramm, Musikprogramm, Kinderprogramm, Spielfilmprogramm u.a.),
- Unterscheidung nach der Signalart (analog, digital),
- Unterscheidung nach der soziodemografischen Nutzerstruktur (jünger – älter, männlich – weiblich u. a.).

**Beispiele für Vollprogrammsender**

*öffentlich-rechtlich*
- ARD-Sender
  - Rundfunk Berlin-Brandenburg (RBB)
  - Bayrischer Rundfunk
  - Südwestrundfunk
  - Westdeutscher Rundfunk
  - Hessischer Rundfunk
  - Radio Bremen
  - Mitteldeutscher Rundfunk
  - Norddeutscher Rundfunk
  - Saarländischer Rundfunk
- Zweites Deutsches Fernsehen
- 3sat
- Arte

*privat*
RTL / RTL 2 / VOX
PRO7 / Kabel 1 / SAT1

**Beispiele für Zielgruppen- und Spartensender mit Werbemöglichkeiten (ausschließlich privat)**

| *Sender* | *Zielgruppe/Programm* |
|---|---|
| Super RTL | Familie (drei- bis 13-jährige Kinder und deren Eltern) |
| VIVA | Musik (Rock/Pop für 14- bis 25-Jährige) |
| MTV | Musik (Rock/Pop für 14- bis 49-Jährige) |
| VH1 | Musik (Intern. Hits für 25- bis 49-Jährige) |
| n-tv | Nachrichten und Wirtschaftsinformationen |
| DSF | Sport |
| Bloomberg | Börse, Wirtschaftsnachrichten |
| EUROSPORT | Sport |

*Empfangsmöglichkeiten*
Fernsehen kann in fast allen Haushalten der Bundesrepublik empfangen werden. In 97 % aller Haushalte befindet sich ein TV-Gerät, in über 60 % zwei oder mehr Geräte. Da die Programme der verschiedenen Sender teils unterschiedlich verbreitet werden, ergeben sich auch Unterschiede hinsichtlich der Empfangbarkeit. Die ARD und das ZDF können von allen Fernsehhaushalten empfangen werden. Die großen privaten Vollprogrammsender RTL, SAT1 und Pro7 haben eine technische Reichweite nahe bei 100 %. Selbst bei vielen Spartensendern liegt die technische Reichweite bei über 80 %.

*Digitales Fernsehen*
Unter digitalem Fernsehen versteht man, dass die Fernsehprogramme in digitalisierter Form ausgestrahlt werden. Das bedeutet, dass die analogen Bild- und Tonsignale in Binärcodes umgewandelt werden. Bei einer analogen Übertragung sind grundsätzlich beliebig viele verschiedene Zustände wie bei einer Welle möglich. Ein Binärcode kennt dagegen nur zwei Zustände, z. B. 0 und 1. Die jeweiligen analogen Werte werden dabei in Ketten von 0 und 1 umgewandelt. Der Vorteil der Digitalisierung besteht darin, dass ein digitales Fernsehprogramm eine deutlich geringere Bandbreite (je nach Datenreduktion ein Zehntel bis ein Fünftel) für die Übertragung benötigt als ein analoges TV-Programm. Dadurch können mehr Programme übertragen werden und außerdem können Zusatzdienste, wie z. B. Programminformationen, erweiterte Teletext-Angebote u.a. angeboten werden. Durch die Einrichtung eines Rückkanals ist sogar eine echte Interaktion möglich. Die Abkürzung für digitales Fernsehen ist DVB (Digital Video Broadcasting). Je nach Übertragungsart unterscheidet man:
- DVB-T (Digital Video Broadcasting-Terrestrial) erdgebundene Verbreitung der Fernsehsignale in der Atmosphäre
- DVB-C Verbreitung der digitalen Signale über Kupfer oder Glasfaserkabel von so genannten Kabelkopfstationen aus, das C steht dabei für cabel = Kabel
- DVB-S Verbreitung per Satellit
- DVB-H terrestrische Verbreitung für mobile Endgeräte, z. B. Handy

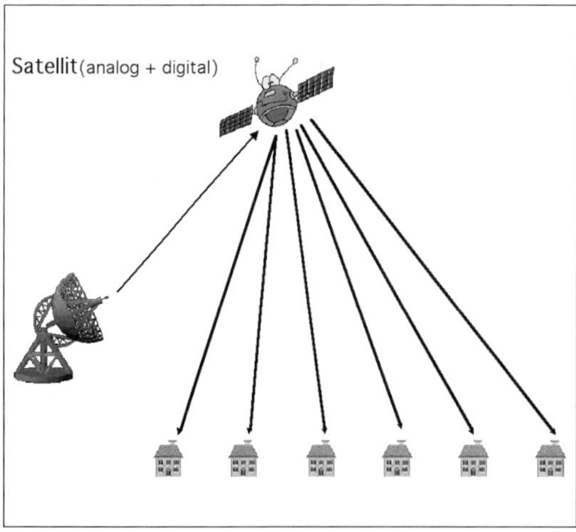


*Abb. 5.5: Verbreitung per Satellit*

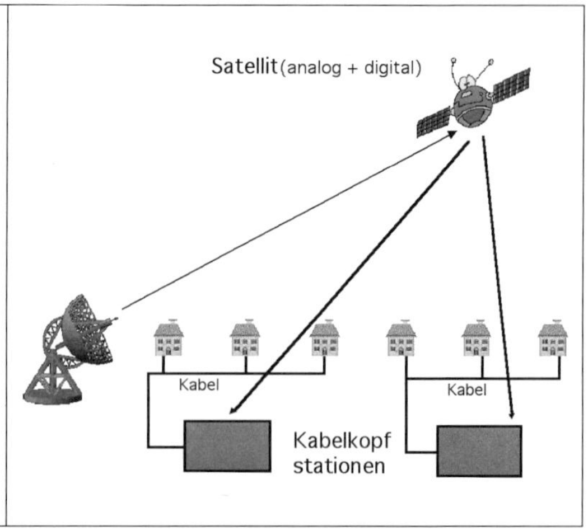


*Abb. 5.6: Verbreitung per Kabel*

Das DVB-T wird auch als „Überall-Fernsehen“ bezeichnet, da in den Kernbereichen der Ausstrahlung für den Empfang lediglich eine kleine Stabantenne erforderlich ist. Außerdem ermöglicht es Fernsehen mit einem entsprechend ausgerüsteten PC oder Laptop. DVB-T kann in Deutschland mittlerweile nahezu überall empfangen werden. Das könnte dazu führen, dass sich in Zukunft die Fernsehnutzung stärker auf den außerhäusigen Bereich verlagert. Das gilt umso mehr, wenn TV-Empfang auch mit mobilen Endgeräten problemlos möglich ist.

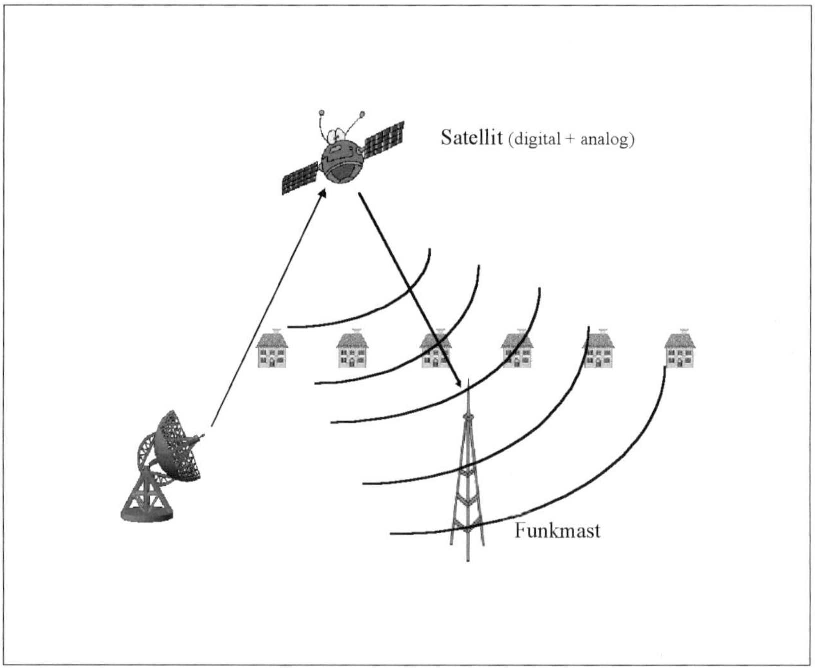


*Abb. 5.7: Terrestrische Verbreitung*

*IP-TV*
IP-TV ist die Abkürzung für Internet-Protokoll-TV und meint die Verbreitung von Fernsehsignalen über das Internet. IP-TV bietet eine einfache Möglichkeit zur Interaktion. Das heißt, die Nutzer können ihrerseits mit den TV-Anbietern in Kontakt treten. Eine stärkere Verbreitung von IP-TV wird daher in Zukunft sicher zur Entwicklung neuer interaktiver Werbeformen und Programme führen. In Deutschland schreitet die Nutzung von IP-TV nur schleppend voran.

*TV-Angebot und TV-Nutzung*
Bis Ende 1983 gab es nur die öffentlich-rechtlichen Sendeanstalten in Deutschland. Im Januar 1984 nahm mit RTL plus der erste Privatsender seinen Sendebetrieb auf. In der Folgezeit sind eine Vielzahl weiterer Privatsender dazugekommen. Zur Zeit gibt es etwa 83 werbefinanzierte bundesweite TV-Sender. Dazu kommen noch etwa 50 regionale und lokale Sender. Das Angebot an TV-Sendezeit hat sich dadurch vervielfacht. Im Vergleich dazu hat sich die durchschnittliche TV-Nutzung pro Tag nur um etwa 70 Minuten vergrößert. 1985 wurden im Durchschnitt 150 Min. pro Tag und Person ferngesehen, heute sind es ca. 220 Min. Die TV-Nutzung bleibt seit einigen Jahren weitgehend konstant, während das TV-Angebot zunimmt. Die Folge ist, dass ein immer größerer Betrag aufgewendet werden muss, um die gleiche Wirkung zu erzielen, da sich die Zuschauer auf das größer werdende Angebot verteilen.

*Bedeutung der einzelnen Sender*
Misst man die Bedeutung der Sender an den Werbeumsätzen, liegen die großen privaten Vollprogrammsender RTL, SAT1 und Pro7 klar an der Spitze. Sie vereinen gut zwei Drittel der gesamten Werbeumsätze im Fernsehen auf sich. Der Anteil der öffentlich-rechtlichen Sender an den Werbeumsätzen ist dagegen relativ gering. Hierbei muss allerdings berücksichtigt werden, dass die öffentlich-rechtlichen Sender weder nach 20:00 Uhr noch an Sonn- und Feiertagen und auch nur 20 Minuten pro Tag Werbung ausstrahlen dürfen. Misst man die Bedeutung der TV-Sender an den Marktanteilen, dann liegen die öffentlich-rechtlichen Sender zusammen mit den großen privaten Vollprogrammsendern vorne.

*Unter Marktanteil versteht man u.a. den prozentualen Anteil der Reichweite eines Senders während eines bestimmten Zeitraumes an der Reichweite aller Sender während dieses Zeitraumes.*

Eine ausführlichere Erläuterung des Begriffs Marktanteil finden Sie in Abschnitt 5.5.

### 5.4.1 Medialeistung

*Reichweiten/Reichweitenkumulation/ Kontaktkumulation*
Die Reichweiten sind je nach Tageszeit und Sender unterschiedlich. Die Hauptzeit liegt zwischen 19 und 23 Uhr. In dieser Prime-Time ist die Reichweite der großen Sender in etwa mit der Reichweite auflagenstarker Publikumszeitschriften zu vergleichen.

Das Medium TV hat allerdings ein sehr hohes Reichweitenwachstum. Bei einer 20-maligen Belegung des Senders RTL erreicht man knapp 50 % der Gesamtbevölkerung ab 14 Jahren. Der schnelle Reichweitenaufbau geht natürlich mit einem entsprechend geringen Kontaktaufbau einher. Grundsätzlich lässt sich natürlich auch mit dem Medium TV ein befriedigender Kontaktaufbau erzielen, hierzu ist dann aber ein hohes Schaltvolumen erforderlich, was die Wirtschaftlichkeit beeinträchtigt.

*Kosten/Wirtschaftlichkeit*

*a) Schaltkosten/TKPs*
Die Schaltkosten im TV sind sehr unterschiedlich und differieren zwischen den einzelnen Sendern und zu den verschiedenen Tageszeiten.

Die höchsten Schaltkosten entfallen auf die Prime-Time. In dieser Zeit sind bei den großen Vollprogrammsendern die Kosten für die Verbreitung eines 30-Sekunden-Spots in etwa vergleichbar mit den Kosten für die Insertion einer vierfarbigen Anzeige im Format 1/1-Seite in einer großen

Publikumszeitschrift. Bei kleinen Sendern und zu reichweitenschwachen Zeiten sind die Schaltkosten dagegen gering.

Auch die TKPs sind je nach Sender, Tageszeit und Sendung sehr unterschiedlich. Sie können im Extremfall zwischen 1,00 bis 2,00 € und 80,00 bis 90,00 € liegen. Im Durchschnitt liegen sie jedoch über den TKPs bei Publikumszeitschriften.

→ *Problematisch für den Mediaplaner ist, dass der TKP für einen bestimmten Werbeblock erst nach Ausstrahlung des Blocks ermittelt werden kann.*

Dies ist der Fall, da der TKP von Schaltkosten und Reichweite abhängt und über die Reichweite im Vorfeld aber nur Schätzwerte vorliegen, da sie von der Einschaltquote bestimmt wird.

*b) Produktionskosten*
Die Produktionskosten für einen TV-Spot sind sehr hoch. Sie betragen häufig mehrere hunderttausend Euro. Bei aufwändigen Spots können sie sogar über 1 Mio. € betragen.

*Nutzerstruktur*
Die großen Vollprogrammsender erreichen im Wesentlichen den Querschnitt der Bevölkerung.

Bei den öffentlich-rechtlichen Sendern besteht allerdings eine deutliche Tendenz in Richtung ältere Menschen, untere Einkommensklassen und niedrige Schulabschlüsse.

Diese Tendenz besteht auch bei den Privatsendern RTL und SAT1, allerdings nicht so ausgeprägt wie beim ZDF und den ARD-Sendern. PRO 7 und Kabel 1 sprechen tendenziell eher Menschen im mittleren Alterssegment an. RTL 2 und die Musiksender MTV und VIVA werden bevorzugt von jüngeren Menschen genutzt.

### 5.4.2 Steuerbarkeit

*Personelle Steuerbarkeit*
Eine Zielgruppenselektion ist beim Medium TV nach Sendern nur sehr grob möglich. Über das Programmumfeld lassen sich jedoch bestimmte Zielgruppen relativ gezielt ansprechen. Die Selektionsmöglichkeiten sind jedoch bei weitem nicht so gut wie bei Publikumszeitschriften. Man muss mit relativ hohen Streuverlusten rechnen.

*Zeitliche Steuerbarkeit*
Das Fernsehen ermöglicht eine sehr gute zeitliche Steuerung. Die Ausstrahlung des Spots kann bis auf den Werbeblock genau bestimmt werden. Darüber hinaus bietet das Fernsehen auch die Möglichkeit, in einer kurzen Zeit eine sehr große Anzahl von Spots zu schalten.

*Räumliche Steuerbarkeit*
Eine geografische Steuerung ist nur eingeschränkt möglich. Über die regionalen ARD-Sender und regionale Fensterprogramme von z.B. SAT 1 und RTL ist eine grobe Steuerung auf Nielsen- bzw. Bundesländerebene teilweise möglich, allerdings nur am späten Nachmittag.

Durch die zunehmende Etablierung von regionalen und lokalen TV-Sendern, die durch die Digitalisierung gefördert wird, verbessert sich die regionale Steuerbarkeit zwar, ist aber zur Zeit außerhalb der Ballungsräume immer noch unbefriedigend.

*Verfügbarkeit*
Es ist langfristige Planung notwendig, denn bei den öffentlich-rechtlichen Sendern müssen die Buchungen bis zum 30.09. für das folgende Kalenderjahr erfolgt sein. Auf Grund der Wettbewerbssituation gestatten die Sender jedoch häufig auch noch Nachbuchungen. Die Vermarktung der einzelnen Sender (Abfrage der Verfügbarkeit sowie die Buchung, Abwicklung/Ausstrahlung und Abrechnung der Aufträge) erfolgt über die TV-Vermarkter, die Tochtergesellschaften der Mediakonzerne sind, die die Sender betreiben:

- IP-Deutschland (RTL, VOX, Super RTL, n-tv, RTL NITRO, Passion, RTL Crime, RTL Living)
- EL CARTEL MEDIA (RTL II)
- SevenOne Media (SAT 1, ProSieben, kabel eins, sixx, SAT.1 Gold, ProSieben MAXX und die digitalen Plattformen)
- ARD Sales & Services (ARD)

oder

- direkt über die Sender (z. B. ZDF)

Bei den privaten Sendern gibt es keine festen Buchungstermine. Die Überprüfung der Verfügbarkeit einzelner Werbeplätze und ihre Buchung können von den Mediaagenturen selbst online durchgeführt werden. Das gilt auch für Stornierungen. Bei einigen Sendern liegt die Stornofrist bei sechs Wochen, andere erlauben Stornos drei bis vier Wochen vor dem Ausstrahlungstermin (zeitweilig übliche Fristen von nur drei Tagen gibt es praktisch nirgends mehr).

Auftrag und Sendekopie sollten etwa zehn Tage vor dem Ausstrahlungstermin beim Sender sein. Gefragte Sendeplätze sollten jedoch früh gebucht werden, hier gilt immer noch inoffiziell der Termin 30.09.

*Werbemittel*

→ *Das hauptsächliche Werbemittel beim Fernsehen ist der TV-Spot, der in so genannten Werbeblöcken ausgestrahlt wird.*

Die Spots lassen sich je nach Format, Platzierung und Art der Darbietung weiter unterteilen. Daneben gibt es Dauerwerbesendungen, in denen Produkte als Gewinne präsentiert oder Produktinformationen in redaktionell gestalteter Form dargeboten werden können. Schließlich besteht noch die Möglichkeit des TV-Sponsorings. Hier wird der Sponsor vor, nach und evtl. nach den Werbeunterbrechungen kurz präsentiert. Die Sponsorhinweise haben eine Länge von ca. sieben Sekunden.

*Übersicht Sonderformen der TV-Werbung*

| **Sponsoring** | |
|---|---|
| Programmsponsoring | Zu Beginn, vor oder nach den Werbeunterbrechungen und am Ende einer gesponserten Sendung wird ein Sponsortrailer von bis zu 7 Sekunden Länge eingeblendet |
| Trailersponsoring | Integration des Sponsors in die Promotion des Senders für die gesponserte Sendung |
| Titelsponsoring | Die Marke des Sponsors ist Teil des Sendungstitels |
| Rubrikensponsoring | Sponsoring einer thematisch interessanten, redaktionell eigenständigen Rubrik innerhalb der Sendung |
| Labelsponsoring | Sponsoring einer thematischen zur inhaltlichen Ausrichtung der Markenkommunikation passenden Programmstrecke |

| **Special Creation** | |
|---|---|
| Promostory | Die eigene Sendung für den Werbungtreibenden, redaktionell gestaltet und hochwertig produziert, aber mit werblicher Aussage. Kennzeichnung mit speziellem Werbe-Opener und während der gesamten Länge als Werbesendung |
| Spotpremiere | Neben dem Werbespot, der zum ersten Mal im TV gezeigt wird, wird auch das Making Of-Material ausgestrahlt |
| Gewinnspiel | Kooperation von Gewinnspielpartner und Sender/Sendung innerhalb eines Kampagnen- oder redaktionellen Gewinnspiels; Auslobung eines hochwertigen Preises bzw. Nennung des Kooperationspartners |
| Framesplit | Die Werbebotschaft wird parallel zur laufenden Sendung als Rahmen eingeblendet, statisch oder animiert; Programmton |

| | |
|---|---|
| Skyscraper | Parallel zum redaktionellen Beitrag bewegt sich die Botschaft als Werbesäule durch das Bild; Programmton |
| Crawl | Werbebotschaft integriert im Laufband mit den aktuellen News von n-tv; Programmton |
| Cut in | 5- bis 10-Sekünder, der eingebettet in das direkte Programmumfeld, mit unterschiedlichen Rahmenvarianten gebucht werden kann |
| Splitboard | Werbebotschaft im „Print-Look", statisch oder animiert, mit oder ohne eigenen Ton, wird z. B. in den Rahmen eines Abspanns oder als Splitscreen mit Nutzung eines Programmtrailers eingefügt und erreicht so den Zuschauer im redaktionellen Umfeld, Produktion durch den Sender |
| Movesplit | Individuell produziertes Wechselspiel zwischen Programm und Werbebotschaft, entweder im Platzierungswechsel (Spot und redaktioneller Inhalt tauschen die Rollen) oder im dynamischen Bewegungsablauf (Spot verdrängt redaktionellen Inhalt vom Bildschirm) |

| **Exclusive Position** | |
|---|---|
| Single Split/ Solospot | 20- bis 30-sekündiger Splitscreen-Spot, der als Überleitung zwischen zwei Programmen oder Programmteilen dient (kann optional Countdown und/oder Ticker-Funktion übernehmen) |
| Abspannsplit | Ausstrahlung des klassischen Spots im Abspann mit den Informationen zur vorangegangenen Sendung; Teilbild;TV-Spot mit Ton und Bild im Hauptfenster |
| Pre-Split | Der Spot läuft im Teilbild exklusiv direkt vor Beginn der nachfolgenden Werbeinsel; TV-Spot mit Ton und Bild im Hauptfenster |
| Newscountdown / Best Minute | 20- bis 30-sekündiger Split vor den Nachrichten mit digitalem Countdown |
| Contentsplit | Der Spot läuft in einem Rahmen des Senders, der die redaktionellen Inhalte des vorausgegangenen Themenbereichs aufgreift. So wie z. B. die Wetterwerte der abgelaufenen Nachrichtensendung; TV-Spot mit Ton und Bild im Hauptfenster |
| Diary | Schnelle 5-, 7- oder 10-Sekunden-Splits; Hauptmerkmal ist die unmittelbare Programmnähe und die feste Verteilung der Schaltungen über den Tag (15 bis 18 Platzierungen). Der Diary wird nach dem Programm und vor dem Werbeunterbrecher geschaltet |
| Programmsplit | Klassischer TV-Spot im Teilbild innerhalb einer Sendung; TV-Spot mit Ton und Bild im Hauptfenster |
| Singlespot | Der Werbeblock im Vollbild für nur einen Spot, unterstützt durch einen speziellen Werbetrenner |
| Premierenspot | Exklusive Platzierung für die Erstausstrahlung des neuen TV-Spots, unterstützt durch einen speziellen Premierentrenner |
| Trailer-Split | 20- bis 30-sekündige Splitscreen-Variante, die mitten ins laufende Programm eingebunden wird. Formatabhängig bietet diese Werbeform ein breites Spektrum an Möglichkeiten vom Abspann bis zur Highlight oder Rubrikenankündigung |

| **Integrated Concepts**<br>**Verknüpfung der TV-Kampagne mit Online- und/oder Teletext-Werbung** | |
|---|---|
| Online Ads | Verlängerung der Marke ins Internet |
| Teletext | Teletext-Werbung als Ergänzung zur TV-Kampagne |

*Quelle: weitgehend übernommen aus „Werbung in Deutschland 2006", ZAW, Berlin*

**Rechtliche Aspekte zur TV-Werbung**

Fernsehwerbung ist in Deutschland im Rundfunkstaatsvertrag geregelt. Grundlage dafür ist die Europäische Fernsehrichtlinie, zum Zeitpunkt der Drucklegung des Buches von Dezember 2007. Nachfolgend werden kurz die werberelevanten Inhalte der Richtlinie dargestellt.

*Schleichwerbung*

Unter Schleichwerbung wird die Erwähnung oder Darstellung von Waren, Dienstleistungen, Namen, Marken oder Tätigkeiten eines Unternehmens verstanden, wenn sie absichtlich und zu Werbezwecken erfolgt und die Allgemeinheit hinsichtlich des eigentlichen Zwecks dieser Erwähnung oder Darstellung irreführen kann. Ein Werbezweck wird unterstellt, wenn die Erwähnung oder Darstellung gegen Geld oder ähnliche Leistungen erfolgt. Schleichwerbung ist verboten.

*Sponsoring*

- Zuschauer müssen eindeutig auf das Sponsoring hingewiesen werden.
- Zigaretten-/Tabakhersteller sind vom Sponsoring ausgeschlossen.
- Kein Sponsoring mit verschreibungspflichtigen Arzneimitteln, die betreffenden Pharmaunternehmen dürfen aber Gegenstand von Sponsoring sein.
- Nachrichten und Sendungen zum politischen Zeitgeschehen dürfen nicht gesponsert werden.
- Anregungen zum Kauf von Produkten des Sponsors sind nicht zulässig.
- Die Mitgliedstaaten können bei Kindersendungen, Dokumentarfilmen und Sendungen mit religiösem Inhalt Sponsoring untersagen.

*Productplacement (Produktplatzierung)*

- bedeutet die Platzierung von Produkten und Marken in Sendungen gegen Entgelt oder ähnliche Gegenleistungen.
- Produktplatzierungen sind erlaubt:
  - in Kinofilmen, Filmen und Serien, Sportsendungen und Sendungen der leichten Unterhaltung, oder
  - wenn sie ohne Entgelt, im Rahmen der kostenlosen Bereitstellung erfolgen, das gilt allerdings nicht für Kindersendungen.

Voraussetzungen für eine Produktplatzierung sind:

- Zuschauer müssen eindeutig auf die Platzierung hingewiesen werden,
- es erfolgt keine Aufforderung zum Kauf,
- es erfolgt keine zu starke Herausstellung des platzierten Produktes,
- keine Produktplatzierungen von Tabakerzeugnissen oder verschreibungspflichtigen Medikamenten.

*Werbung und Teleshopping*

- Werbung und Teleshopping müssen als solche klar erkennbar und durch optische Mittel vom übrigen Programm getrennt sein.
- Unterschwellige Werbung ist nicht erlaubt.
- Fernsehfilme (Ausnahme: Serien, Reihen, Dokumentarfilme), Kinospielfilme, Nachrichtensendungen dürfen für jeden programmierten Zeitraum von mindestens 30 Minuten einmal für Werbung/Teleshopping unterbrochen werden.
- Kindersendungen dürfen bei einer Sendedauer von mehr als 30 Minuten für jeden programmierten Zeitraum von 30 Minuten höchstens einmal durch Werbung/Teleshopping unterbrochen werden.
- Innerhalb eines Stundenzeitraums sind nur 20 % (12 Min.) Werbe-/Teleshoppingspots zulässig, Eigenwerbung der Sender, Hinweise auf Begleitmaterialien, die sich unmittelbar auf die Sendung beziehen, Sponsoring und Produktplatzierung werden darauf nicht angerechnet.
- Keine Werbeunterbrechungen von Gottesdienstübertragungen.

Bei der Umsetzung der Fernsehrichtlinie durften die Mitgliedstaaten von den Regelungen zum Productplacement, der Häufigkeit der Werbeunterbrechungen von Sendungen und der Werbedauer abweichen und für ihr Hoheitsgebiet strengere Regeln erlassen. Das darf aber nicht zu einer Einschränkung des Wettbewerbs führen.

Die Fernsehrichtlinie ist von Deutschland mittlerweile nahezu vollständig in den Medienstaatsvertrag übernommen worden. Folgende Besonderheiten sind aber zu beachten:

- Productplacement gegen Entgelt bei Kinofilmen, Filmen und Serien, Sportsendungen und Sendungen der leichten Unterhaltung, die von dem Sender selbst oder in dessen Auftrag produziert wurden, ist bei öffentlich-rechtlichen Sendern nicht zulässig, sondern nur bei Privatsendern.
- Bei öffentlich-rechtlichen Sendern darf die tägliche Werbezeit maximal 20 Minuten betragen. An Sonntagen und bundesweiten Feiertagen ist keine Werbung zulässig. Nach 20:00 Uhr darf nicht geworben werden. Werbung ist nur im ersten Fernsehprogramm der ARD und im ZDF zulässig.

### 5.4.3 Zuschauermessung

*GfK-Fernseh-Panel*

In Deutschland wird das TV-Sehverhalten mit einem Fernsehpanel von der GfK (Gesellschaft für Konsumforschung) gemessen. Den Auftrag dafür hat sie von der Arbeitsgemeinschaft Fernsehforschung (AGF), der fast alle deutschen Sender angehören, erhalten.

Die Messung erfolgt mit dem so genannten GfK-Meter – ein Gerät, das automatisch erfasst, welcher Sender eingestellt ist, und sekundengenau alle Umschaltvorgänge registriert und speichert. An dem Panel sind 5.200 repräsentativ ausgewählte Haushalte beteiligt, in denen etwa 12.000 Personen im Alter ab drei Jahren leben. Jeder dieser Panelhaushalte ist mit einem GfK-Meter ausgestattet. Durch eine zusätzliche Fernbedienung müssen sich die einzelnen Haushaltsmitglieder an- und abmelden. Auf der Fernbedienung gibt es auch eine Taste für Gäste.

Nachts werden die gespeicherten Daten automatisch abgerufen und über die Telefonleitung an den Zentralcomputer der GfK weitergeleitet. Bereits am anderen Morgen stehen die Daten den Media- und Werbeagenturen zur Verfügung. Ob die Panelteilnehmer sich korrekt an- und abmelden, wird durch so genannte Coincidental-Checks überprüft. Dabei wird per Telefon erfragt, welche Haushaltsmitglieder gerade fernsehen, und diese Angaben werden mit den Messdaten des GfK-Meters verglichen. Obwohl die GfK das Sehverhalten sekundengenau misst, werden für die Werbeblöcke nur durchschnittliche Reichweiten veröffentlicht. Vergleichen Sie auch die Ausführungen zur Sehbeteiligung in Abschnitt 5.5.

Einmal im Jahr führt die GfK mittels Befragung eine „Strukturerhebung“ der GfK-Haushalte durch. Hierbei wird der Besitz von Konsumgütern, Anschaffungsabsichten, Produktinteressen und die Verwendung von Konsumgütern hinsichtlich Häufigkeit und Mengen erhoben. Zusätzlich werden auch noch Fragen über das Sehverhalten und Lieblingssendungen gestellt. Die gesammelten Daten werden, um die Anonymität zu wahren, mit Zahlen verschlüsselt. Die Entschlüsselung der Zahlen ergibt dann ein sehr genaues Konsum-Profil der einzelnen Haushaltsmitglieder (Single-Source) – aber natürlich strikt anonym.

Ordnet man nun diesen Konsumdaten das konkrete Fernsehnutzungsverhalten der jeweiligen Person zu, ergeben sich daraus die so genannten PINs (personenindividuelle Nutzungsdaten), die eine sehr zielgenaue TV-Planung ermöglichen.

*Gesamtbewertung*

→ *Aus mediastrategischer Sicht erfüllt das Fernsehen insbesondere die Funktion des schnellen Aufbaus von Werbedruck und damit der kurzfristigen Bekanntmachung von Kampagnen und Marken.*

Durch die Möglichkeit, innerhalb eines kurzen Zeitraumes eine große Anzahl von Spots zu schalten, ermöglicht das Fernsehen also einen schnellen Reichweiten- und Kontaktaufbau und kann damit in kurzer Zeit einen entsprechenden Werbedruck erzeugen. Durch die Notwendigkeit einer hohen Schaltfrequenz ist dafür allerdings ein relativ großer Etat notwendig. Durch die zum Teil hohen Streuverluste ist die Wirtschaftlichkeit zudem eingeschränkt.

Dank der Kombination von bewegtem Bild und Ton wirkt Fernsehwerbung multisensorisch und damit aufmerksamkeitsstark. Neben der Breitenwirkung und der Aktualität ist die Suggestivkraft ein wesentliches Merkmal des Fernsehens, die das Medium in seiner Eigenschaft als Werbeträger qualifiziert. Fernsehwerbung bietet somit die Möglichkeit emotionaler Werbeauftritte zur Bildung von Images und Markenwelten sowie erlebbarer Präsentation von beispielsweise Produktvorteilen, der Produktverwendung oder von Verwendungsanlässen.

→ *Die Gestaltung der Spots hat nachweisbar Einfluss auf die Erinnerungsleistung der Rezipienten.*

Emotionen wie Angst, Erotik und Schock können bei der Erinnerungsleistung eine positive Wirkung erzielen, wenn sie nicht zu stark eingesetzt werden. Ist die Emotion zu stark, erinnert man sich zwar an sie, aber nicht unbedingt an das Produkt, das damit in Verbindung gebracht wurde. Die Erinnerungsleistung wirkt sich bei emotionalen Spots auch positiv auf die nachfolgenden Spots aus, wie eine Untersuchung an der Uni Mainz ergab. Dies trifft jedoch nicht auf sachlich-informative Spots zu, die dann dröge und langweilig wirken. Die Anordnung aufeinander folgender Spots im Werbeblock kann also einen nicht unerheblichen Einfluss auf die Erinnerungsleistung haben. Nur haben die Firmen wenig Einfluss darauf, an welcher Stelle innerhalb des Werbeblocks ihr Spot läuft. Lediglich Großkunden genießen Vorzugsbehandlung. Immerhin achten die Privatsender zunehmend auf eine harmonische Zusammenstellung der Spots. Die Übergänge aus dem Programm und ins Programm sollen nicht zu ruppig sein, wort- und bildlastige Spots werden gleichmäßig verteilt, aggressiven Spots folgen ruhigere.

*Die strategischen Vorteile des Fernsehens:*

- Fernsehen steigert kurzfristig Marken- und Werbebekanntheit,
- es dramatisiert und demonstriert Produkteigenschaften und Produktvorteile,
- Fernsehen bietet emotionale Ansprachemöglichkeiten (Erlebniswelten),
- es erzeugt Identifikationsbereitschaft durch Miterleben und erleichtert auf diese Weise Einstellungsänderungen,
- es ist primär ein Breitenmedium und erreicht alle Zielgruppensegmente.

Als qualitative Nachteile des Fernsehens aus Sicht der Werbung lassen sich folgende Punkte aufführen:

- Fernsehen wird passiv genutzt und erleichtert daher „Werbe-Flucht" durch Zapping und Nebenbeschäftigungen,
- es bietet häufig qualitativ durchschnittliche oder geringwertige Umfelder,
- es kann Zielgruppen nur eingeschränkt selektieren,
- es erhöht permanent seinen „Noise-Level" und senkt damit seine Wirksamkeit,
- es erlaubt zwar die Maximierung von Kontakten, erschwert jedoch zunehmend das Erzielen von ausreichender und wirksamer Reichweite.

*Perspektiven*

Durch technischen Fortschritt hat sich die Situation im TV-Bereich bereits deutlich verändert. Die Entwicklung wird aber weitergehen. Absehbar sind:

1. Qualitativ hochwertige und kostengünstige Videotechnik wird die personal- und kostenintensive Filmaufzeichnungstechnik der TV-Sender teilweise ersetzen und die Programmkosten erheblich senken.
2. Durch digitale Übertragungstechnik wurden die Kapazitäten der Satelliten und Kabelnetze mehr als verzehnfacht.
   Damit sind in der Folge dann auch (kleinere) Special-Interest-Sender sowie Regional-/Lokal-Sender in jeder größeren Stadt bzw. Region möglich. Außerdem wird das so genannte interaktive TV zunehmend an Bedeutung gewinnen.
3. TV wird zunehmend zum Überall-Medium.

Hinzu kommt:

4. Die Entwicklung von Pay-TV- Angeboten kann die gesamte TV-Landschaft verändern. Schon heute ist die Tendenz der großen privaten Sender zu beobachten, verstärkt auf Eigen-Produktionen zu setzen, um nicht in zu große Abhängigkeit von den Film-Händlern zu geraten, die ihre Top-Filme in Zukunft vielleicht zunächst im Pay-TV zeigen werden.

## 5.5 TV-Begriffe

Die in Kapitel 4 erläuterten, grundlegenden Mediabegriffe gelten natürlich grundsätzlich auch für die Mediengattung Fernsehen. Hier sind sie aber teilweise etwas anders definiert. Außerdem gibt es für das Fernsehen noch zusätzliche Begriffe. Nachfolgend werden die wesentlichen TV-Begriffe kurz definiert und mithilfe von Beispielen verdeutlicht.

### Seher

→ *Unter einem Seher versteht man grundsätzlich einen Nutzer des Mediums Fernsehen.*

*Definition nach GfK:*
Seher pro konsekutiv (ohne Unterbrechung) gesehener Minute in einem bestimmten Zeitintervall (Nettoreichweite).

**Beispiel**

Zeitintervall: 18:00 Uhr bis 18:05 Uhr
Sender: RTL

| Personen | Sehdauer konsekutiv | |
|---|---|---|
| 5 Mio | 10 s | |
| 3 Mio | 15 s | |
| 2 Mio | 40 s | |
| 4 Mio | 60 s | >= 1 Min |
| 3 Mio | 125 s | >= 1 Min |
| 4 Mio | 255 s | >= 1 Min |

Es dürfen nur die Personen berücksichtigt werden, die während der betreffenden Zeit mindestens 60 s ohne Unterbrechung den Sender RTL gesehen haben – Seher des Senders RTL im Zeitraum 18:00 – 18:05 Uhr: 4 Mio + 3 Mio + 4 Mio = 11 Mio

### GfK-Nettoreichweite

Seher aus der Grundgesamtheit oder der Zielgruppe, die innerhalb eines Zeitintervalls, eines Werbeblocks oder einer Sendung mindestens eine Minute konsekutiv ferngesehen haben.

Gfk-Nettoreichweite in der GG in %

$$= \frac{\text{Seher GG mind. 1 Min. konsekutiv}}{\text{Grundgesamtheit}} \cdot 100$$

Gfk-Nettoreichweite in der ZG in %

$$= \frac{\text{Seher ZG mind. 1 Min. konsekutiv}}{\text{Zielgruppe}} \cdot 100$$

**Beispiel**

Bezogen auf das Beispiel zum TV-Seher beträgt die Nettoreichweite des Senders RTL für den Zeitraum von 18:00 bis 18:05 Uhr in der Grundgesamtheit 11 Mio. Personen.
Angenommen, die Grundgesamtheit besteht aus allen Personen, die durch das GfK-Panel abgebildet werden (Personen in TV-Haushalten ab drei Jahren), das sind ca. 69,5 Mio Personen.
Gfk-Nettoreichweite in der GG in %

$$= \frac{\text{11 Mio.}}{\text{69,5 Mio.}} \cdot 100 = 15{,}8\,\%$$

Der Begriff der Nettoreichweite hat für die Praxis der TV-Planung allerdings nur eine relativ geringe Bedeutung. Wesentlich wichtiger und auch aussagekräftiger ist die Sehbeteiligung.

### Sehbeteiligung

(= Durchschnittliche Personenreichweite, Programm- oder Werbeblockreichweite, Rating)
Hierunter versteht man die Personen der Grundgesamtheit oder der Zielgruppe in Mio. oder in Prozent, die während eines Zeitintervalls, eines Werbeblocks oder einer Sendung im Durchschnitt ferngesehen haben. Im Gegensatz zur GfK-Netto-

reichweite wird in der Sehbeteiligung die konkrete, gesehene Zeit innerhalb des betrachteten Zeitintervalls berücksichtigt.

Als Grundgesamtheit für die Sehbeteiligung nimmt man in der Regel die erwachsenen Personen (14 +) in TV-Haushalten (63 Mio.). Die Werte für die Sehdauer werden durch das GfK-Panel sekundengenau gemessen und gehen auch so in die Rechnung ein.

Es ist natürlich auch möglich, die Sehbeteiligung für eine bestimmte Zielgruppe zu bestimmen. In der Gleichung muss dann lediglich die Grundgesamtheit durch die Zielgruppe ersetzt werden.

**Formeln für die Sehbeteiligung**

$$\text{Sehbeteiligung in der GG in \%} = \frac{\text{tatsächliche gesehene Sekunden aller Personen der GG}}{\text{mögliche gesehene Sekunden aller Personen der GG}} \cdot 100$$

$$\text{Sehbeteiligung in der ZG in \%} = \frac{\text{tatsächliche gesehene Sekunden aller Personen der ZG}}{\text{mögliche gesehene Sekunden aller Personen der ZG}} \cdot 100$$

**Beispiel zur Sehbeteiligung**

Sender: RTL
Zeitraum: 5 Min. = 300 s (Werbeblock)
Grundgesamtheit: Erwachsene (14 +) in TV-Haushalten: 63 Mio.

| | Anzahl Personen | ges. Sek. p. P. | ges. Sek. gesamt |
|---|---|---|---|
| | 2,0 Mio. | 8 s | 16,0 Mio. s |
| | 1,5 Mio. | 25 s | 37,5 Mio. s |
| | 3,0 Mio | 73 s | 219,0 Mio. s |
| | 2,2 Mio. | 156 s | 343,2 Mio. s |
| | 1,3 Mio. | 236 s | 306,8 Mio. s |
| | 0,5 Mio. | 300 s | 150,0 Mio. s |
| Summe | 10,5 Mio. | | 1.072,5 Mio. s |

Wenn alle Personen der GG während des gesamten Werbeblocks den Sender RTL gesehen hätten, ergäben das 63 Mio. · 300 s = 18.900 Mio. mögliche gesehene Sekunden. Tatsächlich wurden während des Werbeblocks 1.072,5 Mio. Sekunden gesehen. Man errechnet 5,6746 % Sehbeteilung und erhält daraus die Sehbeteiligung in Mio.:
5,6746 % von 63 Mio. = 3,575 Mio. Erwachsene

*Deutung der Sehbeteiligung*
Da der ermittelte Wert nur ein Durchschnittswert ist, lässt er sich wie folgt deuten:

3,575 Mio. Erwachsene haben die gesamten 5 Minuten gesehen, denn:
3,575 Mio. · 300 s = 1.072,5 Mio. s
oder
7,15 Mio. haben die Hälfte (150 s) gesehen, denn:
7,15 Mio. · 150 s = 1.072,5 Mio. s
oder
14,3 Mio. haben ein Viertel (75 s) gesehen, denn:
14,3 Mio. · 75 s = 1.072,5 Mio. s
oder jeder andere Zwischenwert

### Sehdauer

Die Sehdauer gibt an, wie lange im Durchschnitt alle Personen der Grundgesamtheit oder einer Zielgruppe während eines bestimmten Zeitintervalls ferngesehen haben. In diesen Durchschnitt gehen auch alle diejenigen Personen der Grundgesamtheit oder der Zielgruppe ein, die nicht ferngesehen haben.

$$\text{Sehdauer in der GG} = \frac{\text{gesehene Sekunden in der GG}}{\text{Anzahl aller Personen in der GG}}$$

$$\text{Sehdauer in der ZG} = \frac{\text{gesehene Sekunden in der ZG}}{\text{Anzahl aller Personen in der ZG}}$$

**Beispiel zur Sehdauer**

Ausgangssituation wie im Beispiel zur Sehbeteiligung.

$$\text{Sehdauer (14+)} = \frac{1072{,}5 \text{ Mio. s}}{63 \text{ Mio. Personen}} = 17{,}02 \frac{\text{s}}{\text{Person}}$$

### Verweildauer

Durchschnittlich gesehene Sekunden derjenigen Seher der Grundgesamtheit oder einer Zielgruppe, die innerhalb eines Zeitintervalls, eines Werbeblocks oder einer Sendung mindestens eine Minute konsekutiv gesehen haben.

$$\text{Verweildauer in der GG} = \frac{\text{gesehene Sek. in der GG mind. 1 Min. konsekutiv}}{\text{Gfk-Nettoreichweite in der GG in Mio.}}$$

alternativ:

$$\text{Verweildauer in der GG} = \frac{\text{Sehdauer in der GG} \cdot 100}{\text{Gfk-Nettoreichweite in der GG in \%}}$$

$$\text{Verweildauer in der ZG} = \frac{\text{gesehene Sek. in der ZG mind. 1 Min. konsekutiv}}{\text{Gfk-Nettoreichweite in der ZG in Mio.}}$$

alternativ:

$$\text{Verweildauer in der ZG} = \frac{\text{Sehdauer in der ZG} \cdot 100}{\text{GfK-Nettoreichweite in der ZG in \%}}$$

**Beispiel**

Ausgangssituation wie im Beispiel zur Sehbeteiligung. Es dürfen jedoch nur die Personen berücksichtigt werden, deren Sehdauer mindestens 60 s beträgt.

$$\text{Verweildauer} = \frac{1.019 \text{ Mio. s}}{7 \text{ Mio. Personen}} = 145{,}57 \frac{\text{s}}{\text{Person}}$$

### Marktanteil

Hierunter versteht man den relativen Anteil der Sehdauer einer Sendung oder eines Programms an der Gesamtsehdauer aller Sendungen oder aller Programme in dem jeweiligen Zeitintervall.

$$\text{Marktanteil} = \frac{\text{anteilige Sehdauer des Senders}}{\text{Sehdauer aller Sender}} \cdot 100$$

Da sich die Personen, GG oder ZG kürzen lassen, kann auch direkt mit den gesehenen Sekunden gerechnet werden.

**Beispiel**

Angenommen, es existieren nur vier Sender A, B, C, D. Bei einer Grundgesamtheit von 63 Mio. Personen und in einem bestimmten Zeitintervall gelte:

| Sender | Gesamtzahl gesehener Sek. |
|---|---|
| A | 620 Mio. s |
| B | 868 Mio. s |
| C | 930 Mio. s |
| D | 682 Mio. s |

Man rechnet leicht nach, dass die Summe der gesehenen Sekunden aller Sender 3.100 s beträgt und sich also die Marktanteile wie folgt ergeben:

A = 20 %, B = 28 %,
C = 30 %, D = 22 %.

Alternativ lässt sich der Marktanteil auch noch als prozentualen Anteil der Sehbeteiligung eines Senders während eines bestimmten Zeitintervalls gemessen an der Sehbeteiligung aller Sender während dieses Zeitintervalls bestimmen.

### TKP (Tausend-Kontakt-Preis)

In den Auswertungen der GfK-Fernsehforschung wird der TKP immer auf Basis der Sehbeteiligung und 30 Sekunden berechnet.

$$\text{TKP in Euro} = \frac{\text{Kosten in Euro (Basis 30 Sekunden)}}{\text{Sehbeteiligung (Basis Werbung)}} \cdot 1.000$$

**Beispiel zum TKP**

Ausgangssituation wie im Beispiel zur Sehbeteiligung.
Angenommen, die Kosten für einen 30 Sekundenspot während des betreffenden Zeitraums betragen = bei dem Sender RTL 45.000,– €

$$\text{TKP} = \frac{45.000}{3.575.000} = \cdot 1.000 = 12{,}59 \text{ €}$$

## Aufgaben zur TV-Werbung

### Aufgabe 1

Ein Süßwarenhersteller möchte eine neue Schokoriegelmarke in den deutschen Markt einführen. Für die Einführungskampagne steht ein Streuetat von 8 Mio. € zur Verfügung. Die Zielgruppe besteht aus allen Personen der deutschen Wohnbevölkerung zwischen zwölf und 24 Jahren. In der Zielgruppe befinden sich 10,81 Mio. Personen.

Der Riegel soll als idealer Energiespender für aktive und unternehmungslustige junge Menschen positioniert werden. Die Positionierung soll im Rahmen der Einführungskampagne in der Zielgruppe schnell verankert werden, außerdem soll schnell eine hohe Markenbekanntheit erreicht werden.

a) Beurteilen Sie die Eignung des Mediums Fernsehen für die Einführungskampagne.

b) Ein Werbeblock, in dem ein Spot für den Schokoriegel geschaltet wurde, erzielte eine Werbeblockreichweite von 8,4 % in der Zielgruppe. Bedeutet das, dass 8,4 % der Zielpersonen den Spot gesehen haben?

### Aufgabe 2

Für einen Werbeblock von acht Minuten Dauer, der von dem TV-Sender A ausgestrahlt wurde, konnte folgendes Sehverhalten in einer Zielgruppe von 15 Mio. Personen festgestellt werden:

| Zielpersonen | gesehene Sek. pro Person |
|---|---|
| 0,5 Mio. | 10 s |
| 1,2 Mio. | 20 s |
| 1,8 Mio. | 220 s |
| 1,4 Mio. | 320 s |
| 0,4 Mio. | 480 s |

a) Ermitteln Sie die Sehbeteiligung für den Werbeblock und geben Sie an, was der ermittelte Wert aussagt.
b) Ermitteln Sie die Sehdauer für den Werbeblock und geben Sie an, was dieser Wert aussagt.
c) Der TV-Sender B hatte während der acht Minuten eine Sehbeteiligung von 8 % in der gleichen Zielgruppe und einen Marktanteil von 15 % bezogen auf die Zielgruppe. Ermitteln Sie den Marktanteil des Senders A in der ZG.

## Lösungshinweise

### zu Aufg. 1a)

TV ist hier gut geeignet, denn:

- Mit TV lässt sich sehr schnell eine hohe Reichweite aufbauen, da in kurzer Zeit eine hohe Schaltfrequenz erzielt werden kann. Ein schneller Reichweitenaufbau ist notwendig, da die Bekanntheit schnell aufgebaut werden soll.
- Die für die Verankerung der Positionierung erforderliche Kontaktdichte lässt sich ebenfalls schnell erreichen.
- Durch die multisensorische Ansprache können gut die Erlebniswelten vermittelt werden, die mit der angestrebten Positionierung verbunden sind.

Das verfügbare Streubudget ist für einen effektiven TV-Einsatz groß genug. Die Zielgruppe ist mit 10,81 Mio. Personen relativ groß und lässt sich durch die Auswahl geeigneter Programmumfelder ausreichend abgrenzen.

### zu Aufg. 1b)

Da die Werbeblockreichweite nur ein Durchschnittswert für den gesamten Werbeblock ist, kann daraus nicht unmittelbar auf die Reichweite für den Spot geschlossen werden. Der Spot könnte eine höhere, aber auch eine niedrigere Reichweite als 8,4 % haben.

### zu Aufg. 2a)

| Zielpersonen | gesehene Sek. pro Person | gesehene Sek. gesamt |
|---|---|---|
| 0,5 Mio. | 10 s | 5 Mio. s |
| 1,2 Mio. | 20 s | 24 Mio. s |
| 1,8 Mio. | 220 s | 396 Mio. s |

| | | |
|---|---|---|
| 1,4 Mio. | 320 s | 448 Mio. s |
| 0,4 Mio. | 480 s | 192 Mio. s |
| | **gesamt** | **1.065 Mio. s** |

Wenn die gesamte Zielgruppe den gesamten Werbeblock gesehen hätte, ergäbe das
8 Min. · 60 s · 15 Mio. Personen = 7.200 Mio. s

Sehbeteiligung in %

$$\text{in der Zielgruppe} = \frac{1.065 \text{ Mio. s}}{7.200 \text{ Mio. s}} \cdot 100 = 14{,}79\,\%$$

Das bedeutet, dass im Durchschnitt 14,79 % aller Zielpersonen den gesamten Werbeblock gesehen haben.

**zu Aufg. 2b)**

$$\text{Sehdauer} = \frac{1.065 \text{ Mio. s}}{15 \text{ Mio. Zielpersonen}} = 71\text{ s}$$

Das bedeutet, dass im Durchschnitt jede Zielperson 71 s des Werbeblocks gesehen hat.

**zu Aufg. 2c)**

8 % von 7.200 Mio. s = 576 Mio. s
576 Mio. s entsprechen einem Marktanteil von 15 %
1.065 Mio. s entsprechen einem Marktanteil von

$$\frac{15\,\% \cdot 1.065 \text{ Mio. s}}{576 \text{ Mio. s}} = 27{,}73\,\%$$

Der Sender A hatte bezogen auf den Werbeblock also einen Marktanteil von 27,73 %.

## 5.6 Hörfunkwerbung

Definition
Unter Hörfunk versteht man die Verbreitung akustischer Signale mithilfe einer entsprechenden Übertragungstechnik. Zurzeit lassen sich folgende Übertragungsformen unterscheiden:

- terrestrische Übertragung (Empfang per Antenne),
- Übertragung per Satelit,
- Übertragung per Kabel.

Ferner wird noch zwischen analoger und digitaler Übertragung unterschieden.

*Anbieter*
Anbieter von Funkwerbung lassen sich nach verschiedenen Kriterien unterteilen. Übliche Unterscheidungskriterien sind die Unterscheidung

- nach der Rechtsform:
  - öffentlich-rechtliche Sender (z. B. in Nielsen II: EinsLive, WDR 2, WDR 4),
  - private (z. B. in Nielsen II: Radio NRW, Antenne Düsseldorf, Radio Neandertal usw.),
- nach dem Verbreitungsgebiet:
  - national,
  - landesweit oder
  - lokal.

*Empfangsmöglichkeiten*
Fast 98 % aller Haushalte verfügen über mindestens ein Radio, dazu kommen noch etwa 35 Mio. Autoradios. Mit dem Medium Hörfunk kann also nahezu die gesamte deutsche Bevölkerung erreicht werden.

*Radionutzung*
Die tägliche Nutzungsdauer beträgt beim Hörfunk etwa drei Stunden. Die Radionutzung ist im Tagesverlauf allerdings unterschiedlich, vergleichen Sie die Abb. 5.8.

Die Hauptnutzungszeit, also die Primetime, liegt zwischen 7:00 und 9:00 Uhr. Viele Nutzer hören nach dem Aufstehen und auf dem Weg zur Arbeit Radio. Die Reichweite sinkt dann, steigt aber zur Zeit des Feierabendverkehrs (15:00 bis 18:00 Uhr) noch einmal an. In den Abendstunden (ab 20:00 Uhr) wird kaum noch Radio gehört.

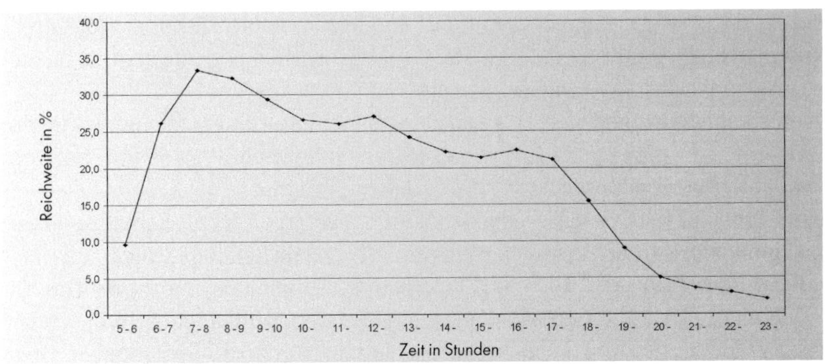


*Abb. 5.8: Zeitliche Verteilung der Reichweite aller deutschen Hörfunksender (nach VA)*

*Nutzungssituation*
- Rundfunkwerbung ist nur einkanalig (auditiv), daher ist die Kontaktqualität schlechter als bei Fernsehwerbung, denn Informationen, die visuell dargeboten werden, bewirken in der Regel eine höhere Aktivierung; außerdem können die Informationen schneller aufgenommen werden. Zur Steigerung der Aktivierung wird deshalb bei Funkwerbung häufig auf Musik zurückgegriffen.
- Der Kontakt erfolgt nur kurzfristig und ist nicht wiederholbar. Wenn bei einem Spot also etwas nicht verstanden wurde, lässt sich der Kontakt nicht wiederholen.
- Rundfunk wird in der Regel nicht ausschließlich gehört, sondern wird häufig als Untermalung während anderer Tätigkeiten genutzt. Das verringert wiederum die Kontaktqualität, da die Nutzer sich dem Medium nicht konzentriert bzw. ausschließlich zuwenden. Allerdings besteht daher die Gefahr, dass bei Werbeeinblendungen der Sender gewechselt wird, in wesentlich geringerem Umfang als beim Fernsehen.
- Beim Hörfunk existiert anscheinend eine relativ enge Hörer-Sender-Bindung, denn die Anzahl durchschnittlich gehörter Sender pro Person liegt schon seit Jahren bei etwa 1,3 Sendern pro Person.

### 5.6.1 Leistung als Werbeträger

*Reichweite*

Es gibt ein sehr vielfältiges Angebot an Sendern, die häufig auch nur eine regionale oder lokale Verbreitung haben. Zwischen den einzelnen Sendern bestehen zum Teil große Unterschiede hinsichtlich der Reichweite. Außerdem ist die Reichweite je nach Tageszeit unterschiedlich (wie oben schon ausgeführt, siehe noch einmal Abb. 5.8). Reichweitenstarke Sender haben in ihrem Verbreitungsgebiet aber eine hohe Reichweite, die mit der Reichweite von auflagenstarken Publikumszeitschriften vergleichbar ist.

*Reichweitenaufbau/Kontaktaufbau*

Mit dem Medium Radio lässt sich sehr schnell Reichweite aufbauen, da die Nutzerschaft beim Radio schnell wechselt. Mit der Mediagattung lässt sich daher schnell eine hohe Nettoreichweite erzielen.

Der Kontaktaufbau verläuft dagegen deutlich langsamer. Da das Medium aber eine hohe Schaltfrequenz ermöglicht, kann grundsätzlich auch eine entsprechende Kontaktdichte erzielt werden.

### 5.6.2 Steuerbarkeit

*Personelle Steuerbarkeit*

Eine Zielgruppenselektion ist mit der Mediengattung nur sehr eingeschränkt möglich. Eine Selektion ist hier nur über die unterschiedlichen Nutzerstrukturen der einzelnen Sender möglich, die zum Teil stark differieren, sich aber hauptsächlich auf soziodemografische Merkmale beziehen. Ein Hilfsmittel sind hierbei die verschiedenen Radioformate, denen sich entsprechende Nutzergruppen zuordnen lassen.

*Radioformate*

- Adult Contemporary (AC): leicht hörbare und melodisch geprägte Musikfarbe; überproportional weibliche Hörer (z. B. Oldie-Based AC); Altersschwerpunkt 25 bis 49 Jahre)
- Adult Contemporary Hit Radio (CHR): 30 bis 40 Musiktitel, ausschließlich aus gängigen Hitlisten; nur wenige und kurze Wortbeiträge; häufig sehr promotion-orientiert; Hörerschwerpunkt 14 bis 29 Jahre (z. B. Mainstream CHR, Dance oriented CHR, Rock oriented CHR)
- European Hit Radio (EHR): begrenzte playlist; schnelle Rotation der Stücke; schnelle dynamische Moderation; bevorzugt lange Musikstücke; Hörer eher männlich; Altersschwerpunkt 18 bis 29 Jahre
- Middle of the Road (MOR): internationale, harmonische, melodiöse Musik; relativ hoher Wortanteil; Altersschwerpunkt 35 bis 55 Jahre
- Album oriented Rock (AOR): Non-charts, unbekannte Stücke verschiedener Richtungen; Hörer eher männlich; Altersschwerpunkt 18 bis 35 Jahre
- News und Talk Radio (N/T): hoher Wortanteil; stark auf Nachrichten und Information ausgerichtet
- Easy listening (EL): ruhige, leichte, softe Musik; Hörer tendenziell älter, legen Wert auf Wort und Information
- Schlager /Evergreen-Mix: Schlager, Evergreens, Volksmusik für ältere Hörer
- Oldie-Format: nationale/internationale Oldies und Evergreens für jüngere Hörer
- Klassik-Format: Konzerte, Symphonien, Oper, Operette (häufig nur „best of“)

*Zeitliche Steuerung*

Ähnlich wie das Fernsehen bietet auch der Hörfunk sehr gute Möglichkeiten zur zeitlichen Steuerung der Werbeschaltungen. Die Ausstrahlung der Spots kann bis auf die Stunde, teilweise sogar bis auf den Werbeblock genau festgelegt werden. Außerdem bietet das Medium Hörfunk die Möglichkeit, innerhalb eines kurzen Zeitraums eine hohe Schaltfrequenz zu erreichen.

*Räumliche Steuerung*

Da die meisten Radiosender regional oder sogar lokal verbreitet werden, bietet das Medium gute Möglichkeiten einer räumlichen Steuerung. Durch die Belegung entsprechender Senderkombinationen ist aber ohne großen Aufwand auch eine nationale Belegung möglich.

### 5.6.3 Weitere Aspekte zum Hörfunk

*Kosten/Wirtschaftlichkeit*
Im Vergleich zu anderen Werbeträgergattungen sind die absoluten Schaltkosten für Funkwerbung relativ gering. Das gilt auch für die Tausend-Kontakt-Preise. Sie liegen je nach Sender und Tageszeit zwischen 1,50 € und 5,00 €. Im Durchschnitt liegen sie zwischen 1,80 € und 4,00 €. Die Schaltkosten werden ermittelt, indem die Dauer des Spots in Sekunden mit dem Sekundenpreis multipliziert wird:
Schaltkosten
= Anzahl der Sekunden · Sekundenpreis
Die Sekundenpreise sind je nach Tageszeit und Tag (innerhalb der Woche, Wochenende) unterschiedlich.

*Produktionskosten*
Wenn nicht gerade teure Sprecher eingesetzt werden, sind die Produktionskosten für Funk-Spots eher gering.

*Verfügbarkeit*
Durch das steigende Angebot an Sendern ist die Verfügbarkeit des Mediums gut, auch wenn für gute Zeiten rechtzeitig gebucht werden sollte. Der Buchungsschluss liegt bei ca. vier Wochen vor dem Ausstrahlungstermin. Die Sendekopien müssen spätestens sieben Tage vor dem Ausstrahlungstermin beim Sender vorliegen

**Stärken/Schwächen der Hörfunkwerbung im Überblick**

| Stärken | Schwächen |
|---|---|
| • Schnelles und aktuelles Medium,<br>• regionale Einsetzbarkeit/Steuerbarkeit (lokal, regional, national) → Werbedruck lässt sich regional gezielt aussteuern,<br>• Möglichkeit zu Transfers bei Mix-Kampagnen (mit TV) → Reaktivierung von TV-Botschaften,<br>• das Gehör arbeitet unabhängig vom Verstand, d. h., auditive Eindrücke werden auch dann verarbeitet, wenn sich das Gehirn auf etwas ganz anderes konzentriert → wirkt auch ungerichtet, d. h. ohne dass man bewusst zuhört,<br>• Eindrücke wie Musik, Geräusche, Tonfall dringen tief ins Unbewusste ein (Musik als starker Auslöser von Emotionen),<br>• schneller Reichweitenaufbau,<br>• günstiges Preis-Leistungs-Verhältnis,<br>• schnelle Penetration von leicht verständlichen Botschaften,<br>• letztes Medium vor dem Einkauf → Abverkaufsunterstützung durch aktuelle Kaufanstöße (vor allem für bereits bekannte Produkte/Marken; fast moving consumer goods; Produkte mit täglicher Kaufentscheidung) | • Eher unbewusste Aufnahme der Werbebotschaft (Hintergrundmedium),<br>• weniger geeignet zur Imagebildung,<br>• schlechte Möglichkeit zum Transport komplexer Botschaften,<br>• Imageaufbau nur sehr eingeschränkt möglich<br>• geringe Kontaktqualität durch einkanalige/auditive Ansprache (fehlende Visualisierungsmöglichkeit) |

*Werbemittel*
Das hauptsächliche Werbemittel beim Hörfunk ist der Radiospot, der in verschiedenen Formaten und Sonderformen eingesetzt werden kann. Daneben gibt es auch die Möglichkeit des Sponsoring. Außerdem können PR-Beiträge platziert und Gewinnspiele durchgeführt werden.

*Kreation und Werbewirkung*
Das zentrale Wirkungselement bei der Radiowerbung ist der **Ton** (Musik, Geräusch, Stimme, Tonfall, Lautstärke). Sprache und Gesprochenes sind dagegen sekundär. Da die Informationen nur auditiv aufgenommen werden, sollten möglichst kleine Informationseinheiten vermittelt werden. Der Spot darf also nicht überladen sein (Daumenregel für Texter: 30 sec = ca. 110 Silben). Damit die beworbene Marke sicher vermittelt wird, sollte der Markenname früh und oft genannt werden. Häufige Motivwechsel führen zu einer erhöhten Aufmerksamkeit. Funk ist besonders gut für die Aussteuerung des Werbedruckes bei Mix-Kampagnen geeignet.

## 5.7 Onlinekommunikation

*Begriff*
Im Rahmen der Marketingkommunikation versteht man unter Onlinekommunikation nach Meffert alle von Unternehmen auf ihre Zielgruppe gerichteten Kommunikationsaktivitäten, die über das Internetprotokoll abgewickelt werden.

*Instrumente der Onlinekommunikation*
Die wesentlichen Instrumente der Onlinekommunikation sind:

- Corporate Website
- Suchmaschinenoptimierung
- Onlinewerbung
- Email-Marketing
- Mobile Marketing
- Social-Media-Marketing

### 5.7.1 Corporate Website

Unter der Corporate Website eines Unternehmens versteht man die eigene Internetpräsenz des Unternehmens. Auf der Website kann das Unternehmen sich im Internet präsentieren und darstellen. Die Website sollte:

- eine einfache und intuitiv zu erschließende Benutzerführung haben,
- hinsichtlich Design, Inhalte etc. auf die Eigenschaften und Bedürfnisse der Zielpersonen abgestimmt sein,
- die Corporate Identity, insbesondere das Corporate Design des Unternehmens widerspiegeln.

*Frequenzaufbau auf der Website*
Um eine möglichst hohe Besucherzahl auf der Website zu erreichen, stehen vielfältige Möglichkeiten zur Verfügung:

- Die Website kann offline, also durch klassische Medien beworben werden.
- Durch interessante Aktionen, z.B. Gewinnspiele etc., können Besuche auf der Website generiert werden.
- Durch Maßnahmen der Suchmaschinenoptimierung (SEO = Search-Engine-Optimization) kann die Auffindbarkeit der Website über Suchmaschinen verbessert werden.
- Durch Email-Marketing kann auf die Website hingewiesen werden.
- Durch Aktivitäten in Sozialen Medien können Besucher auf die Website gelenkt werden.
- Onlinewerbung kann direkt mit der Website verlinkt werden.

### 5.7.2 Suchmaschinenoptimierung (SEO = Search-Engine-Optimization)

Viele Besucher eines Onlineangebotes werden durch eine Suchmaschine auf das Angebot gelenkt. Darum ist es wichtig, dass das eigene Angebot bei der Eingabe relevanter Suchbegriffe möglichst oben in der Trefferliste platziert ist. Alle Maßnahmen, die darauf abzielen, eine gute Platzierung in den Trefferlisten von Suchmaschinen zu erreichen, werden unter dem Begriff „Suchmaschinenoptimierung" zusammengefasst.

SEO-Maßnahmen lassen sich in die zwei Kategorien

- On-Site-Optimierung und
- Off-Site-Optimierung (Off-Page-Optimierung)

unterteilen. Die On-Site-Optimierung setzt bei der zu optimierenden Website an und versucht diese im Hinblick auf die Auffindbarkeit und Relevanzbewertung durch Suchmaschinen zu optimieren. Die Off-Site-Optimierung betrifft Maßnahmen, die sich auf fremde Websites beziehen, aber Einfluss auf die Platzierung der eigenen Website haben. Im Wesentlichen geht es hierbei darum, Links von anderen Websites auf die zu optimierende Website zu erreichen.

*On-Site-Optimierung*
Bei der On-Site-Optimierung muss man sich zunächst entscheiden, für welche Suchmaschine die Website optimiert werden soll. Da Google hier eine marktbeherrschende Stellung hat, wird man sich dabei in der Regel an Google orientieren.

Auswahl der Keywords
Einer der wichtigsten Aspekte der On-Site-Optimierung ist die Auswahl der Keywords. Es muss dabei festgelegt werden, für welche Suchbegriffe und Suchbegriffkombinationen die Site optimiert werden soll. Hierbei spielt natürlich die Relevanz der Suchbegriffe aus der Sucherperspektive eine entscheidende Rolle. Die Suchbegriffe müssen bei Suchanfragen auch tatsächlich verwendet werden. Durch den Einsatz entsprechender Analysetools kann man z. B. feststellen, über welche Suchbegriffe Besucher auf die eigene Website gelangt sind. Begriffe, die hierbei häufig verwendet wurden, scheinen also aus Sucherperspektive als Keywords geeignet zu sein. Auf der anderen Seite müssen die Keywords natürlich auch einen sinnvollen Bezug zu den Inhalten und Angeboten der Website haben. Schließlich spielt auch noch eine Rolle, welche Keywords bei den Konkurrenzangeboten verwendet werden. Verwendet man die gleichen Suchbegriffe, muss man damit rechnen, dass man je nach Anzahl der Konkurrenzwebsites keine gute Platzierung erreicht. Evtl. ist es dann sinnvoller Keywords zu verwenden, die von den Wettbewerbern vernachlässigt werden und mit diesen Begriffen einen guten Rangplatz zu erreichen.

Nachdem man sich für bestimmte Suchbegriffe entschieden hat, muss der Text der Website auf diese Begriffe ausgerichtet werden.

→ *Hinweis: Grafiken, Bilder, Flashanwendungen werden von Suchrobotern nicht erkannt und daher bei der Relevanzbewertung nicht berücksichtigt.*

Es wird empfohlen, dass die Keyworddichte um die 3% betragen sollte. D.h., die Keywords sollten etwa 3% aller Wörter der Website ausmachen. Außerdem ist es sinnvoll, wenn die Keywords soweit überhaupt möglich

- im Domainnamen,
- im Titel (Title Tag),
- in der Meta-Description,
- in Überschriften,
- in Bilderläuterungen und
- mehrfach im Text

vorkommen.

Neben der Auswahl und der richtigen Platzierung der Keywords spielt auch das Alter einer Website bei dem Ranking eine Rolle. Ältere Domains erhalten einen besseren Rangplatz als jüngere. Es ist daher nicht sinnvoll, den Domainnamen häufiger zu wechseln.

**Begriffserläuterung**
Unter der Domain einer Website versteht man den weltweit einmaligen Namen einer Website. Die Domain der Website des Cornelsen-Verlages lautet: www.cornelsen.de.

**Beispiele**

Unternehmen streben an, bei Suchen nach sich mit ihrer Domain weit oben zu landen. Zum Beispiel erreicht die Domain www.cornelsen.de beim Suchbegriff „Cornelsen“ in google in der Trefferliste den 1. Rangplatz. Der oberste Eintrag in der nachfolgenden Abb. 5.9 ist eine bezahlte Anzeige. Das Suchwort kommt im Domainnamen und im Title-Tag vor, vgl. die dann folgende Abb. 5.10. Sie zeigt einen Auszug aus dem Quellcode der Startseite von www.cornelsen.de.

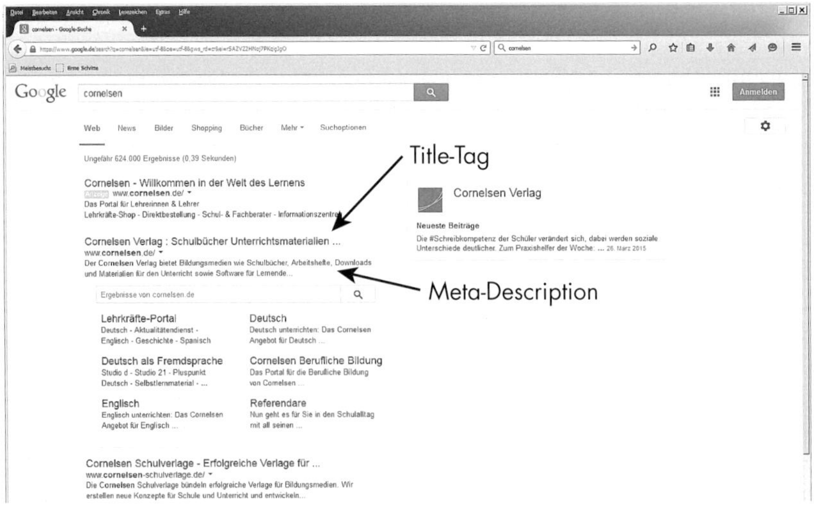


*Abb. 5.9: Suchergebnisse zum Suchwort „Cornelsen“*

```
<meta name="author" content="Cornelsen Schulverlage GmbH" />
<meta name="publisher" content="Cornelsen Schulverlage GmbH" />
<meta name="copyright" content="Cornelsen Schulverlage GmbH" />
<meta name="language" content="DE,AT,CH" />
<meta name="page-topic" content="Branche Produkt, Unterricht" />
<meta name="robots" content="All" />
<meta name="audience" content="Lehrer" />
<meta name="revisit-after" content="7 days" />
    <link rel="canonical" href="http://www.cornelsen.de/home/" />    <title>Cornelsen Verlag : Schulbücher Unterrichtsmaterialien Lernhilfen Bildung</title>
    <link rel="shortcut icon" href="http://www.cornelsen.de/favicon.ico" type="image/x-icon" />        <script type="text/javascript">
//<![CDATA[
document.domain = "cornelsen.de"
```

Title-Tag

*Abb. 5.10: Title-Tag zur Startseite von www.cornelsen.de*

Der Title-Tag erscheint in der Regel als Überschrift in der Ergebnisliste der Suchmaschinen. In Abb. 5.9 wird er nur teilweise als Überschrift angegeben, da er zu lang ist. Außerdem wird der Titel in der obersten Leiste des Browser-Fensters und auf den Tabs angegeben, je nach Länge aber nicht vollständig, siehe Abb. 5.11.

*Abb. 5.11: Startseite von www.cornelsen.de*

Das Suchwort „Cornelsen“ erreicht eine Suchwortdichte von 4,66 % (20 Nennungen von 429 Wörtern), was fast schon zu häufig ist. Da es sich hier um den Verlagsnamen handelt, dürfte das aber unproblematisch sein. Das Suchwort „Cornelsen Verlag“ kommt unter den 429 Wörtern der Startseite allerdings nur 3 Mal vor und hat damit eine Suchwortdichte von 0,7 %.

Bei den Suchergebnissen wird unterhalb des Titels die sogenannte Meta-Description in zwei Zeilen angegeben (Abb. 5.9). Sie beschreibt den Inhalt, den der Internetnutzer auf der Seite erwarten kann. Die Meta-Description wird bei dem Ranking von Google zwar nahezu nicht berücksichtigt, hat aber starken Einfluss auf das Klickverhalten der Nutzer. Eine gute Meta-Beschreibung kann damit auch zu einer Erhöhung des Seiten-Traffics beitragen.

*Off-Site-Optimierung*

Neben dem Inhalt, den Keywords, der Keyworddichte und der Platzierung der Keywords auf der Website, hängt deren Rangplatz bei einer Suche auch von externen Faktoren ab. Den stärksten Effekt hat dabei die sogenannte **Link-Popularität**. Damit ist die Anzahl von Links gemeint, die von anderen Websites auf die eigene Site verweisen. Diese Links bezeichnet man auch als **Backlinks**. Die Linkpopularität wird bei Google durch den sogenannten **PageRank** ausgedrückt. Der dahinterstehende Algorithmus wurde von den Gründern von Google, Larry Page und Sergey Brin entwickelt. Der PageRank kann Werte zwischen 0 und 10 annehmen, wobei es nur sehr wenige Websites gibt, die den höchsten Wert (10) erreichen. Der PageRank der eigenen Website hängt nicht nur von der Anzahl der Backlinks ab, sondern wird auch von dem PageRank der Sites beeinflusst, die auf unsere Website verlinken. Je höher der PageRank einer Website ist, von der wir ein Backlink erhalten, umso stärker ist das Gewicht dieses Links für unseren eigenen PageRank. Möglichkeiten, um Backlinks zu erhalten, sind z. B.:

- Linktausch (gegenseitige Verlinkung mit anderen Websites, z. B. von Kunden, Geschäftspartnern, Dienstleistern etc.),
- Eintragung in Verzeichnisse geeigneter Portale,
- Beiträge in Blogs oder Foren mit einem Link auf die eigene Site versehen,
- ggf. Links von Affiliate-Partnern erbitten (vergl. Abschnitt Affiliate-Marketing),
- Pressetexte mit einem Link versehen.

Bei den Backlinks sollte darauf geachtet werden, dass sie thematisch zur eigenen Website passen, außerdem sollten sie die richtigen Schlüsselbegriffe beinhalten.

Es gibt auch Plattformen, auf denen Links getauscht oder gekauft werden können. Hierbei sollte man aber Vorsicht walten lassen, da die Wirkung solcher Links auf den PageRank ungewiss ist. Evtl. können solche Praktiken sogar zu einer Abstrafung bei Google führen.

Die Position einer Website bei einer Suche wird auch durch Social Bookmarks beeinflusst. Social Bookmarks sind Internetlesezeichen, die über einen Social-Bookmarking-Service verwaltet werden. Dadurch kann von jedem Computer auf sie zugegriffen werden. Eine hohe Anzahl von Social-Bookmarks für eine Website wirkt sich positiv auf das Ranking der Site aus.

**Erfolgskriterien für eine Suchmaschinenoptimierung**

- Rangplatz, der bei den festgelegten Suchbegriffen bei einer Suche erreicht wird,
- Anzahl der Besucher, die durch die Trefferlisten der Suchmaschinen auf die Website gelenkt wurden,
- erreichter PageRank,
- Konversionsraten bei bestimmten Suchbegriffen (vergl. die Erläuterungen zu Konversionsraten Seite 184 f.).

### 5.7.3 Onlinewerbung

Unter Onlinewerbung versteht man gemeinhin die Platzierung von Werbemitteln auf fremden Websites. Onlinewerbung kann nach vielfältigen Kriterien differenziert werden. Häufig unterscheidet man dabei die folgenden Werbeformen:

- Displaywerbung: flächige Werbemittelformate, z. B. Banner, Rectangels etc., die grundsätzlich auf allen möglichen Websites geschaltet werden können,
- Suchmaschinenwerbung: Anzeigen, die in Abhängigkeit der eingegebenen Suchbegriffe bei Suchmaschinen eingeblendet werden und
- Affiliate-Marketing: Werbemittel auf den Websites von Kooperationspartnern.

### 5.7.4 Displaywerbung

**Werbemittel**

Im Rahmen der Displaywerbung gibt es eine Vielzahl von Werbemitteln, die sich hinsichtlich Größe und Form, Platzierung auf der Website, Animationsgrad und der Art der Einblendung unterscheiden. Nachfolgend erhalten Sie eine Übersicht über gängige Onlinewerbemittel im Rahmen der Displaywerbung. Beachten Sie, dass die Aufzählung unvollständig ist und regelmäßig neue Werbeformate entwickelt werden.

*Banner*

Das Banner ist eine Werbefläche, meist am oberen Bildschirmrand platziert. Es gibt sie in verschiedenen Größen. Sie können statisch oder animiert sein. Häufig sind sie interaktiv, z. B. mit Link zur Website des Werbungtreibenden versehen.

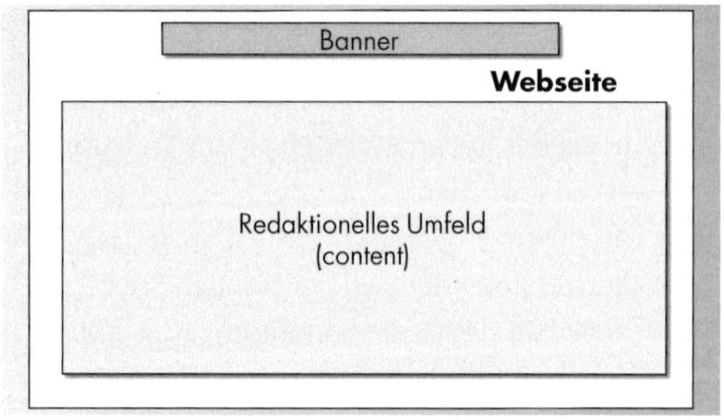


Hinsichtlich der Größe unterscheidet man u. a. mit den angegebenen Größen in Pixel:

- Full Banner/Full Size Banner, 468 X 60 Pixel
- Half Banner / Half Size Banner, 234 X 60 Pixel
- Super Banner, 728 X 90 Pixel

Die klassischen Formate für Banner sind gif, jpg und flash.

*Button*

Ein Button ist ein ähnliches Werbemittel wie ein Banner aber kleiner. Die Obergröße beträgt 130 X 80 Pixel. Eine strenge Definition bzw. Abgrenzung zum Banner liegt nicht vor.

*Rectangle*

Ein Rectangle ist eine Werbefläche, die in das redaktionelle Umfeld einer Webseite integriert ist und mit mindestens drei Seiten an den redaktionellen Teil anschließt.
Größe: 180 X 150 Pixel, Formate: gif, jpg, Flash

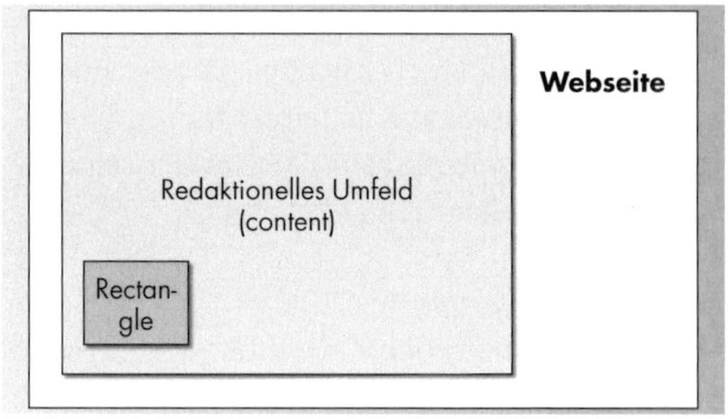


Medium Rectangle
Das Medium Rectangle unterscheidet sich von dem Rectangle durch die Größe, es besteht aus 320 X 250 Pixel.

*Skyscraper*

Hohe und im Vergleich dazu schmale Werbefläche, die meist rechts neben dem redaktionellen Content angeordnet ist.

| | | |
|---|---|---|
| Größe: | Standard: | 120 X 600 Pixel |
| | wide: | 160 X 600 Pixel |

Formate: gif, jpg, Flash

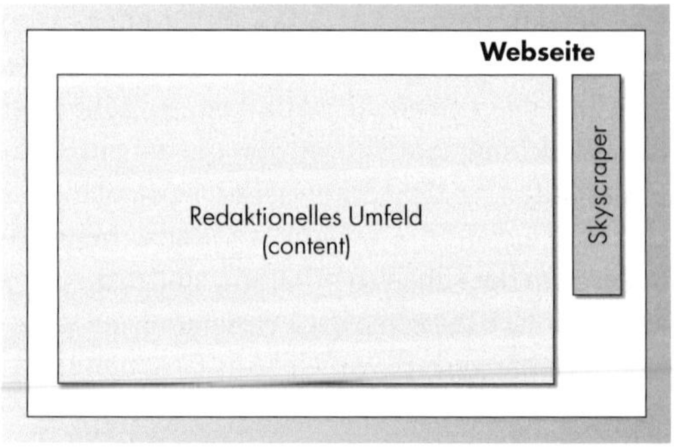

*Flash Layer (Power Layer)*
Großformatige Werbeform, die sich beim Aufruf der Internetseite direkt über den Content legt. Größe und Form sind variabel. Das Werbemittel muss komplett in Flash programmiert sein.

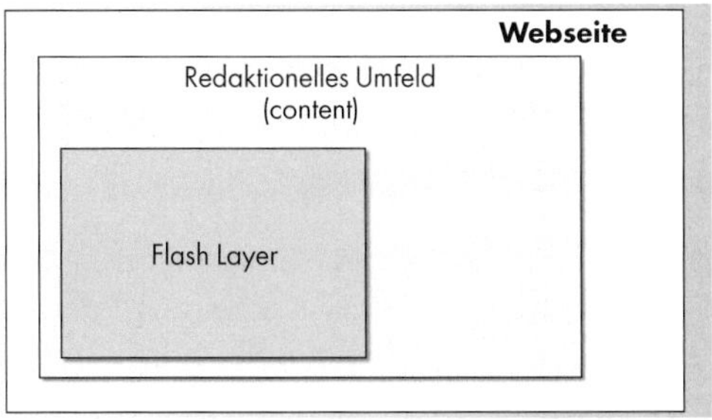


*PopUp/PopUnder*
Bei einem PopUp legt sich die Werbung in einem eigenen Browserfenster über das geöffnete Fenster des Nutzers. Das PopUp-Fenster öffnet sich automatisch und kann vom Nutzer geschlossen werden. Beim PopUnder legt sich das Werbefenster unter das geöffnete Fenster. Das geöffnete Fenster steht also im Vordergrund. Das PopUnder kann erst gesehen werden, nachdem das aktive Browser-Fenster geschlossen wurde.

*Interstitial*
Hierbei handelt es sich um eine Art Unterbrecherwerbung. Zwischen zwei Content-Webseiten wird eine Webseite mit rein werbendem Charakter geschaltet. Interstitials unterbrechen den Nutzer beim Besuch einer Website unabhängig von seinem Verhalten. Sie sind vergleichbar mit einer Werbeunterbrechung im Fernsehen. Beim Aufruf einer HTML-Seite wird dem Nutzer z. B. zuerst ein Interstitial präsentiert, bevor die angeforderte Seite aufgerufen wird. Das Interstitial kann im Extremfall den gesamten Bildschirm ausfüllen.

**Superstitial**: Ein Superstitial ist mit einem Spot vergleichbar. Es öffnet sich wie ein PopUp in einem eigenen Fenster, benutzt aber Bild, Ton und Text. Die Werbeform wurde von der Firma Unicast entwickelt und geschützt. Es gibt allerdings mittlerweile Parallelentwicklungen.

**Buchungsmöglichkeiten**
Die Buchung von Displaywerbung im Onlinebereich erfolgt in der Regel über sogenannte **Vermarkter,** die die Vermarktung einer Vielzahl angeschlossener Websites übernehmen. Hierbei gibt es im Wesentlichen die folgenden Möglichkeiten:

- **Buchung von Channels/Kombinationen**: Channels oder Kombinationen sind Zusammenfassungen mehrer Websites. Die Zusammenfassungen erfolgen häufig zielgruppen- oder themenorientiert. Beispiele sind: Frauenchannel, Autochannel, Urlaubchannel etc. Bei der Buchung eines Channels rotiert das Werbemittel in der Regel innerhalb der einbezogenen Websites.
- **Buchung einer Website:** Bei dieser Buchungsmöglichkeit erfolgt eine Rotation des Werbemittels auf den Seiten der gebuchten Website, z. B auf Spiegel.de.
- **Buchung einer Rubrik innerhalb einer Website:** Das Werbemittel erscheint hierbei nur innerhalb einer bestimmte Rubrik der Website, z. B. in der Rubrik „Gesundheit" der Website Spiegel.de.

**Kennziffern zur Internetnutzung**
Zur Bewertung von Internetangeboten wurden verschiedene Kennziffern definiert, die etwas über die Nutzungshäufigkeit und Nutzungsintensität von Internetangeboten aussagen. Die Nutzungsdaten werden teilweise im Auftrag der IVW erhoben und von der IVW veröffentlicht.

*PageImpression/Visit*
Der Abruf einer Bildschirmseite eines Internetangebotes wird als **PageImpression (PI)** bezeichnet. Jedes Mal, wenn eine Bildschirmseite des gleichen Internetangebotes aufgerufen wird, wird eine zusätzliche PageImpression für dieses Angebot erzeugt. Eine PageImpression wird allerdings nur durch den Aufruf einer Seite erzeugt, auf der auch Werbung geschaltet werden kann.

Neben den PageImpressions werden auch noch sogenannte **Visits** erhoben. Die **IVW** definiert wie folgt: *„Ein Visit bezeichnet einen zusammenhängenden Nutzungsvorgang. Ein Visit beginnt, wenn ein Nutzer innerhalb eines Angebotes* *eine PageImpression erzeugt. Jede weitere Page Impression, die der Nutzer im Folgenden innerhalb des Angebotes erzeugt, wird diesem Visit zugeordnet. Der Visit wird als beendet angesehen, wenn länger als 30 Minuten keine PageImpression durch den Nutzer erzeugt worden ist. Wechselt der Nutzer auf ein neues Angebot und kehrt innerhalb von 30 Minuten zurück, so wird kein neuer Visit gezählt. Wechselt der Nutzer auf ein neues Angebot und kehrt nach Ablauf einer Frist von 30 Minuten auf das alte Angebot zurück, so wird ein neuer Visit gezählt.“*

**Beispiel**

Ein Internetangebot besteht aus acht Bildschirmseiten. Die Bildschirmseiten sind in der folgenden Abbildung durch Rechtecke symbolisiert. Ein Nutzer mit der Kennung N1 führt die durch Pfeile gekennzeichneten Aktionen durch. Wenn eine Pfeilspitze auf eine Seite zeigt, bedeutet das, dass die betreffende Seite aufgerufen wurde. Außerdem sind die Aktionen von 1. bis 10. durchnummeriert und es ist die jeweilige Uhrzeit angegeben. Der Nutzer erzeugt 7 PageImpressions und zwei Visits. Der Neuzugriff auf das Angebot um 16:25 Uhr (Punkt 5.) zählt nicht als neuer Visit, da zwischen dem Verlassen des Angebots (16:20 Uhr, Punkt 4.) und dem Neuzugriff weniger als 30 Minuten liegen. Der Neuzugriff um 17:15 Uhr (Punkt 9.) zählt dagegen als neuer Visit, da zwischen dem Verlassen um 16:35 Uhr (Punkt 8.) und dem Neuzugriff mehr als 30 Minuten liegen.

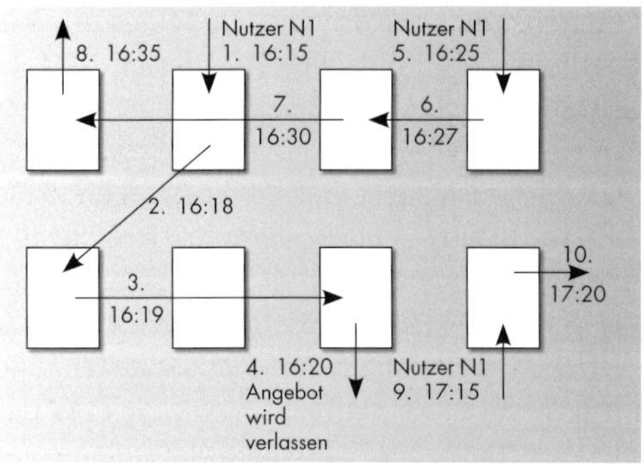


*Abb. 5.12: Beispiel zu PageImpressions und Visits*

Die Visits und PageImpressions geben einem Werbungtreibenden Hinweise auf die Attraktivität eines Internetangebotes. Je größer die entsprechenden Werte bei einem Internetangebot sind, umso größer ist die Wahrscheinlichkeit, dass ein Werbebanner, das in diesem Angebot geschaltet wird, häufig gesehen wird. Neben den Visits und PageImpressions ist auch die sogenannte PI/V-Rate

$$= \frac{\text{PageImpressions}}{\text{Visits}} \text{ interessant.}$$

Der Wert gibt an, wie viele PageImpressions im Durchschnitt bei einem Visit erzeugt werden und ist damit ein Indiz für die Nutzungsintensität eines Internetangebotes.

*AdImpressions, AdClicks/Clicks, Click-Through-Rate*

PageImpressions und Visits sagen etwas über die allgemeine Nutzung eines Internetangebotes aus und sind daher ein Maß für eine Werbemittelkontaktchance. Daneben gibt es aber auch Kennziffern zur Messung von Werbemittelkontakten. Hierbei handelt es sich um kundenbezogene Größen, die nicht von der IVW veröffentlicht werden, sondern von den Anbietern der Internetsites bzw. der Vermarkter im Rahmen des sogenannten adreporting den Kunden ausgewiesen werden. Im Wesentlichen unterscheidet man hier AdImpressions, AdClicks und die Click-Through-Rate (Click-Rate).

Unter **AdImpressions** versteht man die Anzahl der Sichtkontakte beliebiger Nutzer mit dem Online-Werbemittel eines bestimmten Kunden. Die AdImpressions sind damit ein Maß für den Werbemittelkontakt.

**AdClicks** geben an, wie häufig das Werbemittel eines bestimmten Kunden tatsächlich angeklickt wurde.

Setzt man die AdClicks ins Verhältnis zu den AdImpressions, so erhält man die sogenannte **Click-Through-Rate**.

$$\text{Click-Through-Rate} = \frac{\text{AdClicks}}{\text{AdImpressions}} \text{ oder}$$

$$\text{Click-Through-Rate} = \frac{\text{AdClicks}}{\text{PageImpressions}}$$

Da die Click-Trough-Rate angibt, in wie viel Prozent ein AdImpression zu einem AdClick führt, sagt sie offenbar etwas über die Attraktivität des Werbebanners aus.

*Site-Stickness (Verweildauer)*
Hiermit ist die Zeit gemeint, die ein Nutzer im Durchschnitt auf einer Website verbringt.

**Messung der Online-Nutzung**
Zur Ermittlung der Nutzungshäufigkeit und Nutzungsintensität von Onlineangeboten werden verschiedene Techniken eingesetzt, von denen die hauptsächlichen nachfolgend kurz dargestellt werden.

*Logfileanalysen*
Grundlage für eine Logfileanalyse sind die Logdateien des Web-Servers. Eine Logdatei ist ein Protokoll, das bei einem Zugriff auf den Web-Server automatisch erstellt wird. Sie enthält meist folgende Informationen:
- IP-Adresse des zugreifenden Computers,
- Zeitpunkt des Zugriffs,
- Kommando, das an den Server gestellt wird, in der Regel handelt es sich dabei um die Anforderung einer Datei,
- Name und Pfadangabe der angeforderten Datei,
- benutztes Übertragungsprotokoll, z. B. http,
- die Antwort des Servers, z. B. 200 = Übertragung erfolgreich,
- Anzahl der übertragenen Bytes,
- URL, die von dem Nutzer unmittelbar vor der aktuellen Abfrage besucht wurde,
- Browser und Betriebssystem des Nutzers.

Mithilfe spezieller Programme können die Logdateien ausgelesen und Logfilestatistiken erstellt werden, die Aufschluss über die Zugriffsintensität auf das Angebot zulassen.

*Pixel-Technologie/Skalierbares Zentrales Messverfahren (SZM)*
Bei diesem Verfahren wird auf jeder Seite des Internetangebots ein kleines Stück HTML-Code eingefügt. Bei dem Aufruf einer solchen Seite durch einen Browser wird ein Pixel aufgerufen, das aber nicht von dem Web-Server, sondern von einem Rechner des kontrollierenden Unternehmens angefordert und dort gezählt wird. Zusammen mit der Pixelanforderung werden auch Informationen über den Computer des Besuchers übertragen.

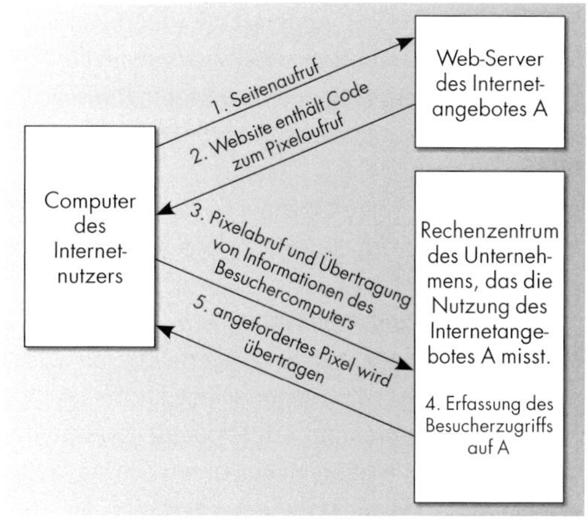


*Abb. 5.13 Ablauf beim Pixel-Verfahren*

Die Identifikation und Verfolgung der Nutzer während des Besuchs erfolgt je nach Anbieter mit verschiedenen Methoden.

Der Einsatz des Pixelverfahrens hat den Vorteil, dass der Pixelaufruf auch erfolgt, wenn die aufgerufene Seite von einem Zwischenspeicher oder dem lokalen Speicher erfolgt.

Die Pixel-Technologie wird von dem Unternehmen INFOnline GmbH eingesetzt, das die Nutzung von Internetangeboten im Auftrag der IVW misst. Das Messverfahren wird von der IVW als „Skalierbares Zentrales Messverfahren zur Messung der Onlinenutzung", abgekürzt SZM bezeichnet. Den HTML-Code, der den Pixelaufruf auslöst, bezeichnet die IVW als SZM-Tag.

Mit Logfileanalysen und der Pixel-Technologie lassen sich nur Aussagen über die Häufigkeit und Intensität der Besuche von Onlineangeboten machen. Informationen über die Nutzer selber liefern diese Messverfahren nicht. Dieser Nachteil soll von der Internetstudie „internet facts", die von der Arbeitsgemeinschaft Onlineforschung (AGOF) herausgegeben wird, ausgeglichen werden.

**Internetstudie „internet facts" der Arbeitsgemeinschaft Online-Forschung (AGOF)**

Die AGOF wurde Ende 2002 mit dem Ziel gegründet, Werbung im Internet transparenter zu machen und den Werbungtreibenden und Planern ein geeignetes Planungstool zur Verfügung zu stellen. Sie entwickelte die Internetstudie „internet facts", die monatlich erscheint und als Instrument zur Planung von Internetkampagnen genutzt wird. Methodisch baut die Studie auf drei Säulen auf:

**1. Säule:** Technische Messung der Internetnutzung durch Rückgriff auf die Messergebnisse des SZM-Systems
Gemessen werden PageImpressions, Visits, Zugriffszeit und thematische Kategorie. Die Messung erfolgt auf Basis der einzelnen Rechner, die als Clients bezeichnet werden. Clients werden zu Unique Clients, wenn sie während des Untersuchungszeitraums an mindestens zwei Kalendertagen mit einem Abstand von mindestens 12 Stunden und maximal 35 Tagen erfasst werden.

**2. Säule:** OnSite-Befragung auf allen teilnehmenden Internetangeboten
Eine aus den Unique Clients gezogene Stichprobe wird auf allen teilnehmenden Angeboten für eine Befragung rekrutiert. Hierbei werden soziodemografische Merkmale, Ort der Nutzung und Informationen zum Rechner erhoben. Die Grundgesamtheit besteht hier aus der Internetnutzerschaft ab 10 Jahren.

**3. Säule:** Repräsentative Telefonbefragung der deutschen Wohnbevölkerung 10 +
Hierbei werden soziodemografische Merkmale, qualitative Merkmale, z. B. Produktinteresse, Kaufverhalten, Kaufplanung sowie angebotsunabhängige Basisdaten zur Internetnutzung abgefragt.

In einem ersten Schritt werden zunächst die Daten der 1. Säule mit denen der 2. Säule fusioniert. Basis hierfür sind Nutzer, von denen sowohl technische Nutzungsdaten als auch Daten aus der OnSite-Befragung vorliegen. Deren soziodemografische Daten werden dann nach dem Ähnlichkeitsprinzip auf die Nutzer übertragen, von denen nur die technischen Nutzungsdaten vorliegen. Auf diese Weise werden aus den Unique Clients Unique User.

Als Ergebnis dieser Fusion erhält man einen Datensatz von Unique Usern ,von denen soziodemografische Daten und angebotsbezogene Internetnutzungsdaten vorliegen. Dieser Datensatz wird schließlich mit dem Datensatz aus der Telefonbefragung fusioniert. In dem so erhaltenen neuen Datensatz sind also die Nutzungs- und soziodemografischen Daten der Unique User mit den qualitativen und produktbezogenen Daten aus der Telefonbefragung verknüpft.

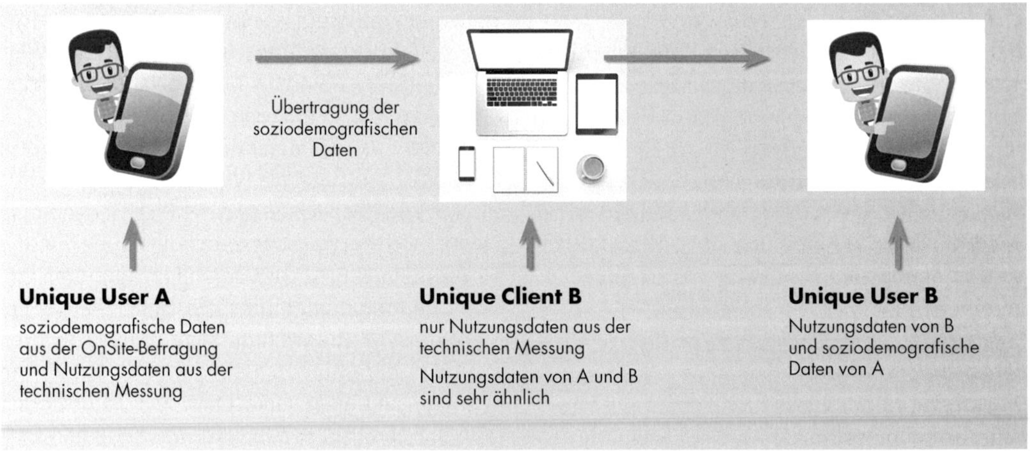


*Abb. 5.14: Vom Unique Client zum Unique User*

Außerdem enthält dieser neue Datensatz auch Nicht-Online-Nutzer. Dieser Datensatz kann mithilfe eines Zählprogramms für die Planung von Online-Kampagnen verwendet werden. Das Vorgehen bei einer Datenfusion wird im Kapitel 6.14 ausführlicher erläutert.

Folgende Kennziffern stehen für Online-Angebote und Belegungseinheiten zur Verfügung:

- PageImpressions (Anzahl der Seitenaufrufe = Kontakte)
- Unique User (Anzahl der verschiedenen Nutzer = Nettoreichweite)
- Onliner WNK (Weitester Nutzerkreis aus denjenigen Online-Nutzern, die in den letzten 3 Monaten mindestens einmal das Internet genutzt haben)
- Affinitätsindex

Zusätzlich können für die jeweiligen Online-Angebote auch die Nutzerstrukturen ausgewiesen werden. Ferner ist die Erstellung und Evaluierung von Online-Mediaplänen möglich. Nettoreichweiten (Unique User), Bruttoreichweiten (PageImpressions), GRP, Kosten, TKP und Kontaktverteilungen können ermittelt werden.

### 5.7.5 Search-Engine-Advertising (SEA)/ Suchmaschinenwerbung

Hierunter versteht man, dass bei Suchmaschinen eine Anzeige eingeblendet wird, wenn Suchbegriffe, die als Keywords von den Werbungtreibenden festgelegt wurden, von den Nutzern eingegeben werden. Vorteilhaft ist dabei, dass den Nutzern passgenaue Angebote zu ihrer Suche unterbreitet werden können. Die Anzeigen werden oberhalb der organischen Trefferliste und rechts davon angezeigt. Da vor allem Anzeigenplatz oberhalb der organischen Trefferliste stark beschränkt ist, verteilen sich die Anzeigen evtl. über mehrere Seiten, wenn viele Anzeigen zu dem betreffenden Keyword gebucht wurden. Welche Position dabei erreicht wird, hängt von dem gebotenen Preis und der Relevanz des Keywords ab. Die Anzeigenränge werden dabei versteigert. Wer den höchsten Preis bietet, bekommt grundsätzlich auch die beste Platzierung. Da Google bei der Ermittlung des Rangplatzes aber auch den Bezug des Keywords zu dem dahinterstehenden Angebots bzw. der dahinterstehenden Website berücksichtigt, kann eine Anzeige mit einer hohen Relevanz des Keywords unter Umständen einen besseren Rangplatz erreichen als eine Anzeige, für die ein höherer Preis geboten wurde.

Die Abrechnung erfolgt bei der Suchmaschinenwerbung in der Regel nach Kosten pro Klick. D. h., das Anzeigen einer Anzeige ist kostenfrei. Erst wenn ein Nutzer auf die Anzeige klickt, wird der vereinbarte Betrag fällig. Bei der Auswahl der Keywords und der Ermittlung eines realistischen Angebotspreises unterstützt Google die Werbungtreibenden durch verschiedene Tools. So werden für die jeweiligen Suchworte und Preisobergrenzen u. a. Schätzungen zur durchschnittlichen Position, zu den durchschnittlichen Kosten pro Klick und zu den durchschnittlichen Klicks pro Tag ermittelt. Vergleichen Sie zur Festlegung der Keywords auch die Angaben zur Suchmaschinenoptimierung (SEO).

Die Suchmaschinenwerbung kann auch bei einem kleinen Budget sinnvoll eingesetzt werden, da hierbei eine absolute Kostenkontrolle möglich ist. Neben der Vorgabe des Gesamtbudgets können auch Tagesbudgets festgelegt werden, bei deren Erreichen die Anzeige für den Rest des Tages nicht mehr angezeigt wird. Damit kann man dann das Gesamtbudget gezielt auf einen bestimmten Zeitraum verteilen.

### 5.7.6 Affiliate-Marketing

Beim Affiliate-Marketing bindet das werbungtreibende Unternehmen seine Werbung auf den Websites von Partnerunternehmen ein. Das werbungtreibende Unternehmen wird dabei auch als Anbieter, Advertiser oder Merchant bezeichnet. Das Partnerunternehmen heißt Affiliate, aber auch Websitebetreiber oder Publisher. Die Bedingungen für das Affiliate-Marketing werden zwischen dem Anbieter und dem Affiliate in der Regel vertraglich vereinbart.

Nach dem Suchmaschinenmarketing hat das Affiliate-Marketing in Deutschland die zweitgrößte Bedeutung als Instrument des externen Online-Marketings. Etwas über 40 % der deutschen

Unternehmen setzen Affiliate-Marketing ein. Die Advertiser streben mit dem Affiliate-Marketing eine Reichweitenvergrößerung an. Für die Affiliates steht die Erzielung von Werbeeinnahmen und Provisionen im Vordergrund.

Auf welcher Basis die Leistungen des Affiliates vergütet werden, muss zwischen den beiden Parteien vereinbart werden. Denkbar sind hierbei:

- Vergütung auf Basis Cost per Click
- Vergütung auf Basis Cost per Lead
- Vergütung auf Basis Cost per Order

(vgl. zu den Vergütungsarten die Angaben auf Seite 184).

Als Werbemittel können grundsätzlich alle Formate zum Einsatz kommen. Die Werbemittel des Advertisers können dabei deutlich von den Inhalten des Affiliates getrennt präsentiert werden, z. B. als Banner (Stand-alone-Ansatz). Sie können aber auch in den redaktionellen Content des Affiliates integriert werden, indem sie z. B. typografisch hervorgehoben werden, z. B. durch Fettdruck. Klickt ein Nutzer sie an, wird er z. B. auf die Website des Advertisers oder eine spezielle Landingpage weitergeleitet. Dieser integrative Ansatz kann so weit gehen, dass gar keine Weiterleitung erfolgt, sondern die Angebote des Advertisers auf der Website des Affiliates präsentiert werden.

### 5.7.7 Allgemeine Aspekte zur Onlinewerbung

#### Eigenschaften und Leistungen als Werbeträger

*Steuerbarkeit*

Zeitlich
Die zeitliche Steuerbarkeit ist bei Onlinewerbung mittlerweile relativ gut. Die Werbemittel werden in der Regel zwar über einen längeren Zeitraum geschaltet, immer mehr Anbieter offerieren aber die Möglichkeit, dass ein Werbemittel nur an bestimmten Wochentagen und zu bestimmten Tageszeiten ausgeliefert wird.

Geografisch
Im Rahmen von sogenanntem Geo-Targeting ist Internetwerbung ziemlich gut regional steuerbar. Mithilfe der IP-Adresse und über Cookies kann der Standort des Rechners bestimmt und die Werbeeinblendung geografisch gesteuert werden.

Personell
Eine personelle Steuerung von Onlinewerbung ist durch die verschiedenen **Targetingarten** gut möglich. Im Wesentlichen unterscheidet man hierbei neben dem Geo-Targeting die folgenden Formen. Die Auflistung orientiert sich an: Ralf T. Kreutzer, Praxisorientiertes Online-Marketing.

- **Soziodemografisches Targeting:** Grundlage hierfür sind die soziodemografischen Merkmale des Nutzers. Eine Auslieferung des jeweiligen Werbemittels erfolgt nur bei bestimmten Merkmalsausprägungen bzw. Ausprägungskombinationen des Nutzers. Mögliche Merkmale sind: Geschlecht, Alter, Beruf etc. Das soziodemografische Targeting setzt eine Identifizierung des Nutzers, z. B. durch ein Login voraus. Außerdem müssen entsprechende Daten über den Nutzer vorliegen. Diese können z. B. aus einer zuvor erfolgten Registrierung, einer Befragung oder den Profilangaben bei sozialen Netzwerken stammen.
- **Technisches Targeting:** Grundlage hierfür sind technische Konstellationen hinsichtlich der Ausstattung mit Hard- und Software, z. B. Bandbreite und Geschwindigkeit der Internetverbindung, verwendeter Browser, installierte Plugins, Internetprovider etc. Das technische Targeting ist für Werbung von Anbietern entsprechender Hard- und Softwarekomponenten interessant.
- **Keyword Targeting:** Werbeeinblendungen in Abhängigkeit der eingegebenen Suchbegriffe bei Suchmaschinen. Vergl. hierzu auch den Abschnitt zur Suchmaschinenwerbung.
- **Semantisches Targeting:** Grundlage für die Werbeauslieferung ist hierbei die inhaltliche Ausrichtung der Website, die der Nutzer gerade besucht. Bei dem semantischen Targeting werden die Inhalte der vom Nutzer gerade besuchten Website analysiert und dazu passend

Werbung ausgeliefert. Es wird dabei angenommen, dass die Websiteinhalte die Interessen des Besuchers widerspiegeln. Vorteilhaft ist dabei, dass für das semantische Targeting keine Informationen über den Nutzer erforderlich sind. Problematisch bei dieser Form des Targeting ist, dass Wörter unterschiedliche Bedeutungen haben können, sodass evtl. unpassende Werbung eingeblendet wird. „Schimmel" kann z. B. ein weißes Pferd oder aber ein unangenehmer Pilz sein. Bei dem semantischen Targeting wird versucht, diese Probleme dadurch zu berücksichtigen, dass die Inhalte der Websites nicht nur auf einzelne Schlagwörter hin untersucht werden, sondern die gesamten Textinhalte analysiert werden.

- **Context-Targeting:** Ähnlich wie bei dem semantischen Targeting erfolgt die Werbeeinblendung hier auch in Abhängigkeit des Themenumfeldes der Website. Bei dem Context-Targeting trifft der Werbungtreibende bzw. die Mediaagentur aber bereits vorher eine Auswahl der Websites, die für eine Einblendung überhaupt berücksichtigt werden sollen. Das Context-Targeting hat z. B. seine Bedeutung, wenn Channels gebucht werden und man sicherstellen möchte, dass die Werbeeinblendungen nur bei passenden Umfeldern erfolgen.
- **Behavioral Targeting:** Basis für Werbeeinblendungen ist hier die Analyse des bisherigen Surf- und Suchverhaltens des Internetnutzers. Daraus wird versucht, Interessen und Eigenschaften des Nutzers zu erschließen und ihm entsprechende Werbung zu präsentieren. Der Unterschied zum semantischen – und Context-Targeting besteht darin, dass die Werbeeinblendungen nicht in Echtzeit erfolgen. Es können also Werbeauslieferungen auf thematisch nicht passenden Websites erfolgen. Grundlage für die Werbeauslieferung ist hier eben nicht die Thematik der aktuell besuchten Website, sondern das mittel- bis längerfristige Surf- und Suchverhalten des Nutzers.
- **Re-Targeting:** Bei dieser Form des Targeting wendet man sich mit der Werbemittelauslieferung gezielt an Nutzer, die in der Vergangenheit auf einer Website bestimmte Handlungen durchgeführt, diese aber nicht in der von dem betreffenden Unternehmen gewünschten Weise abgeschlossen haben.

**Beispiele**

- Ein Nutzer hat mit einer Registrierung begonnen, diese aber nicht beendet,
- Ein Nutzer hat in einem Onlineshop den eingeleiteten Kauf eines Produktes abgebrochen,
- Ein Nutzer hat die Onlinebuchung eines Fluges abgebrochen.

Im Rahmen des Re-Targeting wird nun versucht, bei diesen Nutzern durch Werbeeinblendungen auf anderen Websites eines Werbenetzwerkes, z. B. eines Affiliatenetzwerkes, doch noch einen erfolgreichen Abschluss zu erreichen.

- **Predictive-Behavioral-Targeting** (Profilbasiertes Targeting): Im Unterschied zum Behavioral Targeting, bei dem sich die Werbemittelauslieferung nur am Surf- und Suchverhalten des Nutzers orientiert, spielen bei dem Predictive-Behavioral-Targeting auch noch andere Faktoren eine Rolle. Diese Targetingvariante hat Ähnlichkeiten zu dem Verfahren, das auch bei einer Fusion angewendet wird. Voraussetzung dafür ist, dass man neben Informationen zum Onlineverhalten detaillierte Profildaten, z. B. Soziodemografie, Vorlieben, Interessen etc. von einer ausreichend großen Anzahl von Nutzern hat. Aus diesen Daten werden sogenannte Nutzerprofile erstellt. Zeigt ein Internetnutzer ein ähnliches Onlineverhalten wie die Mitglieder eines bestimmten Profils, wird ihm dieses Profil zugeordnet und er erhält Werbung für Produkte und Leistungen, die dem Nutzerprofil entsprechen.

*Reichweiten-/Kontaktaufbau*
Wegen des vielfältigen Angebotes ist es prinzipiell möglich, in entsprechenden Zielgruppen eine ausreichende Reichweite und Kontaktzahl zu erzielen. Hierzu ist dann aber ein entsprechend hohes Budget erforderlich.

*Wirtschaftlichkeit*
Grundlage für die Wirtschaftlichkeitsbewertung von Onlinewerbung sind, wie bei der Offlinewerbung auch, häufig Tausender-Preise. Im Rahmen der Onlinewerbung gibt es allerdings eine Vielzahl verschiedener Abrechnungsverfahren, die dabei zu berücksichtigen sind. Nachfolgend werden die gängigsten Abrechnungsverfahren kurz vorgestellt.

**Abrechnungsmöglichkeiten bei Onlinewerbung**

Tausendkontaktpreis/ Cost per Mille (CPM)
Kosten für 1000 AdImpression

Cost per Click (CPC)
Abgerechnet wir hier nach der Anzahl der Adklicks auf das Werbemittel. Die Einblendung des Werbemittels selbst ist kostenlos.

Cost per Lead (CPL)
Abgerechnet wird auf Basis der Anzahl erzielter Kontakte von potenziellen Kunden oder Interessenten, wobei diese bestimmte Informationen preisgeben, Infomaterial anfordern etc. Das kann z. B. eine Registrierung oder die Bestellung eines Newsletters sein.

Cost per Order (CPO)
Bei diesem Abrechnungsverfahren wird für jede erfolgte Bestellung der vereinbarte Betrag fällig.

Cost per Action (CPA)/Cost per Conversion
Die Abrechnung erfolgt hier auf der Grundlage zu definierender Nutzeraktionen.

## 5.7.8 Erfolgskriterien und Erfolgsanalyse

*Kennziffern zur Bewertung der Wirtschaftlichkeit*
Unabhängig von dem Abrechnungsverfahren für Onlinewerbemaßnahmen lassen sich die entsprechenden Abrechnungsgrößen auch als Kennziffern zur Bewertung der Wirtschaftlichkeit einer Onlinekampagne verwenden.

**Beispiel 1:**

Ein Unternehmen bucht bei einem Onlinevermarkter 2 Mio. AI für ein Medium-Rectangel in einem Channel zu einem TKP von 15,00 €. Damit werden 3.000 AdClicks und 500 Registrierungen erreicht.

Die gesamten Schaltkosten betragen:

$$\frac{15{,}00\,€ \times 2.000.000\text{ AI}}{1.000} = 30.000\,€$$

Gemäß Tarif beträgt der TKP (Kosten für 1.000 AI): 15,00 €.

Die Kosten pro Klick (CPC) betragen:

$$\frac{30.000\,€}{3.000\text{ AdClicks}} = 10{,}00\,€$$

Die Kosten pro Lead (CPL) betragen:

$$\frac{30.000\,€}{500\text{ Leads}} = 60{,}00\,€$$

In diesem Beispiel wird auf Basis der TKP abgerechnet. Der TKP liegt damit also fest. Die Kennziffern CPC und CPL ergeben sich aus dem Nutzerverhalten und können im Rahmen der Erfolgskontrolle zur Bewertung der Wirtschaftlichkeit berücksichtigt werden.

**Beispiel 2:**

Ein Onlineshop stellt ein Budget von 20.000 € für Suchmaschinenwerbung zur Verfügung. Das Unternehmen zahlt 0,50 € pro Klick und erzielt 40.000 Klicks. Die Anzeige wird 2 Mio. mal angezeigt und es werden 4.000 Bestellungen erreicht.

In diesem Fall erfolgt die Abrechnung auf der Basis Cost per Click (CPC), die hier 0,50 EUR betragen. Als Erfolgskennziffern können nun berechnet werden:

$$\text{TKP} = \frac{20.000\,€}{2.000.000\text{ AI}} \times 1.000 = 10{,}00\,€$$

$$\text{CPO} = \frac{20.000\,€}{4.000} = 5{,}00\,€$$

*Conversion/Conversion Rate (Konversion/ Konversionsrate)*
In dem obigen Beispiel 2 spielt die sogenannte Conversion Rate oder Konversionsrate eine Rolle. Unter Conversion versteht man, dass Internetnutzer eine erwünschte Handlung vollziehen.

Was für eine Handlung das konkret ist, muss von dem werbungtreibenden Unternehmen definiert werden. Beispiele für mögliche Conversions im Onlinebereich sind:

- AdClick
- Registrierung
- Bestellung eines Newsletters
- Kauf eines Produktes

Die **Conversion Rate** gibt nun an, wie viel Prozent der Nutzer, die die erwünschte Handlung durchführen könnten, das auch wirklich tun.

Conversion Rate =

$$\frac{\text{Anzahl Nutzer, die erwünschte Handlung durchführen}}{\text{Anz. Nutzer, die die erw. Handlung durchführen können}} \times 100$$

**Beispiel**

Ein Onlineshop schaltet Suchmaschinenwerbung. Die Anzeige des Shops wird bei 50 000 Nutzern angezeigt. Davon klicken 1000 auf die Anzeige und werden zum Shop weitergeleitet. Von diesen 1000 legen 50 wenigstens ein Produkt in den Warenkorb. Von diesen 50 tätigen schließlich 30 einen Kauf.

In diesem Beispiel finden mehrere Konversionen mit den zugehörigen Konversionsraten statt:

1. Umwandlung von Sichtkontakten zu Klicks:

$$\text{Conversion Rate} = \frac{1000 \text{ Klicks}}{50\,000 \text{ AI}} \times 100 = 2\,\%$$

2. Umwandlung von Klicks in Kaufbereitschaft:

Conversion Rate

$$= \frac{50 \text{ Kaufbereitschaften}}{1000 \text{ Klicks}} \times 100 = 5\,\%$$

3. Umwandlung von Kaufbereitschaft in Kauf:

Conversion Rate

$$= \frac{30 \text{ Käufe}}{50 \text{ Kaufbereitschaften}} \times 100 = 60\,\%$$

*Trichteranalyse (Funnel-Analyse)*
Der Ablauf in dem Beispiel kann nun durch eine Analyse der einzelnen Konversionen untersucht und ggf. verbessert werden. Da die Nutzerzahlen von oben nach unten immer kleiner werden, hat die zugehörige bildliche Darstellung Ähnlichkeit mit einem Trichter. Man bezeichnet diese Analyse daher als Trichteranalyse oder mit der englischen Bezeichnung als Funnel-Analyse.

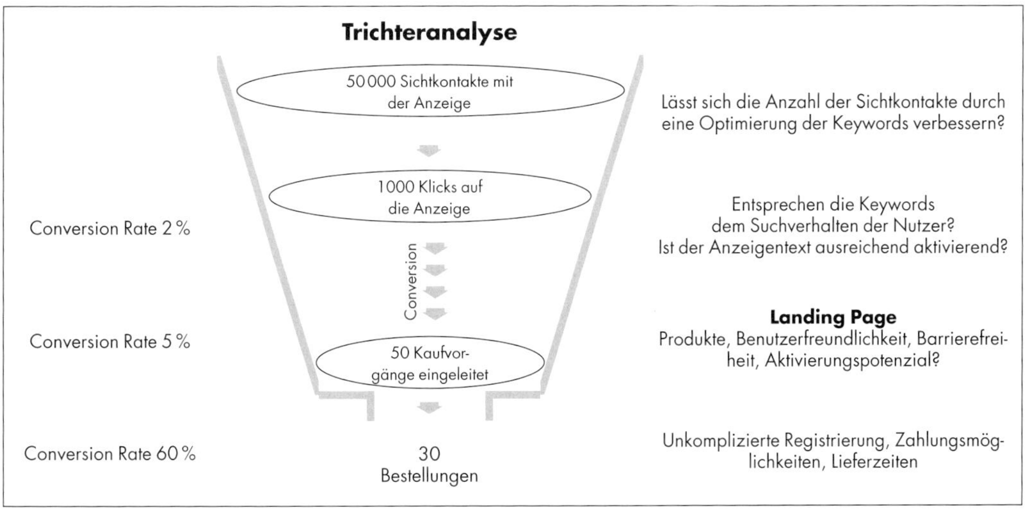


*Abb. 5.15 Trichteranalyse*

Im **ersten Schritt** ist zu prüfen, ob die Anzahl der Sichtkontakte erhöht werden kann. Dafür kommt z. B. eine Optimierung bei den Keywords infrage, da bei Google eine höhere Relevanz der Keywords bei gleichem CPC zu einer besseren Platzierung der Anzeige führt. Vorteilhaft ist dabei, dass die Einblendung der Anzeige keine Kosten verursacht. Bei gleichbleibenden Konversionsraten führt bereits eine Erhöhung der Sichtkontakte zu mehr Bestellungen.

In den nächsten Schritten sollte versucht werden, die Konversionsraten zu verbessern. Dabei ist zu beachten, dass eine Steigerung der Umwandlung von Sichtkontakten zu Klicks mit höheren Kosten verbunden ist, da auf Basis der Klicks abgerechnet wird. Hier kann das Ziel auch darin bestehen, geringere Kosten pro Klick zu erreichen, indem z. B. die Keywords besser auf die Landing Page abgestimmt werden.

*Landing Page, Bounce, Absprungrate*
Die Seite, auf die ein Nutzer bei einem Klick auf eine Anzeige oder ein anderes Werbemittel weitergeleitet wird, heißt **Landing Page**. Hierbei kann es sich um die Homepage des Werbungtreibenden oder um eine Unterseite seines Webauftritts handeln. Häufig wird die Landing Page aber speziell für die jeweilige Werbemaßnahme konzipiert. Wichtig ist, dass der Nutzer auf der Landing Page genau das findet, was er erwartet. Bei einer Suchwortwerbung wie im vorliegenden Beispiel, muss die Landing Page inhaltlich sowohl zu dem eingegebenen Suchwort als auch zu dem Anzeigentext passen. Ist das nicht der Fall, muss damit gerechnet werden, dass der Nutzer die Seite sofort wieder verlässt und in diesem Fall als Kunde verloren ist.

Wenn Besucher einer Website nach nur einem Seitenaufruf die Site sofort wieder verlassen, spricht man von einem **Absprung** bzw. **Bounce**. Entsprechend gibt die **Bounce Rate** oder **Absprungrate** an, wie viel Prozent der Websitebesucher sofort wieder abspringen. Angenommen, von den 1000 Nutzern, die in dem Beispiel auf die Landing Page geleitet wurden, würden 200 die Seite sofort wieder verlassen, dann würde das eine Absprungrate von 20 % ergeben.

Die Landing Page sollte zudem für die Nutzer attraktiv sein. In dem vorliegenden Beispiel gelingt es nur bei 5 % der Nutzer, die auf die Landing Page geleitet werden, dass diese ein Produkt in den Warenkorb legen und damit eine Kaufabsicht bezeugen. Hier ist zu prüfen, ob die Rate durch eine Optimierung der Landing Page, bezogen auf die Wünsche und Bedürfnisse der Nutzer, verbessert werden kann.

Im Beispiel gehen im letzten Schritt (dem Übergang von der Kaufbereitschaft zum Kaufabschluss) 40 % der Nutzer verloren. Das ist an dieser Stelle ein hoher Anteil, da die Nutzer ja offenbar bereit waren, das Produkt zu kaufen. Hier muss auf jeden Fall geklärt werden, woran das liegen kann. Mögliche Gründe sind:
- umständliche Registrierung
- unattraktive Zahlungsmöglichkeiten
- lange Lieferzeiten
- u. a.

### 5.7.9 Strategische Aspekte der Online-Werbung

Je nach Zielsetzung, die mit der Online-Werbung vordergründig verfolgt wird, stehen unterschiedliche Aspekte im Vordergrund und sollten unterschiedliche Werbe- bzw. Kommunikationsformen eingesetzt werden. Die folgende Übersicht soll das verdeutlichen. Es werden drei hauptsächliche Zielsetzungen unterschieden:
- **Awareness**, d. h., Aufmerksamkeits- und Bekanntheitseffekte sollen für eine Marke/ein Produkt/ein Unternehmen erreicht werden: In diesem Fall sollte der Fokus auf klassische Online- bzw. Mobile-Werbeformen gelegt werden. Typische Erfolgsindikatoren (KPIs = Key Performance Indicators) sind hier im Wesentlichen Kennziffern zu Reichweite, Kontakten und Kontaktzeiten
- **Auseinandersetzung und Beschäftigung** mit einer Marke/Produkt/Unternehmen sollen erreicht werden: Hier sollten dann Kommunikationsformen eingesetzt werden, die das ermöglichen. Die verschiedenen Formen der sozialen Medien bieten dazu eine Vielzahl von Möglichkeiten. Auch die Bereitstellung von hochwertigem Content, selbst erstellt oder in Verbin-

dung mit Kooperationspartnern, fördert das angestrebte Ziel. Geeignete Erfolgsindikatoren sind Kennziffern und Größen, die Schlussfolgerungen über das Engagement der Zielpersonen zulassen.
- **Käufe/ Bestellungen** sollen hauptsächlich erreicht werden: Werbe- und Kommunikationsformen, die unmittelbar zum Kauf auffordern oder anregen, sind hier daher das Mittel der Wahl. Die daher häufig eingesetzte Suchmaschinenwerbung hat dabei den Vorteil, dass evtl. zusätzlich kostenlose Brandingeffekte erreicht werden, da für das Einblenden der Anzeigen keine Kosten entstehen, sondern erst, wenn diese auch angeklickt werden. Erfolgsindikatoren sind Kennziffern, die Relationen zwischen den Käufen/ Bestellungen, bzw. deren Anbahnung und den damit verbundenen Kosten ausdrücken.

Unabhängig davon, welche strategische Ausrichtung verfolgt wird, muss eine zielgruppenspezifische Auslieferung der Werbemittel angestrebt werden. Ansatzpunkte dazu bieten die in Kapitel 5.7.7 dargestellten Targetingmethoden.

| Online-Mediaplanung | | |
|---|---|---|
| Markenkommunikation → | | → Hard Selling |
| Branding<br>= Awareness für Produkt und Marke | Interaction<br>= Auseinandersetzung mit Produkt und Marke | Engagement<br>= direkter Kauf |
| Generierung von Reichweiten innerhalb der Zielgruppe | Aktivierung u. Interaktion mit der Zielgruppe | Fokussierung auf Abverkauf |
| Qualitativ hochwertige Kontakte | Generierung von Traffic auf die Zielseiten | |
| ⇒ Einkauf von Sichtbarkeit | ⇒ Einkauf von Klicks | ⇒ Einkauf von Klicks |
| | Maßnahmen | |
| Branding Display<br>Video Advertising<br>Ingame Advertising<br>Mobile Advertising | Social Media<br>Content Cooperation<br>Interaction Display Kampagne | Suchmaschinenmarketing (SEM)<br>CPX Einkauf<br>Affiliate Marketing |
| | KPIs | |
| TKP, AdImpressions (BRW), Unique User (NRW), Visibility, Viewtime | **qualitiativ** (CPC, Pages per view)<br>**quantitativ** (time spent on site, Engagement/Uploads/Fans) | Cost per Click, Cost per Order, Cost per Lead, Order/Leads |
| | **Targeting** | |

*Abb. 5.16 Übersicht zu strategischen Aspekten der Online-Werbung*

### 5.7.10 E-Mail-Marketing

Unter einer E-Mail versteht man eine Nachricht, die über das Internet vom Absender an einen oder mehrere Empfänger übertragen wird. Versendung, Empfang und Verwaltung von Emails lassen sich mit E-Mail-Programmen einfach und komfortabel durchführen. Unter E-Mail-Marketing versteht man die Versendung von E-Mails zur Erreichung von Marketingzielen. Abhängig vom Zusammenhang, in dem E-Mails versendet werden, unterscheidet man :
- Trigger-E-Mails
- Transaction-E-Mails
- After-Sales-E-Mails
- E-Newsletter

**Trigger-E-Mails** sind anlassbezogene Mails, die an die jeweiligen Adressaten versendet werden, wenn bestimmte Ereignisse eintreten. Mögliche Anlässe für Trigger-Mails sind vielfältig. Beispiele sind: Geburtstage, bestimmte Festtage oder andere kalendermäßig bestimmbare Ereignisse.

Ferner kann man Kunden spezielle Angebote machen, Kaufanreize durch die Zusendung von Gutscheinen erzeugen oder sich einfach nur mal wieder in Erinnerung bringen. Teilweise werden auch die Transaction-E-Mails den Trigger-Mails zugeordnet. Der Unterschied zu E-Newslettern besteht darin, dass diese periodisch zugesendet werden, während Trigger-Mails zugesendet werden, wenn bestimmte Ereignisse eintreten.

**Transaction-E-Mails** werden im Zusammenhang mit der Abwicklung von Geschäftsprozessen versendet. Hierbei kann es sich z. B. um die Beantwortung von Anfragen, Bestellbestätigungen, Infos zum Stand der Auftragsabwicklung, der Zusendung von Rechnungen, Empfangsbestätigungen bei Rücksendungen oder Ähnlichem handeln. Im Rahmen der Online-Kommunikation haben diese Mails neben administrativen Zwecken auch die Funktion, dem Geschäftspartner ein Gefühl der Sicherheit und Umsorgtheit zu geben.

**After-Sales-E-Mails** sollen den Kunden in seiner Kaufentscheidung bestätigen und dazu beitragen, Kaufreue (kognitive Dissonanz) zu vermeiden. Außerdem haben sie den Zweck, den Kontakt zum Kunden aufrecht zu erhalten und Anregungen zu weiteren Käufen zu geben.

**E-Newsletter** haben in der Regel das Ziel, einen dauerhaften und regelmäßigen Kontakt zu den Adressaten zu halten. Dazu werden die Newsletter in regelmäßigen Abständen und evtl. zusätzlich zu Anlässen verschickt. Die Newsletter können allgemeine Informationen enthalten, häufig werden sie aber benutzt, um auf bestimmte Angebote des Absenders hinzuweisen.

*Bedeutung des E-Mail-Marketing*
E-Mail-Kommunikation hat im Bereich der digitalen Direktkommunikation zwischen Unternehmen und Endkunden immer noch die höchste Bedeutung. Das lässt sich zum einen durch die hohe Nutzungsintensität von E-Mails, zum anderen durch die relativ geringen Kosten dieses Kommunikationsinstruments erklären. Gemäß einer Studie des Bundesverbandes der Digitalen Wirtschaft (BVDW) e. V. senden und empfangen etwa 75 % der Internetnutzer in Deutschland mindestens täglich E-Mails. Innerhalb einer Woche erreicht man etwa 90 % aller Internetnutzer.

Im Vergleich zu anderen Werbeträgern ist E-Mail-Werbung sehr kostengünstig. Viele Versender nutzen die Leistungen von spezialisierten Unternehmen, die gewährleisten, dass Mails über whitelist-zertifizierte Server versendet werden. Dadurch wird die Gefahr verringert, dass die Mails beim Empfänger als Spams (unerwünschte Mails) ausgefiltert werden. Whitelist-zertifizierte Server sind in der Certified Sender Alliance (CSA), einer zentralen E-Mail-Whitelist, erfasst. Dazu müssen Betreiberunternehmen sich einem Zertifizierungsverfahren unterziehen. Ferner bieten die Dienstleister durch die Erfassung wichtiger Kennzahlen die Möglichkeit der Auswertung und Kontrolle einer E-Mail-Aussendung. Je nach Abrechnungsmodell betragen die Kosten für 1.000 versendete E-Mails dann zwischen 2 bis 10 Euro.

**Kennzahlen zur Auswertung von E-Mail-Kampagnen**

- **Adressaten**: Gesamtheit der Adressen, an die die E-Mail verschickt wurde.
- **Empfänger**: Gesamtheit der Adressaten, denen die E-Mail zugestellt wurde.
- **Zustellrate**: Prozentualer Anteil der Empfänger an den Adressaten.
- **Bouncerate**: Prozentualer Anteil der Mails, die nicht zugestellt werden konnten, gemessen an den versendeten Mails (Adressaten).
- **Öffnungsrate**: Prozentualer Anteil der geöffneten Mails an den Empfängern. Manchmal werden die geöffneten Mails auch in Relation zu den Adressaten gesetzt.
- **Klickrate**: Prozentualer Anteil der Empfänger, die mindestens einen in der E-Mail angegebenen Link angeklickt haben.
- **Response Rate/Conversion Rate**: Prozentualer Anteil der Empfänger, die eine gewünschte Aktion durchgeführt haben, z. B. Bestellung, Download, Kontaktanfrage etc.
- **Abmelderate**: Prozentualer Anteil der Empfänger, die sich z. B. vom Newsletter-Verteiler abgemeldet haben.

*Rechtliche Beschränkungen der E-Mailwerbung*
Grundlage für die rechtliche Begrenzung von E-Mail-Werbung ist der Paragraph 7 des Gesetzes gegen den unlauteren Wettbewerb (UWG). Gemäß § 7 Abs. 2 Nr. 3 ist E-Mailwerbung nur zulässig, wenn der Adressat dieser vorher ausdrücklich zugestimmt hat. Dabei spielt es keine Rolle, ob der Adressat eine Privatperson oder ein Unternehmer ist. Folgende Punkte sind hierbei zu beachten, vor allem, wenn die Einwilligung auf elektronischem Wege erfolgt:

- Die Einwilligung des Adressaten muss protokolliert werden. In einem möglichen Prozess muss der Werbende nachweisen, dass der Adressat seine Zustimmung tatsächlich erteilt hat.
  Der Adressat muss jederzeit die Möglichkeit haben, den Inhalt der Einwilligungserklärung zu widerrufen.
- Vor Abgabe der Einwilligungserklärung muss der Adressat darauf hingewiesen werden, dass er die Erklärung jederzeit widerrufen kann.

Gemäß § 7 ABS. 3 UWG ist unter bestimmten Voraussetzungen die Zusendung von E-Mails zu Werbezwecken auch ohne vorherige Zustimmung zulässig. Dazu müssen dann aber alle der folgenden Bedingungen erfüllt sein:

- Das werbende Unternehmen hat die E-Mailadresse des Adressaten im Zusammenhang mit dem Verkauf einer Ware oder Dienstleistung erhalten. Jemand bestellt z. B. bei einem Internethändler ein Buch und gibt in diesem Zusammenhang seine E-Mailadresse an.
- Der Kunde hat der Verwendung seiner E-Mailadresse nicht widersprochen.
- Das werbende Unternehmen verwendet die E-Mailadresse zur Direktwerbung für eigene ähnliche Waren oder Dienstleistungen. Der Internethändler in dem Beispiel schickt dem Kunden Werbung für andere Bücher an die erhaltene E-Mailadresse.
- Bei der Erhebung der E-Mailadresse und bei jeder Verwendung muss der Kunde klar und deutlich darauf hingewiesen werden, dass er deren Verwendung jederzeit widersprechen kann. Bei dem Widerspruch dürfen maximal Übermittlungskosten gemäß den Basistarifen entstehen.

Im Zusammenhang mit der Art und Weise, **wie** die Zustimmung für die E-Mail-Werbung erhoben wird, unterscheidet man die folgenden Begriffe.

Opt-Out
Bei diesem Verfahren muss ein potenzieller Empfänger von E-Mail-Werbung selbst aktiv werden, um die Zusendung solcher Werbung durch seinen Widerspruch zu unterbinden bzw. zu verhindern. Das Opt-Out-Verfahren ist rechtlich nur in den Fällen zulässig, für die die Voraussetzungen von § 7 Abs. 3 UWG zutreffen. In allen anderen Fällen muss der Werbende die ausdrückliche Zustimmung für die Zusendung der E-Mail-Werbung einholen. In diesen Fällen spricht man dann von einem Opt-In-Verfahren.

Opt-In
E-Mail-Werbung wird einem potenziellen Adressaten nur dann zugesendet, wenn dieser der Zusendung aktiv zugestimmt hat und zwar vor der Versendung der Werbemail. Außer für die Fälle, die unter § 7 Abs. 3 UWG fallen, ist für die Zusendung von Werbemails immer das Opt-In-Verfahren erforderlich. Die Zustimmung wird in aller Regel elektronisch erteilt, indem z. B. auf der Website des werbenden Unternehmens die Zustimmungserklärung angekreuzt und die E-Mailadresse angegeben wird. Dieses Verfahren hat allerdings den Nachteil, dass das werbende Unternehmen ggf. nicht nachweisen kann, dass der Adressat die Zustimmung auch wirklich erteilt hat, was er bei einem möglichen Rechtsstreit aber muss. Es besteht hier nämlich die Möglichkeit, dass jemand die Zustimmungserklärung ankreuzt, aber eine falsche E-Mailadresse angibt. Um dieses Problem zu vermeiden, wenden Unternehmen, die E-Mailwerbung betreiben, das sogenannte Double-Opt-In-Verfahren an.

Double-Opt-In
Bei dem Double-Opt-In- Verfahren wird an die E-Mailadresse, die bei der elektronischen Einwil-

ligungserklärung angegeben wurde, zusätzlich eine Bestätigungsmail geschickt. Der Adressat wird dabei gebeten, seine Einwilligung zu wiederholen, indem er in der Regel auf einen Bestätigungslink in der E-Mail klickt.

Da durch die Wiederholung der Einwilligungserklärung diese dem Adressaten eindeutig zugeordnet werden kann, ist das Double-Opt-In-Verfahren rechtssicher und wird daher von seriösen Anbietern in der Regel eingesetzt.

### 5.7.11 Mobile-Marketing

Unter Mobile-Marketing versteht man Marketingaktivitäten, bei denen die Zielpersonen über mobile Endgeräte erreicht werden. Durch die starke Verbreitung von Smartphones und Tablet-PCs hat das Mobile-Marketing mittlerweile eine relativ hohe Bedeutung erlangt.

Gemäß Ralf Kreutzer (Praxisorientiertes Online-Marketing) werden im Rahmen des Mobile-Marketing im Wesentlichen die folgenden Ziele verfolgt:

- mobile Gewinnung von Informationen,
- mobile Übermittlung von Informationen,
- mobiler Verkauf und mobile Auslieferung von (virtuellen) Produkten uns und
- mobiler Verkauf von realen Produkten und Dienstleistungen.

Im Vergleich zum stationären Online-Marketing ist beim Mobile-Marketing zu berücksichtigen, dass Informationen über den wechselnden Standort des jeweiligen Endgerätenutzers verwendet werden können, um zielgerichtet standortabhängige Angebote zu machen. Dadurch werden die Effektivität und die Wirksamkeit solcher Angebote in der Regel erhöht. So können z.B. Informationen über spezielle Angebote in Verkaufsstellen, die sich in der Nähe des jeweiligen Nutzers befinden, gemacht werden, indem etwa gezielt lokalisierte Coupons für Sonderangebote, Preisnachlässe etc. auf die mobilen Endgeräte übertragen werden. Die Nutzung von Standortinformationen für lokalisierte Angebote setzt natürlich voraus, dass die Informationen erhoben und genutzt werden dürfen.

Ein Einfalltor dafür bieten **Apps** (Applications), das sind kleine Programme, die auf die mobilen Endgeräte geladen und dort installiert werden können. Apps können die Funktionalität der Endgeräte verbessern. Häufig haben sie aber vorwiegend oder ausschließlich einen unterhaltenden Charakter. Apps können in der Regel über sogenannte App-Stores bezogen und direkt auf das mobile Endgerät geladen werden. Ein großer Teil der Apps kann kostenlos genutzt werden, teilweise wird aber für Bezug und Nutzung ein Entgelt erhoben. Bei der App-Installation wird häufig die Erlaubnis gegeben, Informationen über den Standort des Nutzers zu erheben bzw. solche Daten zu nutzen. Das ist häufig selbst dann so, wenn diese Daten für den Einsatz der App nicht erforderlich sind.

Neben Apps können auch andere virtuell gehandelte Produkte, z.B. Spiele, Musik, Bücher, Zeitungen etc. gegen Entgelt auf das mobile Endgerät heruntergeladen werden.

Weitere Einsatzmöglichkeiten des Mobile-Marketing bestehen in der Nutzung der mobilen Endgeräte zur Durchführung von Zahlungsvorgängen, auch Tickets, z.B. im öffentlichen Nahverkehr, lassen sich damit erwerben.

Durch die Verwendung von sogenannten **QR-Codes** (Quick-Response-Code) lassen sich auch umfangreichere Informationen mobil vermitteln. Diese werden in einer kleinen quadratischen Matrix verschlüsselt und können mithilfe einer entsprechenden App von den mobilen Geräten ausgelesen werden. Die QR-Codes lassen sich z.B. auf Produkten, Produktverpackungen, in Verkaufsstellen oder an anderen marketingstrategisch relevanten Orten anbringen. Vorteilhaft ist hierbei, dass die Nutzer selbst aktiv werden, um die verschlüsselten Informationen zu erhalten, was ein gewisses Interesse voraussetzt.

Bei der Planung und Gestaltung der Werbemittel im Mobile-Marketing muss das relativ kleine Anzeigeformat der mobilen Endgeräte berücksichtigt werden.

### 5.7.12 Social-Media-Marketing

*„Märkte sind Gespräche.“* (Cluetrain-Manifest)

Social Media-Angebote sind inzwischen für den größten Teil der von Nutzern im Internet verbrachten Zeit bzw. geschenkten Aufmerksamkeit verantwortlich. Die Menschen

- halten sich in sozialen Netzwerken auf,
- spielen allein oder gemeinsam mit Freunden im Internet,
- laden Musik, Videos und Fotos hoch und herunter,
- diskutieren in Chats und Foren,
- informieren sich in WIKIs,
- schreiben und lesen in Blogs und Microblogs und
- erfinden sich in virtuellen Welten neu.

Der dänische Webdesign-Experte Jacob Nielsen formulierte bereits 2006 die 90-9-1 Regel. Nach dieser Regel nutzen nur ca. 1% der Nutzer einer Kommunikationsplattform im Internet diese auch wirklich intensiv, indem sie regelmäßig Beiträge verfassen, weitere 9% werden nur gelegentlich aktiv, während die restlichen 90% passiv bleiben. Dieser ernüchternde Befund besitzt für das Marketing den entscheidenden Vorteil, dass man zunächst „nur“ die aktiven 10% Nutzer identifizieren und mit seiner Markenbotschaft infizieren muss. Denn die auch für Social Media wichtige Reichweite wird dann über die 90% der Nutzer generiert, die die Beiträge „nur“ lesen oder „sehen“ (bspw. virale Clips).

Außerdem zeigen neuere Studien, dass sich das Verhältnis gerade bei den Jüngeren hin zu aktiverer Nutzung verändert, d. h. das Web 2.0 wird in Zukunft wirklich ein Mitmach-Web, in dem die User aus dem lean-back-Modus (passive Nutzung ⇒ eher geringes Involvement) in den lean-forward-Modus (aktive Nutzung ⇒ hohes Involvement) wechseln.

Der Großteil der nutzergenerierten Informationen (= **user generated content**) wird in bzw. über die sozialen Medien erstellt. Diese beinhalten Erfahrungen, Meinungen und Informationen z. B. zu Unternehmen, Marken und Produkten (Nutzerbewertungen auf Empfehlungsseiten sowie Informationsvideos auf YouTube, Kommentare in sozialen Netzwerken oder Berichte auf Blogs).

Im Vergleich zu „klassischer“ Werbung wird diesen User-Bewertungen ein deutlich höhereres Vertrauen entgegengebracht. Das Ausmaß des Vertrauens steht natürlich in Abhängigkeit zur Quelle. Der Kommentar eines direkten Freundes auf Facebook hat eine andere Glaubwürdigkeit als der Kommentar eines Unbekannten, der Artikel eines angesehenen Bloggers eine andere als der eines Nonames oder die gute Empfehlung bspw. eines Buches von Vielen eine andere als die von einem Einzelnen.

*Begriff*

Der Bundesverband digitale Wirtschaft e.V. definiert Social Media demnach wie folgt:
*„Social Media sind eine Vielfalt digitaler Medien und Technologien, die es Nutzern ermöglichen, sich untereinander auszutauschen und mediale Inhalte einzeln oder in Gemeinschaft zu gestalten. Die Interaktion umfasst den gegenseitigen Austausch von Informationen, Meinungen, Eindrücken und Erfahrungen sowie das Mitwirken an der Erstellung von Inhalten.“*

„The Social Media Bible“ von Lon Safko/David K. Brake (Wiley&Sons New Jersey 2009, S. 6) definiert wie folgt:
*„Social Media refers to activities, practices, behaviors among communities of people who gather online to share information, knowledge and opinions using conversational media. Conversational media are Web-based applications that make it possible to create and easily transmit content in the form of words, pictures, videos, and audios“* S. 6

Brian Solis, Social Media Marketing Experte und Autor von „Engage!“ Wiley&Sons New Jersey 2010, definiert Social Media folgendermaßen:
*„Social Media is, at its most basic sense, a shift in how people discover, read, and share news and information and content. It's a fusion of sociology and technology, transforming monologue (one to many) into dialog (many to many.) “*

*Hintergrund*

Die erste theoretische Säule für Social Media lieferte der Soziologe Paul Lazarsfeld bereits 1944 mit seinem Two-Step-Flow-Modell der Kommunikation, in dem erstmals die Bedeutung von Meinungsführern für die Meinungsbildung breiterer Bevölkerungsschichten untersucht wurde.

Eine weitere und in der Retroperspektive vermutlich entscheidende Säule bildet das 1999 von Doc Searls, David Weinberger, Christopher Locke und Rick Levine veröffentlichte Cluetrain-Manifest. In Anlehnung an Luther formulieren die Autoren ebenfalls 95 Thesen über die Beziehungen zwischen Unternehmen und ihren Kunden in den Zeiten des Internets. Schon die ersten drei Artikel dieses „Grundgesetzes" machen klar, wie sich die Autoren diese Beziehungen vorstellen:

1. Märkte sind Gespräche.
2. Märkte bestehen aus Menschen, nicht aus demografischen Daten.
3. Gespräche zwischen Menschen klingen menschlich. Sie werden mit einer menschlichen Stimme geführt.

Anfangs belächelt und von den Unternehmen weitgehend ignoriert, haben sich die Grundthesen des Manifests inzwischen durch die technologische Weiterentwicklung des Internets weitgehend als richtig herausgestellt und markieren den gerade stattfindenden Paradigmenwechsel in Marketing und Kommunikation von Unternehmen.

Begriffe wie Conversational Marketing, der Wandel vom Consumer zum Prosumer, Open-Source-Marketing (Manifesto von James Cherkoff, siehe http://changethis.com/14.OpenSourceMktg) oder der unlängst als Mediawährung empfohlene Tausend-Gesprächs-Preis, der den TKP (= Tausend-Kontakt-Preis) ablösen soll, zeugen von dieser Entwicklung.

Jedes Unternehmen, das über Social Media seine Zielgruppen – oder sollte man eher von Gesprächspartnern sprechen – erreichen möchte, muss sich von einer eher passiven, gut kontrollierbaren, traditionellen Einwegkommunikation hin zu einem aktiven Dialog mit seinen Kunden entwickeln. Denn Menschen suchen in sozialen Medien keine Verkaufsbotschaften, sondern Antworten, Richtung und Führung und evtl. sogar Sinnstiftung. Brian Solis formuliert: *„Social Media is about speaking with, not at the people"*.

In Gesprächen geht es neben der Authentizität und Aufrichtigkeit des Senders, d. h. der zuständigen Abteilungen bzw. Personen in Unternehmen oder bei damit beauftragten Dienstleistern, vor allem um die Fähigkeit des Zuhörens, denn nur wenn das Unternehmen verstanden hat, was der Kunde wirklich will, kann er das Gespräch in die gewünschte Richtung lenken. Dass dies nichts mit Manipulation zu tun haben kann, verbietet die neue Perspektive auf den Kunden als (Gesprächs-) Partner des Unternehmens. Denn nur wenn sich Kunden wirklich als Partner verstanden und behandelt fühlen, sind sie bereit, einer Marke ihre Aufmerksamkeit zu schenken und darüber hinaus auch noch als „Markenbotschafter" zu fungieren.

Wenn Märkte Gespräche sind und Social Media das geeignete Instrument zur Gesprächsführung ist, müssen Unternehmen die „klassischen" Regeln der Kommunikation beachten. Das heißt auch, dass gewünschte Kommunikationsziele zunächst unerreicht bleiben können. Denn der Absender kann nicht erwarten, dass die inhaltlichen Aspekte seiner Botschaft immer vollständig beim Empfänger ankommen (Missverständnisse). Noch unwahrscheinlicher ist es, dass die verhaltensbeeinflussenden bzw. -steuernden Aspekte der Senderbotschaft vom Empfänger zu 100% umgesetzt werden (genauso wie bei jeglicher Kommunikation im privaten und beruflichen Bereich). Gelingende Gespräche erfordern insofern immer die Bereitschaft, Kompromisse einzugehen. Und dass Wirtschaftsunternehmen im Sinne ihrer Markenführung Kompromisse mit ihren Kunden eingehen sollen, ist mit Sicherheit für manchen Markenverantwortlichen eine beängstigende Vorstellung. Hierzu gibt es aber keine Alternative, wenn man Social Media erfolgreich nutzen möchte.

| Chancen |
|---|
| Engere Bindung an das Unternehmen bzw. einzelne Marken durch den direkten Dialog und damit der Teilnahme an der Marke ⇒ „Fans"/ Communities |
| Stabilere Umsatzerwartungen (Markenbindung, s. o.) |
| Glaubwürdige Weiterverbreitung von Kommunikations-Inhalten des Unternehmens/ der Marke ⇒ „Markenbotschafter", virales Marketing/ Word-of-mouth (siehe Band Marketing und Marktforschung) |
| Einbindung der Kunden in die Produktentwicklung |
| Erhöhung der Anzahl an Feedback-Kanälen führt zu Effizienzsteigerung in der Marktforschung, im Qualitätsmanagement und/ oder der Servicepolitik |
| Bestimmte, vor allem jüngere Zielgruppen findet man sehr leicht auf Social-Media-Plattformen |
| Sehr gute Verzahnung mit Mobile Marketing möglich |
| Beeinflussung und ggf. Veränderung des Wahrnehmungsrahmens eines Unternehmens oder einer Marke (Image) |

| Risiken |
|---|
| Imageschäden durch negative Mund-zu-Mund-Propaganda der Kunden ⇒ negative Botschaften verbreiten sich bis zu 5-mal schneller als positive |
| Angriffe durch soziale Organisationen auf die Marke |
| Markenführung wird unkalkulierbarer ⇒ Kunden übernehmen Teile der öffentlichen Deutungshoheit |
| Virale Effekte sind trotz sorgfältiger Planung nur schwer zu kalkulieren. |
| Mangelnder Return-on-Investment ⇒ hohe Kosten für Aufbau und Pflege der Social-Media-Aktivitäten im Verhältnis zu den dadurch generierten Umsätzen |

Aus diesen Chancen und Risiken lassen sich folgende Ziele für Social Media Marketing ableiten:

- Aufbau eines „echten" Dialogs mit den Kunden/ Ermöglichen von Gesprächen
- Einbindung von Kunden ins Marketing und in die Kommunikation
- Informationen bzw. Wissen vermitteln
- Erhöhung der Sympathiewerte durch unterhaltsamen Content
- Erhöhung der Markenbindung/Aufbau von Communities
- Steigerung der Effizienz von Marketing-/Kommunikationsaktivitäten
- Förderung von Weiterempfehlungen/„Word-of-mouth"
- Aufbau positiver Vorurteile (=Images) gegenüber dem Unternehmen /der Marke
- Aufbau von Markenbekanntheit
- Unterstützung der Corporate Identity

**Beispiel für erfolgreichen Social-Media-Einsatz**

Um die Stiftung „Keep a Child Alive", die Aids-infizierte Kinder in Afrika mit Medikamenten versorgt, beim Publikum bekannt zu machen und zu Spenden zu motivieren, bediente sich eine Agentur aus New York eines einzigen kostenpflichtigen Hilfsmittels: des 600 Dollar teuren iPhones. Als das Handy Ende Juni 2007 auf den Markt kam, platzierte die Agentur drei Tage vor dem Erstverkaufstag einen Mitarbeiter vor dem Apple-Store in Soho. Dieser klebte eine Startlinie vor den Eingang des Ladens mit dem Satz: „Die Schlange geht hier los!" und setzte sich vor den Apple-Store. Bei der ganzen Aktion trug er ein mit dem Logo der Stiftung versehenes T-Shirt und – jetzt kommt Social Media ins Spiel – schickte alle vier Stunden aktuelle Bilder und Videos von der wachsenden Schlange ins Internet, zur Freude von Bloggern und Journalisten, die die iPhone-Hysterie mitverfolgten.

Als der Werber zusammen mit dem Filmemacher Spike Lee als erster Kunde in den Laden marschierte, ging das Video davon um die Welt und erreichte in nur viereinhalb Tagen mehr als 100 Millionen Zuschauer, denn die Werbebotschaft wurde über rund 100 000 Links im Internet sowie in Medien vom Musiksender MTV bis zum Wirtschaftsmagazin „The Economist" transportiert. Das erste iPhone der Welt wurde anschließend zugunsten der Aids-Stiftung für 100 000 Dollar auf Ebay versteigert. Außerdem gewann die Stiftung einige Prominente, die sich für ihre Ziele einsetzen, und das alles für ein Investment von 600 US-Dollar!

*Maßnahmen*

Abbildung 5.17 gibt einen Überblick über mögliche Kommunikationsplattformen für Social Media-Maßnahmen. Bei allen weiter gehenden Überlegungen zum Einsatz dieser Instrumente ist es besonders wichtig zu beachten, dass jedes Instrument seine eigenen Regeln bzw. eigene Kultur hat. Nur, wenn die für Marketing und Kommunikation Verantwortlichen diese Regeln und Kulturen kennen und berücksichtigen, kann der Einsatz von Social Media erfolgreich sein. Auch hier gilt im Sinne der Gesprächskultur wieder: Erst zuhören, dann handeln.

Überblick über Kommunikationsplattformen im Bereich Social Media

*Abb 5.17 Kommunikationsplattformen im Bereich Social Media*

1. Publish

- Ein **Blog** oder auch **Weblog** ist ein auf einer Website geführtes und damit – meist öffentlich – einsehbares Tagebuch oder Journal, das eine Kommentierung Dritter zulässt.
  Blogs bieten durch ihre Autoren (Blogger) regelmäßig aktualisierte Inhalte in Text, Bild, Audio- oder Videoform und eine Kommentarfunktion, die als Diskussionsplattform genutzt wird. Die Themen variieren je nach Motiv und Interesse. Experten führen bspw. Fachblogs, Unternehmen Corporate Blogs, Reporter PR Blogs und Privatleute Hobbyblogs. Die Gesamtheit aller Blogs wird als Blogosphäre bezeichnet, das Schreiben eines Blogs als bloggen.
  Die **Marketingrelevanz von Blogs** liegt in ihrer Funktion als meist unabhängiges Informations- und Kommunikationsmedium. Unternehmen können daher durch die Identifizierung, Gewinnung und Nutzung angesehener Blogger, auch Meinungsführer oder Multiplikatoren genannt, virale Effekte auslösen, die den Inhalt des Blogs und so die Bekanntheit der Marke/des Produktes verbreiten.
- Eine **BlogPlatform** bildet die technische Voraussetzung für das Erstellen eines Blogs. Wichtige Anbieter sind Wordpress, Typepad, blog.de etc.
- **Blog Communities** sind Zusammenschlüsse mehrerer Blogger, die sich dort gemeinsam über allgemeine oder spezielle Themen austauschen (bspw. Blogger.de, sportblogger, blogwerk etc.)
- **Blog search** sind Suchmaschinen, in denen nach Inhalten in der Blogospäre gesucht werden kann. Einige wichtige Anbieter sind Technorati, Google Alerts, Collect, Bloggerei, Top Blogs (vgl. auch Monitoring/ Erfolgskontrolle)

2. Share

Der größte und sichtbarste Bereich sind natürlich die Videoportale wie YouTube, My Video, sevenload, clipfish, vimeo, metacafe etc., auf denen Videos zur Ansicht via Streaming bereitgestellt werden. Daneben werden aber auch Fotos (flickr, picasa etc.), Musik (iTunes, lastfun, soundcloud etc.) und Dokumente (slideshare, scribd etc.) getauscht bzw. zur Ansicht und/ oder zum download bereitgestellt. Unternehmen können dementsprechend über das uploaden von für die Zielgruppen relevanten Contents virale Effekte auslösen und eine große Reichweite erzielen

3. Discuss

- **Bewertungs- oder Verbraucherportale** sind Plattformen, auf denen sich Verbraucher über

Produkte und Dienstleistungen austauschen. Das Resultat sind nutzergenerierte Rezensionen und Produkttests zu allgemeinen aber auch zu sehr speziellen Themen. Außerdem besteht häufig auch die Möglichkeit zur Kommunikation in „Echtzeit“ (= Chats). Bsp.: chefkoch.de, chiponline, gofeminin.de, tripadvisor, ciao, dooyoo, qype, günstiger.de etc.
- Ein Internetforum ist ein virtueller Platz zum Austausch und zur Archivierung von Gedanken, Meinungen und Erfahrungen, auf dem zeitlich versetzt kommuniziert wird. Allein aus den Bezeichnungen wird häufig klar, worum es jeweils geht: gutefrage.net, werweißwas, fragmutti, fragvati

4. Social Networks
Online Social Networks sind Communities, die den Nutzern erlauben, ihr persönliches **Kontaktnetzwerk online** abzubilden. Soziale Netzwerke sind insofern Plattformen zum gegenseitigen Austausch von Meinungen, Eindrücken oder Erfahrungen. Im Unterschied zu Foren steht hier weniger ein (fachliches) Thema, sondern die persönliche Kontaktpflege im Vordergrund. Soziale Netzwerke bilden die verbreiteteste Form der sozialen Medien.

User werden über die Neuigkeiten in ihrem Freundesnetzwerk automatisch informiert, sie haben die Möglichkeiten der Gruppenbildung innerhalb der Netzwerke, der Kommunikation mit anderen Nutzern, der selektiven Informationsaufnahme und der Führung von Freundschafts-/Kontaktlisten. Die Anzahl der weiteren Möglichkeiten unterscheidet sich je nach Social Network. Live Chat, Bilder und Videogalerien, diverse Apps und Widgets sind nur einige Beispiele. Das führt dazu, dass die bereits erwähnte 90-9-1-Regel bei den privaten Online Social Networks außer Kraft tritt, denn hier werden über 80 % der Mitglieder regelmäßig aktiv.

Social Networks gibt es in verschiedenen Größen und für verschiedene Zielgruppen:
- Facebook, MySpace, Lokalisten, stayfriends, brands4friends, feierabend.net, meinestadt.de, catster/petster/dogbook (für Tierbesitzer), beautiful.people.com (Auswahl durch Mitglieder auf der Basis der Bewertung der Attraktivität des Bewerbers) etc. sind für private Interessen,
- Xing und LinkedIn für berufliche Interessen.

Die verschiedenen Funktionen fördern die Kommunikation und Interaktion mit den Nutzern des Netzwerks und bieten so die Möglichkeit, gezielt die „Fans“ des Unternehmens mit Informationen zu versorgen bzw. diese an das sich zu binden.

5. MicroBlog
Microblogs sind eine Kombination aus Blog und Social Network. Die Mitglieder eines Microblogging-Netzwerks vernetzen sich ebenfalls, wie die Mitglieder eines „Social Networks“, untereinander. Der Unterschied besteht in der Art der Kommunikation. Diese läuft auf Microblogging-Plattformen in Form von **Kurznachrichten**. Die Länge der Nachrichten ist je nach Microblogging-dienst unterschiedlich, jedoch nie länger als 200 Zeichen. Nutzer haben die Möglichkeit, die Nachrichten anderer zu abonnieren, sprich zum Follower zu werden. Die abonnierten Nachrichten der verschiedenen Nutzer erscheinen jeweils, sobald eine neue veröffentlicht wurde, auf der eigenen Seite. Andersherum ist es ebenso möglich, eigene Nachrichten an seine Follower zu senden. Der bekannteste und marktführende Microblogging-Dienst ist Twitter. Andere Anbieter sind Plurk, tweet oder bleeper.

Aus **unternehmerischer Sicht** ist Microblogging besonders zur **regelmäßigen Information ihrer Follower geeignet**. Besonders viele Follower haben in Deutschland bisher vor allem Unternehmen aus der Informationsbranche wird bspw. spiegelonline. In der Praxis hat die begrenzte Darstellung, im Fall von Twitter 140 Zeichen, zur Einbindung von weiterführenden Links und sog. „hashmarks“ (= bei der ein Stichwort mit einem Rautezeichen versehen wird, sodass sich alle Tweets zum Thema gebündelt sammeln lassen) in die versendeten Nachrichten geführt. Nutzer werden so bei Interesse bequem zu detaillierteren Informationen geführt.

6. Lifestream/ Live cast
Dies ist ein Bereich der Blogosphäre, in dem die Blogger ihre **Neuigkeiten** vor allem über **Videos** verbreiten. Das kann im Extremfall zu einer 24/7 Webcam führen, sodass man am kompletten Leben eines anderen Menschen teilnehmen kann. Einige Anbieter sind justin.tv, friendfeed, qik, make tv, blog.tv etc. Die Anwendungsmöglichkeiten für Unternehmen sind noch nicht ausgelotet.

7. Virtual Worlds
In den bekanntesten virtuellen Welten Second Life, Habbo Hotel oder Active Worlds kann sich der Nutzer einen **Avatar** als **künstliche Verlängerung des eigenen Ichs** erschaffen und damit eine Existenz inklusive Beziehung, Hausbau, Kauf von Markenprodukten etc. aufbauen. Nach einer anfänglichen Euphorie, in der fast alle großen Hersteller von Markenprodukten eigene Shops eröffnet und Markenevents in den virtuellen Welten inszeniert haben, scheint der Boom inzwischen etwas abgeflaut zu sein. Die weiteren Anwendungsmöglichkeiten dieses Instruments hängen sehr stark von den zukünftigen Nutzerzahlen ab.

8. Social Games
Sie sind Spiele, die von den Nutzern in Social-Networks wie Facebook und MySpace gespielt werden. Zu diesen in der Regel kostenlosen Spielen lädt man Freunde und Bekannte aus seinem sozialen Netzwerk ein, um sich gemeinsam die Zeit zu vertreiben. Populäre Spiele sind Farmville (Spieler bestellen um die Wette die Felder eines Bauernhofes), Cafe World (hier versuchen sich Fans als Restaurantbesitzer), Waka-Waka (eine Art PacMan), Mafia Wars (Aufbau und Entwicklung eines Mafia-Imperiums) oder Pet Society (Schaffung eines eigenen virtuellen Haustiers, um das man sich regelmäßig kümmern muss; vgl. das inzwischen ausgestorbene Tamagotchi).

In einer aktuellen Studie mit über 1200 Nutzern aus den USA und in England fand man heraus, dass in beiden Ländern der Anteil weiblicher Spieler größer ist als der Anteil männlicher Spieler. Das Durchschnittsalter liegt bei rund 43 Jahren und nur 6 Prozent aller Social Gamer sind laut Studie 21 Jahre alt oder jünger.

Auch hier sind die Möglichkeiten der Einbindung in die Unternehmenskommunikation bisher noch nicht geklärt.

→ *Die Ausgestaltung dieser Maßnahmen zu einem Social-Media-Mix muss je nach Unternehmen auf dessen konkrete Zielsetzung zugeschnitten werden.*

Hierzu kurz drei Beispiele, um welchen Kern eine Social-Media-Struktur aufgebaut werden kann:

1. **Corporate Website** als Kern: Der Informationsfluss wird durch Links und Verweise von den anderen Plattformen zu dieser geleitet. Ziel ist es hier, den Traffic auf der Corporate Website zu erhöhen ⇒ sinnvoll z. B. bei Onlineshops.
2. **Social Networksite** des Unternehmens als Kern: Ziel ist es hier, den traffic z. B. bei facebook zu konzentrieren ⇒ z. B. gut geeignet, um Informationen zu verteilen.
3. Es gibt **keinen zentralen Kern**, d. h. alles ist mit allem **vernetzt**, sodass der Kommunikationsfluss zu allen Plattformen gesteuert wird. Ziel ist die Steigerung der Interaktion mit dem Content auf den verschiedenen Portalen ⇒ nützlich, um Diskussionen im Netz zu starten und die beworbene Marke zum Thema zu machen.

*Monitoring und Erfolgskontrolle*
Die Selektion geeigneter „Social Media"-Plattformen ist natürlich von der aktuellen Relevanz bei der gewünschten Zielgruppe, der Reichweite und dem Verwendungszweck abhängig. Deshalb muss auch hier der erste Schritt immer das Reinhören in die jeweiligen Kommunikationsplattformen sein. Dieser Schritt kann mithilfe von Monitoring-Instrumenten gemacht werden, die zum großen Teil von den Anbietern der jeweiligen Kommunikationsplattform kostenlos zur Verfügung gestellt werden.

Solche Monitoring Tools wie Google Analytics, Twitter Counter, YouTube Metrics, Facebook Lexicon, Socialmention, Boardtracker, Technorati, Yahoo Pipes, truCast oder Nielsen BuzzMetrics helfen dabei, unternehmens-/ markenrelevante Gespräche bzw. Aktivitäten im Web aufzufinden, mitzuverfolgen, zu analysieren und auszuwerten.

Neben der reinen Quantität der Beiträge spielt die Qualität eine Rolle, d. h. es gilt zu analysieren, inwiefern Diskussionen über Unternehmen/ Marken positiv, negativ oder kontrovers geführt werden (Sentiment = Stimmung/ Klima).

Im Bereich der Erfolgskontrolle bietet das Internet im Vergleich zu traditionellen Medien deutlich bessere Möglichkeiten zur Evaluation durchgeführter Kampagnen. Beim Thema Social Media reichen aber sowohl die klassischen Mediakennzahlen wie Reichweite und Kontakte, als auch spezifischere Onlinekennzahlen wie Visits, Traffic, Page Impressions, AdImpressions, Click-through-Raten, Cost-per-Click oder Conversion-Raten allein nicht aus, da sie nur Quantitäten erfassen und die Qualität der Gespräche dabei unberücksichtigt bleibt.

Marktforschungsinstitute, Media- und Werbeagenturen versuchen bisher, das Problem der Messung von Social Media-Aktivitäten mit eigenen Tools zu lösen, die aus einer Kombination klassischer und neuer Verfahren bestehen.

Im Bereich des viralen Marketings in sozialen Netzwerken sind vor allem folgende zwei Aspekte von besonderer Bedeutung für Ansteckung, Verankerung und Weiterverbreitung der Botschaft:

- Formulierung der Botschaft (= Virus)
- Identifizierung der Boten (= Überträger des Virus)

*„Ansteckung ist eine Funktion des Boten. Verankerung ist eine Funktion der Botschaft."* Malcolm Gladwell

Bei beiden Aspekten lassen sich auf der Basis neuerer Erkenntnisse aus verschiedenen Bereichen wie Hirnforschung, Memetik, Storytelling, Soziologie und Organisationspsychologie einige Grundforderungen ableiten. Bei der Formulierung der Botschaft sollte man die nachfolgenden Hinweise beachten.

| **Voraussetzungen für erfolgreiche Verbreitung von Memen (nachahmungsfähiges Material):** |
|---|
| 1. Wiedergabetreue = Selbstähnlichkeit des Kerns, um Mutationen schadlos zu überstehen<br>2. Fruchtbarkeit = viele Kopien<br>3. Fitness = to fit (anpassen), d. h. an Umwelt und Hirn des Wirtstiers<br>4. Sexyness = Attraktivität, Originalität, Relevanz (persönlicher Nutzen/ Berührung), interessanter Kern<br>„Tricks" sind in diesem Zusammenhang: emotional berühren, überraschen, Neugier befriedigen, aufs Selbstwertkonto des Erzählers einzahlen, Einfachheit etc.<br>5. Langlebigkeit |

**Virale Kommunikation: Das Gesetz der Wenigen oder die Bedeutung verschiedenen Influencer Typen**
(zusammengefasst aus Malcolm Gladwell: Tipping Point)

| **Vermittler** | **Kenner** | **Begeisterer** |
|---|---|---|
| • sind gesellig<br>• knüpfen leicht Kontakte<br>• kennen viele (wichtige) Leute<br>• erfahren viel Neues<br>• sind die Schnittstelle für verschiedene Gruppe | • sammeln gerne Informationen („Informations-Junkie")<br>• informieren oder disktuieren über ihre Lieblingsthemen<br>• wollen überzeugen, aber nicht überreden<br>• lassen andere (gern) an ihrem Insiderwissen teilhaben | • nehmen die Angelegenheit selbst in die Hand<br>• sind motiviert, enthusiastisch, überzeugen usw.<br>• sind Schnittstelle für verschiedene Gruppen |
| ⇒ Spinne im Netz | ⇒ blindes Vertrauen | ⇒ Verführer/Verkäufer |
| **verbreiten Informationen** | **sind Basis für die Informationen** | **überzeugen und überreden die Menschen zum Handeln** |

*Abb. 5.18 Virale Kommunikation: Das Gesetz der wenigen nach Malcom Gladwell*

Bei der Identifizierung der Boten kommt es darauf an, die Influencer in den sozialen Netzwerken zu identifizieren. Hier kann eine von Malcolm Gladwell erstmals formulierte Typologie der Persönlichkeitseigenschaften verschiedener Influencer-Typen hilfreich sein (vgl. Abb. 5.18).

Diese Persönlichkeitseigenschaften weisen nur wenige Menschen gleichzeitig auf, sodass man in der Regel alle drei Typen in sozialen Netzwerken suchen oder sich von ihnen finden lassen muss, denn diese Typen sind meist keine passiven Konsumenten von Informationen (= lean back), sondern aktiv auf der Suche (= lean forward). Wenn es gelingt, diese Personen zu identfizieren und dann auch noch zu infizieren, dann lässt sich mit geringem finanziellen Aufwand eine Menge an extrem glaubwürdigen Informationen in die eigentlichen Zielgruppen kommunizieren.

**Glossar verwendeter IT-Begriffe**

- **Client**: Im Internet: Computer eines Internetnutzers. Allgemein ist ein Client ein Programm, das die Dienste eines Servers in Anspruch nimmt.
- **Cookie**: Informationen, die der Web-Server im Browser eines Clients ablegt, z. B. eine Kennnummer. Dadurch kann der Client bei einem späteren Besuch identifiziert werden.
- **Domain**: Der Name/die Adresse eines Internetangebotes. Z. B. „www.webk.de" ist die Domain des Angebots des Walter-Eucken-Berufskollegs. Ein „Fully Qualified Domain Name" eines Internetangebotes ist der vollständige Domainname. Der FQDN der Internetseite des WEBK lautet z. B. „www.webk.de".
- **Flash**: Eine Software, die sich besonders gut zur Erzeugung von Animationen eignet. Die mit Flash erzeugten Dateien liegen im SWF-Format vor. SWF = Small Web Format und/oder Shock Wave Flash. Um Flash-Dateien betrachten zu können, benötigt man den Flash Player. Das Programm ist in die meisten Browser als Plugin integriert.
- **GIF**: Steht für Graphics Interchange Format = Grafikformat, das gut und weitgehend verlustfrei komprimierbar ist.
- **Host**: Computer in einem Netzwerk, z. B. dem Internet, auf dem ein oder mehrere Server betrieben werden. Häufig bezeichnet man den Host selbst als Server.
- **IP-Adresse** (Internet-Protokoll-Adresse): Jeder Computer, der am Datenaustausch im Internet teilnimmt, besitzt eine eindeutige numerische Adresse, z. B. 243.112.24.346. Sie ist notwendig, um den Datenaustausch im Internet zwischen Computern zu gewährleisten.
- **JPG**: Kurzschreibweise von JPEG = Joint Photographic Experts Group. Die Gruppe entwickelte ein Verfahren zur Komprimierung von Bildern, das aber nicht verlustfrei ist.
- **Pixel**: Kleinste Einheit einer digitalen Rastergrafik.
- **Plugin**: Computerprogramm, das mit einem anderen Programm verbunden wird und dieses ergänzt. Bekannte Beispiele für Plugins sind der Windows Media Player oder der von Macromedia entwickelte Flash Player.
- **Server**: Allgemein ein Programm, das anderen Computern (Clients) Dienste über ein Netzwerk zur Verfügung stellt. Umgangssprachlich wird häufig der Computer (Host), auf dem der Server installiert ist, als Server bezeichnet.
- **Webbrowser** (Browser): Computerprogramm ,mit dem Internetseiten aufgerufen und auf dem Monitor dargestellt werden. Bekannte Webbrowser: z. B. Microsoft Internetexplorer, Mozilla Firefox.
- **Web-Server**: Programm, das Dienste für Webseiten im Internet zur Verfügung stellt. Auch hier wird umgangssprachlich meist der Computer (Host), auf dem der Web-Server installiert ist und die Internetseiten hinterlegt sind, als WEB-Server bezeichnet.
- **URL**: Uniform Resource Locator (= einheitlicher Quellenanzeiger), bezeichnet die Adresse einer konkreten Seite eines Internetangebotes.
  Beispiel: www.webk/marketingkommunikation.html ist die URL der Seite, auf der sich im Internetangebot des WEBK Informationen zur Abteilung „Kaufleute für Marketingkommunikation" befinden.

### 5.7.13 Aufgaben zur Onlinewerbung

**Hinweis zu Fachbegriffen**
In den Aufgaben zu diesem Abschnitt werden Online-Media-Fachbegriffe verwendet. Dazu finden Sie auf der hinteren Umschlagklappe des Buches ein **Glossar** mit Begrifferläuterungen

**Aufgabe 1**
Die IVW weist für ein Onlineangebot für einen Monat etwa 698 Mio. PIs, 142,9 Mio. Visits und 4,89 PIs/Visit aus. Erläutern Sie, was die Werte bedeuten.

**Aufgabe 2**
Erläutern Sie den Unterschied zwischen PageImpressions und AdImpressions.

**Aufgabe 3**
Halten Sie es für zutreffend, wenn die PageImpressions als Werbeträgerkontakte und die AdImpressions als Werbemittelkontakte bezeichnet werden? Begründen Sie Ihre Ansicht.

**Aufgabe 4**
Erläutern Sie kurz, was man unter dem „Skalierbaren Zentralen Messverfahren zur Messung der Onlinenutzung“ (SZM) versteht.

**Aufgabe 5**
Beurteilen Sie Onlinewerbung bezüglich der folgenden Kriterien:
5.a) geografische Steuerbarkeit
5.b) personelle Steuerbarkeit

**Aufgabe 6**
Wodurch unterscheiden sich AdClicks von AdImpressions?

**Aufgabe 7**
Was versteht man unter der Click-Through-Rate?

**Aufgabe 8**
Die Click-Through-Rate hat bei Displaywerbung einen Wert von durchschnittlich 0,1 %. Bewerten Sie die Eignung von Displaywerbung , wenn

a) durch die Werbung eine deutliche Steigerung der Besucherzahlen auf der Homepage erreicht werden soll.
b) durch die Werbung die Markenbekanntheit erhöht werden soll.

**Aufgabe 9**
Ein Unternehmen, das PC- und Videospiele herstellt, möchte ein neu entwickeltes PC-Spiel im Internet bewerben. Die Zielgruppe besteht aus 7,52 Mio. Personen von 14 bis 39 Jahren, die an Computer- und Videospielen zumindest interessiert sind.

a) Ihnen liegt der Auszug einer Rangreihe von Internetangeboten vor, die mithilfe der Internetstudie „internet facts“ erstellt wurde (Abb. 5.19 auf der folgenden Seite). Erläutern Sie für das Angebot „GameStar.de“ die Bedeutung der Werte in der Tabelle.
b) Ihnen liegt ein Mediaplan bezogen auf die Zielgruppe vor, der ebenfalls mithilfe der „internet facts“ erstellt wurde (Abb. 5.20 auf der übernächsten Seite).
   - b1) Erläutern Sie, was die Angabe 2.000 Tsd. Kont. für das Internetangebot „GameStar.de“ bedeutet.
     Hinweis: In den internet facts sind mit „Kontakte“ PageImpressions gemeint.
   - b2) Erläutern Sie, was die Ergebnisangaben für den Plan jeweils bedeuten.
   - b3) Insgesamt wurden 54,4 Mio. Kontakte gebucht. Erläutern Sie, wie es sein kann, dass in der Zielgruppe nur 27,37 Mio. Kontakte erreicht werden.

Quelle: **AGOF Internet facts**
Netto Werbeform Medium Rectangle [300x250]; TKP-Berechnung

Vorfilter: **Gesamt (118.312 ungew. Fälle, 169–570 gew. Fälle – 100,0 % – 64,87 Mio)**
Zielgruppe:
**(14 – 19 Jahre ODER 20 – 29 Jahre ODER 30 – 39 Jahre) UND Computer- und Videogames: Bin (sehr) interessiert**
(18.539 ungew. Fälle, 19.653 gew. Fälle – 11,6 % – 7,52 Mio)
Ergebnisse und Kosten auf Basis eines durchschnittlichen Monats

| | Fälle (ungew.) | **Netto-RW (Unique User)** | | | | **Brutto-Reichweite (Kontakte)** | | | **TKP** | |
|---|---|---|---|---|---|---|---|---|---|---|
| | | % | Unique User Mio | Nutzer-Anteil % | Aff.-Index | Kontakte Mio | Kontakt-Anteil % | Ø Kont. | EUR | Rangfolge |
| **Gesamt** | 18.539 | 100,0 | 7,52 | 12 | 100 | | | | | |
| Computec PC Spiele Kombination | 1.817 | 4,9 | 0,37 | 45 | 391 | 25,22 | 59 | 69,0 | 20,36 | 1 |
| Computec Homepage-Rotation | 1.536 | 4,9 | 0,37 | 45 | 386 | 11,01 | 52 | 29,7 | 23,26 | 2 |
| Computec Network-Rotation | 2.854 | 8,6 | 0,65 | 42 | 362 | 68,62 | 50 | 106,0 | 23,85 | 3 |
| Computec Magazine-Rotation | 2.794 | 8,4 | 0,63 | 42 | 364 | 57,62 | 50 | 91,5 | 23,97 | 4 |
| Computec Games Kombination | 2.659 | 8,1 | 0,61 | 43 | 369 | 64,83 | 50 | 106,8 | 24,15 | 5 |
| GameStar.de | 1.647 | 4,1 | 0,31 | 54 | 466 | 14,92 | 70 | 48,5 | 30,68 | 6 |
| OnlineWelten | 1.066 | 2,6 | 0,20 | 46 | 393 | 10,31 | 51 | 51,8 | 31,07 | 7 |
| IDG-Kombi Entertainment | 1.787 | 4,6 | 0,34 | 52 | 451 | 16,22 | 69 | 47,1 | 31,30 | 8 |
| GameStar.de Gaming-News | 1.225 | 2,9 | 0,22 | 54 | 465 | 8,00 | 69 | 36,6 | 33,15 | 9 |
| 4Players Rubrik PC | 1.044 | 2,6 | 0,19 | 52 | 445 | 3,58 | 60 | 18,4 | 41,71 | 10 |
| 4Players Rubriken Rotation | 1.325 | 3,3 | 0,25 | 49 | 426 | 7,63 | 57 | 30,6 | 43,63 | 11 |
| gamona | 1.132 | 2,7 | 0,20 | 42 | 364 | 5,41 | 45 | 26,9 | 49,04 | 12 |
| 4Players | 1.815 | 4,6 | 0,35 | 48 | 416 | 13,48 | 50 | 38,7 | 49,82 | 13 |
| BUFFED Startseite | 915 | 3,0 | 0,22 | 43 | 372 | 6,83 | 48 | 30,5 | 55,22 | 14 |
| OnlineWelten (Kombi) | 1.223 | 3,1 | 0,24 | 42 | 365 | 32,96 | 36 | 139,8 | 55,80 | 15 |
| QUARTER MEDIA-Gaming-Kombi | 1.167 | 2,5 | 0,19 | 42 | 364 | 3,13 | 59 | 16,4 | 57,39 | 16 |
| GIGA.de | 885 | 2,2 | 0,16 | 49 | 426 | 8,70 | 59 | 52,8 | 59,02 | 17 |
| Platform-A Media Spiele | 1.467 | 3,8 | 0,29 | 28 | 242 | 33,00 | 35 | 114,6 | 74,40 | 18 |
| Spieletipps.de | 2.549 | 6,4 | 0,48 | 38 | 328 | 19,24 | 41 | 40,1 | 77,17 | 19 |
| bigpoint.com | 1.572 | 4,4 | 0,33 | 35 | 303 | 108,99 | 47 | 329,4 | 85,08 | 20 |
| QUARTER MEDIA-Maenner-Kombi | 1.282 | 2,9 | 0,22 | 33 | 282 | 3,23 | 40 | 14,7 | 85,64 | 21 |
| SevenOne Interactive Games Kombi | 1.710 | 4,0 | 0,30 | 26 | 226 | 40,52 | 33 | 134,8 | 97,61 | 22 |
| ProSieben.de SevenGames | 1.192 | 2,7 | 0,20 | 34 | 295 | 36,26 | 41 | 179,8 | 97,95 | 23 |
| Gameswelt.de gesamt | 1.033 | 2,3 | 0,17 | 42 | 361 | 2,29 | 42 | 13,3 | 100,71 | 24 |
| Gameswelt.de Konsole | 986 | 2,2 | 0,17 | 43 | 367 | 1,97 | 41 | 11,9 | 109,67 | 25 |
| Gameswelt.de PC | 1.017 | 2,3 | 0,17 | 42 | 366 | 2,00 | 41 | 11,8 | 109,82 | 26 |
| KINO.DE - Gesamt | 1.217 | 2,7 | 0,20 | 27 | 234 | 3,67 | 25 | 18,1 | 118,49 | 27 |
| CHIP Online Homepage | 3.390 | 7,9 | 0,59 | 30 | 258 | 5,19 | 35 | 8,7 | 140,53 | 28 |
| freeXmedia Entertainment Kombi | 2.046 | 5,7 | 0,43 | 29 | 251 | 59,72 | 19 | 138,8 | 157,28 | 29 |
| computerbild.de | 2.981 | 7,5 | 0,56 | 24 | 210 | 13,47 | 18 | 24,0 | 210,89 | 30 |

*Abb. 5.19 Rangreihe von Onlineangeboten*

| Quelle: AGOF internet facts<br>Netto<br>Werbeform Medium Rectangle [300x250]; TKP-Berechnung<br>Vorfilter:<br>**Gesamt** (118.312 ungew. Fälle, 169.570 gew. Fälle – 100,0% – 64,87 Mio)<br>**Zielgruppe**: (14 – 19 Jahre ODER 20 –29 Jahre ODER 30 – 39 Jahre) UND Computer- und Videogames: Bin (sehr) interessiert (18.539 ungew. Fälle, 19.653 gew. Fälle – 11,6% – 7,52 Mio) | |
|---|---|
| | **Plan 1** |
| Computec PC Spiele Kombination | 2000 Tsd. Kont. |
| Computec Homepage-Rotation | 20000 Tsd. Kont. |
| Computec Network-Rotation | 2000 Tsd. Kont. |
| Computec Magazine-Rotation | 2000 Tsd. Kont. |
| GameStar.de | 2000 Tsd. Kont. |
| OnlineWelten | 1500 Tsd. Kont. |
| IDG-Kombi Entertainment | 1500 Tsd. Kont. |
| GameStar.de Gaming-News | 1200 Tsd. Kont. |
| 4Players Rubriken Rotation | 1200 Tsd. Kont. |
| gamona | 1500 Tsd. Kont. |
| BUFFED Startseite | 2000 Tsd. Kont. |
| OnlineWelten (Kombi) | 1500 Tsd. Kont. |
| QUARTER MEDIA-Gaming-Kombi | 2000 Tsd. Kont. |
| GIGA.de | 1200 Tsd. Kont. |
| Platform-A Media Spiele | 1500 Tsd. Kont. |
| Spieletipps.de | 1000 Tsd. Kont. |
| bigpoint.com | 1000 Tsd. Kont. |
| QUARTER MEDIA-Maenner-Kombi | 2000 Tsd. Kont. |
| SevenOne Interactive Games Kombi | 1400 Tsd. Kont. |
| ProSieben.de SevenGames | 1500 Tsd. Kont. |
| Gameswelt.de gesamt | 1500 Tsd. Kont. |
| KINO.DE - Gesamt | 1000 Tsd. Kont. |
| CHIP Online Homepage | 1200 Tsd. Kont. |
| freeXmedia Entertainment Kombi | 1200 Tsd. Kont. |
| computerbild.de | 1500 Tsd. Kont. |

| | | |
|---|---|---|
| Bruttokosten in EUR | | 1.436.000 |
| Kosten in EUR | | 1.336.593 |
| **Netto-Reichweite** | | |
| | Reichweite in % | 21,6 |
| | Unique User in Mio | 1,62 |
| **Brutto-Reichweite** | | |
| | Kontakte in Mio | 27,37 |
| | GRP | 364 |
| | Ø Kontakte | 16,9 |
| **Wirtschaftlichkeit** | | |
| | TKP in EUR | 48,83 |
| | Costs per GRP in EUR | 3.671 |
| **Anteil/Affinität** | | |
| | Anteil in % | 33,5 |
| | (Affinitäts-)Index | 289 |

*Abb. 5.20 Online-Mediaplan*

**Aufgabe 10**

Eine Subseite der Domain www.cornelsen.de hat die URL www.cornelsen.de/cbb/. Bei der Suchwortkombination „Berufliche Bildung Schulbücher" hat diese URL hohe Rangplätze, bei Google zum Beispiel den Rangplatz 1 (siehe als Beleg Abb. 5.21 auf der folgenden Seite).

Die Abbildungen 5.21 – 5.23 zeigen einen Ausschnitt aus der Rangliste, einen Ausschnitt des Quelltextes der Unterseite und einen Ausschnitt der Unterseite.

a) Geben Sie den Titel der Unterseite an und erläutern Sie die Bedeutung des Titels.
b) Geben Sie den Metatext der Unterseite an und erläutern Sie die Bedeutung des Metatextes.
c) Die Suchwortkombination „Berufliche Bildung" hat eine Suchwortdichte von 1,61 %. Erläutern Sie, was diese Suchwortdichte bedeutet und bewerten Sie den Wert, wenn der Cornelsen-Verlag die Suchwortkombination „Berufliche Bildung" für relevant hält.

**Aufgabe 11**

Die Domain www.cornelsen.de hat einen PageRank von 6. Auf die Domain verweisen (zur Zeit der Aufgabenerstellung, dies ändert sich natürlich ständig) insgesamt 2.641 Backlinks. Davon stammen 3 Links von der Domain www.spiegel.de (PageRank 8) und 3 Links von der Domain www.uni-vechta.de (PageRank 6).
Geben Sie an, welche Backlinks einen stärkeren Einfluss auf den PageRank von www.cornelsen.de haben und begründen Sie Ihre Angabe.

*Abb. 5.21 Ausschnitt aus der Rangliste.*

```
<meta name="page-topic" content="Branche Produkt, Unterricht" />
<meta name="robots" content="All" />
<meta name="audience" content="Lehrer" />
<meta name="revisit-after" content="7 days" />
    <link rel="canonical" href="http://www.cornelsen.de/cbb/" />    <title>Cornelsen Berufliche Bildung: Schulbücher für Berufsschulen</title>
    <link rel="shortcut icon" href="http://www.cornelsen.de/favicon.ico" type="image/x-icon" />        <script type="text/javascript">
//<![CDATA[
document.domain = "cornelsen.de"
//]]>
</script>
```

*Abb. 5.22 Ausschnitt des Quelltextes der Unterseite*

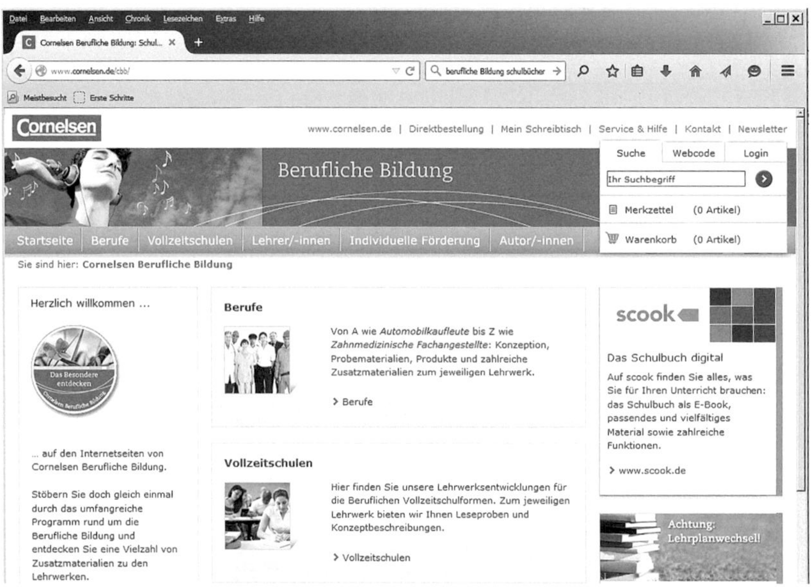


*Abb. 5.23 Ausschnitt der Unterseite*

**Aufgabe 12**

Ein Onlinehändler schaltet Suchmaschinenwerbung. Die Abrechnung erfolgt auf der Basis Cost per Click (CPC). Bei zwei Suchbegriffen erzielt das Unternehmen folgende Ergebnisse:

| Suchbegriff | 1 | 2 |
|---|---|---|
| Conversion Rate Sichtkontakte zu Clicks | 0,8% | 2% |
| Conversion Rate Clicks zu Kaufinteresse | 4% | 1% |
| Conversion Rate Kaufinteresse zu Kauf | 80% | 80% |
| Käufe | 4.000 | 1.500 |
| durchschnittlicher Betrag pro Kauf | 40,00 € | 50,00 € |
| durchschnittliche Kosten pro Click | 0,60 € | 0,40 € |

a) Ermitteln Sie für die beiden Suchbegriffe:
   a1) die Anzahl der Sichtkontakte mit der Anzeige
   a2) die Anzahl der Klicks
   a3) die Anzahl der Aktionen, die Kaufinteresse ausdrücken
   a4) die mit den Suchbegriffen verbundenen Kosten

b) Erläutern Sie, welcher Suchbegriff effektiver ist.

c) Geben Sie einen möglichen Grund an, warum bei dem Suchbegriff 1 die Conversion Rate von Clicks zu Kaufinteresse deutlich größer ist als bei dem Suchbegriff 2.

**Aufgabe 13**

Ein Nutzer erhält die folgend skizzierte Werbung auf verschiedenen Internetseiten ausgeliefert.

Er hatte in der Vergangenheit nach Hörgeräten von Widex und nach Flügen von Köln/Bonn oder Düsseldorf nach Stockholm gesucht und dabei verschiedene Internetseiten besucht.

Erläutern Sie, um welche Form von Targeting es sich hier handelt.

Beispiel 1: LogIn-Seite Telefongesellschaft

Beispiel 2: Ergebnisseite PageRank-Ermittlung

**Aufgabe 14**

Ein Unternehmen versendet E-Mails an 50.000 Adressaten.

- Die Bouncerate beträgt 5 %,
- 21.375 Mails wurden geöffnet,
- 3.800 Empfänger haben den in der E-Mail angegebenen Link angeklickt.

a) Ermitteln Sie die Anzahl der Empfänger.

b) Ermitteln Sie die Öffnungsrate.

c) Ermitteln Sie die Klickrate.

**Aufgabe 15**

Ein Internetbuchhändler erhebt von seinen Kunden deren E-Mail-Adressen. Er benötigt diese, um den Kunden eine Bestell- und Versandbestätigung zu schicken. Er weist bei der Erhebung darauf hin, dass er die Adressen zusätzlich verwendet, um den Kunden per E-Mail Informationen über Bücher zu schicken, die sie interessieren könnten. Kunden, die dies nicht wünschen, können einen Link anklicken, dann unterbleibt die

Werbung. Der Internetbuchhändler weist zudem in jeder Werbe-Mail deutlich darauf hin, dass die Zusendung unterbleibt, wenn die Kunden diese nicht wünschen. Dazu muss eine E-Mail an den Internetbuchhändler geschickt werden. Die E-Mail-Adresse wird in jeder Werbe-Mail angegeben.

a) Erläutern Sie, dass der Internetbuchhändler das Opt-Out-Verfahren anwendet.
b) Geben Sie eine begründete Bewertung, ob die Zusendung der Werbe-Mails durch den Internetbuchhändler rechtlich zulässig ist.

**Aufgabe 16**
Ein großer Fahrradhändler bietet im Internet ausführliche Informationen zu allen Themen rund um das Fahrrad an. Der Zugang zu diesen Informationen setzt allerdings eine Registrierung voraus. Dabei wird auch die E-Mail-Adresse erhoben. Durch Ankreuzen eines Kästchens kann zudem ein E-Newsletter bestellt werden, in dem die Abonnenten regelmäßig über neue Trends auf dem Fahrradmarkt informiert werden.

a) Erläutern Sie, dass der Fahrradhändler das Opt-In-Verfahren anwendet.
b) Erläutern Sie, dass das Opt-In-Verfahren in dem geschilderten Fall nicht gerichtsfest ist, sondern hier das Double-Opt-In-Verfahren notwendig ist.

## Lösungshinweise zu den Aufgaben

**Lösung zu Aufg. 1**

- **Visits**: Es wurde in dem Monat 142,9 Mio. mal von außen auf das Onlineangebot zugegriffen. Dabei wurde allerdings kein neuer Visit erzeugt, wenn das Angebot verlassen, aber innerhalb von 30 Minuten dahin zurückgekehrt wurde. Vergingen nach einem Zugriff auf das Angebot zwischen zwei PIs mehr als 30 Minuten, wurde ein neuer Visit gezählt.

- **PageImpressions:** Es wurden in dem Monat insgesamt 698 Mio. Bildschirmseiten des Angebotes aufgerufen.

- **PIs/Visit:** Pro Visit wurden im Durchschnitt 4,89 Bildschirmseiten aufgerufen.

**Lösung zu Aufg. 2**
Jeder nutzerinduzierte Aufruf einer potenziell Werbung führenden Seite ergibt einen PI. Dabei spielt es keine Rolle, ob sich auf der Seite ein Werbemittel befindet oder nicht.

AdImpressions sind dagegen kundenbezogene PIs. Ein PI ist für einen Werbungtreibenden ein AI, wenn sich auf der Seite ein Werbemittel des Werbungtreibenden befindet.

**Lösung zu Aufg. 3**
Der Vergleich ist so nicht zutreffend. Ein Visit würde einem Werbeträgerkontakt bei einer Zeitschrift entsprechen. Ein PI wäre das Aufschlagen einer Seite der Zeitschrift. Das setzt einen Werbeträgerkontakt, hier also einen Visit voraus. Ein AI entspricht allerdings einem Werbemittelkontakt.

**Lösung zu Aufg. 4**
Bei dem Skalierbaren Zentralen Messverfahren (SZM) wird auf jeder Seite des zu zählenden Internetangebotes ein kleiner HTML-Code eingefügt. Der Code bewirkt, dass bei jedem Seitenaufruf einer solchen Seite durch einen Browser ein Pixel auf einem Zählcomputer angefordert wird. Der Pixelabruf wird auf dem Zählcomputer als Seitenaufruf registriert. Der Pixelabruf erfolgt unabhängig davon, von wo die Seite abgerufen wird. Damit werden auch Seitenaufrufe von Proxy-Servern oder von lokalen Speichern erfasst.

**Lösung zu Aufg. 5**

a) Im Rahmen von sogenanntem Geo-Targeting ist bei Internetwerbung eine regionale Steuerbarkeit relativ gut möglich. Mithilfe der IP-Adresse und über Cookies kann der Einwahlknoten bestimmt und die Werbeeinblendung regional gesteuert werden.
b) Personelle Steuerbarkeit ist durch die verschiedenen Targetingmethoden gut möglich.

**Lösung zu Aufg. 6**
Unter einem AdImpression versteht man, wenn eine Seite aufgerufen wird, auf der sich ein Wer-

bemittel des betreffenden Kunden befindet. Ein AdCklick liegt aber erst dann vor, wenn das Werbemittel auch angeklickt wird.

**Lösung zu Aufg. 7**

Unter der Click-Trough-Rate versteht man das Verhältnis aus AdClicks und AIs.

**Lösung zu Aufg. 8**

a) Wegen der extrem kleinen durchschnittlichen Click-Through-Rate ist es nicht sinnvoll, mithilfe von Displaywerbung die Besucherzahlen auf der Homepage deutlich zu vergrößern, da diese Maßnahme sehr teuer und unwirtschaftlich wäre. Hier wären vermutlich SEO-Maßnahmen sinnvoller und besser geeignet.

b) Durch den Einsatz von großflächigen und aufmerksamkeitsstarken Werbemitteln ist Displaywerbung gut geeignet, um die Markenbekanntheit zu steigern.

**Lösung zu Aufg. 9**

a) Von den 118.312 Personen, die bei der Untersuchung berücksichtigt werden, haben 1 .647 innerhalb eines durchschnittlichen Monats mindestens einen Kontakt mit dem Onlineangebot „GameStar.de" gehabt, d. h., sie haben mindestens einen PI erzeugt.

- **Unique User in % und Mio.**: 0,31 Mio. Zielpersonen, das sind 4,1 % aller Zielpersonen, haben in einem durchschnittlichen Monat mindestens einen Kontakt mit dem Online-Angebot „GameStar.de". D. h., sie erzeugen wenigstens ein PageImpression (PI).
  - **Nutzeranteil**: Von den Gesamtnutzern des Online-Angebotes eines durchschnittlichen Monats (mind. ein PI) gehören 54 % zur Zielgruppe.
  - **Affinitätsindex**: Der Zielgruppenanteil an der Gesamtnutzerschaft in % während eines durchschnittlichen Monats beträgt 466 % des Zielgruppenanteils in % an der Grundgesamtheit.

- **Kontakte in Mio.:** Innerhalb eines durchschnittlichen Monats erzeugen die Zielpersonen 14,92 Mio. PI´s auf dem Online-Angebot „GameStar.de"
  - **Kontaktanteil in %:** Von den PI´s, die während eines durchschnittlichen Monats insgesamt auf dem Online-Angebot erzielt werden, entfallen 70 % auf Zielpersonen.

- **Durchschnitt Kontakte:** Auf jede der 0,31 Mio. Zielpersonen, die während eines durchschnittlichen Monats auf das Onlineangebot zugreifen, entfallen im Durchschnitt 48,5 PI´s.

- **TKP in EUR:** Für 1.000 PI´s, die während eines durchschnittlichen Monats von Zielpersonen auf dem Onlineangebot erzeugt werden, müssen im Durchschnitt 30,68 € aufgewendet werden.

- **TKP Rangf.**:Bezogen auf die Zielgruppe hat „GameStar.de" den sechs günstigsten TKP in der Rangreihe.

**Lösung zu Aufg. 9 b1)**

Für das Onlineangebot „GameStar.de" werden zwei Mio. PI´s gebucht.

**Lösung zu Aufg. 9 b2)**

- **Bruttokosten in Euro:** Ohne Rabatte betragen bei Plan 1 die Aufwendungen für das Buchungsvolumen 1.436.000,00 €.

- **Kosten in EUR:** Unter Berücksichtigung von Rabatten betragen sie 1.336.593,00 €.

- **Reichweite in %/ Unique User in Mio.:** Mit dem Plan werden 21,6 % der Zielpersonen mindestens einmal erreicht (mindestens ein PI), das sind 1,62 Mio. Zielpersonen.

- **Kontakte in Mio.:** Mit dem Plan werden insgesamt 27,37 Mio. PI´s mit Zielpersonen erzielt.
  - **GRP**: Im Durchschnitt entfallen auf 100 Zielpersonen 364 PI´s.

- **Durchschnitt Kontakte:** Auf jede Zielperson, die mit dem Plan mindestens einmal kontaktiert wird (mindestens 1 PI), entfallen im Durchschnitt 16,9 PI´s.

- **TKP:** Bei der Realisation von Plan 1 müssen im Durchschnitt für 1.000 PI´s mit Zielpersonen 48,83 € aufgewendet werden.

- **Cost per GRP:** Bei einer Realisation von Plan 1 müssen im Durchschnitt je GRP 3.671,00 € aufgewendet werden.

- **Anteil in %:** Von der Gesamtzahl der Personen, die mit dem Plan mindestens einmal erreicht werden, sind 33,5 % Zielpersonen.

- **Affinitätsindex**: Der Zielgruppenanteil an der Gesamtzahl der Personen, die mit dem Plan insgesamt erreicht werden, beträgt 289 % des Anteils der Zielgruppe an der Grundgesamtheit.

**Lösung zu Aufg. 9 b3)**
Die Differenz resultiert daher, weil die gebuchten PI´s nicht nur auf Zielpersonen des Unternehmens entfallen. Von den 54,4 Mio. PI´s, die mit dem Plan insgesamt erzielt werden, entfallen eben nur 27,37 Mio. auf Zielpersonen = 50,3 %.

**Lösung zu Aufg. 10**
a) Der Titel lautet: „Schulbücher – Arbeitshefte – Downloads – Unterricht – Vorbereitung – Diagnose | Portal für Berufliche Bildung | cornelsen.de“
Der Titel wird als Überschrift für die Ergebnisliste verwendet. In vorliegenden Fall ist durch die Eingrenzung mithilfe der senkrechten Striche festgelegt, welcher Teil des Titels in der Überschrift des Suchergebnisses angezeigt werden soll.
Der Titel spielt für das Ranking eine relativ große Rolle, daher sollte er die relevanten Suchbegriffe enthalten.
b) Der Metatext lautet: „das Portal für die Berufliche Bildung von Cornelsen: Schulbücher, Arbeitshefte, Download, Materialien für den Unterricht u. v. m.“
Der Metatext bietet dem Internetnutzer zusätzliche Infos, was ihm das Angebot bietet. Er beeinflusst damit das Klickverhalten, für das Ranking hat er nur eine geringe Bedeutung.
c) An allen Wörtern der Seite hat die Suchwortkombination einen Anteil von 1,61 %. Für eine optimale Suchwortdichte sollte die Suchwortkombination etwas häufiger vorkommen, der Wert ist aber akzeptabel.

**Lösung zu Aufg. 11**
Die drei Backlinks von www.spiegel.de beeinflussen den PageRank der Domain von Cornelsen stärker als die drei Backlinks der Uni Vechta. Das ist deshalb so, weil der PageRank der verlinkenden Seite bei der Ermittlung des PageRanks der Seite, auf die verwiesen wird, berücksichtigt wird. Die Domain des Spiegel hat mit 8 einen höheren PageRank als die der Uni Vechta mit einem PageRank von 6.

**Lösung zu Aufg. 12**
a) Die gesuchten Werte erhält man durch Rückrechnung, ausgehend von den Käufen

Suchbegriff 1

a3) Kaufinteresse $= \frac{4.000 \times 100}{80} = 5.000$

a2) Klicks $= \frac{5.000 \times 100}{4} = 125.000$

a1) Sichtkontakte $= \frac{125.000 \times 100}{0{,}8} = 15.625.000$

a4) Kosten $= 125.000 \times 0{,}60\,€ = 75.000\,€$

Suchbegriff 2

a3) Kaufinteresse $= \frac{1.500 \times 100}{80} = 1.875$

a2) Klicks $= \frac{1.875 \times 100}{1} = 187.500$

a1) Sichtkontakte $= \frac{187.500 \times 100}{2} = 9.375.000$

a4) Kosten $= 187.500 \times 0{,}40\,€ = 75.000\,€$

b) Umsatz bei Suchbegriff 1
$= 4.000 \times 40{,}00\,€ = 160.000{,}00\,€$

Umsatz bei Suchbegriff 2
= 1.500 X 50,00 € = 75.000,00 €

Der Suchbegriff 1 ist effektiver, da er bei gleichen Kosten mehr als doppelt so hohe Umsätze generiert wie der Suchbegriff 2, bei dem gerade die Kosten gedeckt werden.

c) Ein möglicher Grund ist, dass Suchbegriff 1 besser zum Angebot auf der Landing-Page passt als Suchbegriff 2. Der Suchbegriff 2 führt zwar, gemessen an den Sichtkontakten, zu einem höheren Traffic auf der Landing-Page, scheinbar finden die Besucher dort aber nicht das, was sie erwartet haben. Hier ist die Passung bei dem Suchbegriff 1 vermutlich besser.

**Lösung zu Aufg.13**
Es handelt sich hier um das Behavioral Targeting. Die Werbeeinblendungen haben keinen Bezug zu den besuchten Websites. Im ersten Fall wird die Login-Seite eines Telekommunikationsanbieters besucht, im zweiten Fall eine Seite zur Ermittlung des PageRank. Die Werbeeinblendungen berücksichtigen aber das bisherige Such- und Surfverhalten.

**Lösung zu Aufg. 14**

a) Wenn die Bouncerate 5 % beträgt, liegt die Zustellrate bei 95 %.

Anzahl der Empfänger $= \frac{50.000 \times 95}{100} = 47.500$

b) Öffnungsrate $= \frac{21.375}{47.500} \times 100 = 45\,\%$

c) Klickrate $= \frac{3.800}{47.500} \times 100 = 8\,\%$

**Lösung zu Aufg. 15**

a) Es handelt sich um das Opt-Out-Verfahren, da die Kunden des Internetbuchhändlers selbst aktiv werden müssen, wenn sie keine E-Mail-Werbung von dem Internetbuchhändler erhalten möchten. Sie müssen entweder den Link anklicken oder nach einer Werbe-Mail eine E-Mail an die angegebene Adresse schicken.
b) Die Zusendung der Werbe-Mails durch den Internetbuchhändler ist rechtlich zulässig, da alle Voraussetzungen von § 7 Abs. 3 UWG erfüllt sind.

**Lösung Lösung zu Aufg. 16**

a) Es handelt sich um das Opt-In-Verfahren, da die Internetnutzer aktiv werden müssen, um den E-Newsletter zu erhalten, indem sie bei der Registrierung das entsprechende Kästchen ankreuzen. Ohne diese Aktion unterbleibt die Zusendung des E-Newsletters.
b) Das Verfahren ist hier nicht gerichtsfest, da der Fahrradhändler im Zweifel nicht nachweisen kann, dass der Adressat selbst den Newsletter bestellt hat, was er bei einem Gerichtsverfahren aber müsste. Es könnte möglich sein, dass eine andere Person bei der Registrierung die E-Mail-Adresse des Adressaten angibt und für diesen den E-Newsletter bestellt, ohne dass sie von diesem dazu autorisiert wurde. Durch das Double-Opt-In-Verfahren wird dieses Problem vermieden, da der Adressat das Abonnement des Newsletters im Rahmen einer Bestätigungsmail bekräftigen muss. Diese Mail kann ihm dann eindeutig zugeordnet werden.

## 5.8 Kinowerbung

*Definition*
Unter Kinowerbung versteht man allgemein die Werbung in Lichtspielhäusern. Im klassischen Sinne meint Kinowerbung aber die Werbung im Kinosaal vor Beginn des Hauptfilms.

*Kinokategorien*

- Familienkinos/Normalkinos: Weit gefächertes Programm mit allen publikumsinteressanten Spielfilmen. Sie sind sowohl in Groß- und Mittel- wie auch in Kleinstädten zu finden und stellen den größten Teil aller Kinos dar.
- Multiplexe: Großräumige, komfortable und mit bester Bild- und Tontechnik ausgestattete Kinocenter mit in der Regel mindestens sieben

Kinosälen. Neben dem Kinobesuch wird z. B. Gastronomie angeboten.

- Filmkunstkinos: Die meisten dieser Kinos gehören zur „Gilde Deutscher Filmkunst-Theater“ und zeigen in erster Linie anspruchsvolle Filmprogramme.
- Programmkinos: Kinos mit einem festen Monatsprogramm. Täglich werden meist mehrere Spielfilme gezeigt (meist künstlerische Qualität, auch ältere Filme).
- Autokinos: Sie befinden sich häufig in der Nähe von Großstädten und haben ein großes Einzugsgebiet. Es werden alle Spielfilmarten vorgeführt. Das Publikum ist gemischt.
- Truppenkinos: Die Kinos befinden sich innerhalb oder in unmittelbarer Nähe von Kasernen und Fliegerhorsten. Die Vorstellungen werden hauptsächlich von Soldaten besucht.
- Sex-/Pornokinos: Hierbei handelt es sich um Kinos mit einem eindeutigen Programm. Die Kinos dürfen nur von Personen besucht werden, die älter als 18 Jahre sind.
- IMAX-Theater: Die Kinos verfügen über eine sehr große Leinwand und erzielen auf Grund der hohen Filmqualität und der überragenden Ton- und Vorführtechnik eine starke Erlebniswirkung (teilweise Filme in 3-D-Technik).
- Open-Air-Kinos: Kinosonderveranstaltungen unter freiem Himmel im Sommer.
- Mehrzweckkino: Die Spielstätte wird nur teilweise zur Filmvorführung genutzt (z. B. Discotheken, Tanzsäle oder Freizeitparks).
- Raucher-/Verzehrkino: In den Kinos werden neben der Vorführung Zusatzleistungen (Verkauf von Getränken und Speisen) geboten.

*Angebot*

Das Angebot der Filmtheater ist in den 90er-Jahren kontinuierlich gewachsen.

Seit 2000 stagniert die Kinozahl weitgehend. Zur Zeit stehen den Werbungtreibenden etwa 4.730 Leinwände zur Verfügung. Dabei konzentrieren sich die Kinos überproportional stark in größeren Städten und Großstädten.

### 5.8.1 Medialeistung

*Reichweite/Nutzerstruktur*

Die Reichweite des Kinos in der Grundgesamtheit der deutschen Wohnbevölkerung 14+ ist mit zzt. 3,6 % (VA) relativ gering (Wie mehrfach in diesem Buch angemerkt, ist die VA durch b4p ersetzt, vgl. Hinweis S. 542). Die Reichweite bezieht sich hier auf den Zeitraum einer Woche (Donnerstag bis Mittwoch der Folgewoche). Eine Reichweite von 3,4 % in der Grundgesamtheit bedeutet, dass man bei einer Belegung aller Leinwände innerhalb einer Woche 3,4 % der Grundgesamtheit mindestens einmal erreicht.

Differenziert man die Kinobesucher nach dem Alter, dann ergibt sich allerdings ein ganz anderes Bild. Das Kino erreicht hauptsächlich jüngere Menschen. Vor allem die Altersgruppen 14 bis 19 Jahre und 20 bis 29 Jahre sind überproportional stark unter den Kinobesuchern vertreten. Zusammengenommen ist der Anteil der 14- bis 29-Jährigen an den Kinobesuchern gut 59 % (VA), der Anteil dieser Altersgruppe an der Grundgesamtheit beträgt nur 20 %. Entsprechend erzielt das Kino in dieser Altersgruppe hohe Reichweiten.

Gemäß VA ist bei den 14- bis 19-Jährigen die Reichweite 11,6 %, bei den 20- bis 29-Jährigen 8,6 % und mit zunehmendem Alter nimmt die Reichweite rapide ab. Vermutlich wegen des durchschnittlich geringen Alters der Kinobesucher ist ihr Bildungsstand relativ hoch. Überproportional viele haben das Abitur oder besuchen eine Hochschule bzw. haben ein Studium abgeschlossen. Auch die Kaufkraft der Kinobesucher liegt deutlich über dem Durchschnitt der Gesamtbevölkerung.

*Reichweiten- und Kontaktaufbau*

In der Gesamtbevölkerung lässt sich mit dem Medium Kino keine ausreichende Reichweite aufbauen. Der weiteste Nutzerkreis (Anzahl der erreichten Personen nach 52 Belegungswochen aller verfügbaren Leinwände) ist mit etwa 29 % gering. In den jüngeren Zielgruppen ist der Reichweitenaufbau allerdings gut. Einzelheiten zeigt Abb. 5.24.

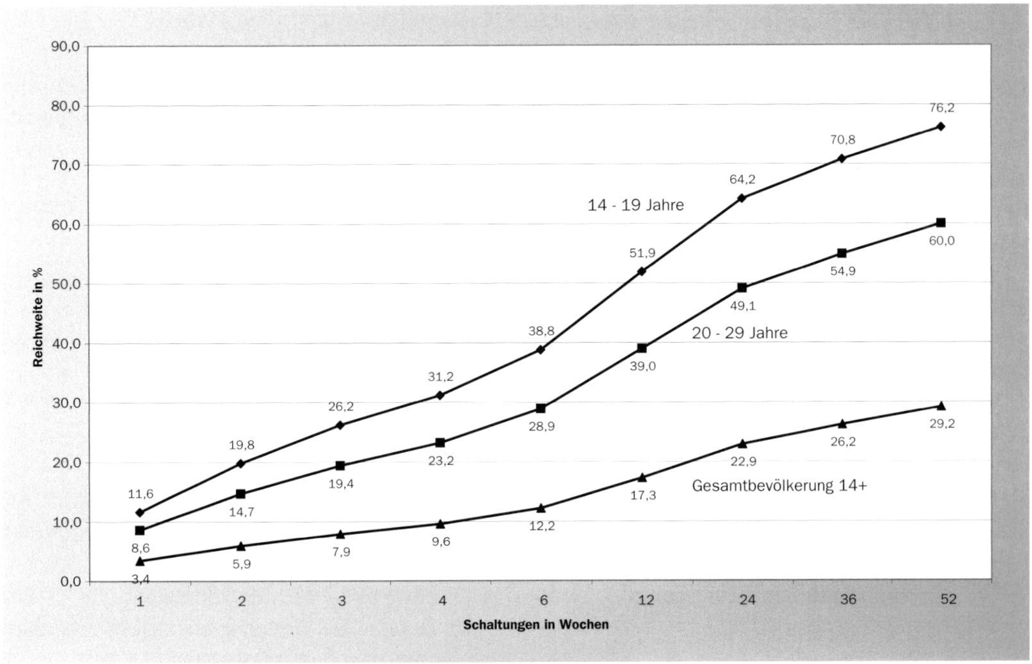


*Abb. 5.24: Reichweitenaufbau bei Kinowerbung (Quelle: VerbraucherAnalyse)*

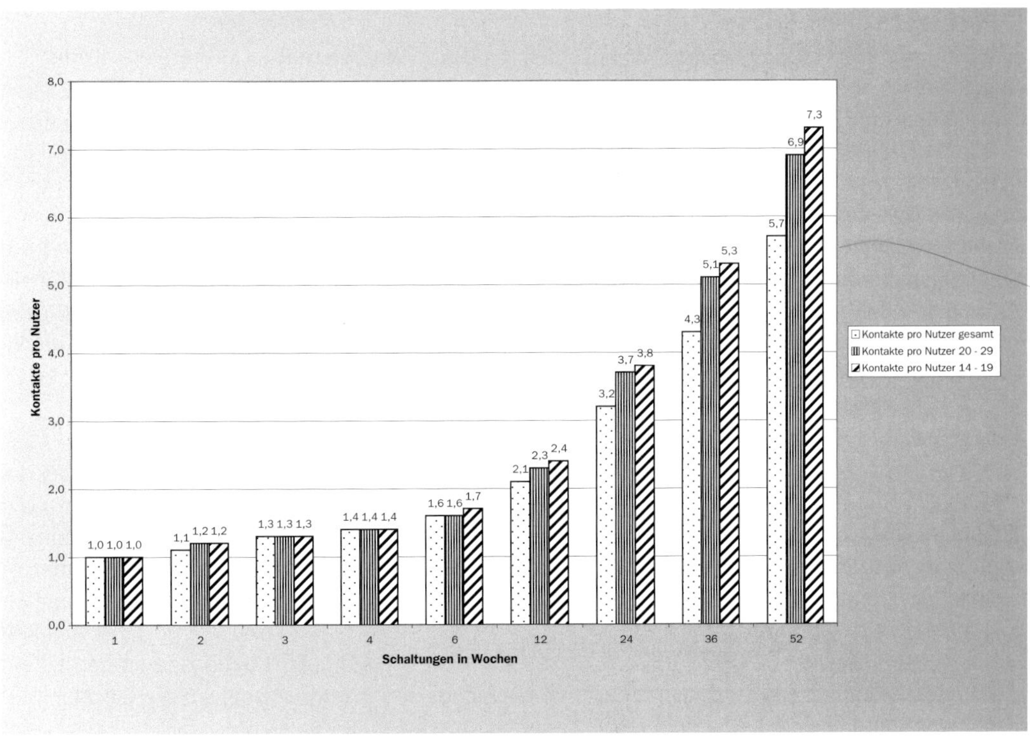


*Abb. 5.25: Kontaktaufbau bei Kinowerbung (Quelle: VerbraucherAnalyse)*

Von den 14- bis 19-Jährigen erreicht man nach zwölf Schaltwochen bereits knapp 52 %. Der weiteste Nutzerkreis liegt hier bei 76,2 %.

In der Gruppe der 20- bis 29-Jährigen ist der Reichweitenaufbau geringer, aber immer noch akzeptabel. Der weiteste Nutzerkreis liegt hier bei 60 %, nach zwölf Schaltwochen erreicht man knapp 39 % dieser Altergruppe.

Während der Reichweitenaufbau in Abhängigkeit vom Alter unterschiedlich ist, verläuft der Kontaktaufbau bei allen Altersgruppen gleich langsam.

Hier sind kaum altersspezifische Unterschiede feststellbar. Nach zwölf Schaltwochen werden zwischen zwei bis drei Durchschnittskontakte erzielt, nach 52 Schaltwochen beträgt die Durchschnittskontaktzahl dann 6 in der Grundgesamtheit 14+, 7,5 bei den 20- bis 29-Jährigen und 7,9 bei den 14- bis 19-Jährigen. Zum Kontaktaufbau vergleichen Sie die Abb. 5.25.

### 5.8.2 Steuerbarkeit

*Personelle Steuerbarkeit*
Eine Zielgruppenselektion ist beim Kino nur sehr eingeschränkt möglich. Grundsätzlich erreicht man mit dem Kino junge Altersgruppen.

Durch die Belegung verschiedener Kinotypen ist eine weitere grobe Selektion in Grenzen möglich. Eine Differenzierung etwa nach psychologischen Merkmalen oder nach Konsumverhalten gelingt hier allerdings nicht, da nur ein bestimmtes Kino bzw. bei größeren Kinos eine bestimmte Abspieleinheit, nicht aber spezifische Filme gebucht werden können.

Es ist allerdings in Zukunft vorgesehen, dass nicht mehr nur Leinwände, sondern tatsächlich einzelne Filme gebucht werden können. Dazu soll dann die Werbung direkt an den jeweiligen Film geklebt werden. In diesem Fall wäre eine Zielgruppenabgrenzung über die wahrscheinlichen Filmbesucher deutlich besser möglich.

*Zeitliche Steuerbarkeit*
Die Mindestbelegungsdauer ist bei den verschiedenen Werbemitteln (siehe Abschnitt 5.8.3) sehr unterschiedlich.

- Werbefilm: 1 Woche
- Kinospot: 1 Monat

Beim Werbefilm ist daher eine grobe zeitliche Steuerung möglich. Bei den anderen Werbemitteln ist eine zeitliche Steuerung nur sehr eingeschränkt möglich.

*Räumliche Steuerbarkeit*
Kleinste Belegungseinheit ist die einzelne Leinwand, wobei eine Leinwand mit einem Kinosaal gleichgesetzt werden kann. Damit lässt sich das Streugebiet beim Medium Kino sehr genau eingrenzen.

*Verfügbarkeit*
Der Werbeträger Kino steht nicht unbegrenzt zur Verfügung. Der Werbezeitraum pro Vorführung ist begrenzt, z. B. beim Werbefilm auf 440 Sekunden. Auch beim Kino- und Standkinospot gibt es Beschränkungen. Bei Werbefilmen besteht außerdem häufig ein Konkurrenzausschluss. Es kann daher vorkommen, dass bei einzelnen Kinos eine kurzfristige Belegung nicht realisiert werden kann.

### 5.8.3 Werbemittel

Die klassischen Werbemittel im Kino sind oben schon genannt worden: der Werbefilm und der Kinospot.

*Werbefilm*
Er hat eine Mindestlänge von 30 Sek. Die kleinste Belegungseinheit ist die einzelne Abspieleinheit. Die Mindestbelegungsdauer beträgt eine Woche, jeweils von Donnerstag bis Mittwoch. Die Abrechnung erfolgt nach Sekunden.

*Kinospot*
Hierbei handelt es sich um kleine Filme, bei denen die gleichen Gestaltungsmöglichkeiten wie bei einem Werbefilm bestehen, oder um Einzelbilder. Die Länge des Kinospots liegt zwischen 10 und 29 Sekunden. Die kleinste Belegungseinheit ist das einzelne Kino bzw. die einzelne Abspieleinheit. Die Mindestbelegungsdauer beträgt ein Monat. Kinospotpreise setzen die einzelnen Kinos individuell fest.

*Stand-Kinospot (ehemals Dia auf Film/DaF)*
Früher gab es als weiteres Werbemittel noch den Standkinospot, bei dem ein einzelnes Standbild, entweder mit oder ohne Ton vorgeführt wurde. Standbilder können heute natürlich auch noch gezeigt werden, sie werden aber jetzt auch als Kinospot bezeichnet.

*Kosten/Wirtschaftlichkeit*
Die Preise für die Verbreitung von Werbemitteln hängen hauptsächlich von der Besucherzahl ab. Natürlich werden für die unterschiedlichen Werbemittel auch unterschiedliche Schaltkosten verlangt. Die einzelnen Kinos werden jedes Jahr von der IVW in eine so genannte Besucherstaffel eingeteilt. Die Schaltkosten für Werbefilme hängen unmittelbar von der IVW-Staffel ab, in dem sich das jeweilige Kino befindet. Eine so genannte IVW-Stufe entspricht 10.000 Besuchern pro Jahr. Insgesamt gibt es 20 Stufen. Bei jeder Überschreitung eines 10.000er-Wertes wird die nächsthöhere Einstufung gewählt.

Die Schaltkosten werden wie folgt berechnet:

Schaltkosten =
Grundpreis x Filmlänge in Sekunden x Anzahl der IVW-Stufen des Kinos

Der Grundpreis gilt im Wesentlichen für alle Kinos und ändert sich natürlich im Zeitablauf. Im Jahr 2011 betrug er 0,34 € für eine Ganztagsbuchung und 0,29 € für eine Buchung ab 19:00 Uhr.

**Beispiel**

Ein Kino befindet sich in der IVW-Stufe 10.
Es hat also im Jahr zwischen 90.000 und 100.000 Besucher.
Es soll der Preis für einen Werbefilm mit einer Länge von 55 Sekunden ermittelt werden, wenn der Grundpreis 0,34 € beträgt.

Schaltkosten = 0,34 € · 55 s x 10 = 187,00 €

Es müssen also 187,00 € pro Woche in diesem Kino bezahlt werden.

---

Üblicherweise wird das Jahr in Zeitzonen eingeteilt, um jahreszeitliche Schwankungen der Besucherzahlen in der Preisstellung zu berücksichtigen. Der Grundpreis wird indiziert und gleich 100 gesetzt. In den besucherstärkeren Monaten (Herbst-, Wintermonate) liegt der Index über 100, der Grundpreis erhöht sich also, in den besucherschwächeren Monaten (Sommermonate) liegt der Index dagegen unter 100, was zu einem geringeren Grundpreis führt.

*Tausend-Kontakt-Preis*
Der Tausend-Kontakt-Preis ist bei Werbefilmen sehr hoch.

*Buchung*
Buchung und Abwicklung von Werbeschaltungen im Kino werden von so genannten Werbeverwaltungsunternehmen übernommen, mit denen die einzelnen Kinobetreiber Verträge abgeschlossen haben. Hierdurch wird für die Werbeagenturen der Abwicklungsaufwand deutlich verringert.

*Kontaktqualität*
Durch den abgedunkelten Raum, die große Projektionsfläche und die hohe Tonqualität ist Kinowerbung sehr eindrucksstark. Außerdem sind die Kinobesucher kaum abgelenkt und können der Werbung nicht ausweichen.

Beim Kino ist ein Werbeträgerkontakt in der Regel gleichbedeutend mit einem Werbemittelkontakt. Außerdem sind die Kinobesucher durchweg positiv gestimmt, was sich auf die Bewertung der Kinowerbung auswirkt.

## 5.9 Aussenwerbung

*Definition*

Mit Außenwerbung war ursprünglich nur die Werbung außerhalb geschlossener Räume gemeint. Da die Werbung in Bahnhöfen, Flughäfen etc. und in halboffenen Bereichen (Einkaufspassagen etc.) aber auch zur Außenwerbung zählt, ist die folgende Definition treffender:

➔ *Unter Außenwerbung versteht man Werbung im öffentlichen Raum, nicht überdacht oder überdacht.*

*Typologie*

Außenwerbung gibt es in vielen Erscheinungsformen.

Die folgende Typologisierung erfasst daher sicher nicht alle Formen der Außenwerbung:

- Plakatwerbung (Werbung auf Plakatanschlagstellen oder in Plakatvitrinen),
- Verkehrsmittelwerbung (Werbung auf oder in Verkehrsmitteln),
- Lichtwerbung (Werbung mithilfe von Lichtwerbeanlagen),
- Luftwerbung (Werbung auf oder mithilfe von Luftfahrzeugen, z. B. Ballonwerbung, Flugzeuge mit Schleppbannern u.a.)

➔ *Hauptwerbeträger sind Plakat- und Verkehrsmittelwerbung.*

Die folgende Darstellung beschränkt sich daher im Wesentlichen auch nur auf diese beiden Werbeformen.

### 5.9.1 Plakatwerbung

*Begriffe der Plakatwerbung*

Für die Plakatwerbung haben sich spezielle Begriffe eingebürgert, die kurz erläutert werden.

*Bogen*

Der Bogen ist das Grundformat für die Größenangaben von Plakaten. Grundlage ist die DIN A-Reihe.

Ein Plakat der Größe 1/1 Bogen entspricht dem DIN A1-Format 59 x 84 cm. Daraus lassen sich andere Formate ableiten, siehe Abb. 5.26.

*Dekade*

Bei vielen Plakaten ist die Mindestbelegungsdauer eine Dekade, das ist ein Zeitraum von zehn oder elf Tagen. Am Jahresanfang und -ende sind es jeweils 14 Tage. Ein Kalenderjahr besteht aus 34 Dekaden. Dabei wechseln sich in der Regel Dekaden mit zehn und elf Tagen jeweils ab. Für jedes Jahr wird ein Dekadenplan erstellt. Aus diesem Plan können die genauen Zeiträume für die Dekaden entnommen werden.

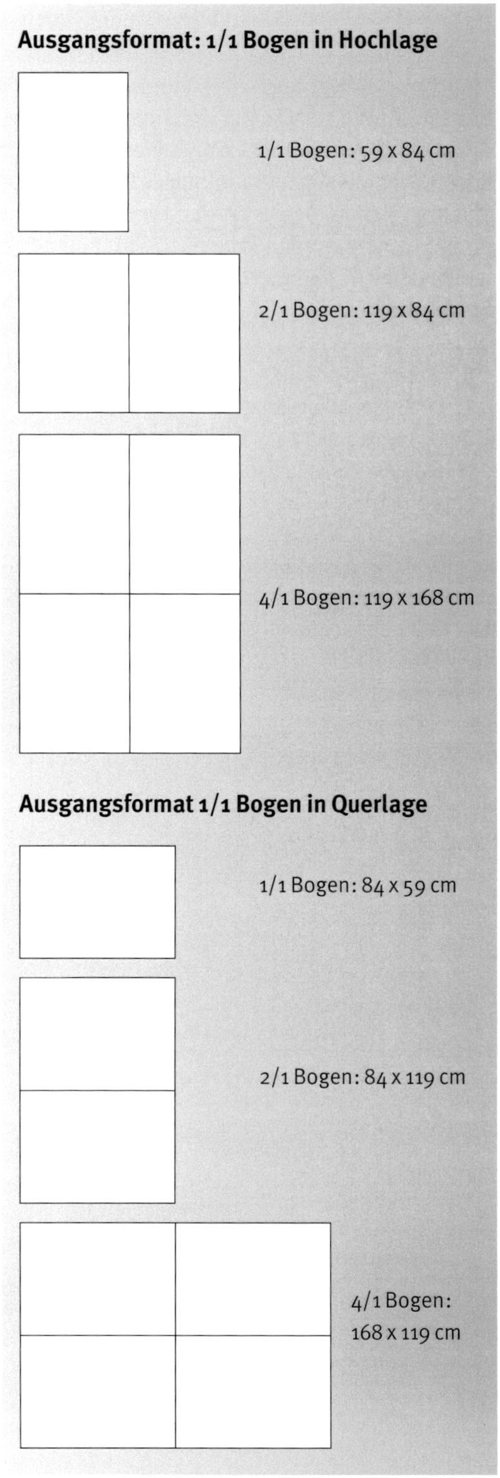


*Abb. 5.26: Bogenformate (gerundete Werte)*

*Vollbelegung*

Bei einer Vollbelegung werden alle Plakatanschlagstellen der gleichen Gattung in einer Stadt belegt.

*Halbbelegung*

Bei einer Halbbelegung wird die Hälfte aller Plakatanschlagstellen der gleichen Gattung in einer Stadt belegt. Die Anschlagstellen verteilen sich aber trotzdem über das gesamte Stadtgebiet. Es wir also praktisch jede zweite Stelle belegt.

*Netzbelegung*

Bei einigen Plakaten bilden die Außenwerbungsunternehmen so genannte Netze, wobei die Anschlagstellen jedes Netzes gleichmäßig über das ganze Stadtgebiet verteilt sind.

Angenommen, ein Außenwerbungsunternehmen hat in einer Stadt von einer Plakatart 600 Anschlagstellen. Das Außenwerbungsunternehmen könnte dann z. B. vier Netze mit jeweils 150 Anschlagstellen bilden. Bei einer Netzbelegung werden alle Anschlagstellen des betreffenden Netzes belegt.

*Stellentagpreis*

Der Preis, der pro Tag für die Belegung einer Plakatanschlagstelle gezahlt werden muss.

Wenn die Stelle für eine Dekade belegt wird und die Dekade hat zehn Tage, muss der Preis also für zehn Tage gezahlt werden.

*Bogentagpreis*

Der Preis, der pro Tag für die Belegung einer Stelle mit einem 1/1-Bogenplakat gezahlt werden muss. Wird die Stelle z. B. mit einem 4/1-Bogen-Plakat belegt, muss pro Tag das Vierfache des Bogentagpreises gezahlt werden.

**Plakatarten**

Nachfolgend werden die wichtigsten Plakatarten kurz dargestellt.

*Allgemeinstelle*

Hierbei handelt es sich in aller Regel um Säulen (Litfasssäulen), die von mehreren Werbungtreibenden belegt werden können.

Allgemeinstellen stehen in der Regel auf öffentlichem Grund innerhalb des Stadtgebietes.

| |
|---|
| Buchung: in Dekaden<br>Preis: Bogentagpreis<br>maximale Plakatgröße: 6/1 Bogen<br>Belegung: nur Voll- oder Halbbelegung<br>empfohlene Belegungsdichte: pro 1000 Einwohner des Streugebietes eine Stelle |

*Ganzsäule*

Ganzsäulen haben die gleiche Form wie die Säulen für einen allgemeinen Plakatanschlag, sie stehen aber nur einem Werbungtreibenden zur Verfügung. Häufig werden sie mit drei identischen Plakaten jeweils im Format 6/1 Bogen beklebt. Das hat den Vorteil, dass die Werbebotschaft von jeder Stelle aus wahrgenommen werden kann. Manchmal erfolgt auch eine Rundumgestaltung der Säule, z.B., wenn für zylinderförmige Produkte geworben werden soll. Es gibt mittlerweile auch schon verglaste Ganzsäulen, bei denen die Plakate eingehangen werden und von innen durchleuchtet werden können. Ganzsäulen stehen an stark frequentierten Stellen innerhalb des Stadtgebietes.

| |
|---|
| Buchung: in Dekaden<br>Preis: Stellentagpreis<br>Belegung: einzeln oder in Gruppen<br>empfohlene Belegungsdichte: pro 3000 bis 5000 Einwohner des Streugebietes eine Stelle |

Allgemeinstelle

Ganzsäule

City-Light-Säule

City-Light-Poster

Großfläche

Mega Light Select

Verkehrsmittelwerbung

*Abb. 5.27: Die verschiedenen Formen der Plakatwerbung (Quelle: Ströer Media SE, Köln)*

*Großflächen*

Rechteckige Plakatflächen, die mit Plakaten im Format 18/1 Bogen beklebt werden können (häufig als 18/1-Plakate bezeichnet). Sie stehen nur einem Werbungtreibenden zur Verfügung, sind die häufigste Plakatart in Deutschland und auch in ländlichen Gebieten ausreichend vorhanden. Teils verglast, mittlerweile häufig beleuchtet. Sie stehen oft an Ein-/Ausfallstraßen von Städten.

Buchung: in Dekaden
Preis: Stellentagpreis
Belegung: Einzelbelegung möglich (eine Stelle)
empfohlene Belegungsdichte: pro 3000 Einwohner des Streugebietes eine Stelle

*City-Light-Poster (CLP)*

Plakatvitrinen, in die Plakate 120 cm x 176 cm (≈ 4/1 Bogen) eingehängt werden. Die Plakate werden bei Dunkelheit von hinten durchleuchtet. Anzutreffen als Bestandteil von Warteunterständen des Nahverkehrs, auf Bahnhöfen/S-Bahnhöfen oder in Stadtinformationsanlagen integriert. Stadtinformationsanlagen sind frei stehende Vitrinen, bei denen auf der einen Seite ein Werbeplakat eingehangen werden kann, die andere enthält einen Stadtplan oder Stadtinfos.

Buchung: in Dekaden oder Wochen
Preis: Stellentagpreis
Belegung: Netzbelegung

Riesenposter/Blow up

Infoscreen

Digtale Medien: Station Video

Digtale Medien: Mall Video

*Superposter*
Superposter sind rechteckige Plakatflächen im Format 40/1 Bogen. Sie befinden sich meistens an Hauswänden in etwa 3 m Höhe und sind quer zur Fahrbahn angebracht. Die meisten Flächen werden bei Dunkelheit beleuchtet.

> Buchung: in Dekaden oder Monaten
> Belegung: Einzelbelegung
> Preis: Stellentagpreis. Die Preishöhe hängt von der Kontaktchance der Fläche ab. Die Flächen werden hierzu in drei Qualitätsstufen mit unterschiedlichen Preisen eingeteilt

**Neuere Formen**

*Mega-Light-Poster (City-Light-Boards)*
Hierbei handelt es sich um Großflächenplakate im Format 18/1 Bogen, die sich in be- oder hinterleuchteten Vitrinen befinden. Je nach Anbieter werden sie als Mega-Lights oder City-Light-Boards bezeichnet. Sie befinden sich in der Regel in Großstädten an großen Ein- und Ausfallstraßen und sind quer zur Fahrbahn angebracht. Die Mega-Lights gibt es auch als Plakatwechsler. Dabei werden mehrere Plakate auf einer Rolle angebracht und die Plakate abwechselnd gezeigt.

> Buchung: in Dekaden oder Wochen
> Belegung: Netzbelegung (teilweise werden die Megalight-Netze mit Netzen aus konventionellen Großflächen kombiniert)
> Preis: Stellentagpreis

*Baugerüst- und Fassadenwerbung (Riesenposter/Blow ups)*
Diese Plakate sind sehr großformatige Werbeplanen, deren Produktion erst durch Neuentwicklung in der Drucktechnik möglich wurde. Sie haben eine Größe von 100 m² bis 1.000 m² und mehr. Sie werden an Baugerüsten oder Gebäudefassaden befestigt.

*Elektronische Medienwände und digitale Projektionen*
Bei dieser Werbeform handelt es sich um elektronische Anzeigesysteme, bei denen auf einer rechteckigen Fläche neben allgemeinen Informationen, z.B. Wetter, Nachrichten etc., Werbeschaltungen möglich sind. Dabei können sowohl Standbilder als auch bewegte und animierte Darstellungen präsentiert werden. Zurzeit werden im Wesentlichen zwei technische Verfahren angewendet:

- Projektion aus einer Computerdatei auf eine entsprechende Wandfläche
- Computersteuerung eines Displays, das aus einer Vielzahl von LEDs (Light Emitting Diod = Leuchtdiode) zusammengesetzt sind, die per Datenfernübertragung einzeln angesteuert werden können

Die Werbeflächen befinden sich sowohl im Freien, an stark frequentierten Stellen der Innenstadt als auch in Bahnhofshallen und großen U-Bahn-Stationen.

### 5.9.2 Verkehrsmittelwerbung

Verkehrsmittelwerbung ist Werbung auf oder in öffentlichen oder privaten Verkehrsmitteln. Der größte Teil der Verkehrsmittelwerbung entfällt auf öffentliche Verkehrsmittel (Busse, U-Bahnen, Straßenbahnen, S-Bahnen). Die verschiedenen Formen der Verkehrsmittelwerbung sind in Abb. 5.28 zu sehen.

### 5.9.3 Medialeistung der Außenwerbung

*Reichweiten/Kontaktaufbau*
Mit Außenwerbung lassen sich gut und schnell Reichweite und Kontakte aufbauen. Eine nationale Außenwerbungskampagne ist allerdings mit sehr hohen Kosten verbunden. Je nach Größe und Struktur der Zielgruppe entstehen auch hohe Streuverluste.

*Wirtschaftlichkeit/Kosten*
Die absoluten Kosten bei einer flächendeckenden Kampagne sind hoch. Bei den TKPs ergeben sich im Vergleich zu anderen Werbeträgern allerdings relativ geringe Werte.

Die Kosten und TKPs einer Plakatierung in der gesamten Bundesrepublik Deutschland für die Werbeträgergattungen Großfläche und Ganzsäule können der folgenden Tabelle entnommen werden. Die Kosten beziehen sich auf eine Dekade.

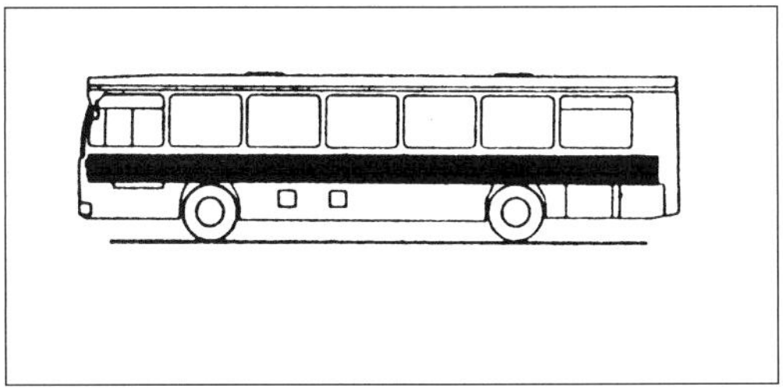

Rumpfflächen an Normal-Omnibussen

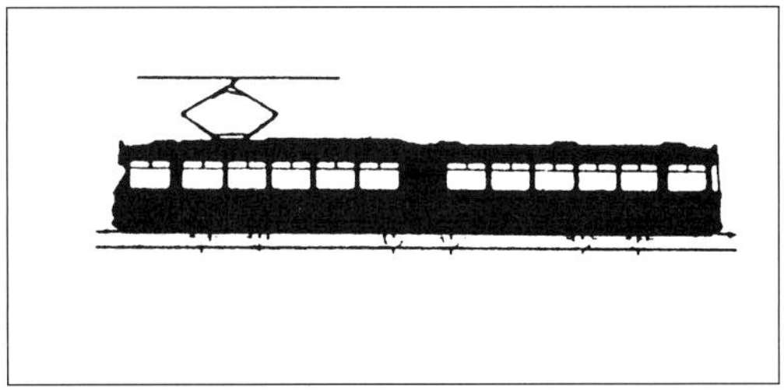

Rundum-Ganzbemalung

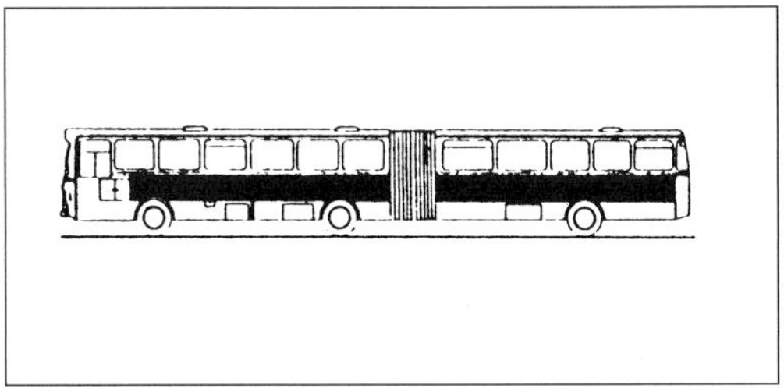

Rumpfflächen an Gelenk-Omnibussen

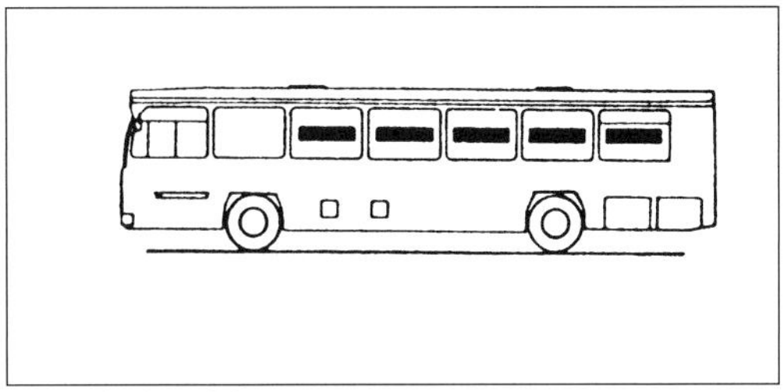

Seitenscheiben-Plakate

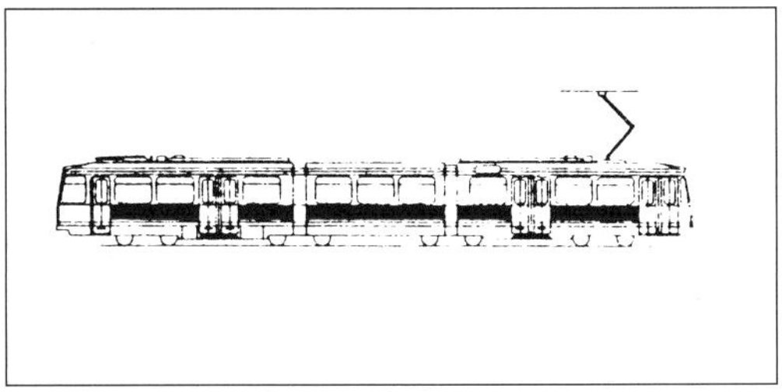

Rumpfflächen an Großraum-Gelenkwagen

Deckenflächen-Plakate

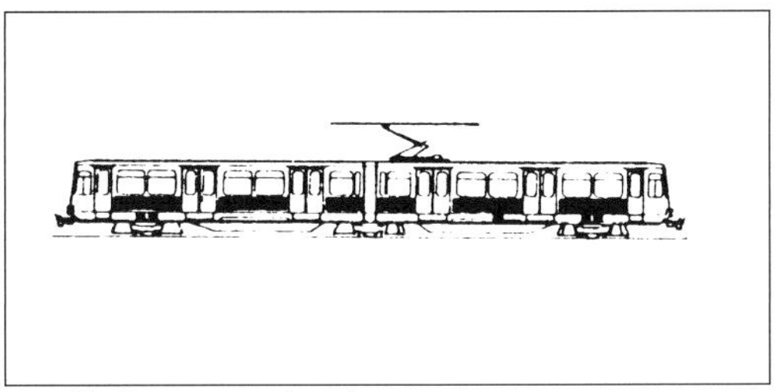

Rumpfflächen an U- und S-Bahnen

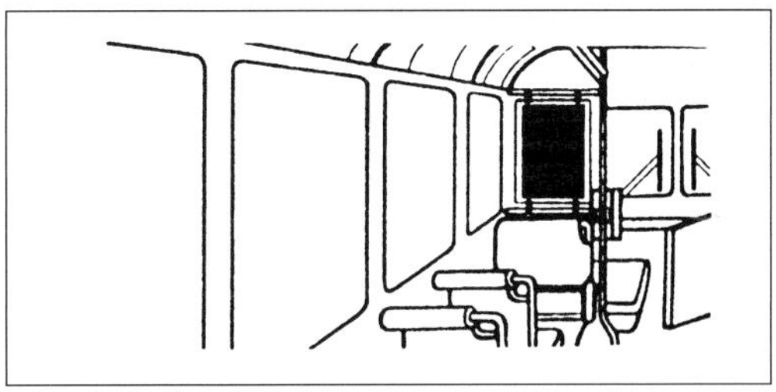

Fahrersitzrückfront-Plakate

Rundum-Ganzbemalung

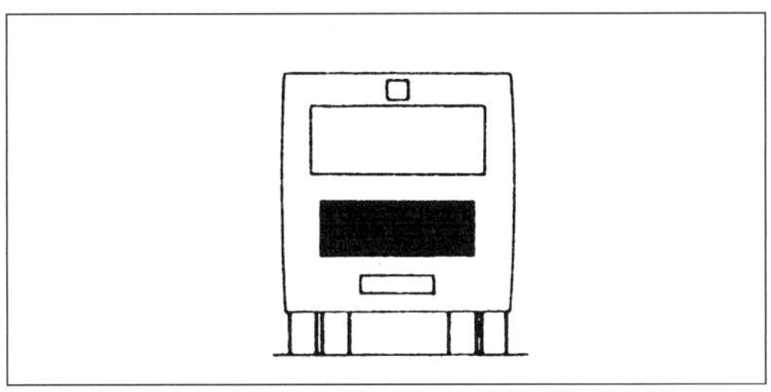

Heckflächen-Plakate

*Abb. 5.28: Verkehrsmittelwerbung (Quelle: W. J. Koschnik, Standardlexikon für Mediaplanung und Mediaforschung in Deutschland, München, 1995)*

| Plakatart | Großfläche | Ganzsäule |
|---|---|---|
| Anzahl belegter Flächen/Säulen | 25.137 | 7.533 |
| Belegungsquote | 1 : 2.976 | 1 : 6.535 |
| durchschnittliche Kosten pro Fläche/Säule in € | 14,77 | 19,0 |
| Gesamtbelegungskosten in € | 3.899.382,79 | 1.505.502,08 |
| Druckkosten einschl. 5 % Reserve in € | 66.563,39 | 22.906,90 |
| TKP in € | 6,27 | 2,78 |
| Kontakte in Mio. | 621.428.744. | 541.327.809 |
| GRP | 899 | 1.100 |

*Quelle: Ströer, Planungstool (erstellt März 2015)*

### 5.9.4 Steuerbarkeit der Außenwerbung

*Zeitliche Steuerbarkeit*
Die zeitliche Steuerbarkeit ist wegen der Mindestbelegungsdauer von einer Dekade bzw. teilweise einer Woche bei Plakaten eingeschränkt.

*Personelle Steuerbarkeit*
Außenwerbung spricht den Querschnitt der mobilen Bevölkerung an. Zielgruppenselektion ist daher fast gar nicht möglich. Evtl. kann durch die Auswahl der Standorte eine grobe personelle Steuerung erreicht werden (soweit Einzelbelegung möglich ist).

*Räumliche Steuerbarkeit*
Außenwerbung kann sehr gezielt räumlich gesteuert werden, bei Großflächen sogar bis zur einzelnen Stelle. Aber auch bei nur in Netzen belegbaren Werbeträgern ist es möglich, das Streugebiet auf einen Ort zu begrenzen.

*Verfügbarkeit*
Das Angebot an Außenwerbungsflächen kann kurzfristig nicht vergrößert werden. Der Einsatz von Werbemitteln der Außenwerbung sollte daher zumindest mittelfristig geplant werden, um sicherzustellen, dass die gewünschten Werbeflächen auch verfügbar sind.

| **Entwicklung der Anzahl der Plakatstellen 2000 bis 2015** | | | | |
|---|---|---|---|---|
| Anzahl der vermarketen Stellen (Allgemeinstellen, Ganzsäulen, CLS, CLB/ML: Anzahl der Standorte / Großflächen, CLP: Anzahl der Flächen) | | | | |
| Jahr | 2000 | 2005 | 2010 | 2015 |
| Großflächen | 223.010 | 199.067 | 159.907 | 149.282 |
| Ganzsäulen | 16.841 | 16.707 | 15.316 | 14.692 |
| Allgemeinstellen | 51.443 | 51.435 | 39.194 | 33.353 |
| CLP (City-Light-Poster) | 86.888 | 88.944 | 107.713 | 104.594 |
| CLS (City-Light-Säule) | 0 | 0 | (bei CLP enth.) | 8.206 |
| CLB (City-Ligth-Board)/Mega-Light | 4.407 | 11.168 | 15.630 | 19.444 |
| Gesamt | 382.589 | 367.321 | 333.760 | 331.571 |

*Quelle: Daten aus IndA Informationsdatenbank Außenewrbung (Jan 2015). © Fachverband Außenwerbung*

*Planungshilfen*
Die Reichweitenforschung von Plakatwerbung wird seit 2003 von der Arbeitsgemeinschaft Media-Analyse (ag.ma) unter der Bezeichnung Media-Analyse-Plakat (ma Plakat) durchgeführt. Die Studie wird auf Basis der Beobachtung und Befragung von mehr als 40.000 repräsentativ ausgewählten Personen erstellt. Zur Ermittlung der Mobilitätsdaten wird dabei ein Teil dieser Personen mit einem GPS-Gerät ausgestattet. Auf diese

Weise werden die gemessenen Wege der Probanden mit den Standorten der Plakatstellen abgeglichen. Die so ermittelten Passagefrequenzen für die Plakatstellen werden anhand der Daten des Frequenzatlasses abgeglichen. Der Frequenzatlas wurde von der Fraunhofer Gesellschaft erstellt. Er gibt für einzelne Straßenabschnitte die Anzahl der Passanten als Durchschnittswert pro Stunde an. Dabei wird nach Fußgängern, Kraftfahrzeugen und Insassen des ÖPV unterschieden.

Aus den Befragungs- und Messdaten lassen sich Brutto- und Nettoreichweiten sowie Durchschnittskontakte und GRP-Werte für Plakatkampagnen ermitteln.

Die Standortqualität einer Stelle wird durch den „Plakatseher pro Stelle" (PpS) bewertet. Der PpS wurde von der ag.ma (Arbeitsgemeinschaft Media-Analyse) entwickelt und wird von dieser im Rahmen der ma Plakat zur Ermittlung und zum Ausweis von Reichweiten und Kontakten berücksichtigt. Gemäß Definition der ag.ma ist der PpS **der sichtbarkeitsgewichtete Passagekontakt mit einer einzelnen Stelle**. Ein Passagekontakt bedeutet dabei, dass eine Person in den Einblickbereich eines Plakates gerät und damit die Möglichkeit besteht, dass sie das Plakat sieht, es also zu einem Werbemittelkontakt kommt. Der Passagekontakt bedeutet folglich nur eine Werbemittelkontaktchance. Je nach Umfeldsituation an der Plakatanschlagstelle ist die Wahrscheinlichkeit, dass ein Passagekontakt auch zu einem Werbemittelkontakt führt, größer oder kleiner. Das wird beim PpS durch die Einbeziehung so genannter qualifizierender Parameter einer konkreten Stelle mit einem daraus resultierenden Gewichtungsfaktor berücksichtigt. Folgende Parameter fließen dabei gemäß Dokumentation zur ma Plakat in die Ermittlung des Gewichtungsfaktors ein:

- Dauer der Kontaktchance,
- Umweltsituation an der Plakatstelle und Beleuchtung

*Ambient Media*

Unter Ambient Media versteht man eine Form von Außenwerbung, mit der die Zielpersonen in ihrem direkten Lebensumfeld erreicht werden sollen. Der Begriff „Ambient" bezieht sich hier auf die speziellen Lebensbereiche, in denen sich die Zielpersonen bewegen und aufhalten. Das kann z. B. die Kneipe, die Disco, der Supermarkt, das Kino, aber auch die U-Bahn oder der Flughafen sein. Zum Ambient Media gehören z. B. Gratispostkarten in Kneipen, Plakate auf den Toiletten von Kneipen oder Discotheken, Plakate an den Spinden von Fitness-Studios etc. Ambient Media grenzt sich also nicht durch bestimmte Werbeformen ab, sondern durch die Orte, an denen es stattfindet, nämlich Orte, an denen die Zielpersonen sich aufhalten.

## Aufgaben zur Außenwerbung

### Aufgabe 1

Es ist ein Plakatanschlag in Düsseldorf (Stadt) für drei Dekaden geplant:

**Plakatart:** Großflächen beleuchtet; PPS-Wert-Klasse 81–100

**angestrebte Belegungsdichte** in der Grundgesamtheit (14+): 1 : 3.000

**Dekaden:** 1. Belegungsdekade: 11 Tage
2. Belegungsdekade: 10 Tage
3. Belegungsdekade: 11 Tage

Die zu liefernde Ersatzmenge beträgt bei Plakaten 10 %.

| | | |
|---|---|---|
| Düsseldorf | Einwohner gesamt: | 572.700 |
| | Einwohner (14+): | 423.000 |

**Tarifauszug**

| Düsseldorf | PPS-Wert-Klasse 81–100 |
|---|---|
| beleuchtet | 18,90 € |
| unbeleuchtet | 16,30 € |

a) Ermitteln Sie die Kosten für diesen Plakatanschlag.
b) Erläutern Sie, was die PPS-Wert-Klasse 81–100 bedeutet.
c) Wie viele Plakate müssen für die jeweilige Dekade geliefert werden?

**Aufgabe 2**
Ein Versandhaus belegt im Rahmen einer Werbekampagne in Hamburg in einer Dekade mit 11 Tagen 350 Allgemeinstellen und 120 unbleuchtete Ganzsäulen.

**Tarifauszug:**

| Hamburg | |
|---|---|
| Allgemeinstelle | 0,67 € |
| Ganzsäule unbeleuchtet | 19,00 € |

Berechnen Sie:
a) Die Anschlagkosten der Allgemeinstellen bei einem Format von 4/1 Bogen.
b) Die Anschlagkosten der Ganzstellen.

**Aufgabe 3**
Es sollen in der Bundesrepublik Deutschland in allen Orten ab 50.000 Einwohnern Großflächenplakate für eine Dekade (10,5 Tage) belegt werden. In Orten ab 50.000 Einwohnern leben insgesamt 32,63 Mio. Personen. Insgesamt sollen 11.627 Stellen belegt werden. Der Durchschnittspreis pro Stelle und Tag beträgt 10,95 €. Laut ma Plakat erzielt man damit insgesamt 359 Mio. Kontakte.

Ermitteln Sie jeweils für die Gesamtbevölkerung in den Orten:
a) die Kosten für den Plakateinsatz
b) die GRP bezogen auf die Gesamtbevölkerung in den Orten ab 50.000 Einwohnern
c) den TKP bezogen auf die Gesamtbevölkerung in den Orten ab 50.000 Einwohnern

**Aufgabe 4**
Die deutschsprachige Wohnbevölkerung, die 14 Jahre und älter ist, besteht aus 70,33 Mio. Personen. Es soll bezogen auf diese Grundgesamtheit eine Plakatierung mit Großflächenplakaten und einer Bele-gungsdichte von 1:3.000 für eine Dekade durchgeführt werden. Der Durchschnittspreis pro Stelle beträgt 10,22 €, die Druckkosten pro Plakat 1,58 €. Ermitteln Sie die Belegungskosten und die Druckkosten für diese Belegung. Rechnen Sie eine Dekade mit 10,5 Tagen.

**Aufgabe 5**
Eine Stadt hat 450.000 Einwohner, 250 Allgemeinstellen und 3.000 Großflächen.
a) Halten Sie die Anzahl der Allgemeinstellen für ausreichend, um bei einer Plakatierung an Allgemeinstellen eine optimale Belegungsdichte zu erzielen?
b) Ist es möglich, nur zehn Allgemeinstellen zu belegen?
c) Ist es möglich, 30 Großflächen zu belegen?
d) Wie viele Großflächen sollten bei einer flächendeckenden Werbekampagne in etwa mindestens belegt werden, um eine ausreichende Belegungsdichte zu erzielen?

**Aufgabe 6**
Wodurch unterscheidet sich eine Ganzsäule von einer allgemeinen Plakatsäule?

**Aufgabe 7**
Beurteilen Sie das Medium Großfläche hinsichtlich der folgenden Kriterien:
- räumliche Steuerbarkeit
- zeitliche Steuerbarkeit
- Zielgruppenselektion
- Wirtschaftlichkeit

**Aufgabe 8**
Ein Werbungtreibender verfügt über ein Streubudget von 4 Mio. €. Seine ZG besteht aus 40 Mio. Personen. Der Werbungtreibende möchte schnell Reichweite aufbauen. Würden Sie ihm eine bundesweite Belegung mit Großflächenplakaten in der Belegungsdichte 1 : 3.000 empfehlen? Begründen Sie Ihre Empfehlung.

**Aufgabe 9**
Skizzieren Sie für ein Großflächenplakat eine 8-er-Teilung und eine 9-er-Teilung und geben Sie an, in welchen Fällen eine 9-er-Teilung bevorzugt werden sollte.

## Lösungen zu den Aufgaben zur Aussenwerbung

**Lösung zu Aufgabe 1a)**

Anzahl der Stellen: 423.000 : 3.000 = 141 Stellen
Anzahl der Tage: 11 + 10 + 11 = 32 Tage
Kosten für den Plakatanschlag:
141 Stellen · 32 Tage · 18,90 € = 85.276,80 €

**Lösung zu Aufgabe 1b)**

Die PpS-Klasse 81 – 100 bedeutet, dass mit jeder der betreffenden Plakatstellen innerhalb eines Tages zwischen 81 und 100 Kontakte erzielt werden. Dabei werden allerdings die Passagekontakte je nach Situation an den Plakatstellen entsprechend abgewichtet. Daher sind die Passagefrequenzen in der Regel höher als der PpS-Wert.

**Lösung zu Aufgabe 1c)**

Es werden 3 · 141 = 423 Plakate geklebt. Zusätzlich müssen 10 % (etwa 42 Plakate) als Reserve geliefert werden. Insgesamt müssen also 465 Plakate geliefert werden.

**Lösung zu Aufgabe 2a)**

| | |
|---|---|
| Bogentagpreis: | 0,68 € |
| Bogengröße: | 4/1 |
| Plakatierungskosten: | 10.472,00 € |

(4 Bögen · 350 Stellen · 11 Tage · 0,68 €)

**Lösung zu Aufgabe 2b)**

Plakatierungskosten:
(120 Stellen · 11Tage · 19,00 €) 25.080,00 €

**Lösung zu Aufgabe 3a)**

Bruttokosten:
11.627 Stellen · 10,5 Tage · 10,95 € (Stellentagpreis) = 1.336.814,33 €

**Lösung zu Aufgabe 3b)**

$$\text{GRP} = \frac{\text{Kontaktzahl}}{\text{Anzahl der Zielpersonen}} \cdot 100$$

$$\Leftrightarrow \quad \text{GRP} = \frac{359 \text{ Mio.}}{32{,}63 \text{ Mio.}} \cdot 100 = 1.100{,}21$$

**Lösung zu Aufgabe 3c)**

$$\text{TKP} = \frac{1.336.814{,}33\,€}{359.000.000} \cdot 1000 = 3{,}72\,€$$

**Lösung zu Aufgabe 4)**

$$\text{Anzahl der Plakatstellen} = \frac{70.330.000}{3.000}$$

$$- 23.444 \text{ Stellen}$$

| | | |
|---|---|---|
| | Belegungskosten: | |
| | 23.444 Stellen · 10,22 € · 10,5 Tage | |
| = | | 2.515.775,64 € |
| + | Druckkosten 25.789 Stellen · 1,58 € | |
| = | | 40.746,62 € |
| = | Gesamtkosten | 2.556.522,26 € |

| | | | |
|---|---|---|---|
| **Hinweis:** | | zu klebende Plakate | 23.444 |
| | + | Reserve (10 %) | 2.345 |
| | = | zu druckende Plakate | 25.789 |

**Lösung zu Aufgabe 5a)**

Bei einer Plakatierung auf Allgemeinstellen sollte eine Belegungsdichte von einer Stelle pro 1.000 Einwohner angestrebt werden. Danach müssten 450 Allgemeinstellen belegt werden. Die Anzahl von 250 Stellen reicht folglich nicht aus.

**Lösung zu Aufgabe 5b)**

Es ist nicht möglich, da bei Allgemeinstellen nur eine Vollbelegung (bei großen Städten eine Halbbelegung) möglich ist. Es müssten also die gesamten 250 Stellen oder falls eine Halbbelegung möglich 125 Stellen belegt werden.

**Lösung zu Aufgabe 5c)**

Es ist möglich, da Großflächen auch einzeln belegt werden können.

**Lösung zu Aufgabe 5d)**

Bei Großflächenplakatierung sollte eine Belegungsdichte von einer Stelle pro 3.000 Einwohner angestrebt werden. Es müssten also 150 Stellen belegt werden.

**Lösung zu Aufgabe 6)**

Eine Ganzsäule steht nur einem Werbungtreibenden zur Verfügung, während an einer allgemeinen Plakatsäule mehrere Werbungtreibende plakatieren können.

**Lösung zu Aufgabe 7)**

- räumliche Steuerbarkeit
  Sehr gut, nationale, regionale und lokale Steuerung bis auf eine einzelne Plakatstelle spezifizierbar.
- zeitliche Steuerbarkeit
  Mittelmäßig, da normalerweise dekadenweise Belegung. Durch die verschiedenen Klebeblöcke, kann die zeitliche Steuerung aber relativ gut justiert werden.
- Zielgruppenselektion
  Kaum möglich, im Wesentlichen wird der mobile Teil der Bevölkerung erreicht. Durch die Auswahl spezieller Stellen ist jedoch mit Einschränkungen eine grobe Zielgruppenselektion realisierbar.
- Wirtschaftlichkeit
  Mit einem TKP von etwa 6,00 € weisen Großflächen eine relativ hohe Wirtschaftlichkeit auf.

**Lösung zu Aufgabe 8)**

Mit der geplanten Belegung lässt sich relativ schnell Reichweite aufbauen. Die Reichweite in der ZG wird innerhalb einer Dekade etwa 60 %, bei der Belegung von zwei Dekaden etwa 70 % betragen. Die Tatsache, dass mit Großflächen im Wesentlichen der Durchschnitt der mobilen Bevölkerung erreicht wird, ist hier auf Grund der Größe der Zielgruppe nicht problematisch. Trotzdem wird die flächendeckende Belegung mit der angegebenen Quote auf Grund der damit verbundenen hohen Kosten von über 2 Mio. € pro Dekade (vergl. Aufg. 4) nicht empfohlen. Sinnvoller wäre dagegen eine Beschränkung der Plakatierung auf größere Städte oder Ballungszentren, damit auch noch Geld für den Einsatz anderer Medien übrig bleibt. Außerdem wäre der Werbezeitraum zu kurz.

**Lösung zu Aufgabe 9)**

9-er-Teilung

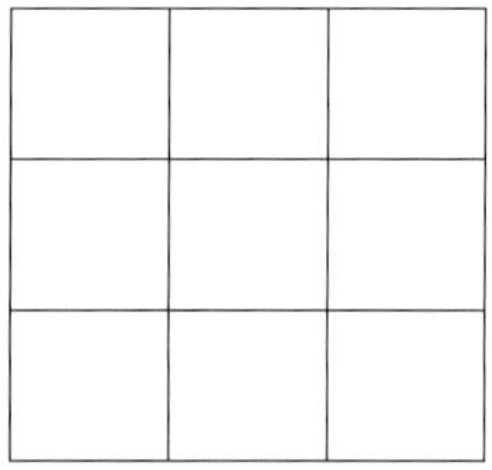

8-er-Teilung

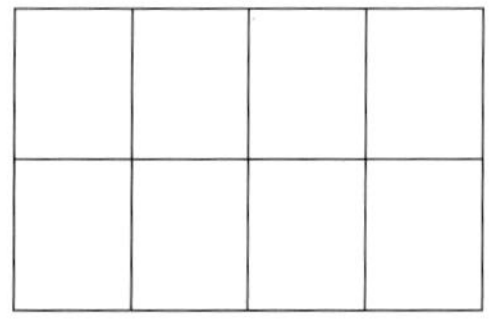

Eine 9-er-Teilung sollte bevorzugt werden, wenn auf Grund des Motivs möglichst keine Klebekante durch die Plakatmitte verlaufen sollte.

## 5.10 Weitere Werbeträgergattungen

Um die Liste der Werbeträgergattungen zu vervollständigen, werden nachfolgend kurz weitere Werbeträger dargestellt.

### 5.10.1 Anzeigenblätter

Hierbei handelt es sich um zeitungsähnliche Publikationen, die kostenlos an alle Haushalte des Verbreitungsgebietes verteilt werden. Die jeweiligen Titel haben meistens nur eine lokale Verbreitung und konkurrieren daher als Werbeträger mit den regionalen Abo-Tageszeitungen.

Das Verhältnis zwischen dem redaktionellem Teil und der Werbung beträgt bei Anzeigenblättern im Durchschnitt etwa 1/3 zu 2/3. Die redaktionellen Beiträge haben fast ausschließlich einen lokalen oder regionalen Bezug. Die meisten Anzeigenblätter erscheinen in wöchentlichem Rhythmus.

### 5.10.2 Supplements

→ *Supplements sind Druckerzeugnisse, die ähnlich wie Illustrierte aufgemacht sind und Zeitungen oder Zeitschriften kostenlos beigelegt werden.*

Trägerobjekte für Supplements sind regionale und überregionale Tageszeitungen, Wochenzeitungen, Publikumszeitschriften und Fachzeitschriften. Üblicherweise differenziert man bei Supplements zwischen:

- Programmsupplements,
- unterhaltenden und meinungsbildenden Supplements und
- Fachzeitschriftensupplements.

Reichweiten und Nutzerstrukturen von Supplements stimmen weitgehend mit den entsprechenden Werten der Trägerobjekte überein.

Hierbei ist zu beachten, dass z. B. die (Fernseh-) Programmsupplements (bekannte Beispiele sind „BWZ", „IWZ", „Prisma" und „rtv") verschiedenen Zeitungstiteln beigelegt werden, sodass ihre Reichweite deutlich größer ist als die Reichweite eines einzelnen Trägertitels.

### 5.10.3 Stadtillustrierte

Stadtillustrierte werden häufig als eine Gattung angesehen, obwohl zwischen den verschiedenen Titeln große Unterschiede, sowohl in redaktioneller Hinsicht als auch bezüglich der Verbreitung und der Auflagentransparenz bestehen.

Historisch gesehen haben sich die Stadtillustrierten aus Szeneblättern der 70er-Jahre entwickelt. Diese bildeten damals die Kommunikationsplattform der so genannten alternativen Szene, die sich im Zusammenhang mit der Studentenbewegung der späten 60er-Jahre gebildet hatte.

Heute sprechen Stadtillustrierte vorwiegend die Zielgruppe der 20- bis 35-Jährigen in Großstädten an, die über ein hohes Konsumpotenzial verfügen. Die Aufmachung der Stadtillustrierten entspricht dabei weitgehend der von Illustrierten. Die Inhalte sind allerdings teilweise sehr unterschiedlich. Sie reichen von modischen Trend-Themen über kommunalpolitische Inhalte bis zur Darstellung der lokalen und regionalen Kulturszene. Häufig enthalten Stadtillustrierte auch umfangreiche Servicerubriken.

Hinsichtlich der Verbreitung muss zwischen verkauften und kostenlos verteilten Titeln, die häufig in Szene-Kneipen ausliegen, unterschieden werden.

### 5.10.4 Adress- und Telefonbuchwerbung

Gemäß der Richtlinien für das Adressbuchverlagsgewerbe zählen zu Adressbüchern alle Arten von gedruckten Adressverzeichnissen, ohne Rücksicht auf ihre Anordnung und leitenden Merkmale. Dazu gehören z. B.

- Telefonbücher wie das
  - Telefonbuch der Deutschen Telekom,
  - Das Örtliche,
  - Gelbe Seiten,
  - u. a.
- Telefaxbücher,
- Einwohner-Adressbücher (Kreis-, Stadt-, Gemeindeadressbücher),
- Bundes- und Landesadressbücher,
- internationale Adressbücher und Exportadressbücher,
- Fach- und Branchenadressbücher.

Schaltbare Werbemittel sind unter anderem einfache und gestaltete Eintragungen, gestaltete Anzeigen, Beilagen, Einhefter.

### 5.10.5 Lesezirkel

Lesezirkel-Unternehmen beziehen Zeitschriften zu ermäßigten Preisen von den jeweiligen Verlagen. Sie stellen die Zeitschriften zu Titelkombinationen zusammen und vermieten diese an ihre Abonnenten. Hierbei besteht die Möglichkeit, aktuelle oder zu einem günstigeren Preis ältere Zeitschriften zu mieten.

Die Lesezirkel-Unternehmen versehen die einzelnen Zeitschriften mit einem Schutzumschlag, der als Werbeträger dient. Werbemittel sind Aufkleber, die auf dem Schutzumschlag angebracht werden. Außerdem sind Beihefter und Beilagen zwischen dem Schutzumschlag und der Titelseite möglich.

### 5.10.6 Kundenzeitschriften

Kundenzeitschriften sind periodisch erscheinende Zeitschriften, die von Unternehmen, meistens Handels- und Dienstleistungsunternehmen, in der Regel kostenlos an ihre Kunden abgegeben werden. Die Unternehmen beziehen die Zeitschriften ihrerseits von den Kundenzeitschriftenverlagen. Die größte Gruppe bilden die Kundenzeitschriften der Apotheken und die Kundenzeitschriften des Nahrungsmitteleinzelhandels.

### 5.10.7 Konfessionelle Presse (Konpress)

Hierunter versteht man Zeitungen und Zeitschriften, die von Kirchen und konfessionell gebundenen Organisationen herausgegeben werden. Hierzu gehören z. B. Kirchenzeitungen, Ordens- und Missionsblätter und Gemeindenachrichten.

## 5.11 Ermittlung des Konkurrenzwerbedrucks

Für Mediaplaner ist es wichtig zu wissen, wie hoch der Konkurrenzwerbedruck in einem Markt ist und in welchen Werbeträgern die Konkurrenzmarken beworben werden. Davon kann u.a. der anzustrebende Werbedruck für das zu bewerbende Objekt (Produkt, Marke, Unternehmen) und die Auswahl der Werbeträger abhängen. Detaillierte Angaben zu Mediaspendings und zum Mediasplit liefert u.a. das Unternehmen Nielsen Media Research. Es ermittelt die Werbeaufwendungen für folgende Werbeträgergattungen:

- Fernsehen
- Radio
- Publikumszeitschriften
- Fachzeitschriften
- Zeitungen
- Plakate
- Transportmedien (Verkehrsmittelwerbung)
- Online-Werbung
- Kino (nur Werbefilme)
- Direct Mail
- At-Retail-Media (Werbung in Verkaufsstellen und an Tankstellen)

Nielsen Media Research berücksichtigt bei der Gliederung der erfassten Größen vier Ebenen. Die oberste Ebene bildet der Wirtschaftsbereich, z. B. der Kraftfahrzeugmarkt. Auf der darunter liegenden Ebene befindet sich die Produktgruppe, z. B. Personenkraftwagen. Danach kommt die Produktfamilie, z. B. Kleinwagenklasse und schließlich das konkrete Produkt, z. B. Peugeot 107. Die Erfassung erfolgt auf der Ebene des Produktes. Da jedes Produkt einem Unternehmen zugeordnet werden kann, sind auch Analysen hinsichtlich der Werbungtreibenden möglich.

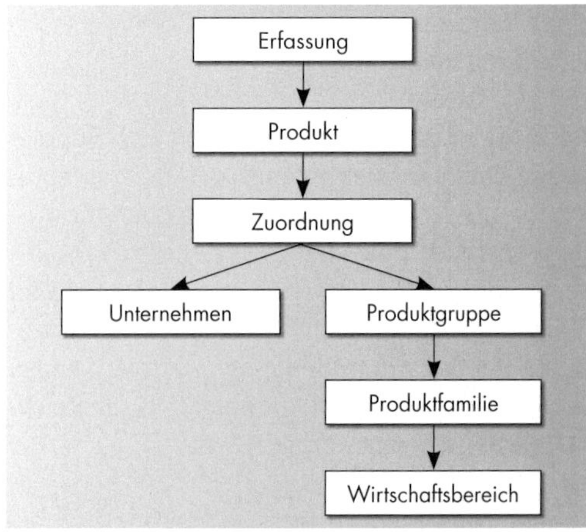


*Abb. 5.29: Erhebungsgliederung*

Wenn ein Pkw-Hersteller einen neuen Kleinwagen in den Markt einführen will, wird er sich dafür interessieren, wie viel seine Konkurrenten in der Vergangenheit für Werbung aufgewendet haben. Er kann sich dazu die Mediaspendings für die Produktfamilie „Kleinwagenklasse“ ausweisen lassen. Zusätzlich könnte er auch noch die Werbeaufwendungen für einzelne Produkte, z. B. Nissan Micra, Twingo etc. erfahren.

Auch bei den Werbeträgern erfolgt eine Gliederung auf verschiedenen Ebenen. Unterschieden werden hier die Mediengattung, z. B. Printmedien, die Mediengruppe, z. B. Zeitungen, die Medienuntergruppe, z. B. überregionale Zeitungen und schließlich der Werbeträger, z. B. Frankfurter Allgemeine Zeitung.

**Erhebungsverfahren/Erhebungsgegenstände**

Bei den meisten Werbeträgergattungen werden im Rahmen der Erhebung die Werbeschaltungen in den einbezogenen Werbeträgern erfasst. Anhand der jeweiligen Tarife lassen sich dann die Bruttoschaltkosten ermitteln. Zusätzlich werden die erfassten Werbemittel auch archiviert. Nielsen Media Research verfügt daher über ein umfangreiches Werbemittelarchiv, das z. B. für Copy-Analysen genutzt werden kann. Bei einigen

Werbeträgergattungen, z. B. Kino, Plakate, Online-Werbung, Transportmedien und At-Retail-Media werden die Werbeaufwendungen anhand von Angaben der Werbungdurchführenden, z. B. Plakatanschlagunternehmen bzw. von Vermarktungsgesellschaften erhoben. Für die Erfassung von Direct Mails wurde ein repräsentatives Panel von 5.000 Haushalten eingerichtet. Die betreffenden Haushalte schicken die gesammelten Werbesendungen einmal wöchentlich an Nielsen Media Research.

Neben den Schaltkosten erfasst Nielsen Media Research auch noch Informationen zu den Werbeträgern und Werbemitteln, z. B. bei Anzeigen:

- Werbeträger
- Erstverkaufstag
- Erscheinungstag
- Produkt
- Hersteller- oder Händlerwerbung
- Seite
- Anzeigenart
- Farbigkeit
- Anzeigenposition
- Anzeigengröße
- Teilbelegung

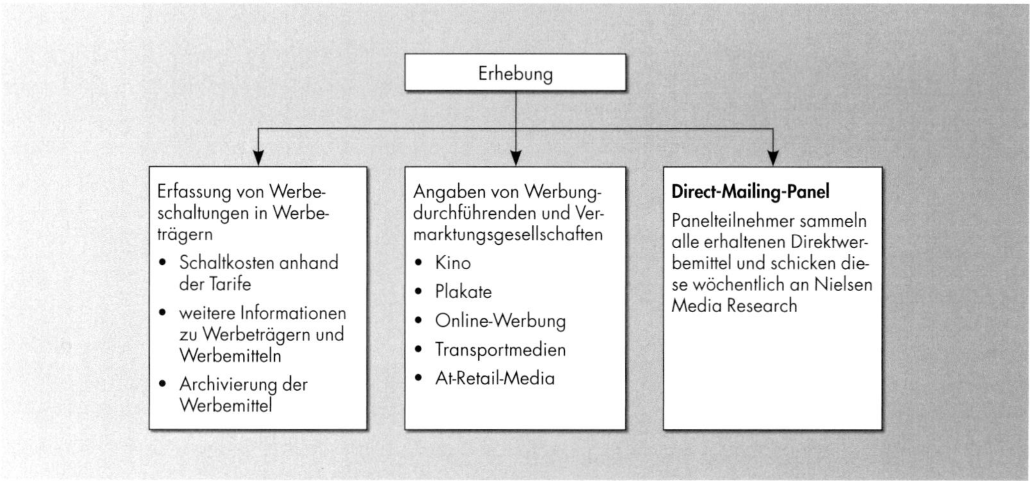


*Abb. 5.30: Erhebungsablauf*

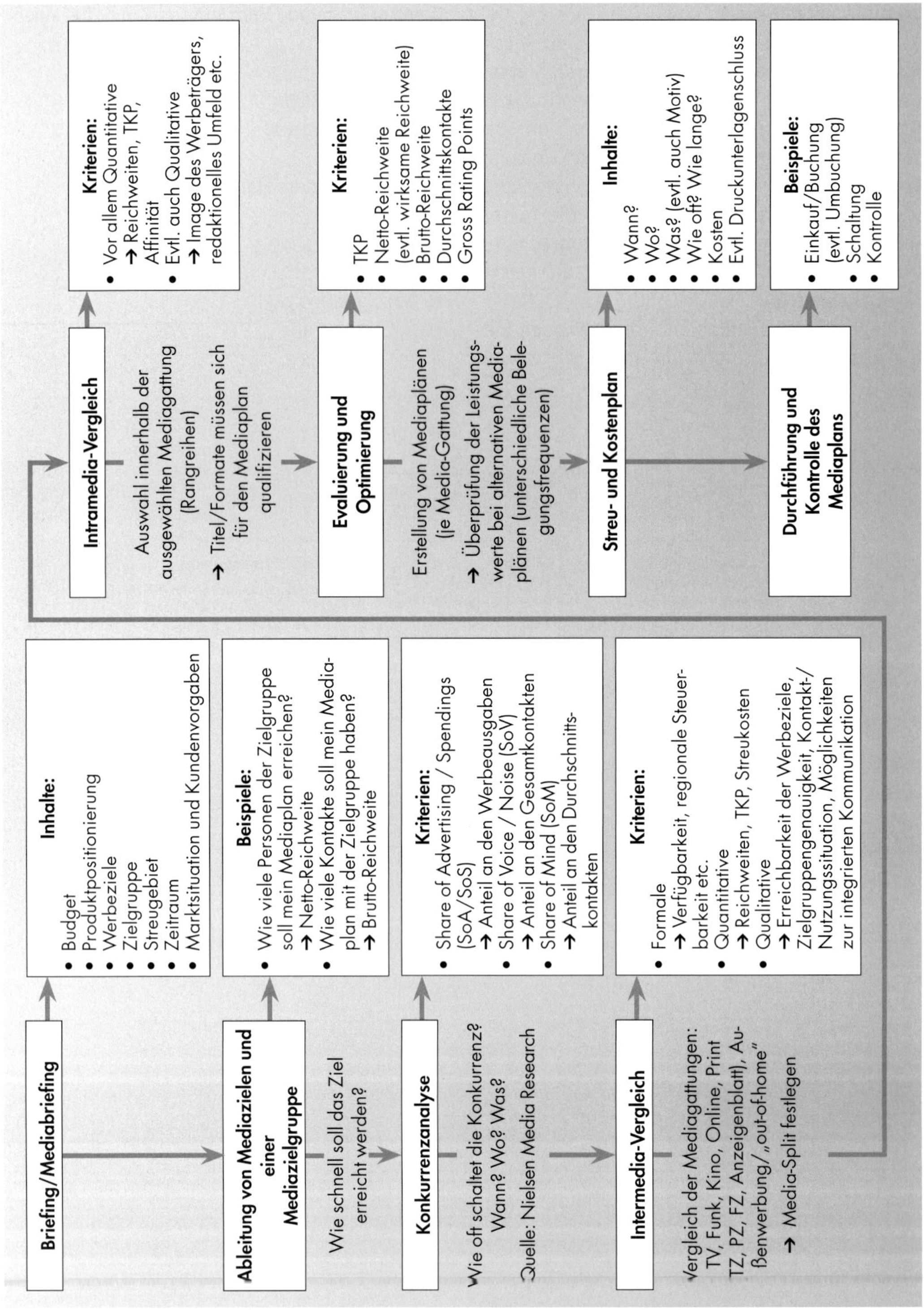


*Abb. 5.31: Ablauf der Mediaplanung*

# Kapitel 6

# Durchführung der Mediaplanung

| | | März | | | | April | | | | Mai | | | | | Juni | | | | Juli | | | | |
|---|---|---|---|---|---|---|---|---|---|---|---|---|---|---|---|---|---|---|---|---|---|---|---|
| Kampagnenwochen | | 1 | 2 | 3 | 4 | 5 | 6 | 7 | 8 | 9 | 10 | 11 | 12 | 13 | 14 | 15 | 16 | 17 | 18 | 19 | 20 | 21 | 22 |
| | Frequenz | | | | | | | | | | | | | | | | | | | | | | |
| | 9 / 9 | X | | | | | | X | | | | X | | | | | X | | X | | X | | |
| | 8 / 9 | | | X | | | | | | X | | | | | | | | X | | X | | | |
| | 9 / 9 | | X | | | | | | X | | | | X | | | | X | | | | | | |
| | 7 / 9 | | | | | | | | | | X | | | | X | | | | X | | | | |
| n | 6 / 6 | | | | | | X | | | | | X | | | | X | | | | | | | |
| dex = 100 bei Gleichverteilung | | 101 | 137 | 114 | 28 | 9 | 29 | 118 | 145 | 120 | 140 | 160 | 158 | 41 | 121 | 57 | 231 | 147 | 248 | 149 | 141 | 43 | 17 |
| RP pro Woche | | 8 | 11 | 9 | 2 | 1 | 2 | 10 | 12 | 10 | 12 | 13 | 13 | 3 | 10 | 5 | 19 | 12 | 21 | 12 | 12 | 4 | 1 |
| GRP pro Monat | | 31 | | | | 25 | | | | 51 | | | | | 46 | | | | 48 | | | | 35 |
| Kontakte in Mio. | | 1,67 | | | | 1,34 | | | | 2,74 | | | | | 2,46 | | | | 2,56 | | | | 1,87 |

| | | September | | | | Oktober | | | | | November | | | | Dezember | | | | Januar | | | | |
|---|---|---|---|---|---|---|---|---|---|---|---|---|---|---|---|---|---|---|---|---|---|---|---|
| mpagnenwochen | | 27 | 28 | 29 | 30 | 31 | 32 | 33 | 34 | 35 | 36 | 37 | 38 | 39 | 40 | 41 | 42 | 43 | 44 | 45 | 46 | 47 | 48 |
| | Frequenz | | | | | | | | | | | | | | | | | | | | | | |
| | 9 / 9 | | | | X | | | | | | | | | | | | | | | | | | |
| | 8 / 9 | | | | | | | | | | | | | X | | X | | | | | X | | |
| m | 9 / 9 | | X | | | | | | | | | | | | X | | X | | | | | | X |
| | 7 / 9 | | | | | | X | | | | X | | | | | | X | | | | | | |
| | 6 / 6 | | X | | | | | X | | | | | | | | X | | | | | | | |
| x=100 bei Gleichverteilung | | 12 | 140 | 41 | 111 | 36 | 119 | 53 | 19 | 10 | 116 | 27 | 5 | 88 | 135 | 137 | 258 | 62 | 12 | 9 | 91 | 27 | 116 |
| pro Woche | | 1 | 12 | 3 | 9 | 3 | 10 | 4 | 2 | 1 | 10 | 2 | 0 | 7 | 11 | 11 | 21 | 5 | 1 | 1 | 8 | 2 | 1 |
| RP pro Monat | | 25 | | | | 20 | | | | | 19 | | | | 49 | | | | 21 | | | | |
| ntakte in Mio. | | 1,34 | | | | 1,05 | | | | | 1,04 | | | | 2,61 | | | | 1,13 | | | | |

**„Fernsehwerbung schneidet Spielfilme in spannende Häppchen“**

*Manfred Poisel, deutscher Werbetexter*

Im Rahmen der Mediaplanung muss entschieden werden, in welchen Werbeträgern wie häufig geschaltet werden soll und wie die Schaltungen über den Werbezeitraum zu verteilen sind. Der Planungsprozess läuft dabei in mehreren Schritten ab, über die Abb. 6.1 einen Überblick gibt. Vgl. auch Abb. 5.21.

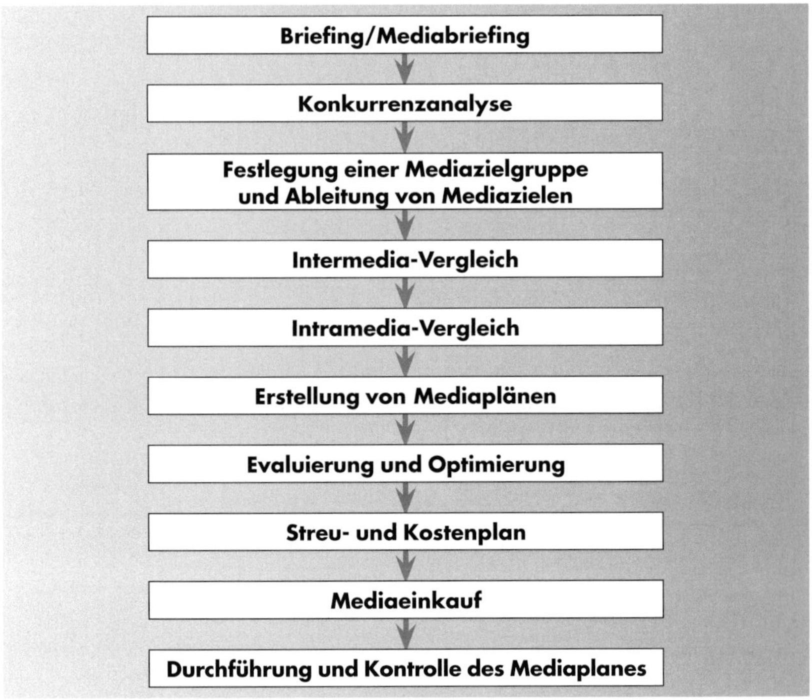


*Abb. 6.1: Ablauf Mediaplanung*

## 6.1 Mediabriefing

*Das Mediabriefing muss alle Informationen enthalten, die der Mediaplaner für seine Arbeit braucht. Es wird in der Regel vom Kundenberater aus dem Agentur- bzw. Kundenbriefing abgeleitet.*

**Inhalte des Mediabriefings**

- Hintergrundinformationen, dazu gehören u.a.:
  - Marktdaten,
  - Produkt,
  - Unternehmen,
  - Konkurrenzsituation,
  - Konsumenten
- Werbeziele, z.B.
  - Bekanntmachung,
  - Information,
  - Beeinflussung,
  - Positionierung,
  - Image
- Zielgruppe: Kommunikations-/Marketingzielgruppe
- Budget: Gesamtbudget, Streubudget
- Zeitplan (Streuzeit): Beginn, Dauer
- Streugebiet, evtl. regionale Schwerpunkte
- kreatives Konzept: Positionierung, Copy-Strategie

## 6.2 KONKURRENZANALYSE

Informationen über die werblichen Aktivitäten der Konkurrenzunternehmen sind für die Mediaplanung wichtig, da daraus Hinweise auf den anzustrebenden Werbedruck abgeleitet werden können. Interessant ist hierbei auch, in welchen Werbeträgern die Konkurrenten werben.

Ausgleich des Werbedrucks der Konkurrenten

*Wenn das Ziel verfolgt wird, den Werbedruck der Konkurrenz durch die eigenen Werbeaktivitäten teilweise oder weitgehend zu kompensieren, muss versucht werden, die eigenen Schaltungen zeitlich und räumlich in der Nähe der Konkurrenzschaltungen zu platzieren.*

Das bedeutet, dass man sich sowohl hinsichtlich der Werbezeit als auch bei der Auswahl der Werbeträger ähnlich verhält wie die Konkurrenzunternehmen. Eine andere Strategie könnte in dem Bestreben bestehen, dass der eigene Werbedruck möglichst wenig durch Konkurrenzaktivitäten abgeschwächt wird. In diesem Fall müsste versucht werden, den Schaltungen der Konkurrenz räumlich und/ oder zeitlich auszuweichen, also einen anderen Werbezeitraum und andere Werbeträger als die Konkurrenz wählen. Im Zusammenhang mit der Konkurrenzanalyse interessieren den Mediaplaner also z.B.:

Informationen zu den Gesamtstreuaufwendungen liefert z.B. Nielsen Media-Research, vgl. Kap. 5.11

- Gesamtstreuaufwendungen des Marktes,
- Verteilung der Gesamtstreuaufwendungen auf die einzelnen Werbeträgergattungen,
- Streuaufwendungen der Hauptkonkurrenten,
- Verteilung der Streuaufwendungen der Hauptkonkurrenten auf die einzelnen Werbeträgergattungen,
- zeitliche Verteilung der Streuaufwendungen der Hauptkonkurrenten,
- Share of Advertising (SOA), Share of Voice (SOV) und Share of Mind (SOM) der Hauptkonkurrenten (siehe unten),
- beworbene Werbeobjekte der Hauptwettbewerber (Dachmarkenwerbung, Rangewerbung, Bewerbung von Einzelobjekten),
- Art der Werbung der Hauptwettbewerber (Einzelwerbung, Gemeinschaftswerbung, Verbundwerbung).

Die genannten Kenngrößen werden wie folgt definiert:

$$SOA_{\text{Marktteilnehmer X}} = \frac{\text{Streuaufwendungen von Marktteilnehmer X}}{\text{Summe der Streuaufwendungen aller Marktteilnehmer}} \cdot 100$$

$$SOV_{\text{Marktteilnehmer X}} = \frac{\text{Kontaktzahl von Marktteilnehmer X}}{\text{Kontaktsumme aller Marktteilnehmer}} \cdot 100$$

$$SOM_{\text{Marktteilnehmer X}} = \frac{\text{Durchschnittskontakte von Marktteilnehmer X}}{\text{Summe aller Durchschnittskontakte}} \cdot 100$$

Problematisch hierbei ist, dass die Konkurrenzdaten aus der Vergangenheit stammen, die eigene Planung aber in die Zukunft gerichtet ist.

## 6.3 MEDIAZIELGRUPPE

Bei der Bestimmung der Mediazielgruppe geht es darum festzulegen, welche Personen oder Objekte mit dem Mediaplan erreicht werden sollen. Grundsätzlich sollte die Mediazielgruppe natürlich mit der Marketingzielgruppe identisch sein. Die Marketingzielgruppe definiert diejenigen Objekte, auf die sich die Marketingziele beziehen. Zur Ableitung von Marketingzielgruppen vergleiche Abschnitt 1.4.

*Die Mediaplanung wird in der Regel mithilfe von entsprechenden Mediatools, z.B. Mediaanalysen, Marktmediaanalysen, Mediapanel (TV-Panel, Hörfunk-Panel) durchgeführt.*

Marketingzielgruppe lässt sich durch die Mediatools nicht immer 1:1 abbilden

Diese Planungstools bieten die Möglichkeit, Zielgruppen zu definieren, auf die sich dann die jeweiligen Auswertungen beziehen. Dabei kann es natürlich vorkommen, dass die Merkmale, die ein bestimmtes Planungsinstrument zur Zielgruppendefinition anbietet, nicht mit den Merkmalen übereinstimmen, mit denen die Marketingzielgruppe beschrieben wurde. In solchen Fällen muss der Mediaplaner mit den verfügbaren Merkmalen des Planungsinstruments eine Mediazielgruppe formulieren, die möglichst weitgehend mit der Marketingzielgruppe übereinstimmt.

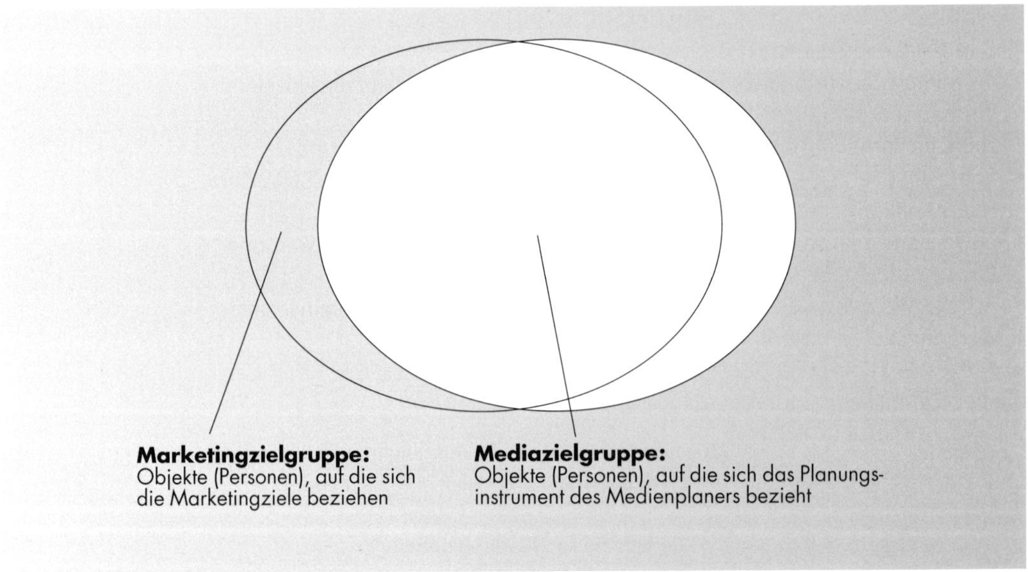


*Abb. 6.2: Marketing- und Mediazielgruppe*

Hilfe bietet hier eine Datenfusion, vgl. Kap. 6.14

Eine zusätzliche Problematik kann dadurch entstehen, dass der Mediaplaner für verschiedene Werbeträgergattungen unterschiedliche Planungsinstrumente einsetzt, die sich hinsichtlich der Merkmale zur Zielgruppenabgrenzung unterscheiden. Solche Unterschiede bestehen hauptsächlich bei den qualitativen Merkmalen.

## 6.4 Ableitung von Mediazielen

Grundsätzlich sollen durch den Mediaplan
- möglichst viele Zielpersonen
- mit der erforderlichen Kontaktdosis
- zur richtigen Zeit

erreicht und gleichzeitig eine hohe Wirtschaftlichkeit angestrebt werden.

Bei der Formulierung von Mediazielen müssen also zu folgenden Aspekten Aussagen gemacht werden:
- Reichweite:
  - Welche Reichweite in der ZG sollte der Mediaplan mindestens erreichen?
- Kontaktdosis:
  - Welche Kontaktdichte wird angestrebt?
  - Welche Kontaktdosis sollte nicht unterschritten werden?
  - Welche Kontaktdosis sollte nicht überschritten werden?
- Zeitlicher Aspekt:
  - In welchem Zeitraum sollen Reichweite und Kontakte aufgebaut werden?
  - Wie sollte die zeitliche Verteilung des Werbedrucks sein?

Reichweite

Kontakte pro Person

Zeitliche Verteilung der Kontakte

### Einflussfaktoren für die Bestimmung der Kontaktdichte

- Komplexität der Botschaft, Anspruchsniveau der Werbeziele
- Produktspezifika, z.B.
  - kompliziert ↔ trivial,
  - neu ↔ bereits im Markt eingeführt,
  - weit verbreitet ↔ geringe Verbreitung
- Marktstruktur
  - übersichtlich ↔ unübersichtlich
- Konkurrenzdruck,
- zeitliche Verteilung der Kontakte,
- Aufgeschlossenheit und Lernfähigkeit der Zielpersonen (Involvement),
- Medieneigenschaften, z.B.
  - transistorisch ↔ statuatorisch,
  - Darstellungsmöglichkeiten,
  - Eindrucksstärke.

Vgl. auch Kap. 4.3

### Aspekte zur Bestimmung der Reichweite

Grundsätzlich sollte eine möglichst große Reichweite angestrebt werden. Auf Grund des beschränkten Budgets ist es in der Regel aber nicht möglich, die optimale Kontaktdichte und eine 100 %ige Reichweite zu erzielen, sodass ein Kompromiss gefunden werden muss.

100 % Reichweite und optimale Kontaktdichte sind nicht möglich

→ *Bei begrenztem Budget muss dann entschieden werden, ob die Priorität auf die Reichweite oder auf die Kontaktdichte gelegt werden soll.*

**Beispiele**

**a) Reichweite hat Priorität**

Ziel
Es wird eine weitgehende Totalabdeckung der Zielgruppe angestrebt. Hierbei wird auch eine geringe Kontaktdichte in Kauf genommen.

Konsequenzen
- Streuverluste (es werden relativ viele Personen erreicht, die nicht zur Zielgruppe gehören) und
- geringe Kontaktdichte.

Dieser Ansatz kann z.B. in folgenden Fällen sinnvoll sein:
- Große, heterogene Zielgruppe
  ⇒ Einsatz von breit streuenden Medien ist sinnvoll und möglich.
- Neueinführung einfacher Produkte
  ⇒ Die Neueinführung erfordert eine hohe Reichweite, da die Produkte in der Zielgruppe bekannt gemacht werden müssen. Da es sich um einfache Produkte handelt, ist häufig keine hohe Kontaktdosis erforderlich.
- Erhaltung, Erinnerung, Aktualisierung
  ⇒ Die Produkteigenschaften und Produktvorteile sind bereits bekannt, sie müssen lediglich aufgefrischt werden. Hierfür reicht eine geringe Kontaktdichte. Der Schwerpunkt kann daher auf die Reichweite gelegt werden.
- Hohes Produktinvolvement der Zielpersonen
  ⇒ Die Zielpersonen haben bereits ein großes Interesse an dem Produkt und beachten Werbung hierfür stärker. Es kann daher eine geringere Kontaktdichte in Kauf genommen und dafür eine höhere Reichweite angestrebt werden.

**b) Kontaktdichte hat Priorität**

Ziel
Es wird eine Mindestkontaktdosis angestrebt. Dabei wird notfalls eine niedrige Reichweite in Kauf genommen.

Konsequenzen
- Die angestrebte Kontaktdosis wird teilweise deutlich überschritten,
- geringe Reichweite.

Dieser Ansatz kann z.B. sinnvoll sein, bei
- erklärungsbedürftigen Produkten,
- echten Produktinnovationen mit hohem Erklärungsbedarf,
- anspruchsvollen Zielen oder
- geringem Produktinteresse in der Zielgruppe.

---

In den Fällen des Beispiels b) muss in der Regel eine bestimmte Kontaktdichte erreicht werden, um überhaupt eine Wirkung zu erzielen. Daher ist es sinnvoll, die notwendige Kontaktzahl auch auf Kosten der Reichweite anzustreben.

Zum Beispiel bei echten Produktinnovationen kommen in der Regel zunächst nur Innovatoren und Frühadoptoren als potenzielle Käufer infrage. Hierbei handelt es sich um eine sehr begrenzte Personenzahl. In der Einführungsphase kommt es daher hauptsächlich darauf an, diese Personen ausreichend häufig zu erreichen. Die Reichweite spielt dabei nicht eine so zentrale Rolle.

**c) Kontaktoptimum und maximale Reichweite**

Ziel
Es wird eine optimale Kontaktdichte und gleichzeitig eine nahezu vollständige Abdeckung der Zielgruppe angestrebt.

Konsequenzen
Es ist ein hohes Streubudget erforderlich. Wegen der hohen Streuverluste ist die Wirtschaftlichkeit gering.

Dieser Ansatz kann z.B. sinnvoll sein,
- wenn bei Neueinführungen eine schnelle Marktdurchdringung angestrebt wird,
- wenn Verdrängungswettbewerb betrieben wird.

---

## Exkurs: Recency Planning

Menschen lassen sich in einer Argumentation vor allem von den ersten und letzten Argumenten beeinflussen. Diese sich anscheinend widersprechenden Ergebnisse liefern zahlreiche Experimente der Lernpsychologie und Verhaltenstheorie. Dabei wurden die zuletzt genannten Argumente (Recency) von Probanden am häufigsten frei erinnert, während die zuerst genannten (Primacy) an zweiter Stelle standen. Das hängt vermutlich mit dem Aufbau unseres Gehirns zusammen, in dem zuerst dargebotene Informationen am längsten im Kurzzeitgedächtnis bleiben und da möglicherweise als „erster Eindruck" sogar die Wahrnehmung nachfolgender Informationen beeinflussen (vgl. 7.4 Priming- und Halo-Effekt). Auf der anderen Seite sind die zuletzt dargebotenen Informationen bei anschließenden Befragungen natürlich die frischesten. Ob in der Praxis bei einem Werbemitteltest z.B. die zuerst oder zuletzt gezeigten Spots am besten erinnert werden, hängt vermutlich stark von der Kreation und dem Abstand zwischen dargebotenem Werbemittel und der Befragung ab, so dürften bei einem DAR-Tests (Day After Recall vgl. Band „Marketing und Marktforschung" Kapitel 16) die Unterschiede deutlich geringer ausfallen als bei einem Labortest, bei dem direkt im Anschluss an die Darbietung der Spots die Befragung stattfindet.

→ *Die Erkenntnisse über Primacy- und Recency-Effekte könnten in der Mediaplanung z.B. einen entscheidenden Einfluss auf die Platzierung von TV-Spots in Werbeblöcke nehmen.*

In diesen wird darüber hinaus schon immer mit U-förmigen Reichweitenverläufen gerechnet, d.h. am Anfang und Ende eines Werbeblockes sitzen mehr Leute vor dem Fernseher. Da die Sender sich aber weigern, Einzelplatzierungen z.B. am Anfang und Ende des Werbeblocks vorzunehmen, können die Recency- oder die Primacy-Effekte noch nicht ausgenutzt werden. Die TV-Vermarkter begründen diese Haltung vor allem mit der zunehmenden Unübersichtlichkeit der Tarifstruktur, die schon jetzt tausende verschiedene Preise umfasst, und mit der Erhöhung des Buchungsaufwandes für Sender und Mediaagenturen.

Der Recency-Effekt findet aber langsam in einem viel wichtigeren Feld seinen Weg in die Köpfe der Mediaplaner und zwar beim zentralen Thema Festlegung eines Mediaziels. In der US-amerikanischen Media-Planung hat sich inzwischen der von Erwin Ephron vor allem für TV-Planung entwickelte Ansatz des Recency Plannings durchgesetzt. Während in Europa bei der Festlegung eines Mediaziels für eine Kampagne immer noch sehr viel Wert auf die Festlegung einer wirksamen Kontaktdosis (effective frequency) gelegt wird, die bei Unterschreiten keine oder kaum Werbewirkung erzielen soll, geht das Recency Planning von Folgendem aus:

→ *Der letzte Kontakt eines Konsumenten mit der Werbung ist der entscheidende und damit wichtigste.*

Das heißt nicht unbedingt, dass nur ein einziger Kontakt ausreicht, aber kurzfristig gesehen sind zusätzliche Kontakte Verschwendung von Mediabudget.

**Grundannahmen des Recency Plannings:**

1) Werbung hat nur dann eine Chance, Kaufverhalten zu steuern, wenn der Konsument sich im Markt befindet, d.h. der Werbung sein Wahrnehmungsfenster öffnet.
   Damit sich das Wahrnehmungsfenster öffnet, muss er ein vorhandenes oder latentes Bedürfnis nach der Produktkategorie haben. Die Ursachen für das Vorhandensein von Bedürfnissen sind natürlich sehr vielfältig und auch durch Werbung beeinflussbar, eine Tatsache, die die Recency Planner in ihrem Modell vernachlässigen, denn ihnen geht es vor allem darum, mit Werbung die Abverkäufe zu erhöhen.
   Trotzdem einige Beispiele um zu verdeutlichen, wann ein Verbraucher im Markt ist. Erst wenn meine Waschmaschine kaputt geht, ein Umzug ansteht oder die Kinder ausziehen und jetzt auf einmal auch eine Waschmaschine brauchen, interessieren sich Verbraucher für Waschmaschinen-Werbung. Der Hinweis auf einen Wintereinbruch im Wetterbericht lässt im Herbst regelmäßig die Nachfrage nach Winterreifen und damit das Interesse an Reifenwerbung steigen. Wenn ein Paar ein Baby erwartet, wird auf einmal alles rund um dieses Thema interessant. Aber auch bei Low-involvement-Gütern wie Schokolade, Joghurt, Mineralwasser etc. steigt die Aufmerksamkeit erst an, wenn der Vorrat zur Neige geht oder sich Bedürfnisse wie Hunger oder Durst melden.
   Recency Planning basiert insofern auf der STAS-Theorie von Prof. John Philip Jones (Short Term Advertising Strength vgl. Kap. 7.1), nach der Werbung nur kurzfristig starke, individuelle Effekte hat, da der grundsätzlich nicht an Werbung interessierte (passive) Konsument erst durch Ereignisse wie die oben beschriebenen Beispiele aktiviert wird, sich mit Werbung zu beschäftigen und dann aber Werbebotschaften starke Bedeutung zumisst.
   Das deckt sich im Grunde genommen auch mit den 10 % stark am Thema interessierten Konsumenten, die Ulrich Lachmann in seinem Buch „Wahrnehmung und Gestaltung von Werbung" als engaged oder high-involviert bezeichnet (vgl. Abb. 8.2).

2) Je näher die Werbebotschaft zur anstehenden Kaufentscheidung platziert werden kann, umso effektiver d.h. kaufverhaltensrelevanter wird sie (Recency = zeitliche Nähe). „It is as if there is a window of opportunity for the ad message preceding each purchase. Advertising's job is to influence the purchase, media's job is to put the message in the window" (Erwin Ephron www.ephrononmedia.com).
   Als Beispiel wählt Ephron die Kindererziehung, was den Zusammenhang sehr plakativ deutlich macht. Wenn man einem Kind klar machen möchte, dass es sich vor dem Essen die Hände waschen soll, dürfte der mehrmalige Appell abends vor dem Schlafengehen deutlich schlechter wirken als die einmalige Aufforderung direkt vor dem Essen.

3) In diesem Zusammenhang wird klar, dass die Beschäftigung mit den Kaufzyklen von Produkten sehr lohnend sein kann. Da man aber selbst bei Produkten mit kurzen Kaufzyklen wie FMCG des täglichen Bedarfs (Fast Moving Consu-

mer Goods) nicht weiß, wann welche potenziellen Käufer ihren nächsten Einkauf durchführen, geht man davon aus, dass sich diese Einkäufe – mit Ausnahme von Saisonprodukten – zufällig über das ganze Jahr verteilen. Denn der Konsument entscheidet zwar, was er wann kauft, aber letztlich kommt für jedes Produkt, egal wie lang die jeweiligen Kaufzyklen sind, der Zeitpunkt, an dem es auf dem Markt nachgefragt wird. „*Recency planning ignores purchase cycle, because it targets the purchase not the consumer who makes the purchase. As long as there are purchases each week, it doesn't matter how often, or seldom, the average user buys.*" (Erwin Ephron).

*Konsequenzen:*

- Reichweite geht vor Kontakte
  ⇒ es ist wichtiger, viele Personen zu erreichen (Netto-Reichweite) als weniger Personen, die aber mit einer als wirksam erachteten Kontaktdosis. „Sales will be lost of too litle frequency, but more sales will be lost because of no frequency at all." (Erwin Ephron).
- Kleckern (kontinuierliches Werben) geht vor Klotzen (Flights)
  ⇒ bei gleichem Budget ist es effektiver (möglichst ganzjährig) mit niedrigem Werbedruck zu werben als bei hohem Werbedruck Werbepausen einlegen zu müssen. Denn auch in den vom Budget erzwungenen Werbepausen befinden sich potenzielle Käufer auf dem Markt, die aber keine Chance haben, unsere Werbung zu sehen und daher vermutlich bei der Konkurrenz landen. „Advertising Needs Continuity, because not being there with a message is like being ‚Out of stock'" (Erwin Ephron).
- Schrotflinte („shotgun approach") geht vor Präzisionsgewehr („rifle approach")
  ⇒ es ist wichtiger die Werbebotschaft möglichst breit, aber dennoch gezielt zu streuen, als weniger Zielpersonen ganz exakt zu erreichen. Im Idealfall ergeben sich Kontaktverteilungen, die kaum noch externe oder interne Überschneidungen haben (vgl. 4.2.1 und 4.2.2). „I believe this is because whether a consumer is ‚ready to buy' is more important than the number of messages the consumer receives. When a consumer is in the market, a single message can have an effect, but if a consumer is not in the market, multiple messages are not likely to make the sale. So by reaching three different consumers we are more likely to reach one who is ready to purchase." (Erwin Ephron).

Außerdem ist der Grenznutzen des ersten Werbekontaktes unabhängig davon, ob anschließend ökonomische (Abverkäufe) oder außerökonomische Kriterien (Markenbekanntheit/Awareness, Sympathie, Kaufbereitschaft etc.) getestet werden, am höchsten (vgl. 4.3 oder WerbeWirkungsWeisen von ARD und RMS).

- Verkaufen geht vor Image
  ⇒ der Recency-Planning-Ansatz zielt vor allem auf Umsatz, Absatz und Marktanteil, d.h. es geht ums Verkaufen, während die Langzeit-Effekte von Werbung wie Bildung, Verankerung und Stabilisierung von Markenimages ignoriert werden.
- Kurzfristige gehen vor langfristigen Planungsperioden

⇒ da in jeder Woche Erst- oder Wiederholungskäufe stattfinden, sollten lieber kurze Planungsperioden genutzt werden. Dies gilt natürlich vor allem für schnelldrehende Konsumgüter (FMCG), für die der Recency-Ansatz durch Daten aus Single-Source-Panels empirisch abgesichert ist. Aber auch bei langlebigen Gebrauchsgütern und Dienstleistungen befindet sich außer bei saisonalen Produkten oder Dienstleistungen wie z.B. Ski oder Wintersport-Reisen immer jemand auf dem Markt. Außerdem werden länger zurückliegende Informationen viel eher vergessen, sodass sie in der Gegenwart keine Kaufverhaltensrelevanz mehr haben können.

*Beispiel*
Am Beispiel des Kaufentscheidungsprozesses beim Automobilkauf möchte ich abschließend noch einmal die Stärken, aber auch Schwächen des Recency-Planning-Ansatzes betrachten.

Wenn das Auto in die Jahre kommt, schon viele Kilometer runter hat oder sich erste Reparaturen häufen, beginnt man überhaupt erst wieder damit, Markenkommunikation der Automobilhersteller aufmerksam zu beachten, die ganzen Jahre vorher ist Werbung für Automobile eher unbewusst an uns vorbeigerauscht. Das deckt sich mit den Annahmen der Recency Planner, aber all diese unbewussten Kontakte mit der Marke haben überhaupt erst ein stabiles semantisches Markennetzwerk (Image) in unserem Kopf entstehen lassen. Diese Images steuern unsere Wahrnehmung der weiteren Markenkommunikation (Priming), werden ständig mit unserem Selbstkonzept bzw. gewünschten Selbstbild bzw. Fremdbild abgeglichen und bilden daher in jedem Fall den Rahmen für die infrage kommenden Marken (relevant set). Auf der anderen Seite haben die Recency Planner natürlich Recht, wenn sie sagen, dass einer Marke ein langfristig aufgebautes und gepflegtes Marken-Image nichts nützt, wenn es kurzfristig keine Verkäufe auslöst. Dabei entsteht gerade durch wiederholte, langfristig konsistente Werbung bei den Konsumenten eine Vertrautheit, die unter anderem den Wert einer etablierten Marke ausmacht.

Insofern vernachlässigt das kurzfristig orientierte Recency Planning die psychologischen Effekte von Markenkommunikation, nutzen aber gerne das auch durch Werbung aufgebaute Kapital einer Marke wie z.B. die Vertrautheit als Ausgangspunkt für die Abverkaufsorientierung ihres Ansatzes.

Und dabei ist es unstreitig, dass psychologische Faktoren im gesamten Kaufprozess, der bei Neuwagenkäufen schon einmal bis zu zwei Jahren dauern kann, eine wichtige Rolle spielen. Auf der anderen Seite begleitet das Recency Planning, wenn es konsequent und langfristig verfolgt wird, durch seinen Ansatz kontinuierlichen Werbens diesen Kaufprozess kontinuierlich. Das ist vor allem deshalb wichtig, da der Kaufzyklus beim Automobilkauf individuell ist. Allerdings lässt sich schon ungefähr abschätzen, wann nach der Einführung eines neuen Modells erste Ersatzkäufe getätigt werden. Die Automobilhersteller bemühen sich auch darum, ihre Modellwechsel diesen „kollektiven" Kaufzyklen anzupassen, da die Kunden selten das alte Modell noch einmal kaufen wollen.

Natürlich lässt sich der Ansatz des Recency Planning nicht einfach auf alle Produkte anwenden. Selbst ihre Verfechter wie Ephron wissen, dass man bei der Bewerbung für Neuprodukte zumindest am Anfang andere Prioritäten setzen muss. Das liegt natürlich daran, dass es sich hier zunächst z.B. um die Bekanntmachung einer bisher unbekannten Marke handelt, die natürlich eine höhere Kontaktdosis bzw. stärkeren Werbedruck benötigt als eine bereits etablierte Marke. Bei einer line extension (z.B. Produktdifferenzierung) einer bereits bekannten Marke sieht das aber schon wieder anders aus, denn hier kann auf der bereits bekannten Ursprungsmarke aufgebaut werden.

Auf den Einwand, dass eine Kampagne mit kontinuierlichem, aber niedrigem Werbedruck Gefahr läuft, in wettbewerbsintensiven Branchen unterzugehen, antworten Recency Planner, dass sich die Marke dann eben in den werbeschwachen Zeiten der Konkurrenz ihre Kunden „holt".

## 6.5 Zeitliche Verteilung des Werbedrucks

### 6.5.1 Kampagnenstrategien mit kontinuierlichem Werbedruck

Bei diesem Ansatz wird versucht, während der gesamten Kampagne werblich präsent zu sein und einen bestimmten Werbedruck nicht zu unterschreiten.

**Konstanter Werbedruck**

Es wird während der gesamten Kampagne ein weitgehend gleich hoher Werbedruck angestrebt.

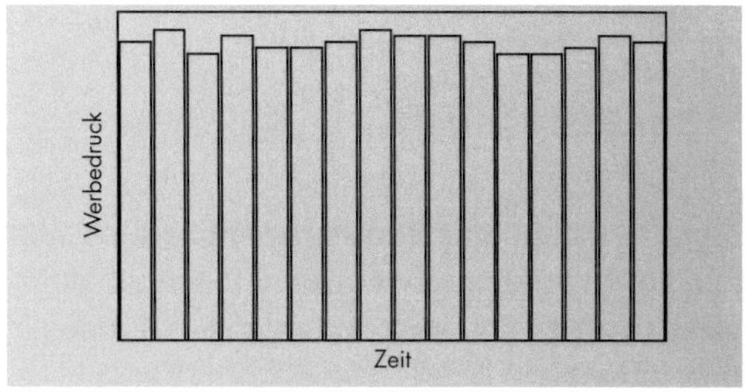


*Abb. 6.3: Konstanter Werbedruck*

**Frontloading**

Die Kampagne beginnt mit einem sehr hohen Werbedruck und wird später mit einem geringeren Werbedruck fortgesetzt.

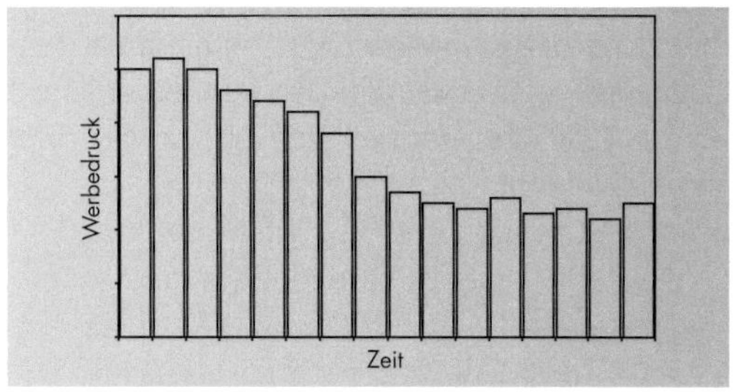


*Abb. 6.4: Frontloading*

**Backloading**

Die Kampagne beginnt mit einem geringen Werbedruck, der während des Werbezeitraumes jedoch gesteigert wird und zum Ende der Kampagne sein Maximum erreicht.

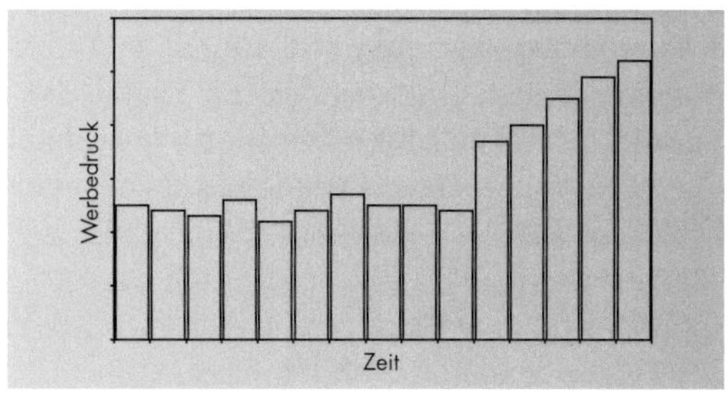


*Abb. 6.5: Backloading*

**Waving**

Innerhalb des Kampagnenzeitraums gibt es mehrere Perioden mit einem erhöhten Werbedruck. Dazwischen wird der Werbedruck zurückgenommen, er sinkt aber nicht auf Null.

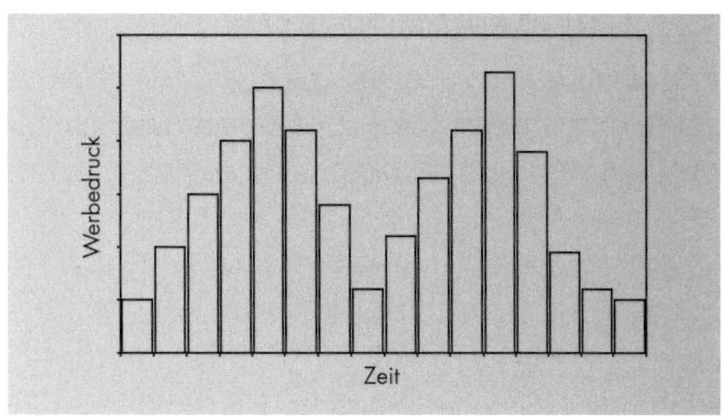


*Abb. 6.6: Waving*

**Pulsing**

Auch hier findet ein Wechsel zwischen hohem und niedrigem Werbedruck statt, allerdings in relativ kurzen zeitlichen Abständen.

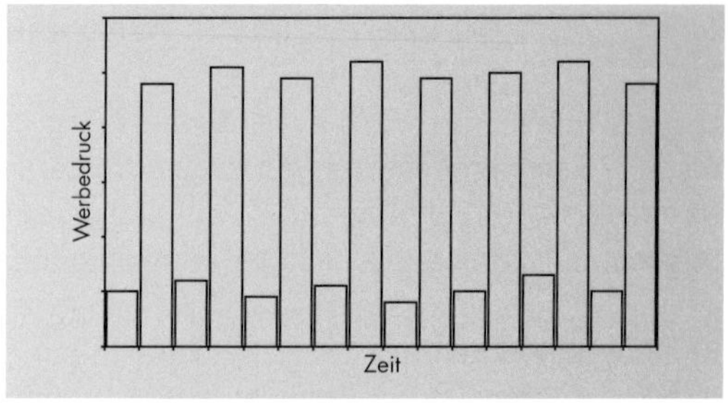


*Abb. 6.7: Pulsing*

## 6.5.2 Kampagnenstrategien mit zeitlich begrenztem Werbedruck

Bei diesen Strategieformen wird innerhalb des Kampagnenzeitraumes nur während bestimmter Phasen geworben und in den übrigen Zeiträumen nicht. Hierbei lassen sich folgende Strategievarianten unterscheiden:

**Flighting**

Innerhalb der Kampagne gibt es mehrere Zeiträume mit einem hohen, relativ kontinuierlichen Werbedruck. Zwischen diesen Zeiträumen wird nicht geworben.

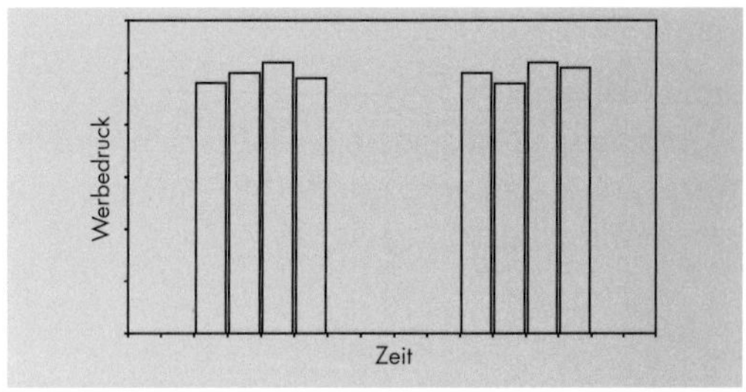


*Abb. 6.8: Flighting*

**Bursts**

Punktuell und kurzzeitig wird ein hoher Werbedruck ausgeübt. Zwischen diesen kurzen Zeiträumen befinden sich Werbepausen. Insgesamt überwiegen die Phasen, in denen nicht geworben wird.

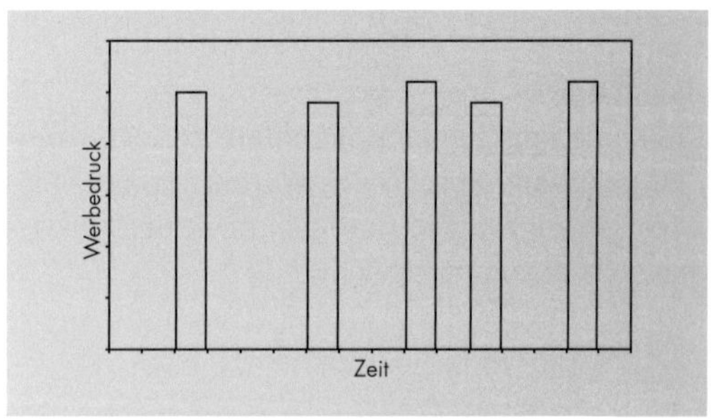


*Abb. 6.9: Bursts*

**Saisonales Werben**

Hierbei orientiert man sich bezüglich der Werbezeiträume an den Kauf- und Verwendungsphasen.

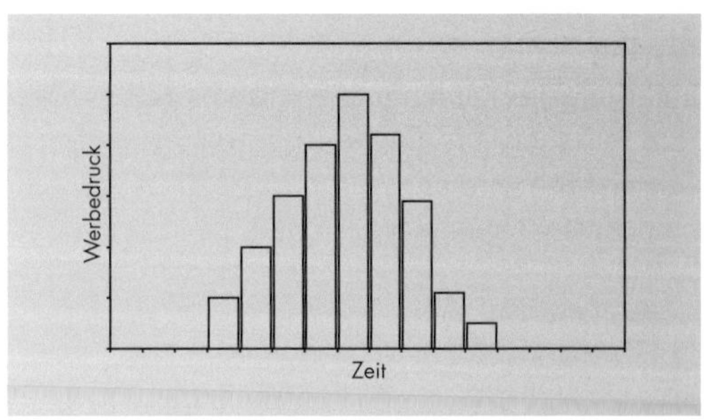


*Abb. 6.10: Saisonales Werben*

## 6.6 Intermediavergleich

Vergleich von Werbeträgergattungen

Unter einem Intermediavergleich versteht man den Vergleich und die Bewertung verschiedener Werbeträgergattungen, z.B. Fernsehen, Publikumszeitschriften, Hörfunk. Der Medianplaner muss hierbei in einem ersten Selektionsprozess entscheiden, welche Mediengattungen zur Verbreitung der Werbebotschaft geeignet sind. Für die Auswahl wird häufig ein so genanntes Punktbewertungsverfahren eingesetzt. Dabei wird für verschiedene Bewertungskriterien die Eignung der jeweiligen Werbeträgergattung durch Zuweisung eines Punktwertes ausgedrückt. Die Bedeutung der einzelnen Bewertungskriterien lässt sich zusätzlich durch unterschiedliche Gewichtungsfaktoren berücksichtigen. Zur Auswahl und Bewertung von Werbeträgergattungen können folgende Kriterien verwendet werden. Diese Kriterienliste orientiert sich im Wesentlichen an Pickert, „Die Konzeption der Werbung", 1994.

| Kriterium | Aussage |
|---|---|
| Disponibilität | kurzfristige Belegbarkeit/Verfügbarkeit |
| Steuerbarkeit | Einsatzelastizität und Streugenauigkeit |
| – zeitlich | punktuelle terminliche Zielung und Einsatzgenauigkeit |
| – räumlich | geografische/regionale Streugenauigkeit (Teilbelegung, Splitting, Lokalabdeckung, Nielsengebiete) |
| – personell | nach Erreichbarkeit der Nutzerkreise |
| Kosten/Produktion | Produktionskosten der Werbemittel in der Mediengattung |
| Kosten/Streukosten | Streukosten in der Mediengattung (Tausender-Preise) |
| Darstellungsmöglichkeiten | Bandbreite der Gestaltungsmöglichkeiten der Werbemittel (Farbe, Größe, Bewegung, Formen, Längen) |
| Rezipientenbindung | Nutzungsintensität und Wertschätzung des Mediums bei den Nutzern (als publizistisches Organ) |
| Werbe-Werthaltung | Einstellung des Nutzers zu Werbung im Medium (wahrgenommene Glaubwürdigkeit, Akzeptanz) |
| Funktion | Zweckbestimmung des Mediums als Informationsinstitution und Werbeträger: Unterhaltungs- oder Informationsanspruch? |
| Reichweitenaufbau | Möglichkeit u. Schnelligkeit, eine bestimmte Reichweite aufzubauen |
| Kontaktaufbau | Möglichkeit u. Schnelligkeit, eine bestimmte Kontaktdichte aufzubauen |
| Expositionsvermögen | die Kraft des Mediums, einen Werbemittelkontakt herzustellen |
| Impactstärke | Intensität der sensorischen Ansprachekraft; Bindungsfähigkeit des Mediums |
| Perseveration | Wirkungsdauer, Kontaktverwertung (Anhalten der Wirkung, Erinnerungswahrscheinlichkeit) |
| Kontaktsituation | Spezifische Empfängersituation (Ausweichgelegenheiten oder gezielte Zuwendung?) |
| Ambiente | Umfeldbedingungen: Attraktivität des redaktionellen Umfelds; wünschenswerte Nähe zu redaktionellen Themen/Beiträgen oder Isolation (fehlendes Redaktionsumfeld); Abgrenzung von Konkurrenzwerbung |
| Handelswertung | Einstellung der Absatzmittler zu den Medien |
| Media-Service | Hilfestellung wie Beratung, Planungshilfen, Herstellung, Platzierung, Kooperation etc. |

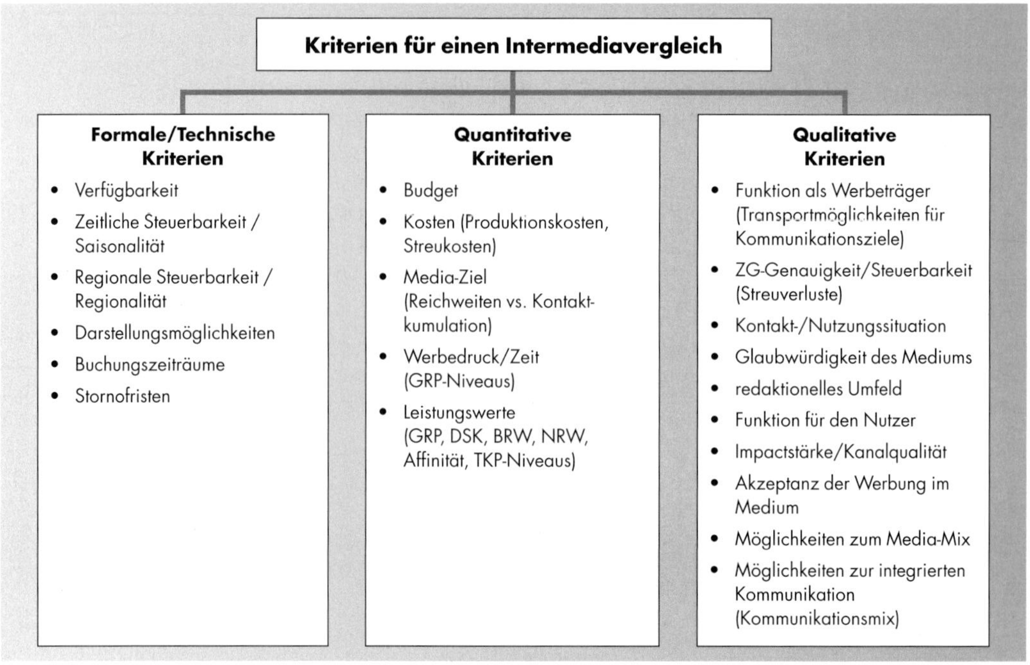


*Abb. 6.11: Intermedia-Vergleich*

Wenn mehrere Werbeträgergattungen eingesetzt werden sollen, muss der gesamte Streuetat auf die betreffenden Mediengattungen verteilt werden. Obige Abb. 6.11 gibt einen zusammenfassenden Überblick über die Kriterien des Intermediavergleichs.

## 6.7 Intramediavergleich/-selektion

Auswahl von Werbeträgern in den Gattungen

Nachdem im Rahmen des Intermediavergleichs Werbeträgergattungen ausgewählt wurden, müssen nun konkrete Werbeträger innerhalb der jeweiligen Werbeträgerkategorien ausgewählt werden.

→ *Diesen Vorgang der vergleichenden Auswahl konkreter Werbeträger bezeichnet man als Intramediavergleich bzw. Intramediaselektion.*

Hat man sich z.B. beim Intermediavergleich für die Mediengattung „Publikumszeitschriften“ entschieden, könnte man innerhalb des Intramediavergleichs die Titel „Der Spiegel“, „Focus“, „Stern“ auswählen.

Sowohl beim Inter- als auch beim Intramediavergleich wird häufig zwischen quantitativen Kriterien, die zahlenmäßig erfassbar sind, und qualitativen Kriterien, bei denen eine rein zahlenmäßige Darstellung nicht möglich ist, unterschieden. Quantitative Kriterien sind, z.B. Reichweiten, Tausender-Preise, Auflagen, Affinitäten. Beispiele für qualitative Kriterien sind: redaktionelles Konzept, Image, Bindung.

| Mögliche Auswahlkriterien für die Intramediaselektion | |
|---|---|
| • Wirtschaftlichkeit (Tausender-Preise),<br>• Übereinstimmung zwischen Zielgruppe und Nutzerkreis (Affinität),<br>• Reichweite,<br>• Reichweitenaufbau/Kontaktaufbau,<br>• Überschneidungen (intern/extern),<br>• Auflagen,<br>• Datentransparenz (z.B. geprüfte Verbreitungsmaßzahlen), | • Verfügbarkeit,<br>• Erscheinungsintervalle,<br>• redaktionelles Konzept,<br>• Funktion (Unterhaltung, Information),<br>• Nutzungsintensität,<br>• Akzeptanz/Glaubwürdigkeit/Bindung bezogen auf die Zielgruppe,<br>• Image<br>usw. |

**Rangreihen**

Zur Auswahl der Medien innerhalb der Intramediaselektion werden in der Regel zunächst so genannte Rangreihen gebildet. Die Rangreihen können nach verschiedenen Kriterien geordnet werden. Gängige Ordnungskriterien hierbei sind:

Medienliste wird nach einem bestimmten Kriterium sortiert

- Wirtschaftlichkeit,
- Affinität (Affinitätsindex),
- Reichweite und
- evtl. Indexsumme.

Häufig geht man bei der Auswahl der Werbeträger so vor, dass zunächst alle verfügbaren Medien der Werbeträgergattung nach Affinitäten sortiert werden und die Medien mit einem Affinitätsindex unterhalb eines bestimmten Schwellenwertes ausgeschlossen werden. Danach wird die verbleibende Medienliste nach der Reichweite sortiert und alle Werbeträger, deren Reichweite unter einem bestimmten Mindestwert liegen, werden ebenfalls ausgeschlossen. Bei den dann noch übrig gebliebenen Werbeträgern erfolgt schließlich eine Sortierung nach Tausend-Kontakt-Preisen.

Sortierung nach
1. Affinitäten
2. Reichweite
3. Wirtschaftlichkeit

**Beispiel**

Das Unternehmen Sektwelt GmbH möchte eine neue, hochwertige Sektrange unter der Marke „Sonnentau“ in den Markt einführen. Unter dieser Marke sollen vier Sektsorten angeboten werden:

1. ein extra trockener Weißsekt
2. ein trockener Weißsekt
3. ein trockener Rosé-Sekt
4. ein trockener Rotsekt

Für die jeweiligen Sektsorten werden unterschiedliche Endverbraucherpreise angestrebt. Diese sollen zwischen 12,00 Euro und 16,00 Euro liegen.

Die Mediazielgruppe für die Markteinführung besteht aus Personen, die regelmäßig Sekt (mindestens einmal pro Monat) oder gelegentlich Champagner (mindestens einmal alle 2 Monate) trinken und über eine relativ hohe Konsumkraft verfügen. In der Zielgruppe befinden sich insgesamt 3,78 Mio. Personen.

Zunächst soll für die Gattung der Publikumszeitschriften ein Intramediavergleich durchgeführt werden. Als Grundlage hierfür sind alle PZ-Titel gewählt worden, die in der Verbraucheranalyse (VA) erfasst sind (vgl. S. xy zum Ersetzen der VA durch b4p). Zusätzlich werden auch noch alle erfassten Tarifkombinationen einbezogen.

> *Unter einer Tarifkombination versteht man die tarifliche Zusammenfassung mehrerer Werbeträger des gleichen Anbieters zu einem reduzierten Preis im Vergleich zu einer Einzelbelegung der zusammengefassten Werbeträger.*

Die „Focus-BlueChip-Kombi" besteht z.B. aus den beiden Titeln „Focus" und „Focus Money". Die Schaltung einer 1/1-Seite 4C in der Kombination kostet 49 000,00 €. Würden die beiden Titel dagegen einzeln belegt, müssten dafür 54 000,00 € aufgewendet werden

Abb. 6.12 zeigt den Ausschnitt einer Rangreihe der Titel, die nach dem Affinitätsindex sortiert wurden, wobei alle Titel mit einem Indexwert unter 120 ausgesondert wurden. Insgesamt enthält die Tabelle 84 Titel. Anschließend wurde die Tabelle nach Reichweite sortiert und dabei alle Titel ausgeschlossen, deren Reichweite in der ZG kleiner als 2 % ist. Die Tabelle enthielt noch 46 Titel, in Abb. 6.13 ist ein Ausschnitt angegeben.

Sortiert man die so erhaltene Tabelle schließlich nach dem TKP, dann erhält man eine Rangreihe, von der Abb. 6.14 einen Ausschnitt zeigt.

**VerbraucherAnalyse**
Zielgruppe: Sekt Potenzial: 5,9 %, 1.795 Fälle, 3,78 Mio.
Vergleichs-Zielgruppe Gesamtbevölkerung Potenzial: 100,0 %, 3.0547 Fälle, 64,25 Mio.

| | Medien/Werbemittel | Kosten in € | € pro 1.000 Konf. | Reichweite in % | Reichweite in Mio. | Affinitätsindex | Indexsumme RW+TKP+Affin. |
|---|---|---|---|---|---|---|---|
| 1 | Finanzen | 11.739 | 259,98 | 1,2 | 0,05 | 294 | 134 |
| 2 | InStyle | 16.500 | 622,46 | 0,7 | 0,03 | 241 | 97 |
| 3 | COSMOPOLITAN | 23.990 | 282,03 | 2,3 | 0,09 | 234 | 116 |
| 4 | Schöner Essen | 7.920 | 122,87 | 1,7 | 0,06 | 222 | 145 |
| 5 | GEOSAISON | 14.600 | 269,99 | 1,4 | 0,05 | 222 | 110 |
| 6 | Focus Money | 12.500 | 272,21 | 1,2 | 0,05 | 221 | 108 |
| 7 | Börse online | 12.900 | 380,48 | 0,9 | 0,03 | 221 | 99 |
| 8 | DIE WELT/WELT am SONNTAG | 17.000 | 108,48 | 3,8 | 0,14 | 215 | 159 |
| 9 | Capital | 24.360 | 246,68 | 2,6 | 0,10 | 215 | 114 |
| 10 | WELT am SONNTAG | 11.400 | 129,20 | 2,3 | 0,09 | 214 | 142 |
| 11 | Euro am Sonntag | 12.240 | 325,24 | 1,0 | 0,04 | 213 | 100 |
| 12 | ELLE | 20.758 | 431,13 | 1,3 | 0,05 | 213 | 95 |
| 13 | JM-FRAUENKOMBINATION 2 | 36.441 | 362,62 | 2,6 | 0,10 | 203 | 101 |
| 14 | Geldidee | 13.000 | 401,93 | 0,9 | 0,03 | 193 | 88 |
| 15 | Allegra | 14.600 | 334,84 | 1,2 | 0,04 | 192 | 93 |
| 16 | Mens Health | 18.250 | 360,19 | 1,3 | 0,05 | 189 | 91 |
| 17 | DER SPIEGEL | 47.500 | 115,29 | 10,9 | 0,41 | 183 | 172 |
| 18 | PRINZ | 20.440 | 748,21 | 0,7 | 0,03 | 182 | 75 |
| 19 | mot. Die Autozeitschrift. | 7.000 | 338,15 | 0,5 | 0,02 | 181 | 87 |
| 20 | com! online | 13.289 | 396,77 | 0,9 | 0,03 | 177 | 83 |
| 21 | PC WELT | 16.160 | 119,58 | 3,6 | 0,14 | 176 | 138 |
| 22 | Added value ELLE/freundin | 52.718 | 216,34 | 6,3 | 0,24 | 171 | 119 |
| 23 | AMICA | 18.100 | 375,27 | 1,3 | 0,05 | 171 | 84 |

*Abb. 6.12: Rangreihe: Sortierung nach dem Affinitätsindex (Indexwert ≥ 120)*

| | Medien/Werbemittel | Kosten in € | € pro 1.000 Kont. | Reich-weite in % | Reich-weite in Mio. | Affini-täts-index | Indexsumme RW+TKP+ Affin. |
|---|---|---|---|---|---|---|---|
| 1 | ADAC motorwelt | 95.448 | 99,44 | 25,4 | 0,96 | 131 | 222 |
| 2 | Stern | 48.700 | 98,10 | 13,2 | 0,50 | 149 | 181 |
| 3 | FOCUS-BlueChip-Kombi | 49.000 | 111,12 | 11,4 | 0,43 | 165 | 170 |
| 4 | DER SPIEGEL | 47.500 | 115,29 | 10,9 | 0,41 | 183 | 172 |
| 5 | Focus | 41.500 | 105,05 | 10,5 | 0,40 | 161 | 169 |
| 6 | Milchstraßen-Zielgruppe 3 | 58.860 | 149,41 | 10,3 | 0,39 | 125 | 135 |
| 7 | MILCHSTRASSE 14 | 59.066 | 154,84 | 10,0 | 0,38 | 125 | 132 |
| 8 | TV Spielfilm | 46.700 | 130,35 | 9,5 | 0,36 | 125 | 139 |
| 9 | ad/vance BRIGITTE/YOUNG MISS | 54.760 | 176,75 | 8,0 | 0,30 | 163 | 131 |
| 10 | Brigitte | 46.900 | 175,15 | 7,1 | 0,27 | 169 | 129 |
| 11 | Für Sie/Petra Kombination | 45.320 | 164,51 | 6,9 | 0,26 | 150 | 125 |
| 12 | Added value ELLE/freundin | 52.718 | 216,34 | 6,3 | 0,24 | 171 | 119 |
| 13 | Für Sie/Vital Kombination | 36.430 | 150,41 | 6,2 | 0,23 | 148 | 126 |
| 14 | IWZ Illustrierte Wochenzeitung | 25.760 | 115,92 | 5,9 | 0,22 | 159 | 144 |
| 15 | freundin | 32.388 | 165,64 | 5,2 | 0,20 | 164 | 123 |
| 16 | Milchstraßen-Zielgruppe 5 | 50.445 | 256,35 | 4,9 | 0,18 | 155 | 102 |

*Abb. 6.13: Rangreihe: Sortierung nach Affinitätsindex (Indexwert ≥ 120), anschl. nach Reichweite (≥ 2 %)*

| | Medien/Werbemittel | Kosten in € | € pro 1.000 Kont. | Reich-weite in % | Reich-weite in Mio. | Affini-täts-index | Indexsumme RW+TKP+ Affin. |
|---|---|---|---|---|---|---|---|
| 1 | Stern | 48.700 | 98,10 | 13,2 | 0,50 | 149 | 181 |
| 2 | ADAC motorwelt | 95.448 | 99,44 | 25,4 | 0,96 | 131 | 222 |
| 3 | Focus | 41.500 | 105,05 | 10,5 | 0,40 | 161 | 169 |
| 4 | DIE WELT/WELT am SONNTAG | 17.000 | 108,48 | 3,8 | 0,14 | 215 | 159 |
| 5 | FOCUS-BlueChip-Kombi | 49.000 | 111,12 | 11,4 | 0,43 | 165 | 170 |
| 6 | DER SPIEGEL | 47.500 | 115,29 | 10,9 | 0,41 | 183 | 172 |
| 7 | IWZ Illustrierte Wochenzeitung | 25.760 | 115,92 | 5,9 | 0,22 | 159 | 144 |
| 8 | PC WELT | 16.160 | 119,58 | 3,6 | 0,14 | 176 | 138 |
| 9 | COMPUTER BILD | 22.064 | 120,42 | 4,9 | 0,18 | 144 | 132 |
| 10 | Journal für die Frau | 15.660 | 120,45 | 3,4 | 0,13 | 161 | 132 |
| 11 | Familien-Kombi | 9.650 | 127,00 | 2,0 | 0,08 | 145 | 118 |
| 12 | WELT am SONNTAG | 11.400 | 129,20 | 2,3 | 0,09 | 214 | 142 |
| 13 | TV Spielfilm | 46.700 | 130,35 | 9,5 | 0,36 | 125 | 139 |
| 14 | Für Sie | 25.700 | 140,27 | 4,9 | 0,18 | 153 | 126 |
| 15 | Milchstraßen-Zielgruppe 3 | 58.860 | 149,41 | 10,3 | 0,39 | 125 | 135 |
| 16 | Für Sie/Vital Kombination | 36.430 | 150,41 | 6,2 | 0,23 | 148 | 126 |
| 17 | MILCHSTRASSE 14 | 59.066 | 154,84 | 10,0 | 0,38 | 125 | 132 |
| 18 | G+J Genuss Plus-Kombi | 24.720 | 159,03 | 3,9 | 0,15 | 170 | 122 |
| 19 | Für Sie/Petra Kombination | 45.320 | 164,51 | 6,9 | 0,26 | 150 | 125 |
| 20 | freundin | 32.388 | 165,64 | 5,2 | 0,20 | 164 | 123 |
| 21 | Schöner Wohnen | 26.600 | 169,87 | 4,1 | 0,16 | 170 | 119 |
| 22 | Reader's Digest Das Beste | 20.450 | 170,12 | 3,2 | 0,12 | 138 | 105 |
| 23 | Gala | 14.700 | 171,77 | 2,3 | 0,09 | 149 | 104 |

*Abb. 6.14: Rangreihe: Sortierung n. Affinitätsindex (≥ 120), anschl. n. Reichweite (≥ 2 %), anschl. n. TKP*

## 6.8 Erstellung von Mediaplänen/Evaluierung und Optimierung

Standardverfahren:
1. Belegung in Reihenfolge der Rangreihe
2. Schaltfrequenz je Titel = angestrebte Kontaktdichte

Durch die Belegung der Werbeträger, die bei der Intramediaselektion ausgewählt wurden, mit entsprechenden Schaltfrequenzen, erhält man schließlich Mediapläne. Bei Printmedien ist es häufig sinnvoll, als Schaltfrequenz die angestrebte Kontaktzahl zu wählen. Bei einer systematischen Vorgehensweise werden die Werbeträger in der Reihenfolge ihrer Position in der Rangreihe mit Schaltfrequenzen belegt, bis der Streuetat bzw. der Streuetatanteil für die betreffende Werbeträgergattung ausgeschöpft ist. Die so erhaltenen Mediapläne werden mithilfe entsprechender Kriterien bewertet. Übliche Bewertungskriterien hierbei sind:

- Gesamtkosten,
- Nettoreichweite,
- Bruttoreichweite,
- wirksame Reichweite,
- Tausender-Preise,
- GRP,
- Kontakte,
- Kontaktverteilung.

Soll die wirksame Reichweite als Bewertungskriterium verwendet werden, muss natürlich vorher eine Kontaktbewertungsfunktion definiert werden.

Vergleich der Leistungswerte mit den Mediazielen

Bei der Planbewertung müssen die Leistungswerte der Pläne mit den Zielvorgaben verglichen werden.

In der Regel versucht man die zunächst erhaltenen Pläne gezielt zu verbessern, um dadurch einen optimalen Plan zu erhalten. Bei der Planoptimierung können unterschiedliche Aspekte berücksichtigt werden, z.B.

- Erscheinungsintervalle,
- interne-/ externe Überschneidungen,
- Image des Werbeträgers,
- Art der Verbreitung des Werbeträgers,
- redaktionelles Konzept des Werbeträgers,
- Produktaffinität des Werbeträgers.

**Beispiel**

Wir greifen auf das Sekt-Beispiel von Seite 241 zurück, das für die Ableitung der Rangreihen genutzt wurde. Für die Markteinführung Sonnentau-Sektrange soll eine Printkampagne in Publikumszeitschriften durchgeführt werden. Die Kampagne soll zunächst auf ein Jahr beschränkt sein und im September gestartet werden. Für die Kampagne steht ein Streuetat von 2 Mio. € zur Verfügung. Es wird eine Kontaktdichte von sechs bis sieben Kontakten pro Person angestrebt. Die Reichweite in der Zielgruppe soll mindestens 60 % betragen.

---

Das systematische Vorgehen wird anhand dieses Beispiels erläutert. Die Tabelle in Abb. 6.15 zeigt vier mögliche Pläne einschließlich der Planbewertungen.

VerbraucherAnalyse
Zielgruppe: Sekt Potenzial: 5,9 %, 1.795 Fälle, 3,78 Mio.
Nettopreise

| **Werbemittel** | **Format** | **Farbe** | **Plan 1** | **Plan 2** | **Plan 3** | **Plan 4** |
|---|---|---|---|---|---|---|
| Stern | 1/1 S. | 4c | 7 | 7 | 12 | 12 |
| ADAC motorwelt | 1/1 S. | 4c | 6 | | 9 | |
| Focus | 1/1 S. | 4c | | | 7 | 12 |
| FOCUS-BlueChip-Kombi | 1/1 S. | 4c | 7 | 6 | | |
| DER SPIEGEL | 1/1 S. | 4c | 7 | 7 | | 9 |
| IWZ Illustrierte Wochenzeitung | 1/1 S. | 4c | 7 | | 7 | |
| PC WELT | 1/1 S. | 4c | 7 | 6 | | 12 |
| COMPUTER BILD | 1/1 S. | 4c | 6 | 6 | | |
| Journal für die Frau | 1/1 S. | 4c | 6 | 6 | | 12 |
| Familien-Kombi | 1/1 S. | 4c | 6 | 6 | 4 | 7 |
| TV Spielfilm | 1/1 S. | 4c | | | 7 | 8 |
| Milchstraßen-Zielgruppe 3 | 1/1 S. | 4c | | 7 | | |
| G+J Genuss Plus-Kombi | 1/1 S. | 4c | | 6 | | |
| Für Sie/Petra Kombination | 1/1 S. | 4c | | 6 | | |
| **Ergebnisse** | | | | | | |
| Kosten in Euro | | | 1.994.965 | 1.996.004 | 1.997.231 | 1.992.169 |
| Reichweite % | | | 78,4 | 76,7 | 76,0 | 72,7 |
| Reichweite Mio. | | | 2,96 | 2,90 | 2,87 | 2,74 |
| Euro pro 1.000 Nutzer | | | 673,81 | 689,27 | 695,79 | 726,02 |
| Wirksame Reichweite % | | | 53,1 | 46,4 | 56,5 | 49,6 |
| Wirksame Reichweite Mio. | | | 2,00 | 1,75 | 2,13 | 1,87 |
| Euro pro 1.000 wirksame Nutzer | | | 996,15 | 1.138,83 | 936,79 | 1.064,82 |
| Kontakte Mio. | | | 20,04 | 17,49 | 21,73 | 20,99 |
| Euro pro 1.000 Kontakte | | | 99,54 | 114,10 | 91,92 | 94,93 |
| GRP | | | 530,9 | 463,4 | 575,6 | 555,9 |
| Kontakte pro Nutzer | | | 6,8 | 6,0 | 7,6 | 7,6 |

*Abb. 6.15: Mediapläne und Planbewertung*

Erläuterungen

1. Der erste Plan wurde systematisch nach Rangreihe erstellt, mit Belegungsfrequenzen in der Nähe der angestrebten Kontaktzahl (sechs bis sieben) . Lediglich die „Welt“ und die„Welt am Sonntag“ wurden nicht belegt (als Zeitung bzw. zeitungsähnliche Publikation ). Der „Focus“ wurde nicht belegt, da in er in „Focus-BlueChip-Kombi“ enthalten ist.
2. Bei dem zweiten Plan wurden zusätzliche Aspekte berücksichtigt. Die ADAC motorwelt wurde nicht belegt, da es sich um eine unentgeltlich vertriebene Clubzeitschrift handelt und sie vermutlich nicht das passende Umfeld für die Bewerbung des Produkts bietet. Ähnliches gilt für die „IWZ Illustrierte Wochenzeitung“ als kostenlos vertriebenes Programmsupplement von Tageszeitungen. Die „G + J Genuss Plus-Kombi“ mit „Essen & Trinken“ und „Schöner Essen“ wurde belegt, da hier hohe Affinität zwischen dem beworbenen Produkt und dem redaktionellen Konzept der Werbeträger besteht.

3. Der Plan 3 ist durch eine Optimierung von Plan 1, und Plan 4 durch eine Optimierung von Plan 2 entstanden.
   Hierbei wurde das Optimierungstool des MDS-Programmes (Media-Dialog-System) des Axel-Springer-Verlages verwendet. Im Rahmen der Planoptimierung wird versucht, die wirksame Reichweite zu maximieren und gleichzeitig eine vorgegebene Durchschnittskontaktzahl nicht zu unterschreiten.

Die dabei verwendete Kontaktbewertungsfunktion ist in der folgenden Tabelle angegeben.

| Kontakte | 1 | 2 | 3 | 4 | 5 | 6 | 7 | 8+ |
|---|---|---|---|---|---|---|---|---|
| Werbewirkung (in %) | 1 | 5 | 18 | 49 | 81 | 95 | 99 | 100 |

Es ist erkennbar, dass Plan 1, der durch eine systematische Anwendung des Rangreihenprinzips entstanden ist, bei allen Leistungswerten deutlich bessere Ergebnisse aufweist als Plan 2, bei dem zusätzlich andere Aspekte berücksichtigt wurden. Durch die Optimierung beider Pläne haben sich die Nettoreichweiten zwar verringert, dafür wurden die Durchschnittskontakte stark erhöht. Auch die GRP-Werte konnten durch die Optimierung erhöht werden. Bei Plan 2 wirkt sich die Optimierung wesentlich stärker auf die Leistungswerte aus als bei Plan 1. Sieht man von den Nettoreichweiten ab, so konnten die Leistungswerte von Plan 1 und Plan 2 durch die Optimierung angeglichen werden. Deutliche Unterschiede bestehen allerdings noch bei den Tausender-Preisen und der wirksamen Reichweite.

VerbraucherAnalyse Kumulierte Kontaktverteilung
Zielgruppe Sekt Potenzial: 5,9 %, 1.795 Fälle, 3,78 Mio.
**Werbemittel**

| Kontakte pro Person | Plan 1 | | Plan 2 | | Plan 3 | | Plan 4 | |
|---|---|---|---|---|---|---|---|---|
| | Reichweite in % | Kumulierte Reichweite in % | Reichweite in % | Kumulierte Reichweite in % | Reichweite in % | Kumulierte Reichweite in % | Reichweite in % | Kumulierte Reichweite in % |
| 1 | 6,9 | 78,4 | 9,1 | 76,7 | 5,7 | 76,0 | 7,2 | 72,7 |
| 2 | 7,1 | 71,5 | 9,0 | 67,6 | 5,5 | 70,3 | 7,2 | 65,5 |
| 3 | 7,1 | 64,4 | 8,3 | 58,6 | 5,1 | 64,8 | 6,2 | 58,3 |
| 4 | 7,8 | 57,3 | 7,9 | 50,2 | 5,5 | 59,6 | 5,5 | 52,1 |
| 5 | 8,2 | 49,5 | 7,5 | 42,3 | 6,3 | 54,2 | 5,3 | 46,6 |
| 6 | 7,5 | 41,3 | 6,7 | 34,8 | 7,2 | 47,8 | 5,2 | 41,4 |
| 7 | 5,9 | 33,8 | 5,4 | 28,2 | 7,3 | 40,7 | 4,9 | 36,2 |
| 8 | 4,8 | 27,9 | 4,3 | 22,8 | 6,1 | 33,4 | 4,5 | 31,2 |
| 9 | 4,2 | 23,1 | 3,7 | 18,5 | 5,2 | 27,3 | 3,9 | 26,7 |
| 10 | 3,7 | 18,8 | 3,2 | 14,8 | 4,0 | 22,1 | 3,6 | 22,8 |
| 11 | 3,1 | 15,2 | 2,6 | 11,7 | 3,4 | 18,1 | 3,2 | 19,2 |
| 12 | 2,5 | 12,1 | 2,1 | 9,0 | 2,9 | 14,7 | 2,8 | 16,0 |
| 13 | 2,1 | 9,6 | 1,6 | 6,9 | 2,5 | 11,8 | 2,3 | 13,2 |
| 14 | 1,7 | 7,5 | 1,2 | 5,3 | 2,1 | 9,4 | 2,0 | 10,9 |
| 15 | 1,4 | 5,8 | 1,0 | 4,1 | 1,7 | 7,3 | 1,7 | 8,9 |
| 16 | 1,2 | 4,4 | 0,8 | 3,1 | 1,4 | 5,5 | 1,4 | 7,2 |
| 17 | 0,9 | 3,2 | 0,6 | 2,4 | 1,1 | 4,1 | 1,1 | 5,8 |
| 18 | 0,7 | 2,3 | 0,4 | 1,8 | 0,9 | 3,0 | 0,9 | 4,6 |
| 19 | 0,5 | 1,6 | 0,3 | 1,3 | 0,7 | 2,1 | 0,7 | 3,7 |
| 20 | 0,3 | 1,2 | 0,3 | 1,0 | 0,5 | 1,4 | 0,6 | 3,0 |
| 21+ | 0,8 | 0,8 | 0,7 | 0,7 | 0,9 | 0,9 | 2,4 | 2,4 |

*Abb. 6.16: Kontaktverteilungen*

Bei den Planbewertungen sollten auf jeden Fall auch die Kontaktverteilungen berücksichtigt werden.

In Abb. 6.16 bis Abb. 6.18 sind die Kontaktverteilungen und die kumulierten Kontaktverteilungen der vier Pläne in Tabellenform und als Diagramme angegeben.

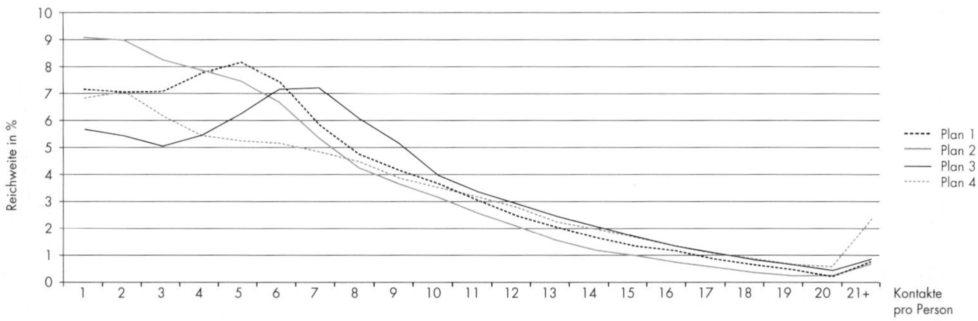


*Abb. 6.17: Liniendiagramm der Kontaktverteilungen*

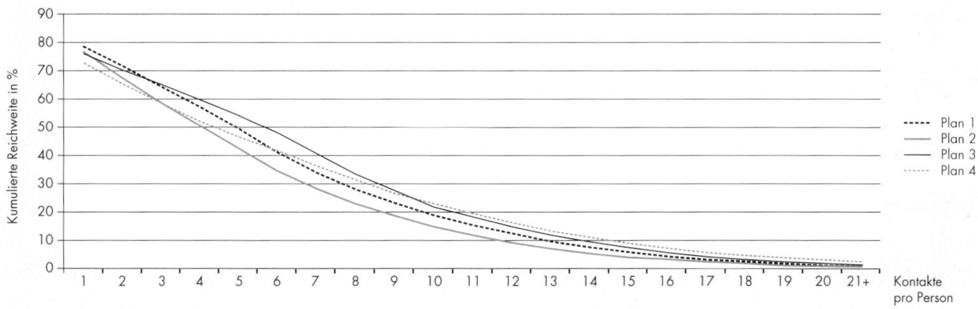


*Abb. 6.18: Liniendiagramm der kumulierten Kontaktverteilungen*

Es ist anhand der Diagramme unmittelbar erkennbar, dass Plan 3 die beste Kontaktverteilung hat. Das Reichweitenmaximum wird hier bei sieben Kontakten erreicht. Bei sieben Kontakten hat Plan 3 von allen Plänen die höchste Reichweite. Bei sechs Kontakten ist die Reichweite von Plan 1 zwar etwas höher als bei Plan 3, Plan 1 hat aber den Nachteil, dass in den unteren Kontaktklassen (ein bis drei Kontakte) deutlich höhere Reichweiten erzielt werden als bei Plan 3. Im Bereich von sieben bis zehn Kontakten ist Plan 3 dagegen klar am besten. Die Kontaktverteilungen der Pläne 2 und 4 sind ungünstig. Sie erreichen in den unteren Kontaktklassen die höchsten Reichweiten. Mit zunehmender Kontakthäufigkeit nehmen ihre Reichweiten nahezu kontinuierlich ab. Lediglich bei 21 und mehr Kontakten steigt die Reichweite von Plan 4 wieder an.

Die Überlegenheit von Plan 3 wird auch durch die kumulierten Kontaktverteilungen bestätigt. Im Bereich zwischen 3 und 9 Kontakten hat Plan 3 die höchste kumulierte Reichweite. Die Überlegenheit ist hier vor allem in dem wichtigen Kontaktbereich zwischen fünf und sieben Kontakten besonders deutlich.

Bezüglich der Leistungswerte und der Kontaktverteilungen ist Plan 3 damit eindeutig am besten. Der Plan hat allerdings den Nachteil, dass mit der „ADAC motorwelt“ und der „IWZ Illustrierte Wochenzeitung“ Titel belegt werden, die als nicht geeignet für das Produkt verworfen worden waren. Es muss daher abgewogen werden, ob nicht Plan 4 trotz der Defizite bei den Leistungswerten und Kontaktverteilungen vorgezogen werden sollte.

## 6.9 Streu- und Kostenplan

Wenn ein endgültiger Mediaplan feststeht, muss noch festgelegt werden, wann innerhalb des Kampagnenzeitraums die vorgesehenen Schaltungen erfolgen sollen.

> *Diese zeitliche Verteilung der Belegungen des Mediaplans bezeichnet man als Streuplan.*

Erstreckt sich ein Kampagnenzeitraum z.B. über 52 Wochen und soll eine Zeitschrift x Mal belegt werden, muss in dem Streuplan konkret angegeben werden, in welchen Wochen diese Belegungen erfolgen sollen. Die Erstellung eines Streuplans geht immer mit einer zeitlichen Verteilung des Werbedrucks einher (siehe dazu die Ausführungen in Abschnitt 6.5). Zusätzlich enthält der Streuplan auch noch Angaben über Buchungsschlusstermine, Unterlagenschlusstermine und Informationen über die Werbemittel.

### Kostenplan

Im Kostenplan werden die mit dem Mediaplan verbundenen Streukosten übersichtlich zusammengestellt. Er enthält für die einzelnen Werbeträger des Mediaplans die

- Bruttoschaltkosten,
- Schaltfrequenzen,
- Rabatte,
- Nettoschaltkosten und
- Gesamtkosten.

**Beispiel**

Wir führen das Beispiel zur Markteinführung der Sonnentau-Sektrange weiter. Angenommen, die Einführungskampagne für den Sekt soll trotz der aufgezeigten Mängel mit dem Plan 4 umgesetzt werden. Dafür soll jetzt ein Streuplan erstellt werden. Damit die Marke schnell in der Zielgruppe bekannt wird, soll in den Monaten September und Oktober ein relativ hoher Werbedruck ausgeübt werden. Außerdem soll der Werbedruck in den Monaten November und Dezember relativ hoch sein, da zu Weihnachten und zum Jahreswechsel viel Sekt getrunken und verschenkt wird. Während der restlichen Kampagnenzeit wird ein möglichst hoher, weit gehend konstanter Werbedruck angestrebt. Tabelle 6.21 auf der folgenden Seite zeigt ein Beispiel für einen Streuplan.
Die Diagramme in den Abb. 6.19 und 6.20 zeigen, wie sich der Werbedruck, gemessen durch die GRP, auf die Monate bzw. Wochen der Kampagne verteilt.

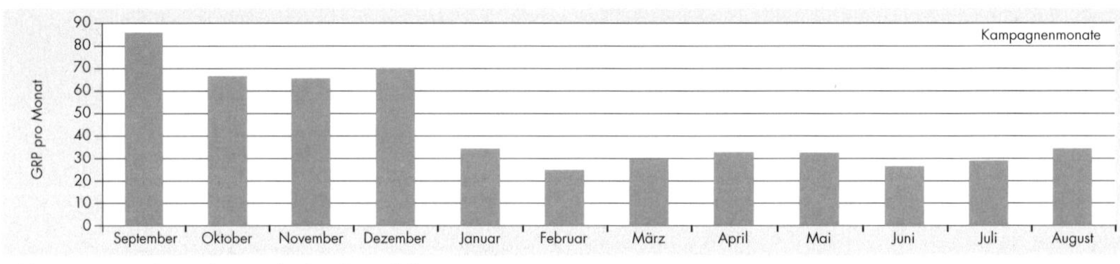


*Abb. 6.19: Verteilung des Werbedrucks auf die Kampagnenmonate*

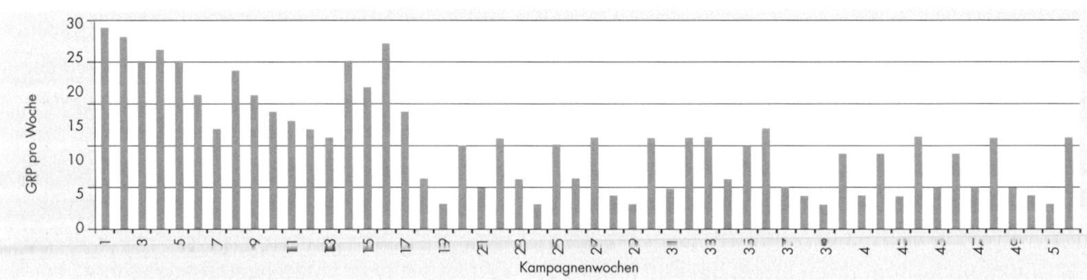


*Abb. 6.20: Verteilung des Werbedrucks auf die Kampagnenwochen*

Verbraucher-Analyse Sonnentau-Sekt

| | | September | | | | Oktober | | | | November | | | | | Dezember | | | | Januar | | | | | Februar | | | |
|---|---|---|---|---|---|---|---|---|---|---|---|---|---|---|---|---|---|---|---|---|---|---|---|---|---|---|---|
| **Kampagnewochen** | | **1** | **2** | **3** | **4** | **5** | **6** | **7** | **8** | **9** | **10** | **11** | **12** | **13** | **14** | **15** | **16** | **17** | **18** | **19** | **20** | **21** | **22** | **23** | **24** | **25** | **26** |
| **Titel** | **Frequenz** | | | | | | | | | | | | | | | | | | | | | | | | | | |
| Stern | 12/12 | X | | | X | X | X | | | X | X | | | | X | X | | | | | | | X | | | | |
| Focus | 12/12 | X | X | X | | | | X | | | | X | | X | | | | X | | | | | | | | | |
| DER SPIEGEL | 9/9 | X | | | | X | | | X | | | | | | X | | X | | | | | | | | | X | |
| PC WELT | 12/12 | | X | | | | X | | | | | X | | | | X | | | | X | | | | | X | | |
| Journal für die Frau | 12/12 | | | | | | | | | X | | | | | | | X | | | | | X | | | | X | |
| Familien-Kombi | 7/7 | | | | | | | | | | | | | | | | | | X | | | | | X | | | X |
| TV Spielfilm | 8/8 | | X | | | | | | X | | | | X | | | | X | | | | X | | | | | | |
| Index = 100 bei Gleichverteitung | | 223 | 212 | 190 | 195 | 190 | 153 | 116 | 181 | 154 | 134 | 125 | 114 | 103 | 188 | 155 | 204 | 130 | 60 | 31 | 90 | 43 | 104 | 54 | 25 | 97 | 55 |
| GRP pro Woche | | 24 | 23 | 20 | 21 | 20 | 16 | 12 | 19 | 16 | 14 | 13 | 12 | 11 | 20 | 17 | 22 | 14 | 6 | 3 | 10 | 5 | 11 | 6 | 3 | io | 6 |
| GRP pro Monat | | 88 | | | | 68 | | | | 67 | | | | | 72 | | | | 35 | | | | | 25 | | | |
| Kontakte in Mio. | | 3,02 | | | | 2,59 | | | | 2,54 | | | | | 2,73 | | | | 1,33 | | | | | 0,93 | | | |

| | | März | | | | April | | | | Mai | | | | | Juni | | | | Juli | | | | August | | | | |
|---|---|---|---|---|---|---|---|---|---|---|---|---|---|---|---|---|---|---|---|---|---|---|---|---|---|---|---|
| **Kampagnewochen** | | **27** | **28** | **29** | **30** | **31** | **32** | **33** | **34** | **35** | **36** | **37** | **38** | **39** | **40** | **41** | **42** | **43** | **44** | **45** | **46** | **47** | **48** | **49** | **50** | **51** | **52** |
| **Titel** | **Frequenz** | | | | | | | | | | | | | | | | | | | | | | | | | | |
| Stern | 12/12 | | | | | | | | | | | | | | | | | | X | | | | X | | | | X |
| Focus | 12/12 | | | | X | | | X | | X | | | | | X | | | | | | X | | | | | | |
| DER SPIEGEL | 9/9 | X | | | | | X | | | | | | | | | | | | | | | | | | | | |
| PC WELT | 12/12 | | X | | | | X | | | | | X | | | | X | | | | X | | | | | X | | |
| journal für die Frau | 12/12 | | | X | | X | | | | X | | | | X | | | | X | | | | X | | X | | X | |
| Familien-Kombi | 7/7 | X | | | X | | | | X | | | | X | | | | | | | | | | | | | | |
| TV Spielfilm | 8/8 | | | | | | | | | | X | | | | | | X | | | | | | | | | | |
| Index = 100 bei Gleichverteitung | | 103 | 41 | 31 | 105 | 44 | 103 | 104 | 53 | 96 | 108 | 43 | 35 | 26 | 84 | 40 | 87 | 39 | 101 | 45 | 86 | 43 | 105 | 49 | 34 | 31 | 106 |
| GRP pro Woche | | 11 | 4 | 3 | 11 | 5 | 11 | 11 | 6 | 10 | 12 | 5 | 4 | 3 | 9 | 4 | 9 | 4 | 11 | 5 | 9 | 5 | 11 | 5 | 4 | 3 | 11 |
| GRP pro Monat | | 30 | | | | 33 | | | | 33 | | | | | 27 | | | | 29 | | | | | 35 | | | |
| Kontakte in Mio. | | 1,13 | | | | 1,23 | | | | 1,24 | | | | | 1,01 | | | | 1,11 | | | | | 1,3 | | | |

*Abb. 6.21: Streuplan*

Die Verteilung der GRP auf die Monate zeigt, dass die Forderung nach einer Frontloadingkampagne mit einem zusätzlichen Schwerpunkt auf die Monate November und Dezember und einer weitgehenden Gleichverteilung des Werbedrucks während der übrigen Monate weitgehend erfüllt ist. Betrachtet man dagegen die Verteilung des Werbedrucks auf die Kampagnenwochen, wird deutlich, dass tatsächlich eine Pulsingstrategie verfolgt wird. Eine exakte Gleichverteilung ist im Rahmen einer Printkampagne auch nicht erreichbar. Es sollte zudem geprüft werden, ob es nicht besser wäre, den Werbedruck stärker zu konzentrieren, da ein Werbedruck von 10 GRP pro Woche und weniger vermutlich keinen ausreichenden Effekt erzielen wird. Vergleiche dazu auch Kap. 4.3.

## 6.10 Situationsaufgabe zur Mediaplanung

Die Pedaltreter GmbH ist ein mittelgroßes Düsseldorfer Unternehmen, das sich auf die Herstellung und den Vertrieb von Fahrrädern spezialisiert hat. Die Pedaltreter GmbH stellt im Wesentlichen qualitativ hochwertige Fahrräder für den Freizeitbereich her. Die Produktpalette besteht zur Zeit aus dem:

| | | | |
|---|---|---|---|
| Trekkingrad: | **world** | Preise: | 1.200,00 € – 1.600,00 € |
| Mountainbike: | **Rockclimber** | Preise: | 2.500,00 € – 3.000,00 € |
| Cityrad: | **town** | Preise: | 500,00 € – 1.000,00 € |

Die Preise für die Fahrräder variieren in Abhängigkeit der Ausstattung.
Die Pedaltreter GmbH hat schon seit einigen Jahren mit kontinuierlich sinkenden Absätzen zu kämpfen.

*Marktinformationen*
Der deutsche Fahrradmarkt ist weit gehend gesättigt, fast 80 % der über 14-Jährigen besitzen ein Fahrrad. Unter der jungen Zielgruppe (14–24 Jahre) und der mittleren Zielgruppe (35–49 Jahre) ist der Sättigungsgrad besonders hoch (über 90 %). Bei den über 65-Jährigen ist der Anteil der Fahrradbesitzer mit ≈ 50 % am niedrigsten. Hinsichtlich des Fahrradbesitzes gibt es keinen nennenswerten Unterschied zwischen Männern und Frauen, obwohl der Sättigungsgrad bei Frauen in den jungen und mittleren Altersgruppen geringfügig höher ist als bei den Männern dieser Altersgruppe. Bei älteren Frauen ist er dagegen niedriger. Das mengenmäßige Marktvolumen für Fahrräder hat sich in den letzten Jahren nur unwesentlich verändert. Es sinkt tendenziell.

*Wettbewerb*
Die Fahrradindustrie in Deutschland ist im Wesentlichen durch eine Vielzahl mittelgroßer und kleiner Unternehmen geprägt. Ein großer Anteil der in Deutschland abgesetzten Fahrräder stammt allerdings von großen Unternehmen aus dem Ausland. Hier dominieren fernöstliche und italienische Anbieter mit zum Teil sehr preisaggressiven Angeboten.
Die jährlichen Werbeaufwendungen für Fahrräder haben sich in den letzten Jahren kaum verändert. Sie sind mit etwa 6,5 Mio. € gering. Die Werbeaufwendungen verteilen sich zur Zeit wie folgt:

| Hersteller | Marktanteil | Werbeaufwendungen |
|---|---|---|
| A | 30 % | 2,20 Mio. € |
| B | 25 % | 1,70 Mio. € |
| C | 20 % | 1,65 Mio. € |
| Pedaltreter | 6 % | 0,25 Mio. € |
| restliche Anbieter (mit Marktanteilen unter 1 %) | 19 % | 0,7 Mio. € |

Die Werbeaufwendungen entfallen ausschließlich auf Printmedien, und zwar 57 % auf Publikumszeitschriften und 43 % auf Tageszeitungen. Der Anteil der Tageszeitungen an den Werbeaufwendungen hat in den letzten Jahren kontinuierlich zugenommen.

*Ziele/Zielgruppe*
Die Geschäftsführung der Pedaltreter GmbH möchte durch entsprechende Werbemaßnahmen die Absatzentwicklung kurzfristig stabilisieren und mittelfristig wieder deutliche Absatzzuwächse erzielen. Dazu will sie innerhalb von zwei Jahren ihren Marktanteil auf 10 % steigern und dafür zunächst 1,6 Mio. € für die Streuung von Werbung ausgeben. Die Werbekampagne soll im März gestartet werden und ist vorläufig auf ein Jahr begrenzt.

Die Pedaltreter GmbH zielt damit auf die 20- bis 44-Jährigen mit einem Haushaltsnettoeinkommen von mindestens 2.500,00 €, die in ihrer Freizeit gern oder besonders gern Fahrrad fahren. Die Zielgruppe besteht aus 5,34 Mio. Personen.

Die Pedaltreter GmbH möchte in der Zielgruppe eine möglichst hohe Markenbekanntheit erreichen, ein positives Markenimage und vor allen Dingen ein Markenbewusstsein aufbauen. Die Pedaltreter-Fahrräder sollen als qualitativ hochwertig und ideal für die aktive Freizeitgestaltung positioniert werden. Neben der Bewerbung der Marke „Pedaltreter" sollen die drei Fahrradtypen „world", „Rockclimber" und „town" abwechselnd beworben werden. Der Bekanntheitsgrad der Marke „Pedaltreter" in der Zielgruppe liegt zur Zeit bei 15 %. Er soll innerhalb eines Jahres auf 45 % gesteigert werden.

**Aufgaben**

a) Formulieren Sie auf der Grundlage der geschilderten Situation Mediaziele und begründen Sie diese.
b) Bewerten Sie die Eignung der Mediengattungen TV, PZ, Funk, TZ, Plakat für den vorliegenden Fall.
c) Die Pedaltreter GmbH möchte ausschließlich in Publikumszeitschriften werben.
   c1) Ihnen liegen zwei Mediapläne einschließlich einer Rangreihe und den Kontaktverteilungen vor. Welchen Plan würden Sie der Pedaltreter GmbH empfehlen? Begründen Sie Ihre Entscheidung.
   c2) Angenommen, die Pedaltreter GmbH möchte den Plan 2 realisieren. Für diesen Plan liegen Ihnen ein Streuplan und zwei Diagramme vor, die die mit dem Streuplan verbundene zeitliche Verteilung des Werbedrucks visualisieren. Bewerten Sie den Streuplan.

VerbraucherAnalyse
Zielgruppe: Fahrrad Potenzial: 8,3 %, 2.540 Fälle, 5,34 Mio.
Vergleichs-Zielgruppe Gesamtbevölkerung Potenzial: 100,0 %, 30.547 Fälle, 64,25 Mio.

| | Medien/Werbemittel | Kosten in € | € pro 1.000 Konf. | Reichweite in % | Reichweite in Mio. | Affinitäts-index |
|---|---|---|---|---|---|---|
| 1 | Stern | 48.700 | 75,21 | 12,1 | 0,65 | 138 |
| 2 | COMPUTER BILD | 22.064 | 75,54 | 5,5 | 0,29 | 162 |
| 3 | Focus | 41.500 | 76,63 | 10,1 | 0,54 | 156 |
| 4 | ADAC motorwelt | 95.448 | 77,03 | 23,2 | 1,24 | 119 |
| 5 | TV Spielfilm | 46.700 | 77,65 | 11,3 | 0,60 | 149 |
| 6 | TV Movie | 47.724 | 79,58 | 11,2 | 0,60 | 150 |
| 7 | PC WELT | 16.160 | 79,84 | 3,8 | 0,20 | 186 |
| 8 | DER SPIEGEL | 47.500 | 82,30 | 10,8 | 0,58 | 181 |
| 9 | Computer Bild Spiele | 10.920 | 83,09 | 2,5 | 0,13 | 126 |
| 10 | Coupé | 10.835 | 88,20 | 2,3 | 0,12 | 194 |
| 11 | Fit for Fun | 22.200 | 90,62 | 4,6 | 0,24 | 262 |
| 12 | Praline | 7.950 | 93,22 | 1,6 | 0,09 | 124 |
| 13 | SPORT BILD | 23.450 | 100,74 | 4,4 | 0,23 | 119 |
| 14 | Kicker Sportmagazin | 17.941 | 100,96 | 3,3 | 0,18 | 124 |
| 15 | Lisa | 14.600 | 108,35 | 2,5 | 0,13 | 120 |
| 16 | WELT am SONNTAG | 11.400 | 111,40 | 1,9 | 0,10 | 175 |
| 17 | GEO | 34.400 | 123,23 | 5,2 | 0,28 | 182 |
| 18 | freundin | 32.388 | 124,20 | 4,9 | 0,26 | 155 |
| 19 | Gala | 14.700 | 129,32 | 2,1 | 0,11 | 140 |
| 20 | Premiere | 33.000 | 130,87 | 4,7 | 0,25 | 171 |

*Abb. 6.22: Rangreihe: Affinität ≥ 119, Reichweite in der Zielgruppe ≥ 1,4 %, Sortierung nach 1.000-Kontakt-Preisen*

VerbraucherAnalyse
Zielgruppe: Fahrrad Potenzial: 8,3 %, 2.540 Fälle, 5,34 Mio.
Nettopreise

| Werbemittel | Format | Farbe | Plan 1 | Plan 2 |
|---|---|---|---|---|
| Stern | 1/1 S. | 4c | 7 | 9 |
| COMPUTER BILD (1) | 1/1 S. | 4c | 8 | |
| Focus | 1/1 S. | 4c | 6 | 9 |
| ADAC motorwelt (1) | 1/1 S. | 4c | 3 | |
| TV Spielfilm | 1/1 S. | 4c | 6 | 9 |
| TV Movie | 1/1 S. | 4c | 6 | 9 |
| PC WELT | 1/1 S. | 4c | 6 | |
| Fit for Fun | 1/1 S. | 4c | | 6 |

*Abb. 6.23a: Mediapläne und Bewertung ... bitte umblättern*

| **Ergebnisse** | | |
|---|---|---|
| Kosten in Euro | 1.592.600 | 1.585.026 |
| Reichweite % | 76,6 | 68,4 |
| Reichweite Mio. | 4,09 | 3,65 |
| Euro pro 1.000 Nutzer | 389,01 | 433,66 |
| Kontakte Mio. | 22,26 | 22,98 |
| Euro pro 1.000 Kontakte | 71,56 | 68,97 |
| GRP | 416,5 | 430,1 |
| Kontakte pro Nutzer | 5,4 | 6,3 |

*Abb. 6.23b: Mediapläne und Planbewertung/Ergebnisse. Hinweis: Würden alle Titel von Plan 1 genau einmal belegt, so erhielte man in der Grundgesamtheit eine Reichweite von 41,6 % und in der Zielgruppe eine Reichweite von 54,0 %. Bei Plan 2 würde die Reichweite in der Grundgesamtheit 27,6 % und in der Zielgruppe 40,2 % betragen.*

VerbraucherAnalyse
Zielgruppe: Fahrrad Potenzial: 8,3 %, 2.540 Fälle, 5,34 Mio.
**Werbemittel**

| Kontakte pro Person | Plan 1 | | | | Plan 2 | | | |
|---|---|---|---|---|---|---|---|---|
| | Reichweite in Mio. | Reichweite in % | Kumulierte Reichweite in Mio. | Kumulierte Reichweite in % | Reichweite in Mio. | Reichweite in % | Kumulierte Reichweite in Mio. | Kumulierte Reichweite in % |
| 1 | 0,41 | 7,8 | 4,09 | 76,6 | 0,36 | 6,8 | 3,65 | 68,4 |
| 2 | 0,52 | 9,6 | 3,68 | 68,9 | 0,35 | 6,5 | 3,29 | 61,6 |
| 3 | 0,54 | 10,0 | 3,16 | 59,2 | 0,31 | 5,8 | 2,95 | 55,2 |
| 4 | 0,49 | 9,1 | 2,63 | 49,2 | 0,32 | 6,1 | 2,64 | 49,3 |
| 5 | 0,45 | 8,5 | 2,14 | 40,1 | 0,36 | 6,7 | 2,31 | 43,3 |
| 6 | 0,39 | 7,4 | 1,69 | 31,6 | 0,38 | 7,1 | 1,95 | 36,6 |
| 7 | 0,31 | 5,8 | 1,30 | 24,3 | 0,36 | 6,7 | 1,57 | 29,5 |
| 8 | 0,25 | 4,6 | 0,99 | 18,5 | 0,29 | 5,5 | 1,22 | 22,8 |
| 9 | 0,20 | 3,7 | 0,74 | 13,9 | 0,23 | 4,3 | 0,92 | 17,3 |
| 10 | 0,15 | 2,8 | 0,54 | 10,2 | 0,16 | 3,0 | 0,69 | 13,0 |
| 11 | 0,12 | 2,2 | 0,39 | 7,4 | 0,13 | 2,5 | 0,53 | 10,0 |
| 12 | 0,08 | 1,6 | 0,28 | 5,2 | 0,11 | 2,0 | 0,40 | 7,5 |
| 13 | 0,06 | 1,1 | 0,19 | 3,6 | 0,09 | 1,6 | 0,29 | 5,5 |
| 14 | 0,04 | 0,8 | 0,13 | 2,5 | 0,07 | 1,3 | 0,21 | 3,9 |
| 15 | 0,03 | 0,5 | 0,09 | 1,7 | 0,05 | 0,9 | 0,14 | 2,6 |
| 16 | 0,02 | 0,4 | 0,07 | 1,2 | 0,03 | 0,6 | 0,09 | 1,7 |
| 17 | 0,01 | 0,3 | 0,05 | 0,9 | 0,02 | 0,4 | 0,06 | 1,0 |
| 18 | 0,01 | 0,2 | 0,03 | 0,6 | 0,01 | 0,3 | 0,03 | 0,6 |
| 19 | 0,01 | 0,1 | 0,02 | 0,4 | 0,01 | 0,1 | 0,02 | 0,4 |
| 20 | 0,00 | 0,1 | 0,02 | 0,3 | 0,00 | 0,1 | 0,01 | 0,2 |
| 21 + | 0,01 | 0,2 | 0,01 | 0,2 | 0,01 | 0,2 | 0,01 | 0,2 |

*Abb. 6.24: Kontaktverteilung*

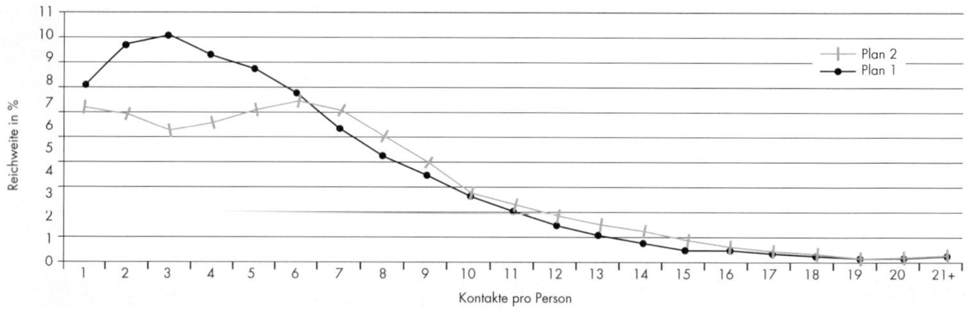


*Abb. 6.25: Liniendiagramme der Kontaktverteilungen*

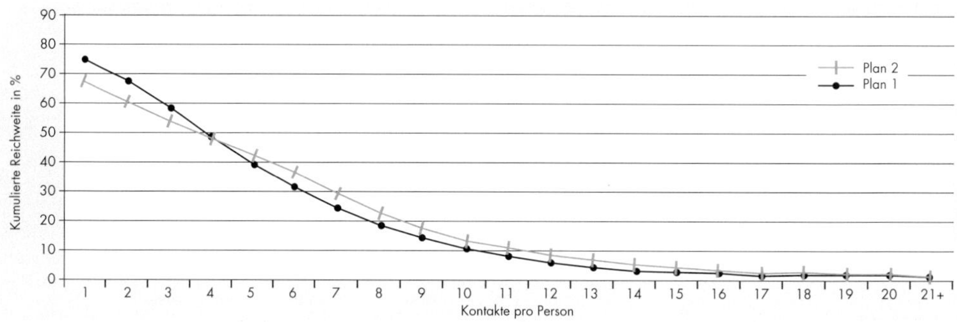


*Abb. 6.26: Liniendiagramme der kumulierten Kontaktverteilungen*

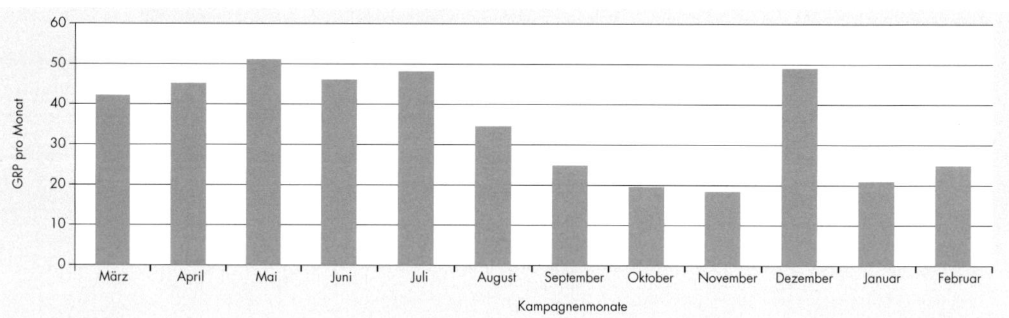


*Abb. 6.27: GRP pro Monat (Streuplan für den Mediaplan 2)*

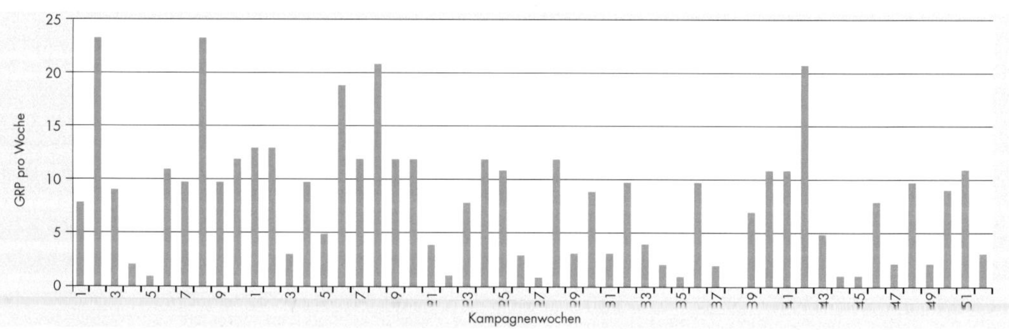


*Abb. 6.28: GRP pro Woche (Streuplan für den Mediaplan 2)*

| | | März | | | | April | | | | Mai | | | | | Juni | | | | Juli | | | | | August | | | |
|---|---|---|---|---|---|---|---|---|---|---|---|---|---|---|---|---|---|---|---|---|---|---|---|---|---|---|---|
| **Kampagnewochen** | | **1** | **2** | **3** | **4** | **5** | **6** | **7** | **8** | **9** | **10** | **11** | **12** | **13** | **14** | **15** | **16** | **17** | **18** | **19** | **20** | **21** | **22** | **23** | **24** | **25** | **26** |
| **Titel** | **Frequenz** | | | | | | | | | | | | | | | | | | | | | | | | | | |
| Stern | 9/9 | X | | | | | | X | | | | X | | | | | X | | X | | X | | | | | X | |
| Focus | 9/9 | | | X | | | X | | | X | | | | | | | | X | | X | | | | X | | | TV |
| TV Spielfilm | 9/9 | | X | | | | | | X | | | | X | | | | X | | | | | | | | | | |
| TV Movie | 9/9 | | | | | | | | X | | X | | | | X | | | | X | | | | | | X | | |
| Fit for Fun | 6/6 | | | | | | X | | | | | X | | | | X | | | | | | | | | | | |
| Index = 100 bei Gleichverteitung | | 101 | 290 | 114 | 28 | 9 | 139 | 118 | 290 | 120 | 140 | 160 | 158 | 41 | 121 | 57 | 231 | 147 | 248 | 149 | 141 | 43 | 17 | 95 | 141 | 135 | 36 |
| GRP pro Woche | | 8 | 23 | 9 | 2 | 1 | 11 | 10 | 23 | 10 | 12 | 13 | 13 | 3 | 10 | 5 | 19 | 12 | 21 | 12 | 12 | 4 | 1 | 8 | 12 | 11 | 3 |
| GRP pro Monat | | 42 | | | | 45 | | | | 51 | | | | | 46 | | | | 48 | | | | 35 | | | | |
| Kontakte in Mio. | | 1,67 | | | | 1,34 | | | | 2,74 | | | | | 2,46 | | | | 2,56 | | | | 1,87 | | | | |

| | | September | | | | Oktober | | | | | November | | | | Dezemver | | | | Januar | | | | | Februar | | | |
|---|---|---|---|---|---|---|---|---|---|---|---|---|---|---|---|---|---|---|---|---|---|---|---|---|---|---|---|
| **Kampagnewochen** | | **27** | **28** | **29** | **30** | **31** | **32** | **33** | **34** | **35** | **36** | **37** | **38** | **39** | **40** | **41** | **42** | **43** | **44** | **45** | **46** | **47** | **48** | **49** | **50** | **51** | **52** |
| **Titel** | **Frequenz** | | | | | | | | | | | | | | | | | | | | | | | | | | |
| Stern | 9/9 | | | | X | | | | | | | | | | | | | | | | | | | | | X | |
| Focus | 9/9 | | | | | | | | | | | | | X | | X | | | | | X | | | | | | |
| TV Spielfilm | 9/9 | | X | | | | | | | | | | | | X | | X | | | | | | X | | X | | |
| TV Movie | 9/9 | | | | | | X | | | | X | | | | | | X | | | | | | | | | | |
| Fit for Fun | 6/6 | | X | | | | | X | | | | | | | | X | | | | | | | | | | | |
| Index = 100 bei Gleichverteitung | | 21 | 140 | 41 | 111 | 36 | 119 | 53 | 19 | 10 | 116 | 27 | 5 | 88 | 135 | 137 | 258 | 62 | 12 | 9 | 91 | 27 | 116 | 27 | 113 | 127 | 32 |
| GRP pro Woche | | 1 | 12 | 3 | 9 | 3 | 10 | 4 | 2 | 1 | 10 | 2 | 0 | 7 | 11 | 11 | 21 | 5 | 1 | 1 | 8 | 2 | 10 | 2 | 9 | 11 | 3 |
| GRP pro Monat | | 25 | | | | 20 | | | | | 19 | | | | 49 | | | | 21 | | | | | 25 | | | |
| Kontakte in Mio. | | 1,34 | | | | 1,05 | | | | | 1,04 | | | | 2,61 | | | | 1,13 | | | | | 1,33 | | | |

*Abb. 6.29: Streuplan für den Mediaplan 2*

## Lösungshinweise

### Zu a) Überlegungen zur Kontaktdichte

*Marktsituation/Marketingziele*
Wegen des offenbar weitgehend gesättigten Marktes und des seit Jahren mengenmäßigen Stagnierens des Marktvolumens sind die angestrebte Ausdehnung des Absatzvolumens und die Vergrößerung des Marktanteils nur durch einen Verdrängungswettbewerb möglich.
⇒ hohe Kotaktdichte erforderlich

*Werbeziele*
- Positionierung als qualitativ hochwertig,
- Aufbau von Markenbewusstsein und Schaffung von Präferenzen für die Marke Pedaltreter,
- positives Markenimage.

Hierbei handelt es sich um anspruchsvolle Ziele
⇒ hohe Kontaktdichte erforderlich
- Steigerung der Markenbekanntheit in der Zielgruppe von 15% auf 45%.

Hierbei handelt es sich um ein eher einfaches Ziel.
⇒ eher geringe Kontaktdichte erforderlich

*Produkteigenschaften*
Bei Fahrrädern handelt es sich zwar nicht um sehr komplizierte, aber – insbesondere wegen der besonderen Produkteigenschaften – auch nicht um triviale Produkte.
⇒ mittlere Kontaktdichte erforderlich

*Verwender*
Man kann davon ausgehen, dass Käufer von Fahrrädern dieser Preiskategorie hierfür ein mittleres bis hohes Produktinvolvement besitzen. Das Markenbewusstsein wird dagegen vermutlich eher unterdurchschnittlich ausgeprägt sein.
⇒ mittlere bis hohe Kontaktdichte erforderlich

*Wettbewerbssituation*
Der Markt ist durch die große Zahl von in- und ausländischen Anbietern für die Konsumenten sehr unübersichtlich.
⇒ mittlere bis hohe Kontaktdichte erforderlich

*Gesamtbewertung zur Kontaktdichte*
Die verschiedenen Faktoren, die bei der Bestimmung der erforderlichen Kontaktzahl berücksichtigt werden sollten, deuten mehrheitlich darauf hin, dass eine mittlere bis hohe Kontaktzahl angestrebt werden sollte.
⇒ anzustrebende Kontaktzahl: sechs bis neun Kontakte

*Überlegungen zur Reichweite*
Es handelt sich um eine relativ kleine Zielgruppe, sodass grundsätzlich ihre vollständige Durchdringung angestrebt werden sollte. Wegen des beschränkten Budgets werden eine 100%-ige Reichweite und die Erzielung einer optimalen Kontaktdichte nicht erreicht werden können. Um überhaupt eine Wirkung zu erzielen, sollte daher die Priorität auf die Kontaktdichte gelegt werden. Da die Pedaltreter GmbH eine Markenbekanntheit von 45% in der Zielgruppe anstrebt, muss die Reichweite auf jeden Fall größer als 45% sein.

*Zusammenfassung*
Unter der Voraussetzung, dass zwischen sechs und neun Kontakte pro Person erreicht werden, sollte eine möglichst hohe Reichweite in der Zielgruppe angestrebt werden. Hierbei hat das Kontaktziel Priorität vor dem Reichweitenziel. Die Reichweite muss aber mindestens 45% betragen.

*Zeitliche Verteilung der Kontakte*
Da es sich um keine Produktneueinführung handelt, sollten die Kontakte grundsätzlich über den gesamten Werbezeitraum verteilt werden, um insgesamt einen höheren Lerneffekt zu erzielen. Die Fahrradnutzung weist auf Grund der Wetterabhängigkeit aber eine Saisonalität auf. Der Schwerpunkt der Nutzung wird in den Frühlings- und Sommermonaten liegen. Daher erscheint es sinnvoll, zu Beginn des Frühlings bis in den Sommer hinein einen erhöhten Werbedruck auszuüben, um bei einem anstehenden Fahrradkauf als Marke in den Köpfen präsent zu sein. Evtl. können sogar Kaufanstöße gegeben werden. Wegen der Urlaubszeit sollte der Werbedruck aber gegen Ende Juli und im August wieder gesenkt werden.

Fahrräder eignen sich prinzipiell auch als Geschenke für Weihnachten. Da es sich bei der Zielgruppe aber nicht um Kinder handelt, kann davon ausgegangen werden, dass die späteren Nutzer die Fahrräder selbst kaufen werden. Das Weihnachtsgeschäft wird im vorliegenden Fall daher vermutlich keine große Rolle spielen. Trotzdem kann es sinnvoll sein, den Werbedruck kurz vor Weihnachten etwas zu erhöhen. Es sollte folglich eine Waving-Strategie mit einem erhöhten Werbedruck im Frühling und Sommer und einem evtl. leicht erhöhten Werbedruck im Dezember angestrebt werden.

**Zu b) Intermediavergleich**

*Plakat*
- Kleine Zielgruppe ⇒ hohe Streuverluste, da mit Plakaten der Querschnitt der mobilen Bevölkerung erreicht wird,
- flüchtige Kontakte ⇒ komplexe Botschaften sind nicht vermittelbar, allenfalls zum Aufbau von Markenbekanntheit geeignet,
- bundesweite Plakatierung sprengt schon bei einer Dekade den Budgetrahmen.

⇒ ungeeignet

*TV*
- Gut geeignet, um Reichweite und Kontakte aufzubauen, erfordert aber hohes Streubudget, 1,6 Mio. € sind vermutlich zu gering.
- Relativ hohe Streuverluste wegen der eher kleinen Zielgruppe, grundsätzlich kann die Zielgruppe aber durch die Auswahl geeigneter Programmumfelder selektiert werden. Die Streuverluste werden im vorliegenden Fall vermutlich aber trotzdem sehr hoch sein.
- Die angestrebten Ziele lassen sich durch die guten Darstellungsmöglichkeiten vermutlich erreichen.
- Eingeschränkte Möglichkeiten zur Vermittlung komplexerer Botschaften, da es sich um ein transistorisches Medium handelt.

⇒ Wegen des geringen Budgets und der relativ kleinen Zielgruppe sollte TV nicht eingesetzt werden.

*Funk*
- Hohe Streuverluste, die Zielgruppe lässt sich mit dem Medium nicht ausreichend selektieren und
- angestrebte Ziele (Image, Positionierung, Markenbewusstsein) lassen sich nicht befriedigend erreichen, da nur auditives Medium.

⇒ ungeeignet

*Tageszeitung*
- Hohe Streuverluste, da die Zielgruppe relativ klein ist und mit TZ der Querschnitt der Bevölkerung erreicht wird.
- Imageaufbau, Markenbewusstsein, Positionierung sind wegen der eingeschränkten Darstellungsmöglichkeiten nicht gut erreichbar.
- Bundesweite Kampagne ist zu teuer.
- Kann evtl. sinnvoll sein, um gezielt Kaufimpulse in Orten zu setzen, in denen Pedaltreter-Fahrräder im Handel angeboten werden, evtl. ist Kooperation mit den Händlern möglich.

⇒ als Basismedium ungeeignet, zur Setzung regionaler Schwerpunkte geeignet

*Publikumszeitschriften*
- gute Zielgruppenselektion durch Auswahl geeigneter Titel ist möglich
- gute Darstellungsmöglichkeiten
- angestrebte Ziele (Markenbewusstsein, Markenpräferenzen, Imageaufbau) können erreicht werden
- Kontaktaufbau und Reichweitenaufbau sind gut möglich (Reichweitenaufbau durch Belegung von verschiedenen Titeln mit geringer externer Überschneidung und/oder Mehrfachschaltung in Titeln mit geringer interner Überschneidung, Kontaktaufbau durch Belegung von verschiedenen Titeln mit hoher externer Überschneidung und/oder Mehrfachschaltung in Titeln mit hoher interner Überschneidung). Der Reichweiten- und Kontaktaufbau ist allerdings nur während eines längeren Zeitraums möglich, das ist im vorliegenden Fall aber nicht relevant
- gut geeignet, um komplexere Botschaften zu vermitteln

⇒ gut geeignet

**Zu c1) Vergleich der Leistungswerte**

Plan 1 erzielt mit 76,6% eine um gut acht Prozentpunkte höhere Reichweite als Plan 2. Folglich ist auch der Tausend-Nutzer-Preis von Plan 1 entsprechend niedriger. Plan 2 erreicht dagegen insgesamt mehr Kontakte und erzielt daher auch eine höhere Durchschnittskontaktzahl und einen geringeren Tausend-Kontakt-Preis als Plan 1. Auch der Werbedruck in der Zielgruppe ist bei Plan 2 größer, da er einen höheren GRP-Wert aufweist als Plan 1.

⇒ Berücksichtigt man die angestrebten Mediaziele, dann ist Plan 2 vorzuziehen.

*Begründung*

Plan 1 bleibt mit 5,4 Durchschnittskontakten unter der angestrebten Kontaktzahl von mindestens sechs Kontakten pro Person, während Plan 2 mit 6,3 Durchschnittskontakten darüber liegt. Da das Kontaktziel Priorität vor dem Reichweitenziel haben soll, wird der Nachteil der geringeren Kontaktdichte von Plan 1 nicht durch seine höhere Reichweite ausgeglichen. Die angestrebte Mindestreichweite von 45% wird von Plan 2 deutlich überschritten.

Da die Durchschnittskontaktzahl nur einen groben Anhaltspunkt für die Kontaktdichte in der angestrebten Kontaktklasse gibt (Mängel der Durchschnittsbildung), müssen für einen endgültigen Vergleich der Kontaktdichte der beiden Pläne die Kontaktverteilungen untersucht werden. Anhand der Liniendiagramme der Kontaktverteilungen ist erkennbar, dass Plan 1 bei unteren Kontaktzahlen (ein bis drei Kontakte) eine deutlich höhere Reichweite aufweist als Plan 2. Es muss befürchtet werden, dass zumindest bei einem Teil der Personen mit dieser Kontaktzahl die angestrebten Ziele nicht erreicht werden. In der relevanten Kontaktklasse sechs bis neun Kontakte ist die Reichweite von Plan 2 dagegen höher als die von Plan 1. Lediglich bei genau sechs Kontakten hat Plan 1 eine geringfügig höhere Reichweite. Vergleicht man zusätzlich die Liniendiagramme der kumulierten Kontaktverteilungen, wird deutlich, dass Plan 2 ab vier Kontakten besser ist als Plan 1. Damit ist Plan 2 also auch unter Berücksichtigung der Kontaktverteilungen vorzuziehen.

*Bewertung der Pläne hinsichtlich der eingesetzten Werbeträger*

Plan 1 setzt 2 Titel mehr ein als Plan 2. Dafür ist die Belegungsfrequenz bei Plan 2 durchweg höher. Daraus resultiert auch die höhere Kontaktdichte von Plan 2. In beiden Plänen werden die Titel „Stern“, „Focus“, „TV Spielfilm“ und „TV Movie“ eingesetzt. In Plan 1 werden zusätzlich die Titel „COMPUTER BILD“, „ADAC motorwelt“ und „PC WELT“ eingesetzt. In Plan 2 wird dafür zusätzlich der Titel „Fit for Fun“ eingesetzt. Würde man alle Titel von Plan 1 einmal belegen, so würde man in der Grundgesamtheit eine Reichweite von 41,6% und in der Zielgruppe eine Reichweite von 54% erreichen. Bei den Titeln von Plan 2 erhielte man in der Grundgesamtheit eine Reichweite von 27,6% und in der Zielgruppe eine Reichweite von 40,2%. Ermittelt man aus diesen Werten jeweils einen durchschnittlichen Affinitätsindex für die eingesetzten Titel, erhält man:

$$\text{Affinitätsindex Plan 1} = \frac{54\,\% \cdot 100}{41{,}6\%} = 130$$

$$\text{Affinitätsindex Plan 2} = \frac{40{,}2\,\% \cdot 100}{27{,}6\,\%} = 146$$

Die Titel von Plan 2 haben also eine erkennbar höhere durchschnittliche Affinität zur Zielgruppe als die Titel von Plan 1. In der Regel geht man davon aus, dass eine höhere Zielgruppenaffinität auch mit einer intensiveren Nutzung des Titels durch die erreichten Zielpersonen verbunden ist. So gesehen ist also auch die Titelauswahl von Plan 2 günstiger als die von Plan 1. Ferner sollte beachtet werden, dass der Einsatz der „ADAC motorwelt“ problematisch ist, da es sich hierbei um eine kostenlos verbreitete Clubzeitschrift handelt. Gekaufte Zeitschriften werden in der Regel intensiver genutzt als kostenlos verbreitete.

zu c2)

Der Streuplan entspricht weit gehend den Zielvorgaben zur Verteilung des Werbedrucks. In den Monaten Mai, Juni, Juli ist der Werbedruck relativ hoch und wird gegen Ende Juli abgebaut. Auch im August liegt der Werbedruck über dem Durchschnitt. Der hohe Werbedruck im Dezember berücksichtigt die potenzielle Bedeutung des Weihnachtsgeschäftes.

## 6.11 TV-Planung

Mediaplanungen für Printmedien und für den Werbeträger TV unterscheiden sich in zwei wesentlichen Punkten:

- Reichweiten und Nutzer Strukturen:
  - Man kann für den Planungszeitraum eines Mediaplans eine relativ konstante Verbreitung und Nutzerstruktur der Print-Titel unterstellen. Damit ist es möglich, die Reichweite von Print-Titeln in der Mediazielgruppe für den Planungszeitraum zu prognostizieren. Vergleichen Sie hierzu auch die Erläuterungen zu den Leserschaftsbegriffen.
  - Die Reichweite und Nutzerstruktur eines TV-Senders hängt von dem jeweiligen Programm ab und kann für verschiedene Programme des gleichen Senders sehr unterschiedlich sein. Eine TV-Planung kann daher nicht auf der Basis allgemeiner Reichweiten und Nutzerstrukturen der einzelnen TV-Sender erfolgen.
- Ermittlung von Reichweiten und Nutzerstrukturen:
  - Die Ermittlung der Reichweiten von Printmedien erfolgt durch eine Befragung in einem halbjährlichen oder jährlichen Rhythmus.
  - Die Reichweiten von TV-Programmen werden technisch gemessen (vergl. TV-Panel in Abschnitt 5.4 und 6.13.3) und täglich den Werbe- bzw. Mediaagenturen zur Verfügung gestellt. Für die TV-Planung stehen also wesentlich aktuellere Daten zur Verfügung, als das im Rahmen der Printplanung der Fall ist.

Verbreitung/Nutzerstruktur von Printtiteln relativ konstant

Verbreitung/Nutzerstruktur von TV-Sendern variieren mit dem Programm

Erhebung von Reichweite im TV wesentlich aktueller als bei Print

Aus diesen Gründen unterscheidet sich der Planungsablauf bei der Werbeträgergattung TV von der Vorgehensweise bei einer Printplanung. Nachfolgend werden die einzelnen Planungsschritte für das Medium TV kurz dargestellt. Grundlage für die TV-Planung ist ein TV-Panel, z.B. das AGF/GfK-Fernsehpanel. Die Verarbeitung der Paneldaten erfolgt mithilfe entsprechender Planungs- und Prognoseprogramme, Plan TV, TV-Control. Da die Planungsdaten aus der Vergangenheit stammen, können nur Reichweitenprognosen, z.B. für Werbeblöcke, ermittelt werden. Diese Reichweitenschätzungen werden natürlich ständig aktualisiert und angepasst.

Fernsehpanel ist Grundlage für die TV-Planung

**Die TV-Planung in Schritten:**

❶ Senderbewertung

In diesem ersten Schritt wird die Eignung der jeweiligen TV-Sender zunächst allgemein bewertet. Bewertungskriterien hierfür sind z.B.:

- Vergleich der allgemeinen Seherstruktur des Senders mit den Eigenschaften der Zielgruppe,
- Prüfung, ob der Sender überhaupt geeignete Programmumfelder bietet, und
- Vergleich der Sender hinsichtlich ihrer Marktanteile.

Allgemeine Bewertung der verfügbaren Sender

Auf Grund dieser allgemeinen Senderbewertung können evtl. schon einzelne Sender als ungeeignet für die betreffende Mediaplanung ausgeschlossen werden.

❷ Senderrangreihen

Für die Sender, die grundsätzlich als Werbeträger infrage kommen, werden Rangreihen gebildet. Als Kriterien werden hierbei in der Regel

- durchschnittliche Affinitäten,
- durchschnittliche Reichweiten und
- durchschnittliche TKPs

berücksichtigt.

Mithilfe der Rangreihen werden diejenigen Sender ausgewählt, die im Rahmen der TV-Kampagne eingesetzt werden sollen. Die Anzahl der Sender hängt unter anderem von den Mediazielen ab. Wird z.B. eine hohe Reichweite, notfalls auf Kosten der Kontaktdichte, angestrebt, dann sollte eine größere Anzahl von Sendern eingesetzt werden. Hat dagegen die Kontaktdichte Priorität vor der Reichweite, dann ist es besser, in wenigen Sendern häufig zu schalten.

❸ Selektion von Zeitschienen

Für jeden ausgewählten Sender werden jetzt Rangreihen nach Halbstundenwerten erstellt. Auch diese Rangreihen werden nach

- Affinität,
- Reichweite und
- TKP

gebildet. Mithilfe der Rangreihen werden die Zeitschienen ausgewählt, in denen die Spots geschaltet werden sollen.

❹ Belegung der Zeitschienen mit Spots

Für die ausgewählten Zeitschienen der Sender wird festgelegt, wie viele Spots darin gesendet werden sollen. Dazu werden die Zeitschienen in einem Planungsprogramm mit Spots belegt. Mithilfe des Planungsprogramms können hierbei die Kosten und die Leistungswerte, z.B.

- die Nettoreichweite,
- die Bruttoreichweite,
- TKP und TNP,
- GRP,
- Durchschnittskontakte und
- Kontaktverteilungen

prognostiziert werden. In der Regel werden in dieser Phase mehrere alternative Grobpläne erstellt und der Plan ausgewählt, der die Anforderungen am besten erfüllt.

❺ Zeitliche Verteilung (Streuplan)

Für den ausgewählten Grobplan werden die Belegungen der jeweiligen Zeitschienen auf die einzelnen Monate bzw. Wochen des Kampagnenzeitraums verteilt.

❻ Umsetzung der Grobplanung in Programmumfelder

Innerhalb der ausgewählten Zeitschienen müssen für jeden Sender und Zeitraum entsprechende Programmumfelder ausgewählt werden. Dazu werden für alle relevanten Werbeblöcke Reichweitenprognosen ermittelt. Die Auswahl der Programmumfelder erfordert trotzdem viel Erfahrung des TV-Planers.

❼ Buchung der ausgewählten Werbeblöcke

Für die ausgewählten Werbeblöcke müssen jetzt Werbezeiten bei den Sendern eingekauft werden. Die Werbeblöcke müssen also gebucht werden. Ein großer Teil des Schaltvolumens wird bereits zum 30. September des Vorjahres anhand der vorläufigen Programminformationen der Sender gebucht. Mehrere Wochen vor dem Ausstrahlungstermin erfolgen auf Grund der aktuelleren Leistungswerte und eventueller Programmänderungen Umbuchungen, um den Plan zu optimieren.

❽ Optimierung

Während der Kampagne erfolgt ein laufender Vergleich der prognostizierten Werbeblockreichweiten mit den tatsächlich erzielten Werten. Gegebenenfalls wird versucht, durch Umbuchungen in geeignetere Programmumfelder den Plan weiter zu optimieren.

❾ Kampagnenkontrolle und Dokumentation

Nach dem Ende der Kampagne werden die Werbeblöcke, in denen die Spots gesendet wurden, in ein Kontrollprogramm eingegeben und die tatsächlichen Leistungswerte des Plans ermittelt. Das Ergebnis wird dem Kunden dokumentiert. Hierbei erfolgt auch ein Vergleich zwischen der prognostizierten und der tatsächlich erreichten Medialeistung.

**Multiplying-Effekt**

Verschiedene Experimente haben gezeigt, dass Werbeanstöße, die über verschiedene Werbeträgergattungen erfolgen, z.B. über Print und TV eine höhere Werbewirkung erzielen als reine Mono-Kontakte. Die Mixkontakte tragen zu einer intensiveren Verarbeitung und besseren Speicherung der Werbeinhalte im Vergleich zu reinen Monokontakten bei. Monokontakte wären z.B. ausschließlich Print- oder TV-Kontakte. Den beschriebenen Effekt bezeichnet man als Multiplying-Effekt. Neben den Auswirkungen auf das Lernen und Speichern der Werbeinhalte sind mit den Mixkontakten aber auch noch andere Vorteile verbunden, die im Rahmen eines Laborexperiments, ermittelt wurden, das im Auftrag der „BILD-Zeitung" durchgeführt wurde.

- Aufmerksamkeit wird verbessert
  Probanden mit Mixkontakten konnten Einzelheiten des TV-Spots angeben, die von den Probanden mit reinen TV-Kontakten nicht bemerkt worden waren.
- Glaubwürdigkeit wird gesteigert
  Die Glaubwürdigkeit des Werbeversprechens wird durch Mixkontakte erhöht.
- bessere Informationsvermittlung
  Durch Mixkontakte können ergänzende und vertiefende Informationen besser vermittelt werden.
- effektive Vermittlung der Positionierung
  Durch Mixkontakte lässt sich die Positionierung klarer vermitteln. Die Anzahl falscher Produkt- und Werbeaussagen wird durch Mixkontakte verringert.
- Handlungsanstöße durch Mixkontakte
  Mixkontakte können Handlungstendenzen besser beeinflussen als Monokontakte. Voraussetzung dafür ist aber eine kreative Verbindung zwischen den Kanälen, z.B. in der Anzeige werden Elemente des Spots aufgegriffen.
- Multiplying-Effekt gilt auch für andere Werbeträgergattungen
  Die Wirkungen des Multiplying-Effektes sind nicht nur auf die Werbeträgergattungen Print und TV begrenzt. Sie lassen sich auch bei anderen Werbeträgergattungen, z.B. Hörfunk oder Online-Werbung feststellen.

**Situationsaufgabe zur Mediaplanung mit TV-Einsatz**

Das Unternehmen Süßkind GmbH stellt alle möglichen Arten von Süßwaren her, hat aber noch keinen Schokoriegel in seinem Angebot. Zur Abrundung des Produktpalette wurde in dem Unternehmen ein Schokoriegel entwickelt. Der Riegel ist rund und hat die Form eines leicht geschwungenen „S". Er besteht aus einer Waffelteighülle, die mit einer Walnuss-Nougat-Creme gefüllt ist. Der Riegel soll Anfang September des nächsten Jahres unter der Marke „Wanuga" in den deutschen Markt eingeführt werden.

*Positionierung*

Der Schokoriegel soll als die süße Belohnung für zwischendurch positioniert werden.

*Zielgruppe*

Die Zielgruppe für den Schokoriegel umfasst die deutsche Wohnbevölkerung von 14 bis 39 Jahren.

Die Markteinführung soll durch eine Werbekampagne begleitet werden. Hierfür steht im ersten Jahr ein Streuetat von 5 Mio. € zur Verfügung.

*Werbeziele*

Im Zusammenhang mit der Markteinführung und der begleitenden Werbekampagne strebt die Süßkind GmbH folgende Werbeziele an:

- schnelle Bekanntmachung der Schokoriegelmarke , dabei soll innerhalb eines Jahres eine aktive Markenbekanntheit von 50 % und eine passive Markenbekanntheit von 70 % erreicht werden
- Vermittlung von Informationen über die Eigenschaften des Schokoriegels
- Verankerung der Positionierung
- Erzielung einer hohen Probekaufrate
- bei etwa 40 % der Zielpersonen soll die Marke Wanuga zum Relevant Set, d.h., zur Liste der möglichen Kaufalternativen gehören.
- bei etwa 20 % der Zielpersonen soll für die Marke die Top of Mind-Position erreicht werden.

*Marktsituation*
Der gesamte Süßwarenmarkt hat sich in den letzten fünf Jahren schwankend entwickelt, stagniert aber im Wesentlichen. Der Riegelmarkt ist dagegen in den letzten fünf Jahren kontinuierlich zurückgegangen, wobei sich der Markt in den letzten zwei Jahren stabilisiert hat und nur noch leichte Rückgänge zu verzeichnen sind. Bei Schokoriegeln besteht eine geringe Markentreue, d.h., die meisten Verwender von Schokoriegeln verwenden mehrere Schokoriegelmarken parallel.

## Aufgaben

a) Formulieren Sie auf der Grundlage der geschilderten Situation Mediaziele; begründen Sie diese.
b) Ihnen liegen drei Mediapläne einschließlich Informationen zu den Leistungswerten, den Kontaktverteilungen, den Mixkontakten und dem Branchenwerbedruck vor. Geben Sie eine ausführlich begründete Empfehlung für einen der drei Pläne ab. Berücksichtigen Sie dabei das bereitgestellte Informationsmaterial.
Verteilung des Budgets:
Plan 1: nur TV – Plan 2: Print: 2 Mio. und TV 3 Mio. – Plan 3: Print und TV 2,5 Mio.
c) Angenommen, die Süßkind GmbH möchte den Plan 3 realisieren. Hierzu liegen Diagramme zur Verteilung des Werbedrucks vor, die aus zwei verschiedenen Streuplänen (Streuplan 1 und Streuplan 2) resultieren.

Geben Sie eine begründete Empfehlung für eine der beiden Werbedruckverteilungen.

| **VerbraucherAnalyse** | | | | | |
|---|---|---|---|---|---|
| Zielgruppe Schokoriegel: Potenzial: 35,9 %, 10.753 Fälle, 23,38 Mio. | | | | | |
| **Werbemittelreichweite** | **Format** | **Farbe** | **Plan 1** | **Plan 2** | **Plan 3** |
| COMPUTER BILD SPIELE | 1/1 S. | 4c | | 12 | 5 |
| COMPUTER BILD | 1/1 S. | 4c | | | 10 |
| TV Movie | 1/1 S. | 4c | | 16 | 12 |
| TV Spielfilm plus | 1/1 S. | 4c | | 18 | 14 |
| TVdirekt | 1/1 S. | 4c | | 12 | 14 |
| kicker-sportmagazin | 1/1 S. | 4c | | 15 | 21 |
| SPORT BILD | 1/1 S. | 4c | | | 19 |
| ProSieben DsJ Sa 13–17 | 30 Sek. | | 90 | 90 | 90 |
| ProSieben DsJ Sa 23–03 | 30 Sek. | | 90 | 90 | 95 |
| ProSieben DsJ So 17–20 | 30 Sek. | | 6 | | |
| ProSieben DsJ So 20–23 | 30 Sek. | | 48 | | |
| ProSieben DsJ Mo-Fr 17–20 | 30 Sek. | | 6 | | |
| rtl 2 DsJ So 17–20 | 30 Sek. | | 80 | 90 | 94 |
| rtl 2 DsJ Mo-Fr 17–20 | 30 Sek. | | 80 | 90 | 90 |
| RTL DsJ Sa 23–03 | 30 Sek. | | 90 | 90 | 90 |
| RTL DsJ So 13–17 | 30 Sek. | | 24 | | |
| RTL DsJ So 23–03 | 30 Sek. | | 60 | 90 | 6 |
| SAT.1 DsJ Sa 23–03 | 30 Sek. | | 12 | 12 | |

| Ergebnisse | | | | | |
|---|---|---|---|---|---|
| Kosten in Euro | | | 4.983.516 | 4.992.788 | 4.999.337 |
| Reichweite % | | | 73,3 | 84,0 | 86,0 |
| Reichweite Mio. | | | 17,14 | 19,65 | 20,10 |
| Euro pro 1.000 Nutzer | | | 290,69 | 254,09 | 248,68 |
| Wirksame Reichweite % | | | 33,1 | 53,3 | 54,5 |
| Wirksame Reichweite Mio. | | | 7,74 | 12,45 | 12,73 |
| Euro pro 1.000 wirksame Nutzer | | | 644,19 | 400,91 | 392,65 |
| Kontakte Mio. | | | 155,92 | 237,14 | 245,72 |
| Euro pro 1.000 Kontakte | | | 31,96 | 21,05 | 20,35 |
| GRP | | | 667,0 | 1.014,4 | 1051,0 |
| Kontakte pro Nutzer | | | 9,1 | 12,1 | 12,2 |

*Abb. 6.30: Mediapläne und Leistungswerte*

| Kontakte pro Person | 1 | 2 | 3 | 4 | 5 | 6 | 7 | 8 | 9 | 10 | 11 | 12 | 13+ |
|---|---|---|---|---|---|---|---|---|---|---|---|---|---|
| Werbewirkung in % | 0 | 1 | 3 | 6 | 14 | 29 | 50 | 72 | 86 | 94 | 98 | 99 | 100 |

*Abb. 6.31: Werbewirkungsfunktion – sie liegt der wirksamen Reichweite zu Grunde*

| **VerbraucherAnalyse Klassik (14 Jahre +)** | | | |
|---|---|---|---|
| Zielgruppe Schokoriegel – Potenzial: 35,9 %, 10.753 Fälle, 23,38 Mio.<br>**Werbemittelreichweite** | | | |
| **Reichweite %** | **Plan 1** | **Plan 2** | **Plan 3** |
| Gesamt | 73,3 | 84,0 | 86,0 |
| Print | 0,0 | 28,3 | 33,2 |
| Mixed | 0,0 | 23,9 | 26,1 |
| TV | 73,3 | 31,8 | 26,7 |

*Abb. 6.32: Mixkontakte*

| **VerbraucherAnalyse Klassik (14 Jahre +)** | | | | | | | | |
|---|---|---|---|---|---|---|---|---|
| Zielgruppe Schokoriegel: Potenzial: 35,9 %, 10.753 Fälle, 23,38 Mio. | | | | | | | | |
| **Werbemittelreichweite** | **Basis** | | **Plan 1** | | **Plan 2** | | **Plan 3** | |
| | % vert. | Mio. | Reichw. Zus. % | Index Reichw. | Reichw. Zus. % | Index Reichw. | Reichw. Zus. % | Index Reichw. |
| Basis | 100 | 23,38 | 100 | 100 | 100 | 100 | 100 | 100 |
| Schokoladen-/Gebäckriegel: Branchenwerbedruck | | | | | | | | |
| bis 37 Kontakte – geringer Werbedruck | 18 | 4,16 | 4 | 24 | 13 | 73 | 14 | 80 |
| 38 bis 84 Kontakte | 15 | 3,41 | 11 | 73 | 13 | 88 | 13 | 90 |
| 85 bis 160 Kontakte | 17 | 4,00 | 19 | 112 | 17 | 101 | 17 | 100 |
| 161 bis 280 Kontakte | 17 | 3,96 | 21 | 124 | 18 | 108 | 18 | 105 |
| 281 bis 600 Kontakte | 20 | 4,68 | 26 | 132 | 23 | 113 | 22 | 111 |
| 601 Kontakte u.m. – hoher Werbedruck | 14 | 3,17 | 18 | 136 | 16 | 118 | 16 | 115 |

*Abb. 6.33: Branchenwerbedruck*

| VerbraucherAnalyse Klassik (14 Jahre +) | | | | | | |
|---|---|---|---|---|---|---|
| Zielgruppe Schokoriegel: Potenzial: 35,9 %, 10.753 Fälle, 23,38 Mio. | | | | | | |
| **Werbemittel** | **Plan 1** | | **Plan 2** | | **Plan 3** | |
| **Kontakte pro Person** | Reichw. in % | kum. Reichw. in % | Reichw. in % | kum. Reichw. in % | Reichw. in % | kum. Reichw. in % |
| 1 | 8,8 | 73,3 | 6,0 | 84,0 | 5,8 | 86,0 |
| 2 | 8,4 | 64,5 | 5,9 | 78,1 | 5,7 | 80,2 |
| 3 | 7,1 | 56,1 | 5,2 | 72,2 | 5,2 | 74,5 |
| 4 | 5,9 | 49,0 | 4,5 | 67,0 | 4,6 | 69,4 |
| 5 | 5,0 | 43,1 | 4,0 | 62,5 | 4,3 | 64,7 |
| 6 | 4,2 | 38,1 | 3,7 | 58,5 | 4,1 | 60,4 |
| 7 | 3,7 | 33,8 | 3,6 | 54,8 | 4,1 | 56,3 |
| 8 | 3,2 | 30,2 | 3,5 | 51,2 | 4,1 | 52,2 |
| 9 | 2,8 | 27,0 | 3,6 | 47,6 | 4,1 | 48,1 |
| 10 | 2,5 | 24,2 | 3,6 | 44,0 | 3,9 | 44,0 |
| 11 | 2,2 | 21,7 | 3,6 | 40,4 | 3,7 | 40,0 |
| 12 | 2,0 | 19,5 | 3,5 | 36,8 | 3,5 | 36,4 |
| 13 | 1,7 | 17,5 | 3,3 | 33,3 | 3,1 | 32,9 |
| 14 | 1,6 | 15,7 | 3,1 | 29,9 | 2,9 | 29,8 |
| 15 | 1,4 | 14,2 | 2,9 | 26,8 | 2,5 | 26,9 |
| 16 | 1,3 | 12,8 | 2,6 | 24,0 | 2,3 | 24,4 |
| 17 | 1,1 | 11,5 | 2,3 | 21,4 | 2,1 | 22,1 |
| 18 | 1,0 | 10,4 | 2,1 | 19,1 | 1,9 | 20,0 |
| 19 | 0,9 | 9,4 | 1,8 | 17,0 | 1,7 | 18,1 |
| 20 | 0,8 | 8,5 | 1,6 | 15,2 | 1,6 | 16,3 |
| 21+ | 7,7 | 7,7 | 13,6 | 13,6 | 14,8 | 14,8 |
| Angestrebte Kontakt-Dosis: 8 – 12 Kontakte | | | | | | |
| Kein Kontakt | 26,7 | 100,0 | 16,0 | 100,0 | 14,0 | 100,0 |
| Zu wenig | 43,2 | 73,3 | 32,9 | 84,0 | 33,8 | 86,0 |
| Genug | 12,7 | 30,2 | 17,9 | 51,2 | 19,3 | 52,2 |
| Zu viel | 17,5 | 17,5 | 33,3 | 33,3 | 32,9 | 32,9 |
| Kontaktkonzentration bei 33 % der Zielpersonen | | | | | | |
| Erzielter Kontaktanteil | 77,5 % | | 67,9 % | | 67,7 % | |
| Kontakt-Dosis | 7,2+ | | 13,1+ | | 13,0+ | |

*Abb. 6.34: Kontaktverteilungen und kumulierte Kontaktverteilungen*

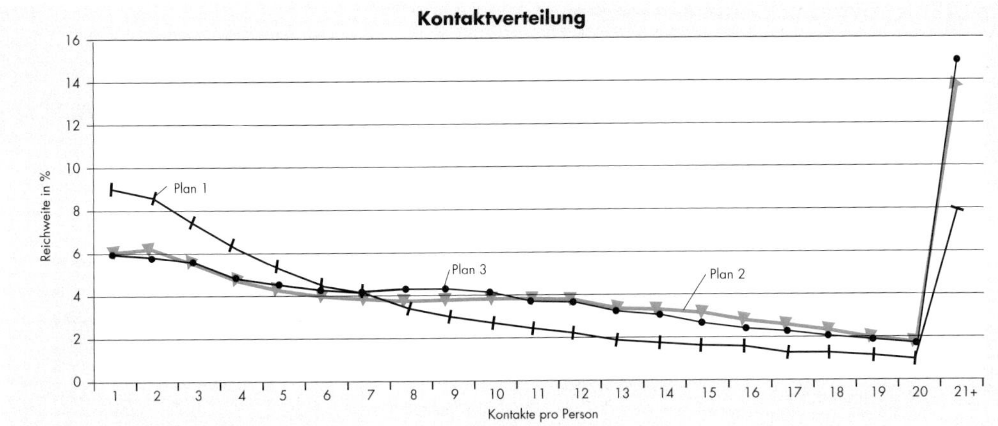


*Abb. 6.35: Kontaktverteilungsdiagramm*

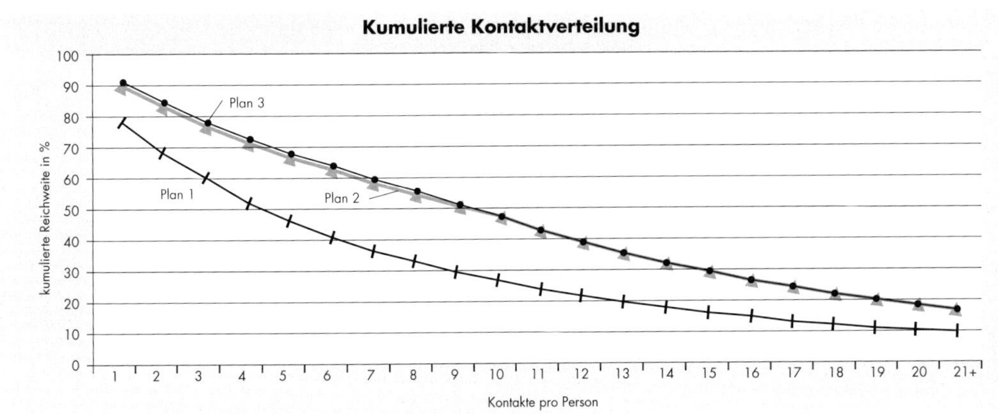


*Abb. 6.36: Diagramm der kumulierten Kontaktverteilungen*

## Wöchentliche Werbedruckverteilung von Streuplan 1

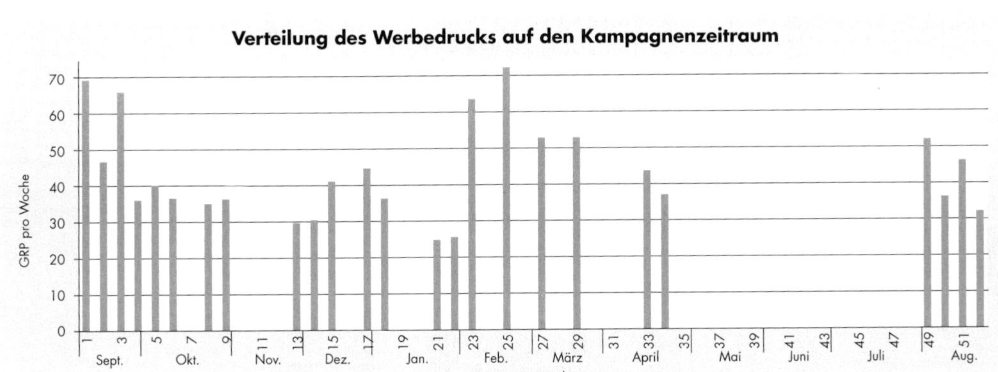


*Abb. 6.37: Werbedruckverteilung von Streuplan 1 (wöchentlich)*

## Monatliche Werbedruckverteilung von Streuplan 1

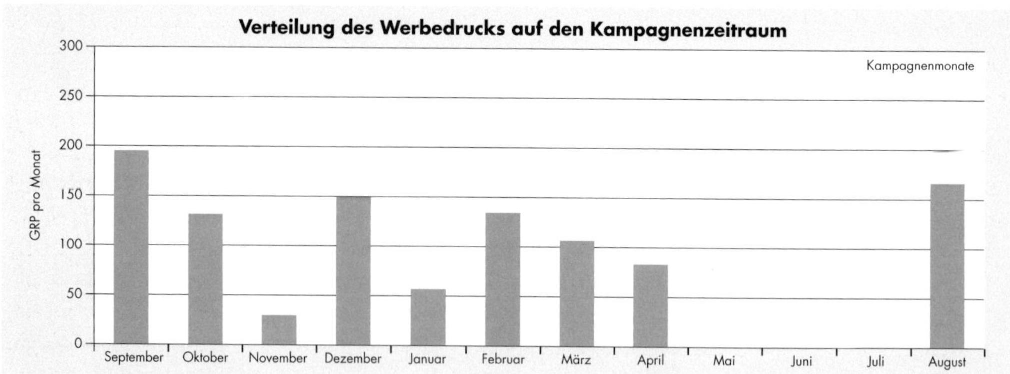


*Abb. 6.38: Werbedruckverteilung von Streuplan 1 (monatlich)*

## Wöchentliche Werbedruckverteilung von Streuplan 2

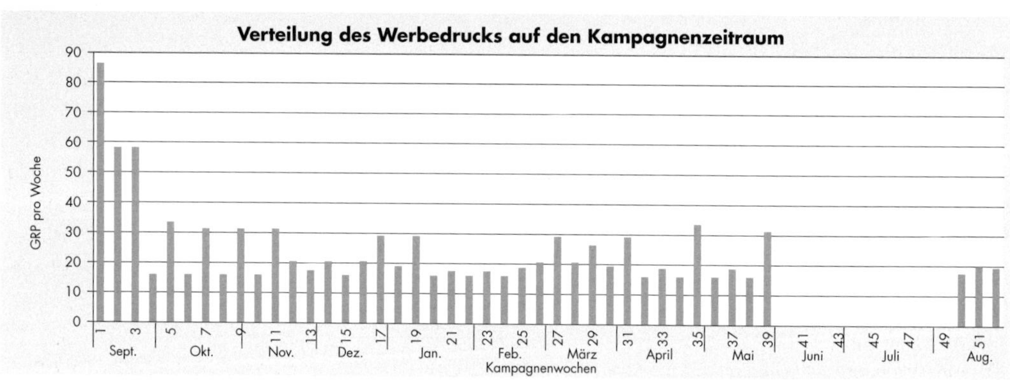


*Abb. 6.39: Werbedruckverteilung von Streuplan 2 (wöchentlich)*

## Monatliche Werbedruckverteilung von Streuplan 2

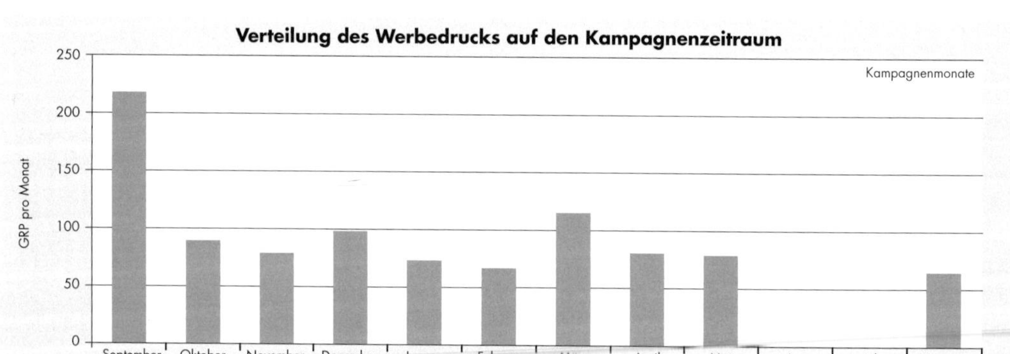


*Abb. 6.40: Werbedruckverteilung von Streuplan 2 (monatlich)*

## Lösungshinweise zur Situationsaufgabe zur Mediaplanung (Schokoriegel)

**zu a)**
Es müssen Angaben zur Kontaktdichte, zur Reichweite und zum Zeitaspekt (Schnelligkeit von Reichweiten- und Kontaktaufbau sowie zur zeitlichen Verteilung des Werbedrucks) gemacht werden.

*Kontaktdichte*
Aspekte, die bei der Herleitung der notwendigen Kontaktdichte berücksichtigt werden können, sind:

- Werbeziele
  - Bekanntmachung und Information
    - nicht sehr anspruchsvoll
    - geringe bis mittlere Kontaktdichte
  - Verankerung im Relevant Set
    - mittleres Anspruchsniveau
    - mittlere Kontaktdichte
  - Erlangung der top of mind Position und Verankerung der Positionierung
    - hohes Anspruchsniveau
    - hohe Kontaktdichte
- Produkteigenschaften
  - geringer Erklärungsbedarf
  - geringe bis mittlere Kontaktdichte
- Produktinvolvement der Zielpersonen
  - gering
  - mittlere bis hohe Kontaktdichte
- Lernfähigkeit der Zielpersonen
  - relativ hoch, da junge Zielgruppe
  - geringe bis mittlere Kontaktdichte
- Konkurrenzdruck
  Zum Konkurrenzwerbedruck liegen keine Angaben vor, darum können hierzu auch keine Angaben gemacht werden.

*Zusammenfassung Kontaktdichte*
Die meisten Aspekte erfordern nur eine geringe bis mittlere Kontaktdichte, sodass auch insgesamt eine geringe bis mittlere Kontaktdichte angestrebt werden sollte. Um die Kontaktdichte zu quantifizieren, kann auf die Ausführungen zur Bestimmung von Kontaktdichte und GRP in Kapitel 4.3 zurückgegriffen werden. Da es sich hier um ein Food-Produkt handelt, ist ein Werbedruck von zwei bis drei Kontakten pro Monat erforderlich, um die Effektive Reichweite zu erreichen. Da wir hier nur einen geringen bis mittleren Werbedruck anstreben, reichen zwei Kontakte pro Monat. Bezogen auf einen Kampagnenzeitraum von zwölf Monaten wären das 24 Kontakte pro Person. Diese Kontaktzahl kann bei dem verfügbaren Budget nicht während des gesamten Kampagnenzeitraum aufrechterhalten werden, wenn gleichzeitig eine akzeptable Reichweite erzielt werden soll. Kalkuliert man also mehrere Werbepausen ein, dann reichen vermutlich bezogen auf den Kampagnenzeitraum acht bis zwölf Kontakte pro Person.

*Reichweite*
Da es sich um eine Neueinführung handelt und die Marke bekannt gemacht werden muss, ist grundsätzlich eine möglichst hohe Reichweite anzustreben. Eine Reichweite von etwa 80 % sollte nicht unterschritten werden, da sonst die angestrebte passive Markenbekanntheit von mindestens 70 % nicht erreicht werden kann. Im Zweifel sollte das Reichweitenziel Priorität vor dem Kontaktziel haben, wobei aber eine Kontaktdichte von acht Kontakten nicht unterschritten werden sollte, da sonst die Erreichung der übrigen Ziele gefährdet ist.

*Zusammenfassung Kontaktdichte/Reichweite*
Anzustreben sind acht bis zwölf Kontakte und eine möglichst hohe Reichweite. Acht Kontakte und 80 % Reichweite sollten nicht unterschritten werden. Das Reichweitenziel hat grundsätzlich Priorität vor dem Kontaktziel.

*Zeitaspekt*
Da die Bekanntheit schnell aufgebaut werden soll, müssen auch der Reichweiten- und Kontaktaufbau schnell erfolgen. In der Einführungsphase muss daher mit einem hohen Werbedruck gestartet werden. Wegen des geringen Produktinvolvements und der geringen Markentreue muss auch nach der Einführungsphase ein bestimmter Werbedruck aufrechterhalten werden. Vermutlich wird das Streubudget nicht ausreichen um einen konstanten, ausreichend hohen

Werbedruck in der Folgezeit zu erzielen. Es empfehlen sich daher mehrere Flights.

*Zusammenfassung Zeitaspekt*
Frontloadingkampagne mit mehreren anschließenden Flights.

**zu b)**
Bei der Planbewertung und der daraus folgenden Empfehlung sollten:
- die Mediaziele,
- die Leistungswerte der Pläne,
- die Kontaktverteilungen,
- der Mediamix und eventuelle Mediamix-Kontakte und
- der Branchenwerbedruck

berücksichtigt werden.

*Leistungswerte*
Bei Plan 1 handelt es sich um einen Mono-TV-Plan. TV ist im vorliegenden Fall gut geeignet, da mit dieser Werbeträgergattung schnell Reichweite und Kontakte aufgebaut werden können. Außerdem bietet das Fernsehen gute Darstellungsmöglichkeiten und es können gut Emotionen vermittelt werden. Da keine differenzierten Produktinformationen vermittelt werden müssen, ist eine reine TV-Kampagne hier durchaus möglich und sinnvoll. PZ-Kontakte haben allerdings gegenüber TV-Kontakten im Allgemeinen den Vorteil einer höheren Perseveration. Ferner ist bekannt, dass Mix-Kontakte in der Regel eine höhere Wirkung haben als Monokontakte. Plan 1 schneidet bei allen Leistungswerten deutlich schlechter ab als die Pläne 2 und 3. Auch die Kontaktverteilung ist deutlich ungünstiger. Aus diesen Gründen ist Plan 1 im vorliegenden Fall nicht zu empfehlen. Damit muss die Entscheidung nur zwischen den Plänen 2 und 3 getroffen werden.

Plan 3 weist bei allen Leistungswerten Vorteile gegenüber Plan 2 auf. Da die Unterschiede aber nicht sehr groß sind, sollten zusätzlich noch die anderen Bewertungskriterien berücksichtigt werden.

*Kontaktverteilungen*
Plan 3 erreicht im unteren Kontaktbereich (ein bis sieben Kontakte) mehr Personen als Plan 2. Dafür hat Plan 3 aber im relevanten Kontaktbereich (acht bis zwölf Kontakte) eine höhere Reichweite. Auch im Kontaktbereich 13+ ist Plan 3 besser. Das gilt jeweils auch für die kumulierten Kontaktverteilungen. Obwohl die Unterschiede zwischen den beiden Plänen auch bei den Kontaktverteilungen nicht sehr groß sind, hat Plan 3 hier leichte Vorteile gegenüber Plan 2.

*Mixkontakte*
Plan 3 erreicht mehr Personen mit beiden Werbeträgergattungen (TV und Print) als Plan 2. Da auf Grund des Multyplyingeffektes Mixkontakten eine höhere Wirkung zugeschrieben wird als Monokontakten (vergl. dazu den Abschnitt zum Multiplying-Effekt) ist Plan 3 bezüglich der Mixkontakte besser zu bewerten. Die Tatsache, dass Plan 2 mehr Personen ausschließlich mit TV und Plan 3 dafür mehr Personen ausschließlich mit Publikumszeitschriften erreicht, spielt für die Bewertung keine Rolle.

*Branchenwerbedruck*
Plan 2 erreicht geringfügig mehr Personen, die einem hohen Branchenwerbedruck ausgesetzt sind als Plan 3. Dieser hat dagegen bei den Zielpersonen, die einem geringen Konkurrenzwerbedruck ausgesetzt sind, eine etwas höhere Reichweite. Grundsätzlich ist es ungünstig, wenn mit einem Mediaplan viele Zielpersonen erreicht werden, die einem hohen Konkurrenzwerbedruck ausgesetzt sind, da dadurch der eigene Werbedruck abgeschwächt und im Extremfall sogar aufgehoben wird. Vorteilhaft ist es dagegen, möglichst viele Zielpersonen zu kontaktieren, die von der Konkurrenzwerbung nur in einem geringen Ausmaß erreicht werden, da bei diesen vermutlich eine höhere Werbewirkung erzielt werden kann. Plan 3 hat folglich hinsichtlich der Verteilung der Konkurrenzkontakte auf die erreichten Zielpersonen leichte Vorteile gegenüber Plan 2.

*Gesamtfazit*
Da Plan 3 bei allen Bewertungskriterien zumindest geringfügig besser abschneidet als Plan 2, ist Plan 3 zu empfehlen.

**zu c)**

Beide Streupläne bewirken einen relativ hohen Werbedruck zu Beginn der Kampagne und einen abgeschwächten Werbedruck in der Folgezeit. Im Juni und Juli wird in beiden Fällen nicht geworben. Gegen Ende der Kampagne (August) wird bei beiden Streuplänen die Werbung wieder aufgenommen. Der Werbedruck ist im August beim Streuplan 1 jedoch größer als beim Streuplan 2. Der Unterschied zwischen den beiden Streuplänen besteht im Wesentlichen darin, dass bei dem Streuplan 1 die Phasen mit Werbung von kurzen Phasen ohne Werbung unterbrochen werden. Sieht man von den Monaten Mai bis Juli ab, dann betragen die Werbepausen ein bis drei Wochen. Bei dem Streuplan 2 wird dagegen außer in den Monaten Juni und Juli kontinuierlich geworben, allerdings in der Regel mit einem deutlich geringeren Werbedruck als in den Werbephasen von Streuplan 1.

Bei der Bewertung der Werbedruckverteilung der beiden Streupläne können auch wieder die Ausführungen aus Kap. 4.3 verwendet werden. Wir streben eine Reichweite von mindestens 80 % und eine Durchschnittskontaktzahl von zwei Kontakten pro Monat an. Daraus ergibt sich ein anzustrebender Werbedruck in der Zielgruppe von (2 x 80) 160 GRP pro Monat, das wären etwa 40 GRP pro Woche. Dieser Werbedruck wird bei Streuplan 1 in den Monaten September und August, also zu Beginn und zum Ende der Kampagne erreicht bzw. überschritten. In den Monaten Oktober, Dezember und Februar wird der Wert von 160 GRP zumindest näherungsweise erreicht. Insgesamt gibt es aber nur relativ wenige Wochen, in denen der Werbedruck deutlich unter 40 GRP liegt. Streuplan 1 erreicht damit während der Werbephasen weitgehend den erforderlichen Werbedruck um eine ausreichende Wirkung zu erzielen. Sieht man von den Monaten Mai, Juni und Juli ab, sind die Werbepausen so kurz, dass sich der Rückgang des Wirkungsniveaus in Grenzen hält.

Bei Streuplan 2 liegt der Werbedruck nur im September über dem angestrebten Wert von 160 GRP pro Monat bzw. 40 GRP pro Woche. Während der anderen Zeiten liegen die GRP-Werte zum Teil deutlich darunter. Bei der durch Streuplan 2 bewirkten Werbedruckverteilung muss daher befürchtet werden, dass der Werbedruck während der meisten Zeit zu gering ist, um überhaupt eine ausreichende Wirkung zu erreichen. Aus diesem Grund ist die Werbedruckverteilung von Streuplan 1 zu empfehlen, obwohl diese auch nicht ideal ist.

Die Empfehlung der Werbedruckverteilung von Streuplan 1 basiert im Wesentlichen auf dem Konzept einer wirksamen Kontaktdosis. Man geht dabei davon aus, dass bezogen auf die einzelne Person, eine Schwellenkontaktzahl überschritten werden muss, damit überhaupt eine Werbewirkung erreicht werden kann, vergl. dazu das Kap. 4.2.8 zu Werbewirkungsfunktionen. Nach dem Planungsansatz des Recency Planning (vgl. Exkurs S. 217 ff.) wäre eventuell der Streuplan 2 vorzuziehen.

## 6.12 Situationsaufgabe zur Onlineplanung

Das Unternehmen playtown GmbH hat sich auf die Produktion und Programmierung von Computer- und Videospielen konzentriert. Auf dem deutschen Spielemarkt nimmt die playtown GmbH einen hinteren Rang ein. Der Markt für Computer-und Videospiele ist dynamisch und wachsend. Um ihre Marktposition zu verbessern, hat die playtown GmbH ein neues animiertes Computer-Strategiespiel entwickelt, das von der spezialisierten Presse sehr gute Bewertungen erhalten hat. Um das Spiel in der Zielgruppe bekannt zu machen, plant die playtown GmbH die Durchführung einer Werbekampagne. Die Zielgruppe besteht aus allen Personen, die an Computer- und Videospielen interessiert sind. In der Zielgruppe befinden sich 11,21 Mio. Personen. Informationen zur Zielgruppe können der unten stehenden Kreuztabelle (Abb. 6.41) entnommen werden.

Die mit der Mediaplanung beauftragte Mediaagentur empfiehlt der playtown GmbH unter anderem auch den Einsatz von Onlinewerbung. Hierfür stellt die playtown GmbH ein Streubudget von 1 Mio. € zur Verfügung.

Die Mediaagentur empfiehlt außerdem, im Rahmen der Onlinewerbung einen Kontaktkorridor von 10 – 14 Kontakten pro Person anzustreben. Unter dieser Voraussetzung soll dann eine möglichst große Reichweite in der Zielgruppe erreicht werden. Abb. 6.42 zeigt den Auszug einer Rangreihe von Onlineangeboten, Abb. 6.43 enthält zwei Mediapläne einschließlich der Planbewertungen. **Hinweis:** Die Tabellen in Abb. 6.41 bis 6.43 wurden mithilfe der Internetstudie „internet facts" erstellt, die von der Arbeitsgemeinschaft Onlineforschung (AGOF) vierteljährlich herausgegeben wird. In der Studie werden PageImpressions als Kontakte bezeichnet.

Quelle: AGOF internet facts
Vorfilter: Gesamt (118.312 ungew. Fälle, 169.570 gew. Fälle - 100,0% - 64,87 Mio)

| | „Gesamtbevölkerung ab 14 Jahre" | | Computer- und Videogames: Bin (sehr) interessiert | | | |
|---|---|---|---|---|---|---|
| | % | Mio | % | Mio | "Anteil %" | Index |
| **Gesamt** | 100,0 | 64,87 | 100,0 | 11,21 | 17 | 100 |
| **Standard-Demografie** | | | | | | |
| **Geschlecht** | | | | | | |
| Männer | 48,9 | 31,71 | 72,7 | 8,15 | 26 | 149 |
| Frauen | 51,1 | 33,16 | 27,3 | 3,06 | 9 | 53 |
| **Alter** | | | | | | |
| 14 - 19 Jahre | 8,1 | 5,25 | 22,7 | 2,55 | 49 | 281 |
| 20 - 29 Jahre | 13,4 | 8,69 | 26,8 | 3,01 | 35 | 200 |
| 30 - 39 Jahre | 15,1 | 9,81 | 17,5 | 1,96 | 20 | 116 |
| 40 - 49 Jahre | 19,1 | 12,40 | 16,7 | 1,88 | 15 | 88 |
| 50 - 59 Jahre | 15,1 | 9,81 | 7,8 | 0,87 | 9 | 51 |
| 60 - 69 Jahre | 14,3 | 9,26 | 5,7 | 0,64 | 7 | 40 |
| 70 Jahre und älter | 14,9 | 9,66 | 2,8 | 0,31 | 3 | 19 |
| **Ausbildung des Befragten** | | | | | | |
| Kein allgemeiner Schulabschluss | 3,6 | 2,35 | 7,4 | 0,83 | 35 | 205 |
| Haupt- bzw. Volksschulabschluss | 40,1 | 26,02 | 28,9 | 3,24 | 12 | 72 |
| Weiterführende Schule | 34,0 | 22,05 | 39,8 | 4,47 | 20 | 117 |
| Abitur, Fachabitur | 9,1 | 5,88 | 11,8 | 1,33 | 23 | 130 |
| Fach-/Hochschulabschluss | 13,2 | 8,57 | 12,0 | 1,35 | 16 | 91 |
| **Fernsehen** | | | | | | |
| Mache ich mehrmals in der Woche | 85,9 | 55,71 | 82,1 | 9,20 | 17 | 96 |
| **Radio hören** | | | | | | |
| Mache ich mehrmals in der Woche | 75,5 | 48,96 | 67,2 | 7,53 | 15 | 89 |
| **Ins Kino gehen** | | | | | | |
| Mache ich mehrmals in der Woche | 0,3 | 0,22 | 0,7 | 0,08 | 37 | 217 |
| **Zeitungen lesen** | | | | | | |
| Mache ich mehrmals in der Woche | 75,4 | 48,88 | 64,9 | 7,27 | 15 | 86 |
| **Zeitschriften, Illustrierte lesen** | | | | | | |
| Mache ich mehrmals in der Woche | 31,1 | 20,16 | 29,3 | 3,28 | 16 | 94 |
| **Im Internet gekauft** | | | | | | |
| Computer- und Videogames | 8,3 | 5,36 | 33,6 | 3,77 | 70 | 407 |
| Computer-Hardware oder -Zubehör | 12,9 | 8,38 | 33,4 | 3,74 | 45 | 259 |
| Computer-Software ohne Games | 9,8 | 6,38 | 25,6 | 2,87 | 45 | 260 |
| **Computer- und Videogames** | | | | | | |
| In den letzten 14 Tagen gekauft | 3,7 | 2,39 | 15,4 | 1,73 | 72 | 418 |
| In den letzten 3 Monaten gekauft | 8,8 | 5,70 | 29,3 | 3,29 | 58 | 334 |
| Länger als 3 Monate her | 22,7 | 14,73 | 36,8 | 4,13 | 28 | 162 |
| Noch nie gekauft | 64,8 | 42,06 | 18,4 | 2,07 | 5 | 28 |
| **Internetnutzung** | | | | | | |
| Nutzung in den letzten 3 Monaten (Onliner-WNK) | 64,4 | 41,75 | 90,3 | 10,13 | 24 | 140 |
| **Internet wird genutzt seit...** | | | | | | |
| Weniger als einem halben Jahr | 3,8 | 2,49 | 5,2 | 0,59 | 23 | 136 |
| Einem halben Jahr bis einem Jahr | 3,9 | 2,52 | 4,9 | 0,55 | 22 | 126 |
| Einem bis zwei Jahren | 6,1 | 3,97 | 7,7 | 0,87 | 22 | 126 |
| Zwei bis drei Jahren | 6,6 | 4,29 | 9,5 | 1,06 | 25 | 143 |
| Mehr als 3 Jahren | 45,6 | 29,56 | 64,3 | 7,21 | 24 | 141 |
| Keine Nutzung des Internets | 34,0 | 22,04 | 8,4 | 0,94 | 4 | 25 |

*Abb. 6.41: Kreuztabelle zur Zielgruppenstruktur*

**Aufgaben**

a) Bewerten Sie die Eignung von Onlinewerbung für die Kampagne der playtown GmbH und begründen Sie Ihre Einschätzung. Berücksichtigen Sie dabei auch die Angaben in Abb. 6.41

b) Erläutern Sie für das Online Angebot „schüler VZ Gesamt" die Bedeutung der Werte in der Rangreihe (Abb. 6.42).

c) Erläutern Sie, was in Abb. 6.43 bei Plan 2 die Angabe „8.000 Tsd. Kontakte" für das Online Angebot „schüler VZ Gesamt" bedeutet.

d) Erläutern Sie, was in Abb. 6.43 die Ergebnisangaben für Plan 2 bedeuten.

e) Für Plan 2 wurden insgesamt 123,532 Mio. Kontakte gebucht (Addition der Belegungen von Plan 2). Tatsächlich wurden mit Plan 2 in der Zielgruppe aber nur 50,25 Mio. Kontakte erreicht. Erläutern Sie, wie das möglich sein kann.

f) Geben Sie an, welchen Plan Sie der playtown GmbH zur Realisation empfehlen würden und begründen Sie Ihre Empfehlung.

**Lösungshinweise**

**zu a)**

Onlinewerbung ist für die Kampagne der playtown GmbH gut geeignet:

Das Produkt hat eine hohe Affinität zu dem Medium, da es auf einem PC gespielt wird und auf einer entsprechend eingerichteten Seite zusätzliche Informationen oder Komponenten zu dem Spiel angeboten werden können. Hier kann auch ein Austausch zwischen den Spielern organisiert werden. Teilweise werden Computerspiele auch im Internet gespielt.

Die Zielgruppe ist relativ jung und mit dem Internet vertraut.

Computer- und Videospiele werden von den Zielpersonen häufig im Internet gekauft.

Im Vergleich zu anderen Medien (TV, Zeitungen, Zeitschriften, Radio) wird das Internet von den Zielpersonen regelmäßig und häufig genutzt.

Zeitraum für Medien: Durchschnittlicher Monat
Werbeform Super Banner [728x90]; TKP-Berechnung
Vorfilter: Gesamt (118.312 ungew. Fälle, 169.570 gew. Fälle - 100,0% - 64,87 Mio)
Zielgruppe: Computer- und Videogames: Bin (sehr) interessiert
(25.986 ungew. Fälle, 29.310 gew. Fälle - 17,3% - 11,21 Mio)

| | Netto-RW (Unique User) | | | | Brutto-Reichweite (Kontakte) | | | TKP | |
|---|---|---|---|---|---|---|---|---|---|
| | % | Unique User Mio | Nutzer-Anteil % | Aff.-Index | Kontakte Mio | Kontakt-Anteil % | Ø Kont. | EUR | Rangf. |
| Computec PC Spiele Kombination | 3,7 | 0,42 | 52 | 299 | 27,16 | 63 | 65,1 | 6,30 | 1 |
| Computec Homepage-Rotation | 3,6 | 0,41 | 49 | 285 | 11,71 | 55 | 28,7 | 7,28 | 2 |
| Computec Network-Rotation | 6,5 | 0,73 | 47 | 275 | 74,58 | 55 | 101,7 | 7,32 | 3 |
| Computec Magazine-Rotation | 6,4 | 0,71 | 48 | 276 | 62,87 | 55 | 88,1 | 7,32 | 4 |
| Computec Games Kombination | 6,1 | 0,68 | 48 | 279 | 70,65 | 54 | 103,2 | 7,39 | 5 |
| Hi-Media Community (Kombi) | 4,7 | 0,53 | 37 | 213 | 50,14 | 40 | 95,4 | 9,31 | 6 |
| InteractiveMedia Computer (Rotation) | 9,3 | 1,04 | 30 | 172 | 33,11 | 33 | 31,9 | 12,06 | 7 |
| MySpace.de Gesamtangebot | 15,0 | 1,68 | 35 | 200 | 269,27 | 34 | 160,2 | 14,63 | 8 |
| schülerVZ Gesamt | 15,8 | 1,77 | 40 | 231 | 2.184,72 | 44 | 1.235,1 | 18,30 | 9 |
| Knuddels.de | 4,3 | 0,48 | 37 | 217 | 46,40 | 41 | 96,0 | 18,32 | 10 |
| schülerVZ Fotos | 13,5 | 1,51 | 41 | 237 | 821,76 | 43 | 543,2 | 18,68 | 11 |
| 4Players | 3,4 | 0,38 | 53 | 305 | 14,33 | 53 | 37,6 | 18,74 | 12 |
| schülerVZ Gruppen | 10,3 | 1,16 | 42 | 245 | 113,17 | 47 | 97,9 | 20,56 | 13 |
| Clipfish.de Gesamtangebot | 5,6 | 0,62 | 33 | 189 | 27,43 | 36 | 44,1 | 21,03 | 14 |
| Platform-A Media Teens & Twens | 4,5 | 0,50 | 31 | 181 | 36,50 | 35 | 72,5 | 21,36 | 15 |

*Abb. 6.42: Auszug aus einer Rangreihe von Onlineangeboten*

Quelle: AGOF internet facts
Werbeform: Super Banner [728x90]; TKP-Berechnung
Vorfilter: Gesamt (14 +) (169.570 Fälle - 100,0% - 64,87 Mio) Zielgruppe:

Computer- und Videogames: Bin (sehr) interessiert
(25.986 ungew. Fälle, 29.310 gew. Fälle - 17,3% - 11,21 Mio)

| **Internetangebote** | **Plan 1** | **Plan 2** |
|---|---|---|
| Computec Network-Rotation | 4000 Tsd. Kont. | 8000 Tsd. Kont. |
| Computec Magazine-Rotation | 3000 Tsd. Kont. | 8000 Tsd. Kont. |
| Computec Games Kombination | 3000 Tsd. Kont. | 8000 Tsd. Kont. |
| InteractiveMedia Computer (Rotation) | 3000 Tsd. Kont. | 8000 Tsd. Kont. |
| MySpace.de Gesamtangebot | 3000 Tsd. Kont. | 8000 Tsd. Kont. |
| schülerVZ Gesamt | 2000 Tsd. Kont. | 8000 Tsd. Kont. |
| 4Players | 2000 Tsd. Kont. | 8000 Tsd. Kont. |
| Clipfish.de Gesamtangebot | 2000 Tsd. Kont. | 8000 Tsd. Kont. |
| Platform-A Media Teens & Twens | 2000 Tsd. Kont. | 8000 Tsd. Kont. |
| Lokalisten Gesamtangebot | 2000 Tsd. Kont. | 6000 Tsd. Kont. |
| GameStar.de | 2000 Tsd. Kont. | 6000 Tsd. Kont. |
| studiVZ Gesamt | 2000 Tsd. Kont. | 6000 Tsd. Kont. |
| Platform-A Media Männer | 2000 Tsd. Kont. | 6000 Tsd. Kont. |
| computerbild.de | 2000 Tsd. Kont. | 6000 Tsd. Kont. |
| StayFriends | 2000 Tsd. Kont. | 6000 Tsd. Kont. |
| TFAG Vertical Computer & Telecommunication | 2000 Tsd. Kont. | 6000 Tsd. Kont. |
| Platform-A Media Community | 2000 Tsd. Kont. | 5000 Tsd. Kont. |
| LYCOS | 2000 Tsd. Kont. | 4532 Tsd. Kont. |
| wkw Ich Kenne | 2000 Tsd. Kont. | 0 |
| wer-kennt-wen.de Gesamtangebot | 2000 Tsd. Kont. | 0 |
| MyVideo Gesamtangebot | 2000 Tsd. Kont. | 0 |
| Lokalisten Homepage | 2000 Tsd. Kont. | 0 |
| arcor.de - Gesamt | 2000 Tsd. Kont. | 0 |
| TFAG Vertical Digital Entertainment | 2000 Tsd. Kont. | 0 |
| Spieletipps.de | 2000 Tsd. Kont. | 0 |
| freeXmedia Entertainment Kombi | 2000 Tsd. Kont. | 0 |
| QUARTER MEDIA-Computer-Kombi | 2000 Tsd. Kont. | 0 |
| CHIP Online | 2000 Tsd. Kont. | 0 |
| guenstiger.de | 2000 Tsd. Kont. | 0 |
| billiger.de Gesamtangebot | 2000 Tsd. Kont. | 0 |
| AOL | 2000 Tsd. Kont. | 0 |
| SevenOne Interactive Consumer Electronics Kombi | 2000 Tsd. Kont. | 0 |
| BILD.de Bundesliga | 2000 Tsd. Kont. | 0 |
| Mister Wong Gesamtangebot | 2000 Tsd. Kont. | 0 |
| CHIP Online Test & Kaufberatung | 2000 Tsd. Kont. | 0 |
| G+J EMS Consumer Electronics-Rotation | 2000 Tsd. Kont. | 0 |
| G+J EMS Telekommunikation-Rotation | 1957 Tsd. Kont. | 0 |
| PCWelt Rotation | 1900 Tsd. Kont. | 0 |
| | | |
| **Ergebnisse** | | |
| Bruttokosten in EUR | 1.090.725 | 1.103.788 |
| Kosten in EUR | 999.986 | 999.999 |
| **Netto-Reichweite** | | |
| Reichweite in % | 44,7 | 39,5 |
| Unique User in Mio | 5,01 | 4,43 |
| **Brutto-Reichweite** | | |
| Kontakte in Mio | 30,31 | 50,24 |
| GRP | 270 | 448 |
| Ø Kontakte | 6,0 | 11,3 |
| **Wirtschaftlichkeit** | | |
| TKP in EUR | 32,99 | 19,91 |
| Costs per GRP in EUR | 3.699 | 2.232 |
| **Anteil/Affinität** | | |
| Anteil in % | 30,4 | 32,7 |
| (Affinitäts-)Index | 176 | 189 |

Abb. 6.43 Mediapläne Quelle: AGOF internet facts

**zu b)**

*Unique User in % und Mio.*

1,77 Mio. Zielpersonen, das sind 15,8% aller Zielpersonen haben in einem durchschnittlichen Monat mindestens einen Kontakt mit dem Online-Angebot „schüler VZ Gesamt". D. h., sie erzeugen wenigstens ein PageImpression (PI).

**Nutzeranteil**

Von den Gesamtnutzern des Online-Angebotes innerhalb eines durchschnittlichen Monats (mindestens ein PI) gehören 40% zur Zielgruppe.

**Affinitätsindex**

Der Zielgruppenanteil an der Gesamtnutzerschaft während eines durchschnittlichen Monats beträgt 231% des Zielgruppenanteils an der Grundgesamtheit.

*Kontakte in Mio.*

Innerhalb eines durchschnittlichen Monats erzeugen die Zielpersonen 2.184,72 Mio. PI´s auf dem Online-Angebot „schüler VZ Gesamt".

**Kontaktanteil in %**

Von den PI´s, die während eines durchschnittlichen Monats insgesamt auf dem Online-Angebot erzielt werden, entfallen 44% auf Zielpersonen.

*Ø Kontakte*

Auf jede der 1,77 Mio. Zielpersonen, die während eines durchschnittlichen Monats auf das Onlineangebot zugreifen, entfallen im Durchschnitt 1.235,1 PI´s.

*TKP in EUR*

Für 1.000 PI´s, die während eines durchschnittlichen Monats von Zielpersonen auf dem Onlineangebot erzeugt werden, müssen im Durchschnitt 18,30 € aufgewendet werden.

*TKP Rangf.*

Bezogen auf die Zielgruppe hat „schüler VZ Gesamt" den neunt günstigsten TKP in der Rangreihe.

**zu c)**

Für das Onlineangebot „schüler VZ Gesamt" werden 8 Mio. PI´s gebucht.

**zu d)**

**Bruttokosten in EUR**

Ohne Berücksichtigung von Rabatten betragen bei Plan 2 die Aufwendungen für das Buchungsvolumen 1.103.788 €.

**Kosten in EUR**

Unter Berücksichtigung von Rabatten betragen bei Plan 2 die Aufwendungen für das Buchungsvolumen 999.999 Mio. €.

*Reichweite in %/Unique User in Mio.*

Mit dem Plan werden 39,5% der Zielpersonen mindestens einmal erreicht (mindestens ein PI), das sind 4,43 Mio. Zielpersonen.

*Kontakte in Mio.*

Mit Plan 2 werden insgesamt 50,24 Mio. PI´s mit Zielpersonen erzielt.

**GRP**

Im Durchschnitt entfallen auf 100 Zielpersonen 448 PI´s.

*Ø Kontakte*

Auf jede Zielperson, die mit dem Plan mindestens einmal kontaktiert wird (mindestens 1 PI), entfallen im Durchschnitt 11,3 PI´s.

**TKP**

Bei der Realisation von Plan 2 müssen im Durchschnitt für 1.000 PI´s mit Zielpersonen 19,91 € aufgewendet werden.

**Costs per GRP**

Bei einer Realisation von Plan 2 müssen im Durchschnitt je GRP 2.232 € aufgewendet werden.

**Anteil in %**

Von der Gesamtzahl der Personen, die mit dem Plan 2 mindestens einmal erreicht werden, sind 32,7% Zielpersonen.

**Affinitätsindex**
Der Zielgruppenanteil an der Gesamtzahl der Personen, die mit Plan 2 insgesamt erreicht werden, beträgt 189 % des Anteils der Zielgruppe an der Grundgesamtheit.

**zu e)**
Die Differenz resultiert daher, weil die gebuchten PI´s nicht nur auf Zielpersonen der playtown GmbH entfallen. Von den 123,532 Mio. PI´s, die mit dem Plan insgesamt erzielt werden, entfallen eben nur 50,24 Mio. auf Zielpersonen, das sind 40,7 %.

**zu f)**
Die playtown GmbH sollte Plan 2 realisieren. Die Reichweite von Plan 2 liegt zwar 5,2 Prozentpunkte (0,58 Mio. Zielpersonen) unter der von Plan 1, dafür liegt die Durchschnittskontaktzahl aber in dem angestrebten Kontaktkorridor. Die Durchschnittskontaktzahl von Plan 1 liegt dagegen deutlich unter dem angestrebten Mindestkontaktziel. Bei Plan 2 ist außerdem der Werbedruck in der Zielgruppe mit 448 GRP deutlich höher als bei Plan 1. Schließlich spricht auch der etwas höhere Zielgruppenanteil von Plan 2 dafür, diesen Plan zu realisieren.

**Hinweis:**
Üblicherweise werden im Rahmen von Onlinewerbung nicht PageImpressions, sondern AdImpressions gebucht. Da bei den Plänen konkrete Angebote gebucht werden, z.B. eine bestimmte Rubrik oder das gesamte Angebot oder eine Rotation etc., sind die ausgewiesenen PI´s für die playtown GmbH als AdImpressions zu interpretieren.

## 6.13 Informationsquellen zur Verbreitung von Werbeträgern

Für die Mediaplanung benötigt man Informationen über die Verbreitung und Nutzung von Werbeträgern in verschiedenen Zielgruppen. Es gibt eine Reihe von Untersuchungen, die regelmäßig oder sogar laufend durchgeführt werden, um diese Informationen zu erhalten. Hierbei unterscheidet man zwischen Mediaanalysen, Marktmediaanalysen und Panels. Auf mehrere solcher Untersuchungen und Studien wurde in den bisherigen Kapiteln dieses Buches schon zugegriffen und Teilergebnisse wurden zur Lösung von Übungen herangezogen.

### 6.13.1 Mediaanalysen

→ *Bei den Mediaanalysen handelt es sich um Untersuchungen, mit deren Hilfe die Reichweiten von Werbeträgern und die Struktur deren Nutzer untersucht werden kann.*

Verbreitung von Werbeträgern und Nutzerstrukturen

Zusätzlich enthalten sie auch Informationen zur Beschreibung von Zielgruppen. Bei reinen Mediaanalysen sind das vor allem soziodemografische Merkmale, in geringem Umfang aber auch Besitz- und Konsummerkmale und Informationen zum Freizeitverhalten. Standarduntersuchung in dieser Gattung ist die „Media-Analyse (ma)", herausgegeben von der Arbeitsgemeinschaft Media-Analyse (ag.ma). In der ag.ma haben sich Vertreter der Medien, Werbungtreibende und Agenturen zusammengeschlossen. Die ma kann man gewissermaßen als „Standardwerk" der Mediaplaner bezeichnen, da die ag.ma methodische Standards setzt, an denen sich andere Studien und Untersuchungen orientieren.

Standardwerk MA

| Media-Analyse (ma) | |
|---|---|
| Herausgeber | Arbeitsgemeinschaft Media-Analyse (ag.ma), ein Zusammenschluss von Verlagen, Sendern, Werbeagenturen und Werbungtreibenden |
| Grundgesamtheit | Deutsche Wohnbevölkerung in Privathaushalten ab 14 Jahren |
| Art der Stichprobe | Mehrstufige, geschichtete Zufallsauswahl |
| Untersuchungsgegenstand | • Soziodemografische Struktur der deutschen Bevölkerung ab 14 Jahren<br>• Besitz von Gebrauchsgütern, Wohnsituation<br>• Hobbys, Freizeittätigkeiten<br>• Tiere im Haushalt<br>• Einkaufsgewohnheiten<br>• Reichweiten und Strukturen von klassischen Werbeträgern |
| Einbezogene Medien | Publikumszeitschriften, Wochenzeitungen, konfessionelle Zeitschriften, Stadtillustrierte, überregionale und regionale Tageszeitungen, Supplements, Lesezirkel, Kino, Hörfunk, TV, Plakat, Online |
| Besonderheiten | TV-Daten durch Fusion mit dem GfK-Fernsehpanel |

## 6.13.2 Markt-Media-Analysen

Markt-Media-Analysen verbinden Untersuchungen zum Kauf- und Konsumverhalten mit Erhebungen zur Medianutzung,

Die Erhebungen zum Kauf- und Konsumverhalten berücksichtigen häufig nicht nur Produkte und Produktgattungen, sondern auch Marken. So können Aussagen gemacht werden, welche Produkte oder Marken z.B. die Leser einer bestimmten Zeitschrift verwenden.

Neben soziodemografischen Merkmalen bieten die Markt-Media-Untersuchungen häufig auch detaillierte Informationen zu Freizeitinteressen und Einstellungen.

Die wichtigsten Markt-Media-Analysen sind:

- die Allensbacher Werbeträgeranalyse (AWA) und
- best for planning (b4p)

Hinweis

Die Studie „best for planning" (b4p) , die als Gemeinschaftsstudie im Auftrag der vier Medienhäuser Axel Springer Verlag, Bauer Media Group, Hubert Burda Media und Gruner + Jahr erstellt wird, ersetzte ab 2014 die „VerbraucherAnalyse (VA)" und „Typologie der Wünsche (TdW)", die bis 2013 zu den wichtigsten Markt-Media-Analysen zählten. Das vorliegende Buch enthält mehrere Fallbeispiele und Aufgaben, die vor 2014 noch mithilfe der VA und/oder der TdW erstellt und im Buch beibehalten wurden, weil sie im Unterricht erprobt sind und die Daten lediglich exemplarisch verwendet werden. Sie zeigen das Vorgehen im Prinzip und für aktuelle Daten greift man in der Praxis zeitnah auf die jeweils gültigen Studien zu (siehe dazu auch Seite 542).

| **Allensbacher Werbeträgeranalyse (AWA)** | |
|---|---|
| Herausgeber | Institut für Demoskopie Allensbach |
| Grundgesamtheit | Deutsche Wohnbevölkerung in Privathaushalten ab 14 J. |
| Art der Stichprobe | Quotenauswahlverfahren |
| Untersuchungsgegenstand | soziodemografische Struktur der deutschen Bevölkerung ab 14 Jahren,<br>Besitz und Konsumdaten für eine Vielzahl von Produkten und Produktbereichen,<br>Informationsinteressen, Experten, Ratgeber, Einstellungen,<br>Reichweiten und Strukturen von klassischen Werbeträgern |
| Einbezogene Medien | Publikumszeitschriften einschließlich Special-Interest-Zeitschriften, Stadtillustrierte, Supplements, Kundenzeitschriften, regionale und überregionale Tageszeitungen, Anzeigenblätter, Telefonbuch, Plakate, Nahverkehrsmittel, Kino, Hörfunk, TV, Internet |

| | |
|---|---|
| Besonderheiten | Die Online-Medien werden detailliert in einer separaten Untersuchung (ACTA) erhoben |

| **best for planning (b4p)** | |
|---|---|
| Herausgeber | Gesellschaft für integrierte Kommunikationsforschung mbH & Co. KG |
| Auftraggeber | Axel Springer Verlag, Bauer Media Group, Hubert Burda Media und Gruner + Jahr |
| Grundgesamtheit | deutschsprachige Wohnbevölkerung ab 14 Jahren |
| Art der Stichprobe | mehrstufige geschichtete Zufallsauswahl |
| Größe Stichprobe | über 30.000 |
| Untersuchungsgegenstand | • soziodemographische Struktur der deutschsprachigen Wohnbevölkerung ab 14 Jahren<br>• Besitz und Konsumdaten für eine Vielzahl von Produkten, Produktbereichen und Marken, dabei wird zwischen Käufern und Verwendern unterschieden<br>• Informationsinteressen zu Produktbereichen<br>• Themeninteressen zu verschiedenen Mediengattungen<br>• Einstellungen, über 150 Statements zu verschiedenen Einstellungs- und Lebensbereichen<br>• Freizeitinteressen und Freizeitbeschäftigungen<br>• verdichtete Zielgruppenmodelle<br>• Konstrukttypen<br>• Typologien (Sinus, Sigma, Limbic, Types und verschiedene Branchentypologien) |
| Einbezogene Medien | Publikumszeitschriften regionale und überregionale Tageszeitungen, Supplements, Kino, Hörfunk, Fernsehen, Online (einschließlich Apps und Social Media), Plakat |
| Besonderheiten | Die b4p ist eine Gemeinschaftsstudie der oben genannten Verlagshäuser Springer, Bauer, Burda und Gruner und Jahr. Sie ersetzt seit 2013 die Studien Verbraueranalyse (VA) und Typologie der Wünsche Intermedia (TdWI) |

### 6.13.3 Panel

Allgemein sind Panel Untersuchungen, mit denen kontinuierlich

- bei den gleichen Objekten,
- zu den gleichen Themen,
- über einen langen Zeitraum

Informationen erhoben werden. Im Zusammenhang mit Erhebungen zur Mediannutzung ist hier vor allem das AGF/GfK-Fernsehpanel zu nennen.

| AGF/GfK-Fernsehpanel | |
|---|---|
| Herausgeber | Arbeitsgemeinschaft Fernsehforschung (AGF), hierbei handelt es sich um einen Zusammenschluss fast aller deutschen Sender und von Werbeagenturen und Werbungtreibenden, die Finanzierung erfolgt allerdings ausschließlich durch die Sender. |
| Panelgröße | Das Panel besteht aus 5.640 privaten Haushalten mit etwa 13.000 Personen ab 3 Jahren. Neben deutschen Haushalten sind auch Haushalte von EU-Bürgern einbezogen, die in Deutschland leben. Das Panel repräsentiert damit insgesamt 35,02 Mio. deutsche und EU-Haushalte in der Bundesrepublik Deutschland, dem entsprechen etwa 73,53 Mio. Personen ab drei Jahren. |
| Stichprobe | mehrstufige geschichtete Zufallsauswahl |
| Untersuchungsgegenstand | Messung des TV-Sehverhaltens der Panelteilnehmer, daraus lassen sich Reichweiten und andere Leistungsmerkmale des Fernsehens bzw. einzelner Sender, Sendungen oder Werbeblöcke ermitteln. Zudem werden jährlich<br>• Empfangsbedingungen im Haushalt,<br>• die Beliebtheit von Sendergenres,<br>• Konsumdaten für eine Vielzahl von Produkten und Produktbereichen,<br>• Ausstattung mit technischen Geräten,<br>• Wohnsituation,<br>• Sinus-Milieus (vgl. Band 1, „Kommunikationspolitik"),<br>• Soziodemografie<br>durch Befragung ermittelt. |
| Erhebungsverfahren | Das TV-Sehverhalten wird mit einem Zusatzgerät, dem GfK-Meter, gemessen, es erfasst automatisch und sekundengenau das An- und Abschalten des Fernsehgerätes, jeden Umschaltvorgang, alle anderen Verwendungen des Fernsehgerätes, z.B. Videospiele, Videotext (inkl. Seitenerkennung bzw. TOP-Text), Aufnahme und Wiedergabe von selbst- oder fremdaufgezeichneten DVD's.Durch eine Fernbedienung müssen sich die einzelnen Haushaltsmitglieder selbst an- und abmelden.<br>Die übrigen Daten werden durch Befragung erhoben. |
| erfasste Medien | Erfasst werden alle im Gebiet der Bundesrepublik Deutschland empfangbaren TV-Sender. Verarbeitet werden aber nur die Sender, die der AGF angehören und zusätzlich einige Lizenzsender. |
| Abfrage | Die Berichterstattung über das Sehverhalten und die ermittelten Reichweiten erfolgt täglich. Dabei werden jeweils vormittags die Daten des Vortages in die PC-Auswertungsprogramme eingespeist. Außerdem können die Agenturen die so genannten PIN-Daten (Personenindividuelle Nutzungsdaten) abrufen.<br>Die übrigen Daten werden jährlich erhoben. |

## 6.14 Datenfusion

Problem beim Einsatz von Werbeträgern aus verschiedenen Gattungen: Ermittlung der Gesamtleistung

Setzt man im Rahmen einer Mediaplanung verschiedene Werbeträgergattungen ein, so kommt es häufig vor, dass dafür auch verschiedene Planungsinstrumente verwendet werden. Sollen für die Streuung von Werbemitteln z.B. Publikumszeitschriften und das Fernsehen eingesetzt werden, so wird man den Einsatz der Publikumszeitschriften mit Media- oder Marktmediaanalysen, z.B. der ma, der b4p oder einer anderen Analyse planen. Die Planung des TV-Einsatzes wird mithilfe des GfK-Panels erfolgen. Man hat dann allerdings das Problem, dass zwar die Leistungen der Teilpläne, also im Beispiel des Printplanes und des TV-Planes, ermittelt werden können, nicht jedoch die Leistungen des Gesamtplanes, der im Beispiel aus dem Print- und dem TV-Plan bestehen würde.

→ *Um den Mediaplanern die Möglichkeit zu bieten, die Gesamtleistung von Mediaplänen zu ermitteln, bei denen Werbeträger aus verschiedenen Mediagattungen eingesetzt werden, bedient man sich häufig des Instruments der Datenfusion.*

Bei einer Fusion liegen Daten aus zwei verschiedenen Erhebungen, A und B, vor, z.B. eine Erhebung zum Leseverhalten und eine Erhebung zum TV-Sehverhalten. Beide Erhebungen benutzen teils gemeinsame Merkmale und teils unterschiedliche (spezifische) Merkmale. Bei den gemeinsamen Merkmalen kann es sich z.B. um soziodemografische Eigenschaften, dem Konsumverhalten, Freizeitinteressen etc. handeln. Bei den spezifischen Merkmalen könnte es sich z.B. um das Leseverhalten und das TV-Sehverhalten handeln. Angenommen, die Erhebung A untersucht das TV-Sehverhalten und die Erhebung B das Leseverhalten. Die Erhebung A soll in die Erhebung B fusioniert werden. Bei der Fusion wird nun für jede Person der Erhebung A diejenige Person der Erhebung B gesucht, die dieser bezüglich der gemeinsamen Merkmale am ähnlichsten ist. Die betreffende Person aus der Erhebung A überträgt nun ihrem „Zwilling" in B ihre spezifischen Merkmale.

**Beispiel**

Angenommen, die Personen Ax der Untersuchung A und By der Untersuchung B sind bezüglich der gemeinsamen Merkmale am ähnlichsten. Über Ax liegen Informationen zum Sehverhalten vor. Ax überträgt im Rahmen der Fusion seine Eigenschaften zum Sehverhalten auf By. Über By liegen nach der Fusion sowohl Informationen zum Leseverhalten als auch Informationen zum TV-Sehverhalten vor.

---

Die Gruppe der Personen, die ihre spezifischen Merkmale übertragen, bezeichnet man als „Donorenstichprobe". In dem Beispiel sind das die Personen aus der Untersuchung A. Die Gruppe der Personen, die von den Donoren die spezifischen Merkmale empfangen, bezeichnet man als „Rezipientenstichprobe". In dem Beispiel sind das die Personen der Untersuchung B. Das Wort „donum" kommt aus

dem Lateinischen und heißt Geschenk. Das Wort „rezipieren" kommt ebenfalls aus dem Lateinischen und heißt aufnehmen. Die Donoren schenken also gewissermaßen den Rezipienten ihre spezifischen Merkmale, die von diesen empfangen werden.
Die folgende Abb. verdeutlicht den Fusionsvorgang noch einmal schematisch.

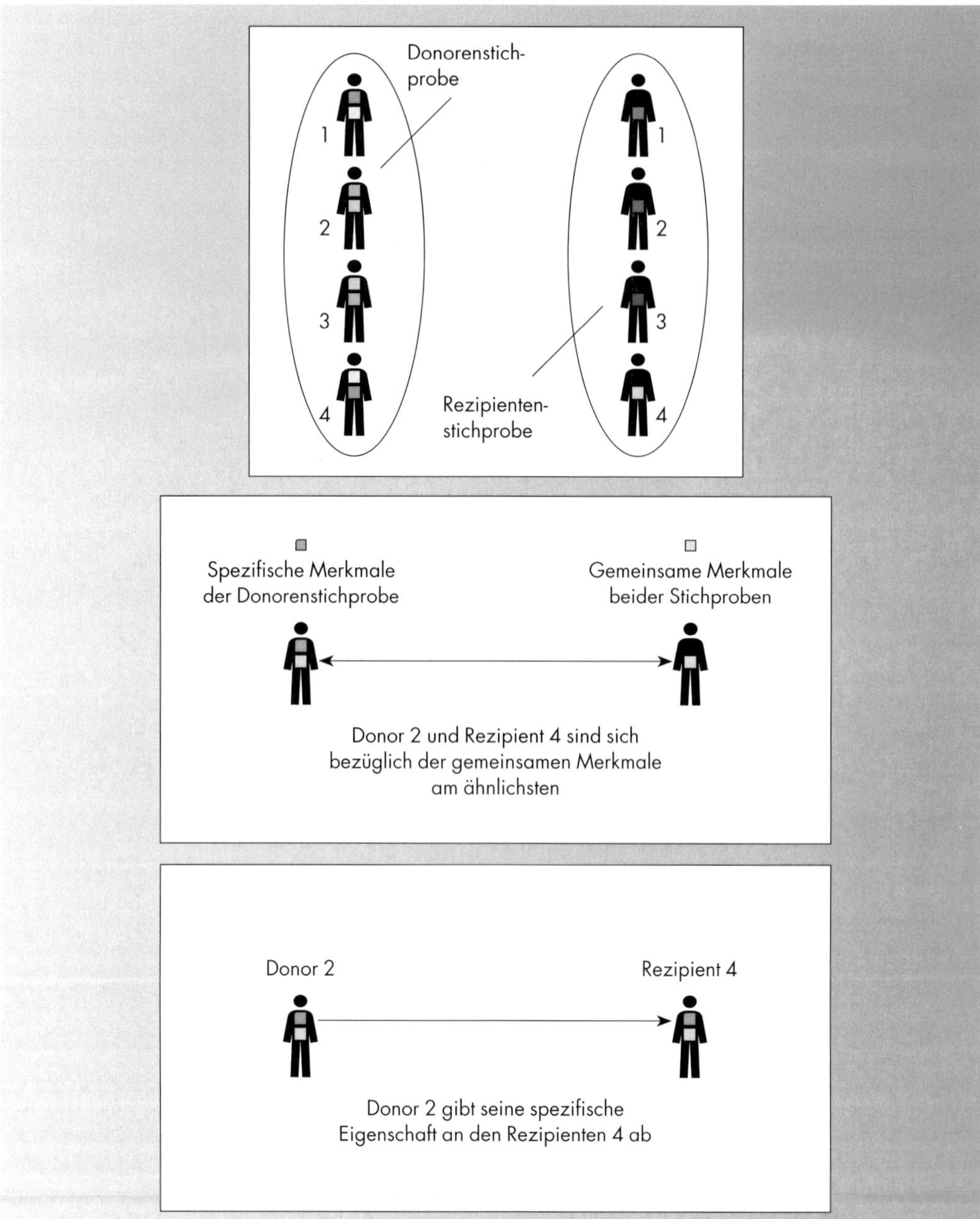


*Abb. 6.41: Schematische Darstellung einer Datenfusion*

## 6.15 Übungsaufgaben zur Gesamtwiederholung

**Übungsfall 1**
Der große deutsche Speiseeis-Hersteller S hat sein bekanntes Vanille-Eis der Marke M (gestützte Bekanntheit: 60%) einem Relaunch unterzogen. Zu diesem Zweck wurde die Rezeptur durch die Zugabe von 30% Sahne aus frischer Alpenmilch verbessert. Der Effekt ist eine höhere Cremigkeit, die sich sowohl beim Portionieren als auch beim Geschmack deutlich bemerkbar macht. Außerdem wurde eine neue Verpackung für die 1- und die 2-Liter-Packung gestaltet. Das Speiseeis wird im unteren Preissegment angeboten (unverbindliche Preisempfehlung für die 1-Liter-Packung 1,99 €).
Das Unternehmen beauftragt seine Agentur mit der Erstellung eines Kommunikationskonzeptes für die Wiedereinführung. Als Budget stehen für die nächsten drei Monate insgesamt 1,8 Mio. € zur Verfügung.

**Aufgabe**
Skizzieren Sie die notwendigen Überlegungen und Planungsschritte!
Nehmen Sie dabei zu folgenden Punkten Stellung:
- Situations-Analyse,
- Kommunikations-Ziele,
- Zielgruppen-Analyse,
- Positionierung und Copy-Strategie,
- Kommunikations-Mix,
- Medien.

### Lösungshinweise Übung 1

#### 1. Situations-Analyse (Ist-Zustand)

*a) Unternehmen/Produkt/ Dienstleistung*
Es handelt sich um ein etabliertes, schon seit längerem im Markt befindliches Konsumgut. Über den Marktanteil oder die Marktposition werden keine Angaben gemacht, doch dürften die entsprechenden Daten im Unternehmen S vorhanden sein.

Das Produkt besitzt trotz der verbesserten Rezeptur keine Einzigartigkeit, das heißt, in der Kommunikation muss eine Unique Advertising/ Communication Proposition in den Köpfen der Verbraucher angestrebt werden.

Der niedrige Preis, der Zu-Hause-Konsum (kein sichtbarer Konsum/ Status) macht das Produkt zu einem Low-Involvement-Gut, bei dem das Risiko eines Fehlkaufs für die Konsumenten gering ist, daher ist die Wahrscheinlichkeit von Probekäufen bei geschickter Kommunikations-Strategie sehr groß.

Da die Marke M aus dem Hause eines bekannten deutschen Herstellers stammt und auch schon am Markt etabliert ist, dürfte das Eis in den Tiefkühlregalen des Handels über eine ausreichende Präsenz verfügen. Daten über die Distributions-Situation (nummerische und gewichtete Distribution) sind vermutlich ebenfalls im Unternehmen vorhanden, ansonsten kann auf die Handels-Panels von GfK und Nielsen zurückgegriffen werden.

Informationen über die bisherigen Kommunikations-Maßnahmen für die Marke M (Spendings und bereits eingesetzter Kommunikations- und Media-Mix) sind ebenfalls im Unternehmen S vorhanden.

*b) Markt*

Marktentwicklung, Marktvolumen, Marktpotenzial und Distributionskanäle lassen sich mit genaueren Studien von Dachverbänden, Marktforschungs-Instituten und vor allem mit Daten aus den Handels-/Haushaltspanels (GfK/Nielsen) einschätzen.

Bei Eis gibt es vermutlich Besonderheiten hinsichtlich der Saisonalität, auch wenn alle Hersteller inzwischen u.a. durch spezielle Sorten verstärkt versuchen, den Eisabsatz in den Wintermonaten anzukurbeln. Geografische Schwerpunkte gibt es nicht.

*c) Wettbewerber*

Informationen über die Wettbewerber (Produkte/ Dienstleistungen, Marktanteil/Marktpositionen, Preise, Distribution und Kommunikation, insbesondere Spendings und evtl. bereits eingesetzter Kommunikations- und Media-Mix) können ebenfalls aus Studien von Dachverbänden, Marktforschungs-Instituten und vor allem mit Daten aus den Handels-/Haushaltspanels (GfK/Nielsen) erhoben werden. Darüber hinaus steht mit Nielsen Media Research ein Instrument zur Verfügung, mit dem man die Media-Strategie und den Werbedruck der Konkurrenz (Basis: Brutto-Spendings in den Klassischen Medien) analysieren kann. Nielsen Media Research oder andere Marktforschungs-Institute stellen Datenbanken zur Verfügung, aus denen man die eingesetzten Werbemittel abrufen kann, um sie anschließend mithilfe von Copy-Analysen hinsichtlich der Kommunikations-Strategie auszuwerten (vgl. Abschnitt 5.11). Wichtige Wettbewerber dürften in diesem Preis-Segment neben anderen Marken-Artiklern vor allem die Eigenmarken des Handels sein.

**2. Kommunikations-Ziele**

- Die Erhöhung der Bekanntheit steht nicht so sehr im Vordergrund (60% gestützte Bekanntheit), trotzdem sollte Wert auf den Wiedererkennungswert gelegt werden (Verpackung verändert), denn bei FMCG spielt die Wiedererkennung am POS eine entscheidende Rolle.
- Schaffung von Probier-Möglichkeiten oder Probekäufen ⇒ Erhöhung der Wiederkauf-Rate (Marketing-Ziel).
- Informationen über die verbesserte Rezeptur und den weiterhin günstigen Preis vermitteln (an die Endverbraucher und den Handel).
- Verankerung der Positionierung in den Köpfen der Verbraucher.
- Emotionalisierung der Marke.
- Bei den Stamm-Verwendern: Erhaltung der Markenbindung.

**3. Zielgruppen-Analyse**

*Zielgruppen-Definition:*

Kernzielgruppe sind hier Haushaltsführende in Haushalten mit Kindern (also immer noch schwerpunktmäßig Frauen) ab 25 Jahren aufwärts. In diesem Fall kauft die Mutter für die Familie ein, wobei vor allem die Kinder als Haupt-Verwender den Kauf stark beeinflussen können.

Die kleinere Packung kann aber auch von Singles oder Doubles abgenommen werden (ebenfalls 25+).

Das Einkommen spielt bei dem niedrigen Produktpreis keine Rolle bei der Zielgruppendefinition.

Es handelt sich also um eine recht breite Zielgruppe. Insofern spielen auch psychografische Merkmale (z.B. Einstellungen, Motive, Interessen etc.) oder verhaltensbeschreibende Merkmale (z.B. Kauf- oder Konsumverhalten) nur eine untergeordnete Rolle. Zur genaueren Definition müsste man auf die einschlägigen Markt-Media-Studien wie die b4p, AWA, andere Spezialstudien von Verlagen oder Vermarktern oder evtl. auch auf Typologien (z.B. Sinus-Milieus) zurückgreifen. Möglicherweise könnten auch eigene Befragungen (Primärforschung) eingesetzt werden. Allerdings empfiehlt sich das eher vor der Produkteinführung (z.B. Geschmacks-Test + Befragung oder, nach der Produkteinführung, z.B. Zufriedenheit mit dem Produkt).

Weitere Zielgruppen
- Handel: Bei Handelsketten, bei denen wir noch nicht in den Regalen sind: Listung erreichen. Bei den anderen: Absprache von gemeinsamen VkF-Aktionen zur Neueinführung unserer Marke.
- Eigene Mitarbeiter (z.B. Key-Account-Manager: Listung bzw. Pflege des Kontaktes zum Handel; Vertrieb/Außendienst: Durchführung und Überwachung der VkF-Aktionen am POS)
- Presse/Medien: Eher weniger wichtig, da ein Relaunch für die allgemeine Publikumspresse nicht so interessant ist, aber in Fachzeitschriften für den Handel (z.B. Lebensmittel-Zeitung) durchaus lohnend.

**4. Positionierung und Copy-Strategie**

*Positionierung*
Das neue M, der besondere Genuss zum günstigen Preis.

*Copy-Strategie*

Benefit
Ein objektiver Benefit lässt sich bei Lebensmitteln nur schwer finden, da Geschmack oder Genuss sehr subjektiv empfunden werden. Insofern muss hier ein subjektiver Benefit, den man am besten über eine geeignete Tonality zu einer Unique Advertising Proposition ausbaut, gefunden werden. Ein Ansatzpunkt könnte die verbesserte Rezeptur bieten (sensorischer Zusatznutzen): Das neue M ist ein besonderes Geschmackserlebnis.

Ein anderer wäre eher eine Art sozialer Zusatznutzen. Der Beliebtheitsgrad der eigenen Kinder steigt (Gewinnen neuer Freunde), weil es bei ihnen immer das leckere M-Eis gibt.

*Reason why*
Bei subjektiven Benefits fällt die Begründung des Nutzens meistens schwer und wird häufig über die Tonality vermittelt. Der sensorische Zusatznutzen (besonderer Geschmack) lässt sich aber unter Hinweis auf die veränderte Rezeptur durchaus begründen: weil der hohe Anteil frischer Alpen-Sahne das Eis besonders cremig macht.

*Tonality*
Die Stimmung oder Anmutung der Werbemittel muss den jeweiligen Benefit unterstreichen und sollte nach Möglichkeit nicht austauschbar sein, damit es nicht zu Verwechslungen mit anderen Marken kommt (UAP).

Beim sensorischen Zusatznutzen (Geschmack) kann vielleicht das besondere Geschmackserlebnis unterstrichen werden (z.B. im TV-Spot: assoziative Bilder beim Genießen jedes neuen Löffels mit M-Eis).

Beim sozialen Zusatznutzen kann der verbindende, Freundschaften stiftende Charakter des Eises im Vordergrund stehen.

**5. Kommunikations-Mix**
Neben klassischer Werbung (wird unter Punkt 6 erörtert) kommen hier vor allem folgende Below-the-line-Maßnahmen infrage:

*Verkaufsförderung*
- Staff Promotions: Schulung der Key-Account-Manager und des Außendienstes, Bereitstellung von Info-Material, wie z.B. Sales manual oder Sales Folder
- Dealer Promotions (Rein- und Rausverkauf)
  - Listung: besondere Rabatte anbieten, Werbemittelkostenzuschuss (WKZ), auf eine große Endverbraucher-Kampagne hinweisen (Pull-Marketing) etc.
  - Vereinbarung gemeinsamer VkF-Aktionen (Reinverkauf): WKZ, um in die „Schweinebauch-Anzeigen“ des Handels zu kommen, Probier-Stände/Verkostungen etc.

- Durchführung von VkF-Aktionen am POS: Bereitstellung von Display-Material, es reisen Verkostungsteams durch den Handel etc.

- Consumer Promotions: Probiermöglichkeiten am POS schaffen (z.B. Verkostungs-Stände mit gleichzeitiger Möglichkeit, erste Reaktionen zu erforschen/MAFO), Gewinnspiele

*PR*
Vor allen Dingen in Fachzeitschriften für den Handel (z.B. Lebensmittel-Zeitung)

*Event*
Evtl. für den Handel (Handelseinkäufer) oder im Zusammenhang mit PR, da auf der Endverbraucher-Ebene die Zielgruppe viel zu groß ist.

**6. Medien**

*Intermediavergleich*
Als Media-Ziel sollte man hier die Reichweitenmaximierung bei der relevanten Zielgruppe anstreben. Um die wichtigen Probekäufe zu erzielen, reichen vermutlich drei bis vier Kontakte, alles andere muss dann das verbesserte Produkt selbst leisten (z.B. Wiederkauf-Rate erhöhen). Vom Timing sollte man zunächst versuchen, diese drei bis vier Kontakte schnell zu erzielen (Front Loading). Wir suchen also nach reichweitenstarken Medien, mit denen wir gezielt zum Relaunch-Termin Werbedruck in der Zielgruppe aufbauen können.

Als Basis-Medien bieten sich hier Publikumszeitschriften oder TV an. Angesichts des Budgets wird man sich für eines der beiden Medien entscheiden müssen. Zu Beginn bietet sich vermutlich vor allem TV an, da hier die Marke besonders gut emotionalisiert werden kann (vgl. auch Tonality). Man sollte versuchen, möglichst frauenaffine Sender bzw. Sendungen auszuwählen (außerdem eher preiswertere day-time oder access-prime-time wählen).

Nach Beendigung der ersten Phase sollte in jedem Fall auf Publikumszeitschriften zurückgegriffen werden, da sich über Zielgruppen-Zeitschriften (u.a. diverse Frauen-Zeitschriften) die Zielgruppe ohne größere Streuverlust gut wiederholt erreichen lässt (Erinnerung an die Marke, Wiedererkennbarkeit).

Es ist aber durchaus möglich, auf den TV-Einsatz zu verzichten, da die Marke schon über eine hohe Bekanntheit verfügt.

*Hörfunk*
Gezielter Einsatz in Sendern und Sendungen kurz vor dem Einkauf (9 bis 12 Uhr morgens, ggf. bevorzugt Frauen ansprechen).

*Außenwerbung*
Evtl. gezielter Einsatz von Großflächen in der Nähe des POS.

*Internet/Neue Medien/Multimedia*
Bevorzugt für die Handelsansprache

*Selektionshilfen*
Bei der Selektion der konkreten Werbeträger können folgende Veröffentlichungen und Studien helfen: IVW, GfK (TV), ma, ma Plakat, b4p, AWA, andere Spezialstudien von Verlagen oder Vermarktern.

Wie schon erwähnt, sollte außerdem in FZ (Lebensmittel-Zeitung) geschaltet werden.

**Übungsfall 2**

Das große deutsche Reiseunternehmen H startet in den nächsten Monaten seine Billigfluglinie Fly Express.

Vom Heimatflughafen Köln/Bonn sollen die Ziele Berlin, Hamburg, London, Venedig, Mailand oder Pisa zum Preis von 19,99 € pro Hinflug angeflogen werden. Dieser Preis gilt allerdings nur für ein begrenztes Kontingent und kann je nach Buchungszeitpunkt und -stelle auf über das Doppelte pro Einzel-Flug steigen.

Der Markt für Billigflüge wird inzwischen von einer recht großen Anzahl von Linien bestimmt.

Das Reiseunternehmen beauftragt seine Agentur mit der Erstellung eines Kommunikationskonzeptes. Als Budget stehen für das erste Jahr insgesamt 3,5 Mio. € zur Verfügung.

**Aufgabe**

Skizzieren Sie die notwendigen Überlegungen und Planungsschritte. Nehmen Sie dabei zu folgenden Punkten Stellung:

- Situations-Analyse,
- Kommunikations-Ziele,
- Zielgruppen-Analyse,
- Positionierung und Copy-Strategie,
- Kommunikations-Mix,
- Medien.

## LÖSUNGSHINWEISE ÜBUNG 2

### 1. Situations-Analyse (Ist-Zustand)

*a) Unternehmen/Produkt/ Dienstleistung*

Bei der Marke Fly Express handelt sich um eine neue Marke (Dienstleistung), die unter Umständen vom Bekanntheitsgrad des bekannten deutschen Reise-Unternehmens H profitieren kann. Über Marktanteils-Ziele werden keine Angaben gemacht, doch dürfte zunächst vor allem der Markteintritt und das schnelle Gewinnen von Marktanteilen im Vordergrund stehen.

Auch Billigflug-Linien sind bereits typische Me-too-Dienstleistungen, es gibt inzwischen eine relativ große Anzahl von Billigfluglinien, das heißt, in der Kommunikation muss eine Unique Advertising/Communication Proposition in den Köpfen der Verbraucher angestrebt werden.

Der niedrige Preis macht das Produkt zu einem Low-Involvement-Gut, bei dem das Risiko einer Fehlbuchung für die Nutzer gering ist, daher ist die Wahrscheinlichkeit von Erstbuchungen bei geschickter Kommunikations-Strategie sehr groß.

*b) Markt*

Marktentwicklung, Marktvolumen, Marktpotenzial und Distributionskanäle lassen sich mit genaueren Studien von Dachverbänden und Marktforschungs-Instituten einschätzen.

Im Fall der Marke Fly Express, die vom Heimatflughafen Köln/Bonn aus startet und in Deutschland die Ziele

Berlin und Hamburg anfliegt, müssen regionale Schwerpunkte gesetzt werden, da außerhalb eines Radius von ca. 100 km zu den jeweiligen Flughäfen (Köln, Hamburg, Berlin) die Wahrscheinlichkeit, potenzielle Passagiere zu erreichen, trotz des billigen Flugpreises drastisch abnehmen dürfte.

*c) Wettbewerber*
Informationen über die Wettbewerber (Produkte/Dienstleistungen, Marktanteil/Marktpositionen, Preise, Distribution und Kommunikation, insbesondere Spendings und evtl. bereits eingesetzter Kommunikations- und Media-Mix) können ebenfalls aus Studien von Dachverbänden und Marktforschungs-Instituten erhoben werden.

Darüber hinaus steht mit Nielsen Media Research ein Instrument zur Verfügung, mit dem man die Media-Strategie und den Werbedruck der Konkurrenz (Basis: Brutto-Spendings in den klassischen Medien) analysieren kann. Neben anderen Marktforschungs-Instituten stellt Nielsen Media Research Datenbanken zur Verfügung, aus denen man die eingesetzten Werbemittel abrufen kann, um sie anschließend mithilfe von Copy-Analysen hinsichtlich der Kommunikations-Strategie auszuwerten.

Wichtige Wettbewerber sind in diesem Fall neben anderen Billigflug-Anbietern, „normale" Fluglinien, aber im innerdeutschen Wettbewerb auch Auto und Bahn.

**2. Kommunikations-Ziele**

- Die Erhöhung der Bekanntheit steht hier zunächst im Vordergrund. Dazu gehört nicht nur die Markenbekanntheit, sondern auch die Bekanntmachung der Internet-Adresse, unter der vor allem Buchungen/Reservierungen vorgenommen werden können.
- Informationen über das Angebot sowie die Buchungs-Bedingungen vermitteln (an die potenziellen Nutzer, aber auch an Reisebüros)
- Aufbau eines Images (günstig, aber trotzdem sicher, seriös und zuverlässig), dabei evtl. Möglichkeit zum Image-Transfer vom „Mutter-Haus" H.
- Aufbau von Vertrauen bei der Zielgruppe.
- Verankerung der Positionierung in den Köpfen der Verbraucher.

**3. Zielgruppen-Analyse**

*Zielgruppen-Definition*
Eine Kernzielgruppe zu definieren fällt bei einem günstigen Angebot, das sich an alle Erwachsenen im Einzugsbereich der drei deutschen Flughäfen richtet, schwer. Es handelt sich also um eine recht breite Zielgruppe. Eine Zielgruppe sind in jedem Fall Geschäftskunden, deren Unternehmen möglicherweise größere Kontingente billiger Flüge einkaufen, um sie anschließend im eigenen Unternehmen zu verplanen.

Auf der Endnutzer-Ebene könnten jüngere Nutzer aus den jeweiligen Metropolen (25–40 Jahre), die am Wochenende Trips in die europäischen Szene- oder Modestädte (London, Mailand, Venedig) unternehmen, eine besondere Rolle spielen.

Allerdings müssen solche Trips langfristig geplant und im Voraus gebucht werden, da ansonsten die Preise erheblich steigen. Im innerdeutschen Wettbewerb geht es insofern vor allem darum, Leute zum Umsteigen von Bahn oder Pkw zu ermuntern.

Zur genaueren Definition müsste man auf die einschlägigen Markt-Media-Studien wie die b4p, AWA, LAE und andere Spezialstudien von Verlagen oder Vermarktern oder evtl. auch auf Typologien (z.B. Sinus-Milieus) zurückgreifen.

*Weitere Zielgruppen:*

- Reisebüros: Aufnahme ins Programm dürfte auf Grund des bekannten „Mutter-Hauses" kein Problem sein. Allerdings läuft der Haupt-Vertrieb über das Internet und Call-Center, sodass unter Umständen auf die Ansprache von Reisebüros ganz verzichtet werden kann.
- Presse/Medien: Wichtig, da eine neue Billigfluglinie auch für die allgemeine Publikumspresse interessant sein kann, unter Umständen lohnt sich auch PR in Fachzeitschriften für die Reisebranche (z.B. Touristik aktuell)

## 4. Positionierung und Copy-Strategie

*Positionierung*
Fly Express ist nicht nur günstig, sondern dank H gewohnt sicher und zuverlässig.

*Copy-Strategie*

Benefit
Ein objektiver Benefit lässt sich hier leicht über den Preis finden: Fly Express – günstiger geht's nicht. Allerdings unterscheidet sich das nicht wirklich von allen anderen Wettbewerbern aus dem Billigflug-Segment, gegenüber „normalen" Flügen oder Bahn und Pkw natürlich schon. Aber auch das schnellere Tempo bietet sich an.

Darüber hinaus sollte deshalb auch ein subjektiver Benefit gesucht werden, der möglicherweise die Chance zur Entwicklung einer Unique Advertising Proposition bietet. Einen Ansatzpunkt könnte die Zuverlässigkeit bieten, ein Faktor, der vor allem für die Geschäftskunden (Termine) eine besondere Rolle spielen könnte. „Entspannter Ankommen mit Fly Express."

Reason why
Sowohl der beschriebene objektive (Preis, Tempo) als auch der subjektive Benefit (Zuverlässigkeit) lassen sich begründen. Der objektive mit dem Verweis auf die Tarife oder die Zeitersparnis und der subjektive durch den Hinweis auf das seit Jahren für seine Zuverlässigkeit bekannte „Mutterhaus" H.

Tonality
Die Stimmung oder Anmutung der Werbemittel muss den jeweiligen Benefit unterstreichen und sollte nach Möglichkeit nicht austauschbar sein, damit es nicht zu Verwechslungen mit anderen Marken kommt (UAP).

Beim objektiven Zusatznutzen (Preis oder Tempo) kann der Vergleich zu den Preisen oder der Geschwindigkeit anderer Beförderungsmitteln für die jeweilige Strecke im Vordergrund stehen. Beim subjektiven Zusatznutzen kann durch den Verweis auf das „Mutter-Haus" H (Verwendung des Logos, Anlehnung an die Farbwelt etc.) gearbeitet werden.

## 5. Kommunikations-Mix
Neben klassischer Werbung (wird unter Punkt 6 erörtert) kommen hier vor allem folgende Below-the-line-Maßnahmen infrage:

*PR*
Vor allen Dingen in regionalen Abo-Zeitungen, Publikumszeitschriften, aber auch in Fachzeitschriften für die Reise-Branche.

*Verkaufsförderung*
- Staff Promotions: Schulung der Call-Center-Mitarbeiter,
- Dealer Promotions: Durchführung von VkF-Aktionen in Reisebüros (z.B. Bereitstellung von Info-Material),
- Consumer Promotions: evtl. Info-Möglichkeiten in der Nähe von Bahnhöfen oder am Flughafen schaffen.

*Event*
Evtl. für die Journalisten im Zusammenhang mit PR (z.B. Freiflüge), da auf der Endverbraucher-Ebene die Zielgruppe viel zu groß ist.

*Direkt-Marketing*
Auf Endverbraucher-Ebene: Daten sind zwar über H vorhanden, aber es besteht die Gefahr der „Kannibalisierung", das heißt, bisherige „Normal-Flieger" werden zu Billig-Fliegern gemacht (das gilt ebenfalls für die Zielgruppe der Geschäftsleute). Auf Reisebüro-Ebene: geeignet, Erfolg abhängig von konkretem Material.

## 6. Medien
*Intermediavergleich*
Als Media-Ziel sollte man hier die Reichweitenmaximierung bei der relevanten Zielgruppe anstreben. Um die Günstigkeit des Angebotes sowie die Internet-Adresse zu kommunizieren, reichen vermutlich fünf bis sechs Kontakte. Vom Timing sollte man zunächst versuchen, diese fünf bis sechs Kontakte schnell zu erzielen (Front Loading). Wir suchen also nach reichweitenstarken

Medien, mit denen wir gezielt in den drei Regionen zum Start der neuen Billigfluglinie Werbedruck in der Zielgruppe aufbauen können.

Wie bereits mehrfach erwähnt, kommt es in diesem Fall bei der Auswahl der Medien vor allem auf die regionale Steuerbarkeit an. Da sich TV kaum regional steuern lässt (Ausnahme: Ballungsraum-TV) und es hier auch nicht so stark auf den Aufbau emotionaler Markenwelten ankommt, scheidet TV nahezu aus.

Der Einsatz von Außenwerbung (Großflächen und City-Light-Poster) in den Großstädten der jeweiligen Region ist dagegen nahezu optimal. Gerade zu Beginn der Kampagne kann hier schnell Werbedruck aufgebaut werden, der sich durch den gezielten Einsatz an Bahnhöfen, Autobahnzufahrten oder Flughäfen noch intensivieren lässt.

Neben dem Tempo des Reichweitenaufbaus spielen unsere Kommunikations-Ziele eine besondere Rolle, denn unsere Internet-Adresse, die Flugziele sowie der besonders günstige Preis lassen sich sehr gut mit Außenwerbung vermitteln.

Auch Publikumszeitschriften haben den Nachteil, dass sie sich eigentlich schlecht regional steuern lassen. Doch hier gibt es mit den Stadtmagazinen (z.B. „Prinz") eine wichtige Ausnahme, die in diesem Fall vor allem für die jüngere Zielgruppe eine wichtige Rolle spielt, das heißt, nach Beendigung der ersten Phase sollte in jedem Fall auf PZ zurückgegriffen werden (Erinnerung an die Marke, Buchungs-Anstöße).

Der ältere Teil der Endnutzer-Zielgruppe und ein großer Teil der Geschäftsleute kann auch über regionale Abo-Tageszeitungen erreicht werden. Zeitungen werden vorwiegend zur Information genutzt, was sich mit dem Informationsziel von Fly Express deckt.

*Hörfunk*
Zur Abverkaufs-Unterstützung und zur Kommunikation der Internet-Adresse; gezielter Einsatz regionaler Sender zur Drive-Time (möglicherweise stehen die Pkw-Fahrer im Stau) macht die Alternative besonders deutlich (vor allem bis 9 Uhr morgens).

*Online*
Buchbarkeit der Flüge im Internet erfordert zwingend Online-Werbung (z.B. Banner bei Suchmaschinen).

*Selektionshilfen*
Bei der Selektion der konkreten Werbeträger können folgende Veröffentlichungen und Studien helfen: IVW, GfK (TV), ma, ma Plakat, b4p, AWA, LAE, internet facts (AGOF), andere Spezialstudien von Verlagen oder Vermarktern.

# Kapitel 7

# Vertiefung: Werbewirkungsmodelle

© Shutterstock/max sattana

**„Ich weiß, dass die Hälfte meines Werbebudgets vergeudet wird. Nur weiß ich nicht, welche Hälfte“**

(Diese Aussage wird Henry Ford zugeschrieben)

Das wohl berühmteste und älteste Bonmot, das sich mit der Wirksamkeit von Werbung beschäftigt, stammt aus dem ausgehenden 19. Jahrhundert und lautet: „Ich weiß, dass die Hälfte meines Werbebudgets vergeudet wird. Nur weiß ich nicht, welche Hälfte." Wer der eigentliche Urheber dieses Spruches ist, darüber herrscht Uneinigkeit. Am häufigsten wird er dem Automobil-Pionier Henry Ford (1863–1947) zugeschrieben. Andere Quellen nennen William Hesketh Lever (1851–1925) oder John Wanamaker (1838–1922). Trotz der in dem Satz steckenden Skepsis scheint auch vor über 100 Jahren schon klar gewesen zu sein, dass Werbung einen Einfluss auf die Kaufentscheidung nimmt. Insofern sind Diskussionen darüber, ob Werbung wirkt, längst müßig. Viel interessanter sind dagegen Fragen, die sich mit dem Wie beschäftigen, denn ohne zu wissen, wie und unter welchen Bedingungen klassische Werbung funktioniert, kann weder Kreation von Werbemitteln noch integrierte Kommunikation gelingen.

Werbung wirkt – aber wie?

Angesichts hoher Kommunikations-Budgets erwarten die Werbungtreibenden von Agenturen und Vermarktern den Nachweis, dass sich ihre Investitionen in die Werbung auszahlen. Denn ohne Kenntnisse der Werbewirkung, das heißt der Reaktionen der Konsumenten auf der psychologischen Ebene, ist der Einsatz von Werbemaßnahmen – insbesondere neuer oder veränderter Kampagnen – ein schwer kalkulierbares Risiko. Die Nachfrage nach verlässlichen Daten über die Effizienz von Werbung wird daher immer größer.

Die Suche nach dem Zusammenhang zwischen Werbung und Absatzsteigerung ist so alt wie die Werbung selbst, weshalb nach einer grundsätzlichen Betrachtung von Werbung als Werbewirkungsprozess im folgenden Abschnitt zunächst ein kurzer historischer Abriss wichtiger Werbewirkungstheorien gegeben werden soll, bevor versucht wird, den aktuellen Stand der Forschung anhand exemplarischer Werbewirkungsmodelle aufzuzeigen. Im anschließenden Kapitel 8 über Werbung als Gestaltungsprozess stehen dann neben psychologischen Grundlagen, die bei der Wahrnehmung, Verarbeitung, Speicherung und Verhaltenssteuerung von Werbung eine Rolle spielen, vor allem Grundprinzipien der Anzeigengestaltung im Vordergrund.

## 7.1 Werbung als Werbewirkungsprozess

> *„Werbewirkung ist jede Art von Reaktion, mit der ein Adressat auf einen Werbereiz antwortet."*
>
> *(Aus: Steffenhagen, Hartwig: Wirkungen der Werbung. Aachen 2000)*

Dies ist eine Lehrbuchdefinition, die schon das weite Untersuchungsfeld aufzeigt, das sich bei der Beschäftigung mit Werbewirkung, ihrer Theorie und ihrer Messbarkeit öffnet. Der Begriff „Antworten" ist nämlich nicht wörtlich zu nehmen, denn jede Form beobachtbaren oder auch nicht-beobachtbaren Verhaltens kann im Rahmen der Beschäftigung mit Werbung als Antwort und damit als Wirkung gelten. Angesichts der Vielfalt denkbarer Reaktionen der Adressaten auf Werbung findet häufig eine Zweiteilung in

- außerökonomische (psychologische) Werbewirkung und
- ökonomischen Werbeerfolg statt (vgl. Abb. 7.1).

Andere Einteilungen versuchen, mithilfe so genannter Hierarchie- bzw. Stufenmodelle Ordnung in die Wirkungszusammenhänge von Werbung zubringen. Diese Stufenmodelle gehen davon aus, dass gewisse Werbewirkungen aufeinander aufbauen und in einer bestimmten Reihenfolge durchlaufen werden, bevor der gewünschte Erfolg erreicht wird (vgl. auch Abb. 7.2 und 7.3).

Theorien versuchen die Wirklichkeit zu erklären

Auch Werbewirkungsmodelle versuchen, wie jede Theorie, eine sich ändernde Wirklichkeit festzuhalten und zu erklären. Die Veränderung dieser Wirklichkeit führt zwangsläufig dazu, dass ältere Modelle angepasst bzw. verändert werden müssen oder ihre Erklärungskraft verlieren. Bei der Beschäftigung mit Werbewirkungsmodellen muss man deshalb immer die Grundannahmen des jeweiligen Modells überprüfen, um die Erklärungskraft für konkrete Fragestellungen realistisch einschätzen zu können. Hinzu kommt, dass der Erfolg von Werbung von vielen Einflussfaktoren abhängt, die teils nicht messbar sind. Aus diesen Gründen gibt es bis heute keine allgemein anerkannte Werbewirkungstheorie.

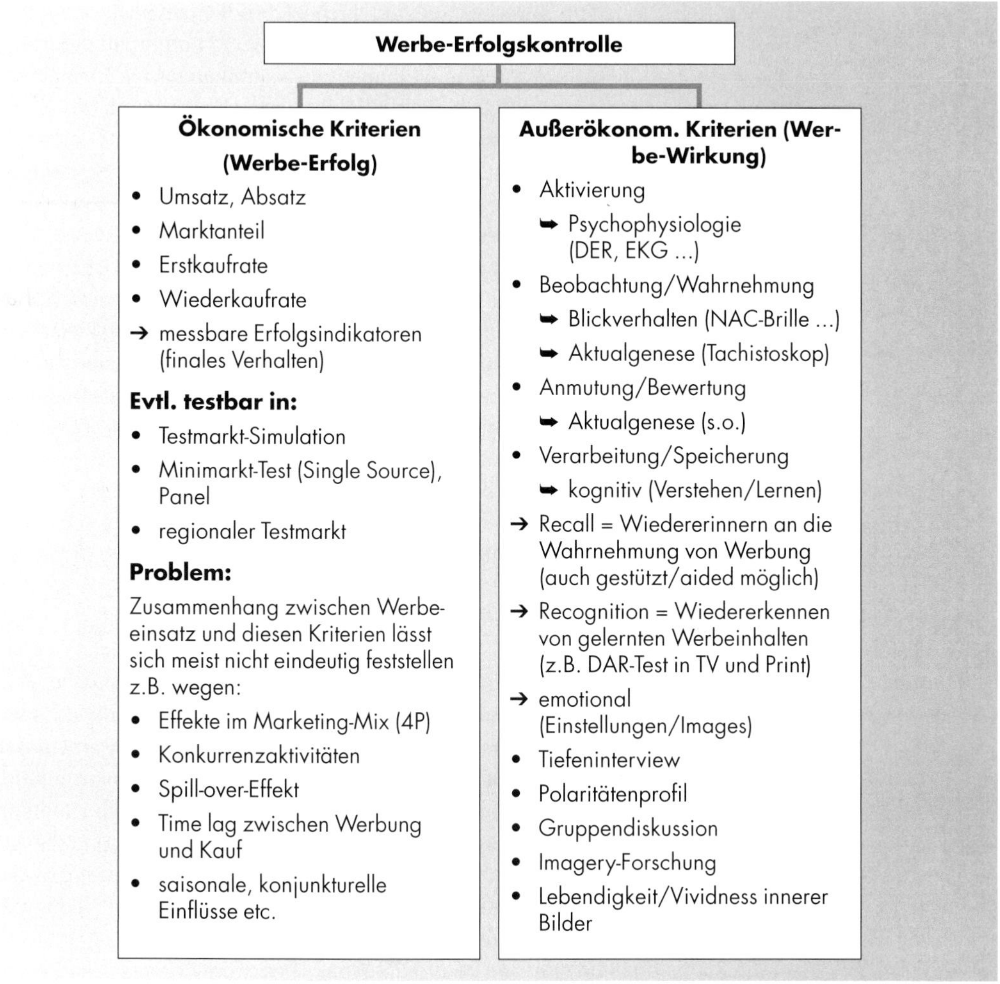


*Abb. 7.1: Kriterien einer Werbe-Erfolgskontrolle*

*Alle von der Medien- und Werbewirkungsforschung bis heute vorgelegten Modelle repräsentieren jeweils unterschiedliche Ausschnitte aus dem Wirkungsgeflecht, nie jedoch den Gesamtzusammenhang.*

Vielleicht kann oder muss es eine allgemein anerkannte Werbewirkungstheorie auch gar nicht geben, denn die unterschiedlichen Märkte, Produkte, Zielgruppen und Zielsetzungen erfordern natürlich vielfältige werbliche Konzeptionen, die auf unterschiedliche Art und Weise erreicht und gemessen werden können.

Bei der Vielzahl unterschiedlicher Werbeziele muss es mehr als eine Werbewirkung geben

Wenn man davon ausgeht, dass das angestrebte Werbeziel Auswirkungen auf das Verständnis von Werbewirkung hat, muss es bei der Vielzahl unterschiedlicher Werbeziele (vgl. Kapitel 2 im Band „Kommunikationspolitik") auch mehr als eine Art von Werbewirkung geben. Aus Sicht der Unternehmen besteht die wichtigste Reaktion auf Werbung im ökonomischen Erfolg (Kauf/Umsatz, Marktanteil etc.) der beworbenen Produkte. Eine Erhöhung von Umsätzen oder Marktanteilen stellt eine – zugegeben sehr wichtige – Reaktion der Zielgruppe auf Werbeaktivitäten von Unternehmen dar, doch letztendlich muss der Kauf eines Produktes erst durch viele verschiedene Marketing- und Kommunikationsmaßnahmen vorbereitet werden. Die Wirkungen kommunikativer Maßnahmen wie Werbung können aber häufig nicht mithilfe ökonomischer Kriterien erfasst werden. Obwohl es unstreitig sein dürfte, dass es beispielsweise bei einer Produktneueinführung zunächst auf Zielsetzungen wie Steigerung der Bekanntheit, Image-Bildung, Gewinnung von Sympathie oder Anregung zum Probieren ankommt, bevor sich ökonomischer Erfolg überhaupt einstellen kann.

Für die Messung von Werbewirkung macht es einen erheblichen Unterschied, ob es einem Unternehmen im Einzelfall eher auf ökonomische oder außerökonomische Zielsetzungen ankommt. Denn je nach zu Grunde liegender Zielsetzung müssen unterschiedliche Einflussfaktoren gemessen und in Beziehung gesetzt werden. Dies führt im Anschluss an die Kampagne vor allem dann zu erheblichen Differenzen zwischen Werbungtreibenden und Agenturen, wenn vorher nicht gemeinsam vereinbart wurde, was als Werbeerfolg bzw. erwünschte Werbewirkung angesehen werden soll. Vor dem Hintergrund der zunehmenden Verbreitung erfolgsabhängiger Agenturhonorierung, die vor allem große Konzerne seit einigen Jahren praktizieren, erhält dieses Thema eine besondere Brisanz. In der Diskussion, was im Hinblick auf die Agenturhonorierung als Werbeerfolg angesehen werden soll, verstehen die Unternehmen natürlich vor allem Markterfolg, während sich die Agenturen lieber am Kommunikationserfolg messen lassen wollen (vgl. zu dieser Problematik noch einmal Abb. 7.1).

Erfolgsabhängige Agenturhonorierung erfordert klare Absprache über den Werbeerfolg

Die besondere Problematik der Werbewirkungstheorie liegt darin, dass Werbewirkung von unzähligen Einflussfaktoren abhängt, die sich außerdem noch gegenseitig beeinflussen. Dies führt dazu, dass es eine Vielzahl konkurrierender Werbewirkungsmodelle gibt, die sich auf den ersten Blick sogar zu widersprechen scheinen. Auf den zweiten Blick wird aber deutlich, dass die Modelle ganz unterschiedliche Grundannahmen haben, und insofern je nach Frage- bzw. Aufgabenstellung zu bewerten sind. Ein gutes Beispiel für diese These ist der aktuelle Streit zwischen den Vertretern der so genannten Strong Theory um Professor John Philip Jones und den Vertretern der Weak Theory um Professor Andrew Ehrenberg (vgl. Abb. 7.2).

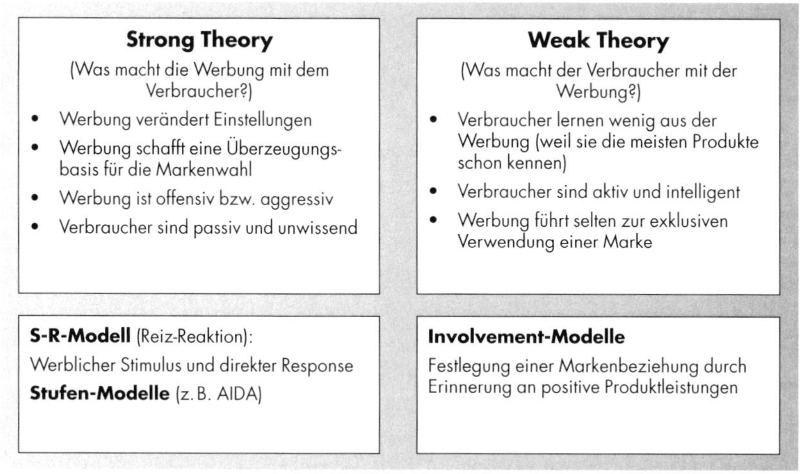


*Abb. 7.2: Denkschulen in der Werbewirkungstheorie (nach: SevenOneMedia)*

Zwei Denkschulen:

1. Werbung hat starke Einflüsse auf das Kaufverhalten

2. Werbung hat geringe Einflüsse auf das Kaufverhalten (und verfolgt andere Ziele)

Die Strong Theory von Jones geht davon aus, dass sich Werbung kurzfristig auf die Markenwahl der Verbraucher auswirkt und mittelfristig hilft, Marktanteile zu verschieben oder auf hohem Niveau zu stabilisieren. Werbung hat demnach einen starken Einfluss auf die Verbraucher, den Jones in der STAS-Formel (Short Term Advertising Strength) zum Ausdruck bringt. Einen völlig anderen Ansatz verfolgt Ehrenberg mit seiner Weak Theory. Er geht davon aus, dass sich Markenpräferenzen und Kaufverhalten über mehrere Jahre hinweg entwickeln müssen. Werbung hat in diesem Prozess nur die Aufgabe, Marken bekannt zu machen, Markenpräsenz zu erhalten und Stammverwender in der Markenwahl zu bestätigen. Seiner Meinung nach gelingt es Werbung selten, dauerhaften Markenwechsel zu erreichen, sondern dient eher der Verteidigung von Marktanteilen. Werbung hat demnach schwachen Einfluss auf die Verbraucher, den Ehrenberg in der ATR-Formel (Awareness – Trial – Reinforcement) beschreibt.

→ *Der Strong Theory lassen sich Stufenmodelle (wie AIDA) zuordnen, während der Weak Theory Involvement-Modelle zu Grunde liegen.*

Während sich Jones also mit den kurzfristigen Effekten von Werbung beschäftigt und von passiven Verbrauchern ausgeht, kümmert sich Ehrenberg um die langfristigen Effekte und setzt aktive Auseinandersetzung der Verbraucher mit Werbung voraus. Beide Modelle können Kaufverhalten schlüssig erklären, wobei die Anwendung der Modelle neben dem Zeithorizont auch von den betrachteten Wettbewerbsbedingungen (Wachsender versus stagnierender oder schrumpfender Markt), dem Produktstatus (USP versus me-too) oder dem Involvement der Zielgruppe abhängt (mehr zum Involvement-Begriff finden Sie am Ende dieses Kapitels und in Kapitel 1 vom Band „Kommunikationspolitik"). Dass Werbung bei FMCG (Fast Moving Consumer Goods = schnelldrehenden Konsumgütern) wie etwa Waschmitteln, Schokoriegeln oder Fertigpizza eine andere Wirkung hat als bei High-Involvement-Gütern, wie etwa Pkw, Waschmaschinen oder Urlaubsreisen, dürfte jedem unmittelbar einleuchten.

*Viele Werbewirkungsmodelle gehen von einer Hierarchie der Effekte aus, d. h., die Phasen der Werbewirkung müssen in einer bestimmten Reihenfolge durchlaufen werden.*

Werbewirkung als Stufenprozess

Das vermutlich berühmteste Hierarchie-Modell ist das so genannte AIDA-Schema (Attention – Interest – Desire – Action), das E. St. Elmo Lewis bereits 1898 als Grundlage für Verkäufer-Trainings entwickelte. Auch viele moderne Werbewirkungsmodelle versuchen, den Gedanken, dass die Wirkung von Werbung in einer bestimmten Reihenfolge erfolgt, aufzugreifen, wobei man auch hier zwischen zwei Modellen unterscheiden muss – solchen, die Werbung einen starken Einfluss auf das Kaufverhalten zugestehen, und solchen, die das nicht machen (vgl. Abb. 7.3). Die Effekte, die Werbung beim Verbraucher hervorruft, sind zwar vielfältig, lassen sich aber grob in drei Komponenten zerlegen. Man unterscheidet kognitive, affektive und konative Komponenten der Werbewirkung.

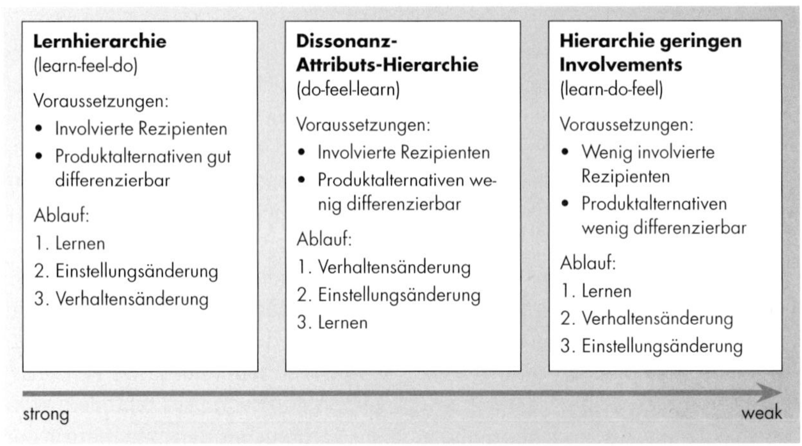


*Abb. 7.3: Hierachie-von-Effekten-Modelle (nach: SevenOneMedia)*

- Unter kognitiven Wirkungen werden Prozesse verstanden, die mit dem Lernen von Werbeinhalten oder -botschaften zusammenhängen. Zu ihnen gehören Aspekte wie Aufmerksamkeit, Verarbeitung, Speicherung und Erinnerung von Werbung.
- Affektive Wirkungen beschreiben eher die durch Werbung ausgelöste oder beeinflusste Gefühlslage oder Einstellungen wie Interesse, Bewertung/Image oder die durch Werbung erzeugte Sympathie für ein Produkt oder eine Dienstleistung.
- Unter Werbewirkungen auf konativer Ebene versteht man eine durch Werbung ausgelöste Handlungsabsicht oder -durchführung, also Sachverhalte wie Kaufneigung, Kauf und Verwendung eines Produkts.

Häufig ist zunächst Wirksamkeit auf der kognitiven und/oder affektiven Ebene nötig, bevor sich Erfolg auch auf der konativen Ebene zeigt.

Auch in den von Ray 1973 entwickelten drei Hierarchie-von-Effekten-Modellen (vgl. wiederum Abb. 7.3) sind diese Komponenten enthalten, mit dem Begriff „Lernen“ sind die kognitiven Wirkungen, mit dem Begriff „Einstellungsänderung“ die affektiven Wirkungen und mit dem Begriff „Verhaltensänderung“ die konativen Wirkungen von Werbung gemeint. Alle drei Hierarchiemodelle beziehen darüber hinaus den Grad des Involvement des Beworbenen sowie die Unterscheidbarkeit von Produktalternativen mit ein. Obwohl die drei Wirkungskomponenten Kognition, Affekt und Konation theoretisch in sechs verschiedene Reihenfolgen gebracht werden könnten, sind in der Praxis nur drei Hierarchien von Bedeutung. Diese drei verschiedenen Hierarchie-Modelle können Werbewirkung bzw. Kaufverhalten in vielen Fällen schlüssig erklären.

### Lernhierarchie

Gut unterscheidbare High-Involvement-Güter

Sie gilt bei High-Involvement-Gütern, bei denen die Alternativen gut unterscheidbar sind, wobei es davon heutzutage kaum noch welche gibt. Allerdings hängt die Unterscheidbarkeit von Alternativen auch von individuellen Faktoren wie Vorkenntnissen über die Produktart, Interesse an der Produktart oder Produktvertrautheit ab. Am Beispiel der Entscheidung für das Reiseziel des Haupturlaubs soll dies veranschaulicht werden. Auch wenn es sicherlich genug Menschen gibt, denen es eigentlich egal ist, in welchem Land sich der sonnige Strand befindet, werden in diesem Fall normalerweise mithilfe der Werbung verschiedene Fakten gelernt – unter anderem Produktkenntnisse (z. B. besondere Vorteile des Reiseziels), Images und evtl. der Markenname. Anschließend bildet sich der Verbraucher eine Einstellung, die sowohl rational begründbar ist als auch emotional als „richtig“ (in Übereinstimmung mit den Werten und Motiven) empfunden wird. Der Kauf bzw. in unserem Fall die Entscheidung für ein Reiseziel ist dann die notwendige Konsequenz aus den beiden vorher durchlaufenen Stufen. Das AIDA-Modell ist eigentlich nichts anderes als eine Ausprägung dieser Hierarchie.

### Dissonanz-Attributions-Hierarchie

Kaum unterscheidbare High-Involvement-Güter

Sie ist in modernen Me-too-Märkten mit hohem Sättigungsgrad vermutlich häufiger anzutreffen als die Lernhierarchie. Sie gilt vor allem bei High-Involvement-Gütern, bei denen die Alternativen kaum unterscheidbar sind, wie z.B. teure Oberbekleidung oder Kosmetik. Hier erfolgt zunächst der Kauf, der natürlich auch durch Werbung – hier vor allem Aufbau emotionaler Markenwelten – vorbereitet wird. Im Anschluss entsteht beim Verbraucher das Gefühl einer inneren Spannung/Dissonanz, die am besten mit einer Art „Kater“ verglichen werden kann. Die Auswirkungen dieses „Kauf-Katers“ versucht der Verbraucher mithilfe von Argumenten zu minimieren, d.h., erst jetzt bildet sich eine Einstellung zur Marke. Diese Argumente sucht sich der Verbraucher in der Werbung des Unternehmens, Produktbeilagen („Wir gratulieren Ihnen zum Kauf des Produktes ...“) oder durch Rückmeldungen des Partners, von Freunden oder Bekannten. Es werden also bewusst Informationen über positive Produkteigenschaften, wie z.B. die Produktqualität, oder über das Image der Marke gesucht, um den Kauf nachträglich vor sich selbst zu rechtfertigen (Attribution).

Dabei spielt es interessanterweise keine Rolle, ob es sich bei der Kaufentscheidung um eine Individual- oder eine gemeinsame Entscheidung handelt. Leider wird das Potenzial, das in der Nachkauf-Phase für die Marken- bzw. Kundenbindung steckt, bisher nur von den wenigsten Unternehmen in ausreichendem Maße genutzt – und das bei Kenntnis der so genannten 20:80 -Regel, die besagt, dass mit 20 % der Kunden 80 % der Umsätze erzielt werden

### Hierarchie geringen Involvements

Low-Involvement-Güter

Die Hierarchie geringen Involvements gilt eigentlich für alle FMCG wie Waschmittel, Schokoriegel, Joghurt etc., aber auch für Zigaretten. Der Wettbewerb unter den austauschbaren Produkten (me-too) ist in der Regel hart, weil es sich häufig um gesättigte oder schrumpfende Märkte handelt. Auch hier müssen die Verbraucher erst mithilfe der Werbung etwas lernen, allerdings haben die Konsumenten weder ein besonderes Interesse an den Produkten (low-involvement) noch an der Werbung. Im Gegensatz zur Lernhierarchie versucht Werbung deshalb keine „echte" Produktinformation zu vermitteln, sondern kümmert sich eher um Markenname, Image und Sympathie für die Marke. Durch diese Informationen wird der Verbraucher zu Test-/Probekäufen angeregt, die er im Handel, wenn er die Marke wieder erkennt (= Recognition), auch tätigt. Erst auf Basis dieser konkreten Produkterfahrung bilden sich differenzierte Einstellungen zum Produkt. Falls die Produkterfahrung positiv ausfällt, kommt es zu Wiederholungskäufen (= Einstellungsänderungen oder -modifizierungen) und damit zur Bindung an das Produkt. Im Gegensatz zum Probekauf besteht beim Wiederholungskauf bereits ein hoher Zusammenhang zwischen Einstellung und Kaufverhalten. Demnach ist eine positive Werbewirkung bei Low-Involvement-Produkten davon abhängig, wie weit es gelingt, die positiven Aspekte des Probekaufs zu verstärken. Das Phänomen des „Kaufkaters" tritt hier zwar selten auf, doch sind auch hier die Verbraucher durchaus empfänglich für eine Bestätigung ihres Kaufverhaltens. Diese kommt allerdings vor allem aus der Produktnutzung, aber auch aus der Werbung, die durch hohen Werbedruck Marken auch Bewusstseinspräsenz und damit Wertschätzung verschaffen kann (Branding). Die besondere Bedeutung der Hierarchie des geringen Involvements zeigt sich auch bei Betrachtung des zunehmenden „Information overload" und der damit einhergehenden Veränderung im Medianutzungsverhalten. So wird heute Fernsehwerbung als Folge der gestiegenen Anzahl von Werbespots überwiegend mit geringem Involvement quasi nebenbei aufgenommen, was der Werbewirkung aber nicht unbedingt schaden muss (vgl. dazu Mere-Exposure-Effekt).

---

An dieser Stelle noch einige Beispiele von Unternehmen, die sich der besonderen Bedeutung des Ausprobierens in der Hierarchie des geringen Involvements bedienen, um ihre Positionierung zu verdeutlichen. Sie setzen in ihrer Markenkommunikation stark auf die tief im Menschen verankerte Instruktion der Stimulanz, die die Ursache für die Suche nach neuen Reizen, nach Abwechslung oder der Vermeidung von Langeweile ist (weitere Informationen dazu und auch zu den beiden anderen limbischen Basisinstruktionen Dominanz und Balance finden sich im Buch von Hans Georg Häusel: Think Limbic. Haufe Verlag. 2005). Als konkrete Beispiele seien hier nur WEST, IKEA oder die „Süddeutsche Zeitung" genannt, in deren Unternehmensslogans schon die Aufforderung zum Ausprobieren steckt: „Test it!", „Entdecke die Möglichkeiten", „Entdecker gesucht".

## 7.2 Historische Entwicklung

Wie erwähnt, beginnt die Entwicklung der Werbewirkungstheorie bereits 1898 mit dem von E. St. Elmo Lewis für Verkäufer-Trainings entwickelten AIDA-Schema (Attention – Interest – Desire – Action). Die Reihenfolge der Stufen ist dabei zwingend: Eine Kommunikationswirkung im Sinn einer Werbewirkung kann nur dann entstehen, wenn Werbung wahrgenommen wird. Dazu muss sie zunächst Aufmerksamkeit erzeugen. Aufmerksamkeit ist dann die Voraussetzung für ein Produktinteresse, und dieses wiederum für ein Kaufbedürfnis, welches schließlich auf der letzten Stufe idealerweise auch zur Kaufhandlung führt. Diese Stufen entsprechen im Ablauf der klassischen Lernhierarchie mit den Schritten Lernen, Einstellungsänderung und Verhaltensänderung.

Im AIDA-Modell steht eindeutig die Wirkungsebene Aufmerksamkeit (Attention) im Vordergrund, was dazu führte, dass kognitiven Wirkungen von Werbung wenig Beachtung geschenkt wurde. Der Konsument wurde als passives und von den Medien oder der Werbung leicht beeinflussbares Wesen verstanden (vgl. Strong Theory). Das klassische AIDA-Modell gilt heute zwar weitgehend als überholt, wird aber trotzdem immer wieder gerne zitiert. Ein Hauptkritikpunkt am AIDA-Schema liegt in der im Modell als zwingend geltenden linearen Reihenfolge der Wirkungsstufen, die zudem bei vollständigem Durchlaufen zwangsläufig zur gewünschten Verhaltensänderung führen sollte. Aber dass Aufmerksamkeit letztendlich eine Art Garantie für Käufe darstellt, glaubt heute niemand mehr ernsthaft. Ein weiterer kritischer Punkt liegt in der passiven Rolle, die den Konsumenten im AIDA-Modell zugesprochen wird. Heute geht man im Gegensatz zum AIDA-Modell davon aus, dass Werbung nicht von allen Menschen gleich aufgenommen wird.

In den 20er-Jahren glaubte der Marktforscher Daniel Starch, ein Verfahren gefunden zu haben, mit dem die Aufmerksamkeit gemessen werden konnte. Erst später stellte sich heraus, dass der nach ihm benannte und noch heute verwendete Starch- bzw. Recognition-Test (Wiedererkennungs-Test) eigentlich die Gedächtnisleistung (Speicherung) und nicht die Aufmerksamkeitsleistung misst. Starch entwickelte in dieser Zeit zudem ein ähnliches Stufenmodell wie Lewis. Im Unterschied zu Lewis hebt Starch aber zum ersten Mal hervor, dass Werbewirkung – als Ergebnis von Kommunikation – etwas mit verändertem Bewusstsein und Gedächtnis zu tun hat. Sein Schema lautet AICRM: Attention – Interest – Conviction (Überzeugung) – Response – Memory (weitere Modelle findet man im Buch von Carsten Niepmann: „Wirkungsmodelle der Werbung“. Hamburg 1999).

In der Mitte des vorigen Jahrhunderts erhielt die Werbewirkungstheorie wichtige Impulse aus dem Behaviorismus und der Bedürfnis-Hierarchie. Die von John B. Watson 1914 entwickelte behavioristische Psychologie geht davon aus, dass jedes Verhalten die Reaktion auf eine äußere Situation darstellt, dass es also so etwas wie bestimmte Reiz-Reaktions-Schemata (Stimulus – Response) gibt. Diese Ideen sind natürlich nicht nur von Werbeforschern, sondern auch von vielen anderen Bereichen aufgegriffen worden. Bis in den allgemeinen Sprachgebrauch haben es zum Beispiel die „Pawlow'schen Hunde“ gebracht, bei denen der russische Physiologe Iwan Pawlow im Experiment feststellte, dass man Verhalten auch antrainieren kann („klassische Konditionierung“).

Gerade der Sachverhalt der Konditionierung hat die Lern- und Werbetheorie in der Folgezeit nachhaltig beeinflusst. Die Werbeforscher gingen auf Grund ihrer Erkenntnisse von einer eher mechanistischen Beziehung zwischen Input (Werbemaßnahme) und Output (Erreichen der Werbezielsetzung) aus. Ihre zentrale Frage war: Welche Vorgänge auf der Inputseite lösen welche Reaktionen auf der Outputseite aus?

Die komplexeren und nicht beobachtbaren Zusammenhänge zwischen der Werbemaßnahme (Stimulus) und der Werbewirkung bzw. dem Werbeerfolg (Response) blieben in diesem so genannten Black-Box-Modell unberücksichtigt. Es wurde nicht gefragt, wie und warum bei dem Werberezipienten eine Reaktion entsteht.

Die von Abraham Maslow 1943 entwickelte fünfstufigen Bedürfnispyramide (Physiologische Bedürfnisse – Bedürfnis nach Sicherheit – Bedürfnis nach Zugehörigkeit – Bedürfnis nach Wertschätzung – Bedürfnis nach Selbstverwirklichung) beinhaltet ebenfalls den Grundgedanken einer Hierarchie, d.h., erst, wenn die physiologischen Bedürfnisse wie Essen, Trinken, Schlafen etc. befriedigt sind, wendet sich der Mensch der nächsten Stufe zu (vgl. Abb. 7.4).

*Abb. 7.4: Bedürfnispyramide nach Maslow*

Wenn man sich typische Definitionen des Begriffes „Bedürfnis" anschaut, erkennt man sofort den Bezug zum Thema Werbung: In der Wirtschaftstheorie werden Bedürfnisse als körperliche und geistige Mangelgefühle des Menschen bezeichnet, die danach drängen, durch Güter befriedigt zu werden.

Werbung soll Bedürfnisse wecken. Zu diesem Zweck wird den Zielgruppen der Produktnutzen auf möglichst eindringliche Weise vermittelt, in der Hoffnung, bei ihnen den Kaufwunsch auszulösen. Während es in den 50er- und 60er-Jahren ausreichte, die objektiven Produktnutzen zu vermitteln, sind heute vor allem subjektive, emotionale oder psychologische Zusatznutzen wichtig.

Die Erkenntnisse aus der Maslow'schen Bedürfnishierarchie führten in der Werbewirkungsforschung dazu, den Menschen als dynamisches Wesen zu betrachten. Denn auch Produktkäufe sind von inneren Faktoren abhängig, die individuell sind und sich im Laufe der Zeit verändern können. Aber auch auf Basis der Bedürfnishierarchie wurden wieder Stufenmodelle entwickelt, die beispielsweise in folgender Reihenfolge ablaufen können:

Wunsch → Lösung → Aktion → Befriedigung.

Dass man mithilfe dieses Konzepts Ansatzpunkte für die Gestaltung wirksamer Werbemittel erhalten kann, liegt wohl auf der Hand.

Weitere neue Ansätze der psychologischen Forschung in den 1940/50er-Jahren stellten die bis dahin vorherrschende Instinkttheorie massiv infrage. Der klassische Stimulus-Response-Ansatz erfuhr durch die Erweiterung zum Stimulus-Organism-Response-Modell oder S-O-R-Modell eine Modifikation. Statt das Bewusstsein der Verbraucher als eine nicht zu erschließende Blackbox zu vernachlässigen, bemühten sich die Forscher jetzt, Licht ins Dunkel zu bringen (in der Abb. 7.5 sieht man eine aktuelle Version dieses Modells). Dabei griffen sie auf Ideen der Lerntheorie zurück, die vor allen Dingen die Individualität des Menschen bei der Aufnahme und Verarbeitung von Informationen betonten. Werbung soll Lernprozesse bei den Adressaten auslösen, das heißt, von nun an stand die Verarbeitungsleistung der Zielgruppe im Mittelpunkt des Interesses. Schnell war klar, dass Werbung versuchen muss, die Einstellung der Zielgruppe zum Produkt positiv zu beeinflussen, um verhaltenswirksam zu sein. Neben der bereits als wichtig erkannten Wirkungsebene Aufmerksamkeit beschäftigte sich die Forschung jetzt vor allem mit der Verarbeitung von Werbung. Dabei wird erstmals die schon erwähnte Unterscheidung zwischen einer affektiven (emotionalen), kognitiven (rationalen) und konativen Komponente der Verarbeitung vorgenommen.

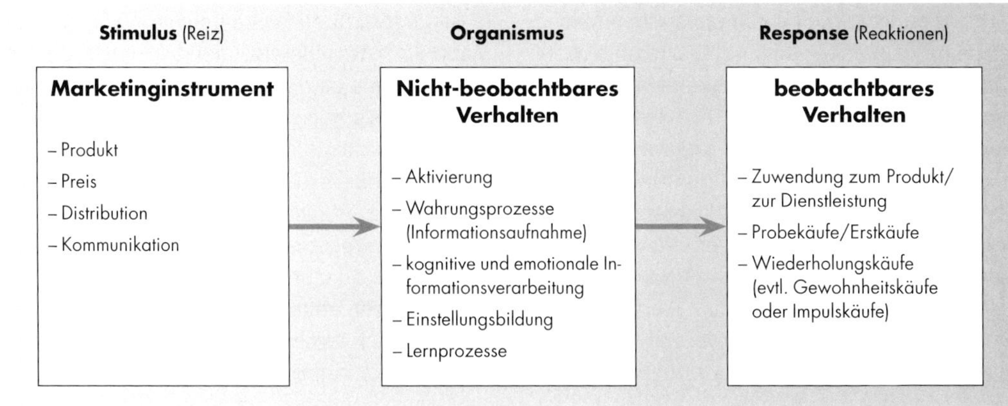


*Abb. 7.5: Markt- und werbepsychologisches S-O-R-Modell*

Mit dieser neuen Perspektive begann nach dem 2. Weltkrieg in den 50er-Jahren die so genannte Produktära des Marketing. Der amerikanische Forscher Rosser Reeves steht mit seinem Konzept des USP (Unique Selling Proposition = einzigartiges Verkaufsversprechen) stellvertretend für diese Phase. Reeves geht davon aus, dass sich aus den Merkmalen der Produkte ein Produktnutzen für die Konsumenten ergibt, der nach Möglichkeit einzigartig (unique) sein sollte und dann von der Werbung nur noch ausgelobt werden muss. Für die in der damaligen Zeit vorherrschende Form des Verkäufermarktes (Nachfrage-Angebot) war dies sicherlich ein erfolgreiches Konzept.

Ein weiterer Anstoß für die Werbewirkungsforschung kam von der nun einsetzenden Einstellungsforschung. Die in diesem Zusammenhang entwickelten neuen konsonanz- bzw. dissonanztheoretischen Ansätze gehen von der Grundannahme aus, dass jeder Mensch im Rahmen seines Lebensablaufs und seiner Einstellungen nach Harmonie und seelischem Gleichgewicht strebt. Das kognitive Gleichgewicht – Übereinstimmung zwischen Einstellungen und Verhaltensweisen – wird durch das Vermeiden oder Beseitigen von störenden Spannungszuständen erreicht. Dies ist im Grunde genommen bereits die theoretische Grundlage für die später von Andrew Ehrenberg vertretene Weak-Theorie der Werbung (vgl. Dissonanz-Attributions-Hierarchie / do-feel-learn am Anfang des Kapitels).

„Um die Spannung zwischen dem, was wir getan haben, und dem, was wir wissen und fühlen, zu verringern, ändern wir unsere Einstellungen. Nachher, wohlgemerkt. Und je kleiner der Unterschied, umso größer die Veränderung.“ (Aus: Carsten Niepmann: Wirkungsmodelle der Werbung. Hamburg 1999. S.49). Oder etwas plakativer formuliert: Im Zweifel lügen wir uns unsere Realität zurecht.

Leon Festingers Theorie von der kognitiven Dissonanz (1957) überträgt diese Annahmen auf das Kommunikationsverhalten des Individuums. Um eine kognitive Dissonanz zu vermeiden, tendiert der Mensch zu einem selektiven Informations- und Wahrnehmungsverhalten. Eine Tatsache, die sich mit der Beobachtung deckt, dass vor allem die Stamm-Verwender einer Marke das höchste Interesse an den Spots und Anzeigen der Marke haben. Dies gilt natürlich in besonderer Weise für Produkte des demonstrativen Konsums wie Autos, Uhren und Mode, denn hier werden die Marken unter anderem zum Ausdruck der Persönlichkeit des Verwenders gekauft.

Erfolgreiche Werbung muss also zunächst den Selektionsfilter des Verbrauchers überwinden, eine Forderung, die die besondere Bedeutung der Aufmerksamkeit für die Werbewirkung bestätigt. In der Folgezeit wurden deshalb verschiedene apparative Methoden entwickelt, mit denen die Messung der Aufmerksamkeitsleistung (vgl. dazu Band „Marketing und Marktforschung“) deutlich verbessert wurde. Als Nebeneffekt dieser Forschung wurde mit der physischen Aktivierung eine weitere, eigenständige Wirkungsebene entdeckt, die der Aufmerksamkeitsebene vorgelagert ist (vgl. dazu Kapitel 8). Die unwillkürlichen physiologischen Reaktionen wie Pupillenbewegung (Pupillometrie), Veränderung des Hautwiderstandes (EDR-Verfahren/„Lügendetektor"), der Pulsfrequenz (EKG) oder Hirnstrommessungen (EEG) geben ohne kognitive Verzerrung die Aktivierungsleistung eines Werbestimulus wieder. Aufmerksamkeit wurde nun als Mittler zwischen der reinen Sinneswahrnehmung und der Aufnahme ausgewählter Reize in das Kurzzeitgedächtnis definiert. Mehr oder minder parallel zur Entwicklung der Theorie der kognitiven Dissonanz erkannte die empirische Einstellungsforschung (Yale-Gruppe um Carl I. Hovland), dass sämtliche Faktoren des Wirkungsprozesses (Sender, Medium und Empfänger) einen Einfluss ausüben können. In der Werbewirkungsforschung wurden weitere zentrale Einflussgrößen (Glaubwürdigkeit und Attraktivität des Senders oder Mediums) erkannt. Seitdem wird versucht, die Wirkungsmaße Likeability (Gefallen) und Sympathie zu erfassen, die einen positiven Einfluss auf die Akzeptanz der Botschaft und die Qualität bzw. Tiefe des Verarbeitungsprozesses haben.

Hier muss auch das Modell der Schwerin-Kurve (nach Horace Schwerin) genannt werden, das einen kausalen Zusammenhang zwischen dem angenehmen oder unangenehmen Gefühlston einer Werbebotschaft und dem Grad der Erinnerung verdeutlichen will. Der dabei verwendete Wirkungsindikator Anmutungsqualität setzt schon im Bereich der Aufmerksamkeit an. Bezogen auf die Vorstellung der Ganzheitspsychologie (Leipziger Schule), die die Wahrnehmung als eine psychische Ganzheit aus dem Reiz und dem dadurch ausgelösten Gefühl definiert, werden hierbei die Ebenen Aufmerksamkeit und Verarbeitung gleichermaßen berührt. Um diese gefühlsmäßige (affektive) Komponente der Einstellung des Rezipienten gegenüber einer Werbung zu messen, werden verschiedene Verfahren aus der psychologischen Forschung eingesetzt, z. B. die Likert-Skalierung oder das semantische Differenzial bzw. Polaritätenprofil.

In den 60er-Jahren lässt in einigen Märkten das Marktwachstum bereits merklich nach. Außerdem ähneln sich die angebotenen Güter immer mehr, sodass nun langsam die Bedürfnisse der Verbraucher ins Blickfeld von Unternehmen und Werbepraktikern rücken. Sowohl bei der Produktentwicklung als auch bei der Markenführung werden die Vorstellungen (Images), die Käufer und Nichtkäufer von den Produkten haben, in die Überlegungen miteinbezogen (zum Image-Begriff vgl. auch Werbeziele in Kapitel 2 vom Band „Kommunikationspolitik").

Images entstehen nach der Theorievorstellung in einem Entwicklungsprozess und stellen ein Gesamtbild der Vorstellungen zu einem Objekt dar. Dabei spielen neben den schon erläuterten affektiven auch die kognitiven Komponenten der Einstellung eine ebenbürtige Rolle, d.h. das subjektive Wissen (auch ein Pseudowissen), Erfahrungen und Erkenntnisse des Rezipienten. Image wird deshalb auch als mehrdimensionale Einstellung definiert. Da in der empirischen Forschung die gleichen Verfahren zur Messung des Images wie zur Messung von Einstellungen gebraucht werden, ist die Trennung nie ganz eindeutig gewesen.

Als Konsequenz wird der Imagebegriff seit ca. 1970 in zunehmendem Maße unter dem Einstellungsbegriff zusammengefasst. Das Image ist demnach eigentlich nichts anderes als die Gesamtheit der Einstellungen gegenüber Produkten, Marken, Unternehmen oder auch Personen. Man könnte auch sagen (vgl. dazu Carsten Niepmann: Wirkungsmodelle der Werbung. Hamburg 1999. S. 64 ff.), dass das Image die gespeicherte Bedeutung über Folgendes darstellt:

a) Produkt-Eigenschaften
    - rationale, messbare Eigenschaften (z. B. Benzinverbrauch eines Pkw, Fruchtanteil einer Marmelade)
    - subjektiv erfahrbare Eigenschaften (z. B. Fahrspaß, voller Geschmack)

b) Produkt-Erfahrungen auf Grund der Verwendung
    - funktional (z. B. Geld- oder Zeitersparnis)
    - psychosozial (z. B. mehr Spaß, besonderer Genuss, Ansehen bei Freunden)

c) Beziehung zu den persönlichen Werten des Verbrauchers
   - instrumentell (ideale Verhaltensweise: „Wie soll ich handeln?")
   - terminal (Idealzustand: „Wie soll ich sein?") – Nur wenn sich die Werte eines Produktes mit meinen persönlichen Werten decken, erlangt das Image überhaupt eine Bedeutung für mein Handeln, das heißt, nur dann wird das Produkt gekauft.

Aus diesen Überlegungen lassen sich Konsequenzen für die Gestaltung von Werbung ableiten: Bei Produktneueinführungen muss es zunächst neben Bekanntmachung um Vermittlung der Produkteigenschaften gehen. Dadurch bildet sich ein erstes, ggf. noch diffuses Image, das sich nach ersten Produkterfahrungen, z.B. nach einem Probekauf, festigt und im Idealfall zu Wiederholungskäufen bzw. Markentreue führt.

Bei etablierten Marken kommt es vor allem auf die Stabilisierung der Images an. Bei High-Involvement-Gütern des sichtbaren Konsums spielt die Beziehung des Marken-Images zu den persönlichen Werten eine wichtige Rolle – die Verwendung der Marke soll dem Konsumenten beim Ausdruck seiner Persönlichkeit helfen.

Diese Interpretation hilft auch dabei, den Begriff „Marke" besser zu verstehen. In den Köpfen der Verbraucher entsteht eine Marke als Ergebnis aus tatsächlichen und hineininterpretierten Eigenschaften, Wahrnehmungen und Vorstellungen, Erinnerungen und Gewohnheiten sowie der über Jahre wachsenden Vertrautheit. Bei der Betrachtung starker Marken zeigt sich, dass sie sich vor allem durch Beständigkeit auszeichnen, wobei sie sich zwar verändern müssen, aber eben langsam und organisch, wie lebende Persönlichkeiten. Der Markenwert, der heute zum Teil den Wert der Produktionsanlagen übersteigt, liegt also vor allem in den Köpfen der Verbraucher (vgl. zu Positionierung Kap. 2). Insofern muss man Marken als kommunikative Erfindung von Unternehmen verstehen, denn sie versuchen, den Zielgruppen die Marke bekannt zu machen, ein Marken-Image aufzubauen und im Idealfall den Kauf der Marke zur Gewohnheit werden zu lassen. Markentreue oder Kundenbindung stellt den höchsten Wert dar, den eine Marke erreichen kann. Wiederholungs- oder Gewohnheitskäufe kommen vor allem bei Low-Involvement-Gütern des täglichen Bedarfs vor, aber wenn man bedenkt, dass man z. B. im Leben fünf bis sechs Pkw kauft, sieht man, dass auch im High-Involvement-Bereich das vorhandene Investitionspotenzial, das in gelungener Marken- bzw. Kundenbindung steckt, noch lange nicht ausgeschöpft wird.

Die Anhänger der Stufen-Modelle arbeiteten die Theorien und empirischen Erkenntnisse über die Bedeutung von Bedürfnissen, Images und Lernen auf die Wirkung von Werbung in ihre Modelle ein. Eines der bekanntesten und noch gebräuchlichen Stufenmodelle ist das 1961 von Robert Lavidge und Gary Steiner entwickelte Hierarchy-of-Effects-Modell, das von der klassischen Vorstellung eines kausalen Wirkungsablaufs ausgeht, das heißt, Werbung besitzt die Kraft, die Verbraucher die „Leiter" zum Produktkauf hinaufsteigen zu lassen. Ein Einfluss nicht erfasster Drittfaktoren, die dieser Zwangsläufigkeit entgegenwirken können, bleibt aber unberücksichtigt. Das Hierarchy-of-Effects-Modell entspricht dem Learn-feel-do-Schema, das heißt, es setzt sich aus den Stufen Lernen (Kognition), Einstellungsänderung (Affekt) und Verhaltensänderung (Konation) zusammen, geht also von eher rationalen Kaufentscheidungsprozessen aus. In diesem sechsstufigen Modell (vgl. Hans Mayer/ Tanya Illmann: Markt- und Werbepsychologie. Stuttgart 2000. S. 412) sind das die Stufen:

1. Aufmerksamkeit: Bekanntheit der Existenz des Produkts (awareness of its existence)
2. Wissen: Kenntnis der Produkteigenschaften (knowledge, what the product has to offer)
3. Sympathie: Gefallen/ Wertschätzung des Produkts (like the product)
4. Präferenz: Vorliebe für das Produkt (preference)
5. Überzeugung: Bereitschaft zum Kauf und die Überzeugung gewinnen, dass der Kauf eine gute Entscheidung ist (desire to buy and the conviction that the purchase would be wise)
6. Kauf: Umsetzung dieser Einstellung in den tatsächlichen Kauf (is the step which translates this attitude into actual purchase)

Im Zusammenhang mit der zunehmenden Austauschbarkeit der Güter und des verschärften Wettbewerbs auf den Märkten kümmerte sich die Forschung neben der Bedeutung von Images vor allem um die Markenbekanntheit. Dabei ging es neben den schon beschriebenen affektiven und kognitiven Verarbeitungsprozessen beim Lernen von Werbebotschaften um die Wirkungsebene der Gedächtnisleistung des Rezipienten, das heißt, sowohl um das Behalten (Speicherung) als auch um das Erinnern (Reproduktion) von Werbung. In diesem Zusammenhang werden als Wirkungsindikatoren die Wiedererinnerung (Recall) und die Wiedererkennung (Recognition vgl. Starch-Test) verwendet.

Als theoretischer Hintergrund dienten Erkenntnisse aus der Lernpsychologie wie das bekannte Dreispeichermodell des menschlichen Geistes (vgl. Abb. 7.6). Über die Sinnesorgane, man könnte in Anlehnung an den Aufbau von Computern auch von der Benutzeroberfläche sprechen, gelangen die Reiz-Informationen in den sensorischen Speicher. In diesem Trichter werden alle Sinneseindrücke gesammelt und innerhalb von weniger als einer Sekunde entschieden, ob den eingehenden Reizen Aufmerksamkeit geschenkt wird. Der sensorische Speicher fungiert demnach als eine Art Türsteher für die Weiterverarbeitung von Informationen. Anschließend erreichen die Reize/Informationen den Kurzzeitspeicher, der den zentralen Arbeitsspeicher und Prozessor des Menschen bildet und die komplexen Verbindungen zwischen der Außenwelt und unserem Bewusstsein regelt. Da immer neue Reize in den Kurzzeitspeicher gelangen, entscheidet unser Arbeitspeicher nicht nur, welche Reize aus dem sensorischen Speicher uns überhaupt bewusst werden, sondern auch, was eine Chance bekommt, ins Langzeitgedächtnis zu gelangen.

Ob ältere Reize weitergegeben oder gelöscht werden, hängt nämlich von sehr vielen Faktoren ab. Neben der empfundenen persönlichen Bedeutsamkeit einer neuen Informationen (vgl. Involvement) spielen auch Störungen eine wichtige Rolle, denn leider ist das Kurzzeitgedächtnis bei diesen Entscheidungsprozessen sehr störungsanfällig. Es kommt häufig zu so genannten Interferenzen, das heißt, ein Reiz wird durch einen vor- oder nachgelagerten Reiz überlagert und damit gelöscht.

In der Lernpsychologie spricht man in diesem Zusammenhang von pro- oder retroaktiver Hemmung. Als empirischen Beweis fand man den so genannten Primacy-Recency-Effekt, der das Phänomen umschreibt, dass die am Anfang und zum Schluss wahrgenommenen Reize einer Abfolge besser vom Rezipienten erinnert werden als die sich zeitlich in der Mitte befindlichen Reize, ein

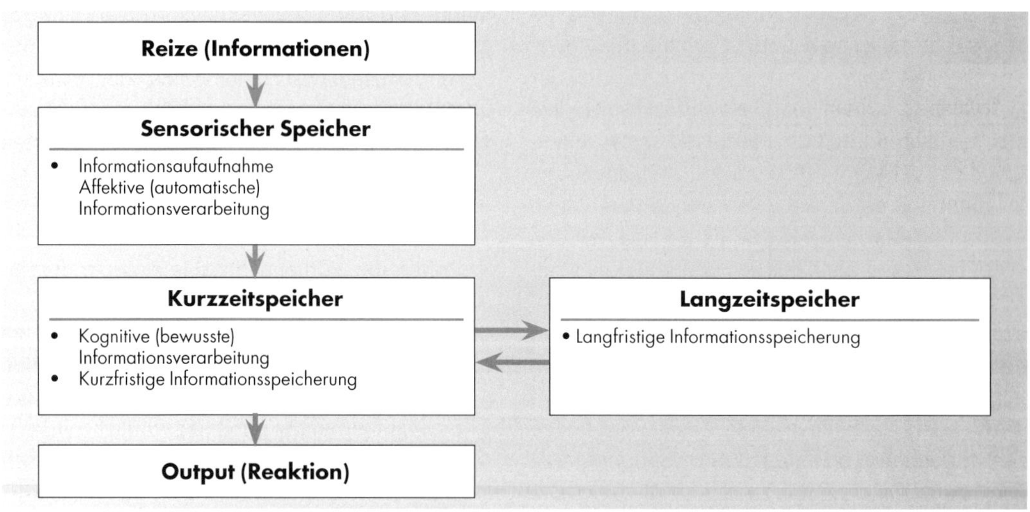

*Abb. 7.6: Mehrspeichermodell des menschlichen Geistes*

gerade für Werbeblöcke im Fernsehen nicht zu unterschätzendes Problem. Das Phänomen des Vergessens wird als ein Versagen des Zugriffs verstanden (Interferenztheorie). Empirische Forschungen zeigen, dass dieser Interferenzeffekt vor allem bei als ähnlich definiertem Speichermaterial auftritt. Es gibt also so etwas wie eine Ähnlichkeitshemmung, bei der die Zielperson Probleme hat, die eintreffenden Informationen richtig einzuordnen.

Die Bedeutung dieser Ergebnisse für die Gestaltung von Werbung liegen auf der Hand. So könnte eine Forderung lauten, vermeide Klischees oder austauschbare Botschaften, da sie vermutlich nur dem nützen, der diese Klischees am stärksten besetzt hat.

Am Beispiel Marlboro lässt sich dies eindrucksvoll veranschaulichen. Jeder Versuch eines Konkurrenten, die Bild- und Markenwelt von Marlboro zu kopieren, ist von vornherein zum Scheitern verurteilt, da die Klischees so stark in den Köpfen der Verbraucher verankert sind, dass sofort die Verbindung zu Marlboro hergestellt wird. Bei der Einführung der Marke WEST in den 80er-Jahren wurde zum Beispiel sehr stark die rot-weiße Produktverpackung in den Vordergrund gestellt. Der Effekt war jedoch, dass Marlboro trotz gleich bleibender Werbeaufwendungen Marktanteilssteigerungen verzeichnen konnte, weil anscheinend zahlreiche Verbraucher die rot-weiße Verpackung falsch zugeordnet hatten. Erst im Anschluss gelang es WEST mit der andersartigen „TEST IT!"-Kampagne einen einzigartigen kommunikativen Auftritt zu verfolgen.

Das Kurzzeitgedächtnis enthält auch Daten aus dem Langzeitgedächtnis, unserer „Festplatte", zum Beispiel, um neue Reize mit bereits bekannten Reizen aus dem Langzeitgedächtnis zu vergleichen und somit ihre Bedeutsamkeit zu überprüfen. Der Einbau von Informationen in das Langzeitgedächtnis erfolgt natürlich vor allem durch Wiederholungen.

So zeigte sich bei empirischen Versuchen ein signifikanter Zusammenhang zwischen der Anzahl der Kontakte mit der Werbebotschaft und dem Ausmaß der Gedächtnisleistungen. Bei der Werbegestaltung spielen beide Phänomene eine wichtige Rolle, insbesondere die S-förmige Lernkurve gehört zum Standardrepertoire (vgl. dazu auch die in Kapitel 4.2.8 zur Mediaplanung beschriebenen Werbewirkungsfunktionen). Auch Mnemo-Techniken wie Reime, „Eselsbrücken" oder Visualisierungen erleichtern das Abspeichern der Botschaft.

Darüber hinaus spielt das Wiedererkennen eine besondere Rolle, das heißt, die Möglichkeit, neue Informationen mit schon Bekanntem verknüpfen oder an bestehende Kategorien („directories") anknüpfen zu können. Weitere kreative Schlussfolgerungen aus diesem Modell werden in Kapitel 8 zur Kreation dargestellt.

Die 70er-Jahre gelten als das Zeitalter des „Positioning", dabei wird der Gedanke wachsender Bedeutung von Images weiterentwickelt und in Beziehung zur Konkurrenz gesetzt.

Unter Positionierung versteht man die unverwechselbare Kennzeichnung eines Produkts, einer Marke oder eines Unternehmens in den Köpfen der Verbraucher. Man versucht, Märkte mithilfe gedanklicher Landkarten zu beschreiben. Meistens handelt es sich um zweidimensionale Eigenschaftsräume (Positionierungs-Kreuz), in die anschließend die Idealvorstellung der Verbraucher (Idealposition), die Einschätzung der Verbraucher von der Konkurrenz und des eigenen Unternehmens (Ist-Position) eingetragen wird. Aus dieser Darstellung der momentanen Situation auf dem Markt kann das Unternehmen Rückschlüsse für die Neuproduktentwicklung (launch), für Produktveränderungen (relaunch) oder kommunikative Umpositionierungen (Soll-Position) ziehen (vgl. hierzu den Abschnitt 1.7 über Positionierung). Im Grunde kann man sich Positioning wie das Abstecken von Claims in den Köpfen der Verbraucher vorstellen. Wenn es einem Unternehmen u. a. mit werblichen Mitteln gelingt, eine bestimmte Position im Markt – am besten in der Nähe der Idealposition der Konsumenten – zu besetzen, ist diese für die Konkurrenz oft gesperrt. Falls die Konkurrenz diese Position ebenfalls anstrebt, müssen erhebliche finanzielle Mittel eingesetzt werden, sodass in vielen Fällen auf andere Positionen ausgewichen wird.

In den 80er- und 90er-Jahren geht es in der Werbewirkungsforschung vor allem um Sympathie (Likeability), d.h., man geht davon aus, dass Werbung gemocht werden muss, um ihre Wirkung zu entfalten. Die Zielgruppen sollen gedankliche Lücken, die die Werbung bewusst lässt, selber schließen. Diese Technik kommt aus dem Bereich des Witzes, was erklärt, warum Werbung seit den 80ern verstärkt mit Humor und Understatement arbeitet. Manche Ideen bestechen durch ihre Einfachheit, wie z. B. der Autovermieter AVIS, der die Nr. 2 im amerikanischen Markt war, und jahrelang erfolgreich mit dem Slogan: „We try harder" warb.

Die Problematik des modernen Marketing zeigt sich besonders deutlich, wenn man sich die Rolle von Marken für die Konsumenten verdeutlicht. Früher zeigten Marken den Verbrauchern an, dass es sich um Produkte von besonderer Qualität handelte, das heißt die Marke war nichts anderes als kaufbare Sicherheit. Heute wird versucht, Marken als Medium der Gefühle zu nutzen, das heißt, Marken dienen der Identitätsfindung und Weltorientierung ihrer Käufer/Verwender. Die Verwendung bestimmter Marken hilft den Menschen, ihre Persönlichkeit auszudrücken, Verbundenheit mit anderen Menschen zu empfinden (Community) und dient somit teilweise als mythischer Sinnstifter in einer Welt, in der andere Werte zurückgedrängt werden und Religion an Bedeutung verliert.

Alexander Biel, ein amerikanischer Kommunikationsforscher, hat die Bedeutung von Marken für den modernen Menschen einmal folgendermaßen zusammengefasst: „Marken möblieren nicht einfach die Umgebung, in der ich lebe. Sie kleiden mich, und während sie das tun, helfen sie mir zu definieren, wer ich bin. Und sie helfen zu definieren, wer ich nicht bin: Wenn ich Ihnen sagen sollte, welche Marken ich nicht verwende, würden Sie noch mehr über mich lernen." (aus: Carsten Niepmann: Wirkungsmodelle der Werbung. Hamburg 1999. S. 67)

Wenn früher galt, der Konsument muss die Marke lieben, kommt es heute teilweise zur Umkehrung.

Ein Beispiel dafür bietet der Musiksender VIVA. Er warb in einer aktuellen Kampagne mit dem Slogan „VIVA liebt dich".

Norbert Bolz hat diese Zusammenhänge in seinem Buch „Die Wirtschaft des Unsichtbaren" (ECON 1999) eingehender untersucht und Konsequenzen für das Marketing im 21. Jahrhundert gezogen. „Marketing ist der Kampf um die Aufmerksamkeit des Menschen – seine knappste Ressource – und es gibt zwei grundverschiedene Strategien, sie zu binden. Die ‚passive' Strategie besteht darin, den einzelnen Kunden als Merkmalsmuster, als Pattern von Konsumgewohnheiten statistisch zu erfassen. Man beobachtet also seine faktische Aufmerksamkeitsverteilung. (...) Die ‚aktive' Strategie besteht darin, die Aufmerksamkeit des Kunden nachhaltig zu fesseln – nämlich durch Sinnangebote." (Norbert Bolz: s.o. S.126). Bolz ordnet diesen beiden sich nicht ausschließenden Strategieansätzen die Begriffe „Direktmarketing" (passive Strategie) und „Kultmarketing" (aktive Strategie) zu. Beide Bereiche verzeichnen in den letzten Jahren ein erhebliches Wachstum. Das Direktmarketing gewinnt unter anderem durch verbesserte technische Möglichkeiten (Database-Marketing), das Internet und neue Ansätzen wie Kundenbindung/ECR (Efficient Customer Relationship) an Bedeutung (vgl. auch das Kapitel 9 zum Direktmarketing im Band „Kommunikationspolitik"). Im Rahmen der aktiven Strategie wird heute in der Markenkommunikation oft versucht, eine Erlebniswelt rund um das Produkt aufzubauen. Dabei kommen neben der klassischen Werbung vor allem Below-the-line-Aktivitäten wie Events, die Marken erlebbar machen und dadurch die sinnstiftende Kraft verstärken, zum Zuge (vgl. dazu auch Kapitel 7 zu Sponsoring/Event im Band „Kommunikationspolitik").

Die britischen Werbeforscher Leiss, Kline und Jhally (vgl. dazu Niepmann, Carsten: Wirkungsmodelle. Hamburg 1999. S. 25) sind Anfang der 90er-Jahre beim Versuch, moderne Werbung zu kategorisieren, auf vier Ansatzpunkte gekommen, auf die je nach Produktkategorie und Aufgabenstellung zurückgegriffen wird:

1. Information
   ⇒ Zeige den Produkt-Nutzen (z. B. Branding)
2. Symbolismus
   ⇒ Zeige Menschen, die das Produkt verwenden (z. B. Slice-of-life oder Testimonials)
3. Personalisierung
   ⇒ Zeige den emotionalen Nutzen, den die Produktverwendung auslöst
4. Lifestyle
   ⇒ Zeige den sozialen Nutzen der Produktverwendung (was wird aus mir, wenn ich das Produkt verwende)

Wie man sieht, gibt es auch heute noch Ansätze, deren Grundidee eher senderorientiert (wie die Stufenmodelle) oder eher empfängerorientiert (wie die Bedürfnis-Modelle) ist. Die historische Entwicklung verlief von den kommunikator- oder senderorientierten Modellen zu den nutzen- oder empfängerorientierten Modellen, wobei beide Ansätze auch heute noch bestimmte Bereiche der Werbewirkung erklären können.

So behaupten die älteren, auf einem einfachen Reiz-Reaktions-Schema beruhenden kommunikator- oder senderorientierten Modellvorstellungen trotz der Fortschritte bei der Modellbildung nach wie vor ihren Platz. Das lässt sich vielleicht mit dem Bestreben erklären, eine möglichst einfache bzw. einfach zu vermittelnde Erklärung für das Phänomen „Werbewirkung" zu haben. Gerade die neuesten Modellvorstellungen zeigen jedoch, dass diese Beharrlichkeit auch damit zu tun hat, dass diese Modellvorstellungen für bestimmte, eingrenzbare Problemlagen weiterhin ihre Gültigkeit besitzen. Aus diesem Grund wird im Kapitel 8 über Kreation auf ein Stufenmodell von Gerhard Meyer-Hentschel zurückgegriffen, da sich mithilfe dieses Schemas sehr gut die Grundzüge der Kreation von Anzeigen darstellen lassen.

Unzulässig ist lediglich die Verallgemeinerung der Stufenmodelle, da die Komplexität des Phänomens Werbewirkung inzwischen als erwiesen betrachtet werden kann, was sich nicht zuletzt daran zeigt, dass im Verlauf der historischen Entwicklung die Zahl der für die Werbewirkung als relevant zu bezeichnenden Einflussfaktoren immer größer wurde.

→ *Die neuesten Modellüberlegungen versuchen Erkenntnisse beider Ansätze zu kombinieren.*

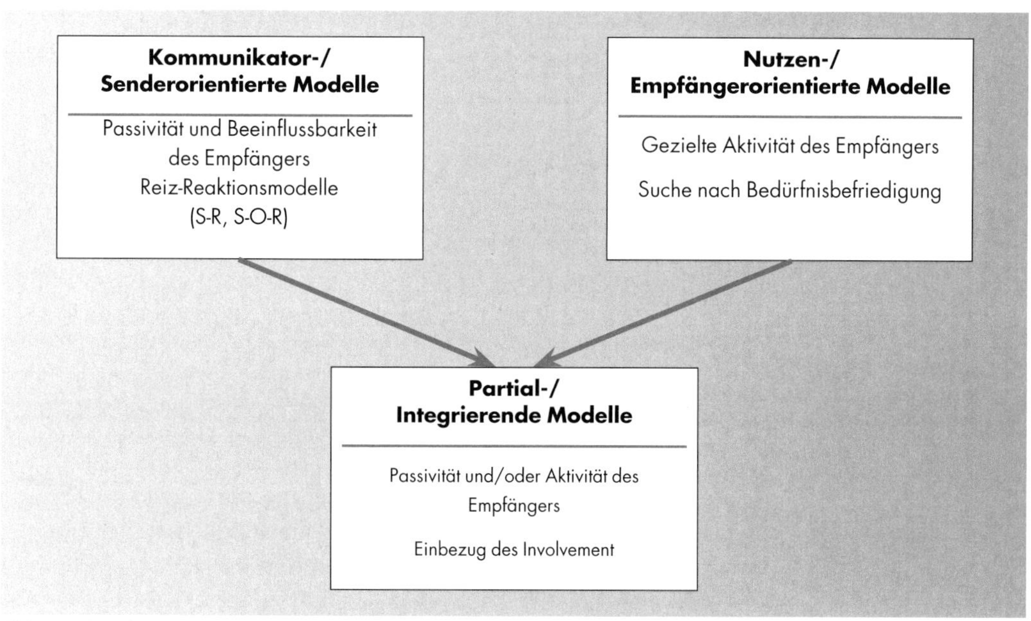


*Abb. 7.7: Grundtypen von Werbewirkungsmodellen*

Dies geschieht entweder durch eine

- Abgrenzung bestimmter Ausgangs- und Problemlagen, für die dann jeweils ein bestimmtes Erklärungsmodell zutrifft (sog. Partialmodelle), oder
- durch Integration verschiedener Elemente in ein neues Modell (integrierende Modelle).

Der gemeinsame Ansatzpunkt dieser neueren Ansätze liegt darin, dem Adressaten von Werbung nicht nur negatives Vermeiden zu unterstellen, sondern eben auch aktive Auseinandersetzung mit den Kommunikationsangeboten von Unternehmen und Marken.

Dieser Ansatz erscheint gerade vor dem Hintergrund der bereits erwähnten Bedeutung von Marken zum Ausdruck der Persönlichkeit des Verwenders als sehr plausibel. Die neueren Ansätze und Modelle berücksichtigen damit die Erkenntnis, dass es ein einfaches und zugleich eindeutiges Gesamtmodell des Werbewirkungsprozesses nicht geben kann. Es gibt aber immer noch Forscher, die versuchen, so genannte Total-Modelle zu entwickeln. In diesen Modellen geht es dann häufig um die Quadratur des Kreises, das heißt, es wird versucht, möglichst viele Fassetten der Werbewirkung zu erfassen. Dass dabei nicht nur die Übersichtlichkeit des Modells leidet, sondern häufig auch ihre Erklärungskraft, wird anscheinend in Kauf genommen. Als Beispiel soll hier nur kurz ein neueres Total-Modell vorgestellt werden (Engel, Blackwell und Miniard 1995). Neben der Unübersichtlichkeit (vgl. Abb. 7.8, deutsche Übersetzung aus Hans Mayer / Tanya Illmann: Markt- und Werbepsychologie. Stuttgart 2000. S. 103) fällt auf, dass das Modell sehr stark auf kognitive Wirkungen von Marketing- und Kommunikationsreizen abstellt, obwohl die Mehrzahl der Kaufentscheidungen nachweislich nicht rational erfolgt und teilweise noch nicht einmal auf die bewusste Wahrnehmung der Werbebotschaft angewiesen ist (z.B. Mere-Exposure-Effekt).

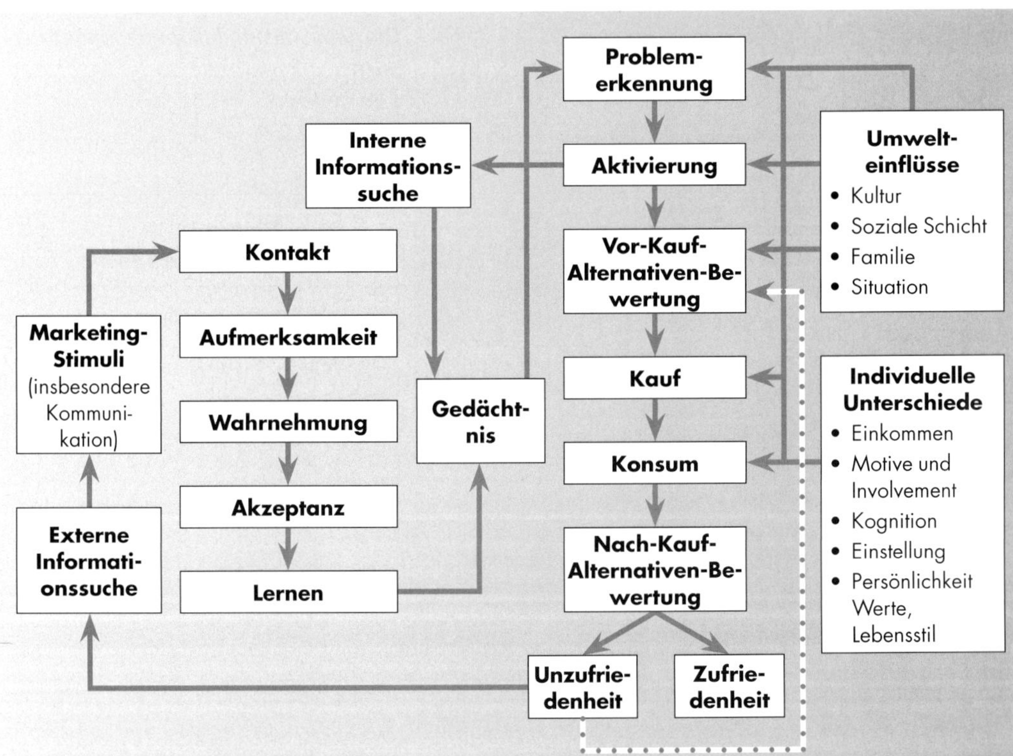


*Abb. 7.8: Total-Modell von Engel, Blackwell und Miniard*

## 7.3 Ansätze und Aspekte der modernen Werbewirkungstheorie

Da Werbewirkung ein abstraktes Konstrukt ist, das sich in seiner Gesamtheit nicht direkt beobachten und damit auch nicht direkt messen lässt, sind beobachtbare Variablen nötig, die helfen sollen, das Konstrukt Werbewirkung möglichst genau zu beschreiben.

→ *Beobachtbare Variablen benötigen Indikatoren (vgl. Abb. 7.9), zu denen noch weitere Größen zählen.*

Aus den bisherigen Ausführungen lassen sich folgende allgemeine Bestandteile von Werbewirkungsmodellen zusammenstellen, die natürlich auch für alle moderneren Theorien gelten:

- Ausgangspunkt ist in der Regel eine Modellvorstellung, die auf einem theoretischen Ansatz beruht und den prinzipiellen Wirkungszusammenhang beschreibt.
- Diese Modellvorstellung erstreckt sich auf eine oder mehrere Wirkungsebenen.
- Jeder dieser Wirkungsebenen lässt sich eine variierende Zahl verschiedener Wirkungsindikatoren zuordnen, die allein oder gemeinsam als Zeichen für die Wirkung stehen.
- Diese Wirkungsindikatoren bzw. deren Veränderung sind durch bestimmte Wirkungsmaße erfassbar.
- Für diese Wirkungsmaße stehen diverse Messverfahren zur Verfügung (vgl. Abb. 7.9 und vor allem zur Marktforschung Kapitel 16 im Band „Marketing").

Je nach Werbeziel bzw. Wirkungsebenen muss also ein anderer Indikator bzw. ein anderes Maß herangezogen werden, um die Wirkung nachweisen zu können.

| Wirkungsebene | Wirkungsindikatoren | Wirkungsmaße |
|---|---|---|
| physische Aktivierung | physische Reizreaktion | Hautwiderstand (EDR) |
| Aufmerksamkeitsleistung | Aufmerksamkeitsstärke (Impact)<br>(Impact)<br>Anmutung<br>Prägnanz | Wiedererinnerung<br>(Recall: gestützt und ungestützt)<br>Assoziationen<br>Blickverlauf |
| Verarbeitungsleistung | Wissensänderung<br>Einstellungsänderung<br>Akzeptanz<br>Image | Wissen<br>Glaubwürdigkeit<br>Attraktivität<br>Sympathie |
| Gedächtnisleistung | Markentbekanntheit<br>Werbeerinnerung (Awareness) | Wiedererkennung (Recogniton)<br>Wiedererinnerung (Recall) |
| Verhaltensabsicht | Kaufabsicht | Verwendungsabsicht |
| Verhalten | Kauf | Markenverwendung |

*Abb. 7.9: Wirkungsebenen, Wirkungsindikatoren und Wirkungsmaße*

Ein Beispiel für eine Werbewirkung auf kognitiver Ebene wäre etwa die geäußerte Erinnerung/Recall (= Indikator) an einen Spot.

→ *Im Sprachgebrauch der Werbewirkungsforschung wird der Begriff Indikator allerdings noch weiter gefasst und beschränkt sich nicht nur auf beobachtbare Größen.*

So zählen auch Kriterien wie „Durchsetzungsfähigkeit“, „Kommunikationsleistung“, „Überzeugung“, „Präferenz“ und „Relevant set“ zu den Indikatoren der Werbewirkung (vgl. hierzu von Engelhardt, Alexander: Werbewirkungsmessung. München 1999). Die schon mehrfach erwähnten Stufenmodelle eignen sich aber trotz aller Mängel gut zum Herausfiltern relevanter Werbewirkungsebenen und deren Indikatoren. Ein besonders ausdifferenziertes und deshalb brauchbares Modell stellt das 1985 von Mc Guire entwickelte Modell dar (vgl. Abb. 7.10), wobei das Besondere dieses Modells vor allem darin liegt, dass es sich neben Erstkäufen auch mit Wiederholungskäufen und Markentreue beschäftigt.

Werbewirkung hört nicht bei Erstkäufen auf: Sie zielt auf Wiederholungskäufe und Markentreue

1. Sich einer Kommunikation aussetzen
2. Aufmerksamkeit
3. Interesse
4. Den Inhalt verstehen
5. Verknüpfte Kognitionen (Gedanken) generieren
6. Relevante Fähigkeiten erwerben
7. Einer Position zustimmen (Einstellungsänderung)
8. Die Veränderung im Gedächtnis speichern
9. Das relevante Material im Gedächtnis speichern
10. Auf der Grundlage des erinnerten Materials entscheiden
11. Entsprechend der Entscheidung handeln
12. Konsolidierung des neuen Verhaltensmusters nach der Handlung (z.B. Wiederholungskäufe, Markentreue, Erhöhung der Verwendungsintensität)

*Abb. 7.10: Ebenen der Wirksamkeit beeinflussender Kommunikation (nach McGuire)*

Wie bereits mehrfach erwähnt, hängt der Erfolg werblicher Kommunikation von vielen Einflussfaktoren ab und kann demnach auch auf vielfältige Weise negativ beeinflusst werden. Involvement gehört dabei zu den ganz zentralen Aspekten für die Kreation und damit dem Erfolg von Werbung. Unter diesem Blickwinkel lässt sich Involvement als Grad der Ich-Beteiligung des Adressaten beschreiben, d.h., wie wichtig ihm/ihr das ist, was kommuniziert werden soll. Das Maß der inneren Beteiligung des Adressaten wird als Ausgangspunkt für den potenziellen Werbewirkungsprozesses betrachtet. Dabei geht man davon aus, dass sich der Adressat nur bei hoher persönlicher Bedeutsamkeit des Produktes bzw. der Werbebotschaft intensiv mit ihr auseinandersetzen wird und sich dadurch eventuell eine relativ stabile Einstellung zur beworbenen Marke aufbauen kann. Andernfalls spielen bei geringer persönlicher Bedeutung für die Bildung von Einstellungen eher Randbedingungen wie die Anzahl an Wiederholungen oder Sympathie für den Kommunikator eine Rolle (vgl. hierzu das Elaboration-Likelihood-Modell von Petty und Cacioppo in Abb. 7.15).

Involvement als zentraler Beeinflussungsfaktor für Werbeerfolg

| High-Involvement-Käufe | Low-Involvement-Käufe |
|---|---|
| Umfassende Informationsverarbeitung | „Lernen“ nach Wiederholung von Botschaften |
| Bewusste Informationssuche | Zufällige Informationsaufnahme |
| Auseinandersetzung mit der Werbung | Berieselung durch Werbung |
| Suche nach der besten/nützlichsten Alternative | Auswahl einer zufrieden stellenden Alternative |
| Starke Beziehung der Produkte zu Persönlichkeit, Lebensstil, Einstellungen etc. des Konsumenten | Produkte zur Darstellung der Persönlichkeit, des Lebensstils, der Einstellungen etc. des Konsumenten unwichtig |
| Starker Einfluss von Bezugsgruppen auf Kaufentscheidungen, da das Produkt in Beziehung mit Werten und Normen dieser Gruppen steht | Geringer Einfluss von Bezugsgruppen auf die Kaufentscheidungen, da das Produkt im Hinblick auf Werte und Normen dieser Gruppen keine Rolle spielt |

*Abb. 7.11: Merkmale von High- und Low-Involvement-Käufen*

Das Marketing hat den Begriff des Involvement, den Herbert E. Krugman 1965 entwickelte, begierig aufgenommen und man unterscheidet heute High-Involvement- von so genannten Low-Involvement-Gütern, die natürlich auch andere werbliche Strategien (Kreation und Mediaplanung) erfordern (vgl. Abb. 7.11).

Involvement ist ein vielschichtiger und subjektiver Prozess

Involvement ist allerdings ein sehr vielschichtiger und vor allem subjektiver Prozess, d.h., dass Produktkäufe, die für manche Personen einen hohen Grad an Ich-Beteiligung (High-Involvement-Güter) aufweisen, für andere eher Low-Involvement-Güter darstellen. Außerdem kann bei Personen ein hohes Produkt-Involvement durchaus mit einem geringen Interesse an der Werbung bzw. an der intensiven Auseinandersetzung mit der Werbebotschaft gekoppelt sein. Dieser Aspekt wird in Abschnitt 1.2 vom Band „Kommunikationspolitik“ näher behandelt und dort am Beispiel des Pkw-Kaufs näher erläutert: Für die meisten von uns ist ein Pkw ein klares High-Involvement-Gut, aber wir werden dennoch kaum für Pkw-Werbung empfänglich sein, wenn wir gerade einen neuen Wagen erworben haben.

Die französischen Forscher Laurent und Kapferer haben 1986 versucht, die Diskussionen um den Begriff des Involvement zusammenzufassen, und schlagen vor, fünf Fassetten von Involvement zu unterscheiden:

1. „Interesse
   sowie das wahrgenommene Risiko (Fehlkauf/Preis)
   mit seinen beiden Unterkomponenten
   2. Wichtigkeit und
   3. Wahrscheinlichkeit,
4. die belohnende Natur des Produktes (pleasure value) und
5. die wahrgenommene Fähigkeit einer Markenwahl, den eigenen Status, die eigene Persönlichkeit oder Identität (sign value) auszudrücken.“

(Aus: Carsten Niepmann: Wirkungsmodelle der Werbung. Hamburg 1999. S.76)

Gerade im modernen Marketing bleiben die Überlegungen zum Involvement extrem wichtig, denn die menschliche Aufmerksamkeit ist der Flaschenhals der Informationsgesellschaft.

| Merkmale | Autokauf (High-Involvement) | Kauf von Haushaltsreinigern (Low-Involvement) |
|---|---|---|
| Art der Informations-verarbeitung | Sorgfältige Abwägung von Produkteigenschaften (z.B. Preis, Benzinverbrauch etc.) Vergleich vieler Alternativangebote | Vertrautheit mit einer stark beworbenen oder im Supermarkt häufig gesehenen Marke |
| Art der Informations-aufnahme | Autotests, Prospekte, Werbung, Probefahrten, Gespräche mit Kollegen über Erfahrungen | Zufälliger Kontakt zu Werbung, Verkaufsförderung, Produktverpackung |
| Art der Verarbeitung von Werbebotschaften | Genaue Analyse der gesammelten Informationen (kognitiv und emotional) | Geringes Interesse an Werbung, eher emotionale Verarbeitung der Informationen |
| Auswahl der Kaufalternativen | Suche nach der für die persönlichen Bedürfnisse und finanziellen Möglichkeiten besten Alternative | Kauf eines bekannten Produktes („relevant set"), evtl. Sonderangebote |
| Beziehung zu Persönlichkeit und Lebensstil | Oft große Bedeutung des Autos für das Selbstbild/Selbstdarstellung des Konsumenten etc. | Keine nennenswerte Relevanz für irgendeinen Aspekt des Lebensstils |
| Einfluss von Bezugs-gruppen | Ausrichtung der Standards der sozialen Schicht/ Subkultur | Keinerlei Einfluss, da die Markenwahl gar nicht wahrgenommen wird. |

*Abb. 7.12: Beispiele für High- und Low-Involvement-Käufe*

Informationsoverload, der Mensch als „Flaschenhals der Informationsgesellschaft"

Die meisten Informationen kann der Mensch nicht parallel verarbeiten, sondern muss wie beim Lesen sequenziell (schrittweise) vorgehen. Um den viel zitierten Information overload, dem der moderne Mensch ausgesetzt ist, zu veranschaulichen, hier nur einige Zahlen. Von 1990 bis 1997 hat sich alleine die Zahl der im Fernsehen beworbenen Marken von knapp 2.000 auf über 7.000 gesteigert. Der Fernsehkonsum der Deutschen hat sich nicht ganz so rasant entwickelt. Die durchschnittliche Fernsehnutzung lag 1990 bei ca. zweieinhalb Stunden und ist mit heute drei Stunden und vierzig Minuten an eine „Sättigungsgrenze" gestoßen. Außerdem haben die TV-Sender die hohe Auslastung zu deutlichen Preiserhöhungen genutzt, sodass die werbetreibenden Unternehmen heute bei erhöhten Kosten weniger Zuschauer bekommen, die immer weniger aufmerksam sind. Haben 1993 noch drei Viertel aller Zuschauer bei achtmaliger Wiederholung einen Spot tatsächlich wahrgenommen, lag dieser Wert 1996 nur noch bei 50 Prozent (vgl. dazu Sebastian Turner in: Armin Reins: Die Mörderfackel. Mainz 2002). Auch in der Printwerbung gilt, dass die durchschnittliche Betrachtungsdauer einer Anzeige unter zwei Sekunden liegt (vgl. Werner Kroeber-Riel: Strategie und Technik der Werbung. 2004). Auf jeden Bundesbürger dröhnen pro Tag zwischen 2.000 und 3.000 Werbeimpulse nieder. In Deutschland gibt es über 50.000 Marken, von denen fast 4.000 mit einem Werbebudget von über 0,5 Millionen Euro beworben werden. All diese Marken kämpfen um die knappste Ressource der Informationsgesellschaft, die Aufmerksamkeit der Konsumenten.

Bernd M. Michael, ehemaliger CEO von Grey/Deutschland und einer der profiliertesten Fachleute für Werbung und Markenführung, schreibt dazu in einem Aufsatz: „Der Konsument wird von ihren Liebesschreien [der Marken] förmlich überflutet: In 5.000 TV-Spots buhlen sie täglich um ihn [den Konsumenten]. 7.700 Mal seufzen sie jeden Tag im Radio: Komm, nimm mich! Und tagaus tagein schreiben sie 3.500 heiße Liebesbriefe in den Zeitschriften und Zeitungen. Sie gehen in den neuen Medien auf Partnersuche. Sie sagen e-commerce und mei-

nen me-commerce. Was lässt sich denn gegen so viel Liebe einwenden? Liebe ist doch schön? Das sind die Einwände:
Erster Einwand: Der durchschnittliche Verbraucher hat einen [aktiven] Wortschatz von 1.800 Wörtern. Selbst, wenn er nur noch in Marken spräche, (Heinz, mon cherie, die 5-Minuten-Terrine, merci!) könnte er sich kaum die Hälfte merken. Tatsache ist: In seinem Hirn haben für jede Produktkategorie gerade mal ein Dutzend Marken Platz [besonders wichtig für Marken: Top-of-Mind-Awareness im relevant set erreichen].
Zweiter Einwand: Der größte Teil der Liebesgrüße ist so unterscheidbar wie Kartoffelbrei. Fast alle bieten dasselbe."
(Aus: Ausstellungskatalog Wunderbare Werbewelten. Berlin 2000. S. 56).

Die Anzahl der beworbenen Marken übersteigt den aktiven Wortschatz der Verbraucher

Entweder wird die Werbebotschaft von der Zielgruppe nicht verstanden oder gar nicht erst aufgenommen, sodass die Wissenschaft inzwischen davon ausgeht, dass bis zu 95 Prozent der Informationen gar nicht ins Bewusstsein der Zielgruppe gelangen (Vgl. Christiane Seuhs-Schoeller: NLP und Werbung. Wien 2002).

Vielleicht lassen sich hier sogar Parallelen zu einem der schönsten Texte deutscher Sprache ziehen, dem 1903 von Rainer Maria Rilke verfassten Gedicht „Der Panther".

**Der Panther**
Im Jardin des Plantes

Sein Blick ist vom Vorübergehn der Stäbe
so müd geworden, daß er nichts mehr hält,
Ihm ist, als ob es tausend Stäbe gäbe
und hinter tausend Stäben keine Welt.

Der weiche Gang geschmeidig starker Schritte,
der sich im allerkleinsten Kreise dreht,
ist wie ein Tanz von Kraft um eine Mitte,
in der betäubt ein großer Wille steht.

Nur manchmal schiebt der Vorhang der Pupille
sich lautlos auf –. Dann geht ein Bild hinein,
geht durch der Glieder angespannte Stille –
und hört im Herzen auf zu sein.

*(Man findet dieses Gedicht in zahlreichen Gedichtsammlungen und mittlerweile auch vielfach im Internet.)*

Wie oft schiebt sich bei uns, den „Gefangenen der Informationsgesellschaft", die Pupille auf, um ein Bild hineinzulassen, das uns wirklich berührt? Und wie oft ist das ein Bild aus der Werbung???

Der Mensch als „Gefangener der Informationsgesellschaft"

Gerade in Zeiten in denen die Produkte immer austauschbarer werden und der Verdrängungswettbewerb auf weit gehend gesättigten Märkten tobt, macht die Kommunikation den Unterschied zwischen den Marken aus.

*Werbung muss deshalb einzigartig sein, um aus der Informationsflut herauszustechen.*

Wenn Me-too-Produkte auch noch mit Me-too-Werbung kommuniziert werden sollten, wird das Unternehmen sein Buget mit hoher Wahrscheinlichkeit erfolglos einsetzen. Hinzu kommt, dass Marken sich heute fast ausschließlich durch emotionale/subjektive, man könnte auch sagen, virtuelle Nutzen voneinander unterscheiden. Und wer, wenn nicht die Werbung kann diese Nutzen den Zielgruppen vermitteln? Dazu benötigt man aber eine möglichst einzigartige Kommunikation, also eine Unique Advertising Proposition (UAP), die jedoch nur von den wenigsten Marken wirklich erreicht wird.

Nur mit einzigartiger Kommunikation kann Erfolg im Markt erzielt werden

Machen Sie selbst einmal die Probe: Decken Sie bei Anzeigen der gleichen Produktkategorie das Logo ab oder versuchen Sie sich daran zu erinnern, welcher Slogan für welche Marke steht. Es wird Ihnen nur bei wenigen Anzeigen bzw. Slogans gelingen, und genau diese sind aller Voraussicht nach die im Markt erfolgreichen Marken.

Fazit: Werbung appelliert viel zu häufig an den Kopf (high-involvement) statt sich an die Emotion zu wenden. Dabei deuten alle Erkenntnisse darauf hin, dass die Verbraucher in einem sehr hohen Prozentsatz der Fälle nur eine geringe Bereitschaft zeigen, sich mit dem Thema zu beschäftigen. Diese gering involvierten Verbraucher verarbeiten die dargebotenen Reize aber nur mit geringer Aufmerksamkeit, also weitgehend flüchtig. Lediglich beim hoch involvierten Verbraucher, der aber nur zu einem verhältnismäßig geringen Prozentsatz der Fälle anzutreffen ist, werden die angebotenen Informationen mit hoher Aufmerksamkeit und intensiv verarbeitet (genauere Infomationen und die Angabe von Werten findet man in: Ulrich Lachmann: Wahrnehmung und Gestaltung von Werbung. Hamburg 2004).

Holger Jung und Jean Remy von Matt, Inhaber der Werbeagentur Jung von Matt, sehen daher die größte Herausforderung für die Marketingkommunikation in der „Aktivierung von gering Involvierten und der Umwandlung in hoch Involvierte. Hierzu kann man folgende einfache Regel aufstellen: Je geringer die Involvierung des Verbrauchers, desto überraschender muss der Effekt einer spannenden Geschichte sein." (aus: Holger Jung/ Jean Remy von Matt: Momentum. Berlin 2004. S. 81)

Werbung kann aus gering Involvierten hoch Involvierte machen

## Exkurs:
## Die Ökonomie der Aufmerksamkeit

Georg Franck stellt in seinen beiden Bücher „Ökonomie der Aufmerksamkeit" (Hanser 1998) und „Mentaler Kapitalismus. Eine politische Ökonomie des Geistes" (Hanser 2005) die These auf, dass in Zukunft die Aufmerksamkeit das Geld als lebenspraktische Leitwährung ablösen wird. Er macht zunächst deutlich, inwiefern Aufmerksamkeit die klassischen Funktionen des Geldes (Tauschmittel, Recheneinheit und Wertaufbewahrung) erfüllen kann und überträgt dann den Handel mit Aufmerksamkeit auf Produkte/Marken, Wissenschaft und menschliche Beziehungen. An dieser Stelle sollen nur einige seine Erkenntnisse kurz dargestellt werden (dem interessierten Leser möchte ich vor allem die „Ökonomie der Aufmerksamkeit" empfehlen).

Die philosophische Basis der Theorie von Franck ist die Idee der Monade von Gottfried Wilhelm Leibniz (1646–1716). Das menschlichen Bewusstsein besitzt keine Tür nach draußen und verfügt gleichzeitig auch über kein Fenster in das Bewusstsein des Anderen. Unser subjektives Erleben ist eine fensterlose Monade, in die es mit der Geburt nur einen Eingang und mit dem Tod nur einen Ausgang gibt. Trotzdem sind wir auf das andere Bewusstsein, seine Aufmerksamkeit und seine Wahrnehmung angewiesen: „Nichts beschäftigt uns so sehr wie unser Selbstbild im Spiegelbild des anderen Bewusstseins." (Franck: Ökonomie. S. 18). Unserer Wirklichkeit ist folglich immer eine subjektive Wirklichkeit, insofern ist es eigentlich viel wahrscheinlicher, dass Kommunikation scheitert, als dass sie gelingt.

**Funktionen der Aufmerksamkeit**

*1) Tauschmittel*

Dass man Aufmerksamkeit einnehmen kann, leuchtet sofort ein, aber dass man sie auch tauschen kann, erscheint zunächst abwegig. Letztlich lässt sie sich im Gegensatz zum Geld natürlich auch nicht weitertauschen, denn einmal eingenommene Aufmerksamkeit kann nicht weitergegeben werden. Aber sie hat in jedem Fall einen Tauschwert, wie folgende Beispiele zeigen.

In den persönlichen Beziehungen ist die Beachtung von (mir) wichtigen Personen wertvoller als die von weniger wichtigen. Ob mir eine Person wichtig ist, hängt von ihrer Bedeutung für mein Leben ab, d.h. von der Aufmerksamkeit, die ich der Person schon gegeben habe oder der Aufmerksamkeit, die ich der Person zukünftig geben möchte. Es handelt sich also um akkumulierte Aufmerksamkeit (vgl. Punkt 3 Wertaufbewahrung). Gleichzeitig geht es natürlich beim Spiel „Aufmerksamkeit tauschen" auch wieder um die Möglichkeit, mich in den Augen eines anderen Bewusstseins selber zu erfahren.

Indem wir über Dritte reden, tauschen wir sogar Aufmerksamkeit weiter und zahlen dabei direkt (z.B. über das Brüsten mit Freund- oder Bekanntschaften zu wichtigen Personen) auf unser eigenes Aufmerksamkeitskonto und indirekt auf das Aufmerksamkeitskonto des Dritten ein.

*2) Recheneinheit*

In der Media-Planung lässt sich das Maß an Aufmerksamkeit, das eine Zeitschrift, eine TV-Sendung, eine Internet-Seite, ein Plakat, ein Hörfunk-Spot etc. erhält, durch Maßzahlen wie Reichweite, Einschaltquoten, Auflagen etc. sogar messen. Diese Leistungswerte werden anschließend zur Berechnung und Entscheidung über den Medieneinsatz verwendet.

*3) Wertaufbewahrung*

Jeder Prominente ist ein lebendes Beispiel, dass Aufmerksamkeit sowohl einen Tauschwert hat als auch manchmal über einen längeren Zeitraum in den Köpfen der Gesellschaft aufbewahrt wird. Die Dauer der Wertaufbewahrung hat natürlich auch etwas mit der Halbwertszeit des Ruhmes zu tun, den sich die Personen erworben haben. Bei der Zuteilung dieses Ruhmes spielen die Medien selber eine wichtige Rolle und haben hier mit Begriffen wie „B- oder C- Promi" anschaulich gemacht, wie viel gesellschaftliche Aufmerksamkeit den Personen zusteht. Dass gerade die „B- und C-Prominenz" schon aus ökonomischem Eigennutz (z.B. durch den Abschluss von Werbeverträgen) daran interessiert sein muss, „im Gespräch zu bleiben", dürfte sofort einleuchten.

Wenn Aufmerksamkeit knapp ist – und das erlebt jeder von uns täglich aufs Neue – dann müssen wir beim Achtgeben auswählen (selektive Wahrnehmung) und uns ansonsten auf Alltagsroutinen, Automatismen, Heuristiken und unsere Intuition verlassen. Denn angesichts der zunehmenden Informationsflut macht es keinen Sinn dieser Flut durch vermehrten Einsatz Herr werden zu wollen. Stattdessen muss man sich mit der Aufmerksamkeit selbst beschäftigen, das heißt man muss die Kräfte pflegen und trainieren, die uns helfen möglichst viele täglichen Entscheidungen ohne große Aufmerksamkeit zu treffen, um die knappe Ressource bewusster Aufmerksamkeit für die wichtigen Entscheidungen (z.B. Kauf eines High-Involvement-Gutes) oder Probleme (privat oder beruflich) zu schonen. Dieses Verhalten scheint dem Menschen schon angeboren zu sein, denn wohin sich unsere Aufmerksamkeit wendet bzw. was unser Wahrnehmungssystem gerade reizt, ist nur ganz selten bewusst (rational) gesteuert. Jeder bewussten Entscheidung geht eine unbewusste/ intuitive (emotionale) Auswahl voraus (vgl. Abschnitt 8.1.1).

Gleichzeitig drückt jede Verwendung von bewusster Aufmerksamkeit natürlich eine Präferenz aus, die auf das Konto des Aufmerksamkeitsobjekts einzahlt. „Die Verwendung von Aufmerksamkeit plaudert mehr aus als tausend Worte abstreiten können" (Franck: Ökonomie. S. 70).

Dies gilt natürlich vor allem in zwischenmenschlichen Beziehungen (z.B. mit wem möchte ich telefonieren, mich verabreden oder auf einer Party unterhalten), aber eben auch für Produkte und Marken. Denn die Aufmerksamkeit, die ein Produkt oder eine Marke durch die Gesellschaft erfährt, bestimmt letztlich seinen Wert und damit den Preis. Kunden kaufen demnach Produkte auch deshalb, weil sie sich erhoffen, mit der Produktverwendung direkt oder indirekt Aufmerksamkeit zu erzielen. Produkte bzw. Marken sind insofern identitätsstiftende Botschaften an andere, da sie das Bild, das andere von mir haben beeinflussen können (Fremdbild vgl. zum identitätsstiftenden Charakter von Marken auch Kapitel 4.3 im Band „Marketing und Marktforschung"). Bei Produkten des demonstrativen Konsums wie Autos, Uhren, Schmuck oder Mode lässt sich das sehr gut nachvollziehen. Außerdem hatten und haben die verschiedenen sozialen Gruppen, in denen sich ein Mensch bewegt, eine besondere Bedeutung für die Ausbildung seiner Identität. Und gerade hier sind Marken oft der Ausweis, zur Gruppe dazuzugehören (vgl. Markencommunities). Auf der anderen Seite sind Marken aber auch eine Botschaft an mein Selbstkonzept, d.h. sie bestätigen mir das Bild, das ich von mir selbst habe. Durch den Kauf oder die Verwendung einer Marke soll sich das Bild, das andere von mir haben, stabilisieren oder ändern, sodass idealerweise das Selbst- und Fremdbild stärker zur Deckung gebracht werden (zur besonderen Bedeutung von Selbst- und Fremdbild für die Ausbildung unserer Identität vgl. die Abbildung 7.13). Diesem Phänomen kann man sich auch nur sehr schwer entziehen, denn wir sind alle soziale Wesen, die geschätzt, bewundert und geliebt werden wollen.

Selbst Produkte, deren Verwendung wir alleine erleben, können Einfluss auf unser Selbstbild haben. So erleben sich junge Mütter, die ihrem Baby Markennahrung geben, vermutlich selbst als gute Mütter. Interessanterweise haben Studien ergeben, dass das Markenbewusstsein junger Mütter beim zweiten Kind deutlich abnimmt, was vermutlich mit dem durch die eigene Erfahrung stärkeren Selbstwertgefühl zusammenhängen dürfte, das jetzt nicht mehr die symbolische Rückbestätigung über die Marke braucht. (vgl. Rudolf Sommer: Consumer's Mind.)

Die Bedeutung von Marken liegt demnach:

- nach außen in der Erzielung fremder Aufmerksamkeit,
- nach innen in der emotionalen Aufladung für mein Selbstbild und meine Identität und
- der Erfüllung des Wunsches nach neuartigen Reizen (vgl. H. G. Häusel: Think limbic., der für diese Grundmotivation des Menschen den Begriff Stimulanz verwendet).

Marken, die viel Aufmerksamkeit auf sich ziehen, sind demnach deutlich wertvoller als andere, denn sie verschaffen dem Verbraucher seinerseits Aufmerksamkeit. Damit das gelingt, müssen Marken (vor allem bei Gütern des demonstrativen Konsums) natürlich zunächst zum Selbstkonzept passen, da sie sich sonst nicht zur Steigerung des Selbstwertgefühls eignen. Gleichzeitig müssen sie aber auch bei den wichtigen sozialen Bezugsgruppen des Käufers genügend Aufmerksamkeit auf sich ziehen. Das heißt die Zielgruppen müssen erst die Wertschätzung einer Marke lernen, das heißt die Markenimages müssen durch kontrastreiche, klare und in sich konsistente Marketing- und Kommunikationsmaßnahmen vorgeprägt werden (vgl. dazu Lachmann: Wahrnehmung und Gestaltung von Werbung.), damit sie die Kaufentscheidungen beeinflussen können.

„Die Dinge müssen dann mit dem Versprechen versehen werden: Ich bin etwas ganz Besonderes und wirke unwiderstehlich. Dafür genügt es nicht schön und auffällig zu sein. Es muss auch auffallen, dass sie auffallen. Oder anders: Der Eindruck muss eigens noch inszeniert werden, dass die Sache auf alle Eindruck machen wird." (Franck: Ökonomie der Aufmerksamkeit. S. 71 f.).

Güter des demonstrativen Konsums haben es bei der Lenkung der Aufmerksamkeit auf ihre Marken einfacher, da es in ihrem Fall häufig keine „Streuverluste" gibt, denn eine exklusive Automarke müssen auch diejenigen als exklusiv erkennen, die sie sich selbst gar nicht leisten können, denn sonst erhält derjenige, der es sich leisten kann, nicht die Aufmerksamkeit, die er sich vom Kauf versprochen hat. Bei Low-Involvement-Gütern muss diese Lenkung über Werbung, Produkt- und Verpackungsdesign, Verkaufsförderung, PR, Events etc. langfristig vorgeprägt werden, damit die Marke in den intuitiv-emotionalen Prozessen vor der Kaufroutine eine Rolle spielt.

Wie gut es in der Vergangenheit gelungen ist, die Aufmerksamkeit der Zielgruppen auf eine Marke zu lenken, dokumentiert vor allem der Bekanntheitsgrad (Awareness/Recall), denn er ist wie bereits erwähnt ein wichtiger Indikator für das Ausmaß an Beachtung. Das über den Bekanntheitsgrad dokumentierte Maß an gesellschaftlicher oder zielgruppenspezifischer Beachtung rentiert sich dabei sowohl für Marken als auch für Personen. Prominente erzielen z.B. bessere Werbeverträge, Marken landen im relevant set oder erlangen sogar die Top-of-mind-Awareness, d.h. sie fallen Befragten als Erstes ein, wenn nach Marken der Produktkategorie gefragt wird. Dass das gerade bei Gewohnheitskäufen oder Käufen unter Zeitdruck oft kaufentscheidend sein kann, liegt angesichts der geschilderten Bedeutung von automatisierten Routinehandlungen zur Schonung unserer Aufmerksamkeits-Ressourcen auf der Hand. Sehr häufig sind die Top-of-Mind-Marken gleichzeitig die Marktführer, was die Bedeutung der Aufmerksamkeit noch einmal eindrucksvoll unterstreicht.

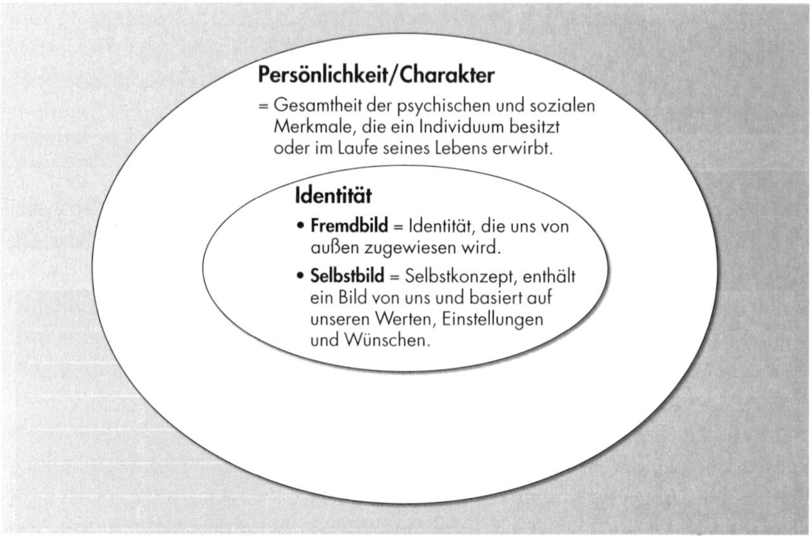


*Abb. 7.13: Zusammenhang zwischen Persönlichkeit und Identität*

Insofern müssen Marken und Personen im Gespräch bleiben (z.B. über virales Marketing, PR, Events und Werbung oder Besuche von Fernsehsendungen, Interviews, „Skandale“ etc.) und innovativ sein bzw. sich ggf. neu erfinden (vgl. Madonna oder Marken wie Puma, H&M, Bionade).

**Das Modell der Elaborations-/Auseinandersetzungswahrscheinlichkeit**

Dieses Modell geht auf das von den amerikanischen Psychologen Richard E. Petty und John T. Cacioppo im Jahr 1981 entwickelten Elaboration-Likelihood-Modell (ELM) zurück, das ursprünglich als sozialpsychologisches Modell zur Beschreibung von allgemeinen Einstellungsänderungen konzipiert wurde. Dessen Effekte sind in Abb. 7.15 im Überblick dargestellt. Es ist kurze Zeit später von der Werbewirkungsforschung übernommen werden.

Entscheidend für den Kauf eines Produktes ist nach der Modellvorstellung des ELM eine positive Einstellung des Rezipienten gegenüber dem Produkt.

→ *Ein wichtiges Wirkungsziel der Werbung muss also die Schaffung einer dauerhaft positiven Einstellung zur Marke sein.*

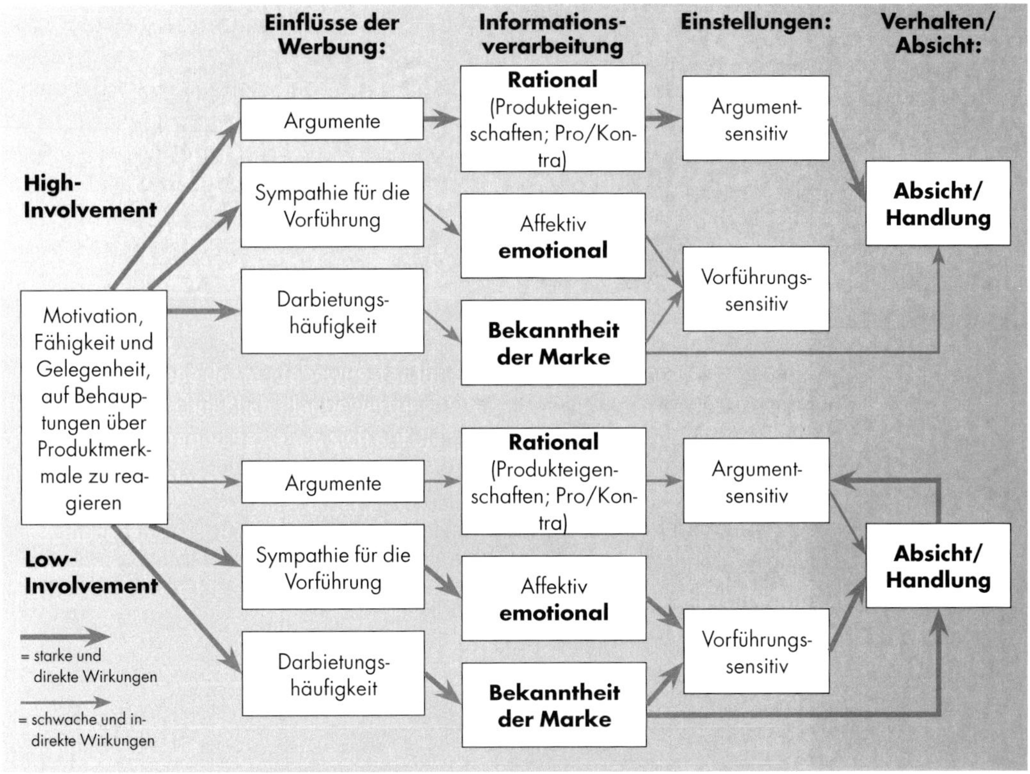


*Abb. 7.14: Low- und High-Involvement-Hierarchie nach Batra und Ray*

Im Modell werden zwei grundsätzliche Wirkungswege beeinflussender Kommunikation unterschieden, die vor allem vom Grad des Involvement der Zielpersonen abhängen. Der so genannte zentrale Weg der Beeinflussung wendet sich an Personen, die hoch involviert sind. Dies führt dazu, dass sie sich intensiv mit der inhaltlichen Seite der Werbung, wie der Qualität der Argumente, auseinandersetzen und daher die Möglichkeit zu einer dauerhaften und stabilen Einstellungsbildung besteht (vgl. Abb. 7.14). Dagegen muss sich Werbung bei wenig involvierten Personen – der häufigere Fall – mit dem peripheren Weg der Beeinflussung begnügen. In diesem Fall spielen die Randbedingungen der Kommunikation für die Werbewirkung und damit die Einstellungsbildung eine besondere Rolle. Die Zielgruppe setzt sich eben nicht intensiv, kognitiv mit der Werbung auseinander, sondern verarbeitet die Werbung nur oberflächlich. Dabei orientiert sie sich an situationsgebundenen Reizen, wie etwa der äußeren Gestaltung, der gefälligen Aufmachung der Werbung, der Glaubwürdigkeit des Kommunikators, der Anzahl an Argumenten oder der Anzahl an Wiederholungen. Diese periphere und eher gefühlsmäßige Verarbeitung kann zwar auch zu einer Einstellungsänderung führen, diese ist aber meistens nicht so stabil wie eine auf der zentralen Route erreichte. Das heißt, Produkte, deren Botschaften über die periphere Route verarbeitet werden, müssen auf häufige Wiederholungen der Werbung achten, da nur dadurch die gewünschte Einstellungsänderung immer wieder neu hervorgerufen wird.

Hoch involvierte Verbraucher folgen dem zentralen Weg der Beeinflussung

Gering involvierte Verbraucher verarbeiten Werbung nur oberflächlich

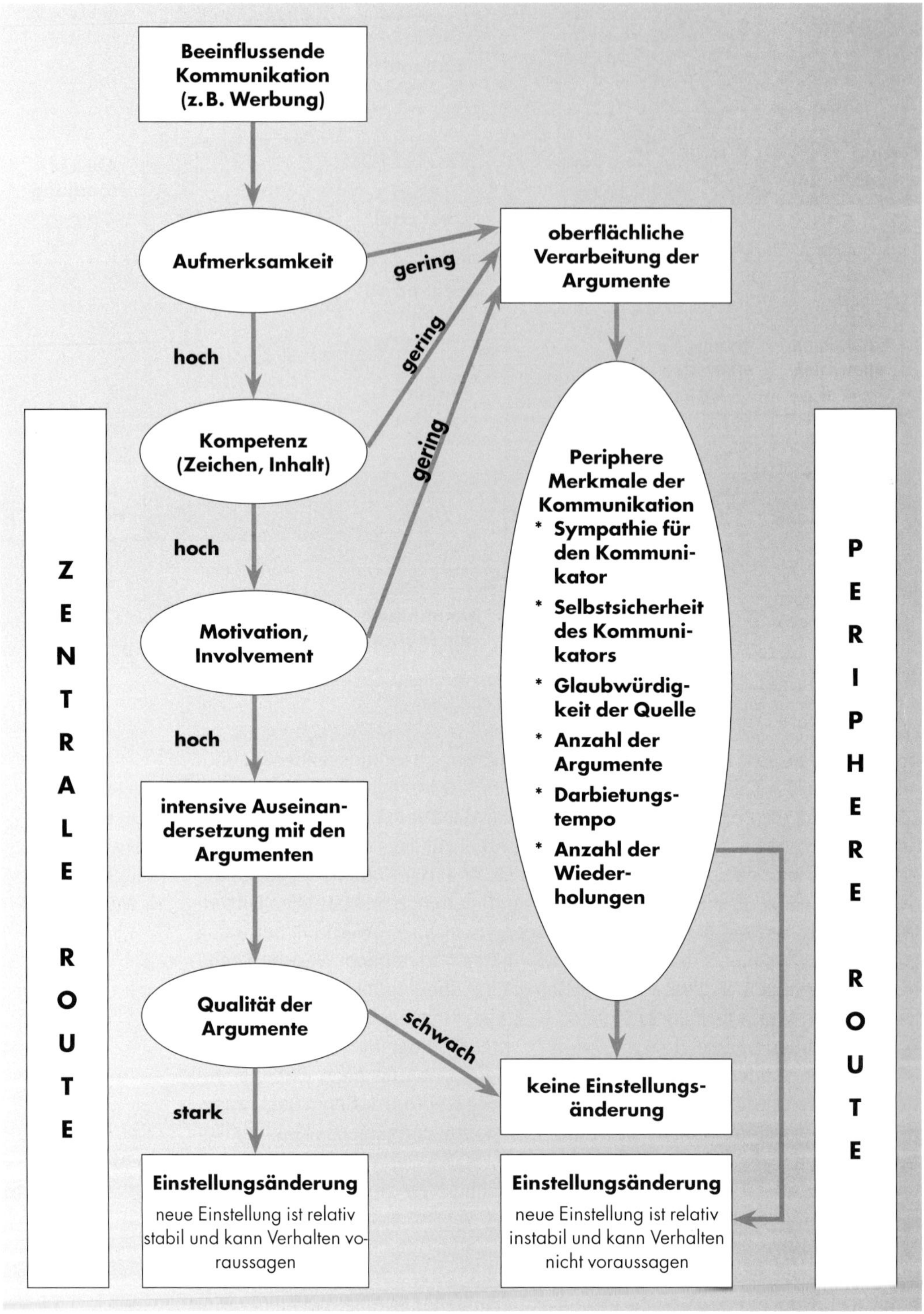


*Abb. 7.15: Das Elaboration-Likelihood-Modell (ELM) nach Petty und Cacioppo*

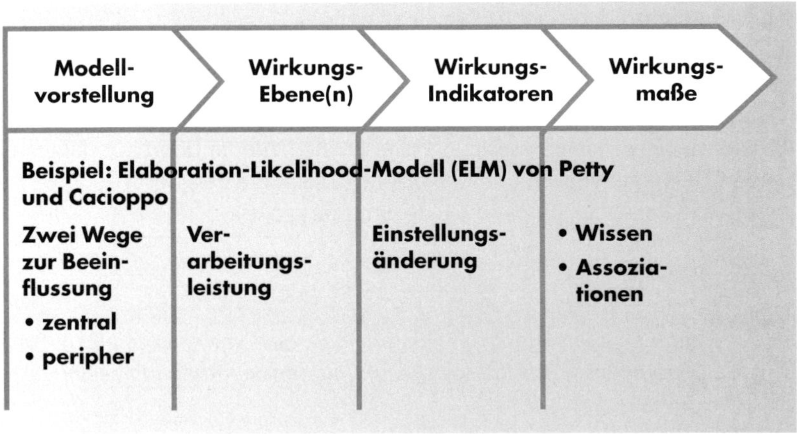


*Abb. 7.16: Elemente von Wirkungsmodellen: die „Wirkungskette"*

Es gibt aber auch aktuelle Forschungsergebnisse, die zeigen, dass sich intensive Markenbindung vor allem bei Low-Involvement-Gütern findet (vgl. dazu Carsten Niepmann: Wirkungsmodelle der Werbung. Hamburg 1999. S. 77). Eine Erklärung dafür könnte in habitualisiertem Kaufverhalten (Gewohnheitskäufe) liegen, denn falls der Konsument eine Marke z.B. für Nudeln gefunden hat, die seinen Ansprüchen genügt, hat er in der Zukunft beim Einkauf häufig keine Lust mehr, sich mit dieser Kaufentscheidung zu beschäftigen und greift deshalb zur gewohnten Marke.

Low-Involvement erfordert die wiederholte Nennung der Marke (Branding)

Die Konsequenzen des Elaboration-Likelihood-Modells für die Gestaltung von Werbung und ihre mediale Verbreitung sind vielfältig. So bedingen Beeinflussungsversuche, die die periphere Route verfolgen müssen, eine hohe Anzahl an Wiederholungen („Branding" bzw. Aufbau von hohem Werbedruck) oder die Auswahl sympathischer Testimonials, da ansonsten die Kaufwahrscheinlichkeit rasch sinken würde. Je höher das Involvement, umso mehr kann man sich in der Media-Planung auf die Optimierung der Nettoreichweite konzentrieren.

Periphere Route = überreden

Eine beiläufige Informationsverarbeitung muss aber für den Erfolg von Werbung gar nicht schlecht sein, denn bei austauschbaren Produkten gibt es ohnehin kaum noch Argumente, die einer rationalen Kontrolle standhalten könnten, also umgeht man die – aus werblicher Sicht – lästige Vernunft und appelliert ganz beiläufig an die Emotionen des Verbrauchers. Das heißt, je schwächer die Argumente, umso wichtiger ist für einen Werbeerfolg die Ablenkung der Konsumenten.

Zentrale Route = überzeugen

Zur Ablenkung von Konsumenten lassen sich in Werbespots verschiedene Mittel wie Musik, schnelle Schnitte oder ungewöhnliche Kameraperspektiven einsetzen. Aber auch eine überraschende, humorvolle Pointe unterbindet eine kritische Beschäftigung des Konsumenten mit den Inhalten der Werbung. Der aus Sicht der Werbung gewünschte Effekt liegt darin, den Konsumenten gedankliche Abkürzungen (Heuristiken) nehmen zu lassen. Diese könnten beispielsweise so aussehen: „Die Person in der Werbung (Testimonial: Experte, Prominenter, typischer Verwender) wirkt glaubwürdig und sympathisch, also muss an dem Produkt etwas dran sein. Probieren wir es aus."

## 7.4 Psychologische Phänomene bei der Informationsverarbeitung

Im Folgenden sollen im Zusammenhang der zuletzt in Abschnitt 7.3 dargestellten Wirkungsmodelle einige psychologische Phänomene im Überblick dargestellt werden (weitergehende Informationen finden sich zum Beispiel in Georg Felser: Werbe- und Konsumentenpsychologie. Stuttgart 2007).

### 7.4.1 Priming-Effekt

*Unter dem Priming-Effekt versteht man, dass vorher gezeigte und aufgenommene Reize die spätere Informationsverarbeitung beeinflussen können.*

**Beispiel**

Die Funktionsweise des Priming-Effektes lässt sich sehr gut am Gesellschaftsspiel „Tabu" veranschaulichen. Bei der Erklärung eines Begriffes, wie z. B. „Flut", dürfen Sie fünf andere auf der Karte stehende Begriffe wie „Ebbe, Gezeiten, Mond, Meer und Licht" nicht verwenden, sonst bekommt die andere Mannschaft den Punkt. Vielen von uns ergeht es dabei so, dass ihnen nach dem Lesen der „verbotenen" Wörter keine anderen mehr einfallen wollen. Diese erhöhte Verfügbarkeit der „verbotenen" Wörter bezeichnet man als assoziative Bahnung oder Priming.

---

Aktuelle Entscheidungen werden stark von vorher aufgenommenen Reizen beeinflusst

Wie lässt sich dieses Phänomen auf Werbung bzw. Werbewirkung übertragen? Wenn wir Sachverhalte, Personen oder eben auch Produkte beurteilen sollen, hängt unser Urteil oft von anderen Informationen ab, die zum Zeitpunkt des Urteils besonders gut verfügbar waren, wobei diese Informationen sowohl Wort- als auch Bildinformationen sein können. Beide Arten sind geeignet semantische, affektive oder episodische Verknüpfungen zu verwandten Informationen herzustellen.

Dazu noch ein kleines Alltagsbeispiel. Auf die Frage, ob Sie mit Ihrem Leben zufrieden sind, werden Sie, wenn Sie kurz vorher an persönliche Misserfolge gedacht haben, anders antworten, als wenn Sie sich gerade frisch an besonders schöne Momente erinnert haben. Es gibt also Kontexteffekte, die die aktuelle Beurteilung stark beeinflussen können. Solche Kontexteffekte können durch Werbung bewusst erzeugt und damit für die Vermarktung von Produkten genutzt werden.

Die einfachste Form des Priming besteht in einer gut durchdachten integrierten Kommunikations- und Mediastrategie. Wenn es dem Unternehmen gelingt, ein Neuprodukt schnell bekannt zu machen, die haushaltsführende Person kurz vor dem Einkauf mit einem Funkspot zu erreichen, sie auf dem Weg zum Laden noch über Außenwerbung zu erreichen und dann durch gezielte Verkaufsförderungsmaßnahmen am POS (Ladenfunk, Regalstopper, Probierstände etc.) zu erreichen, wird diese geballte Form des Priming am Ende in einen Produktkauf münden.

Im Zusammenhang mit Priming-Effekten soll noch einmal kurz auf den wichtigen Begriff des Images zurückgegriffen werden (vgl. Kapitel 2 im Band „Kommunikationspolitik").

Images sind Vorstellungsbilder in den Köpfen von Menschen über Menschen, Produkte und Unternehmen und haben folgende Eigenschaften:

Images steuern Wahrnehmung und Verhalten

- Images entstehen schnell,
  - verfestigen sich langsam,
  - sind schwer veränderbar,
  - müssen aber nicht stabil bleiben.
- Images formen sich leichter/fassettenreicher, wenn viele Informationen vorhanden sind.
- Images steuern die Wahrnehmung der Menschen, sie dienen der Orientierung in einer „chaotischen" Umwelt (Reizüberflutung).
- Positive Images sind die Voraussetzung für erwünschtes Verhalten der Zielgruppen, denn sie können den Halo-Effekt hervorrufen, d.h., wenn ein von den Menschen als wichtig empfundenes Merkmal positiv gesehen wird, werden auch andere Merkmale positiv gesehen.

### 7.4.2 Halo-Effekt und Kontrast-Effekte

Halo-Effekt: Viele Urteile basieren auf Vorurteilen

Der Halo-Effekt ist eine weitere Form des Primings, der sich zwar besonders bei der Beurteilung von Personen nachweisen lässt, aber sicherlich auch bei der Beurteilung alternativer Produkte eine Rolle spielen kann. Forschungsergebnisse zeigen, dass sich Menschen bei der Beurteilung von Personen sehr stark von den ersten Eindrücken und dabei besonders von der physischen Attraktivität beeinflussen lassen. Physisch attraktiven Menschen werden alle möglichen positiven Eigenschaften zugetraut, ohne dass es dafür eine echten Beweis geben muss. Interessanterweise bemerken die urteilenden Menschen nicht einmal, dass der Halo-Effekt sie beeinflusst hat oder würden sich die Beeinflussung selber eingestehen. Werbetreibende Unternehmen und Agenturen erhoffen sich durch die Verwendung attraktiver Testimonials und idealer Bildwelten Halo-Effekte oder zumindest Kontext-Effekte bei den Zielgruppen.

Kontrast-Effekt: Vergleich entscheidet über die Qualität der Beurteilung

Eine weitere Form des Priming besteht in Kontrast-Effekten, das heißt, unser Urteil hängt stark davon ab, mit wem oder was wir vergleichen. Dazu direkt einige Beispiele aus dem Marketing.

**Beispiele**

Die Getränkemarke Punica (weniger als 40 % Fruchtsaftgehalt) konnte nur deshalb so erfolgreich werden, weil sie sich nicht mit 100 %-Fruchtsäften verglich, sondern als Durstlöscher in die Kategorie Cola, Limo einordnete. Im Vergleich mit diesen Getränken wurde der vermeintliche Nachteil des geringen Saftgehaltes zu einem Vorteil.

Als zweites erfolgreiches Beispiel könnte man die Marke Gervais Obstgarten nennen, die sich nicht als Dessert, sondern als Mittagsalternative zu Pommes, Hamburgern, Currywurst etc. positioniert hatte (weitere Beispiele in Andreas Buchholz, Wolfram Wördemann: Was Siegermarken anders machen. München 1998).

Durch kleinere Veränderungen eines Zielreizes z. B. an einer Anzeige wird der Kontext, in dem die Zielgruppe die Anzeige wahrnimmt, verändert und dadurch eben auch die Beurteilung. Das folgende Beispiel verdeutlich dies.

**Beispiele**

(Zitiert aus: Georg Felser: Werbe- und Konsumentenpsychologie. Stuttgart 2007) „Smith und Engel (1968) legten ihren Versuchspersonen eine Werbeanzeige für ein Auto vor. In einer Version war das Auto gemeinsam mit einer verführerischen Frau abgebildet. Die andere Version bestand aus derselben Abbildung ohne die Frau. In der Experimentalgruppe nahmen die Versuchspersonen das Auto als schneller, teurer, ansprechender und schöner wahr als in der Kontrollgruppe ohne die Abbildung der Frau. In einer Nachbefragung gaben 22 von 23 Versuchspersonen an, sich nicht einmal an die Abbildung einer Frau zu erinnern. Auf die Abbildung aufmerksam gemacht, bestritten sie einen möglichen Einfluss.
In Werbeanzeigen zeigte sich, dass bereits ein Blumenstrauß, der in einer Anzeige unauffällig in einer Ecke platziert wurde, den Wahrnehmungskontext erheblich beeinflussen kann.
Eine Werbeanzeige wird als glaubwürdiger wahrgenommen, wenn sie einen Fließtext enthält. Durch das Textelement wird ein argumentativer Kontext geschaffen. Die Glaubwürdigkeit wird auch dann wahrgenommen, wenn der Fließtext gar nicht gelesen wird."

---

Weitere interessante Phänomene, bei denen wahrgenommene Produkteigenschaften unser Urteil über das Produkt beeinflussen, sind zum Beispiel der Rückschluss aus dem Geräusch einer zuschlagenden Tür auf die Sicherheit und Qualität des Pkw oder aus der Schaumbildung eines Haarshampoos oder Reinigungsmittels auf die Reinigungskraft des Produktes. Die Kenntnis dieser Phänomene hat z. B. im Automobilbereich dazu geführt, dass es spezielle Abteilungen für Geruchs- und Sounddesign gibt.

Automatische Informationsverarbeitung: „Expressverbindung" zwischen Wahrnehmen und Handeln

Weitere für die Werbung wichtige psychologische Effekte hängen mit dem Phänomen der automatischen Informationsverarbeitung zusammen, denn wir verarbeiten Informationen nur zu einem Teil bewusst und kontrolliert. Bei der Ausführung von Bewegungsabläufen z.B. im Sport, aber auch im Alltag sind unsere Vorgehensweisen so stark automatisiert, dass sie ohne bewusste Kontrolle und ohne Aufmerksamkeit ablaufen können. Versuchen Sie mal jemandem zu erklären, wie man eine Schleife bindet, und vergleichen Sie das mit der Leichtigkeit der tatsächlichen Ausführung. Oder nehmen Sie Bewegungsabläufe in Ihrem Lieblingssport. Die Expressverbindung zwischen Wahrnehmen und Handeln ist vermutlich evolutionär bedingt, auch wenn es heute nur noch in seltenen Fällen notwendig sein dürfte, beispielweise auf ungewohnte Geräusche schnell zu reagieren. Anders in der Steinzeit, da war es allemal besser, ohne nachzudenken vor einem Hasen auszureißen, wenn es im Gebüsch raschelte, als erst einmal in Ruhe abzuwarten, ob sich nicht ein Raubtier anpirscht. Aber auch bei Alltagsurteilen gehen wir oft automatisch vor. Ein Experiment amerikanischer Psychologen bestätigt dies in drastischer Form. An amerikanischen Universitäten beurteilen die Studenten nach jedem Semester die pädagogischen Fähigkeiten ihrer Dozenten. Einer Kontrollgruppe, die nicht an den Kursen teilgenommen hatte, wurden sech-zigsekündige Video-Clips aus dem Unterricht der Dozenten ohne Ton vorgespielt. Anschließend sollten auch sie die pädagogischen Fähigkeiten der Dozenten beurteilen, das überraschende Ergebnis war, dass sich die Urteile der echten und der „fremden" Studenten nahezu deckten.

Implizites Lernen: Lernen ohne erhöhte Aufmerksamkeit

Neueste wissenschaftliche Forschungsergebnisse zeigen, dass es nicht nur automatisches Handeln oder Urteilen gibt, sondern auch so etwas wie impliziertes Lernen, das heißt, wir lernen, ohne zu merken, dass wir lernen (vgl. Mathew Lieberman: University of California Los Angeles: in Psychological Bulletin Vol. 126. January 2000). Takeo Watanabe, amerikanischer Hirnforscher aus Boston, konnte ebenfalls in Experimenten nachweisen, dass für erfolgreiches Lernen erhöhte Aufmerksamkeit nicht notwendig ist. Die Probanden mussten Buchstaben vor einem chaotischen Hintergrund mit beweglichen Punkten betrachten. Fünf Prozent der Punkte im Hintergrund bewegten sich in eine bestimmte Richtung, zu wenig, um die Richtung der wandernden Punkte zu erkennen. Dennoch lernten die Probanden anscheinend beiläufig, laufende Punktreihen vor dem chaotischen Hintergrund zu erkennen, denn in einer zweiten Testreihe erkannten sie die Richtung der wandernden Punkten wesentlich besser als „untrainierte" Personen – allerdings nur dann, wenn die Punkte die gleiche Richtung wie in den ersten Versuchen einschlugen. Die Probanden hatten offensichtlich Dinge gelernt, auf die sie sich nicht konzentrierten, die sie nicht bewusst wahrnahmen und die eigentlich völlig unbedeutend waren. Auch hier könnte man wieder auf den Priming-Effekt verweisen, doch sind die Möglichkeiten, die sich durch das eben beschriebene Phänomen für Werbung eröffnen, noch interessanter. Ein weiteres wissenschaftliches Experiment, durchgeführt von englischen Psychologen der Universität Leicester, zeigt dies deutlich. In einem Supermarkt wurde jeden zweiten Tag französische Akkordeonmusik im Ladenfunk gespielt, an den anderen Tagen beschallten sie den Laden mit bayerischer Blasmusik. Der Effekt war verblüffend: An den „französischen" Tagen wurde dreimal mehr französischer als deutscher Wein gekauft, an den „deutschen" Tagen war das Verhältnis fast genau umgekehrt.

Auch beiläufige Wahrnehmung steuert Kaufverhalten

Vor dem Hintergrund des Elaboration-Likelihood-Modells erscheinen diese Ergebnisse besonders interessant, denn die Verarbeitung über die periphere Route, die für die meisten beworbenen Marken angenommen werden muss, kann sogar unbewusst erfolgen, was eine Argumentation gegen die in der Werbung ausgelobten Argumente nahezu unmöglich macht.

### 7.4.3 Mere-Exposure-Effekt

In diesem Zusammenhang muss man auch den so genannten Mere-Exposure-Effekt (Effekt der bloßen Darbietung) betrachten. Dabei geht man davon aus, dass ein schon früher einmal verarbeiteter Reiz in Zukunft zu einer vereinfachten Verarbeitung des Reizes führt. Dieser Reiz wird dann auf Grund seiner Bekanntheit wesentlich positiver eingeschätzt. Diese positivere Beurteilung zeigte sich sogar dann, wenn die Versuchspersonen sich gar nicht daran erinnerten, Werbung der Marke gesehen zu haben. Die unbewusste – nicht die unterbewusste – Wahrnehmung von Werbung hat demnach positive Effekte für die beworbenen

Unbewusste Wahrnehmung von Werbung schadet nicht bei Low-Involvement-Gütern

Produkte oder Marken (vgl. hierzu Ingomar Kloss: Werbung. München 2007 oder Klaus Moser: Markt- und Werbepsychologie. Göttingen 2002).

Die unbewusste Vertrautheit und positive Beurteilung von Marken durch den Mere-exposure-Effekt führt zudem dazu, dass sie bei wiederholter Reizdarbietung wesentlich besser gelernt werden.

→ *Die Forderung an die Werbung lautet daher, häufige Wiederholungen zu erreichen, damit die Zielgruppe daraus – am besten unbewusst – eine positive Einstellung zur Marke entwickelt.*

In einer umfassenden Metaanalyse zu diesem Thema fasste Bornstein (1989) die bisherigen Erkenntnisse zusammen:
Der Mere-Exposure-Effekt lässt sich mit verschiedenem Stimulus-Material (Bilder, Töne, Worte, Musikstücke, Personen) erzeugen. Er fällt stärker aus, wenn

- die Darbietungshäufigkeit im mittleren Bereich liegt (ca. 10- bis 20-mal), da zu häufige Darbietung den Effekt verringert, evtl. auf Grund von Langeweile.
- die Darbietungsdauer kurz ist (weniger als eine Sekunde).
- der Reiz komplex ist.
- die Bewertung nicht unmittelbar nach der Darbietung erfolgt.
- bewusstes Erinnern unwahrscheinlich ist, d.h. wenn die Aufmerksamkeit gering ist, denn der „Mere-Exposure-Effekt" ist kein Wiedererkennungseffekt.
- der Darbietungsabstand länger ist.
- der Reiz von den Rezipienten gemocht oder positiv bewertet wird.
- die Rezipienten älter sind, insbesondere bei Kindern zeigen sich nur schwache „Mere-Exposure-Effekte".

Ein interessanter Ansatz dieses Effektes liegt in der Nutzung moderner Spotformate wie dem Split-Screen-Verfahren, wo während eines TV-Spots ein kleiner Teil des Bildschirms für den redaktionellen Teil, z.B. einer Sportübertragung, reserviert bleibt. Die geteilte Aufmerksamkeit führt mit ziemlicher Sicherheit zu den gewünschten positiven Effekten impliziten Lernens. Mithilfe des Mere-exposure-Effekts lässt sich die Bewusstseinspräsenz und die Einstellung gegenüber Marken verbessern, ob er aber eine direkte und unmittelbare Wirkung auf das Kaufverhalten hat, muss weiterhin bezweifelt werden.

Unbewusst ist **nicht** gleich unterbewusst!

An dieser Stelle nur einige kurze Anmerkungen zum Thema unterschwellige Werbung. Vance Packard hat in seinem 1957 erstmals erschienenen Buch von den „Geheimen Verführern" vermutlich den ältesten und dauerhaftesten Mythos der Werbewirtschaft geschaffen. Auch wenn es bisher nicht gelungen ist, das in seinem Buch beschriebene Experiment des amerikanischen Marktforschers Vicary an anderer Stelle mit ähnlichen Ergebnissen zu wiederholen, gibt es sogar im deutschen Rundfunkstaatsvertrag einen Passus, der unterschwellige Werbung untersagt. Bei dem Experiment hat Vicary in Absprache mit einem Kinobesitzer in New Jersey angeblich während eines Films alle fünf Sekunden die Sätze „Eat Popcorn" und „Drink Coca-Cola" im Millisekunden-Bereich (die Angaben schwanken 1/300 bis zu 1/6000 Sekunden) eingeblendet. Während des sechswöchigen Experiments soll dadurch der Popcorn-Verbrauch um 18 % und der Cola-Verbrauch sogar um 57 % gestiegen sein.

Wenn man unterschwellige Wahrnehmung als Wahrnehmung unterhalb der absoluten Reizschwelle versteht, muss man heute davon ausgehen, dass keine Information vermittelt wurde bzw. auch keine Beeinflussung stattfinden konnte. Einer der Gründe, warum sich über das Phänomen unterschwelliger Wahrnehmung bis heute gestritten wird, liegt vermutlich darin, dass die absolute Reizschwelle, das heißt, bis wohin kann ein Reiz überhaupt noch wahrgenommen werden, von Mensch zu Mensch verschieden ist. Dass es aber Lernen und Beeinflussen unterhalb der Aufmerksamkeitsschwelle gibt, haben die bisherigen Ausführungen hoffentlich gezeigt (interessante Experimente finden sich in Georg Felser: Werbe- und Konsumentenpsychologie. Stuttgart 2007).

### 7.4.4 Psychologische Konsistenz/Kognitive Dissonanz

Menschen sind in gewisser Weise harmoniesüchtig, wenn auch nicht alle nach Harmonie mit ihren Mitmenschen streben, so suchen eigentlich alle nach Übereinstimmung zwischen dem, wofür wir einstehen, und dem, was wir tatsächlich tun. Ergeben sich zwischen unserem Denken und unserem Handeln Widersprüche, suchen wir zunächst nach äußeren Rechtfertigungen der Art „das ging ja gar nicht anders" oder „das siehst du doch genauso". Finden wir keine äußeren Rechtfertigungen, entsteht eine kognitive Dissonanz zwischen der Erinnerung an unser Handeln und unseren Einstellungen. Da es nicht möglich ist, das gezeigte Verhalten rückgängig zu machen, können wir Übereinstimmung (Konsistenz) nur wiederherstellen, wenn wir die zu Grunde liegende Einstellung nachträglich an das Verhalten anzupassen. Das heißt, wir passen – ganz im Sinne der am Anfang des Kapitels beschriebenen Do-feel-learn-Hierarchie der Werbewirkung – unser Denken einfach im Nachhinein an unser Handeln an.

Im Zweifel passen wir unser Denken im Nachhinein an unser Handeln an

Besonders häufig entsteht kognitive Dissonanz in Entscheidungssituationen, wie z. B. nach einem Kauf. Denn durch die Entscheidung für eine Alternative werden natürlich alle anderen Möglichkeiten ausgeschlossen. Je ähnlicher sich die Kaufalternativen sind, das heißt, je mehr Argumente für eine nicht gewählte Alternative sprechen, umso stärker fällt die kognitive Dissonanz beim Konsumenten aus. In diesen Fällen gibt es für den Konsumenten verschiedene Möglichkeiten, die Unsicherheit, ob man die richtige Kaufentscheidung getroffen hat, zu vermindern. So haben die Konsumenten für alle Informationen, die die getroffene Entscheidung unterstützen, ein offenes Ohr, während Informationen, die die Entscheidung infrage stellen könnten, möglichst ausgeblendet werden (selektive Wahrnehmung).

Diese Tatsache lässt sich in der Nachkaufphase hervorragend zur Kundenbindung nutzen. Gerade bei teuren Produkten sucht der Konsument händeringend nach Argumenten, warum ausgerechnet dieses Produkt die hohe Investition rechtfertigt. Die Dissonanz, viel Geld ausgegeben zu haben, was man vielleicht auch billiger hätte haben können, wird dadurch umgangen, dass der Gegenwert des Geldes besonders hoch veranschlagt wird. Falls man das gleiche Produkt doch kurz nach dem Kauf irgendwo billiger sieht, ärgert man sich normalerweise gewaltig. Eine andere Möglichkeit, die Kaufentscheidung im Nachhinein vor sich selbst zu rechtfertigen, besteht darin, sich auf die Millionen anderer Käufer zu berufen, die sich ja auch nicht irren können. Diese Tatsache kommt häufig den Marktführern bzw. starken Marken zugute. Falls die Kaufentscheidung aber trotz

Bestätigende Informationen führen in der Nach-Kauf-Phase zum Abbau kognitiver Dissonanzen und zur Bindung an die Marke anders lautender Ratschläge oder Meinungen (z. B. von Lebenspartner, Freunden, Bekannten) gefällt wurde, versuchen manche Käufer ihre Umwelt von diesem Produkt zu überzeugen. Um ihre kognitive Dissonanz zu mindern, werden sie praktisch zu unbezahlten „Anwälten" der Marke.

Eine wichtige Voraussetzung für das Auftreten kognitiver Dissonanz bildet das Involvement der Person, d. h., sie muss von den Konsequenzen einer Entscheidung oder des Verhaltens betroffen sein (psychologische Bindung (Commitment)). Die Stärke der kognitiven Dissonanz hängt darüber hinaus vom Grad der empfundenen Bindung bzw. Identifikation mit der Entscheidung ab. Besondere Bindungen entstehen sowohl auf Grund des gezeigten Verhaltens als auch zu Gegenständen, die man besitzt. Gegenstände, die man besitzt, werden aufgewertet, das heißt, wir sind stärker motiviert, den Verlust dieser Dinge zu verhindern, als gleichwertige Dinge zu erwerben. Eine Tatsache, die unter anderem von der Sicherheits- und Versicherungsbranche zu werblichen Zwecken genutzt werden kann.

Involvement und psychologische Bindung an das Verhalten als Voraussetzung für kognitive Dissonanz

Die Bindung an das gezeigte Verhalten hängt von vielen Faktoren ab (vgl. dazu auch Georg Felser: Werbe- und Konsumentenpsychologie. Stuttgart 2007). Besonders stark fällt die Bindung aus, wenn für das Verhalten die unten aufgeführten Voraussetzungen erfüllt sind:

- Es gab nur geringe äußere Anreize bzw. keinen äußeren Druck, das heißt, das Verhalten war freiwillig.
- Das Verhalten war mit Hindernissen und Kosten verbunden (z. B. Kauf eines teuren Produktes oder auch Investition in Aktien).
- Das Verhalten wurde durch ein schriftliches oder öffentliches Bekenntnis unterstützt.

Daraus lassen sich einige für Marketing und Werbung interessante Schlüsse ziehen. Wenn Kaufverhalten besonders durch äußere Einflüsse wie Aktionspreise, Coupons oder übertriebene Zugaben hervorgerufen wird, ist es äußerst unwahrscheinlich, dass sich dadurch eine stabile Bindung (Markentreue) an das Produkt ergibt (vgl. auch Oversufficient-Justification-Effekt).

Menschliche Entscheidungen und Verhalten sind von dem Bedürfnis geprägt, konsistent zu sein. Konsistenz bedeutet, an einer einmal getroffenen Entscheidung festzuhalten oder in Übereinstimmung mit früherem Verhalten zu handeln. Eine einmal eingeschlagene Richtung eines Verhaltens wird ohne besondere Gründe nicht geändert. Für die Beibehaltung des Verhaltens (Konsistenz) sind dagegen keine weiteren Gründe nötig.

Darüber hinaus wird konsistentes Verhalten von der Gesellschaft als positive Charaktereigenschaft bewertet, während Personen, deren Entscheidungen und Verhalten nicht miteinander vereinbar sind, ein negatives Image haben. Durch die Orientierung an früheren Entscheidungen wird die Bewältigung neuer Situationen erleichtert, da so nicht mehr alle neuen Aspekte berücksichtigt werden müssen und auf bewährte Entscheidungsstrategien zurückgegriffen werden kann. Das heißt, unser Gehirn nimmt öfter mal eine Abkürzung, diese im Fachvokabular Heuristiken genannten Entscheidungsmuster sind eine wichtige Erklärung für Gewohnheitskäufe.

Aus den bisher dargestellten theoretischen Annahmen lassen sich Strategien für den Verkauf und die Werbung ableiten:

**Psychologisch abgeleitete Verkaufs- und Werbestrategien**

*Forced-Compliance-Paradigma*
Einige Firmen erzeugen positive Einstellungen zu einem Produkt, indem sie Personen in der Form eines Wettbewerbs dazu animieren, einfallsreiche Werbeslogans zu erfinden. Mit dieser Methode kann sogar ein Einstellungswandel erreicht werden, da durch das Erfinden des Slogans bei vorher negativ eingestellten Personen kognitive Dissonanz entsteht. Diese kann nur durch Korrektur der vorherigen Einstellung reduziert werden.

*Fuß-in-der-Tür-Technik*
Sie basiert darauf, dass eine Gefälligkeit viel eher erwiesen wird, wenn bereits vorher eine andere, kleinere Gefälligkeit erwiesen wurde. Oder, um einen alten Volksspruch zu zitieren: „Man muss auch einmal mit einem Knochen nach einem Schinken werfen."

Bei dieser Strategie wird durch den Verkauf besonderer Angebote die Bindung von Personen an ein Unternehmen oder an ein Produkt erreicht. Obwohl diese Angebote selber nicht profitabel sind, bewirken sie, dass die Gelegenheitskäufer zu Kunden werden und in Zukunft auch größere Käufe tätigen. Durch das regelmäßige Versenden von Mailings, Katalogen oder Prospekten wird die Bindung der Kunden verstärkt. Das Bemühen der Kunden um konsistentes Verhalten führt dazu, dass der Kunde dem Unternehmen bzw. der Marke ohne weiteres Hinterfragen treu bleibt. Für einen Wechsel zu einem anderen Hersteller bzw. zu einer anderen Marke müssten hingegen gute Gründe vorliegen. Falls diese Technik übertrieben wird, kann dabei auch eine Art psychologischer Kaufzwang entstehen, der in Deutschland wettbewerbsrechtlich verboten ist (vgl. § 4 UWG).

*Low-Ball-Taktik*
Der Kunde wird durch ein besonders günstiges Angebot auf das Produkt aufmerksam gemacht, auf Grund dessen er sich zum Kauf entscheidet. Anschließend zählt der Verkäufer weitere Vorteile des Produktes auf und lässt den Kunden unter Umständen eigene Erfahrungen mit dem Produkt machen (beispielsweise ein Auto zur Probe fahren oder einen teuren CAM-Corder ausprobieren etc ). Dadurch sollen zahlreiche Bindungen an das gewünschte Verhalten erzeugt werden. Bevor es allerdings zum Verkaufsabschluss kommt, nimmt der Verkäufer das günstige Angebot unerwartet zurück. Da der Kunde aber inzwischen selbst viele positive Argumente generiert hat, kauft er das Produkt trotz des nun höheren Preises.

*Mere-Ownership-Effekt oder auch Endowment-Effekt*
Der Wert eines Gegenstands steigt, wenn man ihn besitzt, sodass ein potenzieller Verlust des Gegenstands als schwer wiegend erlebt wird. Werbestrategen nutzen dies, wenn sie den Fokus der Kunden auf den Verlust eines möglichen (aber noch gar nicht erzielten) Gewinns lenken (z.B. „Mit diesem Los sind Sie vielleicht jetzt schon Millionär!")

*Oversufficient-Justification-Effekt*
Ein Produkt wird nur auf Grund einer zusätzlichen Beigabe, wie z.B. kleine Gratisproben, Sondergrößen und Werbegeschenke, gekauft. Fällt dieser Zusatznutzen weg, verliert das Produkt an Attraktivität. Allerdings kann Markentreue nicht etabliert werden.

*Nachkaufwerbung*
Um den Kunden auch nach dem Kauf in seiner Entscheidung zu bestärken und die Entstehung kognitiver Dissonanz zu vermeiden, ist es sinnvoll, dem Kunden positive und bestätigende Produktinformationen zu geben (z.B. der typische Beginn einer Bedienungsanleitung: „Wir gratulieren Ihnen zum Kauf unseres ausgezeichneten Videorekorders!", ggf. verbunden mit weiteren positiven Charakteristika).

### 7.4.5 Reaktanz

Reaktanz ist die Folge einer wahrgenommenen Freiheitseinsschränkung, dabei wird die bedrohte oder verlorene Alternative aufgewertet. Allerdings kann nur dann reaktantes Verhalten auftreten, wenn die bedrohte Freiheit für die Person wichtig ist. Vor allem, wenn etwas verboten werden soll, was der Person eigentlich zur freien Verfügung steht, fällt diese „Trotzreaktion" besonders heftig aus, das heißt, es wird versucht, die Freiheit wiederherzustellen, indem sich die betroffene Person bewusst entgegen der Intention der anderen Person verhält. Ein solcher „Bumerang-Effekt" tritt auch dann auf, wenn wir bemerken, dass jemand unsere freie Meinung einschränken möchte.

Offensichtliche Freiheitseinschränkung führt zum Protest

Gerade bei Werbung geht es aber vor allem um die Beeinflussung von Einstellungen und Meinungen, das heißt, Werbetreibende sollten es möglichst vermeiden, bei den Zielgruppen Gedanken an Entscheidungsfreiheiten und Freiheitseinschränkungen zu erzeugen. Der „Bumerang-Effekt" tritt bei Werbung allerdings nicht so häufig auf wie bei Beeinflussungsversuchen durch andere Personen.

Die Gründe dafür liegen vermutlich darin, dass

- die Konsumenten wissen, dass Werbung parteiisch ist und sie beeinflussen will,
- die Aufmerksamkeit der Konsumenten gering ist und sie deshalb leichter zu beeinflussen sind (vgl. periphere Route beim ELM-Modell oder Mere-Exposure-Effekt),
- die behandelten Themen häufig nicht wichtig sind,
- die Beeinflussungsversuche nicht plump, sondern oft unterhaltsam und abwechslungsreich sind.

Leider trifft gerade der letzte Punkt nicht immer auf Werbung zu, sodass es bei störender Werbung zu einer Art von Reaktanz, dem so genannten Wear-out-Effekt kommt, das heißt, das Produkt wird wegen seiner Werbung nicht gekauft.

Wear-out-Effekt: Produkte werden wegen „nervender" Werbung nicht gekauft

Auf der anderen Seite lässt sich Reaktanz auch positiv für die Vermarktung von Produkten nutzen. Beim Kunden soll Reaktanz hervorgerufen werden, die erst durch den Kauf des Produktes wieder beseitigt werden kann: Limitierte Sonderauflagen (Taktik der kleinen Menge), die Ankündigung, Produkte nur für begrenzte Zeit anzubieten (Fristentaktik wie z. B. bei Schlussverkäufen), der Hinweis auf die letzten Flaschen eines bestimmten Jahrgangs oder auch Exklusiv-Angebote, die nur von einem bestimmten Kundenkreis erworben werden können (z. B. Buchklub), führen bei den Zielgruppen zum gewünschten reaktanten Verhalten. Die Einschränkung ihrer Wahlmöglichkeit motiviert nämlich eine große Zahl der Konsumenten, die bedrohte Alternative aufzuwerten und das knappe Produkt zu kaufen.

Da jede Entscheidung für ein Produkt quasi eine Freiheitseinschränkung bedeutet, besteht gerade in den Momenten der Entscheidung eine hohe Wahrscheinlichkeit für Reaktanz, das heißt, wir sehen auf einmal die Vorzüge der nicht gewählten Möglichkeit besonders deutlich, zweifeln möglicherweise am Kauf und gehen ohne zu kaufen aus dem Laden, um uns die ganze Sache noch einmal zu überlegen. Ein geschickter Verkäufer wird uns sofort nach unserer Kaufentscheidung in unserer Wahl bestärken, sie loben und die bisher ebenso angepriesenen Alternativen tunlichst ignorieren.

## 7.5 Heterarchie-der-Effekte-Modell nach Rossiter und Percy

Mit dem von Rossiter und Percy 1985 entwickelten Heterarchie-der-Effekte-Modell soll noch ein Gegenentwurf zu den immer noch weit verbreiteteten Stufenmodellen vorgestellt werden.

➔ *Das Modell versucht, alle für den Praktiker relevanten Ebenen der Werbewirkung in den Blick zu nehmen, ohne dabei eine starre Stufenfolge anzunehmen.*

Stattdessen müssen die sechs identifizierten Modellbereiche (vgl. Abb. 7.17) als simultane Prozesse verstanden werden, die sowohl bei der Verarbeitung der Information als auch bei den verschiedenen kommunikativen Effekten gleichzeitig ablaufen (vgl. Hans Mayer/Tanya Illmann: Markt- und Werbepsychologie. Stuttgart 2000. S. 423). Man kann dieses Modell auch als einen Versuch sehen, den vielen nebeneinander existierenden Modellen eine Struktur zu geben.

*Media*

Im Bereich Media geht es darum, Mediapläne optimal auszurichten und somit möglichst viele Kontakte mit der Zielgruppe zu erreichen. Je nach Aufgabenstellung ist über folgende Bereiche zu entscheiden (vgl. im Detail Kapitel 6):

- Mediaziel (Priorität Reichweitenaufbau ⇔ Priorität Kontaktdichte), anzustrebende Werbedruck-Niveaus (GRP), Tempo etc.
- Media-Mix (Inter-Media-Vergleich) nach formal-technischen, quantitativen und qualitativen Kriterien
- Auswahl von Formaten für Media-Pläne, Zusammenstellung und Bewertung alternativer Media-Pläne, Festlegung von Belegungsfrequenzen (Streupläne) ⇒ Intra-Media-Vergleich.

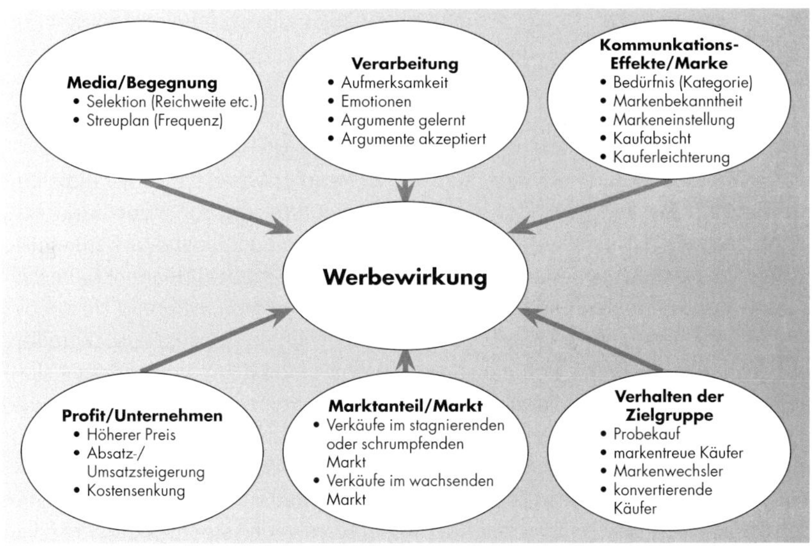


*Abb. 7.17: Heterarchie-der-Effekte-Modell*

*Verarbeitung*
Hier ähnelt das Modell den gängigen Stufenmodellen und stellt Aufmerksamkeit, ausgelöste Emotionen und gelernte und akzeptierte Inhalte in den Vordergrund. Besondere Beachtung verdient der Bereich **Kommunikations-Effekte**, wo Rossiter und Percy einige neue Ansätze beschreiben. Sie gehen davon aus, dass Werbung fünf Kommunikations-Effekte haben muss (Abb. 7.18), um die Positionierung der Marke zu unterstützen und dadurch Kaufverhalten zu beeinflussen.

| | |
|---|---|
| **1. Kategoriebedürfnis** | Der Käufer akzeptiert, dass ein Produkt oder eine Dienstleistung nötig ist, um einen angestrebten motivationalen Zustand zu erreichen. |
| **2. Markenbekanntheit** | Die Fähigkeit, die Marke innerhalb der Kategorie zu identifizieren, und zwar in einem Ausmaß, das einen Kauf ermöglicht (Reproduktion/Recall = Wiedererkennen) oder Recognition = Wiedererkennen ⇒ relevant set. |
| **3. Einstellung zur Marke** | Die Beurteilung der Marke daraufhin, inwiefern sie ein bestimmtes, gegenwärtig relevantes Motiv zu befriedigen vermag. |
| **4. Kaufabsicht der Marke** | Der Vorsatz („Selbstinstruktion"), die Marke zu kaufen. |
| **5. Kauferleichterung** | Die Gewissheit, dass es keine Kaufhinderungsgründe gibt. |

*Abb. 7.18: Kommunikations-Effekte der Werbung (nach Rossiter und Percy)*

Die Basis bilden hier wieder die **Bedürfnisse** (vgl. Abb. 7.4 Maslow), die bestenfalls schon vorhanden sind, an die aber auch noch erinnert werden kann oder die erst geweckt werden müssen. Erst danach geht es um **Markenbekanntheit** (Brand Awareness), zu der nicht nur ungestützte und gestützte Bekanntheit (Recall) gehört, sondern auch das Wiedererkennen (Recognition). So dürfte es bei einem neuen Anbieter, der zunächst Bekanntheit und Probekäufe anstrebt, weniger um das freie Erinnern an die Marke gehen, sondern eher um das Wiedererkennen des Logos, der Farben oder der Verpackung im Handel.

Die Markenbekanntheit bildet also die notwendige Voraussetzung für die **Einstellung zur Marke**, denn nur, wenn man eine Vorstellung von einer Marke hat, zieht man möglicherweise einen Kauf in Betracht. Bei der Einstellung zur Marke differenzieren Rossiter und Percy auf der emotional-motivationalen Ebene zwischen informationalen und transformationalen Strategien, während sie auf der kognitiven Ebene auf das bereits bekannte Involvement-Konzept zurückgreifen. Auf diese Art und Weise kommen sie zu (Partial-)Modellen, die der Praxis sinnvolle Hinweise geben können, wie Werbung im jeweiligen Fall funktioniert (vgl. dazu Abb. 7.20 zum Werberaster), wobei gerade die Überlegungen zu den fundamentalen Kauf- und Gebrauchsmotiven zahlreiche Ansatzpunkte für erfolgreiche Werbekonzeptionen liefern können. Rossiter und Percy unterscheiden zwischen acht fundamentalen Kauf- und Nutzungsmotiven, die sie zusätzlich in zwei Hauptgruppen einteilen:

| Negativ entstandene (informationale) Motive | Positiv entstandene (tranformationale) Motive |
|---|---|
| 1. Problembeseitigung<br>2. Problemvermeidung<br>3. Unvollständige Zufriedenheit<br>4. Gemischte Annäherung/Vermeidung (d.h., Produkt reduziert oder vermeidet einen inneren Konflikt des Käufers, z.B. „Du darfst")<br>5. Gewöhnliche Erschöpfung (d.h., Produkt hilft bei der Reduzierung „normaler" Unannehmlichkeiten wie z.B. Langeweile) | 6. Sensorische Gratifikation<br>7. Intellektuelle Stimulation oder Bewältigung<br>8. Soziale Anerkennung |

*Abb. 7.19: Fundamentale Kauf- und Gebrauchsmotive nach Rossiter und Percy*

Bei der ersten Motivgruppe geht es den Menschen darum, mithilfe von Informationen negative Zustände zu reduzieren oder sogar zu beseitigen. Bei der zweiten Gruppe geht es eher um positive Reize oder Belohnungen, das heißt, der Kauf- und/oder die Nutzung bringt den Menschen in einen besseren, positiven Zustand (Transformation).

Produkte/Dienstleistungen helfen negative Zustände zu reduzieren oder versprechen positive Zustände

**Beispiele**

1. Problembeseitigung: z.B. Shampoo gegen Schuppen, Mundwasser
2. Problemvermeidung: z.B. Zahncreme, Putzmittel
3. Unvollständige Zufriedenheit: das Produkt löst die Unzufriedenheit des Konsumenten auf, z.B. alkoholfreies Bier.
4. Gemischte Annäherung-Vermeidung: Ein Konflikt des Konsumenten wird durch das Produkt reduziert oder vermieden, z.B. „Du darfst" (vgl. dazu auch Kognitive Dissonanz in Abschnitt 7.4.4).
5. Gewöhnliche Erschöpfung: Das Produkt hilft, normale Unannehmlichkeiten zu reduzieren (z.B. Bücher lesen oder Fernsehen gucken gegen Langeweile, Schokolade essen gegen Frust oder Abschluss einer Versicherung gegen bestimmte Risiken).
6. Sensorische Gratifikation: Das Produkt belohnt die Sinne des Konsumenten (z.B. Genussmittel wie Wein, Tabak, exklusive Lebensmittel, Wellness-Produkte, Kosmetika, Reisen ...).
7. Intellektuelle Stimulation oder Bewältigung: Das Produkt regt den Geist des Konsumenten an oder hilft, Probleme zu überwinden (z.B. Bücher, Theaterbesuche, Besuch von Sport- oder Musikveranstaltungen).
8. Soziale Anerkennung: Das Produkt verspricht soziale Anerkennung (vor allem beim demonstrativen Konsum wie Pkw, Uhren oder Schmuck).

Den vierten Kommunikationseffekt bildet die **Kaufabsicht**. Zu diesem Bereich zählt aber nicht nur die konkrete Absicht, die Marke zu kaufen, sondern auch die Absicht, die Marke weiterzuempfehlen oder sie in Zukunft häufiger zu nutzen. Das Erzielen einer Kaufabsicht ist aber im Gegensatz zur Einstellungsbildung nicht immer notwendig, damit eine Marke gekauft wird. Gerade im Low-Involvement-Bereich reicht, wie schon beschrieben (vgl. Hierarchie geringen Involvements/Learn-do-feel), oft schon die positive Einstellung zur Marke, um Käufe auszulösen. Anders bei High-Involvement-Produkten, hier muss zunächst eine Kaufabsicht erzeugt werden, um den Kauf zu erreichen.

Der fünfte Kommunikationseffekt, die **Kauferleichterung,** versucht die Tatsache zu betrachten, dass sehr viele Kaufabsichten letztlich doch nicht zum Kauf führen. Dies kann an Einflussgrößen liegen, die das werbetreibende Unternehmen nicht beeinflussen kann (z.B. Stress in der Einkaufssituation). Unternehmen sollten aber auch alles vermeiden, was es den potenziellen Kunden schwerer macht als nötig.

So sollte beispielsweise eine ausreichende Distribution zum Kampagnenstart gewährleistet sein. Dies erscheint nur auf den ersten Blick selbstverständlich, denn in der Praxis prallen – und das werden Mitarbeiter aus Vertrieb und Marketing bestätigen – teilweise ganz unterschiedliche Interessen und Philosophien aufeinander und produktions- oder logististikseitige Entscheidungen haben oft durchaus Vorrang vor kundenbezogenen.

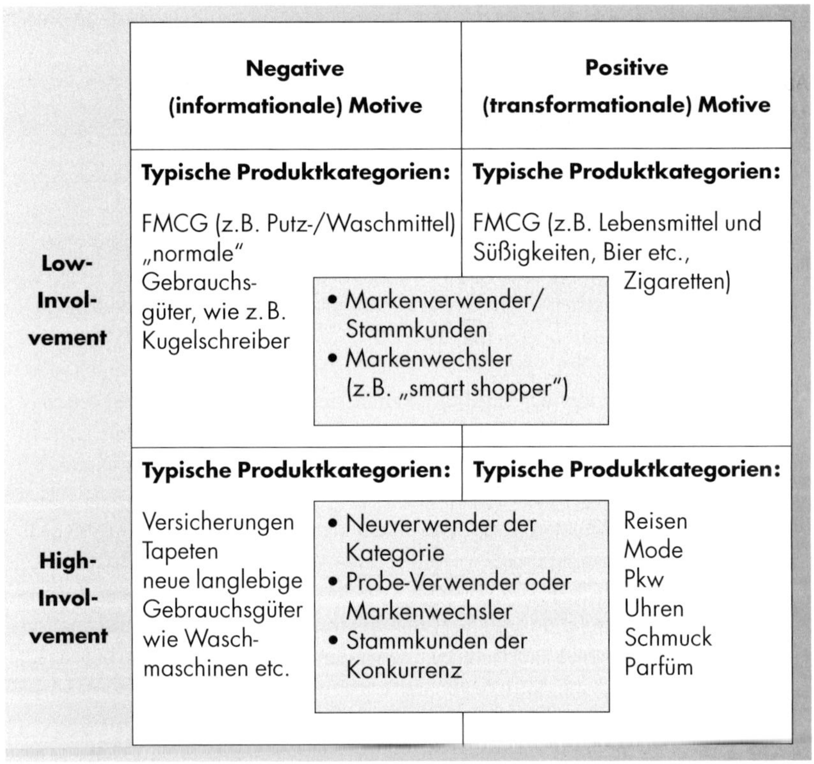


*Abb. 7.20: Werberaster nach Rossiter und Percy*

*Verhalten*
Im Bereich Verhalten geht es vor allem um das Kauf- und Nutzungsverhalten der ZG. Hier tauchen verschiedene Fragen auf:

- Wie animiere ich neue Verwender zu Probekäufen?
- Wie kann ich die Kaufmenge meiner Stammkäufer erhöhen?
- Wie lässt sich die Kauffrequenz bei Markenwechslern steigern?
- Wie kann ich Konkurrenzkunden zu dauerhaften Käufern meiner Marke machen?
- Wie erreiche ich Markenbindung bzw. Markentreue?

*Markt*
Im Bereich **Absatz** geht es vor allem um Ursachenforschung für Marktanteils- und Umsatzentwicklung (vgl. auch Kapitel 2 im Band „Kommunikationspolitik").

*Profit*
Im Bereich Profit geht es eher um die betriebswirtschaftlichen Hintergründe von Werbung und ihrer Wirkung, das heißt, hier geht es um das Ausloten von Möglichkeiten zu Preissteigerungen, Umsatzsteigerungen oder Kostensenkungen.

## 7.6 Modell der Wirkungspfade (nach Kroeber-Riel)

Bei diesem Modell, einer Weiterentwicklung des Stufenmodellansatzes von Werner Kroeber-Riel aus dem Jahr 1992, wird nicht mehr von einem sequenziellen Ablauf der Werbewirkung ausgegangen. Je nach den beiden Wirkungsdeterminanten

- Involvement des Empfängers und
- Charakter der Werbung

werden verschiedene Verläufe herausgearbeitet. Kroeber-Riel unterscheidet dabei grundsätzlich drei Arten der Werbegestaltung, die sich, verknüpft mit den beiden möglichen Involvementzuständen, zu sechs potenziellen Wirkungspfaden kombinieren lassen:

- Bei **informativer Gestaltung** der Werbung werden laut Kroeber-Riel zuerst kognitive Prozesse ausgelöst. Sekundär treten dann auch hier emotionale Prozesse auf, die in Wechselwirkung mit den zuerst ausgelösten kognitiven Prozessen eine Einstellungsänderung bzw. Kaufabsicht oder unmittelbar ein Kaufverhalten bewirken.
- Bei **emotional gestalteter Werbung** werden hingegen direkt emotionale Prozesse beim Empfänger ausgelöst. Je nach Grad des Involvements kommt es in Wechselwirkung mit indirekt ausgelösten kognitiven Prozessen zu einer Einstellungsänderung und in der Folge zu einer Kaufabsicht oder direkt (ohne vorausgehende Einstellungsänderung) zum Kauf.

Ob ein vorwiegend affektiver oder kognitiver Wirkungspfad eingeschlagen wird, hängt nach diesem Ansatz entscheidend von der Art der Werbung selbst ab. Dabei berücksichtigt das Modell von Kroeber-Riel auch die Mischformen aus emotionaler und informativer Werbung. In den folgenden Schemata der Abbildung 7.21 sind die vier wichtigsten potenziellen Wirkungspfade kurz dargestellt.

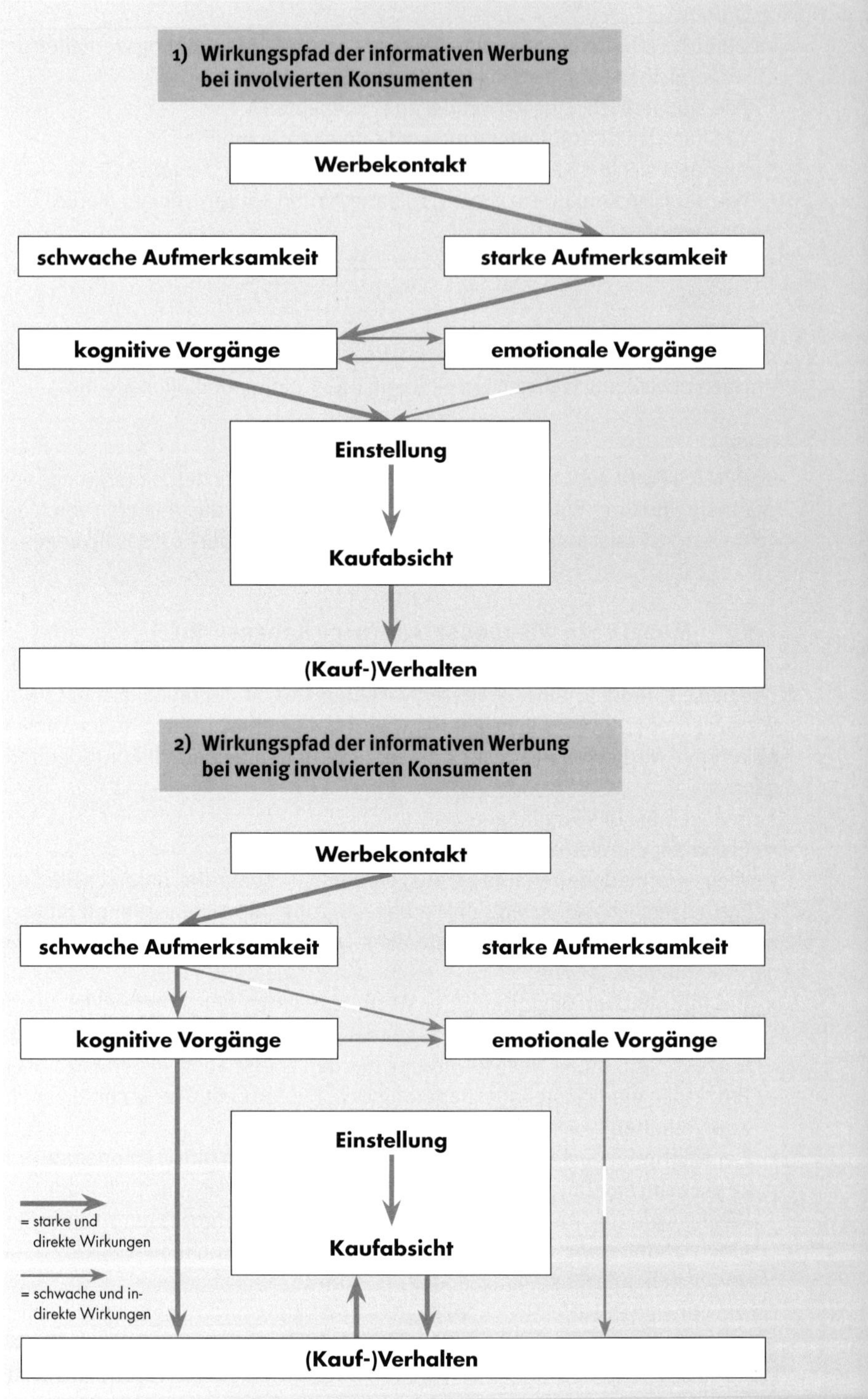


*Abb. 7.21: Vier wesentliche Pfade nach dem Modell der Wirkungspfade von Werner Kroeber-Riel*

**3) Wirkungspfad der emotionalen Werbung bei involvierten Konsumenten**

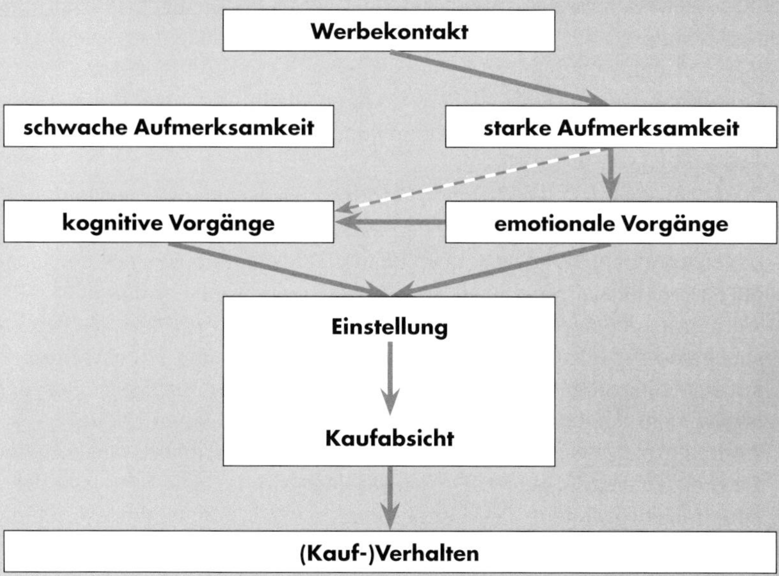


**4) Wirkungspfad der emotionalen Werbung bei wenig involvierten Konsumenten**

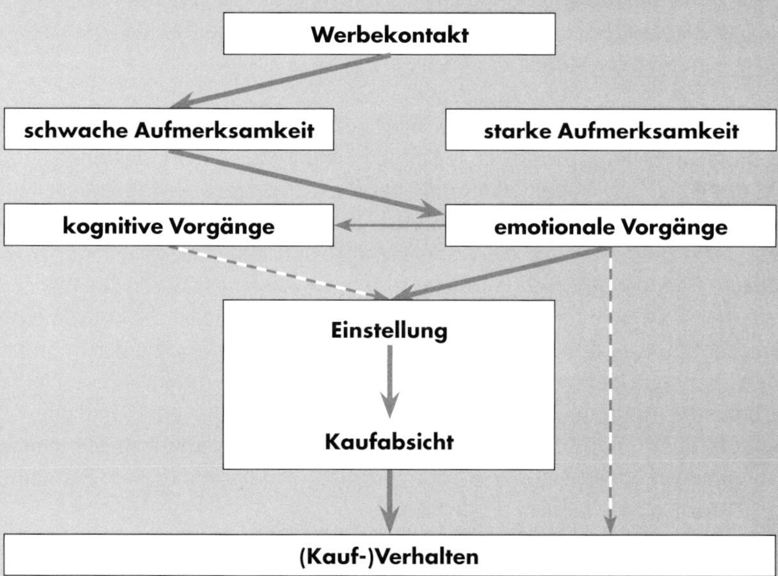

## 7.7 Involvement und andere Einflussfaktoren auf Konsumentenverhalten

Das Konsumverhalten wird, wie mehrfach erwähnt, in besonderem Maße vom Involvement des Verbrauchers geprägt. Der Begriff „Involvement" lässt sich, wie in der Abbildung 7.22 dargestellt, in verschiedene Komponenten zerlegen (vgl. dazu auch Trommsdorf, Volker: Konsumentenverhalten. Stuttgart 2004):

Verschiedene Komponenten von Involvement

- Produktinvolvement: Hier spielen Faktoren wie Interesse am Produkt, Grad der zu erwartenden Bedürfnisbefriedigung (z.B. Spaß am Konsum oder Besitz des Produktes) etc. eine Rolle.
- Markeninvolvement: Möglichkeit, mit der Marke die Persönlichkeit auszudrücken, Grad der Zufriedenheit mit der bisherigen Markenwahl.
- Kaufinvolvement: Mit dem Kauf verbundener Risikograd, Ausmaß der Konsequenzen (finanziell, emotional, sozial) bei einer Fehlentscheidung.
- Werbeträgerinvolvement: Grad der Möglichkeit, sich mit dem Werbemittel auseinanderzusetzen, z.B. Print: Kontakt wiederholbar, intensive Auseinandersetzung möglich ⇔ TV, Funk (Print-Medien eignen sich besser für High-Involvement-Kommunikation als TV und Funk).
- Werbemittelinvolvement: Inhalt der Werbebotschaft ist interessant (z. B. Neuartigkeit, Einzigartigkeit, weicht von der Norm ab).
- Situationsinvolvement: Psychische Situation (z.B. Stimmungslage, Müdigkeit), Kauf- und Verbrauchssituation (z.B. Zeitdruck, Kauf für den eigenen Bedarf oder als Geschenk, Dekoration, Hunger, Gegenwart anderer Personen), Kommunikationssituation (z.B. Ablenkung durch Geräusche oder Nebentätigkeiten beim Fernsehen/Hörfunk etc.).

→ *Der Einfluss von situativen Faktoren auf das Kaufverhalten darf zwar nicht unterschätzt werden, ist aber nur in geringem Maße vom Werbetreibenden steuerbar.*

Bei Käufen unter Zeitdruck wird zu bekannten Marken gegriffen

Trotzdem zeigt sich, dass Prognosen des Kaufverhaltens, die nur auf den Charakteristika der Zielgruppe (vgl. dazu Kapitel 3 im Band „Kommunikationspolitik") und des Objektes (Produkt, Werbung) beruhen, zu ungenauen Ergebnissen führen. So wirkt sich zum Beispiel Zeitdruck ganz erheblich auf das Kaufverhalten aus. Unter Zeitdruck sinkt die Wahrscheinlichkeit, neue Marken zu kaufen, erheblich. Dies gilt natürlich vor allem für Low-Involvement-Güter des täglichen Bedarfs (FMCG) und hängt vermutlich damit zusammen, dass die Konsumenten in dieser Situation lieber auf vertraute Marken zurückgreifen, als sich Informationen über neue Marken zu besorgen. Bei häufiger Wiederholung dieses Verhaltensmusters (Habitualisierung) kommt es zu Gewohnheitskäufen und damit zu Markentreue. Gerade beim täglichen Einkauf werden vermutlich die meisten Kaufentscheidungen unter Zeitdruck getroffen, sodass von diesem Phänomen vor allem bekannte Marken profitieren.

→ *Auch wenn Werbung treibende Unternehmen den Zeitdruck der Konsumenten nicht lindern können, sollten sie trotzdem versuchen, auf situative Faktoren einzuwirken, auf die sie Einfluss nehmen können.*

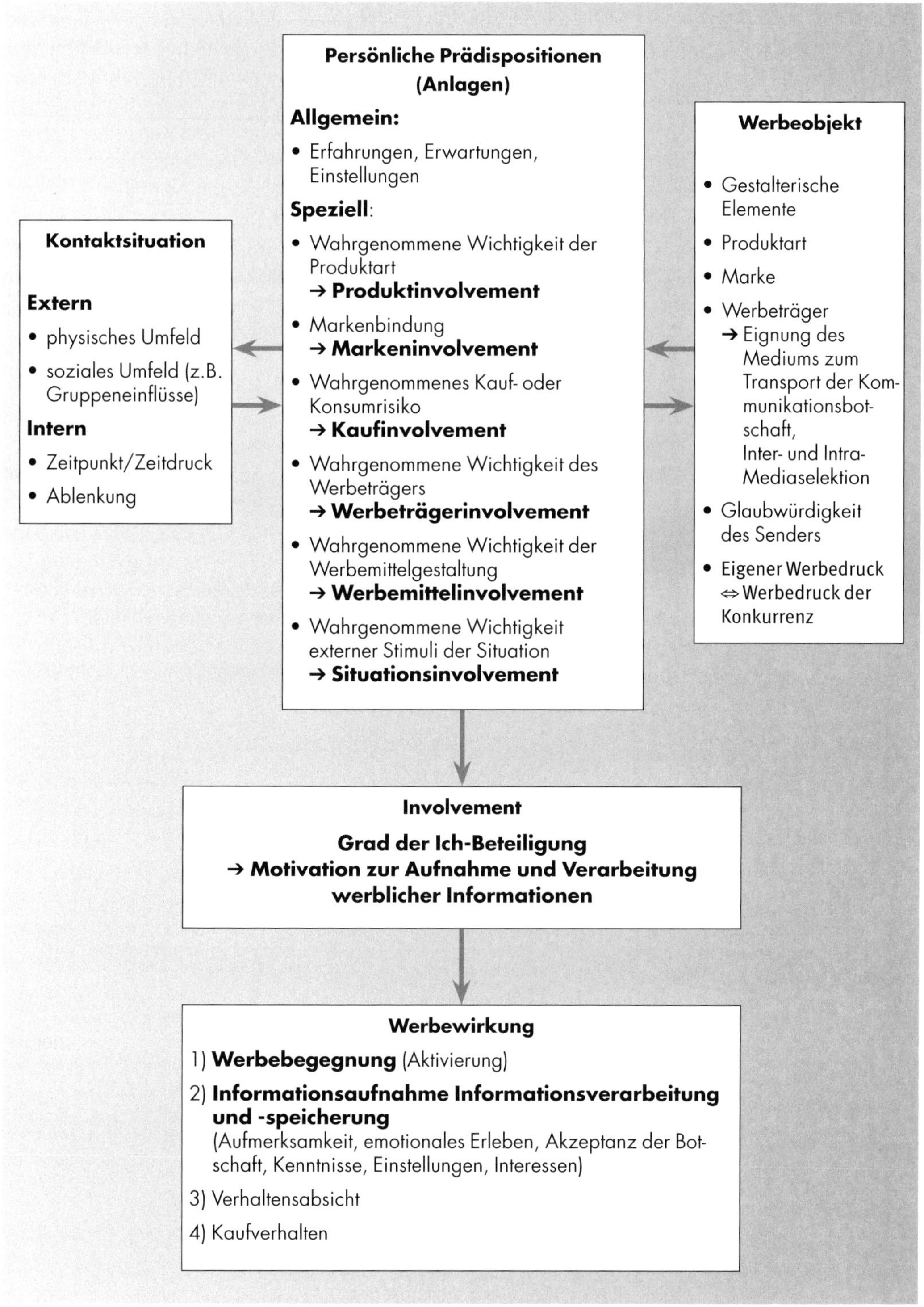


*Abb. 7.22: Einflussfaktoren auf die Werbewirkung*

In diesem Zusammenhang geht es vor allem um die Kommunikations- und Kaufsituation (gute Listung im Handel/Verfügbarkeit im Handel, Verkaufsförderung am POS, Wiedererkennbarkeit, einheitlicher Kommunikationsauftritt in allen Medien etc.).

Weitere wichtige Einflussfaktoren auf das Verhalten von Konsumenten sind ökonomische und soziale Faktoren (vgl. Abb. 7.22). Ökonomisch geprägte Faktoren wie vorhandene Kaufkraft, Konsumentenstimmung (vor allem Zukunftsaussichten) oder das allgemeine Konsumklima (konjunkturelle Lage, Inflation, Entwicklung der Arbeitslosenzahlen etc.) spielen eine wichtige Rolle für Kaufentscheidungen. Darüber hinaus wird das Kaufverhalten auch von sozialen Faktoren wie der sozialen Schicht (Kauf und demonstrativer Konsum von Statusprodukten) oder Bezugsgruppen (Familie, Freundeskreis, Partner) bestimmt.

### Andere Involvement-Ansätze

Involvement im Zeitverlauf

Eine andere aktuelle Betrachtungsweise auf das Involvement findet sich im Buch von Ulrich Lachmann „Wahrnehmung und Gestaltung von Werbung" (Stern Bibliothek. Gruner+Jahr. Hamburg 2002), aus dem Abb. 7.23 leicht verändert zitiert wird.

Den Begriff „Produkt-Involvement" sucht man hier vergeblich, weil er letzten Endes von seiner Bedeutung hinter die zeitlich definierten Involvement-Arten zurücktritt. Denn nur in ganz seltenen Fällen gibt es so etwas wie ein konstantes bzw. dauerhaftes Involvement. Dieses „persönliche" Involvement findet sich vor allem bei hohem beruflichem oder privatem Interesse an einem Thema oder einer Produktart (zu Beispielen vgl. Abb. 7.23).

| Bezeichnung und Beispiele | Involvement – Verlauf | Beschreibung |
|---|---|---|
| Persönliches (dauerhaftes) Involvement<br>• Feinschmecker<br>• Computerfreaks<br>• Umweltaktivisten<br>• Berufliche Experten | Über Jahre auf konstant hohem Niveau (langfristig) | • Bereich persönlicher Hobbys<br>• Bereich der Überzeugungen<br>• Identifikation mit beruflichen Notwendigkeiten |
| Phasen-Involvement<br>• Familie erwartet ein Baby<br>• Käufer kurz vor Entscheidung | Über einen mittelfristigen Zeitraum (Tage, Monate) hoch, dann wieder sinkend | • Beim Kaufprozess von langlebigen Gebrauchsgütern, höherwertigen Konsumgütern oder im b2b-Bereich (Investitionsgüter)<br>• Bei sehr wichtigen Handlungen |
| Anlass-Involvement<br>• Hunger, Durst<br>• Auto-Panne, Computer kaputt<br>• Erledigung wichtiger Terminsache | Über einen kurzfristigen Zeitraum (Minuten, Stunden) erhöht, dann wieder rasch sinkend | • Plötzlich auftretendes Bedürfnis oder akuter Anlass<br>• Termine und Fälligkeiten |
| Induziertes Involvement<br>• Telefonklingeln<br>• Persönliche Ansprache durch wichtige Person | Durch einen Reiz ausgelöst (Sekunden, Minuten), dann wieder rasch sinkend | • Mediale Reize<br>• Quellen-Involvement |

*Abb. 7.23: Art und Dauer des Involvements (nach Lachmann, Wahrnehmung und Gestaltung von Werbung, Stern Bibliothek)*

In den meisten Fällen wird es sich um mittel- bis kurzfristige Involvement-Zustände – Phasen- und Anlass Involvement – handeln, die nach dem Kauf relativ rasch wieder abnehmen werden (vgl. zum Thema Nachkaufphase die Ausführungen zur kognitiven Dissonanz). Ein noch krasserer „Spannungsabfall" lässt sich beim „Induzierten Involvement" beobachten: Sobald der Reiz verschwunden ist, ebbt das Involvement ab (Beispiele wiederum in Abb. 7.23).

Diese Betrachtungsweise des Involvement passt im Übrigen gut zu einem neuen Ansatz in der Media-Planung, der vom amerikanischen Mediaberater Erwin Ephron vertreten wird. Beim so genannten Recency Planning geht es nicht mehr um die Optimierung von Kontaktzahlen, sondern darum, möglichst viele Personen zu erreichen, das heißt, die Priorität liegt auf der Nettoreichweite. Ephron geht davon aus, dass Werbung nur kurz vor dem Kauf wirken kann (vgl. dazu Strong-theory von John Philip Jones), während sie den Konsumenten im Rest des Jahres nicht interessiert. Erst, wenn die Waschmaschine kaputt geht, interessiert sich der Konsument für Waschmaschinenwerbung. Der Konsument macht praktisch sein Wahrnehmungsfenster auf, um werbliche Informationen hereinzulassen. Da Waschmaschinen nicht bei allen Konsumenten gleichzeitig kaputt gehen, lautet die zweite Forderung des Recency Planning eine gleichmäßige Verteilung des Budgets über das ganze Jahr hinweg (weiterführende Informationen zu diesem Thema gibt es auf der Internet-Seite von Ephron: http://www.ephrononmedia.com).

Recency Planning: Werben, wenn der Verbraucher das Wahrnehmungsfenster öffnet

## 7.8 Partialmodelle des Konsumentenverhaltens

1978 entwickelte J. Mazanec einen weiteren interessanten Ansatz, bei dem nicht der kommunikativ-psychologische Werbewirkungsprozess im Vordergrund steht, sondern das Kaufverhalten der Konsumenten (Wie werden Kaufentscheidungen getroffen?). Anhand von vier Partialmodellen wird die Bandbreite des Kaufentscheidungsprozesses unter jeweils verschiedenen Vorzeichen untersucht (näheres in Schweiger, Günther / Schrattenecker, Gertraut: Werbung. Stuttgart 2001):

Analyse des Kaufentscheidungsprozesses

1. Einstellungsmodell
2. Imagemodell
3. Risikomodell
4. Modell der kognitiven Dissonanz

Die gemeinsame Basis der vier Modelle liegt im Nutzenansatz, der entweder in positiver Hinsicht (Bedürfnisbefriedigung durch das Produkt) oder in negativer Hinsicht (Vermeidung von Fehlkäufen oder kognitiver Dissonanz) angewendet wird. Im Gegensatz zu anderen Forschern unterscheidet Mazanec zwischen Einstellung und Image.

→ *Während Einstellungen die Markenbewertung auf Grund objektiv nachprüfbarer Produktinformationen beschreiben, beruhen Images auf Assoziationen und emotionalen Anmutungen, das heißt, Images sind eher intuitive Vorstellungsbilder von Produkten und Marken.*

Jedes Partial-Modell betrachtet ein anderes Bedürfnis und den spezifischen Prozess seiner Befriedigung. Bei diesem Prozess übernimmt die Werbung immer die Funktion eines Informationslieferanten. Je nach Modell muss die Werbung aber andere Kommunikationsinhalte übermitteln.

- Beim Einstellungsmodell sind Produktinformationen gefragt,
- beim Imagemodell Image- und Markeninformationen,
- beim Risikomodell Sicherheitsinformationen und
- beim Dissonanzmodell sind es Argumentations- und Rechtfertigungshilfen.

Anhand dieser Modellvorgaben lassen sich jeweils spezifische Werbeziele formulieren, die in der Werbewirkungsforschung zu überprüfen sind.

### 7.8.1 Einstellungsmodell

Vergleich anhand objektiver Produkteigenschaften

Das Einstellungsmodell erklärt den Kaufentscheidungsprozess bei Produkten, die auf Basis von Bedürfnis befriedigenden Produkteigenschaften beurteilt und gegebenenfalls gekauft werden. Das Einstellungsmodell spielt vor allem dann eine Rolle, wenn der Konsument die einzelnen Marken innerhalb der Produktklasse anhand objektiver Produkteigenschaften (z.B. technische Leistungsdaten, chemische Zusammensetzung etc.) unterscheiden kann. Bei der Einstellungsbildung des Konsumenten kommt es auf Emotionen, Motive, aber vor allem auf das Produktwissen an. Ob sich eine positive Einstellung zu einer Marke bildet, hängt also von diesen drei Kriterien ab:

- Welche Gefühle und Werte werden mit der Marke verbunden? (Emotionen)
- Inwieweit eignet sich die Marke zur Bedürfnisbefriedigung? (Motive)
- Welche Überzeugungen und Annahmen lassen sich aus den objektiven Produkteigenschaften schließen? (Produktwissen)

Die Kaufentscheidung basiert also vor allem auf sachhaltigen Informationen (sog. Denotationen), das heißt, bei der Kaufentscheidung steht ein kognitiver Verarbeitungsprozess im Vordergrund (High-Involvement, vgl. dazu auch die zentrale Route beim ELM-Modell). Nur wenn sich eine positive Einstellung zur Marke entwickelt, besteht die Möglichkeit zu Kaufabsicht und Präferenz gegenüber Konkurrenzmarken. Typische Produkte, bei denen die Kaufentscheidung nach dem Einstellungs-Modell getroffen wird, sind langlebige Gebrauchsgüter (PC, TV-Geräte, Waschmaschinen, Pkws etc.) oder Investitionsgüter (b2b-Bereich).

### 7.8.2 Imagemodell

Bei geringem Interesse/Produktwissen entscheiden Images

Eine Kaufentscheidung nach dem Imagemodell kommt immer dann zu Stande, wenn der Konsument entweder kein ausreichendes Interesse (Low-Interest) oder zu wenig Produktkenntnisse (Low-Ability-Kauf) hat, um sich auf Basis der objektiven Produkteigenschaften eine Einstellung zu den konkurrierenden Marken zu machen. Durch das Fehlen klar erkennbarer Unterschiede bei den Produkteigenschaften sind kognitive Kaufentscheidungen weniger wahrscheinlich. Stattdessen werden Anmutungsinformationen und Assoziationen herangezogen, die zu einem intuitiven Bild der Marke führen (=Image). Das Image entwickelt sich aus dem Zusammenspiel von Emotionen, Motiven und vor allem der Markenbekanntheit. Solche Images sind schematisierte Vorstellungen – man könnte auch sagen, Vorurteile – die die Wahrnehmung vereinfachen und somit die Urteilsbildung erleichtern. Images entstehen schnell, sind wie Einstellungen relativ stabil, lassen sich aber über einen längeren Zeitraum auch verändern (vgl. dazu Kapitel 2, Zielsysteme, im Band „Kommunikationspolitik").

Das Markenimage erfüllt für die Konsumenten zwei wichtige Funktionen. Zum einen erleichtert es die Kaufentscheidung, da auf eine genauere Analyse der Produktsubstanz verzichtet wird. Zum anderen beinhaltet das Markenimage subjektive Zusatznutzen (emotional, sozial, egoistisch, sensorisch, vgl. dazu das Thema Positionierung) die gerade bei austauschbaren Produkten häufig die einzige Möglichkeit darstellen, sich gegenüber den Wettbewerbern zu profilieren.

Images transportieren subjektiven Zusatznutzen

Neben der Markenbekanntheit führt also letztendlich die Summe an emotionalen Informationen (so genannte Konnotationen) zur Kaufabsicht, sodass hier eindeutig der affektive Verarbeitungsprozess im Vordergrund steht (Low-Involvement, vgl. auch periphere Route beim ELM-Modell in diesem Kapitel). Typische Produkte, bei denen die Kaufentscheidung nach dem Image-Modell getroffen wird, sind Konsumgüter des täglichen Bedarfs (Süßigkeiten, Zigaretten, Haarshampoos etc.).

### 7.8.3 Modell des erlebten Risikos

Das Modell des erlebten Risikos leitet sich – allerdings unter umgekehrten Vorzeichen – ebenfalls vom Nutzenansatz ab. Statt der rational (Einstellungsmodell) oder emotional (Imagemodell) bewerteten Produktvorteile rücken die subjektiv erfahrenen oder zu erwartenden Produktrisiken/-nachteile als Entscheidungskriterium ins Blickfeld. Der Konsument hat das Bedürfnis, das Risiko eines Fehlkaufes zu minimieren.

Minimierung des Fehlkauf-Risikos

Diese Art der Kaufentscheidung findet sich vor allem dann, wenn das Produkt für den Konsumenten einerseits sehr wichtig ist (High-Interest), er aber andererseits nicht in der Lage ist, sich ein sicheres Urteil zu bilden (High-Risk-Käufe). Diese Situation führt dazu, dass dem Produkt der Vorzug gegeben wird, das keine oder die geringsten negativen Konsequenzen für den Konsumenten erwarten lässt. Das heißt im Umkehrschluss, je wahrscheinlicher mit bestimmten negativen Konsequenzen (finanzieller, sozialer oder gesundheitlicher Art) gerechnet werden muss, desto schlechter wird ein Produkt bzw. eine Dienstleistung beurteilt.

Das Bewusstsein für Risiken bzw. die Angst vor Fehlentscheidungen ist natürlich individuell unterschiedlich stark ausgeprägt und wird vor allem von der Risikobereitschaft und vom Selbstvertrauen des Konsumenten beeinflusst. Manche Menschen sind ausgesprochen risikofeindlich, andere leben nach dem Motto: „No risk, no fun!". Auch beim Selbstvertrauen kann zwischen einem allgemeinen und einem spezifischen Selbstvertrauen unterschieden werden. Während das allgemeine Selbstvertrauen den grundsätzlichen Grad der Beeinflussbarkeit bestimmt, meint spezifisches Selbstvertrauen die Beeinflussbarkeit in Bezug auf den relevanten Produkt- oder Themenbereich.

Um das subjektiv erlebte Risiko zu minimieren, greifen die Konsumenten auf Vermeidungsstrategien wie Markentreue, intensive Informationssuche, kritische Bewertung der Informationsquellen oder auch Probekauf einer neuen Marke zurück. Wenn also das subjektiv wahrgenommene Risiko groß ist, greift

Bei hohem Risiko wird auf Vertrautes zurückgegriffen

der Konsument lieber auf eine bewährte Marke zurück, als eine neue auszuprobieren (Markentreue/-bindung). Eine andere Möglichkeit, das erlebte Risiko zu minimieren, ist die intensive Suche nach Informationen. Diese erfolgt aber nur dann, wenn die Informationssuche nicht zu teuer, mühsam oder aufwändig ist und wenn sich der Konsument zutraut, die gesammelten Informationen richtig zu interpretieren. Darüber hinaus spielt die Glaubwürdigkeit der Quelle eine besondere Rolle (vgl. Abb. 7.24).

Dabei hat die persönliche Erfahrung natürlich den höchsten Stellenwert. Falls das nicht möglich ist, greift man gerne auf neutrale Dritte wie Freunde und Bekannte oder Berichte der Stiftung Warentest zurück. Am unteren Ende der Glaubwürdigkeitsskala befinden sich Informationsquellen, bei denen wir eigene ökonomische Interessen des Absenders vermuten. Um die Glaubwürdigkeit werblicher Aussagen zu erhöhen, werden in bestimmten Produktkategorien häufig Testimonials (typische Produktverwender, aber auch Prominente) eingesetzt.

**Beispiele**

Eine typische Dienstleistung, bei der die Kaufentscheidung nach dem Modell des erlebten Risikos getroffen wird, sind Urlaubsziele. Bei der Entscheidung, wo wir die wichtigsten Wochen des Jahres verbringen wollen, versuchen wir Fehlentscheidungen zu vermeiden. Also werden möglichst viele Informationen gesammelt: Reisebüros besucht, Kataloge gewälzt, im Internet recherchiert und Freunde, Bekannte oder Kollegen gefragt. Bei sehr risikoscheuen Konsumenten führt dieses Verhalten sogar dazu, dass sie einzelnen Urlaubszielen, teilweise sogar einzelnen Beherbergungsunternehmen, über Jahre treu bleiben.
Ein anderer typischer Bereich sind im b2b- Bereich Erstkäufe von teuren Investitionsgütern. Hier kommt häufig erschwerend hinzu, dass sehr viele Personen an der Entscheidungsfindung beteiligt sind (vgl. zum Konzept des Buying-Centers Kapitel 3 über Zielgruppen im Band „Kommunikationspolitik").

| **Informationsweg** / **Art der Informationsquelle** | **persönlich** | **über Medien** |
|---|---|---|
| **Direkte Betrachtung/ Untersuchung** | Probefahrt beim Pkw-Kauf, Weinprobe | – |
| **Neutrale Dritte** | Empfehlung von Freunden, Bekannten oder Kollegen | Bericht der Stiftung Warentest („test"), Verbraucherzentralen |
| **Anbieterbestimmte Informationsquellen** | Verkäufer, Stand am POS oder auf einer Messe, interaktionsorientiertes Direktmarketing | Werbung, Prospekte, Kataloge / Homepage |

*Abb. 7.24: Arten von Informationsquellen*

### 7.8.4 Modell der kognitiven Dissonanz

Mit dem Modell der kognitiven Dissonanz kann das Entscheidungsverhalten in der Nachkaufphase erklärt werden. In Fällen, in denen der Konsument stark involviert ist und die Kaufalternativen wenig differenzierbar erscheinen, versucht er, den unerwünschten Spannungszustand nach der Kaufentscheidung zu lösen. Denn eine Entscheidung für eine Alternative ist auch immer eine Entscheidung gegen eine andere. Zu diesem Zweck sucht er nach allen Formen der Bestätigung seiner Entscheidung (Näheres zum psychologischen Hintergrund in Abschnitt 7.4.4).

Entscheidungsverhalten in der Nachkaufphase

Hier soll nur noch einmal der Hinweis auf die Problematik der Neukundengewinnung in gesättigten Märkten und die so genannte 20:80-Regel erfolgen. Wenn es so schwierig ist, neue Kunden zu gewinnen und wenn im Normalfall mit 20 % der Kunden 80 % der Umsätze gemacht werden, dann bekommt die Betreuung der Kunden in der Nachkaufphase eine immer größere Bedeutung. Das Marketing hat diesen Trend inzwischen unter dem Schlagwort „Customer relationship Management" (CRM) aufgenommen. Die Unternehmen versuchen dabei zunächst systematisch kundenspezifische Informationen zu sammeln und zu verarbeiten. Dadurch kann dann individuell auf die Bedürfnisse der Kunden eingegangen werden. Außerdem kann in der Nachkaufphase, in der die Empfänglichkeit für werbliche Botschaften auf Grund der kognitiven Dissonanz besonders hoch ist, gezielt die Kundenbindung erhöht werden. Denn frei nach Sepp Herberger: „Nach dem Kauf ist vor dem Kauf."

### 7.8.5 Praktische Anwendung der Partialmodelle

Die vier Partialmodelle von Mazanec lassen sich auch in der Praxis gut anwenden. Zunächst muss man klären, welche Art von Kaufentscheidung für die zu bewerbende Marke typisch ist. Für die Kaufentscheidung sind normalerweise vor allem wichtig:

- Sachinformationen ⇒ Einstellungsmodell,
- intuitives Bild der Marke ⇒ Image-Modell,
- Angst vor Fehlentscheidung ⇒ Risiko-Modell,
- Entscheidung verursacht einen persönlichen Konflikt ⇒ Dissonanz-Modell der Nachkaufphase.

Anschließend muss eine Strategie entwickelt werden, wie man im jeweiligen Fall die Kaufabsicht bzw. Präferenz erhöhen kann. Allerdings muss man darauf achten, dass sich das gültige Entscheidungs-Modell im Laufe des Produktlebenszyklus verändern kann. Außerdem muss man wissen, wer die eigene Kernzielgruppe ist, denn je nach Kernzielgruppe dominiert möglicherweise ein anderes Entscheidungsmodell.

„Durch steigende Produkterfahrung kann das dominante Entscheidungsmodell wechseln: Während sich Erstkäufer in ihrer Markenwahl oftmals von Images leiten lassen, haben Vielverwender einer Produktkategorie („Heavy user") durch jahrelange, intensive Produktverwendung gelernt, nach objektiven Produktunterschieden und damit nach dem Einstellungsmodell zu urteilen. Werbung, die sich gleichermaßen an Erstkäufer und Vielverwender richten soll, muss daher gleichzeitig ein emotional positiv besetztes Markenimage aufbauen und sachlich über objektive Produktvorteile informieren – nicht selten eine schwierige

Entscheidungsmodelle ändern sich im Verlauf des Produktlebenszyklus

Gratwanderung." (Aus: Schweiger, Günter / Schrattenecker, Gertraut: Werbung. Stuttgart 2005)

Der Homo oeconomicus ist die Ausnahme, nicht die Regel

Wenn man sich näher mit Kaufverhalten bzw. Kaufentscheidungen beschäftigt, erkennt man rasch, dass einige Grundannahmen der Wirtschaftswissenschaften nahezu auf den Kopf gestellt werden. So gibt es den so genannten homo oeconomicus, der alle Entscheidungen nach reiflicher Überlegung und unter Abwägung von Kosten und Nutzen trifft, nur äußerst selten. Viel häufiger trifft man den irrationalen, spontanen oder gewohnheitsmäßigen Käufer an. In Marketing und Werbung sollte man daher die Theorien der Wirtschaftswissenschaften wieder vom Kopf auf die Füße stellen und von folgenden Annahmen ausgehen:

Marketing und Werbung müssen die ökonomische Theorie wieder vom Kopf auf die Füße stellen

- Wir verhalten uns immer dann – aber auch nur dann – rational, wenn wir Probleme lösen. Nur in diesen seltenen Fällen haben Stufenmodelle, die von der Vorherrschaft des Verstandes über das Gefühl ausgehen (vgl. Learn-feel-do/Lernhierarchie) ihre Berechtigung.
- Wenn wir bei jeder Entscheidung alle Alternativen überprüfen würden, hätten wir rasch ein Zeitproblem. Es gibt also ein Recht – eigentlich sogar die Notwendigkeit – auf Gewohnheit, Bequemlichkeit oder Faulheit.
- Die Voraussetzung für Gewohnheiten liegt in häufigem, erfolgreichem Wiederholen eines Verhaltens-/Lösungsmusters. Nur häufige Wiederholung verhindert rasches Vergessen. Jeder, der einmal Bewegungen oder auch Sprachen erlernt hat, weiß, dass in der Wiederholung der Schlüssel zum Erfolg liegt. Wenn man dies auf Marketing und Werbung überträgt, heißt das, nur die Wiederholung der Botschaft macht eine Marke bekannt und glaubwürdig (vgl. dazu Abschnitt 7.4.2, Halo-Effekt).
- Nur eine bekannte Marke wird gekauft, das heißt, ohne eine ausreichende Anzahl an Mindest- und Wiederholungskontakten hat eine Marke keine Chance im Markt. Für die optimale Aussteuerung der Kontaktchancen ist die Mediaplanung zuständig, aber mindestens genauso wichtig sind strategische Planung und Kreation. Diese beiden Bereiche müssen eine klare Positionierung für die Marke finden und die Selbstähnlichkeit der Marke garantieren. Selbstähnlichkeit heißt, die Zielgruppe muss die Marke sofort wiedererkennen, egal über welches Element des Marketing- und Kommunikations-Mix die Ansprache erfolgt (integierte Kommunikation vgl. Kapitel 1 zu Kommunikationsmodellen im Band „Kommunikationspolitik"). Darüber hinaus muss eine Marke sich in der Veränderung bzw. Anpassung an neue Zeiten treu bleiben, das heißt, der Markenkern muss erhalten bleiben (vgl. dazu in Kapitel 2 über Positionierung). Erfolgreiche Marken wie Marlboro, Nivea, Ikea, Persil zeigen, wie das gemacht werden muss.

Eine weitere wichtige Erkenntnis beschreibt die Veränderung des Kaufverhaltens im Zeitablauf (vgl. dazu bei Kuß, Alfred / Tomczak, Torsten: Käuferverhalten. Stuttgart 2007). Bei komplexen und neuartigen Entscheidungssituationen (z. B. Digitalkamera, PC, Pkw, Eigentumswohnung etc.) hat der Kunde einen hohen Informationsbedarf, da Fehlentscheidungen vermieden werden sollen. Er sucht aktiv nach Informationen, überprüft diese genau und lässt sich Zeit mit einer Entscheidung. Bei dieser ausführlichen/extensiven Kaufentscheidung spielen kognitive Prozesse die wichtigste Rolle.

Die Kommunikation sollte in diesen Fällen versuchen, den Kunden die benötigten Informationen möglichst einfach und detailliert zur Verfügung zu stellen (Kontakt über das Internet, Einladung zu Probiermöglichkeiten, persönliche Beratung am POS, Prospekte, informationshaltige Werbung etc.). Auf eine genauere Darstellung der Besonderheit von Produkten, die vorwiegend als Geschenk gekauft werden, möchte ich hier verzichten. Allerdings kann man davon ausgehen, dass die Kaufentscheidung auf Grund der hohen emotionalen Bedeutung des Schenkens auch hier eher extensiv erfolgt, da man einen Fehlkauf unbedingt vermeiden möchte.

Kommunikation bei extensiven Kaufentscheidungen

Wenn die Konsumenten bereits über einige Kauferfahrungen im Produktsegment verfügen, kommen für sie häufig nur noch eine begrenzte Anzahl an Marken infrage (relevant bzw. evoked set), das heißt, sie verfahren beim Kauf nach gewissen Faustregeln (Heuristiken). Man könnte auch sagen der Konsument besitzt nur begrenzte (limitierte) Auswahl- oder Entscheidungsmöglichkeiten. Statt wie bei der extensiven Kaufentscheidung nach produktspezifischen Informationen zu suchen, greift der Konsument bei limitierten Kaufentscheidungen auf Heuristiken („Produkte mit einem hohen Preis müssen auch eine hohe Qualität haben") zurück. Eine andere wichtige Regel besteht darin, dass Konsumenten das Vertraute systematisch bevorzugen, das heißt, bei austauschbaren Produkten – heute Normalfall – zu einer Marke greifen, die sie wiedererkennen. Das liegt vermutlich daran, dass viele Personen bereits gute Erfahrungen mit diesem Verhaltensmuster gemacht haben. Interessanterweise spielt es für das Gefühl der Vertrautheit keine Rolle, ob die Marke bewusst oder unbewusst (vgl. dazu Mere-exposure-Effekt) wahrgenommen wurde. Einen weiteren Anhaltspunkt für die Kaufentscheidung bilden die Meinungen von Experten oder Meinungsführern, denen die Konsumenten eine fundierte Meinung zutrauen.

Limitierte Kaufentscheidungen führen zu Gewohnheiten

Da der Konsument bereits über Kauferfahrungen im Segment verfügt, sind hier also vor allem prägnante, direkt zur Kaufentscheidung beitragende Schlüsselinformationen wie Testurteile, Empfehlungen von Meinungsführern, aber auch besonders wichtige Produktmerkmale (Preis, Design etc.) für die Markenwahl von Bedeutung.

Eine Marke muss demnach mithilfe von Werbung und anderen Elementen des Kommunikations-Mix (vgl. dazu Band „Kommunikationspolitik") versuchen, aus dem Wettbewerbsumfeld wiedererkennbar hervorzustechen und dadurch Markenpräferenzen zu erzielen. Dabei kommt es vor allem auf eine klare – meist emotionale – Positionierung an, die dann als Markenimage auch so im Markt wahrgenommen wird (zum Thema Positionierung vgl. Kapitel 1). Die Erfolgsaussichten einer Marke steigen darüber hinaus erheblich, wenn es dem Unternehmen gelingt, Meinungsführer zu identifizieren und zu überzeugen.

Mit steigender Anzahl an Wiederholungskäufen nimmt das Ausmaß an kognitiver Steuerung weiter ab und es kommt schließlich zu Gewohnheitskäufen – dem so genannten habitualisierten Kaufverhalten. Gerade bei Low-Involvement-Produkten (FMCG wie Waschmittel, Lebensmittel etc.), deren Kauf mit geringem Risiko verbunden ist, stellt die Kaufentscheidung kein Problem dar. Dabei können sich Kaufgewohnheiten entweder zur zeitlichen und gedanklichen Entlastung herausbilden oder sie sind der Ausdruck einer stabilen Präferenz für die Marke (Markentreue). Im Sinne der Entlastungsfunktion nehmen sich die Konsu-

Low-Involvement-Produkt mit geringem Risiko = Gewohnheitskauf menten im Sinne eines schnellen Einkaufs das Recht auf Faulheit heraus. Es gibt aber auch Marken, die die Konsumenten besonders gerne kaufen, weil sie so etwas wie ihre „Lieblingsmarke“ geworden ist, in diesen Fällen gibt es eine emotionale Bindung an die Marke, die unter Umständen sogar ein Suchverhalten im Handel auslöst. Der Kaufentscheidungsprozess läuft in beiden Fällen ohne größere kognitive Steuerung und emotionale Beteiligung nahezu automatisch ab, denn je stärker der Kauf einer Produktkategorie zur Routine geworden ist, umso weniger bewusste Auseinandersetzung mit den Produkten oder den kommunizierten Werbebotschaften wird benötigt. Neben der grundsätzlichen Produktzufriedenheit der Konsumenten sollte die Kommunikationspolitik in dieser Produktkategorie vor allem versuchen, die Wiedererkennbarkeit der Marke zu garantieren, das Vertrauen in die Marke zu erhöhen und eine ausreichende Präsenz am POS sicherzustellen. Häufige Kaufentscheidungen und damit Entscheidungsroutine gibt es aber nicht nur bei Low-Interest-Produkten, sondern auch bei High-Interest-Produkten (vgl. Abb. 7.25 in Anlehnung an: Ulrich Lachmann: Wahrnehmung und Gestaltung von Werbung. Hamburg 2003). Bei allen Käufen von Low-Interest-Käufen, aber auch bei häufig getätigten Käufen von High-Interest-Produkten kommt es zu Einkaufsroutinen, das heißt, dass werbliche Botschaften nur beiläufig verarbeitet werden (vgl. auch zu den Konsequenzen auf Media-Planung und Kreation die periphere Route im ELM-Modell, Abb. 7.15). Besonders interessant ist das bei den High-Interest-Produkten, bei denen sich trotz hohem persönlichem Risiko (finanziell, sozial oder gesundheitlich) durch die häufigen Wiederholungskäufe Routine einschleicht („Ich kenne mich aus.“). Nur beim seltenen Kauf von High-Interest-Gütern kommt es zu engagierter, kognitiver bzw. zentraler Verarbeitung von Informationen, das heißt, nur in diesen seltenen Fällen benötigt der Verbraucher viele Informationen und ist auch bereit, sich mit ihnen auseinanderzusetzen.

| | **Kauffrequenz** | |
|---|---|---|
| | **Hoch**<br>(täglich bis alle 2 Wochen) | **Selten**<br>(weniger als 1 x pro Jahr) |
| **High-Interest-Produkte** | • Industrie-Einkauf (b2b)<br>• Disposition/Einkauf des Handels (b2b)<br>• Verschreibungen der Ärzte<br>• Inanspruchnahme hochwertiger Dienstleistungen<br>→ Involvement-Routine | • Kauf von Gebrauchsgütern<br>• Gelegentlicher Kauf von Investitionsgütern (b2b)<br>• Verschreibungen der Ärzte<br>• gelegentliche Inanspruchnahme hochwertiger Dienstleistungen<br>→ Prozess-Kauf |
| **Low-Interest-Produkte** | • Einkauf von Gütern des täglichen Bedarfs (FMCG)<br>→ „klassischer“ Gewohnheitskauf | • seltener Kauf von geringwertigen Gütern (Batterie-Zellen, Schuhbänder, Salz)<br>→ Spontan-Kauf |

*Abb. 7.25: Kaufhäufigkeit und Produktkategorie*

„Zur Klärung der Kommunikationsvoraussetzungen wird empfohlen, die Zugehörigkeit eines Zielmarkt-Feldes zu den Kategorien „Low-Interest“, „Involvement-Routine“ und „Prozesskauf“ zu prüfen.
Es gilt für das:

| | |
|---|---|
| Low-Interest-Feld: | ⇒ auch beim Kauf kaum höheres Involvement |
| | ⇒ bei häufigem Kauf hohe Bedeutung von Gewöhnung (Routine) |
| | ⇒ geringes Informationsbedürfnis |
| Involvement-Routine-Feld: | ⇒ relativ häufige Kaufentscheidung |
| | ⇒ dabei jeweils erhöhtes (nicht hohes) Involvement |
| | ⇒ Entwicklung von Routinen |
| | ⇒ Informationsbedürfnis auf wenig Zentralwerte reduziert |
| Prozess-Kauf-Feld: | ⇒ seltene Kaufentscheidung |
| | ⇒ hohes Involvement dabei |
| | ⇒ (so gut wie) kein Routinen |
| | ⇒ hohes Infomationsbedüfnis. |

(aus: Ulrich Lachmann: Wahrnehmung und Gestaltung von Werbung. Hamburg 2002. S. 51)

Bei allen Gewohnheitskäufen gilt, falls sich andere interessante Optionen ergeben – z. B. Neuprodukteinführung oder Preisaktion eines Konkurrenzproduktes – wird die Gewohnheit auch schon einmal aufgegeben und das andere Produkt gekauft.

Auch Stammkäufer werden bei verlockenden Angeboten schon einmal untreu, kehren aber häufig wieder zurück

Allerdings kehren viele Käufer im Anschluss wieder zum Stammprodukt zurück, wenn der besondere Anreiz des anderen Produktes entfällt. Dies hängt vermutlich mit dem bereits beschriebenen „Oversufficient-Justification-Effekt“ (vgl. Abschnitt 7.4.4) zusammen. Denn der Käufer wird beispielsweise bei einer Rabatt- oder Bonusaktion vor allem extrinsisch, das heißt von außen, motiviert. Daher nimmt er neben dem Preis oder dem Bonus oft keine weiteren Gründe wahr, warum er das alternative Produkt an Stelle seines bisherigen Stammproduktes hätte kaufen sollen, denn das eigene Kaufverhalten lässt sich ja schon durch den besonderen Anreiz begründen. Ohne eine intrinsische Motivation kann aber keine Bindung an das Konkurrenzprodukt entstehen, sodass der Käufer nach Beendigung der Aktion wieder zu seinem alten Produkt zurückkehrt (vgl. dazu auch Felser, Georg: Werbe- und Konsumentenpsychologie. Stuttgart 2007).

Der Versuch, solche Gewohnheiten bei den Konsumenten schon früh zu erzeugen, führt dazu, dass sich viele werbetreibende Unternehmen besonders gerne an junge Zielgruppen wenden. Es wird versucht, die Konsumenten praktisch langsam an das Produkt zu gewöhnen. Man spricht in diesem Zusammenhang auch von Konsumentensozialisation. So verständlich die Ansprache junger Konsumenten aus Sicht des Marketing ist, so muss man doch hoffen, dass Unternehmen auf Grund ethisch-moralischer Überlegungen oder im Zweifel auf Gund gesetzlicher Beschränkungen auf die werbliche Beeinflussung kleinerer Kinder verzichten.

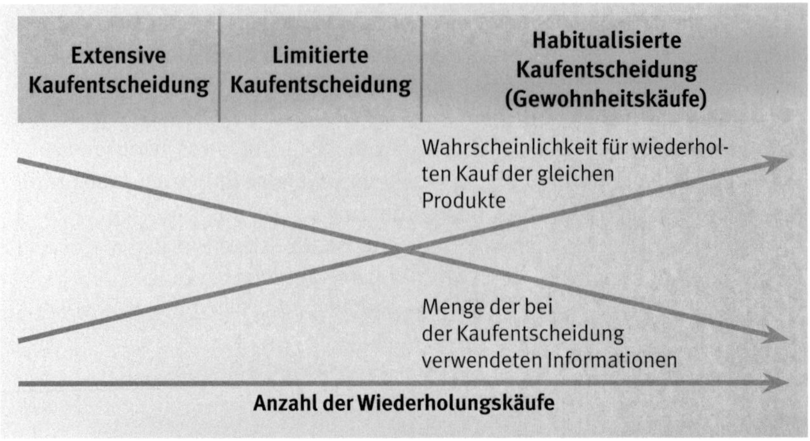


*Abb. 7.26: Veränderung des Kaufverhaltens im Zeitablauf*

Um erfolgreiche Werbung zu planen, ist es notwendig, das Ausmaß der kognitiven Steuerung bei der Kaufentscheidung richtig einzuschätzen (vgl. dazu in Kuß, Alfred / Tomczak, Torsten: Käuferverhalten. Stuttgart 2007). Wenn die kognitive Steuerung hoch ist, wie zum Beispiel bei extensiven Kaufentscheidungen, braucht unser Verstand auch etwas zum Arbeiten, das heißt, Produktinformationen und Argumente (High-Involvement, vgl. dazu auch die zentrale Route beim ELM-Modell in diesem Kapitel).

Impulskäufe beruhen auf latenten Bedürfnissen und werden durch geschickte Warenpräsentation am POS ausgelöst

Als neue Kategorie tauchen in Abb. 7.27 die Impulskäufe auf, die sich, wie der Name schon sagt, durch rasches, spontanes Handeln kennzeichnen. Dieses Handeln beruht häufig auf einem latenten Bedürfnis, wobei man sich vor allem bei Kindern, die zusammen mit ihren Eltern an der Kasse eines Supermarktes warten, fragen muss, ob dieses „latente" Bedürfnis nicht erst durch die geschickt platzierte „Drängelware" an der Kasse erzeugt wurde. Dieses Beispiel zeigt bereits, dass für die Auslösung von Impulskäufen vor allem die Warenpräsentation am POS von Bedeutung ist (z. B. Verpackungsgestaltung, Regal- und Zweitplatzierung, Verwendung von Signalreizen).

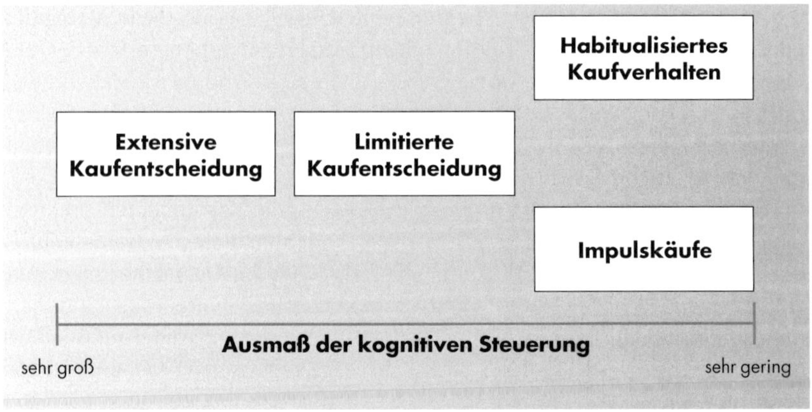


*Abb. 7.27: Ausmaß kognitiver Steuerung bei den Typen von Kaufentscheidungen*

Auf der anderen Seite muss der Kunde auch aktivierungsbereit sein, das heißt im Umkehrschluss, bei gestressten Kunden sind Impulskäufe fast unmöglich. Wesentliche Merkmale von Impulskäufen sind demnach starke emotionale Aufladung des Konsumenten, geringe kognitive Kontrolle der Kaufentscheidung sowie die Auswirkung einer starken Reizsituation. Häufig übt der Impuls eine so starke Wirkung aus, dass die negativen Konsequenzen des Kaufs (z. B. finanzielle Belastung) völlig ignoriert werden. Impulskäufe hängen nämlich sehr stark von der Stimmungslage des Konsumenten ab, wobei sie sowohl bei positiver als auch negativer Stimmungslage auftauchen können (positive Stimmung erhalten, bei negativer Stimmung die schlechte Laune zu heben). Impulskäufe haben also in psychologischer Hinsicht häufig eine regulierende Funktion für das Wohlbefinden der Konsumenten, wobei die infrage kommenden Produktgruppen individuell unterschiedlich sind.

Impulskäufe von der Stimr lage ab: Beloh oder Abbau vo Frustration

Die letzten wissenschaftlichen Studien über Impulskäufe sind schon fast 20 Jahre alt, doch damals wurden in einer repräsentativen Studie des Spiegels folgende Produktkategorien als wichtige Impulskaufartikel ermittelt (Frage: „Ist auf der Liste etwas dabei, was Sie öfter mal ganz spontan kaufen?") – zitiert aus Kuß, Alfred / Tomczak, Torsten: Käuferverhalten. Stuttgart 2007:

- Kleidung 45 %
- Blumen 38 %
- Schuhe 30 %
- Bücher 28 %
- Autozubehör 15 %
- Spielsachen 10 %

Diese Auflistung dürfte vermutlich auch heute noch Gültigkeit haben. Für den Erfolg von Impulsartikeln ist also vor allem Verkaufsförderung (vgl. Kapitel 8 im Band „Kommunikationspolitik") aber auch klassische Werbung (Bekanntmachung, Wiedererkennbarkeit) wichtig.

In der Abb. 7.28 (vgl. dazu auch in Kuß, Alfred/ Tomczak, Torsten: Käuferverhalten. Stuttgart 2007) sind die wichtigsten Einflussfaktoren auf die Kaufentscheidung noch einmal kurz zusammengefasst.

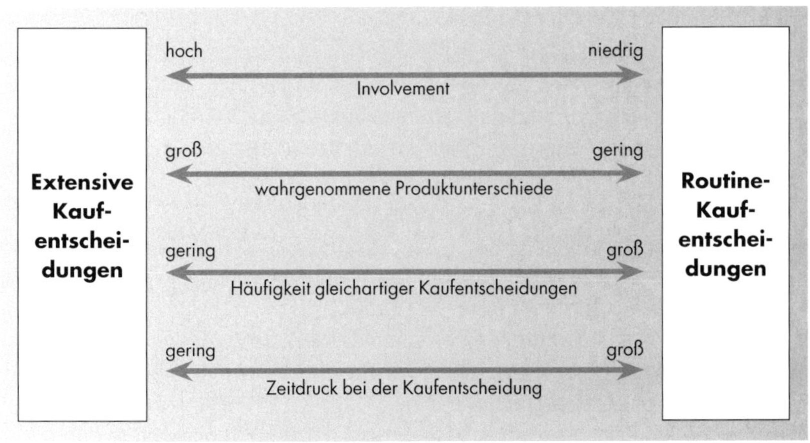


*Abb. 7.28: Einflussfaktoren auf die Kaufentscheidung*

## 7.9 Kollektive Kaufentscheidungen

Kaufverhalten wird auf vielfältige Art und Weise sozial kontrolliert und beeinflusst. Von besonderem Interesse sind dabei die Einflüsse von Familienmitgliedern, Lebenspartnern und anderen Bezugsgruppen. Diese Einflüsse wirken sich bei bestimmten Produktkategorien entweder direkt oder indirekt aus.

unter ntrolle

Zur indirekten Einflussnahme zählen soziale Kontrollmechanismen wie Konventionen, Modeerscheinungen/Trends, Erfordernisse des sozialen Status oder das Verhalten vergleichbarer anderer Personen (z. B. Meinungsführer). Gerade der Vergleich mit anderen Personen, die uns ähnlich und deren Meinung uns wichtig ist, liefert uns Maßstäbe und Normen, um Urteile über Produkte zu fällen oder Kaufentscheidungen bei Unsicherheit zu treffen. Wie man sieht, gibt es unterschiedliche soziale Kontrollmöglichkeiten, die die individuelle Kaufentscheidung beeinflussen können, indem sie z. B. die Wahrnehmung des Kaufrisikos, die Einstellung zur Produktkategorie oder zur Marke verändern.

Darüber hinaus orientieren wir uns beim Kaufverhalten häufig an Meinungsführern (vgl. zur Rolle von Meinungsführern im Kommunikationsprozess Kapitel 1 im Band „Kommunikationspolitik").

→ *Die persönliche Empfehlung eines Meinungsführers ist jeder anderen Form der Beeinflussung überlegen. Aus diesem Grund versuchen werbetreibende Unternehmen, Meinungsführer zu identifizieren und gezielt vom Produkt zu überzeugen.*

In einigen Märkten ist die Identifikation von Meinungsführern relativ leicht, so werden bekanntlich im Pharmabereich von den Unternehmen bewusst Ärzte angesprochen, mit Proben versorgt oder zu kostenlosen Fortbildungen an exklusiven Orten eingeladen. Der Automobilsektor verfährt mit Motorsport-Journalisten in ähnlicher Weise. In diesen beiden Bereichen sind es vor allem professionelle Multiplikatoren, doch grundsätzlich kann jeder zum Meinungsführer in einer Gruppe werden. In Anlehnung an Georg Felser (Werbe- und Konsumentenpsychologie. Stuttgart 2007) ist nachfolgend zusammengestellt, wodurch sich Meinungsführer vor allem auszeichnen:

Eigenschaften von Meinungsführern

- viel Kontakt zu anderen,
- gute Information (als Experte im weitesten Sinne, dazu gehören aber auch fachkundige Laien, z. B. Computerfreaks etc.),
- anerkannte und fundierte Information (bevorzugt aus authentischen Quellen, Fachzeitschriften etc. und nicht nur aus der Werbung),
- Geselligkeit (Mitglieder von Vereinigungen, Klubs etc.),
- hohes Selbstbewusstsein,
- bereit, Ratschläge zu geben und Ratschläge anzunehmen,
- ausgeprägte und anerkannte soziale Rolle,
- breites Interesse an aktuellen gesellschaftlichen Strömungen (Kenntnis von Modetrends, Sicherheit in Stilfragen, über Preisentwicklungen, Angebote, Bezugsquellen etc. Bescheid wissen),
- das in Rede stehende Produkt erst vor kurzem gekauft haben und daraufhin bevorzugt von anderen angesprochen werden.

Außerdem gehören Meinungsführer besonders häufig zur Gruppe der Innovatoren – man könnte auch Trendsetter sagen – der ersten und kleinsten Gruppe im Diffusionsprozess eines Neuproduktes, den der amerikanische Innovationsforscher Everett M. Rogers 1995 in seinem Buch „Diffusion of Innovations" beschreibt:

- Von den Innovatoren (ca. 2,5 % der Personen)
- lassen sich die Frühadopter (ca.13,5 %) zum Kauf des neuen Produktes anregen,
- dann folgt die frühe und die späte Mehrheit (je ca. 34 %),
- bevor zum Schluss auch die Nachzügler (ca. 16 %) zum Produkt greifen.

Echte und symbolische Meinungsführe.

Neben ihrem ausgeprägtem Hang zu Individualismus und Risikobereitschaft zeichnet sich die Gruppe der Innovatoren häufig durch starke Vorbehalte gegenüber werblichen Beeinflussungsversuchen aus. Trotzdem versuchen Unternehmen mithilfe von Trend-Scouts, mehr über diese Zielgruppe herauszufinden und Neuprodukte zu lancieren.

→ *Falls die Identifikation und Ansprache von Meinungsführern als zu aufwändig erscheint, greift die Werbung gern auf symbolische Meinungsführer zurück. In der Form der Slice-of-Life-Werbung treten stellvertretend für „wirkliche" Meinungsführer so genannte Testimonials auf.*

Symbolische Meinungsführer (Testimonials) demonstrieren – „mitten aus dem Leben" – die Produktvorzüge. Dabei geht die sicher bekannte Bandbreite von den (scheinbar) spontan interviewten Müttern über die mit dem Produkt zufriedenen Nachbarn und die Zahnarztfrau bis hin zu Prominenten, von deren Einsatz sich häufig außerdem noch ein positiver Imagetransfer erhofft wird.

Neben diesen Formen der indirekten Beeinflussung einer weiterhin individuellen Kaufentscheidung gibt es Formen der direkten Beeinflussung, die dann eigentlich zu den Phänomenen kollektiver Kaufentscheidung führen (vgl. zu wichtigen Produktbereichen die Abb. 7.30 zum Rollendreieck auf der folgenden Seite). Leider gibt es bisher erst sehr wenige Forschungsergebnisse zum Bereich der kollektiven Kaufentscheidungen, wobei dies sowohl für kollektive Kaufentscheidungen im privaten Bereich (z.B. Familien, Partnerschaften) als auch für Kaufentscheidungen in Unternehmen gilt (vgl. dazu das Buying-center-Konzept von Webster/Wind in Kapitel 3 Zielgruppe im Band „Kommunikationspolitik").

Kollektive Kaufentscheidungen im privaten und unternehmerischen Bereich

Bei Kaufentscheidungen in Familien existiert häufig eine Art Kompetenzgerangel um den größten Einfluss. Bei Low-Involvement-Gütern dominiert normalerweise ein Familienmitglied, was beispielsweise bei Gütern des täglichen Bedarfs oft der oder die haushaltsführende Person sein kann.

Sobald es sich dann um High-Involvement-Güter handelt, kommt es häufig zu gemeinsamen Kaufentscheidungen in Familien bzw. Partnerschaften. Dieser Tendenz verstärkt sich noch, wenn es sich um Güter des sichtbaren Konsums handelt (vgl. Abb. 7.29 in Anlehnung an Kuß, Alfred / Tomczak, Torsten: Käuferverhalten. Stuttgart 2007).

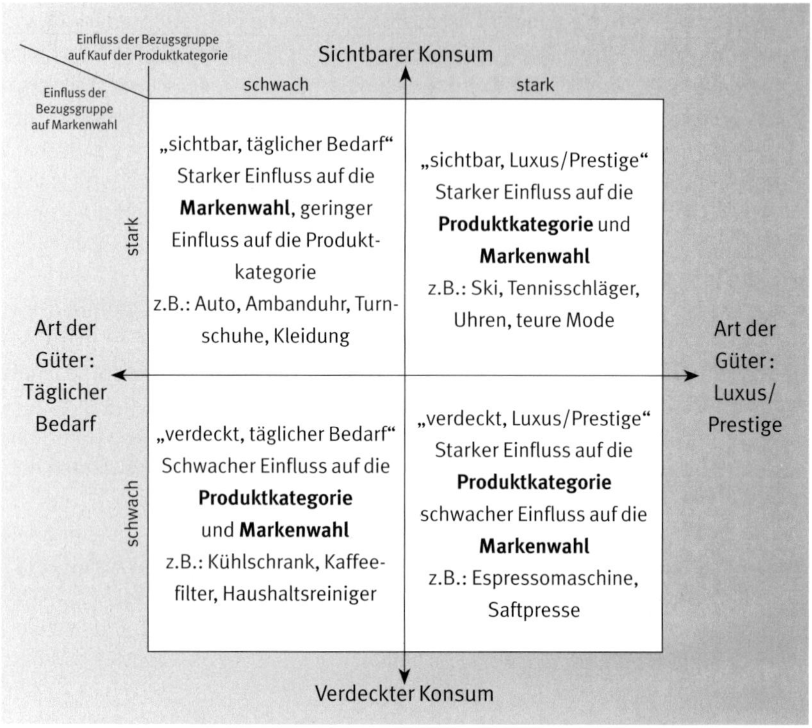


*Abb. 7.29: Einfluss von Bezugsgruppen auf Kaufentscheidungen*

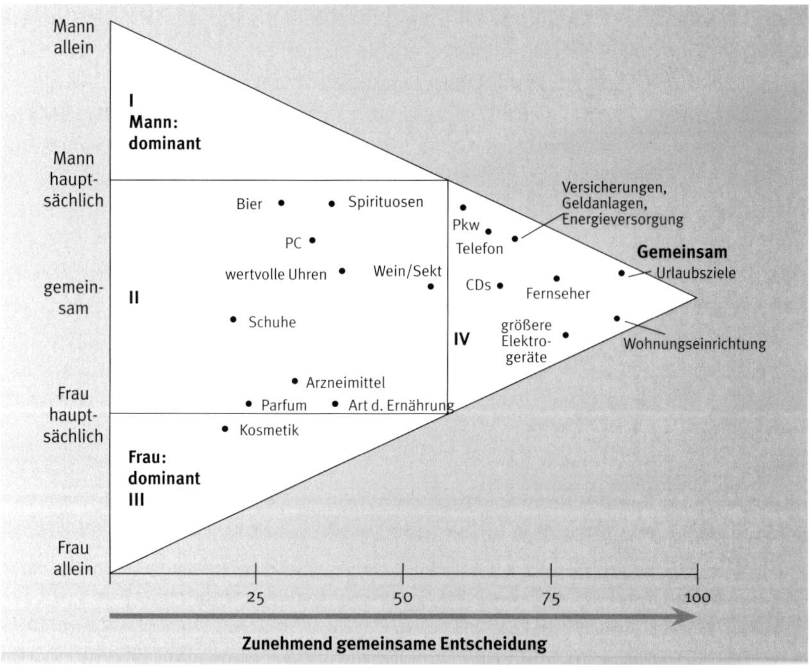


*Abb. 7.30: Rollendreieck für Kaufentscheidungen (nach Stern Markenprofile)*

Gerade bei Gütern des sichtbaren Konsums gibt es einen großen Einfluss von Bezugsgruppen auf die Kaufentscheidung, wobei es dann in diesem Fall keine besondere Rolle spielt, ob die Kaufentscheidung letztlich individuell oder kollektiv gefällt wird.

Einfluss von Kindern und Jugendlichen auf Kaufentscheidungen

Ein weiterer wichtiger Aspekt ist der Einfluss von Kindern und Jugendlichen auf Kaufentscheidungen der Familie, denn Kinder verfügen inzwischen nicht nur selber über ein hohes Kaufkraftpotenzial und das entsprechende Markenbewusstsein, sondern sind auch in der Lage, die Kaufkraft ihrer Eltern und Verwandten zu steuern.

Dass diese Überlegungen auf Kinderprodukte wie Spielzeug, Kleidung oder Lebensmittel zutreffen, leuchtet unmittelbar ein, doch auch bei Entscheidungen über Reiseziele oder den neuen Familien-Pkw reden Kinder und Jugendliche ein wichtiges Wort mit.

→ *Man sollte also wissen, wer die Kaufentscheidung fällt oder maßgeblich beeinflusst, bevor man sich mit Mediaplanung oder Gestaltung von Werbung beschäftigt.*

Es lohnt sich also, den Kaufentscheidungsprozess von Familien genau zu durchleuchten. Besonders interessant ist die Beantwortung der folgenden Fragen (in Anlehnung an: Schweiger, Günter / Schrattenecker, Gertraut: Werbung. Stuttgart 2007);

- Welche Familienmitglieder (Mann, Frau, Kinder ...) übernehmen
- bei welchem Produkt (Konsumgut, langlebiges Gebrauchsgut, Dienstleistung)
- in welcher Situation (Phase im Lebenszyklus der Familie, konkrete Kaufsituation)
- welche Aktivitäten (Teilaufgaben, Interaktionsverhalten)
- in den jeweiligen Phasen des Kaufentscheidungsprozesses (Wahrnehmung, Interesse, kognitive Erprobung, Bewertung, Entscheidung, Kauf, Nachkaufphase)?

Darüber hinaus spielen natürlich personen- und familienspezifische Faktoren wie Berufstätigkeit der Frau, Schichtzugehörigkeit sowie die im Familienlebenszyklus erreichte Phase für die Wahrscheinlichkeit gemeinsamer Kaufentscheidungen eine Rolle.

In modernen Beziehungen sind gemeinsame Kaufentscheidungen auf dem Vormarsch

Bei Kaufentscheidungen in Beziehungen (vgl. dazu Abb. 7.30 zum Rollendreieck) finden sich natürlich sowohl Produktgruppen, bei denen die Kaufentscheidung vom Mann dominiert wird (z.B. Uhren, PC, Bier) als auch typische Frauendomänen wie Kosmetik, Parfum oder Arzneimittel.

Die Langzeituntersuchung „Markenprofile" des Stern ergab aber, dass der Anteil an gemeinsamen Entscheidungen immer stärker zunimmt. Dies ist eine Tatsache, die mit Sicherheit durch die zunehmende Gleichberechtigung bzw. ökonomische Unabhängigkeit der Frauen, aber auch durch eine Veränderung des Bewusstseins der Männer zu erklären ist.

## 7.10 NEUERE PSYCHOLOGISCHE ANSÄTZE ZUR KAUFVERHALTENSSTEUERUNG DURCH WERBUNG

### 7.10.1 Dynamischer Erklärungsansatz für Konsumentenverhalten von Tor Nørretranders

Die Basis dieses Ansatzes liegt in der Unterscheidung zwischen Selbst und Ich als den beiden Ebenen unseres Bewusstseins. Jedes Handeln stellt das Ergebnis einer Vermittlung zwischen Selbst- und Ich-Interessen dar. Der dabei auftretende Konflikt entsteht durch die unterschiedlichen Eigenschaften dieser beiden Bewusstseinsebenen (vgl. Abb. 7.31 in Anlehnung an Rudolf Sommer: Consumer's Mind. Deutscher Fachverlag 2007).

Konsumverhalten ist in hohem Maße auch ein symbolisches Handeln, in dem ich mich selbst wahrnehme, aber eben auch wahrgenommen werde. Insofern wirkt Konsumverhalten sowohl auf mein Selbstbild als auch auf das mir von anderen zurückgespiegelte Fremdbild meiner Person. Dies erklärt, warum Konsumverhalten bei vielen Menschen bei der Rückbestätigung der eigenen Identität eine besondere Rolle spielt.

Personen, die eher über ein schwaches Selbstwertgefühl verfügen, wollen dieses über den Kauf von Statusprodukten kompensieren

Auffallend, aber auch leicht nachvollziehbar ist dabei, dass vor allem Personen, die eher über ein schwaches Selbstwertgefühl verfügen, dieses über den Kauf von Statusprodukten kompensieren wollen. Im Umkehrschluss sind Personen mit einem gefestigten Selbstkonzept nicht so anfällig für die (oberflächlichen) Heilsversprechen der Markenartikelindustrie. So lässt die Markenfixierung von Müttern beim zweiten Kind deutlich nach, vermutlich weil sie nicht mehr so unsicher sind wie beim ersten Kind. Ihr Wunsch bzw. Selbstkonzept, eine gute Mutter sein zu wollen, hat sich auf Grund eigener, positiver Erfahrungen beim ersten Kind stabilisiert und benötigt keine Rückbestätigung mehr über den Kauf von Markenprodukten.

*Eigenschaften der beiden Bewusstseinsebenen:*

**1) Selbst**

Das Selbst ist der dynamische Teil unseres Bewusstseins. Es strebt nach Befriedigung unserer Wünsche, Bedürfnisse und Triebe. Das Selbst ist die treibende Kraft bei der ständigen Suche nach Lust bzw. der Vermeidung von Unlust. Dabei geht es sowohl um die Grundbedürfnisse wie Hunger, Durst und Sex als auch um Genuss, Schönheit und soziale Anerkennung (vgl. dazu auch die Bedürfnispyramide von Maslow, Abb. 7.4). Dieser hedonistische Teil unseres Bewusstseins ist weitgehend emotional gesteuert.

Der Erfahrungshintergrund des Selbst speist sich sowohl aus individuellem Erleben als auch durch die kollektive Vergangenheit sowie massenmedial vermittelte Erfahrungen. Dieser Erfahrungshintergrund ist dem Bewusstsein nur teilweise zugänglich. Warum uns manches schmeckt und anderes nicht oder warum uns der eine sympathisch und der andere unsympathisch ist, können wir oft nicht adäquat begründen. Wir nehmen oft nur das Ergebnis der Entscheidungen des Selbst wahr. Das Selbst ist das „Feuer", das uns antreibt. Es wird weitgehend unbewusst gesteuert und ist in allen Fällen, die nicht wichtig genug sind, dass sich eine bewusste Auseinandersetzung lohnt, für die Handlungsentscheidungen allein verantwortlich. Der bekannte deutsche Neurobiologe Gerhard Roth formuliert das in seinem Buch „Fühlen, Denken, Handeln" so: „Bewusstsein ist für das Gehirn ein Zustand, der tunlichst zu vermeiden und nur im Notfall einzusetzen ist." (Suhrkamp Taschenbuch Wissenschaft 2007. S. 240). Denn Bewusstsein kostet einfach zu viel Energie, von den rund 250 Millilitern Sauerstoff, die ein Mensch im Ruhezustand braucht, benötigt das Gehirn ca. 52, d.h. ungefähr 20 %, bei komplexeren Denkvorgängen der Großhirnrinde steigt der Sauerstoff- und Glukosebedarf sogar noch an (zu den Zahlen vgl. Roth S. 215 f.).

Sogar beim Kauf von High-Involvement-Produkten (vgl. Beispiel S. 220 Kauf eines Autos) spielt das Selbst eine wichtige Rolle. Das Selbst urteilt auf der Basis eigener Erfahrungen und gebildeter Analogien (Heuristiken, Faustregeln).

Insofern kann man das Selbst nicht überzeugen, es ist gegen rationale Argumente immun. Menschen und Marken müssen zunächst dem Selbst gefallen (Körpersprache, Stimme, Kleidung, Design, Farbwahl etc.), einen positiven ersten Eindruck machen und die möglichst leichte Befriedigung von Wünschen und Bedürfnissen versprechen.

Antriebskräfte des Selbst

Die Antriebskräfte/Treiber des Selbst sind:
- Überleben ⇒ Durst, Hunger, Fitness, Gesundheit
- Arterhalt ⇒ Sex, Anerkennung durch die Gruppe, Macht
- Ausbildung einer eigenen Identität ⇒ Unsere Erfahrungen bestimmen das Selbstbild, das wir von uns haben. Wer seit seiner Kindheit häufig seine Ziele erreicht hat, wird nicht nur mit positiven Emotionen bzw. Hormonen belohnt, sondern entwickelt normalerweise auch ein stabileres Selbstwertgefühl. Dies führt wiederum dazu, dass man sich mehr zutraut und auch von anderen eher so wahrgenommen wird, wie man sich selber sehen möchte (Selbstbild = Fremdbild, vgl. Abb. 7.13), was wiederum glücklich und zufrieden macht. Dass es diese Aufwärtsspirale mit umgekehrten Vorzeichen und Effekten auch in die andere Richtung gibt, dürfte klar sein.
- Soziale Interaktion ⇒ Menschen brauchen die Anerkennung durch soziale Bezugsgruppen. Gleichzeitig vergibt die Gruppe viel Anerkennung oder Aufmerksamkeit (vgl. Exkurs: Ökonomie der Aufmerksamkeit, S. 294) an Gruppenmitglieder, die der Gruppe viel nützen.

**2) Ich**

Das Ich ist der statische Teil unseres Bewusstseins. Es ist der Controller oder Bremser der Wünsche des Selbst. Das Ich schaltet sich immer erst dann ein, nachdem das Verhalten vom Selbst schon initiiert wurde (vgl. Experiment von B. Libet, vgl. Abschnitt 8.1.1). Das Ich reagiert zwar insofern nur, kann aber das bereits initiierte Verhalten verändern oder sogar stoppen. Sehr oft wird aber das vom Selbst initiierte und anschließend ausgeführte Handeln nur noch nachträglich vom Ich rationalisiert, d.h. vor sich selbst gerechtfertigt. Denn dieser Teil unseres Bewusstseins ist weitgehend bewusst und rational gesteuert. Der Erfahrungshintergrund des Ich speist sich sowohl aus unserem Gewissen als auch aus erlernten logischen Kategorien. Dieser Erfahrungshintergrund ist dem Bewusstsein weitgehend zugänglich: „Während wir nicht immer wissen, was wir wollen, wissen wir doch sehr genau, was wir dürfen." (Sommer S. 49). Das Ich ist nur der vermeintliche „Pilot" über unsere Handlungen, denn nur ein Bruchteil der in jeder Sekunde auf uns einwirkenden Reize erreichen ihn, mehr als 99 % der Informationen werden von unserem „Autopiloten" und somit vor allem vom Selbst verarbeitet (vgl. dazu Exkurs Neuromarketing im Band „Marketing und Marktforschung"). Das Ich urteilt auf der Basis gesammelter Informationen mit rationaler Logik. Insofern muss man das Ich überzeugen. Bei der Beurteilung von Menschen und Marken spielt das Gesagte (z.B. in Form von Argumenten) eine besondere Rolle.

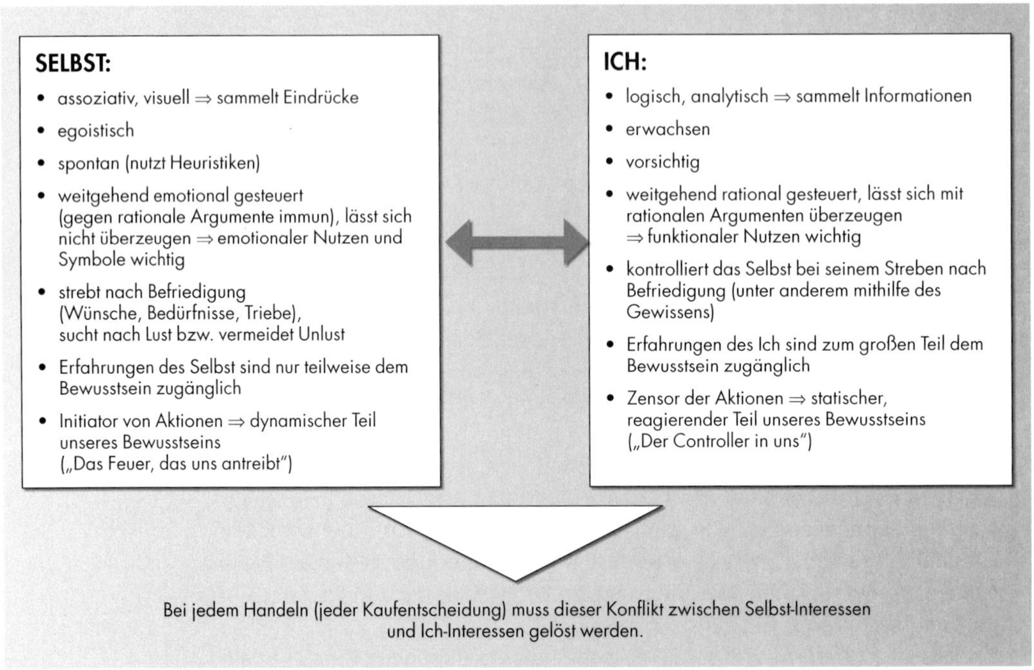


*Abb. 7.31: Der Konflikt zwischen SELBST und ICH – Dynamischer Erklärungsansatz für Konsumentenverhalten (nach Tor Nørretranders)*

Die Antriebskräfte/Treiber des Ich sind:

- Lenkung unserer Bedürfnisbefriedigung ⇒ Die Wünsche des Selbst nach Bedürfnisbefriedigung sollen uns nicht direkt schaden und nicht im Widerspruch zu sozialen Normen stehen.
- Suche nach Sinn im Leben ⇒ Das Ich fußt auf Ethik und Moral, denn wir wollen eben nicht nur immer Genuss maximieren, sondern eben auch ein guter Mensch sein und ein sinnvolles Leben führen. Das heißt unser Selbstkonzept/Selbstbild wird auch zu einer moralischen Instanz, nach deren Werten und Einstellungen wir unser Verhalten ausrichten. Dieses handlungssteuernde Selbstkonzept lässt sich noch weiter aufspalten. Es gibt ein (Ist-)Bild, von dem wir annehmen, dass uns unsere Umwelt so wahrnimmt. Außerdem gibt es noch ein (Wunsch-)Bild, wie wir gern sein würden, und darüber hinaus noch ein (Pflicht-)Bild, wie wir glauben, sein zu müssen, um von andern Anerken-

nung und Respekt zu bekommen. Die Verteilung dieser drei Komponenten des Selbstkonzeptes hängt dann davon ab, in welchen beruflichen oder privaten Rollen wir gerade handeln müssen. Da viele von uns heute in verschiedenen Gruppen zu Hause sind, die alle ihre eigenen Codes haben (Kleidung, Sprache, Symbole, Rituale), müssen wir sehr unterschiedliche Verhaltensmuster beherrschen, um unseren Selbstwert zu maximieren.

- Soziale Anerkennung ⇒ Manchmal verbindet sich eine Antriebskraft des Ich auch mit den Zielen des Selbst. So lässt sich feststellen, dass selbstloses/altruistisches Verhalten häufig zu sozialer Anerkennung und einer Steigerung der wahrgenommenen Attraktivität führt.

**Beispiel für den Konflikt und das Zusammenspiel der beiden Bewusstseinsebenen beim Kauf von High-Involvement-Gütern**

Die nachfolgend kurz beschriebenen Phasen werden so mit Sicherheit von vielen Menschen bei Automobilkäufen durchlaufen (vgl. Rudolf Sommer: Consumer's Mind. Deutscher Fachverlag 2007):

1) Screening
   - Das alte Auto verliert an Attraktivität und man beginnt, den Markt nach Alternativen abzusuchen. Dies geschieht in dieser Phase vor allem emotional, d.h., wir sind für emotionale Nutzen wie z.B. Prestigegewinn, Fahrspaß etc. besonders empfänglich. Die Werbung sollte in dieser Phase vor allem das Selbst ansteuern.
2) Reduzierung der Alternativen
   - Die gefundenen Alternativen werden mithilfe rationaler Kriterien wie z.B. Preis, Unterhaltungskosten, Platzbedarf etc. reduziert. Daneben geht es aber auch weiterhin um Emotionen, die aber inzwischen z.B. durch eine Probefahrt real erfahrbar werden. In dieser Phase hat sich unser Selbst (= dynamischer, emotionaler Teil unseres Bewusstseins) schon für eine Marke entschieden.
3) Kaufentscheidung
   - Unser Selbst braucht jetzt noch die Genehmigung des Ich (= statischer, rationaler Teil unseres Bewusstseins). Das Ich beginnt jetzt mit der Informationssuche, d.h., das Wahrnehmungsfenster öffnet sich und man liest Tests, Fahrberichte, Prospekte, befragt Freunde, klärt die Finanzierbarkeit. Hier würden jetzt die Recency Planner ansetzen (vgl. Exkurs auf S. 217 ff.), aber die eigentliche Entscheidung ist schon in der vorhergehenden Phase gefallen. Insofern geht es hier eigentlich nur noch darum, eine vorher schon vom Selbst getroffene (emotionale) Entscheidung rational abzusichern. Das Ich suggeriert das Gefühl, die Entscheidung getroffen zu haben. Gute Verkäufer wissen, dass sie in dieser Phase vor allem die Entscheidung des Kunden bestätigen müssen. „Den Kunden weit vor dem Kauf zu begeistern, ist wichtiger, als ihn während des eigentlichen Kaufs zu überzeugen." (Sommer S. 223)
4) Bestätigung
   - Auch in der Nachkaufphase suchen die Kunden noch nach Informationen, denn gerade bei teuren High-Involvement-Gütern stellt sich oft ein „Kauf-Kater" ein, der auf rationaler und emotionaler Ebene durch Bestätigung

durch Bezugspersonen, aber auch Markenkommunikation „bekämpft“ werden muss. Diese Informationssuche beschränkt sich allerdings auf die gekaufte Marke. Ein solches Verhalten ist, wie jeder aus eigener Anschauung kennt, gar nicht so selten und vermutlich für das Entstehen einer emotionalen Kundenbindung sehr wichtig.

a) Lösungsstrategien für Konflikte zwischen Selbst und Ich

Der amerikanische Psychologe Philip G. Zimbardo unterscheidet zehn Bewältigungs- oder Abwehrstrategien für einen Konflikt, die nachfolgend kurz aufgelistet sind. Ein Nachdenken über die Auswirkungen dieser Strategien für die Neuproduktentwicklung, aber auch für die Gestaltung und den Erfolg von Werbekampagnen lohnt sich immer dann, wenn man davon ausgehen muss, dass die Verwendung des Produktes/Inanspruchnahme der Dienstleistung oder die angestrebte Bewusstseinsänderung bei einem großen Teil der Zielgruppe eine solche Bewältigungs- bzw. Abwehrstrategie auslöst. Die folgende Darstellung der zehn Bewältigungs- oder Abwehrstrategien erfolgt in Anlehnung an Rudolf Sommer S. 63 ff.):

Bewältigungs- oder Abwehrstrategien

1. Kompensation ⇒ Das Selbst setzt sich gegenüber dem Ich durch. Das frustrierte Ich muss diese „Niederlage“ durch eine Überbetonung eines aus der Sicht des Ich erwünschten Verhaltens kompensieren. Diese Kompensation kann durch das Produkt selbst (z.B. Süßigkeiten werden mit Vitaminen angereichert) erfolgen. Eine andere Variante besteht in Ersatzhandlungen, die die negativen Folgen des Produktes kompensieren (z.B. weil ich viel Sport mache, darf ich auch Schokolade essen).
2. Verdrängung ⇒ Wünsche/Bedürfnisse, die durch das Ich nicht an ihrer Erfüllung gehindert werden können wie z.B. Süchte oder starke Triebe, werden vom Ich unbewusst verdrängt. Das kann dazu führen, dass wir uns z.B. nicht mehr erinnern (wollen), dieses (unerwünschte) Verhalten an den Tag gelegt zu haben, oder versuchen, es auf ein vertretbares Maß zu reduzieren. Mit diesem Phänomen haben alle Aufklärungskampagnen zu tun (z.B. gegen Rauchen, Drogenmissbrauch, zur Aids-Vorbeugung etc.), da die Betroffenen diese Kampagnen verdrängen und insofern ihre Botschaften gar nicht bewusst wahrnehmen. Vor dem Hintergrund der starken zu Grunde liegenden Wünsche/Bedürfnisse ist es sehr unwahrscheinlich, dass die unbewusste Wahrnehmung dieser Botschaften trotzdem verhaltenswirksam wird.
3. Regression ⇒ Das Ich fühlt sich überfordert und zieht sich auf kindliche Verhaltensmuster zurück. Man schlüpft angesichts der bedrohlichen Situation (private Unsicherheit von Beziehungen oder hoher beruflicher Leistungsdruck) praktisch in die Rolle des Kindes zurück und gibt die Verantwortung gerne an andere ab. Dies erklärt teilweise auch den Erfolg von Kinderprodukten (Märklin-Eisenbahn, Steiff-Tiere, Carrera-Bahn, Storck-Riesen und sogar Babygläschen), die von Erwachsenen gekauft und allein oder gemeinsam mit Kindern verwendet werden.
4. Projektion ⇒ Das Ich fühlt sich nicht zuständig. Die Verantwortung für das eigene Handeln wird an den Hersteller (z.B. in der Versicherungsbranche) oder den Staat (z.B. Verbote) abgegeben. Diese Haltung nutzt z.B. die HypoVereinsbank mit ihrem Slogan „Leben Sie, wir kümmern uns um die

Details“ beispielhaft. Auch die Funktion und der Erfolg von Gütesiegeln erklärt sich aus dieser bewusstseinsentlastenden Strategie.

5. Identifikation ⇒ Durch die Identifikation mit wichtigen öffentlichen Personen oder angesehenen Institutionen erhöht sich das Selbstwertgefühl. Vor allem, wenn man die gleichen Produkte verwendet wie z.B. ein Prominenter. Am glaubwürdigsten und stärksten wirkt es natürlich, wenn die Prominenten die Produkte freiwillig selbst verwenden. Im Falle von bezahlter Werbung ist es wichtig, dass die Prominenten nicht zu viele Werbeverträge haben, da ansonsten das Ich die Glaubwürdigkeit anzweifelt.
6. Rationalisierung ⇒ Das Ich versucht, eigene Entscheidungen bzw. eigenes Handeln – vor allem vor anderen, aber auch vor sich selbst – zu rechtfertigen. Dies geschieht vor allem dann, wenn das Selbst eigentlich die (Kauf-) Entscheidung getroffen hat und das Ich dieses Verhalten rechtfertigen muss (vgl. Autobeispiel). Diese nachträglichen Rationalisierungen, mit denen das Ich sich selbst und anderen weismachen will, dass es die (Kauf-) Entscheidung bewusst gesteuert hat, sind auch für die Marktforschung wichtig. Denn sie überdecken oft die eigentlichen Kaufmotive, die erst durch den Einsatz von qualitativen Methoden (vgl. Band „Marketing und Marktforschung“) herausgefunden werden können.
7. Verschiebung ⇒ Bei negativen Emotionen wie z.B. schlechten (Kauf-)Entscheidungen sucht unser Ich nach einem Ventil für diese aufgestauten Gefühle. Man sucht nach einem „Sündenbock“, der die Schuld für die eigene Fehlentscheidung übernehmen muss. Damit Produkte davon nicht (evtl. sogar zu Unrecht) getroffen werden, empfiehlt sich ein liberales Rückgaberecht, wie es z.B. die Supermarktkette Aldi praktiziert, in deren Geschäften Reklamationen auf Anweisung der Unternehmensleitung ohne weitere Angabe von Gründen problemlos abgewickelt werden sollen.
8. Verleugnung ⇒ Das Ich verändert bewusst die Realität, um unangenehmen Wahrheiten zu entgehen. Dass Rauchen das Krebsrisiko deutlich erhöht, wird – meistens mit dem Verweis auf einen 90-jährigen starken Raucher – ausgeblendet. Ähnliches gilt für zu schnelles Autofahren oder das Fahren unter Alkoholeinfluss.
9. Isolierung ⇒ Hierbei versucht das Ich bewusst die Emotion und die Ratio voneinander zu trennen, um so eigenes (Fehl-)Verhalten zu erklären. Hierzu gehören z.B. all die Fälle, in denen sich Männer oder Frauen auf ihre angeblich entwicklungsgeschichtlich bedingten Männer- oder Frauenprogramme zurückziehen (Männer und Zuhören ⇔ Frauen und Einparken).
10. Phantasie ⇒ Hier erfolgt die Befriedigung unserer Wünsche nicht in der Realität, sondern in der Phantasie. Phantasie macht das Leben eben nicht nur für Kinder erträglicher. Dass diese letzte Strategie eine der für Werbung bedeutsamsten ist, liegt auf der Hand.

Verhaltensänderung zur Lösung des Konflikts zwischen Selbst und Ich

Wenn sich der Konflikt zwischen Selbst und Ich nicht durch eine dieser Strategien lösen lässt, bleibt uns nur eine Verhaltensänderung. In manchen Fällen wie einer lebensbedrohenden Sucht muss das sehr radikal erfolgen, aber in den meisten Fällen reicht uns selbst bereits eine kleine Änderung, wie z.B. der Kauf von Light- oder Diätprodukten, um unser Gewicht zu reduzieren, bei ansonsten unveränderter Ernährung. Dass diese Verhaltensänderungen oft nicht nachhaltig sind, sondern lediglich eine kosmetische Wirkung haben, werden viele Leser bestätigen können.

b) Konsequenzen des Konfliktes zwischen Selbst und Ich für die Neuproduktentwicklung
Schon die Produkte müssen den Verbrauchern Bewältigungsstrategien zur Lösung des Konfliktes zwischen Selbst und Ich anbieten. Insofern bietet es sich an, schon bei der Entwicklung neuer Produkte an diese Möglichkeit zu denken. Rudolf Sommer führt dazu in seinem lesenswerten Buch „Consumer's Mind. Die Psychologie des Verbrauchers" unter anderem folgendes Beispiel aus (S. 60 f.).
Das Unternehmen Meggle brachte eine Joghurt-Butter heraus, die am Markt sehr erfolgreich ist, weil sie den Konflikt zwischen Selbst und Ich vorbildlich auflöst. Die emotionale Qualität von Butter (z.B. Geborgenheit, sich etwas Gutes tun, Kindheitserinnerungen, Genuss ...) steht zunächst der Meinung des Ich (z.B. Butter ist ungesund, macht dick, erhöht die Cholesterinwerte ...) gegenüber. Eine fettreduzierte Butter würde möglicherweise den Ansprüchen des Ich genügen, dabei geht aber die emotionale Qualität von Butter verloren. Mit der Joghurt-Butter gelang es dem Unternehmen, diese Emotionen zu erhalten und gleichzeitig das Ich zu überzeugen, dass diese Butter besser ist als Margarine.

c) Konsequenzen des Konfliktes zwischen Selbst und Ich für die Planung und Gestaltung von Werbung
Auch die Werbung bzw. Kommunikation sollte den Verbrauchern Bewältigungsstrategien zur Lösung des Konfliktes zwischen Selbst und Ich aufzeigen. Dazu können sowohl die Antriebskräfte von Selbst und Ich direkt angesprochen als auch die unter a) geschilderten Abwehrstrategien berücksichtigt werden.

Psychologischer Mehrwert beim Markenkauf

Bei einem Markenkauf spielt heute neben dem funktionalen Wert eines Produktes, der oft austauschbar ist, vor allem der psychologische Mehrwert eine Rolle. Dieser Mehrwert speist sich aus der Bedeutung der Marke für den Käufer. Die Bedeutung der Marke ergibt sich aus persönlichen (auch Kindheits-)Erfahrungen des Käufers mit der Marke, aber auch aus gesellschaftlichen, sozialen oder kulturellen Bezügen. Die gesellschaftliche, soziale oder kulturelle Bedeutung einer Marke kann wiederum auf direkten bzw. realen Erfahrungen beruhen (vor allem über soziale Bezugs-/Peergruppen), aber auch indirekt bzw. virtuell über Massenmedien und Werbung vermittelt worden sein. Dabei muss die virtuelle Erfahrung nicht schwächer sein, denn in unserer Wahrnehmung sind auch virtuelle Welten real, was jeder, der schon einmal selber in Computerspielen oder Büchern versunken ist, sofort nachvollziehen kann (vgl. auch Phantasie als Bewältigungsstrategie).

⇒ Werbung muss daher sowohl das Ich als auch das Selbst überzeugen. Für das Ich steht dabei der rationale/funktionale Nutzen und für das Selbst der emotionale/subjektive Nutzen eines Produktes im Vordergrund. Das Selbst lässt sich daher vor allem durch Symbole und Emotionen beeinflussen, die mit der in der

Werbung gezeigten Handlung verbunden werden. Das Ich konzentriert sich dagegen auf die logische Argumentation zu Gunsten der Produktleistung. „Werbung, die wir als sympathisch erleben, spricht in erster Linie das Selbst in uns an, während Werbung, die wir als überzeugend empfinden, eher das Ich in uns trifft. Gute Werbung sollte möglichst beide Ziele erreichen." (Sommer S. 188)

Was passieren kann, wenn eine der beiden Seiten in der Werbung vernachlässigt wird, zeigen folgende Beispiele:

Ein Produkt, das z.B. durch eine argumentative Überbetonung des funktionalen Nutzens nur das Ich überzeugt, wird zwar bei Befragungen sehr positive Einschätzungen erhalten (z.B. bei der Sympathie für die Marke), aber kaum Käufer haben, denn das Selbst hat keine Lust, das Produkt zu kaufen. Im anderen Fall bei einem Produkt, das den emotionalen Nutzen stark in den Vordergrund stellt, aber bei dem der funktionale Nutzen unklar bleibt (Was habe ich vom Kauf des Produktes?), wird sich zwar eine hohe Probierkaufrate ergeben, aber kaum Wiederholungskäufe.

Wenn Werbung die Bedeutung einer Marke für das Selbstkonzept der Käufer betonen möchte, kann sie das nicht einfach behaupten, sondern muss es gestalterisch dem Ich und dem Selbst beweisen. Dies geht besonders gut, wenn die Werbung Geschichten mit der und über die Marke erzählt, bei der die Marke das zentrale Element darstellt. Zentral in dem Sinn, dass die Geschichte anders verlaufen bzw. zu einem anderen Ende gekommen wäre, wenn es die Marke nicht geben würde. Storytelling heißt der populäre Ansatz, der sich mit allen Fragen rund um die Bedeutung und das Erzählen von Geschichten beschäftigt (vgl. dazu Karolina Frenzel u.a.: Storytelling oder Georgios Simoudis: Storytising. Nähere Angaben im Literaturverzeichnis).

Geschichten mit der und über die Marke

Weitere Schlussfolgerungen:

- Kinderprodukte müssen das Selbst des Kindes für sich gewinnen und das Ich der Mutter überzeugen (gelungene Bsp.: Nimm2 , Fruchtzwerge, Kinderüberraschung).
- Marken müssen in ihrem Auftritt konsistente Botschaften an Selbst und Ich senden. Rudolf Sommer schildert in seinem Buch „Consumer's Mind" die unbewussten Effekte einer Anzeige aus dem Bankenbereich (vgl. Sommer S. 193 f.). In der Anzeige ist ein Junge zu sehen, der an der Scheibe eines Aquariums steht. Direkt vor ihm ist ein riesiger Hai zu sehen. Als Headline steht unter dem Bild: „Gut, wenn man auf der sicheren Seite ist. Die Versicherung der X-Bank." Das Bild und die Headline kommunizieren dem Ich Sicherheit, was vermutlich auch beabsichtigt war. Unbewusst löst der Hai aber mit Sicherheit Gefühle wie Angst und Bedrohung aus, die dann mit dem Markenlogo des Unternehmens verbunden werden. Eventuell entstehen sogar negative Assoziationen wie „Finanzhai". Das Selbst nimmt also hier unbewusst Botschaften auf, die mit Sicherheit nicht beabsichtigt waren. Wenn man dann noch davon ausgeht, dass der Großteil der Menschen (Ulrich Lachmann geht von mehr als 90% aus), die die Zeitschrift gelesen haben, diese Anzeige nur unbewusst wahrgenommen haben, ahnt man, welchen Schaden eine solche Anzeige anrichten kann.
- Wunschbilder, z.B. Werbeklischees von glücklichen Familien, funktionieren oft besser als die Darstellung der dem Ich bekannten Wirklichkeit und das,

obwohl das Ich weiß, dass die Werbebilder unrealistische Klischees abbilden. Aber manchmal will man die Realität auch vergessen dürfen, sie verdrängen oder in die Phantasie flüchten (vgl. Abwehrstrategien unter a).

- Werbung muss sich vor allem an das Selbst richten, denn der Auslöser für den Kauf eines Produktes wird immer das Selbst sein. Außerdem wird ein Großteil der täglichen Kaufentscheidungen (z.B. bei FMCG) automatisiert oder ritualisiert gefällt, d.h., das Ich ist daran überhaupt nicht mehr beteiligt.
- Das Selbst ist besonders empfänglich oder auch anfällig für Heuristiken wie der Orientierung an Experten, der Mehrheitsmeinung oder dem Halo-Effekt (vgl. auch Abschnitt 7.4.2). Da das Selbst vorrangig unbewusst arbeitet, wirken sich außerdem auch die Effekte bei unbewusster Wahrnehmung (Priming, vgl. Abschnitt 7.4.1, oder Mere-Exposure-Effekt, vgl. Abschnitt 7.4.3) deutlich stärker aus als beim von der Ratio gesteuerten Ich.

### 7.10.2 Aktuelle Erkenntnisse zur psychologischen Steuerung der Markenkommunikation

Die beiden Wirtschaftspsychologen und Herausgeber des Buches „Psychologie der Markenführung" (München 2007) Arnd Florack und Martin Scarabis versuchen in einem Beitrag ihres Buches, den aktuellen Stand psychologischer Ansätze bei der Steuerung der Markenkommunikation zusammenzufassen und weiterzuentwickeln. Ausgangspunkt sind neben einem üblichen Kommunikationsmodell ein Modell über den Konsumenten als Informationsverarbeiter und Annahmen über verschiedene Routen der Informationsverarbeitung. Sie vertreten wie schon viele Forscher vorher ein Mehr-Routen-Prinzip, d.h., es gibt eben oberflächliche und tiefere Formen der Informationsverarbeitung. Dabei greifen sie unter anderem auf die im Buch dargestellten Modelle von Petty/Cacioppo (vgl. Elaboration-Likelihood-Modell, S. 300 ff.) und Kroeber-Riel/Meyer-Hentschel (vgl. Modell der Wirkungspfade Kap. 7.6) zurück.

Drei Routen der Informationsverarbeitung

Florack und Scarabis erklären sowohl bewusste, intentionale bzw. kontrollierte Prozesse der Informationsverarbeitung als auch unbewusste, oberflächliche bzw. automatische Prozesse und unterscheiden die folgenden drei Routen der Informationsverarbeitung:

1) Route 1: Mühelose Verarbeitung
   Die mühelose Verarbeitung erfordert nur minimale kognitive Ressourcen und umfasst Phänomene wie beiläufiges Lernen (vgl. Mere-Exposure-Effekt), vorbewusste Reizanalyse (vgl. S. 372 im Modell von Steffenhagen), aber auch Formen der unterschwelligen (subliminalen) Verarbeitung. Gerade letztere war nach den Experimenten von Vance Packard 1957 (vgl. S. 308) lange ein nicht nachweisbarer Mythos, zu dem der deutsche Neurobiologe Gerhard Roth anmerkt: „Dabei ist das subliminal Gezeigte (die Coca-Cola-Flasche) durchaus als Hinweisreiz geeignet, aber nur für eine einfache Wahlaufgabe, z.B. eine spontane Wahl zwischen Pepsi-Cola und Coca-Cola, nicht aber für das Starten einer so komplexen Handlungskette wie das Aufstehen, Hinausgehen, Bestellen und Geldzücken. Auch könnte die subliminale Wahrnehmung das bereits vorhandene Bedürfnis verstärken, etwas zu trinken, nicht

aber den Wunsch ein bestimmtes Produkt wie Coca-Cola zu trinken." (Denken, Fühlen, Handeln. S. 234)
Wie das Zitat schon zeigt, lässt sich durch subliminale Reizdarbietung zwar Verhalten anbahnen (Priming siehe Abschnitt 7.4.1) oder verstärken, aber nicht direkt auslösen. Auch zahlreiche aktuelle Experimente zeigen, dass bei subliminaler Wahrnehmung Dinge gelernt werden. Zur Veranschaulichung der mühelosen Verarbeitung soll die kurze Darstellung von zwei Experimenten dienen (weitere Beispiele zur unbewussten Wahrnehmung im Abschnitt 8.1.1):

- Neurobiologen des University College of London zeigten Probanden Bilder von verschieden großen Geldmünzen, die allerdings nur 50 Millisekunden zu sehen waren – zu kurz, um bewusst wahrgenommen werden zu können, aber lange genug, um ins Unterbewusstsein zu gelangen. Um diesen Geldbetrag zu erhalten, mussten die Probanden einen Griff mit der Hand so fest wie möglich drücken. Gleichzeitig befanden sich die Probanden in einem Kernspintomografen, sodass die Forscher die Gehirntätigkeit beobachten konnten. Es zeigte sich, dass die Probanden bei größeren Beträgen fester drückten als bei kleineren. Je höher die zu erwartende Belohnung war, umso stärker stieg die Aktivität im ventralen Pallidum, einer entwicklungsgeschichtlich alten Struktur des für Emotionen sehr wichtigen limbischen Systems, das auch aktiv wird, wenn der Mensch eine Belohnung bewusst wahrnimmt. Anscheinend kann das limbische System auch unbewusst simple Informationen verarbeiten und einfache Reaktionen auslösen.
- In einem anderen Experiment ging es um Effekte der beiläufigen Wahrnehmung. Dabei sollten sich Probanden auf einem Bildschirm, der in drei Bereiche aufgeteilt war, auf die mittlere Spalte konzentrieren. In dieser Spalte befindet sich ein Artikel aus einer Zeitschrift, den die Probanden lesen sollten. Dieser Text läuft langsam über den Bildschirm nach oben, gleichzeitig sollten die Probanden den Cursor über die gelesenen Zeilen führen. Damit sollte sichergestellt werden, dass die Teilnehmer sich wirklich auf die mittlere Spalte konzentrierten. In der linken und rechten Spalte werden Werbeanzeigen präsentiert, die ebenfalls nach oben durchlaufen: eine Versuchsanordnung, die ziemlich genau die Nutzung des Internets und von Banneranzeigen abbildet. Es zeigte sich, dass die präsentierten Anzeigen trotz der Fokussierung auf den Text der mittleren Spalte sehr hohe Erinnerungswerte hatten.

Effekte für die Planung von Marketingkommunikation

Für die Planung von Marketingkommunikation ergeben sich folgende positive Effekte, die über die Route der mühelosen Verarbeitung bei den Zielgruppen erreicht werden können:

- „Reize, zum Beispiel Marken, können subjektiv vertraut gemacht und mit positivem Affekt aufgeladen werden.
- Bestehende Markenverknüpfungen und das Aktivierungspotenzial der Marke können verstärkt werden.
- Durch Wiederholung können über die Zeit neue Informationen in das Gedächtnis integriert werden." (Florack/Scarabis S. 415)

Eine ganz entscheidende Voraussetzung für das Erzielen dieser positiven Effekte liegt in der Vertrautheit der Zielgruppe mit der Marke und ihrer Kommunikation. Um diese Vertrautheit kommunikativ herzustellen, benötigt man vor allem:

- Wiederholung über längere Zeiträume,
- klares, konsistentes und über alle Kanäle selbstähnliches Markenbild (vgl. S. 381 3-K-Prinzip von Lachmann).

Außerdem sollte man vor allem bei der Bildauswahl auf die Möglichkeit negativer Assoziationsketten achten, denn bei müheloser Verarbeitung wird meist nur das Bild und das Logo wahrgenommen und dann mit negativen Gefühlen verknüpft (vgl. auch die bereits beschriebene Anzeige aus dem Bankenbereich / „Hai").

2) Route 2: Oberflächliche Verarbeitung

„Es gibt keine Mühe, die der Mensch scheut, um einer wirklich mühevollen Arbeit zu entgehen: zu denken." (Joshua Reynolds, englischer Maler)

Die oberflächliche Verarbeitung erfordert mehr Aufmerksamkeit als Route 1 und benötigt insofern mehr kognitive Ressourcen. Sie deckt sich mit der peripheren Route des Elaboration-Likelihood-Modells von Petty und Cacioppo (S. 300 ff.). Von oberflächlicher Verarbeitung kann man ausgehen, wenn sich Menschen abends vor dem „Lagerfeuer des 21. Jahrhunderts", dem Fernsehgerät, entspannen wollen. In diesem Fall wird zwar bewusst ferngesehen, aber eben ohne die Inhalte von Sendungen oder Werbespots kritisch zu hinterfragen. Dies würde auch zu viel Energie verbrauchen, weshalb bei dieser Route gerne auf kognitive Abkürzungen wie Heuristiken, Automatismen, Faustregeln bzw. Vorurteile zurückgegriffen wird. Diese Heuristiken können durch die wiederholte erfolgreiche Anwendung einer bestimmten Problemlösungsstrategie entstehen. Dadurch baut sich unser Gehirn eine Art „Verhaltens-Autobahn", die dann beim Auftauchen eines ähnlichen Schlüsselreizes automatisch „befahren" wird. Dieses in den „Bauch diffundierte Handlungswissen" kann vor allem in Entscheidungssituationen nützlich sein, in denen die Anzahl der Einflussfaktoren sehr unüberschaubar oder der Zeitdruck besonders groß ist. Der Psychologe Georg Felser beschreibt die Vorteile von Heuristiken in diesen Fällen so: „Wenn die zur Wahl stehenden Optionen sich auf vielen Dimensionen unterscheiden, ist eine unbewusste, wenig reflektierte Informationsverarbeitung dem bewussten Entscheiden überlegen, denn unbewusste Prozesse sind deutlich effizienter als bewusste und könne daher leichter Informationen integrieren. Wenn allerdings die Optionen sich nur auf wenigen Dimensionen unterscheiden, treffen Personen nach bewusster und reflektierter Abwägung eine bessere Wahl als bei einer wenig reflektierten Entscheidung." (aus: Florack/Scarabis/Primosch S. 567).

Psychologisch motivierte Heuristiken

Darüber hinaus sollte man bei zu schnellen Entscheidungen vorsichtig sein, weil man sonst sehr leicht auf psychologisch motivierte Heuristiken setzt, die nicht immer zu einer richtigen bzw. guten Entscheidung führen. Einige dieser psychologisch gut erforschten Mechanismen sollen hier aufgegriffen und ggf. kurz erläutert werden:

- Sympathieheuristik: Man stimmt der Aussage von sympathischen Menschen eher zu (vgl. Abschnitt 7.4.2 Halo-Effekt). Man stellt sich damit indirekt auf die gleiche Stufe mit dem sympathischen Menschen. In diesen Bereich gehört auch, dass man gut gekleidete Menschen für kompetenter hält. Fremde erscheinen uns dagegen oft gefährlicher als Einheimische. Im Umkehrschluss führen Hinweise auf Ähnlichkeiten wie z.B. Hobbys, Herkunft, Interessen oder Einstellungen dazu, dass z.B. Hilfsbereitschaft und Vertrauen zunehmen. Selbst kleine Ähnlichkeiten verfehlen ihre Wirkung nicht, wie die Ergebnisse einer amerikanischen Studie zeigen. Dabei konnte die Rücklaufquote von Fragebögen durch eine minimale Änderung, die eine nur unbewusst wahrnehmbare Ähnlichkeit herstellte, fast verdoppelt werden: „Auf dem Anschreiben wurde der Name des Absenders dem des Adressaten angeglichen. Somit erhielt beispielsweise ein Robert Greer seinen Fragebogen von einem Mitarbeiter namens Bob Gregar, während Cynthia Johnston ihren von einer gewissen Cindy Johanson zugeschickt bekam." (Robert Cialdini: Die Psychologie des Überzeugens. Bern 2006. S. 223)

- Konsensheuristik: Man vertraut der Mehrheitsmeinung. Das Prinzip der sozialen Bewährtheit basiert auf der Erfahrung, dass das, was viele machen, richtig sein muss. Ein Effekt, von dem der Marktführer eines Marktsegments regelmäßig profitiert und der erklärt, warum sich Unternehmen in der Werbung gerne mit der Nr. 1 schmücken. Gerade bei Unsicherheit, Stress oder Zeitnot greift diese Heuristik. Ein amerikanischer Verkaufs- und Motivationsberater brachte das Prinzip der sozialen Bewährtheit schön auf den Punkt: „Da 95 % der Leute Nachmacher sind und nur fünf Prozent Vormacher, lassen sich die Leute mehr durch die Handlungen anderer überzeugen als durch jedes Argument." (Zitiert aus Cialdini S. 157) Die Stichhaltigkeit dieser These bestätigt auch die Natur vielfach. Wer je eine Herde fliehender Tiere, Fisch- oder Vogelschwärme beobachtet hat, weiß, dass nur wenige die Richtung vorgeben. Aber es ist ja auch viel einfacher und bequemer mit dem Strom zu schwimmen, als seinen eigenen Weg zu suchen.
- Expertenheuristik: Man verlässt sich auf das Urteil von Experten oder Autoritäten wie z.B. Testimonials oder Institutionen wie die Stiftung Warentest. Die Autoritätshörigkeit des Menschen gilt spätestens seit dem nicht nur in der Psychologie berühmten Milgram-Experiment (1974, vgl. Cialdini S. 260 f.) als gesichert. Bei diesem Experiment bestraften Probanden auf Anweisung eines Wissenschaftlers einen Befragten bei falscher Beantwortung von Fragen mit immer stärkeren Stromstößen. Dabei gingen viele, ohne zu zögern, in den vorher schon als lebensbedrohlich gekennzeichneten roten Bereich. Selbst wenn der Befragte – ein Schauspieler, denn echter Strom floss glücklicherweise nicht – schrie und um Beendigung und Gnade flehte, machten die meisten Probanden auf Anweisung des Wissenschaftlers unbeirrt weiter. Ohne die Macht dieser wissenschaftlichen Autorität hätten die Probanden das Experiment wesentlich früher abgebrochen, denn einige litten förmlich mit ihrem „Opfer", ohne sich allerdings selbst gegen die Anweisung der Autorität zu wehren.
- Single-piece-of-good-evidence-Approach: Vor allem, wenn wir in Eile, gestresst, desinteressiert, abgelenkt oder erschöpft sind, neigen wir dazu, nur einen kleinen Teil der zur Verfügung stehenden Informationen zu beachten. Gerade dann machen wir oft den Versuch, unsere Entscheidung von nur einem einzigen Indiz abhängig zu machen (vgl. Cialdini S. 338).

Auffällige oder leicht zu verarbeitende Informationen

Wie man vor allem im letzten Fall sieht, werden bei diesen Heuristiken sehr wenige Informationen (des Werbemittels) genutzt. Die Elemente, die oberflächlich verarbeitet werden sollen, müssen daher sehr augenfällig und/oder leicht zu verarbeiten sein. Zu diesen augenfälligen oder leicht zu verarbeitenden Informationen zählen unter anderem: die Attraktivität, Sympathie und Selbstsicherheit des Testimonials, die Anzahl der Argumente (vgl. auch periphere Route im ELM-Modell S. 300 ff.) und die Bekanntheit der Marke oder des Testimonials.

Für die positiven Effekte bei oberflächlicher Verarbeitung sind neben den beschriebenen inhaltlichen Aspekten vor allem auch nichtsprachliche Codes besonders wichtig, weil gerade diese das spontane, unbewusste Gefallen von Menschen oder Marken stark beeinflussen können. Bei Menschen sind diese wichtigen nichtsprachlichen Codes vor allem Kleidung, Mimik, Gestik und Haltung, die oft mehr über einen Menschen bzw. die Kommunikation verraten, als man denkt. Und die darüber hinaus auch oft schon innerhalb weniger Sekunden darüber entscheiden, ob uns Leute sympathisch sind oder nicht. Bei Marken sind wichtige nichtsprachliche Codes Farben, Produkt- und Verpackungsdesign, Musik, akustische Logos, Typografie, Symbole, Logos, Key Visuals ..., die auch bei oberflächlicher Verarbeitung die gewünschten Markennetzwerke in den Köpfen der Verbraucher aktivieren können.

In einer englischen Studie, bei der die Konsumentenbeurteilungen von über 10.000 TV-Spots analysiert wurde, stellte man fest, „dass eine positive Beurteilung von Werbung vor allem durch die drei Faktoren ‚Relevant news' (neue wichtige Informationen), ‚Empathy' (Einfühlung, Realitätsnähe) und ‚Entertainment' (Unterhaltsamkeit) erzeugt wird. Ablehnung der Werbung wird wahrscheinlicher bei ‚Familiarity' (Vertrautheit), ‚Confusion' (Verwirrung) und ‚Alienation' (Entfremdung)." (Florack/Scarabis S. 416). Außerdem erfolgt durch oberflächliche Verarbeitung ein Priming (Bahnung), d.h., spätere Kontakte mit der Marke werden in eine bestimmte Richtung vorgeprägt. Man erhält praktisch schon einen bestimmten Rahmen (frame), in den man dann weitere Kontakte mit der Marke leichter und besser einordnen kann. Einige Formen des Priming wie Halo-, Kontrast- oder der Mere-Exposure-Effekt wurden schon an anderer Stelle beschrieben (vgl. Abschnitt 7.4.1 bis 7.4.3).

Die Bedeutung der oberflächlichen Verarbeitung für den Menschen und damit auch für die Kreation von Werbemitteln wird deutlich, wenn man sich folgende gesicherte Erkenntnisse bewusst macht:

Die durchschnittliche Anzeigenbetrachtungsdauer liegt unter zwei Sekunden

- die durchschnittliche Anzeigenbetrachtungsdauer liegt unter zwei Sekunden,
- 90% der Zielgruppe sind nicht wirklich am Thema interessiert (Low-Involvement),
- ca. 99 % aller auf uns einströmenden Reize werden nicht bewusst verarbeitet (zu den Zahlen, Quellen und Schlussfolgerungen vgl. Kapitel 8 Kreation).

3) Route 3: Intensive Verarbeitung
Bei der intensiven Verarbeitung werden die Inhalte eines Werbemittels tiefer gehend analysiert, d.h., der Produktnutzen und die Argumente werden überprüft. Sie deckt sich mit der zentralen Route des Elaboration-Likelihood-Modells von Petty und Cacioppo (vgl. 300 ff.). Da die intensive Informationsver-

arbeitung sehr viel kognitive Kapazität und daher Energie benötigt, versuchen wir, diese Route nur dann zu verwenden, wenn es sich für uns wirklich lohnt (High-Involvement). Da in solchen Fällen in der Werbung meistens zu wenig Informationen enthalten sind, spielt sie bei der Kaufentscheidung nur eine untergeordnete Rolle. Die Konsumenten bilden sich ihr Urteil mithilfe weiterer Informationsquellen, die aber nur teilweise vom anbietenden Unternehmen kontrolliert werden können (z.B. Homepage, Prospekte, Kataloge, Händlerschulungen etc.). Der Einfluss von Presseberichten, Produkttests, unabhängigen Experten, Internetportalen, Freunden oder Bekannten auf die Kaufentscheidung der Zielgruppe lässt sich dagegen nur bedingt vom anbietenden Unternehmen steuern.

Um die Frage, unter welchen Umständen Konsumenten Informationen tief oder weniger tief verarbeiten, zu klären, kann man auf das MAO-Prinzip (Motivation, Ability [Fähigkeit], Opportunity [Gelegenheit], vgl. Abb. 7.32) zurückgreifen.

Nur wenn alle drei Faktoren stark ausgeprägt sind, kommt Route 3 zum Zuge, ansonsten ist die Wahrscheinlichkeit eher gering, dass sich die Zielgruppe der Botschaft mit Interesse zuwendet, und es wird Route 1 oder 2 eingeschlagen.

| | Motivation | | Ability (Fähigkeit) | | Opportunity (Gelegenheit) | |
|---|---|---|---|---|---|---|
| | – | + | – | + | – | + |
| Zielgruppen-faktoren | B-to-C (Business-to-Consumer) | B-to-B (Business-to-Business) Unternehmensangehörige Personal-marketing Brand Community | Ältere Zielgruppe ab 60 Kinder | Kommunikation mit Spezialisten und erfahrenen Konsumenten Zielgruppe gebildet/ intelligent/ kognitiv/ wendig | Innerer Zeitdruck (Eile) | Hohe Konzentration |
| Medien-faktoren | Werbung in Massenmedien | Werbung in Fachzeitschriften mit Bezug zum Produkt Werbung in Themenheften Word-of-Mouth (Empfehlungs-marketing) | Radiowerbung | Messen Persönlicher Verkauf Mailing | Product-placement Splitscreen POS-Werbung Logo Morphing | Mehrmaliger Kontakt durch hohe Schaltfrequenz/ Crossmarketing Kinowerbung Events Bestimmte Ambientmedien |
| Umgebungs-faktoren | Unternehmen, Leistung, Botschaft bekannt | Wenn wegen Reizarmut Stimulations-bedürfnis | Markenversprechen/Leistung komplex/ erklärungs-bedürftig | Markenversprechen/Leistung leicht zu verstehen | Äußerer Zeit-druck Reizvielfalt Ablenkung | Informations-redundanz |

*Abb. 7.32: Wahrscheinliche Ausprägung von Motivation, Ability und Opportunity in Abhängigkeit von Zielgruppen-, Medien- und Umgebungsfaktoren*

Auf der Ebene der Zielgruppe bedeutet:

- Motivation = Bereitschaft der Zielgruppe, sich mit Kommunikationsmaßnahmen auseinanderzusetzen ⇒ vgl. zur Dauerhaftigkeit dieser Motivation auch die Unterscheidung des Involvements nach Lachmann in Kapitel 8.1.2.

- Ability (Fähigkeit) = verfügt die Zielgruppe über die Sach- und/oder Sprachkompetenz, um sich mit Kommunikationsmaßnahmen auseinanderzusetzen ⇒ z.B. Vorwissen zum Produkt bzw. -kategorie, Erklärungsbedürftigkeit des Produktes bzw. des Produktnutzens, Komplexität der Botschaft, Bildungsgrad, Intelligenz, kognitive Flexibilität etc.?
- Opportunity (Gelegenheit) = gibt es innere oder äußere Einflüsse, die die Auseinandersetzung mit den Kommunikationsmaßnahmen fördern oder behindern ⇒ Zeitdruck/Stress, Menge an konkurrierenden Reize / Reizvielfalt, Konzentration, Aufmerksamkeit?

Der wichtigste Faktor für eine tiefere Informationsverarbeitung ist vermutlich die Motivation bzw. das Involvement, denn ohne die Motivation, Informationen verarbeiten zu wollen, nützen einem auch optimale Fähigkeit und Gelegenheit nicht viel. Nicht nur deshalb, sondern auch auf Grund der Austauschbarkeit von Produkten und Werbung, der Erfahrung der Zielgruppen mit Beeinflussungsversuchen und dem schon mehrfach beschriebenen Information overload, muss man davon ausgehen, dass die Zielgruppen Werbung vor allem mühelos oder oberflächlich verarbeiten (Route 1 und 2).

Konsequenz dieser Erkenntnisse für die Gestaltung von Werbung

a) bei Zielgruppen mit niedriger Verarbeitungsbereitschaft (= Normalfall)
   - Einhaltung des von Ulrich Lachmann empfohlenen 3-K-Prinzips (Kontrast, Konsistenz und Klarheit, vgl. Abschnitt 8.5.1).
   - Einfachheit der Wahrnehmung und Reduktion der Komplexität ⇒ möglichst wenige Elemente, Argument, Nutzenversprechen. Man muss den Absender leicht, schnell und eindeutig erkennen können.
   - Anknüpfen an das Vorwissen (z.B. Markenschemata) der Zielgruppe ⇒ Informationen werden besser erkannt, schneller verarbeitet und besser erinnert, wenn sie zu einem aktivierten Schema passen. Psychologische Studien haben auch gezeigt, dass nicht zum Schema passende Werbeaussagen, selbst wenn sie wahrgenommen wurden, oft verdrängt werden, da Schemata auf die Minimierung von Widersprüchen ausgelegt sind (vgl. Sommer S. 224 ff.).
   - Vermeidung von Fremdwörtern oder Fach- und Fremdsprachen ⇒ über die Fehlassoziationen englischer Slogans führt die Agentur Endmark jährlich eine erschreckend erheiternde Befragung durch (www.endmark.de).
   - Eher Bild als Text ⇒ am besten Schlüsselbilder / Key Visuals, die wichtige Elemente des Markenkerns repräsentieren und über einen längeren Zeitraum eingesetzt werden.

b) bei Zielgruppen mit hoher Verarbeitungsbereitschaft (= Ausnahme)
   - Starke, überprüfbare Argumente verwenden.
   - Behauptungen sollen durch spezielle Informationen (z.B. Studien, Testergebnisse, glaubhafte Testimonials etc.) belegt werden.
   - Es können auch Pro- und Contra-Argumente aufgeführt werden ⇒ erhöht die Glaubwürdigkeit.
   - Zielgruppe anregen, zu eigenen Schlussfolgerungen zu gelangen, denn selbst erarbeitetes Wissen wird besser erinnert ⇒ z.B. durch (rhetorische) Fragen oder Auslassungen.

Abschließend noch einige kurze Hinweise, wie man durch die Gestaltung versuchen kann, die Motivation der Zielgruppen zur Beschäftigung mit Werbemitteln zu steigern. Florack und Scarabis identifizieren folgende drei Motivationsstrategien (vgl. Florack/Scarabis S. 426ff.), die nachfolgend kurz erläutert werden:

Motivationsstrategien

1) Kreativität und Abweichung vom Vertrauten
Diese Strategie basiert auf den Erkenntnissen, dass kreative Werbung, die die Erwartungen des Betrachters verletzt, besser wahrgenommen, verarbeitet und gelernt wird als „normale" Werbung. Dies belegt auch die moderne Neurobiologie: „Häufiger erreicht ein durch einen Sinnesreiz im Gehirn entstandenes inneres Bild das Bewusstsein allein dadurch, dass es nicht so recht ins Bild passen will, das man bereits im Kopf hat. Dazu braucht der Sinneseindruck nur besonders neuartig zu sein oder in Verbindung mit anderen Sinneseindrücken aufzutauchen, die in dieser Kombination noch nicht zusammen vorgekommen sind. (...) Bis das neue Bild in das alte Muster integriert ist, herrscht in den betreffenden Bereichen des Gehirns eine gewisse Unruhe. Diese Unruhe breitet sich auf tiefer liegende, subkortikale Zentren aus, die ihrerseits durch die Ausschüttung bestimmter Botenstoffe in der Lage sind, die Erregbarkeit der höheren, kortikalen Nervenzellen zu verändern. Dadurch stellt sich ein Zustand ein, den man ‚fokussierte Aufmerksamkeit' nennt." (Gerald Hüther: Die Macht der inneren Bilder. Vandenhoeck & Ruprecht. Göttingen 2006. S. 24)

Der Kommunikationsprofessor Werner Gaede † nennt dieses Prinzip Abweichen von der Norm (ABW). Er zeigt in seinem fundamentalen und monumentalen Buch „Abweichen von der Norm" (Wirtschaftsverlag Langen Müller Herbig. München 2002), gegen welche Normen Werbung verstoßen kann (vgl. Abb. 7.33), welchen Nutzen die Abweichung von der Norm hat (vgl. Abb. 7.34) und wie dieses Prinzip funktioniert. Einige der in der Abb. 7.34 dargestellten Schlussfolgerungen werden im folgenden Kapitel näher erläutert.

Abweichung von den Erwartungen der Zielgruppe

Eine Abweichung von den Erwartungen der Zielgruppe bezüglich der Werbung einer Produktkategorie, wie es beispielsweise Hornbach im Bereich der Baumärkte vorgemacht hat, oder das Brechen mit Erfahrungen und Wissen erscheint immer vorteilhaft. Die bewusste Verletzung von gesellschaftlichen Normen muss immer in Bezug auf die Zielgruppe erfolgen, da ansonsten negative Folgen zu befürchten sind. Die hohen Wogen, die einige Motive der Benetton-Kampagne in den 80er- und 90er-Jahren des 20. Jahrhunderts geschlagen haben, sind hier ein eindrucksvoller Beleg. Auf der anderen Seite wurde ein im Internet viral verbreiteter Spot, in dem eine Katze von einem Schiebedach eines Kleinwagens geköpft wurde, trotz Protesten von Tierschützern von jüngeren Zielgruppen sehr positiv aufgenommen.

Besonders sorgfältig muss bei der Abweichung von bereits gelernten Markenschemata z.B. im Rahmen eines Relaunches agiert werden. Denn eine zu starke Abweichung von den Erwartungen der Zielgruppe an die Marke, wird von ihr gar nicht wahrgenommen (vgl. Verdrängung S. 342). Auf der anderen Seite darf die Abweichung auch nicht zu schwach sein, da die Werbung ansonsten schnell als uninteressant abgehakt wird. Die Kunst besteht also darin, die Zielgruppe durch markenkongruente Abweichungen zu aktivieren und durch die intensivere Beschäftigung neue Inhalte und/oder Eigenschaften zum bestehenden Markenschemata hinzuzufügen.

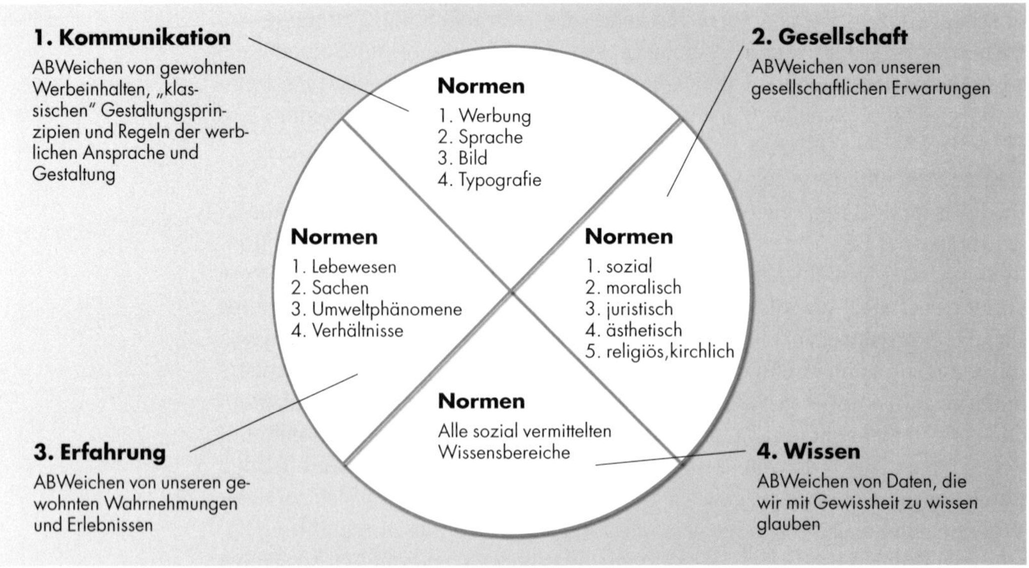


*Abb. 7.33: Das Prinzip ABW (Abweichen von der Norm nach Prof. W. Gaede)*

| Wirkungsprozess | Wirkung | Nutzen |
|---|---|---|
| **Wahrnehmen** | **Aktivierung – verstärkte Aufmerksamkeit**<br>• Kognitiv<br>• Physisch<br>• Emotional, bei leichter Abweichung | **Höhere Wahrnehmungschance bei Nutzen/ Belohnungen:**<br>• Gedankliche Anregungen<br>• Unterhaltung<br>• Aktivierung und emotionale Stimulierung<br>• „Ästhetische Werbung"<br>• Komik/Witz |
| **Decodieren (Verarbeiten)** | **Aktivierung führt zu intensiverem Decodieren/Verarbeiten**<br>• Kognitiv (gedankliche Anregung)<br>• Emotional, bei leichter Abweichung<br>**Implizites Schlussfolgern / ästhetisch witzige Werbung führt zu**<br>• Kognitiver Verarbeitungstiefe<br>Aber evtl. Verständnisprobleme | **Aktivierung durch:**<br>• Gedankliche Anregungen<br>• Unterhaltung<br>Ästhetischer Genuss – lustvolles Mitdenken<br>Komik/Witz – kognitiv, lustvoll<br>Insgesamt lustvolleres Decodieren |
| **Akzeptieren** | • Attraktivität – erhöhte Akzeptanz<br>• Komik/Humor erhöht die Glaubwürdigkeit<br>**Verbesserte Akzeptanz der Werbung – weil Entertainment, kognitives Vergnügen**<br>„Gefallen geht über Verstehen" (Kroeber-Riel) | Reaktion auf abweichende/ästhetische kreative Werbung:<br>„Diese Marke verdient es von mir beachtet zu werden" (Umberto Eco) |
| **Lernen** | • Aktivierung – bessere Erinnerung<br>• Höhere Verarbeitungstiefe führt zu besserem Erinnern (lustvolleres Decodieren/ Verarbeiten)<br>• Abweichung erhöht die Prägnanz – besseres Erinnern (Uniqueness) | Was einem Adressaten einen Nutzen / eine Belohnung verspricht, wird natürlich auch besser erinnert (Verstärker-Wirkung) |

*Abb. 7.34: Wirkung und Nutzen des Kreationsprinzips ABW (zusammengefasst nach Werner Gaede: Abweichen von der Norm.)*

Wird dieser Prozess wiederholt durchlaufen, verknüpft sich die neue Wahrnehmung stabil mit den vorhandenen Bildern, d.h., man hat etwas gelernt.

Außerdem muss Kreativität natürlich zur Positionierung passen und der Erreichung konkreter Werbeziele dienen (vgl. dazu auch Florack/Scarabis S. 427), da es sich ansonsten um Kreativität um der Kreativität willen handelt („L'art pour l'art").

2) Erzeugung von Spannung
Eine andere Strategie besteht darin, die Kunden in der Werbung zunächst über den Absender der Botschaft im Unklaren zu lassen. Einige Kampagnen haben in den letzten Jahren solche Teaser zur Einführung ihrer Marken verwendet (z.B. Eon, Yello). Ob Werbung, die darauf setzt, dass Kunden auf die Auflösung des Rätsels gespannt sind, wirklich motivierende Effekte hat, scheint angesichts vorwiegend an Werbung nicht interessierter Kunden zumindest fraglich. Trotzdem erfreuen sich solche Mystery Ads in den Agenturen immer noch großer Beliebtheit, was vielleicht mit dem völlig anderen – nämlich beruflichen – Interesse der Anzeigenmacher an Werbung begründet werden kann.

3) Herstellung von Selbstbezügen
Die dritte wichtige Motivationsstrategie besteht darin, durch Werbung Bezüge zum Selbstkonzept der Zielgruppe herzustellen (vgl. Abschnitt 7.10.1). Dabei kann je nach Produkt und dem von der Zielgruppe überwiegend zu erwartenden Rollenverhalten sowohl das Ist-, Pflicht- oder Wunschbild innerhalb des Selbstkonzeptes verwendet werden. Damit Werbung eine Bedeutung für die Ausformung des Selbstkonzeptes der Zielgruppen bekommen kann, werden unter anderem:

- Testimonials (prominent oder nicht) eingesetzt,
- „vorbildliches" Rollenverhalten gezeigt,
- Motive und Interessen aufgegriffen oder
- Werte und Einstellungen angeboten, mit denen sich die Zielgruppe identifizieren will oder kann.

Werbung wendet sich oft an das Wunschbild der Zielgruppe

Besonders häufig wendet sich Werbung an das Wunschbild der Zielgruppe, d.h., Werbung versucht, die Zielgruppen bei der Suche nach ihrem Idealbild von sich selbst zu unterstützen. Dabei besteht die Gefahr von stereotyper, klischeehafter und damit austauschbarer Werbung, da letztlich alle Hersteller aus dem gleichen Vorrat an erstrebenswerten Werten und Einstellungen schöpfen. Eine weitere Gefahr besteht darin, dass das Identifikationsangebot, das die Werbung bietet, von den Zielgruppen als unrealistisch angesehen wird. Das führt dann zu Reaktanz, d.h. Ablehnung der Werbebotschaft. Der Erfolg einer Marke wie Dove im Kosmetikbereich erklärt sich vermutlich auch dadurch, dass hier keine unerreichbaren Idealbilder vorgeführt werden, sondern das schon vorhandene Selbstbild normaler Frauen positiv verstärkt wird. Die weltweit erfolgreiche Kampagne („Keine Models – aber straffe Kurven") beruht im Übrigen auch auf dem Abweichen von der Norm „klassischer" Kosmetikkampagnen.

In letzter Zeit werden Ansätze, die Erkenntnisse aus der Hirnforschung integrieren, auch in der Marketingpraxis immer wichtiger. So arbeitet das Unternehmen Henkel schon seit einigen Jahren bei Fragen zur Produktentwicklung, Positionierung, Zielgruppenbestimmung oder Kommunikationsplanung mit der Limbic®

Map und den Limbic® Types der Gruppe Nymphenburg. Andere Unternehmen setzen auf den Ansatz der Unternehmensberatung decode oder nutzen das Wissen von Marktforschungsunternehmen, die mit neueren Methoden, die Wahrnehmung von Marken und/oder Entscheidungen unseres Gehirns sichtbar machen können (vgl. dazu die Ausführungen zu Neuromarketing und Neuromarktforschung im Band „Marketing und Marktforschung“ S. 25–31 und S. 376–382).

Der gemeinsame Nenner aller Neuromarketing-Ansätze liegt in der Betonung der Bedeutung des Unbewussten und der Emotion. Denn wir nehmen nicht nur unbewusst viel mehr wahr, als wir merken, sondern diese unbewusste Wahrnehmung beeinflusst als Priming-Reiz (vgl. Abschnitt 7.4.1 in diesem Buch S. 304 ff.) in erheblichem Ausmaß unser Verhalten. So hat John Bargh, Psychologie-Professor in Yale und Pionier in der Erforschung von Priming, vor einigen Jahren ein bahnbrechendes Experiment durchgeführt. Hierbei wurden Studenten von einem Interviewer zu einer Befragung abgeholt. Auf dem Weg zum Untersuchungsraum bat der mit Papieren beladene Interviewer im Aufzug die eine Gruppe, seinen Becher kalte Cola kurz zu halten, während er der anderen Gruppe einen Becher mit Kaffee reichte. Anschließend „lernten“ beide Gruppen für eine Minute einen anderen Studenten „kennen“, der ein wenig „Smalltalk“ machte. Nach Beendigung der schriftlichen Befragung wurden alle Teilnehmer befragt, ob sie diesen Studenten für eine Projektgruppe einstellen würden. Aus der „Kaffee-Gruppe“ (warmes Getränk) hätte ihn fast jeder eingestellt, während aus der „Cola-Gruppe“ (kaltes Getränk) fast niemand von den „Qualitäten“ des Studenten überzeugt war (wer sich das Experiment ansehen möchte:
http://www.youtube.com/watch?v=lpo_yoWh64I&feature=related).

Die zweite Säule neben der Bedeutung des Unbewussten liegt in der stärkeren Gewichtung der Kraft von Emotionen. Emotion ist zwar nicht alles, aber ohne Emotion ist alles nichts. Denn es gibt keine Entscheidung ohne emotionale Beteiligung. Man weiß heute, dass das emotionale System an jedem gezeigten Verhalten beteiligt ist. Selbst wenn z.B. vermeintlich rationale Controller oder Ingenieure Entscheidungen treffen, sind Gefühle mit im Spiel. Denn das emotionale Frühwarnsystem hilft beim Erkennen von Mustern, dem Vermeiden von Fehlern (Furcht, Vorsicht, Sorge, Angst etc.) oder der Hoffnung auf Belohnung (Freude, Lust, Glück etc.). Emotionen bilden auch die Schnittstelle zum Unbewussten, da das emotionale System weitgehend automatisch abläuft. (Näheres zum Thema Kreation, Lernen und Gedächtnis finden Sie im nächsten Kapitel.)

Als Abschluss dieses zugegebenermaßen sehr theorielastigen Kapitels ein kleiner Trost für alle. Für alle Praktiker, die sich über die Weltfremdheit der Wissenschaftler ärgern, und für alle Wissenschaftler, die sich über die Hemdsärmeligkeit mancher Praktiker aufregen, ein wunderschönes Zitat von John Desmon Bernal: „Praxis ohne Theorie ist blind, Theorie ohne Praxis unfruchtbar.“

# Kapitel 8

# Kreation von Werbemitteln – Werbung als Gestaltungsprozess

Foto: © Shutterstock/wakebravemedia

**„You have to know the rules to break them“**

(Oft genannter Kommentar)

## 8.1 Werbung als Gestaltungsprozess

„Wahrnehmung ist nicht alles, aber ohne Wahrnehmung ist alles nichts." Auf diese knappe, aber richtige Formel hat der Werbeforscher Dr. Ulrich Lachmann die grundsätzliche Anforderung an Werbung gebracht. Eigentlich eine Binsenweisheit, doch wenn man sich einmal genau in der Werbelandschaft umsieht, muss man leider feststellen, dass es mehr wahrnehmungsverhindernde Werbung gibt als man denkt.

Erfolgreiche Werbung muss also wahrnehmungsstark sein, das heißt, die Zielgruppe muss sich entweder auf Grund ihrer Einzigartigkeit („Uniqueness") an sie erinnern oder Werbung gelingt es auf Grund kontinuierlicher Wiederholung konstanter Bildelemente („Branding"), von der Zielgruppe wiedererkannt zu werden. In dieser Aussage verstecken sich auch – mit dem Recall (Wieder-Erinnern) und der Recognition (Wieder-Erkennen) – zwei der wichtigsten Größen der Werbewirkungsforschung (vgl. Abb. 8.4). Dabei soll hier keine Hierarchie zwischen diesen beiden Werbewirkungskategorien bzw. den beiden Ansätzen zur Wahrnehmungssteigerung vorgenommen werden, denn für manche Produktkategorien sind Branding-Ansätze wichtig, für andere eher Uniqueness. Wobei Branding-Ansätze nicht zwangsläufig langweilig sein müssen, sondern auch eine Unique Advertising Proposition (UAP) in den Köpfen der Verbraucher erlangen können – das Stichwort Marlboro soll an dieser Stelle genügen. Auf der anderen Seite ereilt auch einzigartige Werbung bei häufiger Wiederholung früher oder später das Schicksal „gewöhnlich" zu werden. Hier denke man nur an die Models der Kosmetikmarke Dove, die bei ihrem erstmaligen Auftreten für sehr hohe Aufmerksamkeit gesorgt haben, da Frauen in der Werbung bis zu diesem Zeitpunkt nicht so dargestellt wurden. Inzwischen haben wir uns alle an sie gewöhnt und das Unternehmen muss wieder neue Wege gehen.

### 8.1.1 Bewusste und unbewusste Wahrnehmung

Am Anfang des Wahrnehmungsprozesses steht die Aufmerksamkeit, die letztlich dafür sorgt, dass wir aus dem permanenten Fluss unbewusst registrierter Reize diejenigen auswählen, mit denen wir uns weiter beschäftigen wollen. Natürlich erfolgt nicht jeder Wahrnehmungsprozess, der im Allgemeinen zwischen Bruchteilen von Sekunden und einigen Sekunden dauern kann, bei klarer Aufmerksamkeit.

Unser Auge kann z.B. nur 40 Bits pro Sekunde bewusst erleben, das entspricht maximal acht Zahlen oder einem kürzeren Wort von sieben bis zehn Buchstaben. Gleichzeitig versorgt unser Sinnessystem uns mit ca. elf Millionen Bits an Informationen (Speichervolumen einer alten Floppy Disk; zu den Zahlen vgl. Scheier, Christian: Wie Werbung wirkt, 2007). Diese mehr als 99 % an Informationen gehen aber eben nicht vollständig verloren, sondern werden unbewusst verarbeitet und manchmal bleibt da eben auch etwas hängen.

Auf die Notwendigkeit und Bedeutung unbewusster Verarbeitung und unbewussten Handelns z.B. mithilfe von Heuristiken, Faustregeln und Automatismen zur Entlastung unseres Gehirns bzw. Schonung unserer Energiereserven wurde schon mehrfach hingewiesen (Entlastung unseres Gehirns bzw. Schonung unserer Energiereserven, Reizüberflutung vgl. u.a. Abschnitt 7.11). Deshalb soll an dieser Stelle nur ein letzter Beweis für das Verhältnis zwischen Bewusstsein und

Unbewusstsein angeführt werden. 1983 führte der amerikanische Psychologe Benjamin Libet ein Experiment durch, dessen Schlussfolgerung das Weltbild vom rational gesteuerten Menschen gründlich auf den Kopf stellte. Libet konnte zeigen, dass die meisten menschlichen Handlungen vom Unbewusstsein schon 550 bis 350 Millisekunden vor dem bewussten Willensentschluss eingeleitet werden, d.h. bevor sich die bewussten Teile unseres Gehirns (Großhirn, insbesondere das Stirnhirn) überhaupt eingeschaltet hatten. Die Funktion des Bewusstseins liegt demnach darin, den bereits eingeleiteten Vollzug einer Handlung zu erlauben. Das Bewusstsein kann insofern eine vom Unbewusstsein bereits eingeleitete Handlung noch stoppen oder verändern. Anschließend datiert das Bewusstsein die Wahrnehmung auf den Zeitpunkt des Informationseinganges zurück, sodass unser Gehirn sich den (falschen) Eindruck verschafft, dass die Informationsaufnahme und das Bewusstwerden zeitgleich erfolgt. Ein Verhalten, das nicht zufällig dem nachträglichen Rationalisieren von vom Selbst ausgelösten Kaufentscheidungen ähnelt (vgl. Abschnitt 7.11.1). Das Bewusstsein greift aber nur dann in die vom Unbewusstsein ausgelösten Handlungen ein, wenn das Verhalten für die Person bedeutsam ist, d.h. der Energieaufwand für das Einschalten des Gehirns muss sich lohnen. Wir sind glücklicherweise also doch noch keine willenlosen Automaten, auch wenn mit Sicherheit ein großer Teil unser täglichen Handlungen – darunter auch Käufe – unbewusst bzw. automatisch abläuft.

Neben der Wahrnehmung mit klarer Aufmerksamkeit, das heißt mit bewusster Hinwendung zum Zielreiz, gibt es noch Wahrnehmung mit geringer Aufmerksamkeit und ohne Aufmerksamkeit.

Bei Wahrnehmung ohne Aufmerksamkeit geht es um unbewusste und unterbewusste Wahrnehmung von Reizen (Erkenntnisse zur Wahrnehmung durchziehen naturgemäß das Kapitel 7 zur Werbewirkung, dort finden Sie an unterschiedlichen Stellen Aussagen dazu). Dass Werbung auch bei unbewusster Wahrnehmung Effekte hat, zeigt sich vor allem im sogenannten Mere-Exposure-Effekt (vgl. Abschnitt 7.4.3), bei dem auch unbewusst wahrgenommene Inhalte später zu einer deutlich positiveren Einstellung zu diesen Reizen führt.

Weitere wissenschaftlich belegte Beispiele zu den Effekten unbewusster Wahrnehmung:

- „Nicht beachtete, aber gesehene Anzeigen werden positiver bewertet als neue.
- Nicht beachtete, aber gehörte Radiospots werden positiver bewertet als neue.
- Nicht erinnerte, aber vorher gelesene Markennamen werden schneller (wieder-)gelernt als neue.
- Die Wortstämme nicht erinnerter, aber vorher gelesener Markennamen werden eher zum korrekten Namen ergänzt als neue Namen.
- Produkte, die nur aus dem Augenwinkel wahrgenommen wurden, werden häufiger gewählt als neue.“ (Georg Felser in: Florack/Scarabis/Primosch 2007. S. 559)

Da es aber meistens nicht das Ziel von Werbung ist, nur unbewusst wahrgenommen zu werden, sondern eher um die Aufmerksamkeit der Zielpersonen gekämpft wird, soll die Kreation von unbewusst wahrzunehmenden Werbemitteln in diesem Kapitel nicht weiter betrachtet werden. Nur so viel, es ist in jedem Fall ein sehr großes Budget notwendig, da solche unbewusst wahrgenommenen Reize enorm oft wiederholt werden müssen, damit überhaupt etwas hängen bleibt. Und, wenn ich schon ein großes Budget haben, dann kann ich es doch eigentlich auch direkt sinnvoll investieren. Auf der anderen Seite nehmen low-involvierte Adressaten Anzeigen häufig nur beiläufig wahr, das heißt in gewisser Weise besteht hier eine starke Ähnlichkeit zur unbewussten Wahrnehmung.

Im vorliegenden Kapitel soll es daher vor allem um Wahrnehmung von Werbemitteln bei klarer und geringer Aufmerksamkeit gehen. In diesem Zusammenhang stehen auch die Begriffe High- und Low-Involvement sowie die Verarbeitung von Informationen auf der zentralen oder peripheren Route (nach dem ELM-Ansatz von Petty und Cacciopo, siehe Abschnitt 7.3).

Höchstens 10 % der Empfänger sind an werblichen Botschaften interessiert

Bei hoch involvierten Empfängern werden die eingehenden Informationen intensiv verarbeitet, was im Optimalfall zu einer dauerhaften Einstellungsänderung führt (zentrale Route). Dieses Phänomen tritt aber, glaubt man Untersuchungen von Ulrich Lachmann, nur bei maximal 10 % aller Empfänger von Werbebotschaften auf (näher dargelegt in seinem Buch: Wahrnehmung und Gestaltung von Werbung. Hamburg 2003). Dies hängt vor allem mit den verschiedenen Arten und der damit zusammenhängenden unterschiedlichen Dauer des Involvements zusammen (was in Abschnitt 7.3 näher behandelt wird). Der dort in Abb. 7.23 gegebene Überblick über Art und Dauer des Involments wird hier noch einmal verkürzt zusammengefasst (Abb. 8.1).

| Bezeichnung | Involvement-Verlauf | Beschreibung |
|---|---|---|
| Persönliches Involvement (dauerhaft) | langfristig, konstant | Hobbys, Überzeugungen, Beruf |
| Phasen-Involvement | über mittelfristigen Zeitraum (mind. Tage) | wichtige Handlung, Kauf langlebiger Güter |
| Anlass-Involvement | kurzfristiger Zeitraum (Minuten, Stunden) | Bedürfnis, Termin, Fälligkeit |
| Induziertes Involvement | Reiz für Sek./Min., dann sinkend | mediale Reize, Quellen-Involvement |

*Abb. 8.1: Art und Dauer des Involvements (nach: Lachmann, Ulrich: Wahrnehmung und Gestaltung von Werbung, Stern Bibliothek, Gruner+Jahr, Hamburg 2003)*

### 8.1.2 Konsequenzen für die Werbung

Wenn nur 10 % aller Adressaten von Werbung an deren Botschaften interessiert sind, heißt das logischerweise im Umkehrschluss, dass 90 % die Werbung nur mit geringer Aufmerksamkeit verfolgen (vgl. Abb. 8.2). Es kommt im Sinne des

Elaboration-Likelihood-Modells (ELM) zu beiläufiger Reizverarbeitung ohne große kognitive Beteiligung. Die auch bei peripherer Reizverarbeitung mögliche Einstellungsänderung ist bei weitem nicht so stabil wie bei bewusster.

→ *Bei wenig involvierten Adressaten kommt der Wiederholungsfrequenz eine entscheidende Rolle zu (Penetration/„Branding").*

Bei wenig involvierten Adressaten ist das Risiko, nicht wahrgenommen zu werden, natürlich besonders groß, das heißt, Werbung muss auch hier aus dem Wettbewerbsumfeld herausstechen, also einzigartig bzw. leicht wiedererkennbar sein. Die eher beiläufige Wahrnehmung durch wenig involvierte Adressaten hat aber auch Vorteile, denn die geringe kognitive Beteiligung führt nur zur oberflächlichen Überprüfung der werblichen Argumente (vgl. Mere-Exposure-Effekt in Abschnitt 7.4.3).

90 % aller Empfänger nehmen Werbung nur beiläufig wahr

Holger Jung und Jean Remy von Matt, Inhaber der Werbeagentur Jung von Matt, sehen daher die größte Herausforderung für die Marketingkommunikation in der „Aktivierung von gering Involvierten und der Umwandlung in hoch Involvierte. Hierzu kann man folgende einfache Regel aufstellen:

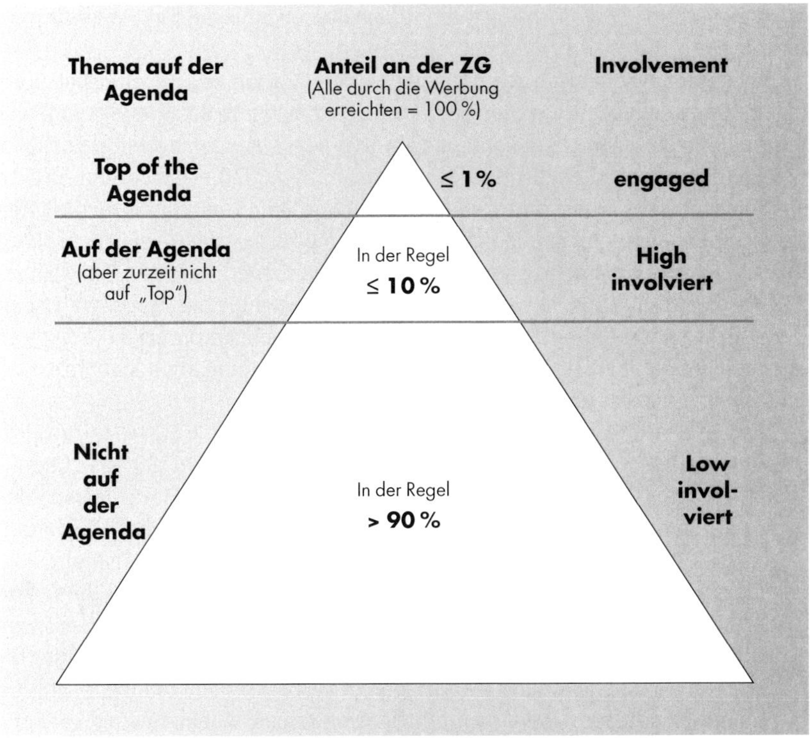


*Abb. 8.2: Involvement-Situation zum Zeitpunkt des Werbeempfangs. Aus: Lachmann, U.: Wahrnehmung und Gestaltung von Werbung, a.a.O., S. 94)*

Erfolgreiche Werbung überzeugt **und** unterhält

Je geringer die Involvierung des Verbrauchers, desto überraschender muss der Effekt einer spannenden Geschichte sein." (Aus: Holger Jung / Jean Remy von

Matt: Momentum. Berlin 2004. S. 81). Das, was aus Werbung eine spannende Geschichte macht, bezeichnen sie als Momentum, man könnte auch Uniqueness dazu sagen. Den Unterschied zur reinen „Aufmerksamkeitshascherei“ sehen Jung und von Matt deutlich: „Momentum bezeichnet exakt die Schnittstelle zwischen Unterhaltung und Überzeugung. Den Moment, in dem eine Werbeidee die Aufmerksamkeit in einen didaktischen Erfolg umwandelt. Ein hohes Momentum spricht nicht nur die Sinne an, sondern gibt dem Denken einen neue Richtung. Momentum dreht nicht nur Köpfe, sondern es dreht in den Köpfen etwas.“ (Aus: Jung / von Matt. 2004. S. 12f.)

Bei Betrachtungen zum Thema Involvement bzw. Interesse der Adressaten an werblichen Informationen kommt es auch deshalb so oft zu Fehleinschätzungen, weil die Absender der Werbebotschaft (beim Unternehmen: Geschäftsführer, Produktmanager etc.; in der Agentur: Berater, Kreative etc.) normalerweise high-involviert sind, während es die Zielpersonen nicht sind. Der Auftraggeber liebt seine Produkte, ist vom Erfolg überzeugt und würde am liebsten zehn Dinge auf einmal in einer mehrere tausend Euro kostenden Anzeige unterbringen. Die Adressaten sind aber zu 90 % nicht an der Werbung interessiert und wollen sich den Sinn einer Anzeige sicher nicht angestrengt erarbeiten. Hier passt das berühmte Bonmot von den Tennisbällen: Wenn man einem Menschen fünf Tennisbälle gleichzeitig zuwirft, wird er vermutlich keinen einzigen fangen. Wirft man ihm einen zu, dann wird es vermutlich klappen.

Das unterschiedliche Involvement von Sender und Empfänger wirkt sich auch bei der Beurteilung von Wear-out-Effekten aus, das heißt, das Produkt wird wegen seiner Werbung nicht gekauft, man geht davon aus, dass belästigende Werbung zu einer Reaktanz führt (vgl. dazu Abschnitt 7.4.5). Diese Wear-out-Effekte werden aber viel stärker von den Werbeverantwortlichen empfunden als von den Zielgruppen. Gerade bei beiläufiger Verarbeitung kommt der Reizwiederholung eine entscheidende Rolle zu, und nur weil den Werbeverantwortlichen ihr eigenes Werbemittel „zum Hals heraushängt“, muss das für die Adressaten noch lange nicht gelten. Neben dem geringen Involvement der Verbraucher haben sich auch andere Rahmenbedingungen für werbliche Kommunikation, auf die schon hingewiesen wurde, im Laufe der Zeit verändert:

Nicht nur was gesagt wird, sondern wie es gesagt wird, entscheidet über den werblichen Erfolg

- Werbung erfolgt auf Massenmärkten austauschbarer Güter (Me-too-Produkte), die häufig zudem gesättigt oder sogar schrumpfend sind. Das bedeutet: Erfolgreiche Differenzierung bzw. Positionierung einer Marke in den Köpfen der Verbraucher erfordert den Aufbau einer sogenannten UAP (Unique Advertising Proposition) bzw. UCP (Unique Communication Proposition), d. h. man muss versuchen, sich durch eine einzigartige werbliche Darstellung von der Konkurrenz zu unterscheiden. Es kommt also weniger darauf an, was gesagt wird als vielmehr darauf, wie es gesagt (oder gezeigt) wird. Oder für den Erfolg/Misserfolg einer Marke ist nicht die reale Alleinstellung (= Unique Selling Proposition/USP), sondern die emotionale Alleinstellung (= UAP/UCP) in den Köpfen der Verbraucher verantwortlich.

Bewusste Informationsaufnahme ist nicht die Regel, sondern die Ausnahme

- Es herrscht Informationsüberlastung der Zielgruppen, das heißt, die menschliche Aufmerksamkeit stellt die knappste Ressource dar. Das bedeutet: Der Mensch wird zum Flaschenhals der modernen Informationsgesellschaft, denn ca. 98 % aller dargebotenen Informationen werden nicht bewusst wahrge-

nommen. Unser Bewusstsein muss Informationen vernichten (selektive Wahrnehmung), um die tägliche Reizüberflutung überhaupt aushalten zu können. So wird geschätzt, dass auf die menschlichen Sinneskanäle zeitweise pro Sekunde rund 100 Milliarden Bits an Reizen einwirken. Wir sind aber nur dazu in der Lage, in einer Sekunde ca. 100 Bits bewusst wahrzunehmen, das entspricht einem Selektionsfaktor von 1 zu 1 Milliarde (vgl. zu den Zahlen Lachmann, a.a.O., S. 11). Die bewusste Hinwendung eines Menschen zu einem Reiz/Gegenstand ist also eher die Ausnahme als die Regel.
- Es gibt eine zunehmende Fragmentierung der Zielgruppen. Daraus resultiert: Klare Abgrenzung mithilfe soziodemografischer Kriterien (Alter, Einkommen, Bildung, etc.) ist kaum noch möglich, stattdessen müssen eher psychografische Kriterien (Einstellungen, Interessen, Freizeitverhalten, Einkaufsverhalten etc.) herangezogen werden (vgl. dazu auch Kapitel 3 über Zielgruppen im Band „Kommunikationspolitik"). Angesichts der zunehmenden Komplexität wird in verstärktem Ausmaß auf sog. Typologien zurückgegriffen, deren Einsatz zwar eine Menge Vor- aber auch Nachteile mit sich bringt (Gefahr der Klischeebildung ↔ UAP/UCP).

Es wird schwieriger Zielgruppen zu definieren

Die Wirkung von Werbung unterliegt zunächst einmal allgemeinen physiologischen und psychologischen Aspekten der Wahrnehmung und Verarbeitung von Informationen wie Wahrnehmung, Lernen und Motivation, wozu hier und in den folgenden Abschnitten jeweils kurze Exkurse an den entsprechenden Stellen eingefügt sind.

## Exkurs: Vertiefendes zur Wahrnehmung

### 1. Wahrnehmung: psychologischer Aspekt
- Wahrnehmung ist *subjektiv*.
  - Die gleiche Situation, der gleiche Vortrag und das gleiche Produkt werden von verschiedenen Personen mehr oder weniger unterschiedlich wahrgenommen.
- Wahrnehmung ist *kontextabhängig*.
  - Sie wird nicht nur durch psychische Prozesse (Emotionen, Erinnerungen, Denken), sondern auch durch die Wahrnehmungssituation beeinflusst.
- Wahrnehmung ist *selektiv*.
  - Von allen wahrnehmbaren Reizen wird nur ein kleiner Teil tatsächlich wahrgenommen.

*Selektionsprinzipien bei der Wahrnehmung:*
Erster Selektionsgrundsatz: Selektion der Reizart
Durch die Evolution wurden bevorzugt die Rezeptoren entwickelt, die für den Organismus am informativsten sind. Für den Menschen sind das Augen und Ohren.

Integrationsaspekt
Die Umweltinformationen werden durch verschiedene Kanäle aufgenommen, im Bewusstsein wird jedoch eine einheitliche Widerspiegelung der Umwelt gebildet.

Differenzierungsaspekt
Durch Konzentration können Sinne so gehemmt werden, dass die Informationen im Wesentlichen nur durch einen Kanal eingehen. Ein Lernerfolg wird gehemmt, wenn durch verschiedene Kanäle unterschiedliche Inhalte eingehen. Er wird gefördert, wenn die Inhalte gut aufeinander abgestimmt sind.

Zweiter Selektionsgrundsatz: Bereichsselektion
Die für die Lebenserhaltung wesentlichen Informationen müssen möglichst ungestört wahrgenommen werden. Das ist nicht möglich, wenn

zu viele Reize empfangen werden können, da die Informationsverarbeitungskapazität beschränkt ist. Daher werden die Rezeptoren bevorzugt so entwickelt, dass nur die relevante Bandbreite der verschiedenen Reizarten wahrgenommen wird.

Dritter Selektionsgrundsatz: psychologische Selektion
Im Rahmen der wahrnehmbaren Reize gibt es subjektiv wichtige und unwichtige Stimuli. Es werden bevorzugt die Reize kognitiv verarbeitet, die subjektiv wichtig sind.

## 2. Wahrnehmung: physiologischer Aspekt

Für Menschen ist das Auge der mit Abstand wichtigste Sinneskanal, die Forschung geht davon aus, dass 90 % aller sensorischen Informationen über das Sehen vermittelt werden (vgl. Hans Mayer / Tanya Illmann: Markt- und Werbepsychologie. Stuttgart 2000. S. 427).

Neben dem Sehen spielt vor allem das Hören für die Gestaltung und den Empfang von Werbung eine wichtige Rolle, weshalb im Folgenden vor allem diese beiden Wahrnehmungsmodi beschrieben werden sollen.

Um Wahrnehmung zu ermöglichen, müssen optische Reize im Frequenzspektrum zwischen 760 und 400 Nanometer liegen, für akustische Reize liegen die Wahrnehmungsschwellen bei 20 Hertz und zum Ultraschallbereich bei 15.000 Hertz. Weitere Voraussetzungen sind eine zeitliche Mindestdauer, räumliche Mindestgröße oder physikalische Intensität.

Außerdem hängt Wahrnehmung noch von der aktuellen körperlichen und geistigen Verfassung des Reizempfänger (Wachheitsgrad, Motivation zur Informationsaufnahme/Involvement) sowie situativen Komponenten (Ablenkung, konkurrierende Reize als Störgrößen) ab.

Wenn man unterschwellige Wahrnehmung als Wahrnehmung unterhalb der absoluten Reizschwellen versteht, muss man heute davon ausgehen, dass keine Information vermittelt wurde bzw. auch keine Beeinflussung stattfinden konnte. Einer der Gründe, warum über das Phänomen unterschwelliger Wahrnehmung bis heute gestritten wird, liegt vermutlich darin, dass die absolute Reizschwelle, das heißt, bis wo kann ein Reiz überhaupt noch wahrgenommen werden, von Mensch zu Mensch verschieden ist.

*Sehen*
Auf der Netzhaut ist eine Zone des scharfen Sehens, die sogenannte Fovea vorhanden, die nur etwa 2° des Sehfeldes ausmacht. Bei normalem Leseabstand (ca. 30 cm) deckt die Fovea damit ca. zwei cm² – das sind rund sechs bis zehn Buchstaben – ab. Hans Erdmann Scheler hat auf der Basis dieser Angabe die These formuliert, dass es bei Vergrößerung des Leseabstandes zu einer in geometrischer Reihe wachsenden Vergrößerung des Fixationsfeldes kommt und ermittelte folgende Werte:

| Entfernung in cm | Fixationsfeldgröße in cm² |
|---|---|
| 30 | 2 |
| 60 | 4 |
| 90 | 8 |
| 120 | 16 |
| 150 | 32 |
| 180 | 64 |
| 210 | 128 |
| 240 | 256 |
| 270 | 512 |
| 300 | 1.024 |
| 330 | 2.048 |
| 360 | 4.096 |

*(Aus: Hans Erdmann Scheler: Die Wirkungspotenziale der Medien. Burda Verlag. Rote Reihe 2000. S. 38)*

Dies ist eine durchaus interessante These, die sich mit der Seh-Erfahrung deckt, die man macht, wenn man im Kino in der ersten Reihe sitzt. Gerade für die Gestaltung von Kino-Spots oder Außenwerbung lohnt sich deshalb unter Umständen ein Blick in diese Tabelle, um bei der Anordnung der Bild- und Textelemente oder bei der Bestimmung von Textgrößen keine Fehler zu machen. Bei der Zuwendung zu einem Reiz verengt sich die Pupille, das heißt, es findet eine sogenannte Fixation statt. Die anderen nicht am scharfen Sehen beteiligten Bereiche der Netzhaut erfassen die Umgebung eher unscharf (peripheres Sehen), sind aber wichtig, da sie bestimmen, wo die nächste Fixation hingehen soll. Dann springt das Auge in sogenannten Sakkaden zum nächsten Fixationspunkt, wobei das Auge während der Sprünge praktisch blind ist. Allerdings nehmen wir dies auf Grund des Tempos – es kommt zu etwa vier Fixationen pro Sekunde – sowie Ausgleichsmechanismen unseres Gehirns nicht wahr. Pro Sekunde können wir daher ungefähr vier mittellange Wörter aufnehmen, Bilder können allerdings wesentlich schneller erfasst werden, da sie parallel (gleichzeitig, ganzheitlich) und nicht wie Text sequenziell (der Reihe nach) ablaufen.

Von der Netzhaut wird der Impuls anschließend über die Nervenbahnen an die visuellen Zonen der Großhirnrinde (Cortex) weitergegeben, wo sie im Kurzzeitgedächtnis in weniger als einer halben Sekunde mit bekannten Schemata verglichen wird, um zu entscheiden, ob dem Reiz weiter Aufmerksamkeit geschenkt werden muss.

Wo Fixationen – etwa in einer Anzeige – erfolgen, hängt von verschiedenen Faktoren ab, die man in interne und externe Faktoren einteilen könnte (in Anlehnung an Lachmann, a.a.O., S. 65):

- Interne Faktoren, wie Involvement oder Gewöhnung (antizipatorisch): Die Marke oder das Logo wird meist rechts unten erwartet.
- Externe Faktoren, wie Aktivierungspotenzial, Größe der Elemente, Blickführung, Farbe oder Prägnanz (Figur-Grund-Differenzierung).

Forschungsergebnisse zeigen zum Beispiel, dass prägnante Reize wesentlich schneller identifiziert werden als unprägnante, die teilweise noch nicht einmal wahrgenommen werden.

Allerdings kann auch bei peripherem Sehen etwas gelernt werden, das heißt die Zielgruppe lernt praktisch aus dem Augenwinkel. In diesen Fällen handelt es sich aber meistens um bekannte oder sehr prägnante Markenlogos, die auf Grund dessen keine Fixationen mehr nötig haben, um erkannt zu werden.

*Hören*

Bei der Gestaltung von Werbung mit akustischen Reizen müssen neben physikalischen Gesetzmäßigkeiten (Botschaft kann akustisch verstanden werden) auch psychologische Aspekte der auditiven Wahrnehmung berücksichtigt werden, denn Gehörtes löst relativ unmittelbar Emotionen hervor. Sie können als angenehm erlebt/empfunden werden und dann evtl. die Werbezielsetzung unterstützen oder als unangenehm erlebt werden. Dies gilt vor allem für die gezielte Auswahl einer musikalischen Begleitung, die am besten nicht zu viel Aufmerksamkeit auf sich selbst lenkt, sondern die Werbebotschaft sinnvoll unterstreicht. Weitere Hintergrundinformationen bietet das Buch „Wahrnehmung“ von G. Kebeck, Weinheim 1997.

### 3. Aufmerksamkeit: Selektive Wahrnehmung

Aufmerksamkeit ist die zusammenfassende Bezeichnung für einen Zustand erhöhter Wachheit und die Ausrichtung der menschlichen Informationsverarbeitung auf einen bestimmten Gegenstand oder ein Thema. Die Sinne werden dabei fokussiert, Aktivierung und Reaktionsbereitschaft erhöht, Denken und Vorstellungsinhalte eingeengt. Aufmerksamkeit kann bewusst gelenkt, aber auch spontan durch innere (z.B. Interessen) und äußere Reize (z.B. intensive oder unerwartete Töne, Farbigkeit und Bewegungen) ausgelöst werden.

*Funktion*

Aufmerksamkeit hat eine Selektions- und Aktivierungsfunktion. Aus dem Informationsangebot werden die subjektiv bedeutsamen Informationen herausgefiltert. Gleichzeitig – und bei bedeutsamen Informationen ist diese Verbindung wichtig – werden Aktivierung und Reaktionsbereitschaft erhöht.

Die Aufmerksamkeit ist kein genau abgrenzbarer Prozess. Sie erfüllt eine Funktion, die sich wie andere psychische Funktionen im Laufe der

Evolution entwickelt hat. Dabei sind verschiedene Teilprozesse der Aufmerksamkeit entstanden, die sich ergänzen.

Auf zwei Teilprozesse soll hier näher eingegangen werden, die im Wesentlichen das abdecken, was wir heute unter „Aufmerksamkeit" verstehen: die in einer frühen Entwicklungsphase entstandene Orientierungsreaktion und die Filterprozesse, die sich später entwickelt haben. Wichtige Reize lösen außerhalb des Bewusstseins einen Prozess aus, der die Aufmerksamkeit reflexiv auf diese Reize richtet. Diesen Prozess der reflexiven Aufmerksamkeitsänderung nennt man „Filterprozess". Die **Orientierungsreaktion** ist ein angeborener, in einer frühen Entwicklungsphase entstandener, biologisch verwurzelter Mechanismus, der auch bei Tieren zu finden ist. Er ist nicht anpassungsfähig, d.h., er wird unabhängig von Umweltveränderungen nur durch bestimmte Reize ausgelöst. Andererseits ist dieser Selektionsmechanismus kaum störanfällig. Er funktioniert daher relativ sicher.

Der **Filterprozess** ist dagegen ein gelernter Selektionsprozess, der eine hohe biologische Entwicklungsstufe voraussetzt. Er wird durch Inhalte ausgelöst, die durch Sozialisation und durch persönliche Interessen erworben werden. Daraus ergibt sich eine Anpassungsfähigkeit an veränderte Umweltbedingungen, aber auch eine erhebliche Störanfälligkeit. Während die Orientierungsreaktion durch die entsprechenden Stimuli relativ sicher auszulösen ist, wird die selektive Aufmerksamkeit durch die entsprechenden Stimuli nur mit einer mehr oder weniger großen Wahrscheinlichkeit ausgelöst. (Schlussfolgerungen für die Kreation von Werbemitteln werden im Weiteren in diesem Kapitel gezogen).

## 8.2 Vorbereitung der Kreation

Die Botschaftsgestaltung bildet nur einen – wenn auch sehr wichtigen – Teil einer Werbekonzeption, der neben dem Briefing ganz stark von der Positionierung beeinflusst wird (vgl. Abschnitt 1.4.3).

### Briefing

Als Vorbereitung der Kreation dient ein Briefing (vgl. zum Begriff Briefing auch Abschnitt 1.2). Das Briefing fasst die Ergebnisse der Werbeanalyse und der Werbestrategie zusammen und bildet die theoretische und praktische Basis für die Kreation. Es enthält alle relevanten Fakten, die „die Kreativen" für ihre Arbeit benötigen.

Im Gegensatz zum Kunden-Briefing handelt es sich beim Kreativ-Briefing um ein internes Briefing (vgl. Abschnitt 1.2), das heißt, es wird normalerweise nicht extra mit dem Kunden abgestimmt. Vielmehr wird es intern von der „Beratung" und/oder der „strategischen Planung" (Account Planning) geschrieben – wie die Mitarbeiter/innen der betreffenden Abteilungen im internen Jargon genannt werden. Die Forderung, dass ein Briefing knapp sein sollte (engl. brief = kurz) heißt allerdings nicht, dass es unvollständig sein darf, sondern es muss möglichst präzise sein.

Im folgenden Exkurs finden sich einige Empfehlungen, die durch Übersetzung und Anlehnung an das – für jeden Planer oder Berater interessante – Buch des erfahrenen amerikanischen Planners Jon Steel entstanden sind (Jon Steel: Truth, Lies&Advertising. The Art of Account Planning. Wiley&Sons. New York 1998). Die formulierten Leitfragen sollen dem Briefing Schreiber helfen, denn sie zwingen ihn dazu, nach Antworten zu suchen, die für die Kreativen den Rahmen abstecken, innerhalb dessen sie ihre Kreativität entfalten können. Ein gut geschriebenes Kreativ-Briefing liest sich wie gute Literatur, das heißt es regt zum Weiterdenken an. Insofern ist das Briefing eben keine Einschränkung, sondern hilft dem Kreativ-Team, das Hauptaugenmerk auf die wesentlichen Dinge zu lenken. Es ist im Grunde genommen der Startschuss für die Kreation, deshalb sollte es nur die Basis-Informationen über alle wichtigen Sachverhalte, die für die kreative Umsetzung nötig sind, enthalten. Das heißt, nicht zu wenig, aber auch nicht mehr als nötig. Peter John Mahrenholz – Geschäftsführer einer großen Agentur und früher Chefstratege bei Jung von Matt – schlägt vor, den Umfang eines Kreativ-Briefings auf eine Seite zu beschränken (vgl. auch Abb. 8.3), eine Forderung, die sehr sinnvoll ist, aber sicherlich nicht immer und überall eingehalten werden kann und wird.

Es gutes Briefing ist ähnlich wie Literatur: Anregung zum Weiterdenken

## Exkurs: Leitfragen zur Erstellung eines Kreativ-Briefings

**1. Warum machen wir überhaupt Werbung? (für das Produkt/für die Dienstleistung)**

Wie kann mir Werbung bei der Lösung meiner Marketing-Probleme/-Ziele helfen? Zum Beispiel: Welche Rolle spielt Werbung im Kaufentscheidungsprozess?

**2. Was will ich mit Werbung bei der Zielgruppe erreichen? (Zielsetzung)**

Die Wahl des Werbeziels beeinflusst die Ideenfindung und die kreative Umsetzung. Auf jeden Fall müssen Prioritäten gesetzt werden, denn der Versuch, mit einer Kampagne verschiedene Werbeziele zu erreichen, misslingt fast immer.

**Beispiele**

a) Ziel: Verwendungsintensität des Produktes erhöhen. Dazu:
   Ansprache von Produkt-Verwendern. Diese müssen davon überzeugt werden, das Produkt häufiger zu verwenden, d. h., es müssen neue (Verwendungs-)Gewohnheiten erzeugt werden.
b) Ziel: Probekäufe erzielen. Dazu:
   Ansprache von Nicht-Verwendern. Diese müssen davon überzeugt werden, das Produkt zu testen, d. h. es müssen möglicherweise Vorurteile, psychologische Kauf-Barrieren oder Missverständnisse aus dem Weg geräumt werden.

---

Weitere mögliche Werbeziele:

- Bekanntheit steigern,
- Image aufbauen,
- Image verändern,
- Bewusstseinspräsenz erlangen,
- aus dem Wettbewerbsfeld herausstechen (relevant set oder auch evoked set),
- Einstellungen zum Produkt ändern,
- Kaufentscheidungsprozess beeinflussen etc.

Bei der Festlegung des Zieles sollten nur Effekte aufgeführt werden, die von Werbung direkt beeinflussbar sind.

**Beispiel Dachkampagne für Milch**

a) Menschen überzeugen, darüber nachzudenken, welche Rolle Milch für sie spielt (Verwendung).
b) Menschen überzeugen, mehr Milch zu verwenden (neue Verwendungsarten aufzeigen).
c) Milchverwendungsmöglichkeiten zu Nachfrage nach Milch machen.

Auch ist gestuftes Vorgehen – in der Reihenfolge a), b), c) – vorteilhafter, als direkt alle Ziele in einer Kampagne realisieren zu wollen.

---

**3. Zu wem reden wir? (Zielgruppen-Definition)**

Die Zielgruppen-Definition ist abhängig von der Produktkategorie (beim Verbrauchsgut Milch anders als z. B. beim Luxusgut Schmuck).

**Beispiele ür relevante Kategorien**

- Verbrauchsgut (des täglichen Bedarfs) / FMCG (Fast Moving Consumer Goods = schnelldrehendes Konsumgut): Hier spielt die Frage, wer ist Käufer, wer Verwender, wer Nicht-Verwender und wer Nicht-Käufer (aber Kauf-Beeinflusser) bei der ZG-Definition eine besondere Rolle.
- Gebrauchsgut: Hier spielt die Frage, wer ist Käufer, wer Besitzer, wer Nicht-Besitzer und wer Nicht-Käufer (aber Kauf-Beeinflusser) bei der ZG-Definition eine besondere Rolle.
- Dienstleistung: Hier spielt die Frage, wer ist Nutzer, wer Nicht-Nutzer und wer ist Mit-Entscheider (vor allem im b2b-Bereich) bei der ZG-Definition eine besondere Rolle.
- Neuprodukt ⇔ Produkt befindet sich bereits im Markt
- USP (unique selling proposition) ⇔ me-too
- High-Involvement/-Interest ⇔ Low-Involvement/-Interest (abhängig von Preis, Lebensdauer des Produktes oder Status durch die Produktverwendung, aktueller Bedarf)

---

Die Fragen, wer erreicht werden soll und wer nicht, sind gleich wichtig, denn eine zu breite ZG-Definition führt zu Botschaften, die für alle akzeptabel sind, aber niemanden wirklich zum Kauf motivieren.

### 4. Was wissen wir über die Zielgruppe? (Zielgruppen-Beschreibung)

Zur ZG-Beschreibung müssen neben quantitativen Kriterien (meist soziodemografischen) auch qualitative Kriterien (meist psychografische) herangezogen werden, denn erst dadurch entsteht ein plastisches Bild von der ZG, das den Kreativen weiterhelfen kann. Man könnte auch sagen, die soziodemografischen Kriterien bilden das Skelett und die psychografischen sowie verhaltensbeschreibenden Kriterien Herz und Seele der ZG. Erst durch Beschreibung von Verhalten, Einstellungen, Motiven, Interessen und Lebensstil werden aus einer anonymen Masse Individuen.
Die Kreativen müssen beispielsweise wissen,

- welches Verhältnis die Zielgruppen zur Produktkategorie und zum Produkt haben,
- warum und wie sie sich mit dem Produkt beschäftigen,
- welchen Bestandteil/Stellenwert es in ihrem Leben ausmacht bzw., wofür sie es verwenden („How it fits together with their lives“),
- ob der Konsum des Produktes in der Öffentlichkeit stattfindet und wie die ZG darüber denkt („demonstrativer Konsum“/Status),
- ob es einfach oder schwierig ist über die Verwendung des Produktes zu reden („Welche Sprache wird dazu verwendet? Evtl. Tabus).

### 5. Wie lautet die Haupt-Idee, die wir kommunizieren müssen? (Positionierung)

Diese Frage ist die wichtigste, denn die Antwort darauf beinhaltet alles andere, was man herausgearbeitet hat und enthält bereits die ersten kreativen Ansätze zur Umsetzung. Am besten ist hier eine einzige Idee, die sich in einem einzigen Satz ausdrücken lässt (Positioning Statement). Diese Idee sollte nach Möglichkeit nicht austauschbar sein, sondern einen **UAP (unique advertising proposition)** darstellen.

Bei der Formulierung sollte der Fokus beim Adressaten (der ZG) liegen. Nicht das, was das Unternehmen sagen will, sondern das, was die ZG mitnimmt, ist wichtig! Dies können Ideen sein,

- die die Meinung der ZG zum Produkt bestätigen oder
- die neue Meinungen/Einstellungen zu neuen Produkten entwickeln helfen,
- die eine Handlung auslösen.

Diese Ideen können entstehen:

- aus dem Produkt,
- aus einem Attribut der Produktkategorie (Gefahr der Austauschbarkeit),
- aus der Beobachtung der ZG (Verhalten, Einstellungen etc.).

Vor dem Hintergrund des Briefings können sich die Kreativen detaillierte Überlegungen zur Gestaltung der konzeptionellen Vorgaben machen. Wie das voranstehende Briefing-Beispiel zeigt, sind vor allen Dingen die Zielsetzung, das Denken und Fühlen der Zielgruppen sowie der Hauptnutzen des Produktes wichtig.

| **Kreativ-Briefing** | |
|---|---|
| Kunde: | Werbemittel: |
| Marke/Produkt: | erstellt: |
| Job: | geprüft: |

**Hintergrund**
*(echte Kontextinformationen, Situationsbeschreibungen, Aufgabe der Werbung ...)*

**Wer soll angesprochen werden?**
*(hier keine Statistik, sondern lebendiges Porträt der ZG, Einstellung zu Produkt/Marke usw.)*

**Wie lautet die Botschaft?**
*(ein Gedanke, Positioning-Statement)*

**Begründung**
*(alles was dabei hilft, die Botschaft plausibel zu machen)*

**Tonalität**
*(nicht das Markenprofil, sondern Anforderungen ans Werbemittel, keine Leerformeln)*

**Pflichtbestandteile**
*(zum Beispiel Slogan, Logo und weitere CI-Bestandteile)*

*Abb. 8.3: Aufbau eines Kreativ-Briefings/Formulars (entsprechend Rubriken, wie man sie ähnlich findet in Jörn Winter / Hrsg., Handbuch Werbetext, Deutscher Fachverlag, Frankfurt 2008)*

→ *Für die Zielgruppenansprache kommen grundsätzlich alle Sinne des Menschen infrage, auch wenn gewisse Werbeträger praktisch bestimmte Reizkombinationen vorgeben.*

Das gilt vor allem für audio-visuelle Medien, aber der Blick über den Tellerrand lohnt sich immer, denn ungewohnte Werbemittel erhöhen die Aufmerksamkeit.

Bei der Kreation von Werbemitteln gibt es sowohl formale als auch inhaltliche Komponenten., die sich in ihren Effekten zur Erreichung des Werbeziels idealerweise unterstützen, die sich aber auch neutralisieren können.

Werbemittel sind immer eine Kombination aus formalen und inhaltlichen Komponenten

Zu den **formalen Komponenten** zählen beispielsweise
- Spot-Längen (TV, Online, Kino und Funk),
- Spot-Arten (Einzel, Tandem, Split-Screen),
- Anzeigenformate (2/1, 1/1, 1/2, Platzierung im Heft und auf der Seite, etc.),
- Farbe (4c, 2c, s/w etc.),
- Schrift (Typen, Größe, Zeilenlänge, Zeichenabstand, Zeilendurchschuss etc.), was unmittelbar die Lesbarkeit und die Wirkung beeinflusst.

Zu den **inhaltlichen Komponenten** zählen beispielsweise
- inhaltliche Aussage,

- Art der Argumentation (z.B. rational vs. emotional, einseitig vs. zweiseitig),
- Nutzung besonderer Instrumente (z. B. Humor, Angst/Furcht, Erotik, Warentestergebnisse),
- Verwendung besonderer Stile (Slice-of-Life, Einsatz von Testimonials, vergleichende Werbung, Product-the-hero, Branding etc.).

## 8.3 Kategorien der Werbewirkung

An dieser Stelle soll noch einmal ganz kurz auf den Bereich der Werbewirkungsmodelle zurückgegriffen werden, der im Kapitel 7 schon eingehend untersucht wurde. Die Darstellung der Kreation von Anzeigen im Folgenden wendet ein Stufenmodell von Gundolf Meyer-Hentschel an (Erfolgreiche Anzeigen. Wiesbaden 1988), denn dieses Modell eignet sich sehr gut, um die Grundzüge der Anzeigengestaltung darzustellen. Der Rückgriff auf dieses eher senderorientierte Stufenmodell soll aber nicht dazu dienen, unzulässige Verallgemeinerungen hinsichtlich des Phänomens Werbewirkung vorzunehmen, denn dass Werbewirkung sich sehr komplex darstellt, wird aus Kapitel 7 sicher hinreichend deutlich.

Beim Versuch, Werbewirkung zu kategorisieren, kann man nach Hartwig Steffenhagen sowohl auf den möglichen zeitlichen Abstand zwischen Reiz (Werbung) und der erwünschten Reaktion als auch auf die Art der Reaktion (beobachtbares Verhalten versus nicht-beobachtbares Verhalten) zurückgreifen. Besonders deutlich werden diese beiden Dimensionen in einer Darstellung als Matrix, siehe Abb. 8.4.

| **Wirkungsart** / **Abstand Reiz-Wirkung** | Nichtbeobachtbares (inneres) Verhalten<br>Psychische und physische Wirkung | Beobachtbares (äußeres) Verhalten<br>Kaufverhalten, Informations-/Beeinflussungsverhalten |
|---|---|---|
| **Kurz** (Momentane Reaktionen) | • Orientierungsreaktionen<br>• Anmutungen<br>• Aktivierung<br>• Aufmerksamkeit | • Impulskauf<br>• Betreten eines Messestandes |
| **Lang** | **Dauerhafte Gedächtnisreaktionen**<br>(**Recall** = Wiedererinnern von Marken, Werbung und Slogans; **Recognition** = Wiedererkennen von Marken und Werbung) | **Finales Verhalten**<br>(Kauf, Antwort auf ein Mailing, Betreten eines Geschäftes ...) |

*Abb. 8.4: Werbewirkungskategorien (vgl. Hartwig Steffenhagen, Wirkungen der Werbung, Aachen 2000)*

Es lässt sich also deutlich zwischen momentanen, dauerhaften und finalen Wirkungen von Werbung unterscheiden, wobei sich diese unterschiedlichen Kategorien natürlich gegenseitig beeinflussen. So beeinflussen Erfahrungen bei der Verwendung / beim Konsum des Produktes nicht nur die dauerhaften Gedächtniswirkungen wie Kenntnisse, Einstellungen oder Interessen (vgl. Abb. 8.5), sondern sind auch dazu in der Lage, momentane Reaktionen wie die Aufmerksamkeit auf Werbung des Herstellers zu begünstigen. Auf der anderen Seite kommt es bei sog. Impulskäufen zu Kaufverhalten, ohne dass dabei auf Inhalte des Langzeitgedächtnisses zurückgegriffen wird.

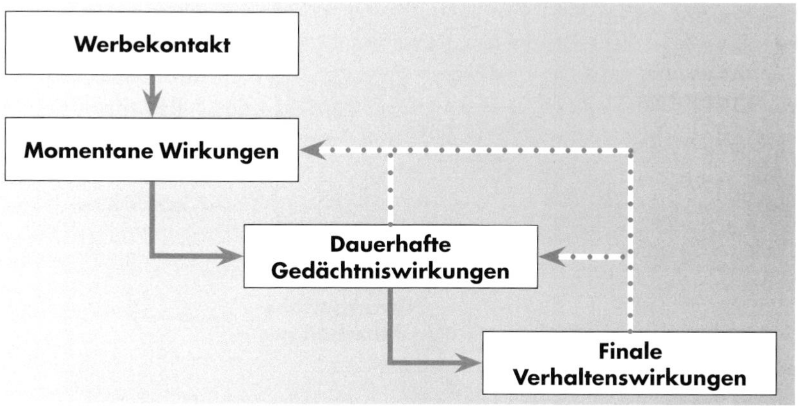


*Abb. 8.5: Zusammenhänge zwischen Werbewirkungskategorien (dargestellt nach H. Steffenhagen, a.a.O.)*

Bei genauerer Betrachtung der kurz- und langfristigen Wirkungen von Werbung ergeben sich die in den Abb. 8.6 und 8.7 dargestellten Zusammenhänge, die im Laufe des vorliegenden Kapitels an entsprechender Stelle immer wieder aufgegriffen werden sollen. Die Idee, momentane von langfristigen Werbewirkungen zu unterscheiden, basiert auf der Vorstellung des „3-Speicher-Modells" unseres Gehirns (siehe Kapitel 7, insbesondere Abb. 7.6).

Der in Abb. 8.6 dargestellte Bezugsrahmen momentaner Werbewirkungen greift auf die Erkenntnisse der Aktualgenese zurück. Dabei geht man davon aus, dass komplexes Reizmaterial (z. B. eine Anzeige oder ein TV-Spot) nicht schlagartig erfasst wird, sondern dies allmählich erfolgt. Schon erste, vorbewusste Anmutungen steuern die Wahrnehmung und beeinflussen, wie Tachistoskoptests bei sehr kurzen Betrachtungsdauern (ab 1/1000 s aufwärts) mit gleichzeitiger Befragung ergeben haben, auch die Einstellung zur Werbung bzw. Marke.

Aktualgenese: Komplexeres Reizmaterial wird nicht schlagartig erfasst

Die unbewusst wahrgenommenen ersten Eindrücke können eben schon positiv oder negativ besetzt sein und führen im schlimmsten Fall bereits zum Abbruch der Wahrnehmung. Sie können aber das gefühlsmäßige Erfassen der Anzeige verstärken und dadurch zu einer klareren und intensiveren Wahrnehmung führen. Aus gestalterischer Sicht sollte man deshalb unter anderem auf die in der Anzeige verwendeten Farben achten, da sie oft schon positive oder negative Assoziationen auslösen können (auf das Thema Farbassoziationen wird später noch eingegangen). Noch ein weiterer Hinweis: Häufig wird klischeehafte Werbung schon aus den Augenwinkeln als Werbung erkannt und deshalb direkt überblättert, das heißt im Umkehrschluss:

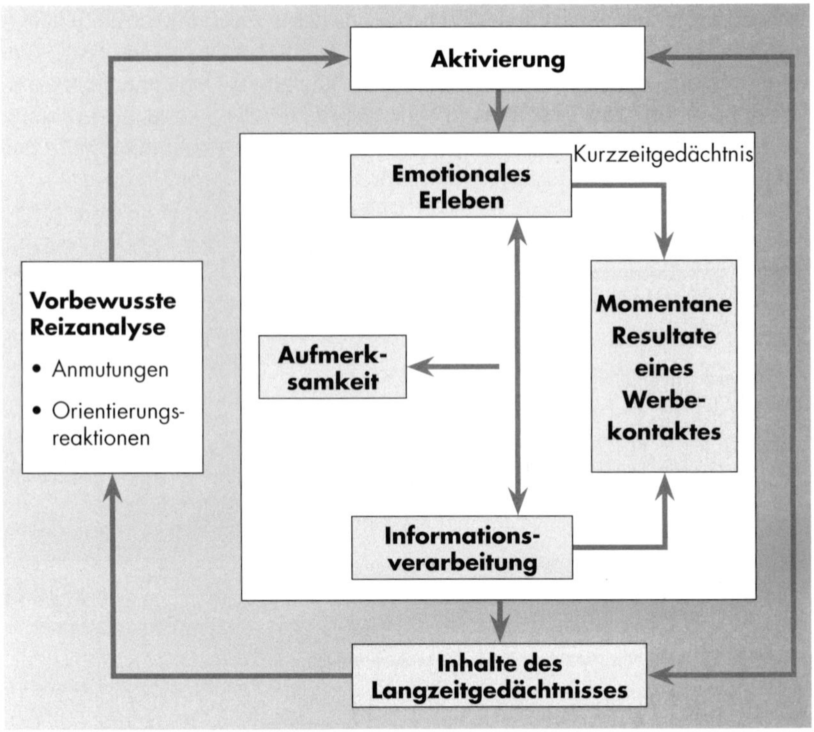


*Abb. 8.6: Bezugsrahmen zu momentanen Werbewirkungen (dargestellt nach H. Steffenhagen, a.a.O.)*

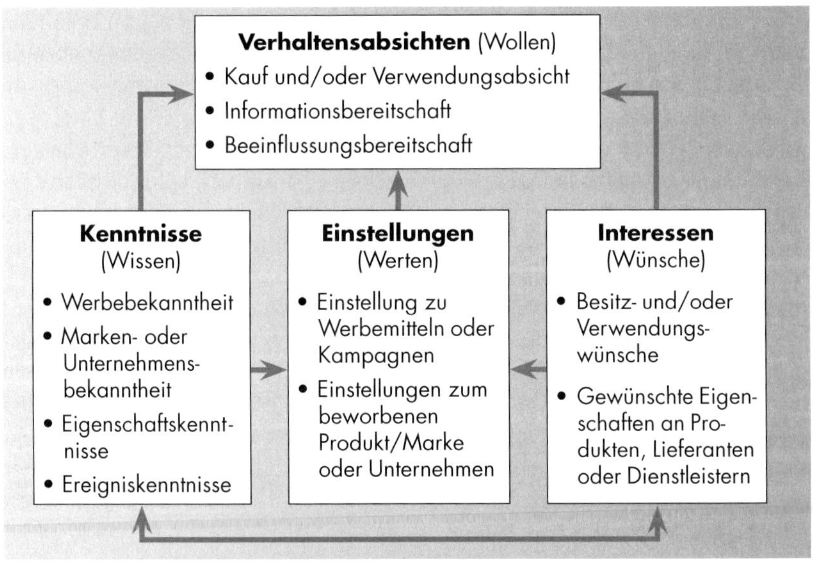


*Abb. 8.7: Dauerhafte Gedächtniswirkungen der Werbung (ebenfalls Steffenhagen)*

*Klischees sind zu vermeiden, denn ein ganz zentraler Faktor für die Wahrnehmung und Wirkung von Werbung ist die Aktivierung.*

Bei den in Abb. 8.7 dargestellten dauerhaften Gedächtniswirkungen der Werbung handelt es sich um Inhalte des Langzeitgedächtnisses, die sich nur langfristig von Werbung beeinflussen lassen. Werbung versucht bei den Zielgruppen, die Kenntnisse über Marke und Produkteigenschaften zu erhöhen, das Interesse am Produkt zu wecken und eine möglichst positive Einstellung zur Werbung und Marke zu schaffen. Wenn dies gelingt, kommt es zur Aufnahme der Marke in die Gruppe der Kaufalternativen (relevant set), und wenn ein Kauf ansteht, möglicherweise zum Kauf. Werbung hilft also, Kaufverhalten vorzuprägen, auch wenn zuvor nicht von Werbung zu beeinflussende Hürden (fehlende finanzielle Mittel, schlechte persönliche Zukunftsaussichten) zu nehmen sind.

## 8.4 Basisstrategien

Käufe müssen mit Marketing- und Kommunikationsmaßnahmen vorbereitet werden

Aus Sicht der Unternehmen besteht die wichtigste Reaktion auf Werbung im ökonomischen Erfolg (Kauf/Umsatz, Marktanteil etc.) der beworbenen Produkte. Dies stellt eine – zugegebenermaßen sehr wichtige – Reaktion der Zielgruppe auf Werbeaktivitäten von Unternehmen dar, doch letztendlich muss der Kauf eines Produktes erst durch viele verschiedene Marketing- und Kommunikationsmaßnahmen vorbereitet werden.

Die Wirkungen kommunikativer Maßnahmen wie Werbung lassen sich aber häufig nicht mithilfe ökonomischer Kriterien erfassen, und es dürfte unstreitig sein, dass es beispielsweise bei einer Produktneueinführung zunächst auf Zielsetzungen wie Steigerung der Bekanntheit, Image-Bildung, Gewinnung von Sympathie oder Anregung zum Probieren ankommt, bevor sich ökonomischer Erfolg überhaupt einstellen kann. Außerdem kommt es häufig zu Zeitverzögerungen zwischen Werbekontakt und Werbewirkung, in diesen Fällen zahlt Werbung gewissermaßen in ein Depot im Langzeitgedächtnis ein, wodurch die Marke kurz vor der Kaufentscheidung als relevante Alternative gilt (relevant set) und dann möglicherweise zu einer Präferenz führt (evoked set/top-of-mind). Es geht bei Werbung daher neben dem Aspekt des Verkaufs vor allem um Vorprägungen, das heißt, die Vorbereitung späterer Käufe. Diese Überlegungen lassen sich auch mit den bereits erwähnten Involvement-Arten verknüpfen (vgl. Abb. 8.1). Denn egal, ob es sich um den gezielten Kauf von High-Interest-Produkten oder um Spontan- oder Gewohnheitskäufe im Low-Involvement-Bereich handelt, die Verbraucher müssen zunächst Vorstellungsbilder (Images) von den Marken im Kopf haben, bevor sie einen Kauf tätigen.

Werbung bringt Marken in den „relevant set" der Zielgruppe

Wie bereits im Kapitel „Werbewirkungsmodelle" erwähnt, festigen sich Images, deren Bedeutung für die Markenwahl gerade bei austauschbaren Produkten (me-too) immer mehr zunimmt, sehr langsam. Bei Spontan- und Gewohnheitskäufen kommt es vor allem darauf an, dass der Verbraucher die Marke wiedererkennt, das heißt, auch hier muss eine Vorprägung im Langzeitgedächtnis stattfinden, bevor ein Kauf erfolgen kann. Angesichts der hohen Bedeutung der Vorprägung und ihres eher langfristigen Ansatzes muss vor kurzfristigen

Werbung hilft bei der **langfristigen** Vorprägung von Kaufentscheidungen

Aktionen zur Absatzsteigerung (z.B. Rabattaktionen) gewarnt werden, da die Gefahr besteht, den Markenaufbau zu beschädigen.

Ulrich Lachmann entwickelt auf dieser Basis vier strategische Möglichkeiten für die Gestaltung von Werbemitteln, die im Folgenden kurz dargestellt werden sollen (umfassendere Informationen in Lachmann, a.a.O.). Auf die Involvement-Situation zum Zeitpunkt des Werbeempfangs, das heißt, mehr als 90% der Verbraucher sind an werblichen Informationen zu diesem Zeitpunkt nicht interessiert (vgl. Abb. 8.8), können die Werbetreibenden mit vier verschiedenen Strategien reagieren:

1. Kommunikation mit den wenigen Verbrauchern, für die das Thema gerade höchste Priorität hat (beispielsweise wenn die Waschmaschine kaputt gegangen ist ...). Werbung trifft auf Empfänger, die nach Informationen suchen.
   ⇒ **Strategie I „Engagement“** unterstützt die zentrale Reizverarbeitung bei High-Involvement.
2. Kommunikation mit der kleinen Gruppe an Verbrauchern, für die das Thema zwar wichtig ist, aber noch nicht höchste Priorität hat (beispielsweise geplanter Autokauf innerhalb des nächsten Jahres). Werbung trifft auf Empfänger, die grundsätzlich an Informationen zum Produktfeld interessiert sind.
   ⇒ **Strategie II „High-Involvement“** führt zu zentraler Reizverarbeitung bei der hoch involvierten Zielgruppe.
3. Kommunikation mit der low-involvierten Mehrheit der Verbraucher. Werbung trifft auf Empfänger, die nicht nach Informationen suchen (beispielsweise für Güter des täglichen Bedarfs/FMCG).
   ⇒ **Strategie III „Aktivierung“**. Das ist die aktive bzw. aggressive Strategie, das heißt, Werbung versucht die Verbraucher, trotz Low-Involvement, zu zentraler Reizverarbeitung zu aktivieren.
4. Ebenfalls Kommunikation mit der low-involvierten Mehrheit der Verbraucher (beispielsweise für Güter des täglichen Bedarfs/FMCG), die nicht auf Empfänger trifft, die nach Informationen suchen, aber im Gegensatz zu III als ⇒ **Strategie IV„Low-Involvement“**, nämlich als passive bzw. beiläufige Strategie. Das heißt: Werbung belässt es bei peripherer Reizverarbeitung unter Low-Involvement (vgl. unbewusste Wahrnehmung, Abschnitt 8.1.1 / Mere-Exposure-Effekt, Abschnitt 7.4.3).

Bei engagierten Empfängern kommt es zur Pull-Kommunikation

Am einfachsten haben es werbetreibende Unternehmen, wenn sich durch den Informationshunger der Verbraucher die Situation einer Pull-Kommunikation ergibt (Abb. 8.9), denn in solchen Fällen muss das Unternehmen lediglich die Informationen in geeigneter Form gut zugänglich bereitstellen. Lachmann benutzt für die Steuerung der Empfänger-Suche auf die vom Unternehmen bereitgestellten Informationsfelder den Begriff „Channelising“ (vgl. Abb. 8.10). Hier kommt dem Internet, Kundenbindungs-Strategien (ECR= Efficient Customer Relationship, z.B. Datenbank für gezielte Mailingaktionen), aber auch Katalogen und Prospekten eine besondere Bedeutung zu. In der Mehrzahl der Fälle (ca. 99 %) müssen werbetreibende Unternehmen aber mithilfe von Maßnahmen der Push-Kommunikation (vgl. Abb. 8.9) versuchen, mehr oder weniger uninteressierte Verbraucher mit werblichen Informationen zu erreichen.

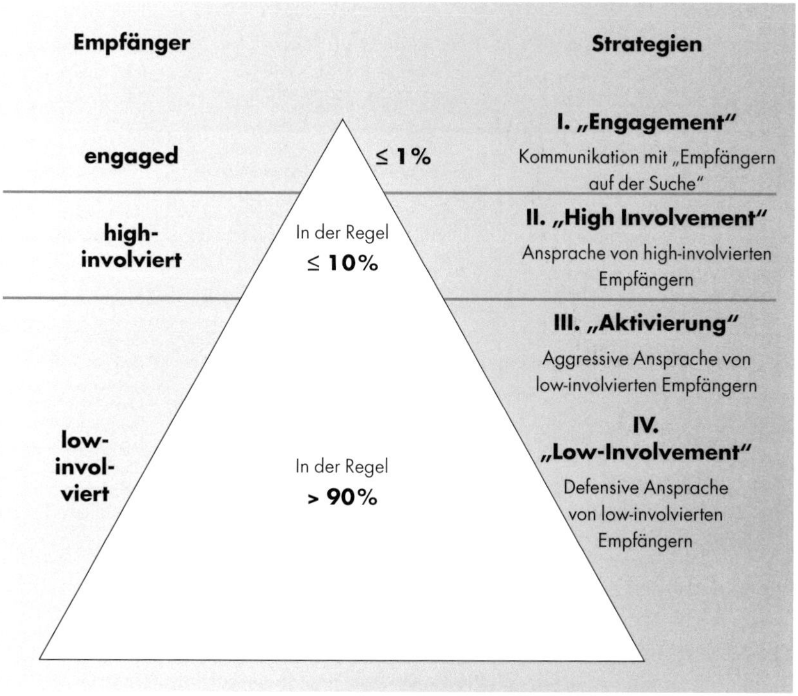


*Abb. 8.8: Involvement-Situation zum Zeitpunkt des Werbeempfangs. Aus: Lachmann, Ulrich: Wahrnehmung und Gestaltung von Werbung. Stern Bibliothek. Gruner+Jahr. Hamburg 2003*

| | **Strategie I** „Engagement" | **Strategie II** „High-Involvement" | **Strategie III** „Aktivierung" | **Strategie IV** „Low-Involvement" |
|---|---|---|---|---|
| **Wahrnehmungsziel** | Information der engaged Sucher, um zum Kauf zu führen bzw. persönlich Involvierte zu überzeugen. | Bereits erhöht Involvierte zum Engagement zu bringen (Strategie I als Folge). „Anstoß-Kommunikation" | Auslösung von Engagement bei Low-Involvierten als Vorstufe zur Kaufentscheidung „Feuerwerk-Kommunikation" | Kommunikation via peripherer Reizverarbeitung beim Empfänger. „Niesel-Kommunikation" |
| | Pull-Kommunikation | Push-Kommunikation | | |

*Abb. 8.9: Wahrnehmungsziele der vier Strategien. Aus Lachmann, a.a.O.*

| | **Strategie I** „Engagement" | **Strategie II** „High-Involvement" | **Strategie III** „Aktivierung" | **Strategie IV** „Low-Involvement" |
|---|---|---|---|---|
| **Problem** | Channelising<br>Wie können wir präsent sein, wenn Sucher gerade kommunizieren wollen? | Selektion<br>Wie erreichen wir die kleine Minderheit der High-Involvierten? | Reizstärke<br>Wie kann diese hoch genug sein, um Desinteresse und Priorität anderer Themen zu überwinden? | Gestaltung<br>Wie muss diese aussehen, um von Low-Involvierten wenigstens peripher wahrgenommen zu werden? |
| **Risiko** | Empfänger trifft nicht auf unser Angebot | Auslöse-Reiz trifft nicht gezielt genug auf die wenigen High-Involvierten | Reizstärke reicht nicht aus. Es bleibt bei Strategie IV.<br>„Starke Medizin" hat Nebenwirkungen:<br>• Reaktanz<br>• Ablenkung vom Produkt/Botschaft | • zu geringer Werbedruck (Frequenz/Dauer)<br>• Nichteinhaltung der Low-Involvement-Kommunikationsregeln („3K" = Konsistenz, Kontrast, Klarheit) |

*Abb 8.10: Probleme und Risiken der vier Strategien. Aus: Lachmann, a.a.O.*

Bei involvierten Empfängern gibt Werbung Anstöße

Bei der High-Involvement-Stategie (II) geht es darum, diese kleine Zielgruppe möglichst genau zu treffen, das heißt durch eine ausgefeilte Media-Auswahl sollen Streuverluste minimiert werden. („Anstoß-Kommunikation" in Abb. 8.9 und 8.10). Neben der „klassischen" Anzeigen-Werbung, die vor allem der langfristigen Vorprägung der Verbraucher dienen soll (am besten in Special-Interest-Titeln), kommen hier wieder verstärkt Dialog- und Suchmedien wie das Internet, Mailings, E-Mails, Kataloge und Prospekte zum Einsatz.

„Feuerwerk"-Kommunikation: Bei der Mehrheit low-involvierter Empfänger muss Werbung aktivieren

Die Aktivierungs-Strategie (III) stellt vermutlich die wichtigste Strategie dar, weil sie zum einen auf die Mehrheit der low-involvierten Verbraucher anwendbar ist und zum anderen auch bei hoch involvierten Verbrauchern nicht schadet. Denn das Engagement und damit das Interesse an meiner werblichen Botschaft zu erhöhen, dürfte vermutlich niemals schaden. Durch besondere werbliche Ansprache in allen „klassischen" Medien, das heißt Print, Plakat und AV-Medien (TV, Kino, Funk), gelingt es den werbetreibenden Unternehmen, die Aufmerksamkeit der Zielgruppen zu gewinnen. Das Hauptproblem liegt dabei in der Dosierung der Aktivierungsversuche, sind sie zu schwach oder austauschbar, wird die Werbung weiterhin nicht oder nur beiläufig wahrgenommen. Im Falle der Überdosierung kann es wie bei der Schockwerbung (ein bekanntes Beispiel bot und bietet Werbung von Benetton) zur gezielten Kaufverweigerung kommen. Außerdem kann es bei übertriebenen und nicht den Produktnutzen unterstützendem Einsatz von Erotik, Angst oder Humor zur Ablenkung von der eigentlichen Botschaft kommen (sog. „Vampir-Effekt"). Das wichtige Thema Aktivierung wird später in diesem Kapitel noch einmal aufgegriffen.

„Niesel"-Kommunikation: Auch bei beiläufiger Wahrnehmung von Werbung wird etwas gelernt

Ob es sich bei der Low-Involvement-Strategie (IV) überhaupt um eine Strategie handelt, ist fraglich, denn wer gibt schon freiwillig und mit Absicht viel Geld aus, um dann nur beiläufig wahrgenommen zu werden. Doch auch hier gibt es einige gestalterische Grundregeln, die bei Beachtung gewissermaßen eine Art

„Rettungsfallschirm“ für das investierte Geld darstellen. Dazu mögen hier nur einige kurze Hinweise angefügt werden, wie auch bei beiläufiger Wahrnehmung noch etwas gelernt wird, wobei diese Tipps natürlich auch auf Werbung im Sinne der Aktivierungsstrategie (III) zutreffen. Man sollte sich um Kontrast, Klarheit, Konsistenz und eine relativ hohe Schaltfrequenz (vgl. Lachmann 2003) bemühen, das heißt, durch die Gestaltung und/oder häufige Wiederholung soll die Werbung dem Empfänger auffallen (Uniqueness, Aktivierungsschemata), dann sollten die Informationen schnell und klar übermittelt werden (Prägnanz, Lesbarkeit und Verständlichkeit des Textes) und zu guter Letzt sollte Werbung eine gewisse Konsistenz bzw. Beständigkeit aufweisen (ständiger Wechsel der grundsätzlichen Strategie verwirrt die ohnehin nicht an Werbung interessierten Verbraucher).

Wenn man sich jetzt den wichtigsten Bereich der Low-Interest-Käufe vor dem Hintergrund der Werbeziele Verkauf und Vorprägung anschaut, stellt man fest, dass sich verschiedene Alternativstrategien anbieten (vgl. Abb. 8.11), die sich nicht ausschließen, sondern teilweise auch additiv verfolgt werden können. So ist in allen Fällen die Vorprägung der Marke von entscheidender Bedeutung, denn nur bekannte Marken, die mit einem gewissen Image verbunden sind, werden im Kaufentscheidungsprozess als relevante Alternativen berücksichtigt und später evtl. bevorzugt (relevant bzw. evoked set vgl. zur Bedeutung von Marken in Kapitel 7). Letztlich gilt dies auch für Gewohnheitskäufe bzw. Markenbindung, die sich irgendwann auch aus vorgeprägten Marken ergeben hat (wie ebenfalls im Kapitel 7 schon angesprochen).

Nur bekannte Marken spielen im Kaufentscheidungsprozess eine Rolle; Ausnahme: reine Preiskäufe

Es lohnt sich mit Sicherheit im Sinne der Idee einer integrierten Kommunikation, die Marke auch über andere Kanäle erlebbar zu machen, wie z.B. über Events (vgl. dazu Kapitel 7 Sponsoring/Event im Band „Kommunikationspolitik“).

| Ziel | **Strategie I** „Engagement“ | **Strategie II** „High-Involvement“ | **Strategie III** „Aktivierung“ | **Strategie IV** „Low-Involvement“ |
|---|---|---|---|---|
| **Verkauf** | | | Hauptfeld: **Aktions-Werbung** | Hauptfeld: **Routine-Werbung** |
| **Vorprägung (Image)** | | | Hauptfeld: **Umweg-Strategien** (z.B. Sponsoring und Event) | Hauptfeld: **Marke** |

*Abb. 8.11: Strategiefelder bei Low-Interest-Produkten. Aus: Lachmann, a.a.O.*

Bei High-Interest-Produkten steht ein viel breiteres Spektrum an strategischen Alternativen zur Verfügung, doch auch hier dürfte eine bereits vorgeprägte Marke bessere Chancen haben. Es müssen aber Hinweise auf Response- bzw. Informationsmöglichkeiten gegeben werden, damit sich die Zielgruppen informieren können. Darüber hinaus gilt auch hier, dass die Werbemittel aus dem Konkurrenzfeld herausstechen sollten (Uniqueness), um die Kontaktchancen zu erhöhen. Der einzige Unterschied zu Strategie II oder IV besteht darin, dass es sich um das Herausstechen in engen Mediakanälen (special interest) handelt.

| **Ziel** | **Strategie I** „Engagement" | **Strategie II** „High-Involvement" | **Strategie III** „Aktivierung" | **Strategie IV** „Low-Involvement" |
|---|---|---|---|---|
| **Verkauf** | Hauptfeld: **Kommunikation im Kaufprozess** | Hauptfeld: **Kommunikation vor dem Kaufprozess** | Nebenfeld: **Attraktive Angebote** | Hauptfeld: **Routine-Werbung** |
| **Vorprägung (Image)** | Nebenfeld: **Kommunikation** mit Dauer-Involvierten | Nebenfeld: **Allgemeine Kommunikation** mit high-Involvierten | Nebenfeld: **Umweg-Strategien** (z. B. Sponsoring und Event) | Hauptfeld: **Marke** |

*Abb. 8.12: Strategiefelder bei High-Interest-Produkten. Aus: Lachmann, a.a.O.*

| | **Low-Involvement** | **High-Involvement** |
|---|---|---|
| Ziel/Voraussetzung für Wirkung | Zielgruppe oft kontaktieren („überreden", aktivieren oder unbewusst beeinflussen) | Zielgruppe überzeugen |
| Inhalte der Botschaft | „etwas", wenig, Beachtung des 3-K-Prinzips (Kontrast, Konsistenz, Klarheit) z.B. Sichtbar- oder Hörbarkeit des Logos – wichtig | alles Wichtige |
| Länge der Botschaft | kurz | ausführlich |
| Einstellungsänderung via | Emotionen und periphere Merkmale wie Sympathie für Testimonials oder die Marke | Argumente (zentrale Merkmale) |
| Vorrangig zu nutzende Kommunikationselemente | Nichtsprachliche Codes wie Bilder, Musik, Düfte, Symbole, Logos, Farben, Design | Sprache, Grafiken und Bilder, die den Nutzen transportieren |
| Anzahl an Wiederholung | hoch | gering |
| Timing | Konstantes Werben (vgl. „Niesel"-Kommunikation) | Möglichst nah am Entscheidungszeitpunkt |
| Verstärkung der Wirkung durch Kombination mit | Verkaufsförderung am POS, Sponsoring, Events | Persönlicher Verkauf, Informationen auf der Homepage |
| Wirkungskontrolle | Recognition (Wiedererkennen), qualitative Methoden (vgl. Kapitel 10 und 16 im Band „Marketing") | Recall (Wieder-Erinnern), Einstellung |

*Abb. 8.13: Involvement: Konsequenzen für Werbung*

Zusammenfassend lässt sich feststellen, dass es neben der Vorprägung von Marken, die auch schon durch beiläufiges Lernen erfolgen kann, vor allem auf die Aktivierungskraft einer Anzeige ankommt, weshalb dieser Aspekt im folgenden Abschnitt besonderes eingehend dargestellt werden soll.

Einige weitere Konsequenzen für die Gestaltung von Werbung, die sich aus dem Involvement-Modell ergeben, sind in der Abb. 8.13 exemplarisch dargestellt und werden im folgenden Abschnitt näher erlautert (vgl. auch die Abschnitte 7.3 und 7.11.2).

## 8.5 Grundprinzipien der Anzeigengestaltung

Die Struktur der folgenden Ausführungen wendet nun, wie oben schon gesagt, das Werbewirkungsmodell von Gundolf Meyer-Hentschel an (Erfolgreiche Anzeigen. Wiesbaden 1998). Die Hauptthese Meyer-Hentschels ist, dass Anzeigen schnell sein müssen (vgl. die Fragen zu den einzelnen Phasen in Abb. 8.14). Diese Annahme beruht auf der Beobachtung, dass Anzeigen durchschnittlich weniger als zwei Sekunden betrachtet werden, was nicht heißt, dass die Beschäftigung mit einer Anzeige nicht auch länger dauern kann.

Der Leser liest, was ihn interessiert – manchmal sind es Anzeigen *(Howard Gossage, amerikanischer Kreativer)*

Eine längere Beschäftigung mit Anzeigen finden wir natürlich bei allen am Thema hoch involvierten Adressaten. Für die Mehrzahl der Fälle (Low-Involvement) ist die Beachtung des „zwei-Sekunden-Problems" von großer Bedeutung, denn nur, wenn die Anzeige durch aktivierende Reize schnell gesehen wird (möglicherweise Uniqueness), besteht überhaupt die Möglichkeit, dass low-involvierte Betrachter in die Anzeige einsteigen. Anschließend sollte es die Anzeige dem Betrachter nicht schwerer machen als nötig, das heißt, man sollte die Informationen schnell und bequem aufnehmen können (Prägnanz der wesentlichen Anzeigenelemente, Blickführung, Lesbarkeit des Textes).

Um die Information gut verarbeiten und anschließend abspeichern bzw. lernen zu können, muss der Text verständlich sein, das Bild möglichst den Produktnutzen unterstreichen oder visualisieren und die Botschaft häufig wiederholt werden (Branding, Konsistenz).

Aus diesen Phänomenen lassen sich Grundprinzipien der Anzeigengestaltung ableiten, die im folgenden Abschnitt erläutert werden sollen. Im Grunde genommen geht es also verstärkt um die Kommunikation mit Low-Involvierten, doch auch bei der Kommunikation mit High-Involvierten schadet die Beachtung der Grundprinzipien nicht, zumal Anzeigen in der Regel nicht nur für High-Involvierte gestaltet und geschaltet werden können, das heißt, man sollte dafür sorgen, dass die Adressaten auch im schlechtesten Fall – der nur peripheren Reizverarbeitung bei beiläufiger Wahrnehmung – noch etwas aus der Anzeige mitnehmen.

Nur wer die Norm kennt, findet die Abweichung *(Prof. Werner Gaede, UdK Berlin)*

→ *Die Ergebnisse der Werbewirkungsforschung legen den Schluss nahe, dass bei jedem erfolgreichen Werbewirkungsprozess alle vier Phasen durchlaufen werden.*

Dabei ergeben sich natürlich individuell oder auch produkt- und werbespezifisch sehr unterschiedliche Geschwindigkeiten und diese Phasen werden in sehr unterschiedlichen zeitlichen Abständen zur Werbemaßnahme durchlaufen. Ein empirischer „Gesamtbeweis" existiert nicht. Als gesichert gelten kann jedoch die Erkenntnis, dass der Sprung von einer Wirkungsebene auf die nächste nicht zwangsläufig oder automatisch erfolgt. Eine im Sinne der Werbemaßnahme erfolgreiche Verarbeitungsleistung ist noch keine Garantie für die Produkt- bzw. Markenverwendung. Das ist unmittelbar einsichtig, da auch Faktoren wie die Produktverfügbarkeit oder die Ausgabenspielräume der potenziellen Verwender eine Rolle spielen.

Meyer-Hentschel betrachtet in seinem Modell „Wahrnehmung“ als eine eigene Wirkungsebene, man könnte aber bei näherer Betrachtung auch zu dem Schluss kommen, dass Wahrnehmung als ein Oberbegriff für die ersten drei Ebenen verstanden werden kann (Aktivierung, Informationsaufnahme, Informationsverarbeitung). Ein Streit über die genaue Verwendung des Begriffes „Wahrnehmung“ ist letztlich für die Betrachtung der Grundprinzipien der Anzeigengestaltung unerheblich und deshalb folgt dieses Kapitel der engeren Begrifflichkeit des Modells.

Anzeigen müssen schnell sein

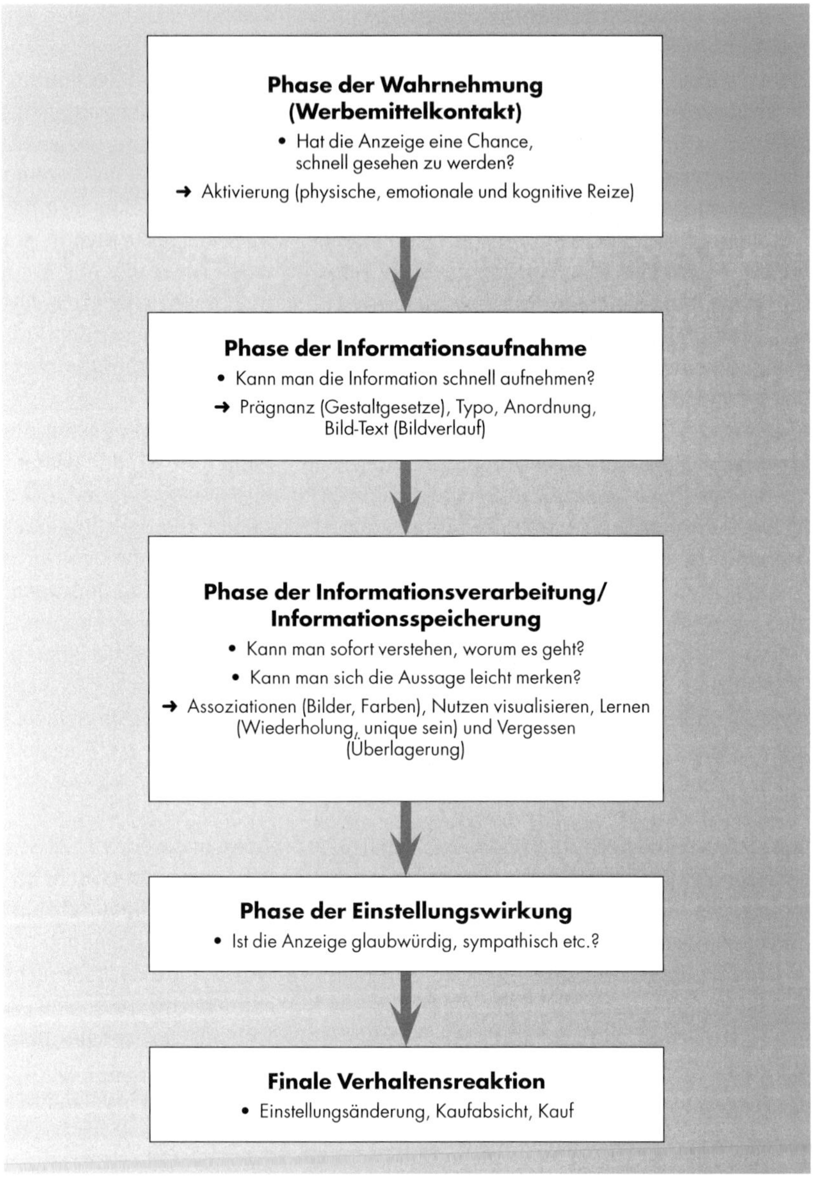


*Abb. 8.14: Phasenmodell der Werbewirkung*

### 8.5.1 Wahrnehmungsphase

Kommunikation mit Low-Involvierten sollte das **3-K-Prinzip** beachten

Schon mehrfach wurde das Bild gebracht, dass die menschliche Wahrnehmung den „Flaschenhals“ der Informationsgesellschaft darstellt. Der Verbraucher muss aus dem täglichen Informationsüberangebot, das ja nicht nur aus Werbung besteht, auswählen: nur ein Grund, warum Werbung auffallen muss. Dies kann durch Bilder oder Bild-Text-Kombinationen gelingen, die den Blick und damit die Aufmerksamkeit der Verbraucher möglichst schnell „fangen“ sollen.

→ *Dabei eignen sich Bilder besonders gut als Blickfang, wenn sie Orientierungsreaktionen oder Filterprozesse auslösen können.*

Der Unterschied wurde eingangs in diesem Kapitel erläutert, und wird im nachfolgenden Exkurs weiter vertieft. Professor Werner Gaede hat das Grundprinzip für eine bessere Anzeigenwahrnehmung und -erinnerung zum Titel seines für die Anzeigengestaltung fundamentalen Buches gemacht, es heißt: „Abweichen von der Norm“ (Enzyklopädie kreativer Werbung. München 2002). Er zeigt in seinem Buch an Hunderten von Beispielen, welche Normen es gibt und wie man bewusst kreativ dagegen verstößt um dadurch letztlich eine höhere Werbewirkung zu erzielen, getreu nach dem Motto: „You have to know the rules to break them.“(vgl. Abb. 7.34).

Für die Kommunikation mit Low-Involvierten empfiehlt Lachmann die Berücksichtigung des 3-K-Prinzips. „Die 3-K stehen für

- **Kontrast** zur Erzeugung von Aufmerksamkeit,
- **Konsistenz** zur Erleichterung der Anknüpfung an Speicher (LZS)-Inhalte und für
- **Klarheit**, um rechts-hemisphärische Verarbeitung

[Anmerkung des Verfassers: rechte Hirnhälfte ist unter anderem für die Verarbeitung von Bildern; Musik und Emotionen zuständig] zu ermöglichen.“ (Lachmann, 2003).

*Elemente zur Aktivierung*

Sowohl bei Lachmanns Kontrast als auch bei Gaedes Forderung nach Abweichung von der Norm geht es im Grunde genommen um die Erhöhung des Aktivierungspotenzials von Anzeigen. Darüber hinaus kann durch besonders kreative bzw. von der Norm abweichende Ansätze versucht werden, die Einzigartigkeit des Werbetreibenden (Positionierung) hervorzuheben.

In Fällen des beiläufigen Lernens verhindern aber allzu kreative Ansätze zur Aktivierungssteigerung häufig den Lernerfolg, während eine gewisse Eigentypik – Gestalter sprechen in diesem Zusammenhang auch von Selbstähnlichkeit – sogar bei peripherer Reizverarbeitung erfolgreich sein kann. Der Aufbau von Eigentypik erfordert allerdings eine gewisse Kontinuität im werblichen Auftritt, was wiederum nicht besonders aktivierend wirkt, da es häufig zur Reaktion „Kenn’ ich schon, weiterblättern“ kommt. Auf der anderen Seite wurde hier zumindest bemerkt, wer geworben hat.

## Exkurs: Physiologische und psychologische Grundlagen der Anzeigengestaltung

Die Erregung von Aufmerksamkeit führt immer zu einer kurzzeitigen Erhöhung der Aktivierung. Die Aktivierung wird durch das Aktivierungszentrum gesteuert, das seinen Sitz im Stammhirn hat.

### Ursache für Aktivierungsreaktionen

Es existieren im Wesentlichen zwei Reaktionsarten, die eine reflexartige Aktivierungsreaktion auslösen.

*1. Orientierungsreaktionen*

a) Reaktionen auf Grund biologisch vorgeprägter Schemabilder
   Die wichtigsten Schemabilder sind:
   - Schemabilder zum weiblichen und männlichen Geschlecht,
   - Kindchenschema,
   - Augenschema,

b) unerwartete, neuartige Stimuli (Beispiel: unerwartete Autogeräusche),

c) intensive Stimuli.
   Sie lösen reflexiv Orientierungsreaktionen aus. Sie müssen als Blickfänge nicht besonders gestaltet werden, sondern nur intensiv genug sein. Dabei sind nicht die absoluten Intensitätswerte entscheidend, sondern der Kontrast zum Umfeld. In einem sehr stillen Raum lenkt schon ein leises Geräusch die Aufmerksamkeit auf sich. Im umgekehrten Fall kann in lauten Umfeldern wie z.B. in Werbeblöcken auch durch plötzliche Stille eine Orientierungsreaktion ausgelöst werden.

⇒ Orientierungsreaktionen sind weitgehend interpersonell, teilweise sogar interkulturell.

*2. Filterprozesse*

Stimuli mit einer erheblichen Bedeutung für das Individuum (z.B. Interessen, Hobbys etc.) lösen außerhalb des Bewusstseins einen Prozess aus, der die Aufmerksamkeit reflexartig auf diese Stimuli richtet. Diesen Prozess der reflexiven Aufmerksamkeitsänderung nennt man „Filterprozess“.

**Beispiel**

Wenn wir uns auf einer Party mit jemand unterhalten, werden alle anderen Dinge nur als Hintergrundgeräusch wahrgenommen. Falls wir aber plötzlich in einem anderen Gespräch unseren Namen hören, findet eine reflexartige Reaktion des Wahrnehmungssystems statt, da unser Name für uns wichtig ist und wir wissen wollen, was da über uns gesagt wird. Bei dieser Form der selektiven Wahrnehmung gelingt es manchen Leuten sogar, das eigene Gespräch locker fortzusetzen.

---

Entsprechendes gilt für andere subjektiv wichtige Stimuli. Bei Experimenten mit Bildmotiven hat man festgestellt, dass einige Stimuli wie Sexsymbole und Kinder (vgl. Exkurs Kindchenschema im Folgenden) bei fast allen Menschen die Aufmerksamkeit mit einer Wahrscheinlichkeit auf sich lenken, die nicht mehr zufällig ist. Es gibt aber auch Stimuli, die nur individuell in entsprechender Weise wirksam werden.

So kann ein Filterprozess durch Blickfänge ausgelöst werden, die auf subjektiv wichtige Gegenstände und Themen hinweisen. Durch solche Blickfänge kann man Personen mit spezifischen Interessen ansprechen. Die Aufmerksamkeit von Fußballfans kann z.B. durch ein Foto auf eine Werbeanzeige gelenkt werden. Im Gegensatz zu den intensiven Stimuli haben diese Blickfänge eine inhaltliche Dimension, die bei geschickter Auswahl zur Produktaussage hinführen oder sie sogar unterstützen. Lachmann spricht in diesem Zusammenhang von Framing und meint damit, dass verwendete Bilder zur Werbebotschaft bzw. zum Produkt oder zur Anbietermarke passen müssen. Ansonsten kann es – übrigens auch bei nicht passender Verwendung von Bildern, die Orientierungsreaktionen auslösen – dazu kommen, dass sich das Bild selbstständig macht und von der eigentlichen Werbebotschaft ablenkt. Die Forderung, dass die Darstellung von Erotik in Bezug zum Produkt stehen sollte, damit sie nicht nur vom Produkt ablenkende Aufmerksamkeit erzeugt („Vampireffekt“), kann man in diesem Zusammenhang nur unterstreichen.

Aktivierung ist die Intensität der physiologischen Erregung im zentralen Nervensystem. Aktivierung bedeutet die innere Reaktionsbereitschaft der physiologischen Systeme, man könnte auch sagen: Mit wie viel Interesse oder Wachheit werden wahrgenommene Reize verarbeitet? – wobei eben auch werbliche Reize die schon vorhandene Aktivierung positiv beeinflussen können. Die Nähe des Aktivierungsbegriffs zum Thema Involvement wird direkt deutlich, wobei die Stärke des aktivierenden Auslösereizes bei hoch involvierten Zielpersonen wesentlich geringer sein muss als bei wenig involvierten (Normalfall). Um etwas zu lernen, ist ein Mindestmaß an Aktivierung notwendig, aber zu starke Aktivierung verhindert genau wie zu geringe mögliche Lerneffekte (vgl. Abb. 8.15).

Aktivierung bedeutet innere Reaktionsbereitschaft des Organismus

Als physiologisches Phänomen lässt sich die Aktivierung an Reaktionen des Körpers messen (z.B. über Hautwiderstandsmessung/EDR-Verfahren, Hirnstrommessung/EEG oder weitere Möglichkeiten zur Messung des Aktivierungspotenzials wie Pupillometrie).

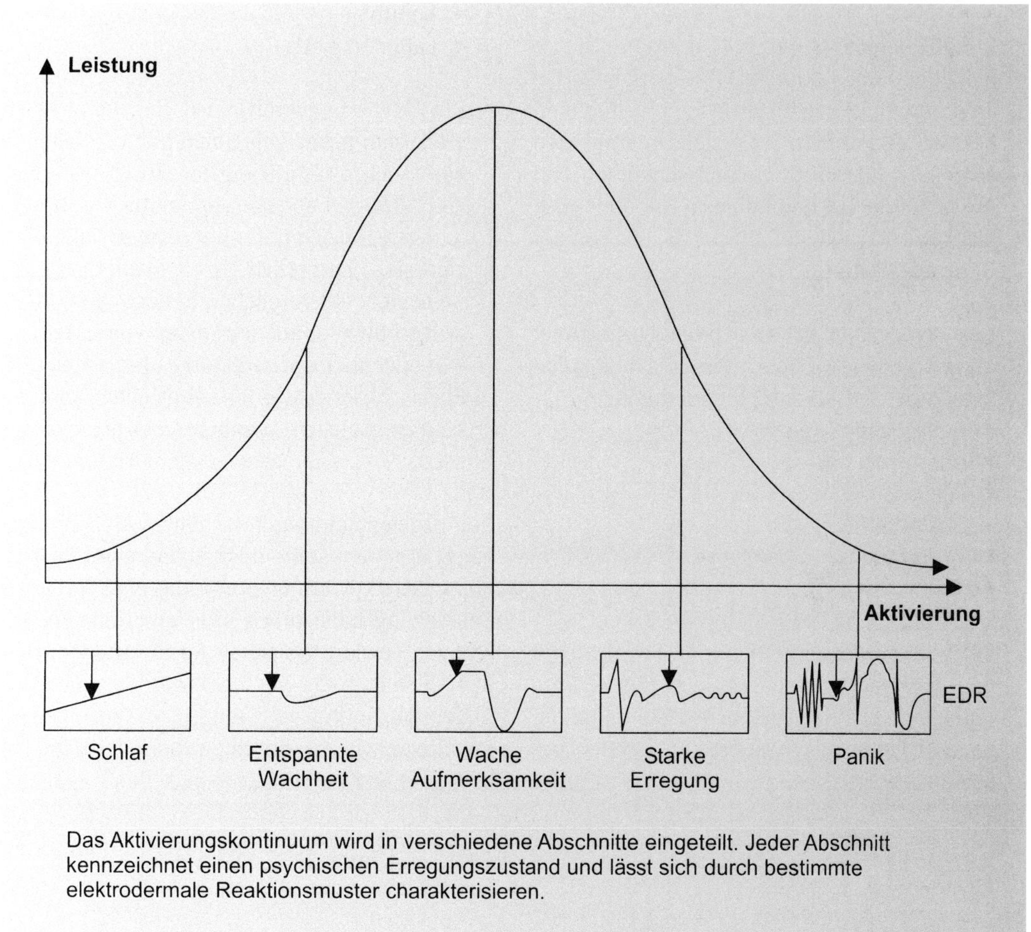


*Abb. 8.15: Zusammenhang zwischen Aktivierung und Leistung (abgedruckt aus: Heribert Meffert, Marketing, Gabler Verlag, Wiesbaden 2007. Gabler-Grafik)*

Im Zusammenhang mit der Aktivierung unterscheidet man üblicherweise drei große Gruppen von Reizarten:

a) Emotionale Reize:
   - Reize durch biologisch geprägte Schemabilder (Erotik, Kindchenschema, Augenschema),
   - andere emotionale Kategorien (Glück, Freundschaft, Freiheit, Heimat, Tierliebe, Vertrauen, Liebe, Vorbilder, Geborgenheit, Trennung, Angst etc.),
   - Zielgruppenspezifische emotionale Kategorien (sie ergeben sich zum Beispiel aus Hobbys oder Freizeitinteressen).

   Die allgemeinen biologisch geprägten Schemabilder und emotionalen Kategorien sind in ihrer Funktionsweise inzwischen weitgehend bekannt und werden von vielen Unternehmen eingesetzt (Gefahr der Austauschbarkeit und Abstumpfung bei den Adressaten), aber auch hier kann man wieder frei nach Gaede von der Norm abweichen.

b) Kognitive/gedankliche (Lachmann bezeichnet diese Kategorie als überraschende oder kollative) Reize sind gekennzeichnet durch:
   - Neuartigkeit/ Neuheit,
   - Überraschung,
   - Inkonsistenz,
   - Unklarheit,
   - Verfremdung,
   - Konflikt etc.

   Der Verstoß gegen vorhandene Erwartungen und Schema-Vorstellungen gelingt häufig durch eine besondere Bild-Text-Kombination, kann sich aber auch auf einen Bereich beschränken.

c) Physische Reize: wie intensive Stimuli, z.B. durch
   - Größe (der Anzeigen-Elemente, der gesamten Anzeige oder von Plakaten)
     – die Anzeigengröße und die Größe des Bildes haben einen entscheidenden Einfluss auf die Kontaktwahrscheinlichkeit, die Nutzungsdauer und auf die Erinnerung (Recall, Recognition),
   - Länge des Spots in TV, Kino, Funk,
   - Farbe (Farben des Rot-Gelb-Bereichs aktivieren am stärksten und Blau am geringsten), und Farbton, Helligkeit und Sättigung bestimmen die beim Adressaten ausgelöste Aufmerksamkeitswirkung,
   - Kontrast,
   - Lautstärke etc.

   Die Aktivierungskraft physischer Reize hängt stark vom jeweiligen Umfeld ab. So fallen in einer Fachzeitschrift wie der „w&v“, in der fast alle Anzeigen auf der vermeintlich wahrnehmungstechnisch besseren rechten Seite platziert sind, vermutlich Anzeigen auf der linken Seite mehr auf. Ähnliche Überlegungen lassen sich problemlos auf den Einsatz von Farbe, Format oder auch auf Lautstärke übertragen.
   Physische Reize werden selten allein, sondern häufig zusätzlich zu anderen Reizarten eingesetzt.

Da Anzeigen selten nur mit einem Aktivierungsmittel arbeiten, sollte deshalb bei einer Bestimmung des Aktivierungspotenzials eine getrennte Beurteilung hinsichtlich ihrer emotionalen, kognitiven sowie physischen Reize erfolgen. Darüber hinaus sollte versucht werden, auch das Aktivierungspotenzial einzelner Anzeigenbestandteile, wie z.B. der Bilder oder der Headline bzw. ihrer Kombination, zu beurteilen.

## Beispiele

Für die aufgeführten Prinzipien sollen einige unterschiedliche Beispiele genannt bzw. beschrieben werden. Die *Anzeigenmotive* können an dieser Stelle im Buch nur verkleinert und in schwarzweiß abgedruckt werden. Sie stehen jedoch zusätzlich als Download auf der Webseite des Verlags als farbige Darstellungen zur Verfügung, die sich größer ausdrucken und so wie Arbeitsblätter im Unterricht einsetzen lassen (www.cornelsen.de aufrufen und im entsprechenden Eingabefenster als Webcode *Anzeigenmotive* eingeben).

Zusätzlich lassen sich folgende Beispielmotive hinsichtlich der Grundprinzipien der Anzeigenstaltung untersuchen, die ebenfalls im Download enthalten sind:

- Abb. 8.46/Seite 437: „Wendesätze" (Swiss Life)
- Abb 8.52/Seite 470: „Jürgen Klopp Trainer/Frankfurter Allgemeine Zeitung"
  Abb. 8.53/Seite 473: „Follow Fish" (Leagas Delaney)

**Anzeigenmotiv A: Emotionaler Reiz**

*Abb. 8.16 A: Anzeige für Sekt, © Demner, Merlicek & Bergmann Werbegesellschaft mbH, Wien/Foto Oliver Jiszda [Hochriegl Kattus Sekt]*

Die Anzeige für diesen Sekt arbeitet mit dem Einsatz von emotionalen Reizen (konkret dezente Erotik), passend zum Produkt. Sie kommt dabei ohne Text aus. Dass man darüber, was an emotional-erotischen Reizen den guten Geschmack verlässt oder gar anstößig ist, geteilter Meinung sein kann, ist landläufig bekannt. Man findet aber sogar Beispiele, wo emotional-erotische Reize noch nicht einmal zum Produkt passen und allein schon aus werblicher Sicht ungünstig sind, weil sie eher ablenken. Dagegen grenzt sich diese Anzeige positiv ab.

**Anzeigenmotiv B: Kognitive und physische Aktivierung**

*Abb. 8.16 B: Anzeige für den Kölner Zoo, © Preuss und Preuss GmbH, Agentur für Problemlösungen, Berlin*

Erläuterung:
Der Kölner Zoo arbeitet vor allem mit kognitiver Aktivierung (die ungewöhnliche „Frisur" des Löwen erklärt sich durch die headline, der Löwe trägt „Sonntagsstaat"). Die Größe des Löwenkopfes im Verhältnis zur Gesamtanzeige beinhaltet außerdem eine physische Aktivierung

**Anzeigenmotiv C:**
**Kognitive Reize und emotionale Aktivierung**

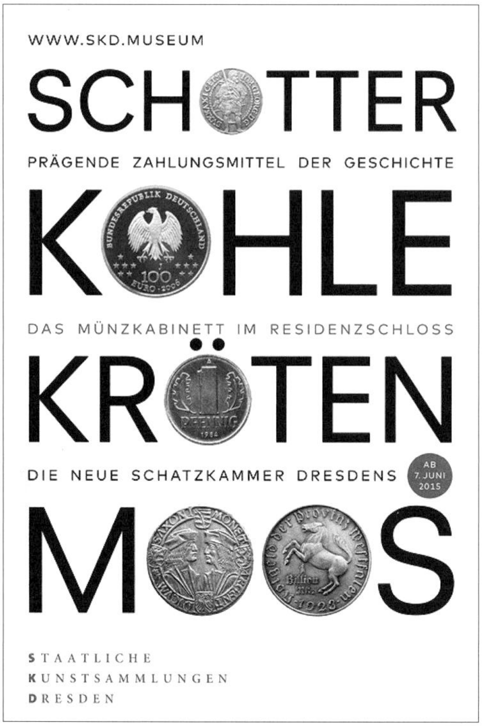


*Abb. 8.16 Plakat für die Staatlichen Kunstsammlungen Dresden, © Preuss und Preuss GmbH, Agentur für Problemlösungen, Berlin*

Erläuterung:
Die Staatlichen Kunstsammlungen Dresden nutzen hier vor allem kognitive Reize (ungewöhnliche Darstellung der Wörter, die nur unter Einbezug der Münzen lesbar sind sowie die unterschiedlichen Bezeichnungen für Geld). Die humorvolle Zusammenstellung umgangssprachlicher Synonyme für Geld (Schotter, Kohle, Kröten, Moos) löst außerdem eine emotionale Aktivierung aus.

**Anzeigenmotiv D: Kombination von Reizen**

*Abb. 8.16 D : Anzeige für Sprachführer und Wörterbücher, © brand.david Kommunikation GmbH, München*

Erläuterung:
Die sehr aktivierungsstarke Anzeige des Herausgebers für Sprachführer „Langenscheidt“ arbeitet mit einer Kombination von physischen (Markenfarben im Original gelb und blau, bitte die Downloadfassung der Beispiele beachten), kognitiven (Entschlüsselung der „Gleichung“ aus den Symbolen) und emotionalen Reizen (Liebe ergibt sich aus Land und „Langenscheidt“, Humor).

**Exkurs: Kindchen-Schema**

Babys und Kleinkinder wecken in uns das sogenannte Brutpflegeverhalten.

Sie ziehen uns in ihren Bann und entlocken uns so Schutz, Zuwendung und Nahrung. All das geben wir gerne. Grund ist nicht nur das tollpatschige Verhalten des Nachwuchses. Die kleinen Verführer locken mit einer Reihe äußerer Merkmale, die wir als „süß“ und „niedlich“ – kurz: unwiderstehlich – empfinden.

Verhaltensforscher sprechen bei diesen Merkmalen von Schlüsselreizen: Der Kopf kleiner Kinder und Tiere ist im Vergleich zum restlichen Körper noch sehr groß, mit hoher, vorgewölbter Stirn und auffällig großen, strahlenden Augen. Die Pausbacken quellen rund hervor. Arme und Beine sind kurz, dick und stramm. Und auch am restlichen Körper sorgen viel Wasser im Gewebe sowie eine ordentliche Portion Fett für rundliche Formen und weiche, elastische Qberflächen.

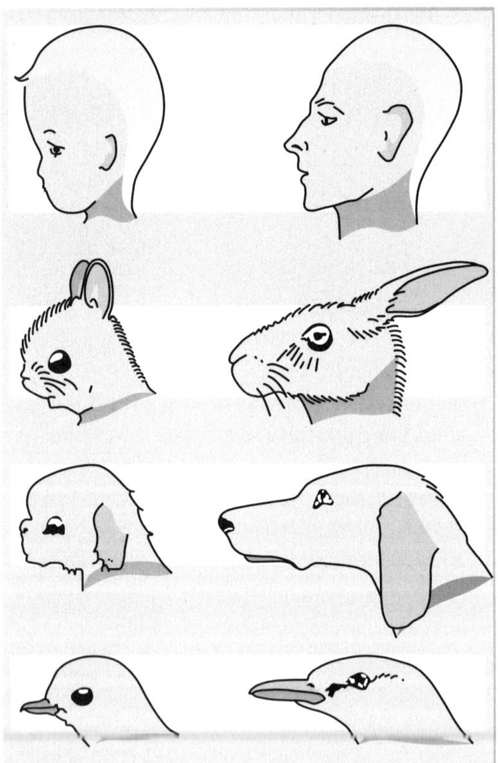

*Abb. 8.17: Kindchenschemata*

Der bekannte Verhaltensbiologe Konrad Lorenz fasste diese Eigenschaften 1943 als „Kindchenschema“ zusammen (Abb. 8.17). Die Reaktion auf das Kindchenschema ist angeboren. Und sie ist dem Menschen eigen. Das ist von der Natur so gewollt, denn der kleine Homo sapiens ist extrem lange auf Hilfe angewiesen. Das entsprechende Schema, die Begeisterung für kleine Wonneproppen, bildet sich schon im dritten Lebensjahr heraus, also bei den nur wenig älteren Geschwistern. Sein Ursprung liegt in einer entwicklungsgeschichtlich sehr alten Gehirnstruktur, dem limbischen System, das unsere Gefühle steuert. Hinzu kommt der Einfluss der Hormone: Oxytocin und Prolaktin zum Beispiel fördern mütterliches Verhalten. Sie entstehen vor allem gegen Ende der Schwangerschaft sowie durch die Saugbewegung des Babys an der Brust. Je mehr dieser Hormone im Blut kreisen, desto intensiver die Reaktion auf das Kindchenschema. Das weibliche Geschlechtshormon Östrogen begünstigt das Brutpflegeverhalten ebenfalls. Unempfindlicher gegen Pausbacken und Kulleraugen machen dagegen Stresshormone wie Adrenalin, Noradrenalin und Endorphine sowie das männliche Geschlechtshormon Testosteron.

Da Männer und Frauen beide Geschlechtshormone in unterschiedlicher Gewichtung haben, reagieren Frauen in der Regel intensiver auf das Kindchenschema. Es gibt aber Ausnahmen. Vor der Pubertät ist der hormonbedingte Unterschied nicht festzustellen. Und auch Männer bilden Oxytocin, wenn auch in kleinen Mengen. In der Literatur wird dieses Hormon manchmal salopp als „emotionaler Alleskleber“ bezeichnet. Es macht in gewisser Weise süchtig nach Nähe. Es bindet Eltern an Kinder und Paare aneinander.

Je mehr Merkmale des Kindchenschemas zusammentreffen, desto stärker fühlen wir uns angesprochen. Doch selbst einzelne Signale wie ein runder Kopf oder große Augen lösen die entsprechenden Gefühle aus – auch wenn sie bei Tieren vorkommen. So sind kleine, runde Rotkehlchen beliebter als langschnäbelige Drosseln. Dabei ist es unerheblich, ob das Tier jung oder alt ist. Hauptsache, es weist kindliche Merkmale auf. Wir finden zum Beispiel ausgewachsene Braunbären recht niedlich, obwohl sie ziemlich gefährlich sind. Eisbären mit ihrem länglichen Kopf und den kleineren Augen wirken dagegen eher furchteinflößend.

Die Tatsache, dass unser Gemüt so leicht anzusprechen ist, nutzen Hersteller entsprechender Figuren seit langem: Teddys, Puppen und Micky Maus sichern hohe Verkaufsraten durch Kulleraugen, runde Köpfe und große Ohren. Haustierzüchter nutzen die angeborene Sympathie für „weich und knuddelig“ mit Züchtungen wie Pekinesen oder Perserkatzen.

Die Werbewirkung des Kindchenschemas umfasst sowohl eine Aktivierungs- als auch eine Einstellungswirkung (zur Anzeige und zum Produkt). Neuere Forschungsergebnisse haben die Gültigkeit bzw. Wirksamkeit des Kindchenschemas bestätigt (vgl. Artikel von Heribert Gierl und Christina Eleftheriadou in Planung+Analyse 3/2002, S. 74ff.). In einer empirischen Studie wiesen die beiden nach, dass das Kindchenschema:

- immer noch stark wirkt,
- auf Frauen eine stärkere Wirkung hat als auf Männer,
- auf Personen mit Kindern eine stärkere Wirkung hat als auf kinderlose,
- auf Personen mit vergleichsweise niedriger Bildung stärker wirkt als auf Personen mit hoher Bildung.

Als ideale Zielgruppe für Werbung, die mit dem Kindchenschema arbeiten möchte, können demnach ältere Frauen, die eigene Kinder hatten und eine vergleichsweise geringe Bildung aufweisen, angesehen werden. Aber wenn es zur Werbebotschaft bzw. zum Produktnutzen und zum Absender der Werbebotschaft passt, wird eine Verwendung grundsätzlich empfohlen.

*Weitere Berücksichtung von Kontrast, Konsistenz und Klarheit*
Falls es nicht gelingt, die low-involvierten Adressaten zu aktivieren, kommt es nur zu beiläufiger Wahrnehmung der Anzeige. Damit sich in diesen Fällen die Anzeige überhaupt lohnt, sollte man vor allem zwei Dinge berücksichtigen.

Zum einen sollten die wichtigsten Elemente der Anzeige (zum Beispiel das Markenlogo) groß genug und prägnant abgebildet werden (eine Art innerer Kontrast der Anzeige, mehr zum Prägnanzbegriff im nächsten Abschnitt). Zum anderen sollte man auf gewisse Konsistenz achten, das heißt, versuchen, den werblichen Auftritt über eine längere Zeit relativ konstant zu gestalten. Erfolgreiche Marken wie Nivea, Sixt, Lucky Strike oder Marlboro machen das seit Jahrzehnten vor, wobei man Konsistenz nicht mit Stillstand verwechseln darf, denn auch Nivea, Marlboro etc. haben sich veränderten Zeiten angepasst, aber langsam, organisch und eben nicht sprunghaft. Der Vorteil liegt auf der Hand, denn selbst bei beiläufiger Wahrnehmung, z.B. beim Durchblättern einer Zeitschrift im Wartezimmer eines Arztes, erkennt man, dass für Nivea geworben wurde. Selbst dieser flüchtige Kontakt zahlt schon im Sinne der Vorprägung auf das Markenkonto ein, was sich in einer späteren Kaufphase auszahlen kann.

Konsistenz im Markenauftritt bedeutet nicht Stillstand

→ *Konsistenz in der werblichen Gestaltung darf aber nicht zur Austauschbarkeit führen, denn dann wird bei beiläufiger Wahrnehmung meistens nur noch Werbung für die Produktgattung gemacht.*

Dies kommt in der Regel, dafür gibt es Beispiele, dem Marktführer zugute. Im Übrigen gilt diese Aussage auch für Formen der vergleichenden Werbung, bei denen beispielsweise der Wettbewerber namentlich genannt oder durch bekannte Farben, Slogans oder Logos dargestellt wird. Vergleichende Werbung setzt eigentlich High-Involvement voraus, denn bei Personen, die nicht bewusst in die Anzeige einsteigen, kommt es zu Fehlzuordnungen, die den unangenehmen Effekt haben können, für die Konkurrenz geworben zu haben. Wenn also die Wahrscheinlichkeit hoch ist, dass der Großteil der Zielgruppe die Anzeige nur beiläufig registriert, sollte man die Finger von vergleichender Werbung lassen.

*Während es bei Kontrast vor allem auf das Auffallen im Wettbewerbsfeld ankommt, geht es bei Konsistenz um Wiedererkennbarkeit.*

Konsistenz garantiert die Wiedererkennbarkeit

Dies erfordert neben gewisser Kontinuität im kommunikativen Auftritt eine bestimmte Wiederholungsfrequenz – dies gilt vor allem im Falle der beiläufigen Wahrnehmung. Hier können richtig aufeinander abgestimmte Formen der integrierten Kommunikation sehr hilfreich sein (vgl. zum Begriff der integrierten Kommunikation Kapitel 1 im Band „Kommunikationspolitik"). Wenn es gelingt, durch kontinuierliche Markenführung einzigartige Markenwelten in den Köpfen der Verbraucher zu verankern (Positionierung), entstehen sogenannte Markenschemata, die anschließend nur noch durch geeignete Schlüsselbilder aktiviert werden müssen. Dann wird die Marke selbst bei völlig beiläufigem Lernen wahrgenommen und im Kopf des Adressaten werden viele Bedeutungen, Bilder, Assoziationen, Emotionen usw. hervorgerufen, die im Idealfall die Positionierung weiter stärken und insofern helfen, späteres Kaufverhalten vorzuprägen. Die Wirkung von biologisch geprägten Schemata für Orientierungsreaktionen haben wir am Beispiel des Kindchen-Schemas gesehen.

*Doch Schemata können auch zielgruppenspezifisch festgelegt, emotional aufgeladen und durch wiederholte Darbietung in den Köpfen der Verbraucher verankert werden.*

Markenschemata müssen ausreichend großen Kontrast zur Konkurrenz aufweisen (Einzigartigkeit)

Dass dies nur gelingt, wenn sich das Markenschema von der Konkurrenz unterscheidet, dürfte selbstverständlich sein. Trotzdem noch einige kurze Hinweise zum Begriff „Schema": „Schemata sind große, komplexe Wissenseinheiten, die typische Eigenschaften und feste standardisierte Vorstellungen umfassen, die man von Objekten, Personen oder Ereignissen hat, auch von Marken und Unternehmen. Sie enthalten nicht nur Sachverhalte, Semantisches, sondern auch Bildhaftes, Emotionales, Haptisches, Gerüche usw." (Lachmann, 2003). Ein Großteil unseres Wissens wird im Gehirn durch Schemata repräsentiert. Durch bestimmte Schlüsselreize wird dann das entsprechende Schema mit all seinen Elementen abgerufen. Dabei gibt es Schemata wie „Weihnachten" oder „Karibik", die meist emotional positiv besetzt sind, als auch negativ besetzte wie „Krieg" oder „11. September". An diesem Beispiel sieht man schon, dass Schemata unsere Wahrnehmung steuern, denn sie verändern unsere Erwartungen an die aufzunehmende Information. Von besonderer Bedeutung sind dabei Schlüsselreize, die bei fast allen das entsprechende Schema auslösen, wobei die konkrete Ausgestaltung des Schemas sehr individuell sein kann. Eine Abbildung des Eiffelturms wird bei (fast) jedem das Schema „Paris" auslösen, was der Einzelne damit verbindet, hängt stark von individuellen Erfahrungen, Urteilen, Vorurteilen oder Erwartungen ab.

Unternehmen müssen zunächst versuchen, im jeweiligen Marktsegment und für die Zielgruppe wichtige Schemata zu finden. Anschließend muss ein eigenständiges Markenschema entwickelt, emotional aufgeladen und häufig wiederholt werden, damit die Markenwelt in den Köpfen verankert wird. Dabei kommt der Festlegung und Penetration des Schlüsselreizes eine besondere Bedeutung zu, schließlich soll dieser später den Abruf des Markenschemas auslösen.

**Beispiel**

Der Anfang des 20. Jahrhunderts von Suchard entwickelten Schokoladenmarke Milka – schon der Markenname eine geniale Verknüpfung der Inhaltsstoffe **Mil**ch und **Ka**kao – gelang es, von Anfang an das allgemeine Schema „Alpenmilch" durch die lila Farbe für sich zu variieren und so eine eigenständige Position zu besetzen. Aber als dann in den 70er-Jahren noch die „Lila Kuh" (Agentur: Young&Rubicam) als Schlüsselbild hinzukam, war der Markterfolg nicht mehr zu stoppen.

Nur wenigen Marken gelingt der Aufbau von Markenschemata und die Verankerung geeigneter Schlüsselbilder. Die Unternehmen mit Marken wie beispielsweise Marlboro, Bacardi, Milka oder Langnese, denen dies gelingt, sind am Markt äußerst erfolgreich. Zur Vertiefung folgen noch einige Beispiele:

**Beispiele**

1. Marlboro benutzte einen Kino-Spot, in dem 30 Sekunden lang nichts zu sehen, aber eine vorbeigaloppierende Pferdeherde zu hören war. Jeder im Kino wusste, dass es sich um Werbung für Marlboro handelte. An diesem Beispiel sieht man außerdem, dass Schlüsselbilder nicht auf einzelne Symbole oder Personen beschränkt sind, sondern ganze Bilder – teilweise auch Musikwelten (wie z. B. auch bei Bacardi) – beinhalten können.
2. Erfolgreich verankerte Markenwelten bringen auch Synergieeffekte bei Produktdifferenzierungen. Während sich die klassische Marlboro-Welt stark durch Freiheit, Autonomie und Risikobereitschaft auszeichnet, wurde bei der Einführung der Light-Zigarette mit leicht veränderten Motiven aus der Markenwelt geworben (z. B. Einsatz von Cow-Girls oder kleine von Cow-Boys gestreichelte Hunde), die die „klassische" Marlboro-Welt in Richtung Harmonie erweiterten. Diese Veränderung sollte Frauen als Kernzielgruppe der Lights erreichen, was auch gelang.
3. Es gibt auch verankerte Schlüsselreize, die außer dem Markennamen nichts transportieren. Das akustische Logo und die Farbe Magenta der Telekom kennt zwar inzwischen jeder, aber es fehlt noch ein Markenschema. Dies in den Köpfen der Verbraucher zu verankern, ist für ein stark diversifiziertes Unternehmen wie die Telekom eine schwierige Aufgabe, an der aber im Hinblick auf den langfristigen Markterfolg kein Weg vorbeiführt.

Im Zusammenhang mit Schlüsselbildern kann man auch das von Werner Kroeber-Riel geprägte Konzept der inneren Bilder (Imagery) sehen.

## Exkurs: Innere Bilder/Imagery

Werner Kroeber-Riel spricht inneren Bildern neben besserer Wahrnehmung, Verarbeitung und Speicherung auch einen starken Einfluss auf unser Verhalten zu. Seine Sichtweise ist knapp in einem seiner Aufsätze zusammengefasst, der in einem Katalog zur Ausstellung „Wunderbare Werbewelten“ erschienen ist.

Als innere Bilder sieht man visuelle Vorstellungen eines Menschen an, die man mit „inneren Augen“ betrachtet. Wir kennen dies alle: Wir denken an ein Bauwerk, das wir besichtigt oder auch nur besucht haben und vergegenwärtigen uns gedanklich die Lage der Räume.

Ein Wahrnehmungsbild entsteht dann, wenn der Gegenstand oder ein Bild/Foto davon vom Betrachter direkt sinnlich aufgenommen wird. Ein Wahrnehmungsbild ist zum Beispiel das innere Bild des Gebäudes, das entsteht, wenn wir vor diesem Gebäude stehen und es betrachten und uns vergegenwärtigen, wie die große, geschwungene Treppe verläuft etc.

Nur ein kleiner Teil der Bilder, die wir wahrnehmen, wird im Gedächtnis länger festgehalten. Solche inneren Bilder, die ohne Gegenstand oder Bild davon aus dem Gedächtnis abgerufen werden können, werden Gedächtnisbilder (memory image oder mental images) genannt. Sie haben einen Einfluss auf unser Verhalten und das macht sich das Marketing zu Nutze.

Wahrnehmungsbilder und Gedächtnisbilder verfestigen sich gleichermaßen als innere Bilder (visuelle Vorstellungen) – mit den entsprechenden Wahrnehmungsqualitäten (farbig, komplex, spannend etc.).

Um innere Bilder auszulösen, braucht man äußere Reize und in der Werbung kommt dafür Zahlreiches infrage: Bezeichnungen (gelesen oder gehört), typische Geräusche, Gerüche u.a. Wahrnehmungs- und Gedächtnisbilder entfalten dann

- kognitive Wirkungen und
- emotionale Wirkungen

und sie verbinden sich mit sachlichen oder emotionalen Vorstellungen.

Bei den kognitiven Wirkungen ist für die Werbung die Speicherung von sachlichem Wissen (z.B. Produktion) und räumlichem Wissen (z.B. die Orientierung in Verkaufsräumen, die Anordnung von Produkten im Supermarkt u.Ä.) von Interesse.

Bevorzugt erzeugen innere Bilder aber emotionale Wirkungen (was die Gehirnforschung damit begründet, dass die rechte Gehirnhälfte bevorzugt sowohl für bildliche Vorstellungen als auch für emotionales Verhalten zuständig ist). Reale emotionale Reize werden in der menschlichen Vorstellungswelt eher durch innere Bilder repräsentiert („simuliert“) als durch sprachliche Vorstellungen.

→ *Wer Gefühle vermitteln will, ist bevorzugt auf eindrucksvolle Bilder angewiesen.*

Einen Ersatz kann bildhafte Sprache bieten. Wie stark das Verhalten durch innere Bilder beeinflusst wird, hängt von deren Eigenschaften ab, wie zum Beispiel

- die Lebendigkeit des inneren Bildes oder
- das Gefallen des inneren Bildes.

Lebendigkeit (Vividness) meint Deutlichkeit und Klarheit, mit der ein Gedächtnisbild vor dem inneren Auge steht. Je lebendiger ein inneres Bild empfunden wird, umso stärker beeinflusst es das Verhalten. Werbung ist gut beraten, äußere Bilder zu gestalten und durch die Medien so darzubieten, dass sie im Empfänger lebendige (klare) Gedächtnisbilder hinterlassen.

Im Gefallen der Gedächtnisbilder spiegelt sich wider, ob eine positive oder negative Haltung das innere Bild begleitet. Davon hängt es ab, ob der Sachverhalt, den das Bild darbieten möchte, anziehend oder abstoßend empfunden wird.

Mehr zu diesem Thema kann man im Aufsatz von Werner Kroeber-Riel nachlesen, der unter dem Titel „Bilder sind schnelle Schüsse ins Gehirn. Wirkungsgesetze der Bildkommunikation“ in: Wunderbare Werbewelten. Heidelberg 2001. S. 112 ff. veröffentlicht wurde und in einem sehr lesenswerten Buch des Göttinger Neurobiologen Gerald Hüther (S. 435).

### 8.5.2 Phase der Informationsaufnahme

In der Phase der Informationsaufnahme sollen die Adressaten schnell erkennen, worum es in der Anzeige geht. Zu diesem Zweck

Adressaten müssen schnell erkennen können, worum es in der Anzeige geht

- müssen die wesentlichen Anzeigen-Elemente prägnant sein,
- das Auge muss durch die Anordnung der Elemente schnell und gezielt durch die Anzeige geführt werden und
- der Text muss gut lesbar sein.

Den grundsätzlichen Aufbau einer Anzeige zeigt Abbildung 8.18 und auf alle drei Aspekte soll im folgenden Abschnitt kurz eingegangen werden. Im Vordergrund steht die Klarheit der Anzeige (vgl. 3-K-Schema von Lachmann). Gerade unter Low-Involvement-Bedingungen müssen Anzeigen schnell sein, denn an der erstmals von Kroeber-Riel Anfang der 90er-Jahre ermittelten durchschnittlichen Anzeigenbetrachtungsdauer von weniger als zwei Sekunden hat sich bis heute sicherlich nichts geändert. Die folgenden Überlegungen basieren auf der Annahme des bereits beschriebenen Reiz-Überangebotes (Information overload), dem die Menschen mit selektiver Wahrnehmung begegnen (müssen). Situationen, in denen Reizarmut vorherrscht, das heißt, in denen Menschen nach Informationen suchen, um Langeweile zu vermeiden, sollen nicht weiter beachtet werden, auch wenn der Bereich Ambient-Media, z. B. Werbung auf Toiletten, Gullys oder Pizzadeckeln, immer stärker wächst.

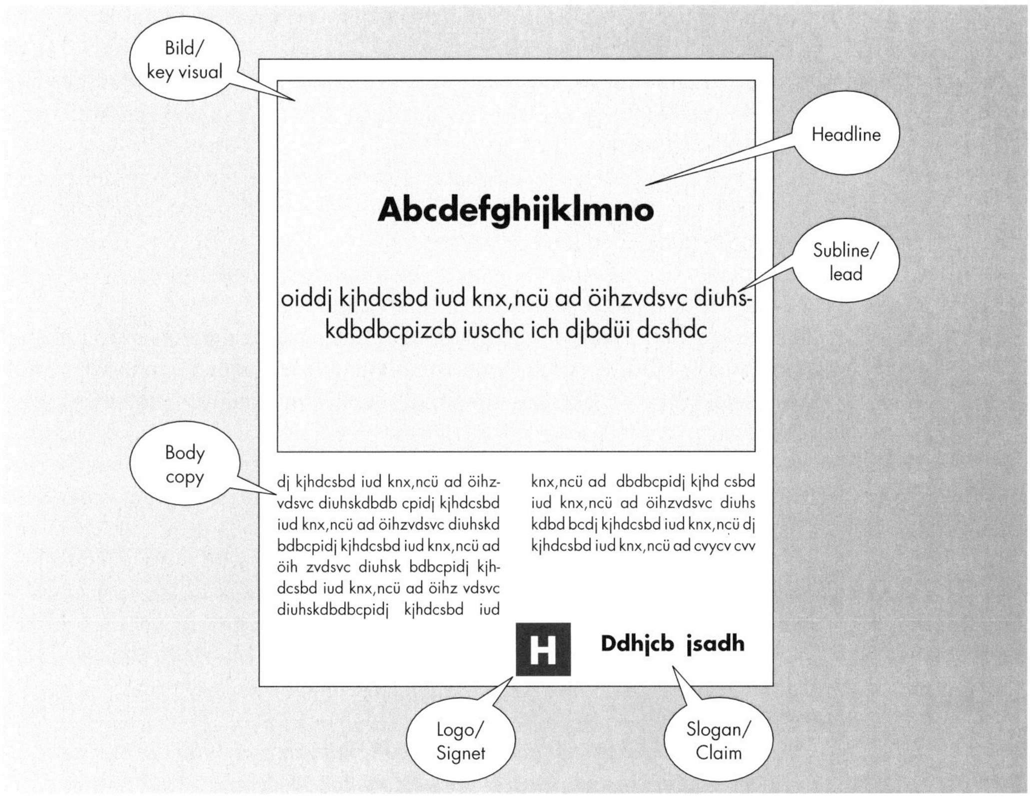


*Abb. 8.18: Elemente einer Anzeige*

Auch der Anzeigenaufbau kann langfristige Konsistenz aufweisen

Die in Abbildung 8.18 gezeigten Grund-Elemente einer Anzeige können natürlich in allen erdenklichen Ausgestaltungen verknüpft werden. Es gibt Unternehmen wie z. B. Porsche, Sixt oder Lucky Strike, die schon seit Jahren einen konstanten Anzeigenaufbau haben, der dem in der Abbildung ähnelt.

Zum Beispiel bei Porsche findet sich die Headline immer unter dem Bild, eine insofern gute Methode, weil Forschungsergebnisse zeigen, dass Bildunterschriften häufiger gelesen werden als Überschriften. Eine mögliche Erklärung liegt darin, dass Menschen aus anderen Zusammenhängen wie Zeitschriften und Zeitungen oder auch Museumsbesuchen (Titel von Bildern) die Bedeutung bzw. Beachtung von Bildunterschriften gelernt haben (Neugier). Sublines oder Leads findet man häufiger in journalistischen Textformen als in Anzeigen.

Bei Logo/Signet auf Platzierung, Prägnanz und Größe achten

Die verwendeten **Bilder** werden, wie bereits erwähnt, nur in seltenen Fällen zu Key Visuals und insofern zu Auslösereizen für das Markenschema. Als ein Blickfang/Eye-Catcher sind sie aber in jedem Fall unerlässlich, zumal sie wesentlich schneller wahrgenommen, verarbeitet und gespeichert werden können als Text (vgl. Abschnitt 8.5.3).

Im **Logo/Signet** und **Slogan/Claim** werden die zentralen Merkmale des Absenders noch einmal verdichtet, damit selbst bei beiläufigem Lernen noch etwas aus der Anzeige mitgenommen werden kann. Die Unterscheidung zwischen Logo und Signet und noch stärker zwischen Slogan und Claim kann sich von Agentur zu Agentur oder Land zu Land unterscheiden (in England werden Slogan und Claim genau umgekehrt verwendet).

- Unter Logo werden Wortmarken, die Unternehmens- oder Markennamen ästhetisiert darstellen, wie der Coca-Cola-Schriftzug, das Bayer-Kreuz oder Nivea verstanden.
- Signets sind Bild- oder Buchstabenmarken (Formzeichen) ohne weitere verbale Inhalte, wie z.B. der Mercedes-Stern oder der Kasten mit aufwärts strebendem Strich der deutschen Bank.
- Es finden sich aber auch häufig Kombinationen von Signet + Logo, wie z. B. das Kranich-Symbol der Lufthansa und der Schriftzug.

Da gerade bei beiläufiger Wahrnehmung zumindest der Absender erkannt werden soll, wird der Gestaltung von Signets bzw. Logos nennenswerte Aufmerksamkeit geschenkt, was helfen soll, die Wahrnehmungs- und Erinnerungschancen zu erhöhen. Wesentliche Hinweise dazu sind:

- Die Platzierung des Logos erfolgt meist in der Griffecke (rechts unten) – was von den Rezipienten inzwischen gelernt wurde – oder sie erfolgt in der Nähe des Eye-Catchers (vgl. Gesetz der Nähe).
- Das Logo wird vielfach frei gestellt, zumindestens wird auf ausreichenden Kontrast zum Hintergrund geachtet (vgl. Prägnanz).
- Das Logo oder Signet braucht eine ausreichende Größe.

Die Unterscheidung von Claim und Slogan sorgt immer wieder für Begriffsverwirrung.

→ *Die Mehrzahl der deutschen Agenturen versteht unter Claim ein eher kurzfristig, zum Beispiel für eine Kampagne, eingesetztes Motto, das sich aber bei längerfristigen Einsatz zum Slogan entwickeln kann.*

Der möglichst nicht austausch- bzw. verwechselbare Slogan beinhaltet das längerfristige Positionierungs-Statement des Unternehmens oder der Marke.

*Ein guter Slogan stellt den Markenkern möglichst kurz dar, löst positive Assoziationen aus und ist gut erinnerbar.*

Slogans helfen beim Auslösen des Markenschemas

(Nach Meinung des Verfassers) gute Slogans wie „Wir machen den Weg frei“ (Volks- und Raiffeisenbanken) oder „Freude am Fahren“ (BMW) haben sich durch konstante Wiederholung bei den Zielgruppen eingeprägt („Branding“) und sind zum unverwechselbaren Schlüsselreiz für die entsprechende Markenwelt geworden.

Vor dem Hintergrund von Reizüberflutung und wenig involvierten Adressaten lassen sich schon einige Hinweise zum Anzeigenaufbau geben:

**Einige Grundregeln zum Aufbau von Anzeigen**

- Hoher Bildanteil ⇒ Bilder sind schnelle „Schüsse“ ins Gehirn.
- Nicht zu viele Informationen auf einmal, also Konzentration auf das Wesentliche ⇒ Wie viele Tennisbälle fangen Sie, wenn Ihnen fünf Bälle gleichzeitig zugeworfen werden?
- Auf Text sollte nicht verzichtet werden ⇒ Auch wenn Text nicht gelesen wird, wirken Anzeigen mit Textelementen glaubwürdiger als ohne (vgl. Lachmann, 2003).
- Nicht zu komplexer Anzeigenaufbau, also Prägnanz ⇒ Zu viele Elemente lenken von der Kernbotschaft ab („Vampir-Effekt“), das heißt, die Erinnerungswerte sinken (vgl. Lachmann, 2003).
- Konsistenz bzw. Kontinuität über einen längeren Zeitraum ⇒ Erhöhung des Wiedererkennungswertes auch bei beiläufiger Wahrnehmung.
- Einzigartiger Auftritt („Uniqueness“) also sich von der Konkurrenz abheben ⇒ Höhere Aktivierung führt zu verbesserter bzw. intensiverer Wahrnehmung.

Bilder und Texte werden doppelt abgespeichert

In Abbildung 8.19 sind die unterschiedlichen Aufgaben, die Text und Bild in der Werbung haben, kurz zusammengefasst. Dabei werden Bilder vor allem von der rechten Hirnhälfte und Texte von der linken wahrgenommen, verarbeitet und gespeichert (darauf kommen wir in Abschnitt 8.5.3 noch zurück). Allerdings sind bei diesen Prozessen immer beide Hirnhälften beteiligt, das heißt, sowohl Texte als auch Bilder werden doppelt gespeichert, dies gilt im Übrigen bei Texten vor allem für bildhafte und konkrete Wörter. Dieser Aspekt wird ebenfalls in Abschnitt 8.5.3.3 unter dem Stichwort „Textverständlichkeit“ noch vertieft.

Nur wenn das Auge fixiert ist, kann es Informationen aufnehmen. In jeder Sekunde kommt es zu ca. vier Fixationen, das heißt, die Pupille verengt sich. Die anderen nicht am scharfen Sehen beteiligten Bereiche der Netzhaut erfassen die Umgebung eher unscharf (peripheres Sehen), sind aber wichtig, da sie bestimmen, wo die nächste Fixation hingehen soll. Dann springt das Auge in sog. Sakkaden zum nächsten Fixationspunkt, wobei es während der Sprünge praktisch blind ist.

| Aufgaben des Bildes | Aufgaben des Textes |
|---|---|
| • Aktivierung<br>• Interesse wecken<br>• Übermittlung von Emotionen<br>• Als Schlüsselreiz Abruf des gewünschten Markenschemas auslösen<br>• Mit dem Aussehen des Produktes vertraut machen<br>• Wiedererkennbarkeit sichern<br>• Produktnutzen demonstrieren/visualisieren<br>• Einstellung zum Produkt verbessern<br>• Im Text Geäußertes belegen/beweisen<br>• Im Text Geäußertes verdeutlichen | • Argumentation für das Produkt und seinen Kauf (rational)<br>• Darstellung von Produktvorteilen/-eigenschaften<br>• Bereitstellung zusätzlicher Informationen für High-Involvement-Kunden<br>Das Zusammenspiel von Bild und Headline soll Spannung erzeugen, die die Leser zur weiteren Beschäftigung mit der Werbebotschaft veranlasst. |

*Abb. 8.19: Aufgaben von Text und Bild in der Werbung*

Allerdings nehmen wir dies wegen des Tempos sowie Ausgleichsmechanismen unseres Gehirns nicht wahr. Pro Sekunde können wir ungefähr vier mittellange Wörter aufnehmen. Eine Studie des Max-Planck-Instituts Berlin zeigt, dass Texte mit Großschreibung schneller gelesen wurden als Texte mit reiner Kleinschreibung. Möglicherweise kamen die Leser mit kürzeren Fixationen aus, weil das groß geschriebene Substantiv zusätzliche Informationen für die schnellere Verarbeitung enthält oder man die Weite des nächsten Augensprungs nach dem nächsten Großbuchstaben richtet: Man hat ihn unscharf schon im Voraus wahrgenommen und weiß, dass er ein wichtiges Wort einleitet.

Bilder werden ganzheitlich und deshalb schneller aufgenommen als Texte

Bilder können wesentlich schneller erfasst werden, nämlich parallel (gleichzeitig, ganzheitlich) und nicht wie Text sequenziell (der Reihe nach). Von der Netzhaut wird der Impuls über die Nerven an die visuellen Zonen der Großhirnrinde (Cortex) weitergegeben, wo er im Kurzzeitgedächtnis in weniger als einer halben Sekunde mit bekannten Schemata verglichen wird, um zu entscheiden, ob dem Reiz weiter Aufmerksamkeit geschenkt werden muss. Wo Fixationen erfolgen, hängt von verschiedenen internen und externen Faktoren ab:

- Interne Faktoren, wie Involvement oder Gewöhnung (antizipatorisch): Die Marke oder das Logo wird z. B. meist rechts unten erwartet.
- Externe Faktoren, wie Aktivierungspotenzial, Größe der Elemente, Blickführung, Farbe oder Prägnanz (Figur-Grund-Differenzierung).

An den internen Faktoren können Werbetreibende natürlich nichts ändern. Auf der anderen Seite sollte man aber bei der Anzeigengestaltung immer vom schlimmsten Fall ausgehen, das heißt, wenig involvierte Personen, die dadurch, selbst wenn sie geübte Leser sind, wenig Lust haben, sich mit komplizierten Rätselanzeigen, schlecht lesbaren oder unverständlichen Texten auseinanderzusetzen. Diese Erkenntnis führt zu den zu beeinflussenden externen Faktoren und den folgenden Forderungen:

- Die Zielpersonen müssen schnell erkennen können, worum es geht.
  ⇒ Prägnanz und Figur-Grund-Differenzierung
- Die Zielpersonen müssen durch die Anordnung der Anzeigenelemente durch die Anzeige geführt werden,
  ⇒ Steuerung des Blickverlaufs, z. B. durch Beachtung bestimmter gestaltpsychologischer Gesetze.
- Die Zielpersonen müssen den Text leicht und bequem erfassen können.
  ⇒ Lesbarkeit bzw. Einhaltung typografischer Grundregeln.

Auf alle drei Aspekte soll im Folgenden kurz eingegangen werden, wobei zunächst auf Erkenntnisse der Gestaltpsychologie und dabei insbesondere auf die Begriffe „Figur-Grund-Differenzierung" und „Prägnanz" eingegangen wird.

Im Zusammenhang mit „Figur-Grund-Differenzierung" und „Prägnanz" muss man sich noch einmal mit den Themen Wahrnehmungssteuerung und Wahrnehmungstäuschung beschäftigen, die in einem Exkurs behandelt werden. Die wesentlichen und typischen Beispiele findet man vielfach in der Literatur und eine gebündelte, gut lesbare Zusammenstellung bietet das Werk von Günther Kebeck: „Wahrnehmung. Theorien, Methoden und Forschungsergebnisse der Wahrnehmungspsychologie", Weinheim 1997.

### Exkurs Wahrnehmungssteuerung und Wahrnehmungstäuschung

Die gelernten Schemata – im Grunde genommen könnte man auch Vorurteile sagen – die unsere Wahrnehmung steuern können, da sie die Erwartung an die aufzunehmende Information verändern, wurden zwar schon erwähnt, doch noch einleuchtender erscheint diese Tatsache, wenn man sich das folgende Beispiel vor Augen führt, das der Unternehmensberater und Psychologe Stephen R. Covey in seinem Buch: „Die sieben Wege zur Effektivität" (München 2006) beschreibt. Ein Professor von Covey an der Harvard Business School wollte seinen Studenten beweisen, dass zwei Menschen dasselbe sehen, sich darüber uneinig sein können und doch jeder für sich recht haben kann. Er verteilte an die eine Hälfte der Studenten ein Bild einer jungen Frau, das im Stil ähnlich wie Abb. 8.20 gezeichnet war. An die andere Hälfte gab er das Bild einer alten Frau, ebenfalls im gleichen Zeichenstil. Beide Gruppen konzentrierten sich etwa zehn Sekunden auf ihr Bild und gaben es dann zurück. Anschließend zeigte er allen das in Abb. 8.20 dargestellte Kipp-Bild, in dem beide Frauen enthalten sind. Die Gruppe, die sich vorher mit der jungen Frau beschäftigt hatten, sah nur die junge Frau und umgekehrt, erst nach einigen Minuten und heißen Diskussionen waren die Gruppen in der Lage, auch die „andere" Frau zu entdecken.

*Abb. 8.20: Kipp-Figur, in dem man eine junge Frau und eine alte Frau erkennen kann*

Das wahrnehmungspsychologische Phänomen dieser Kipp-Bilder basiert auf der Figur-Grund-Differenzierung (man sieht die junge Frau als Figur/Gestalt und den Rest als Grund oder umgekehrt). Auch Abb. 8.21 ist eine Kipp-Figur.

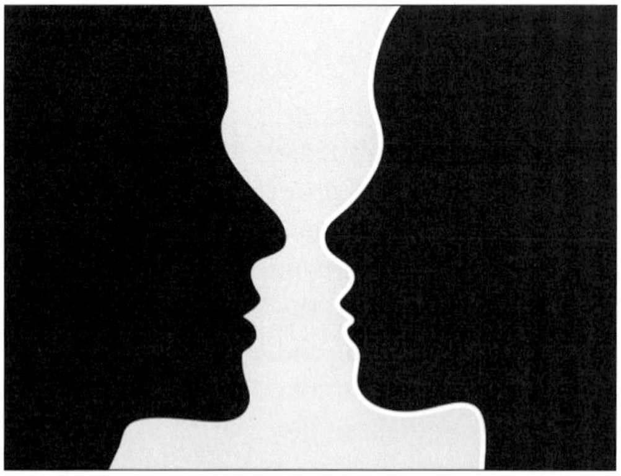

© Fotolia/Fiedels

*Abb. 8.21: Rubinsche Becherfigur – man sieht einen Becher oder zwei Frauengesichter (Rubin 1921)*

Im Zusammenhang mit Wahrnehmungssteuerung stehen auch Abb. 8.22 und 8.23. Hier kann man erkennen, dass unser Wahrnehmungssystem selbst bei zunächst diffus erscheinenden Punktmustern oder nur schwach erkennbaren Darstellungen nach Figuren (Gestalten) sucht, und wenn sie mit einem Begriff belegt sind (Pferd) oder uns das Bild vertraut ist (Regalstraße im Supermarkt), steuern sie die weitere Wahrnehmung. Man könnte sagen, wir sind als „Sinnfindungs-Maschine" konstruiert.

© Fotolia/jpldesigns

*Abb. 8.22: Konzeptgesteuerte Wahrnehmung (Figur-Grund-Differenzierung)*

© Fotolia/weedezign

*Abb. 8.23: Konzeptgesteuerte Wahrnehmung (Figur-Grund-Differenzierung)*

Eindruckvoll sind auch die amodalen Figuren. Dazu zeigt Abb. 8.24 ein Beispiel. Während wir bei der konzeptgesteuerten Wahrnehmung vorhandene Figuren erkennen, die nur diffus oder schwach ausgeprägt erscheinen, sind diese bei amodalen Figuren gar nicht gezeichnet. Wir komplettieren hier Fragmente von Figuren. Wir ordnen die „schwarzen runden Ecken" als Dreiviertelkreise ein und ergänzen für uns optisch zum Kreis. Wir ergänzen auch das auf der Spitze stehende Quadrat. Und das weiße Quadrat „sehen" wir, obwohl davon noch nicht einmal ein Bruchteil gezeichnet und es rein virtuell ist.

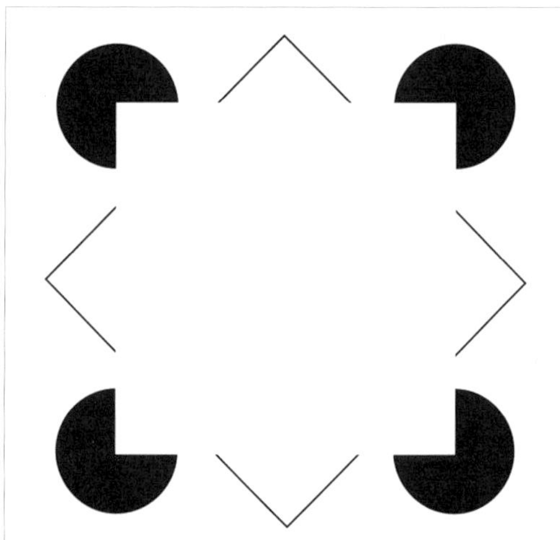

© Fotolia/Flixelpix

*Abb. 8.24: Amodale Figur*

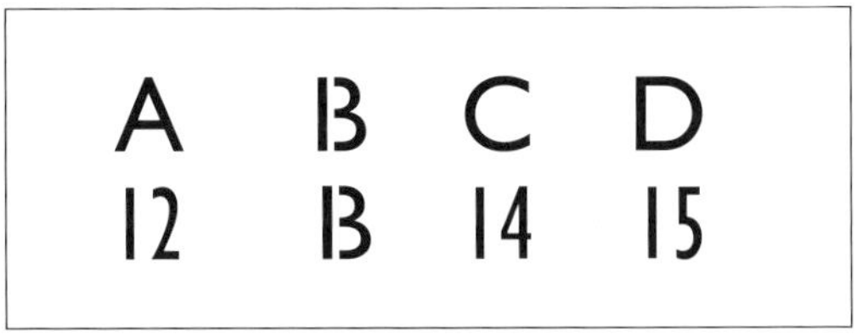


*Abb. 8.25: Kontextabhängige Wahrnehmung*

Weitere Wahrnehmungstäuschungen beruhen auf dem Phänomen, dass ein Reiz seine Gestalt verändert, je nachdem, welche Bezugsgröße man verwendet.

So steuert in Abb. 8.25 der textliche Bezug die Wahrnehmung (Beispiel nach Goldstein 1984, zitiert aus Günther Kebeck, Wahrnehmung, 1997; dieses Werk enthält eine ausführliche Darstellung der Täuschungen mit zahlreichen Beispielen).

In der abgebildeten Anzeige (Abb. 8.26) wird der Punkt, der von den kleineren Punkten umgeben ist, deutlich größer geschätzt als der andere, obwohl beide eigentlich gleich groß sind (Tichener Täuschung).

*Abb. 8.26: Anzeigenbeispiel für Displays, als Beispiel der Verwendung optischer Täuschungen bei der Anzeigengestaltung (Abdruck des älteren Motivs mit freundlicher Genehmigung von LG ELECTRONICS Deutschland GmbH, Ratingen)*

Das angesprochene Phänomen der Reizverschiebung je nach Bezugspunkt zeigt sich im Übrigen nicht nur bei objektiven Eigenschaften wie Größe, Höhe, Länge oder Gewicht, sondern auch bei subjektiven Einschätzungen wie Attraktivität oder Sympathie.

Auch wenn das mit Vorsicht zu behandeln ist, ein Beispiel: Wenn Sie in einem exotischen Land Urlaub machen und dort einen Deutschen treffen, begegnen Sie dieser Person vermutlich zunächst einmal mit Interesse und Sympathie, obwohl Sie diese Person in Deutschland vielleicht niemals angesprochen hätten.

Zahlreiche weitere optische Täuschungen beziehen sich auf Irrtümer bei der Wahrnehmung von Längen oder Größenverhältnissen. Wir stellen einige davon vor. Ihre unmittelbare Anwendung in der Gestaltung liegt auf der Hand: Es lassen sich grafische Elemente (zum Beispiel eine Produktpackung in einer Anzeige) im Verhältnis größer oder hervortretender präsentieren.

*Abb. 8.27: Ponzo-Täuschung: Sind die Personen unterschiedlich groß?*

Die Ponzo-Täuschung beruht darauf, dass zwei gleich große Elemente als ungleich groß wahrgenommen werden, wenn sie quer zu konvergierenden Linien liegen. Das ist im dargestellten Beispiel besonders ausgeprägt, weil sowohl die Wand als auch der Fußboden die Perspektive nach hinten zeigen.

Abb. 8.28 und 8.29 zeigen eine Horizontal-Vertikal-Täuschung und die Müller-Lyer-Täuschung, bei denen wir Längen falsch wahrnehmen. Abb. 8.30 und 8.31 zeigen eine Variante der Zöllnerschen Täuschung und als Spezialfall die sog. Heringschen Linien, die uns zur Parallelität in die Irre führen.

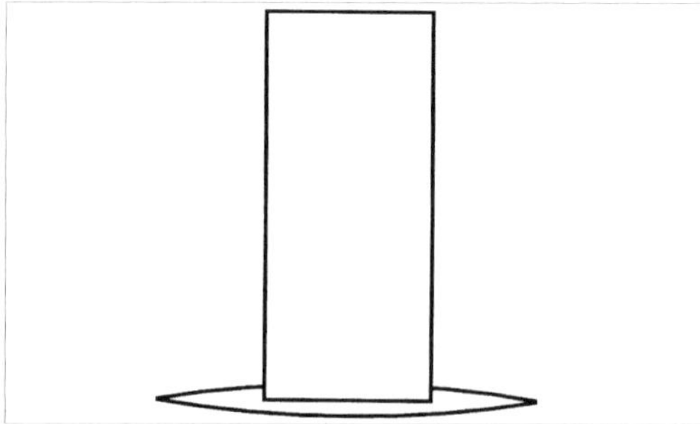

*Abb. 8.28: Horizontal-Vertikal-Täuschung*

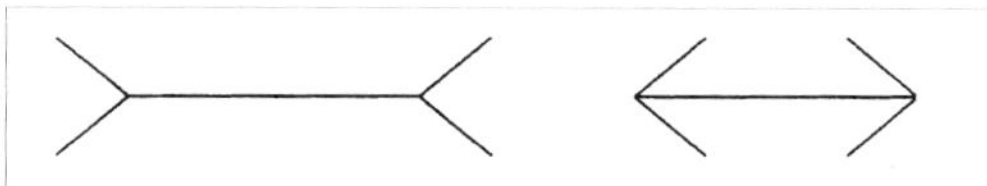

*Abb. 8.29: Müller-Lyer-Täuschung*

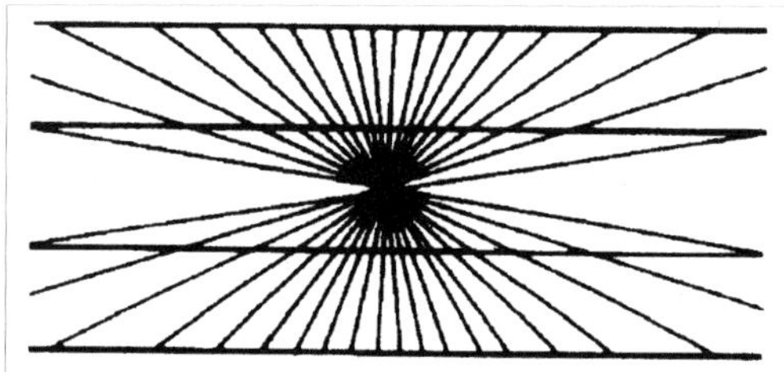

*8.30: Variante der Zöllnerrschen Täuschung (Strahlen durch parallele Linien lassen diese nicht mehr parallel erscheinen)*

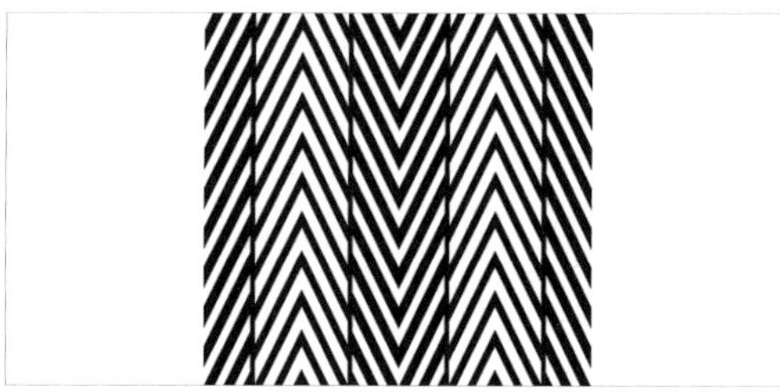

*Abb. 8.31: Heringische Linien (parallele Linien, die von einem Grätenmuster umgeben sind, erscheinen nicht mehr parallel)*

**Verschiedene psychologische Ansätze und ihre Konsequenzen für die Werbung**
Auch die Psychologie versucht mithilfe verschiedener theoretischer Modelle, Wahrnehmung zu erklären. Dabei lassen sich grundsätzlich vier Ansätze unterscheiden, die sich nicht gegenseitig ausschließen, sondern unterschiedliche Phänomene betrachten. Weiter gehende Informationen zu diesen Modellen finden interessierte Leser in den einschlägigen Büchern zum Thema Markt- und Werbepsychologie (u.a. Klaus Moser: Markt- und Werbepsychologie. Göttingen 2002; Georg Felser: Werbe- und Konsumentenpsychologie. Stuttgart 2007 oder Hans Mayer / Tanya Illmann: Markt- und Werbepsychologie. Stuttgart 2000).

**Vier psychologische Modelle im Überblick**

1. *Elementenpsychologie*
   Grundthese: Wahrnehmung hängt ausschließlich von physikalischen Reizen ab.
   ⇒ Konsequenzen für Werbung: Berücksichtigung von Wahrnehmungsschwellen und Verwendung möglichst reizstarker Werbemittel (groß, laut, bunt, oft wiederholen etc.).

2. *Ganzheitspsychologie*
   Grundthese: Wahrnehmung wird schon von ersten (oft nur gefühlsmäßigen bzw. emotionalen) Anmutungen geprägt, das heißt, Wahrnehmung erfolgt nicht schlagartig, sondern allmählich (Aktualgenese).
   ⇒ Konsequenzen für Werbung: besondere Sorgfalt bei der Auswahl von Farben und Bildern, da Anzeigen oft nur beiläufig wahrgenommen werden, sowie Einsatz aktualgenetischer Testverfahren vor der Anzeigenschaltung (z. B. Tachistoskop).

3. *Gestaltpsychologie*
   Grundthese: Wahrnehmung basiert auf Gesetzmäßigkeiten, die von den physikalischen Rahmenbedingungen unabhängig sind.
   ⇒ Konsequenzen für Werbung: möglichst prägnante Darstellung der zentralen Bild-, aber auch Text-Elemente (Lesbarkeit), gezielte Blicksteuerung durch Beachtung elementarer Gestaltgesetze (mehr dazu im nächsten Abschnitt).

4. *Kognitionspsychologie*
   Grundthese: Wahrnehmung wird weniger unter dem physikalischen Gesichtspunkt (wie bei 1. bis 3.), sondern verstärkt unter dem Aspekt der Informationsverarbeitung betrachtet.
   ⇒ Konsequenzen für Werbung: Aufbau von möglichst eigenständigen Markenschemata in den Köpfen der Verbraucher, Verständlichkeit von Bild und Text, Visualisierung des Produktnutzens in der Anzeige, Bestimmung optimaler Kontaktdichten, um Lernen zu erleichtern und Vergessen zu verhindern (weitere Informationen zu diesen Themen finden Sie in den Abschnitten über Informationsverarbeitung und -speicherung).

Auf Elementenpsychologie und Ganzheitspsychologie soll nicht weiter eingegangen werden, da sie im Gegensatz zur Gestalt- und zur Kognitionspsychologie nur eine geringere Bedeutung für die konkrete Anzeigengestaltung haben.

Das Ganze ist mehr als seine Teile

Die Gestaltpsychologie geht von der Annahme aus, dass das Ganze mehr ist als seine Teile. Insofern besteht Wahrnehmung nicht nur aus der Aufnahme und Verarbeitung physikalischer Reize, sondern wird von anderen Faktoren (aktuelle Stimmung, Einstellungen, Erwartungen) stark beeinflusst. Trotzdem gibt es eine Tendenz unseres Wahrnehmungsapparates, eintreffende physikalische Reize zu organisieren bzw. zu strukturieren. Man könnte auch sagen, wir sind ständig auf der Suche nach Zusammenhängen oder nach Sinn.

*Nach den Gesetzen der Gestaltpsychologie ist das grundlegendste Organisationsprinzip der Wahrnehmung die Untergliederung des Wahrnehmungsfeldes in Figur und Grund.*

Figur-Grund-Differenzierung erleichtert die schnelle Orientierung

Hierher gehört der schon mehrfach erwähnte und für die Gestaltung von Werbemitteln fundamentale Begriff der „Prägnanz", der auch auf theoretischen Überlegungen zur Gestaltpsychologie basiert. Dies lässt sich vereinfacht wie folgt darstellen. Unser visuelles System fasst bestimmte Elemente als Figuren auf, den Rest als Grund. Diese Figur-Grund-Differenzierung funktioniert normalerweise sehr gut und bildet die Voraussetzung für eine schnelle Orientierung. Diese Differenzierung lässt zu einem Zeitpunkt immer nur eine Interpretation des Reizmusters zu – es wird vorrangig die Figur oder der Grund wahrgenommen. Dieses Phänomen zeigt sich deutlich bei den schon betrachteten „Kipp-Bildern" (Abb. 8.20 und 8.21), deren Prinzip auch der Maler M. C. Escher in seinem Werk immer wieder aufgegriffen hat. Dabei wird normalerweise zunächst die Figur, die „Gestalt" aufweist, wahrgenommen (vgl. zum Gestalt-Begriff den nachfolgenden Exkurs). Eine Gestalt weist Prägnanz auf, wenn man schnell erkennen kann, worum es sich handelt. Prägnante Elemente werden also leichter wahrgenommen und weniger stark von Umgebungsreizen beeinträchtigt.

*Im Sinne von Werbung sind prägnante Darstellungen (z. B. Produktabbildung, Logo) „schnell" wahrnehmbar und „stabil" im Hinblick auf ihre Wiedererkennung.*

Prägnanz: schnell erkennen können worum es geht

Das sind zwei Faktoren, die gerade bei beiläufiger Wahrnehmung sehr wichtig sind. Eine Möglichkeit, zu prägnanten Figuren zu gelangen, liegt in einem ausreichend hohen Maß an Einfachheit, denn dann wird die Gestalt, obwohl sie nicht dem Ideal – beispielsweise eines Kreises, Dreiecks oder Quadrats entspricht – trotzdem als Kreis, Dreieck oder Quadrat erkannt (vgl. Abb. 8.32).

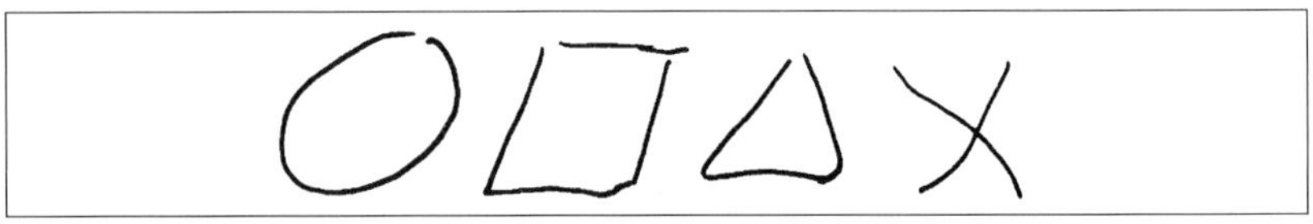

*Abb. 8.32: Obwohl es keine exakten Figuren sind, erkennen wir sie wegen ihrer prägnanten Einfachheit*

Um hohe Prägnanz zu erzielen, muss sich die Figur deutlich vom Grund abheben (Figur-Grund-Differenzierung), erst dann kann der Betrachter schnell erkennen, worum es sich handelt (Abb. 8.32). Die Forderung nach Prägnanz einer Anzeige gehört zu den zentralen Voraussetzungen für eine Werbewirkung. Wahrnehmung ist immer nur so gut – einfach, stabil und konsistent –, wie es die Reizgegebenheiten zulassen. Völlig überladene Anzeigen (wie „Schweinebauch"-Anzeigen für Supermärkte) verhindern eine Auseinandersetzung mit dem Werbemittel („Schweinebauch"-Anzeigen funktionieren aber für ihren Zweck gut, da sie dem Verbraucher inzwischen vertraut sind und er gezielt nach „Schnäppchen" sucht = High-Involvement). In allen anderen Fällen, wo mit Low-Involvement zu rechnen ist, sollte man auf auf diesen Anzeigentyp verzichten. Ergänzend sei erwähnt: Prägnanz ist nicht auf Visuelle beschränkt, sondern man findet sie auch bei Musik.

Je prägnanter die Anzeigenelemente, umso höher die Wahrnehmungschance

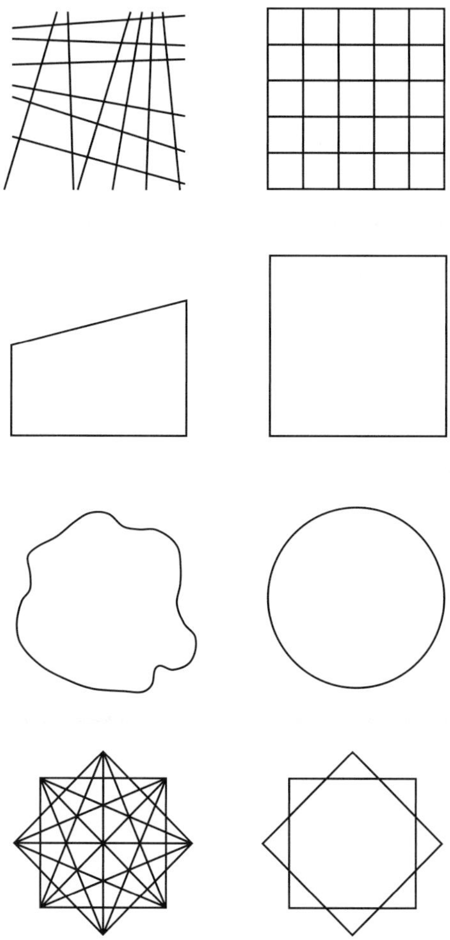

Abb. 8.33: *Beispiele für prägnante/unprägnante Figuren*

**Exkurs: Gestaltpsychologische Gesetze**

**Gestalt**

Einzelne Wahrnehmungsgegenstände werden bei der Wahrnehmung häufig spontan verbunden und als Gestalt wahrgenommen.

*Eine Gestalt ist eine komplexe, von ihrer Umgebung abgehobene Wahrnehmungsganzheit, die nicht auf ihre Komponenten reduziert werden kann.*

**Die wichtigsten Gestaltgesetze**

1. *Gesetz der Ähnlichkeit*
   Ähnliche oder gleiche Elemente werden als zusammengehörend wahrgenommen. Die Ähnlichkeit kann sich auf Größe, Form, Farbe, Helligkeit, Klangfarbe etc. beziehen.

2. *Gesetz der Nähe*
   Elemente, die dicht beieinander liegen, werden zusammengefasst.

3. *Gesetz der Geschlossenheit*
   Es besteht die Tendenz, die Wahrnehmung zu ganzen, kontinuierlichen Figuren zu organisieren. Ist das Reizmuster unvollständig, so besteht die Wahrnehmungstendenz, die fehlenden Bestandteile zu ergänzen.

   *Das Gesetz der Geschlossenheit dominiert das Gesetz der Nähe.*

4. *Gesetz der Kontinuität*
   Elemente, die man kontinuierlich fortführen kann, werden zusammengefasst.

5. *Gesetz der guten Gestalt*
   Können Reize verschieden organisiert werden, schiebt sich die beste Reizkonfiguration in den Vordergrund. Die beste ist bezügl. Ähnlichkeit, Kontinuität, Nähe, Symmetrie zu sehen.

**Prägnanz**

Gestaltpsychologen sehen im Prägnanzgesetz eine zusammenfassende Verallgemeinerung der Gestaltgesetze. Unter folgenden Bedingungen erhält man prägnante Darstellungen:

a) *Einfachheit*
   - Einfache Figuren sind regelmäßig, geschlossen und symmetrisch.
   - Einfache Figuren sind z.B. Kreise, Rechtecke, Quader, Zylinder.
   - Einfache, prägnante Figuren weisen die folgenden Merkmale auf: Gesetzmäßigkeit, Eigenständigkeit, Integrität (es fehlt etwas, es ist etwas zu viel oder es ist etwas falsch).

b) *Einheitlichkeit*
   Einheitliche Flächen sind solche, die farblich und grafisch in sich wenig strukturiert sind.

c) *Kontrast*
   Kontrast wird durch flächig aufgetragene Farben erzielt, die sich deutlich voneinander abheben.

d) *Figur-Grund-Differenzierung*
   Die Figur-Grund-Differenzierung ist ein erster Ordnungsprozess, durch den bestimmte Teile des Wahrgenommenen hervorgehoben werden, die man Figur nennt. Der Rest bildet den Grund. Die Figur scheint vor dem Grund zu stehen bzw. auf dem Grund zu liegen. Die Figur-Grund-Differenzierung gliedert sich in Teilprozesse:
   - Durch Abgrenzung werden Grenzlinien gebildet, die das Wahrnehmungsfeld – einem Puzzle vergleichbar – in Teilstücke zerlegen. Die Abgrenzung erfolgt durch Farb- und Helligkeitskontraste oder mittels Grenzlinienbildung durch Gestaltgesetze.
   - Durch die Differenzierung treten einige Teilstücke hervor (Figur). Der Rest bildet den Grund.
   - Die Figuren werden im Verlauf der kognitiven Informationsverarbeitung weiter differenziert, der Grund wird dagegen homogenisiert.
   - Verbessert wird die Figur-Grund-Differenzierung durch Farb- und Helligkeitskontraste zwischen Figur und Grund.

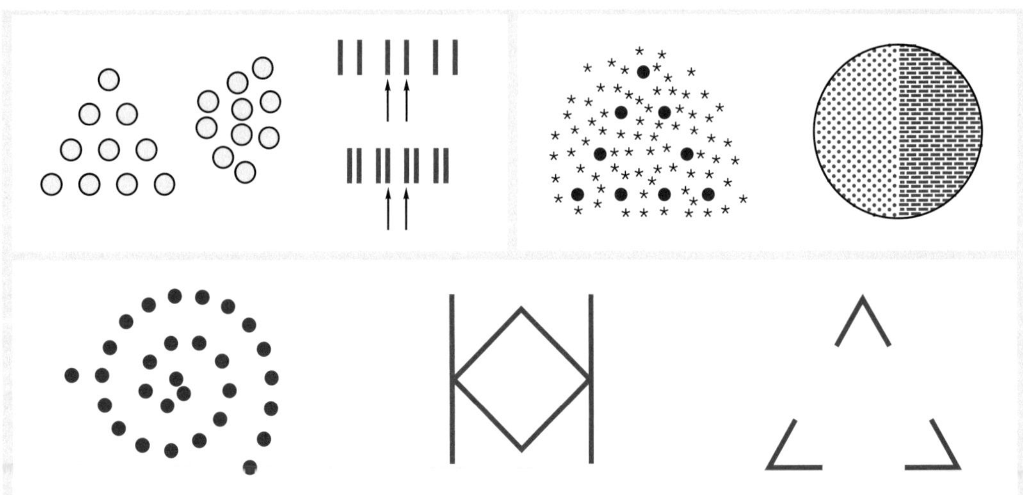

*Abb. 8.34: Illustration der Gestaltgesetze (nach Stanley Coren, auch in Kebeck)*

Folgende Eigenschaften werden Figur und Grund zugeschrieben:

- Die Figur wird als Gestalt gesehen, der Grund nicht.
- Der Grund liegt hinter der Figur und reicht anschaulich unter ihr hindurch.
- Die Figur besitzt Objektcharakter (auch als abstraktes Gebilde).
- Die Farbe der Figur erscheint substanzieller und härter als die des Grundes.
- Die Figur ist dominanter, eindrucksvoller und wird besser behalten.
- Die Grenzlinien zwischen Figur und Grund gehören zur Figur.

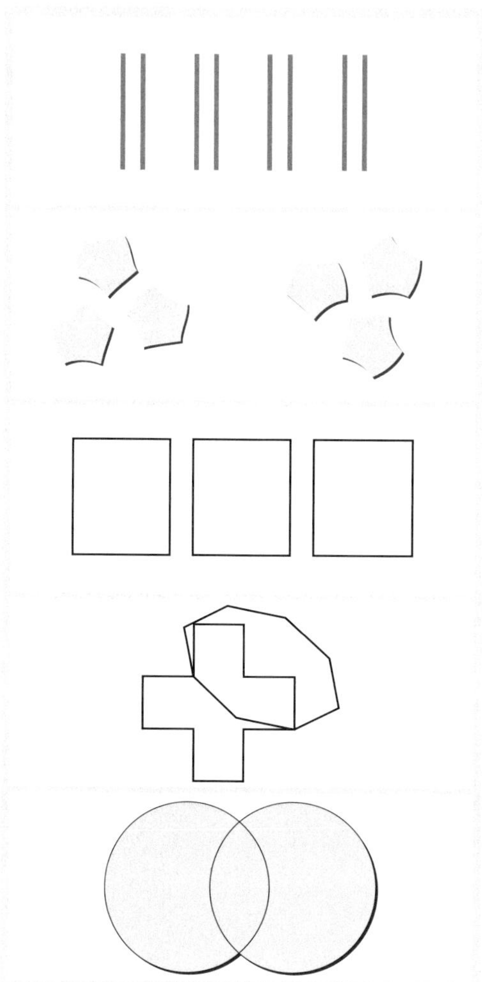

*Abb. 8.35: Weitere Beispiele für Gestaltgesetze*

**Blickverlauf**

Ein weiterer wichtiger Aspekt bei der Anzeigengestaltung ist die Steuerung des Blickverlaufs. Untersuchungen mithilfe von Blickaufzeichnungsgeräten wie Eye-Mark-Recordern oder versteckte Video-Aufnahmen durch einen Spiegeltisch führten zu folgenden Ergebnissen im Hinblick auf den Blickverlauf in Anzeigen:

- Bilder werden vor Text betrachtet,
- Personen vor Landschaften,
- Gesichter vor Körper, dabei Augen, Mund und Nase zuerst.
- Auffällige optische Elemente (groß, bunt, starker Kontrast, zentral, vgl. dazu auch das Thema Aktivierung) werden bevorzugt erfasst und
- das Auge geht am liebsten nach rechts unten (vermutlich wg. Leserichtung), den Rückwärtsgang nach links oben mag es nicht.

Es gibt aber keine typischen Blickverläufe und das heißt:

→ *Der Blickverlauf in einer Anzeige hängt sehr stark von der Blick-/Reizsteuerung durch die eingesetzten Anzeigenelemente ab.*

*Abb. 8.36: Aufmerksamkeit im Vordergrund – fiktives Anzeigenmotiv mit einer Abbildung ohne festen Blickverlauf (Hintergrundmotiv © Fotolia/Talashow)*

Das Anzeigenscribble in Abb. 8.36 (auf der vorhergehenden Seite) ist sehr aufmerksamkeitsstark konzipiert, was deutlich zu Lasten der Figur-Grund-Differenzierung und der Präganz geht, die hier wohl keine große Rolle gespielt haben. Auch ist Aufmerksamkeit ganz klar vor Blicksteuerung gestellt, sie fehlt bei dieser Anordnung der Elemente und bildlichen Umsetzung.

Anders wurde in dem Beispiel in Abb. 8.37 (gegenüberliegende Seite) vorgegangen, das allerdings auch eine wesentliche umfangreichere Botschaft transportiert.

Blickverlauf möglichst rasch beurteilen um unverfälschte Ergebnisse zu bekommen

Bei der Beurteilung des Blickverlaufs sollte man sich aber nicht zu lange mit der Anzeige beschäftigen, da es sich dann um High-Involvement-Blickverläufe handelt, die nicht typisch sein müssen. Bei einer Analyse kommt es vielmehr darauf an, den Blickverlauf rasch und relativ spontan nachzuvollziehen.

Denn es muss wieder das Involvement des Adressaten beachtet werden, da es höchstens bei hoch involvierten Personen, die aktiv nach Informationen suchen, zu einer Art Leselinie von links oben nach rechts unten kommen kann. Diese sogenannte „Z-Linie“ ist aber selbst bei Anzeigen, die mit hoch involvierten Adressaten rechnen dürfen, eher selten.

→ *Stattdessen erfolgt die erste Fixation einer Anzeige meist über das interessanteste Element, das häufig ein als Blickfang eingesetztes Bild ist.*

Das periphere Sehen (der Begriff wurde im Exkurs über vertiefende Wahrnehmung erläutert) führt dann zur nächsten Fixation usw.

Deshalb ist es bei einer Anzeige also wichtig, dass die für die Übermittlung der Werbebotschaft bedeutsamen Elemente
- prägnant bzw. kontraststark sind (leicht und schnell identifizierbar),
- sich in der Nähe zueinander befinden (vgl. Gesetz der Nähe),
- nicht zu zahlreich sind, denn zu viele aufmerksamkeitsbindende Elemente führen zu Ablenkungseffekten („Vampir-Effekt“) oder sogar zum Abbruch der Wahrnehmung.

Wichtig ist ferner, wie das Produkt oder die Marke gezeigt wird, hier besteht die Gefahr der Austauschbarkeit (es wird Werbung für die Gattung und nicht für die Marke gemacht) oder von Gewohnheitseffekten („ist ja nur wieder Werbung, also schnell weiterblättern“).

*Abb. 8.37: Anzeigenbeispiel zur Erläuterung des Blickverlaufs © Philipp und Keuntje GmbH, Hamburg/Foto Timmo Schreiber*

**Erläuterung**

In der Anzeige könnte der Blickverlauf in folgender Reihenfolge ablaufen: Der Blickfang dürfte genau in der Mitte des Bildes (und also auf der Körperpartie der Frau) liegen. Dann springt das Auge auf der Suche nach Sinn vermutlich auf die Headline.

Danach gibt es zwei Möglichkeiten. Entweder das Auge geht über die Frau wieder zurück auf den Störer („Jetzt wieder da") und von da durch das gut eingehaltene Gesetz der Nähe zum Packshot (Astra-Flasche) oder das Auge folgt dem Blick der Frau auf den anderen Mann und geht von da nach unten erneut zum Packshot.

In beiden Fällen ein hervorragend gestalteter Blickverlauf, da die zentralen Elemente der Anzeige sehr gut in diesen integriert worden sind. Dass Werbung mit nackter Haut unterschiedlich gesehen wird, wurde bereits an anderer Stelle angemerkt. Das gezeigte Beispiel von Astra gilt als provokant, aber konform, und vor allem attraktiv: Es „zeigt, dass auf dem schmalen Grad zwischen CSR-Richtlinien und Werbeattraktivität immer noch ein bisschen Platz für Provokation ist." (Andreas Müller-Horn von Philipp und Keuntje). Das Motiv wurde 2013 von einer Fachjury in Verbindung mit einem Publikumsvoting zum Plakat des Jahres in dem von Jost von Brandis ausgelobten Wettbewerb gewählt. (Zuletzt aufgerufen am 09.03.2015 unter http://www.wuv.de/agenturen/plakat_des_jahres_2013_hauptsache_arschkalt_von_astra)

Wie man Abb. 8.38 entnehmen kann, kommt es bei der Aufnahme und Verarbeitung von Textelementen einer Anzeige sowohl auf die Form (Lesbarkeit vgl. dazu im folgenden Exkurs) als auch auf den Inhalt an (Verständlichkeit des Textes vgl. dazu den Abschnitt 8.5.3 über Informationsverarbeitung).

- Beim Lesevorgang kommt es zunächst zum Erkennen von Wörtern, das heißt, die wichtigste Voraussetzung für eine weitere Beschäftigung mit der Anzeige bildet die Lesbarkeit der eingesetzten Schriften und ihre Wort- und Textanordnung.
- Anschließend geht es um das Verstehen von Sätzen und Satzfolgen, was durch einen Sprachstil mit kurzen, klaren Sätzen und das Vermeiden von Schachtelsätzen erleichtert werden kann.
- Den abschließenden Einbau in das Vorwissen unterstützen bildhaftes Schreiben, adressatengerechte Wortwahl und eine klare Gliederung in der Textstruktur (vgl. später Abb. 8.43, Merkmale der Verständlichkeit weiter vorn). Diese Abfolge ist Standard in der Fachliteratur und sie lässt sich kompakt in der folgenden Tabelle zusammenfassen, die man ähnlich z.B. bei Gottsschling/ Rechenauer:Direktmarketing oder Winter (Hrg): Handbuch Werbetext findet.

| **Stufen des Lesevorgangs** | **Geistige Prozesse** | **Gestaltungsansatz** |
|---|---|---|
| **Erkennen von Wörtern** | 1. Visuelles Entziffern<br>2. Umkodierung in Lautsprache<br>3. Aktivierung von Begriffen | **Leserlichkeit** durch drucktechnische Beeinflussung von Text und Textanordnung |
| **Verstehen von Sätzen und Satzfolgen** | 1. Grammatikalische Struktur<br>2. Herstellung inhaltlicher Bezüge, „roter Faden“<br>3. Anknüpfen an eigenes Wissen, Abruf geistiger Bilder | **Verständlichkeit** durch sprachliche und stilistische Gestaltung |
| **Einbau in das Vorwissen** (sich zu eigen machen) | 1. Verarbeiten (Assoziationen, Verknüpfungen)<br>2. Zusammenfassung des Wesentlichen | **Stimulanz** durch Stil, Wortwahl, rhetorische MIttel und klare Textstruktur |

*Abb. 8.38: Stufen des Lesevorgangs*

Einsteigen, dranbleiben, behalten: Der Text muss dies dem Adressaten so leicht wie möglich machen

Im Sinne der Lesbarkeit der Textelemente sollte also versucht werden, es den Adressaten nicht schwerer zu machen als nötig, da ansonsten gerade bei Low-Involvement die Gefahr des Abbruchs der Wahrnehmung besteht. Die Typografie (als Lehre von der Gestaltung der Schrift) stellt Lesbarkeit als Kriterium oben an und hat dafür ein umfassendes Regelwerk entwickelt. Es enthält zum einen Grundregeln und zum anderen aber auch Zeitgeist. Denn als weitere Forderung an Typo ist zu stellen, dass sie nicht altbacken anmuten darf. Das Thema ist umfassend und der folgende Exkurs muss sich auf einige grundlegende Hinweise beschränken, die bei der leserfreundlichen Gestaltung von Textelementen helfen können.

## Exkurs: Tipps zum Thema Typografie unter dem Aspekt der Lesbarkeit von Texten

### 1. Allgemeines

Wichtige Einflussfaktoren auf die Gestaltung der Typografie:

- Zeit: Wie lange wird das Werbemittel von der ZG voraussichtlich betrachtet?
- Zielgruppe: Welche Lesegewohnheiten hat die ZG?
- Lesedistanz: In welchem Abstand nimmt die ZG das Werbemittel auf?
- Ort des Kontaktes: Wo erfolgt der Werbemittelkontakt durch die ZG? (unter anderem Blickwinkel, Beleuchtung)

Weitere Einflussfaktoren:

- Platzierung des Textes auf der Seite: *Wo kommt was hin?*
- Umfeld des Textes auf der Seite: Bildelemente
- Größe der Schrift: Wie groß kann/darf sie sein?
- Größenverhältnisse zwischen der No.1- und No.2-Message: am besten im harmonischen Verhältnis / „Goldener Schnitt“

→ *Die Typografie von Werbemitteln sollte anwendungsorientiert, d.h. zunächst für den jeweiligen Zweck einfach, klar und gut lesbar sein.*

Darüber hinaus sollte sie aber auch für den Einsatzbereich richtig und schön sein, denn die richtige Schrift (für ein Produkt oder einen Kunden) beeinflusst die Werbewirkung. Es gibt zahlreiche Beispiele dafür, dass Unternehmen durchgehend bestimmte Schriften verwenden (z.B. findet man dies bei Mercedes-Benz, VW, Aral, SIXT, Media-Markt, Apple, IBM und vielen anderen).

### 2. Schriftgrößen/-arten

- Text gehört grundsätzlich immer auf Volltonflächen.
- Bilder sollten nur unter eine Headline (ab 16 Punkt) gelegt werden, wenn helle Partien nachgedunkelt werden.
- Schriftgrößen zwischen 10 und 12 Punkt sind für Erwachsene (bei normalem Leseabstand, z.B. einer Anzeige in einer Zeitschrift) am besten lesbar.
- Es sollte möglichst wenig Negativschrift (z.B. weiß auf schwarz) eingesetzt werden und wenn, nie unter 10 Punkt. Aber auch Positivschriften unter 8 Punkt verbieten sich, wenn sie gelesen werden sollen.
- Es sollte möglichst wenig Kursivschrift zur Hervorhebung verwendet werden, lieber fett setzen oder unterstreichen, aber auch nicht ganze Sätze fetten bzw. unterstreichen.
- Es sollten möglichst wenig Worte in VERSALIEN (Großbuchstaben) gesetzt werden. Ein wesentlicher Grund liegt darin, dass Erwachsene ein Wort als Ganzes und nicht Buchstabe für Buchstabe aufnehmen. Lesend identifizieren wir deshalb Wörter und vertraute Wortgruppen in ihrer spezifischen Gestalt und kommen dadurch rasch voran. Mit der beim Lesen so hilfreichen Wortgestalt, die durch eine charakteristische Verteilung von Ober- und Unterlängen entsteht, ist es aber bei Versalien nicht weit her, wie man sieht, wenn man durch Umrahmungen die Ober- und Unterlängen sichtbar macht:

- Sehr lange Wörter schreibt man lieber mit Bindestrich (z.B. statt Unfallverhütung lieber Unfall-Verhütung), auch wenn dies evtl. von Rechtschreibregelungen abweicht. Werbung nimmt sich hier die Freiheit eigenständiger Schreibweisen.
- Manche Schriften lassen sich nach Verkleinerungen/Vergrößerungen nicht mehr gut lesen. Beim Entwurf sollte man nach jeder größeren Veränderung der Typo die erwartete Lesedistanz der ZG (Print-Anzeigen, Folder, Außenfläche 18/1, TV-Spot etc.) einnehmen und die Lesbarkeit überprüfen. Die Entscheidung für die Verwendung einer Schrift erfolgt am besten erst nach Beantwortung der Leitfrage: Wie gut lesbar ist die Schrift in der kleinsten Anwendung, für die sie benötigt wird?

- Aber auch zu große Schriften (für die jeweilige Lesedistanz) sind schlecht zu lesen.
- Der Abstand zwischen den Wörtern ist wichtiger als die Sperrung zwischen den Buchstaben (Spationierung), weil nicht einzelne Buchstaben, sondern ganze Wörter/Wortgruppen gelesen werden.

**3. Fließtexte**

- Kurze Zeilen, die mit wenigen Fixationen erfasst werden können, sind angenehmer zu lesen als lange Zeilen.

→ *Eine Faustformel für die Zeilenlänge: Nie mehr als 6 bis 8 Zeilen à max. 60 Anschläge (ideal 40 bis 45 Anschläge).*

- Flattersatz ist bei kurzen Zeilen (weniger als 6 cm) besser lesbar als Blocksatz, sieht aber oft nicht gut aus.
- Zeilenabstand (Durchschuss) nicht zu groß wählen (weite Sprünge sind für das Auge unbequem), aber auch nicht zu klein (Gefahr des Verrutschens in der Zeile erfordert höhere Konzentration beim Lesen). Je kürzer die Zeile, desto geringer kann der Abstand zwischen den Zeilen ausfallen.

→ *Eine Faustformel für den Zeilenabstand: Der Raum zwischen den Zeilen soll die Höhe der Mittellängen betragen (= Höhe der Buchstaben ohne Ober- und Unterlänge wie a, o, u).*

- Fehlende Absatzeinzüge führen zu Strukturlosigkeit des Textes, aber auch zu kurze Absätze sind leseunfreundlich. Absätze sollten abhängig von der Zeilenlänge nach 4 bis 7 Zeilen erfolgen.
- Es sollte kein Schriften-Mix in der Headline erfolgen.
- Traditionell sind die Headlines oft fett und sans serif (z. B. Grotesk, Arial), die Copy-Texte sind dagegen häufig Serifen-Schriften (z. B. Garamond – diese Schrift wurde 1532 von Claude Garamond erfunden oder auch klassisch und schlicht: Times).
  Es besteht aber eigentlich keine Notwendigkeit für diese Regelung, wie die erfolgreiche Praxis einiger Unternehmen zeigt, die nicht zwischen Heads und Copy die Schrift wechseln.
  Allerdings wird Serifen-Schriften vor allem bei längeren Texten bessere Lesbarkeit bescheinigt, da die kleinen Anstriche dem Auge bei den Fixationen Anhaltspunkte geben.
- Headlines unter dem Bild haben eine etwas höhere Beachtung als Headlines über dem Bild.
- Copy-Text, der rechts neben dem Bild steht, wird häufiger gelesen als links vom Bild stehender Text.
- Nicht alle Schriften behalten ihre Qualität/Lesbarkeit, wenn sie fett gedruckt werden, beispielsweise:

**Times** Times

In diesen Fällen sollte man für fette Headlines obige Regel beachten und eine andere Schrift verwenden (z. B. eine Grotesk oder eine Futura, die z. B. die Basis der Hausschrift von VW ist), während die Times für den Fließtext genommen wird.

- Klassischer Aufbau: Headline und Copy-Text werden in einer Schrift, aber verschiedenen Größen gestaltet, was das Auge durch die Anzeige bzw. die Textelemente lenkt.

In der Praxis werden die Regeln der Typo oft unwissentlich, aber auch oft wissentlich missachtet, Letzteres, weil man mit einer regelabweichenden Gestaltung besondere Effekte erzielen möchte und diesen Vorrang gibt.

Was eine einheitliche oder, wie es unter Gestaltern heißt, selbstähnliche Typografie alles leisten kann, zeigt eindrucksvoll die Zusammenstellung zur Markenschrift von VW in Abb. 8.39. Zahlreiche Unternehmen nutzen Markenschriften bzw. Hausschriften für einen höheren Wiedererkennungswert und die Marken-Positionierung.

**Beispiel: Markenschrift von Volkswagen**

Volkswagen – 360° Touchpoints

Das Auto.

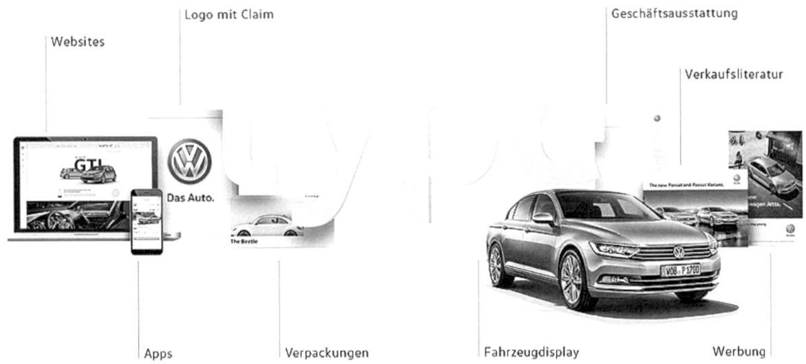

*Die neuen Volkswagen Typefaces sind speziell für den Einsatz in digitalen Medien und kleinen Schriftgrößen optimiert und bieten eine optimale Lesbarkeit. Für die Verwendung in Websites und Apps stehen spezielle Webfont-Formate bereit (Beispiele links und mittig). Auch in der Prinkommunikation können die verschiedenen Schriftschnitte der neuen Typefaces optimal kombiniert werden (Beispiel rechts).*

| | |
|---|---|
| VW Head Light | VW Text Light |
| VW Head Regular | VW Text Regular |
| *VW Head Regular Italic* | *VW Text Regular Italic* |
| **VW Head Bold** | **VW Text Bold** |
| ***VW Head Bold Italic*** | ***VW Text Bold Italic*** |
| **VW Head Extrabold** | |

*Volkswagen – Schriftenarten und Zeichenübersicht*

ABCDEFGHIJKLMNOPQRSTUVWXYZ
abcdefghijklmnopqrstuvwxyz äöü
[{(1234567890.,!?@)}]
Für Headlines

ABCDEFGHIJKLMNOPQRSTUVWXYZ
abcdefghijklmnopqrstuvwxyz äöü
[{(1234567890.,!?@)}]
Für Copy

*Auch in den Interfaces der Fahrzeuge kommen die neuen Schriften zum Einsatz und bieten den Kunden ein einheitliches Schriftbild über alle Medien bis in die Produkte hinein. Dazu sind über die abgebildete Schriftenart hinaus Spezialfonts erstellt worden, die eine optimale Darstellung in den verschiedensten Fahrzeugsystemen erlauben.*

*Abb. 8.39: Die Markenschrift von Volkswagen in einer „360°-Betrachtung“, © Volkswagen Aktiengesellschaft. Vergrößerte farbige Darstellungen sind im kostenlosen Download zum Buch zu finden.*

### 8.5.3 Informationsverarbeitung

*8.5.3.1 Das Verhältnis von Bild und Text*

Schnell verstehen worum es in der Anzeige geht – keine „Rätsel“-Anzeige

In der Phase der Informationsverarbeitung sollten die Adressaten schnell verstehen, worum es in der Anzeige geht. Dies betrifft die Verständlichkeit von Bild und Text. Bei den Bildern muss man sich vorher fragen, welche Assoziationen die verwendeten Abbildungen und Farben bei den Betrachtern auslösen sollen bzw. könnten. Bei den Texten muss man versuchen aus der Sicht der Adressaten zu schreiben, damit die Texte leicht verständlich sind. Man muss sich darüber im Klaren sein, dass Text und Bild unterschiedlich verarbeitet werden, aber auch unterschiedliche Funktionen für den werblichen Erfolg wahrnehmen.

Die Wahrnehmung, Verarbeitung und Speicherung von Anzeigen ist ein ganzheitlicher Prozess, d.h., dass dabei sowohl die linke als auch die rechte Gehirnhälfte beteiligt sind. Das liegt an der Arbeitsteilung des Gehirns, wie sie in Abb. 8.40 kurz dargestellt wird.

Der Mensch verarbeitet und speichert Informationen unterschiedlich. So wird Text sequenziell (nacheinander) aufgenommen und verarbeitet, während Bilder parallel in unser Gehirn gelangen, was natürlich wesentlich schneller gelingt. Tatsächlich kann ein Bild mittlerer Komplexität in weniger als zwei Sekunden aufgenommen und verarbeitet werden, während man in der gleichen Zeit höchstens sieben Wörter erfassen kann, insofern ist die Volksweisheit: „Ein Bild sagt mehr als 1.000 Worte“ zutreffend.

Die Ursache liegt in den unterschiedlichen Verarbeitungsgeschwindigkeiten unseres Gehirns. Während Bilder mit einer Geschwindigkeit von ca. drei Millionen Bits pro Sekunde verarbeitet werden können, liegt die Lesegeschwindigkeit nur bei 15 Bits pro Sekunde. (vgl. zu den Zahlen Lachmann, 2003).

**links**

- Analyse, Planung, Organisation, Kritik
  → Rationale Seite
- Worte (verbale Kommunikation)
  → Wichtige Sprachzentren für Lesen, Verstehen und Sprechen
- Zahlen, Mathematik
- Sprach- und Zahlgedächtnis
- Digitale bzw. sequenzielle (schrittweise) Informationsaufnahme/-verarbeitung
  → logisches Denken
- Vor allem bei High-Involvement aktiv, meist nur dann wichtig

→ Wird bei Bedarf zugeschaltet

**rechts**

- Synthese, Eindrücke, Empfindungen
  → Emotionale Seite
- Bilder (visuelle Kommunikation)
- Musik, Rhythmus, Tanz, Bewegungsabläufe, Körpersprache
- Motorisches und Erlebnisgedächtnis (auch für Personen und Sachen)
- Analoge bzw. parallele (gleichzeitige) Informationsaufnahme/-verarbeitung
  → ganzheitliches Denken
- Vor allem bei Low-Involvement wichtig

→ Ist immer aktiv, d.h. auch bei High-Involvement

→ Für alle Aufgaben ist das Zusammenspiel beider Hirnhälften erforderlich, auch wenn eine dabei die wichtigere ist.

*Abb. 8.40: Aufgaben der Hirnhemispären*

Bei der Verarbeitung und Speicherung sind aber immer beide Hirnhälften beteiligt, sodass sowohl Bilder als auch Texte in beiden Hirnhälften vercodet sind. Dies gelingt Texten jedoch nur dann, wenn sie bildhaft und nicht abstrakt sind, denn nur unter Begriffen wie „Baum“ oder „plätschernder Bach“ können wir uns etwas vorstellen bzw. wird bei uns etwas ausgelöst (vgl. hierzu auch zum Begriff des Schemas und den Exkurs über innere Bilder). Abstrakte Begriffe wie „Richtlinie“ oder „Einzelverbindungsübersicht“ lösen vermutlich gar nichts aus. Logischerweise muss eine Forderung an gute Werbetexte eine hohe Bildhaftigkeit sein (ein Aspekt, der an späterer Stelle noch vertieft wird).

Bild und Text müssen sich ergänzen

Genau wie es bei unseren Hirnhälften keine gibt, die „besser“ ist als die andere, muss man den Einsatz von Bild und Text in der Werbung sehen. Jedes der Elemente hat seine Berechtigung und entsprechende Vorteile (vgl. Abb. 8.41).

**Vorteile**

**des Bildes**

- hohe Kommunikationsgeschwindigkeit (2 Sekunden für ein Bild mittlerer Komplexität)
  Bilder sind schnelle „Schüsse“ ins Gehirn
- fast automatische Aufnahme (parallel) ohne größere gedankliche Anstrengung
- wird in der Regel zuerst fixiert und steuert den Blickverlauf
- besonders effiziente Informationsverarbeitung (längere und bessere Erinnerung als bei Text)
- können besser und schneller wiedererkannt werden, weil sie in beiden Gehirnhälften abgespeichert sind
- Einstellungen und Emotionen können intensiver, aber auch subtiler vermittelt werden (rechte Hirnhälfte für die Verarbeitung zuständig)
- höhere Glaubwürdigkeit
- höhere Anschaulichkeit (dadurch auch bessere Verstehbarkeit)
- viele spezifische Informationen auf wenig Raum, allgemein tlw. internationale Verständlichkeit
- gute Vermittlungen räumlicher Vorstellungen

**des Textes**

- eindeutiger als das Bild (kann sich selbst Zusammenhang schaffen)
- kann argumentieren und dadurch wirklich verkaufen (Verarbeitung in der linken Hirnhälfte, dadurch eher rationale Ansprache)
- kann Argumente wiederholen (unter Umständen in anderer Form)
- kann Schwerpunkte setzen und Einzelaspekte betonen
- kann den Leser direkt ansprechen
- kann den Leser auf vielfältige Weise zum Handeln (Dialog, Kauf etc.) auffordern (Verwendung des Imperativ)
- gute Vermittlung zeitlicher Vorstellungen

*Abb. 8.41: Text und Bild in der Werbung*

Wie man die beiden Elemente einsetzt, hängt stark vom jeweiligen Produkt, dem angestrebten Werbeziel und dem Involvement der Zielgruppe ab. Im Hinblick auf das Involvement sollte man die von der Gehirnforschung entwickelte Modellvorstellung kennen, dass das Bewusstsein (=Pilot) nur dann „zugeschaltet“ wird, wenn etwas nicht stimmt, eine Überraschung erlebt wird oder eine Kaufentscheidung ansteht. Nur dann setzt sich der Betreffende aktiv mit der Werbebotschaft auseinander, das heißt, bei Low-Involvement kann man nicht damit rechnen, dass bewusste Prozesse automatisch aktiv werden. Das kann in bestimmten Fällen zwar sogar erwünscht sein (vgl. Mere-Exposure-Effekt), da keine Gegenargumentation zu den werblichen Informationen stattfindet. In den meisten Fällen müssen die Kreativen diese Hürde aber bei der Gestaltung der Werbemittel be-

Das Bewusstsein wird nur bei Bedarf zugeschaltet, das Unterbewusstsein ist immer aktiv rücksichtigen. Das heißt, die Anzeige muss vor allem über die Verwendung überraschender und/oder emotionaler Reize Aufmerksamkeit erzeugen (vgl. Aktivierung) und unbewusste, emotionale Prozesse auslösen. Ein Grund für die hohe Bedeutung von Bildern liegt darin, dass sie besonders schnell und gut Emotionen erzeugen können (am besten noch Schlüsselbilder für das Markenschema).

Völliger Verzicht auf Text geht allerdings zu Lasten der Glaubwürdigkeit. Bei High-Involvement suchen die Adressaten nach Informationen, sodass diese auch mittels Text geliefert werden müssen, das heißt, in diesem Fall müssen auf jeden Fall beide Seiten angesprochen werden.

Bild und Text müssen leicht verständlich sein

Die Verständlichkeit von Bild und Text ist für Verarbeitung der werblichen Informationen und damit für die Werbewirkung ganz zentral, denn die Anzeigen müssen richtig entschlüsselt, das heißt, verstanden werden, um ihre Funktion zu erfüllen. Bei der Anzeigengestaltung muss deshalb alles vermieden werden, was diesen Prozess be- oder sogar verhindert. Man muss sich also bei der Anzeigengestaltung fragen, ob Bild und Text schnell und richtig verstanden werden. Außerdem lohnt ein Blick auf mögliche Ablenkungseffekte oder ungewollte Verständnisprobleme durch die Kombination von Bild und Headline.
Die verwendeten Bilder sollten folgende Anforderungen erfüllen:

- Bilder müssen aktivieren,
- Bilder müssen prägnant sein,
- Bilder dürfen nicht zu komplex sein (Ablenkungsgefahr/„Vampir"-Effekt),
- Bilder müssen eindeutig sein, das heißt, sie sollten in Bezug zum Produkt oder zur Werbebotschaft stehen – im Idealfall visualisieren sie den Produktnutzen oder es handelt sich um Schlüsselbilder,
- Bilder sollten eigenständig/unique sein (sonst Gefahr der Austauschbarkeit),
- Bilder sollten leicht wiedererkennbar sein (z. B. Schlüsselbilder) – Voraussetzung ist meist häufige Wiederholung über einen längeren Zeitraum (Kontinuität/Konsistenz).

#### *8.5.3.2 Farbe*

Farben beeinflussen die Wahrnehmung und die Einstellungsbildung

Zur Frage nach der Bildausssage kommt immer auch die Frage, welche Assoziationen durch die eingesetzten Farben ausgelöst werden. Es gilt als anerkannt, dass sich Farben auf die Wahrnehmung von Personen, Räumen oder anderen Gegenständen auswirken. Die Erkenntnisse sind nicht ganz eindeutig, aber es herrscht Übereinstimmung, dass manche Farben sogar Stimmungsverbesserungen bzw. -verschlechterungen bewirken.

Ein Beispiel für die Wirksamkeit der in der Werbung eingesetzten Farben wurde vor einigen Jahren dokumentiert. Bei einer großen Malaktion sollten mehrere Tausend Kindergartenkinder ein Bauernhofposter ausmalen. Das Ergebnis, das in diesem Fall eigentlich eher erschreckt: Jedes dritte Kind malte die Kühe lila aus.

Existierende Forschungsergebnisse beziehen sich auf allgemeine Farb-Assoziationen sowie die Beeinflussung unserer Sinneswahrnehmung bei der Verwendung bestimmter Farben (zahlreiche Ergebnisse wurden aus Studien zusammengetragen, die bei Klaus Moser: Markt- und Werbepsychologie. Göttingen 2002. dokumentiert sind).

Allgemein bekannt und zu beachten ist, dass die Farbsymbolik vom jeweiligen Kulturkreis abhängig ist. Typisches Beispiel: Während Weiß in westlich geprägten Regionen für Reinheit und Unschuld steht, dokumentiert die Verwendung von Weiß im asiatischen Raum Trauer.

Es gibt zahlreiche Gründe für den gezielten Einsatz von Farben, von denen die folgende Auflistung einige wichtige enthält:
- Farbe beeinflusst das Erlebnisempfinden.
- Farbe erreicht höhere Aufmerksamkeit (vgl. dazu Aktivierung mithilfe von physischen Reizen).
- Farbe erreicht bessere Erinnerungswirkung (Beispiele sind Firmen- oder Markenfarben wie Nivea-Blau, Marlboro-Rot, Telekom-Magenta oder das Gelb-Rot von Maggi). Besonders gut funktioniert dies bei zusätzlicher Verknüpfung mit einer Werbefigur wie der lila Kuh, dann unterstützt die Farbe die Markenwelt bzw. die Positionierung.
- Farbe hat hohe Kennzeichnungsfunktion – Beispiele für hohe Farb-Bekanntheit sind: orange-schwarz von Sixt, grün von BP, gelb für Shell, rot für Eon, blau für RWE, gelb für Yello usw. (siehe auch die Beispiele zur Erinnerungswirkung).
- Farbe erhöht den Realismus der Abbildung, das ist besonders wichtig in Branchen wie Lebensmittel oder Tourismus.
- Farbe fördert die Gliederung einer Anzeige (siehe dazu auch Figur-Grund-Differenzierung und Prägnanz).

Farben können Markenschemata auslösen und die Positionierung unterstützen

Einen besonders interessanten Einblick in die gesamte Thematik erhält man durch das Buch von Eva Heller: Wie Farben auf Gefühl und Verstand wirken. München 2000. (Aus den darin vorgestellten Untersuchungen werden auf der folgenden Doppelseite einige Ergebnisse zitiert.)

Im Hinblick auf Prägnanz gibt es einen Zusammenhang zwischen Text und Farbe. Steht Text auf Farbe, kommt es auf einen möglichst hohen Kontrast zwischen Figur (Schrift) und Grund an. Man sollte in jedem Fall auf die Lesedistanz achten, denn Texte, die aus größerer Entfernung gelesen werden sollen (z.B. Plakate), erfordern einen stärkeren Kontrast als beispielsweise Anzeigentexte. Die beste Fernwirkung hat schwarze Schrift auf gelbem Grund – eine Begründung für diese Farbstellung bei wichtigen Verkehrsschildern (vgl. Heller, 2000, S. 94 f.). Bei der Nahwirkung kann nur gesagt werden, dass alle bunten Farben stören, da sie das Auge zu sehr anstrengen.

Insbesondere bei der Wahl einer Firmenfarbe sollte man sich gut überlegen, ob die verwendete Farbe hilft, die Positionierung zu unterstreichen, wobei auch hier wieder auf die Problematik der Austauschbarkeit eingegangen werden muss. Vor der Entscheidung für den Einsatz bestimmter Farben, beispielsweise bei einem Neuprodukt, müssen Symbolgehalt, allgemeine Assoziationen und die sinnesbezüglichen Assoziationen überprüft werden (siehe Tabelle ebenfalls auf der folgenden Doppelseite).

Christiane Seuhs-Schoeller empfiehlt in ihrem Buch „NLP und Werbung" (Wien 2002), das bewusste Verankern (ein Begriff aus dem Neurolinguistischen Programmieren) von Farben in den Köpfen der Verbraucher und rät zur Benutzung der folgenden Checkliste (vgl. a.a.O., S. 164 f.):

- Welche Farben sind in Zusammenhang mit Ihrem Unternehmen bereits beim Konsumenten verankert?
- Für welche Farben steht die Konkurrenz?
- Gibt es eine typische Farbe für Ihre Produktgruppe?
- Welche Farben oder Farbkombinationen weist Ihr Logo auf?
- Gibt es eine markante Farbgestaltung auf der Produktverpackung?
- Fordert diese Farbe zum Kauf auf?
- Welches Produktimage signalisiert diese Farbe im Konkurrenzumfeld?
- Hilft Farbgebung Ihrer Werbung, das Produkt leicht und rasch zu erkennen?
- Können Sie mit der gewählten Farbe maximales Kauf- und/oder Probierinteresse hervorrufen?
- Signalisiert die Farbe korrekt die Produktqualität, die Produktwerte?
- Stimmt die Farbwahl Ihrer Werbung mit der Farbwahl ihrer Produkte überein?

| | **Auslösung von Anmutungsqualitäten** (allgemeine Assoziationen) | **Beeinflussung von Objekteigenschaften** (sinnesbezügliche Assoziationen) |
|---|---|---|
| Rot | warm, sympathisch, gesund, aktiv, erregend, leidenschaftlich, herausfordernd, herrisch, energisch, fröhlich, mächtig | heiß, laut, voll, fest<br>Geschmack: würzig, stark, süß, brennend, wenn es ins Braune übergeht, knusprig |
| Rosa | modern, weiblich, freundlich, exklusiv | leicht, zart, sehr weich (Babywäsche), süßlich (bei Geschmack) |
| Orange | herzhaft, leuchtend, lebendig, freudig, heiter | warm, satt, nah, glimmend, trocken, mürbe |
| Gelb | hell, klar, frei, bewegt, strahlend, warm | glatt, sauer<br>Gewicht: leicht (je heller, umso leichter)<br>Tastsinn: weich, wenn es ins Rötliche geht (Margarine, Teigwaren); Geschmack: süß, wenn es ins Rote geht, bitter bei Grünstich; Temperatur: warm, heiß, mit rötlicher Färbung, je weißer, umso kälter |
| Grün | beruhigend, geborgen, erfrischend, knospend, gelassen, friedlich; Besonnenheit, Harmonie, Natur, Hoffnung | kühl, saftig, feucht, sauer, giftig, jung, frisch, bitter, salzig |
| Blau | passiv, zurückgezogen, sicher, friedlich, technisch; Autorität, Zuverlässigkeit, Respekt, Ernst, Treue | kalt, nass, glatt, fern, leise, voll, stark, tief, groß; Gewicht: variiert mit der Helligkeit – hellblau – sehr leicht (Luft), dunkelblau – sehr schwer (Blei) |
| Violett | würdevoll, düster, zwielichtig, mystisch, originell, unglücklich | samtig, narkotischer Duft, faulig-süß |
| Weiß | sauber modern, freundlich, klar, wahr | |
| Schwarz | elegant, edel, erotisch; Erfolg, Brutalität | |

*Abb. 8.42: Farbassoziationen*

*8.5.3.3 Textverständlichkeit*

Die Kommunikationsforscher und Lernpsychologen Langer, Tausch und Schulz von Thun haben vier Merkmale der Textverständlichkeit ermittelt (Abb. 8.43):

| Einfachheit | Gliederung/Ordnung |
| --- | --- |
| • kurze, einfache Sätze<br>• einfache Wortwahl<br>• keine Fremdwörter<br>• anschaulich, konkret | • folgerichtig, logisch<br>• übersichtlich<br>• „roter Faden“<br>• optische Gliederung |
| • auf Wesentliches beschränkt<br>• knapp, konzentriert<br>• jedes Wort notwendig | • anregend<br>• interessant<br>• abwechslungsreich (durch Vergleiche, Beispiele) |
| Kürze | Anregende Zusätze |

*Abb. 8.43: Merkmale der Textverständlichkeit (nach Langer/Schulz von Thun/Tausch: Sich verständlich ausdrücken. München 1993. S. 26)*

Verständliche Texte sollten sehr einfach und gut gegliedert sein

Die Bedeutung dieser vier Merkmale hängt zwar von der jeweiligen Textart ab (ob Headline oder Copy-Text und für welches Werbemittel), aber das wichtigste Merkmal ist die Einfachheit, denn ein komplizierter Text ist immer schlecht verständlich. Neben Einfachheit sollte das Merkmal Gliederung/Ordnung stark ausgeprägt sein, was sich gleichermaßen auf die äußere optische Gliederung (Absätze, Unterstreichungen, Fettungen, Aufzählungszeichen etc.) und die innere Ordnung (Sachlogik, Argumentationsstruktur, „roter“ Faden) beziehen sollte.

Je nach Textart wird auch mehr die äußere Ordnung oder die innere Ordnung im Vordergrund stehen. Da sprachliche Informationen im Gedächtnis in hierarchischen Strukturen abgelegt werden, erleichtert eine systematische Ordnung eines neuen Textes in jedem Fall die Abspeicherung der Information.

Im Hinblick auf Kürze/Prägnanz ist ein mittleres Niveau anstrebenswert, denn auch kurze Texte bieten keine automatische Garantie für Verständlichkeit. Sie können leicht zu abstrakt und dann doch unverständlich ausfallen.

Bei den „anregenden Zusätzen“ optimal vorzugehen ist ebenfalls schwierig. Denn diese Forderung steht in gewissem Widerspruch zu den anderen: Die geforderte Hinzunahme etwa von Beispielen geht zu Lasten der Kürze und ggf. klarer Gliederung. Die Ausprägung dieses Merkmals hängt insofern in ganz besonderem Maße vom zu textenden Werbemittel ab, aber auch hier dürfte eine mittlere bis starke Ausprägung die Text-Verständlichkeit fördern.

→ *Grundsätzlich bleibt die wesentliche Forderung beim Texten von Werbemitteln, sich in die Köpfe der Zielgruppen zu versetzen, dann zu überlegen, welchen Nutzen das zu bewerbende Produkt der Zielgruppe bietet, und insofern aus der Perspektive und mit dem Sprachschatz der Adressaten zu schreiben.*

## Hinweise zur konkreten Textarbeit

Setzen Sie verbale Verstärker ein – dabei handelt es sich um sprachliche Merkmale, die sich besonders gut zur Vermittlung der Botschaft eignen. Vermeiden Sie demgegenüber möglichst verbale Filter , da sie Texte langsamer und häufig auch langweiliger machen.

### Beispiele für verbale Verstärker

aktive Verben
bildhafte Wörter
positive Wörter
konkrete Wörter
persönliche Ansprache
gemeinsamer Nenner
Zitate und Testimonials
Vergleiche
Zeitdruck
Bindewörter
rhythmische Headline
verbale Wegweiser

### Beispiele für Filter

Hilfsverben
Passivkonstruktionen
„dass"-Nebensätze
Hauptwort-Stil
doppelte Verneinung, Negation
Modewörter
schreiende Superlative
Wiederholung von Wörtern

Insbesondere beim Texten von Headlines sollte darauf geachtet werden, verbale Verstärker zu verwenden, da sie den Leser zum Weiterlesen (des Copy-Textes, des Mailings etc.) animieren können. Bei Headlines kann zu Gunsten der Kürze auf Verben verzichtet werden, allerdings sollten dann konkrete, bildhafte und unverwechselbare Substantive verwendet werden (Vorteil: Verarbeitung und Speicherung in beiden Hirnhälften).

Also lieber Head-Words als Head-Lines, wobei dies besonders für Panorama-Anzeigen (Doppelseiten) gilt.

Bei Fließtexten sollten möglichst aktive Verben an den Anfang des Satzes, damit der Leser schnell erfährt, worum es geht – gerade bei wenig involvierten Lesern ein wichtiger Aspekt. Vermeiden Sie deshalb Schachtelsätze oder, um einen Claim einer „Bild"-Zeitungs-Kampagne zu zitieren: „Wer etwas Wichtiges zu sagen hat, macht keine langen Sätze." Ein wichtiger Grund für die Richtigkeit dieser Aussagen liegt in der Speicherkapazität unseres Kurzzeitgedächtnisses, das nur sieben ± zwei Sinneinheiten verarbeiten kann. Aus diesem Grund gibt es sogenannte Obergrenzen der optimalen Verständlichkeit, die z.B. bei der Deutschen Presseagentur (DPA) mit neun Wörtern angegeben wird, für die gesprochene Sprache gelten 14 Wörter (weitere Beispiele finden sich in Wolf Schneider: Deutsch für Profis. München 2001).

Allerdings kommt es natürlich auch darauf an, wie viele Silben die einzelnen Wörter haben bzw. ob die Wörter schnell wiedererkannt werden, dann kann sich diese Obergrenze nach oben oder unten verschieben.

Hier eine Daumenregel für die Wortlänge: „Im Schnitt zweisilbige, maximal viersilbige Wörter. Und wenn's doch länger sein muss, trennen Sie durch Umschreibung [Anm. d. Verfassers: statt Außendienstschulung besser Schulung des Außendienstes] oder Bindestrich [Anm. d. Verf.: statt Zielgruppensegmente besser Zielgruppen-Segmente]." (aus: Jörn Winter: Handbuch Werbetext. Frankfurt 2008).

Vor dem Hintergrund, dass die emotionale Ansprache der Zielgruppen eine der wichtigsten Aufgaben von Werbung darstellt, noch ein weiteres Argument für kurze Wörter: Wichtige, emotional stark besetzte Substantive sind fast alle ein- oder zweisilbig:
Hunger, Liebe, Tod, Hass, Neid, Geiz, Geld, Gier, Angst, Pech, Glück, Qual etc.

Dass Aktivsätze besser aufnehmbar sind als Passivsätze, ist eine weitere wichtige Erkenntnis für das Texten von Werbung. Das liegt natürlich auch daran, dass in Aktivsätzen normalerweise das Verb als sinntragende Einheit früh im Satz erscheint, während Passivsätze häufig das Verb splitten und insofern eine Tendenz zu komplizierten Sätzen hervorbringen. Plakativer ausgedrückt: Der Unterschied zwischen Aktiv und Passiv ist der Unterschied zwischen Leben und Tod.

Wer mehr über die Grundlagen und das Texten verschiedener Werbemittel erfahren möchte, sollte sich im bereits erwähnten „Handbuch Werbetext" informieren.

Die dargestellten Beurteilungskriterien für gute Werbetexte geben einen ersten Orientierungsrahmen für die Qualität von Texten. Dabei sollten die Bild-Text-Kombinationen nicht zu kompliziert ausfallen, da Werbung häufig nur beiläufig wahrgenommen wird und die Betrachter keine Lust haben, komplizierte Rätsel zu lösen.

Dass es trotzdem so viele „Rätsel"-Anzeigen gibt, deren Sinn sich erst bei genauerem Hinschauen bzw. Nachdenken erschließt, hängt vielleicht damit zusammen, dass der Texter durch die intensive Beschäftigung mit der Materie hoch involviert ist.

**Beurteilungskriterien für gute Werbetexte**

- hohe Bildhaftigkeit,
- Verständlichkeit (nach von Thun/Tausch/Langen durch Einfachheit, Gliederung, Prägnanz, Kürze ...),
- Aufmerksamkeitsstärke (ohne Aufmerksamkeit keine Werbewirkung!),
- Unverwechselbarkeit („Uniqueness").
- aus der Perspektive der Zielgruppe (Adressat), nicht aus der Perspektive des Auftraggebers (Senders) texten,
- Ansatz bei den Problemen der Zielgruppe bzw. Suche nach Lösungen für die Probleme der Zielgruppe (Nutzenorientierung),
- „Zeige nie, was du sagst. Sage nie, was du zeigst" (also keine Doppelung von Text und Bild),
- ungewöhnliche Text-Bild-Kombinationen finden.

Dies trifft auf die Adressaten nicht zu – letztlich also ein Problem professioneller Deformation.

Für den Zusammenhang von Text und Gesamtkonzeption bei der Anzeigengestaltung folgen zehn Tipps, die die GfK auf Grund von über 600 getesteten Anzeigen formuliert hat (Abb. 8.44, zitiert nach Lachmann, 2003).

**10 Tipps zur Anzeigengestaltung**

1. Die Hauptaussage sollte durch ein Bild transportiert werden.
2. Es sollten prägnante Bilder verwendet werden (Figur-Grund beachten).
3. Es sollten aktivierende Reize eingesetzt werden – dabei auf Framing achten, das heißt die Nähe zum Produkt oder zur Kernbotschaft.
4. Nicht damit rechnen, dass der Fließtext (vollständig) gelesen wird.
5. Logo und Produkt müssen in den zentralen Blickverlauf platziert werden.
6. Keine komplexen Analogien oder Rätsel verwenden.
7. Die Anzeigen eigenständig gestalten.
8. Weniger in die Anzeige packen.
9. Die Headline sollte kurz und prägnant sein.
10. Der Markenname sollte in der Headline möglichst genannt werden.

*Abb. 8.44: Tipps zur Anzeigenstaltung (zititiert nach Lachmann, a.a.O., S. 175)*

### 8.5.4 Informationsspeicherung

In der Phase der Informationsspeicherung finden Lernvorgänge statt, hier entscheidet sich, was der Rezipient behält und was er wieder vergisst. Das führt auf die Anforderungen, dass sich die Adressaten die Informationen der Anzeige leicht merken können müssen. Anschließend muss verhindert werden, dass die Botschaft wieder vergessen wird. Wenn es also gelingt, Bilder zu finden – am besten noch Schlüsselbilder –, die den Produktnutzen visualisieren, wird die Speicherung der werblichen Information wesentlich leichter gelingen, als wenn es sich um austauschbare Bildwelten handelt. Auch unter dem Blickwinkel stellt sich wieder die Forderung nach einem einzigartigen werblichen Auftritt (UAP): Was einzigartig ist, wird weniger schnell vergessen, auch wenn es durch ähnliche Reize überlagert wird.

Inhalte einer Anzeige müssen leicht merkbar sein

**Beispiele**

In den Abb. 8.45 und 8.46 auf der nebenstehenden Seite finden sich Beispiele für eine witzige Visualisierung des Produktnutzens, diese Bilder stellen das zu lösende Problem übertrieben oder humorvoll dar:

- schmerzende Füße, sehr eindrucksvoll und einprägsam optisch durch den Stacheldrahtkranz dargestellt, wogegen Hühneraugenpflaster helfen sollen (8.45),
- Wendesätze, die eine Aussage in einem Satz verblüffend ins Gegenteil kehren, also sprachlich arbeiten (Abb. 8.46).

---

Der Vorteil eines visualisierten Produktnutzens liegt in der höheren Eingängigkeit der Werbebotschaft. Die Botschaft – vor allem der Produktnutzen – wird selbst bei beiläufiger Wahrnehmung transportiert, wesentlich leichter abgespeichert und besser erinnert. Dies hängt unter anderem mit der durch die Visualisierung erreichten doppelten Speicherung in beiden Hirnhälften zusammen (vgl. die Ausführungen weiter vorn in diesem Kapitel). Eine weitere wichtige Voraussetzung für Werbewirkung bei niedrig (low) involvierten Adressaten ist die häufige Wiederholung der Werbebotschaft, damit sie auch bei beiläufiger Wahrnehmung gelernt werden kann – darauf wird nachfolgend im Zusammenhang mit Lerntheorien noch näher eingegangen.

Visualisierungen des Produktnutzens verbessern die Speicherung und Erinnerung der Werbebotschaft

Als theoretischer Hintergrund zum Thema Informationsspeicherung dienen Erkenntnisse aus der Lernpsychologie, wie das bekannte Drei-Speichermodell des menschlichen Geistes (vgl. Abb. 7.6 an früherer Stelle). Betrachten wir die drei Verarbeitungsschritte:

1. *Sensorischer Speicher*

Über die Sinnesorgane, man könnte in Anlehnung an den Aufbau von Computern auch von der „Benutzeroberfläche“ sprechen, gelangen die Reize/Informationen in den sensorischen Speicher. In diesem Trichter werden alle Sinneseindrücke gesammelt und innerhalb von weniger als einer Sekunde entschieden, ob den eingehenden Reizen Aufmerksamkeit geschenkt wird oder nicht. Der sensorische Speicher fungiert demnach als eine Art Türsteher für die Weiterverarbeitung von Informationen.

Sensorische Speicher sind „Türsteher“ zum Gehirn

Abb. 8.45: Beispiel für die (witzige) Visualisierung des Produktnutzens; © Paul Hartmann AG, Werbekampagne von 1999

Abb. 8.46: Überraschende und verblüffende Formulierungen/aufmerksamkeitsstarke „Wendesätze“ als Element der Markenkommunikation im Bereich Finanzberatung und Versicherung © Swiss Life Deutschland Holding GmbH, Hannover

Wie im echten Leben gibt es auch für Informationen Möglichkeiten, den „Türsteher“ davon zu überzeugen, den Weg frei zu machen.

In der nachfolgenden Auflistung sind noch einmal einige wichtige Aspekte zusammengefasst, die Aufmerksamkeit erleichtern:

- Erwartungshaltung/Bedürfnislage/Motivation der Zielgruppe:
  Bei hoch involvierten Adressaten (Situations- oder Dauerinvolvement) ist das Interesse an Informationen sehr hoch ⇒ Werbung in entsprechenden Umfeldern platzieren (z. B. Special-Interest-Titel oder spezielle redaktionelle Umfelder), Werbemittel mit ausreichenden Informationen versehen und Hinweise auf weitere Informationen (Hotline, Internet, Händler etc.) geben.
- Überraschende Reize:
  Aus dem Wettbewerbsumfeld herausstechen, das heißt, „Abweichen von der Norm“ ⇒ besondere Größe, Farbigkeit, außergewöhnliche Formate, Bild-Text-Kombination, ungewöhnliche Perspektive (Bild und/oder Text), Lautstärke etc.
- Appelle an bereits gelernte Schemata des Langzeitgedächtnisses:
  An Bekanntes anknüpfen, um passende neue Reize hinzuzufügen (ebenfalls wichtig für Lernen).
- Mittleres Aktivierungsniveau:
  Eine zu geringe emotionale Ansprache verringert die Aufmerksamkeit, zu starke auch.

*2. Aufnahme in den Kurzzeitspeicher*

Kurzzeitspeicher – zentraler Arbeitsspeicher und „Prozessor“ des Menschen

Anschließend erreichen die Reize/Informationen den Kurzzeitspeicher, der den zentralen Arbeitsspeicher (und „Prozessor“) des Menschen bildet und die komplexen Verbindungen zwischen der Außenwelt und unserem Bewusstsein regelt. Die Kapazität des Kurzzeitspeichers ist sehr begrenzt, einige Forscher gehen davon aus, dass nur fünf bis neun Sinneinheiten gleichzeitig im Kurzzeitspeicher verarbeitet werden können. Bei unbekannten, komplizierten Wörtern, aber auch bei ungeübten Lesern (vgl. das Thema Augenfixationen an früherer Stelle) wird diese Kapazitätsgrenze natürlich schneller erreicht als bei geübten Lesern, die Wörter oder Wortteile schnell wiedererkennen und sinngerecht erfassen (vgl. dazu die Stufen des Lesevorgangs Abb. 8.38). Weiter vorn in diesem Kapitel waren schon einmal die Obergrenzen der optimalen Verständlichkeit erwähnt worden, die z. B. nach Studien der Deutschen Presseagentur (DPA) mit neun Wörtern angegeben wird, für die gesprochene Sprache werden häufig 14 Wörter angesetzt. Der Begriff „Sinn-Einheiten“ bezieht sich aber nicht nur auf Text, sondern auch auf Bilder, nur dass Bilder wesentlich schneller und einfacher – man könnte auch sagen, kapazitätsschonender – erfasst werden. Trotzdem enthält eine durchschnittliche Anzeige mit Bild, Headline, Slogan, Logo, Marke und Copy-Text meistens deutlich mehr als fünf bis neun Sinneinheiten, sodass ein Teil dieser Informationen selbst bei High-Involvement noch nicht einmal den Kurzzeitspeicher erreichen werden.

Andere Forscher bilden etwas andere Modelle und sehen unseren Kurzzeitspeicher eher als zeitliches Fenster, das eingehende Reize im Drei-Sekunden-Takt zu Gestalten zusammenfasst bzw. verarbeitet (vgl. Lachmann, 2003).

Da fortwährend neue Reize in den Kurzzeitspeicher gelangen, entscheidet unser Arbeitspeicher nicht nur, welche Reize aus dem sensorischen Speicher uns überhaupt bewusst werden, sondern auch, was generell eine Chance bekommt, ins Langzeitgedächtnis zu gelangen. Ob ältere Reize weitergegeben oder gelöscht werden, hängt von sehr vielen Faktoren ab. Neben der empfundenen persönlichen Bedeutsamkeit einer neuen Information (was eng mit Involvement zusammenhängt) spielen auch Störungen eine wichtige Rolle, denn das Kurzzeitgedächtnis ist bei diesen Entscheidungsprozessen sehr störungsanfällig.

Das Kurzzeitgedächtnis entscheidet über die Aufnahme und die Weitergabe von Informationen

*Es kommt häufig zu sogenannten Interferenzen, das heißt, ein Reiz wird durch einen vor- oder nachgelagerten Reiz überlagert und damit gelöscht. In der Lernpsychologie spricht man in diesem Zusammenhang von pro- oder retroaktiver Hemmung.*

Als empirischen Beweis fand man den sogenannten Primacy-Recency-Effekt, der das Phänomen umschreibt, dass die am Anfang und zum Schluss wahrgenommenen Reize einer Abfolge besser vom Rezipienten erinnert werden als die sich zeitlich in der Mitte befindlichen Reize. Hier zeigt sich ein gerade für Werbeblöcke im Fernsehen nicht zu unterschätzendes Problem. Das Phänomen des Vergessens wird als ein Versagen des Zugriffs verstanden (Interferenztheorie). Empirische Forschungen zeigen, dass dieser Interferenzeffekt vor allem bei als ähnlich definiertem Speichermaterial auftritt. Es gibt also so etwas wie eine Ähnlichkeitshemmung, bei der die Zielperson Probleme hat, die eintreffenden Informationen richtig einzuordnen.

Aus der Kapazitätsgrenze sowie der Störanfälligkeit unseres Kurzzeitspeichers lassen sich Forderungen an die Gestaltung von Werbung ableiten, die sich letztlich wieder auf das von Lachmann benutzte und schon an früherer Stelle vorgestellte „3-K-Prinzip“ (Kontrast, Konsistenz, Klarheit) bringen lassen. Die Botschaft / das Werbemittel sollte

Das Kurzzeitgedächtnis hat eine natürliche Kapazitätsgrenze und ist sehr störanfällig

- sich klar von anderen Reizen abgrenzen (Kontrast zum Wettbewerbsfeld, aber auch zu anderen werblichen Botschaften). Es gilt, Klischees oder austauschbare Botschaften zu vermeiden, da sie vermutlich dem nützen, der diese Klischees am stärksten besetzt hat;
- nicht zu viele Informationen auf einmal enthalten (formale und inhaltliche Klarheit): Informationen sollten auf überschaubare, strukturierte Einheiten verdichtet werden. Das gilt sowohl für die Anzahl an Informationen als auch für die gesamte Anzeige (übersichtlich, aufgeräumt, gegliedert);
- die Einordnung in Kategorien des Langzeitgedächtnisses erleichtern (inhaltliche Klarheit). Durch die Visualisierung des Nutzens wird die Botschaft in beiden Hirnhälften gespeichert. Informationen sollten im Hinblick auf ihre Wichtigkeit für den Empfänger hierarchisch strukturiert werden (adressaten- bzw. zielgruppengerechte Werbemittelgestaltung). Die Botschaft sollte an bereits gelernte Markenschemata anknüpfen und, falls vorhanden, mit Schlüsselbildern arbeiten;
- sollte oft genug wiederholt werden (Konsistenz). Dabei sollte auf Kontinuität geachtet werden. Wenn Wear-Out-Effekte oder Reaktanz befürchtet werden, reichen oft kleine Modifikationen in der Gestaltung aus.

*3. Übergang ins Langzeitgedächtnis*

Langzeitspeicher – die „Festplatte"

Das Kurzzeitgedächtnis enthält auch Daten aus dem Langzeitgedächtnis, unserer „Festplatte", zum Beispiel, um neue Reize mit bereits bekannten Reizen aus dem Langzeitgedächtnis zu vergleichen und somit ihre Bedeutsamkeit zu überprüfen. Das Langzeitgedächtnis spiegelt die Persönlichkeit und Individualität des Menschen wider, weil hier alle wichtigen Erfahrungen gespeichert bleiben. Das Langzeitgedächtnis setzt sich aus drei Untereinheiten zusammen:

- Das episodische Gedächtnis speichert bildhafte Inhalte bzw. sensorische Vorstellungen, die aus unseren Sinnesorganen kommen.
- Das semantische Gedächtnis speichert verbal kodierte Inhalte (z. B. Wörter, Begriffe, Definitionen, Markennamen, Slogans etc.).
- Das prozedurale Gedächtnis speichert Abläufe, Verhaltenssequenzen (z. B. Bewegungsabläufe beim Sport oder Tanzen etc.)

Die Inhalte des Langzeitgedächtnisses sind zwar stabil, aber trotzdem beeinflussbar bzw. veränderbar

Bei den Inhalten des Langzeitgedächtnisses handelt es sich um Vorwissen, Schemata, Images, Vorurteile, Kenntnisse, Produkterfahrungen, Einstellungen, Interessen, Motive etc., die sich alle im Laufe der Zeit entwickelt haben und mehr oder weniger stabil sind. Allerdings befindet sich das menschliche Langzeitgedächtnis in ständiger Bewegung, das heißt, die abgespeicherten Inhalte werden durch innere und äußere Einflüsse beeinflusst, verändert, ergänzt, in neue Zusammenhänge gestellt oder gelöscht.

Hierzu ein kurzes Beispiel: In der Rückschau erleben wir unser eigenes Leben als eine logische Abfolge von Ereignissen, obwohl jeder weiß, dass es an mehr als einer Stelle andere Möglichkeiten gegeben hätte oder sich sogar Widersprüche finden lassen. Bei diesem Verhaltensmuster handelt es sich um eine Form der kognitiven Dissonanz (vgl. dazu Abschnitt 7.4.4), das heißt, wir wollen unser Verhalten am liebsten im Einklang mit unseren Einstellungen bringen. Dazu ist es manchmal nötig, ein wenig „Geschichts-Klitterung" zu betreiben. Oder etwas plakativer formuliert: Im Zweifel lügen wir uns unsere Realität zurecht. Insofern werden Erinnerungen an Ereignisse, Personen oder Marken immer durch spätere Erinnerungen beeinflusst bzw. verändert, das heißt aber auch, dass alle eingehenden Außenreize in unser individuelles Weltbild eingepasst werden. Man könnte auch sagen: Jeder sieht die Welt durch seine Brille und besitzt seine persönlichen Schubladen, um diese Welt einzuordnen.

*Hauptfunktionen des Langzeitgedächtnisses*

- Identifizieren
  Erkennen und Wiedererkennen (= Recognition) aktueller Informationen aus dem Kurzzeitgedächtnis (Marke und oder Verpackung wird im Regal wiedererkannt und deshalb gekauft, dies ist vor allem unter Low-Involvement-Bedingungen wichtig, wie z. B. bei Konsumgütern des täglichen Bedarfs/FMCG).
- Reproduzieren
  Das betrifft das Wiedererinnern gespeicherter Inhalte (= Recall). Bei manchen Produkten muss meine Werbebotschaft hohe Recall-Werte erzielen, das heißt, die Marke wird aktiv erinnert (z. B. wichtig bei teuren Gebrauchsgütern), da das Produkt, um überhaupt gekauft zu werden, erst in die engere Wahl gelangen muss (relevant set).

- Produzieren
  Umformung gespeicherter Inhalte oder Konstruktion neuer Gedächtnisinhalte, beispielsweise Aufbau und Veränderung eines Marken-Images.

Beim Abrufen von gespeicherten Informationen lassen sich aktives Sich-Erinnern (Recall) und von außen angestoßenes Wieder-Erkennen (Recognition) unterscheiden. Dabei soll hier im Sinne der Werbewirksamkeit keine Wertung zwischen diesen beiden – auch in der Werbewirkungsforschung immer wieder verwendeten Konzepten – erfolgen, da beide für unterschiedliche Produktgruppen von Bedeutung sind.

Abrufen von gespeicherten Inhalten:
- Recall
  = Wieder-Erinnern
- Recognition
  = Wieder-Erkennen

Man kann sich das Langzeitgedächtnis modellartig wie ein Netz vorstellen, in dem Knoten durch einzelne Fäden miteinander verbunden sind. Manche Knotenpunkte repräsentieren Objekte (zum Beispiel Produkte), andere repräsentieren bestimmte Eigenschaften (Qualität, Komfort, ...), Emotionen oder Bewertungen. Wird ein Knotenpunkt aktiviert, breitet sich dies zunächst auf benachbarte und dann – mit abnehmender Stärke – auch auf weiter entfernt liegende Knotenpunkte aus. Welche Assoziationen ein Individuum überhaupt zu einem Objekt hat, ist durch sein Wissen und seine Erfahrungen bestimmt. Welche Verbindungen aktiviert werden, hängt ebenfalls vom Vorwissen, aber auch von der konkreten Situation ab. Jeder eingehende Auslösereiz, wie z. B. ein Markenlogo, löst den Abruf gewisser Inhalte – am besten stabile Markenschemata – aus, wobei es sich bei diesen Inhalten sowohl um rationale als auch emotionale Informationen handeln kann.

Lernen und Schutz vor Vergessen erfordern wiederholte Kontakte mit Werbebotschaft

Beim Lernen müssen neue Informationen an diese vorhandenen Inhalte des Langzeitgedächtnisses angedockt werden. Auf der anderen Seite muss einmal gelerntes Material immer wieder aufgefrischt werden, um Vergessen zu verhindern. Das heißt, sowohl das Lernen als auch das Verhindern des Vergessens erfordern eine gewisse Anzahl von Wiederholungen, wobei für das Lernen eine höhere Kontakthäufigkeit notwendig ist als für den Schutz vor dem Vergessen. Auch empirische Versuche zum Einbau von Informationen in das Langzeitgedächtnis zeigten einen signifikanten Zusammenhang zwischen der Anzahl der Kontakte mit der Werbebotschaft und dem Ausmaß der Gedächtnisleistungen. In der Mediaplanung gehört die S-förmige Lernkurve (als Response- oder Werbewirkungsfunktion) inzwischen zum Standardrepertoire und hilft, wirksame Reichweiten für Mediapläne auszuweisen (vgl. auch Kapitel 4 „Mediaplanung").

Auch aus den Besonderheiten des Langzeitgedächtnisses und dem erörterten Phänomen des Lernens und Vergessens lassen sich Forderungen an die Gestaltung von Werbung ableiten:
- Die Botschaft / das Werbemittel sollte versuchen, der Zielgruppe das Abspeichern der Botschaft zu erleichtern.
  - Man verwendet Mnemo-Techniken wie Reime, „Eselsbrücken" oder Visualisierungen des Nutzens. Durch die Visualisierung des Nutzens wird die Botschaft im Gehirn ganzheitlich gespeichert.
  - Je anschaulicher und konkreter ein Reiz ist, desto leichter wird er behalten (das – prägnante – Bild einer Müslischale mit frischen Früchten ist besser als der anschauliche Begriff „Haferflocken", der aber immer noch besser ist als der abstrakte Begriff „Frühstücks-Cerealien").

- Die Botschaft/das Werbemittel sollte versuchen, der Zielgruppe das Wiedererkennen des Absenders, Markennamens oder der Verpackung zu erleichtern.
  - Dazu schafft man Möglichkeiten, neue Informationen mit schon Bekanntem zu verknüpfen oder an bestehende Kategorien (Schemata) anzuknüpfen. Die Botschaft sollte an bereits gelernte Markenschemata anknüpfen, und falls vorhanden, mit Schlüsselbildern arbeiten.
  - Die Informationen sollten im Hinblick auf ihre Wichtigkeit für den Empfänger hierarchisch strukturiert werden (adressaten- bzw. zielgruppengerechte Werbemittelgestaltung), das heißt, das Produktfeld, der Hauptnutzen des Produktes und die Marke müssen schnell erkennbar sein. Es sollten typische Merkmale des Produktfeldes verwendet werdem, dies hilft dem Adressaten, die Information in die richtige „Schublade" zu stecken, das darf aber nicht zu Austauschbarkeit führen, da man sonst Werbung für die Gattung und nicht für die eigene Marke macht.
- Die Botschaft / das Werbemittel sollte oft genug wiederholt werden (Konsistenz),
  - Es sollte auf Kontinuität geachtet werden. Wenn Wear-Out-Effekte oder Reaktanz befürchtet werden, reichen auch hier oft kleine Modifikationen in der Gestaltung aus.

Abb. 8.47 stellt wichtige Formen des Lernens zusammen und macht deutlich, dass es bei jeder Art des Lernens auf Wiederholungen ankommt, wobei deren Wichtigkeit variieren kann. Auf die nicht in der Abbildung aufgeführten Formen des unbewussten Lernens wie die Priming- und Mere-Exposure-Effekte soll hier nicht weiter eingegangen werden. Denn nur die wenigsten Unternehmen setzen bewusst auf unbewusst wahrzunehmende Werbung. Wer sich näher für die beiden Effekte interessiert, findet dazu in den Abschnitten 7.4.1 bis 7.4.3 einige grundlegende Ausführungen.

Bei Werbung kommt es selten zu absichtlichem Lernen

In der Abbildung wird als grundlegende Unterscheidung die zwischen absichtlichem und beiläufigem Lernen genannt. Bei der seltener vorkommenden zentralen Reizverarbeitung unter High-Involvement kommt es zu Formen des absichtlichen Lernens. Wenn die Logik komplexerer Sachverhalte wirklich eingesehen wurde, also wirklich verstanden wurde, worum es bei dem Sachverhalt geht, benötigt man anschließend nur noch wenige Wiederholungen, um die Informationen zu behalten bzw. später vor dem Vergessen zu schützen. Anders sieht es beim Auswendiglernen (Memorieren) aus, hier werden – wie jeder aus eigener Erfahrung bestätigen wird – deutlich mehr Wiederholungen benötigt, damit das Gelernte wirklich sitzt. Außerdem wird vieles, was eben nicht eingesehen wurde, anschließend wieder relativ schnell vergessen.

Beiläufiges Lernen – häufigste Form des Lernens in der Werbung

Gerade bei Werbung geht es aber viel häufiger um Formen des beiläufigen Lernens, das heißt, man bekommt eben trotz geringer eigener Motivation zur Informationsaufnahme etwas mit. Dabei wirken die Adressaten beim sogenannten S-R-Lernen (Stimulus-Response) häufig mit, während sie bei Formen der Konditionierung eher passiv bleiben. Beim S-R-Lernen unterscheidet man die aktivere Form des Lernens nach dem Verstärker-Prinzip von der passiveren des Lernens durch Beobachtung (Modell-Lernen).

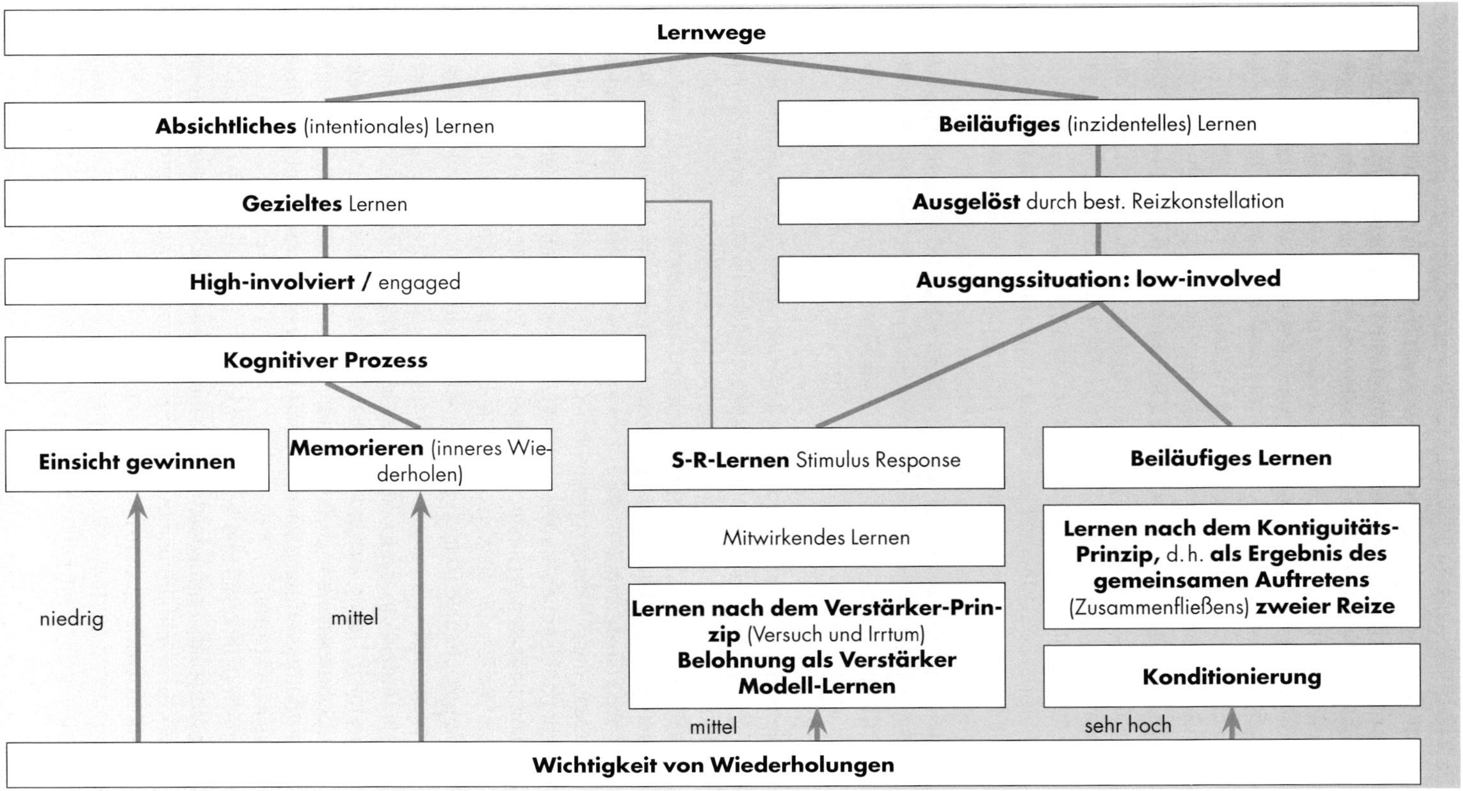


*Abb. 8.47: Arten des Lernens (aus: Lachmann, Ulrich: Wahrnehmung und Gestaltung von Werbung, Stern Bibliothek, Gruner+Jahr, Hamburg 2003)*

Modell-Lernen = Lernen von Vorbildern

Beim Modell-Lernen geht es darum, sich etwas von anderen abzuschauen oder nachzuahmen, um die Fähigkeiten oder Verhaltensmuster anschließend selbst in sein „Repertoire“ aufzunehmen. Im Sinne der Werbung ist dabei häufiger die Aneignung neuer Fähigkeiten oder Verhaltensmuster als die Hemmung gelernter Verhaltensmuster angestrebt. In beiden Fällen müssen aber Verhalten oder die Folgen der Produktverwendung vorgeführt werden. Bei Sozialkampagnen wie „Keine Macht den Drogen“ oder „Gib AIDS keine Chance“ soll der Einsatz positiver Vorbilder zum gewünschten Lern-Effekt führen. In anderen Fällen zeigen oder beschreiben Testimonials oder Presenter die Vorzüge der Produktverwendung. Peter Beike unterscheidet in der Broschüre: Lernprozesse 2000. Lernprozesse in der Werbung (Bild Edition, ASV Hamburg 2000) zwei Aspekte des Modell-Lernens:

1. Verhaltens-Aneignung (Aufmerksamkeit und Speicherung)
   Im Sinne der Erregung von Aufmerksamkeit kommt es vor allem auf die Attraktivität des Modells (nicht nur körperliche Attraktivität, sondern auch Macht, Prestige, Kompetenz, Sympathie etc.), die Nützlichkeit und Effektivität des vorgeführten Verhaltens an. Die Glaubwürdigkeit wird noch unterstrichen, wenn das Modell Ähnlichkeit zum Denken, Aussehen oder Verhalten der Zielgruppe aufweist (denken Sie bespielsweise an Testimonials wie die in einer Kampagne der Hypo Vereinsbank: „Leben Sie, wir kümmern uns um die Details“).
   Im Sinne der Verbesserung der Speicherung gelten die schon mehrfach erwähnten Prinzipien der Wiederholung und der Anknüpfung an vorhandene Strukturen.
2. Verhaltens-Ausführung (Ausprobieren und Motivation)
   Modell-Lernen soll nicht nur gespeichert werden, sondern auch zur Ausführung des geänderten Verhaltens führen. Die Verhaltensänderung kann darin bestehen, dass Verhalten gegenüber Konkurrenzwerbung gehemmt oder gegenüber der eigenen Marke verstärkt werden soll. Dabei bildet das Verhalten des Vorbildes den Auslöser zu eigenen Versuchen. Auch hier spielt natürlich die Motivation der Zielpersonen eine besondere Rolle, denn nur, wenn die Zielperson positive Folgen von einer Verhaltensänderung erwartet, wird das neue Verhalten ausprobiert. Dabei kann es sich um Belohnungen (durch das soziale Umfeld, aber auch für sich selbst „Ich gönne mir was“ oder „Ich verwöhne mich“), aber auch um Hilfen bei der Problembewältigung handeln (z. B. keine Schuppen mehr nach Verwendung des Produktes). Das Ausprobieren des Verhaltens erfolgt dann nach dem im Folgenden dargestellten Prinzip von Versuch und Irrtum.

Lernen nach dem Verstärker-Prinzip = Versuch und Irrtum

Lernen nach dem Verstärker-Prinzip erfordert Versuch und Irrtum (Trial-Error). Dabei funktionieren erfolgreiche Versuche als Belohnung, wodurch Informationen, aber auch Verhaltensmuster und Bewegungsabläufe reproduzierbar gelernt werden. Wer je Kindern beim Erlernen des Gehens zugesehen hat, weiß, wie wichtig dabei Wiederholungen sind, aber auch, wie erfolgreich das Prinzip von Versuch und Irrtum sein kann.

➔ *Das „klassische“ beiläufige Lernen kommt bei Werbung am häufigsten vor.*

Gerade hier spielt Wiederholung eine entscheidende Rolle, damit überhaupt etwas gelernt wird. Vom Werbetreibenden wird Geduld verlangt, beiläufiges Lernen benötigt Zeit, Werbung führt hier nicht zu kurzfristigem Anstieg der Abverkäufe, sondern prägt idealerweise Marken vor, die zu einem späteren Zeitpunkt als Auswahlmöglichkeit herangezogen (relevant set) und gekauft werden.

Beiläufiges Lernen braucht häufige Wiederholung und damit Zeit

Das Lernen nach dem Kontiguitäts-Prinzip funktioniert durch die gleichzeitige Darbietung zweier Reize, die ursprünglich keinen Bezug hatten, ihn aber durch häufige Wiederholung bekommen. In diesem Zusammenhang spricht man von Konditionierung. Idealerweise führt die Darbietung des unkonditionierten (neutralen) Reizes in zeitlicher und räumlicher Nähe zum konditionierten Reiz (= Kontiguität) zu den vom Werbetreibenden beabsichtigten Assoziationen beim Adressaten, die sich bei ausreichenden Wiederholungsfrequenzen stabilisieren können. So wird der ursprünglich unkonditionierte (neutrale) Reiz des Cowboys inzwischen von der Mehrheit der Verbraucher mit dem konditionierten Reiz Marlboro verbunden. Dieses Beispiel zeigt schön, wie wirksam und wichtig Formen der emotionalen Konditionierung im modernen Marketing geworden sind. Auf der anderen Seite sieht man auch, dass es sogar Jahrzehnte dauern kann, bis aus unkonditionierten (neutralen) Reizen durch kontinuierliche Verwendung (Konsistenz) Schlüsselbilder für ein Markenschema (Marken-Welt) werden können. Zusammenfassend noch einmal einige wichtige Voraussetzungen für erfolgreiche Konditionierung (vgl. auch Lachmann, 2003):

- Kontiguität: Darbietung des unkonditionierten/neutralen Reizes (z.B. emotionale Bilder) in zeitlicher und räumlicher Nähe zum konditionierten Reiz (Marke).
- Reihenfolge: Gerade in AV-Medien (TV, Kino) sollte der konditionierte Reiz vor dem unkonditionierten/neutralen Reiz erfolgen.
- Wiederholung – oft genug und lange genug
- Anforderungen an den unkonditionerten/ neutralen Reiz
  - starker Reiz („unter die Haut gehen“)
  - ausreichende Prägnanz im Werbemittel
  - möglichst eigenständig, das heißt, nicht austauschbar sein

Der natürliche Feind des Lernens ist das Vergessen. Dies gilt in besonderem Maße für beiläufig gelernte Informationen wie Werbebotschaften, weshalb auch hier die Wiederholung des Reizes zur Auffrischung (Aktualisierung) eingesetzt werden muss. Das Vergessen betrifft sowohl das Kurzzeit- als das Langzeitgedächtnis. Dabei lassen sich zwei Mechanismen unterscheiden:

Vergessen ist der natürliche Feind des Lernens

1. Spuren-Zerfall, d.h. physischer Verfall von Gedächtnisspuren (vor allem im Kurzzeitgedächtnis), dies durch starke vorangehende Reize (= proaktive Hemmung) oder nachfolgende Reize (retroaktive Hemmung).
   ⇒ Lässt sich, z.B. im Werbeblock, nicht völlig verhindern, aber evtl. durch Einsatz von Remindern (Tandem-Spot) verringern. Auch sollte man ablenkende Elemente in der eigenen Werbung vermeiden („Vampir-Effekt“).
2. Interferenzen, d.h. kein physischer Verfall (vor allem im Langzeitgedächtnis). Auch hier können bereits gelernte Inhalte durch neue Spuren überlagert oder durch Umorganisationsprozesse „verschüttet“ werden. Die Gegenmaßnahmen sind die, die aus anderen Kriterien abgeleitet und näher beschrieben wurden: Uniqueness anstreben und für vielfältige Verknüpfung sorgen.

Neben dem beschriebenen Drei-Speicher-Modell des Gedächtnisses hat sich ergänzend dazu in den letzten Jahren vor allem durch Untersuchungen an Patienten mit Gedächtnisstörungen (Amnesien) ein weiteres Modell über den Aufbau des Gedächtnisses durchgesetzt. Der deutsche Neurobiologen Roth geht davon aus, dass das Gehirn nicht hierarchisch, sondern distributiv aufgebaut ist. Das heißt, es gibt keine obersten Zentren des Bewusstseins, sondern je nach Aufgabe werden verschiedene Bereiche des Gehirns zur Verarbeitung der Information oder Lösung des Problems „zugeschaltet". Man kann zunächst einmal zwischen dem deklarativen (expliziten) und dem prozeduralen (impliziten) Gedächtnis unterscheiden (vgl. Abb. 8.48).

Gerhard Roth charakterisiert diese beiden Systeme des Gehirns wie folgt:
„ Automatisierte bzw. implizite Prozesse sind
1) unabhängig von der Begrenzung kognitiver Ressourcen;
2) ihre willentliche Kontrolle ist schwach oder nicht vorhanden;
3) Aufmerksamkeit und Bewusstsein sind nicht notwendig oder stören bei ihnen sogar;
4) sie laufen schnell und mühelos ab;
5) sie sind meist unimodal;
6) ihre Fehleranfälligkeit ist gering;
7) sie verbessern sich durch Übung, sind allerdings gleichzeitig schwer veränderbar, wenn sie erst einmal eingeübt bzw. konsolidiert sind;
8) sie sind in ihren Details sprachlich nicht berichtbar.

Die Informtionsverarbeitung dieser unbewusst ablaufenden Prozesse wird überwiegend als „flach" angesehen, d.h. diese Prozesse orientieren sich an einfachen bzw. hervorstechenden Merkmalen und verarbeiten einfache Bedeutungen. Ihnen liegt – so wird meistens angenommen – eine überwiegend parallele Informationsverarbeitung zu Grunde. (...)

Kontrollierte bzw. explizite Prozesse hingegen hängen
1) stark von der Bereitstellung kognitiver Ressourcen ab (ein gutes Beispiel ist die notorische Begrenztheit des Arbeitsgedächtnisses);
2) sie benötigen Aufmerksamkeit und Bewusstsein;
3) sie laufen langsam ab, d.h. im Bereich von Sekunden bis Minuten, und sind häufig mühevoll;
4) sie benötigen einen intensiven Zugriff auf das Langzeitgedächtnis;
5) sie sind sehr störanfällig;
6) sie zeigen nur geringe Übungseffekte; sie sind jedoch
7) schnell veränderbar und
8) sprachlich berichtbar.

Allgemein zeigen sie eine „tiefe", d.h. multimodale, auf die Verarbeitung komplexer und bedeutungshafter Inhalte ausgerichtete Informationsverarbeitung. Sie beruhen nach Auffassung der meisten Autoren auf serieller Informationsverarbeitung (...)" (Gerhard Roth: Fühlen, Denken, Handeln. Suhrkamp 2007. S. 237 f.).

In einem ersten Schritt untersucht ein unbewusst arbeitendes System neu ankommende Reize auf Wichtigkeit und Neuheit. Dies geschieht durch den schnellen Rückgriff auf die verschiedenen Gedächtnisarten. Unwichtiges wird nicht weiter beachtet. Wichtiges, aber Bekanntes aktiviert vorhandene Schemata, wird mühelos einsortiert und löst ggf. automatisiertes Verhalten aus (Heuristiken vgl. Abschnitt 7.11.2). Nur bei Neuem und Wichtigem wird unser Bewusstseins- und Aufmerksamkeitssystem eingeschaltet, was auch energieökonomisch sinnvoll ist, denn gerade geistige Arbeit benötigt besonders viel Stoffwechselenergie.

Das deklarative Gedächtnis umfasst alles bewusst mehr oder weniger leicht abrufbare Wissen, während es beim nicht-deklarativen Gedächtnis eher um das „Wissen wie" handelt. So gehören hier unter anderem alle kognitiven und motorischen Fertigkeiten hin, d.h. sowohl Handlungsabläufe, die beim Gehen, Tanzen, Einkaufen etc. benötigt werden, als auch problemlösendes Denken. In diesen Fällen fällt es uns sehr schwer zu erklären, wie wir das eigentlich machen.

Verständlicherweise stand daher das deklarative Gedächtnis schon immer im Mittelpunkt des Marketings, denn Faktenwissen wie z.B. die aktive Markenbekanntheit (Recall) lässt sich natürlich viel leichter messen als eher beiläufig Gelerntes. Das implizite bzw. nicht-deklarative Gedächtnis blieb dagegen bisher weitgehend unbeachtet. Und das obwohl neueste Erkenntnisse aus Neurologie und Psychologie nachweisen, dass die hier gelernten und abgespeicherten Inhalte für das Kaufverhalten eine sehr wichtige, vielleicht sogar wichtigere Rolle als das Wissen des deklarativen Gedächtnis spielen (vgl. Abschnitt 7.11 und 8.1.1 zur Rolle von Selbst und Ich sowie der Bedeutung des Unbewussten). Um an Informationen über diese unbewussten Inhalte des prozeduralen Gedächtnisses zu gelangen, könnte sich in Zukunft der Schwerpunkt der Marktforschung deutlich hin zu den qualitativen Methoden (vgl. Kapitel 10 im Band „Marketing") verschieben.

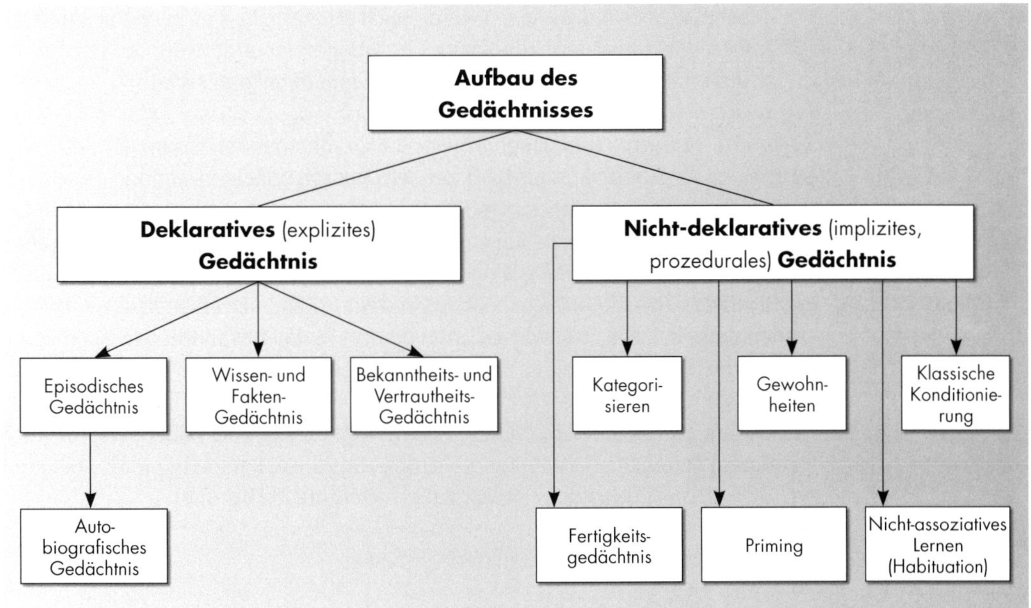


*Abb. 8.48: Aufbau des Gedächtnisses (nach Gerhard Roth)*

Bestandteile des deklarativen Gedächtnisses

- Bekanntheits- und Vertrautheitsgedächtnis
  - arbeitet eher unbewusst, denn meistens kommt uns etwas bekannt oder unbekannt vor, ohne dass wir lange darüber nachdenken müssen. Der Aufbau von Bekanntheit und Vertrautheit wird erleichtert, wenn eine Marke kontinuierlich mit konstanten Elementen wie z.B. Logos, Verpackungs- und Produktdesign, aber auch selbstähnlicher Kommunikation arbeitet. Dabei ist Vertrauen das Produkt aus Erfahrung und Wissen, d.h. eine stabile Markenbindung benötigt neben der Bekanntheit der Marke eben auch wiederholt positive Markenerfahrungen.
- Wissens- und Faktengedächtnis
  - beinhaltet sowohl Fakten (wie Barcelona liegt in Spanien, Spee ist von Henkel) als auch Regeln (Straßenverkehr, Sportarten, Mathematik, aber auch ein hoher Preis weist auf hohe Qualität hin).
- Episodisches Gedächtnis
  - hier werden Ereignisse und zeitlich festmachbare Erfahrungen abgespeichert. Eine „Unterabteilung" stellt das autobiografische Gedächtnis dar, in dem wir wichtige persönliche Daten, Erlebnisse und Erfahrungen abgespeichert haben. Das wiederholte Erzählen dieser Geschichten benötigen wir für die Aufrechterhaltung unseres Selbstkonzeptes (Selbst- und Fremdbild vgl. Abschnitt 7.11.1). Dabei erzählen nicht nur alte Menschen besonders gerne Geschichten über sich selbst. Marketing und Werbung haben darauf inzwischen mit dem Bereich des Storytelling reagiert (Literatur zu diesem Thema finden Sie im Literaturverzeichnis). Selbst gemachte Erfahrungen haben natürlich einen noch stärkeren Einfluss auf (Kauf-)Entscheidungen als z.B. über Werbung erzählte Geschichten. „Erzähle es mir – und ich werde es vergessen, zeige es mir – und ich werde mich erinnern, lass es mich tun – und ich werde es behalten." (Konfuzius) Im Übrigen einer der Gründe, warum die Inszenierung von Marken durch Events immer beliebter wird.

„Alle drei Gedächtnisse hängen hierarchisch miteinander zusammen, d.h. das autobiografische Gedächtnis baut auf dem Faktengedächtnis auf und dieses seinerseits auf dem Bekanntheitsgedächtnis. Ich kann mich nicht an ein bestimmtes Geschehnis aus meinem Leben erinnern, ohne dass ich bestimmte Fakten kenne und ohne dass mir bestimme Dinge bekannt vorkommen. Umgekehrt ist dies sehr wohl möglich. Man kann sich deshalb vorstellen, dass sich episodische Vorgänge zunehmend in das Faktenwissen und von dort in das Bekanntheitswissen verlagern. Zuerst erinnern wir uns noch an viel Details eines Vortrages einer bestimmten Person, später wissen wir nur noch, dass wir von der bestimmten Person irgendwann einmal über irgendetwas einen Vortrag gehört haben, und in noch größerem Zeitabstand könnte es sein, dass uns diese Person irgendwie bekannt vorkommt, ohne dass wir wissen warum." (Gerhard Roth, 2007)

Bestandteile des prozeduralen Gedächtnisses:

- Kategorisieren
  - dient der Strukturierung der Inhalte des Gedächtnisses nach einem hierarchischen System, z.B. das Klassifizieren von Bildmaterial anhand geläu-

figer Schemata bzw. Prototypen. Dieses Gedächtnis arbeitet hochgradig automatisiert und geschieht ohne Nachdenken. Die Forderung an das Marketing lautet daher: Marken müssen durch kontinuierliche Markenführung erst zu einer eigenständigen Kategorie werden, um überhaupt als Andockstelle für weitere Erfahrungen und Informationen fungieren zu können (vgl. Abb. 8.49 Beispiel zum Markenschema).

- Gewohnheiten
  - entstehen unbewusst, können uns aber durch andere bewusst gemacht werden und dann auch verändert werden. Gewohnheiten werden über positive oder negative Verstärkung gelernt. Denn die meisten Gewohnheiten sind uns anfangs noch bewusst, sinken aber über mehrfache Wiederholung, bei denen positive Erfahrungen gemacht wurden oder negative Konsequenzen vermieden werden konnten, ins Unbewusstsein ab (vgl. die Erläuterungen zu den Heuristiken in Abschnitt 7.11.2). Auch im Kauf- und Konsumverhalten haben wir zahlreiche Gewohnheiten wie z.B. die Häufigkeit von Einkäufen, Einkaufsstättenwahl, Kaufmengen, Reihenfolge der Einkäufe, Vorratshaltung, Aufbewahrung der Produkte etc. Die nähere Erforschung dieser Gewohnheiten (z.B. durch Beobachtungen oder qualitative Befragungen) wird in Zukunft eine der wichtigste Aufgaben der Marktforschung sein.
- Nicht-assoziatives Lernen (Habituation)
  - regelt die Ausbildung von Gewohnheiten.
- Klassische Konditionierung
  - Das sogenannte klassische Konditionierung wurde bereits auf S. 430 beschrieben und stellt eine Art des Signal-Lernens dar, denn der Organismus reagiert wie die Pawlowschen Hunde bereits auf das Signal. Wenn Werbung wirklich nach diesem Schema arbeiten wollte, müsste die Marke bei TV-Spots immer vor dem Reiz, der mit der Marke verbunden werden soll (z.B. Erotik, Genuss, Musik etc.), gezeigt werden. Diese Anforderung erfüllt Werbung aber nur selten, denn in den meisten Fällen wird die Marke erst am Schluss gezeigt. Außerdem muss der angenehme Stimulus spezifisch für die Marke eingesetzt werden, da sich ansonsten kein Signal-Lernen ergibt. Der inflationäre Gebrauch populärer Musik oder Prominenter in der Werbung widerspricht dieser Anforderung ebenfalls (vgl. dazu auch Felser in Florack/Scarabis/Primosch, 2007.)

    In der Werbung wird viel stärker das Prinzip des evaluativen Konditionierens benutzt, bei dem ein Zielstimulus und ein Kontextstimulus zeitgleich präsentiert werden, wobei dann der Kontextstimulus auf den Zielstimulus übertragen wird. Hier muss man keine Zusammenhänge zwischen Signalreiz und Reaktion lernen, sondern es wird nur eine bewertende Reaktion z.B. auf eine Marke übertragen. Angesichts der bereits mehrfach beschriebenen Bedeutung unbewusster Wahrnehmung bzw. beiläufigen Lernens ein enormer Vorteil. Dies zeigt sich auch daran, dass evaluatives Konditionieren viel seltener wiederholt werden muss und auch deutlich langsamer abgebaut bzw. vergessen wird wie die klassische Konditionierung.

- Fertigkeitsgedächtnis
  - enthält wie bereits erwähnt alle motorischen und kognitiven Fertigkeiten. Dazu gehören neben den bereits erwähnten motorischen Fertigkeiten wie Fußballspielen oder Fahrradfahren auch kognitive Fertigkeiten wie erlernte Fremdsprachen oder Mischformen wie die Fertigkeit, ein Billy-Regal aufzubauen.
- Priming
  - unbewusstes Wahrnehmen und Lernen von Inhalten z.B. durch Werbung, die uns später helfen, andere Inhalte leichter zu identifizieren bzw. zumindest wiederzuerkennen (vgl. Abschnitt 7.4.1). In gewisser Weise ist Priming eine Vorbereitung des bewussten Lernens und Erinnerns (Lachmann benutzt dafür den verwandten Begriff Vorprägung, vgl. Abschnitt 8.4)

Lernen heißt eigentlich nichts anderes, als bestehende Netzwerke/Schemata zu ergänzen oder zu verändern. Dazu müssen die neuen Informationen zunächst einmal neu und vor allem wichtig sein, da sie ansonsten als uninteressant eingestuft gar nicht erst wahrgenommen werden. Neue Informationen, Bilder oder Emotionen werden zunächst immer unter Rückgriff auf bereits abgespeicherte innere Vorstellungsbilder verarbeitet. Anschließend müssen sie natürlich oft genug wiederholt werden, um selbst zu einem neuen Knotenpunkt im semantischen Netzwerk der Marke zu werden.

„Die Hirnforscher vermuten, dass die ankommenden Sinnesdaten auch bei uns im Gehirn zunächst ein inneres ‚Wahrnehmungsbild' erzeugen. Gleichzeitig werden dazu passende, in den höheren Arealen der Hirnrinde bereits angelegte innere Bilder benutzt, um ein bestimmtes Erwartungsbild in Form eines charakteristischen Aktivierungsmusters zu generieren. Falls diese beiden Erregungsmuster identisch sind, bleibt alles beim Alten. Da das neue Bild das vorhandene nur bestätigt, sind die eingegangenen Sinnesdaten für das Hirn uninteressant (...) Wirklich interessant wird es nur dann, wenn das alte bereits vorhandene Muster und das neue eben entstandene Aktivierungsmuster zumindest teilweise übereinstimmen und überlagerbar sind. Das im Kortex entstandene ‚Erwartungsbild' muss dann geöffnet und entsprechend modifiziert werden. Anschließend wird es erneut mit den von den eintreffenden Sinnesdaten erzeugten Erregungsmustern verglichen. Dieser Prozess wiederholt sich so lange, bis ein neues erweitertes inneres ‚Erwartungsbild' entstanden ist, das sich nun endlich mit dem tatsächlichen Wahrnehmungsbild deckt. Die neue Wahrnehmung ist dann in den Schatz der bereits vorhandenen inneren Bilder integriert worden. Man hat etwas dazugelernt."(Hüther, 2006. S. 76 f.).

„Ein Schema ist die nach und nach und nach gelernte, schließlich standardisiert verfestigte ganzheitliche Vorstellung von einem Objekt (einem Produkt, einer Firma, Person, Idee, Aktion)" (Lachmann/Trommsdorf in: Florack/Scarabis/Primosch, 2007. S. 162)

Eine Marke wird bei allen Personen, die die Marke kennen, von einem Schemata repräsentiert, wobei diese semantischen oder besser synaptischen Netzwerke individuell sind, da eine Marke in jedem Bewusstsein mit anderem Wissen und Erfahrungen verbunden wird (vgl. Abb. 8.49 zum Markenschema).

Ein Markenschemata besteht, wie man auch in der Abbildung sieht, aus rationalen und emotionalen Inhalten, die teilweise bewusst und teilweise unbewusst sind. Letztere müssen dann erst über geeignete Marktforschungsmethoden sichtbar gemacht werden. Marken werden stets ganzheitlich mit allen Sinnen erlebt und sind insofern ständig im Fluss, denn sie bilden immer nur die jeweils aktuelle Konstruktion unseres Bewusstseins ab.

Schemata nehmen Einfluss auf unterschiedliche Stufen der Informationsverarbeitung:
- Steuerung der Aufmerksamkeit,
- Selektive Wahrnehmung,
- Tiefe der Informationsverarbeitung,
- Interpretation von Informationen;
- Resistenz gegenüber Änderungen.

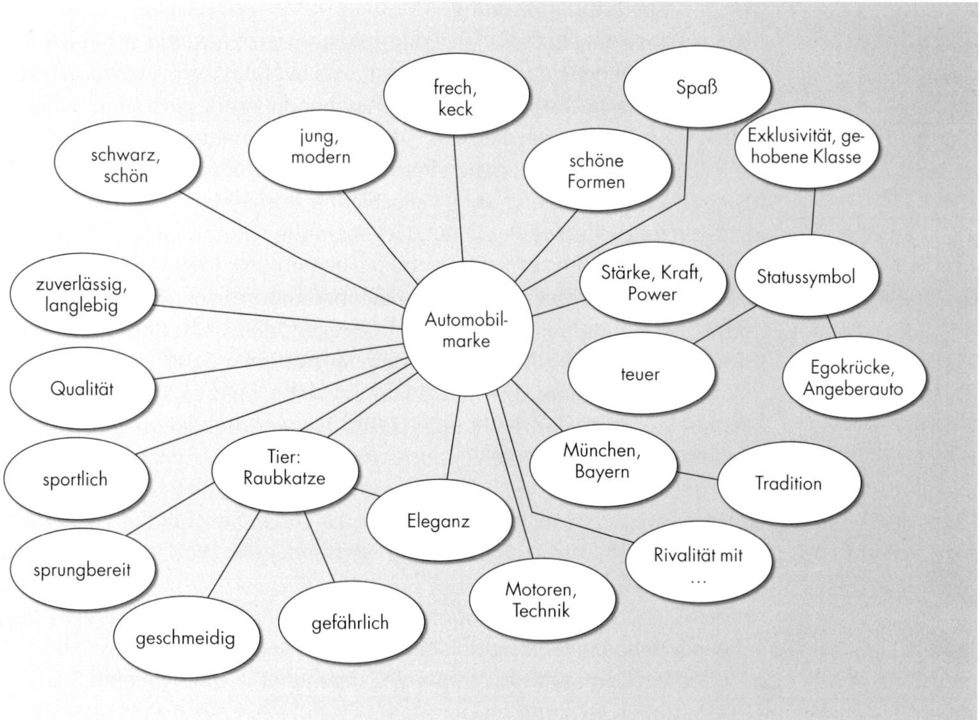


*Abb. 8.49: Semantisches Markennetzwerk/-Schemata (Beispiel Automobilmarke)*

„Wenn Menschen keine Notwendigkeit sehen, ihr Schema zu ändern, dann richten sie ihre Aufmerksamkeit weniger auf Informationen, die relevant für eine Änderung des Schemas wären. (...) Tatsächlich zeigen Menschen häufig eine große Kreativität darin, ihre Schemata und Überzeugungen auch entgegen widerlegenden Informationen aufrechtzuerhalten." (Florack/Scarabis/Primosch 2007. S. 180)

Die Verankerung eines stabilen Markenimages ist daher eine der anspruchsvollsten Aufgaben, die ein Unternehmen zu bewältigen hat, denn nur wenn eine Marke von einem Großteil der Zielgruppe immer wieder „gleich" wahrgenommen wird und zum Selbstkonzept dieser Menschen passt, kann sie auf Dauer erfolgreich sein.

Grundsätzlich bedeutet Lernen auch Vergessen. Doch das Vergessen von Informationen ist gar nicht so schlimm wie immer angenommen. Denn wir haben nicht alles vergessen, woran wir uns nicht mehr erinnern können. Studien haben erwiesen, dass einmal gelerntes Material sich später wesentlich leichter und schneller wieder auffrischen lässt als komplett Neues (vgl. Sommer, 2007 und die Beispiele zu beiläufigem Lernen im Abschnitt 8.1). Außerdem lässt sich der bereits mehrfach erwähnten Effekt des Priming beobachten, der erwiesenermaßen in der Lage ist, zukünftige Wahrnehmung zu beeinflussen. „Die Wiedererinnerung werblicher Gestaltung oder die Verknüpfung dieser mit dem Markenbild hat allein den Vorteil, dass der Aktivierungsprozess durch erneute Schaltung vereinfacht wird." (Sommer, 2007. S. 210).

### 8.5.5 Einstellungswirkung

Werbung soll Einstellungen dauerhaft positiv beeinflussen

Für die Phase der Einstellungswirkung besteht das Ziel darin, die Einstellung der Zielgruppen möglichst dauerhaft positiv zu beeinflussen, sodass sich eine Präferenz für die beworbene Marke herausbilden kann. Einstellungen sind Ausdruck einer Bewertung, das heißt sie entscheiden mit darüber, ob wir bestimmte Objekte positiv oder negativ einschätzen. Den Begriff „Objekt" muss man in diesem Zusammenhang sehr vielschichtig betrachten. Er umfasst so unterschiedliche Dinge wie Personen, Gegenstände (Unternehmen, Produkte, Marken, Werbung, Einkaufsstätten) oder Themen und Ideen. Dass Einstellungen einen verhaltensrelevanten Aspekt beinhalten, wird von einigen Wissenschaftlern angenommen, andere betonen dagegen, dass man diesen auf konkretes Handeln gerichteten Aspekt eher dem Motivationsbegriff zuordnen sollte. Für die letztere Annahme spricht auch die Tatsache, dass es Kaufverhalten wie Gewohnheitskäufe oder Käufe unter Zeitdruck gibt, bei denen Einstellungen mit Sicherheit kein Rolle spielen, auch wenn man hier natürlich einwenden kann, dass der Kauf auf die durch Werbung vorgeprägte positive Einstellung zur Marke zurückführbar ist. In jedem Fall sind die folgenden beiden Fassetten einer Einstellung unstrittig (vgl. Hartwig Steffenhagen: Wirkungen der Werbung. Aachen 2000):

- gefühlsbetonte oder emotionale Fassette – Ausdruck des Fühlens als Folge einer Vielfalt innerer Gefühlsbilder (Mögen ⇔ Nicht-Mögen, Gefallen ⇔ Nicht-Gefallen, Sympathe ⇔ Antipathie, angenehm ⇔ unangenehm, Vertrauen ⇔ Misstrauen etc.) und
- verstandesbetonte oder kognitive Fassette – Ausdruck des Beurteilens als Folge einer Vielfalt erworbener Eindruckswerte (vorteilhaft ⇔ unvorteilhaft, gut ⇔ schlecht, perfekt ⇔ unperfekt, nützlich ⇔ überflüssig, richtig ⇔ falsch etc.)

Jede Einstellung enthält kognitive und emotionale Komponenten

Bei Low-Involvement sind Sympathie und Glaubwürdigkeit besonders wichtig

Jede Einstellung enthält demnach sowohl emotionale als auch kognitive Komponenten, wobei die Einstellungsbildung bei hoch involvierten Verbrauchern stärker von der kognitiven Fassette geprägt wird, obwohl auch hier emotionale Gesichtspunkte Einfluss nehmen werden. Demgegenüber sind unter Low-Involvement-Bedingungen fast ausschließlich die emotionalen Komponenten für die Einstellungsbildung verantwortlich.

Man muss also vor allem die emotionale Fassette von Einstellungen bei der Gestaltung beachten und dem Faktor Gefallen kommt bei der Gestaltung von Werbung große Bedeutung zu. Dies gilt natürlich besonders bei Low-Involvement, denn bei beiläufiger Wahrnehmung (peripherer Reizverarbeitung, vgl. dazu das ELM-Modell von Petty und Cacioppo im Kapitel 7) spielt beim Verbraucher die Sympathie (Likeability) für den Absender der Botschaft eine große Rolle. Aber auch die Einschätzung der Glaubwürdigkeit des Absenders kann die Werbewirkung beeinflussen. Zu diesem Zweck werden in der Werbung zum Beispiel häufig sympathische Testimonials oder Prominente eingesetzt. Durch den Einsatz von Experten, Testurteilen oder vermeintlichen Experten soll die Glaubwürdigkeit der werblichen Information erhöht werden. Im Low-Involvement-Bereich konnte eine Beziehung zwischen Gefallen an der Werbung und späteren Abverkäufen nachgewiesen werden, allerdings gilt dieser Zusammenhang vermutlich nur dann, wenn die Inhalte oder Personen, die Sympathie erzeugen sollen, zum Produkt bzw. zur Werbebotschaft passen, ansonsten besteht auch hier die Gefahr der Ablenkung.

Bei High-Involvement und demnach zentraler Reizverarbeitung kommt der Qualität der Argumente eine entscheidende Bedeutung zu. Im Hinblick auf die Glaubwürdigkeit der werblichen Aussagen sollte auf einseitige Argumentationen verzichtet werden, da diese eine Gegenargumentation oder sogar Reaktanz provozieren könnten. Man liefert dann also lieber selbst einige Gegenargumente mit und widerlegt sie dann im Text. Der Einfluss emotionaler Komponenten ist bei High-Involvement niedriger als bei beiläufiger Wahrnehmung, aber trotzdem vorhanden.

Bei High-Involvement kommt es auf die Qualität der Argumente an

Grundsätzlich lässt sich allerdings feststellen, dass die Einstellung zur Werbung die Einstellung zur Marke beeinflusst. Bei neuen Marken tritt dieser Effekt besonders stark auf, da sich hier durch die Werbung erst neue Schemata (Wissen und Assoziationen zur Marke) bilden müssen. Aber auch bei etablierten Marken muss die Werbung die bereits bestehenden Markenschemata bestätigen bzw. auffrischen (vgl. auch Abschnitt 8.5.4 zur Informationsspeicherung). In diesen Fällen kommt es ferner zu umgekehrten Effekten, das heißt, die Einstellung zur Marke bestimmt die Einstellung zur Werbung. In diesem Zusammenhang sei nur kurz auf das interessante Phänomen verwiesen, dass die Stammkunden einer Marke – vor allem bei Produkten des demonstrativen Konsums – der Werbung „ihrer" Marke eine besonders hohe Aufmerksamkeit schenken. Dies hängt vermutlich damit zusammen, dass sie das Produkt zur Darstellung ihrer Persönlichkeit nutzen und sich insofern als Teil der Markenwelt verstehen.

### 8.5.6 Verhaltensreaktion/-steuerung

In der Phase der Verhaltensreaktionen/-steuerung ist es das Ziel, bei den Zielgruppen eine stabile Einstellungsänderung zu erzeugen, die idealerweise zur Kaufabsicht (relevant set) und letztlich zum Kauf des Produktes (evoked set) führt. (Grundsätzliche Überlegungen zu diesen Themen finden Sie im Kapitel 7 über Werbewirkung.) Nach den bisherigen Ausführungen dürfte klar sein, dass Werbung, die die grundsätzlichen Regeln – wie das „3-K-Prinzip" (Kontrast, Konsistenz, Klarheit) – beachtet, selbst unter den ungünstigsten Bedingungen der Vorprägung von Kaufverhalten dienen kann. Einzelne Anzeigen im Hinblick auf ihre konkrete Steuerungskraft für Kaufverhalten zu beurteilen, macht insofern keinen Sinn, als Werbung eher langfristige Effekte hat. So ergab eine aktuelle amerikanische Studie, dass die Kurzzeit-Effekte der Werbung auf den Verkauf etwa drei bis vier Wochen reichen und dann stark nachlassen. Langfristige Verkaufs-Effekte wirken sich bis zu einem halben Jahr aus, wobei die Dauer stark von der Marktsituation (u.a. Konkurrenzdruck in der Werbung), den ausgewählten Werbeträgern und den eingesetzten Werbemitteln abhängt (vgl. Klaus Schönbach: Werbewirkung. Eine Inventur der Inventare. Frankfurt am Main 2002. S. 100).

Werbung muss Kaufabsichten und Käufe hervorrufen

Werbung hat eher langfristigen Effekt auf das Kaufverhalten

Es ist daher wichtig, zu wissen, dass Einstellungen, die durch sorgfältige Analyse der Argumente für oder gegen ein Produkt zu Stande gekommen sind, länger beibehalten werden und das Verhalten mit größerer Wahrscheinlichkeit beeinflussen als eher beiläufig gewonnene Ansichten. Für eine nachhaltige Änderung von Einstellungen erweist es sich als günstig, stichhaltige Argumente

Man muss Werbung nicht glauben, man muss ihr glauben wollen *(Holger Jung / Jean Remy von Matt)*

Kaufverhalten hängt stark von eigenen Produkterfahrungen ab, Werbung kann Probiermöglichkeiten liefern/hervorrufen

zu präsentieren und die Konsumenten dazu zu motivieren, sich bewusst mit ihnen auseinanderzusetzen. Der Zusammenhang zwischen den Gedächtnisstrukturen beziehungsweise einer einmal gewonnenen Einstellung einerseits und konkretem Verhalten andererseits ist nicht so eindeutig, wie man vielleicht zunächst vermutet. Denn die konkrete Wahl eines Produkts wird natürlich auch durch unsere Umwelt beeinflusst (vgl. dazu ebenfalls Kapitel 7). So mag ein Kunde im Geschäft sogar genau entgegen seiner ursprünglichen Einstellung der geschickten Verkaufsstrategie eines Verkäufers erliegen oder ein bestimmtes – eigentlich nicht favorisiertes – Produkt erwerben, nur weil er den Erwartungen seiner sozialen Umwelt entsprechen möchte. Kaufverhalten hängt aber vor allem von eigenen Erfahrungen mit dem Produkt ab. Unwillkürlich werden sie aus dem Gedächtnis abgerufen, wenn eine erneute Kaufentscheidung ansteht. Die große Bedeutung erfahrungsbasierter Assoziationen zu einem Produkt gegenüber solchen Gedächtnisinhalten, die durch die Rezeption von Werbung gebildet wurden, erklärt sich durch die leichtere Aktivierbarkeit. Sie können schneller aus dem Gedächtnis abgerufen werden und haben somit größeren Einfluss auf die Beurteilung. Daher ist es durchaus sinnvoll, dem Verbraucher durch Gratispackungen, Probe-Abos oder Testfahrten Gelegenheit zu geben, eigene Erfahrungen mit dem Produkt zu sammeln. Dadurch wird die positive Einstellung zum Produkt gestärkt, und die Wahrscheinlichkeit steigt, dass er es später auch erwerben möchte.

## 8.6 Besondere Aspekte bei der Gestaltung von Werbemitteln

### 8.6.1 Grundsätzliches zu speziellen Stil-Elementen

Bei der Gestaltung von Werbemitteln gibt es bestimmte Elemente wie

- Emotion,
- Musik,
- Erotik,
- Humor,
- Angst oder Furcht,

die sehr häufig eingesetzt werden, weil sie auch bei beiläufiger Reizverarbeitung gut funktionieren oder helfen können, die Positionierung der Marke besser zu transportieren. Die wichtigste Voraussetzung für den erfolgreichen Einsatz dieser Instrumente bildet die Affinität dieser Reize – es ist also immer zu fragen, ob sie zum Produkt bzw. zur Kernbotschaft passen.

In diesem kurzen Abschnitt können im Rahmen dieses Buches nur einige kurze ergänzende Hinweise gegeben werden. Weitergehende Informationen finden interessierte Leser in einschlägigen Büchern zum Thema (z.B. in folgenden: Klaus Moser: Markt- und Werbepsychologie. Göttingen 2002; Georg Felser: Werbe- und Konsumentenpsychologie. Stuttgart 2007 oder Hans Mayer / Tanya Illmann: Markt- und Werbepsychologie. Stuttgart 2000). In die nachfolgenden Zusammenfassungen sind auch Ergebnisse aus dem Buch von Klaus Schönbach (Werbewirkung. Eine Inventur der Inventare. Frankfurt am Main 2002) eingeflossen.

### 8.6.2 Übersicht über ausgewählte Stilelemente

*Emotion in der Werbung*

Einsatz von Emotionen lohnt sich in der Werbung immer

Der Einsatz von Emotionen in der Werbung kann darauf beschränkt sein, dass bestimmte Emotionen wie Spaß, Liebe, Geborgenheit im Werbemittel gezeigt werden. In diesen Fällen dient die gezeigte Emotion lediglich als Rahmen um die eigentliche Produktbotschaft herum.

In anderen Fällen löst die Verwendung oder Nutzung des Produktes bzw. der Dienstleistungen bestimmte Emotionen aus. Außerdem kann es darum gehen, dass die Adressaten auf die Werbung in emotionaler Weise reagieren. Insofern lohnt sich der Einsatz von Emotion in der Werbung eigentlich immer, egal ob sie lediglich zur Verbesserung der Darstellung, zur Aktivierung, zur Verstärkung der Kernbotschaft oder zum Ausdruck der Positionierung eingesetzt wird (vgl. Abb. 8.50). Gerade in gesättigten Märkten mit austauschbaren Produkten (me-too) spielt die emotionale Alleinstellung der Markenwelt (UAP = Unique Advertising Proposition) in den Köpfen der Verbraucher die entscheidende Rolle für Erst- und Wiederkaufraten. In diesem Zusammenhang wird immer wieder davon gesprochen, dass eine Marke emotional aufgeladen werden muss, etwas, das nur durch Formen der Konditionierung gelingen kann. Ohne emotionale Nähe der Verbraucher zu ihrem Produkt (zur Markenwelt bzw. zur Community) kann Kundenbindung gar nicht erst entstehen. Der Verbraucher liebt die Marke oder besser den noch plakativeren Slogan (z.B. „Viva liebt dich“). Außerdem lassen sich low-involvierte Adressaten fast nur noch emotional zur bewussteren Anzeigenwahrnehmung aktivieren. Aber auch die High-Involvierten wollen ihr Lieblingsthema oder Hobby leidenschaftlich präsentiert sehen, da sie es ja auch selbst mit Leidenschaft verfolgen.

| **Emotion als Tonalität** | **Emotion als Wirkbestandteil** | | **Emotion als Inhalt/Thema** |
|---|---|---|---|
| **Eigentlich immer angebracht, selbst bei High-Involvement** | **Als Aktivierungsmittel** (direkt oder über Umweg) | **Zur Verdeutlichung bzw. Verstärkung der Botschaft** | Wenn die **Positionierung des Angebotes** (im Wesentlichen) **emotional definiert ist** |
| **Beispiele** | | | |
| Atmosphärisch fotografiertes Produkt | Babys in der Werbung, Erotik, Furcht/Angst, Humor<br>Achtung: bei fehlendem Bezug zum Produkt Gefahr eines „Vampir-Effekts“ (Ablenkung von eigentlicher Botschaft) | Grundsätzlich die gleichen Möglichkeiten wie bei Aktivierung (s. links), aber Produkt- bzw. Nutzen-Bezug gegeben<br>Cliff, Axe, „Wir machen den Weg frei“ (Volksbank) | Erlebniswelt wie von Marlboro, Bacardi, Langnese |

*Abb. 8.50: Emotionen in der Werbung (aus: Lachmann, Ulrich: Wahrnehmung und Gestaltung von Werbung, Stern Bibliothek, Gruner+Jahr Hamburg 2003)*

Man kann verschiedene Ansatzpunkte für emotionale Werbung unterscheiden:

- Emotionen sind unmittelbare affektive Reaktionen auf Reize (z.B. Kindchenschema, Erotik, Farben, Schlüsselbilder etc.),
- Emotionen sind positive affektive Reaktionen auf Grund der Vertrautheit bzw. Bekanntheit eines Reizes (vgl. Mere-Exposure-Effekt, Priming).
- Emotionen knüpfen an vorhandene oder an erst durch die Werbung gelernte Assoziationen an (in letzterem Fall handelt es sich um eine Form der Konditionierung),
- Emotionen werden durch Geschichten erzeugt, die uns nahe gehen, die Filmindustrie stellt dafür genügend Beispiele und Darstellungsmuster bereit

*Einsatz von Musik*

Musik beeinflusst unsere Psyche

Musik kann als Schlüsselreiz den Abruf des Markenschemas auslösen

Der Einsatz von Musik in TV-, Funk- und Kinospots oder am POS beeinflusst selbst bei beiläufiger Wahrnehmung unsere Psyche. Musik kann uns in unserem Innersten berühren, uns aufheitern oder auch mit sich „in die Tiefe" ziehen. Besonders gut funktioniert der Einsatz von Musik, wenn es gelingt, beim Verbraucher akustische Logos, Jingles, bestimmte Songs oder auch Hintergrundmusik durch häufige Wiederholung mit der Marke zu verankern. Im Grunde genommen handelt es sich bei diesem Prozess um eine Form der bereits beschriebenen Konditionierung. Gerade akustische Logos (Beispiele bieten die Telekom, Mc Donald's u.a.), aber auch Jingles (z.B. „Nichts ist unmöglich ...") oder Songs (wie bei Bacardi, Langnese) können so zu Schlüsselreizen zum Abruf des Markenschemas werden. Bei Funk spricht man in diesem Zusammenhang häufig vom „visual transfer", das heißt, gelernte Inhalte aus TV- oder Kino-Spots werden dem Hörer durch die Verwendung eines akustischen Schlüsselreizes wieder vor Augen geführt.

Darüber hinaus verleitet gerade fröhliche Musik dazu, Informationen peripher zu verarbeiten, das heißt, eine eingehendere Kontrolle der werblichen Argumente findet nicht statt, was bleibt, ist das gute, durch die Musik ausgelöste Gefühl, das anschließend mit der Marke verbunden wird.

Auch der Einfluss von Musik am POS ist inzwischen wissenschaftlich nachgewiesen worden (vgl. auch Kapitel 7).

*Einsatz von Erotik*

Erotik muss zum Produkt oder zur Kernbotschaft passen, sonst lenkt sie nur ab

Auf die besonderen Vor- und Nachteile beim Einsatz von Erotik wurde schon an eingen Stellen hingewiesen, deshalb hier nur eine kurze Auflistung:

- Erotik wirkt stark aktivierend, sie erhöht die Aufmerksamkeit für das Werbemittel.
- Erotik erhöht bei affinem Einsatz (passend zu Produkt oder Kernbotschaft) nicht nur die Erinnerung an die Werbung, sondern auch an die Marke.
- Erotik fördert bei affinem Einsatz (passend zu Produkt oder Kernbotschaft) das Image, Sympathie und Einstellung zur Marke sowie die Kaufabsicht.
- Erotik führt bei unpassendem Einsatz (lediglich Eye-Catcher , Garnierung) zur Ablenkung vom Produkt oder von der Kernbotschaft („Vampir"-Effekt).
- Erotik kann bei austauschbarem Einsatz auch zu Gleichgültigkeit (rasches „Überblättern") gegenüber dem Werbemittel führen, meist wird dann nichts erinnert.

*Einsatz von Humor*

Dass Werbung, die mit Komik und Humor arbeitet, nicht wirkt, ist falsch. Ein beliebtes Argument vieler Strategen ist, dass man über die Pointe das Produkt vergisst. Wenn jedoch die Pointe auf dem Produkt „sitzt“, dann wird das Produkt erinnert. Ansonsten gilt das Gleiche wie für die Erotik:

Humor muss die Werbebotschaft unterstützen

- Humor erhöht die Aufmerksamkeit und steigert die Beliebtheit der Werbung.
- Humor erhöht die Recall-Werte der Werbung. Das muss sich aber nicht auf den Marken-Recall auswirken (siehe nächster Punkt).
- Humor, der keine Verbindung zur Werbebotschaft hat, lenkt ab. Humor, der nur um des Gags willen geschrieben wird (Garnierung), ist nicht gut (l'art pour l'art).
- Eine Pointe ist nicht deshalb tot, weil man sie schon kennt. Im Gegenteil, sie wird häufig besser.
- Beim Einsatz von Humor müssen geschlechtsspezifische Unterschiede berücksichtigt werden: Männer amüsieren sich gerne auf Kosten anderer. Außerdem kann der Humor etwas derber sein. Frauen amüsieren sich dagegen lieber über Charaktere, mit denen sie sich identifizieren können.
- Intelligenter Humor, der von der Zielgruppe verstanden wird, beinhaltet eine Art Belohnungseffekt („Hab ich verstanden“) und fördert dadurch die Sympathie für die Marke und stärkt ihre Positionierung.
- Humor stärkt die Präferenz für die Marke.
- Der Einsatz von Humor am Schluss von TV-, Kino- und Funkspots dient häufig dazu, eine bewusste Auseinandersetzung mit den Argumenten zu verhindern. Außerdem kann Humor bei peripherer Reizverarbeitung die Glaubwürdigkeit der Quelle erhöhen (vgl. ELM-Modell in Kap. 7).
- Humor darf nicht zu kompliziert sein, das heißt, er muss adressatengerecht eingesetzt werden.
- Humor wirkt sich vor allem bei emotionsbehafteten Produkten und Low-Involvement-Gütern (FMCG) positiv aus. Bei teuren Gebrauchsgütern und industriellen Gütern (b2b-Bereich) lohnt sich der Einsatz von Humor dagegen nicht.

Zusammengenommen: Humor funktioniert besonders gut in AV-Medien, da sich hier leichter Spannung aufbauen lässt.

*Einsatz von Angst oder Furcht*

Der Unterschied zwischen Angst und Furcht liegt darin, dass bei beiden Gefühlen Gefahrreize wahrgenommen werden, die aber nur bei Furcht zu Fluchtgedanken führen. Furchtappelle in der Werbung enthalten Informationen über die schädlichen Konsequenzen von Verhalten und Empfehlungen, wie man diese Konsequenzen durch geändertes Verhalten oder durch den Kauf des Produktes bzw. die Inanspruchnahme der Dienstleistung vermeiden oder zumindest verringern kann. In diesen Bereich fällt Werbung zur Aufklärung vor Gesundheitsrisiken (Anti-Raucher-Kampagnen, Anti-AIDS-Kampagnen, Nutzung bestimmter Zahncremes etc.), aber auch zur finanziellen Vorsorge (Banken und Versicherungen).

Wenn Angst oder Furcht eingesetzt wird, muss das Produkt schnell als Lösung genannt werden

In einigen Fällen setzt auch die Konsumgüterbranche erfolgreich Angst oder Furcht als Ansatzpunkt für die Lösungskompetenz ihrer Produkte ein. Besonders beeindruckend ist das Beispiel von Melitta Toppits – Plastikbeutel zum Einfrieren von Lebensmitteln – bei dem es dem Hersteller gelang, sowohl das Problem des „Gefrierbrandes“ und den damit verbundenen Angstappell als auch die Lösung für dieses „virtuelle“ Problem, nämlich die Marke Melitta Toppits, erfolgreich in den Köpfen der Verbraucher zu verankern. Die Wirkung von Furchtappellen hängt von verschiedenen Faktoren ab:

- Inhalt: Botschaft, Stil, Realisierbarkeit der Verhaltensempfehlung, Ausmaß bzw. Gefährlichkeit der Bedrohung,
- Absender: Glaubwürdigkeit, vom Empfänger zugesprochene Problemlöse-Kompetenz,
- Adressaten: Ängstlichkeit, Involvement, Selbstbewusstsein, empfundene Eintrittswahrscheinlichkeit der Bedrohung und der Reaktionsmöglichkeiten.

**ZUSAMMENFASSUNG: WIE WIRKEN ANZEIGEN?**

1. **Farbe**
   Mehrfarbige Anzeigen produzieren deutlich höhere Beachtungswerte als s/w-Anzeigen (dies gilt vor allem für Anzeigen bis zu 1/1).
2. **Format**
   Je größer die Anzeige, desto höher ist die Nutzungschance (aber kein proportionaler Zusammenhang). Zugleich werden Doppelseiten nicht nur als auffälliger, sondern auch als anspruchsvoller und bedeutungsvoller erlebt.
3. **Textmenge**
   Je mehr Text, desto geringer die Nutzungschance und die Bereitschaft, den Text zu lesen. Wenn viel Text zur Übermittlung der Werbebotschaft (beispielsweise Erklärung des Produktes; Abbau von Ängsten ...) notwendig ist, sollten die Formate vergrößert und/oder optische Eye-catcher verwendet werden.
4. **Bildelemente**
   Anzeigen, die auffällige Bildelemente verwenden, werden leicht überdurchschnittlich beachtet, insbesondere, wenn es sich um Prominente oder klassische Symbolfiguren (Kinder, Babys, kleine Tiere, nackte Körper) handelt.
5. **Beachtungswerte**
   Es besteht ein starker Zusammenhang zwischen Beachtung und Emotionalität der Anzeige. Anzeigen, die nur wenig an das Gefühl appellieren, erreichen weit geringere Beachtungswerte.
6. **Heftumfang**
   Der Umfang eines Heftes hat keinen signifikanten Einfluss auf die Beachtung von Anzeigen.
7. **Platzierung**
   Es gibt keine Beachtungsunterschiede zwischen Anzeigen auf rechten Seiten und Anzeigen auf linken Seiten.
8. **Heftfünftel**
   Ebenso hat die Positionierung einer Anzeige im Heft – gemessen am Heftfünftel – keinen deutlich messbaren Einfluss.
9. **Umfeld**
   Ein themenverwandtes oder nicht-verwandtes Umfeld spielt eine geringe Rolle für die Anzeigenbeachtung.
10. **Konkurrenzanzeigen**
    Die Beachtung der Anzeige wird durch viele Anzeigen der gleichen Branche im selben Heft nicht beeinträchtigt.
11. **Produktinteresse**
    Für Anzeigen, bei denen ein Produktinteresse bei Befragten vorliegt, steigen die Erinnerungs- und Wiedererkennungswerte deutlich. Aber auch Anzeigen mit im Durchschnitt geringem Produktinteresse können durch eine kreative Anzeigengestaltung hohe Aufmerksamkeitswerte erzeugen.

*(Zusammengestellt nach Stern-Bibliothek, „Wie wirken Anzeigen“, Hamburg 2001; in dieser Publikation findet man auch Informationen dazu, wie diese Ergebnisse mittels Argus-Copy-Test langfristig ermittelt wurden.)*

Allgemein empfiehlt es sich, bei hoher Ängstlichkeit eher schwache Appelle zu verwenden, während bei geringer Ängstlichkeit ein starker Appell wirksamer sein dürfte. Das Problem bei zu schwachem Furchtappell wird meist unterschätzt, aber zu starker Appell führt zu einer Leugnung des Problems oder zumindest zu einer starken Abwehrhaltung. Dies ist ein Phänomen, das sich im Übrigen auch unter Bedingungen des High-Involvement und damit zentraler bzw. intensiver Beschäftigung mit der Werbebotschaft zeigt, denn gerade dann tritt häufig Reaktanz auf. Bei beiläufiger Wahrnehmung muss dagegen darauf geachtet werden, dass die Lösung schnell klargemacht wird, denn sonst bleibt häufig nur das in der Werbung aufgegriffene Problem hängen.

**Exkurs:**
**Storytelling**

Das Wissen über die besondere Kraft von Geschichten breitet sich in den letzten Jahren von den Zentren der Film- und Fernsehproduktion Richtung Marketing und Werbung aus. Auch hier wird immer häufiger versucht, gute Geschichten zu erzählen, die dann als Events und virale Botschaften über Word-of-Mouth und Social-Media-Plattformen (vgl. dazu Kapitel Social Media im Band Kommunikationspolitik) verbreitet werden und letztlich Käufer in die Geschichte der Marke integrieren sollen. Denn Erzählen ist schon seit Jahrtausenden ein Akt des Verbindens, Verknüpfens und In-Beziehung-Setzens, sodass Marken durch gute Geschichten sehr effektiv emotionale Beziehungen zu ihren Käufern, Freunden (vgl. facebook), Fans oder sogar Markenbotschaftern aufbauen können.

Geschichten erfinden ist aber eben auch eine anthropologische Konstante, weil unser Hirn physiologisch (vgl. S. 431 episodisches Gedächtnis) und psychologisch auf Geschichten als Sinn-Stifter und Sinn-Erklärer eingestellt ist. Denn Geschichten sind eine der wichtigsten Inspirationsquellen beim Versuch, das Chaos zu ordnen bzw. zu „kontrollieren“ und Antworten auf wichtige Fragen des menschlichen Lebens (wie „Wer bin ich?“, „Wo ist mein Platz in der Welt?“, „Wer ist der andere?“) zu gewinnen.

Dabei müssen Geschichten immer an Bestehendes anknüpfen d.h. anschlussfähig sein, denn nur dann ermöglichen sie uns, sich in andere hineinzuversetzen, und erweitern durch diese neue Perspektiven unsere aktuellen und zukünftigen Handlungsmöglichkeiten. Man könnte auch sagen, dass Geschichten die Kraft der Spiegelneuronen nutzen, einer Hirnstruktur, die uns die Gefühle anderer nachempfinden lässt, was jeder, der schon mal im Kino geweint hat, als jemand im Film weinte, sofort nachempfinden kann.

„Die starken Emotionen, die uns beim Eintreffen einer unwahrscheinlichen Geschichte erschüttern, sind Zeitfenster, um auch als Erwachsene neue Verhaltensmuster zu knüpfen. Und da negative Geschichten auf mögliche Gefahren hinweisen, sind es dummerweise eher schmerzhafte Erlebnisse, die zu neuen Mustervorlagen führen.“ (Gerhard Roth, Neurologe)

Geschichten sind eine der ältesten Übertragungsmechanismen für Wissen (vgl. Mythen, Epen, Songlines der australischen Aborigines etc.). Vor der Erfindung der Schrift waren sie sogar das einzige Instrument der Wissensvermittlung bzw. des Lernens, doch auch heute haben sie nichts von ihrer Kraft verloren, denn gute Geschichten vermitteln Wissen in einem Rahmen, der lebensnah ist und unserem Alltag besser entspricht als irgendwelche theoretischen Texte.

Neben der Wissensvermittlung, die vor allem bei bestimmten High-Involvement-Produkten eine notwendige Voraussetzung für die Kaufentscheidung ist, gibt es noch eine weitere für das Marketing extrem wichtige Funktion von Geschichten: Menschen, die eine Gemeinschaft bilden, teilen die gleichen Geschichten – und Menschen, die die gleichen Geschichten teilen, bilden eine Community. Das fängt natürlich bei religiösen Geschichten (Bibel, Koran, Talmud, Mahabarata etc.) und Epen (z.B. Odyssee, Nibelungenlied, Die göttliche Komödie, El Cid etc.) an, geht dann aber über nationale und regionale Sagen (Tannhäuser, Heinzelmännchen zu Köln), Märchen (z.B. der Gebrüder Grimm) bis hin zur Nationalliteratur (z.B. Faust, Don Quijote, Buddenbrooks etc.). All diese Geschichten bilden in gewisser Weise das Rückgrat bzw. das kollektive Bewusstsein und Unterbewusstsein einer Gemeinschaft (Religion, Nation etc.).

**Aber:** Die stärksten Geschichten sind immer noch die selbst erlebten. Die wichtigsten Geschichten sind die emotionalsten, die Geschichten aus Kindheit und Pubertät, da sich hier die Prototypen der Geschichten (Das 1. Mal!) ins Hirn einschreiben.

**ZUSAMMENFASSUNG:**

Storytelling ist sinnvoll, weil Geschichten
- unendlich viele Informationen effizient komprimieren,
- Bilder, Werte, Verhaltensmuster und Sinneswahrnehmungen transportieren,
- sehr anpassungsfähig sind,
- das für (Wahl-/KAUF-)Verhalten entscheidende Unbewusste effektiv erreichen,
- aber nur wirken, wenn sie passend sind, sodass wir an sie glauben können.
  - Geschichten von Aufbruch, Rebellion und Gerechtigkeit,
  - Träume von starken Helden, phantasievollen Geistern, liebenden Menschen, heimatlicher Sicherheit,
  - vgl. auch Piemont-Kirsche, Carmagnola-Minze, Byzantiner Königsnuss, längste Praline der Welt etc.

Welche Anforderungen gelten für erfolgreiche Geschichten?
- Suche nicht krampfhaft nach Neuem, sondern variiere das Bewährte!
- Nutze den Vorrat an bewährten Geschichten (Hollywood, Literatur etc.) und docke damit ans individuelle und kollektive Unbewusste an!
  - Alles Interessante ist frischer Schnee von gestern.
- Eine gute Geschichte muss immer mit unserer eigenen Erlebniswelt zu tun haben, d.h. an innere Bilder (Erfahrungen, Muster, Erwartungen, Wünsche etc.) anknüpfen.
  - Schon selbst erlebt (Vergangenes) oder schon immer von geträumt (Zukünftiges/Visionen).
- Geschichten, an denen die Adressaten aktiv teilnehmen können, funktionieren besonders gut (z.B. Online-Clips von Tipp-Ex: „A hunter shoots a bear", bei dem die User bestimmen konnten, was der Jäger mit dem Bär machen soll).
- Man muss das individuelle und kulturelle Referenzsystem seiner Kunden verstehen, um erfolgreich zu sein. Man muss gewissermaßen „on code" sein, d.h. wissen, wie die Kunden ticken.
  - Besonders wichtig und Erfolg versprechend sind die Geschichten vom 1. Mal.
- Anfang und Ende der Geschichte sind sehr wichtig. Der Anfang entscheidet über die Aktivierung und die weitere Beschäftigung. Das Ende oder die Pointe über den Unterhaltungs- und damit den Erinnerungs-/Lehr- und Weiter-Erzählungs-Wert.

**Fazit:**
- Schreibe einfache, unerwartete, konkrete, glaubwürdige und emotionale Geschichten, denn wer Wesentliches besser erzählt, gewinnt!

*„Stereotype Storys bleiben zu Hause, archetypische Storys gehen auf die Reise."* Robert McKee

Dieses Zitat eines der weltweit wichtigsten Dozenten für Drehbuch-Schreiben zeigt schon, dass es neben der möglichst interessanten Botschaft auch auf das Storydesign sowie die handelnden Figuren ankommt.

Wer auf **Archetypen** wie:
Held/Entdecker/Eroberer, Prinz, Prinzessin, Weiser/Mentor/Lehrer, Fee / „rettender" Engel, Bö-

sewicht, Königin, Krieger, Magier/Schamane, Hexe, Gauner/Schwindler, Liebende, Rebell/Outlaw, Herrscher/König/Vater (Dominanz), Artist/Clown/Hofnarr (Stimulanz), fürsorgliche Mutter (Balance) oder auf **Mythen** wie David vs. Goliath, Robin Hood, Phönix aus der Asche, Retter in der Not, Odyssee und Rückkehr, vom Tellerwäscher zum Millionär etc. zurückgreift, hat schon den ersten richtigen Schritt getan.

Wer dann noch weiß, welche **Rolle** die Marke in der Geschichte und im Leben der Kunden spielen soll (z.B. Freund, Berater, Helfer, Kumpel, Partner, Entdecker, Visionär, Retter, Erfinder, Eroberer, Sanierer, Sieger, Opfer, Täter, Trendsetter, Querdenker, Kritiker, Nörgler, Bedenkenträger, Netzwerker, Motivator etc.), der muss „nur" noch einen für die Adressaten relevanten Konflikt konstruieren, in dem die Marke, die ihr zugewiesene Rolle glaubhaft und einzigartig verkörpert, um das Rennen um die Aufmerksamkeit der Kunden zu gewinnen.

Dabei muss die Marke nicht unbedingt die Rolle des Helden einnehmen (product-the-hero), sondern kann auch in anderen Rollen (Helfer, Beschützer des Helden) glänzen. Wer mehr über Grundprinzipien des Aufbaus von Heldengeschichten erfahren möchte, dem sei der Klassiker von Joseph Campbell „Der Heros in tausend Gestalten" (Insel Taschenbuch) empfohlen.

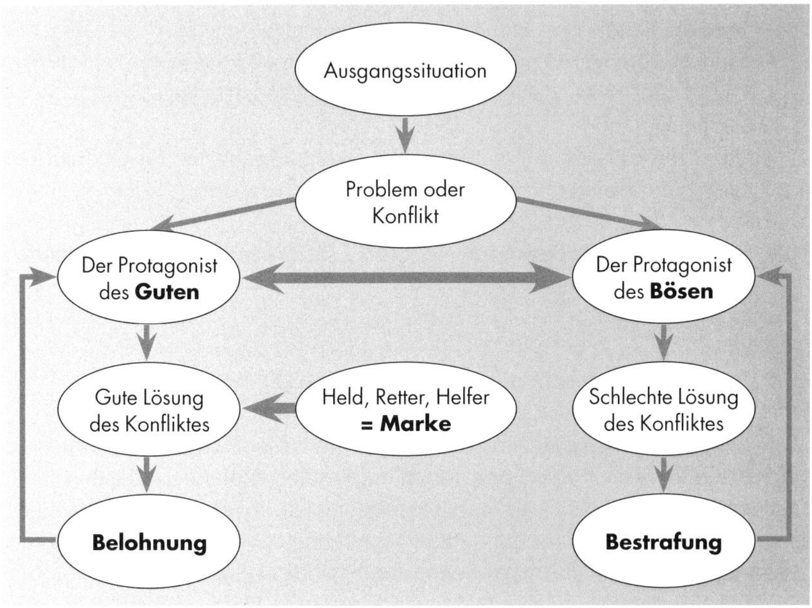


*Abb. 8.51: Grundprinzip des Storytelling*

Abschließend noch einmal in einer Art Checkliste die Arbeitsschritte beim Storytelling (nach Werner T. Fuchs: Warum das Gehirn Geschichten liebt):

1. Ur-Thema
   - Geht es um die großen menschlichen Themen bzw. wichtige Werte?
2. Prägung
   - Sind es Geschichten vom 1. Mal (Kindheit, Pubertät etc.)?
3. Andockstellen
   - Gibt es Vorbilder, die aufgegriffen werden können (Bibel, Sagen, Märchen, Hollywood etc.)?

- Ist die Handlung offen genug, um persönliche Nebenhandlungen anzuschließen?

4. Struktur
   - Gibt es einen klaren Anfang und einen nachvollziehbaren Spannungsbogen?
   - Ist es eine Abenteuerreise?
5. Held
   - Ist die Marke der klare Held? Eignet sich der Held als Projektionsfläche? Transportiert der Held Sinn?
6. Widersacher
   - Ist der Konflikt klar und stark genug? Verkörpert der Gegner glaubhaft „das Böse“?
7. Helfer
   - Welche Unterstützung soll der Held erhalten? Haben auch die Helfer Stil und Charakter?
8. Verzögerungen
   - Wird die Handlung an den „richtigen“ Stellen gebremst?
   - Sind die Verzögerungen logisch nachvollziehbar?
   - Leidet der Zuhörer/Leser/Zuschauer bei den Verzögerungen mit?
9. Ausschmückungen
   - Passt die Kulisse? Gibt es genügend Details/Requisiten für eine authentische Atmosphäre?
10. Ende
    - Steht das Ende in Bezug zum Anfang? Lässt das Ende individuelle oder zukünftige Fortsetzungen zu?

## 8.7 Besonderheiten bei der audiovisuellen Werbung

Viele der für Anzeigen dargestellten Grundsätze lassen sich sicherlich auch auf audiovisuelle Medien übertragen, doch im Grunde genommen müsste sich ein eigenes Buch mit diesem Thema auseinandersetzen. Im Folgenden wird in einem Exkurs eine Übersicht über Darstellungsmuster des Werbefilms gegeben, die in Anlehnung an das – allen am Werbefilm interessierten Lesern empfohlene – Buch von Albert Heiser zusammengestellt wurde Albert Heiser u.a.: Bleiben Sie dran - Konzeption, Produktion und Postproduktion von Werbespots, -filmen und Virals; Verlag Creative Game, 2. Aufl. 2009)

**Exkurs:**
**Darstellungsmuster des Werbefilms**

Werbefilme zeichnen sich durch bestimmte Erzählstrukturen aus, die teilweise aus der Rhetorik stammen oder sich über Jahrzehnte aus dem Genre des Spielfilms und der Werbefilme als effektiv herauskristallisiert haben.

Diese Erzählstrukturen oder Darstellungsmuster sollen Spannung erzeugen und dabei helfen, die angestrebten Werbeziele zu erreichen.

Welche dieser Darstellungsarten eingesetzt werden können, hängt stark von den angestrebten Werbezielen bzw. der konkreten Aufgabe des Werbefilms innerhalb des Kommunikationskonzeptes ab.

Grundsätzlich lassen sich vier verschiedene Darstellungsarten unterscheiden, die sich dann mithilfe spezieller Darstellungsmuster spezifizieren lassen:

*1. Argumentative Darstellungsarten*

Das Grundschema der argumentativen Darstellung ist das Prinzip Behauptung ⇒ Beweis.
Als Darstellungsmuster kommen unterschiedliche Beweisformen infrage, wie der Beweis durch Erfahrung, Autorität, Testurteil, Mehrheit, Tradition oder Beweis durch nachvollziehbare und überprüfbare Beispiele zur Anwendung, Wirkung oder allgemein zu dem Nutzen des Produkts (Demonstration).

a) Logische Beweise
b) Beweis durch das Gegenteil
   Indem die Nachteile des Konkurrenzprodukts dargestellt werden, steht das eigene Produkt besser da.
c) Beweis durch Gegenüberstellung
   Side-by-side-Vergleich, dabei können Einzelaspekte des Produktes (z.B. Eigenvergleich der neuen mit der alten Version), aber auch Systeme (z.B. Einweg- und Mehrwegverpackungen) verglichen werden. Eigentlich lässt sich hier auch die vergleichende Werbung zwischen Konkurrenzprodukten einsortieren, die aber nicht nur wegen der rechtlichen Problematik (vgl. Kapitel 9 Werberecht) eine Sonderstellung einnimmt.
d) Der Vorher-Nachher-Beweis
   Die Vorher-Nachher-Methode demonstriert die Wirkung beim Gebrauch des Produkts im Vergleich zum Nicht-Gebrauch.
e) Experimenteller Beweis, evtl. Beweis durch Übertreibung
   Beim experimentellen Beweis wird die Werbebotschaft durch ein Experiment nachprüfbar. Beim Torture-Test muss das Produkt in realen oder in Extremsituationen seinen Nutzen und seinen Vorteil unter Beweis stellen.
f) Beweis durch Normen

*2. Rhetorische Darstellungsarten*

In der Rhetorik gibt es viele Methoden, um die Wirksamkeit einer Kommunikation zu erhöhen. Vier Prinzipien: Die Verknüpfung, die Umwandlung, die Anordnung und die Adaptation werden mit ihren Darstellungsmustern hier vorgestellt.

- Die Verknüpfung

Für die effektive Gestaltung der Werbebotschaft werden Personen, Sachverhalte, Symbole oder Zeichen so verknüpft, dass sie zu einer gesteigerten kommunikativen Wirkung führen. Die einzelnen Darstellungsmuster sind:

a) Analogie
   Visuelle Analogie arbeitet mit Ähnlichkeiten, zwischen denen ein Bezug hergestellt wird.
b) Assoziation
   Assoziationen sind gedankliche Verbindungen auf Grund von Bedeutungs-, Erfahrungs- und Wissenszusammenhängen. Sie entstehen durch das Zusammenspiel von Text und Bild und funktionieren immer dann sehr gut, wenn Text oder Bild gegensätzlich sind oder sich ergänzen. Dabei entsteht ein neues Bild im Kopf des Betrachters.
c) Verkopplung
   Es werden unerwartete Zusammenhänge hergestellt.
d) Personalisierung – bekannte Persönlichkeiten
   Die Verknüpfung von Werbebotschaften mit Prominenten des öffentlichen Lebens soll meist zu einer Erhöhung der Bekanntheit und einem Imagetransfer auf das Produkt führen.
e) Personalisierung – der Presenter
   Der klassische Presenter stellt das Produkt vor und spricht über seine Vorteile beziehungsweise seinen Nutzen.
f) Personalisierung – das Testimonial
   Das echte Testimonial zeigt den realen Verwender des Produkts, zum Beispiel Erna K. aus B., in der authentischen Kauf- oder Anwendungssituation. Die Filme sind meist im Interviewstil gehalten, da tatsächliche Verbraucherbefragungen und Spontanäußerungen der Käufer gezeigt werden sollen. Der Informationsgehalt ist häufig sehr hoch, und der Zu-

schauer erfährt viele Details über die Anwendung und die Vorteile der Produkte. Hier lassen sich inzwischen deutliche Wear-out-Effekte beobachten.

g) Symbolisierung
Wenn die Werbebotschaft mithilfe eines Symbols dargestellt wird, spricht man von Symbolisierung.

h) Aktualisierung
Aktuelle Trends und Entwicklungen aus Politik (Steuererhöhung), Mode oder Gesellschaft werden oftmals zum Thema von Werbespots. Die Marken versuchen dadurch brandaktuell zu wirken und den Zeitgeist für sich zu nutzen.

- Die Umwandlung

Bei dem zweiten Prinzip der rhetorischen Darstellungsart wird die Werbebotschaft ins Unterhaltsame oder Überraschende umgewandelt.

a) Die Dramatisierung
Wiederholungen und die vielfältigen rhetorischen Steigerungsmuster, wie zum Beispiel die Klimax, die Übertreibung, der Superlativ, die Antithese und die Lüge, nennt man Dramatisierungen.
   - Klimax: Die Klimax ist eine Steigerung des Ausdrucks, zum Beispiel vom Unwichtigen zum Wichtigeren.
   - Hyperbel oder Übertreibung: Übertreibungen sind meist überhöhte Abbildungen der Realität. Dabei können visionäre Welten geschaffen werden und neue Mythen entstehen.
   - Antithese: Gegensätzliche Meinungen und Überlegungen werden häufig als Provokation verstanden. Setzt man sie gezielt ein, kann man die Menschen durchaus in ihrer Meinung oder ihrem Verhalten bestärken.

b) Verfremdung
Die Abweichung von der Norm nennt man Verfremdung. Dieses Abweichen kann inhaltlicher oder formaler Natur sein und führt in der Regel zu überraschenden Effekten. Sie verhilft dem Betrachter zu neuen, überzeugenden Erkenntnissen.

c) Komik und Humor
In der Komik gibt es viele dramaturgische Muster. Die Ironie, die Parodie, die Groteske, den Nonsens oder den Cartoon zum Beispiel.

d) Teaser oder Rätsel
Zur Komik und Unterhaltung zählen auch die Teaserwerbung und das Rätsel. Die klassische Teaserwerbung soll den Rezipienten neugierig machen und seine Aufmerksamkeit wecken. Über das Produkt oder den Absender lässt man den Verbraucher im Ungewissen. Als Beispiel kann hier die Fusionskampagne von Eon angeführt werden, die mit roten Plakatflächen in Deutschland startete. Auf die Teaserfilme oder Anzeigen folgten Spots, die das Rätsel auflösten und der Botschaft einen Sinn gaben. Das Rätsel selbst ist ein dramaturgisches Muster, das sehr unterhaltsam sein kann. Allerdings benötigt es am Thema interessierte Adressaten (High-Involvement).

e) Ironie
Ironie ist zwar ein beliebtes Stil-Element, bleibt aber oft unverständlich und lenkt dann von der eigentlichen Botschaft ab.

- Die Anordnung

Dies ist das dritte Prinzip der rhetorischen Darstellungsart. Die Anordnung bedient sich semantischer Ordnungsprinzipien. Beispiele: Frage/Antwort, Problem/Lösung, Ursache/Wirkung

a) Grund und Folge
Aus A folgt B. Diese semantische Anordnung ist uns in Fleisch und Blut übergegangen, sodass wir den gedanklichen inhaltlichen Schluss automatisch ziehen.

b) Reihung
Eine Reihung kann vom Speziellen zum Allgemeinen gehen oder umgekehrt. Es kann aber auch ein zeitlicher Ablauf (z.B. das Älterwerden von Personen im Zeitraffer) dargestellt werden.

c) Gegenüberstellung
In der Gegenüberstellung entfalten Gegensätze ihre volle Wirkung. Dabei kristallisieren sich durch diese Methode allmählich die Vorteile der einen oder anderen Seite heraus

- Die Adaptation

Die vierte Möglichkeit der rhetorischen Darstellungsart ist die Adaptation. Sie übernimmt Muster aus den Bereichen des klassischen Films und überträgt sie auf die Werbung, wie zum Beispiel das Krimi- oder Westerngenre, den Science-Fiction-Film, die Dokumentation oder den Actionfilm.

*3. Psychologische Darstellungsarten*

Die psychologische Darstellung appelliert an Sehnsüchte, Furcht, Mitleid, Neid oder Ästhetik (vor allem emotionale Appelle). Diese Motive prägen unser Verhalten und werden deshalb in tiefenpsychologischen Befragungen von Verwendern und Nicht-Verwendern eines Produkts erforscht. Denn wer die Motive kennt, kann diese durch die entsprechende Kommunikation gezielt ansprechen.

*4. Informative Darstellungsarten*

Nicht unerwähnt soll im Gegensatz zu den vorherigen hochemotionalen Darstellungsarten die informative, eher rationale Darstellung bleiben. Solche Darstellungsmuster sind zum Beispiel Berichte, Gebrauchsanweisungen oder sachliche Beschreibungen.

Zusammenfassend kann man feststellen, dass die Darstellungsmuster in Reinform und Mischform vorkommen. Die Reinform hält sich strikt an das dramaturgische Muster und erzielt dadurch die entsprechende Wirkung. Die Mischform ist vor allem dann interessant, wenn sie eine deutliche Ausprägung besitzt.

Die Analyse und Unterscheidung der Muster ist nicht immer einfach, aber sie ist außerordentlich hilfreich bei der Gestaltungsstrategie und der Frage: Welche Botschaft braucht welche beeinflussende Wirkung?

Die Darstellungsmuster haben sich über Jahrzehnte entwickelt und sind für die Längen der Spots ideal. Die Ideen sind immer wieder neu, aber neue Muster sind selten. Wie bereits erwähnt, haben sich im Lauf der Zeit bestimmte Muster abgenutzt, andere sind beliebter geworden. All dies ist abhängig von der Bedeutung der Werbung, von den Kommunikationszielen, den Umgangsformen, dem jeweiligen Zeitgeist, der Mode sowie von wechselnden Motiven.

**Tonality / Darstellungsstile von Werbefilmen**

Neben den Tonalitäten im Kreativ-Briefing (erzählend, plakativ, sachlich informativ usw.), spricht die Werbeumwelt von typischen Stilen. Zwei dieser speziellen Ausdrucksweisen sind:

*1. Slice-of-Life*

Damit bezeichnet man eine Geschichte mitten aus dem Leben. Sie wirkt keinesfalls übertrieben, hat einen erzählenden Charakter und spielt im Alltag der Zielgruppen. Ziel ist es, eine glaubhafte Darstellung des Problems und seiner Lösung zu finden. Oft spielen darin Menschen wie du und ich. Slice-of-Life-Spots leben oft von der Sprache. Die Kunst, Dialoge zu schreiben, besteht darin, gesprochene Sprache niederzuschreiben. Dialoge dürfen nicht vom Schriftdeutsch geleitet werden – das hört sich schnell unnatürlich an. Der Film wirkt künstlich und ist dann das Gegenteil von dem, was ein Slice-of-Life sein möchte.

*2. Dokumentarische Stile*

Der Dokustil ist ein Trend des Jahrtausendwechsels. Nach wilden „Computer- und Post-Produktion-Orgien" in den 90er-Jahren, wo kein Filmbild am Ende so aussah, wie es fotografiert wurde, kam die Gegenreaktion. Dokumentarische Bilder und ungeschönte Geschichten wurden als formales und inhaltliches Ausdrucksmittel genutzt. Die Tonalität der Filme ist einerseits informativ und andererseits hochemotional. Dieser Stil wirkt im Gegensatz zu den Bildverfremdungen der 90er-Jahre extrem authentisch. Die Werbung hat dieses Format von den Dokumentarfilmern übernommen.

*(Mit geringfügigen Änderungen aus: Albert Heiser: „Bleiben Sie dran!" Siehe Literaturverweis am Abschnittsbeginn)*

Stil-Elemente und Darstellungsmuster Funk

| Stilelemente | Darstellungsmuster |
|---|---|
| • Musik<br>• Geräusche (Sfx = sound effects)<br>• aktustische Logos (Radio bewirkt „Visual Transfer“ aus anderen Medien)<br>• Sprecher, Dialoge<br>• Slice-of-life (siehe oben bei Film)<br>Grundsatz: Am Anfang des Spots muss klar sein, wo man sich befindet (durch Geräusche oder Wording)<br>• ⇒ „Kino im Kopf“, Hörbilder sind individuell | • Telefonanrufe<br>• Befragungen<br>• Interviews<br>• Hörspiel<br>• Comedy<br>• Witze<br>• Anlehnung an TV-Formate (Quiz)<br>• Testimonials<br>• Prominente (Stimmen)<br>• Nachrichtensprecher<br>• übertriebenes Anpreisen<br>• Spiel (evtl. Verfremdung) mit bekannten Werbespotformaten |

## 8.8 ZUSAMMENFASSUNG

Abschließend sollen wesentliche Ergebnisse zu generellen Erkenntnissen aus den letzten 25 Jahren Werbewirkungsforschung knapp zusammengefasst werden. Diese Zusammenstellung fußt auf dem (jedem Praktiker zu empfehlenden) Buch „Eine Inventur der Inventare“, das vom Internationalen Centrum für Werbe- und Medienforschung herausgegeben wurde (vgl. Klaus Schönbach: Werbewirkung. Eine Inventur der Inventare. Frankfurt am Main 2002. S. 28 f.).

Die Zielsetzung dieser Meta-Studie war, einen Gesamtüberblick über die Ergebnisse von mehr als 100 nationalen und internationalen Forschungsstudien zum Thema Werbewirkungsforschung zu geben.

Der dabei ermittelte harte Kern gesicherter Erkenntnisse zur Werbewirkung findet sich in der folgenden Aufstellung:

**Zusammenstellung wesentlicher Erkenntnisse zur Werbewirkung**
(nach Schönbach)

- Anzeigen sollten groß und farbig sein. Ihre Platzierung im Heft (vorn/hinten, rechts/links) ist meistens nicht so wichtig. Oft lesen wir, dass die Bebilderung wichtiger als der Anzeigentext sei.
- Werbung arbeitet öfter mit sogenannten „fringe benefits“; sie bietet Belohnungen für die Beachtung des Werbemittels an. Im Wesentlichen gibt es hier vier Möglichkeiten:
  Preisausschreiben, die eine Beschäftigung mit der Anzeige fordern; Humor; Sex/Erotik sowie „Zuwendungsobjekte“, also niedliche, goldige, unseren Beschützerinstinkt weckende Figuren (Babys, kleine Tiere usw.).
  Davon ist lediglich der Faktor Humor so hinreichend untersucht worden, um dafür Rezepte zu liefern:

- Offenbar steigert Humor tatsächlich Aufmerksamkeit und Erinnerungsvermögen – sowohl für die Werbung als auch für das beworbene Produkt.
- Humor kann aber auch vom Werbeziel ablenken.
- Humor ist wohl eher bei Low-Involvement-Produkten wirksam.

- Zur vergleichenden Werbung erfahren wir:
  - Sie erzeugt mehr Aufmerksamkeit für das Werbemittel.
  - Vergleichende Werbung ist besonders gut für neue Marken geeignet, die sich gegen etablierte durchsetzen wollen.
  - Allerdings besteht Verwechslungsgefahr.
  - Die Glaubwürdigkeit des Werbetreibenden, der sie einsetzt, kann in Mitleidenschaft gezogen werden.
- Werbung, die gefällt, ist auch gut für das Image des beworbenen Produkts.
- Im Intermedia-Vergleich bekommt Printwerbung wiederholt einige wichtige Eigenschaften zugeschrieben:
  - Printwerbung ist in ihren Wirkungen nachhaltiger; Effekte dauern länger an; Sättigung (wear-out) wird verzögert, deshalb eignet sich Printwerbung besonders für den Markenaufbau.
  - Printwerbung erreicht Zielgruppen effektiver, mit weniger Streuverlusten.
  - Printwerbung spricht ihr Publikum stärker rational, weniger emotional an (als z.B. Fernsehen), ist deshalb besonders gut für High-Involvement-Produkte geeignet (die z.B. sehr teuer sein können).
- Über die Wirksamkeit von Werbekampagnen lehren uns die Zusammenfassungen der vergangenen 25 Jahre Folgendes:
  - Die optimale Häufigkeit einer bestimmten Werbung liegt irgendwo zwischen 2 und 20. Die Mehrheit der Zusammenfassungen, die darüber eine Aussage machen, legt allerdings eher drei bis vier Kontakte nahe. Ein Mehr verursacht Sättigung/Abstumpfung (wear-out), ja sogar Widerstand/„Reaktanz", vgl. Abschnitt 7.4.5.

  Diesen negativen Effekten von zu großer Kontakthäufigkeit lässt sich allerdings, auch das lesen wir immer wieder, durch Variation in Werbemotiven begegnen.
  - „Pulsing", also die Massierung von Werbung in Abständen, ist wirksamer als ihre Gleichverteilung über den Kampagnenzeitraum. Bei einer Neueinführung eines Produkts sollte der erste „Puls" allerdings besonders massiv sein.
  - Kampagnen, die nicht auf einen einzelnen Werbeträger setzen, sondern mehrere davon kombinieren („Media-Mix"), sind wirksamer. Daraus entstehen Synergie- und Komplementär-Effekte; Werbeträger ergänzen einander in ihrer Wirkung.
- Für die Eigenschaften des spezifischen Print-Werbeträgers (Zeitschrift oder Zeitung) als Einflussfaktor ergeben sich eine Reihe von Null-Resultaten. Laut unseren Zusammenfassungen haben folgende Faktoren keinen eindeutigen Einfluss: das redaktionelle und das Anzeigenumfeld, der Heftumfang, das Ausmaß an Konkurrenzwerbung und an Anzeigen generell.
- Wie der Werbeträger genutzt wird, das verursacht allerdings Unterschiede in der Werbewirkung. So sind Kaufleser beeinflussbarer als Mitleser. Die Leser-Blatt-Bindung, die Lesemenge, die Intensität der Nutzung und die Sympathie für den Werbeträger fördern Werbewirkungen.

- Für das Publikum gilt:
  - Werbung für Produkte, für die sich die Zielgruppe interessiert, hat größere Wirkung.
  - Die Akzeptanz von Werbung, eine neutrale oder gar positive Einstellung ihr gegenüber, fördert Wirkungen.
- Es gibt keine feste Wirkungshierarchie, das heißt, Werbung muss nicht unbedingt Kenntnisse vor Einstellungen, Einstellungen vor Verhaltensweisen beeinflussen. Häufig kommen auch andere Reihenfolgen vor. Oft hängen sie von der Art des beworbenen Produkts und dem Interesse daran ab.
  So unterscheiden sich hier beispielsweise High- und Low-Involvement-Produkte. Bei letzteren sind oft nicht so viele Zwischenschritte bis zu einem Kauf nötig.

Zum Abschluss noch ein kleiner Ausblick auf die Anforderungen an Kreation bzw. die Kreativen im 21. Jahrhundert. Am deutlichsten wird der Paradigmenwechsel, der sich gerade vollzieht, wenn man einmal zwei Zitate von Werbepraktikern gegenüberstellt. Bis zum Ende des 20. Jahrhunderts ging es in der Werbung vorrangig um Verführung, Überredung und gelegentlich auch um Überzeugung von eher passiven Konsumenten. Die Aufgabe der Agenturen definierte Rosser Reeves, der „Erfinder" des USP (unique selling proposition) so: „The art of advertising is getting messages into the heads of the most people at the lowest possible cost."

Mit dem Aufstieg des Internets veränderte sich auch für die Agenturen nahezu alles, die Anzahl an möglichen Kanälen, die Wahrnehmungsgewohnheiten von Menschen und vor allem die Möglichkeit dieser Menschen, selbst aktiv zu werden. Jeff Hicks, CEO von Crispin Porter + Bogusky, einer der weltweit am häufigsten ausgezeichneten Agenturen, formuliert die Aufgabe der Agenturen im 21. Jahrhundert folgerichtig völlig neu: „The agency's job is to create content so valuable and useful that consumers wouldn't want to live without it." Diese Inhalte können die Zielgruppen sowohl digital bzw. virtuell (online, Social Media vgl. auch Kapitel 1 im Band „Kommunikationspolitik") als auch über reale Begegnungen mit der Marke erreichen. Zentral ist aber in jedem Fall die Notwendigkeit, die zu erreichenden Menschen ernst zu nehmen und sie emotional zu involvieren, denn nur dann kann das oft gewünschte Engagement für die Marke („Markenbotschafter"/Weiter-Empfehler) erreicht werden.

Das alte Modell der Kreativteams aus einem Texter und einem Art Director hat sehr wahrscheinlich bald ausgedient. Stattdessen versuchen schon heute Agenturen, interdisziplinäre Teams aus Textern, Grafikern, Digital- und Mediaexperten etc. zusammenzustellen, um den gesteigerten Anforderungen der Kunden gerecht zu werden. In einigen Fällen werden Agenturen, die diesen Ansatz verfolgen, mit ihren Arbeiten selbst zum Teil der Unterhaltungsindustrie, wie die Agentur Jung von Matt, die für den Kunden 13th Street, einen Spartensender für Horror- und Kriminalfilme, einen interaktiven Horrorfilm in die Kinos („Last Call") brachte, bei dem die Hauptdarstellerin einen Kinobesucher „anrief", um sich Tipps für ihre weitere Flucht durchs Gebäude zu holen. Neben dem unvergesslichen Kinoabend für alle Anwesenden konnten über YouTube (http://www.youtube.com/watch?v=BRMNfwndtok) auch noch virale Effekte bei über 330.000 Zuschauern erreicht werden.

## 8.9 Copy-Analyse und Anzeigen-Analyse

*Die Copy-Analyse ist eine qualitative Untersuchung und Beurteilung der strategischen und gestalterischen Inhalte von Werbemitteln.*

Sie stellt einen Teilbereich der Werbeanalyse dar und ist damit im Rahmen der Kommunikations- und Wettbewerbsanalyse ein Element der Marketing- und Werbeplanung, dabei werden in der Regel mehrere Werbemittel eines Konkurrenten gleichzeitig analysiert.

**Ziele:**
- Aufschluss geben über Copy-Strategien, Positionierungen, gestalterische Umsetzungstechniken und Inhalten von Konkurrenzmarken und Kampagnen.
- Bei Relaunches und Neueinführungen von Konkurrenz-Produkten Hinweise auf eventuell notwendige Reaktionen innerhalb des Marketing-Mix des eigenen (zu betreuenden) Produktes geben.
- Analytische Isolation von Faktoren für den Erfolg bzw. Misserfolg von Kampagnen vornehmen.

**Aufbau:**

*1. Hintergrundinformationen (Formalia)*
- Zeitpunkt des Kampagnenstarts (Erscheinungstermin/Medium; Bestandteil einer Kampagne)
- [Höhe und Einsatz der Werbeaufwendungen]
- Produkteigenschaften (Produkt/Marke)
- [Marktanteil, Distribution, Preis]
- [Agenturbeziehung]

*2. Angenommene Copy-Strategie der Konkurrenzmarke /des Konkurrenzproduktes*
- Zielgruppe
- Benefit
- Reason Why
- Tonality
- Positionierung

*3. Beurteilung der Copy-Strategie*
(womit die Copy-Analyse endet)
- Stärken und Schwächen

In einer anschließenden Anzeigenanalyse, sie umfasst die unten stehenden Schritte 4 bis 7, geht es dann eher um eine Beurteilung der gestalterischen Umsetzung (Execution) der Werbemittel. Eine Anzeigen-Analyse kann sowohl von Werbemitteln der Konkurrenz als auch im Rahmen eines ersten Pre-Tests von eigenen Werbemitteln vorgenommen werden.

**Anzeigenanalyse**

*4. Beschreibung der Copy-Execution (gestalterischen Umsetzung) Anzeigen-Analyse*
- Werbepsychologische Einschätzung (Aktivierungspotenzial, Impact, Prägnanz/ Gestaltgesetze, Blickverlauf, Textwahrnehmung, Bildelemente, Farbgestaltung, Visualisierung der Werbebotschaft),
- bei den Bildelementen evtl.
  - Key-Visuals
  - Farbigkeit
  - Platzierung Logo/CD-Konstanten
  - Platzierung Text-Bild-Elemente
- bei der Textwahrnehmung vor allem
  - Lesbarkeit (Typografie, Formatierung, Claim, Copy...)
  - Verständlichkeit (Wortwahl, Satzlänge, Syntax in Headline und Copy-Text)

*5. Beurteilung der Copy-Execution (gestalterischen Umsetzung)*
- Stärken und Schwächen

*6. Zusammenfassung der Ergebnisse und Schlussfolgerungen*

*7. Ggf. Maßnahmenempfehlung*

## 8.10 Übungsaufgaben zur Anzeigen-Analyse

**1. Aufgabe**
Im Rahmen einer Konkurrenzanalyse sollen Sie die vorliegende Anzeige untersuchen. Untersuchen Sie die Anzeige nach wahrnehmungs- und werbepsychologischen Aspekten.

*Hinweis:* Im Original ist die Anzeige nicht schwarz-weiß, sondern schwarz-gelb mit einigen weiteren Farbnuancen gehalten. Der Schriftzug „Frankfurter Allgemeine" und der zugehörige Rahmen sind weiß. Das farbige Motiv wird über einen (kostenlosen) Download von der Verlagswebseite zur Verfügung gestellt und kann so im Original betrachtet werden (dazu www.cornelsen.de aufrufen und im entsprechenden Eingabefeld den Weblog *Anzeigenmotive* eingeben).

*Abb. 8.52 Zu Übung 1 ((abgedruckt mit freundlicher Genehmigung von Frankfurter Allgemeine Zeitung; Quellenhinweis für das Motiv: F.A.Z., Scholz & Friends, Hans Starck)*

## Lösungshinweise

*Wahrnehmungs- und werbepsychologische Analyse:*

### 1. Wahrnehmungsphase

*Aktivierungsarten:*

Emotionale Reize

→ Durch die Abbildung der vollen Südtribüne im Dortmunder Fußballstadion gelingt zumindest bei BVB-Fans sofort eine emotionale Aktivierung, da positive Assoziationen ausgelöst werden. Außerdem wird Jürgen Klopp von vielen (auch nicht BVB-Fans) als emotionaler und kompetenter Trainer angesehen, sodass die Anzeige eine weitere emotionale Aktivierung bewirkt. Die Wahrscheinlichkeit, dass diese Anzeige wahrgenommen wird, ist daher sehr hoch.

Kognitive/ gedankliche Reize

→ Auf der Suche nach Sinn stößt der Betrachter rasch auf die links oben hochgehaltenen Plakate mit der Aufschrift: „Jürgen Klopp, Trainer". Das ist zunächst überraschend und insofern eine Form der kognitiven Aktivierung, da der Betrachter spätestens beim Erkennen des „FAZ-Rahmens" oben rechts zum Nachdenken bzw. „Jürgen-Klopp-Suchen" angeregt wird.

Physische Reize

→ Die große Abbildung der gelb-schwarzen Südtribüne stellt darüber hinaus eine Form der physischen Aktivierung dar.

⇒ Insgesamt weist die Anzeige ein hohes Aktivierungspotenzial auf, da sie die verschiedenen Reizarten sehr gut kombiniert.

### 2. Phase der Informationsaufnahme

*Blickverlauf:*

→ Bei Personen, die die seit Jahrzehnten laufende FAZ-Kampagne kennen, kann auf deren gelernte Struktur (Mechanik) zurückgegriffen werden (Wo versteckt sich der Promi?) Doch auch Personen, die die FAZ-Kampagne erstmals sehen, werden durch den einfachen und klaren Aufbau gut durch die Anzeige geführt.
Vermutlich wird zunächst das „Wimmelbild" der Südtribüne gesehen. Die ersten Fixationen des Auges landen dann auf den gelben Papptafeln mit dem Namen des Trainers, einer Art headline der Anzeige. Anschließend wird entweder direkt die Suche nach Jürgen Klopp aufgenommen oder zuerst der „FAZ-Rahmen" rechts oben mit dem Slogan: „Dahinter steckt immer ein kluger Kopf" wahrgenommen. Das Auffinden des inmitten der Fans FAZ-lesenden Jürgen Klopp wird dadurch erleichtert, dass sich Klopp unter der Headline befindet (Gesetz der Nähe) und er das einzige weiße Element in der gelb-schwarzen Wand der Südtribüne bildet.
Insgesamt ist die Steuerung des Blickverlaufs gelungen, da die zentralen Bild- und Textelemente gut in den Blickverlauf integriert worden sind.

*Prägnanz:*

→ Die Anzeige weist keine gute Prägnanz auf.
Dies liegt vor allem an der fehlenden Figur-Grund-Differenzierung, was aber ganz im Sinne der Anzeige ist. Das „Wimmelbild" der schwarz-gelben Fans macht es dem Auge des Betrachters nicht leicht, die wichtigen Elemente „Jürgen Klopp" und den Rahmen der FAZ zu identifizieren. Das einzig kontrastreiche sind die hochgehaltenen Papptafeln mit schwarzen Buchstaben auf gelbem Grund. Diese Kombination hat von allen Vorder- /Hintergrundkombinationen die beste Fernwirkung (vgl. Ortseingangsschilder), was man hier auch wieder sieht.

**3. Phase der Informationsverarbeitung/ -speicherung**

→ Der von vielen auch wegen seiner Fachkompetenz geschätzte Fußballtrainer Jürgen Klopp verkörpert hier den Slogan der FAZ: „Dahinter steckt immer ein kluger Kopf". Insofern „zahlt" das Motiv eindeutig auf die Kernbotschaft (**Produktnutzen**) der FAZ ein. Durch die aufmerksamkeitsstarke Bild-Text-Kombination werden positive **Assoziationen** (Humor, Sympathie) hervorgerufen. Die Bild-Text-Kombination ist einfach gehalten, sodass es keine Verständnisprobleme geben dürfte. Insofern kann man sofort verstehen, worum es eigentlich in der Anzeige geht und kann sich die Kernaussage leicht merken.

**4. Phase der Einstellungsbildung**

→ Das Finden des Prominenten wirkt belohnend, was die positive Werbewirkung der Anzeige mit Sicherheit unterstützt. Anhänger des BVBs oder von Jürgen Klopp werden mit Sicherheit ein positives Image von der FAZ bekommen. Bei Personen, die dem BVB oder Herrn Klopp kritisch gegenüberstehen, sieht die Sache natürlich anders aus.

**5. Gesamtbeurteilung**

→ Das sehr ungewöhnliche und intelligente Motiv unterstreicht die Kompetenz der FAZ und macht in Kombination mit dem sehr beliebten Prominenten die Marke zusätzlich sympathisch. Das einzige Problem der vorliegenden Anzeige liegt in der schlechten Prägnanz, doch das ist, wie schon erwähnt, ja der Sinn und Zweck dieses „Suchbildes" und insofern zu vernachlässigen. Wer sich auf die seit Jahren etablierte Anzeigenmechanik der FAZ einlässt, verbringt mit oder besser „in" dieser Anzeige mehr als die durchschnittlich knapp 2 Sekunden, die seit Jahrzehnten in der Werbewirkungsforschung von Printanzeigen erhoben werden.

**2. Aufgabe**

Im Rahmen einer Konkurrenzanalyse sollen Sie die vorliegende Anzeige untersuchen.

1. Ermitteln Sie die Copy-Strategie (benefit, reason-why, tonality) des werbenden Unternehmens.
2. Untersuchen Sie die Anzeige außerdem nach wahrnehmungs- und werbepsychologischen Aspekten.

*Hinweis:* Im Original ist die Anzeige farbig (blau-weißes Logo oben, hellbrauner Hintergrund, Farbfoto der Lachsscheibe und der Produktpackungsfotos unten; die Packungen haben eine für umweltgerechte Gestaltung typische hellbraune Grundfarbe und farbige Abbildungen des jeweiligen Gerichts). Das farbige Motiv wird über einen (kostenlosen) Download von der Verlagswebseite zur Verfügung gestellt und kann so im Original betrachtet werden (dazu www.cornelsen.de aufrufen und im entsprechenden Eingabefeld den Weblog *Anzeigenmotive* eingeben).

*Abb. 8.53: Zu Übung 2 (© Leagas Delaney GmbH Hamburg GmbH)*

## Lösungshinweise

### 1. Copy-Strategie

(Informationen zum Unternehmen und zum Produkt lassen sich im Internet recherchieren; wir geben hier keine Webseite an, sondern es gehört zur Lösung der Aufgabe, zum Produkt zunächst zu recherchieren).

*Benefit:*

→ Wer Follow-Fish-Pizza kauft, weiß ganz genau, woher die Zutaten stammen (objektiver/ rationaler Benefit) und er erfährt außerdem den wahren, authentischen Geschmack der Zutaten (subjektiver/ emotionaler Benefit)

*Reason Why:*

→ weil man durch den „tracking code" die Herkunft (den genauen Fangort) des Lachses nachverfolgen kann (für objektiven/ rationalen benefit)

→ weil ein so sorgfältig dokumentierter Fang besser, authentischer schmeckt als anonymer „Massenfisch" (für subjektiven/ emotionalen benefit)

*Tonality:*

→ klar, ruhig, strukturiert, seriös, nachhaltig, informativ, intelligent, vertrauenserweckend

### 2. Wahrnehmungs- und werbepsychologische Analyse:

*a) Wahrnehmungsphase*

kognitive/ gedankliche

→ Durch die ungewöhnliche Darstellung des Lachsstückes in der Form des Markenlogos, also als eine Art Pin, bleibt der Leser an der Anzeige hängen.

physische Reize

→ Dieser Effekt wird noch durch die Größe des Lachsstückes sowie dessen satte Farbe verstärkt.

emotionale Reize

→ Diese dürften nur bei Fisch- und/ oder Norwegenliebhabern über Assoziationen zum Geschmack eines sehr guten Stückes Lachs oder Erinnerungen an einen Norwegenurlaub (der „Lachspin" zeigt auf Norwegen) funktionieren. Auch Personen, denen Nachhaltigkeit und gesunde Ernährung wichtig sind (LOHAS = lifestyle of health an sustainability), könnten emotional erreicht werden. Ansonsten ist die Anzeige eher unemotional, da sie auf gängige Klischees wie bspw. Kinder, Tiere, Erotik etc. verzichtet.

⇒ Insgesamt weist die Anzeige ein hohes Aktivierungspotenzial auf, da es gelingt, zumindest zwei Reizarten miteinander zu kombinieren.

*b) Phase der Informationsaufnahme*

Blickverlauf:

→ Der Eye-Catcher ist mit Sicherheit das Lachsstück, da es groß, farbig und kontrastreich in der Mitte der Anzeige abgebildet ist. Vermutlich wird dabei automatisch auch das blaue Logo mit dem Markennamen wahrgenommen, da es bei der Fixation auf den Lachs praktisch mit wahrgenommen wird (Gesetz der Nähe). Diese Automatiken setzen sich anschließend fort, denn der Blick „muss" dem Ziel des „Lachspins" folgen und landet dabei auf dem Umriss von Norwegen sowie den eingezeichneten Koordinaten (Gesetz der Nähe). Die nächsten Fixationen führen vermutlich bei den meisten Rezipienten über die Headline zu den Packshots.

Insgesamt ist die Steuerung des Blickverlaufs sehr gelungen, da die zentralen Bild- und Textelemente sehr gut, fast schon über Automatismen in den Blickverlauf integriert worden sind.

Prägnanz:

→ Die Anzeige weist eine sehr gute Prägnanz auf. Die Figur-Grund-Differenzierung, d.h. der Kontrast zwischen den zentralen Elementen (Lachs, Logo, Verpackung) und dem Hintergrund ist sehr stark, sodass nur das wahrgenommen wird, was auch wahrgenommen werden soll. Hinzu kommt, dass die Anzeige nur über eine sehr geringe Komplexität verfügt, da es nur wenige Elemente in der Anzeige gibt. Hier gibt es eben keine „störenden Störer“ oder Elemente, die die Aufmerksamkeit vom eigentlichen Thema ablenken
Auch der Text hat einen guten Kontrast zum Hintergrund und ist insofern gut lesbar. Die Schriftgröße der Headline ist ausreichend. Die Packshots könnten noch etwas größer sein, um den Wiedererkennungswert am POS zu erhöhen.

*c) Phase der Informationsverarbeitung/ -speicherung*

→ Die Bild- und Text-Elemente unterstützen sich gegenseitig, dadurch wird die Kern-Botschaft klar und deutlich transportiert. Der „Lachspin“ **visualisiert in gewisser Weise den Nutzen**, indem er direkt auf den Fangort des abgebildeten Lachsstückes (inkl. exakter Koordinaten) zeigt. **Farbassoziationen** können hier in zwei Richtungen entstehen. Zum einen erinnert der Hintergrund durch seine braune Farbe an Recyclingkartons und zahlt dadurch unbewusst auf das Thema Nachhaltigkeit ein. Zum anderen ist das Lachsstück sehr appetitlich abgebildet, sodass Assoziationen zum Thema Genuss entstehen können.
Verständnisprobleme dürften hier weder auf der Bild- noch auf der Textebene entstehen, da beides sehr einfach und klar gehalten ist. Insofern kann man sofort verstehen, worum es eigentlich in der Anzeige geht, und man kann sich die Kernaussage leicht merken.

*d) Phase der Einstellungsbildung*

→ Der Betrachter fühlt sich ernst genommen, insofern könnte sich eine positive Einstellung zur Marke entwickeln. Dies gilt vermutlich vor allem für Personen, die man dem LOHAS-Milieu zuordnen kann. Hier ist die Wahrscheinlichkeit eines Probekaufes durchaus gegeben.

*e) Gesamtbeurteilung*

→ Die Anzeige dürfte aufgrund ihrer sehr klaren formalen wie inhaltlichen Botschaft bei den Zielgruppen sehr gut ankommen. Sie kommt nicht verkäuferisch, sondern sachlich und ernsthaft rüber, sodass sie das gewünschte Vertrauen in die Marke auslösen dürfte. Die zentralen Aussagen und Begründungen der Anzeige werden schnell deutlich. Der einzige kleine Schwachpunkt ist die Größe der abgebildeten Packshots, allerdings wird die Marke durch den „Lachspin“ schon stark verankert und der unbewusst wahrgenommene braune Hintergrund findet sich ja auch in den Verpackungen der neuen Pizzen wieder.

Die zentrale Aussage der Anzeige wird durch die Visualisierung des Nutzens schnell deutlich, sodass selbst bei beiläufiger Wahrnehmung der Benefit und der Markenname wahrgenommen werden.

# Kapitel 9

# Rechtliche Grundlagen der Werbung

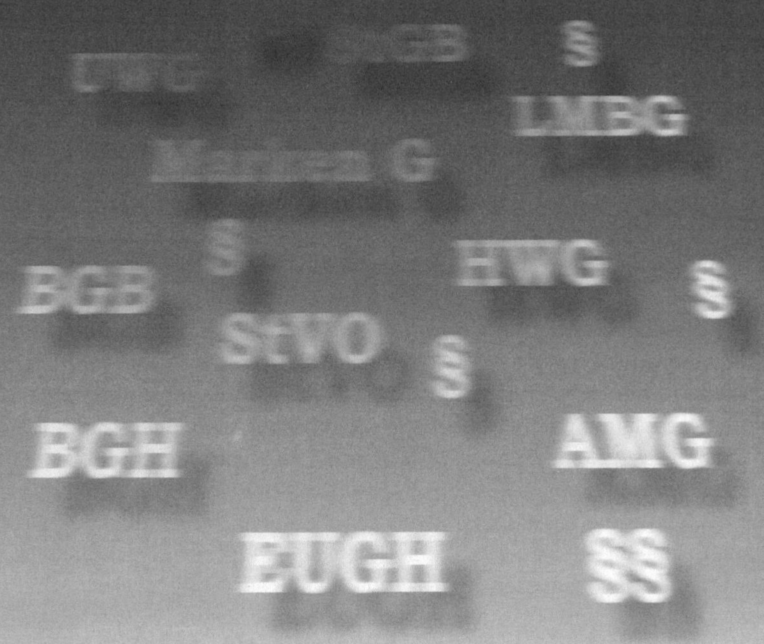


**„Es gibt drei Arten von Werbung: laute, lautere und unlautere"**

Werner Mitsch (deutscher Aphoristiker und Schriftsteller)

## 9.1 Einführung

Werbung hilft Unternehmen dabei, sich von den Wettbewerbern abzugrenzen und damit in den Köpfen der Verbraucher zu positionieren. In den Kapiteln 7 und 8 zur Werbewirkung und Kreation tauchte deshalb immer wieder die Forderung auf, dass Werbung neue Wege gehen muss, um die Aufmerksamkeit der Verbraucher zu erlangen. Werbung soll möglichst einzigartig und außergewöhnlich sein, man könnte auch sagen, erfolgreiche Werbung lebt davon, Regeln zu brechen. Bevor man Regeln brechen kann, muss man sie kennen. Kennen sollte man nicht nur die kreativen Regeln, sondern gleichermaßen die juristischen. Denn während der Verstoß gegen kreative Regeln „erlaubt“ ist und möglicherweise werblichen Erfolg verspricht, darf natürlich nicht gegen rechtliche Regeln verstoßen werden.

Dass dies in der Praxis dennoch häufig geschieht, geht auf Unwissen, auf absichtliches Ausreizen von Grenzfällen oder sogar auf bewusste Verstöße zurück, bei denen man darauf setzt, dass dort kein Richter ist, wo kein Kläger ist. Das kann freilich sehr teuer werden.

Eigentlich sollte jeder, der im Bereich Marketing und Werbung arbeiten möchte, über Grundkenntnisse zu den wichtigsten Gesetzen wie

- dem Gesetz gegen den Unlauteren Wettbewerb,
- dem Urheberrechtsgesetz
- oder dem Markengesetz verfügen.

Denn ein Kreativer oder ein Berater, der schon weiß, dass er ein Behauptung aufstellt, die er nicht halten kann oder dass die Idee eigentlich „geklaut“ ist, kann sich, der Agentur und dem Kunden von vorneherein eine Menge Ärger ersparen. Bei diesem „Ärger“ geht es im Bereich Werbung vor allem um zivilrechtliche Auseinandersetzungen zu den gerade aufgezählten drei Gesetzen. Es kann zwar auch zu strafrechtlichen Folgen auf Grund von Verstößen gegen diese Gesetze kommen (z.B. Herstellung von Plagiaten/ „Produktpiraterie“), die aber in der täglichen Praxis der Kommunikationsberufe eher eine untergeordnete Rolle spielen und deshalb hier nicht weiter abgehandelt werden.

Das vorliegende Kapitel beschränkt sich auf einen kurzen Überblick kann, soll und darf (!) aber den juristischen Rat nicht ersetzen.

→ *Bei konkreten Problemen mit Wettbewerbern oder Dritten sollte nicht zuletzt wegen der Komplexität immer ein spezialisierter Jurist hinzugezogen werden.*

Neben den deutschen Rechtsvorschriften spielt im Zuge der europäischen Integration in immer mehr Fällen EU-Recht eine Rolle. Die wichtigsten aktuellen Beispiele waren die europaweite Freigabe vergleichender Werbung, das Werbeverbot für Tabakerzeugnisse, die Health-Claims-Verordnung (regelt unter anderem die Auslobung gesundheitsfördernder Effekte bei Lebensmitteln) oder die anstehende Neuregelung der TV-Richtlinie (sieht möglicherweise eine Freigabe von Productplacement in TV-Produktionen vor). Aber auch beim Schutz des geistigen Eigentums wurde durch die Gründung des europäischen Markenamtes mit Sitz in Alicante neue Möglichkeiten zum internationalen Markenschutz geschaffen.

Die deutschen Rechtsvorschriften beinhalten sowohl Werbebeschränkungen als auch Schutz vor Nachahmung oder Einschränkung. Die folgende Übersicht soll einen ersten Überblick geben, bevor im Anschluss die wichtigsten Rechtsvorschriften kurz dargestellt werden:

**1) Beschränkungen im Hinblick auf:**

a) die Kreation (Gestaltung der Werbebotschaft)
   - Unzulässigkeit, die Entscheidungsfreiheit der Verbraucher oder anderer Marktteilnehmer durch Druck oder sonstigen unangemessenen unsachlichen Einfluss zu beeinträchtigen (§ 4 Abs. 1 UWG)
   - Unzulässigkeit, die geschäftliche Unerfahrenheit von Kindern, Jugendlichen, die Leichtgläubigkeit, die Angst oder die Zwangslage von Verbrauchern auszunutzen (§ 4 Abs. 2 UWG)
   - Unzulässigkeit, den Werbecharakter von Wettbewerbshandlungen zu verschleiern (§ 4 Abs. 3 UWG)

   Verbot die Kennzeichen, Waren, Dienstleistungen, Tätigkeiten oder persönlichen/

geschäftlichen Verhältnisse eines Wettbewerbers herabzusetzen oder zu verunglimpfen (§§ 4 Abs. 7 und 4 Abs. 8 UWG)
- Strafbarkeit bei übler Nachrede oder Verleumdung (im StGB= Strafgesetzbuch)
- deliktsrechtlicher Haftung bei falschen Werbeangaben (im BGB)
- Verbot irreführender Werbung (§ 5 UWG)
- Einschränkungen bei vergleichender Werbung (§ 6 UWG)
- Einschränkungen bei besonderen Produktbereichen wie Lebensmitteln (im LMBG = Lebensmittelbedarfsgesetz), Tabakerzeugnisse (im LMBG), Kosmetika (im LMBG), Weine (im Weingesetz), Heil- und Arzneimittel (im HWG = Heilmittelwerbegesetz und AMG = Arzneimittelgesetz)

b) die Mediaplanung (Auswahl der Werbemittel und -träger)
- Täuschung und Irreführung durch redaktionell getarnte Werbung (§§ 4 Abs. 3 und 5 UWG)
- Pflicht zur deutlichen Trennung von Anzeigen und redaktionellem Teil (Landespressegesetze)
- medienrechtliche Grenzen für Productplacement oder Sonderwerbeformen (z.B. Sponsoring, Split-Screen oder virtuelle Werbung) ⇒ vor allem im RfStV = Rundfunkstaatsvertrag)
- Verbot der Werbung für Tabakerzeugnisse in TV und Funk (im LMBG)
- Einschränkungen im Bereich Außenwerbung (z.B. bei Bauzaunplakatierung, Verkehrsmittelwerbung oder der Inbetriebnahme neuer Außenwerbungsstandorte) ⇒ in der StVO = Straßenverkehrsordnung, im Landesfernstraßengesetz, Vorschriften der öffentlich-rechtlich organisierten Verkehrsträger, Polizeirecht, Landesbauordnungen etc.)
- medienspezifische Einschränkungen im Bereich Online-Kommunikation (z.B. Gestaltung von Websites, Verwendung fremder Markennamen im Suchmaschinen-Marketing, User-generated-content im Bereich Social Media, Versendung von E-mails und newslettern) ⇒ vor allem im RfStV = Rundfunkstaatsvertrag, TMG = Telemediengesetz und BDSG = Bundesdatenschutzgesetz)

c) die Veranstaltung von Gewinnspielen
- Verbot bei Gewinnspielen, die Teilnahmebedingungen nicht klar und eindeutig anzugeben (§ 4 Abs. 5 UWG)
- Verbot unsachlicher Einflussnahme auf Verbraucher („psychologischer Kaufzwang/übertriebenes Anlocken“ (§ 4 Abs. 1 UWG)
- Verbot irreführender Gewinnspiele (§ 3 UWG)
- Strafbarkeit nicht genehmigter Lotterien und Ausspielungen (StGB)

d) die Verwendung von Zugaben
- Verbot bei VkF-Maßnahmen wie Rabatten, Zugaben oder Geschenken, die Bedingungen für ihre Inanspruchnahme nicht klar und eindeutig anzugeben (§ 4 Abs. 4 UWG)
- Verbot unsachlicher Einflussnahme auf Verbraucher („psychologischer Kaufzwang“ (§ 4 Abs. 1 UWG)
- Verbot des übertriebenen Anlockens z.B. durch zu attraktive Neben- oder Vorspannware (§§ 4 Abs. 1 oder 4 Abs. 2 UWG)

e) die Abgabe von Warenproben
- Verbot unsachlicher Einflussnahme auf Verbraucher („psychologischer Kaufzwang“ (§ 4 Abs. 1 UWG)
- Verbot der zu breiten Streuung von Warenproben wegen Gefahr der „Marktverstopfung“ (§ 4 Abs. 1 UWG)

f) die Einflussnahme und Warenpräsentation im Handel
- Verbot der gezielten Behinderung der Wettbewerber (§§ 4 Abs. 10 oder § 4 Abs. 1 UWG)
- Verbot der unsachlichen Beeinflussung der Verbraucher (§4 Abs. 1 UWG)
- Irreführung der Verbraucher über Zugehörigkeit des Verkaufspersonals oder Empfehlungsverhalten des Handels (§ 5 UWG)

g) die Zielgruppenauswahl
- Verbot der Laienwerbung für Heil- und Arzneimittel (im HWG = Heilmittelwerbegesetz und AMG = Arzneimittelgesetz)

**2) Schutzpositionen im Bereich Marketing und Werbung (Schutz des geistigen Eigentums):**

a) Urheberrechtsschutz
   - vor allem für eigenständige geistige Schöpfungen aus den Bereichen Literatur, Wissenschaft, Kunst, wird aber seit neuestem vermehrt auch Werbeslogans und Gestaltungskonzeptionen zugestanden

b) Geschmacksmusterschutz/Designschutz
   - bezieht sich auf gewerbliche Muster und Modelle, das heißt die räumliche Gestaltung eines Erzeugnisses. Es lassen sich also ästhetische Formen wie Produkt- oder Verpackungsgestaltungen, Farben oder die Typografie schützen

c) Markenrechtsschutz
   - nationales und internationales Markenrecht ⇒ Voraussetzung für Markenschutz (§§ 1, 3 MarkenG), Erlangung des Markenschutz (§ 4 MarkenG), Schutzdauer ( § 47 MarkenG), Ansprüche gegen Verletzer einer Marke (§§ 14, 15, 16, 18, 19, 20, 21, 22, 143, 146 ff. MarkenG)

d) Schutz von Werbeideen und -maßnahmen vor Ausbeutung (vor allem Nachahmung und unmittelbare Übernahme)
   - § 4 Abs. 7 UWG, aber evtl. auch Ansprüche aus BGB oder sogar StGB

e) Schutz von Waren oder Dienstleistungen (vor allem vor Nachahmung, unmittelbare Übernahme, Anlehnung/Rufausbeutung und vermeidbare Herkunftstäuschung, Herabsetzung)
   - § 4 Abs. 9 UWG, aber evtl. auch Ansprüche aus BGB oder sogar StGB

Das 1906 in Kraft getretene und zuletzt 2004 geänderte Gesetz gegen den unlauteren Wettbewerb (= UWG) ist wichtigste gesetzliche Grundlage für das deutsche Werberecht. Es dient dazu, Verhaltensregeln aufzustellen, die Wettbewerber zu beachten haben, wenn sie im geschäftlichen Verkehr tätig werden. Wettbewerbsrecht dient dem Schutz:

- der Wettbewerber untereinander,
- der Verbraucher und
- der Allgemeinheit.

Beim Schutz der Wettbewerber untereinander geht es darum, dass sich kein Unternehmen durch unlautere bzw. unsachliche Methoden einen Wettbewerbsvorsprung gegenüber der Konkurrenz verschaffen soll. Die Verbraucher sollen mithilfe des UWG vor unsachlicher Beeinflussung (Irreführung, Erzeugen eines psychologischen Kaufzwanges etc.) geschützt werden, wobei diese Aufgaben im Wettbewerbsrecht nicht vom einzelnen Verbraucher, sondern von den Verbraucherschutzverbänden, an die sich der Einzelne im Beschwerdefall wenden kann, übernommen werden. Schutz der Allgemeinheit soll das Ausufern bestimmter belästigender Verhaltensweisen (z.B. „aktives" Telefonmarketing) verhindern.

➔ *Das UWG basiert auf Einzelfallentscheidungen, das heißt es handelt sich um ein Richterrecht (case law), wie man es aus dem angloamerikanischen Rechtssystem kennt.*

Im deutschen Rechtssystem gibt es nur wenige Bereiche, in denen die einzelnen Gerichte einen so weiten Gestaltungsspielraum haben wie im Wettbewerbsrecht. Aus diesem Grund sollte man sich hier mit Verallgemeinerungen sehr zurückhalten. Daran ändert voraussichtlich auch die deutlich präzisierte Gesetzesnovelle von 2004 nichts. Dabei wurden viele der über Jahre aus höchstrichterlichen Einzelfallentscheidungen gewachsenen Leitnormen in das UWG übernommen. Auf der anderen Seite bleibt immer noch einiges ungeklärt und die Dynamik des Wettbewerbs macht es ebenfalls weiterhin notwendig, dass strittige Fragen den Weg durch die Instanzen nehmen. Die letztinstanzlichen Entscheidungen des BGH (= Bundesgerichtshof) werden dann wieder den Gerichten der unteren Instanzen als Orientierung für schwierige Einzelfälle als Orientierung dienen.

Während in § 1 UWG der Schutzbereich des Gesetzes definiert wird, befasst sich § 2 UWG mit grundlegenden Definitionen:

**Allgemeine Bestimmungen**

*§ 1 Zweck des Gesetzes:*
a) Schutz der Mitbewerber, Verbraucher und sonstiger Marktteilnehmer vor unlauterem Wettbewerb
b) Schutz des Interesses der Allgemeinheit an einem unverfälschten Wettbewerb

*§ 2 Definitionen:*
- Geschäftliche Handlung: jedes Verhalten einer Person zu Gunsten des eigenen oder eines fremden Unternehmens vor, bei oder nach einem Geschäftsabschluss, mit Förderung des Absatzes oder des Bezugs von Waren
- Marktteilnehmer: Mitbewerber, Verbraucher, alle Personen, die Waren/Dienstleistungen anbieten oder nachfragen
- Mitbewerber: Unternehmen, die zum eigenen Unternehmen in einem konkreten Wettbewerbsverhältnis stehen
- Nachricht: Informationsaustausch zwischen einer endlichen Zahl von Beteiligten über öffentlich zugängliche elektronische Kommunikationsdienste
- Verbraucher-/Unternehmerbegriff: Verweis auf die §§ 13 und 14 BGB

§ 3 UWG enthält eine so genannte Generalklausel die sehr flexibel ist und immer dann herangezogen werden kann, wenn sich keine spezielle Rechtsnorm im UWG findet, die einfach 1:1 auf den strittigen Fall angewendet werden kann. In der fehlenden Präzisierung liegt insofern der Vorteil eines solchen „Gummiparagrafen", denn er ermöglicht es den Gerichten, in jedem einzelnen Fall zu prüfen, ob das Wettbewerbsverhalten unlauter ist oder nicht. Außerdem muss das Gesetz nicht bei jeder aktuellen Entwicklung vom Gesetzgeber angepasst werden. Die Generalklausel des § 3 UWG steht selbstständig neben den anderen Rechtsnormen des Wettbewerbsrechtes, das heißt, die anderen Paragrafen des UWG stellen keine Sonderfälle des § 3 UWG dar, sondern regeln unter anderem die auf der nächsten Seite dargestellten eigenständigen Sachverhalte.

Bei konkreten Problemen sollte man daher versuchen, zunächst im UWG einen Paragrafen zu finden, der sich genau mit der vorliegenden Problemstellung beschäftigt, sich aber sicherheitshalber auch auf einen Verstoß gegen die Generalklausel nach § 3 UWG zu berufen. Das Gericht prüft dann zunächst, ob der spezielle Paragraf des UWG (z.B. § 6 Vergleichende Werbung) greift oder nicht. Falls sich der spezielle Paragraf auf den Fall anwenden lässt, kann das Gericht schnell eine Entscheidung treffen. Falls nicht muss das Gericht überprüfen, ob das Wettbewerbsverhalten nach § 3 UWG unlauter ist.

§ 3 Unlautere geschäftliche Handlungen, die geeignet sind, den Wettbewerb zum Nachteil der Mitbewerber, der Verbraucher oder der sonstigen Marktteilnehmer nicht nur unerheblich zu beeinträchtigen, sind unzulässig.

Bei der Überprüfung, ob ein geschäftliches Handeln das zentrale Merkmal des § 3 UWG Unlauterkeit erfüllt, überprüft das Gericht immer den Gesamtcharakter der Handlung. Dabei ist es nicht so wichtig, was sich evtl. auf einem Markt inzwischen als geschäftliches Handeln eingebürgert hat (Ist), sondern das, was sein sollte. Noch wichtiger ist aber, wie eine bestimmte Handlung aus der Sicht der beabsichtigen Adressaten (Zielgruppen) verstanden wird. Entscheidend ist also der Empfängerhorizont und nicht die Sicht des Absenders. Als Zielgruppen kommen die Mitwettbewerber, die Verbraucher und sonstige Markteilnehmer infrage.

Bei einer geschäftlichen Handlung, die sich an die Verbraucher richtet, kommt es für das Verständnis der Unlauterkeit zunächst darauf an, für welche Zielgruppe das angebotene Produkt gedacht ist. Es macht natürlich einen Unterschied, ob es sich z.B. um medizinische Fachgeräte oder um Konsumgüter des täglichen Bedarfs handelt. Im ersten Fall geht es um eine sehr spezifische und vermutlich mit Fachwissen ausgestattete Zielgruppe, während es im zweiten Fall um sämtliche Verbraucher geht. Im ersten Fall müssten unter Umständen Befragungen der spezifischen Zielgruppe erfolgen, um herauszufinden, wie die beteiligten Verkehrskreise (=Zielgruppen) die Wettbewerbshandlung verstehen. Im zweiten Fall würde das Gericht vermutlich auf externe Gutachter verzichten, um die Unlauterkeit einer Wettbewerbshandlung zu überprüfen, da die Richter selbst zur Zielgruppe gehören.

Wenn es um das Verständnis der beteiligten Verkehrskreise geht (auch bei § 6 UWG Irreführung wichtig), sollte man inzwischen eher auf das Verbraucherbild des Europäischen Gerichtshof (EUGH) zurückgreifen, das sich inzwischen auch in Deutschland durchgesetzt hat. Der EUGH geht von einem durchschnittlich informierten, aufmerksamen, verständigen und kritisch prüfenden Verbraucher aus (vgl. dazu und weitergehende Quellen in: Dirk Lehr: Wettbewerbsrecht. Müller Verlag. Heidelberg 2007). Bei den Mitwettbewerbern geht es vor allem darum, ob es sich bei der Wettbewerbshandlung um Leistungs- oder Nichtleistungswettbewerb handelt. Während der Leistungswettbewerb grundsätzlich erlaubt ist, handelt es sich beim Nichtleistungswettbewerb grundsätzlich um unlautere und damit verbotene Wettbewerbshandlungen.

**UWG § 3 Generalklausel**

„Unlautere geschäftliche Handlungen, die geeignet sind, den Wettbewerb zum Nachteil der Mitbewerber, der Verbraucher oder der sonstigen Marktteilnehmer nicht nur unerheblich zu beeinträchtigen, sind unzulässig."

| § 4 Beispiele unlauteren Wettbewerbs | § 5 Irreführende geschäftliche Handlung | § 6 Vergleichende Werbung | § 7 Unzumutbare Belästigung |
|---|---|---|---|
| 1. Beeinträchtigung der Entscheidungsfreiheit<br>2. Ausnutzung geschäftlicher Unerfahrenheit<br>3. Verschleierung des Werbecharakters von Werbemaßnahmen<br>4. unklare Bedingungen bei Vkf-Maßnahmen<br>5. unklare Teilnahmebedingungen bei Preisausschreiben/Gewinnspielen<br>6. Kopplung der Teilnahme am Gewinnspiel an den Kauf der Ware<br>7. Herabsetzung Verunglimpfung von Mitbewerbern<br>8. schädigende Behauptungen über Waren/Unternehmen eines Mitbewerbers, falls diese nicht erweislich wahr sind<br>9. Nachahmungen von Waren eines Mitbewerbers anbieten<br>10. gezielte Behinderung von Wettbewerbern<br>11. Verstoß gegen gesetzliche Vorschriften | 1. Irreführung ist ein Verstoß gegen § 3 UWG<br>⇒ Auch das Verschweigen von Tatsachen kann irreführend sein (Einzelfallprüfung notwendig)<br>2. Formen/Irreführung über:<br>• die Qualität und Beschaffenheit der Ware oder Dienstleistung<br>• den Preis (Höhe und Bestimmung)<br>• die Menge/Verfügbarkeit/Lieferbedingungen<br>• Testergebnisse<br>• Herkunft (geografisch, betrieblich)<br>• den Anlass des Verkaufs<br>• die geschäftlichen Verhältnisse des Werbenden (z.B. Eigenschaften, Vermögen, Befähigungen etc.)<br>• Zwecktauglichkeit/Verwendungsmöglichkeit oder die zu erwartenden Ergebnisse<br>• die Menge des Warenvorrates bei Aktionen<br>• Preisaktionen („Mondpreise") | 1. Voraussetzung: Mitbewerber oder dessen Ware/Dienstleistung wird unmittelbar ocler mittelbar kenntlich gemacht<br>2. Vergleichende Werbung ist nur zulässig, falls:<br>• die Waren/Dienstleistungen dem gleichen Bedarf/Zweckbestimmung dienen<br>• der Vergleich sich auf objektiv nachprüfbare, wesentliche, relevante und typische Eigenschaften oder den Preis bezieht<br>• keine Verwechslungsgefahr besteht (Unternehmen, Produkte/Dienstleistungen oder z.B. Marken)<br>• z.B. das Markenzeichen der Konkurrenz nicht ausgenutzt oder beeinträchtigt wird<br>• Mitbewerber nicht herabgesetzt oder verunglimpft werden<br>• Waren oder z.B. Marken nicht imitiert oder nachgeahmt werden<br>• bei Angeboten Beginn und Ende der Aktion sowie ein Hinweis auf die Verfügbarkeit angegeben werden | • Erkennbar unerwünschte Werbung<br>• Telefonwerbung an Endverbraucher ohne vorherige Einwilligung des Angerufenen; bei Geschäftskunden muss eine mutmaßliche Einwilligung erwartet werden<br>• E-Mail, Fax oder Werbung ohne klaren Absender oder bei der eine Aufforderung zur Einstellung für den Adressaten mit Kosten verbunden ist<br>• Werbung per Fax, E-Mail oder automatischen Anrufmaschinen ist nur mit Einwilligung des Adressaten möglich<br>Ausnahmen für E-Mails:<br>• die E-Mail-Adresse ist dem Unternehmen aus einer Geschäftsbeziehung bekannt<br>• Adresse wird zur Bewerbung ähnlicher Angebote genutzt und der Kunde hat nicht widersprochen<br>• In jeder E-Mail gibt es einen Hinweis darauf, dass der Kunde jederzeit widersprechen kann |

Unter Leistungswettbewerb versteht man jede Form des Wettbewerbs in dem sich die Leistungen der Wettbewerber frei und ungehindert am Markt entfalten können und die Nachfrager die freie Wahl haben, sich für eine der Alternativen zu entscheiden.

Im Gegensatz dazu wird beim Nichtleistungswettbewerb versucht, den Wettbewerb zu verfälschen oder die freie Willensentscheidung der Verbraucher zu beeinträchtigen. Zu den dabei möglichen Formen hatte schon das alte UWG zahlreiche Fallgruppen herausgebildet, die sich inzwischen teilweise in den §§ 4, 5, 6, 7 wiederfinden (vgl. Tabelle). Trotzdem sollte man zusätzlich in jedem Einzelfall prüfen, ob die Wettbewerbshandlung nicht auch noch zu den Fallgruppen des Nichtleistungswettbewerbs nach § 3 UWG gehört, da sich dadurch eine weitere Anspruchsgrundlage gegenüber dem Beklagten ergeben könnte. Fallgruppen des Nichtleistungswettbewerbers nach § 3 UWG (vgl. Lehr S. 28):

- Kundenfang durch Manipulation der Entscheidungsfreiheit der Verbraucher (z.B. Täuschung, Irreführung, Ausüben psychologischen Kaufzwanges, Zusendung unbestellter Ware, aktives Telefonmarketing, zu wertvolle Zugaben/Preise etc.; auch geregelt in §§ 4, 5, 7)
- Individuelle Behinderung der Mitwettbewerber (z.B. Abfangen von Kunden, gezieltes Preisdumping, d.h. Verkauf unter Einstandspreis ...; auch geregelt in § 4)
- Ausbeutung fremder Leistung (wird normalerweise vom Marken-, Design- oder Urheberrechtsschutz geregelt, bei besonders schwerwiegenden Fälle wie z.B. dem Vertrieb illegal kopierter Musik-CDs kann aber zusätzlich das UWG herangezogen werden; auch geregelt in § 4)
- Vorsprung durch Rechtsbruch (z.B. Verstoß gegen Gesetze zum Gesundheitsschutz führt zu besonders günstigen Preisen: „Gammelfleisch"; auch geregelt in § 4) und
- Marktstörung/Marktbehinderung der Mitwettbewerber (z.B. durch massenhaftes kostenloses Verteilen von Originalwaren; auch geregelt in § 4)

Ein Verstoß gegen den § 3 UWG führt regelmäßig bei Androhung einer Vertragsstrafe zur Verpflichtung, das wettbewerbswidrige Verhalten in Zukunft zu unterlassen. In seltenen Fällen, bei denen Vorsatz oder Fahrlässigkeit und damit Verschulden festgestellt werden kann, sogar zur Forderung von Schadensersatz, wobei natürlich hier oft das Problem der konkreten Bezifferung des Schadens auftaucht.

## 9.2 Beispiele unlauteren Wettbewerbs laut § 4 UWG

In Anlehnung an den personellen Schutzbereich des Wettbewerbsrechtes soll hier eine Einteilung der Beispiele vorgenommen werden:

- solche, die sich mit dem Schutz der Wettbewerber untereinander beschäftigen und
- solche, bei denen es um den Schutz der Verbraucher bzw. der Allgemeinheit geht.

### 9.2.1 Behinderung im Wettbewerb (Schutz der Wettbewerber untereinander)

a) Nachahmungen im Wettbewerb sind unlauter, wenn mit ihnen eine vermeidbare Herkunftstäuschung verbunden ist (§ 4 Abs. 9).

Dass Werbemaßnahmen oder Produkte von Wettbewerbern nachgeahmt werden, kommt in der Praxis relativ häufig vor. „Sofern für eine Leistung kein Sonderrechtsschutz besteht, ist die Nachahmung fremder Leistung, selbst die identische, grundsätzlich zulässig." (Dirk Lehr: Wettbewerbsrecht. Müller Verlag. Heidelberg 2004. S. 93) Aus diesem Grund sollten sich Unternehmen bzw. einzelne Personen ihre geistigen Leistungen auf unterschiedliche Weise schützen lassen:

- Patent-, Gebrauchs-, Designschutz,
- Markenschutz,
- Urheberrechtschutz etc.

Grundsätzlich ist im Wettbewerbsrecht nur eine so genannte „vermeidbare Täuschung der Abnehmer über die betriebliche Herkunft" (§ 4 Abs. 9.a) wettbewerbswidrig. Bei diesen Fällen kann aber auch § 5 Irreführung herangezogen werden. Was am Ende erfolgversprechender erscheint, liegt an den spezifischen Gegebenheiten des jeweiligen Falles und sollte mit dem Anwalt abgesprochen werden. Der Tatbestand der vermeidbaren Herkunftstäuschung setzt voraus, dass das nachgeahmte Produkt Gestaltungsmerkmale (z.B. Markenname, Produkt- oder Verpackungsgestaltung) aufweist, die so bekannt sind, dass ein größerer Teil der Verbraucher von diesen Merkmalen auf eine bestimmte betriebliche Herkunft oder auf besondere Eigenschaften des Produktes schließt. Eine Marke muss einem nicht unerheblichem Großteil der Verbraucher bekannt sein, damit sie über § 4 Abs. 9 UWG vor vermeidbaren Herkunftstäuschungen geschützt ist. Feste Prozentzahlen lassen sich zwar nicht aufstellen, da immer die genauen Umstände des Einzelfalls berücksichtigt werden müssen, aber in der Literatur findet sich schon die Forderung nach 60 bis 80% Bekanntheitsgrad (vgl. Dirk Lehr: Wettbewerbsrecht. Müller Verlag. Heidelberg 2004. S. 92). Beim Erreichen dieser Werte hätte eine Marke aber auch schon Verkehrsgeltung oder sogar notorische Bekanntheit im Sinne des § 4 Markengesetz erlangt und könnte daher, selbst wenn die Marke nicht ins Markenregister eingetragen wurde, Markenschutz bzw. Ausstattungsschutz verlangen (vgl. Abschnitt 9.8).

b) Das Sich-Anhängen an neue und eigenartige Werbemaßnahmen des Konkurrenten verstößt im Regelfalle gegen die guten Sitten, weil hier oft versucht wird vom Image des Wettbewerbers zu profitieren (Rufausbeutung).

Häufig versuchen Unternehmen – vor allem aggressive Newcomer – vom guten Ruf (Image) eines fremden Unternehmens, einer fremden Ware, Leistung oder Marke zu profitieren. Das fremde Unternehmen hat sich dieses gute Image bei den Verbrauchern aber in der Regel erst durch jahrelange Anstrengungen bzw. Investitionen (unter anderem in Marketing und Werbung) erworben. Das Unternehmen, das sich jetzt an das gute Image des anderen anlehnt, verhält sich in gewisser Weise wie ein Schmarotzer oder Trittbrettfahrer. Dass ein solches Wettbewerbsverhalten unlauter bzw. verboten ist, leuchtet unmittelbar ein.

Bei der Ruf-/Imageausbeutung lassen sich mit der Ausbeutung durch Täuschung und der Ausbeutung durch Anlehnung zwei Formen unterscheiden. Bei der Ausbeutung durch Täuschung versucht das rufausbeutende Unternehmen, die Verbraucher durch Verwendung bestimmter Merkmale oder Nachahmung der fremden Ware/Leistung zu täuschen, denn der „durchschnittliche" Verbraucher wird fälschlicherweise annehmen, dass die beworbenen Waren/Leistungen vom gleichen Unternehmen stammen. Dadurch ergibt sich natürlich in erheblichem Maße eine Verwechslungsgefahr, die vor allem dem „Original"-Hersteller schadet. Diese Fälle lassen sich vermutlich sehr einfach auch mit § 5 UWG (Irreführung) klären. Im Falle der Ausbeutung durch Anlehnung wird das gute Image des fremden Unternehmens, der fremden Produkte oder der fremden Marken zur Empfehlung der eigenen Ware ausgenutzt, ohne dass eine Herkunfts- oder Warenverwechslung vorliegt. Die Anlehnung kann in offener oder verdeckter Form erfolgen. Bei einer offene Anlehnung könnte die eigene Marke im Zusammenhang mit der anderen Marke genannt werden und etwa als gleichwertige Alternative angepriesen werden. Die offene Anlehnung nimmt also immer erkennbaren Bezug auf eine fremde Ware/Marke, um die Güte der eigenen Leistung durch eine Gleichstellung mit der fremden Ware/Leistung hervorzuheben. Hierin liegt der entscheidende Unterschied zu der unter bestimmten Voraussetzungen inzwischen zulässigen vergleichenden Werbung (vgl. § 6 UWG).

Während Fälle der offenen Anlehnung relativ schnell entschieden werden können, wird es bei Formen der verdeckten Anlehnung schwieriger. Hier nur ein Fall, der vom BGH letztinstanzlich als wettbewerbswidrig eingestuft wurden:

- Ein Whiskyhersteller platziert in einer Werbeanzeige die von ihm beworbene Whiskyflasche mit zwei gefüllten Gläsern vor der Kühlerpartie eines Rolls-Royce, sodass die Kühlerfigur, das Emblem „RR" und der charakteristische

Kühlergrill deutlich zu erkennen sind (BGH 86, 90/95 Rolls-Royce)

c) (§ 4 Abs. 10) Der Kaufmann ist in seiner Preisgestaltung grundsätzlich frei. Er darf aber nicht Konkurrenten durch planmäßige Preisunterbietungen vom Markte verdrängen oder vernichten (Behinderung durch Vernichtungswettbewerb/„ruinöser“ Preiswettbewerb).

Dieser Tatbestand wird in jedem Fall angenommen, wenn nachgewiesen werden kann, dass Produkte unter Einstandspreis, das heißt unter den Einkaufskosten angeboten werden, wobei in diesem Fall gleichzeitig ein Verstoß gegen das Gesetz gegen Wettbewerbsbeschränkungen (GWB/„Kartellgesetz“) vorliegt.

### 9.2.2 Unlautere Beeinflussung (Schutz der Verbraucher)

a) Im Wettbewerb kann die Entscheidungsfreiheit der Verbraucher durch Ausübung von Druck oder durch unangemessenen unsachlichen Einfluss beeinträchtigt werden (§ 4 Abs. 1 UWG). Ein solches Wettbewerbsverhalten, durch das beim Verbraucher ein psychologischer Kaufzwang ausgelöst werden kann, ist unlauter und damit verboten.

Der § 4 Abs. 1 UWG versammelt wohl die größte Zahl unterschiedlicher Fallgruppen und ist in gewisser Weise eine Art „Generalnorm“, vergleichbar mit § 3 UWG. Das liegt natürlich auch daran, dass es unzählige Möglichkeiten gibt, die Entscheidungsfreiheit der Verbraucher im Sinne der eigenen Produkte oder Dienstleistung beeinflussen zu wollen.

Unter den § 4 Abs. 1 fallen unter anderem als extreme Beispiele die belästigende Straßenwerbung (das Ansprechen von Verbrauchern auf der Straße und Aufforderung, das Geschäft zu besuchen), das Zusenden nicht bestellter Ware, aber auch Vertreterbesuche gegen den Willen des Kunden oder unter einem vorgetäuschten Vorwand. Das Zusenden schriftlicher Werbeunterlagen („Briefkastenwerbung“) ist grundsätzlich als zulässig anzusehen, wenn nicht ein entgegenstehender Wille des Adressaten geäußert wurde (z.B. mit einem Aufkleber auf dem Briefkasten) oder Werbebriefe als Privatbriefe getarnt werden. Ein solches Verhalten würde auch den Tatbestand des § 7 UWG (Unzumutbare Belästigung) erfüllen.

Dass der Einsatz physischer oder psychischer Mittel zum Abschluss eines Geschäfts wettbewerbswidrig sein muss, dürfte klar sein, denn in diesem Fall erwirbt der Kunde die Ware nicht auf Grund freier Entscheidung, sondern wegen des auf ihn ausgeübten Drucks. Da der Sinn und Zweck von Werbung in der Beeinflussung von Verbrauchern zum Kauf bestimmter Produkte liegt, muss man bei der Verwendung des Schlagwortes „psychologischer“ Kaufzwang vorsichtig sein. Die Grenze zur unlauteren Beeinflussung wird erst dann überschritten, wenn die Entscheidungsfreiheit des Kunden spürbar beeinträchtigt und er eigentlich gegen seinen Willen zum Kaufabschluss gedrängt wird.

Beim psychologische Kaufzwang ist dem Kunden zwar klar, dass der Erhalt der Vergünstigung nicht vom Kauf einer Ware abhängt, aber die Werbung oder VkF ist hier so geschickt aufgezogen, dass die Umworbenen durch die Vergünstigung in eine psychologische Zwangslage geraten, in der sie es als unanständig oder peinlich empfinden, nichts zu kaufen. Sie haben das Gefühl, sich wegen der ihnen gemachten Zuwendungen erkenntlich zeigen zu müssen und haben daher Hemmungen, nicht zu kaufen, sodass die Ware nicht wegen ihrer Güte, sondern „anstandshalber“ gekauft wird (vgl. zu diesem psychologischen Phänomen die „Fuß-in-der-Tür-Technik“, die im Kapitel 7 „Werbewirkungsmodelle“ beschrieben wird). Im Grunde genommen arbeiten alle umsonst abgegebenen Warenproben, aber eben auch z.B. privat oder beruflich erhaltene Geschenke nach diesem psychologischen Grundmuster. Wir fühlen uns dem Geber bzw. Schenker verpflichtet. Dieses zutiefst menschliche und für soziale Beziehungen sehr wichtige Prinzip des Gebens und Nehmens nennt man Reziprozitätsregel. Sie besagt, dass wir uns beim Erhalt von Gefälligkeiten, Geschenken oder Einladungen zu einer Gegenleistung verpflichtet fühlen (vgl. Robert B. Cialdini: Die Psychologie des Überzeugens. Huber. Bern 2006. S. 44 ff.). Die Ausnutzung dieses psychologischen Prinzips durch Unternehmen ist an sich natürlich nicht verboten, denn schließlich möchte ein Hersteller z.B. durch die Abgabe von Warenproben Konsumenten kostenlos erste Produkterfahrungen ermöglichen und erhofft sich natürlich Erst- und Wiederholungskäufe davon. Erst wenn der Verbraucher durch geschickten psychologischer Druck dazu gebracht wird, Produkte nur anstandshalber zum regulären Preis zu kaufen, wird dieses Wettbewerbsverhalten unlauter.

**Beispiele**

für unlautere Einschränkungen der Entscheidungsfreiheit der Verbraucher:

- Gutschein in Höhe von 30 % des bestellten Warenwertes
- Einwöchige Gratisreise bei Überschreiten eines Mindestbestellwertes von 1.500,– €

Ein anderes aktuelles Beispiel zeigt, dass es auch so etwas wie kollektiven psychologischen Kaufzwang geben kann. Ein bekannter deutscher Kekshersteller warb unter der Überschrift „Sammeln für die Klassenfahrt" damit, dass auf den Produkten des Herstellers befindliche Punkte, von Schulklassen gesammelt und gegen Geld für eine Klassenfahrt eingetauscht werden können. Das Gericht befand, dass auf Schüler und Eltern ein unzulässiger Kaufzwang ausgeübt werde. Denn wenn sich eine Klasse für eine auf diese Weise subventionierte Klassenfahrt entscheide, stünden Schüler und Eltern unter psychischem Druck, Produkte dieses Herstellers zu kaufen (21.07.2005 OLG Celle Az 13 U 13/05).

Der BGH hat unter Berücksichtigung des neuen Verbraucherleitbildes (= durchschnittlich informierter, aufmerksamer, verständiger und kritisch prüfender Verbraucher) den Einsatz von Laienwerbern aus dem Bekannten- und Verwandtenkreis (Kunden werben Kunden) weitgehend freigegeben. Einschränkungen gibt es nur noch in Bereichen, in denen besondere Schutzgesetze gelten wie z.B. bei Arznei- und Heilmitteln (BGH vom 6.7.2006; Az.I ZR 145/03).

Werbegeschenke beeinflussen unsachlich, wenn ihr Wert im Verhältnis zur Ware oder Dienstleistung zu hoch ist. Denn dann macht der verständige Durchschnittsverbraucher seine Kaufentscheidung eben nicht mehr von Preis und Qualität der konkurrierenden Produkte abhängig, sondern nur noch davon, wie er an das Geschenk kommt.

In bestimmten Bereichen, zum Beispiel in der Verlagsbranche, haben sich inzwischen bestimmte Handelsbräuche in Bezug auf Werbegeschenke etabliert. So überschreiten solche Abonnementzugaben dann die Grenzen, wenn sie die Hälfte des Wertes des Abonnements übersteigen. Diese 50 % des Wertes des Hauptproduktes sind auch in vielen anderen Branchen die Obergrenze, die bisher von Richtern akzeptiert wurden. Diese Handelsbräuche dienen den Gerichten normalerweise als Richtschnur für ihre Entscheidung, sind aber nicht bindend.

Warenproben dürfen nur in dem Umfange gewählt werden, der zur sachgemäßen Erprobung der Ware erforderlich ist.

Auch so genannte Kopplungsangebote, bei denen mehrere Waren oder Leistungen zu einem Gesamtpreis angeboten werden, können im Sinne des § 4 Abs. 1 UWG unlauteren Wettbewerb darstellen. Eine Sonderform der Kopplungsgeschäfte stellt das Anbieten von Nebenwaren dar, die einen besonderen Anreiz zum Kauf der Hauptware bieten sollen. Diese Vorspannangebote dürfen nicht vom Erwerb der Hauptware abhängig gemacht werden, da dieses Wettbewerbsverhalten ansonsten wettbewerbswidrig ist.

Warenproben sind nicht an den Kauf der Ware gebunden und sollen den Verbrauchern die Möglichkeit geben, erste Produkterfahrungen zu sammeln. Gerade bei Neuprodukteinführungen gelten Probekäufe bzw. Probiermöglichkeiten als eines der wichtigsten Ziele, um im Markt bestehen zu können. Im Übrigen sind Probiermöglichkeiten keineswegs auf Konsumgüter des täglichen Bedarfs beschränkt, sondern spielen auch bei Dienstleistungen (z.B. Probebesuch im Sonnen- oder Fitnessstudio) oder Gebrauchsgütern (Probefahrt bei einem Pkw) eine wichtige Rolle.

Wettbewerbsrechtlich spielt vor allem die Probemenge, die Probestreuung und die Probedauer eine Rolle. Die Probemenge darf nur für mehrmaliges Probieren ausreichen, da ansonsten die Gefahr besteht, dass der Bedarf der Verbraucher an dieser Produktkategorie über einen längeren Zeitraum gedeckt ist und keine Neukäufe getätigt werden. Weil die Verbraucher durch die zu große Probemenge in der nächsten Zeit keine Neukäufe tätigen müssen, ergibt sich ebenfalls eine wettbewerbswidrige Marktverstopfung, da dadurch die Mitbewerber gezielt am Verkauf ihrer Produkte behindert werden (§ 4 Abs. 10).

Das gleiche Problem kann leichter auftreten, wenn die Proben an eine breite Masse gestreut werden, eine Abgabe an Einzelpersonen, wie z.B. in Parfümerien üblich, ist dagegen meistens unproblematisch. Bei längerfristigen Probieraktionen empfiehlt es sich, (kleinere) Sonderpackungen zu verwenden oder sich geringere Mengen sogar bezahlen zu lassen (häufig bei Drogerieartikeln üblich).

Bei den Kopplungsgeschäften lassen sich offene und verdeckte Kopplungen unterscheiden. Während bei verdeckter Kopplung die Waren ohne Nennung von Einzelpreisen nur zusammen zu einem Gesamtpreis angeboten werden, kommt es bei offener Kopplung zur Nennung der Einzelpreise. Grundsätzlich sind Kopplungsgeschäfte erlaubt. Da aber die Verbraucher bei verdeckten Kopplungsgeschäften die Preise nicht mehr wirklich vergleichen können, wird diese Form häufig von den Gerichten als wettbewerbswidrig eingestuft. Dabei kommt es auf die Umstände des Einzelfalls an. Unlauter wird die Kopplung vor allem dann, wenn branchenverschiedene Waren oder Leistungen von unterschiedlicher Art und Beschaffenheit gekoppelt zu einem Gesamtpreis angeboten werden und es ohne Kenntnis der Einzelpreise dem Publikum nicht möglich ist, den Wert der zusammen angebotenen Waren oder Leistungen zu schätzen. In solchen Fällen kann der ausgewiesene Gesamtpreis den „durchschnittlichen" Verbraucher dazu verleiten, das „Kombi"-Angebot für sehr preisgünstig zu halten.

**Beispiele (wettbewerbswidrig)**

Hier hat der Bundesgerichtshof letztinstanzlich eine Wettbewerbswidrigkeit angenommen:

- das Angebot von Urlaubsreisen und Skiausrüstung zu einem Gesamtpreis
- das Angebot eines Möbeleinzelhändlers beim Kauf bestimmter Artikel und einem Mindestbestellwert von 3.500 DM eine einwöchige Gratis-Traumreise an die türkische Riviera zu erhalten (NJW-RR 2002, 835).

Nur wenn der Verbraucher die Einzelpreise ohne weiteres in Erfahrung bringen kann, können Kopplungsangebote verschiedener Waren zulässig sein. Außerdem sollte ein Gebrauchszusammenhang (Gebrauchsnähe) zwischen den aneinandergekoppelten Waren vorhanden sein. So dürfte der Verkauf eines Päckchen Tees mit einer Tasse oder einer Zahnpasta mit einer Zahnbürste rechtlich unbedenklich sein.

Die beiden letzten Beispiele könnten auch als Vorspannangebote dienen. Bei Vorspannangeboten handelt sich um Lockangebote, bei denen versucht wird, den Verkauf des Hauptproduktes durch die Zugabe einer Nebenware (= Vorspannware) zu fördern, die dem Kunden als sehr preisgünstig erscheint. Nach dem Wegfall der Zugabeverordnung bestand vielerorts das Missverständnis, dass Zugaben jetzt beliebig möglich seien. Das ist aber nur dann gegeben, wenn sie nicht die Entscheidungsfreiheit der Verbraucher beeinträchtigen.

Das ist besonders häufig bei branchenfremden Vorspannangeboten der Fall, bei denen kein direkter Zusammenhang zum Hauptprodukt (fehlende „Gebrauchsnähe") zu erkennen ist.

Übertriebenes Anlocken: Dass Werbung Käufer anlocken will, ist natürlich nicht wettbewerbswidrig – wohl aber das Übertreiben.

Wenn ein Anbieter auf Verbraucher durch das Ausloben unverhältnismäßig großer Vorteile eine so starke Anziehungskraft erzeugt, dass die Umworbenen sich noch nicht einmal mit konkurrierenden Angeboten beschäftigen, kann es sich um wettbewerbswidriges Verhalten handeln

So sind z.B. Ausflugsfahrten in Verbindung mit Verkaufsveranstaltungen – man kennt sie unter der Bezeichnung Verkaufs-(„Kaffee“-)Fahrten – nur dann zulässig, wenn sie keinen übertriebenen Anlockeffekt haben und auf die Kunden kein psychologischer Kaufdruck ausgeübt wird. Auch darf kein zu niedriger Preis verlangt werden und der Verkaufscharakter der Fahrt muss in der Ankündigung deutlich herausgestellt werden. Außerdem darf niemand zur Teilnahme an der Verkaufsveranstaltung gezwungen werden.

**Beispiel**

Letztinstanzlich vom BGH als übertriebenes Anlocken wurden entschieden:

- Ankündigung eines „Mittsommer-Festes“ durch einen Möbelmarkt mit dem Hinweis, dass es erst einmal umsonst ein „unmögliches Frühstück" gibt (BGH GR 83,163)

---

Aber auch hier zeigen neuere Entscheidungen, dass das veränderte Verbraucherbild eine weitere Liberalisierung erwarten lässt. In einer BGH-Entscheidung vom 22.9.2005 (Az I ZR 28/03 WRP 2006, S. 69) wurde eine Klage abgewiesen, in der ein Unternehmen gegen eine Aktion eines Konkurrenten geklagt hatte, in der dieser durch wettbewerbswidriges übertriebenes Anlocken Zeitschriften an Jugendliche verkauft habe. Zum Fall:

Eine an weibliche Teenager gerichtete Zeitschrift erschien im August 2001 zum Preis von 4,50 DM mit einer auf der Titelseite befestigten Sonnenbrille. Der Kläger behauptetet, dass eine solche Sonnebrille ca. 30 DM wert sei und dass viel Käuferinnen die Zeitschrift nur wegen der Sonnenbrille gekauft hätten. Der BGH sah beim Preis von 4,50 DM keinen übertriebenen Anlockeffekt, da sich der Preis im Rahmen des üblichen Taschengeldes bewege, die Kopplung der beiden Waren aneinander wurde ebenfalls nicht beanstandet und die geschäftliche Unerfahrenheit der Jugendlichen werde nicht ausgenützt (§ 4 Abs. 2 UWG). An diesem Beispiel kann man darüber hinaus die Dauer wettbewerbsrechtlicher Verfahren bis zu einer dann letztinstanzlichen Klärung sehen, wozu in diesem Fall vier Jahre benötigt wurden.

Gefühlsbetonte Werbung: Appelle an Gefühle der Zielgruppe wie Hilfsbereitschaft, Mildtätigkeit, Nächstenliebe, soziale Verantwortung, Spendenfreudigkeit, Trauer, Empörung, Tierschutz oder Umweltbewusstsein sind immer dann wettbewerbswidrig, wenn sie als unsachliche Beeinflussung der Verbraucher gedacht sind und insofern die freie Entscheidung der Verbraucher beeinträchtigen.

Allerdings scheint sich auch hier nach der Reform des UWG und einiger BGH-Entscheidungen eine deutliche Liberalisierung abzuzeichnen. Bisher kam es sehr darauf an, dass ein sachlicher Zusammenhang zwischen der werblichen Aussage und der angebotenen Ware oder Leistung besteht. So wurde z.B. 1994 einem Optiker untersagt, unter Abbildung eines Papageis darauf zu verweisen, dass er die „Aktionsgemeinschaft Artenschutz“ unterstütze. Das OLG Stuttgart sah darin einen unzulässigen Appell an die Gefühle der Verbraucher, zumal kein sachlicher Zusammenhang zwischen dem Geschäft eines Optikers und dem Artenschutz bestehe. Diese Entscheidung wurde elf Jahre später vom BGH aufgehoben, der zwar auch den fehlenden sachlichen Zusammenhang feststellte, aber die Werbung schränke nicht die freie Entscheidung des Verbrauchers ein. Gefühlsbetonte Werbung z.B. durch Appelle an die soziale Verantwortung, die Hilfsbereitschaft, das Mitleid oder das Umweltbewusstsein sei auch dann zulässig, wenn es keinen sachlichen Zusammenhang zum beworbenen Angebot gebe. Die Schwelle zur Unlauterkeit werde erst dann überschritten, wenn eine Maßnahme geeignet sei, unangemessenen, unsachlichen Einfluss auszuüben und dies in einem solchen Maß, dass sie geeignet sei, die freie Entscheidung zu beeinträchtigen (BGH vom 20.9.2005; Az. I ZR 55/02 WRP 2006, S. 67).

In diesem Sinne hob der BGH auch die Urteile unterer Instanzen gegen den Bierproduzenten Krombacher auf, der 2003 in seiner Werbung versprach, für jeden gekauften Kasten Krombacher einen Quadratmeter Regenwald zu schützen (BGH 26.10.2006 Az I ZR 97/04).

Ein besonderes Feld der gefühlsbetonten Werbung sind Fälle so genannter Schockwerbung wie sie in den letzten Jahre vor allem von italienischen Bekleidungsherstellern wie Benetton und Sisley praktiziert wurden. Diese Fälle führen häufig neben wettbewerbsrechtlichen Verfahren zu Rügen durch den deutschen Werberat – dem wichtigsten Selbstkontrollorgan der deutschen Werbewirtschaft (vgl. Abschnitt 9.11).

**Beispiel**

Im Falle Benetton kam es sogar zu zivilrechtlichen Prozessen, bei denen letztendlich der BGH entscheiden mussten, ob Benetton gegenüber seinen Franchise-Nehmern zu Schadenersatz verpflichtet war, da diese auf Grund der Werbung des Franchisegebers deutlich Umsatzeinbußen hinnehmen mussten (Benetton gewann den Prozess, BGH, NJW 1997, 3304). Wettbewerbsrechtlich wurden einige der Motive (Abbildung eines menschlichen Gesäßes mit Stempel HIV positiv; BGH NJW 1995, 2493, ölverschmierter Seevogel; BGH NJW 1995, 2491, sterbender, aufgebahrter Aids-Kranker, blutverschmierte Militäruniform) zunächst als sittenwidrig eingestuft, später wurden diese Urteile aber durch das Bundesverfassungsgericht wieder aufgehoben, da es die Presse- und Meinungsfreiheit nach Artikel 5 Grundgesetz höher einschätzte als den Schutz der Allgemeinheit vor dieser Art von Schockwerbung (BverfG NJW 2001, S. 591 ff.).
Die Werbung durch Hervorrufen oder Ausnützen von Angstgefühlen ist unzulässig.
Allerdings ist es grundsätzlich zulässig, auf eine künftige Preissteigerung oder Rohstoffverknappung wahrheitsgemäß hinzuweisen, denn dann handelt es sich um eine sachliche Information, die dem Interesse des Kunden dient. Unlauterer Wettbewerb kann vorliegen, wenn durch die Art der Schilderung beim Kunden besondere Angstgefühle hervorgerufen oder bereits bestehende verstärkt werden, die dann wieder die Entscheidungsfreiheit des Verbrauchers einschränken können ...

**Beispiele**

Ein unzulässiges Schüren der Angst von Verbrauchern liegt in folgenden Fällen vor:
- Werbeaufforderung eines Möbelhaus: „Kaufen Sie bei uns erstklassige Möbel zum niedrigen Lagerpreis, bevor die Industrie die Preise heraufsetzt. Jetzt kaufen, solange es noch billig ist!“
- Kapitalangebote mit dem Hinweis auf Geldverluste infolge Inflation.

Zugelassen wurde dagegen die Werbung mit der Angabe :
- „Erkältung und grippale Infekte überrollen Berlin – xx sofort besorgen!“ für einen als altes Hausmittel geltenden Kräutersirup, weil diese Werbung nicht geeignet sei, ernsthafte Angstgefühle zu erzeugen (BGH GR 86, 902).

b) Ausnutzung geschäftlicher Unerfahrenheit (§ 4 Abs. 2)

Hier geht es vor allem um den Schutz von Kindern und Jugendlichen, aber auch um das Ausnutzen einer Zwangslage. Zu diesem Bereich gibt es bisher wenige Urteile, die vorhandenen bestärken allerdings den Eindruck, dass die Gerichte auch hier das liberale Verbraucherleitbild des EUGH zu Grunde legen, auch wenn hier natürlich ein höherer Schutz angestrebt wird.

**Beispiele**

- Unzulässig: Eine Zeitschriftenanzeige für den Download von Klingeltönen, bei der nur der Minutenpreis, nicht aber die Dauer des Downloads angegeben war.
- Zulässig: Eine Sammelaktion eines Schokoladenherstellers, bei der nach dem Kauf von 25 Schokoriegeln und dem Sammeln von Verpackungsteilen ein 5-Euro-Gutschein eines Internet-Buchhändlers ausgelobt wurde.

Diese Aktionen zielten eindeutig auf Kinder und Jugendliche. Bei den Sammelaktionen scheint es besonders wichtig zu sein, dass der geldmäßige

Wert der Prämien nicht zu hoch ist, damit diese Aktionen zulässig sind. Insofern kann man hier deutliche Parallelen zu den Fällen des psychologischen Kaufzwangs oder des übertriebenen Anlockens nach § 4 Abs. 1 UWG feststellen. Allerdings wird man hier auch in Zukunft jeden Einzelfall sehr genau prüfen müssen, da das Interesse an einem effizienten Schutz von Kindern und Jugendlichen vor unzulässigen Marketingpraktiken besonders groß ist.

c) Verschleierung des Werbecharakters von Werbemaßnahmen (§ 4 Abs. 3)

Schleichwerbung (redaktionelle Werbung): Es ist wettbewerbswidrig, eine Werbemaßnahme so zu tarnen, dass sie als solche vom „durchschnittlichen" Verbraucher nicht erkennbar ist.

Besonders häufig tritt dieses Phänomen im Fernsehen auf (sog. Productplacement), lässt sich in letzter Zeit aber auch verstärkt in Print-Publikationen – vor allem in Frauentiteln – beobachten, wo einige Verlage vor dem Hintergrund sinkender Werbeeinnahmen anscheinend bereit sind, über „Sonderwerbeformen" zu verhandeln, bei denen die Trennung zwischen redaktionellem und Anzeigenteil nicht mehr eindeutig ist.

→ *Die Trennung von Werbung und redaktionellem Text beruht sowohl auf gesetzlichen Regelungen wie dem Rundfunkstaatsvertrag oder den Landespressegesetzen als auch auf freiwilligen Regelungen, die Zeitungsverleger, Journalisten und Werbungtreibende aufgestellt haben.*

Um ihre Informationsaufgabe zu erfüllen, müssen Medien auch über bestimmte Unternehmen und ihre Erzeugnisse im redaktionellen Teil berichten. Eine solche unentgeltliche Berichterstattung verletzt so lange nicht das Gebot der Trennung von redaktionellem Teil und Werbung, wie die sachliche Unterrichtung der Adressaten im Vordergrund steht und die unvermeidlich damit verbundene Werbewirkung nur als eine in Kauf zu nehmende Nebenfolge erscheint. Von Schleichwerbung spricht man erst dann, wenn die Produkte eines einzelnen Herstellers in einem redaktionellen Beitrag einseitig über das durch eine sachliche Information bedingte Maß werblich herausgestellt werden. Die Wettbewerbswidrigkeit liegt dann darin begründet, dass der „durchschnittliche" Verbraucher einem redaktionell gestalteten Beitrag in der Regel eine größere Glaubwürdigkeit beimisst als den Angaben des Werbenden in seiner Werbung. Genau deshalb betreiben die Unternehmen aktive Öffentlichkeitsarbeit / Public Relations. Wo dabei die sachliche Information aufhört und die (Schleich-) Werbung beginnt, lässt sich nur auf Grund einer Gesamtbetrachtung von Anlass und Inhalt des einzelnen Berichts feststellen.

**Beispiel**

So berichtete das Nachrichtenmagazin „Focus" in einer Titelstory über „die besten Ärzte Deutschlands", wobei diese in einer Rangliste namentlich genannt wurden, ohne dass sachliche und überprüfbare Beurteilungskriterien offengelegt wurden. Bei einer solchen Berichterstattung handelt es sich um getarnte Werbung, die als sittenwidrige Förderung fremden Wettbewerbs gegen § 1 UWG verstößt (BGH GR 97,912); ebenso für „die 500 besten Anwälte" (BGH GR 97, 914).

---

Unter Productplacement versteht man die gezielte Platzierung von Markenartikeln als reale Requisiten in der Handlung von Spielfilmen oder Fernsehproduktionen.

Bei der rechtlichen Bewertung der Zulässigkeit von Productplacement ist zwischen Kino- und TV-Produktionen zu unterscheiden. Bei Kinoproduktionen bestehen gegen die sichtbare Verwendung von Markenartikeln als Requisiten keine rechtlichen Bedenken, wenn hiermit keine Wettbewerbsabsicht verfolgt wird. Die rechtlichen Grundlagen hierbei sind Art. 5 I 2,3 GG (Freiheit des Films) und Art. 5 III GG (Freiheit der Kunst). Erfolgt die Produktplatzierung dagegen zu Werbezwecken, ist sie unter Umständen auf Grund des § 4,3 des Gesetzes gegen den unlauteren Wettbewerb (UWG) unzulässig, da hier eine

Täuschung der Zuschauer über den eigentlichen Werbezweck vorliegt. Die Rechtsprechung hierzu ist aber teilweise uneinheitlich. Rechtlich unbedenklich ist die Produktplatzierung allerdings, wenn im Vorspann ein Hinweis auf die Unterstützung durch das betreffende Unternehmen erfolgt.

Bei Fernsehproduktionen ist die Produktplatzierung durch eine Neuregelung im 13. Rundfunkstaatsvertrag seit April 2010 unter bestimmten Einschränkungen weitgehend erlaubt. Damit wurde die EU-Richtlinie über audiovisuelle Mediendienste umgesetzt, sodass es europaweit einheitliche Regelungen gibt.

Schleichwerbung bleibt zwar auch im 13. RStV noch verboten, aber Productplacement wird nicht mehr automatisch als Schleichwerbung gesehen.

In den §15 und 44 RStV sind zulässige Produktplatzierungen geregelt.

Grundsätzlich verboten bleibt Productplacement weiterhin in:

- Kindersendungen,
- Nachrichten,
- Ratgeber- und Verbrauchersendungen und
- Sendungen zum politischen Zeitgeschehen.

Für alle anderen Fälle haben sich die großen TV-Anstalten inzwischen zusammen mit den Landesmedienanstalten auf ein einheitliches Vorgehen verständigt, sodass in Zukunft Sendungen, in denen Productplacement betrieben wird, durch ein großes P (Einblendung für 3 Sekunden) und den Hinweis „Unterstützt durch Produktplatzierungen" im Vorspann angekündigt werden.

**Beispiel**

„Marienhof": 2004 sorgte gezieltes und im großen Stil betriebenes Productplacement in der ARD-Vorabend-Serie „Marienhof" über Monate für Schlagzeilen. Die öffentlich-rechtliche Produktionsfirma Bavaria hatte jahrelang Produkte, Dienstleistungen, aber auch Themen gegen Bezahlung in der Sendung platziert. Da wurden gezielt Produkte in Szene gesetzt, Reisebüros im Original-Design gezeigt und sogar komplette Dialoge im Sinne der Auftraggeber gestaltet.

Allerdings könnte sich in näherer Zukunft eine weitere Liberalisierung ergeben, da momentan an einer neuen EU-Fernsehrichtlinie gearbeitet wird, die Productplacement auch im Fernsehen legalisieren möchte, es den Mitgliedstaaten aber freistellt, wie weit das gehen soll. Dass das Themenplacement, d.h. die bewusste Gestaltung von Szenen und Dialogen, um Themen unbewusst in den Köpfen zu verankern, auf jeden Fall verboten werden soll, ist geplant und wird hoffentlich auch umgesetzt.

d) Verkaufsförderungsmaßnahmen wie Preisnachlässe, Zugaben oder Geschenke (§ 4 Abs. 4). Weiterhin Gewinnspiele und Preisausschreiben (§ 4 Abs. 5 und 6)

Bei Verkaufsförderungsmaßnahmen muss den Verbrauchern klar und eindeutig angegeben werden, wie sie an die ausgelobten Preisnachlässe, Zugaben oder Geschenke kommen. Das Gleiche gilt für die Teilnahmebedingungen an Gewinnspielen und Preisausschreiben.

Wenn ein Unternehmen zur Bekanntmachung oder Aufmerksamkeitssteigerung von Produkten, Preisausschreiben, Preisrätsel und Gratisverlosungen oder Gewinnspiele einsetzen möchte, ist dies grundsätzlich möglich, das heißt auch werbetreibende Unternehmen dürfen die Spielleidenschaft der Verbraucher für ihre Zwecke nutzen. Ein wettbewerbsrechtliches Problem ergibt sich bei derartigen Gewinnspielen jedoch dann, wenn über die tatsächliche Gewinnchance irregeführt wird, wenn in übertriebenem Maße die angesprochenen Verkehrskreise angelockt werden oder wenn psychologischer Kaufzwang ausgeübt wird. Denn in diesen Fällen wird angenommen, dass der Verbraucher in seiner Kaufentscheidung unlauter beeinflusst wird, das heißt, er erwirbt das Produkt nicht mehr wegen seines Interesses am Produkt, sondern vor allem wegen der Gewinnchance.

Zur klaren und eindeutigen Angabe der Teilnahmebedingungen gehören in jedem Fall Angaben, wer von der Teilnahme ausgeschlossen ist, auf welche Weise die Teilnahmekarten erhältlich sind, wann Einsendeschluss ist, was es zu gewinnen gibt und dass über die Gewinne das Los entscheidet. Weitere Angaben wie die Modalitäten der Gewinnübergabe sind in einzelnen Fällen z.B. bei der Verlosung einer Reise ebenfalls nötig. Dabei kommt es natürlich nicht zuletzt auch auf die Handelsbräuche in der einschlägigen Branche an. Je mehr Wettbewerber ähnliche Gewinnspiele veranstalten, desto eher werden diese zulässig sein.

Wettbewerbswidrigkeit kann vor allem in folgenden Fällen vorliegen:

- Täuschungen des Kunden
- Kopplung mit dem Absatz
- Psychologischer Kaufzwang

Als Täuschung des Kunden kommt eine Täuschung über die Gewinnchancen oder -höhe in Betracht. Eine unzulässige Kopplung mit dem Absatz liegt neben den Fällen der Lotterie oder Ausspielung, bei denen zu Beginn des Spiels ein Einsatz zu leisten ist, auch dann vor, wenn ein Warenbezug zu günstigeren Bedingungen bei der Gewinnabgabe führt (z.B. kein Porto, schnellere Gewinnübersendung) oder wenn bei Bezug der Ware Hilfestellungen im Hinblick auf den Lösungsweg gegeben werden. Muss der Gewinner seinen Gewinn in einem Geschäft abholen oder nach Lösungshinweisen in einem Geschäft suchen, liegt ein psychologischer Kaufzwang vor, da der Gewinner sich für diesen Fall verpflichtet fühlen könnte, zumindest eine Kleinigkeit zu kaufen.

Gewinnspiele sollten daher auch ohne Absatzkopplung eher „unspektakulär" gehalten werden. Die Teilnahmebedingungen sollten klar und unmissverständlich zum Ausdruck kommen, wobei in keinem Fall die Leistung eines Einsatzes gefordert werden darf. Weiterhin sollte den Teilnehmern die Teilnahme von Beginn an bis hin zum Bezug des Gewinns möglichst einfach gemacht und der Warenbezug nicht mit dem Spiel verknüpft werden. Hier kann schon ein Hinweis in der Werbung oder auf der Verpackung genügen, der darauf verweist, dass die Verbraucher auch im Internet oder telefonisch am Gewinnspiel teilnehmen können.

### 9.2.3 Sonderfälle

a) Vorsprung durch Rechtsbruch (Schutz der Allgemeinheit)

Verstöße gegen gesetzliche Normen zum Schutze der Allgemeinheit, die sich im Wettbewerb auswirken, sind unzulässig. Dies gilt auch bei bewussten Verstößen gegen Ordnungsvorschriften, die zum Nachteil des Konkurrenten gereichen.

**Beispiele**

Unzulässig sind:

- Werbung für gestohlene, unterschlagene oder gehehlte Ware,
- Werbung für jugendgefährdende oder pornografische Texte/Schriften/Abbildungen
- Verstöße gegen das Heilmittelwerbegesetz, welches zum Schutze kranker Menschen Arzneimittelwerbung verbietet, einschränkt oder Pflichtangaben vorschreibt,
- Verstöße gegen diverse Vorschriften des Lebensmittelrechts
- Verstöße gegen Bezeichnungsvorschriften, z.B. Inverkehrbringen von Kosmetika ohne Angabe bestimmter Stoffe auf den Behältnissen unter Verstoß gegen die Kosmetik-VO oder Werbung für Schlankmacher, die gegen die Verordnung über Nährwertangaben in Lebensmitteln verstößt.

---

In § 4 Abs. 10 UWG geht es um den Schutz vor gezielter Behinderung durch den Wettbewerber, die auch darin bestehen kann, dass sich die Konkurrenz über gesetzliche Vorschriften hinwegsetzt (§ 4 Abs. 11). Das können vor allem gezielte Verstöße gegen das Ladenschlussgesetz oder die Preisangabenverordnung sein, wobei letzteres häufig auch gleichzeitig eine nach § 5 UWG verbotene Irreführung der Verbraucher darstellt.

Viele Maßnahmen, die zum immer populärer werdenden Bereich des Guerilla-Marketings gehören (näheres dazu im Kapitel 1 / Band „Marketing und Marktforschung"), verstoßen auch gegen § 4 Abs. 11 UWG. Dies nutzt dem Kläger aber in der Regel nicht viel, da das beklagte Unternehmen auf Grund der Einmaligkeit dieser Aktionen die in einer Abmahnung geforderte strafbewehrte Unterlassungserklärung unterschreibt und die zu zahlenden Abmahnkosten klaglos akzeptiert, zumal diese im Vergleich zur Aufmerksamkeitswirkung der Aktion meistens relativ niedrig sind.

b) Geschmacklose Werbung (Schutze der Allgemeinheit)
   - Nicht jede geschmack- oder taktlose Werbung ist wettbewerbswidrig, denn § 3 UWG ermöglicht keine Geschmackszensur. Für die moderne Werbung ist kennzeichnend, dass sie durch drastische Schlagworte, frivole Texte oder sexbetonte Bilder die Aufmerksamkeit des Publikums zu erwecken sucht. Daran ist das Publikum heute gewöhnt und empfindet ein solches Werben nicht als grobe Belästigung. Auch Werbung mit sexuellen Anspielungen ist nicht automatisch sittenwidrig. Erst wenn eine Werbung das sittliche Empfinden des Durchschnittsbürgers und der Allgemeinheit verletzt, insbesondere in groben Maße gegen Pietät und Takt verstößt und dadurch ärgerniserregend und belästigend wirkt, ist sie sittenwidrig. Dies wurde beispielsweise bei Likörfläschchen mit der Bezeichnung „Busengrapscher“ oder „Schlüpferstürmer“ gesehen, weil dadurch der diskriminierende und die Menschenwürde verletzende Eindruck sexueller Verfügbarkeit der Frau als mögliche Folge des Genusses des angepriesenen alkoholischen Getränks vermittelt werde (BGH GR 95, 592/594). Meistens kommt es in diesen Fällen aber zunächst zu einem Verfahren vor dem deutschen Werberat (vgl. Abschnitt 9.11), was häufig zur Einstellung der Kampagne führt.

c) Gesundheitsbezogene Werbung (Schutz der Verbraucher und der Allgemeinheit)

Die Erhaltung oder die Wiederherstellung der Gesundheit ist für die meisten Menschen von besonderer Bedeutung.

Aus diesem Grund vertrauen viele den Empfehlungen kompetenter Ratgeber (z.B. Ärzte, Apotheker, aber auch Medienberichten) fast blind. Wegen dieses Sachverhaltes und der besonderen Schutzwürdigkeit der menschlichen Gesundheit gelten für die Werbung in diesem Bereich besonders strenge Regeln. Beispiele bieten auch hier mehrere BGH-Urteile (BGH 47, 257 „gesunder Genuss“, BGH GR 73, 429 „Idee Kaffee 1“, BGH GR 75, 664 „Idee Kaffee III“, BGH GR 93,756 „Mild-Abkommen“.)

Ab Sommer 2007 gilt darüber hinaus europaweit die Health-Claims-Verordnung (1924/2006), in der unter anderem geregelt ist, was gesundheitsbezogene Werbung darf und was nicht. Als zentraler Aspekt für Werbung und Marketing gilt, dass Werbung, die gesundheitsfördernde Aspekte von Produkten oder Dienstleistungen auslobt, diese wissenschaftlich nachweisen muss. Das heißt wenn beispielsweise ein Hersteller von Margarine auf die cholesterinsenkende Wirkung dieser Margarine hinweisen möchte, muss er diese Wirkung auch wissenschaftlich nachweisen können.

Im Heilwesen gilt das Gesetz über die Werbung auf dem Gebiet des Heilwesens vom 19.10.1994 (HMWG). In diesem Gesetz wird die Möglichkeit zu werben stark eingeschränkt, indem für Arznei- und sonstige Heilmittel detailliert geregelt wird, welche Werbung zulässig ist, welche Angaben die Werbung enthalten muss und welche Werbung an welchen Adressatenkreis (z.B. Fachkreise) gerichtet werden darf.

→ *Allgemein gilt für jede Art von Gesundheitswerbung, dass die Werbeangaben gesicherten wissenschaftlichen Erkenntnissen entsprechen müssen und keine Begriffe verwendet werden dürfen, die unklare Vorstellungen über ihren Inhalt hervorrufen und dadurch geeignet sind, das Publikum zu verunsichern oder irrezuführen.*

### 9.2.4 (Übungs-)Fälle zum § 4 UWG

(Lösungen in 9.12)

Geben Sie jeweils an, ob die folgenden Maßnahmen nach § 4 UWG zulässig oder verboten sind.

1. Durchführung von so genannten Werbefahrten zu sehr verbilligten Preisen, mit der Möglichkeit an einer Verkaufsveranstaltung teilzunehmen.
2. Ein Zeitschriftenverlag lobte als Werbegeschenk für das Werben eines neuen Abonnenten unter anderem einen Reisetrolly aus, dessen Wert den Preis eines Jahresabonnement deutlich übersteigt (keine Zuzahlung).
3. McDonald's wirbt damit, dass am McHappy-Tag von jedem verkauften Big Mac eine Spende an das Deutsche Kinderhilfswerk abgezweigt werden soll.
4. Verkauf von branchenfremder Ware zu sehr günstigen Preisen durch Kaffeeröstereien
5. Werbung eines Kaffeerösters: „Kaufen Sie jetzt, bevor der Kaffeepreis am Weltmarkt steigt!"
6. In einer Werbeanzeige für die Whisky-Marke „Jim Beam" werden drei Männer gezeigt, die auf der Kühlerpartie eine Rolls-Royce sitzen und Karten spielen. Im Vordergrund sieht man eine Whisky-Flasche mit zwei gefüllten Gläsern.
7. Eine Fernsehzeitschrift veranstaltete in Zusammenarbeit mit Jägermeister ein Preisrätsel, in dem als Hauptpreis ein Ferrari zu gewinnen war. Dieser Ferrari gehörte der Firma Jägermeister. In Werbeanzeigen wurde der Ferrari abgebildet, allerdings befand sich auf dem Kühler nicht das Ferrari-Zeichen sondern das Jägermeister-Emblem. Das Unternehmen Ferrari klagte gegen diese Aktion.
8. Ein Computerhersteller wirbt mit der Bezeichnung „IBM-kompatibel"
9. Anzeigentext: „Auf Grund der enormen Nachfrage und der damit verbundenen Lieferschwierigkeiten empfiehlt sich Ihr baldiger Besuch bei ..."
10. Das Kaufhaus xy wirbt damit, dass jeder 1. Sonntag im Monat verkaufsoffen sei.
11. Die zweitgrößte Optikerkette Deutschlands führte bundesweit in seinen 240 Filialen von November bis Dezember mittwochs bis freitags zwischen 13 und 15 Uhr eine „Happy Hour" ein: Kunden konnten die Brillenfassungen der Eigenmarke um 25 % billiger kaufen. Die Zentrale zur Bekämpfung des unlauteren Wettbewerbs klagte.
12. Ein Kosmetikhersteller hatte in verschiedenen Zeitschriften und Werbeanzeigen mit einer kostenlosen Haartönung beim Friseur geworben. Dagegen klagte ein Mitbewerber.
13. Werbung mit Hinweis „Sonderaktion: Sicherheits-Check: Wir überprüfen kostenlos die Bremsen, die Reifen, die Stoßdämpfer ... Ihres Pkws!"
14. Werbung eines Bekleidungsunternehmens für ein Produkt: Die Bedingungen gelten „nur heute".
15. Ein französischer Kosmetikhersteller vertreibt in Deutschland ein recht erfolgreiches Parfum unter dem Markennamen „Opium". Ein Parfum-Discounter vertreibt unter dem Namen „Optimum" in einer ähnlichen Verpackung ein günstiges Parfum. Der französische Kosmetikhersteller klagte dagegen.
16. Ein Elektronikhändler wirbt damit, dass er die UNICEF-Aktion „Bringt Kinder durch den Winter" unterstützt und deswegen für jeden eingehenden Auftrag einen festen Betrag an die Hilfsorganisation überweise.
17. Ein Möbelhaus wirbt für ein Gewinnspiel mit folgendem Text: „Urlaubsgewinnspiel. Gewinnen Sie einen Traumurlaub für zwei Personen – zwei Wochen in die Karibik oder 100 Warengutscheine à 100 EUR, zwanzig Warengutscheine à 50 EUR, 10 Warengutscheine à 100 EUR". Und weiter hieß es: „Gewinnspielkarten erhalten Sie vor dem Möbelzentrum oder fordern Sie diese unter Nr. ... an. Mitarbeiter des Möbelzentrums sind von der Teilnahme ausgeschlossen. Einsendeschluss: 24.8.2004. Es entscheidet das Los."
18. In einem Werbe-Comic, der sich an Kinder im Grundschulalter richtet, werden diese aufgefordert, bei einer gebührenpflichtigen Hotline anzurufen.

19. Eine marktmächtige Supermarktkette verkauft dauerhaft Lebensmittel unter Einstandspreis.
20. Redaktioneller Artikel über ein ortsansässiges Unternehmen in einer regionalen Tageszeitung aus Anlass des zehnjährigen Bestehens dieses Unternehmens.
21. In einer Fernsehserie, die in einem Krankenhaus spielt, wurden gegen Bezahlung durch Pharmakonzerne Dialoge in die Drehbücher geschrieben, in denen es um bestimmte Krankheitsbilder, ihre Symptome und um namentlich genannte Medikamente zu ihrer Behandlung ging.
22. Durchführung von Verkaufsveranstaltungen in Übergangswohnheimen von Aussiedlern.
23. Kunden, die im Begriff sind, das Geschäft eines Mitbewerbers aufzusuchen, werden gezielt angesprochen.

## 9.3 Irreführende geschäftliche Handlung laut § 5 UWG

### 9.3.1 Rechtslage

§ 5 UWG enthält ein Irreführungsverbot für Werbung (Absatz 1), das selbst eine Art Generalklausel darstellt und auf § 3 UWG verweist. Bei der Beurteilung, ob Werbung irreführt wird im Absatz 2 eine Aufzählung über im Einzelfall vom Gericht zu prüfende Bestandteile aufgeführt. Dabei sollen besonders folgende Angaben berücksichtigt werden:

- § 5 Abs. 2 Satz 1. Merkmale der Waren und Dienstleistungen
  - Verfügbarkeit
  - Art
  - Ausführung
  - Zusammensetzung
  - Verfahren und Zeitpunkt der Herstellung oder Erbringung
  - die Zwecktauglichkeit
  - Verwendungsmöglichkeit
  - Menge
  - Beschaffenheit
  - geografische oder betriebliche Herkunft
  - die von der Verwendung zu erwartenden Ergebnisse
  - Ergebnisse und wesentlichen Bestandteile von Tests der Waren oder Dienstleistungen
- § 5 Abs. 2 Satz 2.
  - Anlass des Verkaufs
  - Preis
  - Art und Weise der Preisberechnung
  - Lieferbedingungen der Ware oder Bedingungen unter denen die Dienstleistung erbracht wird.
- § 5 Abs. 2 Satz 3. die geschäftlichen Verhältnisse:
  - Art
  - Eigenschaften wie Identität, Vermögen, Befähigungen oder Auszeichnungen und Ehrungen
  - Rechte des Werbenden wie geistige Eigentumsrechte

Im § 5 wird in den Absätzen 4 und 5 vermutlich auf Grund der besonderen Wirksamkeit und Verbreitung solcher Maßnahmen noch einmal besonders auf die Problematik von Preisaktionen sowie so genannter Lockvogelangebote hingewiesen. Bei Preisaktionen darf der ursprünglich geforderte Preis nicht nur kurzfristig vor der Aktion gegolten haben (§ 5 Abs. 4) und der Warenvorrat bei Sonderaktionen muss für mindestens zwei Tage reichen (§ 5 Abs. 5). Darüber hinaus verweist der § 5 UWG darauf, dass auch ein Verschweigen irreführend sein kann (§5 Abs. 2 Satz 3.), wobei das im Einzelfall von der Bedeutung der verschwiegenen Tatsachen für die Kaufentscheidung abhängt. Bei einem Ski-Auslaufmodell, bei dem diese Tatsache den Käufern verschwiegen wurde, hat der BGH schon darauf verwiesen, dass dieses Verschweigen wettbewerbswidrig war, da es für die Kaufentscheidung ausschlaggebend gewesen sein kann. (BGH GRUR 1982, 374).

Grundsätzlich stellen nur objektiv nachprüfbare Aussagen, das heißt Tatsachenbehauptungen – in Werbetexten, aber auch in Wörtern, Zahlen und Zeichen sowie in bildlichen Darstellungen sowie Kombinationen – Angaben im Sinne von § 5 UWG dar. Reine Werturteile und bloße Anpreisungen (z.B. für Waschmittel: „Das strahlendste Weiß meines Lebens") sind keine Angaben im Sinne des § 5 UWG. Entscheidend ist auch, ob die Werbeäußerung von den beteiligten Verkehrskreisen als eine auf die Richtigkeit ihres Inhalts hin nachprüfbare, dem Beweis zugängliche Aussage aufgefasst wird.

Die Bezeichnungen als „größtes Möbelhaus" einer Region oder als „größte und modernste Kafferösterei Europas" enthält dagegen nachprüfbare Aussagen über geschäftliche Verhältnisse und sind daher „Angaben". Ob eine Angabe irreführend ist, richtet sich danach, ob die Gefahr besteht, dass ein nicht unerheblicher Teil der Konsumenten – prozentuale Spezifizierung stark vom Einzelfall abhängig – die Botschaft falsch versteht. Dabei ist es völlig egal, ob die Angabe objektiv falsch oder objektiv richtig ist, aber falsch verstanden werden kann. Allerdings sind objektiv unrichtige Aussagen grundsätzlich irreführend, während es im andern Fall auf die Beurteilung der angesprochenen Verkehrskreise ankommt.

→ *Bei der Beurteilung muss auch hier wieder das Verbraucherleitbild berücksichtigt werden.*

Zum Verbraucherbild des EUGH finden sich eingangs des Kapitels bereits Ausführungen. Normalerweise reicht es schon aus, wenn zehn bis 15 Prozent der beteiligten Verkehrskreise oder Befragten – im Pharmabereich sogar noch weniger – die Angabe falsch verstehen können, um von irreführender Werbung auszugehen (vgl. Dirk Lehr: Wettbewerbsrecht. Müller Verlag. Heidelberg 2007). Nach der Rechtsprechung des BGH ist es nicht nötig, dass die beteiligten Verkehrskreise tatsächlich durch eine werbliche Aussage getäuscht wurden, sondern schon die Gefahr einer Irreführung reicht aus, um Werbeaussagen unzulässig zu machen. Von einer Irreführungsgefahr wird ausgegangen, wenn die angesprochenen Verkehrskreise über die Angabe zweifelnd nachdenken oder die Angabe geeignet ist, Zweifel aufkommen zu lassen.

Bei der Feststellung, ob eine Werbung irreführend ist, empfiehlt es sich daher, nach folgender Methodik vorzugehen:

- Prüfung, an welche Verkehrskreise (Zielgruppen) sich die Werbung richtet
- Ermittlung, wie diese Kreise die Werbeangabe verstehen (nicht unbeachtlicher Teil genügt!), d.h., man muss auf den Adressatenbezug achten
- Feststellung, ob die bei einem nicht unbeachtlichen Teil der Verkehrskreise erweckte Vorstellung mit den wirklichen Verhältnissen übereinstimmt, d.h. schon, wenn ein nicht unbeachtlicher Teil der Zielgruppe die Angabe falsch versteht, genügt das, um Irreführung anzunehmen

Auf der anderen Seite kann es schon genügen, wenn aus den in der Werbung verwendeten Formulierungen deutlich wird, dass es sich nicht um eine objektive Tatsachenbehauptung, sondern um ein subjektives Werturteil handelt. Dass Haribo Kinder froh macht oder ein Schokoriegel, die längste Praline der Welt ist, wird der durchschnittlich informierte, aufmerksame und verständige Verbraucher nicht für eine Tatsachenbehauptung halten und ist insofern rechtlich völlig unbedenklich.

Der § 5 UWG dient wie die Generalklausel des § 3 UWG dem Schutz der Mitbewerber, der Verbraucher und der Allgemeinheit. Irreführende Werbung vermittelt den Verbrauchern falsche Informationen, sodass sie nicht die richtigen Kaufentscheidungen fällen können. Diese Störung bzw. Verfälschung des Wettbewerbs geht dann zu Lasten der ehrlichen Konkurrenten, die mithilfe des § 5 UWG ihre Wettbewerbsposition verteidigen können. Auch beim § 5 UWG haben sich auf Grund der Rechtsprechung verschiedene Leitnormen entwickelt, sodass man im Wesentlichen die folgenden Fallgruppen der Irreführung unterscheidet:

a) Alleinstellung und Superlativ-Werbung
   - bei Alleinstellungswerbung muss der alleinstehende Werbeanspruch wahr und der behauptete Vorsprung beachtlich sowie dauerhaft sein (Beispiel oben: ... das größte

Möbelhaus in ...) (BGH GR 91, 850/851; GR 96, 910/911)

- werbliche Übertreibungen sind dann zulässig, wenn ein subjektives Werturteil als solches sofort erkennbar ist (z.B.: „Der spannendste Actionfilm der letzten 20 Jahre"). Formulierungen wie „Es gibt keinen Besseren", „den und keinen anderen" oder „unschlagbar" sind jedoch unzulässig.

Mit der Alleinstellungswerbung möchte der Werbetreibende suggerieren, dass seine Produkt wesentlich besser sind als die der Konkurrenz. Das führt bei einem großen Teil der Verbraucher zum gewünschten psychologischen gruppendynamischen Nachahmungseffekt, das heißt, wenn dieser Marke so viele andere Verbraucher vertrauen, dass sie die Nr. 1 im Markt werden konnte, dann kaufe ich sie auch. Der Mensch ist eben ein Herdentier und wenn alle in eine bestimmte Richtung laufen, dann läuft die Masse eben auch in diese Richtung. Alleinstellungswerbung erkennt man meist an der Verwendung von Superlativen oder des Komparativs. Wenn Unternehmen in ihrer Werbung darauf hinweisen, dass das Unternehmen das „größte", das „erste" oder das „älteste" sei bzw. seine Produkte oder Dienstleistungen als „beste", „unerreichbar", „einzigartig" bezeichnet oder behauptet, dass keine gleichwertigen Produkte oder Dienstleistungen auf dem Markt erhältlich sind, handelt es sich meistens um Alleinstellungswerbung. Als Ausdrucksmittel kommen häufig Superlative, wie z.B. „die beste Zigarette", „das berühmteste Parfüm der Welt", „die meistgelesene Zeitung", „Das Beste, was ein Baby braucht" bzw. „Mutti gibt mir immer nur das Beste". Auch ein Komparativ kann mitunter zu einer Alleinstellung insbesondere bei Übertreibungen führen. Beispiele hierfür sind Sprüche wie „... die Wäsche sitzt besser, bleibt länger sauber, bügelt sich leichter" oder „keiner bietet mehr als ...".

→ *Grundsätzlich ist eine Spitzen- und Alleinstellungswerbung zulässig, wenn sie wahr ist, das heißt wenn das, was behauptet wird, sachlich richtig ist.*

Hierfür muss der Werbende einen deutlichen Vorsprung gegenüber seinen Mitbewerbern haben und dieser Vorsprung muss die Aussicht auf eine gewisse Dauerhaftigkeit bieten. Wer zum Beispiel seine Ware als „meistverkaufte" anpreist, muss einen Marktanteil haben, der erheblich über den Marktanteilen der Mitbewerber liegt.

b) Irreführung über Ware und Leistung
- Angaben zur Beschaffenheit oder Qualität (z.B.: Lederart, Echtpelz)
- geografische Herkunft (z.B.: italienische Schuhe)
- betriebliche Herkunft (z.B.: Verwendung eines oder Anlehnung an einen bekannten Markennamen)
- Herstellungsart (z.B.: handgefertigt)
- stoffliche Zusammensetzung (z.B.: 100 % Baumwolle)
- Umweltfreundlichkeit (z.B.: Verwendung von Vorsilben wie Öko oder Bio)

Geografische Herkunftsangaben sind Angaben zum geografischen Ursprung von Waren und Leistungen, deren Verwendung wie die betrieblichen Herkunftsangaben grundsätzlich im Markengesetz (§ 1 Abs. 2, 126 ff. MarkenG) geregelt sind. Während es beim Markenrecht um die Ansprüche des Markeninhabers geht, muss bei wettbewerbsrechtlicher Betrachtung nach § 5 UWG untersucht werden, ob es zu einer Täuschung der Verbraucher bzw. der Allgemeinheit kommen kann. Denn sowohl mit betrieblichen als auch mit geografischen Herkunftsangaben verbinden die Verbraucher bestimmte Gütevorstellungen, die unter Umständen die Kaufentscheidung erheblich beeinflussen können. Neben unmittelbaren geografischen Herkunftsangaben wie Aachener Printen, Lübecker Marzipan, Schwarzwälder Schinken, Düsseldorfer Senf oder Solinger Klingen gibt es auch noch mittelbare geografische Herkunftsangaben wie die Verwendung von Symbolen (Kölner Dom, New Yorker Freiheitsstatue). Beide Arten der Herkunftsangaben sind gesetzlich geschützt und müssen normalerweise aus der jeweiligen Region stammen. Nicht geschützt sind allgemeine

Gattungsbegriffe wie Berliner, Hamburger oder Wiener Würstchen, da der durchschnittliche Verbraucher in diesen Fällen eher an eine bestimmte Produktgruppe als an einen Herkunftsort denkt. Diese Gattungsbegriffe gelten als gemeinfrei, d.h. die Allgemeinheit kann sie frei verwenden. Das kann für Hersteller bekannter Marken wie z.B. Tempo oder Uhu durchaus ein Problem sein, denn wenn ein Markenname zum Gattungsbegriff geworden ist, kann er unter Umständen seinen wettbewerbs- und markenrechtlichen Schutz verlieren.

Zur Problematik der Verwendung betrieblicher Herkunftsangaben wurde im Zusammenhang mit § 4 UWG schon einiges gesagt.

Mit bestimmten Angaben über die Herstellungsart verbindet der Verbraucher eine höherwertige Qualität, so kann man davon ausgehen, dass der Verbraucher für handgestrickte Pullover eher bereit ist mehr auszugeben als für maschinell gefertigte. Gleiches gilt für Nahrungsmittel (Bäckernudeln, selbstgemachte Marmeladen etc.), Bekleidung (Maßanzüge, -hemden, -schuhe) und für Dienstleistungen (Gebäudereiniger, der vorspiegelt Handwerker zu sein, ohne dass er in der Handwerksrolle eingetragen ist). In all diesen Fällen muss die Angabe der Herstellungsart der Wahrheit entsprechen, da ansonsten eine Irreführung nach § 5 UWG vorliegt.

Umweltwerbung kann als gefühlsbetonte Werbung nach § 4 UWG wettbewerbswidrig sein, häufiger aber treten wettbewerbsrechtliche Probleme im Zusammenhang mit der Irreführung nach § 5 auf. Dies kann immer dann der Fall sein, wenn ein nicht unbeachtlicher Teil der angesprochenen Verkehrskreise auf Grund der Umweltwerbung besondere Umweltfreundlichkeit erwartet, die tatsächlich nicht oder zumindest nicht in dem zu erwartenden Umfang gegeben ist. Unternehmen, die so handeln, verschaffen sich einen wettbewerbswidrigen Vorteil, da es inzwischen viele Verbraucher gibt, die bewusst umweltfreundliche Produkte kaufen. Wenn beispielsweise der Hersteller eines WC-Reinigers den Namen „Bio-Fix“ verwendet, ohne dass durch den Reiniger ein biologischer Abbau des Schmutzes stattfindet, handelt es sich um eine solche Irreführung der Verbraucher.

→ *Die Vorspiegelung qualitativer Eigenschaften kann auch mittelbar erfolgen.*

Das kann der Fall sein durch Werbung mit Testergebnissen, die zeitlich überholt sind oder bei denen ohne klarstellenden Hinweis auf den Qualitätsrang der Mitbewerber ein falscher qualitativer Eindruck erfolgt.

→ *Werbung mit einem wahren Testergebnis ist grundsätzlich zulässig.*

Damit keine Irreführung erfolgen kann, muss es sich aber um das Ergebnis von neutralen und sachkundigen Untersuchungen handeln und der getestete Artikel darf nicht zwischenzeitlich durch neuere Entwicklungen überholt sein (BGH GR 85, 932). Bei Verwendung von Testergebnissen (z.B. Stiftung Warentest) muss die Fundstelle der Veröffentlichung mit angegeben werden (BGH GR 91,679). Außerdem darf man z.B. nur dann mit der Note „gut“ werben, wenn diese Note auch über dem Durchschnitt des Tests liegt, d.h. in einem Test, in dem von 20 getesteten Produkten 14 mit „sehr gut“ und 6 mit „gut“ abgeschnitten haben, darf man nicht mehr mit seinem „gut“ werben.

Warenmenge, Auflagenhöhe, Warenvorrat („Lockvogelwerbung“): Der Begriff „Lockvogelwerbung“ taucht zwar nicht direkt im UWG auf, doch im § 5 Absatz 5 wird genau dieser Fall beschrieben und als wettbewerbswidrig gekennzeichnet. Immer wieder versuchen Unternehmen mithilfe von Werbung für Waren, die überhaupt nicht (reine Scheinangebote) oder nur in unzureichender Menge zu dem beworbenen Preis vorhanden sind, Kunden zum Kauf anzulocken. In diesen Fällen handelt es sich eigentlich immer um eine konkrete und typische Irreführungsgefahr. Typische Lockvogelwerbung zeichnet sich besonders dadurch aus, dass die Anbieter zwar die Preise einiger Waren, die beworben werden, tief ansetzen bzw. weit herabsetzen, durch diese Lockvogelangebote sollen aber eben auch die nicht verbilligten, oft sogar überteuerten Waren verkauft werden. Ein ganz wichtiger Aspekt, der bisher immer wieder für Rechtsstreitigkeiten sorgte, ist inzwischen im § 5 Absatz 5 geregelt: „Angemessen ist im Regelfall ein Vorrat für zwei Tage, es sei denn, der Unternehmer weist Gründe nach, die eine geringere Bevorratung rechtfertigen." Hier bleibt zwar immer noch ein gewisser Spielraum durch die Beweislastumkehr, schließlich muss der Unternehmer nachweisen, warum er weniger als den vorgeschriebenen Zweitagesvorrat hat, so wird der Missbrauch deutlich eingeschränkt.

c) Irreführung über den Preis
  - Preis selbst
  - Preisschlagwörter („Sonderpreis oder Höchstrabatt")
  - Anlass und Zweck des Verkaufs

Preisangaben sind für den Verbraucher bei seiner Kaufentscheidung von besonderer Bedeutung, weshalb sie auch durch die Preisangabeverordnung besonders geregelt werden.

→ *Grundsätzlich müssen Preisangaben, die ein Wettbewerber im geschäftlichen Verkehr macht, wahr und klar sein.*

Eine Irreführung über den Preis stellt einen besonders groben Verstoß gegen das Wettbewerbsrecht dar, weil er in besonderem Maß zur Störung des Marktes geeignet ist.

Eine Irreführung liegt vor,
- wenn der alte (durchgestrichene) höhere Preis nicht eine angemessene Zeit lang für die Ware tatsächlich verlangt worden ist (§ 5 Absatz 4),
- wenn der Anfangspreis zuvor bewusst überhöht angesetzt wurde, um eine echte Preisherabsetzung vorzutäuschen,
- wenn der Verbraucher durch die Unbestimmtheit der Ankündigung irregeführt wird (z.B. Preisherabsetzung um ca. 20 %),
- wenn bei Preisherabsetzungen unklar bleibt, ob sie sich auf das gesamte Sortiment oder nur einzelne Waren beziehen,
- wenn bei einer Geld-zurück-Garantie für den Fall, dass die Ware irgendwo anders billiger zu bekommen ist, Waren angeführt werden, die exklusiv beim Werbenden vertrieben werden
- wenn bei besonders hohen Preisherabsetzungen (z.B. 20 % auf das gesamte Sortiment) diese Preise nur sehr kurzfristig gelten sollen,
- wenn eine zu hohe Herstellerpreisempfehlung angegeben wird, die dann mit dem eigenen Angebot verglichen wird,
- wenn die Preissenkung längere Zeit zurückliegt oder
- wenn der neue Preis nicht für die gleiche, bisher angebotene Ware gilt.

d) Irreführung über das Unternehmen (§ 5 Absatz 3)

Dies Kategorie betrifft die Größe und die Bedeutung des Unternehmens (Beispiele: Falsche Angaben über Höhe des Umsatzes, Größe der Verkaufsfläche, Anzahl der Mitarbeiter, Auszeichnungen etc.)

Auszeichnung im Sinne von § 5 UWG ist alles, was den Gewerbetreibenden aus der Menge der Gleichartigen, der Mitbewerber, als etwas Besonderes heraushebt (z.B. Diplome, behördliche Anerkennungsschreiben, Medaillen, Preismünzen, Gütesiegel/TÜV-Prüfzeichen), aber auch Bezeichnungen wie „Hoflieferant"), weil hiermit von weiten Bevölkerungskreisen besondere Merkmale (z.B. besondere Tüchtigkeit und Zuverlässigkeit) verbunden werden. Entscheidend kommt es im Hinblick auf Irreführung nach § 5 UWG darauf an, dass die entsprechenden Gütesiegel und Auszeichnungen dem werbenden Unternehmen auch tatsächlich verliehen wurden. Auch ist es wichtig, dass das beworbene Produkt nach entsprechenden Normen von neutralen Stellen überprüft wurde.

e) Irreführung durch Selbstverständlichkeiten
- Besondere Betonung von gesetzlichen oder branchenüblichen Garantieleistungen, Zutaten einer Ware, Herstellungsverfahren

Auch objektiv richtige Angaben können unzulässig sein, wenn sie bei einem nicht unbeachtlichen

Teil der angesprochenen Verkehrskreise einen unrichtigen Eindruck erwecken, weil sie z.B. etwas Selbstverständliches betonen.

**Beispiele**

- Irreführend ist, wenn eine Brotfabrik ankündigt, es würden „keine chemisch behandelten Mehle verwendet", obwohl kein Mitbewerber solche Mehle verwendet
- Auch Werbung mit der hervorgehobenen Angabe „... incl. MwSt." wurde vom BGH als Irreführung wegen Betonung einer Selbstverständlichkeit (siehe Preisangaben-VO) angesehen (BGH GR 90, 1027/1028)

---

### 9.3.2 Konsequenzen bei irreführenden geschäftlichen Handlungen

Wer gegen das Verbot der irreführenden Werbung verstößt, kann auf Unterlassung und bei Verschulden auch auf Schadensersatz in Anspruch genommen werden. Wissentlich unwahre irreführende Werbung, die in öffentlicher Form erfolgt oder für einen größeren Personenkreis bestimmt ist, kann mit Freiheitsstrafe bis zu einem Jahr oder mit Geldstrafe bestraft werden.

Hinsichtlich der Kaufverträge können private oder gewerbliche Abnehmer vom Vertrag zurücktreten, wenn sie durch bewusst unwahre und zur Irreführung geeignete Werbeangaben über vertragswesentliche Umstände zur Abnahme bestimmt worden sind. Das Rücktrittsrecht muss unverzüglich nach Kenntnis des Kündigungsgrundes, spätestens aber binnen sechs Monaten ab Vertragsschluss ausgeübt werden. Die empfangenen Leistungen sind dann zurückzugewähren. Bei irreführender Herstellerwerbung besteht das Rücktrittsrecht, wenn der Händler die Unwahrheit und ihre Eignung zur Irreführung kannte oder sich eine solche Werbung durch eigene Maßnahmen zu eigen gemacht hat.

### 9.3.3 (Übungs-)Fälle zum § 5 UWG

(Lösungen in 9.12)

Ordnen Sie die folgenden Fälle jeweils der zugehörigen Fallgruppe der Irreführung zu. Beachten Sie dabei, dass die Rechtsprechung einer subjektiven Betrachtungsweise folgt. Missverständlich ist das, was der Umworbene falsch versteht, auch wenn es objektiv oder dem reinen Wortsinn nach richtig ist.

1. Ein Geschäftsinhaber hatte auf Werbefaltblättern für sein Toilettenpapier mit dem Slogan geworben: „Hygienekrepp aus Altpapier ist umweltfreundlich. Denn die Verwendung von Altpapier schont unsere Baumbestände." In einem kleingedruckten Text wurde unter anderem erläutert, dass für Hygienekrepp, welches mindestens zu 51 Prozent aus Altpapier bestehe, der Umweltengel vergeben worden sei. Hiergegen klagte ein Wettbewerbsverein. Er sah in dieser Art der Werbung Verbraucher irregeführt, weil der Eindruck erweckt werde, das Produkt bestehe zu 100 Prozent aus Altpapier.
2. Ein Waschmittel-Hersteller nannte sein neues Produkt „BIO GOLD".
3. Werbung für Schuhe: „Zwei Jahre Garantie. Beweis für hochwertige Material- und Verarbeitungsqualität".
4. Ein Modehändler verkaufte Kunstlederjacken unter der Bezeichnung Nappalederjacken.
5. Werbung für eine Lebensversicherung: „Bei uns bekommen Sie im Versicherungsfall mehr Geld als Sie eingezahlt haben."
6. Die bildliche Darstellung einer großen Fabrik, obwohl der Werbende nur einen Teil davon gemietet hat.
7. Ein Nudelhersteller wirbt mit der Bezeichnung „Bäckernudeln" für industriell gefertigte Nudeln.
8. Werbung für Bier: „Ein klitzekleiner Tick Alkohol" Das Bier hat einen Alkoholgehalt von 3 % zum Vergleich: normales Bier hat einen Alkoholgehalt zwischen 4 und 5 %.
9. Werbung mit dem Zusatz „de Paris" für ein in Deutschland hergestelltes Parfum.
10. Werbung mit den Bezeichnungen „Restposten, nur noch Einzelstücke" bei wohlgefülltem Lager.
11. Verwendung des Werbeslogans: „Red Bull verleiht Flügel".

12. Bei Pauschalreisen Angabe des Reisepreises ohne Flughafengebühr und Treibstoffzuschlag.
13. Ein großer deutscher Kaffeeröster bietet in seinen Filialen ein Prepaid-Handy (mit vorab bezahlten Gebühren) eines Markenherstellers für 20 €. Im Preis enthalten sind ein Startguthaben von 10 € sowie Ohrhörer, Akku und Ladegerät. Bis zu 100 Menschen warteten vor manchen Filialen – in denen maximal zehn Handys bereitlagen.
14. Ein Klodeckel-Hersteller warb: „Unsere Brillen sind aus Echtholz". Ein konkurrierender Deckelfabrikant untersuchte eine Klobrille genauer und stellte fest: unter der farbigen Lackschicht der vermeintlich geschnitzten Brillen befanden sich lediglich zusammengepresste Holzschnitzel. Der Konkurrent klagte.
15. In einer Werbebroschüre eines badischen Energieversorgers fanden sich einige recht „vollmundige" Angaben. Unter der Überschrift „Qualität mit Auszeichnung – Wasserkraft von B.!" wurde behauptet: „Eines steht fest, Stromgewinnung aus Wasserkraft ist ein wichtiger Beitrag zur Umweltschonung. Deshalb setzt B. konsequent auf diese Energiequelle. Zurzeit produziert B. in 113 Laufwasser-, drei Pumpspeicherwasserkraftwerken und einem Speicherkraftwerk. Wir garantieren daher mit Brief und Siegel: AQUAPOWER liefert Ihnen zu 100 % Strom aus Wasserkraft – bestätigt und beglaubigt vom international anerkannten TÜV".
16. Ein großer deutscher Lebensmitteldiscounter bietet in einem Sonderangebot einen Computermonitor zu einem günstigen Aktionspreis an. Diese Monitore waren schon am ersten Tag schnell vergriffen.
17. Eine große deutsche Optikerkette warb mit einer Geld-Zurück-Garantie: „F-Geld-Zurück-Garantie. F-Brillen zum F-Preis. Die großen Marken günstig garantiert. Wenn Sie innerhalb von sechs Wochen eine bei uns gekaufte Marke anderswo günstiger sehen, nehmen wir die Brille zurück und erstatten den Kaufpreis. Das sollten Sie wissen: F bietet internationale Brillenmode mit Geld-zurück-Garantie". Einige der angebotenen Brillenfassungen sind nur bei F erhältlich. Ein Wettbewerbsverein klagte dagegen.
18. Ein Computer-Fachhändler (Filialen in Ludwigshafen, Mannheim und Kaiserslautern) schaltete eine Werbeanzeige für ein bestimmtes Notebook. Am Erscheinungstag der Anzeige hatte er jedoch weder das Notebook noch ein Vorführgerät vorrätig. Die Konkurrenz bestand auf Unterlassung der Werbung.

## 9.4 Vergleichende Werbung (§ 6 UWG)

Vergleichende Werbung ist in Deutschland grundsätzlich möglich, da ein sinnvoller Vergleich zwischen den Angeboten von Wettbewerbern auch im Interesse der Verbraucher liegt. Denn es ermöglicht ihnen, die schnellere und effizientere Auswahl zwischen konkurrierenden Angeboten. Allerdings beinhaltet der § 6 UWG einige Voraussetzungen, die beim werblichen Vergleich von Angeboten beachtet werden müssen. In Absatz I wird zunächst der Begriff der vergleichenden Werbung definiert, § 6 Abs. II UWG zählt Verbotsmerkmale auf, die zu einer Wettbewerbswidrigkeit führen. § 6 Abs. III UWG regelt Pflichtangaben bei Sonderpreisen und Sonderangeboten, was vor allem seit dem Wegfall der Regelungen für Sonderverkäufe wichtig ist.

### 9.4.1 Gesetzestext § 6 UWG mit Kommentar

§ 6 UWG Vergleichende Werbung:

(1) Vergleichende Werbung ist jede Werbung, die unmittelbar oder mittelbar einen Mitbewerber oder die von einem Mitbewerber angebotenen Waren oder Dienstleistungen erkennbar macht.

(2) Unlauter im Sinne von § 3 handelt, wer vergleichend wirbt, wenn der Vergleich
   1. sich nicht auf Waren oder Dienstleistungen für den gleichen Bedarf oder dieselbe Zweckbestimmung bezieht;
   2. nicht objektiv auf eine oder mehrere wesentliche, relevante, nachprüfbare und typische Eigenschaften oder den Preis dieser Waren oder Dienstleistungen bezogen ist;

3. im geschäftlichen Verkehr zu Verwechslungen zwischen dem Werbenden und einem Mitbewerber oder zwischen den von diesen angebotenen Waren oder Dienstleistungen oder den von ihnen verwendeten Kennzeichen führt;
4. die Wertschätzung des von einem Mitbewerber verwendeten Kennzeichens in unlauterer Weise ausnutzt oder beeinträchtigt;
5. die Waren, Dienstleistungen, Tätigkeiten oder persönlichen oder geschäftlichen Verhältnisse eines Mitbewerbers herabsetzt oder verunglimpft oder
6. eine Ware oder Dienstleistung als Imitation oder Nachahmung einer unter einem geschützten Kennzeichen vertriebenen Ware oder Dienstleistung darstellt.

(3) Bezieht sich der Vergleich auf ein Angebot mit einem besonderen Preis oder anderen besonderen Bedingungen, so sind der Zeitpunkt des Endes des Angebots und, wenn dieses noch nicht gilt, der Zeitpunkt des Beginns des Angebots eindeutig anzugeben. Gilt das Angebot nur so lange, wie die Waren oder Dienstleistungen verfügbar sind, so ist darauf hinzuweisen.

Einen Freibrief stellt der § 6 UWG also nicht dar, denn Vergleiche sind nur unter bestimmten Voraussetzungen zulässig. Die Bedingungen im einzelnen:

Zu Absatz 2 Satz 1. Vergleichbarkeit:
Die Waren/Dienstleistungen, die miteinander verglichen werden, müssen den gleichen Bedarf, dieselbe Zweckbestimmung befriedigen oder, wenn die Produkte nicht identisch sind, funktionsidentisch sein, das heißt der sprichwörtliche Vergleich zwischen Äpfeln und Birnen soll ausgeschlossen werden. In Grenzfällen (z.B. bei einer Gegenüberstellung einer Digitalkamera und einer normalen Kamera) ist es Sache der Gerichte zu entscheiden, ob der Vergleich erlaubt ist oder nicht. Aber falls es sich um nicht substituierbare Produkte handelt, muss regelmäßig von einem unzulässigen Vergleich ausgegangen werden. Eine namentliche Nennung der Konkurrenz ist nicht nötig, es reicht schon aus, wenn ein nicht unbeachtlicher Teil der angesprochenen Verkehrskreise – die prozentuale Auslegung dieses Begriffs hängt vom Einzelfall ab – die Konkurrenz eindeutig erkennen kann.

Zu Absatz 2 Satz 2. Verglichene Eigenschaften:
Die Waren/Dienstleistungen, die verglichen werden, müssen objektiv vergleichbar sein und es müssen wesentliche, relevante, nachprüfbare und typische Eigenschaften sein. Es muss sich also im Grunde genommen um Eigenschaften handeln, die für die Kaufentscheidung von Bedeutung sind. Außer den Eigenschaften von Waren oder Dienstleistungen (z.B. Herkunftsbezeichnungen, Größe, Inhaltsstoffe, Energieverbrauch, Lebensdauer, Motorleistung, Herstellungsjahr; Umsätze oder Mitarbeiterzahlen eines Unternehmens etc.) kann sich der Vergleich auch auf den Preis dieser Waren und Dienstleistungen beziehen. Die verglichenen Eigenschaften/Preise müssen objektiv nachprüfbar sein, das heißt es muss sich um Tatsachenbehauptungen handeln, deren Richtigkeit festgestellt werden kann. Sobald es sich um subjektive Werturteile handelt wie z.B. die Freundlichkeit der Mitarbeiter oder der Geschmack von Produkten, wird der Vergleich unzulässig. Außerdem dürfen Vergleiche die Konkurrenz nicht herabsetzen oder die Verbraucher irreführen (vgl. § 5 UWG).

Zu Absatz 2 Satz 3. Schutz vor Verwechslungen/Irreführung:
Der Vergleich darf im Verkehr nicht zu Verwechslungen zwischen dem Werbenden und einem Mitbewerber oder zwischen den von ihnen angebotenen Waren/Dienstleistungen oder den von ihnen verwendeten Kennzeichen führen. Unter den Begriff des Kennzeichens fallen ebenso wie nach dem Markengesetz sowohl geschäftliche Bezeichnungen als auch geografische Herkunftsangaben. Auch hier muss man wieder vom mündigen Durchschnittsverbraucher ausgehen (vgl. dazu Abschnitt 9.1). Eine Verwechslungsgefahr liegt erst dann vor, wenn die angesprochenen Zielgruppen aus der Werbung den Eindruck gewinnen, die beworbenen Waren oder Dienstleistungen stammen vom gleichen Anbieter. In die-

sen Bereich gehören insofern natürlich auch die Formen anlehnender Werbung, das heißt Produkte werden so stark in die Nähe des Konkurrenzprodukts gerückt, um vom guten Ruf des Konkurrenten zu profitieren werden (vgl. auch § 4 UWG). Diese Fälle verstoßen regelmäßig auch gegen § 5 UWG (Irreführung).

Ein Beispiel: Eine Anzeige von Mobilcom enthält die Farbe Magenta der Telekom sowie einen abtrennbaren Coupon mit dem Text „Ja, ich beauftrage die Deutsche Telekom, meinen Anschluss auf Mobilcom 01019 einzustellen". Diese Anzeige ist möglicherweise unzulässig, da der Verbraucher sie für eine Anzeige der Telekom halten könnte. Ob eine solche Form der Werbung unter marketing- oder kommunikationsstrategischen Gesichtspunkten überhaupt Sinn macht, ist eine ganz andere Frage. Hier nur so viel, bei wenig involvierten Konsumenten – heutzutage in den meisten Produktkategorien der Normalfall – wird Werbung nur beiläufig wahrgenommen (vgl. im Kapitel 7 „Werbewirkungsmodelle" den ELM-Ansatz von Petty und Cacciopo), das heißt der flüchtige Betrachter hält die oben erwähnte Mobilcom-Anzeige fälschlicherweise für eine Telekom-Anzeige. Diese Form der Irreführung ist also in mehrfacher Hinsicht ungeeignet.

Zu Absatz 2 Satz 4. Keine Ausnutzung oder Beeinträchtigung der Wertschätzung eines Kennzeichens:
Das Image des von einem Mitbewerber verwendeten Kennzeichens (z.B. Marke, Verpackung, Slogan, Produktdesign etc.) darf nicht in unlauterer Weise ausgenutzt oder beeinträchtigt werden. Das setzt allerdings voraus, dass das im Vergleich „zitierte" Kennzeichen bei den mit der Werbung angesprochenen Verkehrskreise bzw. Zielgruppen überhaupt über eine ausreichend hohe Bekanntheit verfügt. Dies muss im Zweifelsfall erst durch Marktforschungsstudien belegt bzw. nachgewiesen werden. Unter das Kriterium in unlauterer Weise fällt nicht schon das Merkmal der Herabsetzung. Es kommt darauf an, ob über die mit jedem Vergleich verbundenen negativen Wirkungen hinaus im Einzelfall noch besondere Umstände hinzutreten, die den Vergleich in unangemessener Weise abfällig, abwertend oder unsachlich erscheinen lassen (BGH GR 99,501/514 „Vergleichen Sie").

Es darf kein unlauterer Vorteil aus dem Ruf einer Marke, des Handelsnamens oder anderer Unterscheidungszeichen eines Mitbewerbers oder aus Ursprungsbezeichnungen von Konkurrenzbezeichnungen gezogen werden. So dürfen fremde Kennzeichnungsrechte nicht ausgenutzt werden, z.B. durch einen Slogan wie „So gut wie Coca-Cola".
Bei Waren mit Ursprungsbezeichnungen muss sie sich auf Waren mit der gleichen Bezeichnung beziehen. Ein Beispiel: Sekt oder Prosecco dürfen sich nicht mit Champagner vergleichen. Im Falle des Champagners ist sogar der Begriff für das Herstellungsverfahren geschützt.

Zu Absatz 2 Satz 5. Keine Herabsetzung oder Verunglimpfung:
Waren, Dienstleistungen oder Tätigkeiten eines Mitbewerbers oder persönliche/geschäftliche Verhältnisse eines Mitbewerbers dürfen nicht herabgesetzt oder verunglimpft werden. Lediglich ein sachbezogener kritischer Vergleich der Waren oder Dienstleistungen eines Mitbewerbers ist zulässig. Ein Preisvergleich, der die eigenen Erzeugnisse als preisgünstiger als die eines Mitbewerbers herausstellt, ist nicht zu beanstanden. Allerdings sollte man darauf achten, dass die verglichenen Preise der Konkurrenz auch noch aktuell sind, denn sonst dauert es nicht lange bis man eine Abmahnung auf dem Tisch hat. Herabsetzend oder verunglimpfend ist auch hier eine vergleichende Werbung nur dann, wenn über die mit jedem Werbevergleich grundsätzlich verbundenen negativen Wirkungen hinaus besondere Umstände hinzutreten, die den Vergleich in unangemessener Weise abfällig, abwertend oder unsachlich erscheinen lassen. Der Konkurrent wird immer dann herabgesetzt, wenn dessen Produkt im Vergleich als minderwertig herausgestellt wird.

**Beispiele**

- Die Bewerbung von Leitungswasser als Trinkwasser unter der Abbildung eines Wasserhahns, der ein Etikett trägt, das sich stark an die üblicherweise für Mineralwasserflaschen verwendeten Etiketten anlehnt und den Werbetext „Hängen Sie noch an der Flasche?" verwendet
- Das Wirtschaftsmagazin „Euro" wirbt mit dem Slogan „Fanden Sie die Wirtschaftswoche langweilig?".

Zu Absatz 2 Satz 6. Keine Imitation oder Nachahmung:
Vergleichende Werbung darf nicht eine Ware/Dienstleistung als Imitation oder Nachahmung einer unter einem Kennzeichen geschützten Ware/Dienstleistung darstellen. Der Aspekt des wettbewerbsrechtlichen Leistungsschutzes spielt nur eine untergeordnete Rolle, da die hier angesprochenen Leistungen meist schon von Sondergesetzen geschützt sind. So werden Erfindungen durch das Patent- oder Gebrauchsmustergesetz, gewerbliche Muster oder Modelle im Designgesetz, Marken und geschäftliche Bezeichnungen im Markengesetz und eigenständige geistige Leistungen im Urheberrechtsgesetz geschützt (vgl. Abschnitt 9.7). Im Regelungsbereich dieser Sondergesetze ist das UWG grundsätzlich nicht anwendbar.

Eine andere Form der bezugnehmenden Werbung wurde schon im Zusammenhang mit § 1 UWG erläutert. Es kommt nämlich auch vor, dass ein Unternehmen versucht, den guten Ruf eines anderen Unternehmen für sich selbst auszunutzen, dabei handelt es sich häufig noch nicht einmal um einen unmittelbaren Wettbewerber. In jedem Fall handelt es sich um eine unzulässige positive Bezugnahme, die sowohl nach § 4 UWG als auch nach § 6 UWG verboten ist.

Nach wie vor zulässig bleiben die bisherigen Ausnahmen zur bezugnehmenden Werbung. Zu diesen Ausnahmen gehören:

- Der Vergleich zur Abwehr rechtswidriger Werbemaßnahmen in den Grenzen des Erforderlichen (Abwehrvergleich).
- Der Auskunftsvergleich zur Beantwortung von Kundenfragen. Beinhaltet in der Werbung auch die Aufforderung, allgemein zu vergleichen („Mach den Pepsi-Test") oder den Vergleich mit einer Vielzahl von Mitbewerbern („Fürstenberg, eines der besten Biere der Welt").
- Der Fortschritts- und Systemvergleich zur Verdeutlichung des technischen Fortschritts oder von Systemunterschieden zwischen verschiedenen Produktarten (z.B. koffeinfreier ⇔ „normaler" Kaffee, digitale ⇔ analoge Kameras).
- Der Eigenvergleich, das heißt den Vergleich eines neuen Produktes mit einem älteren des gleichen Herstellers („Das beste Persil, das es je gab").

**Resumee**

Diese kurze Darstellung zeigt schon, wie schwierig es ist im Einzelfall zu entscheiden, ob ein Vergleich zulässig oder unzulässig ist, denn wann genau ein Vergleich herabsetzt, verunglimpft, unlauter oder irreführend ist, sagt § 6 UWG nicht. Im Einzelfall ist dies eine Frage der Auslegung – und somit Sache der Gerichte. Wie kompliziert die Materie ist, zeigt schon, dass auch Pressemitteilungen dem Wettbewerbsrecht unterliegen. So wurde ein Unternehmen, das in einer Pressemitteilung die Preise der namentlich genannten Konkurrenz als lächerlich hoch bezeichnete, von einem Gericht zur Unterlassung verurteilt.

In der Praxis läuft es deshalb meist darauf hinaus, dass strittige Motive von vorneherein nur einmal geschaltet werden. Im TV-Bereich am liebsten freitags nach 17 Uhr, da dann kein Gericht mehr angerufen werden kann, um eine einstweilige Verfügung zu erhalten. Kommt es zu einer Abmahnung oder einstweiligen Verfügung, wird eine Unterlassungserklärung abgegeben. Ein neues Motiv wird geschaltet. Diese Taktik kann die Unternehmen allerdings teuer zu stehen kommen: Ständig müssen neue Kampagnen entwickelt und Rechtsanwälte hinzugezogen werden. Einziger Trost: Schadensersatzzahlungen an die Konkurrenz sind unwahrscheinlich, da ein konkreter Schaden kaum nachweisbar ist. Vor allem von kleineren, aber auch von größeren Konkurrenten in sehr wettbewerbsintensiven Märkten

(Telekommunikation, Autovermietung, Billigfluglinien) wird vergleichende Werbung immer wieder erfolgreich eingesetzt, wobei man Marktführern normalerweise rät, nicht auf die Angriffe der Konkurrenz zu reagieren, da diese sonst aufgewertet werden.

### 9.4.2 (Übungs-)Fälle zur vergleichenden Werbung § 6 UWG

(Lösung in 9.12)

1. Anzeigentext
   Der Staubsauger xyz ist einfach besser als alle vergleichbaren Modelle der Konkurrenz.
2. Ein Hersteller von Elektrogeräten hatte gegen ein Niedrigpreisgeschäft, das seine empfohlenen Richtpreise nicht beachtete, durch Rundschreiben an ca. 3.500 Elektrogroßhändler eine Liefersperre verhängt. Das betroffene Unternehmen wehrte sich nicht nur gegen die Liefersperre, sondern veröffentlichte gleichzeitig in einer regionalen Tageszeitung zwei Anzeigen, in denen es darauf hinwies, dass der namentlich genannte Hersteller zwar wegen der niedrigen Preise eine Liefersperre gegen es verhängt habe, es aber weiterhin die Geräte des Herstellers anzubieten in der Lage sei.
3. Ein Hersteller hat einem Produkt durch eine technische Neuerung andere, bessere Eigenschaften verliehen. Er wirbt mit dem wahrheitsgemäßen Hinweis, dass er der einzige Anbieter sei, dessen Produkte diese neuen Eigenschaften haben.
4. Ein Handelsunternehmen wirbt mit dem Hinweis: „Unser Lieferservice ist jetzt noch schneller und billiger."
5. In einem Werbefilm führt ein jugendlicher Cola-Trinker einen Blindtest mit nicht benannten Cola-Getränken durch und stellt fest, dass Pepsi seinen Geschmack am besten trifft.
6. Ein Heimwerkermarkt wirbt mit der Aussage: „Bohrmaschine xy jetzt bei uns 20 % billiger als bei Bauhaus und OBI."
7. Der Autohersteller xy vergleicht in einem Werbespot allgemein die Qualität seiner Autos mit denen von Mercedes-Benz.
8. Ein Kunde fragt einen Kaufmann, worin sich das von ihm angebotene Produkt von dem seines Konkurrenten unterscheidet. Der Kaufmann stellt daraufhin die Merkmale der beiden Konkurrenzprodukte sachlich wertend gegenüber.
9. Ein Hersteller von Computeranlagen, die eine sichere Spracherkennung erlauben, vergleicht in seiner Werbung diese Computer mit anderen, die diese Eigenschaft nicht besitzen.
10. Die Bahn warb in einer Anzeige mit einem im Stau stehenden Auto, aus dessen Lenkrad ein Stück herausgebissen war. DaimlerChrysler antwortete darauf mit einer Anzeige für ein Cabrio. Das Bild zeigte einen Blick aus einem Zugfenster auf ein vorbeifahrendes Cabrio, hier war ein Stück aus dem heruntergezogenen Zugfenster herausgebissen.
11. Ein Schokoladenhersteller wirbt mit dem Slogan: „Das, was andere in die Werbung investieren, kommt bei uns der Schokolade zugute ...".
12. Ein Bierhersteller, der sein Bier ausschließlich in Mehrwegflaschen vertreibt, zeigt in einer Anzeige neben einer eigenen Bierflasche eine zerbeulte Bierdose, auf der kein Herstellername zu erkennen ist. Im Bereich der Flasche wurde der Slogan: „Her damit" und im Bereich der Dose „Weg damit" angebracht.
13. Ein Einzelhandelsunternehmen bildet in einem Werbeprospekt Uhren und Schmucksachen, mit den fabrikempfohlenen Einzelhandelspreisen ausgezeichnet, ab und fügt folgenden Werbehinweis hinzu:
    „Bei allen in diesem Prospekt abgebildeten Gegenständen können Sie 40 % vom fabrikempfohlenen Einzelhandelspreis sparen, wenn Sie bei mir kaufen. Beweis: Prüfen Sie die Rückseite des Prospekts." Dort befand sich eine Preisliste, in der angegeben war, zu welchen Preisen der Händler die abgebildeten Gegenstände verkaufte. Diese Werbeangaben entsprachen den Tatsachen.
14. Ein Baumarkt wirbt mit der Aussage: „Bei uns steht der Mensch im Mittelpunkt, im Bauhaus steht er nur im Weg."
15. Ein wöchentlich erscheinendes, kostenlos verteiltes Anzeigenblatt warb damit, dass es eine um das Vierfache höhere Auflage habe

als die in dieser Region führende Tageszeitung. Werbende Schlussfolgerung: Eine Anzeige in diesem Blatt erreiche besonders viele Verbraucher. Die zum Vergleich herangezogene Tageszeitung sah hier einen Wettbewerbsverstoß und zog vor Gericht.

16. Ein Hersteller von Autowaschanlagen (Reinigung der Fahrzeuge, durch rotierende Bürsten mit vielen Textilstreifen, die auf rotierenden Wellen befestigt sind) warb an Waschanlagen:
„ Ja zur Autowäsche mit weichem Textil: Nein zu Kratzern im Lack."
Die Konkurrenz klagte: Es liege verbotene vergleichende Werbung vor.
17. Der Autovermieter S verglich sein Angebot in Tageszeitungen mit jenen der Konkurrenz, indem er vor dem Mitbewerber-Farben sein Angebot für einen Mercedes mit jenen der Konkurrenz verglich, wobei der Preis jeweils bei der entsprechenden Farbe im Kasten stand. Slogan:
„Erstaunlich, wie die Farbe eines Autovermieters den Mietpreis beeinflusst."
Hinweis: Bei dem werbenden Unternehmen (Sixt) handelt es sich bei dem angegebenen Preis um eine Anmietung über das Internet, bei den anderen Unternehmen um eine Anmietung im Ladenlokal.
18. Das Sportgeschäft P, das unter anderem auch Tennisartikel vertreibt, warb für Tennisschläger mit folgender Aussage: „Jedes P-Racket besteht aus Werkstoffen, der neuesten High-Tech-Linie (z.B. Grafit, Ceramic und Kevlar). Billige Composite-Rackets muten wir Ihnen nicht zu."
Ein Konkurrent, der unter anderem Composite-Rackets vertreibt, klagte dagegen.
19. Der Autovermieter S wirbt auf Gepäckwagen, die am Flughafen eingesetzt werden, mit folgenden Slogan: „Die beste Werbung für S sind die Angebote der Konkurrenz."
20. Eine große Fast-Food-Kette hatte damit geworben, dass 62 Prozent der Deutschen ihr Produkt besser schmecke als das der Konkurrenz. Dies hatte eine repräsentative Umfrage des Marktforschungsinstituts Infratest Burke unter 1.000 Testpersonen ergeben. Die Konkurrenz klagte auf Unterlassung.
21. Anzeige:
Fließtext kleingedruckt: „Von 1.348.519 befragten Katzenhaltern antworteten 116.284. 81% von ihnen bestätigten: Ihre Katzen mögen den W-Frischebeutel lieber als Futter aus Dosen."
Hinweis: Der Hauptkonkurrent K vertrieb zum Zeitpunkt, zu dem die Anzeige erschien, sein Katzenfutter ausschließlich in Dosen.

## 9.5 Unzumutbare Belästigung laut § 7 UWG

### 9.5.1 Rechtslage

Der neue § 7 UWG soll die Verbraucher deutlich besser als bisher vor unzumutbaren Belästigungen durch Unternehmen schützen. Aber nicht alles, was lästig ist, ist auch belästigend. Die Grenze wird aber regelmäßig dann überschritten, wenn Unternehmen durch Telefonanrufe, Fax-, E-Mail Werbung ungebeten, d.h. ohne Einwilligung bzw. bestehender Geschäftsverbindung in die Privatsphäre der Verbraucher eindringt. Während die drei genannten Werbearten explizit im Gesetz genannt werden, fehlt der immer mehr an Bedeutung gewinnende Bereich der SMS-Werbung (Mobile Marketing), der aber genauso behandelt werden dürfte wie die anderen Bereiche, d.h. unerbetene SMS zur Anbahnung von Geschäftsabschlüssen sind grundsätzlich wettbewerbswidrig und damit verboten.

So ist Telefonwerbung nur dann zulässig, wenn der Kunde hierzu sein ausdrückliches Einverständnis erklärt hat, das heißt aktives Telefonmarketing (ohne vorherige Einwilligung des Angerufenen) verstößt gegen § 7 UWG und ist daher verboten. Selbst die schriftliche Anforderung von Informationsmaterial gilt nicht als stillschweigende Einverständniserklärung für einen Anruf (BGH-Urteil vom 08.11.1989, Az. I ZR 55/88 und GRUR 1990, 280f.). Das Verbot der aktiven Kontaktaufnahme ohne Einwilligung gilt auch für Fax-, E-Mail- und SMS-Werbung. Bei der E-Mail-Werbung präzisiert der § 7 UWG das Vorgehen im

Absatz 3: „Abweichend von Absatz 2 Nr. 3 ist eine unzumutbare Belästigung bei einer Werbung unter Verwendung elektronischer Post nicht anzunehmen, wenn

1. ein Unternehmer im Zusammenhang mit dem Verkauf einer Ware oder Dienstleistung von dem Kunden dessen elektronische Postadresse erhalten hat,
2. der Unternehmer die Adresse zur Direktwerbung für eigene ähnliche Waren oder Dienstleistungen verwendet,
3. der Kunde der Verwendung nicht widersprochen hat und
4. der Kunde bei Erhebung der Adresse und bei jeder Verwendung klar und deutlich darauf hingewiesen wird, dass er der Verwendung jederzeit widersprechen kann, ohne dass hierfür andere als die Übermittlungskosten nach den Basistarifen entstehen."

Hier muss der Verbraucher also einer weiteren Nutzung seiner E-Mail-Adresse durch das Unternehmen widersprechen, die er z.B. bei Käufen im Internet oft angeben muss. Bei anderen Formen wie z.B. bei abonnierten Newslettern, muss der Absender den Abonnenten das Abbestellen des Newsletter möglichst einfach und kostengünstig ermöglichen.

Das strikte Verbot aktiver Kontaktaufnahme gilt allerdings nur im Zusammenhang mit Endverbrauchern, im Business-to-business-Bereich, muss es Unternehmen im Rahmen ihrer Akquise möglich sein, anderen Unternehmen auch ohne vorherige Geschäftsbeziehung Angebote per Telefon, Fax oder E-Mail zu machen. Dafür muss aber ein stillschweigendes Einverständnis des Kontaktierten vermutet werden können. Dies wird in der Regel dann angenommen, wenn zum Beispiel auf Grund seiner Geschäftstätigkeit ein Interesse an den angebotenen Waren oder Dienstleistungen besteht.

Bei Praktiken der Straßenwerbung, d.h. das aktive Ansprechen von Verbrauchern im öffentlichen Raum, kann man immer von einer unzumutbaren Belästigung ausgehen. Eine unzumutbare Belästigung kann auch angenommen werden, wenn unbestellte Waren zugesandt werden, eine Methode, die besonders gern bei älteren Verbrauchern angewandt wird, da diese sich oft verpflichtet fühlen die beiliegende Rechnung zu bezahlen (vgl. auch § 4 Abs. 1), anstatt die unbestellte Ware einfach zu behalten. Denn selbst zu einem Zurückschicken dieser Ware ist man gesetzlich nicht verpflichtet. Wenn der Wille, bestimmte Werbeformen wie Hauswurfsendungen oder Mailings nicht mehr zu erhalten, eindeutig zum Ausdruck gebracht wurde (beispielsweise durch einen Aufkleber auf dem Briefkasten oder durch eine Eintragung auf die „Robinson"-Liste des Deutschen Direktmarketingverbandes), muss dieser Wille von den Werbetreibenden respektiert werden. Ansonsten handelt das Unternehmen wettbewerbswidrig und kann sogar mit einer Klage wegen Verletzung der Persönlichkeitsrechte (vgl. Abschnitt 9.9) rechnen. Letzteres ist auch die einzige Möglichkeit, wie sich der Verbraucher direkt gegen diese Werbeformen wehren kann. Denn das Wettbewerbsrecht (UWG) sieht keine Klagemöglichkeit der Endverbraucher vor (vgl. Abschnitt 9.6), sondern bietet nur die Möglichkeit über Verbraucherverbände vorzugehen. Wenn ein entgegenstehender Wille nicht sofort erkennbar ist, kommt es auf eine Einzelfallprüfung an, in der nicht die Sicht des Betroffenen entscheidet, sondern wieder vom durchschnittlich informierten, aufmerksamen und verständigen Verbraucher ausgegangen wird.

### 9.5.2 (Übungs-)Fälle zum § 7 UWG

(Lösung in 9.12)

1. Es werden Personen angerufen, zu denen bisher keine geschäftlichen Beziehungen bestanden, und die zum Abschluss von Warentermingeschäften gebracht werden sollen.
2. Ein Weinhändler rief eine Privatperson an, die früher einmal Wein bei ihm bestellt hatte, um sie zu einer erneuten Bestellung zu bewegen. Anstatt zu bestellen, fühlte sich der Angerufene belästigt und verklagte den Weinhändler.
3. Ein Papierhändler ruft im Rahmen der Kundenakquise bei einer Druckerei an.
4. Ein Versicherungsunternehmen schickt einem Privatunternehmer, der nicht Kunde dieses

Unternehmens ist, unverlangt eine Werbemail, in der auf die Vorteile der Gebäude-, Feuer- und Lebensversicherungen der Versicherung hingewiesen wird.

5. Telefonanruf zur Vereinbarung eines Besuchstermins eines Versicherungsvertreters bei einer Privatperson, um diese zum Abschluss eines Versicherungsvertrages zu bewegen. Es bestand bisher noch keine Geschäftsbeziehung.
6. Ein Internetbuchhändler schickt an Kunden Werbemails für Bücher. Er weist in jeder Mail deutlich darauf hin, dass die Zusendung unterbleibt, wenn die Kunden diese nicht wünschen. Dazu muss eine entsprechende E-Mail an den Internetbuchhändler geschickt werden.
7. Mitarbeiter eines Telekommunikationsunternehmen sprachen Passanten auf Straßen, Plätzen und in Einkaufszentren an, um sie auf die Möglichkeit eines pre-selection-Vertrages aufmerksam zu machen.
8. Es werden Werbezettel an Passanten auf der Straße verteilt

## 9.6 Durchsetzung wettbewerbs- und markenrechtlicher Ansprüche

### 9.6.1 Klagebefugnis, Unterlassungs- und Schadenersatzansprüche, §§ 8, 9 UWG

Die Voraussetzungen für einen Unterlassungsanspruch sind eine konkrete Verletzungshandlung und eine Wiederholungsgefahr. In seltenen Fällen besteht auch die Möglichkeit eines vorbeugenden Unterlassungsanspruchs, das heißt, noch bevor ein Konkurrent ein wettbewerbswidriges Verhalten gezeigt hat, wird schon ein Unterlassungsanspruch erwirkt. Dann müssen allerdings ernsthafte und greifbare Anhaltspunkte dafür vorliegen, dass der Wettbewerber beabsichtigt, sich in naher Zukunft wettbewerbswidriger Methoden zu bedienen. Dies kann z.B. angenommen werden, wenn ein Unternehmen in Werbemitteln auf eine noch nicht gestartete Aktion hinweist, die nach Meinung des Wettbewerbers aber wettbewerbswidrig ist.

*Unterlassungs- und Beseitigungsansprüche (§ 8 UWG)*

Der Unterlassungsanspruch stellt den Normalfall dar, da er sowohl im Wettbewerbsrecht als auch beim Schutz des geistigen Eigentums wie z.B. beim Markenrecht (vgl. Abschnitt 9.7) am häufigsten verlangt wird. Denn wenn jemand in seinen Rechten beeinträchtigt wird, kann er grundsätzlich verlangen, dass diese Beeinträchtigung eingestellt (unterlassen) wird. Dabei spielt es keine Rolle, ob der Beklagte schuldhaft oder schuldlos gehandelt hat.

Als gewohnheitsrechtliche Ergänzung des Unterlassungsanspruchs kann auch ein Beseitigungsanspruch bestehen (z.B. müssen beanstandete Plakate entfernt oder überklebt werden).

Die Bekämpfung von Wettbewerbsverstößen liegt natürlich vor allem im Interesse der Wettbewerber, aber auch im Interesse der Verbraucher bzw. der Allgemeinheit. Verbraucher sind allerdings nicht klagebefugt, können aber ihre Beschwerden an Verbraucherverbände weitergeben, die ihrerseits klagebefugt sind.

Ein Anspruch auf Unterlassung (z.B. aus §§ 3, 4, 5, 6 und 7 UWG) kann daher nach § 8 Abs. III UWG geltend gemacht werden:

- von Gewerbetreibenden, die Waren oder gewerbliche Leistungen gleicher oder verwandter Art auf demselben Markt vertreiben (Mitbewerber),
  – gleicher Markt, wesentliche Beeinträchtigung des Wettbewerbs
- von rechtsfähigen Verbänden zur Förderung gewerblicher Interessen (z.B. Zentrale zur Bekämpfung unlauteren Wettbewerbs e.V.),
  – es müssen eine erhebliche Anzahl von Gewerbetreiben des gleichen Marktes vertreten sein, ausreichende finanzielle und personelle Ausstattung gegeben sein, es muss eine wesentliche Beeinträchtigung des Wettbewerbs vorliegen
- von Verbraucherverbänden (z.B. Verbraucherzentralen oder andere Verbraucherverbände, die mit öffentlichen Mitteln geführt werden)

– nur wenn Verbraucherinteressen verletzt sind
- von Industrie- und Handelskammern oder den Handwerkskammern

*Schadenersatz (§ 9 UWG)*
Falls dem in seinen Interessen Verletzten durch die Handlung ein Schaden entstanden ist, kann er Schadenersatzansprüche geltend machen. Darüber hinaus muss der Beklagte schuldhaft gehandelt haben, d.h. er muss den Schaden fahrlässig (die im Verkehr erforderliche Sorgfalt außer Acht gelassen) oder vorsätzlich (bewusst/willentlich) verursacht haben.

*Gewinnabschöpfung (§ 10 UWG)*
Mit diesem Paragrafen schafft der Gesetzgeber die Möglichkeit, z.B. unrechtmäßige Gewinne, die bei einer Vielzahl von geringfügig Geschädigten erzielt wurden, einzuziehen. Die Tauglichkeit dieses Mittels muss sich erst noch erweisen.

*Freiheitsstrafe (§ 16 UWG)*
Besonders schwerwiegende Wettbewerbsverstöße, in § 16 UWG wird neben gravierenden Formen der Irreführung (Absatz I) vor allem progressive Kundenwerbung nach dem so genannten „Schneeballprinzip" (Absatz II) explizit genannt, können mit Freiheitsstrafe bis zu zwei Jahren bestraft werden. Bei dieser Form der Werbung werben Kunden weitere Kunden und steigen in der Hierarchie des Systems auf, was mit erhöhten Rückzahlungen verbunden ist. Bei einem solchen System können nur die Initiatoren gewinnen, denn ab einem gewissen Zeitpunkt bricht das System mangels neuer Teilnehmer unwiderruflich zusammen, sodass spät Eingestiegene ihre Einzahlungen verlieren.

→ *Ansprüche aus dem UWG verjähren bereits nach 6 Monaten (§ 11 UWG), sodass rasches Handeln notwendig ist.*

*Maßnahmen (§ 12 UWG)*
Wettbewerbsrechtliche Ansprüche können direkt gerichtlich geltend gemacht werden. Es ist aber meistens – auch aus Kostengründen – üblich, zunächst eine außergerichtliche Einigung zu suchen und erst bei einem Scheitern die Gerichte zu bemühen. Eine direkte Klage kann selbst im Erfolgsfall dazu führen, dass der Kläger auf den Prozesskosten sitzen bleibt, vor allem wenn der Beklagte den Vorwurf sofort anerkennt. Denn in diesem Fall trägt der Kläger laut ZPO die Prozesskosten, da der Beklagte ja nie die Chance hatte, sich vorher mit dem Vorwurf auseinander zusetzen (vgl. Dirk Lehr: Wettbewerbsrecht. C. F. Müller Verlag. Heidelberg 2007). In der Praxis erledigen sich ca. 90% aller Wettbewerbsstreitigkeiten durch Abmahnung und Abgabe einer strafbewehrten Unterlassungserklärung (vgl. Thomas Zerres: Marketingrecht. Vahlen Verlag. München 2002. S. 241).

### 9.6.2 Außergerichtliche Maßnahmen

Abmahnung (§ 12 Absatz I)
Die Abmahnung ist die außergerichtliche Aufforderung an einen werbenden Unternehmer, eine bestimmte Werbung zu unterlassen. Sie wird verbunden mit dem Versprechen, für den Wiederholungsfall eine Vertragsstrafe zu zahlen. Die Abmahnung ist „handelsüblich" und muss daher vor weiteren Schritten gerichtlichen Schritten (z.B. Erwirkung einer einstweiligen Verfügung oder Unterlassungsklage) erfolgen.

In § 8 Absatz 4 wird ausdrücklich darauf verwiesen, dass Abmahnungen unzulässig sind, wenn sie nur dazu dienen, eine Abmahngebühr zu kassieren. Diese Gefahr hatte der Gesetzgeben schon immer gesehen, weshalb Endverbraucher keine Möglichkeit haben, Abmahnungen zu verschicken, und der Kreis der Anspruchs- und damit Abmahnberechtigten im § 8 Absatz 3 genau umrissen ist.

Eine Abmahnung muss wegen der Wiederholungsgefahr des wettbewerbswidrigen Verhaltens in relativ kurzer Frist erfolgen.

Das Abmahnschreiben sollte folgende Punkte beinhalten:
- die Beschreibung des behaupteten Wettbewerbsverstoßes,
- die Aufforderung zur Abgabe der Unterlassungserklärung, die der Abgemahnte innerhalb einer gesetzten Frist (abhängig von der

Dringlichkeit zwischen 24 Stunden und 14 Tagen) abzugeben hat,
- eine Klausel über die Zahlung einer Vertragsstrafe im Falle der schuldhaften Zuwiderhandlung (meistens vier- bis fünfstellige Summen, u.U. noch höher),
- die Androhung gerichtlicher Schritte,
- die Geltendmachung der Abmahnkosten.

Einigungsstellen (z.B. IHK nach § 15 UWG)

Anrufung einer Schiedsstelle, die versucht die streitenden Parteien an einen Tisch zu bringen und eine außergerichtliche Lösung zu finden (häufig beim lokalen Einzelhandel).

### 9.6.3 Gerichtliche Maßnahmen

*Einstweilige Verfügung (§ 12 Absatz II)*

Die einstweilige Verfügung stellt ein beschleunigtes Rechtsverfahren dar (Rechtsgrundlage § 12 Absatz II UWG), um die gegnerische Partei bei dringenden Rechtsangelegenheiten durch eine gerichtliche Anordnung aufzufordern, bestimmte Handlungen vorzunehmen bzw. zu unterlassen. Sie ist die schnellste und wirksamste und damit auch die am meisten gebräuchlichste gerichtliche Maßnahme, um einen Unternehmer, der sich wettbewerbswidrig verhalten hat, zur Unterlassung dieser Maßnahme zu zwingen.

Eine einstweilige Verfügung wird nur in dringenden Fällen erlassen (zuständig ist in der Regel in erster Instanz die Zivilkammer des Landgerichtes am Ort des Beklagten), wobei der Kläger diese Dringlichkeit nicht beweisen, sondern nur glaubhaft machen muss. Dies wird von den Gerichten bei wettbewerbsrechtlichen Fällen grundsätzlich angenommen, sodass das normalerweise kein Problem darstellt.

→ *Stellt sich später heraus, dass die einstweilige Verfügung einer sachlichen Grundlage entbehrte, wird derjenige, der den Antrag gestellt hat, schadenersatzpflichtig.*

Mit dem Erlass einer einstweiligen Verfügung erhält der Kläger einen Rechtstitel, mit dem er in der Regel sehr schnell seinen Unterlassungsanspruch geltend machen kann. In diesem Zusammenhang sei noch einmal auf die gängige Praxis verwiesen, wettbewerbsrechtlich bedenkliche TV-Spots (z.B. vergleichende Werbung) erstmals freitags nach 17 Uhr zu schalten, da zu diesem Zeitpunkt die Gerichte geschlossen sind und keine einstweilige Verfügung erwartet werden muss. Meistens werden diese Spots auch nur an einem Wochenende geschaltet.

Unternehmen, die den Erlass einer einstweiligen Verfügung gegen sich erwarten, können beim zuständigen Amtsgericht vorsorglich eine Schutzschrift hinterlegen. Das präventive Verteidigungsmittel der Schutzschrift ist zwar gesetzlich nicht geregelt, hat sich aber gewohnheitsrechtlich durchgesetzt. Die Schutzschrift dient der Verteidigung gegen den Vorwurf des wettbewerbswidrigen Verhaltens und soll entweder zur Abweisung der einstweiligen Verfügung durch den Richter oder zumindest zur Anberaumung einer mündlichen Verhandlung führen. In dieser Schutzschrift sind deswegen alle rechtlichen und sachlichen Argumente vorzutragen, die gegen die Richtigkeit des zu erwartenden Antrages sprechen. So kann es sein, dass der Abmahnende von falschen Fakten ausgeht, zum Beispiel weil eine Aussage gar nicht oder nicht so oder auch nicht mehr aufgestellt wird.

Die Schutzschrift sollte so schnell als möglich nach Erhalt einer Abmahnung hinterlegt werden, damit sie dem zuständigen Gericht, am besten sowohl am Ort des abgemahnenden Wettbewerbers als auch am eigenen sowie allen infrage kommenden Gerichten (Kammer für Handelssachen, Kammer für Wettbewerbssachen etc.), bereits vorliegt, wenn der Antrag auf Erlass einer einstweiligen Verfügung eingeht, also auf jeden Fall vor Ablauf der in dem Abmahnschreiben vom Gegner gesetzten Frist.

Die einstweilige Verfügung bedeutet in jedem Fall nur eine vorläufige Regelung, das heißt es besteht weiterhin die Möglichkeit Klage zu erheben. Erst wenn der Beklagte eine Abschlusserklärung unterschreibt, bekommt die einstweilige Verfügung endgültigen Charakter (zum Verfahrensablauf vgl. Abb. 9.1).

*Klage*

Falls ein abgemahnter Unternehmer die Unterlassungserklärung nicht abgibt oder sich widersetzt, mit einem Abschluss-Schreiben die erlassene einstweilige Verfügung als endgültig anzuerkennen, kann eine zivilrechtliche Klage eingereicht werden. Die Verjährungsfrist wird dadurch unterbrochen, d.h. sie beginnt von neuem zu laufen.

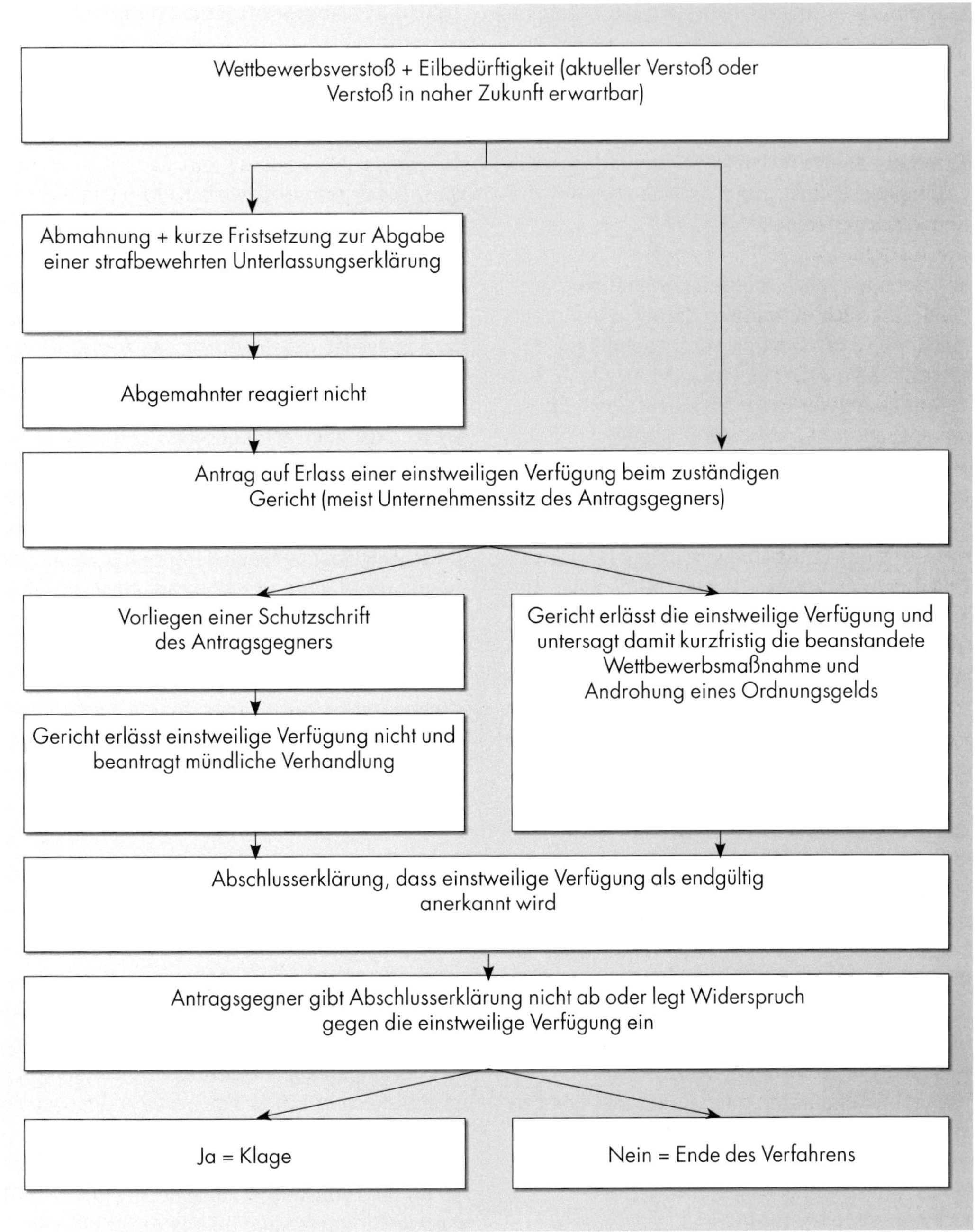


*Abb. 9.1: Verfahrensablauf bei einer einstweiligen Verfügung*

## 9.7 Schutz des geistigen Eigentums

Unter den Schutz des geistigen Eigentums fallen so unterschiedliche Dinge wie

- Erfindungen (Patentgesetz),
- technischer Gebrauchsfortschritt (Gebrauchsmustergesetz),
- gewerblich verwertbare Muster und Modelle (Designgesetz),
- Markenzeichen (Markengesetz) oder
- selbstständige geistige Leistungen aus den Bereichen Kunst, Literatur und Musik (Urheberrechtsgesetz).

Im Folgenden sollen vor allem die Bereiche eingehender betrachtet werden, die für den Bereich Marketing und Werbung von besonderem Interesse sind.

Von geringerer Bedeutung dafür sind das Patentgesetz für neu erfundene Gegenstände und Verfahren sowie das Gebrauchsmustergesetz für neue Arbeitsgerätschaften, Ge-/Verbrauchsgegenstände (z.B. elektrische Schaltungen / chemische Stoffe) und technische Anlagen. In beiden Fällen geht es um den Bereich der Technik. Das eintragende Unternehmen erwirbt durch die Eintragung in die Patentrolle bzw. Gebrauchsmusterrolle beim Patentamt Schutz gegen Verwertung durch andere, wobei sich dieser Schutz beim Patent auf 20 Jahre und beim Gebrauchsmuster auf maximal zehn Jahre erstreckt. Die Erteilung eines Patents sichert dem Unternehmen für diesen Zeitraum praktisch ein Monopol für die Vermarktung des Produktes. Dadurch soll dem Unternehmen die Möglichkeit gegeben werden, die unter Umständen erheblichen Investitionskosten bei der Entwicklung des neuen Produktes (z.B. im Pharma-Bereich) oder Verfahrens wieder hereinzuholen. Aus diesem Grund ist die Erteilung eines Patents an bestimmte Voraussetzungen gebunden, die vom nationalen oder auch vom europäischen Patentamt geprüft werden, und hier kurz aufgelistet sind:

- Neuheit (Erfindung, Verfahren etc. darf in der Öffentlichkeit noch nicht bekannt sein)
- gewerbliche Verwertbarkeit
- bei Patenten wird eine bestimmte Erfindungshöhe vorausgesetzt („erfinderische Tätigkeit")
- bei Gebrauchsmustern ist der Anspruch an die Erfindungshöhe geringer („erfinderischer Schritt" also eine Art „Mini-Patent")

Nach Ablauf der Schutzfrist kann das Produkt oder Verfahren von jedem anderen Unternehmen genutzt werden, was im Pharma-Bereich von so genannten Herstellern von Generika genutzt wird. Diese Generika weisen die gleiche Wirkstoffkombination wie das Originalpräparat auf sind aber deutlich billiger. Wenn sich ein Produkt wie Aspirin, dessen Patentschutz schon lange abgelaufen ist, trotzdem am Markt durchsetzen kann, beweist das eindrucksvoll die Kraft von Marken.

### 9.7.1 Urheberrechtsgesetz

Ein für Werbung ganz zentraler Schutzbereich wird im Gesetz über Urheberrecht und verwandte Schutzrechte (UrhG) geregelt. Das Urheberechtsgesetz soll die Interessen der Urheber von neuen Ideen bzw. Werken, der Unternehmen, die diese Ideen/Werke verwerten wollen und der Allgemeinheit unter einen Hut bringen. Deshalb wird das Urheberrecht im Zusammenhang mit der Bedeutung von neuen Ideen für die entwickelten Volkswirtschaften im 21. Jahrhundert schon mal als Verfassung der Informationsgesellschaft bezeichnet.

→ *Das Urheberrechtsgesetz schützt das geistige Eigentum an schöpferischen Werken.*

Die Schutzfrist dauert nach deutschem Recht 70 Jahre nach dem Tod des Urhebers. Anschließend gelten die Werke als gemeinfrei, d.h. sie können von der Allgemeinheit frei benutzt werden. Das ist aber leichter formuliert, als es in der Realität aussieht, denn an der Musik von Mozart haben zwar die möglicherweise noch existierenden Nachfahren von Mozart keine Rechte mehr, dafür aber die Dirigenten und Orchester, die die Stücke von Mozart eingespielt haben. Im Gegensatz zu anderen Schutzrechten kann man das Urheberrecht nicht beantragen, sondern muss es sich in gewisser Weise durch eine persönliche, geistige Schöpfungen verdienen. Um den Urheberrechtsschutz zu erlangen, ist nämlich keine Eintragung erforderlich, sondern er entsteht unmittelbar mit dem Zeitpunkt der Werkschöpfung. Das Urheberrecht schützt den Urheber gegen unbefugte wirtschaftliche Ausbeutung seines Werkes und gilt auch in den übrigen europäischen Ländern. Nur in den USA ist zu Erlangung des Urheberrechtschutzes die Anbringung des Copyright-Vermerks erforderlich. Wenn das in Europa trotzdem geschieht, dann hat dieser Hinweis weniger eine rechtsbegründende, sondern vielmehr eine warnende Funktion.

Urheberrecht kann für persönliche, geistige Schöpfung aus dem Gebiet der Literatur, Wissenschaft oder Kunst bestehen, wobei man diesen Begriff sehr weit interpretieren kann. Selbst die schon weit gefasste Basis des §2 UrhG, die im Folgenden aufgelistet wird, kann im Einzelfall noch erweitert werden. Außerdem können die im Folgenden aufgeführten Werke Urheberrechtsschutz genießen, müssen es aber nicht. Dies hängt stark vom Grad der gestalterischen Neuigkeit ab.

- Sprachwerke, wie Schriftwerke, Reden und Computerprogramme
- Werke der Musik
- pantomimische Werke einschließlich der Werke der Tanzkunst
- Werke der bildenden Künste einschließlich der Werke der Baukunst und der angewandten Kunst und Entwürfe solcher Werke
- Lichtbildwerke einschließlich der Werke, die ähnlich wie Lichtbildwerke geschaffen werden
- Filmwerke einschließlich der Werke, die ähnlich wie Filmwerke geschaffen werden
- Darstellungen wissenschaftlicher oder technischer Art, wie Zeichnungen, Pläne, Karten, Skizzen, Tabellen und plastische Darstellungen

Ein durch das Urheberrecht geschütztes Werk muss sich vom durchschnittlichen Können abheben, dadurch eine gewisse Schöpfungshöhe erreichen und sinnlich wahrnehmbar sein. An diesen Anforderungen scheitern viele Claims, Slogans, Logos oder Soundlogos. Schutzlos steht man aber nicht da, da diese Kommunikationselemente auch durch das Wettbewerbs- und/oder das Markenrecht geschützt sein können (vgl. Abschnitte 9.6 und 9.8).

Der Urheberrechtsschutz besteht, wie oben schon erwähnt, zeitlebens und bis zu 70 Jahre nach dem Tod des Urhebers, das heißt er kann auf die Erben übergehen.

In diesem Zusammenhang einige kurze Hinweise zur Übertragbarkeit des Urheberrechts. Grundsätzlich kann das Urheberrecht nicht übertragen werden, das heißt der Schöpfer eines urheberrechtlich schutzfähigen Werks bleibt zeitlebens Inhaber des Urheberrechts.

- Übertragbar ist das Nutzungsrechte an einem Werk.
  Dies kann sogar so weit gehen, dass dem eigentlichen Urheber die Nutzung seines eigenen Werks untersagt wird (Total-buy-out-Verträge).
  Das mögliche Verbot der Nutzung des eigenen Werkes gilt auch für die Kreativen in den Agenturen.
- Nutzungsrechte an den eigenen Ideen kann man durch Arbeitsvertrag an die Agentur abtreten.
  Trotzdem bleiben die Kreativen Urheber (und werden dafür hoffentlich in Berlin und Cannes goldenen Nägel bzw. Löwen abräumen ...).
- Im Zusammenhang mit Werbung kann die Verletzung fremder Urheberrechte eine große Rolle spielen.
  Das ist der Fall, weil und wenn teilweise allgemein bekannte und gebräuchliche Ideen variiert werden. Ein nach § 2 UrhG geschütztes Werk, wie z.B. ein Bild, eine Musiktitel oder ein Text, darf aber ohne Zustimmung des Urhebers nicht für Werbezwecke übernommen werden.

Insofern ist einer der wichtigsten Aufgaben von Art Buying und FFF-Produktion die Klärung von Rechten. Hier noch einige Hinweise zum (auch durch den Erfolg von Internet-Plattformen wie YouTube) immer mehr in Mode kommenden Bereich, die Zielgruppen in Gestaltung der Kommunikation einzubeziehen (Consumer generated advertising oder User generated content).

**Beispiel**

Auch bei privaten, selbst gedrehten Spots, die z.B. bei YouTube zum Download bereit stehen, muss ein Unternehmen, das diese in der Unternehmenskommunikation einsetzen will, die Rechte klären. Denn die Urheber dieser Spots können bestimmen, was, wo und wie damit passieren soll. Das Unternehmen benötigt eine möglichst schriftliche Einverständniserklärung der Urheber und diese können dafür selbstverständlich je nach Zweck und Umfang der Nutzung (z.B. national oder international) eine angemessene Vergütung verlangen. Das Unternehmen muss aber nicht nur die Urheber ermitteln und die Nutzungsrechte mit ihnen klären, sondern auch die Rechte aller im Spot gezeigten Personen, abgebildeten Marken oder zu hörender Musik müssen geklärt werden. Das heißt beispielsweise, dass die mitspielenden Personen ebenfalls ihre Einwilligung geben müssen, für unterlegte Musik müssen GEMA-Gebühren (Gesellschaft für musikalische Aufführungsrechte) gezahlt und auf die nicht verunglimpfende Darstellung abgebildeter Marken (vgl. § 4 Abs. 7 UWG im Abschnitt 9.6) muss geachtet werden. Das gilt auch für Spots, die im Rahmen eines vom Unternehmen selbst veranstalteten Gewinnspiels oder Wettbewerbes ausgewählt und prämiert werden. Allerdings kann hier bei den Teilnahmebedingungen schon darauf geachtet werden, dass alle Einsender ihre Rechte abtreten. Aber auch hier kann man nicht erwarten, dass die „Amateure" z.B. an die Klärung der Musikrechte oder das Wettbewerbsrecht gedacht haben, sodass vor einer Verwendung der Spots auf jeden Fall eine juristische Überprüfung erfolgen sollte.

---

Auch in der Werbung werden mitunter Leistungen vollbracht, die urheberrechtlich schutzfähig sind, aber nur wenn sie hinreichend originell sind und das Können eines durchschnittlichen Grafikers oder Texters erkennbar übersteigen.

Die bloße Werbeidee oder Konzeption ist aber grundsätzlich nicht geschützt. Geschützt sein kann nur die konkrete Gestaltung einer Idee. Insofern können nur konkretisierte Werbeideen, die in bestimmten Werbemaßnahmen oder Gestaltungen ihren Ausdruck gefunden haben und als solche existent und wahrnehmbar sind, geschützt sein. Eine Werbeidee konkretisiert sich also im jeweiligen Werbemittel, das heißt in Bild und Text.

Werbefilmen und Funkspots wird relativ schnell urheberechtlicher Schutz zugestanden, ebenso grafischen Gestaltungen (Anzeigen, Plakaten, Prospekten). Lediglich Werbetexten (gesprochen oder gedruckt) wird nur selten Urheberrechtsschutz zugestanden. Dabei könnte sich der Schutz sowohl auf die Form als auch den Inhalt beziehen. Ein strittiger Bereich sind Slogans, denen selten urheberechtlicher Schutz zugestanden wird, denn nach Meinung der Gerichte sind Slogans meist zu kurz, um die erforderliche Schöpfungskraft zu besitzen.

Nach den Kriterien der bisherigen Rechtssprechung wurden aber folgende Werbeslogans urheberrechtlich geschützt:

- „ein Himmelbett als Handgepäck"
- „Persil bleibt Persil"
- „Der Tag geht, Johnnie Walker kommt"
- „Dash wäscht so weiß, weißer geht's nicht"
- „Pack den Tiger in den Tank"
- „Biegsam wie ein Frühlingsfalter bin ich im Forma Büstenhalter"

Kein Urheberschutz wird einfachen Aufforderungen und Anpreisungen eingeräumt:

- „Das aufregendste Ereignis des Jahres"
- „Tadellos frisiert mit Wellaform"
- „Togal millionenfach bewährt"
- „... in der Tat eines der besten Biere der Welt"
- „Aktiv leben, vergnügt genießen"

Wie man sieht, tritt anscheinend besonders bei gereimten Versen die eigenschöpferische Leistung deutlicher hervor, sodass hier eher ein Urheberschutz in Betracht kommt. Aber auch wenn Werbetexte nicht die Minimalvoraussetzungen für einen

Urheberschutz genießen, können sie Schutz über das Wettbewerbsrecht (Rufausbeutung, Nachahmung, Irreführung) oder das Markenrecht (Erlangung von Verkehrsgeltung) genießen. Gerade in den letzten Jahren sorgten einige Urteile des BGH dafür, dass Slogans vom Patentamt als Marke eingetragen werden mussten, obwohl dieses zunächst eine Eintragung verweigert hatte („Radio von hier, Radio wie wir" oder „Früher an später denken"). Der entscheidende Streitpunkt war die im Markenrecht erforderliche Unterscheidungskraft, die von den Richtern des BGH auch bei „Wortfolgen, die keinen vollständigen Satz bilden" im Gegensatz zum Patentamt angenommen wurde.

Werden die Rechte des Urhebers verletzt, dann kann der Urheber Unterlassungs-, Vernichtungs- und Schadenersatzansprüche gegen den Verletzer geltend machen (vgl. dazu die Ausführungen in Abschnitt 9.6).

Allerdings ist es für Urheber oft nahezu unmöglich, gegen Urheberrechtsverletzungen in anderen Ländern oder auch im Internet vorzugehen. In beiden Fällen benötigt der Urheber in der Regel kostenpflichtige anwaltliche Hilfe, um nachzuweisen, dass seine Urheberschaft besteht und um den Verletzer im Ausland verklagen zu können. Außerdem reicht in vielen Fällen eine Ähnlichkeit der umgesetzten Idee allein nicht aus, schließlich entsteht Neues sehr häufig erst durch die kreative Variation von schon Dagewesenem. Man muss schon nachweisen, dass ein Anderer komplett „abgekupfert" hat.

### 9.7.2 Gesetz über den rechtlichen Schutz von Design (Designgesetz)

Von größerer Bedeutung für den Bereich Marketing und Werbung ist der Schutz gewerblich verwertbarer zwei- oder dreidimensionaler Erscheinungsformen durch das seit Anfang 2014 geltende Designgesetz. Dieses Gesetz hat das das bis dahin gültige Geschmacksmustergesetz abgelöst.

Schutzfähig sind unter anderem folgende Bereiche:

- Grafische Muster (z.B. Stoffe, Teppiche, Tapeten),
- Farbmuster (z.B. Farbkombinationen, einzelne Farben, den reinen Grundfarben kommt jedoch kein Schutz zu),
- Typografie (z.B. Druckschriften, Schriftzeichen oder das Schriftbild einer Druckseite),
- Etiketten (die Industrie macht vom designrechtlichen Schutz für Etiketten in großem Umfang Gebrauch, da er in den meisten Fällen die einzige Schutzmöglichkeit bietet),
- räumliche Gestaltungen neben dem Produkt (Verpackungen)
- Produktdesign (z.B. Lampen, Vasen, Geschirr, Besteck, Schmuck, Uhren, Möbel etc.).

*Der Schutz vor ungenehmigten Nachbildungen kann seit neuestem auf zweierlei Weise erlangt werden.*

Zum einen kann das Unternehmen beim deutschen Patent- und Markenamt die Eintragung in das Musterregister erreichen. Dazu muss das zu schützende Design durch Fotos oder Zeichnungen – im Bereich Typografie werden mindestens drei Zeilen Text verlangt – dargestellt und beim Patentamt hinterlegt werden. Die Schutzdauer beträgt zunächst nach der Anmeldung fünf Jahre, lässt sich aber bis auf 25 Jahre ausdehnen.

Für die Eintragung in die Musterrolle des deutschen Patentamts gelten folgende Voraussetzungen:

- Neuheit: „Ein Design gilt als neu, wenn vor dem Anmeldetag kein identisches Design offenbart worden ist. Designs gelten als identisch, wenn sich ihre Merkmale nur in unwesentlichen Einzelheiten unterscheiden."
(§ 2,2 DesignG)
- Eigenart: „Ein Design hat Eigenart, wenn sich der Gesamteindruck, den es beim informierten Benutzer hervorruft, von dem Gesamteindruck unterscheidet, den ein anderes Design bei diesem Benutzer hervorruft, das vor dem Anmeldetag offenbart worden ist. Bei der Beurteilung der Eigenart wird der Grad der

Gestaltungsfreiheit des Entwerfers bei der Entwicklung des Designs berücksichtigt."
(§ 2,3 DesignG)

Die zweite Möglichkeit, Designschutz zu erlangen, eröffnet die Umsetzung einer EU-Richtlinie, die Designschutz auch ohne Eintragung beim Patentamt ermöglicht. Dazu ist allerdings eine „ausreichende" Verkehrsgeltung nötig, das heißt eine Mehrheit der angesprochenen Verbraucher (Zielgruppe) – genaue Prozentzahlen sind einzelfallabhängig – muss mit dem Design einen bestimmten Hersteller verbinden.

**Beispiel**

Das Unternehmen Lindt&Sprüngli konnte mithilfe einer Marktforschungsstudie nachweisen, dass der Osterhase mit der roten Schleife und dem Glöckchen von Verbrauchern auch dann dem Unternehmen zugeordnet wurde, wenn kein Markenname aufgedruckt war. Insofern hat dieser Osterhase auch ohne Eintragung ins Markenregister Designschutz erlangt und jeder Nachahmer kann von Lindt&Sprüngli auf Unterlassung verklagt werden.

## 9.8 Markengesetz

Die Marke ist neben dem Patent das zweite wichtige gewerbliche Schutzrecht, das vom Deutschen Patent- und Markenamt (DPMA) und für die Europäische Union vom Harmonisierungsamt für den Binnenmarkt (HABM) erteilt und verwaltet wird.

Unter einer Marke versteht man ein Kennzeichnungsmöglichkeit für Produkte und Dienstleistungen. die geeignet sind, Waren oder Dienstleistungen eines Unternehmens von denjenigen anderer Unternehmen zu unterscheiden. Es handelt sich gewissermaßen um die Visitenkarte, mit dem Produkte und Dienstleistungen im Wettbewerbsleben auftreten. Die Marke ermöglicht die Unterscheidung von Konkurrenzangeboten und damit den Wiederholungskauf von Waren bzw. die wiederholte Inanspruchnahme von Dienstleistungen desselben Unternehmens.

*Während beim Urheberrecht geistige Schöpfungen als Werk geschützt werden, schützt das Markenschutz die Kennzeichnungskraft eines Zeichens.*

Als Marken kommen verschiedene Formen von Kennzeichnungen in Betracht (Übersicht in Abb. 9.2):

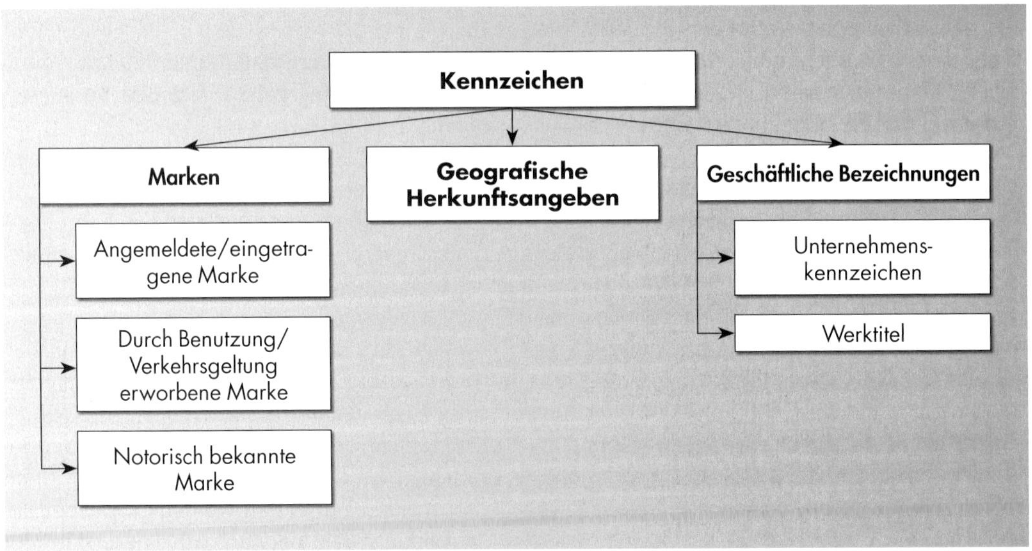


*Abb. 9.2: Markengesetz*

Vor der Eintragung der Marke prüft das Deutsche Patent- und Markenamt die Schutzfähigkeit der Anmeldung.
Voraussetzungen (§ 3 MarkenG)

- Unterscheidungskraft von Marken
- Selbstständigkeit, d.h. selbstständige geistige Leistung neben dem Produkt (Originalität)

Absolute Schutzhindernisse sind

- für die allgemeine Benutzung freizuhaltende beschreibende Angaben (= Freihaltebedürfnis im Interesse der Allgemeinheit)
- ersichtliche Irreführungsgefahr
- Wappen und Flaggen von Staaten, Ländern und Gemeinden
- Verstoß gegen die guten Sitten oder die öffentliche Ordnung
- Amtliche Prüf- und Gütezeichen

*Geltungsbereich (§§ 3, 5, 126 ff. MarkenG):*
Markenzeichen für Waren und Dienstleistungen (§ 3 MarkenG):

- Wortmarke (z.B. „Siemens", „Nivea", Slogans wie „Hoffentlich Allianz versichert")
- Bildmarke (z.B. die springende Raubkatze von „Puma", Stern von Mercedes-Benz, Comic-Figuren wie der Bausparfuchs von Schwäbisch-Hall)
- Wort-Bild-Marke (z.B. das „Bayer-Kreuz")
- Dreidimensionale Formen (z.B. die Kühlerfigur von Rolls-Royce, Michelin-Männchen, Form einer Ware oder ihrer Verpackung wie die Coca-Cola-Flasche)
- Hörmarken (z.B. Erkennungsmelodien wie bei Radiosendern, akustische Logos wie bei der Telekom)
- Farben (Sonderfarben, keine Grundfarben, Ausnahme lila für Milka), Farbkombinationen (magenta/grau der Telekom oder blau-weiß von Aral) (vgl. auch Designschutz)
- Zahlen (4711, 8x4)
- Buchstaben (Einzelbuchstaben oder Gruppen von Buchstaben wie bei AEG, BP, hp, IBM)

Inzwischen wurde diese Aufzählung durch das europäische Markenamt in Alicante noch um Gerüche erweitert, dort wurde nämlich der Geruch frisch geschnittenen Grases für Tennisbälle als eintragungsfähig angesehen.

*Geschäftliche Bezeichnungen (§ 5 MarkenG)*

- Unternehmenskennzeichen/Firma (= Name unter dem der Kaufmann oder das Unternehmen im geschäftlichen Verkehr auftritt) auf, Logo (z.B. Kasten mit Schrägstrich von der Deutschen Bank, Telefonnummern, Internet-Domains)
- Werktitel (Titelschutz) = Produktbezeichnungen von Druckschriften (Bücher und Presseerzeugnisse), Filmwerken, Tonwerken (Opern und Musicals), Bühnenwerken und Software (z.B. Powerpoint für Microsoft) etc.

Unternehmenskennzeichen erlangen grundsätzlich mit der ersten Benutzung im Geschäftsverkehr Schutz, wenn sie unterscheidungskräftig sind. Bei fehlender Unterscheidungskraft muss nachgewiesen werden, dass Verkehrsgeltung besteht.

*Geografische Herkunftsbezeichnungen (§ 126 ff. MarkenG)*

- schützen alle Unternehmen eines bestimmten Gebietes, die die Ware oder Dienstleistung anbieten, auf die die geschützte Herkunftsbezeichnung zutrifft. Als schutzfähige geografische Herkunftsbezeichnung wird zum Beispiel die Bezeichnung „Schwarzwälder Uhren" angesehen, das heißt nur Uhren, die in der Region des Schwarzwaldes hergestellt werden, dürfen diese Bezeichnung verwenden. Weitere Beispiele sind „Dresdner Christstollen" oder „Spreewaldgurken", aber auch internationale Herkunftsbezeichnungen wie Champagne oder Cognac.

In der Praxis kommt der Frage der Unterscheidungskraft, der Selbstständigkeit – vor allem bei Slogans interessant – und der Prüfung, ob eine freihaltungsbedürftige beschreibende Angabe vorliegt, die größte Bedeutung zu. Hierbei muss die Marke immer mit Blick auf die vom Anmelder zur Kennzeichnung vorgesehenen Waren oder Dienstleistungen beurteilt werden.

*Waren und Dienstleistungen werden heute gemäß internationalen Abkommen (EU-Richtlinien und Verordnungen: Pariser Verbandsübereinkunft, Madrider Abkommen, Weltweit: WIPO = World Intellectual Property Organization) in ein 45 Klassen umfassendes Verzeichnis eingeteilt.*

(Vgl. dazu Wolfgang Berlit: Das neue Markenrecht, München 2008) Bei einer Neueintragung können vom Anmelder drei der Klassen ausgewählt werden, in denen das Markenzeichen dann Markenschutz genießt. Es ist möglich, die Marke in weiter Klassen eintragen zu lassen, für die aber jeweils eine weitere Gebühr erhoben wird.

**Beispiel**

Bekannt ist die Marke „Bounty", die schon seit Jahren für einen Schokoriegel (Hersteller Mars) eingeführt ist. Dieser Name wird aber seit einiger Zeit auch für eine Küchenrolle (Hersteller Procter&Gamble) verwendet.

---

Eine Marke ist dann unterscheidungskräftig, wenn die Mehrheit der Verbraucher in der Marke nicht nur eine allgemeine und übliche Sachaussage in Bezug auf die Ware (z.B. Art, Eigenschaft und Verwendungszweck) sehen, sondern mit der Marke einen Herkunftshinweis verbinden. Das heißt die Verbraucher identifizieren anhand der Marke das Produkt von Konkurrenzprodukten.

Eine geringe Unterscheidungskraft wohnt zwar eigentlich jeder Marke inne, doch in diesem Zusammenhang wird vor allem eine mögliche Verwechslungsgefahr von besonderer Bedeutung sein. Bei der Beurteilung, ob eine Verwechslungsgefahr vorliegt, muss man wieder den Einzelfall betrachten, das heißt an welche Adressaten richtet sich das einzutragende Markenzeichen. Bei Waren und Dienstleistungen, die sich an die Allgemeinheit richten, ist das wieder der Durchschnittsverbraucher (vgl. zum Verbraucherleitbild am Anfang des Kapitels). An dieser Stelle nur ein aktuelles Beispiel.

**Beispiel**

Der Berliner Tageszeitung „TAZ" wurde der Vertrieb von Werbeartikeln aus dem Outdoor-Bereich mit dem aufgedruckten Logo der Zeitung – einer Tatze – verboten, da das Landgericht Hamburg eine Verwechslungsgefahr zum Logo des Klägers (Jack Wolfskin) annahm. Ein durchschnittlichen Betrachter oder Käufer stelle eine gedankliche Verbindung im Sinne einer geschäftlichen Beziehung zwischen der „TAZ" und Jack Wolfskin her, die aber so nicht existiere, denn die „TAZ" sei den beteiligten Verkehrskreisen als Zeitung und nicht als Händlerin für Textilien und verwandte Produkte bekannt. Besonders interessant ist dieser Fall dadurch, dass die „TAZ" nachweisen konnte, die Erfinderin der „Tazze" zu sein, aber in der Gründungsphase schlicht vergessen hatte, sich das Logo als Marke eintragen zu lassen. Das Unternehmen Jack Wolfskin wählte die Tatze in den Achtzigerjahren als Logo aus und ließ es sich ins Markenregister eintragen. (Detailliertere Ausführungen zum Thema Verwechslungsgefahr finden Sie in Wolfgang Berlit: Das neue Markenrecht. Vahlen Verlag. München 2008)

---

Ausnahmsweise können aber auch Marken, die nicht unterscheidungskräftig oder lediglich beschreibend sind, eingetragen werden, wenn sie sich im Verkehr als Marke durchgesetzt haben. Eine solche Feststellung ist jedoch an sehr strenge Voraussetzungen gebunden (u.U. demoskopische Umfrage.)

**Werbeslogans** sind dann unterscheidungskräftig, wenn sie mehrdeutig und interpretationsbedürftig sind. Ein Werbeslogan ist dann als Marke eintragungsfähig, wenn er inhaltlich Kürze, Originalität und Prägnanz aufweist. Das ist regelmäßig kein Problem, wenn der Markenname in dem Slogan enthalten ist wie bei „Lass dir raten, trinke Spaten" . Grundsätzlich vertritt sowohl das DPMA als auch das HABM (Harmonisierungsamt für den Binnenmarkt) seit Jahren eine sehr strenge, oft ablehnende Haltung bei der Entscheidung, ob Slogans ins Markenregister eingetragen werden. Dies führt immer wieder zu Gerichtsverfahren zwischen den eintragungswilligen Unternehmen und den öffentlichen Institutionen, die aber sehr häufig zu Gunsten der Markenämter entschieden werden. Zur Veranschaulichung der bisherigen Entscheidungspraxis zwei in letzter Zeit entschiedene Fälle:

- das HABM lehnte die Eintragung des Werbeslogans „Vom Ursprung her vollkommen" als Marke in der Klasse 32 und 33 für alkoholfreie bzw. alkoholische Getränke ab. Der Slogan habe keine Unterscheidungskraft, sondern sei bereits auf den ersten Blick als Beschaffenheitsangabe zu verstehen. (HABM vom 17.11.2005 ; Az. R 1179/2004 – 2 GRUR – RR 2006, S. 93)
- auf der anderen Seite hielt das HABM den Slogan „cook & more" als Marke für Waren der Klasse 7 (u.A. Maschinen), 9 (u.A.Messgeräte) und 11 (u.A. Kochgeräte) für eintragungsfähig, da die Marke das erforderliche Maß an Unterscheidungskraft besitze. Der Slogan sei auch nicht lediglich beschreibend und damit eintragungsfähig (HABM vom 20.4.2005; R 79/ 2005 – 2 GRUR - RR 2006, S. 92)

Neben dem Vorwurf mangelnder Unterscheidungskraft wird der Markenanmeldung häufig ein vorhandenes Freihaltebedürfnis entgegengehalten. Die besondere Bedeutung des Freihaltebedürfnis liegt darin, dass der Wirtschaftsverkehr vor Behinderungen geschützt werden soll, denn wenn eine lediglich beschreibende Angabe eingetragen würde, könnte der Markeninhaber allen anderen die Verwendung dieses Begriffs untersagen.

**Beispiel**

In diesem Zusammenhang kann man verstehen, dass die Bezeichnung „today" als Handelsmarke eines Lebensmittelhändlers für Hygieneartikel, Wasch- und Putzmittel nicht eingetragen wurde, weil sie als allgemeiner Hinweis auf die Aktualität einer Ware oder Dienstleistung verstanden wird und deshalb für die Allgemeinheit freigehalten werden muss (BGH, NJW-RR 1998, 1261).

---

Allerdings spielen in Markenrechtsfällen auch immer wieder Fragen des Wettbewerbsrecht – vor allem Rufausbeutung – eine Rolle.

**Beispiel**

So wurde Ford durch das Landgericht Köln (AZ 81088/98) zunächst die Verwendung des Markennamens „Focus" verweigert, weil das gleichnamige Nachrichtenmagazin aus München (Burda Verlag) dadurch eine Verwässerung seines Images bzw. eine unzulässige Anlehnung befürchtete und dies vom Gericht bestätigt wurde. Außergerichtlich einigten sich Ford und Burda: Gegen eine Spende von 1 Mio. Mark für das Entwicklungsprojekt „Ärzte für die Dritte Welt" und weiterer Regelungen, die eine Verwässerung oder Verwechslung des Markennamens „Focus" ausschließen, durfte Ford den Namen verwenden.

---

*Entstehung von Markenschutz*

Markenschutz entsteht nach (§ 4 MarkenG) durch

- Eintragung in das Markenregister beim Patentamt (für Deutschland: München; für Europa: Harmonisierungsamt für den Binnenmarkt Alicante) – für eine Schutzdauer von 10 Jahren (Verlängerung um jeweils 10 Jahre möglich)
- Benutzung und Erlangung von Verkehrsgeltung – in Einzelfällen reichen schon 20 %, aber meistens müssen mehr als 50 % der beteiligten (Verkehrs-)Kreise bzw. Zielgruppen mit einer beschreibenden Angabe einen bestimmten Hersteller verbinden (vgl. auch Wolfgang Berlit: Das neue Markenrecht, Vahlen Verlag. München 2008)
- Notorische Bekanntheit einer Marke – dies gilt vor allem für ausländische Marken, die in Deutschland nicht eingetragen sind. (Kennzeichen im Sinne des Artikels 6 der Pariser Verbandsübereinkunft zum Schutz des gewerblichen Eigentums). Hier muss der Bekanntheitsgrad noch deutlich über den für die Verkehrsgeltung geltenden 50 % liegen, einige Autoren nennen hier sogar 70 % (vgl. Thomas Zerres: Marketingrecht. Vahlen Verlag. München 2002. S. 63).

Die beiden letzen Bereiche zeigen, dass Markenschutz auch ohne Eintragung beim Patent- und Markenamt entstehen kann. Als Voraussetzung gilt die Erlangung von Verkehrsgeltung, das heißt der Produktname oder die Ausstattung (= alles, was eine Ware unterscheidungskräftig kennzeichnet z.B. ihre Verpackung, Umhüllung, Ankündigung, Werbung) muss bei einer Mehrheit der angesprochenen Zielgruppe mit dem Hersteller verbunden werden. (Die Prozentzahlen sind wie schon erwähnt einzelfallabhängig und müssen mithilfe von Marktforschungsstudien belegt werden können.) Die Rechtsansprüche aus einem so erlangten Markenschutz sind selbstverständlich die gleichen wie bei einem eingetragenen Markenzeichen.

**Beispiel**

Das Unternehmen Ferrero wollte 2006 einem konkurrierenden Süßwarenhersteller verbieten lassen, Schokoriegel in der Form des Duplo-Riegels zu vertreiben, da eine Verwechslungsgefahr bestehe. Bis zu diesem Zeitpunkt war natürlich die Marke Duplo längst ins Markenregister eingetragen, aber die Form des unverpackten Riegels natürlich nicht. Die Form des Duplo-Riegels ähnelt einem längs halbierten Baumstamm und weist eine Oberflächenstruktur auf, die an Baumrinde erinnert. Und genau diese Form hatte das konkurrierende Unternehmen kopiert. Um die Verkehrsgeltung der Form des Duplo-Riegels nachzuweisen, ließ Ferrero eine repräsentative Befragung bei 814 Personen durchführen. Von diesen ordneten 533 Personen (=65,5 %) den unverpackten Riegel der Konkurrenz der Marke Duplo zu, weitere 101 Personen nannten Ferrero (=gesamt 77,9 %), sodass die Richter zu dem Schluss kamen, dass eine Verwechslungsgefahr bestehe und Ferrero daher markenrechtliche Ansprüche gegenüber der Konkurrenz geltend machen könne (OLG Köln, vo. 3.3.2006 –6W 5/06).

---

Wie man sieht, hilft eine hohe Markenbekanntheit nicht nur dem Verkauf von Produkten, aber in manchen Fällen wird aus dem Segen einer hohen Bekanntheit auch ein Fluch. Dann, wenn die Marke so bekannt geworden ist, dass sie zum Gattungsbegriff geworden ist wie z.B. bei Tempo oder UHU. Wenn dann in der Werbung mit diesen Markennamen geworben wird, kann es schwer werden dies untersagen zu lassen. In extremen Fällen wäre sogar denkbar, dass eine Marke aus dem Markenregister gelöscht werden muss, weil sich auf Grund der Verwendung der Marke als Gattungsbegriff ein Freihaltebedürfnis für die Allgemeinheit (absolutes Schutzhindernis § 3 MarkenG) ergeben hätte.

**Verfahren der Eintragung**

Die eingereichte Markenanmeldung durchläuft im DPMA zwei verschiedene Verfahrensabschnitte:

1. *Das Eintragungsverfahren*

In diesem wird geprüft, ob die Anmeldung den Anmeldungserfordernissen entspricht und der Eintragung keine absoluten Schutzhindernisse entgegenstehen.

Die Eintragung ins Markenregister hängt von folgenden Faktoren ab:

- grafische Darstellbarkeit
- Unterscheidungskraft
- kein Freihaltebedürfnis

Zunächst muss die Marke grafisch darstellbar sein, d.h. durch Figuren, Schriftzeichen, Abbildungen etc. eindeutig identifiziert werden können. Probleme tauchen in dieser Hinsicht vor allem bei den dreidimensionalen Gestaltungen, den Hörzeichen und den Geruchsmarken auf. **Dreidimensionale Gestaltungen** wie z.B. die Verpackung oder das Produktdesign müssen über Fotografien wiedergegeben werden, da das DPMA dreidimensionale Modelle nicht akzeptiert. **Hörzeichen** sind als Marken nur dann eintragungsfähig, wenn bei der Anmeldung die Notenschlüssel und Noten grafisch dargestellt werden. In der Werbung werden aber immer häufiger **akustische Logos** verwendet. Diese kurzen Tonfolgen (z.B. Telekom, Intel) oder Geräusche erlangen keinen Urheberrechtsschutz, da meist die gestalterische Schöpfungshöhe fehlt, können aber als Marken beim DPMA oder beim HABM eingetragen werden.

Die fehlende grafische Darstellbarkeit verhindert bisher auch die Eintragung von Geruchsmarken, die Hinterlegung einer Duftprobe oder die Beschreibung eines Geruchs reicht nicht. Selbst die Hinterlegung der chemischen Formel reicht nicht aus, da die Richter die Unterscheidungskraft der menschlichen Nase angesichts einer nur geringfügig veränderten chemischen Formel – vermutlich zu Recht – als sehr gering einschätzen. Der Registerstand wäre in diesem Fall nicht geeignet, die Öffentlichkeit richtig zu informieren.

Bei **Bild-/Farbmarken** ist zu beachten, dass der Anmeldung ein Farbmuster sowie die Bezeichnung der Farbe nach einem Kennzeichnungscode beizufügen ist. Das gilt besonders für konturlose Farbtöne.

Anschließend erfolgt die Eintragung der Marke in das Register. Dabei wird nicht geprüft, ob es relative Schutzhindernisse, das heißt eine Identität oder Ähnlichkeit mit prioritätsälteren Marken gibt, da man davon ausgehen kann, dass sich die Besitzer älterer oder ähnlicher Marken schon melden werden, wenn sie mit der neu eingetragenen Marke Probleme haben. Falls das der Fall sein sollte, muss zunächst innerhalb von drei Monaten nach der Eintragung der neuen Marke ein Widerspruch eingelegt werden (§ 42 MarkenG).

Auch deshalb ist eine ausgiebige Markenrecherche durch spezialisierte Anwälte sehr wichtig, auch wenn das bei geplanter internationaler Verwendung einer Marke schnell teuer werden kann. Wenn sich aber auf Grund einer schlechten Markenrecherche nach einer Eintragung später andere Unternehmen mit prioritätsälteren Rechten melden und auf Unterlassung oder Schadenersatz klagen, kann der finanzielle Schaden deutlich höher ausfallen (vgl. dazu auch das „Focus"-Beispiel). Man sollte also bei der Markenrecherche sowie bei der Festlegung der einzutragenden Warenklassen schon im Blick haben, wofür man die Marke innerhalb der nächsten fünf Jahre (Benutzungsschonfrist) einsetzen möchte, was angesichts der Schnelllebigkeit des heutigen Marketings eine anspruchsvolle Aufgabe darstellt.

*2. Das Widerspruchsverfahren*

Das Widerspruchsverfahren ist in der Praxis von großer Bedeutung, wobei sehr häufig auf die Verwechslungsgefahr verwiesen wird. Im Rahmen der Prüfung werden die Kriterien Warenähnlichkeit, Maß der Kennzeichnungskraft und Zeichenähnlichkeit überprüft.

Bei einem erfolgreichen Widerspruch wird die zuletzt eingetragene Marke wieder gelöscht.

Das Deutsche Patent- und Markenamt prüft bei der Eintragung nicht, ob sich in dem Register bereits Marken befinden, die mit der angemeldeten verwechselbar ähnlich sind.

**Schutzdauer**

Die Schutzdauer beginnt mit dem Anmeldetag, das heißt noch vor der eigentlichen Eintragung und endet zehn Jahre nach dem Ablauf des Monats, in den der Anmeldetag fällt (§ 47 MarkenG). Sie kann jedoch um jeweils zehn weitere Jahre gegen Zahlung entsprechender Gebühren verlängert werden. Das heißt Markenschutz endet nie, wenn der Markenanmelder das nicht möchte.

**Verletzung von Markenrechten**

Bei der Verletzung von Markenrechten hat der Inhaber des Markenrechts gegen den Verletzer Unterlassungs- und Schadenersatzansprüche, Vernichtungsansprüche und Auskunftsansprüche. Werbetreibende können hierbei sowohl Anspruchssteller (Geschädigter) als auch Anspruchsgegner (Beklagter) sein.

Im Einzelnen hat der Markeninhaber oder der Inhaber einer geschäftlichen Bezeichnung das Recht vom Verletzer Folgendes zu verlangen:

- Unterlassung (§§ 14, 15 MarkenG), dies unabhängig vom Verschulden – evtl. besteht auch Anspruch auf Löschung der Marke aus dem Markenregister (§§ 51, 55 MarkenG)
- Schadenersatz (§§ 14, 15 MarkenG) – dies nur bei Vorsatz oder Fahrlässigkeit
- Vernichtung der widerrechtlich gekennzeichneten Waren (§ 18 MarkenG) – z.B. bei Produktpiraterie
- Auskunft über die Herkunft und den Vertriebsweg der widerrechtlich gekennzeichneten Waren bzw. Verpackungen (§ 19 MarkenG)

- Beschlagnahme (§§ 146 ff. MarkenG)

(Wesentlich detailliertere Ausführungen zum Thema Ansprüche bei Markenverletzung finden Sie in Wolfgang Berlit: Das neue Markenrecht. Vahlen Verlag. München 2008)

Am häufigsten dürfte der Unterlassungsanspruch vorkommen, der vor allem bei Verwechslungsgefahr oder Rufausbeutung angewendet werden wird. Die Möglichkeiten zur Durchsetzung des Markenschutzes decken sich mit den gerichtlichen Maßnahmen im Wettbewerbsrecht, das heißt eine einstweilige Verfügung erwirken und/ oder eine Klage vor dem Markensenat des zuständigen Gerichts (vgl. Abschnitt 9.6). Dabei dient die einstweilige Verfügung auch hier der kurzfristigen Sicherung der Rechtsposition, das heißt kurzfristigen Schaden zu vermeiden. Im Markenrecht bleibt es aber im Gegensatz zum Wettbewerbsrecht nicht aus, seine Ansprüche vor Gericht durchzusetzen, dabei handelt es sich in der Regel um langwierige Verfahren. Schon in der ersten Instanz kann sich die Verhandlung schon über mehrere Monate, teilweise sogar Jahre erstrecken.

In letzter Zeit haben einige Gerichte versucht, den Missbrauch bei der Verwendung eingetragener Marken oder Internet-Adressen („Domain-Grabbing“) einzuschränken. In diesen Fällen hat der Inhaber der Marke oder Internet-Adresse keinen ernsthaften Benutzungswillen, er will vielmehr von einem Dritten, der den Markennamen oder die Internet-Adresse wirklich benötigt, Geld erhalten.

**Beispiele**

1. Zu Beginn des Internets sollen einige findige Personen sich die Namen bedeutender Unternehmen oder entsprechend ähnliche oder nützliche Domains erworben haben und beim anschließenden Verkauf Beträge in zweistelliger Millionen-Dollar-Höhe erhalten haben.
2. Ein anderer sehr bekannter Fall aus dem Markenrecht trat bei der internationalen Einführung der E-Klasse von Mercedes-Benz auf, bei dem die Marketing-Manager des Konzerns anscheinend vergessen hatten, die Marke auch im übrigen europäischen Ausland zu schützen. Diesen Fehler versuchte ein französischer Geschäftsmann gewinnbringend auszunutzen. Seit Mitte des Jahres 1993 verwendete die Daimler Benz AG bzw. DaimlerChrysler die angelehnte Bezeichnung „E-Klasse“. Am 24.11.1992 ließ ein in Frankreich lebender Anmelder das Zeichen „Classe E“ unter anderem für Fahrzeuge in Frankreich anmelden. Mit Antrag vom 19.04.1993 erfolgte die Registrierung mit Schutz für die Schweiz und für Deutschland. Das Kalkül des nunmehr Beklagten, der sich auch als Markenhändler bezeichnet, ging zunächst auf. DaimlerChrysler zahlte im August 1994 für die Gewährung einer ausschließlichen Lizenz an der französischen Marke einen nennenswerten Betrag und im März 1995 für eine Lizenz an der IR-Marke für die Schweiz einen weiteren Betrag. Als er dann auch eine Lizenz für Deutschland forderte, kam es zum Rechtsstreit. Die Firma Chrysler verklagte den Markeninhaber und beantragte Feststellung, dass diesem keine Ansprüche gegen DaimlerChrysler aus der international registrierten Marke in der Bundesrepublik Deutschland zustehen. Schon das Landgericht Frankfurt gab dem Begehren statt. Dem folgte auch das OLG Frankfurt und auch der Bundesgerichtshof entschied in letzter Instanz, dass es sich bei der Eintragung der Marke um einen Markenmissbrauchsfall gehandelt habe, der nicht unter die grundsätzliche Erlaubnis des § 25 Abs. 1 Markengesetz fällt, sich fünf Jahre lang Zeit lassen zu dürfen bevor man entscheidet, was man mit einer eingetragenen Marke macht.

→ *Die Praxis, Marken auf Vorrat zu parken, um sie später einzusetzen, ist für Werbeagenturen, Markendesigner und Unternehmen wichtig und grundsätzlich nicht zu beanstanden.*

Übrigens kann die Benutzung auch im Rahmen eines Lizenzvertrages erfolgen, wodurch im Grunde genommen erneut fünf Jahre Benutzungsschonfrist gelten.

Dass Marken in der eingetragenen Form und in den eingetragenen Warenklassen tatsächlich benutzt werden, ist für die Aufrechterhaltung des Markenschutzes von extrem wichtiger Bedeutung. So musste der Otto-Versand die Marke Otto für verschiedene Warenklassen löschen, weil er sie in diesen Klassen nicht innerhalb der Schonfrist von fünf Jahren benutzt hatte (BGH 21.07.2005 – I ZR 293/02). Auch eine Veränderung einer Marke z.B. im Rahmen eines Relaunches kann für den Markenschutz gefährlich werden, da sie dann nicht mehr in der eingetragenen Form genutzt wird. Man kann dann zwar die veränderte und damit eigentlich neue Marken erneut schützen lassen, dieser Schutz gilt aber nur vor Nachahmern, die Produkte nach der neuen Eintragung auf den Markt bringen. Für den Fall, dass eine Marke für die Warenklasse 25 eingetragen wird, in der Bekleidungsstücke, Schuhwaren und Kopfbedeckungen zusammengefasst sind, und anschließend die Marke nur für Damenoberbekleidung benutzt, erlischt nach fünf Jahren der Markenschutz für die nicht genutzten Bereiche. Das heißt bei einer geplanten Ausweitungen der Marke z.B. auf Schuhe, aber vermutlich auch schon auf Herrenbekleidung, könnte kein Markenschutz geltend gemacht werden.

Die Marke ist ein Vermögensgegenstand des Markeninhabers. Insofern ist es nur folgerichtig, wenn das Markenrecht veräußer- und vererbbar ist. Es kann aber auch als Lizenz vergeben werden, so besitzt Licensing bzw. Merchandising in einigen Branchen wie der Mode- und Duftindustrie eine enorm hohe Bedeutung.

**Beispiel**

Das Markenrechte einzeln veräußerbar sind, musste zuletzt die Volkswagen AG beim Streit mit BMW um die Übernahme von Rolls-Royce schmerzlich erleben. Während die Volkswagengruppe zwar das Unternehmen Rolls-Royce aufgekauft hatte, sich aber nicht die Rechte an der Marke sicherte, erwarb BMW die Markenrechte am Namen „Rolls-Royce“ . Dies führt zu der kuriosen Situation, dass die Volkswagen AG zwar die Produktionsanlagen von Rolls-Royce besitzt, dort aber keine Rolls-Royce mehr vom Band laufen dürfen, stattdessen werden dort inzwischen nur noch Pkws der Marke Bentley produziert.

Die besondere Bedeutung von Markeneintragung und Markenschutz lässt sich außerdem daran erkennen, dass heute der Markenwert eines Unternehmens häufig den Vermögenswert an Sach- und Kapitalanlagen übersteigt. Weitergehende Informationen zum Thema Marke und Markenwert, der übrigens nach amerikanischen Bilanzierungsregeln (US-GAAP) im Gegensatz zu Europa als Vermögen ausgewiesen werden darf, findet man unter anderem auf der Homepage von Interbrand, einem Marktforschungsinstitut, das jedes Jahr die wertvollsten Markennamen ermittelt (http://www.interbrand.com).

## 9.9 Persönlichkeitsrechte

Über die bisher dargestellten Sachverhalte hinaus gibt es mit dem Recht am eigenen Bild noch einen weiteren Schutzbereich, der gerade bei der Kreation von Anzeigen berücksichtigt werden muss, um höhere Schadenersatzforderungen zu vermeiden. Die freie Entfaltung der Persönlichkeit ist durch Artikel 2 Grundgesetz geschützt. Dieser Schutz erstreckt sich nach aktueller Rechtslage auf den gesamten Ausstrahlungs- und Wirkungskreis einer Person und schützt sie vor ehrverletzenden Werturteilen oder unerlaubtem Eindringen in die Privatsphäre. Mit anderen Worten:

→ *Die Privatsphäre jedes Menschen ist geschützt und darf auch durch Werbung nicht angetastet werden.*

Eine Ausnahme kann allenfalls im Rahmen der Pressefreiheit (Art. 5 GG) in Betracht kommen, aber auch nur in Grenzen, wie zahlreiche Urteile zu Gunsten prominenter Personen zeigen, über die in der Boulevard- oder Yellow-Presse berichtet wurde.

→ *Eine besondere Erscheinungsform des Persönlichkeitsrechts ist das Recht „am eigenen Bild“.*

Dies ist in § 22 KunstUrhG verankert ist. Um eine Abbildung einer Person verbreiten zu dürfen, benötigt eine Agentur grundsätzlich die Einwilligung des Abgebildeten oder nach seinem Tode die Einwilligung seiner Angehörigen. Eine Ausnahme besteht im Informationsinteresse der Allgemeinheit für Abbildungen einer Person der Zeitgeschichte. Niemand, auch nicht eine in der Öffentlichkeit bekannte Person, braucht es daher zu dulden, dass sein Name oder sein Bild ohne seine Zustimmung zu Werbezwecken oder sonstigen wirtschaftlichen Zwecken benutzt wird.

Eine Verletzung des allgemeinen Persönlichkeitsrechts kann Schadensersatzansprüche nach §§ 823 ff. BGB, aber auch Unterlassungsansprüche oder Ansprüche auf Widerruf nach sich ziehen. Gerade Politiker sind in letzter Zeit häufig Opfer einer solchen Werbepraxis geworden.

**Beispiel**

Als Beispiel sei hier die nur einmal im „Stern" geschaltete, aber dennoch unvergessene Sixt-Anzeige für ein Cabrio erwähnt, in der neben dem Slogan „Lust auf eine neue Frisur" Angela Merkel mit einer Sturmfrisur zu sehen war. Auch wenn Frau Merkel sympathisch entspannt darauf reagiert hat, musste der Kunde der Agentur als Entschädigung für den Eingriff in die Persönlichkeitsrechte von Frau Merkel einen höheren Betrag an eine gemeinnützige Stiftung spenden.

---

Im Bereich Marketing und Werbung bestehen auch hinsichtlich der Verwendung von Namen gewisse Einschränkungen, wobei natürlich vor allem der Schutz des Markennamens von besonderer Bedeutung ist. Schon aus § 12 BGB ergibt sich ein Schutz vor Namensanmaßung, das heißt, Personen werden davor geschützt, dass jemand unbefugt ihren Namen gebraucht.

Ergänzt wird dieser Schutzbereich durch § 15 MarkenG und für die Firma (= Handelsname des Kaufmanns) durch handelsrechtliche Vorschriften (§ 37 Abs. II HGB) geschützt, welche hier jedoch nicht weiter dargestellt werden.

Mitunter kann es recht schwierig sein zu beurteilen, ob eine Bezeichnung als Name geschützt ist. Grundsätzlich sind folgende Bezeichnungen als Namen geschützt:

- Namen natürlicher Personen,
- Decknamen (= Pseudonym) natürlicher Personen (z.B. Künstlername),
- Firma (= Name) eines Einzelkaufmanns, einer Gesellschaft (z.B. OHG, GmbH oder AG) oder eines eingetragenen Vereins,
- Wappen und Vereinsembleme, sofern sie geeignet sind, auf den Namensträger hinzuweisen (z.B. Kölner Geißbock für den FC Köln)
- Unternehmensbezeichnungen, die unabhängig vom Namen bzw. der Firma geführt werden, jedoch unterscheidungskräftig und nach der Verkehrsauffassung geeignet sind, wie ein Name zu wirken (z.B. Meisterbrand als Bezeichnung eines Spirituosenherstellers) oder Hotel- und Gaststättenbezeichnungen, die vom Haus geschützt sind, wenn es Phantasiebezeichnungen sind (z.B. Hotel Adlon, Hotels mit Tiernamen wie Goldener Hirsch)
- Marken (hier Warenbezeichnungen), wenn sie im Geschäftsverkehr als Name des Inhabers oder seines Unternehmens angesehen werden. Dies wird am häufigsten zutreffen, wenn eine Firma (Name des Unternehmens) gekürzt als Zeichen verwendet wird (z.B. hp, Mercedes). Ist der Name nicht aus der Marke ersichtlich, so liegt keine Namensverletzung vor.
- Gebäudebezeichnungen, wenn sie Namensfunktion besitzen oder wenn sie zugleich das Unternehmen oder einen Teil des Unternehmens bezeichnen.
- Abkürzungen und Schlagworte, wenn sie namensmäßige Unterscheidungskraft besitzen.

Aus dem Wesen des Namens als Individualisierungsmittel folgt, dass er namensmäßige Unterscheidungskraft besitzen muss. Deshalb muss er seiner Art nach geeignet sein, Personen oder Gegenstände von anderen zu unterscheiden. Gängige Nachnamen (z.B. Müller, Meier, Schmidt, Schulz, u.ä.) sind so weit verbreitet, dass sie wenig über den Namensträger aussagen und ohne einen weiteren Zusatz (z.B. Vornamen) keine Unterscheidungskraft haben. Anders sieht es aber anscheinend mit Spitznamen aus, wie folgendes Beispiel zeigt

**Beispiel**

Ein Fleischgroßhändler hatte sich 2005 für eine Sorte Schweinswürste den Namen „Schweini" markenrechtlich schützen lassen. Diesen Namen hatten Journalisten während des Confed-Cups 2005 für den Fußballspieler Sebastian Schweinsteiger geprägt, der sich anfangs noch selber gegen die Verwendung dieses „Spitznamens" wehrte. Kurze Zeit später „erfand" der Unternehmer auch das Würstchen „Poldi" und ließ sich auch diesen Markennamen schützen. Das Landgericht gab einer Klage des Fußballspielers nach Löschung der Marke statt und verpflichtete den Großhändler sogar zur Auskunft über die mit den Würsten erzielten Umsätze, da Schweinsteiger Schadenersatz zustehe. Denn spätestens mit den Medienberichten im Rahmen des Confed-Cups habe es sich bei dem Namen „Schweini" um einen gesetzlich geschützten individualisierbaren Namen gehandelt, der unter besonderem rechtlichen Schutz stehe (LG München I Az.: 4HK O 12806/06).

## 9.10 (Übungs-)Fälle zu den gewerblichen Schutzrechten (Lösung 9.12)

1. Die „Frankfurter Allgemeine Zeitung" (FAZ) wirbt seit Jahren mit einer gestalterischen Konzeption, in der Prominente in einer für sie typischen oder interessanten Umgebung lesend hinter einer Ausgabe der FAZ verschwinden. Die Auflösung, um welchen Prominenten es sich handelt, steht links untern in einer kleinen Bildunterschrift. Dazu gehört der Slogan „Dahinter steckt immer ein kluger Kopf". Ein Verlag, der Frauentitel aus dem Bereich der Yellow-Press vermarktet, kopierte diese Konzeption, in dem eine Frau gezeigt wird, die sich im Düsseldorfer Stadttor befindet und hinter einer Ausgabe eines Frauentitels lesend verschwindet. Die Auflösung, dass es sich um die Chefsekretärin des Verlags handelt, steht links unten als Bildunterschrift. Dazu gehört der Slogan „Dahinter steckt immer ein kluger Zopf". Beurteilen Sie diesen Fall unter rechtlichen Gesichtspunkten.
2. Eine Grafikerin hatte für die Verpackung von Salz ein Logo entworfen. Dafür erhielt sie 100 € und eine „Vorbehaltserklärung", in der es hieß: „Im Fall, dass das Logo wirtschaftlich verwertet wird, ist zuzüglich zum vereinbarten Arbeitshonorar eine Nutzungsvereinbarung zu schließen". Diese Nutzungsvereinbarung wurde nicht geschlossen, die Verpackung mit dem Logo wurde unter anderem in großen Kaufhäusern vertrieben. Das Logo bestand aus einer stilisierten Sonne mit Flammen, vom runden Körper der Sonne getrennte Sonnenstrahlen, goldene Farbe, umlaufende schwarze Schrift der Produktbezeichnung auf blauem, pastellfarbenem Hintergrund.
   Beurteilen Sie diesen Fall unter rechtlichen Gesichtspunkten.
3. Ein Designer kreiert einen neuartigen „Wackelkopfhund", der eine rasseübergreifende Gestalt besitzt, das heißt sich nicht ohne weiteres einer bestimmten Rasse zuordnen lässt. Könnte dieses Produkt Geschmacksmusterschutz genießen?
4. Ein pharmazeutische Unternehmen stellt ein Multivitaminpräparat her. Auf den Probepackungen, die an Ärzte und Apotheker abgegeben werden, steht „Unverkäufliches Geschmacksmuster". Was bedeutet hier Geschmacksmuster und greift das neue Designgesetz dafür?
5. Für das Unternehmen U ist die Marke TALKO für Putz- und Poliermittel eingetragen. Zwei Jahre später beginnt das Chemiewerk W den Vertrieb eines Bodenreinigers unter der Marke TALKOB.
   Ist U berechtigt, von W die Unterlassung dieser Bezeichnung zu verlangen?
6. Das Unternehmen K bringt ein Mundwasser in einer Flasche auf den Markt, die mit der bekannten Odol-Mundwasser-Flasche identisch ist.
   Ist der Hersteller von Odol berechtigt, K die Benutzung der Flasche für Mundwasser zu untersagen?

7. Die Maschinenfabrik Mayer (M) wirbt seit kurzem mit einem Zeichen, das dem Bayer-Kreuz nachempfunden ist, also mit einem senkrecht und einem waagerecht gestellten Mayer, wobei sich die beiden Worte im y schneiden.
   Kann die Firma Bayer mit Erfolg gegen das Mayer-Kreuz vorgehen?
8. Ein Unternehmen erfindet ein Gütesiegel, um seinen Produkten dadurch den Anschein einer höheren Qualität zu geben. Ist die Platzierung eines solchen Gütezeichens zulässig?
9. Ein Grafiker hat ein relativ einfaches Tapetenmuster entwickelt und einer Herstellerfirma angeboten. Die Firma lehnte den Ankauf des Musters zwar ab, verwendete es jedoch später trotzdem für ihre Produktion. Beurteilen Sie die rechtliche Situation des Grafikers.
10. Ein Hersteller fordert mehrere Agenturen auf, im Rahmen einer Wettbewerbspräsentation Werbekonzeptionen vorzustellen.
    Der Hersteller lehnt zwar alle Vorschläge ab, realisiert aber später durch seine eigene Werbeabteilung eine der vorgestellten Konzeptionen.
    Beurteilen Sie die rechtliche Situation der Agentur.
11. Geben Sie jeweils an, ob für die folgenden Kennzeichnungen Markenschutz möglich ist?
    a) eine spezielle Farbe
    b) die Erkennungsmelodie von McDonald's
    c) ein bestimmter Geruch
    d) der Bär von Bärenmarke
    e) die Form der Dove-Seife
    f) die Gestaltungskonzeption der Marlboro-Werbung
    g) die folgenden Werbeslogans
       - Du darfst
       - Mach mal Pause, trink Coca-Cola
       - Persil bleibt Persil
       - Der Name sagt alles
       - McDonald's: Leckt echt schmecker
       - Nicht immer, aber immer öfter
       - In der Tat eines der besten Biere der Welt
12. Ist es möglich, dass eine nicht eingetragene Kennzeichnung Markenschutz genießt?
13. Geben Sie an, ob die folgenden Kennzeichnungen als geschäftliche Bezeichnungen geschützt werden können:
    - Firmenname
    - bürgerlicher Name
    - ein Jingle
    - das Unternehmenszeichen der Deutschen Bank
14. Geben Sie an, ob es sich in den folgenden Fällen um geografische Herkunftsangaben im Sinne des § 1 Markengesetz handelt.
    - Champagner
    - Frankfurter Würstchen
    - Cognac
    - Wiener Schnitzel
15. Ein Kosmetikunternehmen führt den Firmennamen MABA Kosmetik GmbH und hat MABA als Marke für ihre Kosmetikartikel eingetragen und vertreibt diese über den Handel. B firmiert unter MABA Musik GmbH und vertreibt Schallplatten, Musikkassetten und CDs. Er hat eine eingetragene Marke für Tonträger. K ist seit 1958 in das Handelsregister eingetragen, B erst seit 1980. Bei einer Umfrage hat sich ergeben, dass 80 % der Befragten MABA der Kosmetikbranche zuordnen. Die MABA Kosmetik GmbH möchte von der B die Löschung der MABA Musik GmbH die Löschung der Marke MABA verlangen. Nehmen Sie hierzu Stellung.
16. K hat eine Marke „Sana“ für Kaffee eingetragen. B hat eine prioritätsjüngere Marke „Schosana“ ebenfalls für Kaffee eingetragen. Kann der K dem B die Benutzung der Marke verbieten?
17. Ein sehr bekannter Hersteller von modischen Armbanduhren hat eine Uhr mit einem typischen Design entwickelt und vertreibt diese Uhr seit 15 Monaten mit großem Erfolg. Das Unternehmen besitzt für das Uhrendesign kein eingetragenes Schutzrecht. Die Gestaltungsmerkmale der Uhr reichen nicht aus um als angewandte Kunst zu gelten.
    a) Ist das Design dieser Uhr vor Nachahmung geschützt? Begründen Sie Ihre Angabe.
    b) Ein Konkurrenzunternehmen möchte ein Uhrendesign, das sich nur unwesentlich

von dem der Stündlich GmbH unterscheidet, als Design eintragen lassen. Ist das möglich? Begründen Sie Ihre Angabe.

18. Ein Schirmhersteller möchte die Bezeichnung „umbrella“ als Marke für einen Schirm eintragen lassen.
    a) Begründen Sie, warum das Patentamt die Eintragung vermutlich verweigern wird.
    b) Unter welcher Voraussetzung wäre evtl. doch eine Eintragung ins Markenregister möglich?
19. Sind die folgenden Schöpfungen durch das Urheberrecht geschützt? Begründen Sie jeweils Ihre Ansicht.
    a) ein künstlerisch gestaltetes Schmuckstück
    b) die Verhüllung eines Bauwerkes im Rahmen einer Kunstaktion
    c) ein längerer Fließtext in einer Werbeanzeige
    d) der Werbeslogan „Der Tag geht, Jonny Walker kommt“
    e) für Werbekampagnen speziell erdachte Einzelworte, z.B. unkaputtbar oder aprilfrisch
    f) die konzeptionelle Idee für eine Werbekampagne
    g) ein Werbejingle
    h) ein sehr einfaches Tapetenmuster, z.B. regelmäßige Anordnung von Punkte
    i) Pläne für den Bau eines Hauses
    j) eine normale Geige

## 9.11 Besonderheiten im Bereich Online-Marketing

Der wichtigste Grundsatz für den Bereich Online-Marketing lautet: Was Offline gilt, gilt auch Online. Das heißt, alle bisher beschriebenen rechtlichen Regelungen aus den Bereichen Wettbewerbsrecht, Markenrecht, Urheberrecht etc. gelten uneingeschränkt auch für die Online-Welt. So sind bspw. Verstöße gegen die Trennung von Werbung und redaktionellem Teil bspw. bei Textlinks oder Suchtreffern, aber auch bei You-Tube-Channels bzw. Beiträgen, die Produktempfehlungen enthalten, Schleichwerbung und insofern laut §4 Abs. 3 UWG (vgl. S. XXX) verboten.

Es gibt aber darüber hinaus medienspezifische Besonderheiten die keine Entsprechung in der Offline-Welt haben und die inzwischen in spezifischen Rechtsbereichen wie bspw. dem Telemediengesetz (TMG) oder dem Bundesdatenschutzgesetz (BDSG) geregelt sind. Im Folgenden sollen einige wichtige Aspekte dieser Rechtsbereiche kurz dargestellt werden.

*Zusendung adressierter Werbung (E-Mails oder Newsletter)*

Unerbetene E-Mail-Werbung (Spam) ist grundsätzlich verboten, da diese zum einen nach §7, Abs. 2 Nr. 3 UWG wettbewerbswidrig ist und darüber hinaus die Persönlichkeitsrechte des Empfängers verletzt (§ 823, Abs. 1 BGB). E-Mail-Werbung ist insofern rechtlich nur dann zulässig, wenn der jeweilige Empfänger sein Einverständnis gegeben hat (Opt-in, siehe Abschnitt 5.7.10) oder es sich im b2c-Bereich um einen im § 28 Bundesdatenschutzgesetz geregelten Ausnahmetatbestand handelt (siehe dazu Grafik). Im b2b-Bereich sind die rechtlichen Anforderungen nicht ganz so hoch (vgl. §7, Abs. 3 UWG), da ansonsten die Ansprache von Unternehmen, mit denen noch keine Geschäftsbeziehung bestand („Kalt-Akquise“), nicht mehr möglich wäre.

Beim Opt-In genügt es nicht, wenn die Einwilligung des Empfängers nur vermutet werden kann. Stattdessen fordert der Gesetzgeber eine aktive Einwilligung, die auch schon im Setzen eines Häkchens im Internet liegen kann.

Die bis vor kurzem verbreitete Praxis, das Häkchen schon eingestellt zu lassen, sodass der Besucher der Website den Haken entfernen musste, ist dagegen nicht zulässig.

Die für beide Seiten sicherste Lösung ist das Double Opt-In-Verfahren, das vor allem bei Newslettern zum Einsatz kommt. Hier fordert der Endverbraucher zunächst aktiv den Newsletter bspw. auf der Website des Unternehmens an und muss das Abonnement dann noch durch einen Bestätigungslink in einer Check-in-e-mail des Versenders ein zweites Mal bestätigen.

**Zusendung adressierter Werbung**

⇓

gemäß § 28 BDSG nur zulässig, wenn Adressat einwilligt, in der Regel schriftlich
bei nicht schriftlicher Einwilligung muss diese schriftlich bestätigt werden

⇓

**Ausnahmen von Grundsatz der Einwilligung (Listenprivileg)**

Bei den Adressaten handelt es sich um eigene Bestandskunden und die Daten wurden bei Vertragsanbahnung oder -abschluss erhoben.

Die Daten stammen aus allgemein zugänglichen Quellen, wie etwa Adressbücher, Branchen- und ähnliche Verzeichnisse und

- wurden selbst erhoben **oder**
- richten sich an berufliche Tätigkeit und berufliche Anschrift **oder**
- Spendenwerbun für gemeinnützige Organisationen.

Die Daten wurden rechtmäßig erworben.

Die Lieferkette muss dabei dokumentiert werden, u.a. muss das Erstehen in den Werbebriefen angegeben sein.

*Suchmaschinen-Marketing (SEA und SEO)*

Sowohl beim Keyword-advertising (SEA) als auch beim Versuch, den Pagerank der eigenen Website in den Suchmaschinen (SEO) nach oben zu bringen, könnte man auf die Idee kommen, bekannte Markennamen von Wettbewerbern zu benutzen, um von diesen Marken gewissermaßen wie ein trojanisches Pferd zu profitieren. Hier hat es aber inzwischen vom Europäischen Gerichtshof (EUGH) klare Entscheidungen gegeben. So dürfen Unternehmen im Bereich SEA die Markennamen der Konkurrenz zu ihren Keywords nehmen. Das heißt, wenn jemand bspw. nach der Marke Louis Vuitton sucht, darf das Unternehmen Prada den Markennamen des Konkurrenten benutzen, sodass dann trotzdem eine Textanzeige von Prada erscheint. Wenn diese Textanzeige sich aber nicht eindeutig auf Prada bezieht, sondern eine Verwechslungsgefahr mit Louis Vuitton besteht, handelt es sich um Irreführung nach § 4 5 UWG. Im Bereich der Suchmaschinen-Optimierung (SEO) hat der Bundesgerichtshof (BGH) 2009 klar deutlich gemacht, dass nur eine beschreibende Verwendung des Markennamens auf der eigenen Homepage zulässig ist. Alles andere ist auch hier verboten.

*Social Media*

Im Bereich Social Media kann es unter anderem im Bereich User-generated-content, d.h. von Privatpersonen für das Unternehmen erstellte Inhalte, bspw. als Einsendungen bei Gewinnspielen, Probleme geben. In dem Moment, wo diese Inhalte vom Unternehmen auf der eigenen Website oder auf anderen unternehmenseigenen Social-Media-Kanälen der Öffentlichkeit zugänglich gemacht werden, tritt das einstellende Unternehmen laut Telemediengesetz (TMG) in die Haftung, d.h. alle Rechte (bspw. Bild-, Urheber-, Marken- oder Persönlichkeitsrechte Dritter) müssen geklärt sein, um mögliche Abmahnungen, oder Schadenersatzklagen zu vermeiden.

## 9.12 Freiwillige Selbstkontrolle der Werbewirtschaft

Der Deutsche Werberat arbeitet als Konfliktregler zwischen Beschwerdeführern aus der Bevölkerung und werbenden Firmen. Er ist Dachorganisation von 39 Verbänden aus den vier Gruppen

- Werbungtreibende,
- Werbungdurchführende,

- Werbeagenturen,
- Werbeberufe.

Der Werberat setzt sich aus zwölf Personen aus Agenturen, Medien und werbetreibenden Unternehmen zusammen und arbeitet nach dem System eines Schiedsrichters. Berechtigte Kritik an Werbeaktivitäten vermittelt das Gremium an die Entscheider in den Unternehmen mit dem Ziel, dass die Werbemaßnahme eingestellt oder geändert wird.

Bei ungerechtfertigter Kritik, zum Beispiel bei gesellschaftspolitischen Extrempositionen, stellt sich der Werberat schützend vor die angegriffene Firma. Die Menge der zu einer einzelnen Werbemaßnahme eingehenden Beschwerden ist nicht entscheidend für das Tätigwerden des Gremiums: Eine einzelne Beschwerde kann eine Werbeaktivität stoppen. Vorbeugend wird das Gremium tätig, indem es werbende Firmen, Werbeagenturen und die Medien ständig über seine Spruchpraxis und auch über Urteile deutscher Gerichte informiert.

In der folgenden Auflistung sind die vielfältigen Aufgaben des deutschen Werberates kurz zusammengefasst:

*1. Behandlung von Einzelfällen*
Auf Grund von Beschwerden aus der Bevölkerung, aber auch auf Grund eigener Initiative wird der Werberat tätig, um Werbemaßnahmen zu überprüfen.

Damit sollen Missstände festgestellt und beseitigt werden. Der Werberat versucht, die Grauzonen im Vorfeld der gesetzlichen Grenzen auszuleuchten und Darstellungen, die anstößig oder unzuträglich sind, zum Schutze der Umworbenen abzustellen. Dazu erhält das beschuldigte Unternehmen zunächst eine Beanstandung, mit der Aufforderung die beanstandete Werbemaßnahme einzustellen. Dies geschieht auch in der Mehrzahl der beanstandeten Fälle. Falls sich das Unternehmen uneinsichtig zeigt, kann der Werberat auch eine öffentliche Rüge erteilen und die Medien auffordern z.B. das beanstandete Motiv nicht mehr zu schalten.

Bei den Entscheidungen des Werberats bilden vier zentrale Maßstäbe die Grundlage:

a) Die allgemeinen Gesetze,
b) die zahlreichen werberechtlichen Vorschriften – sie verbieten z.B. Unlauterkeit und Irreführung in der Werbung (§3 und 5 UWG),
c) die Verhaltensregeln des Deutschen Werberats zu einigen Spezialbereichen – zum Beispiel für die Werbung mit und vor Kindern in Fernsehen und Hörfunk oder für die Bewerbung von alkoholischen Getränken,
d) die aktuell herrschende Auffassung über Sitte, Anstand und Moral in der Gesellschaft. Dazu zählen nicht nur die Verhaltensweisen der Bürger im öffentlichen Leben, sondern auch die dargestellte Wirklichkeit in den redaktionellen Teilen der Medien.

*2. Entwicklung von Verhaltensregeln*
Aus der jährlichen Spruchpraxis ergeben sich schon einige Verhaltensregeln zur inhaltlichen Gestaltung von Werbemaßnahmen.

Darüber hinaus hat der Werberat in den letzten Jahren in einigen Bereichen freiwillige Verhaltensregeln aufgestellt, die den lauteren und leistungsgerechten Wettbewerb in besonders gesellschaftsrelevanten Bereichen unterstützen sollen. Die Texte dieser Verhaltensregeln – sowie weitere Informationen z.B. zu aktuellen Fällen – können Sie auf der Homepage des deutschen Werberates (http://www.werberat.de) nachlesen.

*3. Information nach innen und außen*
Information aller Gruppen der Werbewirtschaft über Auffassungen und Entwicklungen in der Verbraucherpolitik, Unterrichtung von Medien, Unterrichtung von Politikern und Unterrichtung von anderen öffentlichen Bereichen.

Ein weiteres wichtiges Gremium, das sich auch mit der freiwilligen Selbstkontrolle der Werbewirtschaft beschäftigt, ist der Zentralausschuss der Werbewirtschaft (ZAW), dessen Aufgaben hier nur kurz aufgelistet werden sollen, auch hier empfiehlt sich ein Besuch auf der Homepage http://www.zaw.de.

**Die Aufgaben des Werberats im Überblick**

- Forum für Interessenausgleich aller am Werbegeschäft Beteiligten
- Vertretung der Werbewirtschaft in allen grundsätzlichen Positionen nach außen, z.B. gegenüber Gesetzgebungsorganen
- Förderung der Werbewirtschaft
- Regelungen zur Selbstbeschränkung und Selbstkontrolle der Werbewirtschaft
- Informationsaustausch mit ausländischen Organisationen, Mitarbeit in internationalen Organisationen (vor dem Hintergrund zunehmender europaweiter Werbeverbote immer wichtiger)

## 9.13 Lösungen zu den Übungsaufgaben zum UWG

Lösungen zu den Fällen § 4 UWG

1. Zulässig, wenn die Möglichkeit besteht, nicht an der Verkaufsveranstaltung teilzunehmen.
2. Unzulässig, § 4 Abs. 1 unlautere Beeinflussung – psychologischer Kaufzwang bzw. unlauteres Anlocken.
3. Zulässig.
4. Zulässig, wenn der Erwerb dieser Waren nicht an den Kauf von Kaffee gebunden ist.
5. Zulässig, wenn es sich um eine sachlich richtige Information handelt.
6. Unzulässig, Verstoß gegen § 4 Abs. 9.b) das Image der Ursprungsmarke Rolls-Royce wird hier ausgenutzt bzw. durch den Bezug zu alkoholischen Getränken beeinträchtigt.
7. Zulässig, auch Markenwaren können als Preis bei einem Rätsel ausgelobt werden. Auch der gute Ruf von Ferrari wird nicht ausgenutzt. Die Branchenferne zwischen Autos und Kräuterlikör löst bei den angesprochenen Zielgruppen auch keine Verbindung zwischen den beiden Marken aus. Daher gibt es auch keine markenrechtlichen Ansprüche (BGH 3.11.2005 I ZR 29/03 WRP 2006, S. 470).
8. Zulässig, allgemeines Qualitätsmerkmal.
9. Zulässiger Hinweis auf Lieferengpass.
10. Unzulässig, § 4 Abs. 11, Vorteil durch Rechtsbruch.
11. Unzulässig, § 4 Abs. 1, unlautere Beeinflussung.
12. Unzulässig, § 4 Abs. 1, psychologischer Kaufzwang. Bei einer Gratisleistung entstehen bei den Kunden gewisse Peinlichkeitsgefühle, die sie möglicherweise dadurch kompensieren, dass sie andere Dinge kaufen, die sie sonst nicht gekauft hätten.
13. Unzulässig, § 4 Abs. 1, übertriebenes Anlocken und psychologischer Kaufzwang, denn wenn bei der Überprüfung etwas festgestellt wird, werden die meisten Kunden das beim Anbieter reparieren lassen.
14. Unzulässig, § 4 Abs. 1, übertriebenes Anlocken, Kunde denkt, er müsse möglichst schnell „zuschlagen".
15. Unzulässig, Verstoß gegen § 4 Abs. 9a durch die ähnliche Verpackung und den ähnlichen Namen wird bei den Verbrauchern eine vermeidbare Täuschung über die betriebliche Herkunft verursacht. Außerdem könnte gegen § 4 Abs. 9b das Image der Ursprungsmarke ausgenutzt worden sein. Darüber hinaus könnten auch noch markenrechtliche Ansprüche geltend gemacht werden.
16. Zulässig.
17. Zulässig. Teilnahmebedingungen klar und eindeutig, keine Kopplung an den Warenkauf.
18. Verstoß gegen § 4 Abs. 2 (geschäftliche Unerfahrenheit von Kindern wird ausgenutzt).
19. Unzulässig, Verstoß gegen § 4 Abs. 10 (gezielte Behinderung der Wettbewerber).
20. Zulässig, reguläre PR-Arbeit, solange sachlich über das Unternehmen berichtet wird und deren Waren nicht übermäßig in den Vordergrund gestellt werden.
21. Unzulässig, Verstoß gegen § 4 Abs. 3 (Verschleierung des Werbecharakters). Es handelt sich um verbotenes Themenplacement (Schleichwerbung, die auch nach Rundfunkstaatsvertrag verboten ist).
22. Unzulässig, Verstoß gegen § 4 Abs. 2 (Unerfahrenheit und Zwangslage wird ausgenutzt).
23. Unzulässig, Verstoß gegen § 4 Abs. 10, gezielte Behinderung des Wettbewerbers.

Lösungen zu den Fällen zur irreführenden Werbung (§ 3 UWG)

1. Unzulässig. § 5 Abs. 2 S. 1 Irreführung über Ware oder Dienstleistung (Zusammensetzung), unter der Herstellung aus Altpapier versteht der Verbraucher, dass der Altpapieranteil bei 100 % liegt (BGH GRUR 1991, 546).
2. Unzulässig. § 5 Abs. 2 S. 1 Irreführung über Ware oder Dienstleistung (zu erwartende Ergebnisse), das Waschmittel suggeriert mit der Bezeichnung BIO Chemiefreiheit oder vollständige biologische Abbaubarkeit, diese Angaben kann aber letztlich kein Waschmittel erfüllen.
3. Unzulässig. § 5 Abs. 2 S. 1 Irreführung über Ware oder Dienstleistung, eine zweijährige Gewährleistungsfrist ist im BGB grundsätzlich vorgesehen.
4. Unzulässig. § 5 Abs. 2 S. 1 Irreführung über Ware oder Dienstleistung (Zusammensetzung).
5. Unzulässig. § 5 Abs. 2 S. 1 Irreführung über Ware oder Dienstleistung (dass bei einer Lebensversicherung am Ende mehr ausgezahlt wird als eingezahlt wurde sollte „normal" sein).
6. Unzulässig. § 5 Abs. 2 S. 3 Irreführung über das Unternehmen (Größe und Bedeutung).
7. Unzulässig. § 5 Abs. 2 S. 1 Irreführung über Ware oder Dienstleistung (Herstellungsverfahren) .
8. Unzulässig. § 5 Abs. 2 S. 1 Irreführung über Ware oder Dienstleistung (Zusammensetzung).
9. Unzulässig, § 5 Abs. 2 S. 1 Irreführung über Ware oder Dienstleistung (Geografische Herkunftsangabe), der durchschnittliche Verbraucher erwartet von einem Parfum mit dem Zusatz „de Paris", dass es auch aus Paris stamme oder von einem in Paris ansässigen Unternehmen hergestellt wird.
10. Unzulässig, § 5 Abs. 5 („Lockvogelwerbung").
11. Zulässig, keine Tatsachenbehauptung (nicht objektiv nachprüfbar), also lediglich eine subjektive/werbliche Meinungsäußerung.
12. Unzulässig, § 5 Abs. 2 S. 2 Irreführung über den Preis (außerdem nach der Preisangabeverordnung verboten).
13. Unzulässig, § 5 Abs. 5. Es muss mindestens die Vorratsmenge von zwei Tagen vorhanden sein.
14. Unzulässig, § 5 Abs. 2 S. 1 Irreführung über Ware oder Dienstleistung (Zusammensetzung), denn nur dort, wo Echtholz enthalten ist, darf „Echtholz" draufstehen.
15. Unzulässig, § 5 Abs. 2 S. 1 Irreführung über Ware oder Dienstleistung. Die Werbeangabe „Aquapower liefert Ihnen zu 100 % Strom aus Wasserkraft" verstößt gegen das Verbot irreführender Werbung, da sie bei einem nicht unbeachtlichen Teil der potenziellen Stromkunden den Eindruck erweckt, auf Grund eines Vertragsabschlusses mit der Beklagten seien die Kunden künftig in der Lage, dem Netz ausschließlich umweltfreundlich erzeugten Strom zu entnehmen. Tatsächlich entnehme der Verbraucher, wenn er sich auf Grund der Werbung für Aquapower entscheide, dem Leitungsnetz den gleichen Strommix aus allen möglichen Energiequellen, nämlich u.a. Stein- und Braunkohle, Gas, Wasser, Windkraft und atomarer Kernspaltung, wie er ihn bisher entnommen habe. Hier würden jedoch erhebliche Teile der angesprochenen Verkehrskreise die Aussagen wörtlich nehmen und dies werde durch die Garantie mit „Brief und Siegel" und „bestätigt und beglaubigt vom international anerkannten TÜV" bekräftigt. (OLG München 29 U 1534/01)
16. Unzulässig. § 5 Abs. 5 („Lockvogelwerbung"). Ein Computermonitor, der mit Aktionspreisen beworben wird, muss auch bei branchenfremden Produkten mindestens 2 Tage ab Verkaufsstart vorrätig sein (OLG Düsseldorf, 20 U 130/00).
17. Unzulässig. § 5 Abs. 2 S. 2 Irreführung über den Preis, Die Verbraucher gehen bei einer allgemein gehaltenen Geld-Zurück-Garantie davon aus, dass sie sich auf das komplette Sortiment des Unternehmens bezieht. Da das Sortiment aber auch Brillen enthält, die exklusiv bei F angeboten werden, kann der Ver-

braucher hier logischerweise keinen Preisvergleich durchführen und die Geld-Zurück-Garantie läuft ins Leere. Die Verbraucher werden also insofern in die Irre geführt. Interessanterweise hat der zuständige Senat in diesem Fall kein übertriebenes Anlocken nach § 1 UWG (heute § 4 Abs. 1) erkannt. (BGH NJW 1993, 3060 ff.)

18. Unzulässig. § 5 Abs. 5 („Lockvogelwerbung).

Lösungen zu den Fällen zur vergleichenden Werbung (§ 6 UWG)

1. Unzulässig, § 6 Abs. 2 S. 5 pauschale Herabsetzung der Konkurrenz.
2. Zulässig, Abwehrvergleich.
3. Zulässig, Aufklärungsvergleich.
4. Zulässig, kein Vergleich mit Wettbewerbern.
5. Unzulässig, § 6 Abs. 2 S. 2 subjektives Geschmacksurteil (Geschmack ist keine objektiv nachprüfbare Eigenschaft).
6. Zulässig, objektiver Preisvergleich.
7. Unzulässig, § 6 Abs. 2 S. 4 unzulässige Bezugnahme auf den guten Ruf eines Wettbewerbers.
8. Zulässig, Auskunftsvergleich.
9. Zulässiger Vergleich (objektive, wesentliche, relevante und typische Eigenschaft).
10. Beides zulässiger Systemvergleich.
11. Unzulässig, § 6 Abs. 2 S. 5 pauschale Herabsetzung der Konkurrenz.
12. Systemvergleich ist zwar zulässig, trotzdem besteht Irreführungsgefahr, weil die Anzeige den Beweis schuldig bleibt, dass Mehrwegverpackungen grundsätzlich umweltfreundlicher sind als Einwegverpackungen. Insofern handelt es sich um einen pauschalen Vergleich sowie eine Herabsetzung der Einwegverpackungen, die irreführend ist. (KG GRUR 1995, 360 f.)
13. Zulässig, kein unmittelbarer Vergleich mit Wettbewerbern unzulässig, Verunglimpfung eines Mitwettbewerbers.
14. Unzulässige Bezugnahme, § 6 Abs. 2 S. 1 (die verglichenen Presseerzeugnisse decken nicht den gleichen Bedarf).
15. Zulässig: Kein Verstoß gegen das Verbot vergleichender Werbung.
16. Zulässig. Es fehlt die erkennbare Bezugnahme auf einen Konkurrenten bzw. dessen betriebenes Autowaschsystem. In einer Hervorhebung ist nicht zwangsläufig, ein Vergleich mit der Konkurrenz zu sehen. BGH v. 18.9.1997 Az.: 1 ZR 119195.
17. Verstoß gegen § 6 Abs. 2 S. 1 und 2 wegen unterschiedlicher Preisgrundlagen. Es wird nicht der Preis für die exakt gleiche Leistung verglichen.
18. Unzulässig, § 6 Abs. 2 S. 5 Herabsetzung der Konkurrenz.
19. Unzulässig, § 6 Abs. 2 S. 5 pauschale Herabsetzung der Konkurrenz (auch wenn die Konkurrenten gar nicht genannt werden, da es sich bei den auf dem Flughafen tätigen Anbietern um einen überschaubaren Kreis handelt, pauschale Herabsetzung, weil die angesprochenen Verkehrskreise die Werbung dahingehend verstehen könnten, dass die Angebote der Konkurrenz überteuert und/ oder minderwertig sind).
20. Unzulässiger Vergleich § 6 Abs. 2 S. 2 Nach Ansicht der Richter ist Geschmack subjektiv und daher auch nicht durch sauber erhobene Umfrageergebnisse belegbar.
21. Zulässiger Vergleich (§ 6), da die verglichenen Waren (Katzenfutter in Frischebeuteln und Katzenfutter in Dosen) die gleiche Zweckbestimmung haben. Voraussetzung ist natürlich, dass die Angaben zutreffend und beweisbar sind, was aber hier mit dem Hinweis auf eine Befragung als gegeben erscheint.

Lösung zu den Fällen zum § 7 UWG

1. Unzulässig, § 7 Abs. 2 S. 2 unzumutbare Belästigung (aktives Telefonmarketing).
2. Unzulässig, § 7 Abs. 2 S. 2 unzumutbare Belästigung (aktives Telefonmarketing).
3. Zulässig.
4. Zulässig .
5. Unzulässig, § 7 Abs. 2 S. 2 unzumutbare Belästigung (aktives Telefonmarketing).
6. Zulässig.
7. Unzulässig, § 7 Abs. 1 und § 4 Abs. 1 unzumutbare Belästigung und unlautere Beeinflussung, die wenn man sie zuließe zu einer Aus-

weitung dieser Methoden führen würde und damit zu einer unerträglichen Beeinträchtigung der umworbenen Verbraucher führen würde (BGH vom 1.04.2004; Az. I ZR 227/001, NJW 2004, S. 2593).

8. Zulässig.

### Lösung zu den Übungsaufgaben zum Schutz des geistigen Eigentums und zum Markengesetz

1. **Urheberrecht**: Schützt nur konkretisierte werbliche Ideen, das heißt, die grundsätzliche konzeptionelle Idee lässt sich nicht schützen. Da sich das von der Konkurrenz verwendete Motiv von den bisher verwendeten FAZ-Motiven unterscheidet, lässt sich hier kein urheberrechtlicher Schutz ableiten. Höchstens auf den geringfügig veränderten Slogan könnte das Urheberrechtsgesetz Anwendung finden. Dazu müsste aber der ursprüngliche FAZ-Slogan schon eine für den Urheberrechtsschutz ausreichende Originalität (Schöpfungshöhe) besitzen, was fraglich sein dürfte.
   **Markengesetz:** Schützt eingetragene Marken und Marken, die Verkehrsgeltung erhalten haben oder notorisch bekannt sind. Eine Werbekampagne lässt sich nicht eintragen, höchstens der Slogan, der aber auch für das Markenrecht nicht die nötige Selbstständigkeit aufweisen dürfte. Allerdings könnte die Kampagne wegen ihrer hohen Bekanntheit Verkehrsgeltung erlangt haben, sodass sie zwar keinen Marken-, aber zumindest Ausstattungsschutz genießen dürfte. Ausstattungsschutz ist auch für Werbekampagnen möglich und begründet ebenfalls einen Unterlassungsanspruch.
   **Wettbewerbsrecht:** Gemäß § 4 Abs. 9b UWG ist eine Anlehnung an das gute Image eines Wettbewerbers wettbewerbswidrig, da die Gefahr besteht, dass der gute Ruf des Wettbewerbers ausgebeutet wird oder, im Umkehrschluss, das Image des Wettbewerbers durch die Anlehnung verwässert werden könnte. Eine solche Form der positiven Bezugnahme könnte in diesem Fall vorliegen, denn durch die weitgehende Kopie der Werbekonzeption der FAZ versucht der Yellow-Press-Verlag, am guten Ruf der FAZ zu partizipieren. Eventuell könnte auch eine Irreführung nach § 5 UWG vorliegen. Da die beworbenen Titel vermutlich völlig unterschiedliche Zielgruppen haben, ist das sehr unwahrscheinlich.
2. Das Kammergericht Berlin stellte zunächst fest, dass das Logo die für urheberrechtlichen Schutz erforderliche Schöpfungshöhe nicht erreiche. Dafür müsse die vorliegende Gestaltung in ihrem individuellen, geistigen, schöpferischen Gehalt das Werk eines Durchschnittsdesigners überragen. Hier seien jedoch vorbekannte Gestaltungsmittel verwendet worden. Allerdings sei das Logo als Design geschützt. Unabhängig von der Schutzfähigkeit des Designs hätten die Parteien zudem vereinbart, dass eine wirtschaftliche Verwertung eine noch abzuschließenden Nutzungsvereinbarung erfordere, die hier fehlte. KG Berlin vom 19.11.2004; Az. 5 W 170/04 Computer und Recht 2005, S. 672.
3. Ja, dieses Produkt könnte Designschutz genießen, das OLG Hamm sah in der konkreten Gestaltung des rasseübergreifenden Welpen auch die erforderliche Neuheit realisiert, obwohl es natürlich schon zahlreiche Varianten des „Wackeldackels" auf dem Markt gibt. Daneben besteht weiterhin die Möglichkeit des Markenschutzes, da sich auch dreidimensionale Formen schützen lassen.
4. Hier ist der Geschmack des Produkts gemeint, nicht aber seine ästhetische Form. Es geht also nicht um ein Geschmacksmuster nach der Vorläuferregelung des Designgesetzes und dieses Gesetz greift hier also nicht.
5. Ja, denn es besteht nach § 14 Abs. 2 S. 2 MarkenG Verwechslungsgefahr (Waren- und Zeichenähnlichkeit).
6. Ja, denn auch eine Verpackung kann nach § 3 MarkenG als Marke eingetragen werden. Falls Odol dies unterlassen haben sollte, kommt hier aber mit Sicherheit die Erlangung von

Verkehrsgeltung infrage, da weite Teile der Bevölkerung mit der Flaschenform Odol verbinden werden. Es besteht auch für Verpackungen nach § 14 Abs. 4 S. 2 MarkenG Verwechslungsgefahr (Waren- und Zeichenähnlichkeit sowie hohes Maß an Kennzeichnungskraft bei der Odol-Flasche gegeben). Außerdem kann hier noch Designschutz herangezogen werden (mit Eintragung oder über Verkehrsgeltung).

7. Ja, denn es besteht nach § 14 Abs. 2 S. 2 MarkenG Verwechslungsgefahr (Zeichenähnlichkeit hohes Maß an Kennzeichnungskraft beim Bayer-Kreuz).
8. Nein, denn die Verwendung oder Nachahmung amtlicher Prüf- und Gütezeichen stellt ein absolutes Schutzhindernis nach § 3 MarkenG dar.
9. Dieses Produkt könnte Designschutz genießen, denn selbst ein geringer Grad schöpferischer Eigenart genügt. Der Grafiker kann Unterlassung verlangen oder sich die Nutzungsrechte abkaufen lassen.
10. Urheberrecht: schützt nur konkretisierte werbliche Ideen, das heißt die grundsätzliche konzeptionelle Idee lässt sich nicht schützen. Es hängt also davon ab, ob der Hersteller einen der vorgestellten Entwürfe kopiert hat oder nicht. Bei einer Kopie besteht ein urheberrechtlicher Anspruch bei einer Weiterentwicklung der konzeptionellen Idee. Bei einer Kopie könnte sich auch aus dem Wettbewerbsrecht ein Anspruch ableiten lassen, nach § 4 Abs. 9a UWG stellen solche Nachahmungen eine wettbewerbswidrige Täuschung der Abnehmer über die betriebliche Herkunft dar.
11. Nach § 3 MarkenG eintragbar:
    a) Farbe
    b) Hörmarken
    c) Geruch (unter Hinterlegung der chemischen Formel möglich)
    d) Bildmarke evtl. auch als dreidimensionale Form
    e) Dreidimensionale Form
    Die Gestaltungskonzeption der Marlboro-Werbung (f) ist nicht eintragfähig, sie kann aber durch Verkehrsgeltung Ausstattungsschutz genießen. Auf der andern Seite, wer hat was davon, außer wenn man die Marke verunglimpfen will (Bsp.: Anti-Raucher-Kampagne, aber Achtung: evtl. nach § 4 Abs. 7 UWG sittenwidrig)
    g) Eingetragen wurden folgende Slogans (ausreichende Originalität und Unterscheidungskraft):
    „Du darfst“
    „Persil bleibt Persil“
    Strittig sind:
    „Nicht immer, aber immer öfter“ (evtl. aber bereits Verkehrsgeltung)
    „McDonald's: Leckt echt schmecker“ (wurde nur kurzfristig als Claim verwendet, daher kein Schutzbedarf)
12. Ja, denn nach § 4 MarkenG sind Warenzeichen, die Verkehrsgeltung erlangt haben (meistens ist eine mehr als 50 %-ige Bekanntheit beteiligter Verkehrskreise notwendig) oder ausländische Warenzeichen, die notorisch bekannt sind (meistens ist eine mehr als 70 %-ige Bekanntheit inländischer Verkehrskreise notwendig) eintragfähig.
13. Als geschäftliche Bezeichnungen können nach § 5 MarkenG geschützt werden: Firmenname und das Logo. Das Jingle fällt eher unter § 3 MarkenG, könnte aber bei weiter Auslegung des § 5 MarkenG auch zu den geschäftlichen Bezeichnungen gehören.
14. Als geografische Herkunftsangabe im Sinne des § 126 ff. MarkenG gelten Champagner und Cognac. Bei den beiden anderen Bezeichnungen offenbart sich das Problem, dass die Unterscheidung schwierig ist. Während das Wiener Schnitzel – das von der Mehrheit der beteiligten Verkehrskreise für allgemeine Angaben gehalten wird – keine Herkunftsangabe darstellt, sondern eine Zubereitungsart charakterisiert, handelt es sich bei den Frankfurter Würstchen um den Fall, dass die Bezeichnung als geschützt gilt (das Produkt muss einem bestimmten Rezept entsprechen und aus einem umrissenen lokalen Bezirk kommen). Analoge Fragen lassen sich immer nur im Einzelfall durch Überprüfen klären!

15. Ja, denn es besteht nach § 9 Abs. 1 S.2 MarkenG ein relatives Schutzhindernis ⇒ Verwechslungsgefahr (Zeichenähnlichkeit). Darüber hinaus zeigt schon die durchgeführte Befragung, dass die ältere Marke die bekanntere ist und insofern nach § 9 Abs. 1 S.3 MarkenG die Gefahr der Rufausbeutung bzw. Verwässerung der Marke besteht.
16. Ja, denn es besteht nach § 9 Abs. 1 S. 2 MarkenG ein relatives Schutzhindernis ⇒ Verwechslungsgefahr (Waren- und Zeichenähnlichkeit).
17.
a) Das Uhrendesign ist nach dem Gemeinschafts Geschmacksmuster übereinkommen der EU als nicht eingetragenes Gemeinschaftsgeschmacksmuster geschützt. Die Schutzdauer beträgt hier allerdings nur insgesamt drei Jahre seit dem Zeitpunkt der Veröffentlichung bzw. des Inverkehrbringens. Evtl. besteht auch ein Ausstattungsschutz nach dem Markenrecht. Der Ausstattungsschutz würde ohne zeitliche Begrenzung bestehen, setzt aber einen bestimmten Bekanntheitsgrad (Verkehrsgeltung) voraus, die ist hier aber gegeben.
b) Die Konkurrenz könnte das Uhrendesign nicht eintragen lassen, da hierbei gegen das Erfordernis der Eigenart verstoßen würde, weil das Uhrendesign sich nur unwesentlich vom Wettbewerber unterscheidet.
18.
a) Die Eintragung ist wegen fehlender Unterscheidungskraft nicht möglich, da es sich ausschließlich um eine beschreibende Angabe handelt (umbrella ist das englische Wort für Schirm).
b) Eine Eintragung ist evtl. möglich, wenn die Bezeichnung Verkehrsdurchsetzung erlangt hat. Dazu muss das Unternehmen die Schirme unter der Bezeichnung „umbrella“ in Verkehr bringen. Mangelnde Unterscheidungskraft kann durch Verkehrsdurchsetzung überwunden werden. Verkehrsdurchsetzung ist von der Verkehrsgeltung zu unterscheiden. Verkehrsdurchsetzung muss im ganzen Inland, für das die eingetragene Marke ja wirksam ist, vorliegen, während Verkehrsgeltung auch auf einen Teil des Inlands beschränkt sein kann. Bei national vertriebenen Waren stimmen beide Begriffe aber überein. Maßgebend für das Vorliegen von Verkehrsdurchsetzung ist die Ansicht der beteiligten Verkehrskreise, an die sich die Marke wendet. Das Ausmaß der Verkehrsdurchsetzung beurteilt sich nach dem Einzelfall
19.
a) Das Schmuckstück ist als Gebrauchskunstwerk oder Werk der angewandten Kunst durch das Urheberrecht geschützt.
b) Es handelt sich hier um ein Werk der bildenden Kunst, das durch das Urheberrecht geschützt ist.
c) Falls der Text eine ausreichende Schöpfungshöhe hat, um als persönliche geistige Schöpfung zu gelten, ist er durch das Urheberrecht geschützt. In der Regel kann man bei längeren Texten von einer ausreichenden Schöpfungshöhe ausgehen.
d) Die Schöpfungshöhe ist vermutlich ausreichend, sodass Urheberrechtsschutz besteht.
e) Einzelne Worte genießen grundsätzlich keinen Urheberrechtsschutz, unabhängig davon, wie kreativ die Wortschöpfungen sind.
f) Es besteht kein Urheberrechtsschutz, da Ideen nicht geschützt, sondern nur konkrete Werke.
g) Es besteht Urheberrechtsschutz als Werk der Musik.
h) Wegen fehlender Schöpfungshöhe besteht kein Urheberrechtsschutz. Evtl. könnte das Muster als Design eingetragen werden.
i) Es besteht Urheberrechtsschutz als Werk der Baukunst. Auch Entwürfe dazu sind durch das Urheberrecht geschützt.
j) Es besteht kein Schutz durch das Urheberrecht, da es sich um einen Gebrauchsgegenstand handelt. Eine besonders kunstvoll gestaltete Geige wäre allerdings als Gebrauchskunst geschützt.

# Anhang

Ermittelt über MDS online - TdWI Menschen & Märkte - Kreuztabelle
Basis-Zielgruppe: 20.260 Fälle / 64,10 Mio. / 100,0%

**Ermittlung durchschnittliche Bewertungen**
Hauptsächlich/auch noch gekaufte Sekt-Marken im Haushalt

Angaben für die einzelnen Marken - die Markennamen wurden hier neutralisiert und werden nur mit fortlaufenden Buchstaben bezeichnet.

| | Basis | Sekt regelmäßig | Sekt intensiv | A | B | C | D | E | F | G | H | I | J | K | L | M | N | O | P | Q | R | S | T | U | V | W | X | Y | Z | AA | BB | CC | DD | EE | FF | GG | Andere |
|---|---|---|---|---|---|---|---|---|---|---|---|---|---|---|---|---|---|---|---|---|---|---|---|---|---|---|---|---|---|---|---|---|---|---|---|---|---|
| | durchschnittl. Bewertung % vert. | durchschnittl. Bewertung % vert. | durchschnittl. Bewertung % vert. | angegeben ist auch hier jeweils die durchschnittliche Bewertung % vertr. | | | | | | | | | | | | | | | | | | | | | | | | | | | | | | | | | |
| **Ich habe ehrgeizige Pläne und Ziele, will weiterkommen** | **3,721** | **3,913** | **3,949** | **3,873** | **3,687** | **3,923** | **4,049** | **4,169** | **3,7** | **4,244** | **3,973** | **4,121** | **3,785** | **3,845** | **3,759** | **3,845** | **3,992** | **4,065** | **3,936** | **3,681** | **4,062** | **3,823** | **3,531** | **3,802** | **3,898** | **3,988** | **4,216** | **4,122** | **3,826** | **3,794** | **3,586** | **4,125** | **3,75** | **3,69** | **3,702** | **4,003** | **3,96** |
| 1: trifft überhaupt nicht zu % vert. | 10.4 | 7.9 | 8.5 | 9.1 | 10 | 6 | 4.5 | 3.9 | 10.2 | 2.5 | 6.4 | 5.4 | 8.9 | 7.7 | 9.7 | 6.8 | 6.2 | 5.8 | 8.7 | 11.3 | 6.3 | 9.5 | 13 | 9.7 | 7.7 | 5.3 | 4 | 4.9 | 8.7 | 9.1 | 12.1 | 3.2 | 8.8 | 9.3 | 11 | 7.5 | 7 |
| Punkt: 2 von 6 % vert. | 12 | 9.7 | 9.2 | 12.1 | 11.7 | 9.2 | 9.7 | 9.9 | 14.9 | 7.5 | 10 | 6.7 | 11.7 | 12.9 | 11.8 | 9.7 | 9.8 | 8.1 | 9.2 | 11.8 | 7.8 | 10.8 | 14.4 | 11 | 10.3 | 8.8 | 7.2 | 8.4 | 7.8 | 11.8 | 12.7 | 7.6 | 12.8 | 14.1 | 11.9 | 11.2 | 11 |
| Punkt: 3 von 6 % vert. | 19.5 | 19 | 18.2 | 16.5 | 21 | 20.6 | 18.8 | 14 | 18.1 | 18.9 | 18 | 15.4 | 19.6 | 18.1 | 19.2 | 21.3 | 17.9 | 18.6 | 18.1 | 19.2 | 16.8 | 18.1 | 17.7 | 18.4 | 19.3 | 21.5 | 15.8 | 17.2 | 22.8 | 18.9 | 20.1 | 20.3 | 19.5 | 19.3 | 19 | 15.9 | 18.2 |
| Punkt: 4 von 6 % vert. | 24.3 | 24.5 | 23.3 | 24.5 | 25.5 | 28.1 | 26 | 32.6 | 21.6 | 27.4 | 26.3 | 33.4 | 25.5 | 26.4 | 24.5 | 28.9 | 26.2 | 26 | 24.2 | 25.7 | 27.2 | 25.3 | 25.7 | 24.1 | 24.7 | 25.3 | 27.3 | 26.3 | 26.4 | 24.8 | 24.7 | 29.6 | 24.6 | 23.5 | 24.6 | 22.4 | 23.5 |
| Punkt: 5 von 6 % vert. | 20.8 | 23.8 | 24.6 | 20.9 | 20.5 | 23.5 | 25.4 | 17.4 | 21.9 | 22.2 | 23.5 | 20.5 | 20.4 | 18.3 | 21.2 | 20.4 | 25.1 | 24.3 | 24 | 19.8 | 25.7 | 22.1 | 19.8 | 23.3 | 22.6 | 24.4 | 27.6 | 24.9 | 21.5 | 22.2 | 19.8 | 20.4 | 22.1 | 23.2 | 21.6 | 24.9 | 23.4 |
| 6: trifft voll und ganz zu % vert. | 13 | 15 | 16.2 | 17 | 11.3 | 12.7 | 15.6 | 22.3 | 13.3 | 21.6 | 15.7 | 18.5 | 13.9 | 16.6 | 13.5 | 12.8 | 14.9 | 17.2 | 15.9 | 12.3 | 16.1 | 14.2 | 9.4 | 13.4 | 15.3 | 14.7 | 18.1 | 18.2 | 12.8 | 13.3 | 10.5 | 18.8 | 12.2 | 10.6 | 12 | 18.1 | 16.9 |
| **Mein beruflicher Erfolg ist mir sehr wichtig, dafür setze ich mich ein** | **3,651** | **3,89** | **3,887** | **3,867** | **3,624** | **3,857** | **4,088** | **4,038** | **3,665** | **4,194** | **3,888** | **4,064** | **3,782** | **3,763** | **3,713** | **3,852** | **3,926** | **3,998** | **3,866** | **3,659** | **4,091** | **3,806** | **3,474** | **3,839** | **3,874** | **3,867** | **4,217** | **4,184** | **3,839** | **3,784** | **3,554** | **4,11** | **3,771** | **3,578** | **3,65** | **3,891** | **3,876** |
| 1: trifft überhaupt nicht zu % vert. | 15.5 | 12.2 | 13 | 13.2 | 14.1 | 10 | 7.2 | 8.9 | 15.1 | 6.7 | 10.6 | 6 | 13.2 | 11.3 | 13.3 | 9.3 | 10.6 | 10.7 | 12.3 | 15.8 | 6.9 | 12.4 | 18.3 | 12.8 | 11.8 | 10.2 | 6.5 | 8.7 | 10.4 | 14.9 | 16.5 | 6.3 | 10.6 | 15.2 | 15.5 | 11.1 | 12.5 |
| Punkt: 2 von 6 % vert. | 11 | 9.1 | 8.4 | 9.2 | 11.9 | 10.3 | 8.1 | 7.4 | 10.3 | 9.3 | 9.7 | 9.7 | 10.4 | 10.7 | 11.3 | 9.2 | 8.6 | 7.1 | 9.8 | 10.7 | 7.3 | 8.6 | 11.4 | 9.8 | 9.8 | 10 | 6 | 5.1 | 8.7 | 9.2 | 11.4 | 6.8 | 8.9 | 12.9 | 10.1 | 10.4 | 10.4 |
| Punkt: 3 von 6 % vert. | 16.5 | 14.9 | 13.7 | 15.8 | 17.5 | 16.8 | 16.5 | 15.2 | 18 | 13.4 | 16.4 | 16.8 | 16.1 | 22.4 | 17.4 | 17.8 | 15.9 | 15.7 | 15.3 | 15.2 | 16.6 | 17.2 | 17.1 | 14.4 | 15.2 | 16.1 | 14.7 | 15.7 | 17.9 | 15.3 | 17.1 | 19.7 | 22.3 | 17.8 | 16.7 | 15.5 | 15.4 |
| Punkt: 4 von 6 % vert. | 22.2 | 23 | 23.3 | 21.2 | 23.2 | 24.9 | 23.5 | 28.9 | 22.2 | 24.6 | 23.7 | 28.2 | 21.8 | 21.7 | 21.8 | 29.7 | 23.6 | 25.5 | 22.4 | 23 | 26.6 | 25 | 22.2 | 23.6 | 22.8 | 27.4 | 24.9 | 22.8 | 27.3 | 21.8 | 22.2 | 26.9 | 24 | 21 | 23.1 | 23.6 | 21.1 |
| Punkt: 5 von 6 % vert. | 20.1 | 23.5 | 24.4 | 20.1 | 20.6 | 22.3 | 26.9 | 18.7 | 18.4 | 21.1 | 22.8 | 18 | 22.3 | 13.8 | 20.6 | 19.3 | 24.5 | 20.8 | 22.6 | 20.7 | 24.2 | 21.4 | 19.8 | 22.5 | 23.2 | 19.2 | 27.9 | 26.2 | 20.4 | 21.4 | 21.4 | 17.4 | 19.4 | 19.2 | 20.2 | 20.7 | 19.9 |
| 6: trifft voll und ganz zu % vert. | 14.8 | 17.4 | 17.1 | 20.4 | 12.7 | 15.6 | 17.9 | 20.9 | 16 | 25 | 16.8 | 21.3 | 16.2 | 20.1 | 15.5 | 14.8 | 16.7 | 20.3 | 17.7 | 14.6 | 18.4 | 15.4 | 11.2 | 16.9 | 17.2 | 17.1 | 20 | 21.7 | 15.2 | 17.5 | 11.5 | 22.9 | 14.8 | 13.9 | 14.3 | 18.8 | 20.7 |
| **Es ist mir wichtig, mich weiterzubilden** | **3.775** | **4.02** | **4.005** | **3.899** | **3.761** | **3.887** | **4.104** | **3.956** | **3.72** | **4.292** | **3.996** | **4.147** | **3.889** | **3.782** | **3.81** | **3.963** | **4.043** | **4.081** | **4.008** | **3.825** | **4.229** | **3.957** | **3.62** | **3.924** | **4.048** | **3.839** | **4.321** | **4.214** | **3.979** | **3.999** | **3.716** | **4.053** | **3.905** | **3.715** | **3.782** | **4.098** | **4.181** |
| 1: trifft überhaupt nicht zu % vert. | 11.7 | 9.6 | 10.5 | 11.4 | 10.6 | 9.5 | 7.7 | 8.2 | 10.8 | 4.4 | 8.4 | 5.1 | 10.6 | 12.1 | 11.1 | 6.8 | 7.4 | 7.2 | 8.7 | 10.7 | 4 | 9 | 12.7 | 9.7 | 7.6 | 9.2 | 4.3 | 6.6 | 6.9 | 9.6 | 11.9 | 6.7 | 10.7 | 11.6 | 11.6 | 7.1 | 6.6 |
| Punkt: 2 von 6 % vert. | 11 | 8.1 | 7.7 | 9.4 | 11.6 | 9.4 | 6.4 | 6.8 | 13.3 | 3.4 | 8.9 | 4.7 | 9.4 | 12.4 | 10.4 | 8.7 | 9 | 6 | 9.3 | 10.3 | 6.8 | 7.6 | 11.8 | 9.3 | 8.4 | 8.5 | 6.6 | 3.6 | 8.9 | 8.6 | 10.9 | 6.8 | 6.9 | 12.8 | 10.7 | 8.3 | 7.7 |
| Punkt: 3 von 6 % vert. | 17 | 14.3 | 13.8 | 16.5 | 18.2 | 17.8 | 16.2 | 21.1 | 17.4 | 17 | 16.4 | 22.5 | 16.5 | 15.7 | 17.8 | 18.5 | 15.6 | 20.9 | 14.8 | 16.7 | 15.1 | 17.7 | 18.5 | 16.4 | 15.9 | 20.3 | 14 | 18.8 | 17.7 | 14.7 | 18.7 | 21.3 | 17 | 17.3 | 17.5 | 16.5 | 12.6 |
| Punkt: 4 von 6 % vert. | 23.2 | 24.5 | 24.3 | 21.3 | 24.5 | 24.9 | 25.7 | 26.4 | 23.9 | 29.6 | 25.3 | 28 | 24 | 26.5 | 23.7 | 29.9 | 25 | 23.2 | 24.1 | 24.6 | 30 | 27.3 | 25.8 | 23.9 | 24.5 | 25.7 | 24.7 | 25.5 | 28 | 24 | 24.5 | 24.9 | 28 | 23.4 | 23.4 | 25.2 | 25.9 |
| Punkt: 5 von 6 % vert. | 22 | 25.7 | 26.2 | 23.4 | 20.9 | 22.4 | 25.5 | 20.1 | 20.2 | 25 | 23 | 17.5 | 23.6 | 11.6 | 21.1 | 20.2 | 25.9 | 22.8 | 26.5 | 23.5 | 24.6 | 20.6 | 20.8 | 24.3 | 26.3 | 23.8 | 29.8 | 23.8 | 23.5 | 25 | 19.6 | 20.9 | 21.4 | 20.6 | 22.3 | 22.2 | 28.5 |
| 6: trifft voll und ganz zu % vert. | 15 | 17.8 | 17.5 | 18 | 14.2 | 15.9 | 18.5 | 17.4 | 14.3 | 20.6 | 18 | 22.2 | 16 | 21.7 | 15.9 | 16 | 17.1 | 19.9 | 16.7 | 14.2 | 19.5 | 17.7 | 10.5 | 16.3 | 17.2 | 12.5 | 20.8 | 21.7 | 15.1 | 18 | 14.3 | 19.5 | 16 | 14.3 | 14.6 | 20.8 | 18.7 |
| **Ich glaube, ich bin kreativer als andere** | **3.344** | **3.596** | **3.587** | **3.538** | **3.303** | **3.45** | **3.65** | **3.5** | **3.412** | **3.763** | **3.398** | **3.575** | **3.513** | **3.325** | **3.267** | **3.495** | **3.52** | **3.625** | **3.558** | **3.433** | **3.661** | **3.539** | **3.287** | **3.454** | **3.547** | **3.46** | **3.685** | **3.669** | **3.569** | **3.366** | **3.321** | **3.661** | **3.416** | **3.358** | **3.292** | **3.536** | **3.539** |
| 1: trifft überhaupt nicht zu % vert. | 12.4 | 8.8 | 9.5 | 9 | 12 | 9.5 | 7 | 10.4 | 10.5 | 6.3 | 9.8 | 8.4 | 9.7 | 12.8 | 12 | 7.5 | 9.6 | 6.5 | 9 | 10.4 | 6.6 | 9.4 | 13.1 | 10 | 8.5 | 8 | 6.8 | 7.8 | 9 | 12 | 13 | 6.8 | 9.4 | 10.4 | 12.6 | 7.5 | 9.3 |
| Punkt: 2 von 6 % vert. | 15.5 | 11.6 | 11.7 | 15.5 | 15.3 | 13.1 | 14.1 | 10.1 | 16.7 | 9.2 | 15.9 | 9.4 | 13.2 | 13 | 16.6 | 14.3 | 12.7 | 12.8 | 13.9 | 14.5 | 11.7 | 12.2 | 16.1 | 14 | 13.5 | 13.5 | 11.4 | 11.3 | 12 | 13.6 | 15.2 | 13 | 15.8 | 16.8 | 16.5 | 14.5 | 16.5 |
| Punkt: 3 von 6 % vert. | 25.1 | 24.1 | 23.1 | 22 | 27.4 | 27.3 | 21.8 | 22.8 | 22.9 | 26 | 26.2 | 22.7 | 24.1 | 28.2 | 26.8 | 25.2 | 25.2 | 26.3 | 23 | 26.3 | 22.8 | 24 | 25.6 | 25.6 | 23.9 | 27.6 | 23.1 | 22.2 | 24.6 | 26.1 | 23.6 | 20.3 | 23.2 | 25.6 | 25.1 | 27.4 | 20.3 |
| Punkt: 4 von 6 % vert. | 25.5 | 29.2 | 28.7 | 28.9 | 25.5 | 28.2 | 29.9 | 36.5 | 27.6 | 30.7 | 26.6 | 40 | 29.5 | 27.4 | 27.3 | 32.6 | 28.5 | 28.3 | 27.8 | 25.3 | 33 | 31.3 | 25.4 | 27.4 | 29.5 | 30.5 | 30.9 | 31.7 | 29.8 | 27.7 | 27.7 | 35.8 | 31.4 | 26.9 | 25.9 | 26.8 | 26.6 |
| Punkt: 5 von 6 % vert. | 15.3 | 18.7 | 19.7 | 15.4 | 14.7 | 16.2 | 19 | 16.2 | 15.6 | 16 | 15.2 | 14.8 | 16.7 | 12.1 | 12.5 | 14.4 | 17.2 | 18.3 | 19 | 17.2 | 19.1 | 15.7 | 13.8 | 17 | 17.5 | 16.2 | 20.2 | 19.5 | 17.3 | 15.3 | 15.3 | 15.4 | 15.2 | 14.4 | 14.7 | 15.1 | 19.5 |
| 6: trifft voll und ganz zu % vert. | 6.2 | 7.5 | 7.2 | 9.2 | 5 | 5.6 | 8.3 | 4 | 6.7 | 11.8 | 6.2 | 4.7 | 6.9 | 6.5 | 4.9 | 5.9 | 6.9 | 7.8 | 7.3 | 6.3 | 6.7 | 7.4 | 6 | 6 | 7 | 4.2 | 7.5 | 7.6 | 7.4 | 5.3 | 5.1 | 8.7 | 4.9 | 5.9 | 5.2 | 8.7 | 7.8 |
| **Es kommt bei mir häufig vor, dass ich mich in wichtigen Fragen der Gesellschaft stark engagiere** | **2,734** | **2,952** | **2,933** | **3,096** | **2,736** | **2,882** | **3,006** | **3,175** | **2,867** | **2,974** | **2,728** | **3,05** | **2,812** | **2,789** | **2,714** | **2,995** | **2,847** | **3,058** | **2,892** | **2,851** | **3,002** | **2,978** | **2,782** | **2,853** | **2,888** | **3,091** | **2,906** | **2,926** | **2,89** | **2,695** | **2,75** | **3,008** | **2,925** | **2,914** | **2,756** | **3,033** | **2,689** |
| 1: trifft überhaupt nicht zu % vert. | 26.6 | 22.1 | 23.6 | 19.3 | 26.5 | 23.6 | 19.6 | 19 | 24.1 | 17.3 | 24.9 | 18.6 | 24.5 | 22.7 | 26.3 | 21.1 | 22.7 | 16.8 | 21.6 | 23.2 | 20.5 | 17.9 | 22.4 | 22.7 | 21.6 | 16.8 | 21.4 | 22.1 | 20.3 | 25.8 | 26.1 | 20.3 | 21.5 | 22.4 | 26 | 18.6 | 25 |
| Punkt: 2 von % vert. | 20.9 | 19.5 | 17.8 | 17.7 | 20.2 | 19.1 | 19.6 | 10.5 | 18.9 | 17 | 22.7 | 14.2 | 21.1 | 19.2 | 21.9 | 17.6 | 20.6 | 18.4 | 20.5 | 20.7 | 16.8 | 22.6 | 23.2 | 22.2 | 21 | 18.5 | 21.8 | 18.2 | 21.6 | 23.4 | 20.5 | 14.1 | 20.4 | 20.3 | 19.8 | 18.9 | 23.5 |
| Punkt: 3 von % vert. | 21.1 | 20.7 | 20.5 | 21.8 | 22.2 | 21.2 | 21 | 25.4 | 22.5 | 28.4 | 21.7 | 23.7 | 21.7 | 26.9 | 21.2 | 20.4 | 22.3 | 25.2 | 22.6 | 21.9 | 23.9 | 22.9 | 21.8 | 20 | 22 | 24.2 | 20.6 | 22.2 | 23.3 | 20.7 | 20.6 | 24.4 | 20.4 | 20.7 | 21.9 | 23.5 | 23.4 |
| Punkt: 4 von % vert. | 18.8 | 20.8 | 22.4 | 21.2 | 18.4 | 21.1 | 24.4 | 28.1 | 20.6 | 27.8 | 18.7 | 32 | 18.1 | 21.4 | 18.5 | 25.7 | 21.5 | 25.1 | 20.8 | 19.6 | 23.9 | 20 | 21.2 | 21 | 20.1 | 23 | 21.2 | 22.6 | 21.3 | 18.2 | 21.2 | 28.9 | 23.9 | 20.2 | 19.9 | 21.3 | 16.2 |
| Punkt: 5 von % vert. | 9.7 | 12.6 | 11.8 | 15.3 | 9.7 | 11.6 | 11.8 | 12.5 | 9.1 | 7.3 | 9.4 | 9.5 | 10.6 | 6.7 | 8.3 | 11.4 | 9.5 | 10.8 | 10.8 | 11.2 | 10.6 | 13 | 8.6 | 11.6 | 12.4 | 14.3 | 11.6 | 12.3 | 11.2 | 8.8 | 8.3 | 9.7 | 10 | 12.3 | 10.3 | 15 | 8.9 |
| 6: trifft voll und ganz zu % vert. | 3 | 4.3 | 4 | 4.7 | 3 | 3.4 | 3.7 | 4.4 | 4.9 | 2.2 | 2.6 | 1.9 | 4 | 3 | 3.7 | 3.7 | 3.4 | 3.7 | 3.6 | 3.4 | 4.3 | 3.5 | 2.7 | 2.7 | 2.8 | 3.2 | 3.5 | 2.6 | 2.4 | 3 | 3.3 | 2.5 | 3.9 | 4 | 2.2 | 2.7 | 2.9 |
| **Zu meinem Leben gehören selbstverständlich Literatur, Kunst und Theater** | **2,985** | **3,353** | **3,421** | **3,305** | **2,941** | **3,014** | **3,281** | **3,109** | **2,933** | **3,384** | **2,92** | **3,202** | **3,243** | **3,053** | **2,899** | **3,2** | **3,182** | **3,291** | **3,33** | **3,182** | **3,382** | **3,382** | **3,059** | **3,088** | **3,332** | **3,199** | **3,344** | **3,204** | **3,201** | **3,144** | **2,99** | **3,084** | **3,16** | **2,976** | **3,041** | **3,173** | **3,227** |
| 1: trifft überhaupt nicht zu % vert. | 21.5 | 15.2 | 14.4 | 15.1 | 22.7 | 20.5 | 14.8 | 20.7 | 21.1 | 14.6 | 21.7 | 16.1 | 16 | 20.2 | 22.6 | 15.9 | 17.2 | 16.2 | 15.6 | 17.2 | 13.9 | 16.5 | 17.6 | 20.1 | 14.7 | 16.5 | 13.7 | 19.4 | 16 | 17.8 | 20.2 | 18.4 | 15.6 | 21.2 | 20.2 | 15.6 | 18.8 |
| Punkt: 2 von 6 % vert. | 19.7 | 15.5 | 14.1 | 15.8 | 19.3 | 18 | 16.7 | 13.7 | 20.1 | 14 | 20.4 | 14.8 | 16.6 | 16.1 | 19.9 | 18.4 | 17.8 | 16.7 | 16.2 | 18.9 | 14.6 | 13.3 | 20.2 | 18.8 | 16.9 | 18.2 | 16.8 | 14.2 | 18.6 | 18.6 | 20.7 | 17.1 | 20.4 | 20.3 | 18.6 | 16.5 | 18.7 |
| Punkt: 3 von 6 % vert. | 21.9 | 22.3 | 22.1 | 23.2 | 21 | 24.1 | 23 | 21.4 | 23 | 24.3 | 22.4 | 20.7 | 23.9 | 24.7 | 22.5 | 19.7 | 21.9 | 19.7 | 22 | 20.3 | 22.4 | 21.8 | 22.9 | 20.1 | 21.3 | 19.4 | 23.7 | 23.4 | 22.2 | 23.3 | 20.7 | 21.9 | 22.3 | 21.1 | 21.8 | 25.7 | 18.3 |
| Punkt: 4 von 6 % vert. | 18.9 | 22 | 23.1 | 22.7 | 20.5 | 19.6 | 24 | 27.5 | 20.8 | 22.4 | 20.2 | 35.2 | 22.7 | 23.8 | 19.7 | 28 | 22.7 | 25.3 | 21.8 | 22.9 | 26.1 | 22.4 | 22.1 | 21.5 | 22.6 | 27.2 | 22 | 20.3 | 22.9 | 20 | 21.6 | 27.9 | 23.7 | 20.5 | 21.5 | 24.6 | 19.6 |
| Punkt: 5 von 6 % vert. | 11.7 | 15.8 | 17 | 15.8 | 11.2 | 12.6 | 14.1 | 11.6 | 10.2 | 14.9 | 10.3 | 8.2 | 12.8 | 7.6 | 10.6 | 12.4 | 12.9 | 13.4 | 14.6 | 12.9 | 14.5 | 16.5 | 12.4 | 12.8 | 16.6 | 12.8 | 15.4 | 15 | 13.7 | 12.3 | 10.7 | 9.1 | 10.7 | 10.9 | 12.1 | 12.4 | 14.4 |
| 6: trifft voll und ganz zu % vert. | 6.3 | 9.2 | 9.3 | 7.4 | 5.3 | 5.2 | 7.4 | 5.1 | 4.8 | 9.8 | 5 | 5.1 | 8.1 | 7.6 | 4.7 | 5.7 | 7.4 | 8.7 | 9.8 | 7.7 | 8.5 | 9.6 | 4.8 | 6.8 | 7.9 | 6 | 8.5 | 7.7 | 6.7 | 8 | 5.9 | 5.5 | 7.4 | 6 | 5.8 | 5.2 | 10.2 |
| **Ich versuche mich durch regelmäßige sportliche Betätigung fit zu halten** | **3,149** | **3,474** | **3,527** | **3,387** | **3,098** | **3,276** | **3,596** | **3,466** | **3,097** | **3,403** | **3,28** | **3,658** | **3,339** | **3,121** | **3,13** | **3,389** | **3,456** | **3,39** | **3,436** | **3,272** | **3,554** | **3,25** | **3,095** | **3,28** | **3,415** | **3,326** | **3,697** | **3,655** | **3,446** | **3,156** | **3,059** | **3,654** | **3,178** | **2,964** | **3,187** | **3,411** | **3,305** |
| 1: trifft überhaupt nicht zu % vert. | 23.7 | 17 | 17 | 17.2 | 23.8 | 19 | 14.1 | 15.2 | 23.6 | 14.1 | 19.8 | 12.8 | 18 | 22.5 | 23.9 | 15.8 | 17.1 | 14.8 | 17.5 | 20 | 12.9 | 19.8 | 23.9 | 20 | 16.1 | 16.1 | 13 | 12.8 | 14.6 | 23.2 | 24.4 | 12.9 | 18.2 | 25.1 | 21.5 | 17.9 | 20.5 |
| Punkt: 2 von 6 % vert. | 15.7 | 13.6 | 12.4 | 15.2 | 15.9 | 15.3 | 13.6 | 14.1 | 17.6 | 15.2 | 15.8 | 11.4 | 17 | 19.3 | 16.3 | 16.1 | 15 | 16.6 | 14.7 | 16.8 | 13.3 | 14.5 | 17.8 | 17.1 | 16 | 18.3 | 12.9 | 13.3 | 14.6 | 16.2 | 17.1 | 12.5 | 19.1 | 16.6 | 17.1 | 14.6 | 13.9 |
| Punkt: 3 von 6 % vert. | 17.6 | 18.3 | 17.3 | 17.4 | 18.5 | 19.9 | 18.4 | 18.5 | 17.3 | 23.1 | 19 | 19.3 | 16.8 | 13.3 | 17.9 | 18.1 | 18 | 20.8 | 17.3 | 17.5 | 20.6 | 22.3 | 17.3 | 16.3 | 19.2 | 17.5 | 18.7 | 17.4 | 20.5 | 16.7 | 17.5 | 16.9 | 17.9 | 21.2 | 18.3 | 17.2 | 19.2 |
| Punkt: 4 von 6 % vert. | 18.5 | 21.2 | 22.3 | 22.6 | 19.7 | 20.6 | 19.8 | 25.3 | 19 | 23.3 | 18.6 | 27.4 | 21.7 | 24 | 18 | 24.2 | 19.2 | 21.3 | 21.1 | 19.3 | 25.1 | 18.7 | 17.1 | 20.3 | 20.8 | 23.5 | 20.1 | 22 | 22.6 | 20.5 | 19.3 | 25.4 | 25.2 | 18 | 19.5 | 20.2 | 20.8 |
| Punkt: 5 von 6 % vert. | 14 | 15.9 | 16.2 | 17.1 | 12.7 | 15.9 | 20.1 | 14.9 | 12 | 12.5 | 15.6 | 12.5 | 14.3 | 10.3 | 12.6 | 15 | 16.5 | 15 | 16 | 15.1 | 14.9 | 13.7 | 13.7 | 14.1 | 15.4 | 14.2 | 18 | 19.9 | 16.7 | 13.1 | 12 | 18 | 10.7 | 11.5 | 12.1 | 19 | 11.6 |
| 6: trifft voll und ganz zu % vert. | 10.5 | 14 | 14.8 | 10.5 | 9.4 | 9.4 | 13.9 | 12 | 10.5 | 11.8 | 11.2 | 16.7 | 12.2 | 10.6 | 11.3 | 10.8 | 14.2 | 11.4 | 13.4 | 11.4 | 13.2 | 11 | 10.2 | 12.2 | 12.6 | 10.4 | 17.4 | 14.4 | 10.9 | 10.4 | 9.6 | 14.2 | 8.9 | 7.5 | 11.6 | 11.1 | 13.9 |
| **Ich bin anderen oft einen Schritt voraus** | **3.105** | **3.368** | **3.376** | **3.427** | **3.101** | **3.226** | **3.517** | **3.476** | **3.227** | **3.527** | **3.145** | **3.438** | **3.318** | **3.351** | **3.069** | **3.284** | **3.341** | **3.453** | **3.386** | **3.25** | **3.445** | **3.376** | **3.045** | **3.228** | **3.362** | **3.325** | **3.456** | **3.468** | **3.357** | **3.047** | **3.092** | **3.573** | **3.324** | **3.141** | **3.113** | **3.278** | **3.19** |
| 1: trifft überhaupt nicht zu % vert. | 15.2 | 10.7 | 12.3 | 10.6 | 14.9 | 12.4 | 10.1 | 10.9 | 11.7 | 8.7 | 12.2 | 9.7 | 9.9 | 11.5 | 15.2 | 11.6 | 10 | 9.9 | 10.2 | 12 | 10.2 | 10.6 | 13.4 | 11.9 | 10.2 | 11 | 8 | 9.9 | 10.2 | 15.7 | 14.7 | 8.7 | 10.7 | 13.9 | 14.8 | 10.5 | 13.5 |
| Punkt: 2 von 6 % vert. | 17.9 | 14.7 | 12.3 | 13.1 | 18.2 | 17.5 | 10.3 | 12 | 17.5 | 12.2 | 19.3 | 13.9 | 16.4 | 15.3 | 18.5 | 16 | 15.4 | 14 | 15.3 | 17.6 | 13.8 | 15.4 | 24.4 | 16.4 | 15.2 | 15.7 | 15 | 11.7 | 15.9 | 18.1 | 19.5 | 11.2 | 14.9 | 16.2 | 17.5 | 16.5 | 16.4 |
| Punkt: 3 von 6 % vert. | 26.5 | 26.8 | 26.4 | 24.8 | 27.5 | 26.9 | 24.9 | 23.2 | 28.6 | 23.6 | 29 | 24.2 | 26.9 | 26.7 | 28 | 26.2 | 28.2 | 26.4 | 26.8 | 26 | 25.1 | 25.5 | 23.7 | 27.6 | 26.3 | 28.4 | 26.7 | 30 | 26.1 | 27.9 | 26.1 | 27 | 29 | 29.6 | 27.2 | 27.9 | 29.3 |
| Punkt: 4 von 6 % vert. | 24.1 | 27.6 | 29 | 30.4 | 23.8 | 24.6 | 32.5 | 31.7 | 24.2 | 33.5 | 24.1 | 32 | 29.8 | 23.2 | 23.9 | 28.6 | 27.6 | 26.3 | 26.2 | 26.2 | 27.9 | 27.3 | 24.2 | 27.6 | 28.4 | 24.1 | 28.6 | 23.9 | 28.3 | 25.1 | 24.1 | 25.8 | 27.1 | 25.5 | 25.2 | 27.7 | 23.9 |
| Punkt: 5 von 6 % vert. | 13 | 15.9 | 15.7 | 16.7 | 13.1 | 15.5 | 16.9 | 16.9 | 14.6 | 16.6 | 12.1 | 15.5 | 12.8 | 19.7 | 11.3 | 13.2 | 15.1 | 17.4 | 16.4 | 14.8 | 18.2 | 16.1 | 12 | 14.1 | 16.3 | 16.9 | 17.1 | 19.1 | 15.4 | 11.1 | 12.8 | 21.8 | 13.9 | 11.8 | 12.7 | 14.6 | 12.8 |
| 6: trifft voll und ganz zu % vert. | 3.1 | 4.4 | 4.5 | 4.4 | 2.6 | 3.1 | 5.3 | 5.3 | 3.4 | 5.3 | 3.3 | 4.7 | 4.2 | 3.6 | 3.1 | 4.3 | 3.8 | 6 | 5.1 | 3.5 | 4.8 | 5 | 2.4 | 2.4 | 3.6 | 4 | 4.6 | 5.4 | 4.2 | 2.2 | 2.8 | 5.5 | 4.5 | 3 | 2.6 | 2.8 | 4.2 |

| | Basis | Sekt | Sekt | Hauptsächlich/auch noch gekaufte Sekt-Marken im Haushalt | | | | | | | | | | | | | | | | | | | | | | | | | | | | | | | | | |
|---|---|---|---|---|---|---|---|---|---|---|---|---|---|---|---|---|---|---|---|---|---|---|---|---|---|---|---|---|---|---|---|---|---|---|---|---|---|
| | | regelmäßi | intensiv | Angaben für die einzelnen Marken - die Markennamen wurden hier neutralisiert und werden nur mit fortlaufenden Buchstaben bezeichnet. | | | | | | | | | | | | | | | | | | | | | | | | | | | | | | | | | |
| | | | | A | B | C | D | E | F | G | H | I | J | K | L | M | N | O | P | Q | R | S | T | U | V | W | X | Y | Z | AA | BB | CC | DD | EE | FF | GG | Andere |
| | durchschnittl. Bewertung % vert. | durchschnittl. Bewertung % vert. | durchschnittl. Bewertung % vert. | angegeben ist auch hier jeweils die durchschnittliche Bewertung % vertr. | | | | | | | | | | | | | | | | | | | | | | | | | | | | | | | | | |
| **Ich bin besonders risikobereit** | **2.701** | **2.921** | **2.973** | **2.907** | **2.675** | **2.895** | **3.167** | **3.164** | **2.659** | **2.944** | **2.813** | **3.182** | **2.773** | **2.589** | **2.735** | **2.95** | **2.827** | **2.964** | **2.856** | **2.778** | **2.971** | **2.822** | **2.632** | **2.775** | **2.781** | **2.803** | **3.031** | **3.025** | **2.85** | **2.761** | **2.679** | **3.073** | **2.734** | **2.679** | **2.714** | **2.885** | **2.623** |
| 1: trifft überhaupt nicht zu % vert. | 25.5 | 20.3 | 20.1 | 21.9 | 25.9 | 21.4 | 14 | 19.8 | 26.1 | 15.5 | 23.7 | 17.6 | 23.3 | 27.2 | 25.3 | 17.5 | 21.6 | 17.8 | 21.3 | 22.3 | 18.9 | 22.1 | 27.8 | 22.3 | 21.5 | 21.3 | 17.4 | 16.8 | 21.1 | 24.5 | 28.1 | 15.9 | 23.7 | 27.8 | 25.8 | 23.2 | 25.4 |
| Punkt: 2 von 6 % vert. | 23.7 | 20.8 | 19.2 | 22.9 | 24.8 | 21.2 | 22.3 | 20.8 | 24.6 | 25.6 | 21.4 | 18.1 | 24.4 | 29.4 | 23 | 22.3 | 23.5 | 23.3 | 23.5 | 24.6 | 22.8 | 23.9 | 25.4 | 25 | 24.4 | 22.6 | 21.6 | 21.5 | 22.1 | 22.7 | 22 | 25.2 | 24.1 | 21.9 | 22.8 | 20.7 | 26.8 |
| Punkt: 3 von 6 % vert. | 21.9 | 23.8 | 23.1 | 19 | 21 | 23.1 | 19.7 | 15.4 | 22.4 | 23.9 | 22.6 | 17.8 | 21.4 | 16.9 | 21.5 | 27.1 | 23 | 25.1 | 21.3 | 22.5 | 20.7 | 22.8 | 18.9 | 22.4 | 24.2 | 26.6 | 21.1 | 23.3 | 23.1 | 22.1 | 20.4 | 21.1 | 23.4 | 20.7 | 21.7 | 20.8 | 20.4 |
| Punkt: 4 von 6 % vert. | 16.7 | 19.6 | 22.5 | 20 | 15.9 | 19.9 | 25 | 19.7 | 14.8 | 21.9 | 18.3 | 26.3 | 16.5 | 14.2 | 17 | 18.3 | 18.4 | 17.2 | 19.5 | 17.1 | 22.1 | 17.4 | 15.1 | 17.1 | 17.6 | 17.5 | 24.7 | 24.2 | 20.9 | 17.8 | 16.7 | 18.5 | 16.9 | 18 | 16.9 | 20.2 | 17.1 |
| Punkt: 5 von 6 % vert. | 9.1 | 11.4 | 11.7 | 11.2 | 9 | 10.2 | 15.6 | 15.8 | 8.4 | 10.2 | 10.2 | 14.8 | 10.8 | 8.4 | 9.5 | 9.8 | 10.1 | 11.7 | 10.4 | 10.6 | 11.5 | 9.7 | 9.3 | 9.6 | 9 | 8.6 | 10.8 | 9.8 | 10 | 9.3 | 9 | 12.7 | 7.1 | 8 | 9.5 | 9.9 | 7.5 |
| 6: trifft voll und ganz zu % vert. | 3.2 | 3.9 | 3.5 | 5 | 3.4 | 4.3 | 3.5 | 8.5 | 3.7 | 2.9 | 3.8 | 5.3 | 3.5 | 3.9 | 3.7 | 4.9 | 3.5 | 4.9 | 3.9 | 2.9 | 4.1 | 4.3 | 3.5 | 3.6 | 3.3 | 3.5 | 4.4 | 4.5 | 2.8 | 3.7 | 3.8 | 6.7 | 4.7 | 3.7 | 3.3 | 5.2 | 2.7 |
| **Ich bin ziemlich spontan** | **3.78** | **4.001** | **4.07** | **3.934** | **3.773** | **3.943** | **4.046** | **4.165** | **3.794** | **4.199** | **4.023** | **4.221** | **3.883** | **4.027** | **3.806** | **3.922** | **4.003** | **4.06** | **3.922** | **3.81** | **4.15** | **3.916** | **3.787** | **3.888** | **3.931** | **3.859** | **4.197** | **4.19** | **3.976** | **3.765** | **3.804** | **4.126** | **3.983** | **3.83** | **3.779** | **4.129** | **3.941** |
| 1: trifft überhaupt nicht zu % vert. | 5.2 | 3 | 3.3 | 3.5 | 4.3 | 2.9 | 3.6 | 0.9 | 4.9 | 2 | 2.9 | 2.5 | 3.8 | 4.9 | 4.4 | 3.5 | 3.4 | 2.3 | 4 | 4.3 | 2.5 | 4.2 | 4.5 | 3.2 | 3.8 | 5 | 2.4 | 2.8 | 2.7 | 5.4 | 4.1 | 2.6 | 2.3 | 4.7 | 4.4 | 2 | 4.6 |
| Punkt: 2 von 6 % vert. | 12.5 | 8.3 | 8.2 | 10 | 12.4 | 10.4 | 7.7 | 5.8 | 11.4 | 6.2 | 8.6 | 3.6 | 12.5 | 9.8 | 12.8 | 10.4 | 9.3 | 7.2 | 9.6 | 12.4 | 7.2 | 8 | 13.1 | 11.9 | 11 | 12.2 | 5.9 | 4.9 | 9.6 | 11.6 | 12.3 | 3.8 | 10.6 | 11.4 | 12.3 | 6.3 | 10.7 |
| Punkt: 3 von 6 % vert. | 23 | 22 | 19 | 21.1 | 23.9 | 23.4 | 19.6 | 26.2 | 24.5 | 19.3 | 22 | 15.5 | 21 | 18.1 | 22.4 | 21.9 | 20.5 | 24.7 | 22.6 | 21.7 | 18.2 | 24.3 | 22.7 | 21.5 | 20 | 22 | 20.2 | 20.9 | 21.3 | 24.2 | 24.7 | 22.4 | 20.9 | 21.7 | 24.2 | 21.9 | 19.5 |
| Punkt: 4 von 6 % vert. | 28.1 | 30.1 | 30.2 | 31.4 | 29.7 | 28.6 | 29.6 | 25.4 | 26.6 | 30.7 | 28.8 | 36.5 | 29.4 | 28.6 | 29 | 30.3 | 29.9 | 28.3 | 29.3 | 30.3 | 32.5 | 29.4 | 29.2 | 29.5 | 29.9 | 25 | 28.7 | 28.9 | 32 | 29 | 27.9 | 32.5 | 29.5 | 30.8 | 29.4 | 28.7 | 29 |
| Punkt: 5 von 6 % vert. | 21.4 | 24.9 | 26.3 | 23 | 19.9 | 22.2 | 28 | 26.4 | 23.8 | 26 | 24.6 | 30.9 | 20.9 | 22.7 | 20.4 | 21.8 | 24.2 | 23 | 23 | 22.2 | 24.7 | 23.1 | 20.5 | 23.5 | 24.7 | 24.9 | 26.7 | 27.5 | 23.2 | 20.1 | 20.6 | 27 | 26.1 | 20.6 | 20.1 | 28.2 | 23 |
| 6: trifft voll und ganz zu % vert. | 9.9 | 11.6 | 13 | 11 | 9.7 | 12.5 | 11.4 | 15.3 | 8.8 | 15.8 | 13 | 10.9 | 12.4 | 16 | 10.9 | 12 | 12.7 | 14.5 | 11.5 | 9.1 | 15 | 10.9 | 10.1 | 10.3 | 10.7 | 11 | 16.1 | 15.1 | 11.3 | 9.8 | 10.5 | 11.7 | 10.6 | 10.7 | 9.7 | 12.8 | 13.1 |
| **Um mich zu verwöhnen, leiste ich mir ab und zu einen guten Tropfen** | **3,316** | **4,005** | **4,127** | **3,754** | **3,487** | **3,534** | **3,733** | **3,619** | **3,666** | **3,763** | **3,328** | **3,561** | **3,701** | **3,7** | **3,439** | **3,721** | **3,626** | **3,816** | **3,861** | **3,705** | **3,771** | **3,689** | **3,641** | **3,61** | **3,816** | **3,911** | **3,83** | **3,806** | **3,659** | **3,402** | **3,595** | **3,674** | **3,804** | **3,463** | **3,551** | **3,576** | **3,718** |
| 1: trifft überhaupt nicht zu % vert. | 19.7 | 6.2 | 5.4 | 12 | 14.3 | 13.8 | 9.3 | 16.5 | 13 | 12.1 | 18.3 | 16.1 | 11.5 | 15.4 | 14.7 | 11.7 | 12.8 | 10.5 | 10.2 | 10.9 | 10.2 | 12.6 | 11.2 | 11.7 | 9.7 | 8.9 | 9.8 | 10.1 | 10 | 16.1 | 11.8 | 11.7 | 9.2 | 17.7 | 13.6 | 12.3 | 13 |
| Punkt: 2 von 6 % vert. | 14.4 | 10.2 | 9.5 | 11.6 | 14.4 | 13.6 | 13.2 | 9.8 | 12.4 | 10.4 | 15.5 | 11.8 | 12.7 | 8.5 | 15.8 | 11.6 | 13.5 | 11.2 | 11.3 | 12.1 | 10.8 | 10.5 | 13.4 | 14.3 | 11.7 | 10.7 | 10.5 | 11 | 12.8 | 14.8 | 14.2 | 11.1 | 11 | 13.8 | 13.5 | 13.4 | 11.6 |
| Punkt: 3 von 6 % vert. | 18.2 | 17.6 | 16.2 | 16.6 | 19.3 | 19.6 | 20.5 | 16.9 | 19.5 | 19.2 | 17.8 | 17.9 | 17.8 | 16.2 | 19.4 | 17 | 17.7 | 16.7 | 16 | 18.9 | 19 | 20 | 19.4 | 19 | 17.3 | 16.6 | 18.9 | 19.4 | 19.5 | 19.6 | 19.3 | 23.9 | 19.5 | 17.4 | 19.6 | 18.7 | 16.8 |
| Punkt: 4 von 6 % vert. | 20.2 | 24.7 | 23.6 | 23.6 | 22.7 | 21.7 | 22.2 | 23.3 | 21.4 | 21.9 | 21.8 | 20.1 | 22.5 | 27.3 | 21.9 | 26.3 | 23.3 | 24.4 | 23.4 | 23.5 | 23.7 | 23.1 | 25.2 | 23.9 | 24.4 | 24.2 | 23.7 | 21.6 | 28.1 | 21.6 | 24.2 | 19.4 | 23.4 | 19.8 | 22 | 27 | 20.9 |
| Punkt: 5 von 6 % vert. | 17.3 | 24.9 | 25.9 | 21.2 | 18.9 | 20.4 | 20.9 | 19.1 | 18.1 | 20.8 | 17.3 | 21.7 | 22.6 | 16.4 | 17.4 | 20 | 19.7 | 22.8 | 22.3 | 21.7 | 23.7 | 19.9 | 17.1 | 18.5 | 22.4 | 24 | 21.3 | 24.1 | 18.8 | 18.7 | 19 | 19.2 | 23.7 | 18.2 | 19.5 | 16.6 | 24.6 |
| 6: trifft voll und ganz zu % vert. | 10.2 | 16.3 | 19.3 | 15 | 10.4 | 10.8 | 13.8 | 14.4 | 15.7 | 15.7 | 9.4 | 12.3 | 12.8 | 16.3 | 10.8 | 13.5 | 13 | 14.5 | 16.7 | 12.7 | 12.5 | 13.9 | 13.6 | 12.6 | 14.5 | 15.7 | 15.7 | 13.9 | 10.9 | 9.3 | 11.6 | 14.7 | 13.1 | 13.1 | 11.7 | 11.9 | 13.1 |
| **Ich leiste mir gern teure Sachen** | 2.792 | 3.167 | 3.235 | 3.081 | 2.739 | 3.005 | 3.212 | 3.032 | 2.767 | 3.161 | 2.881 | 3.111 | 2.928 | 2.79 | 2.725 | 2.997 | 3.035 | 3.15 | 3.15 | 2.952 | 3.135 | 3.069 | 2.876 | 2.918 | 3.133 | 3.079 | 3.231 | 3.265 | 3.1 | 2.69 | 2.842 | 3.09 | 2.901 | 2.796 | 2.835 | 2.993 | 2.761 |
| 1: trifft überhaupt nicht zu % vert. | 24.2 | 16.9 | 16.6 | 18.1 | 24.7 | 20 | 14.6 | 24.6 | 24.6 | 17.4 | 22.6 | 20 | 22.3 | 27.9 | 25 | 20.6 | 18.6 | 16.3 | 17.5 | 19.4 | 18.3 | 18.8 | 20.9 | 20.9 | 16.4 | 19.4 | 15.9 | 16.7 | 17.3 | 27 | 21.1 | 21 | 22.7 | 24.7 | 22.6 | 20.3 | 25.4 |
| Punkt: 2 von 6 % vert. | 20.5 | 16.8 | 14.7 | 19.6 | 22.7 | 17.8 | 17.2 | 14.5 | 21.1 | 16.1 | 19.4 | 18.3 | 19.4 | 16.8 | 22.9 | 17.1 | 18.5 | 18.5 | 17.1 | 20.6 | 14.5 | 15.7 | 20.7 | 20.2 | 17.3 | 15.7 | 15.6 | 13.3 | 14.7 | 21.1 | 22.3 | 16.9 | 16.1 | 19 | 21.5 | 16.9 | 22.2 |
| Punkt: 3 von 6 % vert. | 23.5 | 23.2 | 22.8 | 23.9 | 22.6 | 24 | 25.1 | 22.4 | 23.6 | 26.4 | 24.6 | 20.7 | 22.8 | 24.6 | 23.1 | 24.2 | 24.3 | 24.1 | 23.2 | 24 | 24.8 | 28.5 | 24.9 | 23.2 | 24.7 | 24.6 | 22.8 | 22.2 | 26.7 | 22.4 | 24.4 | 20 | 27.5 | 24.5 | 23.3 | 25.9 | 18.8 |
| Punkt: 4 von 6 % vert. | 19 | 24.6 | 25.4 | 19.4 | 17.5 | 22.3 | 24.4 | 19.7 | 18.1 | 19.3 | 19 | 19.8 | 18.7 | 15.1 | 17 | 24.1 | 22.7 | 20.8 | 22.5 | 21.4 | 25.4 | 19.6 | 19.4 | 20.8 | 24.8 | 22.2 | 26.8 | 28 | 26.1 | 18.1 | 18.5 | 21.8 | 18.6 | 19.7 | 19 | 20.9 | 21 |
| Punkt: 5 von 6 % vert. | 9.3 | 13.4 | 14.9 | 13.1 | 9 | 11.1 | 12.9 | 9.8 | 8.3 | 14.1 | 9.5 | 14 | 12.3 | 10.9 | 8.2 | 8.7 | 11.8 | 15.6 | 13.9 | 10.6 | 11.8 | 11.6 | 11 | 11.1 | 11.8 | 14.1 | 13.6 | 14.2 | 12.4 | 8.2 | 10.3 | 15.4 | 11.7 | 8 | 10.2 | 12.1 | 9.7 |
| 6: trifft voll und ganz zu % vert. | 3.5 | 5.2 | 5.5 | 6 | 3.5 | 4.7 | 5.8 | 9.1 | 4.2 | 6.6 | 4.9 | 7.2 | 4.5 | 4.8 | 3.9 | 5.4 | 4.2 | 4.7 | 5.7 | 4 | 5.2 | 5.8 | 3 | 3.7 | 5 | 4 | 5.4 | 5.6 | 2.8 | 3.2 | 3.3 | 5 | 3.3 | 4.1 | 3.5 | 3.9 | 2.9 |
| **Ich gehe gern in exklusive Geschäfte** | **2.639** | **3.031** | **3.121** | **3.078** | **2.545** | **2.834** | **3.076** | **2.928** | **2.579** | **3.147** | **2.727** | **2.943** | **2.814** | **2.738** | **2.53** | **2.839** | **2.901** | **3.121** | **3.049** | **2.827** | **3.05** | **2.96** | **2.71** | **2.749** | **3.025** | **2.935** | **3.175** | **3.183** | **2.963** | **2.564** | **2.64** | **3.031** | **2.779** | **2.661** | **2.666** | **2.926** | **2.659** |
| 1: trifft überhaupt nicht zu % vert. | 30.1 | 19.9 | 20.1 | 19.2 | 32 | 23.9 | 18 | 26.8 | 31.2 | 17.4 | 26.9 | 20.3 | 25.5 | 29.7 | 33.6 | 23.4 | 23 | 17.3 | 21.6 | 24.8 | 19.6 | 21.8 | 27.2 | 27.3 | 20.4 | 22.6 | 17.8 | 17.5 | 19.9 | 32.7 | 29.4 | 22 | 25.3 | 28.9 | 28.6 | 20.8 | 31.9 |
| Punkt: 2 von 6 % vert. | 21.1 | 19 | 15.6 | 21.2 | 22.1 | 20.4 | 19.3 | 15.4 | 22.1 | 20.5 | 21.5 | 17.6 | 21.1 | 18.5 | 20.4 | 19.6 | 19.6 | 19.7 | 18.5 | 20.6 | 15.4 | 19.5 | 21.1 | 20.4 | 18.9 | 17.6 | 17.2 | 15.4 | 19.8 | 20.6 | 21.3 | 14.8 | 21.9 | 21.3 | 21.7 | 22.2 | 19.5 |
| Punkt: 3 von 6 % vert. | 20 | 22.1 | 23 | 19.6 | 19.8 | 22.9 | 23 | 20.5 | 19.5 | 17.7 | 21.9 | 27.6 | 20.2 | 19.9 | 19.8 | 24 | 22 | 21.2 | 19.5 | 21.6 | 25.7 | 21.1 | 20.5 | 21.5 | 22.4 | 22.8 | 21.7 | 24.3 | 23.2 | 19.5 | 21 | 24.1 | 20.3 | 19.8 | 20.3 | 21.3 | 17.1 |
| Punkt: 4 von 6 % vert. | 16.2 | 20.9 | 20.9 | 18.8 | 14.8 | 17.9 | 20.4 | 20.3 | 15.6 | 24.6 | 16.2 | 21.3 | 16.9 | 16.9 | 15.4 | 19.7 | 19.6 | 22.4 | 20.1 | 17.6 | 23 | 21.4 | 18.8 | 16 | 19.6 | 22.2 | 22.5 | 23.4 | 22 | 15.1 | 16.4 | 21 | 17.1 | 18 | 16.8 | 19.2 | 17.8 |
| Punkt: 5 von 6 % vert. | 8.8 | 12.7 | 14.2 | 15 | 8.1 | 10.4 | 14.2 | 10.1 | 8 | 13.4 | 9.3 | 8.4 | 11.7 | 9.6 | 7.2 | 9.3 | 11.3 | 14.2 | 13.8 | 10.9 | 12.3 | 10.9 | 9.5 | 11.1 | 12.9 | 10.3 | 14.6 | 13.5 | 11.4 | 8.4 | 8 | 12.8 | 12.9 | 8.8 | 9.1 | 12.3 | 9.7 |
| 6: trifft voll und ganz zu % vert. | 3.8 | 5.3 | 6.2 | 6.2 | 3.2 | 4.4 | 4.9 | 7 | 3.6 | 6.3 | 4.3 | 4.8 | 4.5 | 5.3 | 3.6 | 4 | 4.5 | 5.2 | 6.4 | 4.5 | 4 | 5.3 | 2.9 | 3.8 | 5.7 | 4.5 | 6.2 | 6 | 3.7 | 3.6 | 3.9 | 5.2 | 2.5 | 3.2 | 3.5 | 4.2 | 4 |
| **Es ist mir sehr wichtig, mich mit schönen Dingen zu umgeben** | **3,423** | **3,755** | **3,796** | **3,736** | **3,378** | **3,544** | **3,687** | **3,546** | **3,54** | **3,632** | **3,602** | **3,461** | **3,608** | **3,527** | **3,332** | **3,49** | **3,627** | **3,684** | **3,731** | **3,592** | **3,728** | **3,634** | **3,446** | **3,524** | **3,708** | **3,59** | **3,797** | **3,801** | **3,664** | **3,465** | **3,439** | **3,588** | **3,62** | **3,551** | **3,46** | **3,777** | **3,587** |
| 1: trifft überhaupt nicht zu % vert. | 11.1 | 7.3 | 7.6 | 4.9 | 9.9 | 8 | 5.3 | 8.8 | 8.3 | 4.3 | 9.4 | 6.9 | 8.3 | 7.5 | 11.8 | 6.5 | 7.6 | 5.2 | 6.2 | 7.7 | 5.8 | 7.2 | 9.4 | 8.5 | 7.2 | 6.8 | 6 | 6.7 | 6.1 | 11.1 | 9.1 | 7 | 5.5 | 8.5 | 10 | 6.7 | 11.1 |
| Punkt: 2 von 6 % vert. | 14.5 | 11 | 10.8 | 14.3 | 16.1 | 14.1 | 13.7 | 15 | 14 | 17 | 12.2 | 12.9 | 11.4 | 14.2 | 16.1 | 15.7 | 12.8 | 13.3 | 12.1 | 12 | 12.1 | 11.8 | 12.7 | 13.3 | 11.2 | 13.7 | 10.1 | 9.7 | 13.1 | 13.6 | 13.8 | 11.8 | 13.1 | 13.5 | 13.6 | 12.1 | 14.2 |
| Punkt: 3 von 6 % vert. | 25.4 | 22.1 | 20.4 | 24.5 | 27.4 | 26.6 | 26.4 | 26.1 | 25.8 | 27.1 | 24 | 35.7 | 27.3 | 27.5 | 26.2 | 28 | 24.6 | 27.1 | 24.7 | 27.3 | 23.4 | 29.3 | 29 | 26.9 | 24.3 | 24.9 | 24 | 23 | 24.9 | 26.6 | 27.3 | 31 | 29.4 | 27.6 | 26.7 | 23.1 | 19.8 |
| Punkt: 4 von 6 % vert. | 26.2 | 27.7 | 26.9 | 24 | 25.9 | 26 | 25.2 | 23.2 | 27 | 24.5 | 27.3 | 23.6 | 25.7 | 27.9 | 26 | 28.9 | 27.9 | 24.8 | 27.1 | 26.4 | 27.7 | 24.4 | 28.2 | 27.1 | 28.3 | 30.5 | 27.6 | 27.9 | 28.3 | 24.1 | 30.6 | 22.7 | 25.3 | 25.8 | 26.6 | 24.1 | 26.3 |
| Punkt: 5 von 6 % vert. | 15.6 | 22.3 | 23.6 | 23.2 | 13.7 | 16.8 | 20.4 | 16.1 | 17.1 | 16.4 | 17.4 | 13.5 | 18.8 | 14.7 | 12.8 | 13.9 | 18.5 | 22.1 | 20.4 | 19 | 23.6 | 16.7 | 14.8 | 17 | 19.5 | 17.1 | 22.7 | 22.2 | 20 | 16.2 | 12.9 | 20.6 | 19.3 | 14 | 16.3 | 22.3 | 16.4 |
| 6: trifft voll und ganz zu % vert. | 7.2 | 9.6 | 10.6 | 9.1 | 6.9 | 8.4 | 9 | 10.7 | 7.8 | 10.6 | 9.7 | 7.4 | 8.5 | 8.2 | 7.1 | 7 | 8.6 | 7.6 | 9.7 | 7.5 | 7.3 | 10.6 | 6 | 7.2 | 9.6 | 7.1 | 9.6 | 10.4 | 7.7 | 8.5 | 6.4 | 6.9 | 7.4 | 10.6 | 6.8 | 11.6 | 12.1 |
| **Ich bin auch bei Produkten des täglichen Lebens sehr anspruchsvoll** | **3,203** | **3,485** | **3,498** | **3,488** | **3,066** | **3,292** | **3,499** | **3,381** | **3,246** | **3,451** | **3,25** | **3,327** | **3,36** | **3,232** | **3,092** | **3,194** | **3,373** | **3,536** | **3,515** | **3,382** | **3,387** | **3,496** | **3,271** | **3,266** | **3,465** | **3,421** | **3,526** | **3,599** | **3,456** | **3,209** | **3,204** | **3,394** | **3,311** | **3,199** | **3,235** | **3,347** | **3,435** |
| 1: trifft überhaupt nicht zu % vert. | 11.9 | 8.4 | 9.4 | 8.5 | 13.6 | 10.5 | 6.6 | 13.4 | 12.8 | 10 | 10.4 | 13.1 | 8.7 | 15.6 | 12.7 | 9.7 | 8.9 | 9.3 | 7.5 | 7.8 | 8.5 | 7.4 | 9.7 | 9.6 | 7.5 | 9 | 7.7 | 8.7 | 8.5 | 10.9 | 11 | 11.7 | 8.4 | 11.6 | 11.4 | 9.7 | 9.8 |
| Punkt: 2 von 6 % vert. | 18 | 13.7 | 12.8 | 12.8 | 19.7 | 15.7 | 13.7 | 12.4 | 15 | 12.9 | 18 | 10.7 | 17.5 | 14.1 | 20.4 | 18 | 14.7 | 9.7 | 13.5 | 16 | 15.5 | 13.7 | 17 | 17.9 | 14.1 | 14 | 12 | 9.4 | 13.8 | 19.5 | 17.3 | 12.8 | 16.8 | 18.2 | 16.9 | 14.2 | 15.7 |
| Punkt: 3 von 6 % vert. | 28.9 | 27.5 | 26.6 | 30.9 | 30.8 | 30.6 | 27.9 | 26 | 29.5 | 29.4 | 29.5 | 31.2 | 27.4 | 26 | 30.4 | 32.8 | 29.9 | 28.8 | 28.2 | 29.6 | 28.7 | 29.7 | 29.4 | 29.5 | 29.2 | 27.5 | 27.3 | 26.6 | 28.9 | 29 | 29.5 | 28.1 | 29 | 28 | 28 | 30.6 | 24.3 |
| Punkt: 4 von 6 % vert. | 24.7 | 27.9 | 27.2 | 24.1 | 22.4 | 26 | 32.1 | 27.5 | 24.8 | 24.8 | 25.5 | 27 | 26.2 | 26.6 | 22.4 | 25.3 | 27.2 | 28.7 | 27.9 | 27.6 | 28.1 | 27.4 | 27.2 | 26 | 27.9 | 29.5 | 31.8 | 30.9 | 26.4 | 24 | 27.4 | 25.1 | 29.6 | 27.3 | 27.4 | 27.6 | 28.2 |
| Punkt: 5 von 6 % vert. | 12.1 | 16.4 | 17.8 | 16.6 | 10 | 12.3 | 14.4 | 12.9 | 13.3 | 14.9 | 11.5 | 11.4 | 15.3 | 11.2 | 10.3 | 10.5 | 14.7 | 17.9 | 16.6 | 14.2 | 14.5 | 15.3 | 13.8 | 12.7 | 16.2 | 15.4 | 15.4 | 16.8 | 16.6 | 12.2 | 11.5 | 15.8 | 13.5 | 10.7 | 12.5 | 13 | 15.4 |
| 6: trifft voll und ganz zu % vert. | 4.4 | 6.1 | 6.2 | 7.1 | 3.6 | 5 | 5.3 | 7.9 | 4.6 | 7.9 | 5.1 | 6.6 | 4.8 | 6.5 | 3.9 | 3.6 | 4.5 | 5.7 | 6.3 | 4.7 | 4.7 | 6.6 | 2.9 | 4.2 | 5.1 | 4.6 | 5.8 | 7.5 | 5.7 | 4.5 | 3.2 | 6.4 | 2.7 | 4.2 | 3.7 | 4.9 | 6.6 |
| **Ich würde mich selbst als Genießer bezeichnen** | **3,295** | **3,588** | **3,648** | **3,568** | **3,253** | **3,401** | **3,557** | **3,202** | **3,364** | **3,545** | **3,348** | **3,247** | **3,539** | **3,361** | **3,154** | **3,302** | **3,53** | **3,493** | **3,623** | **3,484** | **3,626** | **3,469** | **3,271** | **3,348** | **3,628** | **3,491** | **3,72** | **3,72** | **3,551** | **3,14** | **3,263** | **3,464** | **3,517** | **3,372** | **3,254** | **3,577** | **3,587** |
| 1: trifft überhaupt nicht zu % vert. | 12.9 | 9.2 | 9.5 | 9.9 | 13.5 | 10.4 | 9.7 | 20.4 | 12.3 | 13.1 | 11.3 | 16.8 | 8.8 | 14.2 | 14.1 | 11.7 | 9.5 | 12.5 | 8.4 | 9.1 | 11.2 | 9 | 13.9 | 11.4 | 7.9 | 9.5 | 7.4 | 8.8 | 9.8 | 14.8 | 12.5 | 15.2 | 10.2 | 11.8 | 12.9 | 8.2 | 11.2 |
| Punkt: 2 von 6 % vert. | 16.8 | 13 | 11.9 | 14.4 | 16.7 | 15.5 | 12.8 | 11.1 | 15.1 | 12 | 16.5 | 12.4 | 16.1 | 16.3 | 19.6 | 17.4 | 13.3 | 12.6 | 12.6 | 15.5 | 11.1 | 14.5 | 16.4 | 15.8 | 13.9 | 11.3 | 11.8 | 10.4 | 13.8 | 18.8 | 17.5 | 10.4 | 11.5 | 15.4 | 17.2 | 15.9 | 12.8 |
| Punkt: 3 von 6 % vert. | 25.4 | 24.6 | 23.2 | 23.2 | 26.6 | 25.4 | 23.1 | 25.6 | 24.1 | 22.8 | 25.9 | 23.1 | 22.4 | 23.1 | 26.4 | 27 | 25.1 | 24.5 | 25.1 | 25.3 | 20.7 | 27 | 24.9 | 26.8 | 23.3 | 27.8 | 22.8 | 22.5 | 23.6 | 26.8 | 26.9 | 24.1 | 24.8 | 26.6 | 26.7 | 23.6 | 23.1 |
| Punkt: 4 von 6 % vert. | 24.1 | 25.6 | 26 | 22.2 | 22.8 | 26.7 | 28.9 | 21.8 | 27.3 | 23.5 | 25.7 | 30.6 | 25.4 | 21.3 | 22.3 | 23.1 | 27.3 | 22.5 | 26 | 25.7 | 27.3 | 25.7 | 24 | 24.5 | 26.5 | 27.1 | 27.7 | 26.8 | 25.5 | 22.6 | 23.5 | 22.6 | 28.4 | 25.2 | 23.5 | 25.1 | 23.4 |
| Punkt: 5 von 6 % vert. | 14.4 | 18.2 | 19.1 | 21.5 | 14.4 | 16.3 | 18.1 | 13 | 14.8 | 16.6 | 13.6 | 11.2 | 19.1 | 15.2 | 11.9 | 15.1 | 17 | 18.7 | 18 | 16.8 | 20.9 | 17.1 | 15.1 | 15 | 19.8 | 20 | 19.4 | 21.3 | 18.9 | 11.2 | 13.5 | 17.9 | 20.1 | 11.4 | 14.2 | 17.3 | 18.6 |
| 6: trifft voll und ganz zu % vert. | 6.4 | 9.4 | 10.4 | 8.7 | 5.9 | 5.7 | 7.5 | 8.1 | 6.4 | 12 | 7 | 5.9 | 8.1 | 9.8 | 5.7 | 5.8 | 7.9 | 9.1 | 9.9 | 7.6 | 8.9 | 6.6 | 5.7 | 6.4 | 8.7 | 4.2 | 10.8 | 10.2 | 8.4 | 5.8 | 6.1 | 9.7 | 5 | 9.5 | 5.5 | 10 | 11 |

# Literaturverzeichnis


Barden, Phil: Decoded. The science behind we buy. Wiley & Sons. Chichester. 2013

Becker, Jochen: Marketing-Konzeption. Vahlen. München 2012

Beike, Peter: Lernprozesse 2000. ASV. Hamburg 2000

Berlit, Wolfgang: Markenrecht. Beck. München 2012

Blackmore, Susan: Die Macht der Meme. Spektrum. Heidelberg 2005/2010

Cialdini, Robert B.: Die Psychologie des Überzeugens. Huber Verlag. Bern 2006

Covey, Stephen R.: Die sieben Wege zur Effektivität. Heyne Verlag. München 2006

Dijksterhuis, Ap: Das kluge Unbewusste. Klett. Stuttgart 2010

Duhigg, Charles: The Power of Habit. Random House. New York. 2012, deutsch: Die Macht der Gewohnheit, Berlin Verlag. Berlin 2012

Fehse, Kai: Neurokommunikation. Nomos. Baden-Baden 2009

Felser, Georg: Werbe- und Konsumentenpsychologie. Schäffer-Poeschel. Stuttgart 2007

Florack, Arnd / Scarabis, Martin / Primosch, Ernst: Psychologie der Markenführung. Vahlen. München 2007

Föll, Kerstin: Consumer Insight. DUV. Wiesbaden 2007

Förster, Hans-Peter: Corporate Wording. Konzepte für eine unternehmerische Schreibkultur. Campus. Frankfurt am Main 1994

Franck, Georg: Ökonomie der Aufmerksamkeit. Hanser. München 1998

Frenzel, Karolina / Müller, Michael / Sottong, Hermann: Storytelling. Hanser. München 2004

Frith, Chris: Wie unser Gehirn die Welt erschafft. Spektrum Verlag. Heidelberg. 2010.

Fuchs, Werner T.: Warum das Gehirn Geschichten liebt. Haufe. München 2010.

Gaede, Werner: Abweichen von der Norm. Enzyklopädie kreativer Werbung. Wirtschaftsverlag Langen Müller Herbig. München 2002

Häusel, Hans-Georg: Think Limbic. Haufe. Planegg 2005

Häusel, Hans-Georg: Brain View. Warum Kunden kaufen. Haufe. München 2007

Heath, Chip / Heath, Dan: Was bleibt. Wie die richtige Story Ihre Werbung unwiderstehlich macht. Hanser. München 2008

Heath, Chip/ Heath, Dan: Switch: How to change things when change is hard. Random house New York 2010

Heath, Chip/ Heath, Dan: Decisive. Crown Business. New York 2013.

Heiser, Albert: „Bleiben Sie dran!“ Konzeption, Produktion und Postproduktion von Werbespots, -filmen und Virals. Creative Game. Berlin 2009

Heller, Eva : Wie Farben auf Gefühl und Verstand wirken. Droemer. München 2000

Hess, Eva-Maria: Die Leser. Konzepte und Methoden der Printforschung. Burda Medien Forschung. München 1996

Hüther, Gerald: Die Macht der inneren Bilder. Vandenhoeck & Ruprecht. Göttingen 2014

Iyengar, Sheena: The Art of choosing. Twelve New York 2011

Jung, Holger / von Matt, Jean Remy: Momentum. Lardon. Berlin 2011

Kebeck, Günther: Wahrnehmung. Theorien, Methoden und Forschungsergebnisse der Wahrnehmungspsychologie. Juventa. Weinheim 1997

Kloss, Ingomar: Werbung. Vahlen. München 2011

Koschnick, Wolfgang J.: Standard-Lexikon für Mediaplanung und Mediaforschung in Deutschland, 2. Aufl. K.G. Saur. München, New Providence, London, Paris 1995

Kreutzer, Ralf T.:Praxisorientiertes Online-Marketing. Gabler Wiesbaden 2012.

Kroeber-Riel, Werner / Esch, Franz Rudolf: Strategie und Technik der Werbung. Kohlhammer. Stuttgart 2015

Kroeber-Riel, Werner: Bildkommunikation. Vahlen. Müchen 1996

Kuß, Alfred / Tomczak, Torsten: Käuferverhalten.
Lucius & Lucius. Stuttgart 2007

Lachmann, Ulrich: Wahrnehmung und Gestaltung von
Werbung. Gruner + Jahr. Hamburg 2003

Laufer, Jörg / Müller-Schroth, Armin: Wie wirken Anzeigen?. Gruner + Jahr. Hamburg 2001

Lehr, Dirk: Wettbewerbsrecht. C. F. Müller. Heidelberg 2007

Lehrer, Jonah: Wie wir Entscheiden. Piper. München 2009

Lipschutz, Seymour: Wahrscheinlichkeitsrechnung. McGraw-Hill. New York 1999

Löffler, Jens-Thomas: Media – Planung für Märkte. Axel Springer. Hamburg 2004

Mayer, Hans / Illmann, Tanya: Markt- und Werbepsychologie. Schäffer-Poeschel. Stuttgart 2000

Meffert, Heribert u.a.: Marketing. Gabler. Wiesbaden 2014

Meyer-Hentschel, Gundolf: Erfolgreiche Anzeigen. Gabler. Wiesbaden 1998

Miller, Geoffrey: Spent. Sex, Evolution and consumer behaviour. Viking New York. 2009
Moser, Klaus: Markt- und Werbepsychologie. Hogrefe. Göttingen 2002
Niepmann, Carsten: Wirkungsmodelle der Werbung. Marketing Journal. Hamburg 1999
Pickert, Mike: Die Konzeption der Werbung. Sauer. Heidelberg 1994
Pink, Daniel: Drive. Canongate New York 2009. Deutsch: Ecowin Verlag. Salzburg 2010
Pricken, Mario: Kribbeln im Kopf. Verlag Hermann Schmidt. Mainz 2010/2012
Reins, Armin: Corporate Language. Verlag Hermann Schmidt. Mainz 2007
Ries, Al / Trout, Jack: Positioning. The Battle for Your Mind. McGraw-Hill. New York 2000
Roth, Gerhard: Fühlen, Denken, Handeln. Wie das Gehirn unser Verhalten steuert. Suhrkamp. Frankfurt am Main 2003
Scheier, Christian / Held, Dirk: Wie Werbung wirkt. Erkenntnisse des Neuromarketings. Haufe. Freiburg 2007
Scheier, Christian / Held, Dirk: Was Marken erfolgreich macht. Haufe. München 2009
Scheier, Christian / Bayas-Linke / Schneider, Johannes: Codes. Die geheime Sprache der Produkte. Haufe. München 2010
Scheler, Hans-Erdmann: Die Wirkungspotentiale der Medien. Burda Medien Forschung. München 2000
Schneider, Wolf: Deutsch für Profis. Wege zu einem guten Stil. Goldmann. München 2001
Schönbach, Klaus: Werbewirkung. Eine Inventur der Inventare. Deutscher Fachverlag. Frankfurt am Main 2002
Schweiger, Günther / Schrattenecker, Gertraut: Werbung. UTB. Stuttgart 2012
Seuhs-Schoeller, Christiane: NLP und Werbung. Ueberreuter. Wien 2002
Simoudis, Georgios: Storytising. Sehnert. Groß-Umstadt 2004
Sommer, Rudolf: Consumer's Mind – Die Psychologie des Verbrauchers. Deutscher Fachverlag. Frankfurt am Main 2007
Steel, Jon: Truth, Lies & Advertising. Wiley & Sons. New York 1998
Steffenhagen, Hartwig: Wirkungen der Werbung. Verlag der Augustinus Buchhandlung/Verlag G. Mainz. Aachen 2000
Thaler, Richard/ Sunstein, Cass: Nudge. Penguin books, London 2009
Unger, Fritz / Durante, Nadia / Gabrys, Enrico / Koch, Rüdiger / Wailersbacher, Rainer: Mediaplanung. Physica. Heidelberg 2007
van Praet, Douglas: Unconscious Branding. Palgrave Macmillan. New York. 2012
Vaughn, R. (1980): How advertising works: A planning model. Journal of Advertising Research, 20(5), pp. 27–33
Winter, Jörn (Herausgeber): Handbuch Werbetext. Deutscher Fachverlag. Frankfurt am Main 2008
Young, Antony: Brand Media Strategy. Palgrave Macmillan. New York 2011.
Zaltman, Gerald: How customers think. Harvard Press. Boston 2003
ZAW (Herausgeber): Werbung in Deutschland 2010. Zentralverband der deutschen Werbewirtschaft. Berlin 2012
Zerres, Thomas: Marketingrecht. Vahlen. München 2002

## Nützliche Internetadressen

**Zielgruppenzählungen** *aus verschiedenen Untersuchungen und allgemeine Informationen über Werbung:*

www.mediapilot.de (Axel Springer Verlag)
www.tdwi.de (Burda Community Network)→ siehe auch www.b4p.de
www.medialine.focus.de (Focus Magazin Verlag)
www.gujmedia.de (Gruner und Jahr)

### Verlage und Institutionen

Verlag Gruner + Jahr
www.gujmedia.de
Spiegel-Verlag
www.spiegel-qc.de
Fachverband Außenwerbung
www.faw-ev.de
Informationsgemeinschaft zur Feststellung der Verbreitung von Werbeträgern (IVW)
www.ivw.de
Publikumszeitschriften im Internet
www.pz-online.de
Informationen zum Fernsehen und Online-Werbung
www.sevenonemedia.de
www.ard-werbung.de
Radiowerbung
www.rms.de
Internet-Lexikon
www.kleines-lexikon.de
ZMG Zeitungs Marketing Gesellschaft
www.zmg.de
Media-Daten-Verlag
www.media-daten.de
Zentralverband der deutschen Werbewirtschaft
www.zaw.de
Deuscher Werberat
www.werberat.de
Arbeitsgemeinschaft Media-Analyse (AGMA)
www.agma-mmc.de
Arbeitsgemeinschaft Fernsehforschung
www.agf.de
Arbeitsgemeinschaft Onlineforschung
www.agof.de
IP Deutschland (Vermarkter von RTL)
www.ip-deutschland.de
Informationsplattform über den Werbeträger Fernsehen
www.wirkstoff-tv.de
RMS (Vermarkter privater Hörfunksender
www.rms.de
Wettbewerbszentrale
www.wettbewerbszentrale.de
Art Directors Club
www.adc.de

### Markt-Media-Studie „best for planning"

Die Markt-Media-Studie best for planning (b4p) ist eine Gemeinschaftsstudie der Verlage Axel Springer, Bauer Media Group, Gruner + Jahr und Hubert Burda Media. b4p basiert auf über 30.000 Interviews mit jeweils über 500 Fragen. Die Studie stellt den Konsumenten mit seinem komplexen Konsum- und Mediennutzungsverhalten in den Mittelpunkt und zeichnet ein genaues Abbild der deutschen Gesellschaft, ihrer Menschen, Medien und Märkte. Seit 2013 wird b4p einmal pro Jahr veröffentlicht, in 2014 mit über 45.000 Interviews und technisch gemessener digitaler Mediennutzung.

Auf der Website **www.b4p.de** kann der Berichtsband zur Studie heruntergeladen oder bestellt werden. Auch finden sich hier ein kostenloses Zähltool (mds) und weitere Informationen rund um best for planning.

# Stichwortverzeichnis

## Hinweise zum kostenlosen Begleitdownload

Die in diesem Buch abgedruckten Beispiele für die Außenwerbung sowie die Anzeigenmotive, die für eine Anzeigenanalyse verwendet werden können, stehen im Download zur Verfügung. Sie können so farbig und im größeren Format betrachtet werden.

**Rechtlicher Hinweis:** Bitte beachten Sie, dass die Anzeigenmotive urheberrechtlich geschützt sind und ausschließlich für Lehr- und Lernzwecke in der Klasse genutzt werden dürfen. Anderwärtige Vervielfältigung, Verbreitung und Hochladen ins Internet sind nicht gestattet.

**Anleitung zum Download**
(pdf mit 12 Seiten)
www.cornelsen.de aufrufen
Rechts oben den Reiter Webcode wählen
Als Webcode eingeben: *Anzeigenmotive*

**Verzeichnis der Anzeigenmotive**

- Abb. 5.27: Die verschiedenen Formen der Außenwerbung (11 Fotos)
- Abb. 8.16 A: Anzeige Sekt (Buchseite 401)
- Abb. 8.16 B: Anzeige Kölner Zoo (Buchseite 402)
- Abb. 8.16 C: Plakat Staatliche Kunstsammlungen Dresden (Buchseite 403)
- Abb. 8.16 D: Anzeige Sprachführer und Wörterbücher (Buchseite 403)
- Abb. 8.39: Beispiel Markenschrift von VW (Buchseite 427)
- Abb. 8.46: „Wendesätze“ (Buchseite 437)
- Abb. 8.52: Jürgen Klopp, Trainer / Frankfurter Allgemeine (Buchseite 470)
- Abb. 8.53: Follow fish (Buchseite 473)

## EXKURS: DER „MARKETINGBAUM“

Der „Marketingbaum“ – abgebildet auf der Innenseite des Umschlags – soll eine Zusammenstellung wichtiger Themen aus Marketing und Marketingkommunikation sein, der dabei hilft, neben den Inhalten auch den **idealtypischen Konzeptionsprozess** in den Blick zu nehmen. Der Baum als lebendes und wachsendes Objekt soll dabei zugleich die **Dynamik des Marketings** symbolisieren, das sich eben auch in ständiger Veränderung befindet, bei guter Pflege aber ebenfalls reiche Früchte abwerfen kann.

Am Besten startet man mit der Betrachtung des Baums links oben beim Zaun (den **rechtlichen Rahmenbedingungen**, in denen sich Marketing bewegen muss) und der Gießkanne (der **Marktforschung** zur Analyse der Ist-Situation). Genau hier setzt auch der **Konzeptionsprozess** ein, denn ohne eine gründliche Situationsanalyse kann keine erfolgreiche Konzeption erfolgen. Oder wie es Klaus Schmidbauer, ein erfolgreicher PR-Konzeptioner, formulierte: „Ein Konzept ist, dass man denkt, bevor man lenkt.“

In der **Situationsanalyse** schlägt die große Stunde der Marktforschung, bei der die an der Konzeption beteiligten Personen mit Hilfe der Primär- und Sekundärforschung (Befragung, Beobachtung, Experiment, Marktstudien, Zielgruppenanalysen etc.) möglichst viele Daten, Fakten und Hintergrundinformationen erheben und zusammenstellen. Dabei richtet sich der Suchscheinwerfer sowohl nach innen als auch nach außen. Beim Blick nach innen geht es beispielsweise um Fragen wie „Was bieten wir an? oder Wie entwickeln sich wichtige Erfolgsindikatoren wie Marktanteil, Distributionsgrad, Markenbekanntheit oder Imageaspekte?“. Beim Blick nach außen geht es beispielsweise um Fragen wie „Wie entwickelt sich der Markt? oder Was erwartet der Markt?“.

Auf der Basis der gewonnenen Erkenntnisse wird dieser Faktenspiegel systematisiert, komprimiert, bewertet und Zusammenhänge werden deutlich gemacht. Für diese Phase im Konzeptionsprozess ist die **SWOT-Analyse** eines der besten Werkzeuge. SWOT steht für Strength (Stärken), Weaknesses (Schwächen), Opportunities (Chancen) und Threats (Risiken). Bei der SWOT-Analyse wird angestrebt, auf der einen Seite eine realistische Einschätzung der Stärken und Schwächen des Unternehmens oder der Marke (interne Faktoren, die vom Unternehmen beeinflusst werden können) zu gewinnen. Auf der anderen Seite stehen die Chancen und Risiken, die sich aus Trends, Veränderungen im Kauf- und Mediennutzungsverhalten der Zielgruppen, Konkurrenzaktivitäten oder auch Veränderungen durch den Gesetzgeber ergeben können (externe Faktoren, die vom Unternehmen nicht unmittelbar beeinflusst werden können).

Nach einem ersten Sortieren der Fakten in einer Art Tabelle, muss man sich dann zunächst klar machen, aus welcher Perspektive man auf die SWOT-Tabelle schaut. Falls man das Gefühl hat, der Erfolg des Konzeptes hängt davon ab, dass man sich klar von der Konkurrenz abgrenzt, sollte man alle vorhandenen Fakten durch die „Konkurrenzbrille“ betrachten. Wenn man das Gefühl hat, der Erfolg wird eher von Eigenschaften, Motiven oder Interessen der Zielgruppe bestimmt, sollte man die Fakten durch die „Zielgruppenbrille“ betrachten. Im Sinne der Klarheit der strategischen Schlussfolgerungen vermischt man diese Perspektiven am Besten nicht. In jedem Fall verbietet es sich, die eigene „Unternehmensbrille“ aufzusetzen, denn eine betriebsblinde Nabelschau führt selten zu erfolgreichen Ideen. Die eigentliche SWOT-Matrix verbindet dann die internen (Stärken, Schwächen) mit den externen Faktoren (Chancen, Risiken), sodass sich normalerweise mehrere strategische Alternativen ergeben (vgl. dazu auch Schmidbauer, Klaus: Vorsprung durch Konzept, Talpa Verlag Berlin 2011). Die SWOT bildet insofern die Wurzeln bzw. die Grundlage der Konzeption.

Danach nimmt die Betrachtung den Weg zum strategischen Steckbrief auf dem Baum. Hier geht es um die Frage „Wo wollen wir hin?“, d.h. um alle **strategischen Entscheidungen** des Unternehmens über Positionierung, Corporate Identity, Budget, Zielsysteme, Zielgruppen sowie Basisstrategien des Marketings wie Produktportfolio, Produktlebenszyklus, Marktsegmentierung oder Marktfeldstrategien. Die Umsetzung dieser strategischen Entscheidungen soll mit den kleinen Abrisszetteln „Taktik“ (= eher kurzfristig wirksame Maßnahmen) symbolisiert werden.

Anschließend wenden wir uns den Ästen des „Marketingbaumes“ zu. Diese bestehen aus den klassischen **4 P** des Marketings (Product, **P**rice, **P**lace/Distribution und **P**romotion/Kommunikation). In der **Produktpolitik** sind wieder einige Entscheidungen zu treffen. Sie betreffen je nach Unternehmen Fragen der Produkt- und Sortimentsentwicklung, der Verpackung, der Services und vor allem der Markenführung (u. a. Markenarchitektur, Markenhierarchie etc.).

In der **Preispolitik** steht die Festlegung eines Preises im Mittelpunkt, der dem Unternehmen ausreichende finanzielle Rückflüsse ermöglicht. Die Preisfindung beachtet sowohl betriebswirtschaftliche Größen wie Kosten oder Deckungsbeiträge als auch die Preishöhe der Konkurrenz sowie die Preisbereitschaft der Zielgruppen. Daneben gibt es auch noch Preisstrategien, die zeitlich begrenzt sind (Skimming, Penetration, Promotion/Aktion). Auch die Strategie der Preisdifferenzierung, d.h. das Produkt oder die Leistung wird unter bestimmten Voraussetzungen (Alter, Geschlecht, Zeit, Einkaufsort etc.) zu unterschiedlichen Preisen angeboten, gehört dazu.

Bei der **Distributionspolitik** geht es dann um die ganz zentrale Frage, wie die Produkte oder Dienstleistungen an die Zielgruppen gelangen bzw. wo diese zu kaufen sind. Heute wird in vielen Fällen, eine Multichannel-Strategie verfolgt, d.h. der Anbieter versucht über verschiedene Kanäle seine Kundschaft zu erreichen. Dabei kommen teilweise parallel Formen des direkten (u.a. eigene Filialen, eigener Onlineshop) und des indirekten Vertriebs (u.a. Onlineshops wie amazon, ebay oder zalando, der stationärer Einzelhandel oder der klassische Versandhandel) zum Einsatz. Die Entscheidungen in der Distributionspolitik sind ganz eng mit der Kommunikationspolitik verzahnt. Denn zum einen müssen die Vertriebskanäle zur angestrebten Positionierung bzw. dem Soll-Image der Marke passen und zum anderen hängen die zu nutzenden Kommunikations-Instrumente natürlich auch von den gewählten Distributionskanälen ab.

In der **Kommunikationspolitik** wendet man sich zunächst dem ganz zentralen Bereich der Positionierung zu, d.h. der Frage, welches Bild die Konsumenten von der Marke im Kopf haben sollen. Dieses gewünschte Soll-Image (= Selbstbild der Marke) muss natürlich glaubwürdig im Produkt geerdet und für die Zielgruppen attraktiv sein und sich zugleich von den Wettbewerbern abgrenzen. Auf der Basis einer klaren Positionierung wird danach die **Copy-Strategie** entwickelt, sie bildet gewissermaßen den „Personalausweis“ der Marke, in dem steht, was die Marke den Kunden verspricht (= **Benefit**), wie sie dieses Nutzenversprechen begründet (= **Reason why**) und welche Farb-, Text- und Bildwelten (= **Tonality**) das gewünschte Soll-Image in die Köpfe der Kunden transportieren soll. Auf dieser Basis entwickeln jetzt die Kreativen der Kommunikationsagenturen stimmige **kreative Konzepte**, bei denen neben der Passung zur eingebrieften Positionierung und Copy-Strategie auch auf werbepsychologische Aspekte der Wahrnehmung, des Lernens und der Verhaltenssteuerung geachtet wird. Im Rahmen der budgetären Vorgaben des Auftraggebers müssen parallel zur Kreation, Entscheidungen über den **Kommunikations- und Media-Mix** getroffen werde, um die Botschaften möglichst effektiv und effizient zu den jeweiligen Zielgruppen zu bringen. Im Idealfall integriert bzw. orchestriert man die verschiedenen Kommunikationsinstrumente (u.a. Werbung, Public Relations, Verkaufsförderung, Direktmarketing, Sponsoring, Events, Messen, Social Media) so geschickt, dass sich Synergieeffekte ergeben, die dabei helfen, die Wirkung zu steigern und gleichzeitig das **Budget** effizienter einzusetzen. Dies ist auch eine wichtige Zielsetzung in der **Mediaplanung**, wo Entscheidungen über die Kombination der verschiedenen Mediabereiche getroffen werden müssen. Geht es um bought Media, d.h. eingekaufte Media (wie bspw. TV-Werbung, Out-of-home/Plakat, Print-Werbung, Funk-Werbung oder Online-Werbung) oder um earned Media, d.h. „umsonst“ eingenommene Medialeistung (beispielsweise. über PR in klassischen Medien oder Online) oder geht es um owned Media, d.h. vom Unternehmen selbst gestaltbarer Inhalt (Content Marketing wie zum Beispiel virale Clips, Landingpages, Apps).

Als letzter Schritt im Rahmen einer Konzeption erfolgt dann die mit dem Obstkorb symbolisierte **Erfolgskontrolle**, d.h. das wichtige Feedback für die an der Marketingsteuerung beteiligten Personen. Hier gehören neben der Kontrolle der Kommunikations- Instrumente (u.a. Hautwiderstandsmessung, Eye-Tracking, Tachistoskop, Site-Tracking oder der Medienresonanzanalyse in der PR) natürlich auch noch die Methoden der Erfolgskontrolle, die mit den anderen drei Marketinginstrumenten zu tun haben wie beispielsweise Testmärkte, Handels- und Verbraucherpanel, Labortests etc. dazu. Die Ergebnisse der Erfolgskontrolle fließen über die Wurzeln wieder als Nahrung für das weitere Wachstum der Marke zurück.

Der hier vorgestellte „Marketingbaum“ ist eben nicht nur ein Auflistung statischen Wissens, sondern es gelingt mit ihm auch die **dynamische Seite der ständigen Anpassung und Veränderung von Marketing- und Kommunikationskonzepten** in den Blick zu nehmen.

© Grafik des Marketingbaums: Gero Wendt/Sara Niederprüm